Arbeitsbuch Mathematik

Tilo Arens · Frank Hettlich · Christian Karpfinger ·
Ulrich Kockelkorn · Klaus Lichtenegger · Hellmuth Stachel

Arbeitsbuch Mathematik

Aufgaben, Hinweise, Lösungen und Lösungswege

5. Auflage

Springer Spektrum

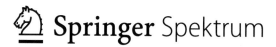

Tilo Arens
Karlsruher Institut für Technologie (KIT)
Karlsruhe, Deutschland

Frank Hettlich
Karlsruher Institut für Technologie (KIT)
Karlsruhe, Deutschland

Christian Karpfinger
Technische Universität München
München, Deutschland

Ulrich Kockelkorn
TU Berlin
Berlin, Deutschland

Klaus Lichtenegger
FH JOANNEUM
Graz, Österreich

Hellmuth Stachel
TU Wien
Wien, Österreich

ISBN 978-3-662-64390-7
ISBN 978-3-662-64391-4 (eBook)
https://doi.org/10.1007/978-3-662-64391-4

Die Deutsche Nationalbibliothek verzeichnet diese Publikation in der Deutschen Nationalbibliografie; detaillierte bibliografische Daten sind im Internet über http://dnb.d-nb.de abrufbar.

Springer Spektrum

Planung und Lektorat: Andreas Rüdinger

Gedruckt auf säurefreiem und chlorfrei gebleichtem Papier

Springer Spektrum ist ein Imprint der eingetragenen Gesellschaft Springer-Verlag GmbH, DE und ist ein Teil von Springer Nature.
Die Anschrift der Gesellschaft ist: Heidelberger Platz 3, 14197 Berlin, Germany

Vorbemerkungen

Auf verschiedentlichen Wunsch bieten wir alle Aufgaben des Buchs Arens et al., *Mathematik* mit Hinweisen, Lösungen und Lösungswegen als gedrucktes Buch. Die Inhalte des Buchs stehen als PDF-Dateien auf der Website des Verlags zur Verfügung.

Die Aufgaben gliedern sich in drei Kategorien: Anhand der *Verständnisfragen* können Sie prüfen, ob Sie die Begriffe und zentralen Aussagen verstanden haben, mit den *Rechenaufgaben* üben Sie Ihre technischen Fertigkeiten und die *Anwendungsprobleme* geben Ihnen Gelegenheit, das Gelernte an praktischen Fragestellungen auszuprobieren.

Ein Punktesystem unterscheidet leichte Aufgaben •, mittelschwere •• und anspruchsvolle ••• Aufgaben. Die Lösungshinweise helfen Ihnen, falls Sie bei einer Aufgabe partout nicht weiterkommen. Für einen optimalen Lernerfolg schlagen Sie die Lösungen und Lösungswege bitte erst nach, wenn Sie selber zu einer Lösung gekommen sind.

Verweise auf Seiten, Formeln, Abschnitte und Kapitel beziehen sich auf die 5. Auflage des Buches Arens et al. *Mathematik*.

Wir wünschen Ihnen viel Freude und Spaß mit diesem Arbeitsbuch und in Ihrem Studium.

Der Verlag und die Autoren

Inhaltsverzeichnis

Kapitel 2

Aufgaben

Verständnisfragen

2.1 • Welche der folgenden Aussagen sind richtig? Für alle $x \in \mathbb{R}$ gilt:

1. „$x > 1$ ist hinreichend für $x^2 > 1$."
2. „$x > 1$ ist notwendig für $x^2 > 1$."
3. „$x \geq 1$ ist hinreichend für $x^2 > 1$."
4. „$x \geq 1$ ist notwendig für $x^2 > 1$."

2.2 • Welche der folgenden Schlüsse sind auf formaler Ebene (d. h. noch ohne tatsächliche Betrachtung der Wahrheitswerte der Aussagen) richtig? Welche sind als Implikationen wahre Aussagen, wenn man auch die Wahrheitswerte der jeweils verknüpften Aussagen betrachtet?

1. Alle Vögel können fliegen. Möwen sind Vögel.
   ⇒ Möwen können fliegen.
2. Alle Vögel können fliegen. Pinguine sind Vögel.
   ⇒ Pinguine können fliegen.
3. Alle Vögel können fliegen. Möwen können fliegen.
   ⇒ Möwen sind Vögel.
4. Alle Vögel können fliegen. Libellen können fliegen.
   ⇒ Libellen sind Vögel.

2.3 • Verneinen Sie die folgende (falsche) Aussage: „Alle stetigen Funktionen sind differenzierbar."

2.4 • Verneinen Sie die Aussage: „Zu jedem bekannten Teilchen gibt es ein entsprechendes Antiteilchen."

2.5 • Die *symmetrische Differenz* ist definiert über:

$$A \,\Delta\, B = (A \setminus B) \cup (B \setminus A)$$

Machen Sie sich die Bedeutung dieser Definition klar, und zeichnen Sie ein entsprechendes Venn-Diagramm.

2.6 • Wir betrachten die beiden folgenden Mengen:

$$N = \{1, 2, 3, 4, \ldots\}$$
$$M = \left\{1, \frac{1}{2}, \frac{1}{3}, \frac{1}{4}, \ldots\right\}$$

Geben Sie jeweils eine Abbildung $N \to M$ an, die (a) injektiv, aber nicht surjektiv, (b) surjektiv, aber nicht injektiv, (c) bijektiv ist.

2.7 •• Wie viele unterschiedliche binäre, also zwei Aussagen verknüpfende Junktoren gibt es?

2.8 •• Formulieren Sie die Aussage

$$\forall (x, z) \in \mathbb{R}^2 \quad \exists y \in \mathbb{R} : x \cdot y = z$$

in natürlicher Sprache und verneinen Sie sie. Ist diese Aussage oder ihre Verneinung wahr?

2.9 •• Wir betrachten die Teilmengen X, Y und Z von $\mathbb{R}$. Verneinen Sie die Aussage

$$\forall x \in X \; \exists y \in Y \; \forall z \in Z : x \cdot y < z .$$

2.10 •• Es seien M_1 und M_2 Teilmengen von X. Beweisen Sie die einfachste Form der *Regeln von de Morgan*, wobei wir C_X als Bezeichnung für die Komplementbildung bezüglich X verwenden:

$$C_X(M_1 \cap M_2) = C_X(M_1) \cup C_X(M_2),$$
$$C_X(M_1 \cup M_2) = C_X(M_1) \cap C_X(M_2).$$

Stellen Sie diesen Sachverhalt mittels Venn-Diagrammen dar.

2.11 •• Die Menge A_4 hat vier Elemente, die Mengen B_3, B_4 und B_5 haben entsprechend drei, vier und fünf Elemente. Überlegen Sie jeweils, ob es Abbildungen

$$f_{43} : A_4 \to B_3$$
$$f_{44} : A_4 \to B_4$$
$$f_{45} : A_4 \to B_5$$

geben kann, die (a) injektiv, aber nicht surjektiv, (b) surjektiv, aber nicht injektiv, (c) bijektiv sind.

T. Arens et al., *Arbeitsbuch Mathematik*, https://doi.org/10.1007/978-3-662-64391-4_1

2.12 ●● Wir sind im Text nicht explizit auf den Unterschied zwischen *Aussagen* und *Aussageformen* eingegangen. Während wir Aussagen als feststellende Sätze definiert haben, die einen eindeutigen Wahrheitswert w oder f haben, sind **Aussageformen** Sätze, deren Wahrheitswert sich vorerst nicht bestimmen lässt, weil sie noch eine oder mehrere freie Variable beinhalten.

Beispiele für Aussageformen wären „Die Zahl x ist ungerade" oder "Monarch x regierte länger als 20 Jahre", wobei x jeweils die freie Variable bezeichnet. Ersetzt man in einer Aussageform die freien Variablen durch passende Objekte oder *bindet* die Variablen durch Quantoren, erhält man Aussagen. Überprüfen Sie, ob es sich bei den folgenden Sätzen um Aussagen, Aussageformen oder keines der beiden handelt:

(a) „x ist ungerade" mit $x = 2$
(b) „x ist ungerade" mit $x = 3$
(c) $\forall x \in \mathbb{R} : 1/(1 + x^2 y^2) \leq 1$
(d) $\forall (x, y) \in \mathbb{R}^2 : 1/(1 + x^2 y^2) \leq 1$

2.13 ●●● Jene reellen Zahlen x, die Lösung einer Polynomgleichung

$$a_n x^n + a_{n-1} x^{n-1} + \ldots + a_1 x + a_0 = 0$$

mit Koeffizienten $a_k \in \mathbb{Z}$ sind, nennt man **algebraische Zahlen**. Dabei muss mindestens ein $a_k \neq 0$ sein.

Alle rationalen Zahlen sind algebraisch, aber auch viele irrationale Zahlen gehören zu dieser Klasse, etwa $\sqrt{2}$. Reelle Zahlen, die nicht algebraisch sind, heißen *transzendent*.

Zeigen Sie, dass unter der Voraussetzung, dass jedes Polynom nur endlich viele Nullstellen hat (was wir bald ohne Mühe beweisen werden können), die Menge aller algebraischen Zahlen abzählbar ist.

2.14 ●●● Wir können Mengen M_α mit den Elementen α einer **Indexmenge** I kennzeichnen. So etwas nennt man ein **System** oder eine **Familie** von Mengen,

$$F = \{M_\alpha : \alpha \in I\}\,.$$

Eine besonders häufige Wahl ist $I = \mathbb{N}$, man kann dann Mengen M_n mit $n \in \mathbb{N}$ durchnummerieren.

Für Systeme von Mengen schreibt man Durchschnitt und Vereinigung häufig als:

$$\bigcup_{M \in F} M = \bigcup_{\alpha \in I} M_\alpha = \{x \mid \exists \alpha \in I : x \in M_\alpha\}$$
$$\bigcap_{M \in F} M = \bigcap_{\alpha \in I} M_\alpha = \{x \mid \forall \alpha \in I : x \in M_\alpha\}$$

- Beweisen Sie die Distributivgesetze:

$$A \cup \bigcap_{i \in I} B_i = \bigcap_{i \in I} (A \cup B_i)$$
$$A \cap \bigcup_{i \in I} B_i = \bigcup_{i \in I} (A \cap B_i)$$

- Beweisen Sie die **Regeln von de Morgan**, wobei alle $M \in F$ Teilmengen von X sind und C_X die Komplementbildung bezüglich X bezeichnet:

$$C_X\left(\bigcup_{M \in F} M\right) = \bigcap_{M \in F} C_X(M)$$
$$C_X\left(\bigcap_{M \in F} M\right) = \bigcup_{M \in F} C_X(M)$$

Stellen Sie diese Beziehungen für drei Mengen mittels Venn-Diagrammen dar.

2.15 ●●● Betrachten Sie die Aussage des Kreters Epimenides „Alle Kreter sind Lügner" und die Aussage „Diese Aussage ist falsch". Wo liegt ein echtes, wo nur ein scheinbares Paradoxon vor und wie lässt sich letzteres auflösen?

Rechenaufgaben

2.16 ● Beweisen Sie die Assoziativgesetze:

$$(A \wedge B) \wedge C \Leftrightarrow A \wedge (B \wedge C)$$
$$(A \vee B) \vee C \Leftrightarrow A \vee (B \vee C)$$

2.17 ● Beweisen Sie die Abtrennregel (*modus ponens*):

$$(A \wedge (A \Rightarrow B)) \Rightarrow B$$

2.18 ● Beweisen Sie die Äquivalenzen:

$$(A \vee B) \Leftrightarrow \neg(\neg A \wedge \neg B)$$
$$(A \wedge B) \Leftrightarrow \neg(\neg A \vee \neg B)$$
$$(A \Rightarrow B) \Leftrightarrow ((\neg A) \vee B)$$

2.19 ● Gegeben sind die drei Mengen $M_1 = \{a, b, c, d, e\}$, $M_2 = \{e, f, g, h, i\}$ und $M_3 = \{a, c, e, g, i\}$. Bilden Sie die Mengen $M_1 \cap M_2$, $M_1 \cup M_2$, $M_1 \cap M_3$, $M_1 \cup M_3$, $M_2 \cap M_3$ und $M_2 \cup M_3$ sowie $M_1 \setminus M_2$, $M_2 \setminus M_1$, $M_1 \setminus M_3$, $M_2 \setminus M_3$, $\bigcap_{n=1}^3 M_n = M_1 \cap M_2 \cap M_3$ und $\bigcup_{n=1}^3 M_n = M_1 \cup M_2 \cup M_3$.

2.20 ●● Beweisen Sie das Distributivgesetz:

$$M_1 \cup (M_2 \cap M_3) = (M_1 \cup M_2) \cap (M_1 \cup M_3)$$

2.21 ●● Beweisen Sie die Absorptionsgesetze:

$$M_1 \cap (M_1 \cup M_2) = M_1$$
$$M_1 \cup (M_1 \cap M_2) = M_1$$

Kapitel 2

Anwendungsprobleme

2.22 • Ist der folgende Schluss richtig?

(„Wer von der Quantenmechanik nicht schockiert ist, der hat sie nicht verstanden“ (Niels Bohr) $\wedge$ „Niemand versteht die Quantenmechanik“ (Richard Feynman)) $\Rightarrow$ „Niemand ist von der Quantenmechanik schockiert“

2.23 •• Nach einem Mordfall gibt es drei Verdächtige, A, B und C, von denen zumindest einer der Täter sein muss. Nachdem sie und die Zeugen getrennt vernommen wurden, kennen die Ermittler folgende Fakten:

1. Wenn A Täter ist, dann müssen B oder C ebenfalls Täter sein.
2. Wenn B Täter ist, dann ist A unschuldig.
3. Wenn C Täter ist, dann ist auch B Täter.

Lässt sich damit herausfinden, wer von den dreien schuldig bzw. unschuldig ist?

2.24 •• An einer Weggabelung in der Wüste leben zwei Brüder, die vollkommen gleich aussehen, zwischen denen es aber einen gewaltigen Unterschied gibt: Der eine sagt immer die Wahrheit, der andere lügt immer. Schon halb verdurstet kommt man zu dieser Weggabelung und weiß genau: Einer der beiden Wege führt zu einer Oase, der andere hingegen immer tiefer in die Wüste hinein. Man darf aber nur einem der Brüder (man weiß nicht, welcher es ist) genau eine Frage stellen. Was muss man fragen, um sicher den Weg zur Oase zu finden?

2.25 •• Sie haben vier Karten, jeweils mit einem Buchstaben auf der einen und einer Zahl auf der anderen Seite. Wie viele und welche der im Folgenden dargestellten Karten müssen Sie mindestens umdrehen, um die Aussage „wenn auf einer Seite einer Karte ein Vokal ist, dann ist auf der anderen Seite eine gerade Zahl“ zu bestätigen.

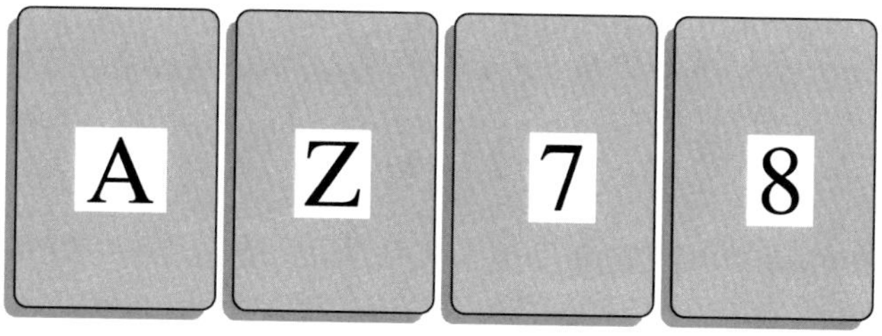

2.26 ••• Jede beliebige Aussage, die durch ihre Wahrheitstafel gegeben ist, kann auf zwei fundamentale Arten dargestellt werden: In der *konjunktiven Normalform* als Konjunktion von Disjunktionen der beteiligten Variablen bzw. ihrer Negationen, und in der *disjunktiven Normalform* als Disjunktion von entsprechenden Konjunktionen.

Dies ist in der Digitalelektronik sehr praktisch, weil es eine automatisierbare Möglichkeit darstellt, zu jeder Wahrheitstafel einen äquivalenten logischen Ausdruck und damit eine Schaltung zu konstruieren.

Wir betrachten nun die beiden Wahrheitstafeln

A	B	G
w	w	w
w	f	f
f	w	f
f	f	w

und

A	B	C	H
w	w	w	w
w	w	f	f
w	f	w	f
w	f	f	f
f	w	w	w
f	w	f	f
f	f	w	w
f	f	f	w

.

Für die Aussage G lautet die disjunktive Normalform

$$G \Leftrightarrow ((A \wedge B) \vee ((\neg A) \wedge (\neg B))),$$

die konjunktive

$$G \Leftrightarrow (((\neg A) \vee B) \wedge (A \vee (\neg B))).$$

- Bestimmen Sie nun diese beiden Normalformen für die Aussage H.
- Gibt es ein Kriterium, für welche Art von Wahrheitstafel welche Normalform vorzuziehen ist, wenn man einen möglichst einfachen Ausdruck erhalten will?
- Lassen sich die so erhaltenen Ausdrücke noch weiter vereinfachen?

Hinweise

Verständnisfragen

2.1 • Bedenken Sie auch den Fall negativer Zahlen.

2.2 • Auf formaler Ebene folgt aus „Alle $x \in A$ haben Eigenschaft E“, dass auch alle $y \in B$ mit $B \subseteq A$ die Eigenschaft E haben. Hingegen gilt nicht nicht, dass wenn alle $x \in A$ und alle $y \in B$ Eigenschaft E haben, dass deswegen $A \subseteq B$, $B \subseteq A$ oder gar $A = B$ sein muss. Bei Betrachtung der Wahrheitswerte gilt allerdings *ex falso quodlibet*.

2.3 • Beim Verneinen einer Allaussage entsteht eine Existenzaussage.

2.4 • Hier sind eine All- und eine Existenzaussage verknüpft. Beide ändern bei Verneinung ihren Charakter; im zweiten Fall ist es allerdings sprachlich schwierig (und verzichtbar), dies explizit auszuführen.

2.5 • Welche Elemente von A und B können in $A \Delta B$ enthalten bzw. nicht enthalten sein?

2.6 • Die bijektive Abbildung liegt auf der Hand. Um eine injektive, aber nicht surjektive Abbildung zu konstruieren, muss man nur in der Wertemenge Elemente überspringen. Für eine surjektive, aber nicht injektive Abbildung muss man mehrere Elemente des Wertebereichs auf das gleiche Element des Bildbereichs abbilden, diesen aber insgesamt immer noch voll ausschöpfen.

2.7 •• Zählen Sie die möglichen Belegungen einer entsprechenden Wahrheitstafel!

2.8 •• Bei der Verneinung der Quantoren ändert sich wie gehabt deren Charakteristik – aus All- werden Existenzquantoren und umgekehrt.

2.9 •• Beim Verneinen klappen die Quantoren um, ändern also ihre Charakteristik.

2.10 •• Zeigen Sie, dass ein Element der links stehenden Menge stets ein Element der rechts stehenden Menge sein muss und umgekehrt.

2.11 •• Versuchen Sie, jeweils eine derartige Abbildung explizit zu konstruieren. Das liefert Einsichten, warum es manche Abbildungen mit den geforderten Eigenschaften nicht geben kann.

2.12 •• Überprüfen Sie, ob Sie einen Wahrheitswert zuordnen können bzw. ob noch freie Variablen vorhanden sind.

2.13 ••• Konstruieren Sie eine Möglichkeit, alle Polynome mit ganzen Koeffizienten abzuzählen.

2.14 ••• Zeigen Sie, dass ein Element der linken Seite auch eines der rechten Seite sein muss und umgekehrt.

2.15 ••• Erinnern Sie sich an die Regeln beim Verneinen von Quantoren.

Rechenaufgaben

2.16 • Stellen Sie eine entsprechende Wahrheitstafel auf.

2.17 • Stellen Sie eine entsprechende Wahrheitstafel auf.

2.18 • Stellen Sie eine entsprechende Wahrheitstafel auf.

2.19 • Benutzen Sie die Definitionen aus Abschn. 2.4.

2.20 •• Betrachten Sie ein beliebiges Element und zeigen Sie, dass es genau dann zur Menge auf der linken Seite der Gleichung gehört, wenn es auch zu der Menge auf der rechten gehört. Dabei ist ein Rückgriff auf die Aussagenlogik notwendig.

2.21 •• Zeigen Sie, dass ein Element der linken Seite auch eines der rechten Seite sein muss und umgekehrt.

Anwendungsprobleme

2.22 • Betrachten Sie die Wahrheitstafel der Implikation und bedenken Sie das Prinzip des indirekten Beweises.

2.23 •• Spielen Sie alle möglichen Fälle durch und überprüfen Sie, wo sich Widersprüche ergeben. Alternativ können Sie auch eine aussagenlogische Formulierung finden und diese analysieren.

2.24 •• Versuchen Sie, eine Frage zu konstruieren, auf die jeder der beiden Brüder gleich antworten muss. Dabei ist es notwendig, das Verhalten des jeweils anderen Bruders miteinzubeziehen.

2.25 •• Nur in zwei Fällen ist nach Definition der Implikation ein Widerspruch zur Aussage überhaupt möglich; diese Fälle sind zu identifizieren.

2.26 ••• Einfacher zu verstehen ist, wie die disjunktive Normalform zustandekommt. Orientieren Sie sich zunächst an den w-Einträgen der Wahrheitstafel. Wie müssen beispielsweise die Eingangsvariablen (oder ihre Negationen) mittels $\wedge$ verknüpft sein, damit man genau dann eine wahre Aussage erhält, wenn A falsch ist, B und C hingegen wahr sind? Wie muss man die aus den einzelnen Zeilen resultierenden Einträge verknüpfen, um alle derartigen Möglichkeiten zu berücksichtigen? Drehen Sie die Überlegung für die konjunktive Normalform einfach um.

Lösungen

Verständnisfragen

2.1 • Nur die erste Aussage ist richtig.

2.2 • Die Schlüsse 1 und 2 sind formal richtig, 3 und 4 sind formal falsch. Bei Betrachtung der entsprechenden Wahrheitswerte sind alle Aussagen wahr.

2.3 • „Es gibt stetige Funktionen, die nicht differenzierbar sind."

2.4 • „Es gibt ein bekanntes Teilchen, zu dem es kein entsprechendes Antiteilchen gibt.“

2.5 • $A \Delta B$ enthält jene Elemente, die entweder in A oder in B enthalten sind, aber nicht in beiden.

2.6 • Eine injektive, nicht surjektive Abbildung ist $f(n) = \frac{1}{2n}$. Surjektiv, aber nicht injektiv ist etwa $g(2k-1) = \frac{1}{k}$, $g(2k) = \frac{1}{k}$ mit $k \in \mathbb{N}$. Eine simple bijektive Abbildung wäre $h(n) = \frac{1}{n}$.

2.7 •• Es sind 16.

2.8 •• „Für alle reellen Zahlen x und z gibt es eine reelle Zahl y, so dass $x \cdot y = z$ ist“ lautet verneint „Es gibt reelle Zahlen x und z, so dass für alle reellen Zahlen y stets $x \cdot y \neq z$ ist“. Die ursprüngliche Aussage ist falsch, die Negation wahr.

2.9 •• „$\exists x \in X \; \forall y \in Y \; \exists z \in Z : x \cdot y \geq z$.“

2.10 •• –

2.11 •• tabellarisch dargestellt:

	inj., ¬ surj.	surj., ¬ inj.	bijektiv
f_{43}	nein	ja	nein
f_{44}	nein	nein	ja
f_{45}	ja	nein	nein

2.12 •• (a) und (b) sind Aussagen, (c) ist eine Aussageform, (d) ist eine Aussage.

2.13 ••• –

2.14 ••• –

2.15 ••• „Alle Kreter sind Lügner“ von einem Kreter ist zwar falsch, aber kein Widerspruch – im Gegensatz zu „Diese Aussage ist falsch“.

Rechenaufgaben

2.16 • –

2.17 • –

2.18 • –

2.19 • $M_1 \cap M_2 = \{e\}$, $M_1 \cup M_2 = \{a, b, c, d, e, f, g, h, i\}, \ldots, \bigcup_{n=1}^{3} M_n = \{a, b, c, d, e, f, g, h, i\}$

2.20 •• –

2.21 •• –

Anwendungsprobleme

2.22 • Nein.

2.23 •• A ist auf jeden Fall unschuldig, B schuldig. Ob auch C schuldig ist, lässt sich anhand der vorliegenden Fakten nicht feststellen.

2.24 •• „Von welchem Weg würde dein Bruder sagen, dass er zur Oase führt?“

2.25 •• Man muss die Karten [A] und [7] umdrehen.

2.26 ••• Disjunktive Normalform: $H \Leftrightarrow \big((A \wedge B \wedge C) \vee ((\neg A) \wedge B \wedge C) \vee ((\neg A) \wedge (\neg B) \wedge C) \vee ((\neg A) \wedge (\neg B) \wedge (\neg C))\big)$

Konjunktive Normalform: $H \Leftrightarrow \big(((\neg A) \vee (\neg B) \vee C) \wedge ((\neg A) \vee B \vee (\neg C)) \wedge ((\neg A) \vee B \vee C) \wedge (A \vee (\neg B) \vee C)\big)$

Eine Vereinfachung ist in beiden Fällen noch möglich.

Lösungswege

Verständnisfragen

2.1 • Die erste Aussage stimmt. Wenn $x > 1$ ist, dann ist auch $x^2 > 1$. Die Bedingung $x > 1$ ist aber nicht notwendig für $x^2 > 1$, dann auch die Quadrate von Zahlen x mit $x < -1$ sind größer als eins.

Dass $x \geq 1$ ist, ist nicht hinreichend für $x^2 > 1$, denn im Falle $x = 1$ erhält man $x^2 = 1$. Mit dem gleichen Argument wie oben ist $x \geq 1$ nicht notwendig für $x^2 > 1$.

2.2 • Die Schlüsse 1 und 2 sind formal richtig, 3 und 4 sind formal falsch. Etwas abstrakter angeschrieben mit „fl“ für „kann fliegen“:

1. $\forall x \in V$: fl(x), $M \subseteq V \Rightarrow \forall x \in M$: fl(x), richtig
2. $\forall x \in V$: fl(x), $P \subseteq V \Rightarrow \forall x \in P$: fl(x), richtig
3. $\forall x \in V$: fl(x), $\forall x \in M$: fl$(x) \Rightarrow M \subseteq V$, falsch
4. $\forall x \in V$: fl(x), $\forall x \in L$: fl$(x) \Rightarrow L \subseteq V$, falsch

Derartige Schlussweisen werden in der klassischen Logik seit der Antike untersucht und als *Syllogismen* bezeichnet.

Betrachten wir nun zusätzlich die Wahrheitswerte: Die Aussagen „Wenn alle Vögel fliegen können und Möwen Vögel sind, dann können alle Möwen fliegen“ ist eine Implikation mit einer falschen Voraussetzung, denn nicht alle Vögel können fliegen. Entsprechend ist – *ex falso quodlibet* – die gesamte Aussage richtig. Das Gleiche gilt für die anderen drei Aussagen. Selbst dort, wo die Schlussweise falsch ist, erhält man durch die ebenfalls falsche Voraussetzung insgesamt eine wahre Aussage.

2.3 • Zunächst erhält man „Nicht alle stetigen Funktionen sind differenzierbar". Führt man nun die Verneinung des Allquantors explizit aus, so ergibt sich die Existenzaussage „Es gibt stetige Funktionen, die nicht differenzierbar sind".

2.4 • Aus „Nicht zu jedem bekannten Teilchen gibt es ein entsprechendes Antiteilchen" wird „Es gibt ein bekanntes Teilchen, zu dem es kein entsprechendes Antiteilchen gibt". (Nach dem momentanen Stand der Physik ist diese Aussage wahrscheinlich falsch. Sehr wohl gibt es allerdings Teilchen, die ihr eigenes Antiteilchen sind.)

Man könnte auch die Verneinung der zweiten Existenzaussage explizit ausführen, erhielte dann aber eine sehr umständliche Konstruktion von der Art „Es gibt ein bekanntes Teilchen, so dass für alle Antiteilchen gilt, dass sie kein Antiteilchen dieses Teilchens sind".

Oft verhilft das explizite Verneinen von Quantoren zu neuen Einsichten – bei Weitem aber nicht immer.

2.5 • $A \Delta B$ enthält jene Elemente, die entweder in A oder in B enthalten sind, aber nicht in beiden. Das entsprechende Venn-Diegramm hat folgende Gestalt:

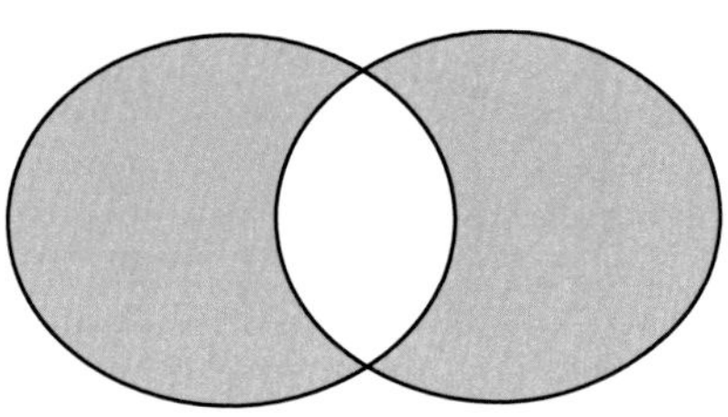

Eine äquivalente Definition der symmetrischen Differenz wäre übrigens

$$A \Delta B := (A \cup B) \setminus (A \cap B).$$

2.6 • Um eine Abbildung zu konstruieren, die injektiv, aber nicht surjektiv ist, darf nicht nach ganz M abgebildet werden, die Abbildung muss aber in beide Richtungen eindeutig sein. Mit der Vorschrift $f(n) = \frac{1}{2n}$ werden alle Elemente von M der Form $1/(2n+1)$ mit $n \in \mathbb{N}$ von f nicht „getroffen". Die Zordnung ist jedoch in beide Richtungen eindeutig.

Eine surjektive, aber nicht injektive Abbildung g muss nach ganz M abbilden, das darf allerdings nicht auf eine in beide Richtungen eindeutige Weise geschehen. Zumindest ein Element muss mindestens zweimal von der Abbildung „getroffen" werden. Mit der Vorschrift $g(2k-1) = \frac{1}{k}$, $g(2k) = \frac{1}{k}$ werden jeweils zwei Elemente von N auf ein Element von M abgebildet.

Die wohl einfachste bijektive Abbildung ist h mit $h(n) = \frac{1}{n}$. Hier sieht man sowohl Injektivität als auch Surjektivität unmittelbar.

Neben den schon angegebenen Abbildungen gibt es natürlich noch viele weitere. Eine injektive, aber nicht surjektive Abbildung kann man auch schon durch $f_2(n) = \frac{1}{n+1}$ erhalten. Dabei ist aus dem Bildelement eindeutig das Element der Wertemenge rekonstruierbar, das Element 1 der Wertemenge gehört aber nicht zum Bild.

Eine surjektive, aber nicht injektive Abbildung wäre $g_2(1) = 1$, $g_2(n) = \frac{1}{n-1}$ für $n \geq 2$. Dabei wird die gesamte Menge M als Bild erfasst, das Element $1 \in M$ ist allerdings das Bild von zwei Elementen, nämlich $1 \in N$ und $2 \in N$ – damit ist die Abbildung bereits nicht mehr injektiv.

Auch aus h mit $h(n) = \frac{1}{n}$ kann man über Vertauschungen andere bijektive Abbildungen erzeugen, etwa h_2 mit $h_2(1) = \frac{1}{2}$, $h_2(2) = 1$ und $h_2(n) = \frac{1}{n}$ für $n \geq 3$.

2.7 •• Bei zwei Aussagen gibt es vier mögliche Kombinationen von Wahrheitswerten, jeder davon kann entweder w oder f zugewiesen werden. Ingesamt gibt es also $N = 2^4 = 16$ verschiedene Junktoren, zu denen eben auch die vorgestellen $\wedge$, $\vee$, $\Rightarrow$ und $\Leftrightarrow$ gehören.

2.8 •• Die Aussage lautet „Für alle reellen Zahlen x und z gibt es eine reelle Zahl y, so dass $x \cdot y = z$ ist". Die Negation kann stufenweise erfolgen und führt von „Nicht für alle reellen Zahlen x und z gibt es eine reelle Zahl y, so dass $x \cdot y = z$ ist" über „Es gibt reelle Zahlen x und z, so dass es keine reelle Zahl y gibt, mit der $x \cdot y = z$ ist" hin zu „Es gibt reelle Zahlen x und z, so dass für alle reellen Zahlen y stets $x \cdot y \neq z$ ist".

Dass diese Negation und nicht die ursprüngliche Aussage wahr ist, sieht man sofort am Beispiel $x = 0$ und $z = 1$. Hingegen wäre die ursprüngliche Aussage wahr, würde man den Fall $x = 0$ von vornherein ausschließen.

2.9 •• Wir können die Negation gewissermaßen „durch" die Aussage schieben, wobei jeweils ein Quantor umklappt:

$$\neg(\forall x \in X\ \exists y \in Y\ \forall z \in Z : x \cdot y < z)$$
$$\exists x \in X\ \neg(\exists y \in Y\ \forall z \in Z : x \cdot y < z)$$
$$\exists x \in X\ \forall y \in Y \neg(\forall z \in Z : x \cdot y < z)$$
$$\exists x \in X\ \forall y \in Y\ \exists z \in Z : \neg(x \cdot y < z)$$
$$\exists x \in X\ \forall y \in Y\ \exists z \in Z : x \cdot y \geq z$$

2.10 •• Wir beweisen die erste Regel, indem wir zeigen, dass von den beiden Mengen $C_X(M_1 \cap M_2)$ und $C_X(M_1) \cup C_X(M_2)$ jede eine Teilmenge der anderen ist. Damit müssen sie gleich sein.

Liegt ein Element $x \in X$ in $C_X(M_1 \cap M_2)$, so kann es nicht in M_1 *und* M_2 liegen. Damit liegt es im Komplement von M_1 oder M_2 bezüglich X und deshalb in der Vereinigung $C_X(M_1) \cup C_X(M_2)$.

Umgekehrt muss ein $x \in X$, das in $C_X(M_1) \cup C_X(M_2)$ in $C_X(M_1)$ oder $C_X(M_2)$ liegen. Es kann kein Element von M_1 *und* M_2 sein, muss also in $C_X(M_1 \cap M_2)$ liegen.

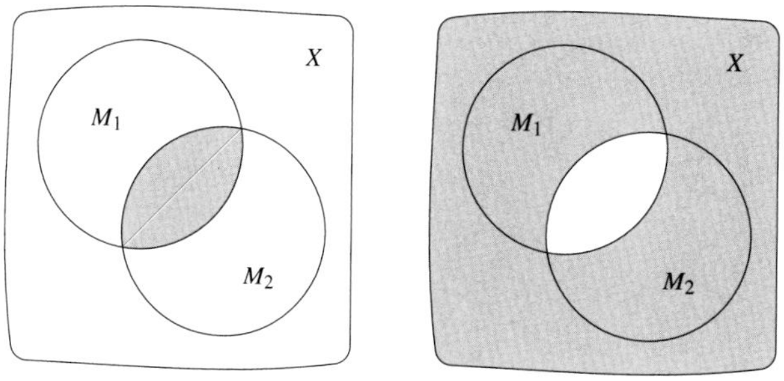

Abb. 2.23 Der Durchschnitt $M_1 \cap M_2$ zweier Mengen und sein Komplement $C_X(M_1 \cap M_2)$

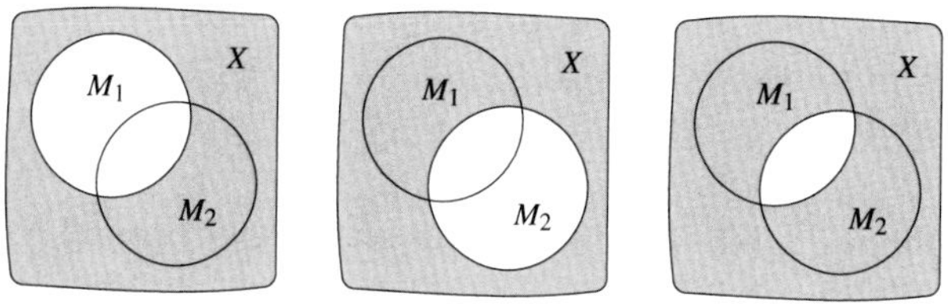

Abb. 2.24 Die Komplemente $C_X(M_1)$ und $C_X(M_2)$ und deren Vereinigung $C_X(M_1) \cup C_X(M_2)$

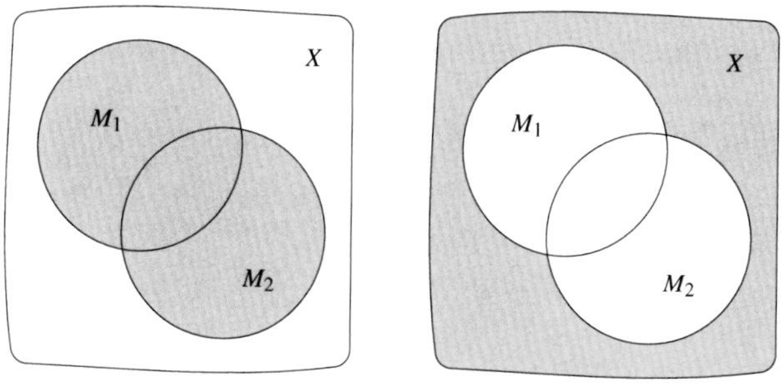

Abb. 2.25 Die Vereinigung $M_1 \cup M_2$ zweier Mengen und ihr Komplement $C_X(M_1 \cup M_2)$

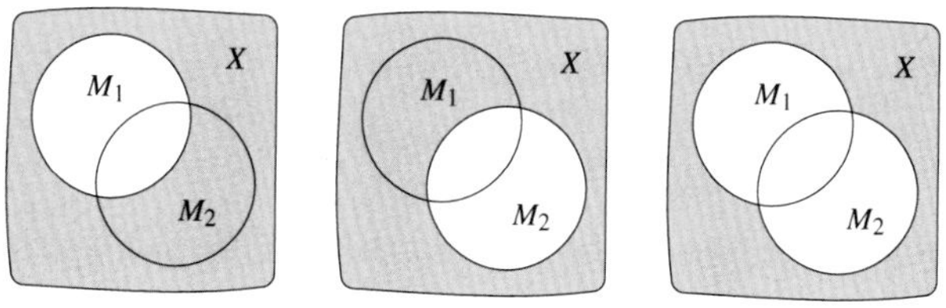

Abb. 2.26 Die Komplemente $C_X(M_1)$ und $C_X(M_2)$ und deren Durchschnitt $C_X(M_1) \cap C_X(M_2)$

Völlig analog können wir auch die zweite Regel beweisen. Die entsprechenden Venn-Diagramme sind in den Abb. 2.23 und 2.24 sowie 2.25 und 2.26 dargestellt.

2.11 •• Eine Abbildung $A_4 \to B_3$ kann surjektiv sein, aber niemals injektiv, da es im Wertebereich gar nicht genug Elemente gibt, um die Abbildung in beide Richtungen eindeutig zu machen. Ein Beispiel für eine surjektive, aber nicht injektive Abbildung wäre:

$$f_{43}(a_1) = b_1, \quad f_{43}(a_2) = b_2$$
$$f_{43}(a_3) = b_3, \quad f_{43}(a_4) = b_1$$

Entsprechend kann eine Abbildung $A_4 \to B_5$ niemals surjektiv sein, da es in der Wertemenge zu viele Elemente gibt, als dass jedes im Bild liegen könnte. Eine injektive, aber nicht surjektive Abbildung wäre:

$$f_{45}(a_1) = b_1, \quad f_{45}(a_2) = b_2$$
$$f_{45}(a_3) = b_3, \quad f_{45}(a_4) = b_4$$

Im Falle $A_4 \to B_4$ besitzt die Definitionsmenge gleich viele Elemente wie die Wertemenge. Damit lässt sich problemlos eine bijektive Abbildung konstruieren, etwa:

$$f_{44}(a_1) = b_1, \quad f_{44}(a_2) = b_2$$
$$f_{44}(a_3) = b_3, \quad f_{44}(a_4) = b_4$$

Wegen dieser genauen Übereinstimmung ist allerdings jede surjektive Abbildung gleichzeitig injektiv, und jede injektive Abbildung auch surjektiv.

2.12 •• (a) und (b) sind feststellende Sätze mit den eindeutigen Wahrheitswerte w und f. In (c) ist die Variable y frei, (e) ist eine Aussage mit dem Wahrheitswert w.

2.13 ••• Eine Möglichkeit, die Abzählbarkeit der Polynome zu zeigen, ist die folgende: Zunächst nummerieren wir die ganzen Zahlen mit null beginnend durch, also etwa $b_1 = 0$, $b_2 = 1$, $b_3 = -1$, $b_4 = 2, \ldots$ Nun betrachten wir alle Polynome vom Grad n, wobei wir für die Koeffizienten a_k jeweils alle Zahlen b_ℓ mit $\ell \leq n$ zulassen. Eines dieser Polynome ist identisch null und muss ausgeschlossen werden. Es verbleiben $n^{n+1} - 1$ Polynome, von denen jedes nur eine endliche Zahl von Nullstellen hat. Tatsächlich sind es höchstens n unterschiedliche reelle Nullstellen.

Damit ist die Zahl der Nullstellen aller Polynome vom Grad n endlich und kann von x_{i_n} bis x_{f_n} durchnummeriert werden. Dass dabei viele Nullstellen mehrfach vorkommen werden, soll uns hier nicht weiter stören. Nun betrachten wir der Reihe nach $n = 2$, $n = 3$, ... und nummerieren somit alle Nullstellen durch. Jedes mögliche Polynom mit ganzen Koeffizienten wird in dieser Abfolge irgendwann auftauchen; damit sind die algebraischen Zahlen abzählbar.

2.14 •••

- Wir lassen im folgenden Beweis der Kürze wegen die Indizierung $i \in I$ weg. Das Wort *„oder"* ist stets im Sinne der Aussagenlogik, also nicht ausschließend zu verstehen.

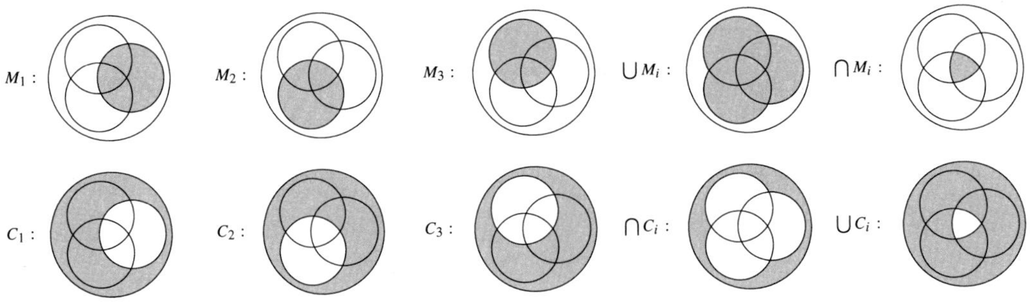

Abb. 2.27 Veranschaulichung der Regeln von de Morgan anhand dreier Mengen. Wir benutzen die Bezeichnung $C_i := C_X(M_i)$ für Komplemente bezüglich der Grundmenge X; die Durchschnitte und Vereinigungen gelten jeweils für $i = 1, 2, 3$

Damit ein Element x in $A \cup \bigcap B_i$ liegt, muss es in A oder im Durchschnitt aller B_i liegen. Es liegt demnach in A oder in jedem der B_i. Daher liegt es in jeder Menge $A \cup B_i$ und folgerichtig auch im Durchschnitt aller dieser Mengen, in $\bigcap(A \cup B_i)$.
Umgekehrt muss ein x, das in $\bigcap(A \cup B_i)$ liegt, in jeder der Mengen $A \cup B_i$ liegen. Das kann nur erfüllt sein, wenn es in A oder in *jeder* der Mengen B_i liegt. Damit liegt es sicher in $A \cup \bigcap B_i$.
Der Beweis des zweiten Gesetzes erfolgt analog.

- Wir beweisen auch hier nur die erste Regel, die Vorgehensweise ür die zweite ist vollkommen analog:

$$\begin{aligned} x \in C_X\left(\bigcup M\right) &\iff x \in X \text{ und } x \notin \bigcup M \\ &\iff x \in X \text{ und } \forall\, M \in F : x \notin M \\ &\iff \forall\, M \in F : x \in C_X(M) \\ &\iff x \in \bigcap C_X(M) \end{aligned}$$

Da diese Äquivalenz für jedes Element in $C_X(\bigcup M)$ und ebenso jedes in $\bigcap C_X(M)$ gilt, müssen die beiden Mengen identisch sein. Eine Darstellung der Regeln mittels Venn-Diagrammen erfolgt in Abb. 2.27.

2.15 ••• „Diese Aussage ist falsch." führt sowohl bei der Annahme, sie sei falsch, als auch bei der Annahme, sie sei wahr, immer auf Widersprüche.

Die Sache mit den Kretern ist da wesentlich diffiziler: Angenommen, Epimenides sagt die Wahrheit, und alle Kreter sind Lügner – im extremen Sinne dass sie immer die Unwahrheit sagen. In diesem Fall wäre auch seine Aussage unwahr und wir gelangen tatsächlich zu einem Widerspruch.

Nehmen wir nun an, Epimenides sage die Unwahrheit, und nicht alle Kreter seien Lügner. Das bedeutet, dass es zumindest einen Kreter geben muss, der die Wahrheit sagt – dabei braucht es sich aber nicht um Epimenides zu handeln. Dass die Aussage „alle Kreter sind Lügner" falsch ist, führt also auf keinerlei Widerspruch, solange Epimenides nicht der einzige Kreter ist.

Rechenaufgaben

2.16 • Wir führen den Beweis des ersten Gesetzes mittels Wahrheitstafel, der Beweis des zweiten erfolgt völlig analog:

A	B	C	$(A \wedge B)$	$\wedge$	C	$\Leftrightarrow$	A	$\wedge$	$(B \wedge C)$
w	*w*	*w*	*w*	*w*	*w*	***w***	*w*	*w*	*w*
w	*w*	*f*	*w*	*f*	*f*	***w***	*w*	*f*	*f*
w	*f*	*w*	*f*	*f*	*w*	***w***	*w*	*f*	*f*
w	*f*	*f*	*f*	*f*	*f*	***w***	*w*	*f*	*f*
f	*w*	*w*	*f*	*f*	*w*	***w***	*f*	*f*	*w*
f	*w*	*f*	*f*	*f*	*f*	***w***	*f*	*f*	*f*
f	*f*	*w*	*f*	*f*	*w*	***w***	*f*	*f*	*f*
f	*f*	*f*	*f*	*f*	*f*	***w***	*f*	*f*	*f*

Die Assoziativgesetze sind die Rechtfertigung für Schreibweisen wie $A_1 \vee A_2 \vee \ldots \vee A_n$ ohne Klammern.

2.17 • Beweis mittels Wahrheitstafel:

A	B	$(A$	$\wedge$	$(A \Rightarrow B))$	$\Rightarrow B$
w	*w*		*w*	*w*	***w***
w	*f*		*f*	*f*	***w***
f	*w*		*f*	*w*	***w***
f	*f*		*f*	*w*	***w***

2.18 • Beweis mittels Wahrheitstafel:

A	B	$(A \vee B)$	$\Leftrightarrow$	$\neg$	$(\neg A$	$\wedge$	$\neg B)$
w	*w*	*w*	***w***	*w*	*f*	*f*	*f*
w	*f*	*w*	***w***	*w*	*f*	*f*	*w*
f	*w*	*w*	***w***	*w*	*w*	*f*	*f*
f	*f*	*f*	***w***	*f*	*w*	*w*	*w*

A	B	$(A \wedge B)$	$\Leftrightarrow$	$\neg$	$(\neg A$	$\vee$	$\neg B)$
w	w	w	**w**	w	f	f	f
w	f	f	**w**	f	f	w	w
f	w	f	**w**	f	w	w	f
f	f	f	**w**	f	w	w	w

A	B	$(A \Rightarrow B)$	$\Leftrightarrow$ (	$(\neg A)$	$\vee$	B)
w	w	w	**w**	f	w	w
w	f	f	**w**	f	f	f
f	w	w	**w**	w	w	w
f	f	w	**w**	w	w	f

2.19 • Die Lösungen ergeben sich durch einfaches Benutzen der Definitionen. Zum Beispiel enthält $M_1 \cap M_2$ nur jene Elemente, die beiden Mengen gemeinsam sind – das ist lediglich das Element e. Wir erhalten

$$\begin{aligned}
M_1 \cap M_2 &= \{e\}\\
M_1 \cup M_2 &= \{a, b, c, d, e, f, g, h, i\}\\
M_1 \cap M_3 &= \{a, c, e\}\\
M_1 \cup M_3 &= \{a, b, c, d, e, g, i\}\\
M_2 \cap M_3 &= \{e, g, i\}\\
M_2 \cup M_3 &= \{a, c, e, f, g, h, i\}\\
M_1 \setminus M_2 &= \{a, b, c, d\}\\
M_2 \setminus M_1 &= \{f, g, h, i\}\\
M_1 \setminus M_3 &= \{b, d\}\\
M_2 \setminus M_3 &= \{f, h\}\\
\bigcap_{n=1}^{3} M_n &= \{e\}\\
\bigcup_{n=1}^{3} M_n &= \{a, b, c, d, e, f, g, h, i\}
\end{aligned}$$

2.20 •• Die folgenden Beziehungen sind einander jeweils äquivalent:

$$\begin{aligned}
& x \in M_1 \cup (M_2 \cap M_3)\\
&\iff x \in M_1 \vee x \in (M_2 \cap M_3)\\
&\iff x \in M_1 \vee (x \in M_2 \wedge x \in M_3)
\end{aligned}$$

und wegen $A \vee (B \wedge C) \iff (A \vee B) \wedge (A \vee C)$

$$\begin{aligned}
&\iff (x \in M_1 \vee x \in M_2) \wedge (x \in M_1 \vee x \in M_3)\\
&\iff x \in M_1 \cup M_2 \wedge x \in M_1 \cup M_3\\
&\iff x \in (M_1 \cup M_2) \cap (M_1 \cup M_3)
\end{aligned}$$

Die oben verwendete aussagenlogische Äquivalenz

$$A \vee (B \wedge C) \iff (A \vee B) \wedge (A \vee C)$$

lässt sich leicht mit Hilfe einer Wahrheitstafel zeigen.

2.21 •• Das Element x_1 sei in M_1 enthalten. Dann ist natürlich auch $x_1 \in M_1 \cup M_2$ und daher weiter $x_1 \in M_1 \cap (M_1 \cup M_2)$. x_2 sei nicht in M_1 enthalten. Dann kann es zwar Element von $M_1 \cup M_2$ sein (wenn es Element von M_2 ist), aber sicher nicht Element von $M_1 \cap (M_1 \cup M_2)$. Das heißt, alle Elemente von M_1 und nur diese sind auch Elemente von $M_1 \cap (M_1 \cup M_2)$, also ist tatsächlich $M_1 \cap (M_1 \cup M_2) = M_1$. Der Beweis von $M_1 \cup (M_1 \cap M_2) = M_1$ verläuft völlig analog.

Anwendungsprobleme

2.22 • Wir nennen S „Man ist von der Quantenmechanik schockiert" und V „Man hat die Quantenmechanik verstanden". Dann behauptet Bohr „$\neg S \Rightarrow \neg V$", Feynman, dass $\neg V$ eine wahre Aussage ist. Die Aussage „$\neg S \Rightarrow \neg V$" ist äquivalent mit „$V \Rightarrow S$", aber nicht mit „$\neg V \Rightarrow \neg S$". Man kann auch von der Quantenmechanik schockiert sein, ohne sie verstanden zu haben.

2.23 •• Angenommen A sei schuldig. Dann folgt daraus, dass B ebenfalls schuldig ist, entweder direkt oder als Mittäter von C. Die Schuld von B impliziert aber die Unschuld von A, d. h. dieser Fall liefert einen Widerspruch.

Demnach ist A auf jeden Fall unschuldig. Nun nehmen wir an, B sei ebenfalls unschuldig. Da mindestens einer der drei schuldig sein muss, muss dann C ein Täter sein. Damit ist B aber Mittäter, und die Annahme, B sei unschuldig wurde auf einen Widerspruch geführt.

B ist auf jeden Fall schuldig – entweder direkt oder als Mittäter von C. Ob C aber schuldig ist, lässt sich mit diesen Mitteln nicht feststellen.

Alternativ zur obigen Vorgehensweise könnte man den aussagenlogischen Ausdruck

$$(A \Rightarrow (B \vee C)) \wedge (B \Rightarrow \neg A) \wedge (C \Rightarrow B)$$

so weit wie möglich vereinfachen und daraus die Lösung ablesen.

2.24 •• Es ist klar, dass man nicht einfach „Welcher Weg führt zur Oase?" fragen darf; die Antwort könnte ebenso gut wahr wie falsch sein. Auch „Sagst du die Wahrheit?" bringt einen nicht weiter, außerdem hat man ja nur eine einzige Frage frei. Der Ausweg besteht darin, auf den anderen Bruder Bezug zu nehmen: Fragt man nämlich „Von welchem Weg würde dein Bruder sagen, dass er zur Oase führt?", so erhält man die gleiche Auskunft (egal welchen der beiden Brüder man fragt) – und weiß, dass man den anderen Weg nehmen muss.

2.25 •• Auf jeden Fall umdrehen muss man die Karten [A] und [7]. Auf der Rückseite von [A] müsste, sollte die Aussage wahr sein, eine gerade Zahl stehen, auf der Rückseite von [7] ein Konsonant. Was auf den Rückseiten der anderen beiden Karten steht, ist für die Überprüfung der Aussage hingegen irrelevant.

2.26 •••

- Für die disjunktive Normalform wollen wir Aussagen mit „Oder“ verbinden, die jeweils nur für *eine* spezielle Kombination der Eingangsvariablen wahr sind. Um das zu tun, suchen wir alle Einträge, für die H wahr ist; das ist zum Beispiel für $A = f$, $B = f$ und $C = w$ der Fall.
  Damit gerade diese und nur diese Kombination einen wahren Ausdruck liefert, muss man die Variablen zu $(\neg A) \wedge (\neg B) \wedge C$ kombinieren. Entsprechendes machen wir für jede Zeile, für die H wahr ergibt. Die Ausdrücke für die einzelnen Zeilen können wir nun mittels $\vee$ kombinieren. Damit genügt es, wenn die Bedingung für eine Zeile erfüllt ist, um insgesamt „wahr“ zu erhalten.
  Das ergibt in diesem Beispiel:

$$\begin{aligned} H \Leftrightarrow \big(& (A \wedge B \wedge C) \\ & \vee ((\neg A) \wedge B \wedge C) \\ & \vee ((\neg A) \wedge (\neg B) \wedge C) \\ & \vee ((\neg A) \wedge (\neg B) \wedge (\neg C))\big) \end{aligned}$$

  Für die konjunktive Normalform müssen wir die Argumentation gerade umdrehen. Hier orientieren wir uns an jenen Zeilen, die ein f liefern. Das ist zum Beispiel für $A = w$, $B = w$ und $C = f$ so. Nun *negieren* wir die wahren Eingangsvariablen und verbinden alle mit „Und“ zu $(\neg A) \vee (\neg B) \vee C$. Genau für die Kombination $A = w$, $B = w$ und $C = f$ ist dieser Ausdruck falsch.
  Wieder führen wir die entsprechende Prozedur für alle Zeilen durch, die „falsch“ liefern und verbinden sie mit „Und“. Wenn eine der so erfassten Kombinationen vorliegt, ist der Gesamtausdruck „falsch“, sonst „wahr“,

$$\begin{aligned} H \Leftrightarrow \big(& ((\neg A) \vee (\neg B) \vee C) \\ & \wedge ((\neg A) \vee B \vee (\neg C)) \\ & \wedge ((\neg A) \vee B \vee C) \\ & \wedge (A \vee (\neg B) \vee C)\big) \end{aligned}$$

- Sind mehr resultierende Einträge wahr, so ist die konjunktive Normalform einfacher. Sind mehr falsch, so ist die disjunktive Normalform vorteilhaft.
- Die Ausdrücke, die man per Normalform erhält, lassen sich oft noch vereinfachen, indem man die logischen Distributivgesetze und die für beliebige Aussagen A gültigen Beziehungen

$$A \wedge (\neg A) = f \quad \text{und} \quad A \vee (\neg A) = w$$

  sowie

$$f \vee A \Leftrightarrow A \quad \text{und} \quad w \wedge A \Leftrightarrow A$$

  benutzt. Hier ergibt dieses Vorgehen beispielsweise für die disjunktive Normalform

$$\begin{aligned} H & \Leftrightarrow \big(((A \vee (\neg A)) \wedge B \wedge C) \\ & \qquad \vee ((\neg A) \wedge (\neg B) \wedge (C \vee (\neg C)))\big) \\ & \Leftrightarrow \big((w \wedge B \wedge C) \vee ((\neg A) \wedge (\neg B) \wedge w)\big) \\ & \Leftrightarrow \big((B \wedge C) \vee ((\neg A) \wedge (\neg B))\big). \end{aligned}$$

Kapitel 3

Aufgaben

Verständnisfragen

3.1 • Welche Probleme hat das folgende Vorgehen zur Lösung der Gleichung $x^3 - 2x^2 + x = 0$?

$$\begin{aligned} x^3 - 2x^2 + x &= 0 \quad \big|/x \\ x^2 - 2x + 1 &= 0 \\ (x-1)^2 &= 0 \quad \big|\sqrt{\ldots} \\ x - 1 &= 0 \\ x &= 1 \end{aligned}$$

3.2 • Können Angaben von Werten über 100% sinnvoll sein?

3.3 • Warum werden leere Summen gleich null, leere Produkte aber gleich eins gesetzt?

3.4 • Bestimmen Sie die Summe aller natürlichen Zahlen von eins bis tausend.

3.5 • Scheitert der Beweis von „$2n + 1$ ist für alle $n \geq 100$ eine gerade Zahl" am Induktionsanfang, am Induktionsschritt oder an beidem?

3.6 • Die Zahlen a_k mit $k \in \mathbb{N}$ seien beliebig aus $\mathbb{R}$. Eine Summe der Form

$$T_n = \sum_{k=1}^{n-1} (a_{k+1} - a_k)$$

nennt man eine *Teleskopsumme*. Bestimmen Sie eine geschlossene Formel für den Wert einer solchen Summe und beweisen Sie sie mit Indexverschiebungen sowie mittels vollständiger Induktion.

3.7 •• Finden Sie zusätzlich zu den bereits im Text angegebenen Beispielen eine Aussage, die für alle $n \in \mathbb{N}$ falsch ist, für die sich der Induktionsschritt aber trotzdem durchführen lässt.

3.8 •• Beweisen oder widerlegen Sie:

$$p_n = n^2 - n + 41$$

ist für alle $n \in \mathbb{N}$ eine Primzahl.

3.9 •• Seltener als mit dem Binomialkoeffizienten hat man es mit seiner Verallgemeinerung, dem **Multinomialkoeffizienten** zu tun. Dieser ist definiert als

$$\binom{n}{\{k_1, \ldots, k_m\}} = \frac{n!}{k_1!\,k_2!\ldots k_m!}$$

mit Zahlen $k_i \in \mathbb{N}_0$, die zusätzlich die Bedingung

$$k_1 + k_2 + \ldots + k_m = n$$

erfüllen. Im Fall $m = 2$ reduziert sich das mit $k_1 = k$ und $k_2 = n - k$ auf den bekannten Binomialkoeffizienten. „Echte" Multinomialkoeffizienten treten dann auf, wenn man ein Multinom, also eine Summe mit mehr als zwei Summanden potenziert:

$$\begin{aligned} &(a_1 + a_2 + \ldots + a_m)^n \\ &\quad = \sum_{k_1+\ldots+k_m=n} \binom{n}{\{k_1, \ldots, k_m\}} a_1^{k_1}\, a_2^{k_2} \ldots a_m^{k_m} \end{aligned}$$

Bestimmen Sie die Multinomialkoeffizienten für $n = 2$ und $m = 3$ und ermitteln Sie damit ohne Ausmultiplizieren den Ausdruck $(a + b + c)^2$.

3.10 ••• Beweisen Sie die allgemeine binomische Formel

$$(a+b)^n = \sum_{k=0}^{n} \binom{n}{k} a^k\, b^{n-k}$$

für $n \in \mathbb{N}_0$ mittels vollständiger Induktion.

T. Arens et al., *Arbeitsbuch Mathematik*, https://doi.org/10.1007/978-3-662-64391-4_2

3.11 ••• Finden Sie den Fehler im folgenden „Beweis" dafür, dass der Mars bewohnt ist:

Satz: Wenn in einer Menge von n Planeten einer bewohnt ist, dann sind alle bewohnt.

Beweis mittels vollständiger Induktion:

$n = 1$: trivial

$n \to n + 1$: Laut Annahme sind von einer Menge von n Planeten alle bewohnt, sobald nur einer bewohnt ist. Nun betrachten wir eine Menge von $n + 1$ Planeten (die wir willkürlich mit p_1 bis p_{n+1} bezeichnen). Von diesen schließen wir vorläufig einen aus unsere Betrachtungen aus, z. B. p_{n+1}. Wenn von der übriggebliebenen Menge von n Planeten nur einer bewohnt ist, sind laut Annahme alle bewohnt. Nun schließen wir von den n bewohnten Planeten einen aus, z. B. p_1, und nehmen p_{n+1} wieder hinzu. Wir erhalten wieder eine Menge von n Planeten, die bis auf p_{n+1} alle bewohnt sind. Auf jeden Fall ist einer bewohnt, demnach alle, also ist auch p_{n+1} bewohnt.

Korollar: Der Mars ist bewohnt.

Beweis: Betrachten Sie die n Planeten des Sonnensystems. Je nach aktueller Meinung zum Status des Pluto ist $n = 8$ oder $n = 9$, doch auf jeden Fall ist n endlich. Die Erde ist bewohnt, damit sind alle Planeten des Sonnensystems bewohnt – auch der Mars.

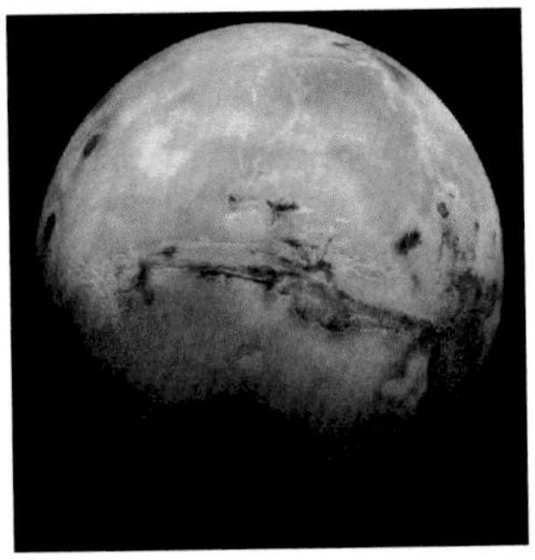

3.12 • Neben den auf S. 89 erwähnten logischen Verknüpfungen `&` und `|` gibt es auch die Varianten `&&` und `||`. Bei einer Verknüpfung `a&&b` bzw. `a||b` wird die Bedingung `b` gar nicht überprüft, wenn das Ergebnis durch den Wert von `a` bereits festgelegt ist (*shortcut operators*).

Wann ist das der Fall? Welche Vorteile hat das?

3.13 •• Im Beispiel-Code für die Funktion `check_pos` auf S. 89 wird das Argument zuerst mit `isnumeric` darauf überprüft, ob es sich um einen numerischen Wert handelt. Danach erfolgt mit `isreal` die Überprüfung, ob es sich um eine reelle Zahl handelt. Das sieht auf den ersten Blick redundant aus, ist es aber nicht.

Finden Sie ein Argument `x`, für das `isreal(x)` den Wert `true` liefert, obwohl es sich bei `x` dem Anschein nach nicht einmal um eine Zahl handelt. Welche Erklärung haben Sie für dieses Verhalten?

Rechenaufgaben

3.14 • Ein müder Floh springt zuerst einen Meter, dann nur mehr einen halben, dann gar nur mehr einen viertel Meter, kurz bei jedem Sprung schafft er nur mehr die Hälfte der vorangegangenen Distanz. Wie weit ist er nach sieben Sprüngen gekommen?

3.15 • Vereinfachen Sie die folgenden Ausdrücke so weit wie möglich. Dabei ist $x \in \mathbb{R}_{>0}$:

$$A_1 = |5 - |2 - 3||$$
$$A_2 = \frac{x^2 - 1}{x + 1}$$
$$A_3 = \frac{|x^2 - 1|}{|(x + 1)^2|}$$
$$A_4 = 4^{(3^2)} - \left(4^3\right)^2$$
$$A_5 = \frac{9 + x + x^2 + 5x}{|-3| + \left(\sqrt{x}\right)^2}$$

3.16 •• Bestimmen Sie alle $x \in \mathbb{R}$, für die gilt:

$$\left|x^2 - 4\right| - \left|x + 2\right| \left(x^2 + x - 6\right) > 0$$

3.17 • Zeigen Sie dass (sofern in den folgenden Ausdrücken die Nenner nicht verschwinden) stets gilt:

$$\frac{a}{b} = \frac{c}{d} \quad \to \quad \frac{a}{a \pm b} = \frac{c}{c \pm d}.$$

Diese Regel ist als **korrespondierende Addition** bekannt. Versuchen Sie, eine analoge Regel auch für Ungleichungen (unter der Voraussetzung $\frac{a}{b} < \frac{c}{d}$) zu finden.

3.18 • Beweisen Sie mittels vollständiger Induktion für alle natürlichen n:

$$\sum_{k=1}^{n} (2k + 1) = n\,(n + 2)$$

3.19 • Beweisen Sie für $n \in \mathbb{N}_{\geq 2}$:

$$\prod_{k=2}^{n} (k - 1) = (n - 1)!$$

3.20 •• Bestimmen Sie alle $x \in \mathbb{R}$, die die Ungleichung

$$\frac{|x - 2| \cdot (x + 2)}{x} < |x|$$

erfüllen.

3.21 •• Beweisen Sie die Pascal'sche Formel (3.11),

$$\binom{n+1}{k+1} = \binom{n}{k} + \binom{n}{k+1}$$

durch Aufspalten der Binomialkoeffizienten in Fakultäten.

3.22 •• Beweisen Sie für alle $n \in \mathbb{N}$:

$$\sum_{k=1}^{n} k \cdot 2^k = 2 + 2^{n+1} \cdot (n-1)$$

$$\sum_{k=1}^{n} (-1)^{k+1} k^2 = (-1)^{n+1} \frac{n\,(n+1)}{2}$$

3.23 •• Beweisen Sie mittels Induktion für alle natürlichen n:

- $n^3 + 5n$ ist durch 6 teilbar
- $11^{n+1} + 12^{2n-1}$ ist durch 133 teilbar
- $3^{(2^n)} - 1$ ist durch 2^{n+2} teilbar

3.24 •• $x \in \mathbb{R}$ sei eine feste Zahl, und es sei $p_1(x) = 1 + x$. Nun definieren wir für $n \in \mathbb{N}$:

$$p_{n+1}(x) = (1 + x^{(2^n)}) \cdot p_n(x)$$

Finden Sie einen expliziten Ausdruck für $p_n(x)$ und beweisen Sie dessen Gültigkeit mittels vollständiger Induktion.

3.25 •• Beweisen Sie mittels Induktion für alle natürlichen Zahlen n:

$$\sum_{k=1}^{n} k^3 = \left(\sum_{k=1}^{n} k\right)^2$$

3.26 •• Betrachten Sie eine Menge von reellen Zahlen x_k, wobei entweder alle $x_k \in (-1, 0)$ oder alle $x_k > 0$ sind. Beweisen Sie für diese die *verallgemeinerte Bernoulli-Ungleichung*

$$\prod_{k=1}^{n} (1 + x_k) \geq 1 + \sum_{k=1}^{n} x_k$$

mittels vollständiger Induktion.

3.27 •• Beweisen Sie für alle $n \in \mathbb{N}$:

$$\sum_{k=0}^{n} \binom{n}{k} = 2^n$$

$$\sum_{k=0}^{n} (-1)^k \binom{n}{k} = 0$$

3.28 ••

1. Zeigen Sie, dass für beliebige positive Zahlen x und y stets die Ungleichung

$$\frac{x}{y} + \frac{y}{x} \geq 2$$

gilt.

2. Die Zahlen a_k mit $k \in \mathbb{N}$ seien alle positiv. Zeigen Sie, dass stets

$$\left(\sum_{k=1}^{n} a_k\right) \cdot \left(\sum_{k=1}^{n} \frac{1}{a_k}\right) \geq n^2$$

gilt.

3.29 ••• Beweisen Sie für alle $n \in \mathbb{N}_{\geq 2}$:

$$\prod_{k=2}^{n} \left(1 - \frac{2}{k\,(k+1)}\right) = \frac{1}{3}\left(1 + \frac{2}{n}\right)$$

3.30 ••• Man zeige für $n \in \mathbb{N}$:

$$\sum_{k=0}^{n-1} (n+k)\,(n-k) = \frac{n\,(n+1)\,(4n-1)}{6}$$

Anwendungsprobleme

3.31 • Zehn Katzen fangen in zehn Minuten zehn Mäuse. Wie viele Mäuse fangen hundert Katzen in hundert Minuten?

3.32 • Ein Erfinder stellt drei Maßnahmen vor, die jeweils den Energieverbrauch eines Motors reduzieren sollen. Die erste verringert den Verbrauch um 20%, die zweite um 30% und die dritte gar um 50%. Kann der Verbrauch des Motors mit allen drei auf null reduziert werden? Wenn nein, auf wie viel dann?

3.33 • Wieder taucht der Erfinder aus der vorherigen Aufgabe auf, diesmal mit einer Vorrichtung, die den Stromverbrauch von Glühlampen um 250% reduzieren soll. Was kann das bedeuten?

3.34 • Drei Firmen haben anfangs den gleichen Jahresumsatz. Der Umsatz von A bleibt in den darauffolgenden Jahren gleich. Der Umsatz von B nimmt zuerst um 50% zu und dann um 50% ab. Bei C hingegen nimmt der Umsatz zuerst um 50% ab, dann um 50% zu. Vergleichen Sie den Jahresumsatz der Firmen am Ende dieser Entwicklung.

3.35 • Für zwei in Serie geschaltete Widerstände R_1 und R_2 gilt

$$R_{\text{ges}} = R_1 + R_2,$$

bei Parallelschaltung erhält man

$$\frac{1}{R_{\text{ges}}} = \frac{1}{R_1} + \frac{1}{R_2}.$$

Beweisen Sie mittels vollständiger Induktion, dass für eine beliebige Zahl n von Widerständen bei serieller Schaltung

$$R_{\text{ges}} = \sum_{k=1}^{n} R_k,$$

und bei Parallelschaltung

$$\frac{1}{R_{\text{ges}}} = \sum_{k=1}^{n} \frac{1}{R_k}$$

gilt.

3.36 •• Ein Schwimmbecken kann mit drei Pumpen A, B und C gefüllt werden. A benötigt allein 2400 Minuten, B allein 1500 und C allein 4000 Minuten. Wie lange benötigen alle drei Pumpen zusammen?

3.37 •• Betrachten Sie den inelastischen Stoß auf S. 67 und bestimmen Sie die Menge an kinetischer Energie, die bei diesem Prozess in andere Energieformen umgewandelt wird.

3.38 • Lösen Sie die folgenden wichtigen Formeln aus Physik und Technik jeweils nach allen vorkommenden Größen auf:

(a) Für den zurückgelegten Weg s einer Bewegung bei gleichmäßiger Beschleunigung a gilt nach der Zeit t:

$$s = \frac{1}{2} a\, t^2 .$$

(b) Das *Aktionsprinzip* der Newton'schen Mechanik gibt zwischen der Kraft F, die auf einen Körper der Masse m wirkt, und der Beschleunigung, die dieser Körper erfährt, den Zusammenhang

$$F = m\, a$$

an.

(c) Das Newton'sche Gravitationsgesetz ergibt für die Kraft F zwischen zwei Punktmassen m_1 und m_2 im Abstand r

$$F = G\, \frac{m_1\, m_2}{r^2},$$

wobei G die *Gravitationskonstante* ist.

(d) Nach dem dritten Kepler'schen Gesetz verhalten sich die Quadrate der Umlaufzeiten t_1, t_2 zweier Planeten wie die Kuben der großen Halbachsen a_1, a_2 ihrer Umlaufbahnen,

$$\frac{t_1^2}{t_2^2} = \frac{a_1^3}{a_2^3}.$$

(e) Die Gesamtenergie W eines harmonisch schwingenden Körpers der Masse m, der mit einer Feder der Federkonstante k eingespannt ist, beträgt

$$W = \frac{m}{2} v^2 + \frac{k}{2} x^2,$$

wobei x die Position und v die Geschwindigkeit des Körpers bezeichnet.

(f) Brennweite f, Gegenstandweite g und Bildweite b einer Linse sind durch die Gleichung

$$\frac{1}{f} = \frac{1}{g} + \frac{1}{b}.$$

verknüpft.

(g) Beim senkrechten Einfall eines Lichtstrahls auf die Grenzschicht zwischen zwei Medien mit Brechzahlen n_1 und n_2 gilt für das Reflexionsvermögen R

$$R = \left(\frac{n_1 - n_2}{n_1 + n_2}\right)^2 .$$

(h) Für den Wirkungsgrad η eines Carnot-Prozesses, der zwischen den beiden Temperaturniveaus T_1 und T_2 mit $T_1 > T_2 > 0$ läuft, gilt

$$\eta = \frac{T_1 - T_2}{T_1}.$$

(i) Zwischen Widerstand R, Stromstärke I und Spannung U besteht in einem Leiter der Zusammenhang

$$U = R \cdot I .$$

(j) Die Masse m eines Körpers der Ruhemasse m_0, der sich mit Geschwindigkeit v bewegt, ist nach der speziellen Relativitätstheorie

$$m = \frac{m_0}{\sqrt{1 - \left(\frac{v}{c}\right)^2}},$$

wobei c die konstante Vakuumlichtgeschwindigkeit bezeichnet.

(k) Springt das Elektron des Wasserstoffatoms von einem Orbital der Hauptquantenzahl $m \in \mathbb{N}$ in eines mit Hauptquantenzahl $n \in \mathbb{N}$, $n < m$ zurück, so gilt für die Energie W des emittierten Photons

$$W = R \left(\frac{1}{n^2} - \frac{1}{m^2}\right),$$

wobei R die *Rydberg-Konstante* bezeichnet.

Hinweise

Verständnisfragen

3.1 • Ist der Schritt in der ersten Zeile für alle $x \in \mathbb{R}$ möglich? Wo geht eine implizite Annahme ein?

3.2 • Kann etwa das Verkehrsaufkommen auf einer Straße um 120% zunehmen?

3.3 • Welchen Effekt will man bei leeren Summen bzw. Produkten erreichen?

3.4 • Benutzen Sie die arithmetische Summenformel.

3.5 • Überprüfen Sie, ob sich der Induktionsschritt vollziehen lässt, ob also aus der Ungeradheit von $2n + 1$ auch die Ungeradheit von $2(n + 1) + 1$ folgen würde. Ist die Aussage für $n = 100$ wahr?

3.6 • Schreiben Sie T_1, T_2, T_3 explizit an und versuchen Sie, ein Muster zu erkennen.

3.7 •• Sie können zum Beispiel eine gültige Summenformel so modifizieren, dass der Induktionsschritt unbeeinflusst bleibt.

3.8 •• Überlegen Sie, ob die so definierte Zahl p_n für beliebige $n \in \mathbb{N}$ prim sein kann.

3.9 •• Spielen Sie alle Möglichkeiten durch, mit $m = 3$ Zahlen $n_i \in \mathbb{N}_0$ in Summe $n = 2$ zu erhalten.

3.10 ••• Benutzen Sie nach geeigneter Indexverschiebung die Pascal'sche Formel (3.11) in der Form

$$\binom{n+1}{k} = \binom{n}{k-1} + \binom{n}{k}.$$

3.11 ••• Lässt sich der Induktionsschritt für alle n durchführen?

3.12 • Überlegen Sie, unter welchen Umständen das Ergebnis einer *und*- bzw. *oder*-Verknüpfung bereits durch eine logische Variable festgelegt ist.

3.13 •• Was liefert `isreal` für Zeichenketten? Wie könnte in MATLAB® (das standardmäßig mit komplexen Zahlen rechnet) die Überprüfung, ob eine Zahl reell ist, aussehen?

Rechenaufgaben

3.14 • Es handelt sich um eine geometrische Summe, für die man nur die entsprechende Summenformel anwenden muss.

3.15 • Benutzen Sie die Rechenregeln für Brüche, Potenzen und Beträge, wie sie in den Abschn. 3.1 und 3.3 angegeben sind.

3.16 •• Gehen Sie wie bei den Beispielen auf S. 71 vor. Welche Bereiche sind hier zu unterscheiden?

3.17 • Schreiben Sie die Voraussetzung $\frac{a}{b} = \frac{c}{d}$ in bruchfreier Form und addieren Sie einen Term, der Ihnen erlaubt, auf der linken Seite a und auf der rechten c herauszuheben. Sie können auch mit der zu beweisenden Gleichung $\frac{a}{a+b} = \frac{c}{c+d}$ beginnen und diese durch Äquivalenzumformungen zu $\frac{a}{b} = \frac{c}{d}$ vereinfachen.

3.18 • Das Vorgehen erfolgt analog zu dem auf S. 83 für die arithmetische Summenformel.

3.19 • Induktionsbeweis mit Induktionsanfang bei $n = 2$ oder Beweis per Indexverschiebung.

3.20 •• Gehen Sie wie bei den Beispielen auf S. 71 vor. Welche Bereiche sind hier zu unterscheiden?

3.21 •• Spalten Sie die Binomialkoeffizienten gemäß Definition in Quotienten von Fakultäten auf. Beginnen Sie mit $\binom{n}{k} + \binom{n}{k+1}$ und heben Sie aus der Summe so viele gemeinsame Faktoren wie möglich heraus.

3.22 •• Es handelt sich in beiden Fällen um Standard-Induktionsbeweise, wie sie in Abschn. 3.5 behandelt werden.

3.23 •• Orientieren Sie sich am Beispiel auf S. 85. Eine Fallunterscheidung oder die Anwendung einer binomischen Formel kann unter Umständen notwendig sein.

3.24 •• Bestimmen Sie die Ausdrücke für $p_2(x)$, $p_3(x)$ und $p_4(x)$, und versuchen Sie, ein Muster zu erkennen.

3.25 •• Hier ist es besonders hilfreich, die Induktionsbehauptung so umzuschreiben, dass bei den später notwendigen Umformungen klar ist, worauf diese abzielen.

3.26 •• Mit den gemachten Annahmen ist $1 + x_k > 0$.

3.27 •• Setzen Sie in die binomische Formel (3.10) geeignete Werte ein.

3.28 •• Schreiben Sie im ersten Teil die Ungleichung auf ein vollständiges Quadrat um und beweisen Sie den zweiten Teil mittels vollständiger Induktion unter Zuhilfenahme des ersten.

3.29 ••• Spalten Sie im Produkt in der Induktionsbehauptung den letzten Faktor ab, benutzen Sie die Induktionsannahme und vereinfachen Sie das Ergebnis.

3.30 ••• Bei diesem Induktionsbeweis ist es günstig, mit der linken Seite der Behauptung zu beginnen und die Summe so aufzuspalten, dass man einerseits die linke Seite der Annahme erhält, andererseits nur Summen, die sich leicht auswerten lassen. Man beachte insbesondere, dass Summen, in deren Summanden der Summationsindex nicht vorkommt, einfache Produkte sind.

Anwendungsprobleme

3.31 • Es sind nicht hundert; hier liegt wieder ein doppelter Dreisatz vor.

3.32 • Die Prozentangaben sind jeweils auf den neuen Ausgangswert zu beziehen.

3.33 • Kann sich die Prozentangabe realistischerweise auf den Ausgangsverbrauch beziehen?

3.34 • Die Prozentangaben sind jeweils auf den letzten Wert zu beziehen.

3.35 • Der Induktionsanfang ist schon gemacht; für den Induktionsschritt fassen Sie jeweils n Widerstände zu einem zusammen, dessen Widerstand Sie nach Induktionsannahme bereits kennen.

3.36 •• Betrachten Sie Füllraten (Volumen pro Zeit); die Gesamtfüllrate ist die Summe der drei einzelnen Füllraten. Es kann hilfreich sein, das unbekannte Gesamtvolumen V explizit einzuführen.

3.37 •• Die kinetische Energie des Stoßprodukts ist durch $E = (m_1 + m_2)\, w^2/2$ gegeben. Bestimmen Sie die Differenz ΔE zwischen der ursprünglichen kinetischen Energie und diesem Ausdruck.

3.38 • In allen Fällen sind einfache Umformungen ausreichend. Manchmal ergibt sich durch Wurzelziehen ein Doppelvorzeichen, dann ist zu überlegen, ob negative Werte für die entsprechende Größe sinnvoll sind.

Lösungen

Verständnisfragen

3.1 • Die Lösung $x = 0$ geht verloren.

3.2 • Ja.

3.3 • Um sie „wirkungslos“ zu machen.

3.4 • 500 500.

3.5 • Am Induktionsanfang.

3.6 • $T_n = a_n - a_1$

3.7 •• Ein Beispiel wäre die Gültigkeit der Summenformel $\sum_{k=1}^{n} k = 42 + \frac{n\,(n+1)}{2}$ für alle $n \in \mathbb{N}$.

3.8 •• Die Zahl p_n ist nicht für alle $n \in \mathbb{N}$ prim.

3.9 •• $(a+b+c)^2 = a^2 + b^2 + c^2 + 2ab + 2ac + 2bc$

3.10 ••• –

3.11 ••• Im Induktionsschritt $n \to n+1$ wird implizit $n \geq 2$ vorausgesetzt.

3.12 • `a=false` → `a&&b=false`, daher wird `b` nicht mehr ausgewertet; analog für `a=true` und `a||b`.

3.13 •• z. B. `x='a'`

Rechenaufgaben

3.14 • $s = 127/64$

3.15 • $A_1 = 4$, $A_2 = x - 1$, $A_3 = |(x-1)/(x+1)|$, $A_4 = 258\,048$, $A_5 = 3 + x$.

3.16 •• $L = (-4, 2) \setminus \{-2\} = (-4, -2) \cup (-2, 2)$

3.17 • Wenn a, b, c und d alle positiv sind, folgt aus $\frac{a}{b} < \frac{c}{d}$ völlig analog zum Gleichungsfall $\frac{a}{a+b} < \frac{c}{c+d}$.

3.18 • –

3.19 • –

3.20 •• $L = \{x \,|\, x < 0 \vee x > \sqrt{2}\}$

3.21 •• –

3.22 •• –

3.23 •• –

3.24 •• $p_n(x) = \sum_{k=0}^{2^n-1} x^k$

3.25 •• –

3.26 •• –

3.27 •• –

3.28 •• –

3.29 ••• –

3.30 ••• –

Anwendungsprobleme

3.31 • Sie fangen tausend Mäuse.

3.32 • Nein, bestenfalls auf 28%.

3.33 • Die Lampe würde Energie liefern, statt sie zu verbrauchen!

3.34 • Für die Umsätze U gilt $U_B = U_C = 0.75\, U_A$.

3.35 • –

3.36 •• 750 Minuten.

3.37 •• $\Delta E = m_1 m_2/(m_1 + m_2) \cdot (v_1 - v_2)^2/2$.

3.38 • Zum Beispiel erhält man:

(a) $a = 2s/t^2$, $t = \sqrt{2s/a}$

(b) $m = F/a$, $a = F/m$

(c) $G = F\,r^2/(m_1 m_2)$, $r = \sqrt{G\, m_1 m_2/F}$, $m_1 = F\,r^2/(G\,m_2)$, $m_2 = F\,r^2/(G\,m_1)$

Lösungswege

Verständnisfragen

3.1 • Im ersten Schritt geht eine Lösung verloren. Statt durch x zu dividieren, sollte man es ausklammern und im entstandenen Produkt jeden Faktor getrennt null setzen:

$$x\,(x^2 - 2x + 1) = 0$$

Zusätzlich zur Doppellösung $x = 1$ erhält man dann noch die einfache Lösung $x = 0$.

Des Weiteren wird in der beim Ziehen der Wurzel implizit $x - 1 \geq 0$ vorausgesetzt; dabei geht allerdings keine Lösung verloren.

3.2 • In bestimmten Fällen machen Prozentangaben von über 100% durchaus Sinn, etwa bei besonders drastischen Zunahmen. Für einen Anteil (oder eine Abnahme) hingegen sind 100% die absolute Obergrenze.

3.3 • In beiden Fällen möchte man erreichen dass eine derartige *leere* Konstruktion „nichts tut“. Bei einer Summe ist es klar: Wenn zu einem beliebigen Ausdruck null addiert wird, ändert sich nichts. Das *neutrale Element* der Multiplikation ist aber die Eins – damit ein leeres Produkt so wenig Schaden wie möglich anrichtet, setzt man es definitionsgemäß gleich eins.

3.4 • Wir erhalten mit der arithmetischen Summenformel

$$\sum_{k=1}^{1000} = 1 + 2 + \ldots + 1000 = \frac{1000 \cdot 1001}{2} = 500\,500.$$

3.5 • 201 ist ungerade, womit der Induktionsanfang nicht gegeben ist, der Induktionsschritt hingegen lässt sich vollziehen:

$$2\,(n+1) + 1 = \underbrace{2n+1}_{\text{gerade nach Annahme}} + 2$$

wäre gerade.

3.6 • In dieser Summe kommen alle Beiträge bis auf den ersten und den letzten zweimal mit jeweils unterschiedlichem Vorzeichen vor. Diese Terme fallen weg und man erhält $T_n = a_n - a_1$.

Das lässt sich formal am einfachsten mittels Indexverschiebung zeigen:

$$\begin{aligned}T_n &= \sum_{k=1}^{n-1}(a_{k+1}-a_k) = \sum_{k=1}^{n-1}a_{k+1} - \sum_{k=1}^{n-1}a_k\\ &= \sum_{k=2}^{n}a_k - \sum_{k=1}^{n-1}a_k = \sum_{k=2}^{n-1}a_k + a_n - a_1 - \sum_{k=2}^{n-1}a_k\\ &= a_n - a_1\end{aligned}$$

Die Gültigkeit dieser Formel lässt sich auch mittels vollständiger Induktion beweisen. Für den Induktionsanfang erhalten wir bei $n = 1$ die wahre Aussage $0 = a_1 - a_1$. Der Induktionsschritt $n \to n+1$ ergibt nun:

$$\begin{aligned}T_{n+1} &= \sum_{k=1}^{n}(a_{k+1}-a_k) =\\ &= \sum_{k=1}^{n-1}(a_{k+1}-a_k) + a_{n+1} - a_n \overset{\text{Ann.}}{=}\\ &= a_n - a_1 + a_{n+1} - a_n =\\ &= a_{n+1} - a_1\end{aligned}$$

3.7 •• Für

$$\sum_{k=1}^{n} k = 42 + \frac{n(n+1)}{2}$$

schlägt der Induktionsanfang klarerweise fehl. Für den Induktionsschritt hingegen erhalten wir:

$$\begin{aligned}\sum_{k=1}^{n+1} k &= \sum_{k=1}^{n} k + (n+1) \overset{\text{Ann.}}{=}\\ &= 42 + \frac{n(n+1)}{2} + (n+1)\\ &= 42 + \frac{(n+1)(n+2)}{2}\end{aligned}$$

3.8 •• Betrachten Sie zum Beispiel $n = 41$. Dafür erhalten wir

$$p_{41} = 41^2 - 41 + 41 = 41 \cdot 41$$

was keine Primzahl sein kann.

3.9 •• Wir erhalten

$$\begin{aligned}\binom{2}{\{2,0,0\}} = \binom{2}{\{0,2,0\}} = \binom{2}{\{0,0,2\}} = \frac{2!}{2!\,0!\,0!} = 1\\ \binom{2}{\{1,1,0\}} = \binom{2}{\{1,0,1\}} = \binom{2}{\{0,1,1\}} = \frac{2!}{1!\,1!\,0!} = 2,\end{aligned}$$

und damit ergibt sich für $(a+b+c)^2$:

$$\begin{aligned}(a+b+c)^2 &= \binom{2}{\{2,0,0\}}a^2\,b^0\,c^0 + \binom{2}{\{0,2,0\}}a^0\,b^2\,c^0\\ &+ \binom{2}{\{0,0,2\}}a^0\,b^0\,c^2 + \binom{2}{\{1,1,0\}}a^1\,b^1\,c^0\\ &+ \binom{2}{\{1,0,1\}}a^1\,b^0\,c^1 + \binom{2}{\{0,1,1\}}a^0\,b^1\,c^1\\ &= a^2 + b^2 + c^2 + 2ab + 2ac + 2bc\end{aligned}$$

3.10 •••

1. $n = 0$: $(a+b)^0 = 1 = \binom{0}{0}\,a^0\,b^0$ ist richtig.
2. Induktionsschluss:

2. a Induktionsannahme:

$$(a+b)^n = \sum_{k=0}^{n}\binom{n}{k}a^k\,b^{n-k}$$

2. b Induktionsbehauptung:

$$(a+b)^{n+1} = \sum_{k=0}^{n+1}\binom{n+1}{k}a^k\,b^{n+1-k}$$

2. c Beweis der Behauptung. Dabei benutzen wir die Aufspaltung von Summen, eine Indexverschiebung, den Umstand, dass der Binomialkoeffizient $\binom{n}{k}$ für $k > n$ oder $n < 0$ gleich null gesetzt wird, und die Pascal'sche Formel:

$$\begin{aligned}(a+b)^{n+1} &= (a+b)\cdot(a+b)^n\\ &\overset{\text{lt. Ann.}}{=} (a+b)\cdot\sum_{k=0}^{n}\binom{n}{k}a^k\,b^{n-k}\\ &= \sum_{k=0}^{n}\binom{n}{k}a^{k+1}\,b^{n-k} + \sum_{k=0}^{n}\binom{n}{k}a^k\,b^{n+1-k}\\ &= \sum_{k=1}^{n+1}\binom{n}{k-1}a^k\,b^{n+1-k} + \sum_{k=0}^{n}\binom{n}{k}a^k\,b^{n+1-k}\\ &= \sum_{k=0}^{n+1}\binom{n}{k-1}a^k\,b^{n+1-k} + \sum_{k=0}^{n+1}\binom{n}{k}a^k\,b^{n+1-k}\\ &= \sum_{k=0}^{n+1}\left(\binom{n}{k-1}+\binom{n}{k}\right)a^k\,b^{n+1-k}\\ &= \sum_{k=0}^{n+1}\binom{n+1}{k}a^k\,b^{n+1-k}\end{aligned}$$

3.11 ••• Betrachtet man den Induktionsschritt genauer, so fällt auf, dass diese Argumentation nur für $n \geq 2$ möglich ist. Schließt man bei $n \to n+1$ für $n = 1$ aus einer Menge von $n + 1 = 2$ Planeten einen aus, so bleibt nur einer übrig. Bei Ausschluss des nach Voraussetzung bewohnten Planeten bleibt nur der unbewohnte übrig. Man müsste den Induktionsanfang demnach bei $n = 2$ setzen – „Wenn von einer Menge von zwei Planeten einer bewohnt ist, sind beide bewohnt". Das ist offensichtlich falsch.

3.12 • Wenn `a` falsch ist, dann ist die *und*-Verknüpfung `a&&b` unabhängig vom Wert von `b` falsch. Daher wird `b` nicht mehr überprüft. Analog ist die *oder*-Verknüpfung `a||b` sicher wahr, wenn `a` wahr ist.

Ein offensichtlicher Vorteil dieser Handhabung ist, dass Rechenzeit gespart werden kann, weil ja die zweite Bedingung oft gar nicht überprüft werden muss. Es ist daher sinnvoll, die aufwändiger zu testende Bedingung als zweite zu verwenden.

Man kann bei `a&&b` als zweite Bedingung aber auch eine verwenden, die überhaupt nur dann sinnvoll definiert ist, wenn die erste erfüllt ist. Die Abfrage

```
if exist('x', 'var')  && x>0
```

überprüft zuerst, ob es überhaupt eine Variable `x` im aktuellen Workspace gibt. Nur wenn das der Fall ist, wird die Bedingung `x>0` getestet. Solche Abfragen können z. B. bei Funktionen mit optionalen Argumenten sinnvoll sein.

3.13 •• Schon für ein simples Textzeichen wie `'a'` liefert `isreal` das Ergebnis `true`, und ebenso für Zeichenketten wie `'reell'` oder `'komplex'`. Der Grund dafür liegt in der internen Handhabung von Zeichen und Zeichenketten verborgen.

Man kann in MATLAB® zwar problemlos Zeichenketten verwenden, sie mit eckigen Klammern miteinander verketten und andere Operationen durchführen. Letztlich ist MATLAB® aber in erster Linie ein Programm für numerische Berechnungen, und auch Zeichenfolgen werden intern als Zahlen gespeichert. Das ist zwar auf Computern letztlich immer so, in MATLAB® ist aber die Korrespondenz zwischen Zeichen und ihrem ASCII-Code besonders deutlich. Die Operation `'Abc'+1` liefert nicht, wie man erwarten könnte, eine Fehlermeldung, sondern das Ergebnis `66    99   100`.

In manchen Situationen betrachtet MATLAB® das Zeichen `'a'` als gleichwertig mit dessen ASCII-Code 97, in anderen hingegen macht die Software hier sehr wohl einen Unterschied. Der Befehl `isnumeric` führt eine Überprüfung durch, ob es sich beim Argument „wirklich" um eine Zahl handelt und nicht etwa um ein Zeichen bzw. eine Zeichenkette.

Der Befehl `isreal` hingegen überprüft lediglich, ob der Imaginärteil des Arguments gleich Null ist. Da das für die Zahl 97 der Fall ist, erhält man für `isreal('a')` das Ergebnis `true`.

Die Korrespondenz zwischen Zeichen und ihren ASCII-Codes kann man nur selten ausnutzen. Sehr oft hingegen möchte man jedoch aus einer Zahl eine Zeichenkette generieren, die den Zahlenwert als Text enthält. Manchmal ist auch die Umkehrung hilfreich, sprich aus einer Zeichenkette, die einen Zahlenwert enthält, die entsprechende Zahl gewinnen. Diese Funktionalitäten stellt MATLAB® mit den Befehlen `num2str` und `str2num` zur Verfügung, von denen ersterer auch im Code von `check_pos` verwendet wird.

Rechenaufgaben

3.14 • Die geometrische Summenformel liefert:

$$s = 1 + \frac{1}{2} + \ldots + \frac{1}{2^6} = \sum_{k=0}^{6} \left(\frac{1}{2}\right)^k$$
$$= \frac{1 - \left(\frac{1}{2}\right)^7}{1 - \frac{1}{2}} = \frac{\frac{127}{128}}{\frac{1}{2}} = \frac{127}{64}.$$

3.15 •• •

$$A_1 = \big|5 - |-1|\big| = |5 - 1| = |4| = 4$$
$$A_2 = \frac{(x+1)(x-1)}{x+1} = x - 1$$
$$A_3 = \left|\frac{x^2 - 1}{(x+1)^2}\right| = \left|\frac{(x+1)(x-1)}{(x+1)^2}\right| = \left|\frac{x-1}{x+1}\right|$$
$$A_4 = 4^9 - 4^6 = 258\,048$$
$$A_5 = \frac{9 + 6x + x^2}{3 + x} = \frac{(3+x)^2}{3+x} = 3 + x$$

3.16 •• Zunächst heben wir mit

$$|x^2 - 4| = |(x+2)(x-2)| = |x+2|\,|x-2|$$

auf der linken Seite der Ungleichung den Faktor $|x + 2|$ heraus,

$$|x+2|\,\{|x-2| - (x^2 + x - 6)\} > 0\,.$$

Für $x = -2$ ist die linke Seite gleich null, die Ungleichung ist dort nicht erfüllt. Diesen Punkt müssen wir entsprechend aus der Lösungsmenge ausnehmen. Für $x \neq -2$ hingegen ist $|x + 2|$ stets positiv und wir können die Ungleichung durch diesen Ausdruck dividieren. Zu lösen bleibt damit nur noch die Ungleichung

$$|x-2| - \left(x^2 + x - 6\right) > 0\,.$$

Hier treffen wir eine Fallunterscheidung:

- $x \geq 2$: In diesem Bereich gilt die Ungleichung

  $$(x-2) - \left(x^2 + x - 6\right) > 0\,,$$

  die sich umformen lässt zu $x^2 < 4$, also $|x| < 2$. Das ist im betrachteten Bereich nie möglich, es gibt demnach keine Lösungen für $x \geq 2$.

- $x < 2$: Hier erhält die Ungleichung die Gestalt

$$\begin{aligned}-(x-2)-\left(x^2+x-6\right)&>0\\ -x^2-2x+8&>0\\ x^2+2x+1-9&<0\\ (x+1)^2&<9,\end{aligned}$$

also $|x+1|<3$, $x \in (-4, 2)$.

Wir erhalten nur eine Lösung im zweiten Bereich, müssen dabei aber noch berücksichtigen, dass wir ja den Punkt $x = -2$ aus unserer Betrachtung ausnehmen mussten. Die Lösungsmenge der ursprünglichen Ungleichung ist damit

$$L = (-4, 2) \setminus \{-2\} = (-4, -2) \cup (-2, 2)\,.$$

3.17 • Die Gleichung $\frac{a}{b} = \frac{c}{d}$ ist äquivalent zu $ad = bc$. Nun addieren wir auf beiden Seiten den Term ac und heben links a, rechts c heraus,

$$a\,(c+d) = c\,(a+b)\,.$$

Nun dividieren wir durch $(c+d)(a+b)$, was nach Voraussetzung ungleich Null ist, und erhalten

$$\frac{a}{a+b} = \frac{c}{c+d}\,.$$

[Wir erinnern daran, dass es allgemein als „schöner" gilt, von der Voraussetzung auszugehen und durch geschickte Umformung zu der Beziehung zu kommen, die man zeigen möchte. Oft ist das allerdings schwierig, und dann wird man eher mit dem gewünschten Resultat beginnen und dieses durch Umformungen auf die Voraussetzung zurückführen. Solange dabei nur Äquivalenzumformungen benutzt werden, ist dieser Weg legitim und kann, wenn einmal gefunden, auch jederzeit in der anderen Richtung beschritten werden. Auch in diesem Fall ist es vermutlich einfacher, mit $\frac{a}{a+b} = \frac{c}{c+d}$ zu beginnen und die Äquivalenz mit $\frac{a}{b} = \frac{c}{d}$ zu zeigen.]

Auf analogem Weg kann man

$$\frac{a}{a-b} = \frac{c}{c-d}$$

herleiten. Eine verwandte Beziehung gilt auch für Ungleichungen. Um Komplikationen mit Vorzeichen zu vermeiden, gehen wir davon aus, dass a, b, c und d alle positiv sind. Ohne Beschränkung der Allgemeinheit setzen wir $\frac{a}{b} < \frac{c}{d}$. Multiplikation mit $bd > 0$ liefert

$$ad < bc\,.$$

Nun addieren wir wieder ac auf beiden Seiten, heben a bzw. c heraus, dividieren durch $(c+d)(a+b) > 0$ und erhalten

$$\frac{a}{a+b} < \frac{c}{c+d}\,.$$

Wenn nicht alle Größen positiv (oder alle negativ) sind, werden Fallunterscheidungen notwendig, ebenso wenn man den Term ac nicht addiert, sondern subtrahiert.

3.18 • Wir führen den Beweis mittels vollständiger Induktion:

1. Induktionsanfang, $n = 1$:

$$\sum_{k=1}^{1}(2k+1) = 3 = 1 \cdot 3$$

ist eine wahre Aussage.

2. Induktionsschritt:
   - Induktionsannahme: $\sum_{k=1}^{n}(2k+1) = n\,(n+2)$
   - Induktionsbehauptung: $\sum_{k=1}^{n+1}(2k+1) = (n+1)\,(n+3)$
   - $n \to n+1$:

$$\begin{aligned}\sum_{k=1}^{n+1}(2k+1) &= \sum_{k=1}^{n}(2k+1) + 2\,(n+1) + 1 \overset{\text{Ann.}}{=}\\ &= n\,(n+2) + 2n + 3 = n^2 + 4n + 4\\ &= (n+1)\,(n+3)\end{aligned}$$

Natürlich könnte man diese Gleichung statt mittels Induktion auch sofort mit einem Rückgriff auf die arithmetische Summenformel beweisen:

$$\begin{aligned}\sum_{k=1}^{n}(2k+1) &= 2\sum_{k=1}^{n}k + \sum_{k=1}^{n}1 = 2\cdot\frac{n\,(n+1)}{2} + n\\ &= n\,(n+2)\end{aligned}$$

3.19 • Beweis per Induktion:

1. $n = 2$: $\prod_{k=2}^{2}(k-1) = 1 = (2-1)!$

2. a Induktionsannahme: $\prod_{k=2}^{n}(k-1) = (n-1)!$

2. b Induktionsbehauptung: $\prod_{k=2}^{n+1}(k-1) = n!$

2. c Induktionsschritt:

$$\prod_{k=2}^{n+1}(k-1) = n \cdot \prod_{k=2}^{n+1}(k-1) \overset{\text{Ann.}}{=} n \cdot (n-1)! = n!$$

Für einen alternativen Beweis führen wir einen neuen Index $\ell = k-1$ und erhalten

$$\prod_{\ell=1}^{n-1}\ell(k-1) = (n-1)!$$

was die Definition der Fakultät von $(n-1)$ ist.

3.20 •• Für diese Ungleichung sind die Stellen $x = 0$ und $x = 2$ kritisch. Zu untersuchen haben wir also die drei Bereiche $(-\infty, 0)$, $(0, 2)$ und $[2, \infty)$.

1. Im Fall $x < 0$ erhalten wir
$$\frac{(-x+2)\cdot(x+2)}{x} < -x,$$
nach Multiplikation mit x weiter $-x^2 - 2x + 2x + 4 > -x^2$ und vereinfacht $4 > 0$. Da das eine wahre Aussage ist, ist $L_1 = \mathbb{R}_{<0}$.
2. Für $0 < x < 2$ ergibt sich $2 < x^2$. Diese Aussage gilt im betrachteten Bereich nur in $L_2 = (\sqrt{2} < x < 2)$.
3. Für $x \geq 2$ erhalten wir $-4 < 0$, wiederum eine wahre Aussage. Also ist $L_3 = \{x | x \geq 2\}$.

Die gesamte Lösungsmenge ist
$$L = L_1 \cup L_2 \cup L_3 = \{x \,|\, x < 0 \vee x > \sqrt{2}\}\,.$$

3.21 •• Direktes Nachrechnen liefert mittels Aufspalten der Fakultäten, Herausheben gemeinsamer Faktoren und Zusammenfassen der verbleibenden Brüche
$$\begin{aligned}\binom{n}{k+1} + \binom{n}{k} &= \frac{n!}{(k+1)!\,(n-k-1)!} + \frac{n!}{k!\,(n-k)!}\\ &= \frac{n!}{(k+1)\,k!\,(n-k-1)!} + \frac{n!}{k!\,(n-k)\,(n-k-1)!}\\ &= \frac{n!}{k!\,(n-k-1)!}\left\{\frac{1}{k+1} + \frac{1}{n-k}\right\}\\ &= \frac{n!}{k!\,(n-k-1)!}\cdot\frac{n-k+k+1}{(k+1)(n-k)}\\ &= \frac{(n+1)\,n!}{(k+1)\,k!\,(n-k)\,(n-k-1)!}\\ &= \frac{(n+1)!}{(k+1)!\,(n-k)!}\\ &= \frac{(n+1)!}{(k+1)!\,[(n+1)-(k+1)]!} = \binom{n+1}{k+1}\end{aligned}$$

Ein Induktionsbeweis ist ebenfalls möglich, aber deutlich mühsamer. Zudem erfordert er ebenfalls das Aufspalten von Binomalkoeffizienten in Fakultäten gemäß Definition.

3.22 •• Wir beweisen zunächst die erste Formel mittels vollständiger Induktion:

1. Induktionsanfang bei $n = 1$: $1 \cdot 2 = 2 + 2 \cdot 0$ stimmt.

2. a Induktionsannahme: $\sum_{k=1}^{n} k \cdot 2^k = 2 + 2^{n+1} \cdot (n-1)$

2 .b Induktionsbehauptung: $\sum_{k=1}^{n+1} k \cdot 2^k = 2 + 2^{n+2}\, n$

2 .c Induktionsschritt, $n \to n+1$:
$$\begin{aligned}\sum_{k=1}^{n+1} k\cdot 2^k &= \sum_{k=1}^{n} k\cdot 2^k + (n+1)\cdot 2^{n+1} \overset{\text{Ann.}}{=}\\ &= 2 + 2^{n+1}\cdot(n-1) + (n+1)\cdot 2^{n+1}\\ &= 2 + 2^{n+1}\cdot(n-1+n+1)\\ &= 2 + 2^{n+1}\cdot 2n = 2 + 2^{n+2}\,n\end{aligned}$$

Auch die zweite Formel lässt sich mit einem Standard-Induktionsbeweis zeigen:

1. Induktionsanfang bei $n = 1$:
$(-1)^2 \cdot 1 = (-1)^2\, \frac{1\cdot 2}{2}$ stimmt.

2. a Induktionsannahme:
$$\sum_{k=1}^{n} (-1)^{k+1}\, k^2 = (-1)^{n+1}\, \frac{n\,(n+1)}{2}$$

2. b Induktionsbehauptung:
$$\sum_{k=1}^{n+1} (-1)^{k+1}\, k^2 = (-1)^{n+2}\, \frac{(n+1)\,(n+2)}{2}$$

2. c Induktionsschritt, $n \to n+1$:
$$\begin{aligned}\sum_{k=1}^{n+1} (-1)^{k+1}\, k^2 &= \sum_{k=1}^{n} (-1)^{k+1}\, k^2 + (-1)^{n+2}\,(n+1)^2 \overset{\text{Ann.}}{=}\\ &= (-1)^{n+1}\,\frac{n\,(n+1)}{2} + (-1)^{n+2}\,(n+1)^2\\ &= (-1)^{n+1}\left\{\frac{n\,(n+1)}{2} - \frac{2\,(n+1)^2}{2}\right\}\\ &= (-1)^{n+1}\,\frac{(n-2n-2)\,(n+1)}{2}\\ &= (-1)^{n+2}\,\frac{(n+1)\,(n+2)}{2}\end{aligned}$$

3.23 ••

- $n^3 + 5n$ ist durch 6 teilbar:
  1. $n = 1$: $1^3 + 5 = 6$ ist durch 6 teilbar.
  2. a Induktionsannahme: $n^3 + 5n$ ist durch 6 teilbar.
  2. b Induktionsbehauptung: Auch $(n+1)^3 + 5(n+1)$ ist durch 6 teilbar.
  2. c $n \to n+1$:
  $$(n+1)^3 + 5(n+1) = \underbrace{n^3 + 5n}_{\text{lt. Ann. durch 6 tb.}} + 3\,n\,(n+1) + 6$$
  Dieser Ausdruck ist durch 6 teilbar, weil im Produkt $n\,(n+1)$ immer ein Faktor gerade ist, damit ist das Produkt selbst ebenfalls gerade.
- $11^{n+1} + 12^{2n-1}$ ist durch 133 teilbar:
  1. $n = 1$: $11^2 + 12^1 = 133$ ist durch 133 teilbar.
  2. a Induktionsannahme: $11^{n+1} + 12^{2n-1}$ ist durch 133 teilbar.

Kapitel 3

2\. b Induktionsbehauptung: Auch $11^{n+2} + 12^{2n+1}$ ist durch 133 teilbar.

2\. c $n \to n + 1$:

$$11^{n+2} + 12^{2n+1} = 11 \cdot \underbrace{(11^{n+1} + 12^{2n-1})}_{\text{lt. Ann. durch 133 tb.}} + 133 \cdot 12^{2n-1}$$

- $3^{(2^n)} - 1$ ist durch 2^{n+2} teilbar:

1\. $n = 1$: $3^2 - 1 = 8$ ist durch $2^3 = 8$ teilbar.

2\. a Induktionsannahme: $3^{(2^n)} - 1$ ist durch 2^{n+2} teilbar.

2\. b Induktionsbehauptung: $3^{(2^{n+1})} - 1$ ist durch 2^{n+3} teilbar.

2\. c $n \to n + 1$:

$$\begin{aligned} 3^{(2^{n+1})} - 1 &= 3^{2 \cdot 2^n} - 1 = (3^{(2^n)})^2 - 1 \\ &= (3^{(2^n)} - 1) \cdot \underbrace{(3^{(2^n)} + 1)}_{\text{lt. Ann. durch } 2^{n+2} \text{ tb.}} \end{aligned}$$

Der erste Faktor ist als gerade, da 3^m für $m \in \mathbb{N}$ stets ungerade ist. Damit ist der gesamte Ausdruck durch 2^{n+3} teilbar.

3.24 •• Wir erhalten

$$\begin{aligned} p_1(x) &= 1 + x \\ p_2(x) &= (1 + x^2) \cdot (1 + x) = 1 + x + x^2 + x^3 \\ p_3(x) &= (1 + x^4) \cdot (1 + x + x^2 + x^3) = 1 + x + \ldots + x^7 \\ p_4(x) &= (1 + x^8) \cdot (1 + x + \ldots + x^7) = 1 + x + \ldots + x^{15} \end{aligned}$$

und können vermuten, dass

$$p_n(x) = \sum_{k=0}^{2^n-1} x^k$$

gilt. Das muss natürlich noch mittels Induktion bewiesen werden. Der Induktionsanfang ist gemacht, denn es ist in der Tat

$$\sum_{k=0}^{2^1-1} x^k = x^0 + x^1 = 1 + x = p_1(x).$$

Nun vollziehen wir den Schluss von n auf $n + 1$. Dabei erhalten wir

$$\begin{aligned} p_{n+1}(x) &= (1 + x^{(2^n)}) \cdot p_n(x) \stackrel{\text{Ann.}}{=} (1 + x^{(2^n)}) \cdot \sum_{k=0}^{2^n-1} x^k \\ &= \sum_{k=0}^{2^n-1} x^k + \sum_{k=0}^{2^n-1} x^{2n+k} = \sum_{k=0}^{2^n-1} x^k + \sum_{\ell=2^n}^{2^{n+1}-1} x^\ell \\ &= \sum_{k=0}^{2^{n+1}-1} x^k, \end{aligned}$$

die vermutete Formel ist in der Tat richtig.

3.25 •• Der Beweis erfolgt am einfachsten mittels vollständiger Induktion:

1\. $n = 1$: $\sum_{k=1}^{1} k^3 = 1 = 1^2 = \left(\sum_{k=1}^{1} k\right)^2$ stimmt.

2\. $n \to n + 1$: Am elegantesten schreibt sich der Induktionsschritt in der Form:

$$\begin{aligned} \sum_{k=1}^{n+1} k^3 &= \sum_{k=1}^{n} k^3 + (n+1)^3 \stackrel{\text{Ann.}}{=} \left(\sum_{k=1}^{n} k\right)^2 + (n+1)^3 \\ &= \left(\sum_{k=1}^{n} k\right)^2 + n\,(n+1)^2 + (n+1)^2 \\ &= \left(\sum_{k=1}^{n} k\right)^2 + 2\,(n+1)\,\frac{n\,(n+1)}{2} + (n+1)^2 \\ &= \left(\sum_{k=1}^{n} k\right)^2 + 2\,(n+1) \cdot \sum_{k=1}^{n} k + (n+1)^2 \\ &= \left(\sum_{k=1}^{n} k + (n+1)\right)^2 = \left(\sum_{k=1}^{n+1} k\right)^2 \end{aligned}$$

In der Praxis ist es bei solchen Beispielen meist zielführender, sowohl die linke als auch die rechte Seite von $A(n + 1)$, eine davon unter Verwendung der Induktionsannahme, so weit wie möglich zu vereinfachen und damit ihre Gleichheit nachzuweisen.

3.26 ••

1\. $n = 1$: Die Ungleichung $1 + x_k \geq 1 + x_k$ ist eine wahre Aussage.

2\. a Induktionsannahme: Wir setzen nun für ein allgemeines n die Ungleichung als wahr voraus.

2\. b Induktionsbehauptung: Wir wollen zeigen, dass damit auch

$$\prod_{k=1}^{n+1} (1 + x_k) \geq 1 + x_1 + x_2 + \ldots + x_n + x_{n+1}$$

richtig ist.

2\. c $n \to n+1$: Unter den Voraussetzungen für x_k ist $x_j\, x_k > 0$ und $1 + x_k > 0$. Das erweist sich beim Umformen der Ungleichung als wichtig:

$$\begin{aligned} \prod_{k=1}^{n+1} (1 + x_k) &= (1 + x_{n+1}) \cdot \prod_{k=1}^{n} (1 + x_k) \stackrel{\text{lt. Ann.}}{\geq} \\ &\geq (1 + x_{n+1}) \cdot (1 + x_1 + x_2 + \ldots + x_n) \\ &= 1 + x_1 + x_2 + \ldots + x_n + x_{n+1} \\ &\quad + x_{n+1} x_1 + \ldots x_{n+1} x_n \\ &> 1 + x_1 + x_2 + \ldots + x_{n+1} \end{aligned}$$

3.27 •• Aus der binomischen Formel

$$(a+b)^n = \sum_{k=0}^{n} \binom{n}{k} a^{n-k}\, b^k$$

erhalten wir für $a = b = 1$ sofort

$$2^n = \sum_{k=0}^{n} \binom{n}{k},$$

für $a = 1$ und $b = -1$ hingegen

$$0 = \sum_{k=0}^{n} \binom{n}{k} (-1)^k .$$

3.28 •• 1. Wir schreiben die Ungleichung um, wobei stets Äquivalenzumformungen benutzt werden:

$$\begin{aligned} \frac{x}{y} + \frac{y}{x} &\geq 2 \\ \frac{x^2+y^2}{xy} &\geq 2 \\ x^2 + y^2 &\geq 2\,xy \\ x^2 - 2\,xy + y^2 &\geq 0 \\ (x-y)^2 &\geq 0 \end{aligned}$$

Diese Ungleichung gilt auf jeden Fall.

2. Wir führen den Beweis mittels vollständiger Induktion.

1. $n = 1$: $a_1 \cdot \dfrac{1}{a_1} \geq 1^2$ ist richtig.

2. a Induktionsannahme:

$$P_n := \left(\sum_{k=1}^{n} a_k\right) \cdot \left(\sum_{k=1}^{n} \frac{1}{a_k}\right) \geq n^2$$

2. b Induktionsbehauptung:

$$P_{n+1} = \left(\sum_{k=1}^{n+1} a_k\right) \cdot \left(\sum_{k=1}^{n+1} \frac{1}{a_k}\right) \geq (n+1)^2$$

2. c $n \to n+1$: Mit der vorhin bewiesenen Ungleichung erhalten wir:

$$\begin{aligned} P_{n+1} &= \left(\sum_{k=1}^{n+1} a_k\right) \cdot \left(\sum_{k=1}^{n+1} \frac{1}{a_k}\right) \\ &= \left(\sum_{k=1}^{n} a_k + a_{n+1}\right) \cdot \left(\sum_{k=1}^{n} \frac{1}{a_k} + \frac{1}{a_{n+1}}\right) \\ &= \left(\sum_{k=1}^{n} a_k\right) \cdot \left(\sum_{k=1}^{n} \frac{1}{a_k}\right) + a_{n+1} \left(\sum_{k=1}^{n} \frac{1}{a_k}\right) \\ &\quad + \frac{1}{a_{n+1}} \left(\sum_{k=1}^{n} a_k\right) + a_{n+1}\,\frac{1}{a_{n+1}} \overset{\text{Ann.}}{\geq} \\ &\geq n^2 + \sum_{k=1}^{n} \left(\frac{a_{n+1}}{a_k} + \frac{a_k}{a_{n+1}}\right) + 1 \overset{\text{Ungl.}}{\geq} \\ &\geq n^2 + \sum_{k=1}^{n} 2 + 1 = n^2 + 2n + 1 \\ &= (n+1)^2 \end{aligned}$$

3.29 •••

1. $n = 2$: $1 - \frac{2}{2\cdot(2+1)} = \frac{2}{3} = \frac{1}{3}\left(1 + \frac{2}{2}\right)$ stimmt.
2. Induktionsschritt:

$$\begin{aligned} P_{n+1} &:= \prod_{k=2}^{n+1} \left(1 - \frac{2}{k\,(k+1)}\right) \\ &= \left(1 - \frac{2}{(n+1)\,(n+2)}\right) \prod_{k=2}^{n} \left(1 - \frac{2}{k\,(k+1)}\right) \overset{\text{Ann.}}{=} \\ &= \frac{(n+1)\,(n+2) - 2}{(n+1)\,(n+2)} \cdot \frac{1}{3} \left(1 + \frac{2}{n}\right) \\ &= \frac{n\,(n+3)}{(n+1)\,(n+2)} \cdot \frac{1}{3} \cdot \frac{n+2}{n} \\ &= \frac{1}{3} \cdot \frac{n+3}{n+1} = \frac{1}{3} \cdot \frac{n+1+2}{n+1} \\ &= \frac{1}{3} \cdot \left(1 + \frac{2}{n+1}\right), \end{aligned}$$

was zu beweisen war.

3.30 ••• Beweis mittels vollständiger Induktion:

1. $n = 1$: $\sum_{k=0}^{0} (1+k)\,(1-k) = 1 = \dfrac{1\cdot 2\cdot 3}{6}$ stimmt.
2. Induktionsschritt, $n \to n+1$

$$\begin{aligned} S_n &:= \sum_{k=0}^{n} (n+1+k)\,(n+1-k) \\ &= \sum_{k=0}^{n-1} (n+1+k)\,(n+1-k) + (2n+1) \\ &= \sum_{k=0}^{n-1} ((n+k)\,(n-k) + (2n+1)) + (2n+1) \end{aligned}$$

Kapitel 3

$$= \sum_{k=0}^{n-1}(n+k)(n-k) + \sum_{k=0}^{n-1}(2n+1) + (2n+1) \overset{\text{Ann}}{=}$$
$$= \frac{n(n+1)(4n-1)}{6} + n(2n+1) + (2n+1)$$
$$= \frac{n(n+1)(4n-1)}{6} + \frac{6(n+1)(2n+1)}{6}$$
$$= \frac{(n+1)(4n^2 - n + 12n + 6)}{6}$$
$$= \frac{(n+1)(4n^2 + 8n + 3n + 6)}{6}$$
$$= \frac{(n+1)(n+2)(4n+3)}{6},$$

womit die Behauptung bewiesen ist.

Anwendungsprobleme

3.31 • Die Grundgröße ist hier, wie viel Mäuse eine Katze pro Minute fängt, dies nennen wir x. Dafür gilt $10 \cdot 10 \cdot x = 10$, also $x = 1/10$. Nun erhalten wir für den Fangerfolg n der hundert Katzen in hundert Minuten

$$n = 100 \cdot 100 \cdot \frac{1}{10} = 1000.$$

Die Katzen fangen also tausend Mäuse, wie immer bei derartigen Beispielen unter der selten realistischen Annahme, dass alle Größen gleichmäßig skalieren, dass es also genug Mäuse gibt, dass die Mäuse sich mit gleicher Leichtigkeit fangen lassen usw.

3.32 • Im besten Fall lässt sich der Verbrauch auf

$$(1 - 0.2) \cdot (1 - 0.3) \cdot (1 - 0.5) = 0.28 = 28\%$$

reduzieren. Viel wahrscheinlicher ist allerdings, dass die drei Maßnahmen zum Teil gleiche Schwächen des Motors nutzen und alle drei zusammen keine deutlich besseren Ergebnisse bringen als die beste allein.

3.33 • Würde die Vorrichtung den Energieverbrauch tatsächlich um 250% verringern, dann könnte die Lampe als Kraftwerk wirken, das 150% der Energie liefert, die sie bisher verbraucht hat. Das klingt unglaubwürdig.

Die 250% könnten sich allerdings inkorrekterweise auf den Verbrauch nach Installation der Vorrichtung beziehen. Damit würde der ursprüngliche Verbrauch 350% entsprechen. Die Reduktion wäre dann tatsächlich eine um 71.43% – ein immer noch sehr beachtlicher Wert.

Der Bezug von Prozentangaben auf den End- statt den Ausgangswert findet man überraschend häufig bei Gelegenheiten, bei denen die Wirksamkeit bestimmter Maßnahmen besonders stark betont werden soll. Derartige Angaben sind aber nichtsdestotrotz unzulässig und können teils grobe Irreführung sein.

3.34 • Der Umsatz von A bleibt ohnehin konstant und ist damit ein guter Bezugspunkt. Für B erhält man zunächst $U_B' = 1.5\,U_A$ und weiter $U_B = 0.5\,U_B' = 0.75\,U_A$. Analog ergibt sich $U_C' = 0.5\,U_A$ und weiter $U_C = 1.5 \cdot U_C' = 0.75\,U_A$.

3.35 • Der Induktionsanfang ist schon mit den Voraussetzungen gegeben. Nun nehmen wir an, für n seriell geschaltete Widerstände gelte bereits

$$R_{\text{gs},n} = \sum_{k=1}^{n} R_k$$

und betrachten das Dazuschalten des Widerstands R_{n+1}. Nach Voraussetzung gilt

$$R_{\text{gs},n+1} = R_{\text{gs},n} + R_{n+1} \overset{\text{Ann.}}{=}$$
$$= \sum_{k=1}^{n} R_k + R_{n+1} = \sum_{k=1}^{n+1} R_k.$$

Analog erhalten wir für die Parallelschaltung

$$\frac{1}{R_{\text{gp},n+1}} = \frac{1}{R_{\text{ges},n}} + \frac{1}{R_{n+1}} \overset{\text{Ann.}}{=}$$
$$= \sum_{k=1}^{n} \frac{1}{R_k} + \frac{1}{R_{n+1}} = \sum_{k=1}^{n+1} \frac{1}{R_k}.$$

3.36 •• Die Pumpen mögen mit den Raten a, b und c arbeiten. Dann gilt mit dem Gesamtvolumen V

$$V = 2400\,a = 1500\,b = 4000\,c.$$

Alle drei Pumpen erreichen eine Rate x und benötigen eine Zeit t, um V zu füllen. Dabei gilt

$$V = t\,x \quad \text{und} \quad x = a + b + c.$$

Aus den obigen Gleichungen erhält man

$$x = \frac{V}{2400} + \frac{V}{1500} + \frac{V}{4000} = \frac{V}{750}$$

und weiter

$$V = t \cdot \frac{V}{750} \quad \Rightarrow \quad t = 750.$$

Alle drei Pumpen zusammen benötigen also 750 Minuten.

3.37 •• Damit können wir auch sofort bestimmen, wie viel Energie umgewandelt wurde:

$$\begin{aligned}
\Delta E &= m_1 \frac{v_1^2}{2} + m_2 \frac{v_2^2}{2} - (m_1 + m_2) \frac{w^2}{2} \\
&= \frac{1}{2} \left\{ m_1 v_1^2 + m_2 v_2^2 - \frac{(m_1 v_1 + m_2 v_2)^2}{m_1 + m_2} \right\} \\
&= \frac{1}{2} \left\{ m_1 v_1^2 + m_2 v_2^2 - \frac{m_1^2 v_1^2 + 2 m_1 m_2 v_1 v_2 + m_2^2 v_2^2}{m_1 + m_2} \right\} \\
&= \frac{1}{2} \left\{ \frac{m_1 (m_1 + m_2) v_1^2 + m_2 (m_1 + m_2) v_2^2}{m_1 + m_2} \right. \\
&\qquad \left. - \frac{m_1^2 v_1^2 + 2 m_1 m_2 v_1 v_2 + m_2^2 v_2^2}{m_1 + m_2} \right\} \\
&= \frac{1}{2} \left\{ \frac{(m_1 m_2 (v_1^2 - 2 v_1 v_2 + v_2^2)}{m_1 + m_2} \right\} \\
&= \frac{m_1 m_2}{m_1 + m_2} \cdot \frac{(v_1 - v_2)^2}{2}
\end{aligned}$$

Dieser Ausdruck hat formal wieder die Form einer kinetischen Energie mit der *reduzierten Masse* $\mu := m_1 m_2/(m_1 + m_2)$. Diese Energie wird einerseits in Deformation, andererseits in Wärme umgesetzt.

3.38 • Wir erhalten:

(a)

$$a = \frac{2s}{t^2}, \quad t = \sqrt{\frac{2s}{a}}$$

(b)

$$m = \frac{F}{a}, \quad a = \frac{F}{m}$$

(c)

$$G = \frac{F r^2}{m_1 m_2}, \quad r = \sqrt{G \frac{m_1 m_2}{F}},$$

dabei nehmen wir nur den positiven Zweig der Wurzel, da Abstände ohnehin nie negativ sein dürfen.

$$m_1 = \frac{F r^2}{G m_2}, \quad m_2 = \frac{F r^2}{G m_1}$$

(d)

$$t_1 = t_2 \sqrt{\frac{a_1^3}{a_2^3}}, \quad a_1 = a_2 \sqrt[3]{\frac{t_1^2}{t_2^2}},$$

analog erhält man

$$t_2 = t_1 \sqrt{\frac{a_2^3}{a_1^3}}, \quad a_2 = a_1 \sqrt[3]{\frac{t_2^2}{t_1^2}}.$$

(e)

$$v = \pm\sqrt{\frac{2W}{m} - \frac{k}{m}x^2}$$

$$v = \pm\sqrt{\frac{2W}{k} - \frac{m}{k}x^2}$$

Das negative Vorzeichen kann hier auch bei der Geschwindigkeit durchaus sinnvoll sein, um eine Richtung festzulegen.

(f) Wir erhalten:

$$f = \frac{g b}{g + b}, \quad g = \frac{b f}{b - f}, \quad b = \frac{g f}{g - f}$$

(g) Beim Ziehen der Wurzel können beide Vorzeichen auftreten, damit erhalten wir

$$n_1 = \frac{1 \pm \sqrt{R}}{1 \mp \sqrt{R}} n_2, \quad n_2 = \frac{1 \mp \sqrt{R}}{1 \pm \sqrt{R}} n_2.$$

(h)

$$T_2 = (1 - \eta) T_1, \quad T_1 = \frac{T_2}{1 - \eta}$$

(i) Wir erhalten die beiden anderen wichtigen Gestalten des Ohm'schen Gesetzes

$$R = \frac{U}{I}, \quad I = \frac{U}{R}$$

(j)

$$m_0 = m \sqrt{1 - \left(\frac{v}{c}\right)^2}$$

$$v = \sqrt{\frac{m^2 - m_0^2}{m^2}}\, c$$

$$c = \sqrt{\frac{m^2}{m^2 - m_0^2}}\, v$$

Die beiden letzten Formeln sind allerdings von geringem praktischen Interesse.

(k)

$$R = \frac{W}{\frac{1}{n^2} - \frac{1}{m^2}}$$

$$n = \sqrt{\frac{m^2 R}{R + m^2 W}}$$

$$m = \sqrt{\frac{n^2 R}{R - n^2 W}}$$

Kapitel 4

Aufgaben

Verständnisfragen

4.1 • Bestimmen Sie ein Polynom vom Grad 3, das die folgenden Werte annimmt:

x	-2	-1	0	1
$p(x)$	-3	-1	-1	3

4.2 •• Jede Nullstelle $\hat{x}$ eines Polynoms p mit

$$p(x) = a_0 + a_1 x + \ldots + a_n x^n \quad (a_n \neq 0)$$

lässt sich abschätzen durch

$$|\hat{x}| < \frac{|a_0| + |a_1| + \ldots + |a_n|}{|a_n|}.$$

Zeigen Sie diese Aussage, indem Sie die Fälle $|\hat{x}| < 1$ und $|\hat{x}| \geq 1$ getrennt betrachten.

4.3 •• Verwenden Sie die charakterisierende Ungleichung (4.4) zur Exponentialfunktion, um zu entscheiden, welche von den beiden Zahlen π^{e} oder e^{π} die größere ist.

4.4 • Begründen Sie die *Monotonie* der Logarithmusfunktion, das heißt, es gilt

$$\ln x < \ln y \quad \text{für } 0 < x < y.$$

4.5 •• Zeigen Sie, dass $\log_2 3$ irrational ist.

Rechenaufgaben

4.6 • Entwickeln Sie das Polynom p um die angegebene Stelle x_0, das heißt, finden Sie die Koeffizienten a_j zur Darstellung $p(x) = \sum_{j=0}^{n} a_j (x - x_0)^j$,

(a) mit $p(x) = x^3 - x^2 - 4x + 2$ und $x_0 = 1$,
(b) mit $p(x) = x^4 + 6x^3 + 10x^2$ und $x_0 = -2$.

4.7 • Zerlegen Sie die Polynome $p, q, r : \mathbb{R} \to \mathbb{R}$ in Linearfaktoren:

$$p(x) = x^3 - 2x - 1$$
$$q(x) = x^4 - 3x^3 - 3x^2 + 11x - 6$$
$$r(x) = x^4 - 6x^2 + 7$$

4.8 ••• Betrachten Sie die beiden rationalen Funktionen $f : D_f \to \mathbb{R}$ und $g : D_g \to \mathbb{R}$, die durch

$$f(x) = \frac{x^3 + x^2 - 2x}{x^2 - 1},$$
$$g(x) = \frac{x^2 + x + 1}{x + 2}$$

definiert sind. Geben Sie die maximalen Definitionsbereiche $D_f \subseteq \mathbb{R}$ und $D_g \subseteq \mathbb{R}$ an und bestimmen Sie die Bildmengen $f(D_f)$ und $g(D_g)$. Auf welchen Intervallen lassen sich Umkehrfunktionen zu diesen Funktionen angeben?

4.9 • Berechnen Sie folgende Zahlen ohne Zuhilfenahme eines Taschenrechners:

$$\sqrt{\mathrm{e}^{3\ln 4}}, \quad \frac{1}{2}\log_2(4\,\mathrm{e}^2) - \frac{1}{\ln 2}, \quad \frac{\sqrt[x]{\mathrm{e}^{(2+x)^2-4}}}{\mathrm{e}^x}$$

mit $x > 0$.

4.10 • Vereinfachen Sie für $x, y, z > 0$ die Ausdrücke:

(a) $\ln(2x) + \ln(2y) - \ln z - \ln 4$
(b) $\ln(x^2 - y^2) - \ln(2(x - y))$ für $x > y$
(c) $\ln(x^{\frac{2}{3}}) - \ln(\sqrt[3]{x^{-4}})$

4.11 •• Der Tangens hyperbolicus ist gegeben durch

$$\tanh x = \frac{\sinh x}{\cosh x}.$$

■ Verifizieren Sie die Identität

$$\tanh\frac{x}{2} = \frac{\sinh x}{\cosh x + 1}.$$

T. Arens et al., *Arbeitsbuch Mathematik*, https://doi.org/10.1007/978-3-662-64391-4_3

- Begründen Sie, dass für das Bild der Funktion gilt

$$\tanh(\mathbb{R}) \subseteq (-1, 1)\,.$$

- Zeigen Sie, dass durch

$$\operatorname{artanh} x = \frac{1}{2}\ln\left(\frac{1+x}{1-x}\right).$$

die Umkehrfunktion artanh: $(-1, 1) \to \mathbb{R}$, der Areatangens hyperbolicus Funktion gegeben ist.

4.12 •• Bei einer der beiden Identitäten

$$\sin(x+y)\sin^2\left(\frac{x-y}{2}\right) = \frac{1}{2}\sin(x+y) - \frac{1}{4}\sin(2x) - \frac{1}{4}\sin(2y)$$

und

$$\cos(3(x+y)) = 4\cos^3(x+y) - 3\cos x\cos y - 3\sin x\sin y$$

hat sich ein Druckfehler eingeschlichen. Finden Sie heraus bei welcher, und korrigieren Sie die falsche Gleichung.

4.13 •• Zeigen Sie die Identitäten

$$\cos(\arcsin(x)) = \sqrt{1-x^2}$$

und

$$\sin(\arctan(x)) = \frac{x}{\sqrt{1+x^2}}\,.$$

Anwendungsprobleme

4.14 • Skizzieren Sie grob ohne einen grafikfähigen Rechner die Graphen der folgenden Funktionen:

$$f_1(x) = (x+1)^2 - 2\,, \quad f_2(x) = \sqrt{2x+1}$$
$$f_3(x) = 3\,|2x-1|\,, \quad f_4(x) = \mathrm{e}^{x-1} - 1$$
$$f_5(x) = 2\sin(3x-\pi)\,, \quad f_6(x) = 1/(\ln(2x))$$

4.15 •• Die Lichtempfindlichkeit von Filmen wird nach der Norm ISO 5800 angegeben. Dabei ist zum einen die lineare Skala ASA (American Standards Association) vorgesehen, bei der eine Verdoppelung der Empfindlichkeit auch eine Verdoppelung des Werts bedeutet. Zum anderen gibt es die logarithmische DIN-Norm, bei der eine Verdoppelung der Lichtempfindlichkeit durch eine Zunahme des Werts um 3 Einheiten gegeben ist. So finden sich auf Filmen Angaben wie 100/21 oder 200/24 für die ASA und DIN Werte zur Lichtempfindlichkeit. Finden Sie eine Funktion $f : \mathbb{R}_{>0} \to \mathbb{R}$ mit $f(1) = 1$, die den funktionalen Zusammenhang des ASA Werts a zum DIN Wert $f(a)$ (gerundet auf ganze Zahlen) beschreibt.

4.16 • Wenn sich zwei Schwingungen mit gleicher Amplitude und relativ ähnlichen Frequenzen überlagern, spricht man in der Akustik von einer **Schwebung**.

(a) Zeichnen Sie den Graphen einer Schwebung $f : \mathbb{R} \to \mathbb{R}$ mit

$$f(t) = \sin(2\pi\omega_1 t) + \sin(2\pi\omega_2 t)$$

und $\omega_1 = 1.9, \omega_2 = 2.1$ im Intervall $[-20, 20]$ mithilfe eines grafikfähigen Rechners.

(b) Verwenden Sie Additionstheoreme, um die sich einstellende sogenannte *mittlere Frequenz* der Überlagerungsschwingung zu ermitteln. Die Amplitude dieser Schwingung variiert mit der sogenannten *Schwebungsfrequenz*. Geben Sie auch diesen Wert an und tragen Sie die zu dieser Frequenz gehörende Wellenlänge am Graphen ab.

Hinweise

Verständnisfragen

4.1 • Einsetzen der angegebenen Stellen in einen Ansatz der Form $p(x) = a_0 + a_1x + a_2x^2 + a_3x^3$ liefert die Koeffizienten.

4.2 •• Setzen Sie eine Nullstelle $\hat{x}$ ins Polynom ein und vergessen Sie nicht die Identität $\frac{|a_n|}{|a_n|} = 1$.

4.3 •• Setzen Sie $x = \frac{\pi}{\mathrm{e}} - 1$ in die Ungleichung ein.

4.4 • Nutzen Sie sowohl die Abschätzung $\ln z \leq z - 1$ für eine geeignete Zahl $z > 0$ als auch die Funktionalgleichung des Logarithmus.

4.5 •• Für $n, m \in \mathbb{N}$ ist 2^n gerade, aber 3^m ungerade.

Rechenaufgaben

4.6 • Ersetzen Sie $x = (x - x_0) + x_0$.

4.7 • Auswerten der Polynome an Stellen wie $0, 1, -1$ und/oder quadratische Ergänzung liefert Nullstellen. Durch Polynomdivision lassen sich die Polynome dann in Faktoren zerlegen.

4.8 ••• Für die Definitionsbereiche bestimme man die Nullstellen der Nenner. Außerhalb dieser Nullstellen müssen wir versuchen, die Gleichungen $y = f(x)$ bzw. $y = g(x)$ nach x aufzulösen, um die Bildmengen und die Umkehrfunktionen zu bestimmen.

4.9 • Nutzen Sie die Funktionalgleichung der Exponentialfunktion und/oder des Logarithmus und die Umkehreigenschaften der beiden Funktionen.

4.10 • Verwenden Sie die Funktionalgleichung des Logarithmus.

4.11 •• Verwenden Sie die Definitionen von sinh und cosh und binomische Formeln.

4.12 •• Verwenden Sie die Folgerungen aus den Additionstheoremen in der Übersicht zu den Eigenschaften von sin und cos.

4.13 •• Verwenden Sie in beiden Fällen die Beziehung $\sin^2 x + \cos^2 x = 1$ und die Umkehreigenschaft der jeweiligen Arkus-Funktion.

Anwendungsprobleme

4.14 • Berücksichtigen Sie die Transformationen, wie sie etwa in der Übersicht auf S. 107 aufgelistet sind.

4.15 •• Bestimmen Sie aus den Angaben zur Verdoppelung der Lichtempfindlichkeit und der Funktionalgleichung des Logarithmus eine Basis b für die Funktion $f(x) = \log_b x + c$.

4.16 • Verwenden Sie ein passendes Additionstheorem, um die Summe als Produkt zu schreiben und interpretieren Sie die entsprechenden Frequenzen.

Lösungen

Verständnisfragen

4.1 • $p(x) = x^3 + 2x^2 + x - 1$

4.2 •• –

4.3 •• $e^\pi > \pi^e$.

4.4 • –

4.5 •• –

Rechenaufgaben

4.6 • (a) $p(x) = (x-1)^3 + 2(x-1)^2 - 3(x-1) - 2$ (b) $p(x) = (x+2)^4 - 2(x+2)^3 - 2(x+2)^2 + 8$.

4.7 •

$$\begin{aligned} p(x) &= (x+1)\left(x - \frac{1}{2}(1+\sqrt{5})\right)\left(x - \frac{1}{2}(1-\sqrt{5})\right) \\ q(x) &= (x-1)^2(x+2)(x-3) \\ r(x) &= \left(x + \sqrt{3+\sqrt{2}}\right)\left(x - \sqrt{3+\sqrt{2}}\right) \\ &\quad \cdot \left(x + \sqrt{3-\sqrt{2}}\right)\left(x - \sqrt{3-\sqrt{2}}\right) \end{aligned}$$

4.8 ••• Die Funktion f besitzt den Wertebereich $f(D_f) = \mathbb{R}$ und folgende Umkehrfunktionen lassen sich angeben: Für $f : \mathbb{R}_{>-1} \to \mathbb{R}$ mit

$$f^{-1}(y) = \frac{1}{2}(y - 2 + \sqrt{y^2+4})$$

und für $f : \mathbb{R}_{<-1} \to \mathbb{R}$ mit

$$f^{-1}(y) = \frac{1}{2}(y - 2 - \sqrt{y^2+4}).$$

Die Funktion g besitzt den Wertebereich $f(D_g) = \mathbb{R}_{<-3-2\sqrt{3}} \cup \mathbb{R}_{>-3+3\sqrt{3}}$ und als Umkehrfunktionen lassen sich angeben:

$$\begin{aligned} &g^{-1} : \mathbb{R}_{<-3-2\sqrt{3}} \to \mathbb{R}_{<-2-\sqrt{3}} \\ &\qquad \text{mit } g^{-1}(y) = \frac{y}{2} - \frac{1}{2} - \frac{1}{2}\sqrt{y^2+6y-3}, \\ &g^{-1} : \mathbb{R}_{<-3-2\sqrt{3}} \to \mathbb{R}_{(-2-\sqrt{3},-2)} \\ &\qquad \text{mit } g^{-1}(y) = \frac{y}{2} - \frac{1}{2} + \frac{1}{2}\sqrt{y^2+6y-3}, \\ &g^{-1} : \mathbb{R}_{>-3+2\sqrt{3}} \to \mathbb{R}_{(-2,-2+\sqrt{3})} \\ &\qquad \text{mit } g^{-1}(y) = \frac{y}{2} - \frac{1}{2} - \frac{1}{2}\sqrt{y^2+6y-3} \quad \text{und} \\ &g^{-1} : \mathbb{R}_{>-3+2\sqrt{3}} \to \mathbb{R}_{>-2+\sqrt{3}} \\ &\qquad \text{mit } g^{-1}(y) = \frac{y}{2} - \frac{1}{2} + \frac{1}{2}\sqrt{y^2+6y-3}. \end{aligned}$$

4.9 • 8, 1, e^4

4.10 • (a) $\ln\left(\frac{xy}{z}\right)$, (b) $\ln(x+y) - \ln 2$, (c) $2\ln x$.

4.11 •• –

4.12 •• Bei der zweiten Gleichung ist ein Vorzeichen nicht korrekt. Es muss lauten:

$$\cos(3(x+y)) = 4\cos^3(x+y) - 3\cos x\cos y + 3\sin x\sin y$$

4.13 •• –

Anwendungsprobleme

4.14 • –

4.15 •• $f(x) = \log_b x + 1 = \dfrac{3\ln x}{\ln 2} + 1 \quad \text{mit } b = \sqrt[3]{2}.$

4.16 • Die Schwebung ist gegeben durch

$$\sin(2\pi\omega_1 t) + \sin(2\pi\omega_2 t) = 2\cos\left(\frac{2\pi}{10}t\right)\sin(4\pi t)\;.$$

Lösungswege

Verständnisfragen

4.1 • Wir machen den Ansatz $p(x) = a_0 + a_1 x + a_2 x^2 + a_3 x^3$ mit noch zu bestimmenden Koeffizienten $a_0, \ldots, a_3 \in \mathbb{R}$. Setzen wir die angegebenen Werte ein, so ergeben sich vier lineare Gleichungen für die Koeffizienten:

$$\begin{aligned} a_0 - 2a_1 + 4a_2 - 8a_3 &= -3 \\ a_0 - a_1 + a_2 - a_3 &= -1 \\ a_0 &= -1 \\ a_0 + a_1 + a_2 + a_3 &= 3\,. \end{aligned}$$

Gesucht ist also eine Lösung dieses linearen Gleichungssystems.

Aus der dritten Gleichung lesen wir $a_0 = -1$ ab. Setzen wir $a_0 = -1$ im Gleichungssystem ein, um diesen Koeffizienten zu eleminieren und addieren wir die zweite zur vierten Gleichung so ergibt sich

$$\begin{aligned} -2a_1 + 4a_2 - 8a_3 &= -2 \\ -a_1 + a_2 - a_3 &= 0 \\ a_0 &= -1 \\ 2a_2 &= 4\,. \end{aligned}$$

Also muss $a_2 = 2$ gelten. Für die beiden übrigen Koeffizienten eleminieren wir a_2 und bekommen

$$\begin{aligned} -2a_1 - 8a_3 &= -10 \\ -a_1 - a_3 &= -2 \\ a_0 &= -1 \\ a_2 &= 2\,. \end{aligned}$$

Ziehen wir nun etwa das Doppelte der zweiten Zeile von der ersten ab, so folgt

$$\begin{aligned} -6a_3 &= -6 \\ -a_1 - a_3 &= -2 \\ a_0 &= -1 \\ a_2 &= 2 \end{aligned}$$

und wir lesen die gesamte Lösung des Systems mit $a_0 = -1$, $a_1 = 1, a_2 = 2$ und $a_3 = 1$ ab. Das gesuchte Polynom, dass die angegebenen Werte annimmt, lautet

$$p(x) = x^3 + 2x^2 + x - 1\,.$$

Bemerkung: In der Anwendung zur Polynom-Interpolation wird aufgezeigt, wie man solche sogenannten Interpolationsaufgaben bei Polynomen effektiver lösen kann.

4.2 •• Wenn $|\hat{x}| < 1$ gilt, so folgt die Abschätzung aus

$$1 = \frac{|a_n|}{|a_n|} \le \frac{|a_0| + |a_1| + \ldots + |a_n|}{|a_n|}.$$

Im Fall, dass $|\hat{x}| \ge 1$ ist, nutzen wir, dass $\hat{x}$ Nullstelle des Polynoms ist, d. h. $a_0 + a_1\hat{x} + \ldots + a_n\hat{x}^n = 0$. Da $a_n\hat{x}^{n-1} \neq 0$ gilt, können wir die Gleichung durch diesen Faktor dividieren und erhalten

$$\hat{x} = -\frac{a_0 + a_1\hat{x} + \ldots + a_{n-1}\hat{x}^{n-1}}{a_n\hat{x}^{n-1}}\,.$$

Mit der Dreiecksungleichung folgt:

$$\begin{aligned} |\hat{x}| &= \frac{|a_0 + a_1\hat{x} + \ldots + a_{n-1}\hat{x}^{n-1}|}{|a_n\hat{x}^{n-1}|} \\ &\le \frac{|a_0|}{|a_n|\,|\hat{x}|^{n-1}} + \frac{|a_1|}{|a_n|\,|\hat{x}|^{n-2}} + \ldots + \frac{|a_{n-1}|}{|a_n|} \\ &\le \frac{|a_0| + |a_1| + \ldots + |a_{n-1}|}{|a_n|} \\ &< \frac{|a_0| + |a_1| + \ldots + |a_n|}{|a_n|} \end{aligned}$$

4.3 •• Aus der charakterisierenden Ungleichung folgt

$$e^{\frac{\pi}{e}-1} > 1 + \frac{\pi}{e} - 1 = \frac{\pi}{e}.$$

Also ist

$$e^{\frac{\pi}{e}} > \pi$$

Potenzieren wir die letzte Unlgeichung mit e, so folgt die gesuchte Relation

$$e^{\pi} > \pi^{e}.$$

4.4 • Es gilt mit den charakterisierenden Eigenschaften des Logarithmus für $x, y > 0$ die Abschätzung

$$\frac{x}{y} - 1 \geq \ln \frac{x}{y} = \ln x - \ln y.$$

Es folgt mit $x < y$ bzw. $x/y < 1$ die Abschätzung

$$\ln x \leq \ln y + \underbrace{\frac{x}{y} - 1}_{<0} < \ln y.$$

4.5 •• Angenommen die Zahl $\log_2(3)$ ist rational. Dann gibt es ganze Zahlen $m, n \in \mathbb{Z}$ mit $n \neq 0$ und $\log_2(3) = \frac{\ln 3}{\ln 2} = \frac{m}{n}$ bzw. $n \ln 3 = m \ln 2$. Wir wenden die Exponentialfunktion auf diese Gleichung an. Es folgt $3^n = 2^m$. Dies ist aber ein Widerspruch, denn

1. im Fall $n, m > 0$ ist die linke Seite eine ungerade und die rechte Seite eine gerade Zahl,
2. im Fall $n > 0$ und $m \leq 0$ ist $3^n > 1 \geq 2^m$,
3. im Fall $n < 0$ und $m \geq 0$ ist $3^n < 1 \leq 2^m$,
4. im Fall $m, n < 0$ bilden wir die Kehrwerte und erhalten wieder den Widerspruch wie im ersten Fall.

Rechenaufgaben

4.6 • (a) Mit $x = (x-1) + 1$ gilt:

$$\begin{aligned} p(x) &= ((x-1)+1)^3 - ((x-1)+1)^2 - 4((x-1)+1) + 2 \\ &= (x-1)^3 + 3(x-1)^2 + 3(x-1) + 1 \\ &\quad - (x-1)^2 - 2(x-1) - 1 - 4(x-1) - 4 + 2 \\ &= (x-1)^3 + 2(x-1)^2 - 3(x-1) - 2 \end{aligned}$$

(b) Im zweiten Beispiel ersetzen wir $x = (x+2) - 2$ und erhalten:

$$\begin{aligned} p(x) &= ((x+2)-2)^4 + 6((x+2)-2)^3 + 10((x+2)-2)^2 \\ &= (x+2)^4 - 8(x+2)^3 + 24(x+2)^2 - 32(x+2) + 16 \\ &\quad + 6(x+2)^3 - 36(x+2)^2 + 72(x+2) - 48 \\ &\quad + 10(x+2)^2 - 40(x+2) + 40 \\ &= (x+2)^4 - 2(x+2)^3 - 2(x+2)^2 + 8 \end{aligned}$$

4.7 •

- Durch Einsetzen lässt sich leicht die Nullstelle $\hat{x} = -1$ des Polynoms p sehen. Also berechnen wir:

$$\begin{array}{l} x^3 \qquad - 2x - 1 = (x+1)(x^2 - x - 1) \\ \underline{x^3 + x^2} \\ \quad -x^2 - 2x \\ \quad \underline{-x^2 - \ x} \\ \qquad\quad -x - 1 \\ \qquad\quad \underline{-x - 1} \\ \qquad\qquad 0 \end{array}$$

Die Nullstellen des quadratischen Terms bestimmen wir durch quadratische Ergänzung aus

$$0 = x^2 - x - 1 = \left(x - \frac{1}{2}\right)^2 - \frac{5}{4}.$$

Also sind $(1 + \sqrt{5})/2$ und $(1 - \sqrt{5})/2$ weitere Nullstellen. Insgesamt ergibt sich die Faktorisierung

$$p(x) = (x+1)\left(x - \frac{1}{2}(1+\sqrt{5})\right)\left(x - \frac{1}{2}(1-\sqrt{5})\right).$$

- Durch Austesten findet sich etwa die Nullstelle $\hat{x} = 1$. Somit bestimmen wir mit einer Polynomdivision:

$$\begin{array}{l} x^4 - 3x^3 - 3x^2 + 11x - 6 = (x-1)(x^3 - 2x^2 - 5x + 6) \\ \underline{x^4 - \ x^3} \\ \quad -2x^3 - 3x^2 \\ \quad \underline{-2x^3 + 2x^2} \\ \qquad -5x^2 + 11x \\ \qquad \underline{-5x^2 + \ 5x} \\ \qquad\qquad 6x - 6 \\ \qquad\qquad \underline{6x - 6} \\ \qquad\qquad\quad 0 \end{array}$$

Das verbleibende kubische Polynom hat nochmal $\hat{x} = 1$ als Nullstelle. Wir berechnen also:

$$\begin{array}{l} x^3 - 2x^2 - 5x + 6 = (x-1)(x^2 - x - 6) \\ \underline{x^3 - \ x^2} \\ \quad -x^2 - 5x \\ \quad \underline{-x^2 + \ x} \\ \qquad -6x - 6 \\ \qquad \underline{-6x - 6} \\ \qquad\quad 0 \end{array}$$

Mit der weiteren Zerlegung

$$x^2 - x - 6 = (x-3)(x+2)$$

ergibt sich insgesamt

$$q(x) = (x-1)^2(x+2)(x-3).$$

Kapitel 4

- Mit der Substitution $u = x^2$ ergibt sich eine quadratische Gleichung für u. Mit quadratischer Ergänzung sehen wir

$$u^2 - 6u + 7 = (u-3)^2 - 2\,.$$

Also sind durch $u = 3 \pm \sqrt{2}$ die Wurzeln dieser quadratischen Gleichung gegeben. Für die vier Nullstellen des Polynoms r folgt somit

$$\hat{x}_j = \pm\sqrt{3 \pm \sqrt{2}}\,.$$

Die gesuchte Faktorisierung lautet:

$$r(x) = \left(x + \sqrt{3+\sqrt{2}}\right)\left(x - \sqrt{3+\sqrt{2}}\right) \cdot \left(x + \sqrt{3-\sqrt{2}}\right)\left(x - \sqrt{3-\sqrt{2}}\right)$$

4.8 •••

- Der Definitionsbereich zu f ist gegeben durch $D_f = \mathbb{R} \setminus \{\pm 1\}$. Weiter gilt für $y = f(x)$ mit $x \in D_f$ die Gleichung

$$y = \frac{x^3 + x^2 - 2x}{x^2 - 1} = \frac{x(x+2)}{(x+1)}\,.$$

Ausmultipizieren dieser Identität führt auf

$$x^2 + 2x - yx - y = 0\,,$$

bzw. mit quadratischer Ergänzung auf

$$\left(x + \frac{2-y}{2}\right)^2 = y + \left(\frac{2-y}{2}\right)^2 = 1 + \frac{1}{4}y^2\,.$$

Da die rechte Seite für alle $y \in \mathbb{R}$ positiv ist, erhalten wir für $f : \mathbb{R}_{<-1} \to \mathbb{R}$ eine Umkehrfunktion $f^{-1} : \mathbb{R} \to \mathbb{R}_{<-1}$ mit $f^{-1}(y) = \frac{1}{2}(y - 2 - \sqrt{y^2+4})$.
Eine weitere Umkehrfunktion ist gegeben für $f : \mathbb{R}_{>-1} \setminus \{1\} \to \mathbb{R} \setminus \{3/2\}$ mit $f^{-1}(y) = \frac{1}{2}(y - 2 + \sqrt{y^2+4})$, wobei wegen des Ausschlusses von $x = 1$ im Definitionsbereich von f im Definitionsbereich der Umkehrfunktion $f^{-1} : \mathbb{R} \setminus \{3/2\} \to \mathbb{R}_{>-1}$ die Stelle $y = 3/2$ auszuschließen ist.
Der Umgang mit der Stelle $x = 1$ ist zwar korrekt, wirkt an dieser Stelle aber künstlich, da sich die Funktion im Punkt $x = 1$ stetig und umkehrbar stetig fortsetzen lässt – ein Begriff, den wir später noch diskutieren.

- Für den Definitionsbereich gilt $D_g = \mathbb{R} \setminus \{-2\}$. Setzen wir

$$y = \frac{x^2 + x + 1}{x + 2}$$

für $x \neq -2$, so folgt

$$\left(x + \frac{1-y}{2}\right)^2 = \frac{1}{4}(y^2 + 6y - 3)\,.$$

Nun müssen wir den quadratischen Term auf der rechten Seite untersuchen. Mit $y^2 + 6y - 3 = (y+3)^2 - 12$ wird deutlich, dass der Ausdruck nur für $y > -3 + 2\sqrt{3}$ und für $y < -3 - 2\sqrt{3}$ positiv ist. Somit gilt für den Wertebereich $W_g \subseteq \mathbb{R} \setminus (-3 - 2\sqrt{3}, -3 + 2\sqrt{3})$.
Auf der Menge W_g kommen zwei Kandidaten als Umkehrfunktionen in Betracht, nämlich

$$x = \frac{y}{2} - \frac{1}{2} \pm \frac{1}{2}\sqrt{y^2 + 6y - 3}\,. \tag{4.6}$$

Mit Methoden der Differenzialrechnung lassen sich Extrema und das Monotonieverhalten untersuchen, sodass die entsprechenden Definitions- und Wertebereiche für die Umkehrung relativ leicht zu ermitteln sind.
Wir versuchen diese Mengen ohne dieses Kalkül zu ermitteln. Offensichtlich sind die Nullstellen $y_1 = -3 + 2\sqrt{3}$ und $y_2 = -3 - 2\sqrt{3}$ des quadratischen Ausdrucks unter der Wurzel entscheidend. Die zugehörigen Werte x_1, x_2 mit $f(x_j) = y_j$ sind $x_1 = -2 + \sqrt{3}$ und $x_2 = -2 - \sqrt{3}$. In einer kleinen Umgebung um x_1 muss $g(x) \geq y_1 = -3 + 2\sqrt{3}$ gelten und analog in einer kleinen Umgebung um x_2 ist $g(x) \leq y_2 = -3 - 2\sqrt{3}$. Nun können wir wie folgt argumentieren:
Für einen wachsenden Wert $y > y_1$ muss die Umkehrfunktion fallen auf dem Zweig mit $x \in [-2, -2 + \sqrt{3}]$. Dies lässt sich nur mit dem negativen Vorzeichen im Ausdruck (4.6) erreichen. Bei positivem Vorzeichen steigt der Wert des Ausdrucks und wir sind offensichtlich im Bereich $x \geq -2 + \sqrt{3}$.
Analog behandeln wir die kritische Stelle mit x_2 und y_2. Hier sind in einer Umgebung die Funktionswerte alle kleiner als y_2. Mit fallendem $y < y_2$ kann der Ausdruck (4.6) aber nur ansteigen, wenn die stets positive Quadratwurzel addiert wird, also gilt auf diesem Zweig das positive Vorzeichen und für $x < -2 - \sqrt{3}$ das negative Vorzeichen.
Mit diesen Überlegungen erhalten wir die Umkehrfunktionen

$$g^{-1} : \mathbb{R}_{<-3-2\sqrt{3}} \to \mathbb{R}_{<-2-\sqrt{3}} \quad \text{mit } g^{-1}(y) = \frac{y}{2} - \frac{1}{2} - \frac{1}{2}\sqrt{y^2 + 6y - 3}$$

$$g^{-1} : \mathbb{R}_{<-3-2\sqrt{3}} \to \mathbb{R}_{(-2-\sqrt{3},-2)} \quad \text{mit } g^{-1}(y) = \frac{y}{2} - \frac{1}{2} + \frac{1}{2}\sqrt{y^2 + 6y - 3}$$

$$g^{-1} : \mathbb{R}_{>-3+2\sqrt{3}} \to \mathbb{R}_{(-2,-2+\sqrt{3})} \quad \text{mit } g^{-1}(y) = \frac{y}{2} - \frac{1}{2} - \frac{1}{2}\sqrt{y^2 + 6y - 3}$$

$$g^{-1} : \mathbb{R}_{>-3+2\sqrt{3}} \to \mathbb{R}_{>-2+\sqrt{3}} \quad \text{mit } g^{-1}(y) = \frac{y}{2} - \frac{1}{2} + \frac{1}{2}\sqrt{y^2 + 6y - 3}$$

für die entsprechenden Zweige der Funktion g.

4.9 • Es gilt

$$\sqrt{e^{3\ln 4}} = \left(e^{\ln 4}\right)^{\frac{3}{2}} = 4^{\frac{3}{2}} = 2^3 = 8\,.$$

Weiter berechnen wir

$$\begin{aligned}\frac{1}{2}\log_2(4e^2)-\frac{1}{\ln 2} &= \frac{1}{2}\frac{\ln(4e^2)}{\ln 2}-\frac{1}{\ln 2}\\ &= \frac{1}{\ln 2}\left(\frac{1}{2}\ln(4e^2)-1\right)\\ &= \frac{1}{\ln 2}\left(\frac{1}{2}(\ln 4+\ln(e^2))-1\right)\\ &= \frac{1}{\ln 2}(\ln 2+1-1)=1\,.\end{aligned}$$

Für das letzte Beispiel ergibt sich:

$$\begin{aligned}\frac{\sqrt[x]{e^{(2+x)^2-4}}}{e^x} &= e^{\frac{(2+x)^2-4}{x}-x}\\ &= e^{\frac{x^2+4x+4-4-x^2}{x}}=e^4\end{aligned}$$

4.10 • Mit der Funktionalgleichung $\ln(ab)=\ln(a)+\ln(b)$ bzw. $\ln(\frac{a}{b})=\ln(a)-\ln(b)$ folgt im Fall (a)

$$\begin{aligned}&\ln(2x)+\ln(2y)-\ln z-\ln 4\\ &=\ln 2+\ln x+\ln 2+\ln y-\ln z-2\ln 2\\ &=\ln x+\ln y-\ln z\\ &=\ln\left(\frac{xy}{z}\right).\end{aligned}$$

Weiter gilt für (b)

$$\begin{aligned}&\ln(x^2-y^2)-\ln(2(x-y))\\ &=\ln((x+y)(x-y))-\ln 2-\ln(x-y)\\ &=\ln(x+y)-\ln 2\,.\end{aligned}$$

Für Teil (c) ergibt sich

$$\ln(x^{\frac{2}{3}})-\ln(\sqrt[3]{x^{-4}})=\frac{2}{3}\ln x+\frac{4}{3}\ln x=2\ln x$$

4.11 •• Die Identität erhalten wir aus der Definition der hyperbolischen Funktionen und den binomischen Formeln durch

$$\begin{aligned}\frac{\sinh x}{\cosh x+1} &= \frac{\frac{1}{2}(e^x-e^{-x})}{\frac{1}{2}(e^x+e^{-x})+1}\\ &= \frac{(e^x-e^{-x})}{(e^x+e^{-x})+2}\\ &= \frac{(e^{\frac{x}{2}}-e^{-\frac{x}{2}})(e^{\frac{x}{2}}+e^{-\frac{x}{2}})}{(e^{\frac{x}{2}}+e^{-\frac{x}{2}})^2}\\ &= \frac{e^{\frac{x}{2}}-e^{-\frac{x}{2}}}{e^{\frac{x}{2}}+e^{-\frac{x}{2}}}\\ &= \frac{\sinh\frac{x}{2}}{\cosh\frac{x}{2}}=\tanh\frac{x}{2}\,.\end{aligned}$$

Da $e^x>0$ für alle $x\in\mathbb{R}$ gilt, folgt $2\sinh x=e^x-e^{-x}<e^x+e^{-x}=2\cosh x$ für alle $x\in\mathbb{R}$. Weiter gilt $e^x>1$ und $e^{-x}\in(0,1)$ für $x>0$, d. h. $\sinh x>0$ für $x>0$. Also folgt die Abschätzung

$$0\le\tanh x=\frac{e^x-e^{-x}}{e^x+e^{-x}}<1$$

für alle $x\ge 0$.

Aus der Symmetrie $\tanh(-x)=-\tanh(x)$ folgt nun weiterhin

$$-1<\tanh x\le 0$$

für $x<0$. Somit ist $\tanh x\in(-1,1)$ für alle $x\in\mathbb{R}$.

Durch Einsetzen, zeigen wir die Umkehreigenschaft. Wir berechnen für $x\in(-1,1)$

$$\begin{aligned}\tanh\left(\frac{1}{2}\ln\left(\frac{1+x}{1-x}\right)\right) &= \frac{e^{\frac{1}{2}\ln\frac{1+x}{1-x}}-e^{-\frac{1}{2}\ln\frac{1+x}{1-x}}}{e^{\frac{1}{2}\ln\frac{1+x}{1-x}}+e^{-\frac{1}{2}\ln\frac{1+x}{1-x}}}\\ &= \frac{\sqrt{\frac{1+x}{1-x}}-\sqrt{\frac{1-x}{1+x}}}{\sqrt{\frac{1+x}{1-x}}+\sqrt{\frac{1-x}{1+x}}}\\ &= \frac{\frac{1+x}{1-x}-\frac{1-x}{1+x}}{\left(\sqrt{\frac{1+x}{1-x}}+\sqrt{\frac{1-x}{1+x}}\right)^2}\\ &= \frac{\frac{1+x}{1-x}-\frac{1-x}{1+x}}{\frac{1+x}{1-x}+\frac{1-x}{1+x}+2}\\ &= \frac{(1+x)^2-(1-x)^2}{(1+x^2)+(1-x)^2+2(1-x^2)}\\ &= \frac{4x}{4}=x\,.\end{aligned}$$

Andererseits folgt

$$\begin{aligned}\frac{1}{2}\ln\left(\frac{1+\tanh(x)}{1-\tanh(x)}\right) &= \frac{1}{2}\ln\left(\frac{1+\frac{e^x-e^{-x}}{e^x+e^{-x}}}{1-\frac{e^x-e^{-x}}{e^x+e^{-x}}}\right)\\ &= \frac{1}{2}\ln\frac{2e^x}{2e^{-x}}=\frac{1}{2}\ln e^{2x}=x\,.\end{aligned}$$

Also ist mit $\operatorname{artanh}(x)=\frac{1}{2}\ln\left(\frac{1+x}{1-x}\right)$, dem Areatangens hyperbolikus, die Umkehrfunktion zu tanh gegeben.

4.12 •• Mit den Additionstheoremen (siehe Übersicht zu sin und cos) erhalten wir die Identitäten

$$\begin{aligned}&\sin(x+y)\sin^2\left(\frac{x-y}{2}\right)\\ &=\sin(x+y)\left(\frac{1-\cos(x-y)}{2}\right)\\ &=\frac{1}{2}\sin(x+y)-\frac{1}{2}\sin(x+y)\cos(x-y)\\ &=\frac{1}{2}\sin(x+y)-\frac{1}{4}(\sin 2x+\sin 2y)\end{aligned}$$

und

$$\begin{aligned}
&\cos 3(x+y) - 4\cos^3(x+y)\\
&\quad = \cos(3(x+y)) - 4\left(\frac{1+\cos(2(x+y))}{2}\right)\cos(x+y)\\
&\quad = \cos(3(x+y)) - 2\cos(x+y)\\
&\qquad - 2\cos(2(x+y))\cos(x+y)\\
&\quad = \cos(3(x+y)) - 2\cos(x+y)\\
&\qquad - \cos(2(x+y)-(x+y)) - \cos(2(x+y)+(x+y))\\
&\quad = -3\cos(x+y)\\
&\quad = -3(\cos x\cos y - \sin x \sin y)\,.
\end{aligned}$$

Somit ist die erste Gleichung richtig und bei der zweiten Identität ist ein Vorzeichen falsch. Die korrigierte Gleichung lautet:

$$\cos(3(x+y)) = 4\cos^3(x+y) - 3\cos x\cos y + 3\sin x \sin y$$

4.13 •• Mit dem Additionstheorem $\sin^2 x + \cos^2 x = 1$ folgt für $x \in [-1, 1]$:

$$\begin{aligned}
&\cos^2(\arcsin(x))\\
&\quad = \cos^2(\arcsin(x)) + \sin^2(\arcsin(x)) - \sin^2(\arcsin(x))\\
&\quad = 1 - \sin^2(\arcsin(x))\\
&\quad = 1 - x^2
\end{aligned}$$

Im zweiten Beispiel erhalten wir die Gleichung aus:

$$\begin{aligned}
\sin^2(\arctan(x)) &= \frac{\sin^2(\arctan(x))}{\cos^2(\arctan(x)) + \sin^2(\arctan(x))}\\
&= \frac{\frac{\sin^2(\arctan(x))}{\cos^2(\arctan(x))}}{1 + \frac{\sin^2(\arctan(x))}{\cos^2(\arctan(x))}}\\
&= \frac{\tan^2(\arctan(x))}{1+\tan^2(\arctan(x))}\\
&= \frac{x^2}{1+x^2}
\end{aligned}$$

Ziehen wir die Wurzel, so ergibt sich die angegebene Identität. Für die Erweiterung des Brüche ist der Wertebereich $(-\pi/2, \pi/2)$ des Arkustangens zu beachten, sodass stets $\cos(\arctan(x)) \neq 0$ gilt.

Anwendungsprobleme

4.14 • Wir machen den Gedankengang beim Skizzieren des Graphen zu f_1 deutlich. Zunächst erinnern wir uns an die Normalparabel (blaue Kurve), also den Graphen zu $f(x) = x^2$. Wegen des Terms $(x + 1)$ wird dieser Graph um 1 nach links(!) verschoben (rote Kurve). Außerdem wird noch 2 abgezogen, sodass der Graph um diesen Wert nach unten zu verschieben ist. Insgesamt erhalten wir die schwarze Kurve als Graph zu f_1:

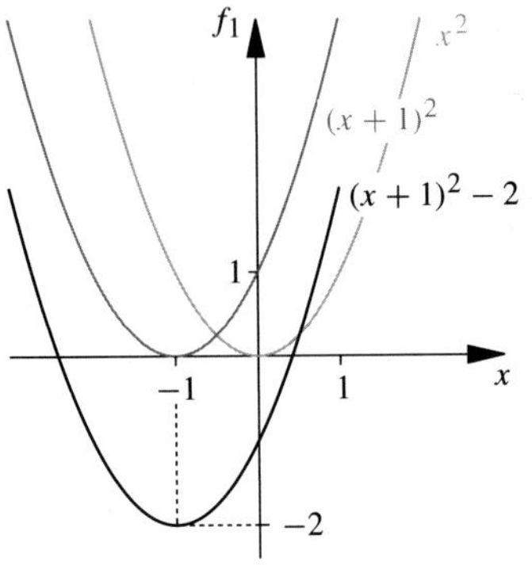

Wir stellen auch in den weiteren Bildern in Rot Möglichkeiten dar, schrittweise die endgültigen Graphen (schwarz) aus einem bekannten Graphen (blau) zu skizzieren:

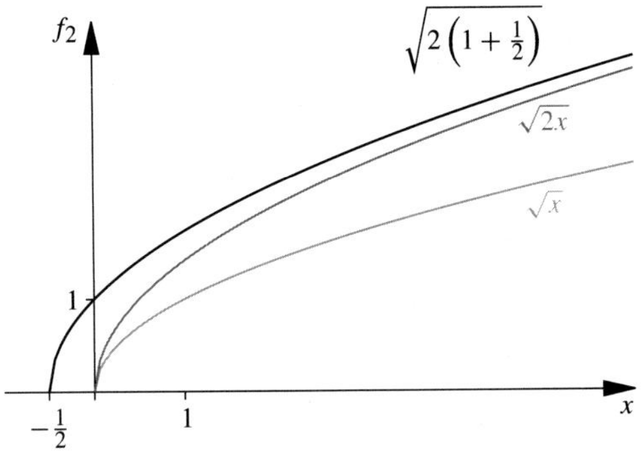

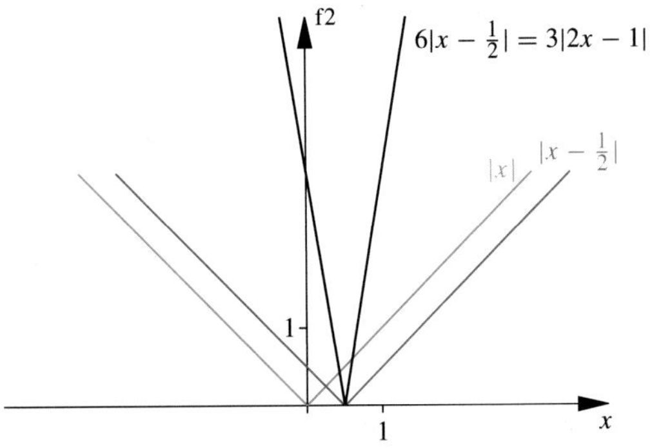

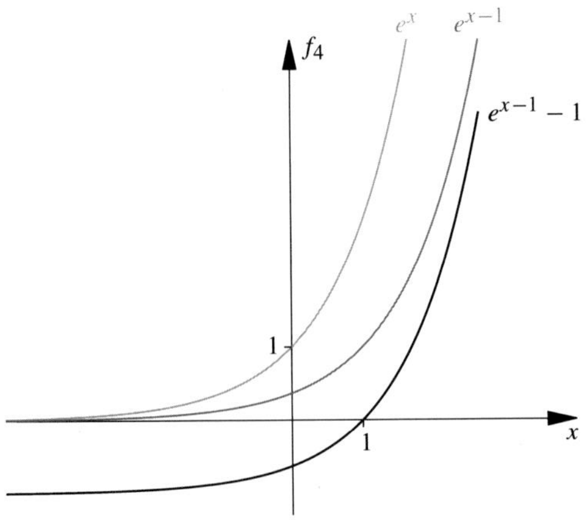

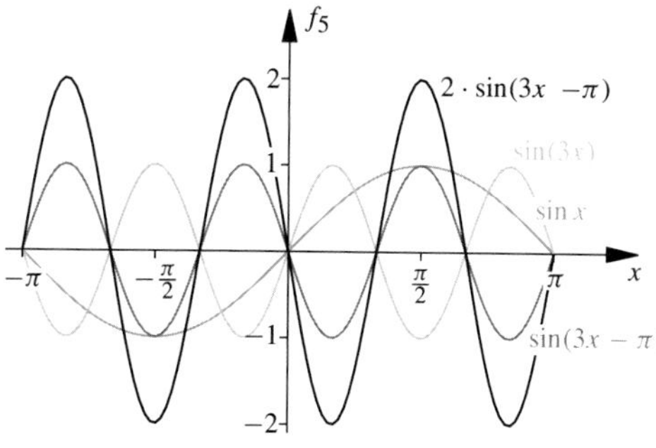

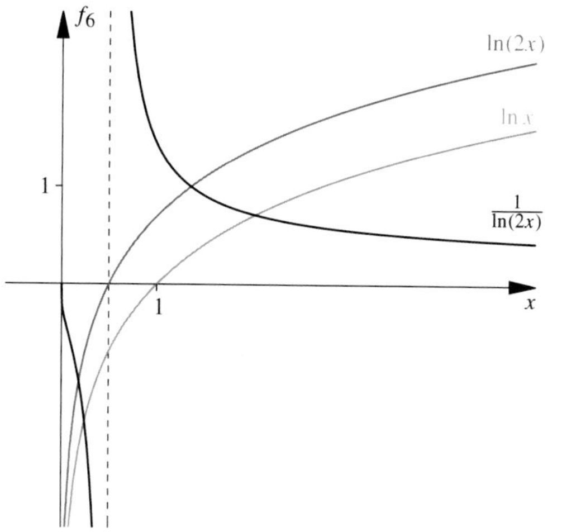

4.15 •• Für die gesuchte Funktion $f : x > 0 \to \mathbb{R}$ machen wir den Ansatz $f(x) = \log_b x + c$ mit noch zu bestimmenden Konstanten $b, c \in \mathbb{R}$. Der Text besagt, dass bei Verdoppelung des Arguments der Funktionswert sich um 3 erhöht, das heißt,

$$f(2x) = \log_b(2x) + c = f(x) + 3 = \log_b(x) + c + 3 .$$

Somit ergibt sich zur Bestimmung von b die Gleichung

$$\frac{\ln(2) + \ln(x)}{\ln(b)} = \frac{\ln(x)}{\ln(b)} + 3$$

bzw.

$$\ln(b) = \frac{1}{3} \ln(2) .$$

Es folgt $b = \sqrt[3]{2}$. Mit der Bedingung $f(1) = 1$ ergibt sich weiterhin $c = 1$ und wir erhalten die Funktion

$$f(x) = \log_b x + 1 = \frac{3 \ln x}{\ln 2} + 1 \quad \text{mit } b = \sqrt[3]{2} .$$

4.16 • (a) Der Graph dieser Funktion ist im folgenden Bild gezeigt:

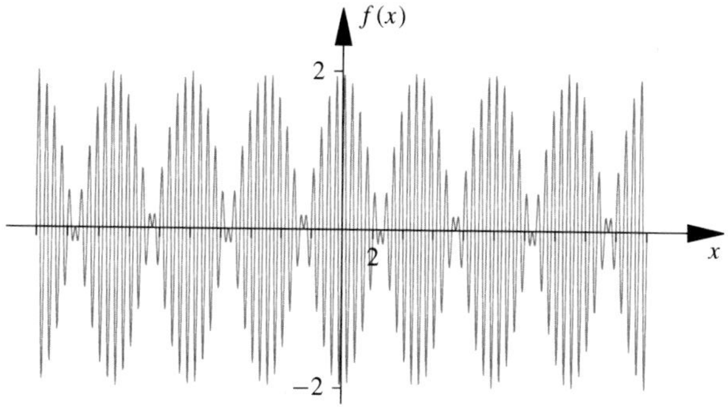

Mit den Additionstheoremen schreiben wir die Summe der beiden Schwingungen zu

$$\begin{aligned} &\sin(2\pi\omega_1 t) + \sin(2\pi\omega_2 t) \\ &= 2\cos\left(2\pi \frac{\omega_1 - \omega_2}{2} t\right) \sin\left(2\pi \frac{\omega_1 + \omega_2}{2} t\right) \\ &= 2\cos\left(-\frac{2\pi}{10} t\right) \sin(4\pi t) \\ &= 2\cos\left(\frac{2\pi}{10} t\right) \sin(4\pi t) . \end{aligned}$$

An dieser Darstellung ist ersichtlich, dass sich eine mittlere Frequenz mit $\omega_m = (\omega_1 + \omega_2)/2$ einstellt. Zusätzlich variiert die Amplitude der Schwingung mit der *Schwebungsfrequenz* $\omega_s = |\omega_1 - \omega_2|/2 = 0.1$, wegen der Kosinusfunktion als Faktor.

Kapitel 4

Kapitel 5

Aufgaben

Verständnisfragen

5.1 •

- Geben Sie zu folgenden komplexen Zahlen die Polarkoordinatendarstellung an,
$$z_1 = -2\mathrm{i}, \quad z_2 = 1 + \mathrm{i}, \quad z_3 = \frac{1}{2}(-1 + \sqrt{3}\,\mathrm{i})\,.$$
- Zu den komplexen Zahlen mit Polarkoordinaten $r_4 = 2$, $\varphi_4 = \frac{1}{2}\pi$, $r_5 = 1$, $\varphi_5 = \frac{3}{4}\pi$, bzw. $r_6 = 3$, $\varphi_6 = \frac{5}{4}\pi$ sind Real- und Imaginärteil gesucht.

5.2 •• Skizzieren Sie in der komplexen Zahlenebene die Mengen der komplexen Zahlen, die durch folgende Angaben definiert sind:

$$\begin{aligned} M_1 &= \{z \in \mathbb{C} \mid \mathrm{Re}(z) + \mathrm{Im}(z) = 1\} \\ M_2 &= \{z \in \mathbb{C} \mid |z - 1 - \mathrm{i}| = |z + 1|\} \\ M_3 &= \{z \in \mathbb{C} \mid |2z - 1 + \mathrm{i}| \leq 3\} \end{aligned}$$

5.3 •• Zeigen Sie, dass für zwei komplexe Zahlen $z, w \in \mathbb{C}$, die in der oberen Halbebene liegen, d. h. $\mathrm{Im}(z) \geq 0$ und $\mathrm{Im}(w) \geq 0$, gilt

$$|w - z| \leq |\overline{w} - z|\,.$$

Veranschaulichen Sie sich die Aussage in der komplexen Zahlenebene.

Rechenaufgaben

5.4 • Berechnen Sie zu den komplexen Zahlen

$$z_1 = 1 - \mathrm{i}, z_2 = 1 + 3\mathrm{i} \quad \text{und} \quad z_3 = 2 - 4\mathrm{i}$$

die Real- und Imaginärteile der Ausdrücke

$$-z_1\,, \overline{z_1}\,, z_1 z_2\,, \frac{z_2}{z_3}\,, \frac{z_1}{\overline{z_2} - z_1^2}\,, \frac{z_3}{2z_1 - \overline{z_2}}\,.$$

5.5 • Bestimmen Sie in Abhängigkeit von $z = x + \mathrm{i}\,y \in \mathbb{C} \setminus \{-\mathrm{i}\}$ den Real- und den Imaginärteil der Zahl

$$w = \frac{(1 - \mathrm{i})(z + 2) - 1 + 3\mathrm{i}}{z + \mathrm{i}}\,.$$

5.6 • Berechnen Sie alle komplexen Zahlen $z \in \mathbb{C}$, die die Gleichung

$$\frac{z - 3}{z - \mathrm{i}} + \frac{z - 4 + \mathrm{i}}{z - 1} = 2\frac{-3 + 2\mathrm{i}}{z^2 - (1 + \mathrm{i})z + \mathrm{i}}$$

erfüllen.

5.7 • Bestimmen Sie Real- und Imaginärteil der Lösungen folgender quadratischer Gleichungen

(a) $z^2 - 4\mathrm{i}z + 4z - 8\mathrm{i} = 0$

(b) $(z - (1 + 2\mathrm{i}))z = 3 - \mathrm{i}$

(c) $z^2 + 2(1 + \mathrm{i})z = 1 - 3\mathrm{i}$

5.8 •• Finden Sie alle Lösungen $z \in \mathbb{C}$ der Gleichung

$$z^6 + (1 - 3\mathrm{i})z^3 - 2 - 2\mathrm{i} = 0\,.$$

5.9 •• Bestimmen Sie alle komplexen Zahlen $u, v \in \mathbb{C}$ mit der Eigenschaft

$$\frac{1}{u} + \frac{1}{v} = \frac{1}{u + v}\,.$$

5.10 ••• Zeigen Sie, dass eine komplexe Zahl $z \in \mathbb{C}$ genau dann den Betrag $|z| = 1$ hat, wenn die Identität

$$\left|\frac{\overline{u}z + v}{\overline{v}z + u}\right| = 1$$

für alle Zahlen $u, v \in \mathbb{C}$ mit $|u| \neq |v|$ gilt.

5.11 •• Welche Menge von Punkten in der komplexen Ebene wird durch die Gleichung

$$M = \{z \in \mathbb{C} \mid |z - 3| = 2|z + 3|\}$$

beschrieben?

Kapitel 5

T. Arens et al., *Arbeitsbuch Mathematik*, https://doi.org/10.1007/978-3-662-64391-4_4

5.12 • Zeigen Sie, dass durch die Abbildung $f : \mathbb{C} \setminus \{-1\} \to \mathbb{C}$ mit $f(z) = \frac{1}{1+z}$ Punkte auf dem Kreis $K = \{z \in \mathbb{C} \mid |z| = 2\}$ auf einen Kreis $f(K)$ mit Mittelpunkt $M = -1/3 \in \mathbb{C}$ abgebildet werden und bestimmen Sie den Radius dieses Kreises.

5.13 ••

- Bestimmen Sie die Möbiustransformation f mit den Abbildungseigenschaften

$$f(\mathrm{i}) = 0, \quad f(0) = -1, \quad f(1) = \frac{1-\mathrm{i}}{1+\mathrm{i}}.$$

- Wie lautet die Umkehrfunktion zu f ?
- Auf welche Mengen in der komplexen Zahlenebene werden die reelle Achse, d. h. $\operatorname{Im}(z) = 0$, und die obere Halbebene, d. h. $\operatorname{Im}(z) > 0$, abgebildet?

Anwendungsprobleme

5.14 •• Ein *Fischauge* ist eine spezielle Linse in der Fotografie, die die Krümmung des Bildes zum Rand hin verstärkt. Durch eine Transformation der komplexen Ebene lässt sich dieser Effekt nachbilden. Betrachten Sie die Abbildung $f : \mathbb{C} \to \mathbb{C}$ mit

$$f(z) = \frac{z}{|z| + a}$$

für ein $a > 0$.

- Veranschaulichen Sie sich die Abbildung anhand von Polarkoordinaten.
- Zeigen Sie $f(\mathbb{C}) \subseteq B = \{z \in \mathbb{C} \mid |z| < 1\}$ und bestimmen Sie die Umkehrabbildung $f^{-1} : B \to \mathbb{C}$.
- Auf welche Teilmenge der komplexen Zahlen wird die reelle Achse abgebildet? Auf welche geometrischen Objekte werden Kreise um den Ursprung abgebildet?
- Mithilfe eines grafikfähigen Rechners zeichnen Sie für $a = 1$ die Bilder folgender Teilmengen:

$$M_1 = \{z \in \mathbb{C} \mid z = t + \mathrm{i}/2, t \in \mathbb{R}\}$$

$$M_2 = \{z \in \mathbb{C} \mid z = -2 + t\mathrm{i}, t \in \mathbb{R}\}$$

$$M_3 = \{z \in \mathbb{C} \mid |z| = 1/2\}$$

$$M_4 = \{z \in \mathbb{C} \mid |z - 1| = 1/2\}$$

5.15 • In den meisten Stromnetzen wird *Drehstrom* verwendet. Dabei gibt es neben dem Neutralleiter noch drei weitere Leiter, deren Spannungen mit gleicher Frequenz und gleicher Amplitude, aber jeweils um die Phase $2\pi/3$ gegeneinander verschoben sind. Demnach liegen an den unterschiedlichen Leitern die Spannungen

$$u_1(t) = U_0\,(\cos(\omega t) + \mathrm{i}\sin(\omega t))$$

$$u_2(t) = U_0\left(\cos\left(\omega t + \frac{2}{3}\pi\right) + \mathrm{i}\sin\left(\omega t + \frac{2}{3}\pi\right)\right)$$

$$u_3(t) = U_0\left(\cos\left(\omega t + \frac{4}{3}\pi\right) + \mathrm{i}\sin\left(\omega t + \frac{4}{3}\pi\right)\right)$$

an. Zeigen Sie, dass sich zu allen Zeitpunkten die Summe der Spannungen neutralisiert, d. h.

$$u_1(t) + u_2(t) + u_3(t) = 0$$

für alle $t \in \mathbb{R}$ gilt.

Hinweise

Verständnisfragen

5.1 • Es gilt $z = r(\cos\varphi + \mathrm{i}\sin\varphi)$ mit $|z| = r$. Die Argumente der Zahlen sind in der Gauß'schen Zahlenebene ablesbar.

5.2 •• Mit dem Betrag ist der euklidische Abstand zwischen komplexen Zahlen angebbar.

5.3 •• Quadrieren Sie die Aussage und nutzen Sie $|v|^2 = v\overline{v}$ für $v \in \mathbb{C}$.

Rechenaufgaben

5.4 • Anwendung der Rechenregeln zu komplexen Zahlen.

5.5 • Versuchen Sie zunächst, den Bruch weitestgehend zu vereinfachen, bevor Sie den Real- und den Imaginärteil von z einsetzen.

5.6 • Beachten Sie die Faktorisierung $z^2 - (1+\mathrm{i})z + \mathrm{i} = (z-1)(z-\mathrm{i})$.

5.7 • Quadratische Ergänzung und gegebenenfalls ein Koeffizientenvergleich, um komplexe Wurzeln zu bestimmen.

5.8 •• Substituieren Sie $u = z^3$ und verwenden Sie Polarkoordinaten, um die Wurzeln $z_1, \ldots, z_6$ zu bestimmen.

5.9 •• Substituieren Sie $z = \frac{v}{u}$.

5.10 ••• Es sind zwei Richtungen zu zeigen. Nutzen Sie die Gleichung $|a+b|^2 = |a|^2 + |b|^2 + 2\,\mathrm{Re}(a\overline{b})$ für komplexe Zahlen $a, b \in \mathbb{C}$.

5.11 •• Quadrieren Sie die Gleichung und verwenden Sie $|w| = w\overline{w}$, um die beschreibende Gleichung auf eine Form zu bringen, die grafisch interpretiert werden kann.

5.12 • Betrachten Sie

$$\left|\frac{1}{1+z} + \frac{1}{3}\right|^2 .$$

5.13 •• –

Anwendungsprobleme

5.14 •• Schreiben Sie die Abbildung in Polarkoordinaten $z = r(\cos\varphi + \mathrm{i}\sin\varphi)$.

5.15 • Klammern Sie den harmonisch schwingenden Term $\cos(\omega t) + \mathrm{i}\sin(\omega t)$ aus.

Lösungen

Verständnisfragen

5.1 • Es gilt

$$\begin{aligned} z_1 &= 2\left(\cos\left(-\frac{1}{2}\pi\right) + \mathrm{i}\sin\left(-\frac{1}{2}\pi\right)\right) \\ z_2 &= \sqrt{2}\left(\cos\frac{\pi}{4} + \mathrm{i}\sin\frac{\pi}{4}\right) \\ z_3 &= \cos\frac{2}{3}\pi + \mathrm{i}\sin\frac{2}{3}\pi \\ z_4 &= 2\mathrm{i} \\ z_5 &= \frac{1}{\sqrt{2}}(-1+\mathrm{i}) \\ z_6 &= -\frac{3}{\sqrt{2}}(1+\mathrm{i}) . \end{aligned}$$

5.2 •• Die ersten beiden Mengen beschreiben Geraden in der komplexen Ebene und die dritte ist eine Kreisscheibe um $(1-\mathrm{i})/2$ mit Radius $3/2$.

5.3 •• –

Rechenaufgaben

5.4 •

$$\begin{aligned} -z_1 &= -1 + \mathrm{i} \\ \overline{z_1} &= 1 + \mathrm{i} \\ z_1 z_2 &= 4 + 2\mathrm{i} \\ \frac{z_2}{z_3} &= -\frac{1}{2} + \frac{1}{2}\mathrm{i} \\ \frac{z_1}{\overline{z_2} - z_1^2} &= 1 \\ \frac{z_3}{2z_1 - \overline{z_2}} &= -1 - 3\mathrm{i} \end{aligned}$$

5.5 • Die Zahl

$$w = 1 - \mathrm{i} .$$

hängt nicht von z ab.

5.6 • Mit $z = 2 \pm \mathrm{i}$ sind alle Lösungen der Gleichung gegeben.

5.7 • Es ergeben sich die Lösungen

(a) $z_1 = z_2 = -2 + 2\mathrm{i}$,

(b) $z_1 = -1 + \mathrm{i}$ und $z_2 = 2 + \mathrm{i}$,

(c) $z_{1,2} = -(1+\mathrm{i}) \pm \frac{1}{2}(\sqrt{2+2\sqrt{2}} - \mathrm{i}\sqrt{2\sqrt{2}-2})$.

5.8 •• In Polarkoordinaten sind die sechs Lösungen gegeben durch

$$\begin{aligned} z_1 &= 2^{\frac{1}{3}}\left(\cos\frac{\pi}{6} + \mathrm{i}\sin\frac{\pi}{6}\right), \\ z_2 &= 2^{\frac{1}{3}}\left(\cos\frac{5\pi}{6} + \mathrm{i}\sin\frac{5\pi}{6}\right), \\ z_3 &= 2^{\frac{1}{3}}\left(\cos\frac{3\pi}{2} + \mathrm{i}\sin\frac{3\pi}{2}\right), \\ z_4 &= 2^{\frac{1}{6}}\left(\cos\frac{\pi}{4} + \mathrm{i}\sin\frac{\pi}{4}\right), \\ z_5 &= 2^{\frac{1}{6}}\left(\cos\frac{11\pi}{12} + \mathrm{i}\sin\frac{11\pi}{12}\right), \\ z_6 &= 2^{\frac{1}{6}}\left(\cos\frac{19\pi}{12} + \mathrm{i}\sin\frac{19\pi}{12}\right). \end{aligned}$$

5.9 •• Die Gleichung gilt für Paare $u, v \in \mathbb{C} \setminus \{0\}$ mit

$$v = \frac{-1}{2}(1 \pm \mathrm{i}\sqrt{3})\,u .$$

5.10 ••• –

5.11 •• Die Menge M ist ein Kreis mit Radius 4 um den Mittelpunkt $z_M = -5$.

5.12 • Der Radius beträgt $r = 2/3$.

5.13 •• Es ist $f: \mathbb{C} \setminus \{-\mathrm{i}\} \to \mathbb{C} \setminus \{1\}$ mit

$$f(z) = \frac{z - \mathrm{i}}{z + \mathrm{i}}$$

und die Umkehrtransformation $f^{-1}: \mathbb{C} \setminus \{1\} \to \mathbb{C} \setminus \{-\mathrm{i}\}$ ist durch

$$f^{-1}(z) = -\mathrm{i}\frac{z + 1}{z - 1}$$

gegeben. Die reelle Achse wird auf den Einheitskreis abgebildet und die obere Halbebene in das Innere dieses Kreises.

Anwendungsprobleme

5.14 •• In Polarkoordinaten gilt

$$f(z) = \frac{r}{r + a}(\cos\varphi + \mathrm{i}\sin\varphi)$$

und die inverse Transformation ist gegeben durch

$$f^{-1}(w) = \frac{aw}{1 - |w|}.$$

Es wird die reelle Achse durch f auf das Intervall $(-1, 1) \subseteq \mathbb{C}$ abgebildet und Kreise um den Ursprung werden auf Kreise mit entsprechend kleinerem Radius abgebildet.

5.15 • –

Lösungswege

Verständnisfragen

5.1 • Die Zahl z_1 liegt auf der negativen imaginären Achse in der Zahlenebene. Somit ist das Argument $\varphi_1 = \frac{3}{2}\pi$. Mit dem Betrag $|z_1| = 2$ folgt die Polarkoordinatendarstellung

$$z_1 = 2\left(\cos\frac{3}{2}\pi + \mathrm{i}\sin\frac{3}{2}\pi\right).$$

Die Zahl $z_2 = 1 + \mathrm{i}$ liegt auf der Winkelhalbierenden in ersten Quadranten der Zahlenebene. Sie hat deswegen das Argument $\varphi_2 = \pi/4$. Mit

$$|z_2| = \sqrt{1 + 1} = \sqrt{2}$$

erhalten wir die Polarkoordinatendarstellung

$$z_2 = \sqrt{2}\left(\cos\frac{\pi}{4} + \mathrm{i}\sin\frac{\pi}{4}\right).$$

Die Zahl $z_3 = \frac{1}{2}(-1 + \sqrt{3}\,\mathrm{i})$ liegt im zweiten Quadranten der Gauß'schen Ebene und hat den Betrag

$$|z_3| = \sqrt{\frac{1}{4} + \frac{3}{4}} = 1.$$

Somit ist $r_3 = 1$ und etwa $\cos\varphi_3 = -1/2$. Aus der Wertetabelle zu Kosinus und Sinus lässt sich der Winkel ablesen, zum Beispiel durch $-1/2 = -\sin(\pi/6) = \cos(\pi/6 + \pi/2)$. Wir erhalten $\varphi_3 = \frac{2}{3}\pi$. Also ist

$$z_3 = \cos\frac{2}{3}\pi + \mathrm{i}\sin\frac{2}{3}\pi.$$

Für z_4, z_5 und z_6 bestimmen wir etwa mit der Wertetabelle zu Kosinus und Sinus den Realteil und den Imaginärteil der Zahlen:

$$z_4 = 2\left(\cos\frac{1}{2}\pi + \mathrm{i}\sin\frac{1}{2}\pi\right) = 2\mathrm{i}$$

$$z_5 = \cos\frac{3}{4}\pi + \mathrm{i}\sin\frac{3}{4}\pi = \frac{1}{\sqrt{2}}(-1 + \mathrm{i})$$

$$z_6 = 3\left(\cos\frac{5}{4}\pi + \mathrm{i}\sin\frac{5}{4}\pi\right) = -\frac{3}{\sqrt{2}}(1 + \mathrm{i}).$$

5.2 •• Mit $\mathrm{Im}(z) = -\mathrm{Re}(z) + 1$ lässt sich für die Menge M_1 die Darstellung einer Geraden in der Zahlenebene erkennen:

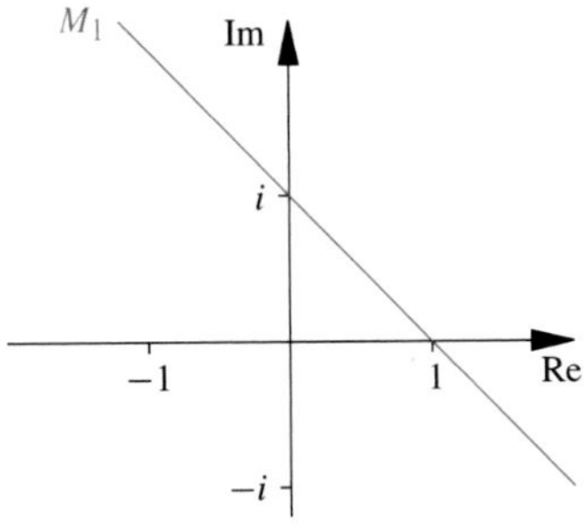

Interpretieren wir die Gleichung geometrisch, so besagt diese, dass der Abstand des Punkts z zum Punkt $z_1 = -1$ derselbe sein muss wie der Abstand zum Punkt $z_2 = 1 + \mathrm{i}$. Alle Punkte, die diese Bedingung erfüllen, liegen auf der Mittelsenkrechten zwischen den beiden Punkten z_1 und z_2, also einer Geraden:

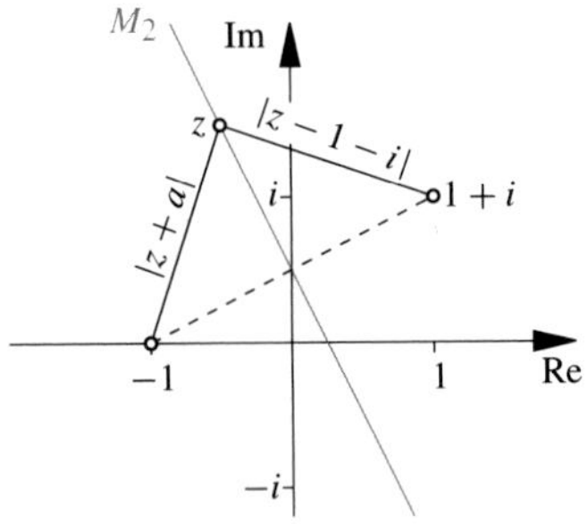

Da die Bedingung besagt, dass wir alle Punkte betrachten sollen, deren Abstand zum Punkt $z_M = \frac{1}{2}(1-\mathrm{i})$ durch

$$|z - \frac{1-\mathrm{i}}{2}| \le \frac{3}{2}$$

abschätzbar ist, ergibt sich eine Kreisscheibe mit dem Radius $\frac{3}{2}$ und den Mittelpunkt Z_M:

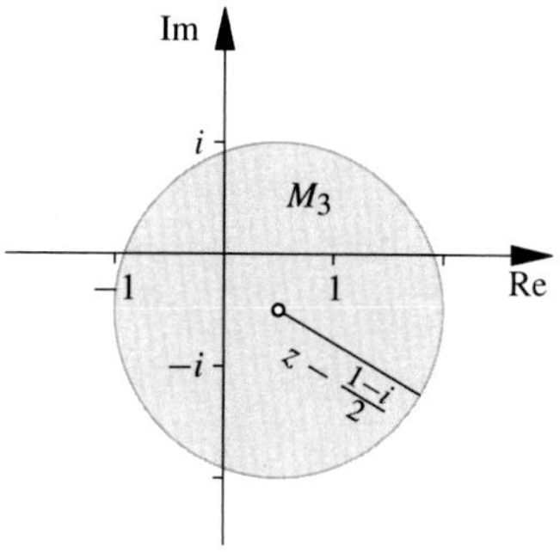

5.3 •• Es ist zu beweisen, dass

$$(w-z)(\overline{w}-\overline{z}) = |w-z|^2 \le |\overline{w}-z|^2 = (\overline{w}-z)(w-\overline{z})$$

gilt. Für die linke Seite der gesuchten Ungleichung erhalten wir

$$\begin{aligned}|w-z|^2 &= w\overline{w} - z\overline{w} - w\overline{z} + z\overline{z}\\ &= |w|^2 - 2\,\mathrm{Re}(z\overline{w}) + |z|^2,\end{aligned}$$

und für die rechte Seite gilt

$$|\overline{w}-z|^2 = |w|^2 - 2\,\mathrm{Re}(wz) + |z|^2 .$$

Es sind somit nur die gemischten Terme zu vergleichen. Da die Imaginärteile von w und z nicht negativ sind gilt

$$-\,\mathrm{Im}(w)\,\mathrm{Im}(z) \le \mathrm{Im}(w)\,\mathrm{Im}(z),$$

und es folgt

$$\mathrm{Re}(w)\,\mathrm{Re}(z) - \mathrm{Im}(w)\,\mathrm{Im}(z) \le \mathrm{Re}(w)\,\mathrm{Re}(z) + \mathrm{Im}(w)\,\mathrm{Im}(z)$$

bzw.

$$\mathrm{Re}(wz) \le \mathrm{Re}(\overline{w}z) .$$

Damit ergibt sich die gesuchte Ungleichung

$$\begin{aligned}|w-z|^2 &= |w|^2 - 2\,\mathrm{Re}(z\overline{w}) + |z|^2\\ &\le |w|^2 - 2\,\mathrm{Re}(wz) + |z|^2\\ &= |\overline{w}-z|^2 .\end{aligned}$$

Die Abbildung verdeutlicht die Aussage:

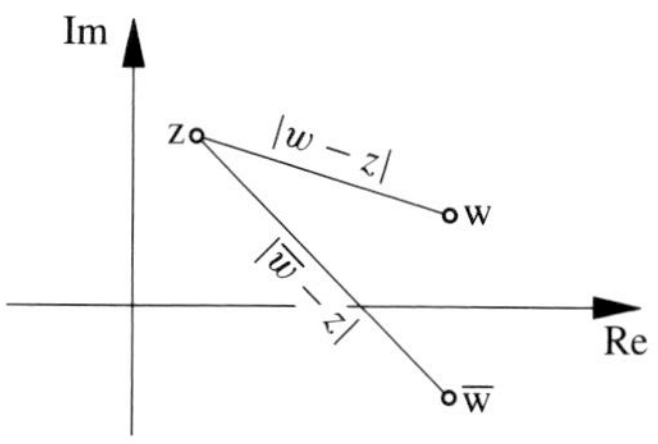

Rechenaufgaben

5.4 • Mit der Definition einer komplexen Zahl und der konjugiert komplexen Zahl ist

$$-z_1 = -(1-\mathrm{i}) = -1+\mathrm{i} \quad \text{und} \quad \overline{z_1} = 1+\mathrm{i} .$$

Weiter erhalten wir

$$\begin{aligned}z_1 z_2 &= (1-\mathrm{i})(1+3\mathrm{i})\\ &= 1 - 3\mathrm{i}^2 + (-1+3)\mathrm{i} = 4+2\mathrm{i}\\ \frac{z_2}{z_3} &= \frac{1+3\mathrm{i}}{2-4\mathrm{i}}\\ &= \frac{(1+3\mathrm{i})(2+4\mathrm{i})}{2^2+4^2}\\ &= \frac{1}{20}(2-12+(6+4)\mathrm{i})\\ &= \frac{1}{2}(-1+\mathrm{i})\\ \frac{z_1}{\overline{z_2}-z_1^2} &= \frac{1-\mathrm{i}}{(1-3\mathrm{i})-(1-\mathrm{i})^2}\\ &= \frac{1-\mathrm{i}}{(1-3\mathrm{i})-(-2\mathrm{i})}\\ &= \frac{1-\mathrm{i}}{1-\mathrm{i}} = 1\\ \frac{z_3}{2z_1-\overline{z_2}} &= \frac{2-4\mathrm{i}}{2(1-\mathrm{i})-(1-3\mathrm{i})}\\ &= \frac{2-4\mathrm{i}}{1+\mathrm{i}}\\ &= \frac{(2-4\mathrm{i})(1-\mathrm{i})}{2}\\ &= \frac{1}{2}(-2-6\mathrm{i}) = -1-3\mathrm{i} .\end{aligned}$$

5.5 • Die folgende Rechnung ergibt, dass $w = 1-\mathrm{i}$ gilt und somit unabhängig von der Wahl von z ist,

$$\begin{aligned}\frac{(1-\mathrm{i})(z+2)-1+3\mathrm{i}}{z+\mathrm{i}} &= \frac{z+2-\mathrm{i}z-2\mathrm{i}-1+3\mathrm{i}}{z+\mathrm{i}}\\ &= \frac{(1-\mathrm{i})z+1+\mathrm{i}}{(z+\mathrm{i})}\\ &= \frac{(1-\mathrm{i})z+(1-\mathrm{i})\mathrm{i}}{(z+\mathrm{i})}\\ &= \frac{(1-\mathrm{i})(z+I)}{(z+\mathrm{i})} = 1-\mathrm{i} .\end{aligned}$$

5.6 • Es gilt $z^2-(1+\mathrm{i})z+\mathrm{i} = (z-1)(z-\mathrm{i})$. Daher folgt, indem wir die Gleichung mit diesem Faktor multiplizieren

$$(z-3)(z-1) + (z-4+\mathrm{i})(z-\mathrm{i}) = 2(-3+2\mathrm{i}),$$

wenn wir voraussetzen, dass $z \neq 1$ und $z \neq \mathrm{i}$ ist. Diese Gleichung ist äquivalent zu

$$z^2 - 4z + 5 = 0\,.$$

Mit quadratischer Ergänzung folgt

$$(z-2)^2 = -1$$

und wir erhalten $z - 2 = \pm\mathrm{i}$ bzw.

$$z = 2 \pm \mathrm{i}$$

als die beiden einzigen Lösungen der Gleichung.

5.7 • (a) Eine quadratische Ergänzung führt auf:

$$\begin{aligned} z^2 - 4\mathrm{i}z + 4z - 8\mathrm{i} &= z^2 + (4-4\mathrm{i})z - 8\mathrm{i} \\ &= (z + (2-2\mathrm{i}))^2 - (2-2\mathrm{i})^2 - 8\mathrm{i} \\ &= (z + (2-2\mathrm{i}))^2 + 8\mathrm{i} - 8\mathrm{i} \\ &= (z + (2-2\mathrm{i}))^2 \end{aligned}$$

Also sind beide Nullstellen durch

$$z_1 = z_2 = -2 + 2\mathrm{i}$$

gegeben.

(b) Auch im zweiten Beispiel betrachten wir die quadratische Ergänzung und erhalten

$$\begin{aligned} z^2 - (1+2\mathrm{i})z - 3 + \mathrm{i} &= \left(z - \frac{1+2\mathrm{i}}{2}\right)^2 - \frac{1}{4}(1+2\mathrm{i})^2 - 3 + \mathrm{i} \\ &= \left(z - \frac{1+2\mathrm{i}}{2}\right)^2 + \frac{9}{4} = 0 \end{aligned}$$

Also ist

$$z - \frac{1+2\mathrm{i}}{2} = \pm\frac{3}{2}$$

und wir erhalten die beiden Lösungen

$$z_1 = 2 + \mathrm{i} \quad \text{und} \quad z_2 = -1 + \mathrm{i}\,.$$

(c) Mit quadratischer Ergänzung ist

$$\begin{aligned} z^2 + 2(1+\mathrm{i})z - 1 + 3\mathrm{i} &= (z + (1+\mathrm{i}))^2 - (1+\mathrm{i})^2 - 1 + 3\mathrm{i} \\ &= (z + (1+\mathrm{i}))^2 - 1 + \mathrm{i}\,. \end{aligned}$$

Wir benötigen also die Wurzeln

$$w^2 = 1 - \mathrm{i}\,.$$

Mit $w = x + \mathrm{i}y$, $x, y \in \mathbb{R}$ ergibt sich

$$x^2 - y^2 + 2xy\mathrm{i} = 1 - \mathrm{i}$$

Vergleichen wir die Real- und die Imaginärteile separat, so liefert der Koeffizientenvergleich die beiden Gleichungen

$$x^2 - y^2 = 1 \quad \text{und} \quad 2xy = -1\,.$$

Also ist $x = -1/(2y)$ und einsetzen führt auf

$$\frac{1}{4y^2} - y^2 = 1$$

bzw.

$$y^4 + y^2 - \frac{1}{4} = \left(y^2 + \frac{1}{2}\right)^2 - \frac{1}{2} = 0$$

mit den Lösungen

$$y_\pm^2 = -\frac{1}{2} \pm \frac{1}{\sqrt{2}}\,.$$

Da $y \in \mathbb{R}$ vorausgesetzt ist, bleibt nur die positive Lösung. Außerdem wissen wir, dass $x = -1/(2y)$. Also sind mit

$$x = -\sqrt{\frac{1}{2(\sqrt{2}-1)}} = -\frac{1}{2}\sqrt{2+\sqrt{2}}$$

und

$$y = \sqrt{\frac{\sqrt{2}-1}{2}} = \frac{1}{2}\sqrt{2\sqrt{2}-2}$$

die beiden Wurzeln $w = x + \mathrm{i}y$ und $w = -(x + \mathrm{i}y)$ gegeben. Für die beiden Lösungen der ursprünglichen quadratischen Gleichung folgt

$$z_\pm = -(1+\mathrm{i}) \pm \frac{1}{2}\left(\sqrt{2+\sqrt{2}} - \mathrm{i}\sqrt{2\sqrt{2}-2}\right).$$

5.8 •• Mit der Substitution $u = z^3$ ergibt sich die quadratische Gleichung

$$u^2 + (1-3\mathrm{i})u - 2 - 2\mathrm{i} = 0\,.$$

Mit quadratischer Ergänzung folgt

$$\left(u + \frac{1-3\mathrm{i}}{2}\right)^2 = 2 + 2\mathrm{i} + \frac{1}{4}(1-3\mathrm{i})^2 = \frac{1}{2}\mathrm{i}\,.$$

Gesucht ist somit $w = x + \mathrm{i}y \in \mathbb{C}$ mit $w^2 = x^2 - y^2 + 2xy\mathrm{i} = \frac{1}{2}\mathrm{i}$. Aus den beiden Gleichungen $x^2 - y^2 = 0$ und $2xy = 1/2$ folgt

$$x^4 = \frac{1}{16}$$

mit den reellen Lösungen $x = \pm 1/2$. Also sind mit $w = (1+\mathrm{i})/2$ oder $w = -(1+\mathrm{i})/2$ die Wurzeln gegeben. Für den gesuchten Wert u erhalten wir die beiden Möglichkeiten

$$u = w - \frac{1}{2} + \frac{3}{2}\mathrm{i} = \begin{cases} 2\mathrm{i} \\ -1 + \mathrm{i}\,. \end{cases}$$

In Polarkoordinaten ist

$$2\mathrm{i} = 2\left(\cos\frac{\pi}{2} + \mathrm{i}\sin\frac{\pi}{2}\right)$$

und

$$-1 + \mathrm{i} = \sqrt{2}\left(\cos\frac{3\pi}{4} + \mathrm{i}\sin\frac{3\pi}{4}\right).$$

Lösungen der Gleichung $z^3 = u$ erhalten wir aus der Polarkoordinatendarstellung von u, indem die dritte Wurzel des Betrags gezogen wird und das Argument φ durch 3 geteilt wird. Um alle möglichen Argumente im Intervall $[0, 2\pi]$ zu bekommen, müssen wir noch die weiteren Möglichkeiten $(\varphi + 2\pi)/3$ und $(\varphi + 4\pi)/3$ berücksichtigen. Insgesamt erhalten wir

$$\begin{aligned} z_1 &= 2^{\frac{1}{6}}\left(\cos\frac{\pi}{4} + \mathrm{i}\sin\frac{\pi}{4}\right), \\ z_2 &= 2^{\frac{1}{6}}\left(\cos\frac{11\pi}{12} + \mathrm{i}\sin\frac{11\pi}{12}\right), \\ z_3 &= 2^{\frac{1}{6}}\left(\cos\frac{19\pi}{12} + \mathrm{i}\sin\frac{19\pi}{12}\right), \end{aligned}$$

und

$$\begin{aligned} z_4 &= \sqrt[3]{2}\left(\cos\frac{\pi}{6} + \mathrm{i}\sin\frac{\pi}{6}\right), \\ z_5 &= \sqrt[3]{2}\left(\cos\frac{5\pi}{6} + \mathrm{i}\sin\frac{5\pi}{6}\right), \\ z_6 &= \sqrt[3]{2}\left(\cos\frac{3\pi}{2} + \mathrm{i}\sin\frac{3\pi}{2}\right). \end{aligned}$$

5.9 •• Zunächst beobachten wir, dass die Gleichung nur gelten kann, wenn $u \neq 0$, $v \neq 0$ und $u + v \neq 0$ gilt. Setzen wir $z = v/u$, so folgt aus der gewünschten Identität

$$1 = \frac{u+v}{u} + \frac{u+v}{v} = 1 + z + \frac{1}{z} + 1$$

bzw. die quadratische Gleichung

$$z^2 + z + 1 = 0\,.$$

Mit quadratischer Ergänzung,

$$0 = z^2 + z + 1 = \left(z + \frac{1}{2}\right)^2 + \frac{3}{4},$$

bestimmen wir die beiden Lösungen dieser Gleichung

$$z_\pm = -\frac{1}{2} \pm \mathrm{i}\frac{\sqrt{3}}{2}\,.$$

Mit diesem Resultat für z erhalten wir zu jedem $u \in \mathbb{C} \setminus \{0\}$ zwei Zahlen

$$v_\pm = \frac{-1}{2}\left(1 \mp \mathrm{i}\sqrt{3}\right) u\,,$$

für die die gewünschte Gleichung erfüllt ist.

5.10 ••• Um die Aussage zu zeigen sind zwei Richtungen zu beweisen: Zum einen, dass mit $|z| = 1$ die zweite Identität für beliebige Zahlen u, v folgt, und zum anderen genau umgekehrt, dass die zweite Identität für Zahlen $u, v \in \mathbb{C}$ mit $|u| \neq |v|$ auch $|z| = 1$ impliziert.

„⇒" Wenn wir voraussetzen, dass für $z \in \mathbb{C}$ gilt $|z| = 1$, so ist auch $|\overline{z}| = 1$ und $z\overline{z} = |z|^2 = 1$. Somit erhalten wir mit den elementaren Rechenregeln

$$\begin{aligned} |\overline{u}z + v| &= |\overline{u}z + v|\,|\overline{z}| \\ &= |\overline{u}z\overline{z} + v\overline{z}| \\ &= |\overline{u} + v\overline{z}| \\ &= |\overline{\overline{u} + v\overline{z}}| \\ &= |u + \overline{v}z|\,. \end{aligned}$$

Um die Aussage vollständig zu belegen, müssen wir aber noch zeigen, dass $|u + \overline{v}z| \neq 0$ gilt. Dazu berechnen wir den Betrag und schätzen mit $|u| \neq |v|$ ab:

$$\begin{aligned} |u + \overline{v}z| &= |u|^2 + |\overline{v}z|^2 + 2\,\mathrm{Re}(uv\overline{z}) \\ &= |u|^2 + |\overline{v}|^2 + 2\,\mathrm{Re}(uv\overline{z}) \\ &\geq |u|^2 + |\overline{v}z|^2 - 2|\,\mathrm{Re}(uv\overline{z})| \\ &\geq |u|^2 + |\overline{v}z|^2 - 2|u|\,|v| \\ &= (|u| - |v|)^2 > 0\,. \end{aligned}$$

„⇐" Für diese Richtung des Beweises nehmen wir an, dass

$$\left|\frac{\overline{u}z + v}{\overline{v}z + u}\right| = 1$$

gilt. Damit ist

$$|\overline{u}z + v| = |\overline{v}z + u|\,.$$

Auflösen der Beträge führt auf

$$|\overline{u}z|^2 + |v|^2 + 2\,\mathrm{Re}(\overline{u}z\overline{v}) = |\overline{v}z|^2 + |u|^2 + 2\,\mathrm{Re}(\overline{v}z\overline{u})\,.$$

Da die gemischten Terme identisch sind, gilt

$$|\overline{u}|^2\,|z|^2 - |\overline{v}|^2\,|z|^2 = |u|^2 - |v|^2\,.$$

Mit der Voraussetzung $|u| \neq |v|$ ist die Differenz $|u|^2 - |v|^2 \neq 0$. Kürzen wir diesen Ausdruck so folgt

$$|z|^2 = 1$$

und die Aussage ist gezeigt.

5.11 •• Aus

$$(z-3)(\overline{z}-3) = |z-3|^2 = 4|z+3|^2 = 4(z+3)(\overline{z}+3)$$

erhalten wir die Gleichung

$$|z|^2 - 3z - 3\overline{z} + 9 = 4|z|^2 + 12z + 12\overline{z} + 36$$

bzw.

$$|z|^2 + 5z + 5\overline{z} + 9 = 0\,.$$

Somit gilt für Zahlen $z \in M$ die Beziehung

$$|z+5|^2 = 16\,.$$

Also folgt

$$z \in K = \{z \in \mathbb{C} \mid |z+5| = 4\}\,.$$

Andererseits ergibt sich durch dieselbe Rechnung, dass $z \in K$ auch $z \in M$ impliziert. Somit haben wir gezeigt, dass $M = K$ ist. Die Menge beschreibt den Kreis mit Radius 4 um den Mittelpunkt $-5 \in \mathbb{C}$.

5.12 • Unter der Annahme, dass $|z| = 2$ ist, folgt

$$\begin{aligned}\left|\frac{1}{1+z}+\frac{1}{3}\right|^2 &= \frac{|4+z|}{3+3z}\\ &= \frac{(4+z)(4+\overline{z})}{(3+3z)(3+3\overline{z})}\\ &= \frac{16+4z+4\overline{z}+|z|^2}{9+9z+9\overline{z}+9|z|^2}\\ &= \frac{20+4z+4\overline{z}}{45+9z+9\overline{z}}\\ &= \frac{4}{9}\,.\end{aligned}$$

Also liegen die Bildpunkt $f(z)$ für $z \in K$ auf dem Kreis mit Radius $2/3$ um den Punkt $M = -1/3 \in \mathbb{C}$.

5.13 ••

- Wir setzen die gegebenen Stellen in die invariante Beziehung zur Möbiustransformation und erhalten etwa

$$\frac{(z-1)(0-\mathrm{i})}{(0-1)(z-\mathrm{i})} = \frac{(f(z)-\frac{1-\mathrm{i}}{1+\mathrm{i}})(-1-0)}{(-1-\frac{1-\mathrm{i}}{1+\mathrm{i}})(f(z)-0)}\,,$$

bzw.

$$\frac{\mathrm{i}(z-1)}{(z-\mathrm{i})} = \frac{(f(z)-\frac{1-\mathrm{i}}{1+\mathrm{i}})}{f(z)(1+\frac{1-\mathrm{i}}{1+\mathrm{i}})}\,.$$

Wir müssen diese Gleichung nach $f(z)$ auflösen. Aus

$$f(z)\left(1+\frac{1-\mathrm{i}}{1+\mathrm{i}}\right)\frac{\mathrm{i}(z-1)}{z-\mathrm{i}} = f(z) - \frac{1-\mathrm{i}}{1+\mathrm{i}}$$

folgt weiter

$$f(z)\left(z-\mathrm{i}-\frac{2\mathrm{i}}{1+\mathrm{i}}(z-1)\right) = \frac{1-\mathrm{i}}{1+\mathrm{i}}(z-\mathrm{i})$$

bzw.

$$f(z)(\underbrace{(1-\mathrm{i})z+1+\mathrm{i}}_{=(1-\mathrm{i})(z+\mathrm{i})}) = (1-\mathrm{i})(z-\mathrm{i})\,.$$

Wir erhalten die Transformation

$$f(z) = \frac{z-\mathrm{i}}{z+\mathrm{i}}\,.$$

- Ein Ausdruck für die Umkehrabbildung ergibt sich direkt aus der im Text angegebenen Beziehung. Es folgt für f die Umkehrung

$$f^{-1}(z) = \frac{dz-b}{-cz+a} = \frac{\mathrm{i}z+\mathrm{i}}{-z+1} = -\mathrm{i}\frac{z+1}{z-1}\,.$$

Insgesamt erhalten wir das Bild von $f : \mathbb{C}\setminus\{-\mathrm{i}\} \to \mathbb{C}\setminus\{1\}$ und die Umkehrabbildung $f^{-1} : \mathbb{C}\setminus\{1\} \to \mathbb{C}\setminus\{-\mathrm{i}\}$.

- Betrachten wir den Betrag $|f(z)|$ für $z = x \in \mathbb{R}$, so ergibt sich

$$\left|\frac{x-\mathrm{i}}{x+\mathrm{i}}\right| = \frac{\sqrt{x^2+1}}{\sqrt{x^2+1}} = 1\,.$$

Das heißt Zahlen auf der reellen Achse werden durch f auf den Einheitskreis abgebildet.
Aus $(y-1)^2 = y^2-2y+1 \leq y^2+2y+1 = (y+1)^2$ für $y \geq 0$ folgt mit $z = x+\mathrm{i}y$ die Abschätzung

$$|z-\mathrm{i}| = \sqrt{x^2+(y-1)^2} \leq \sqrt{x^2+(y+1)^2} = |z+\mathrm{i}|$$

(siehe Abbildung).

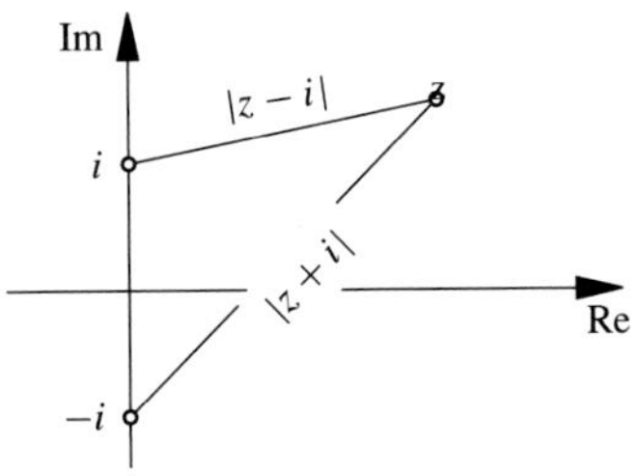

Also folgt

$$|f(z)| = \frac{|z-\mathrm{i}|}{|z+\mathrm{i}|} \leq 1$$

für $\mathrm{Im}(z) \geq 0$. Somit wird die obere Halbebene in das Innere des Einheitskreises abgebildet:

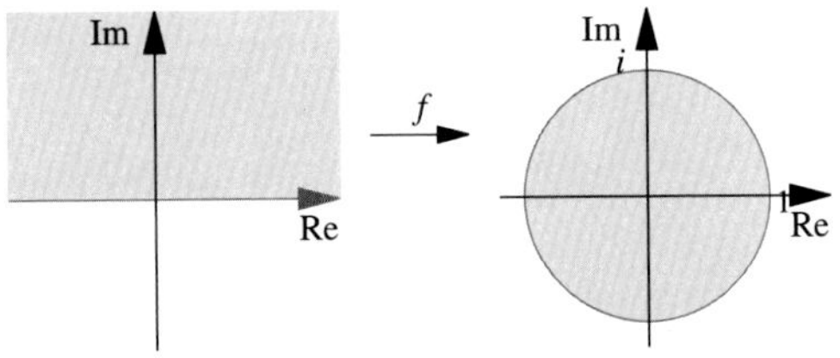

Anwendungsprobleme

5.14 ••

- Wählen wir die Polarkoordinatendarstellung $z = r(\cos\varphi + \mathrm{i}\sin\varphi)$, so folgt

$$f(z) = \frac{r}{r+a}(\cos\varphi + \mathrm{i}\sin\varphi)\,.$$

Also bleibt das Argument φ einer Zahl bei der Transformation erhalten, aber der Betrag, $|z| = r$, transformiert sich zu $|f(z)| = |z|/(|z| + a)$.

- Mit der Abschätzung

$$|f(z)| = |z|/(|z| + a) < 1$$

für jedes $z \in \mathbb{C}$ folgt,

$$f(\mathbb{C}) \subseteq B = \{z \in \mathbb{C} \mid |z| < 1\}\,.$$

Setzen wir $s = |f(z)| < 1$ so folgt aus

$$s = \frac{r}{r+a}$$

die Umkehrung

$$r = \frac{as}{1-s}\,.$$

Da das Argument nicht transformiert wird, ergibt sich somit die inverse Transformation, die Umkehrabbildung,

$$f^{-1}(w) = \frac{as}{1-s}(\cos\varphi + \mathrm{i}\sin\varphi) = \frac{aw}{1-|w|}$$

für $w = s(\cos\varphi + \mathrm{i}\sin\varphi) \in B$.

- Für Zahlen $z = x \in \mathbb{R}$ auf der reellen Achse ist auch das Bild auf der reellen Achse und für den Betrag gilt $|f(z)| < 1$ also ist das Bild Teilmenge des Intervalls $(-1, 1) \subseteq \mathbb{C}$.
Aus der Polarkoordinatendarstellung ist ersichtlich, dass ein Kreis um den Ursprung mit Radius R auf einen Kreis um den Ursprung mir Radius $R/(R + 1)$ abgebildet wird. Somit bleibt das Bild ein Kreis um den Ursprung mit verkleinertem Radius.
- Die Originalmengen sind in Abb. 5.19 und die Bildmengen in Abb. 5.20 gezeigt.

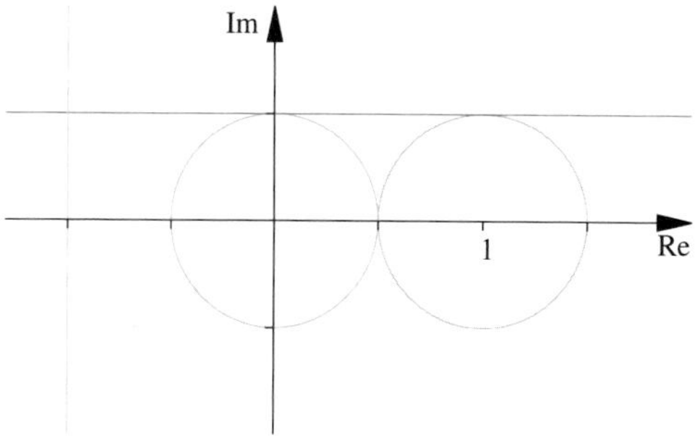

Abb. 5.19 Urbilder der betrachteten Teilmengen

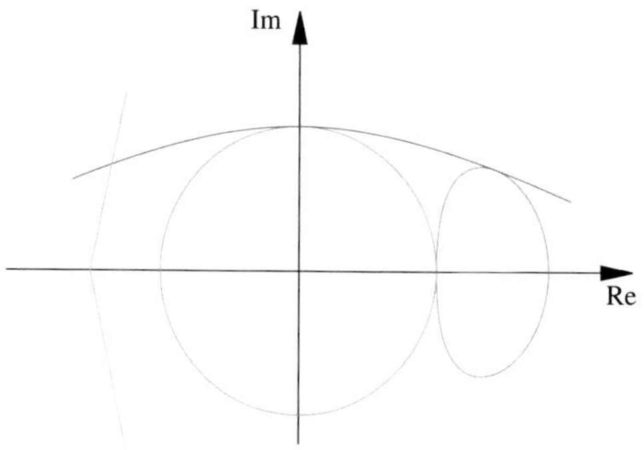

Abb. 5.20 Transformation der Teilmengen

5.15 • Da sich die Argumente bei der Multiplikation addieren, erhalten wir für die Spannungen

$$\begin{aligned}
u_1(t) &= U_0\,(\cos(\omega t) + \mathrm{i}\sin(\omega t))\\
u_2(t) &= U_0\,(\cos(\omega t) + \mathrm{i}\sin(\omega t))\left(\cos\frac{2}{3}\pi + \mathrm{i}\sin\frac{2}{3}\pi\right)\\
u_3(t) &= U_0\,(\cos(\omega t) + \mathrm{i}\sin(\omega t))\left(\cos\frac{4}{3}\pi + \mathrm{i}\sin\frac{4}{3}\pi\right).
\end{aligned}$$

Damit folgt

$$\begin{aligned}
&u_1(t) + u_2(t) + u_3(t)\\
&\quad= U_0\,(\cos(\omega t) + \mathrm{i}\sin(\omega t))\\
&\quad\cdot\left(1 + \left(\cos\frac{2}{3}\pi + \mathrm{i}\sin\frac{2}{3}\pi\right) + \left(\cos\frac{4}{3}\pi + \mathrm{i}\sin\frac{4}{3}\pi\right)\right)
\end{aligned}$$

Stellen wir die komplexen Zahlen in kartesischen Koordinaten da, so ergibt sich

$$\left(\cos\frac{2}{3}\pi + \mathrm{i}\sin\frac{2}{3}\pi\right) = -\frac{1}{2} + \mathrm{i}\frac{\sqrt{3}}{2}$$

und

$$\left(\cos\frac{4}{3}\pi + \mathrm{i}\sin\frac{4}{3}\pi\right) = -\frac{1}{2} - \mathrm{i}\frac{\sqrt{3}}{2}\,.$$

Wir erhalten die Summe

$$\begin{aligned}
&u_1(t) + u_2(t) + u_3(t)\\
&\quad= U_0\,(\cos(\omega t) + \mathrm{i}\sin(\omega t))\\
&\quad\cdot\left(1 + \left(-\frac{1}{2} + \mathrm{i}\frac{\sqrt{3}}{2}\right) + \left(-\frac{1}{2} - \mathrm{i}\frac{\sqrt{3}}{2}\right)\right)\\
&\quad= 0\,,
\end{aligned}$$

und die Aussage ist bewiesen.

Kapitel 5

Kapitel 6

Aufgaben

Verständnisfragen

6.1 • Gegeben sei die Folge $(x_n)_{n=2}^{\infty}$ mit $x_n = \frac{n-2}{n+1}$ für $n \geq 2$. Bestimmen Sie eine Zahl $N \in \mathbb{N}$ so, dass $|x_n - 1| \leq \varepsilon$ für alle $n \geq N$ gilt, wenn

(a) $\varepsilon = \frac{1}{10}$

(b) $\varepsilon = \frac{1}{100}$

ist.

6.2 • Stellen Sie eine Vermutung auf für eine explizite Darstellung der rekursiv gegebenen Folge (a_n) mit

$$a_{n+1} = 2a_n + 3a_{n-1} \quad \text{und} \quad a_1 = 1,\ a_2 = 3$$

und zeigen Sie diese mit vollständiger Induktion.

6.3 •• Zeigen Sie, dass für zwei positive Zahlen $x, y > 0$ gilt

$$\lim_{n\to\infty} \sqrt[n]{x^n + y^n} = \max\{x, y\}\,.$$

6.4 • Welche der folgenden Aussagen sind richtig? Begründen Sie Ihre Antwort.

(a) Eine Folge konvergiert, wenn Sie monoton und beschränkt ist.
(b) Eine konvergente Folge ist monoton und beschränkt.
(c) Wenn eine Folge nicht monoton ist, kann sie nicht konvergieren.
(d) Wenn eine Folge nicht beschränkt ist, kann sie nicht konvergieren.
(e) Wenn es eine Lösung zur Fixpunktgleichung einer rekursiv definierten Folge gibt, so konvergiert die Folge gegen diesen Wert.

6.5 ••• Beweisen Sie mit der Definition des Grenzwerts folgende Aussage: Wenn (a_n) eine Nullfolge ist, so ist auch die Folge (b_n) mit

$$b_n = \frac{1}{n}\sum_{j=1}^{n} a_j, \quad n \in \mathbb{N},$$

eine Nullfolge.

Rechenaufgaben

6.6 • Untersuchen Sie die Folge (x_n) auf Monotonie und Beschränktheit. Dabei ist

(a) $x_n = \dfrac{1-n+n^2}{n+1}$,

(b) $x_n = \dfrac{1-n+n^2}{n(n+1)}$,

(c) $x_n = \dfrac{1}{1+(-2)^n}$,

(d) $x_n = \sqrt{1 + \dfrac{n+1}{n}}$.

6.7 • Untersuchen Sie die Folgen (a_n), (b_n), (c_n) und (d_n) mit den unten angegebenen Gliedern auf Konvergenz.

$$a_n = \frac{n^2}{n^3-2} \qquad b_n = \frac{n^3-2}{n^2}$$
$$c_n = n-1 \qquad d_n = b_n - c_n$$

6.8 • Berechnen Sie jeweils den Grenzwert der Folge (x_n), falls dieser existiert:

(a) $x_n = \dfrac{1-n+n^2}{n(n+1)}$,

(b) $x_n = \dfrac{n^3-1}{n^2+3} - \dfrac{n^3(n-2)}{n^2+1}$,

(c) $x_n = \sqrt{n^2+n} - n$,

(d) $x_n = \sqrt{4n^2+n+2} - \sqrt{4n^2+1}$.

T. Arens et al., *Arbeitsbuch Mathematik*, https://doi.org/10.1007/978-3-662-64391-4_5

6.9 •• Bestimmen Sie mit dem Einschließungskriterium Grenzwerte zu den Folgen (a_n) und (b_n), die durch

$$a_n = \sqrt[n]{\frac{3n+2}{n+1}}, \quad b_n = \sqrt{\frac{1}{2^n} + n} - \sqrt{n}, \quad n \in \mathbb{N},$$

gegeben sind.

6.10 ••• Untersuchen Sie die Folgen (a_n), (b_n), (c_n) bzw. (d_n) mit den unten angegebenen Gliedern auf Konvergenz und bestimmen Sie gegebenenfalls ihre Grenzwerte:

$$\begin{aligned}
a_n &= \left(1 - \frac{1}{n^2}\right)^n \quad \text{(Hinweis: Bernoulli-Ungleichung)} \\
b_n &= 2^{n/2} \frac{(n+\mathrm{i})(1+\mathrm{i}n)}{(1+\mathrm{i})^n} \\
c_n &= \frac{1+q^n}{1+q^n+(-q)^n}, \quad \text{mit } q > 0 \\
d_n &= \frac{(\mathrm{i}q)^n + \mathrm{i}^n}{2^n + \mathrm{i}}, \quad \text{mit } q \in \mathbb{C}
\end{aligned}$$

6.11 •• Zu $a > 0$ ist die rekursiv definierte Folge (x_n) mit

$$x_{n+1} = 2x_n - a x_n^2$$

und $x_0 \in (0, \frac{1}{a})$ gegeben. Überlegen Sie sich zunächst, dass $x_n \leq \frac{1}{a}$ gilt für alle $n \in \mathbb{N}_0$ und damit induktiv auch $x_n > 0$ folgt. Zeigen Sie dann, dass diese Folge konvergiert und berechnen Sie ihren Grenzwert.

6.12 •• Für welche Startwerte $a_0 \in \mathbb{R}$ konvergiert die rekursiv definierte Folge (a_n) mit

$$a_{n+1} = \frac{1}{4}\left(a_n^2 + 3\right), \quad n \in \mathbb{N}?$$

Anwendungsprobleme

6.13 • Es sollen explizite Formeln für die Seitenlängen der Papierformate DIN An, DIN Bn und DIN Cn bestimmt werden. Für die Definition von DIN An vergleiche das Anwendungsbeispiel auf S. 174. Die Seitenlängen von DIN Bn ergeben sich als geometrisches Mittel entsprechende Längen von DIN A$(n-1)$ und DIN An, diejenigen von DIN Cn als geometrisches Mittel der Längen von DIN An und DIN Bn.

Bestimmen Sie explizite Darstellungen für die Folgen (a_n), (b_n) und (c_n) der jeweils längeren Seite der Formate DIN An, DIN Bn bzw. DIN Cn.

6.14 • Die Folge (x_k) definiert durch

$$x_0 = 0, \quad x_1 = 3, \quad x_k = \frac{x_{k-1}x_{k-2} + 3}{x_{k-1} + x_{k-2}}, \quad k \geq 2,$$

konvergiert gegen $\sqrt{3}$ und liefert somit ein Verfahren zur numerischen Berechnung dieser Zahl. Vergleichen Sie dieses Verfahren mit dem Heron-Verfahren mit dem Startwert 3. Nach wie vielen Iterationsschritten sind jeweils ein, vier bzw. 12 Dezimalstellen korrekt bestimmt? Die auf 13 Stellen korrekte Dezimaldarstellung von $\sqrt{3}$ lautet

$$1.732\,050\,807\,568\,9\,.$$

6.15 •• Die *Van-der-Waals-Gleichung*,

$$\left(p + \frac{a}{V^2}\right)(V - b) = RT,$$

beschreibt den Zusammenhang zwischen dem Druck p, der Temperatur T und dem molaren Volumen V eines Gases. Dabei ist $R = 8.314\,472\,\mathrm{J/(mol\,K)}$ die universelle Gaskonstante. Die Konstanten a und b werden Kohäsionsdruck bzw. Kovolumen genannt und sind vom betrachteten Gas abhängig. Für Luft betragen sie

$$a = 135.8\,\frac{\mathrm{kPa\,l^2}}{\mathrm{mol^2}} \quad \text{und} \quad b = 0.0364\,\frac{\mathrm{l}}{\mathrm{mol}}.$$

Es soll nun das molare Volumen für Luft bei einer Temperatur von 300 K und einem Druck von 100 kPa näherungsweise bestimmt werden, indem eine Folge konstruiert wird, die gegen diesen Wert konvergiert.

(a) Leiten Sie aus der Van-der-Waals-Gleichung eine Rekursionsvorschrift der Form

$$V_{n+1} = f(V_n), \quad n \in \mathbb{N}_0,$$

her, die die Eigenschaft

$$|V_{n+1} - V_n| \leq q\,|V_n - V_{n-1}|, \quad n \in \mathbb{N},$$

mit einer Zahl $q \in (0,1)$ besitzt, falls $20\,\mathrm{l/mol} \leq V_n \leq 30\,\mathrm{l/mol}$ für alle $n \in \mathbb{N}_0$ gilt.

(b) Aus der in (a) bewiesenen Eigenschaft folgt mit Argumenten, wie sie in der Vertiefung auf S. 190 verwandt werden, dass die Folge der (V_n) für jeden Startwert V_0 zwischen $20\,\mathrm{l/mol}$ und $30\,\mathrm{l/mol}$ konvergiert. Der Grenzwert V ist das gesuchte molare Volumen, und es gilt dabei die Abschätzung

$$|V - V_n| \leq \frac{q^n}{1-q}\,|V_1 - V_0|, \quad n \in \mathbb{N}.$$

Berechnen Sie das gesuchte molare Volumen auf 4 Dezimalstellen genau.

Hinweise

Verständnisfragen

6.1 • Vereinfachen Sie den Ausdruck $x_n - 1$.

6.2 • Berechnen Sie die ersten vier Folgenglieder. Welche Zahlen erhalten Sie?

6.3 •• Schätzen Sie die Folgenglieder nach unten und oben durch Terme ab, in denen nur die größere der beiden Zahlen vorkommt und verwenden Sie das Einschließungskriterium.

6.4 • Gehen Sie die im Kapitel formulierten Aussagen zur Konvergenz durch, die Antworten ergeben sich daraus unmittelbar.

6.5 ••• Schreiben Sie mit der Definition des Grenzwerts auf, was es bedeutet, dass (a_n) eine Nullfolge ist. Spalten Sie die Summe in der Definition von (b_n) entsprechend auf.

Rechenaufgaben

6.6 • Um Beschränktheit zu zeigen, vereinfachen Sie die Ausdrücke und verwenden geeignete Abschätzungen. Für die Monotoniebetrachtungen bestimmen Sie die Differenz oder den Quotienten aufeinanderfolgender Glieder.

6.7 • Formen Sie die Ausdrücke so um, dass in Zähler und Nenner nur bekannte Nullfolgen oder Konstanten stehen und wenden Sie die Rechenregeln an.

6.8 • Kürzen Sie höchste Potenzen in Zähler und Nenner. Bei (b) können Sie x_n/n^2 betrachten. Bei Differenzen von Wurzeln führt das Erweitern mit der Summe der Wurzeln zum Ziel.

6.9 •• Bei (a) können Sie den Bruch in der Wurzel verkleinern bzw. vergrößern. Bei (b) sollte man mit der Summe der Wurzeln erweitern und dann eine obere Schranke bestimmen.

6.10 ••• Wenn Sie vermuten, dass eine Folge divergiert, untersuchen Sie zuerst, ob die Folge überhaupt beschränkt bleibt. Für die Folgen (c_n) und (d_n) benötigen Sie eine Fallunterscheidung. Was wissen Sie über die Folge (q^n) mit $q \in \mathbb{C}$?

6.11 •• Nutzen Sie quadratische Ergänzung geschickt aus. Sie benötigen das Monotoniekriterium und für die Bestimmung des Grenzwerts die Fixpunktgleichung.

6.12 •• Überlegen Sie sich zunächst, welche Kandidaten für den Grenzwert es gibt. Betrachten Sie erst nur positive Startwerte, und überlegen Sie sich, ob die Folge monoton und beschränkt ist.

Anwendungsprobleme

6.13 • Die Glieder aller drei Folgen können als Potenzen der Zahl $\sqrt[8]{2}$ angegeben werden. Stellen Sie für (a_n) eine Vermutung auf, deren Richtigkeit Sie mit vollständiger Induktion beweisen.

6.14 • Die Formel für das Heron-Verfahren entnehmen Sie der Anwendung auf S. 189.

6.15 •• Schreiben Sie die Van-der-Waals-Gleichung als eine Fixpunktgleichung um und machen Sie aus dieser eine Rekursionsvorschrift. Die gewünschte Abschätzung ergibt sich dann aus einer Anwendung der dritten binomischen Formel. Für Teil (b) nutzt man die vorgegebene Konvergenzabschätzung zur Bestimmung eines n, für das V_n die gewünschte Genauigkeit besitzt.

Lösungen

Verständnisfragen

6.1 • (a) $N = 29$, (b) $N = 299$.

6.2 • Es gilt $a_n = 3^{n-1}$ für $n \in \mathbb{N}$.

6.3 •• –

6.4 • (a) Richtig, (b) falsch, (c) falsch, (d) richtig, (e) falsch.

6.5 ••• –

Rechenaufgaben

6.6 • (a) unbeschränkt, streng monoton wachsend, (b) beschränkt, monoton wachsend, (c) beschränkt, nicht monoton, (d) beschränkt, streng monoton fallend.

6.7 • (a_n) und (d_n) sind konvergent. (b_n) und (c_n) sind unbeschränkt, also insbesondere divergent.

6.8 • (a) $\lim\limits_{n\to\infty} x_n = 1$, (b) divergent, (c) $\lim\limits_{n\to\infty} x_n = 1/2$, (d) $\lim\limits_{n\to\infty} x_n = 1/4$.

6.9 •• $\lim\limits_{n\to\infty} a_n = 1$, $\lim\limits_{n\to\infty} b_n = 0$.

6.10 ••• $\lim\limits_{n\to\infty} a_n = 1$, (b_n) divergiert. Für $q < 1$ ist $\lim\limits_{n\to\infty} c_n = 1$, für $q \geq 1$ divergiert die Folge. Die Folge (d_n) divergiert für $|q| \geq 2$ und konvergiert gegen null für $|q| < 2$.

6.11 •• Die Folge wächst monoton, und es ist $\lim_{n\to\infty} x_n = 1/a$.

6.12 •• Für $-3 < a_0 < 3$ konvergiert die Folge mit $\lim_{n\to\infty} a_n = 1$. Für $a_0 = -3$ und $a_0 = 3$ konvergiert sie ebenfalls, aber mit $\lim_{n\to\infty} a_n = 3$. Für alle anderen Startwerte ist die Folge unbeschränkt und daher divergent.

Anwendungsprobleme

6.13 • Mit $k = \sqrt[8]{2}$ gilt $a_n = k^{2-4n}$, $b_n = k^{4-4n}$, $c_n = k^{3-4n}$.

6.14 • 4 Schritte für eine, 6 Schritte für 4 und 8 Schritte für 12 korrekte Dezimalstellen. Beim Heron-Verfahren werden 2, 4 und 5 Schritte benötigt.

6.15 •• Für $V_2 \approx 25.03341/\text{mol}$ ist die gewünschte Näherung erreicht.

Lösungswege

Verständnisfragen

6.1 • Wir schreiben die Differenz zwischen 1 und x_n um,

$$|x_n - 1| = \left|\frac{n-2}{n+1} - 1\right| = \left|1 - \frac{3}{n+1} - 1\right| = \frac{3}{n+1}.$$

Für $n \geq N$ folgt $3/(n+1) \leq 3/(N+1)$. Aus

$$\frac{3}{N+1} \leq \frac{1}{10} \quad \Leftrightarrow \quad N \geq 29,$$

ergibt sich damit, dass die Folgenglieder für $n \geq N = 29$ die erste Abschätzung $|x_n - 1| \leq 1/10$ erfüllen. Analog erhalten wir aus $3/(N+1) \leq 1/100$ den Wert $N = 299$ für die zweite Abschätzung.

6.2 • Es gilt $a_3 = 9$, $a_4 = 27$, und es lässt sich vermuten, dass $a_n = 3^{n-1}$ gilt.

Der Induktionsanfang ist bereits erbracht, es genügt, den Induktionsschritt durchzuführen. Dazu nehmen wir an, dass $a_n = 3^{n-1}$ und $a_{n-1} = 3^{n-2}$ gilt für ein $n \in \mathbb{N}$. Es folgt aus dieser Annahme

$$\begin{aligned} a_{n+1} &= 2\,a_n + 3\,a_{n-1} = 2 \cdot 3^{n-1} + 3 \cdot 3^{n-2} \\ &= (2+1) \cdot 3^{n-1} = 3^n\,. \end{aligned}$$

Also ist der Induktionsschritt gezeigt und es gilt $a_n = 3^{n-1}$ für alle $n \in \mathbb{N}$.

6.3 •• Wir dürfen annehmen, dass $x \geq y$ ist, denn ansonsten lassen sich die Rollen von x und y vertauschen. Es folgt

$$x = \sqrt[n]{x^n} \leq \sqrt[n]{x^n + y^n} = x\sqrt[n]{1 + \left(\frac{y}{x}\right)^n} \leq x\sqrt[n]{2}\,.$$

Also ergibt sich mit $\lim_{n\to\infty} \sqrt[n]{2} = 1$ und dem Einschließungskriterium der Grenzwert

$$\lim_{n\to\infty} \sqrt[n]{x^n + y^n} = x\,.$$

Mit $x \geq y$ ist $x = \max\{x, y\}$.

6.4 • (a) Dies ist die Aussage des Monotoniekriteriums, also richtig!

(b) Nein, so ist etwa die Nullfolge $(-1)^n/n$ konvergent, aber nicht monoton.

(c) Es gibt auch nicht monotone Folgen, die konvergieren, siehe das Gegenbeispiel zur vorherigen Frage.

(d) Diese Aussage stimmt. Wenn eine Folge (x_n) konvergiert, so ist sie auch beschränkt. Eine Schranke bekommen wir, da sich etwa zu $\varepsilon = 1$ ein $N \in \mathbb{N}$ finden lässt, sodass $|x_n - x| \leq 1$ gilt für alle $n \geq N$, wenn x den Grenzwert der Folge bezeichnet. Damit gilt

$$|x_n| \leq |x| + |x_n - x| \leq |x| + 1 \quad \text{für } n \geq N,$$

und es folgt

$$|x_n| \leq \max\{|x_1|, |x_2|, \ldots, |x_{N-1}|, |x| + 1\}.$$

(e) Durch eine Lösung der Fixpunktgleichung wird nur ein Kandidat für einen Grenzwert ermittelt. Die Konvergenz muss separat gezeigt werden.

6.5 ••• Zu jedem $\varepsilon > 0$ gibt es ein $N \in \mathbb{N}$, sodass $|a_n| < \varepsilon$ ist für alle $n \geq N$. Also gilt für $n \geq N$

$$\begin{aligned} |b_n| &\leq \frac{1}{n}\sum_{j=1}^{N-1} |a_j| + \frac{1}{n}\sum_{j=N}^{n} |a_j| \\ &\leq \frac{N-1}{n} \max_{j=1,\ldots,N-1} |a_j| + \frac{n-N+1}{n}\varepsilon \\ &\leq \frac{N-1}{n} \max_{j=1,\ldots,N-1} |a_j| + \varepsilon. \end{aligned}$$

Der erste Term geht gegen null für $n \to \infty$, daher ist

$$\lim_{n\to\infty} |b_n| \leq \varepsilon$$

für jedes $\varepsilon > 0$. Hieraus ergibt sich die Behauptung.

Rechenaufgaben

6.6 • (a) Wir schreiben den Term um,

$$\begin{aligned} x_n &= \frac{1-n+n^2}{n+1} = \frac{1+2n+n^2}{n+1} - \frac{3n}{n+1} \\ &= n+1-\frac{3n}{n+1} = n-2+\frac{3}{n+1}. \end{aligned}$$

Da der letzte Term positiv ist, folgt

$$x_n \geq n-2 \to \infty \quad (n \to \infty),$$

die Folge ist also unbeschränkt.

Für die Differenz zweier aufeinanderfolgender Glieder ergibt sich

$$x_{n+1} - x_n = 1 + \frac{3}{n+2} - \frac{3}{n+1} = 1 - \frac{3}{(n+1)(n+2)}.$$

Da $(n+1)(n+2) \geq 6$ für $n \in \mathbb{N}$, folgt $x_{n+1} - x_n \geq 1/2 > 0$, die Folge wächst also streng monoton.

(b) Ganz ähnlich wie im Teil (a) ergibt sich

$$x_n = \frac{n^2+n}{n^2+n} - \frac{2n-1}{n^2+n} = 1 - \frac{2n-1}{n^2+n} \leq 1.$$

Da auch $x_n \geq 0$ für $n \in \mathbb{N}$, ist die Folge beschränkt.

Für die Monotonie betrachten wir wieder die Differenz

$$\begin{aligned} x_{n+1} - x_n &= \frac{2n-1}{n(n+1)} - \frac{2n+1}{(n+1)(n+2)} \\ &= \frac{2\,(n-1)}{n(n+1)(n+2)} \geq 0, \end{aligned}$$

denn jeder hier auftretende Faktor ist größer oder gleich null. Die Folge wächst monoton.

(c) An den ersten drei Folgengliedern,

$$x_1 = -1, \quad x_2 = \frac{1}{5}, \quad x_3 = -\frac{1}{7},$$

erkennt man, dass die Folge nicht monoton ist.

Für gerades n, also $n = 2k$ mit $k \in \mathbb{N}$, folgt

$$|x_n| = \left|\frac{1}{1+4^k}\right| \leq 1.$$

Für ungerades $n = 2k-1$, $k \in \mathbb{N}$, erhält man

$$|x_n| = \left|\frac{1}{1-\frac{4^k}{2}}\right| = \frac{2}{4^k-2} \leq \frac{2}{4-2} = 1.$$

Damit gilt $|x_n| \leq 1$ für alle $n \in \mathbb{N}$, die Folge ist beschränkt.

(d) Es ist $x_n \geq 0$ und

$$x_n = \sqrt{1+\frac{n+1}{n}} = \sqrt{2+\frac{1}{n}} \leq \sqrt{3}.$$

Daher ist die Folge beschränkt.

Für die Monotonie schreiben wir $x_n = \sqrt{(2n+1)/n}$ und betrachten den Quotienten zweier aufeinanderfolgender Glieder,

$$\frac{x_{n+1}}{x_n} = \sqrt{\frac{(2n+3)\,n}{(n+1)\,(2n+1)}} = \sqrt{\frac{2n^2+3n}{2n^2+3n+1}} < 1.$$

Die Folge fällt also streng monoton.

6.7 • Es gilt

$$\begin{aligned} \lim_{n\to\infty} a_n &= \lim_{n\to\infty} \frac{n^2}{n^3-2} = \lim_{n\to\infty} \frac{\frac{1}{n}}{1-\frac{2}{n^3}} \\ &= \frac{\lim\limits_{n\to\infty} \frac{1}{n}}{1-\lim\limits_{n\to\infty} \frac{2}{n^3}} = \frac{0}{1-0} = 0. \end{aligned}$$

Also ist (a_n) konvergent. Für die Folge (b_n) sehen wir

$$b_n = \frac{1}{a_n} = \frac{n^3-2}{n^2} = n - \frac{2}{n^2} \to \infty \quad (n \to \infty).$$

Die Folge ist unbeschränkt und somit insbesondere nicht konvergent. Genauso divergiert die Folge (c_n) mit $c_n = n-1$, da sie unbeschränkt ist.

Für die Differenz ergibt sich

$$d_n = b_n - c_n = \frac{n^3-2}{n^2} - (n-1) = n - \frac{2}{n^2} - n + 1 = 1 + \frac{2}{n^2}$$

Somit ist (d_n) konvergent mit $\lim\limits_{n\to\infty} d_n = 1$.

Kommentar Dies ist ein Beispiel, dass die Umkehrung der Rechenregeln für Grenzwerte nicht möglich ist: Auch wenn zwei Folgen divergieren, kann ihre Summe sehr wohl konvergieren. ◀

6.8 • (a) Durch Kürzen der höchstens Potenz von n in Zähler und Nenner ergibt sich

$$x_n = \frac{1-n+n^2}{n(n+1)} = \frac{\frac{1}{n^2} - \frac{1}{n} + 1}{1 \cdot \left(1+\frac{1}{n}\right)} \longrightarrow 1 \quad (n \to \infty).$$

(b) Man kann zeigen

$$\begin{aligned} \frac{x_n}{n^2} &= \frac{1}{n^2}\left(\frac{n^3-1}{n^2+3} - \frac{n^3(n-2)}{n^2+1}\right) \\ &= \frac{\frac{1}{n} - \frac{1}{n^4}}{1+\frac{3}{n^2}} - \frac{1-\frac{2}{n}}{1+\frac{1}{n^2}} \longrightarrow -1 \quad (n \to \infty). \end{aligned}$$

Die Folge (x_n/n^2) konvergiert gegen -1, insbesondere ist daher

$$\frac{x_n}{n^2} \leq -\frac{1}{2} \quad \text{oder} \quad x_n \leq -\frac{n^2}{2}$$

für alle n ab einem bestimmten n_0. Dies bedeutet, dass (x_n) unbeschränkt ist, also nicht konvergieren kann.

(c) Es ist mit der dritten binomischen Formel

$$\begin{aligned} x_n &= \sqrt{n^2+n} - n = \frac{n^2+n-n^2}{\sqrt{n^2+n}+n} \\ &= \frac{n}{\sqrt{n^2+n}+n} = \frac{1}{\sqrt{1+\frac{1}{n}}+1} \longrightarrow \frac{1}{2} \quad (n \to \infty). \end{aligned}$$

(d) Ganz analog zum Teil (c) rechnen wir

$$\begin{aligned} x_n &= \sqrt{4n^2+n+2} - \sqrt{4n^2+1} \\ &= \frac{4n^2+n+2-4n^2-1}{\sqrt{4n^2+n+2}+\sqrt{4n^2+1}} \\ &= \frac{n+1}{\sqrt{4n^2+n+2}+\sqrt{4n^2+1}} \\ &= \frac{1+\frac{1}{n}}{\sqrt{4+\frac{1}{n}+\frac{2}{n^2}}+\sqrt{4+\frac{1}{n^2}}} \longrightarrow \frac{1}{4} \quad (n \to \infty). \end{aligned}$$

6.9 •• Es gilt

$$1 = \frac{n+1}{n+1} \leq \frac{3n+2}{n+1} \leq \frac{3n+3}{n+1} = 3.$$

Daher folgt

$$\sqrt[n]{1} \leq a_n \leq \sqrt[n]{3}.$$

Die Terme links und rechts konvergieren beide gegen 1. Daher ist nach dem Einschließungskriterium auch $\lim\limits_{n\to\infty} a_n = 1$.

Für (b_n) gilt

$$0 \leq b_n = \frac{\left(\frac{1}{2}\right)^n}{\sqrt{\left(\frac{1}{2}\right)^n + n} + \sqrt{n}} \leq \left(\frac{1}{2}\right)^n \frac{1}{2\sqrt{n}} \leq \frac{1}{2\sqrt{n}}.$$

Die rechte Schranke konvergiert ebenfalls gegen null, also ist nach dem Einschließungskriterium auch $\lim\limits_{n\to\infty} b_n = 0$.

6.10 ••• Mit der Bernoulli-Ungleichung folgt

$$a_n = \left(1 - \frac{1}{n^2}\right)^n \geq 1 - \frac{1}{n}$$

für alle $n \in \mathbb{N}$. Somit ergibt sich

$$1 = \lim_{n\to\infty}\left(1 - \frac{1}{n}\right) \leq \lim_{n\to\infty}\left(1 - \frac{1}{n^2}\right)^n \leq 1,$$

also gilt mit dem Einschließungskriterium $a_n \to 1$ für $n \to \infty$.

Wir betrachten den Betrag der Glieder von (b_n),

$$\begin{aligned} |b_n| &= \frac{|n+\mathrm{i}| \cdot |1+\mathrm{i}\,n|}{|1+\mathrm{i}|^n} = \frac{|n+\mathrm{i}| \cdot |1+\mathrm{i}\,n|}{2^{n/2}} \\ &\geq \frac{|n| \cdot |n|}{2^{n/2}} = \frac{n^2}{2^{n/2}} \longrightarrow \infty \quad (n \to \infty). \end{aligned}$$

Die Folge ist unbeschränkt, also divergent.

Für die Folge (c_n) muss eine Fallunterscheidung durchgeführt werden. Für $q < 1$ gilt $q^n \to 0$ und $(-q)^n \to 0$ für $n \to \infty$. In diesem Fall ist $\lim\limits_{n\to\infty} c_n = 1$.

Im Fall $q = 1$ ist $c_n = 2/3$ für jedes gerade n und $c_n = 2$ für jedes ungerade n. Daher ist die Folge divergent.

Im Fall $q > 1$ gilt für alle ungeraden n

$$c_n = \frac{1+q^n}{1+q^n-q^n} = 1 + q^n \longrightarrow \infty \quad (n \to \infty).$$

Nun ist die Folge unbeschränkt und daher divergent.

Für die Folge (d_n) ist ebenfalls eine Fallunterscheidung notwendig. Für $|q| < 2$ schreiben wir

$$d_n = \mathrm{i}^n \, \frac{\left(\frac{q}{2}\right)^n + \left(\frac{1}{2}\right)^n}{1 + \frac{\mathrm{i}}{2^n}} \longrightarrow 0 \quad (n \to \infty).$$

Für $|q| \geq 2$ nutzen wir die Darstellung

$$d_n = \left(\frac{\mathrm{i}q}{2}\right)^n \frac{1 + \frac{1}{q^n}}{1 + \frac{\mathrm{i}}{2^n}}.$$

Der zweite Faktor konvergiert gegen 1. Der erste Faktor divergiert aber, da die Folge (q^n) für $|q| \geq 1$ divergiert. Die Annahme, dass (d_n) konvergiert, führt also zu einem Widerspruch.

6.11 •• Für $n = 0, 1, 2, \ldots$ betrachten wir die Differenz

$$\begin{aligned} \frac{1}{a} - x_{n+1} &= \frac{1}{a} - 2x_n - a x_n^2 \\ &= a\left(\frac{1}{a^2} - 2\,\frac{1}{a}\,x_n - x_n^2\right) \\ &= a\left(\frac{1}{a} - x_n\right)^2 \geq 0. \end{aligned}$$

Damit folgt $x_n \leq 1/a$ für $n = 1, 2, 3, \ldots$. Für $n = 0$ ist dies aber schon vorausgesetzt.

Es gilt also $a x_n \leq 1$, was wir im Folgenden häufig ausnutzen werden. Insbesondere folgt auch $a x_n \leq 2$, und es ergibt sich

$$x_{n+1} = x_n\,(2 - a x_n) \geq 0.$$

Damit gilt $0 \leq x_n \leq 1/a$ für alle $n \in \mathbb{N}_0$, die Folge ist beschränkt.

Um Konvergenz zu erhalten, benötigen wir noch die Monotonie. Dazu betrachten wir

$$x_{n+1} - x_n = 2x_n - ax_n^2 - x_n = x_n\,(1 - ax_n) \geq 0.$$

Die Folge ist also monoton wachsend. Aus dem Monotoniekriterium folgt, dass die Folge konvergiert.

Um den Grenzwert $x = \lim\limits_{n\to\infty} x_n$ zu bestimmen, betrachten wir die Fixpunktgleichung, die wir erhalten, indem wir in der Rekursionsvorschrift auf beiden Seiten zum Grenzwert übergehen. Sie lautet

$$x = 2x - ax^2$$

und hat die Lösungen 0 und $1/a$. Diese sind die Kandidaten für den Grenzwert. Da die Folge monoton wächst und schon $x_0 > 0$ ist, kommt 0 als Grenzwert nicht in Frage. Also gilt $\lim\limits_{n\to\infty} x_n = 1/a$.

6.12 •• Wir überlegen uns zunächst, welche Kandidaten für Grenzwerte es gibt. Diese sind die Lösung der Fixpunktgleichung

$$a = \frac{1}{4}\left(a^2 + 3\right),$$

also $a = 1$ und $a = 3$. Wir betrachten ferner die Differenz zweier aufeinanderfolgender Glieder,

$$a_{n+1} - a_n = \frac{1}{4}\left(a_n^2 + 3 - 4a_n\right) = \frac{1}{4}\,(a_n - 3)\,(a_n - 1).$$

Indem wir die Vorzeichen der Terme auf der rechten Seite betrachten, können wir einige Aussagen über Monotonieeigenschaften der Folge formulieren. Auf jeden Fall gilt: Für $a_0 = 1$ oder $a_0 = 3$ ist die Folge konstant und daher konvergent.

Schließlich betrachten wir noch

$$a_{n+1} - 1 = \frac{1}{4}\,(a_n^2 - 1) = \frac{1}{4}\,(a_n - 1)\,(a_n + 1),$$
$$a_{n+1} - 3 = \frac{1}{4}\,(a_n^2 - 9) = \frac{1}{4}\,(a_n - 3)\,(a_n + 3).$$

Nun können alle Fälle abgearbeitet werden: Für $a_0 = -3$ bzw. $a_0 = -1$ ergibt sich $a_1 = 3$ bzw. $a_1 = 1$, und die Folge konvergiert.

Ist $a_0 > 3$, so wächst die Folge streng monoton und ist größer als beide Kandidaten für den Grenzwert. Also divergiert die Folge in diesem Fall. Ist $a_0 < -3$, so gilt $a_1 > 3$. Auch dann divergiert die Folge.

Für $1 < a_0 < 3$ erhält man auch $1 < a_n < 3$ für alle $n \in \mathbb{N}$. Die Folge konvergiert, da sie beschränkt und monoton fallend ist, und es ist $\lim\limits_{n\to\infty} a_n = 1$.

Für $-3 < a_0 < -1$ ist $1 < a_1 < 3$, und wie im vorhergehenden Fall erhält man $\lim\limits_{n\to\infty} a_n = 1$

Für $-1 < a_0 < 1$ wächst die Folge monoton, aber es gilt $a_n < 1$ für alle $n \in \mathbb{N}$. Daher folgt auch hier $\lim\limits_{n\to\infty} a_n = 1$.

Anwendungsprobleme

6.13 • Wir setzen $k = \sqrt[8]{2}$. Nach der Definition von DIN An ist

$$\frac{a_0}{a_1} = \frac{a_1}{a_2},$$

sowie $a_0 \cdot a_1 = 1$ und $a_1 \cdot a_2 = 1/2$. Damit folgt

$$a_0^2 = \frac{a_0}{a_1} = \frac{a_1}{a_2} = 2\,a_1^2 = \frac{2}{a_0^2}.$$

Also ist $a_0^4 = 2$ oder $a_0 = k^2$. Ferner ergibt sich auch $a_1 = k^{-2}$.

Aus dem konstanten Seitenverhältnis bei DIN An,

$$\frac{a_{n+2}}{a_{n+1}} = \frac{a_{n+1}}{a_n}, \qquad n = 0, 1, 2, \ldots,$$

ergibt sich die Rekursionsformel

$$a_{n+2} = \frac{a_{n+1}^2}{a_n}.$$

Daraus bestimmen wir die nächsten Folgenglieder,

$$a_2 = k^{-6}, \quad a_3 = k^{-10}, \quad a_4 = k^{-14}.$$

Dies legt die Vermutung $a_n = k^{2-4n}$ nahe, die wir mit vollständiger Induktion beweisen.

Der Induktionsanfang ist durch unsere bisherigen Überlegungen schon erbracht. Wir nehmen daher an, die Vermutung sei für ein $n \in \mathbb{N}$ und auch für $n + 1$ richtig. Dann gilt

$$\begin{aligned} a_{n+2} &= \frac{a_{n+1}^2}{a_n} = \frac{\left(k^{2-4(n+1)}\right)^2}{k^{2-4n}} \\ &= k^{-6-4n} = k^{2-4(n+2)}. \end{aligned}$$

Damit ist die Vermutung für alle $n \in \mathbb{N}$ als richtig nachgewiesen.

Für die anderen Folgen ergibt sich nun direkt

$$b_n = \sqrt{a_{n-1}\,a_n} = \sqrt{k^{6-4n}\,k^{2-4n}} = k^{4-4n}$$

und

$$c_n = \sqrt{a_n\,b_n} = \sqrt{k^{2-4n}\,k^{4-4n}} = k^{3-4n},$$

jeweils für $n = 0, 1, 2, \ldots$, wobei wir noch $a_{-1} = k^6$ gesetzt haben.

6.14 • Die folgende Tabelle gibt die Dezimalwerte auf 13 Stellen genau wieder:

k	(x_k)	Heron
0	0.000 000 000 000 00	3.000 000 000 000 00
1	3.000 000 000 000 00	2.000 000 000 000 00
2	1.000 000 000 000 00	1.750 000 000 000 00
3	1.500 000 000 000 00	1.732 142 857 142 86
4	1.800 000 000 000 00	1.732 050 810 014 73
5	1.727 272 727 272 73	1.732 050 807 568 88
6	1.731 958 762 886 60	–
7	1.732 050 934 706 04	–
8	1.732 050 807 565 50	–
9	1.732 050 807 568 88	–

6.15 •• (a) Wir schreiben die Van-der-Waals-Gleichung um zu

$$V = b + \frac{R\,T\,V^2}{p\,V^2 + a}$$

und fassen dies als die Fixpunktgleichung der Iterationsvorschrift

$$V_{n+1} = b + \frac{R\,T\,V_n^2}{p\,V_n^2 + a}, \quad n \in \mathbb{N}_0$$

auf. Dann gilt für aufeinanderfolgende Folgenglieder

$$\begin{aligned} V_{n+1} - V_n &= \frac{R\,T\,V_n^2}{p\,V_n^2 + a} - \frac{R\,T\,V_{n-1}^2}{p\,V_{n-1}^2 + a} \\ &= \frac{R\,T\,a\,(V_n^2 - V_{n-1}^2)}{(p\,V_n^2 + a)\,(p\,V_{n-1}^2 + a)}. \end{aligned}$$

Damit, und mit den vorgegebenen Schranken, folgt

$$\begin{aligned} |V_{n+1} - V_n| &\leq \left| \frac{R\,T\,a\,(V_n + V_{n-1})}{(p\,V_n^2 + a)\,(p\,V_{n-1}^2 + a)} \right| |V_n - V_{n-1}| \\ &\leq \left| \frac{60\,\mathrm{l/mol} \cdot R\,T\,a}{(p\,(20\,\mathrm{l/mol})^2 + a)^2} \right| |V_n - V_{n-1}|\,. \end{aligned}$$

Mit den Zahlenwerten errechnet man

$$q = \left| \frac{60\,\mathrm{l/mol} \cdot R\,T\,a}{(p\,(20\,\mathrm{l/mol})^2 + a)^2} \right| \approx 0.012\,62 < 1.$$

(b) Wir wählen $V_0 = 25\,\mathrm{l/mol}$ und bestimmen $V_1 \approx 25.034\,1\,\mathrm{l/mol}$. Um die gewünschte Genauigkeit zu garantieren, fordern wir

$$\frac{q^n}{1-q}\,|V_1 - V_0| < 5 \cdot 10^{-5}\,\mathrm{l/mol}.$$

Daraus folgt

$$n > \frac{\ln\left(\frac{5\cdot 10^{-5}\,\mathrm{l/mol}}{|V_1 - V_0|}\,(1-q)\right)}{\ln q} \approx 1.673\,1.$$

Also erfüllt V_2 schon die gewünschte Genauigkeit. Der Wert ist

$$V_2 \approx 24.925\,4\,\frac{1}{\mathrm{mol}}\,.$$

Kapitel 7

Aufgaben

Verständnisfragen

7.1 • Bestimmen Sie jeweils den größtmöglichen Definitionsbereich $D \subseteq \mathbb{R}$ und das zugehörige Bild der Funktionen $f : D \to \mathbb{R}$ mit den folgenden Abbildungsvorschriften:

(a) $f(x) = \dfrac{x + \frac{1}{x}}{x}$,
(b) $f(x) = \dfrac{x^2 + 3x + 2}{x^2 + x - 2}$,
(c) $f(x) = \dfrac{1}{x^4 - 2x^2 + 1}$,
(d) $f(x) = \sqrt{x^2 - 2x - 1}$.

7.2 • Welche dieser Funktionen besitzen eine Umkehrfunktion? Geben Sie diese gegebenenfalls an.

(a) $f : \mathbb{R} \setminus \{0\} \to \mathbb{R} \setminus \{0\}$ mit $f(x) = \dfrac{1}{x^2}$,
(b) $f : \mathbb{R} \setminus \{0\} \to \mathbb{R} \setminus \{0\}$ mit $f(x) = \dfrac{1}{x^3}$,
(c) $f : \mathbb{R} \to \mathbb{R}$ mit $f(x) = x^2 - 4x + 2$,
(d) $f : \mathbb{R} \setminus \{-1\} \to \mathbb{R} \setminus \{1\}$ mit $f(x) = \dfrac{x^2 - 1}{x^2 + 2x + 1}$.

7.3 •• Welche der folgenden Teilmengen von $\mathbb{C}$ sind beschränkt, abgeschlossen und/oder kompakt?

(a) $\{z \in \mathbb{C} \mid |z - 2| \leq 2 \text{ und } \operatorname{Re}(z) + \operatorname{Im}(z) \geq 1\}$,
(b) $\{z \in \mathbb{C} \mid |z|^2 + 1 \geq 2 \operatorname{Im}(z)\}$,
(c) $\{z \in \mathbb{C} \mid 1 > \operatorname{Im}(z) \geq -1\}$
$\cap \{z \in \mathbb{C} \mid \operatorname{Re}(z) + \operatorname{Im}(z) \leq 0\}$
$\cap \{z \in \mathbb{C} \mid \operatorname{Re}(z) - \operatorname{Im}(z) \geq 0\}$,
(d) $\{z \in \mathbb{C} \mid |z + 2| \leq 2\} \cap \{z \in \mathbb{C} \mid |z - \mathrm{i}| < 1\}$.

7.4 • Welche der folgenden Aussagen über eine Funktion $f : (a, b) \to \mathbb{R}$ sind richtig, welche sind falsch.

(a) f ist stetig, falls für jedes $\hat{x} \in (a, b)$ der linksseitige Grenzwert $\lim\limits_{x \to \hat{x}-} f(x)$ mit dem rechtsseitigen Grenzwert $\lim\limits_{x \to \hat{x}+} f(x)$ übereinstimmt.
(b) f ist stetig, falls für jedes $\hat{x} \in (a, b)$ der Grenzwert $\lim\limits_{x \to \hat{x}} f(x)$ existiert und mit dem Funktionswert an der Stelle $\hat{x}$ übereinstimmt.
(c) Falls f stetig ist, ist f auch beschränkt.
(d) Falls f stetig ist und eine Nullstelle besitzt, aber nicht die Nullfunktion ist, dann gibt es Stellen $x_1, x_2 \in (a, b)$ mit $f(x_1) < 0$ und $f(x_2) > 0$.
(e) Falls f stetig und monoton ist, wird jeder Wert aus dem Bild von f an genau einer Stelle angenommen.

7.5 • Wie muss jeweils der Parameter $c \in \mathbb{R}$ gewählt werden, damit die folgenden Funktionen $f : D \to \mathbb{R}$ stetig sind?

(a) $D = [-1, 1]$, $f(x) = \begin{cases} \dfrac{x^2 + 2x - 3}{x^2 + x - 2}, & x \neq 1, \\ c, & x = 1, \end{cases}$

(b) $D = (0, 1]$, $f(x) = \begin{cases} \dfrac{x^3 - 2x^2 - 5x + 6}{x^3 - x}, & x \neq 1, \\ c, & x = 1. \end{cases}$

Rechenaufgaben

7.6 • Berechnen Sie die folgenden Grenzwerte:

(a) $\lim\limits_{x \to 2} \dfrac{x^4 - 2x^3 - 7x^2 + 20x - 12}{x^4 - 6x^3 + 9x^2 + 4x - 12}$,
(b) $\lim\limits_{x \to \infty} \dfrac{2x - 3}{x - 1}$,
(c) $\lim\limits_{x \to \infty} \left(\sqrt{x + 1} - \sqrt{x}\right)$,
(d) $\lim\limits_{x \to 0} \left(\dfrac{1}{x} - \dfrac{1}{x^2}\right)$.

T. Arens et al., *Arbeitsbuch Mathematik*, https://doi.org/10.1007/978-3-662-64391-4_6

7.7 •• Bestimmen Sie die Umkehrfunktion der Funktion $f : \mathbb{R} \to \mathbb{R}$ mit:

$$f(x) = \begin{cases} x^2 - 2x + 2, & x \geq 1 \\ 4x - 2x^2 - 1, & x < 1 \end{cases}$$

Dabei ist auch nachzuweisen, dass es sich tatsächlich um die Umkehrfunktion handelt.

7.8 ••• Gegeben ist die Funktion $f : \mathbb{R} \to \mathbb{R}$ mit:

$$f(x) = \begin{cases} 1 - 2x - x^2, & x \leq 1 \\ 9 - 6x + x^2, & x > 1 \end{cases}$$

Bestimmen Sie möglichst große Intervalle, auf denen die Funktion umkehrbar ist. Geben Sie jeweils die Umkehrfunktion an und fertigen Sie eine Skizze an.

7.9 •• Bestimmen Sie die globalen Extrema der folgenden Funktionen.

(a) $f : [-2, 2] \to \mathbb{R}$ mit $f(x) = 1 - 2x - x^2$,

(b) $f : \mathbb{R} \to \mathbb{R}$ mit $f(x) = x^4 - 4x^3 + 8x^2 - 8x + 4$.

7.10 ••• Auf der Menge $M = \{z \in \mathbb{C} \mid |z| \leq 2\}$ ist die Funktion $f : \mathbb{C} \to \mathbb{R}$ mit

$$f(z) = \operatorname{Re}[(3 + 4\mathrm{i})z]$$

definiert.

(a) Untersuchen Sie die Menge M auf Offenheit, Abgeschlossenheit, Kompaktheit.

(b) Begründen Sie, dass f globale Extrema besitzt und bestimmen Sie diese.

7.11 • Zeigen Sie, dass das Polynom

$$p(x) = x^5 - 9x^4 - \frac{82}{9}x^3 + 82x^2 + x - 9$$

auf dem Intervall $[-1, 4]$ genau drei Nullstellen besitzt.

7.12 •• Betrachten Sie die beiden Funktionen $f, g : \mathbb{R} \to \mathbb{R}$ mit

$$f(x) = \begin{cases} 4 - x^2, & x \leq 2 \\ 4x^2 - 24x + 36, & x > 2 \end{cases}$$

und

$$g(x) = x + 1.$$

Zeigen Sie, dass die Graphen der Funktionen mindestens vier Schnittpunkte haben.

Anwendungsprobleme

7.13 • Ein Wanderer läuft in drei Stunden am Vormittag von Adorf nach Bestadt. Dort macht er bei einer deftigen Brotzeit Mittagspause, um anschließend in derselben Zeit wie auf dem Hinweg den Rückweg zurückzulegen. Gibt es einen Ort auf der Strecke, den er sowohl auf dem Hin- als auch auf dem Rückweg nach derselben Zeit erreicht?

7.14 •• Weisen Sie nach, dass es zu jedem Ort auf dem Äquator einen zweiten Ort auf der Erde gibt, an dem die Temperatur dieselbe ist – mit der möglichen Ausnahme von zwei Orten auf dem Äquator. Nehmen Sie dazu an, dass die Temperatur stetig vom Ort abhängt.

7.15 ••• Auf einer Scheibe Brot liegt eine Scheibe Schinken, wobei die beiden nicht deckungsgleich zu sein brauchen (siehe Abb. 7.32). Zeigen Sie, dass man mit einem Messer das Schinkenbrot durch einen geraden Schnitt fair teilen kann, d. h., beide Hälften bestehen aus gleich viel Brot und Schinken. Machen Sie zur Lösung geeignete Annahmen über stetige Abhängigkeiten.

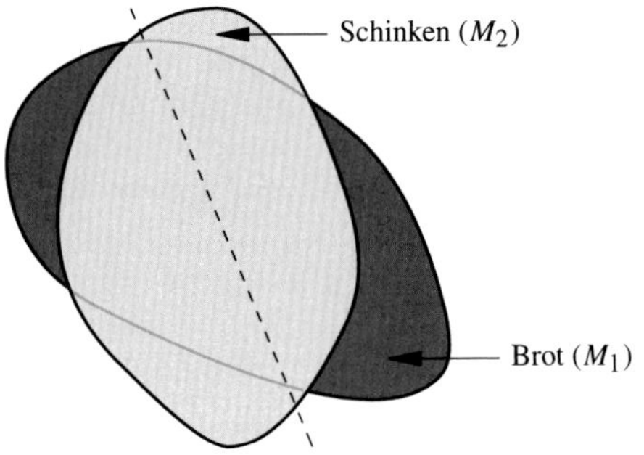

Abb. 7.32 Wie teilt man ein Schinkenbrot gerecht in zwei Teile?

7.16 • Begründen Sie, dass das Polynom

$$p(x) = x^4 - 4x^3 - 23x^2 + 98x - 60$$

im Intervall $[0, 1]$ mindestens eine Nullstelle besitzt und bestimmen Sie diese mit dem Bisektionsverfahren auf zwei Dezimalstellen genau.

7.17 •• Implementieren Sie das Bisektionsverfahren in MATLAB®. Eine Nullstelle einer Funktion soll bis auf eine vorgegebene Genauigkeit bestimmt werden. Testen Sie Ihr Programm mit der Funktion

$$f(x) = x^2 - 2, \qquad x \in [1, 2].$$

Hinweise

Verständnisfragen

7.1 • Finden Sie zunächst alle $x \in \mathbb{R}$, für die $f(x)$ nicht definiert ist. Um das Bild zu bestimmen, versuchen Sie durch Kürzen oder durch die binomischen Formeln, die Ausdrücke auf einfache Funktionen wie $\frac{1}{x}$, $\frac{1}{x^2}$ oder $\sqrt{x}$ zurückzuführen.

7.2 • Veranschaulichen Sie sich die Funktionen durch eine Skizze des Graphen. Sind sie injektiv? Bei (c) und (d) können die Ausdrücke mit binomischen Formeln vereinfacht werden.

7.3 •• Fertigen Sie Skizzen der Mengen an. Überlegen Sie sich, ob die Ränder der Mengen dazugehören oder nicht. Eventuell ist es hilfreich, die Ungleichungszeichen durch Gleichheitszeichen zu ersetzen, die Lösungen dieser Gleichungen ergeben die Ränder. In einem zweiten Schritt ist zu überlegen, welche Mengen durch die Ungleichungen beschrieben werden.

7.4 • Wenn Sie vermuten, dass eine Aussage falsch ist, versuchen Sie, ein explizites Beispiel dafür zu konstruieren.

7.5 • Nullstellen der Nenner bestimmen, Polynomdivision.

Rechenaufgaben

7.6 • (a), (b) Polynomdivision (bei (b) mit Rest), (c) dritte binomische Formel, (d) als ein Bruch schreiben.

7.7 •• Betrachten Sie zunächst die Abschnitte $x \geq 1$ und $x < 1$ getrennt und bestimmen dort jeweils den Ausdruck für die Umkehrfunktion. Anschließend setzen Sie alles zusammen und zeigen, dass dies tatsächlich die Umkehrfunktion von f ist.

7.8 ••• Schreiben Sie die Funktion so um, dass Sie Intervalle, auf denen die Funktion injektiv ist, leicht ablesen können (quadratisches Ergänzen). Anschließend überlegen Sie sich, ob Sie diese Intervalle noch vergrößern können. Eine Skizze der Funktion ist sicher hilfreich.

7.9 •• –

7.10 ••• Auf was für Mengen ist die Funktion konstant? Machen Sie sich geometrisch klar, wann der Funktionswert maximal bzw. minimal wird.

7.11 • Überprüfen Sie zunächst, ob es ganzzahlige Nullstellen gibt. Weitere Nullstellen können Sie mit dem Zwischenwertsatz finden.

7.12 •• Suchen Sie geeignete Intervalle, auf denen sowohl f also auch g stetig sind. Betrachten Sie dort die Differenz der beiden Funktionen.

Anwendungsprobleme

7.13 • Modellieren Sie Hin- als auch Rückweg durch geeignete stetige Funktionen und betrachten Sie die Differenz.

7.14 •• Betrachten Sie nur den Äquator. Nutzen Sie aus, dass die Erde rund ist, d. h., die Temperatur auf dem Äquator ist periodisch. Gibt es Extrema der Temperatur?

7.15 ••• –

7.16 • –

7.17 •• Implementieren Sie die Iterationen in einer `while`-Schleife, die abbricht, wenn die Intervalllänge auf die vorgegebene Genauigkeit zusammengeschrumpft ist.

Lösungen

Verständnisfragen

7.1 •

(a) $D = \mathbb{R} \setminus \{0\}$, $f(D) = \mathbb{R}_{>1}$

(b) $D = \mathbb{R} \setminus \{1, -2\}$, $f(D) = \mathbb{R} \setminus \{1, \frac{1}{3}\}$

(c) $D = \mathbb{R} \setminus \{-1, 1\}$, $f(D) = \mathbb{R}_{>0}$

(d) $D = \mathbb{R} \setminus \{1 - \sqrt{2}, 1 + \sqrt{2}\}$, $f(D) = \mathbb{R}_{\geq 0}$

7.2 •

(a) Keine Umkehrfunktion

(b) $f^{-1}(y) = \begin{cases} \sqrt[3]{\frac{1}{y}}, & y > 0 \\ -\sqrt[3]{-\frac{1}{y}}, & y < 0 \end{cases}$

(c) Keine Umkehrfunktion

(d) $f^{-1} = -1 + \frac{2}{1-y}$

7.3 ••

(a) Beschränkt, abgeschlossen, kompakt.

(b) Abgeschlossen, aber nicht beschränkt oder kompakt.

(c) Beschränkt, abgeschlossen, kompakt.

(d) Beschränkt, nicht abgeschlossen, nicht kompakt.

7.4 •

(a) Falsch.

(b) Richtig.

(c) Falsch.

(d) Falsch.

(e) Falsch.

7.5 • (a) $\frac{4}{3}$, (b) -3

Rechenaufgaben

7.6 • (a) $-\frac{5}{3}$, (b) 2, (c) 0, (d) $-\infty$

7.7 ••

$$f^{-1}(y) = \begin{cases} 1 + \sqrt{y-1}, & y \geq 1 \\ 1 - \sqrt{\frac{1-y}{2}}, & y < 1 \end{cases}$$

7.8 •••

$$(f|_{(-\infty,-1]})^{-1}(y) = -1 - \sqrt{2-y} \quad y \leq 2$$

$$(f|_{[-1,3-\sqrt{2})})^{-1}(y) = \begin{cases} -1 + \sqrt{2-y}, & -2 \leq y \leq 2 \\ 3 - \sqrt{y}, & 2 < y < 4 \end{cases}$$

$$(f|_{(-1+\sqrt{2},3]})^{-1}(y) = \begin{cases} -1 + \sqrt{2-y}, & -2 \leq y < 0 \\ 3 - \sqrt{y}, & 0 \leq y < 4 \end{cases}$$

$$(f|_{[1,\infty)})^{-1}(y) = 3 + \sqrt{y} \quad 0 \leq y$$

7.9 ••

(a) Minimalstelle $x^- = 2$ mit Funktionswert $f(x^-) = -7$, Maximalstelle $x^+ = -1$ mit Funktionswert $f(x^+) = 2$.

(b) Minimalstelle $x^- = 1$ mit Funktionswert $f(x^-) = 1$, keine Maximalstelle.

7.10 ••• Maximalstelle $z^+ = \frac{6}{5} + \frac{8}{5}\,\mathrm{i}$ mit $f(z^+) = 10$, Minimalstelle $z^- = -\frac{6}{5} - \frac{8}{5}\,\mathrm{i}$ mit $f(z^-) = -10$.

7.11 • –

7.12 •• –

Anwendungsprobleme

7.13 • Ja.

7.14 •• –

7.15 ••• –

7.16 • Auf zwei Dezimalstellen gerundet ist die Nullstelle 0.76.

7.17 •• –

Lösungswege

Verständnisfragen

7.1 •

(a) Für alle $x \in \mathbb{R} \setminus \{0\}$ macht der Ausdruck Sinn, für $x = 0$ ist er nicht definiert. Also ist $D = \mathbb{R} \setminus \{0\}$. Um das Bild zu bestimmen, schreiben wir nun:

$$f(x) = 1 + \frac{1}{x^2}$$

Der Bruch $\frac{1}{x^2}$ nimmt auf D alle positiven Zahlen an, also ist $f(D) = \mathbb{R}_{>1}$.

(b) Um Stellen zu bestimmen, an denen die Funktion nicht definiert ist, schreiben wir den Nenner um:

$$\begin{aligned} x^2 + x - 2 &= \left(x + \frac{1}{2}\right)^2 - \frac{9}{4} \\ &= \left(x + \frac{1}{2}\right)^2 - \left(\frac{3}{2}\right)^2 \\ &= \left(x + \frac{1}{2} - \frac{3}{2}\right)\left(x + \frac{1}{2} + \frac{3}{2}\right) \\ &= (x-1)(x+2) \end{aligned}$$

Also ist $D = \mathbb{R} \setminus \{1, -2\}$. Um das Bild zu bestimmen, untersuchen wir auch die Nullstellen des Zählers:

$$\begin{aligned} x^2 + 3x + 2 &= \left(x + \frac{3}{2}\right)^2 - \frac{9}{4} + 2 \\ &= \left(x + \frac{3}{2}\right)^2 - \left(\frac{1}{2}\right)^2 \\ &= (x+1)(x+2) \end{aligned}$$

Damit kürzt sich der Term $x+2$ und wir erhalten die Darstellung

$$f(x) = \frac{x+1}{x-1} = \frac{x-1+2}{x-1} = 1 + \frac{2}{x-1}.$$

Der Bruch $2/(x-1)$ nimmt für $x \in \mathbb{R}\setminus\{1\}$ alle Werte außer null an. Für $x = -2$ erhält man $1 + \frac{2}{-3} = \frac{1}{3}$, und dieser Wert wird nur an dieser Stelle angenommen. Also ist $f(D) = \mathbb{R} \setminus \{1, \frac{1}{3}\}$.

(c) Mit den binomischen Formeln folgt

$$x^4 - 2x^2 + 1 = (x^2-1)^2 = (x+1)^2(x-1)^2.$$

Also ist $D = \mathbb{R} \setminus \{-1, 1\}$. Auf D nimmt $x^2 - 1$ alle Zahlen aus $\mathbb{R}_{\geq -1} \setminus \{0\}$ als Werte an, $(x^2-1)^2$ also alle Zahlen aus $\mathbb{R}_{>0}$. Aus der Darstellung

$$f(x) = \frac{1}{(x^2-1)^2}$$

erhält man daher $f(D) = \mathbb{R}_{>0}$.

(d) Mit

$$f(x) = \sqrt{x^2 - 2x - 1} = \sqrt{(x-1)^2 - 2}$$

erkennt man, dass $f(x)$ für $(x-1)^2 \geq 2$ definiert ist. Dies ist gerade für $x \in D = (-\infty, 1-\sqrt{2}] \cup [1+\sqrt{2}, \infty)$ der Fall. Auf D nimmt $(x-1)^2-2$ alle Werte aus $\mathbb{R}_{\geq 0}$ an, die Wurzelfunktion bildet $\mathbb{R}_{\geq 0}$ nach $\mathbb{R}_{\geq 0}$ ab. Also ist $f(D) = \mathbb{R}_{\geq 0}$.

7.2 •

(a) Es ist $f(-1) = 1 = f(1)$. f ist daher nicht injektiv, besitzt also auch keine Umkehrfunktion.

(b) Auf $\mathbb{R}_{<0}$ ist f streng monoton fallend, auf $\mathbb{R}_{>0}$ ebenfalls streng monoton fallend. Die Bilder sind entsprechend $\mathbb{R}_{<0}$ bzw. $\mathbb{R}_{>0}$, haben also keine gemeinsamen Punkte. Damit ist f injektiv, besitzt also eine Umkehrfunktion. Für $x > 0$ gilt

$$y = \frac{1}{x^3} \Leftrightarrow x^3 = \frac{1}{y} \Leftrightarrow x = \sqrt[3]{\frac{1}{y}}.$$

Für $x < 0$ gilt

$$\begin{aligned} y = \frac{1}{x^3} &\Leftrightarrow x^3 = \frac{1}{y} \Leftrightarrow -x^3 = -\frac{1}{y} \\ &\Leftrightarrow -x = \sqrt[3]{-\frac{1}{y}} \Leftrightarrow x = -\sqrt[3]{-\frac{1}{y}}. \end{aligned}$$

(Erinnerung: Wurzeln sind nur für nicht negative Zahlen definiert.)

Also ist:

$$f^{-1}(y) = \begin{cases} \sqrt[3]{\frac{1}{y}}, & y > 0 \\ -\sqrt[3]{-\frac{1}{y}}, & y < 0 \end{cases}$$

(c) Es ist

$$f(x) = x^2 - 4x + 2 = (x-2)^2 - 2.$$

Damit ist

$$f(3) = 1(3-2)^2 - 2 = 1 - 2 = (1-2)^2 - 2 = f(1).$$

f ist also nicht injektiv und besitzt folglich auch keine Umkehrfunktion.

(d) Mit den binomischen Formeln folgt:

$$\begin{aligned} f(x) &= \frac{x^2-1}{x^2+2x+1} = \frac{(x-1)(x+1)}{(x+1)^2} \\ &= \frac{x-1}{x+1} = \frac{x+1-2}{x+1} \\ &= 1 - \frac{2}{x+1} \end{aligned}$$

Bei f handelt es sich also um eine Translation und Streckung der Funktion $\tilde{f}(x) = \frac{1}{x}$:

$$f(x) = 1 - 2\tilde{f}(x+1)$$

Da $\tilde{f}$ umkehrbar ist, gilt dies auch für f, und es folgt

$$f^{-1}(y) = -1 + \frac{2}{1-y}.$$

7.3 ••

(a) Siehe Abb. 7.33. Durch $|z-2| \leq 2$ ist die abgeschlossene Kreisscheibe mit Mittelpunkt 2 und Radius 2 beschrieben. Da diese beschränkt ist, ist auch die gesamte Menge beschränkt. Die Ungleichung $\text{Re}(z) + \text{Im}(z) \geq 1$ beschreibt alle komplexen Zahlen in der Halbebene oberhalb der Geraden durch 1 und i. Durch die Ungleichungen, die Gleichheit zulassen, gehören die Ränder jeweils dazu, die Menge ist also abgeschlossen. Da sie beschränkt und abgeschlossen ist, ist sie auch kompakt.

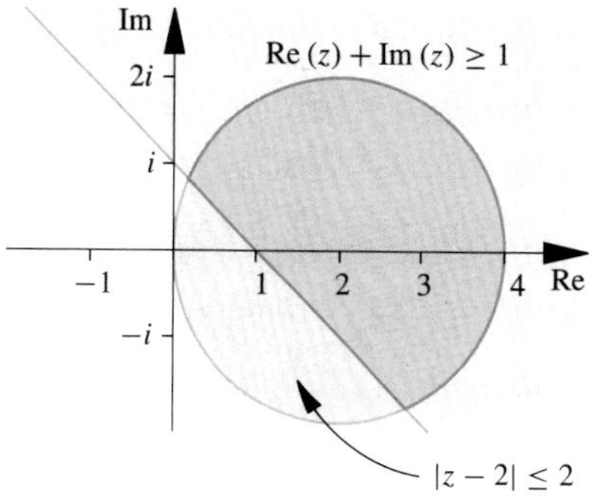

Abb. 7.33 Die Menge aus der Aufgabe 7.3a

(b) Wir schreiben die Ungleichung nun:

$$\begin{aligned}&|z|^2+1\geq 2\operatorname{Im}(z)\\ &\Leftrightarrow z\bar{z}-\frac{1}{2\mathrm{i}}z+\frac{1}{2\mathrm{i}}\bar{z}+1\geq 0\\ &\Leftrightarrow \left(z+\frac{1}{2\mathrm{i}}\right)\left(\bar{z}-\frac{1}{2\mathrm{i}}\right)-\frac{1}{4}+1\geq 0\\ &\Leftrightarrow \left|z+\frac{1}{2\mathrm{i}}\right|^2\geq -\frac{3}{4}\end{aligned}$$

Diese Ungleichung wird offensichtlich von allen $z\in\mathbb{C}$ erfüllt. Damit ist die Menge unbeschränkt und damit auch nicht kompakt. Allerdings ist $\mathbb{C}$ abgeschlossen.

(c) Siehe Abb. 7.34. Zunächst wenden wir uns den beiden letzten Mengen zu: Die Ungleichung

$$\operatorname{Re}(z)+\operatorname{Im}(z)\leq 0$$

beschreibt alle $z\in\mathbb{C}$ unterhalb der Geraden durch 0 und $1-\mathrm{i}$, die Ungleichung

$$\operatorname{Re}(z)-\operatorname{Im}(z)\geq 0$$

alle $z\in\mathbb{C}$ unterhalb der Geraden durch 0 und $-1-\mathrm{i}$.

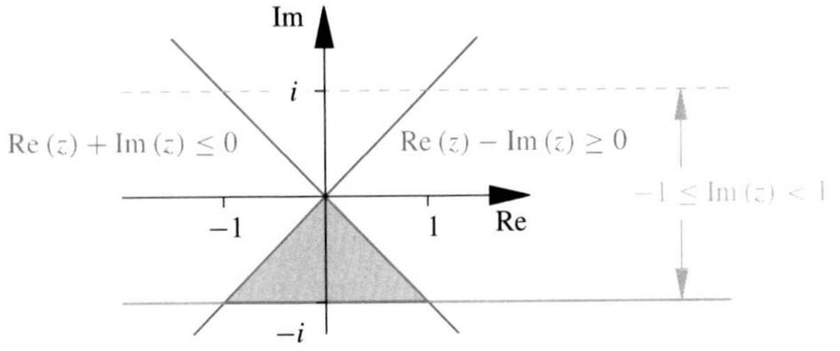

Abb. 7.34 Die Menge aus der Aufgabe 7.3c

Die erste Menge ist genau der Streifen zwischen den Geraden $\operatorname{Im}(z)=1$ und $\operatorname{Im}(z)=-1$. Der Schnitt dieser drei Mengen ist das Dreieck mit den Eckpunkten 0, $1-\mathrm{i}$ und $-1-\mathrm{i}$. Insbesondere ist diese Menge beschränkt. Außerdem gehören die Ränder des Dreiecks zu der Menge X, die dafür relevanten Ungleichungen lassen alle die Gleichheit zu. Also ist die Menge abgeschlossen und damit auch kompakt.

(d) Siehe Abb. 7.35. Die erste Menge ist eine Kreisscheibe mit Mittelpunkt -2 und Radius 2, ihr Rand gehört dazu. Die zweite Menge ist eine Kreisscheibe um i mit Radius 1, deren Rand nicht Teil der Menge ist. Der Schnitt der beiden Kreisscheiben ist nicht leer, $-\frac{1}{2}+\mathrm{i}$ gehört zum Beispiel dazu. Andererseits gehören etwa die Mittelpunkte jeweils nur zu einer der beiden Kreisscheiben, keine ist also eine Teilmenge der anderen. Deswegen besteht der Rand des Schnitts aus Teilen des Randes beider Mengen. Da bei der zweiten Menge der Rand nicht dazugehört, ist die Schnittmenge also nicht abgeschlossen, folglich auch nicht kompakt. Als Schnitt zweier beschränkter Kreisscheiben ist sie aber auch selbst beschränkt.

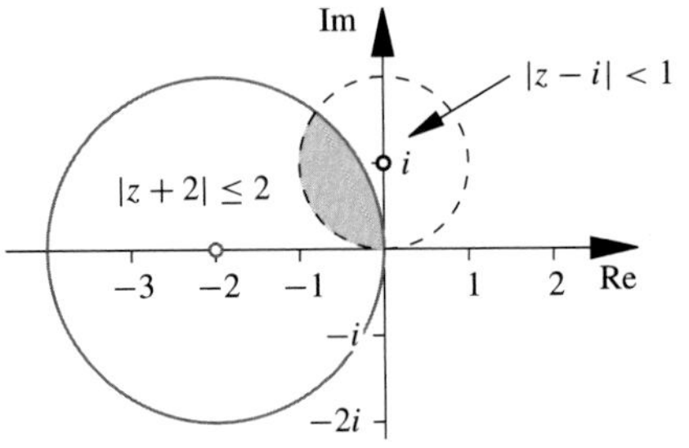

Abb. 7.35 Die Menge aus der Aufgabe 7.3d

7.4 •

(a) Die Aussage ist falsch, denn die Grenzwerte müssen auch mit $f(\hat{x})$ übereinstimmen. Die Funktion $f:(0,2)\to\mathbb{R}$ mit

$$f(x)=\begin{cases}x, & x\neq 1\\ 2, & x=1\end{cases}$$

erfüllt die Bedingung, ist aber an der Stelle 1 nicht stetig.

(b) Dies ist genau die Definition der Stetigkeit, also richtig.

(c) Die Aussage ist falsch wie das Beispiel $f(x)=\frac{1}{x}$ auf $(0,1)$ zeigt. Die Aussage wäre richtig, wenn f statt auf dem offenen Intervall (a,b) auf dem abgeschlossenen Intervall $[a,b]$ definiert wäre.

(d) Wieder falsch, betrachte

$$f(x)=(x-1)^2\quad\text{auf }(0,2).$$

Diese Funktion besitzt eine Nullstelle bei 1, hat aber sonst nur positive Werte.

(e) Auch diese Aussage ist falsch, da ja sogar konstante Funktionen monoton sind. Die Aussage wird richtig, wenn man fordert, dass f streng monoton sein soll.

7.5 •

(a) Für $x\in D\setminus\{1\}$ gilt:

$$f(x)=\frac{x^2+2x-3}{x^2+x-2}=\frac{(x+3)(x-1)}{(x+2)(x-1)}=\frac{x+3}{x+2}$$

Also ist:

$$\lim_{x\to 1}f(x)=\lim_{x\to 1}\frac{x+3}{x+2}=\frac{4}{3}$$

Damit f stetig ist, muss also $f(1)=c=\lim_{x\to 1}f(x)=\frac{4}{3}$ gelten.

(b) Für $x \in D \setminus \{1\}$ gilt:

$$f(x) = \frac{x^3 - 2x^2 - 5x + 6}{x^3 - x} = \frac{x^3 - 2x^2 - 5x + 6}{x(x-1)(x+1)}$$

Wir untersuchen, ob der Faktor $x - 1$ auch im Zählerpolynom enthalten ist,

$$f(x) = \frac{x^2 - x - 6}{x(x+1)} \to \frac{-6}{2} = -3,$$

für $x \to 1$. Damit f stetig ist, muss also $c = -3$ sein.

Rechenaufgaben

7.6 •

(a) 2 ist eine Nullstelle des Zählers und des Nenners,

$$x^4 - 2x^3 - 7x^2 + 20x - 12 = (x-2)(x^3 - 7x + 6)$$
$$x^4 - 6x^3 + 9x_4^2x - 12 = (x-2)(x^3 - 4x^2 + x + 6)$$

Also ist

$$\lim_{x\to 2} \frac{x^4 - 2x^3 - 7x^2 + 20x - 12}{x^4 - 6x^3 + 9x^2 + 4x - 12} = \lim_{x\to 2} \frac{x^3 - 7x + 6}{x^3 - 4x^2 + x + 6}$$

Aber auch in dieser Darstellung ist 2 noch Nullstelle von Zähler und Nenner. Also noch einmal:

$$x^3 - 7x + 6 = (x-2)(x^2 + 2x - 3)$$
$$x^3 - 4x^2 + x + 6 = (x-2)(x^2 - 2x - 3)$$

Also folgt

$$\lim_{x\to 2} \frac{x^3 - 7x + 6}{x^3 - 4x^2 + x + 6} = \lim_{x\to 2} \frac{x^2 + 2x - 3}{x^2 - 2x - 3} = -\frac{5}{3}$$

(b) Es ist

$$2x - 3 = (x-1)\cdot 2 - 1.$$

Also folgt

$$\lim_{x\to\infty} \frac{2x-3}{x-1} = \lim_{x\to\infty} \left(2\frac{x-1}{x-1} - \frac{1}{x-1}\right)$$
$$= \lim_{x\to\infty} \left(2 - \frac{1}{x-1}\right) = 2.$$

(c) Mit der 3. binomischen Formel folgt:

$$\sqrt{x+1} - \sqrt{x} = \frac{\left(\sqrt{x+1} - \sqrt{x}\right)\left(\sqrt{x+1} + \sqrt{x}\right)}{\sqrt{x+1} + \sqrt{x}}$$
$$= \frac{1}{\sqrt{x+1} + \sqrt{x}}$$

Damit erhält man, da die Wurzelfunktion stetig ist:

$$\lim_{x\to\infty} \left(\sqrt{x+1} - \sqrt{x}\right) = \lim_{x\to\infty} \frac{1}{\sqrt{x+1} + \sqrt{x}}$$
$$= \left(\lim_{x\to\infty} \frac{1}{\sqrt{x}}\right)\left(\frac{1}{\sqrt{\lim\limits_{x\to\infty} 1 + \frac{1}{x}} + 1}\right)$$
$$= 0 \cdot \frac{1}{2} = 0$$

(d)

$$\lim_{x\to 0} \left(\frac{1}{x} - \frac{1}{x^2}\right) = \lim_{x\to 0} \frac{x-1}{x^2} = -\infty,$$

da der Nenner positiv ist und gegen null konvergiert, der Zähler aber gegen -1.

7.7 •• Für $x \geq 1$ gilt

$$f(x) = x^2 - 2x + 2 = (x-1)^2 + 1.$$

Insbesondere folgt $f(x) \geq 1$, da stets $(x-1)^2 \geq 0$ ist. Setzt man $y = f(x)$, so ergibt sich

$$y - 1 = (x-1)^2 \quad \text{also} \quad x = 1 + \sqrt{y-1}.$$

Vor der Wurzel haben wir das Vorzeichen $+$ gewählt, da $x \geq 1$ vorausgesetzt ist.

Nun zu $x < 1$. Hier gilt

$$f(x) = 4x - 2x^2 - 1 = 1 - 2(x-1)^2.$$

Insbesondere ist dann $f(x) < 1$. Mit $y = f(x)$ ergibt sich

$$x = 1 - \sqrt{\frac{1-y}{2}}.$$

Hier haben wir, wegen $x < 1$, das Vorzeichen „$-$" vor der Wurzel wählen müssen. Damit ist der Kandidat für die Umkehrfunktion $g : \mathbb{R} \to \mathbb{R}$ mit:

$$g(y) = \begin{cases} 1 + \sqrt{y-1}, & y \geq 1 \\ 1 - \sqrt{\frac{1-y}{2}}, & y < 1 \end{cases}$$

Wir müssen noch die beiden Gleichungen aus der Definition der Umkehrfunktion überprüfen. Für $x \geq 1$ ist $f(x) \geq 1$ und daher:

$$g\big(f(x)\big) = 1 + \sqrt{x^2 - 2x + 2 - 1} = 1 + \sqrt{(x-1)^2}$$
$$= 1 + |x-1| \overset{x\geq 1}{=} 1 + x - 1 = x$$

Für $x < 1$ gilt auch $f(x) < 1$ und daher:

$$g\big(f(x)\big) = 1 - \sqrt{\frac{1 - 4x - 2x^2 + 1}{2}} = 1 - \sqrt{(x-1)^2}$$
$$= 1 - |x-1| \overset{x\leq 1}{=} 1 - (1-x) = x$$

Die erste Gleichung ist also stets erfüllt. Nun zur zweiten Gleichung: Für $x \geq 1$ ist auch $g(y) \geq 1$, und es gilt:

$$\begin{aligned} f(g(y)) &= \left(1+\sqrt{y-1}\right)^2 - 2\left(1+\sqrt{y-1}\right) + 2 \\ &= 1 + 2\sqrt{y-1} + y - 1 - 2\sqrt{y-1} = y \end{aligned}$$

Für $y < 1$ dagegen ist $g(y) < 1$. Daher gilt:

$$\begin{aligned} f(g(y)) &= 4\left(1-\sqrt{\frac{1-y}{2}}\right)2 - \left(1-\sqrt{\frac{1-y}{2}}\right)^2 - 1 \\ &= 3 - 4\sqrt{\frac{1-y}{2}} - 2 + 4\sqrt{\frac{1-y}{2}} - 2\frac{1-y}{2} \\ &= 1 - 1 + y = y \end{aligned}$$

Auch die zweite Gleichung ist damit stets erfüllt, es ist $g = f^{-1}$ nachgewiesen.

7.8 ••• Eine Skizze der Funktion und der verschiedenen unten aufgeführten abschnittsweisen Umkehrfunktionen sehen Sie in der Abb. 7.36.

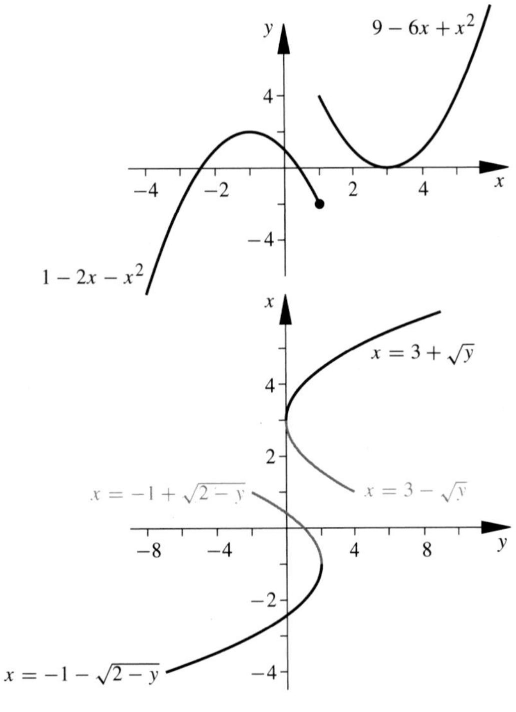

Abb. 7.36 Die Funktion aus der Aufgabe 7.8 und ihre abschnittsweisen Umkehrfunktionen

Zunächst schreiben wir die Funktion durch quadratisches Ergänzen um:

$$f(x) = \begin{cases} 2-(x+1)^2, & x \leq 1 \\ (x-3)^2, & x > 1 \end{cases}$$

Damit sieht man sofort, dass die Funktion auf den Intervallen $(-\infty,-1]$, $[-1,1]$, $[1,3]$ und $[3,\infty)$ umkehrbar ist, mit den folgenden Umkehrfunktionen:

$$\begin{aligned} \left(f|_{(-\infty,-1]}\right)^{-1}(y) &= -1-\sqrt{2-y} && y \leq 2 \\ \left(f|_{[-1,1]}\right)^{-1}(y) &= -1+\sqrt{2-y} && -2 \leq y \leq 2 \\ \left(f|_{[1,3]}\right)^{-1}(y) &= 3-\sqrt{y} && 0 \leq y < 4 \\ \left(f|_{[3,\infty)}\right)^{-1}(y) &= 3+\sqrt{y} && 0 \leq y \end{aligned}$$

Können diese Intervalle noch vergrößert werden? Bei den beiden endlichen Intervallen ist das möglich. Wir beginnen damit, ein Intervall der Form $I = [-1,c)$ mit $c > 1$ zu bestimmen, sodass $f|_I$ noch injektiv ist. Dazu müssen wir die Gleichung $f(c) = 2$ lösen, denn dies ist der größte Wert, den f auf $[-1,1]$ annimmt,

$$(c-3)^2 = 2, \quad \text{also} \quad c = 3 \pm \sqrt{2}.$$

Da c auch kleiner als 3 sein muss, ist also $c = 3-\sqrt{2}$ der gesuchte Wert. Damit haben wir die Umkehrfunktion

$$\left(f|_{[-1,3-\sqrt{2})}\right)^{-1}(y) = \begin{cases} -1+\sqrt{2-y}, & -2 \leq y \leq 2 \\ 3-\sqrt{y}, & 2 < y < 4 \end{cases}$$

gefunden.

Analog suchen wir ein Intervall $J = (c,3]$, auf dem f injektiv ist. Dies führt auf die Gleichung $f(c) = 0$ mit $-1 < c < 3$. Die Lösung ist $c = -1+\sqrt{2}$. Damit haben wir die Umkehrfunktion

$$\left(f|_{(-1+\sqrt{2},3]}\right)^{-1}(y) = \begin{cases} -1+\sqrt{2-y}, & -2 \leq y < 0 \\ 3-\sqrt{y}, & 0 \leq y < 4 \end{cases}$$

gefunden.

Den Nachweis, dass es sich tatsächlich um Umkehrfunktionen handelt, sparen wir uns an dieser Stelle.

7.9 •• (a) Durch quadratisches Ergänzen erhalten wir

$$f(x) = 2-(x+1)^2.$$

Da das Quadrat immer positiv ist, gilt $f(x) \leq 2$ mit $f(x) = 2$ genau dann, wenn das Quadrat null wird, also für $x = -1$. Also liegt bei $x^+ = -1$ das globale Maximum der Funktion vor.

Ferner gilt stets

$$f(x) - f(y) = (y+1)^2 - (x+1)^2 = (y-x)(y+x+2).$$

Daher ist f auf dem Intervall $[-2,-1]$ streng monoton wachsend, denn für $-2 \leq y < x \leq -1$ sind beide Faktoren negativ, also $f(x) - f(y) > 0$. Der kleinste Wert ist demnach $f(-2) = 1$.

Man sieht analog, dass f auf dem Intervall $[-1, 2]$ streng monoton fallend ist, denn hier wäre der erste Faktor negativ, der zweite aber positiv. Der kleinste Wert ist nun also $f(2) = -7$. Da dies der kleinere der beiden Werte ist, liegt das globale Minimum bei $x^- = 2$.

(b) Wir entwickeln das Polynom um die Stelle $x = 1$. Es ergibt sich

$$\begin{aligned} f(x) &= (x-1)^4 + 2x^2 - 4x + 3 \\ &= (x-1)^4 + 2(x-1)^2 + 1. \end{aligned}$$

Also ist

$$f(x) = \left[(x-1)^2 + 1\right]^2.$$

Der Ausdruck $(x-1)^2 + 1$ wird minimal für $x = 1$, er ist auf $\mathbb{R}$ aber nach oben unbeschränkt. Also besitzt auch f nur ein globales Minimum bei 1, aber kein globales Maximum.

7.10 •••

(a) Die Menge ist die abgeschlossene Kreisscheibe mit Radius 2, insbesondere also beschränkt und kompakt.

(b) Da f eine stetige Funktion ist, besitzt f auf der kompakten Menge M Maximum und Minimum.

Mit z^+ wollen wir eine Maximalstelle bezeichnen. Es gilt also

$$f(z^+) \geq f(z) \quad \text{für alle } z \in M.$$

Nun ist aber $f(-z) = -f(z)$ für jedes $z \in M$. Es folgt also

$$f(-z^+) \leq f(-z) \quad \text{für alle } z \in M.$$

Da M punktsymmetrisch zum Ursprung ist, ist $M = \{-z \mid z \in M\}$, und wir erhalten die Aussage, dass $-z^+$ eine Minimalstelle ist. Dasselbe gilt übrigens auch umgekehrt: Ändert man bei einer Minimalstelle das Vorzeichen, erhält man eine Maximalstelle.

Also reicht es bei dieser Funktion aus, nur nach den Maximalstellen zu suchen. Dazu überlegen wir uns zunächst, auf welchen Mengen die Funktion f konstant ist, etwa $f(z) = c$. Dazu schreiben wir $z = x + \mathrm{i}y$ mit $x, y \in \mathbb{R}$. Aus $f(z) = c$ folgt dann

$$3x - 4y = c, \quad \text{also} \quad y = \frac{3}{4}x - \frac{c}{4}.$$

Diese Gleichung beschreibt eine Gerade in der komplexen Ebene. Für eine bestimmte Menge von Werten für c schneidet diese Gerade die Kreisscheibe M. Insbesondere gibt es ein maximales c, in dem die Gerade eine Tangente an den Kreis wird. Der Schnittpunkt ist die gesuchte Maximalstelle, Dazu setzen wir in die Gleichung $x^2 + y^2 = 4$ für den Rand von M ein und erhalten:

$$\begin{aligned} x^2 + \left(\frac{3}{4}x - \frac{c}{4}\right)^2 &= 4 \\ \frac{25}{16}x^2 - \frac{6c}{16}x + \frac{c^2}{16} &= 4 \\ 25x^2 - 6c\,x + c^2 - 64 &= 0 \\ \left(5x - \frac{3c}{5}\right)^2 &= 64 - \frac{16}{25}c^2 \end{aligned}$$

Es handelt sich um eine Tangente, wenn es nur eine Lösung dieser Gleichung gibt, also falls

$$64 - \frac{16}{25}c^2 = 0.$$

Dies ist für $c = \pm 10$ der Fall, die Maximalstelle erfüllt dann $5x - 6 = 0$. Damit haben wir die Maximalstelle $z^+ = \frac{6}{5} + \frac{8}{5}\mathrm{i}$ und die Minimalstelle $z^- = -\frac{6}{5} - \frac{8}{5}\mathrm{i}$ gefunden.

7.11 •

Zunächst überprüfen wir die Funktion auf einfache, ganzzahlige Nullstellen. Dafür kommen alle Teiler von -9 in Frage, dem Koeffizienten von x^0, also ± 9, ± 3 und ± 1. Einsetzen liefert

$$p(-3) = p(3) = p(9) = 0.$$

Die anderen Zahlen sind keine Nullstellen.

Somit haben wir bereits drei Nullstellen des Polynoms gefunden, eine davon liegt im Intervall $[-1, 4]$.

Wir werten nun p an verschiedenen Stellen aus und erhalten die folgende Wertetabelle:

x	-1	0	1
$p(x)$	$\frac{640}{9}$	-9	$\frac{512}{9}$

Damit liegt nach dem Zwischenwertsatz je eine Nullstelle von p in den Intervallen $(-1, 0)$ und $(0, 1)$. Mehr als die fünf Nullstellen kann ein Polynom 5. Grades nicht besitzen, also haben wir alle Nullstellen von p gefunden, drei davon liegen im Intervall $[-1, 4]$.

7.12 ••

Da f nicht stetig ist, können wir auf die Differenz von f und g den Zwischenwertsatz nicht direkt anwenden. Stattdessen geht man abschnittsweise vor.

Zunächst betrachten wir die Differenz der Funktionen $f_1(x) = 4 - x^2$ und g für $x \leq 2$. Als Polynom ist diese Differenz stetig. Es ist:

$$\begin{aligned} f_1(2) - g(2) &= 4 - 2 \cdot 2 - 2 - 1 = -3 < 0 \\ f_1(0) - g(0) &= 4 - 1 = 3 > 0 \\ f_1(-3) - g(-3) &= 4 - (-3) \cdot (-3) - (-2) - 1 = -3 < 0 \end{aligned}$$

Also besitzt die Differenz nach dem Nullstellensatz im Intervall $(-3, 0)$ und im Intervall $(0, 2)$ mindestens je eine Nullstelle. Dort schneiden sich auch die Graphen von f und g.

Analog betrachtet man für $x \geq 2$ die Differenz von $f_2(x) = 4x^2 - 24x + 36$ und g. Hier gilt:

$$f_2(2) - g(2) = 4 \cdot 4 - 24 \cdot 2 + 36 - 2 - 1 = 1 > 0$$
$$f_2(3) - g(3) = 4 \cdot 9 - 24 \cdot 3 + 36 - 3 - 1 = -4 < 0$$
$$f_2(5) - g(5) = 4 \cdot 25 - 24 \cdot 5 + 36 - 5 - 1 = 10 > 0$$

Also gibt es je eine Stelle im Intervall $(2, 3)$ und im Intervall $(3, 5)$ an denen sich f und g schneiden.

Anwendungsprobleme

7.13 • Die Zeitspanne, die der Wanderer von Adorf nach Bestadt benötigt normieren wir zu 1, ebenso die Strecke von Adorf nach Bestadt. Bei null liegt Adorf, bei 1 Bestadt.

Dann gibt es eine Funktion $h : [0, 1] \to [0, 1]$, die jeden Zeitpunkt auf die entsprechende Position des Wanderers auf dem Hinweg abbildet. Es gilt insbesondere

$$h(0) = 0 \quad \text{und} \quad h(1) = 1.$$

Analog gibt es eine Funktion $r : [0, 1] \to [0, 1]$, die den Rückweg auf gleiche Art und Weise beschreibt. Hier gilt

$$r(0) = 1 \quad \text{und} \quad r(1) = 0.$$

Da das *Beamen* nur in bestimmten Science Fiction Filmen vorkommt, sind sowohl h als auch r stetige Funktionen. Ebenso ist also die Differenz $f = h - r$ stetig. Hier gilt jetzt

$$f(0) = -1 \quad \text{und} \quad f(1) = 1.$$

Nach dem Nullstellensatz gibt es also eine Nullstelle t_0 von f im Intervall $(0, 1)$. Damit haben wir $h(t_0) = r(t_0)$. Dies ist der gesuchte Ort.

7.14 •• Es reicht aus, allein den Äquator zu betrachten. Zu jedem Ort auf dem Äquator gehört ein eindeutig bestimmter Längengrad $\varphi \in (-\pi, \pi]$. Wir fassen die Temperatur auf dem Äquator als eine Funktion des Längengrades auf, haben dadurch also eine stetige Funktion $T : (-\pi, \pi] \to \mathbb{R}$. Da der Äquator ein Kreis ist, kann T periodisch auf ganz $\mathbb{R}$ fortgesetzt werden,

$$T(\varphi + 2\pi) = T(\varphi), \qquad \varphi \in \mathbb{R}.$$

Da T stetig ist, gibt es zwei Orte $\varphi_1, \varphi_2 \in (-\pi, \pi]$, an denen T sein Maximum bzw. sein Minimum annimmt. Wir wollen annehmen, dass $\varphi_1 < \varphi_2$ ist.

Nun betrachten wir einen beliebigen Ort $\varphi \in (\varphi_1, \varphi_2)$. Dann gibt es nach dem Zwischenwertsatz einen Ort $\psi \in (\varphi_2, \varphi_1 + 2\pi)$ mit $T(\psi) = T(\varphi)$. Ist dagegen $\varphi \in (\varphi_2 - 2\pi, \varphi_1)$, so gibt es nach dem Zwischenwertsatz eine Stelle $\psi \in (\varphi_1, \varphi_2)$ mit dieser Eigenschaft. Diese beiden Fälle decken aber bereits den gesamten Äquator mit Ausnahme von φ_1 und φ_2 ab.

Insgesamt haben wir also gezeigt, dass es zu jedem Ort auf dem Äquator mit Ausnahme von φ_1 und φ_2 auf jeden Fall einen zweiten geben muss, an dem dieselbe Temperatur herrscht.

7.15 ••• Die Scheibe Brot idealisiert man als eine beschränkte Menge $M_1 \subseteq \mathbb{R}^2$, den Schinken als eine Menge $M_2 \subseteq \mathbb{R}^2$. Der Schnitt erfolgt längs der Geraden

$$\cos(\varphi)\, x_1 + \sin(\varphi)\, x_2 = c, \qquad \varphi \in [-\pi, \pi], \qquad c \in \mathbb{R}.$$

Hierbei gibt φ die Richtung des Schnitts an, c den (orientierten) Abstand der Schnittgeraden vom Ursprung.

Zunächst betrachten wir einen festen Winkel φ und durchlaufen alle Werte für c von $-\infty$ bis ∞. Mit zunehmenden c wird ein zunehmender Anteil des Brotes M_1 und des Schinkens M_2 durch den Schnitt abgeschnitten. Den Anteil des Brotes bezeichnen wir mit $b(c)$, den des Schinkens mit $s(c)$. Wir wollen jetzt annehmen, dass M_1 und M_2 so beschaffen sind, dass b und s stetige Funktionen sind. Dann finden wir einen Wert $\hat{c}$, sodass $b(\hat{c}) = 1/2$ ist (Zwischenwertsatz).

Der Wert $\hat{c}$, den wir oben gefunden haben, hängt natürlich von φ ab. Wir wollen auch annehmen, dass $\hat{c}$ stetig von φ abhängt. Dann ist auch durch $\tilde{s}(\varphi) = s(\hat{c}(\varphi))$ eine stetige Funktion $\tilde{s} : [-\pi, \pi] \to [0, 1]$ definiert.

Wir müssen jetzt nur noch zeigen, dass es einen Winkel $\hat{\varphi}$ gibt, für den $\tilde{s}(\hat{\varphi}) = 1/2$ ist. Dazu brauchen wir die Überlegung, dass

$$\tilde{s}(\varphi) = 1 - \tilde{s}(\varphi + \pi), \qquad \varphi \in [-\pi, 0)$$

ist. Dies liegt daran, dass wir das Schinkenbrot hier aus entgegengesetzten Richtungen überqueren.

Nun folgt aber mit dem Zwischenwertsatz, dass es den Winkel $\hat{\varphi}$ mit $\tilde{s}(\hat{\varphi}) = 1/2$ geben muss. Denn ist für ein $\varphi \in [-\pi, 0)$ der Funktionswert $\tilde{s}(\varphi) < 1/2$, so ist $\tilde{s}(\varphi + \pi) > 1/2$. Umgekehrt gilt für $\tilde{s}(\varphi) > 1/2$, natürlich $\tilde{s}(\varphi + \pi) < 1/2$. In beiden Fällen garantiert der Zwischenwersatz die Existenz des Winkels $\hat{\varphi}$. Somit können wir also das Schinkenbrot mit der Wahl $\hat{\varphi}$ und $\hat{c}(\hat{\varphi})$ fair halbieren.

Für diese Aufgabe mussten wir annehmen, dass bestimmte Funktionen stetig sind. Anschaulich erscheint vollkommen klar, dass diese Annahmen erfüllt sind. Im Kapitel über *Gebietsintegrale* werden wir uns erst sehr viel später mit der Frage auseinandersetzen können, unter welchen Voraussetzungen wir auch mathematisch sicherstellen können, dass diese Annahmen tatsächlich richtig sind.

7.16 • Da $p(0) = -60$ und $p(1) = 12$ unterschiedliche Vorzeichen haben und die Funktion als Polynomfunktion stetig ist, existiert nach dem Nullstellensatz mindestens eine Nullstelle im Intervall $(0, 1)$. Wir erstellen eine Tabelle mit den Intervallendpunkten x, y, dem Mittelpunkt $m = (x + y)/2$ und dem Wert $p(m)$ nach dem Bisektionsverfahren.

x	y	m	$p(m)$
0.000 0	1.000 0	0.500 0	−17.187 5
0.500 0	1.000 0	0.750 0	−0.808 6
0.750 0	1.000 0	0.875 0	+6.047 1
0.750 0	0.875 0	0.812 5	+2.731 7
0.750 0	0.812 5	0.781 3	+0.992 4
0.750 0	0.781 3	0.765 7	+0.101 8
0.750 0	0.765 7	0.757 9	−0.348 7
0.757 9	0.765 7	0.761 8	−0.123 0
0.761 8	0.765 7	0.763 8	−0.007 6
0.763 8	0.765 7	0.764 8	+0.050 0

Damit liegt eine Nullstelle im Intervall $(0.763\,8, 0.764\,8)$, auf zwei Dezimalstellen gerundet ist die Nullstelle also 0.76.

7.17 •• Das Bisektionsverfahren beruht auf dem Nullstellensatz. Daher ist eine Voraussetzung, dass die übergebene Funktion an den Endpunkten des Startintervalls Werte mit unterschiedlichem Vorzeichen besitzt. Dies wird von unserem Programm als erstes getestet. Anschließend erfolgt die Halbierung des Intervalls in einer `while`-Schleife, wobei die Grenzen des Intervalls in den Hilfsvariablen `links` und `rechts` gespeichert werden.

Um sich für die linke oder rechte Hälfte des Intervalls zu entscheiden, überprüft das Programm, ob am linken Endpunkt und am Mittelpunkt des Intervalls die Funktionswerte unterschiedliche Vorzeichen haben. Ist dies der Fall, wird mit der linken Intervallhälfte weitergerechnet, sonst mit der rechten. Das fertige Programm könnte dann so aussehen:

```
function x = bisektion(f,a,b,delta)
%
% function x = bisektion(f,a,b)
%
% Die Funktion berechnet eine Nullstelle von f im
% Intervall [a,b] durch das Bisektionsverfahren.
%
% Eingabe
% f        Handle der Funktion
% a        linke Intervallgrenze
% b        rechte Intervallgrenze
% delta    Eine Nullstelle gilt als berechnet,
%          wenn der Abstand der beiden Intervall-
%          grenzen kleiner gleich delta ist.
%
% Ausgabe
% x        Nullstelle, Mittelpunkt des letzten
%          berechneten Intervalls
%

% Test, ob die Funktionswerte an den Intervall-
% grenzen unterschiedliches Vorzeichen haben.
if ( f(a)*f(b) >= 0 )
    error(['Funktionswerte an den ' ...
           'Intervallenden haben kein ' ...
           'unterschiedliches Vorzeichen']);
end

% erste Approximation an Nullstelle
x = (a + b) / 2;

% Intervallgrenzen initialisieren
links = a;
rechts = b;

while ( abs( rechts - links ) > delta )

    if ( f(x) * f(links) < 0 )
        rechts = x;
    else
        links = x;
    end

    % neue Iterierte
    x = (links + rechts) / 2;

end

end
```

Die Funktion aus der Aufgabe, deren Nullstelle ausgerechnet werden soll, kann man schnell als anonyme Funktion realisieren. Damit sähe der Programmaufruf folgendermaßen aus

```
>> f = @(x) x^2 - 2;
>> x = bisektion(f,1,2,1e-8)
```

Beachten Sie, dass das Programm auch funktioniert, wenn die Intervallgrenzen vertauscht angegeben werden.

Kapitel 8

Aufgaben

Verständnisfragen

8.1 •• Ist es möglich, eine divergente Reihe der Form

$$\sum_{n=1}^{\infty}(-1)^n\, a_n$$

zu konstruieren, wobei alle $a_n > 0$ sind und $a_n \to 0$ gilt. Beispiel oder Gegenbeweis angeben.

8.2 • Gegeben ist eine Folge (a_n) mit Gliedern $a_n \in \{0, 1, 2, \ldots, 9\}$. Zeigen Sie, dass die Reihe

$$\left(\sum_{n=0}^{\infty} a_n \left(\frac{1}{10}\right)^n\right)$$

konvergiert.

8.3 •• Beweisen Sie das Nullfolgenkriterium: Wenn eine Reihe $\left(\sum_{n=1}^{\infty} a_n\right)$ konvergiert, dann gilt $\lim\limits_{n\to\infty} a_n = 0$.

8.4 •• Zeigen Sie, dass die Reihe

$$\left(\sum_{n=1}^{\infty} \frac{(-1)^{n+1}}{\sqrt{n}}\right)$$

zwar konvergiert, ihr Cauchy-Produkt mit sich selbst allerdings divergiert. Warum ist das möglich?

8.5 ••• Zeigen Sie, dass jede Umordnung einer absolut konvergenten Reihe auch wieder konvergiert.

Rechenaufgaben

8.6 • Sind die folgenden Reihen konvergent?

(a) $\left(\sum\limits_{n=1}^{\infty} \frac{1}{n+n^2}\right)$

(b) $\left(\sum\limits_{n=1}^{\infty} \frac{3^n}{n^3}\right)$

(c) $\left(\sum\limits_{n=1}^{\infty} (-1)^n \left[\mathrm{e} - \left(1+\frac{1}{n}\right)^n\right]\right)$

8.7 • Zeigen Sie, dass die folgenden Reihen konvergieren und berechnen Sie ihren Wert:

(a) $\left(\sum\limits_{n=1}^{\infty} \left(\frac{1}{\sqrt{n}} - \frac{1}{\sqrt{n+1}}\right)\right)$

(b) $\left(\sum\limits_{n=0}^{\infty} \left(\frac{3+4\mathrm{i}}{6}\right)^n\right)$

8.8 •• Zeigen Sie, dass die folgenden Reihen absolut konvergieren:

(a) $\left(\sum\limits_{n=1}^{\infty} \frac{2+(-1)^n}{2^{n-1}}\right)$

(b) $\left(\sum\limits_{n=1}^{\infty} (-1)^n \frac{1}{n}\left(\frac{1}{3}+\frac{1}{n}\right)^n\right)$

(c) $\left(\sum\limits_{n=1}^{\infty} \binom{4n}{3n}^{-1}\right)$

8.9 • Untersuchen Sie die Reihe

$$\left(\sum_{n=1}^{\infty} \frac{1\cdot 3\cdot 5\cdot \ldots \cdot (2n+3)}{n!}\right)$$

auf Konvergenz.

T. Arens et al., *Arbeitsbuch Mathematik*, https://doi.org/10.1007/978-3-662-64391-4_7

8.10 •• Stellen Sie fest, ob die folgenden Reihen divergieren, konvergieren oder sogar absolut konvergieren:

(a) $\left(\sum_{n=1}^{\infty}\binom{2n}{n}2^{-3n-1}\right)$

(b) $\left(\sum_{n=1}^{\infty}\frac{n\cdot(\sqrt{n}+1)}{n^2+5n-1}\right)$

(c) $\left(\sum_{n=1}^{\infty}(-1)^n\frac{\sin\sqrt{n}}{n^{5/2}}\right)$

8.11 •• Zeigen Sie, dass die folgenden Reihen konvergieren. Konvergieren sie auch absolut?

(a) $\left(\sum_{k=1}^{\infty}(-1)^k\frac{k+2\sqrt{k}}{k^2+4k+3}\right)$

(b) $\left(\sum_{k=1}^{\infty}\left[\frac{(-1)^k}{k+3}-\frac{\cos(k\pi)}{k+2}\right]\right)$

8.12 •• Bestimmen Sie die Menge M aller $x\in I$, für die die Reihen

(a) $\left(\sum_{n=0}^{\infty}(\sin 2x)^n\right)$, $I=(-\pi,\pi)$,

(b) $\left(\sum_{n=0}^{\infty}(x^2-4)^n\right)$, $I=\mathbb{R}$,

(c) $\left(\sum_{n=0}^{\infty}\frac{n^x+1}{n^3+n^2+n+1}\right)$, $I=\mathbb{Q}_{>0}$

konvergieren.

Anwendungsprobleme

8.13 • Wir betrachten ein gleichseitiges Dreieck der Seitenlänge a. Nun wird ein neues Dreieck konstruiert, dessen Seiten genauso lang sind, wie die Höhen des ursprünglichen Dreiecks. Dieser Vorgang wird iterativ wiederholt.

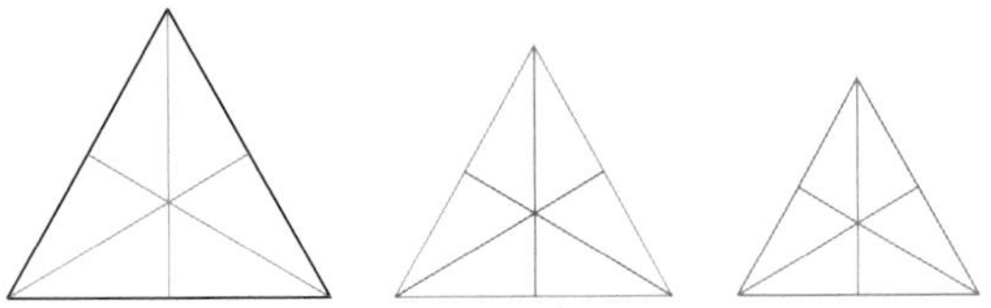

Bestimmen Sie den Gesamtumfang und den gesamten Flächeninhalt all dieser Dreiecke.

8.14 • Eine Aufgabe für die Weihnachtszeit: Eine Gruppe von Freunden möchte eine Weihnachtsfeier veranstalten. Dafür werden 5 Liter Glühwein gekauft. Die 0.2-Liter-Becher stehen bereit, und es wird rundenweise getrunken. Die Freunde sind aber vorsichtig, daher trinken sie nur bei der 1. Runde einen ganzen Becher, in der 2. Runde nur noch einen halben, danach einen viertel Becher, usw.

Wie groß muss die Gruppe mindestens sein, damit alle 5 Liter Glühwein verbraucht werden? Wie viele Runden müssen bei dieser minimalen Zahl von Freunden getrunken werden?

8.15 •• Unter einer Koch'schen Schneeflocke versteht man eine Menge, die von einer Kurve eingeschlossen wird, die durch den folgenden iterativen Prozess entsteht: Ausgehend von einem gleichseitigen Dreieck der Kantenlänge 1 wird jede Kante durch den in Abb. 8.17 gezeigten Streckenzug ersetzt. Die Abb. 8.18 zeigt die ersten drei Iterationen der Kurve.

Bestimmen Sie den Umfang und den Flächeninhalt der Koch'schen Schneeflocke.

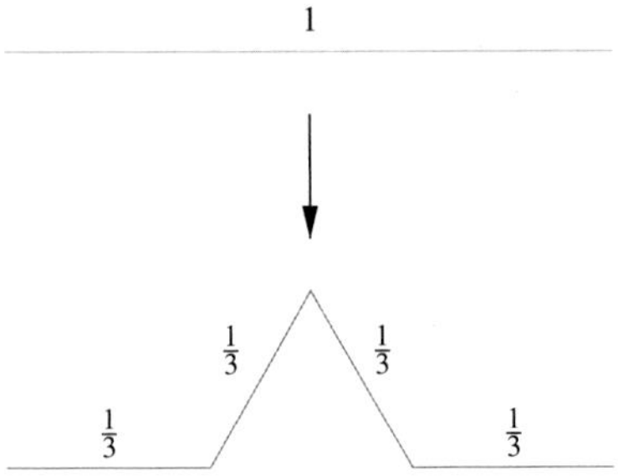

Abb. 8.17 In jedem Iterationsschritt wird eine Kante durch den roten Streckenzug ersetzt

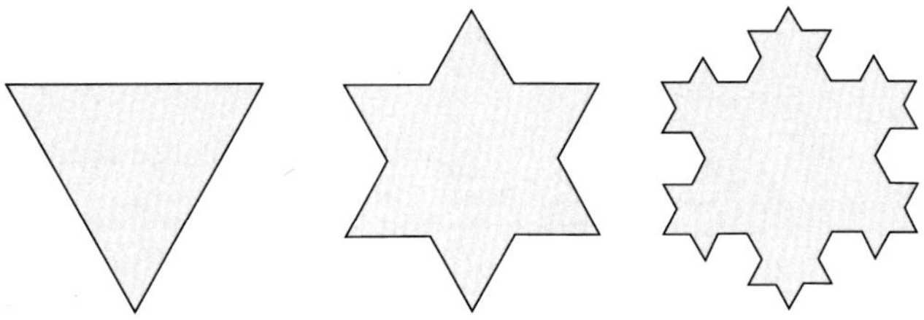

Abb. 8.18 Die ersten drei Iterationen bei der Konstruktion der Koch'schen Schneeflocke

Hinweise

Verständnisfragen

8.1 •• Gibt es hier einen Widerspruch zum Leibniz-Kriterium?

8.2 • Verwenden Sie das Monotoniekriterium für die Folge der Partialsummen.

8.3 •• Stellen Sie a_n als Differenz zweier Partialsummen dar.

8.4 •• Benutzen Sie für die Reihe das Leibniz-Kriterium, schätzen Sie die Terme im Cauchy-Produkt geeignet ab.

8.5 ••• Betrachten Sie Partialsummen der Umordnung. Zeigen Sie, dass die Umordnung sogar absolut konvergiert.

Rechenaufgaben

8.6 • Bei (a) kann das Majoranten-, bei (b) das Quotienten- und bei (c) das Leibniz-Kriterium angewandt werden.

8.7 • Bei (a) handelt es sich um eine Teleskopsumme, bei (b) um eine geometrische Reihe.

8.8 •• Wenden Sie jeweils das Quotienten- oder Wurzelkriterium an.

8.9 • Verwenden Sie das Quotientenkriterium.

8.10 •• Bei (a) kann das Quotientenkriterium angewendet werden, bei (b) und (c) führen Vergleichskriterien zum Erfolg.

8.11 •• Konvergenz kann man mit dem Leibniz-Kriterium nachweisen. Kann man bei (b) den Ausdruck vereinfachen?

8.12 •• In (a) und (b) liegen geometrische Reihen vor, in (c) können Sie mit einer Reihe über $1/n^{x-3}$ vergleichen.

Anwendungsprobleme

8.13 • Bestimmen Sie Umfang und Flächeninhalt der ersten drei oder vier Dreiecke und versuchen Sie ein Schema zu erkennen.

8.14 • Verwenden Sie die geometrische Reihe.

8.15 •• Überlegen Sie sich, aus wie vielen Strecken welcher Länge die Kurve nach der n-ten Iteration besteht. Wie viele Dreiecke welcher Fläche kommen dann im nächsten Schritt dazu?

Lösungen

Verständnisfragen

8.1 •• Eine solche Reihe kann konstruiert werden.

8.2 • –

8.3 •• –

8.4 •• –

8.5 ••• –

Rechenaufgaben

8.6 • –

8.7 • $$\sum_{n=1}^{\infty}\left(\frac{1}{\sqrt{n}}-\frac{1}{\sqrt{n+1}}\right)=1$$

$$\sum_{n=0}^{\infty}\left(\frac{3+4\mathrm{i}}{6}\right)^n=\frac{18}{25}+\frac{24}{25}\mathrm{i}$$

8.8 •• –

8.9 • Die Reihe ist divergent.

8.10 •• (a) und (c) sind absolut konvergente Reihen, (b) ist divergent.

8.11 •• (a) konvergiert, aber nicht absolut. Die Reihe in (b) konvergiert absolut.

8.12 •• (a) $M = (-\pi,\pi)\setminus\{-\frac{3\pi}{4},-\frac{\pi}{4},\frac{\pi}{4},\frac{3\pi}{4}\}$, (b) $M = (-\sqrt{5},-\sqrt{3})\cup(\sqrt{3},\sqrt{5})$, (c) $M=(0,2)$

Anwendungsprobleme

8.13 • Der Gesamtumfang ist $U = 6a/(2-\sqrt{3}))$, der gesamte Flächeninhalt $A=\sqrt{3}\,a^2$.

8.14 • 13 Freunde müssen feiern, es sind fünf Runden zu trinken.

8.15 •• Der Flächeninhalt ist $(4/10)\,\sqrt{3}$, die Umfang ist unendlich.

Lösungswege

Verständnisfragen

8.1 •• Eine solche Reihe kann man konstruieren, allerdings ist klar, dass die Folge (a_n) nicht monoton fallend sein darf, sonst hätte man nach Leibniz Konvergenz vorliegen. Eines von vielen Beispielen für eine derartige Reihe wäre:

$$a_n=\begin{cases}\frac{1}{n} & \text{für } n \text{ gerade}\\ \frac{1}{n^2} & \text{für } n \text{ ungerade}\end{cases}$$

8.2 • Wir bezeichnen mit

$$S_N=\sum_{n=0}^{N}a_n\left(\frac{1}{10}\right)^n$$

die Partialsummen und betrachten nun deren Folge.

Kapitel 8

Einerseits ist

$$S_N - S_{N-1} = a_N \left(\frac{1}{10}\right)^N \geq 0\,,$$

die Folge ist monoton wachsend. Andererseits erhalten wir sofort die Abschätzung

$$\begin{aligned} S_N &= \sum_{n=0}^{N} a_n \left(\frac{1}{10}\right)^n \leq \sum_{n=0}^{N} 9 \left(\frac{1}{10}\right)^n = 9 \sum_{n=0}^{N} \left(\frac{1}{10}\right)^n \\ &= 9 \cdot \frac{1-\left(\frac{1}{10}\right)^{N-1}}{1-\frac{1}{10}} \leq 9 \cdot \frac{1}{1-\frac{1}{10}} = 10\,. \end{aligned}$$

Die Folge ist monoton und beschränkt, nach Monotoniekriterium ist sie konvergent.

8.3 •• Mit der Dreiecksungleichung folgt

$$\begin{aligned} |a_n| &= \left| \sum_{k=1}^{n} a_k - \sum_{k=1}^{n-1} a_k \right| \\ &\leq \left| \sum_{k=1}^{n} a_k - \sum_{k=1}^{\infty} a_k \right| + \left| \sum_{k=1}^{\infty} a_k - \sum_{k=1}^{n-1} a_k \right|. \end{aligned}$$

Beide Summanden rechts gehen für $n \to \infty$ gegen null, also ist (a_n) eine Nullfolge.

8.4 •• Das Leibniz-Kriterium zeigt sofort Konvergenz, denn die Reihe ist alternierend, und $\left(\frac{1}{\sqrt{n}}\right)$ is eine monoton fallende Nullfolge. Die Konvergenz ist allerdings nur bedingt, da

$$\left(\sum_{n=1}^{\infty} \frac{1}{\sqrt{n}}\right)$$

divergiert. Im Cauchy-Produkt

$$\left(\sum_{n=1}^{\infty} c_n\right)$$

der Reihe mit sich selbst erhält man für $n \geq 2$

$$\begin{aligned} |c_n| &= \left| \sum_{k=1}^{n-1} \frac{(-1)^k}{\sqrt{k}} \frac{(-1)^{n-k}}{\sqrt{n-k}} \right| = \left| \sum_{k=1}^{n-1} \frac{(-1)^n}{\sqrt{k}\,\sqrt{n-k}} \right| \\ &= \sum_{k=1}^{n-1} \frac{1}{\sqrt{k}\,\sqrt{n-k}} \geq \sum_{k=1}^{n-1} \frac{1}{\sqrt{n-1}\,\sqrt{n-1}} \\ &= \frac{n-2}{n-1} \to 1\,. \end{aligned}$$

Die Folge (c_n) ist keine Nullfolge, damit divergiert die Produktreihe. Das Cauchy-Produkt lediglich bedingt konvergenter Reihen muss nicht konvergieren.

8.5 ••• Wir betrachten eine absolut konvergente Reihe $\left(\sum_{n=1}^{\infty} a_n\right)$ mit komplexen Gliedern a_n. Ferner soll die Folge (b_n) durch Umordnung aus der Folge (a_n) hervorgehen, d. h. jedes Folgenglied von (b_n) kommt in (a_n) vor und umgekehrt. Wir betrachten nun die Partialsumme

$$s_N = \sum_{n=1}^{N} |b_n|.$$

Dann gibt es einen Index M, sodass die Teilmengenbeziehung

$$\{b_1, \ldots, b_N\} \subseteq \{a_1, \ldots, a_M\}$$

gilt. Damit folgt aber

$$s_N \leq \sum_{n=1}^{M} |a_n| \leq \sum_{n=1}^{\infty} |a_n|,$$

da die Reihe über die a_n ja absolut konvergiert. Somit ist die Folge (s_N) nach oben beschränkt. Aufgrund ihrer Definition ist sie aber auch monoton wachsend und daher konvergent. Es folgt, dass die Reihe über die b_n absolut konvergiert. Da aus absoluter Konvergenz die Konvergenz im gewöhnlichen Sinne folgt, ist der Beweis erbracht.

Rechenaufgaben

8.6 • (a) Abschätzung $a_n = \dfrac{1}{n+n^2} \leq \dfrac{1}{n^2}$. Da die Reihe $\sum\limits_{n=1}^{\infty} \frac{1}{n^2}$ konvergent ist, ist auch diese Reihe konvergent (Majorantenkriterium).

(b) Quotientenkriterium

$$\begin{aligned} \left|\frac{a_{n+1}}{a_n}\right| &= \frac{3^{n+1}/(n+1)^3}{3^n/n^3} = \frac{3^{n+1} \cdot n^3}{3^n \cdot (n+1)^3} \\ &= 3 \cdot \frac{n^3}{n^3+3n^2+3n+1} \to 3 > 1\,, \end{aligned}$$

also Divergenz.

(c) Weil $\left(1+\dfrac{1}{n}\right)^n$ monoton wächst und $\lim\limits_{n\to\infty}\left(1+\dfrac{1}{n}\right)^n = \mathrm{e}$ ist, ist $\left(e - \left(1+\dfrac{1}{n}\right)^n\right)$ eine monoton fallende Nullfolge. Die Reihe ist also nach dem Leibniz-Kriterium konvergent.

8.7 • (a) Die Partialsummen sind Teleskopsummen, es gilt

$$S_N = \sum_{n=1}^{N} \left(\frac{1}{\sqrt{n}} - \frac{1}{\sqrt{n+1}}\right) = 1 - \frac{1}{\sqrt{N+1}}\,.$$

Damit erhält man

$$\sum_{n=1}^{\infty}\left(\frac{1}{\sqrt{n}}-\frac{1}{\sqrt{n+1}}\right)=\lim_{N\to\infty} S_N = 1.$$

(b) Es handelt sich um eine geometrische Reihe. Wir überprüfen zunächst

$$\left|\frac{3+4\mathrm{i}}{6}\right| = \left|\frac{1}{2}+\frac{2}{3}\mathrm{i}\right| = \sqrt{\frac{1}{4}+\frac{4}{9}} = \frac{5}{6} < 1\,.$$

Die Reihe ist konvergent, und wir erhalten

$$\sum_{n=1}^{\infty}\left(\frac{3+4\mathrm{i}}{6}\right)^n = \frac{1}{1-\frac{3+4\mathrm{i}}{6}} = \left(\frac{3-4\mathrm{i}}{6}\right)^{-1} = \frac{6}{3-4\mathrm{i}}\cdot\frac{3+4\mathrm{i}}{3+4\mathrm{i}} = \frac{18}{25}+\frac{24}{25}\mathrm{i}.$$

8.8 •• (a) Die Reihe ist absolut konvergent nach Wurzelkriterium:

$$\sqrt[n]{|a_n|} = \sqrt[n]{\frac{2+(-1)^n}{2^{n-1}}} = \frac{\sqrt[n]{2+(-1)^n}}{2^{\frac{n-1}{n}}} \to \frac{1}{2}$$

(b) Wurzelkriterium:

$$\sqrt[n]{|a_n|} = \frac{1}{\sqrt[n]{n}}\left(\frac{1}{3}+\frac{1}{n}\right) \to \frac{1}{1}\left(\frac{1}{3}+0\right) = \frac{1}{3} < 1$$

(c) Es ist

$$a_n = \binom{4n}{3n}^{-1} = \left(\frac{(4n)!}{(3n)!\,n!}\right)^{-1} = \frac{(3n)!\,n!}{(4n)!}$$

und damit

$$\left|\frac{a_{n+1}}{a_n}\right| = \frac{(3n+3)!\,(n+1)!}{(4n+4)!}\cdot\frac{(4n)!}{(3n)!\,n!} = \frac{(3n+3)\,(3n+2)\,(3n+1)\,(n+1)!}{(4n+4)\,(4n+3)\,(4n+2)\,(4n+1)} = \frac{27n^4+\ldots}{256n^4+\ldots} \to \frac{27}{256} < 1.$$

8.9 • Wir erhalten mit dem Quotientenkriterium

$$\left|\frac{a_{n+1}}{a_n}\right| = \frac{1\cdot 3\cdot\ldots\cdot(2n+3)\,(2n+5)\cdot n\,!}{1\cdot 3\cdot\ldots\cdot(2n+3)\cdot(n+1)\,!} = \frac{(2n+5)\cdot n\,!}{(n+1)\cdot n\,!} = \frac{2n+5}{n+1} \to 2 > 1.$$

Die Reihe ist also divergent.

8.10 •• (a) Es ist

$$a_n = \binom{2n}{n} 2^{-3n-1} = \frac{(2n)!}{n!\,n!} 2^{-3n-1}$$

und damit gilt

$$\left|\frac{a_{n+1}}{a_n}\right| = \frac{(2n+2)!\,2^{-3n-4}}{(n+1)!\,(n+1)!}\cdot\frac{n!\,n!}{(2n)!\,2^{-3n-1}} = \frac{(2n+2)\,(2n+1)\,2^{-3}}{(n+1)\,(n+1)} = \frac{2\,(n+1)\,(2n+1)}{2^3\,(n+1)\,(n+1)} \to \frac{2}{4} = \frac{1}{2} < 1,$$

die Reihe ist also absolut konvergent.

(b) Vergleich mit

$$\sum_{n=1}^{\infty}\frac{1}{\sqrt{n}}$$

liefert:

$$\frac{a_n}{b_n} = \frac{(n^{3/2}+n)\cdot\sqrt{n}}{n^2+5n-1} = \frac{n^2+n^{3/2}}{n^2+5n-1} = \frac{1+\frac{1}{\sqrt{n}}}{1+\frac{5}{n}-\frac{1}{n^2}} \to 1,$$

die Reihen haben gleiches Konvergenzverhalten und divergieren demnach beide.

(c)

$$\left|(-1)^n\frac{\sin\sqrt{n}}{n^{5/2}}\right| \le \frac{1}{n^{5/2}},$$

die Reihe konvergiert absolut, da auch

$$\sum_{n=1}^{\infty}\frac{1}{n^{5/2}}$$

absolut konvergiert.

8.11 •• (a) Die Reihe hat die Form $\sum_{k=1}^{\infty}(-1)^k a_k$ mit

$$a_k = \frac{k+2\sqrt{k}}{k^2+4k+3}.$$

Ferner ist $a_k = \frac{1}{k} + b_k$ mit

$$b_k = \frac{2k\sqrt{k}-4k-3}{k\,(k^2+4k+3)}.$$

Die Reihe $\sum_{k=1}^{\infty}(-1)^k b_k$ konvergiert absolut wegen der Abschätzung

$$\left|(-1)^k b_k\right| < \frac{2k\sqrt{k}+4k+3}{k\,(k^2+4k+3)} < \frac{9k\sqrt{k}}{k^3} = 9\frac{1}{k^{3/2}},$$

die die konvergente Majorante $(9\sum_{k=1}^{\infty}k^{-3/2})$ liefert.

Die Differenz $(\sum_{k=1}^{\infty}(-1)^k \frac{1}{k})$ ist die alternierende harmonische Reihe, die nach dem Leibniz-Kriterium konvergiert. Daher konvergiert auch die Gesamtreihe.

Absolute Konvergenz liegt aber nicht vor, da die Betragsreihe $\sum_{k=1}^{\infty} |a_k|$ eine divergente Minorante hat:

$$|a_k| > \frac{3k}{8k^2} = \frac{3}{8k}$$

(b) Wir stellen fest, dass

$$\cos(k\pi) = (-1)^k$$

ist. Wir können also die Reihe wie folgt umschreiben:

$$\begin{aligned}\sum_{k=1}^{\infty}\left[\frac{(-1)^k}{k+3} - \frac{\cos(k\pi)}{k+2}\right] &= \sum_{k=1}^{\infty}(-1)^k\left[\frac{1}{k+3} - \frac{1}{k+2}\right] \\ &= \sum_{k=1}^{\infty}(-1)^{k+1}\frac{1}{(k+3)(k+2)}\end{aligned}$$

Diese Reihe konvergiert absolut, da die Betragsreihe die konvergente Majorante $(\sum_{k=1}^{\infty} k^{-2})$ hat.

8.12 •• (a) Es liegt eine geometrische Reihe vor. $\sqrt[n]{|a_n|} = |\sin 2x|$ ist kleiner eins außer für $2x = \pm\frac{\pi}{2}, \pm\frac{3\pi}{2}, \ldots \Leftrightarrow x = \pm\frac{\pi}{4}, \pm\frac{3\pi}{4}, \ldots$. In diesen Fällen erhält man die divergenten Reihen $(\sum_{n=1}^{\infty} 1)$ bzw. $(\sum_{n=1}^{\infty}(-1)^n)$. Die Reihe konvergiert also für $x \in (-\pi, \pi) \setminus \{-\frac{3\pi}{4}, -\frac{\pi}{4}, \frac{\pi}{4}, \frac{3\pi}{4}\}$.

(b) Auch hier liegt eine geometrische Reihe vor. Als Bedingung für die Konvergenz erhalten wir

$$\begin{aligned}-1 < x^2 - 4 &< 1 \\ 3 < \quad x^2 \quad &< 5\end{aligned}$$

Das ist für $x \in (-\sqrt{5}, -\sqrt{3})$ oder $x \in (\sqrt{3}, \sqrt{5})$ erfüllt. Damit erhalten wir $M = (-\sqrt{5}, -\sqrt{3}) \cup (\sqrt{3}, \sqrt{5})$.

(c) Für $x > 0$ ist n^x der dominante Term im Zähler. Die Reihe hat das gleiche Konvergenzverhalten wie $(\sum_{n=0}^{\infty} \frac{1}{n^{3-x}})$, was man mit dem Grenzwertkriterium sofort nachprüfen kann. Diese Reihe konvergiert für $3 - x > 1$, d. h. für $x < 2$. Wir erhalten $M = (0, 2)$.

Anwendungsprobleme

8.13 • Für die Höhe des ersten Dreiecks erhält man nach Pythagoras sofort $h_0 = (\sqrt{3}/2)\,a$. Damit ergibt sich:

$$U_0 = 3a, \quad A_0 = \frac{1}{2}\,a\,\frac{\sqrt{3}}{2}\,a = \frac{\sqrt{3}}{4}\,a^2$$

Für das zweite Dreieck erhält man

$$U_1 = 3a\,\frac{\sqrt{3}}{2}, \quad A_1 = \frac{1}{2}\,\frac{\sqrt{3}}{2}\,a\,\left(\frac{\sqrt{3}}{2}\right)^2 a = \frac{\sqrt{3}}{4}\,a^2\,\frac{3}{4},$$

für das dritte

$$U_2 = 3a\left(\frac{\sqrt{3}}{2}\right)^2, \quad A_2 = \frac{\sqrt{3}}{4}\,a^2\left(\frac{3}{4}\right)^2,$$

und allgemein

$$U_n = 3a\left(\frac{\sqrt{3}}{2}\right)^n, \quad A_n = \frac{\sqrt{3}}{4}\,a^2\left(\frac{3}{4}\right)^n.$$

Für die Summe von Umfängen bzw. Flächeninhalten erhält man damit

$$\begin{aligned}S_U^{(n)} &= \sum_{k=0}^{n} U_k = 3a\sum_{k=0}^{n}\left(\frac{\sqrt{3}}{2}\right)^k = 3a\,\frac{1-\left(\frac{\sqrt{3}}{2}\right)^{n-1}}{1-\frac{\sqrt{3}}{2}}, \\ S_A^{(n)} &= \sum_{k=0}^{n} A_k = \frac{\sqrt{3}}{4}\,a^2\sum_{k=0}^{n}\left(\frac{3}{4}\right)^k = \frac{\sqrt{3}}{4}\,a^2\,\frac{1-\left(\frac{3}{4}\right)^{n-1}}{1-\frac{3}{4}}.\end{aligned}$$

Gesamtumfang und -flächeninhalt aller Dreiecke ergibt sich im Grenzübergang

$$\begin{aligned}U &= \lim_{n\to\infty} S_U^{(n)} = 3a\,\frac{1}{1-\frac{\sqrt{3}}{2}} = \frac{6a}{2-\sqrt{3}}, \\ A &= \lim_{n\to\infty} S_A^{(n)} = \frac{\sqrt{3}}{4}\,a^2\,\frac{1}{1-\frac{3}{4}} = \sqrt{3}\,a^2.\end{aligned}$$

8.14 • Die Menge, die jeder Freund im Laufe des Abends trinkt, errechnet sich nach der geometrischen Summenformel. Durch Übergang zur geometrischen Reihe erhält man, dass kein Freund mehr als

$$0.2\sum_{k=0}^{\infty}\left(\frac{1}{2}\right)^k = \frac{0.2}{1-\frac{1}{2}} = 0.4$$

Liter Glühwein trinkt. Also müssen mindestens 13 Freunde mitfeiern, damit die 5 Liter verbraucht werden. 13 Freunde trinken in N Runden (beachte die Indexverschiebung)

$$13\cdot 0.2\sum_{k=1}^{N}\left(\frac{1}{2}\right)^k = 2.6\,\frac{1-(1/2)^N}{1-1/2} = 5.2\cdot\left(1-\frac{1}{2^N}\right)$$

Liter Wein. Es muss also gelten

$$\frac{5}{5.2} = \frac{25}{26} \le 1 - \frac{1}{2^N},$$

als $2^N \ge 26$. Dies ist für $N = 5$ der Fall.

8.15 •• Zunächst betrachten wir nur eine Seite des ursprünglichen Dreiecks. In der Ausgangssituation (0-ter Schritt) gibt es eben nur $K_0 = 1$ davon, und sie hat die Länge $L_0 = 1$. Nun werden in jedem Schritt aus jeder Kante vier neue, deren Länge sich dabei auf ein Drittel reduziert. Also gilt

$$K_n = 4^n, \quad L_n = \frac{1}{3^n}, \quad n = 0, 1, 2, \ldots$$

Nun betrachten wir die Situation nach dem ersten Schritt. Ein Dreieck ist in diesem Schritt dazugekommen mit Kantenlänge L_1. Damit hat es, wie sich mit dem Satz des Pythagoras leicht ausrechnen lässt, die Fläche $\Delta_1 = (\sqrt{3}/2) \cdot L_1^2$. Im n-ten Schritt kommen nun K_{n-1} Dreiecke hinzu, jedes hat den Flächeninhalt $\Delta_n = (\sqrt{3}/2) \cdot L_n^2$.

Um den gesamten Flächeninhalt zu bestimmen, müssen wir die Reihe über diese einzelnen Dreiecksflächen bilden:

$$\begin{aligned} F &= \sum_{n=1}^{\infty} K_{n-1} \cdot \Delta_n = \frac{\sqrt{3}}{2} \sum_{n=1}^{\infty} K_{n-1} \cdot L_n^2 = \frac{\sqrt{3}}{2} \sum_{n=1}^{\infty} \frac{4^{n-1}}{9^n} \\ &= \frac{\sqrt{3}}{18} \sum_{n=0}^{\infty} \left(\frac{4}{9}\right)^n = \frac{\sqrt{3}}{18} \cdot \frac{1}{1 - \frac{4}{9}} = \frac{\sqrt{3}}{10} \end{aligned}$$

Um die Gesamtfläche der Schneeflocke zu bestimmen, müssen wir F mit 3 multiplizieren und die Fläche des ursprünglichen Dreiecks addieren. So erhalten wir

$$\frac{\sqrt{3}}{2} + 3F = \frac{\sqrt{3}}{2} + \frac{3\sqrt{3}}{10} = \frac{4}{5}\sqrt{3}.$$

Um den Umfang nach dem n-ten Iterationsschritt zu bestimmen muss man einfach K_n mit L_n multiplizieren. Dies ergibt $(4/3)^n$ und diese Zahl geht gegen Unendlich für $n \to \infty$. Also ist die Koch'sche Schneeflocke eine Menge mit endlichem Flächeninhalt aber unendlichem Umfang!

Kapitel 9

Aufgaben

Verständnisfragen

9.1 • Handelt es sich bei den folgenden für $z \in \mathbb{C}$ definierten Reihen um Potenzreihen? Falls ja, wie lautet die Koeffizientenfolge und wie der Entwicklungspunkt?

(a) $\left(\sum_{n=0}^{\infty} \frac{3^n}{n!} \frac{1}{z^n}\right)$

(b) $\left(\sum_{n=2}^{\infty} \frac{n\,(z-1)^n}{z^2}\right)$

(c) $\left(\sum_{n=0}^{\infty} \sum_{j=0}^{n} \frac{1}{n!} \binom{n}{j} z^j\right)$

(d) $\left(\sum_{n=0}^{\infty} z^{2n} \cos z\right)$

9.2 • Welche der folgenden Aussagen über eine Potenzreihe mit Entwicklungspunkt $z_0 \in \mathbb{C}$ und Konvergenzradius ρ sind richtig?

(a) Die Potenzreihe konvergiert für alle $z \in \mathbb{C}$ mit $|z - z_0| < \rho$ absolut.
(b) Die Potenzreihe ist eine auf dem Konvergenzkreis beschränkte Funktion.
(c) Die Potenzreihe ist auf jedem Kreis mit Mittelpunkt z_0 und Radius $r < \rho$ eine beschränkte Funktion.
(d) Die Potenzreihe konvergiert für kein $z \in \mathbb{C}$ mit $|z - z_0| = \rho$.
(e) Konvergiert die Potenzreihe für ein $\hat{z} \in \mathbb{C}$ mit $|\hat{z} - z_0| = \rho$ absolut, so gilt dies für alle $z \in \mathbb{C}$ mit $|z - z_0| = \rho$.

9.3 •• Bestimmen Sie mithilfe der zugehörigen Potenzreihen die folgenden Grenzwerte,

(a) $\lim\limits_{x \to 0} \frac{1 - \cos x}{x \sin x}$,

(b) $\lim\limits_{x \to 0} \frac{e^{\sin(x^4)} - 1}{x^2\,(1 - \cos(x))}$.

9.4 • Zeigen Sie die *Formel von Moivre*,

$$(\cos\varphi + \mathrm{i}\sin\varphi)^n = \cos(n\varphi) + \mathrm{i}\sin(n\varphi)$$

für alle $\varphi \in \mathbb{R}$, $n \in \mathbb{Z}$. Benutzen Sie diese Formel, um die Identität

$$\cos(2n\varphi) = \sum_{k=0}^{n} (-1)^k \binom{2n}{2k} \cos^{2(n-k)}(\varphi)\,\sin^{2k}(\varphi)$$

für alle $\varphi \in \mathbb{R}$, $n \in \mathbb{N}_0$ zu beweisen.

9.5 • Finden Sie je ein Paar (w, z) von komplexen Zahlen, sodass die Funktionalgleichung des Logarithmus für $\beta = 0$, $\beta = 1$ und $\beta = -1$ erfüllt ist.

Rechenaufgaben

9.6 •• Bestimmen Sie den Konvergenzradius und den Konvergenzkreis der folgenden Potenzreihen.

(a) $\left(\sum_{k=0}^{\infty} \frac{(k!)^4}{(4k)!} z^k\right)$

(b) $\left(\sum_{n=1}^{\infty} n^n (z-2)^n\right)$

(c) $\left(\sum_{n=0}^{\infty} \frac{n + \mathrm{i}}{(\sqrt{2}\,\mathrm{i})^n} \binom{2n}{n} z^{2n}\right)$

(d) $\left(\sum_{n=0}^{\infty} \frac{(2+\mathrm{i})^n - \mathrm{i}}{\mathrm{i}^n} (z + \mathrm{i})^n\right)$

9.7 • Für welche $x \in \mathbb{R}$ konvergieren die folgenden Potenzreihen?

(a) $\left(\sum_{n=1}^{\infty} \frac{(-1)^n\,(2^n + 1)}{n} \left(x - \frac{1}{2}\right)^n\right)$

(b) $\left(\sum_{n=0}^{\infty} \frac{1 - (-2)^{-n-1}\,n!}{n!} (x-2)^n\right)$

(c) $\left(\sum_{n=1}^{\infty} \frac{1}{n^2} \left[\sqrt{n^2+n} - \sqrt{n^2+1}\right]^n (x+1)^n\right)$

T. Arens et al., *Arbeitsbuch Mathematik*, https://doi.org/10.1007/978-3-662-64391-4_8

9.8 ••• Für welche $z \in \mathbb{C}$ konvergiert die Potenzreihe

$$\left(\sum_{n=1}^{\infty} \frac{(2\mathrm{i})^n}{n^2 + \mathrm{i}n} (z - 2\mathrm{i})^n\right)?$$

9.9 •• Gesucht ist eine Potenzreihendarstellung der Form $\left(\sum_{n=0}^{\infty} a_n x^n\right)$ zu der Funktion

$$f(x) = \frac{\mathrm{e}^x}{1-x}, \quad x \in \mathbb{R} \setminus \{1\}.$$

(a) Zeigen Sie $a_n = \sum_{k=0}^{n} \frac{1}{k!}$.

(b) Für welche $x \in \mathbb{R}$ konvergiert die Potenzreihe?

9.10 •• Gegeben ist die Funktion $D \to \mathbb{C}$ mit

$$f(z) = \frac{z-1}{z^2+2}, \quad z \in D.$$

(a) Bestimmen Sie den maximalen Definitionsbereich $D \subseteq \mathbb{C}$ von f.

(b) Stellen Sie f als eine Potenzreihe mithilfe des Ansatzes

$$z - 1 = (z^2 + 2) \sum_{n=0}^{\infty} a_n z^n$$

dar. Was ist der Konvergenzradius dieser Potenzreihe?

9.11 •• Berechnen Sie eine Potenzreihendarstellung der rationalen Funktion

$$f(z) = \frac{1+z^3}{2-z}, \quad z \in \mathbb{C} \setminus \{2\},$$

indem Sie die geometrische Reihe verwenden.

9.12 ••• Bestimmen Sie die ersten beiden Glieder der Potenzreihenentwicklung von

$$f(x) = (1+x)^{1/n}, \quad x > -1,$$

um den Entwicklungspunkt $x_0 = 1$.

9.13 •• Bestimmen Sie alle $z \in \mathbb{C}$, die der folgenden Gleichung genügen.

(a) $\cosh(z) = -1$,

(b) $\cosh z - \frac{1}{2}(1 - 8\mathrm{i})\,\mathrm{e}^{-z} = 2 + 2\mathrm{i}$.

9.14 •• Bestimmen Sie jeweils alle $z \in \mathbb{C}$, die Lösungen der folgenden Gleichung sind.

(a) $\cos \overline{z} = \overline{\cos z}$,

(b) $\mathrm{e}^{\mathrm{i}\overline{z}} = \overline{\mathrm{e}^{\mathrm{i}z}}$.

Anwendungsprobleme

9.15 •• Berechnen Sie mithilfe der Potenzreihendarstellung der Exponentialfunktion die ersten 5 Stellen der Dezimaldarstellung von e^2. Überlegen Sie sich dazu eine Abschätzung, die Ihnen die Richtigkeit Ihres Ergebnisses garantiert.

9.16 •• Berechnen Sie mit dem Taschenrechner die Differenz $\sin(\sinh(x)) - \sinh(\sin(x))$ für $x \in \{0.1, 0.01, 0.001\}$. Erklären Sie diese Beobachtung, indem Sie das erste Glied der Potenzreihenentwicklung dieser Differenz um den Entwicklungspunkt 0 bestimmen.

9.17 • Wie schon in der Aufgabe 15 zu Kap. 6 betrachten wir die *Van-der-Waals-Gleichung*,

$$\left(p + \frac{a}{V^2}\right)(V - b) = RT,$$

die den Zusammenhang zwischen dem Druck p, der Temperatur T und dem molaren Volumen V eines Gases beschreibt. Dabei ist R die universelle Gaskonstante, a der Kohäsionsdruck und b das Kovolumen, die beide vom betrachteten Gas abhängen. Im Allgemeinen gilt $b \ll V$.

Stellen Sie den Druck p als eine Potenzreihe im Kehrwert des molaren Volumens auf. Was erhalten Sie, wenn Sie nur den ersten Term dieser Reihe berücksichtigen?

Hinweise

Verständnisfragen

9.1 • Überlegen Sie sich, ob Sie die Reihenglieder geschickt umschreiben können. Sind bekannte Formeln anwendbar?

9.2 • Die Aussagen lassen sich bis auf die letzte direkt aus den Sätzen über Potenzreihen und ihre Konvergenzkreise aus dem Kapitel ableiten. Für die letzte Aussage kann man das Majoranten-/Minorantenkriterium anwenden.

9.3 •• Stellen Sie die Funktionen im Zähler und Nenner als Potenzreihen dar. Die Darstellung kann durch Nutzung der Landau-Symbolik vereinfacht werden.

9.4 • Benutzen Sie die Euler'sche Formel für den Nachweis der Formel von Moivre. Die Identität ergibt sich als Realteil der rechten Seite.

9.5 • Wählen Sie sich zunächst ein festes w mit $\text{Re}(w) > 0$ und finden Sie heraus, wie sich die beiden Seiten der Funktionalgleichung für verschiedene z verhalten.

Rechenaufgaben

9.6 •• Versuchen Sie, das Quotienten- oder das Wurzelkriterium auf die Reihen anzuwenden.

9.7 • Den Konvergenzradius kann man entweder mit dem Quotienten- oder dem Wurzelkriterium bestimmen. Für die Randpunkte muss man das Majoranten-/Minorantenkriterium oder das Leibniz-Kriterium bemühen.

9.8 ••• Zur Bestimmung des Konvergenzradius können Sie das Wurzelkriterium verwenden. Versuchen Sie für z auf dem Rand des Konvergenzkreises eine konvergente Majorante zu bestimmen.

9.9 •• Teil (a) lösen Sie durch Koeffizientenvergleich. Zur Bestimmung des Konvergenzradius in Teil (b) kann das Quotientenkriterium angewandt werden.

9.10 •• Aus dem Ansatz kann man durch Koeffizientenvergleich eine Rekursionsformel für die Koeffizienten herleiten. Indem Sie die ersten paar Koeffizienten ausrechnen, können Sie eine explizite Darstellung finden. Zum Bestimmen des Konvergenzradius ist das Wurzelkriterium geeignet.

9.11 •• Klammern Sie im Nenner 2 aus, damit Sie die geometrische Reihe anwenden können.

9.12 ••• Benutzen Sie das Cauchy-Produkt. Zur einfacheren Darstellung sollten Sie die Landau-Symbolik verwenden.

9.13 •• Nutzen Sie die Darstellung der cosh-Funktion durch die Exponentialfunktion. Führen Sie anschließend eine Substitution durch, die auf eine quadratische Gleichung führt.

9.14 •• Drücken Sie die Kosinus- durch die Exponentialfunktion aus. Mithilfe der Euler'schen Formel können Sie sich überlegen, wie die komplexen Konjugationen umgeformt werden können.

Anwendungsprobleme

9.15 •• Schreiben Sie die Partialsumme mit N Gliedern auf und schätzen Sie den Rest der Reihe durch eine geometrische Reihe ab.

9.16 •• Benutzen Sie die Landau-Symbolik zur Darstellung der Potenzreihen.

9.17 • Lösen Sie nach p auf und verwenden Sie die geometrische Reihe für b/V.

Lösungen

Verständnisfragen

9.1 • (a) Nein, (b) nein, aber als Potenzreihe darstellbar mit Entwicklungspunkt 1, (c) ja, mit Entwicklungspunkt -1 und $a_n = 1/n!$, (d) nein, aber als Potenzreihe darstellbar mit Entwicklungspunkt 0 und $a_n = \sum_{k=0}^{n}(-1)^k/(2k)!$.

9.2 • (a) Richtig, (b) falsch, (c) richtig, (d) falsch, (e) richtig.

9.3 •• (a) $1/2$, (b) 2.

9.4 • –

9.5 • Für (i, i) mit $\beta = 0$, für $(\mathrm{i}, -1)$ mit $\beta = 1$ und für $(-\mathrm{i}, -\mathrm{i})$ mit $\beta = -1$.

Rechenaufgaben

9.6 •• (a) Konvergenzradius 256, Entwicklungspunkt 0, (b) Konvergenzradius 0, Entwicklungspunkt 2, (c) Konvergenzradius $2^{-3/4}$, Entwicklungspunkt 0, (d) Konvergenzradius $1/\sqrt{5}$, Entwicklungspunkt $-\mathrm{i}$.

9.7 • (a) Konvergenz für $x \in (0, 1]$, (b) Konvergenz für $x \in (0, 4)$, (c) Konvergenz für $x \in [-3, 1]$.

9.8 ••• Die Reihe konvergiert für alle z mit $|z - 2\mathrm{i}| \leq 1/2$.

9.9 •• Die Reihe konvergiert genau für $x \in (-1, 1)$.

Kapitel 9

9.10 •• (a) $D = \mathbb{C} \setminus \{\sqrt{2}\,\mathrm{i}, -\sqrt{2}\,\mathrm{i}\}$, (b) $a_{2k} = \left(-\frac{1}{2}\right)^{k+1}$, $a_{2k+1} = -\left(-\frac{1}{2}\right)^{k+1}$, jeweils für $k \in \mathbb{N}_0$. Der Konvergenzradius ist $\sqrt{2}$.

9.11 •• $2f(z) = \frac{1}{2} + \frac{z}{4} + \frac{z^2}{8} + 9\sum_{n=3}^{\infty}\left(\frac{z}{2}\right)^n$ für $|z| < 2$.

9.12 ••• $(1+x)^{1/n} = \sqrt[n]{2} + \frac{\sqrt[n]{2}}{2n}(x-1) + \mathrm{O}((x-1)^2)$ für alle $n \in \mathbb{N}$ und $x \to 1$.

9.13 •• (a) $z = (2n+1)\pi\mathrm{i}$, $n \in \mathbb{Z}$, (b) $z = \ln(2\sqrt{2}) + \left(\frac{\pi}{4} + 2\pi n\right)\mathrm{i}$, $n \in \mathbb{Z}$.

9.14 •• (a) Jedes $z \in \mathbb{C}$ erfüllt diese Gleichung. (b) $z = \pi n$, $n \in \mathbb{Z}$.

Anwendungsprobleme

9.15 •• Es sind die 13 Glieder (inklusive dem 0-ten Glied) aufzusummieren. Der berechnete Wert ist 7.389 05.

9.16 •• Die ersten acht Nachkommastellen sind in allen drei Fällen null. Für die Differenz ergibt sich $1/45\,x^7 + O(x^8)$ für $x \to 0$.

9.17 • $p = (RT/b)(\sum_{n=1}^{\infty}(b/V)^n - (ab)/(RT\,V^2)$, der erste Term liefert die Gleichung des idealen Gases $p = RT/V$.

Lösungswege

Verständnisfragen

9.1 • (a) Da Potenzen von $1/x$ auftreten, handelt es sich nicht um eine Potenzreihe.

(b) In der vorliegenden Form ist die Reihe keine Potenzreihe. Mit dem Ansatz

$$\sum_{n=0}^{\infty} a_n\,(x-1)^n = \sum_{n=2}^{\infty} \frac{n\,(x-1)^n}{x^2}$$

erhält man aber die Gleichung

$$\left[(x-1)^2 + 2(x-1) + 1\right] \sum_{n=0}^{\infty} a_n\,(x-1)^n = \sum_{n=2}^{\infty} n\,(x-1)^n,$$

aus der durch Koeffizientenvergleich die a_n bestimmt werden können.

(c) Aus der allgemeinen binomischen Formel folgt

$$(x+1)^n = \sum_{j=0}^{n} \binom{n}{j} x^j.$$

Daher lautet die Reihe $(\sum_{n=0}^{\infty}(1/n!)(x+1)^n)$, ist also eine Potenzreihe mit Entwicklungspunkt -1 und Koeffizientenfolge $(1/n!)$.

(d) In der vorliegenden Form ist die Reihe keine Potenzreihe. Mit der Reihendarstellung des Kosinus und dem Cauchy-Produkt erhält man aber

$$\sum_{n=0}^{\infty} x^{2n}\cos x = \left(\sum_{n=0}^{\infty} x^{2n}\right)\left(\sum_{n=0}^{\infty}(-1)^n \frac{x^{2n}}{(2n)!}\right) = \sum_{n=0}^{\infty}\left(\sum_{k=0}^{n}\frac{(-1)^k}{(2k)!}\right)x^{2n}.$$

Man kann diese Reihe also als eine Potenzreihe mit Entwicklungspunkt 0 und Koeffizientenfolge $(\sum_{k=0}^{n}(-1)^k/(2k)!)$ darstellen.

9.2 • (a) Die Aussage ist richtig, siehe die Definition des Konvergenzradius.

(b) Die Aussage ist falsch, siehe etwa die Reihe $(\sum_{n=1}^{\infty} z^n/n)$, die für $|z| < 1$ konvergiert, aber für $z \to 1$ unbeschränkt wird.

(c) Die Aussage ist richtig, da eine Potenzreihe im Inneren des Konvergenzkreises eine stetige Funktion ist. Der Kreis mit Radius r bildet eine kompakte Menge und auf kompakten Mengen sind stetige Funktionen beschränkt.

(d) Auf dem Rand des Konvergenzkreises ist sowohl Konvergenz als auch Divergenz möglich. Die Aussage ist also falsch.

(e) Für eine Potenzreihe $(\sum_{n=0}^{\infty} a_n(z-z_0)^n)$ und ein beliebiges $z \in \mathbb{C}$ mit $|z - z_0| = \rho$ gilt

$$|a_n(z-z_0)^n| = |a_n|\,\rho^n = |a_n(\hat{z}-z_0)^n|.$$

Da die Potenzreihe in $\hat{z}$ absolut konvergiert, bildet die Reihe $(\sum_{n=0}^{\infty}|a_n(\hat{z}-z_0)^n|)$ eine konvergente Majorante. Die Aussage ist also richtig.

9.3 •• (a) Die Potenzreihen

$$1 - \cos x = -\sum_{n=1}^{\infty}\frac{(-1)^n}{(2n)!}x^{2n} = \frac{1}{2}x^2 - \frac{1}{24}x^4 + \mathrm{O}(x^6)$$

$$x\sin x = \sum_{n=0}^{\infty}\frac{(-1)^n}{(2n+1)!}x^{2n+2} = x^2 - \frac{1}{6}x^4 + \mathrm{O}(x^6)$$

sind auf ganz $\mathbb{R}$ absolut konvergent. Somit gilt

$$\lim_{x\to 0}\frac{1-\cos x}{x\sin x}=\lim_{x\to 0}\frac{\frac{1}{2}x^2-\frac{1}{24}x^4+O(x^6)}{x^2-\frac{1}{6}x^4+O(x^6)}$$
$$=\lim_{x\to 0}\frac{\frac{1}{2}-\frac{1}{24}x^2+O(x^4)}{1-\frac{1}{6}x^2+O(x^4)}=\frac{1}{2}.$$

(b) Es gilt

$$\sin(x^4)=\sum_{n=0}^{\infty}\frac{(-1)^n}{(2n+1)!}x^{4(2n+1)}$$
$$=x^4-\frac{1}{6}x^{12}+O(x^{20}),$$
$$e^{\sin(x^4)}-1=\sum_{n=1}^{\infty}\frac{1}{n!}(\sin(x^4))^n$$
$$=x^4+\frac{1}{2}x^8+O(x^{12}),$$
$$x^2(1-\cos(x))=-\sum_{n=1}^{\infty}\frac{(-1)^n}{(2n)!}x^{2n+2}$$
$$=\frac{1}{2}x^4-\frac{1}{24}x^6+O(x^8).$$

Es folgt also

$$\lim_{x\to 0}\frac{e^{\sin(x^4)}-1}{x^2(1-\cos(x))}=\lim_{x\to 0}\frac{x^4+\frac{1}{2}x^8+O(x^{12})}{\frac{1}{2}x^4-\frac{1}{24}x^6+O(x^8)}$$
$$=\lim_{x\to 0}\frac{1+\frac{1}{2}x^4+O(x^8)}{\frac{1}{2}-\frac{1}{24}x^2+O(x^4)}=2.$$

9.4 • Nach der Euler'schen Formel gilt für alle $\varphi\in\mathbb{R}$ und alle $n\in\mathbb{Z}$

$$(\cos\varphi+i\sin\varphi)^n=e^{in\varphi}=\cos(n\varphi)+i\sin(n\varphi).$$

Damit ist die Formel von Moivre schon bewiesen.

Andererseits ist nach der binomischen Formel für $\varphi\in\mathbb{R}$ und $n\in\mathbb{N}_0$

$$(\cos\varphi+i\sin\varphi)^{2n}=\sum_{k=0}^{2n}\binom{2n}{k}\cos^{2n-k}(\varphi)\,i^k\sin^k(\varphi).$$

Betrachtet man nur den Realteil dieser Gleichung, so bleiben nur die Terme in der Summe mit geradem k bestehen, und es folgt

$$\cos(2n\varphi)=\operatorname{Re}((\cos\varphi+i\sin\varphi)^{2n})$$
$$=\sum_{k=0}^{n}\binom{2n}{2k}\cos^{2n-2k}(\varphi)\,i^{2k}\sin^{2k}(\varphi)$$
$$=\sum_{k=0}^{n}(-1)^k\binom{2n}{2k}\cos^{2(n-k)}(\varphi)\,\sin^{2k}(\varphi).$$

9.5 • Zunächst wählen wir $w=i$. Für $z=i$ folgt dann

$$\ln w+\ln z=i\frac{\pi}{2}+i\frac{\pi}{2}=i\pi$$

und

$$\ln(wz)=\ln(-1)=i\pi.$$

Die Funktionalgleichung gilt also mit $\beta=0$.

Für $z=-1$ folgt

$$\ln w+\ln z=i\frac{\pi}{2}+i\pi=i\frac{3\pi}{2}$$

und

$$\ln(wz)=\ln(-i)=-i\frac{\pi}{2}.$$

Die Funktionalgleichung gilt also mit $\beta=1$.

Für $w=z=-i$ dagegen gilt

$$\ln w+\ln z=-i\frac{\pi}{2}-i\frac{\pi}{2}=-i\pi$$

und

$$\ln(wz)=\ln(-1)=i\pi.$$

Die Funktionalgleichung gilt also mit $\beta=-1$.

Rechenaufgaben

9.6 •• (a) Wir bestimmen

$$\left|\frac{[(k+1)!]^4 z^{k+1}}{(4k+4)!}\cdot\frac{(4k)!}{(k!)^4 z^k}\right|$$
$$=\frac{(k+1)^4}{(4k+4)(4k+3)(4k+2)(4k+1)}|z|$$
$$\longrightarrow\frac{|z|}{4^4}\quad(k\to\infty)$$

Nach dem Quotientenkriterium konvergiert die Reihe absolut für $|z|<4^4=256$ und divergiert für $|z|>256$. Der Konvergenzradius ist also 256, der Entwicklungspunkt, d. h. der Mittelpunkt des Konvergenzkreises, ist 0.

(b) Wir wenden das Wurzelkriterium an. Für $z\neq 2$ gilt

$$\sqrt[n]{n^n\,|z-2|^n}=n\,|z-2|\longrightarrow\infty\quad(n\to\infty).$$

Die Potenzreihe konvergiert nur für $z=2$. Der Konvergenzradius ist also 0 und der Konvergenzkreis besteht nur aus dem isolierten Punkt $\{2\}$.

(c) Wir wenden wieder das Quotientenkriterium an. Mit

$$\begin{aligned}
&\left|\frac{n+1+\mathrm{i}}{n+\mathrm{i}}\cdot\frac{\binom{2n+2}{n+1}}{\binom{2n}{n}}\cdot\frac{(\sqrt{2}\,\mathrm{i})^n}{(\sqrt{2}\,\mathrm{i})^{n+1}}\cdot\frac{z^{2(n+1)}}{z^{2n}}\right|\\
&=\left|\frac{n+1+\mathrm{i}}{n+\mathrm{i}}\cdot\frac{\frac{(2n+2)!}{(n+1)!(n+1)!}}{\frac{2n!}{n!n!}}\cdot\frac{z^2}{\sqrt{2}\,\mathrm{i}}\right|\\
&=\left|\frac{n+1+\mathrm{i}}{n+\mathrm{i}}\right|\cdot\frac{(2n+2)(2n+1)}{(n+1)^2}\cdot\frac{|z|^2}{\sqrt{2}}\\
&\longrightarrow 1\cdot 4\cdot\frac{|z|}{\sqrt{2}}=2\sqrt{2}\,|z|^2\quad(n\to\infty).
\end{aligned}$$

Nach dem Quotientenkriterium konvergiert die Reihe demnach für $|z|<(2\sqrt{2})^{-1/2}$. Der Konvergenzkreis ist der Kreis um null mit Radius $2^{-3/4}$.

(d) Hier gilt

$$\sqrt[n]{\left|\frac{(2+\mathrm{i})^n-\mathrm{i}}{\mathrm{i}^n}(z+\mathrm{i})^n\right|}=\left|\frac{2+\mathrm{i}}{\mathrm{i}}\right|\sqrt[n]{\left|1-\frac{\mathrm{i}}{(2+\mathrm{i}^n)}\right|}\,|z+\mathrm{i}|.$$

Da $\lim_{n\to\infty}(\mathrm{i}/(2+\mathrm{i})^n)=0$, folgt mit dem Einschließungskriterium auch

$$\lim_{n\to\infty}\sqrt[n]{\left|1-\frac{\mathrm{i}}{(2+\mathrm{i})^n}\right|}=1.$$

Also ist

$$\lim_{n\to\infty}\sqrt[n]{\left|\frac{(2+\mathrm{i})^n-\mathrm{i}}{\mathrm{i}^n}(z+\mathrm{i})^n\right|}=|2+\mathrm{i}|\,|z+\mathrm{i}|=\sqrt{5}\,|z+\mathrm{i}|.$$

Nach dem Wurzelkriterium konvergiert die Reihe genau für $|z+\mathrm{i}|<1/\sqrt{5}$ absolut. Der Konvergenzradius ist $1/\sqrt{5}$, der Entwicklungspunkt ist $-\mathrm{i}$.

9.7 • (a) Das Quotientenkriterium soll zur Bestimmung des Konvergenzradius angewendet werden. Wir erhalten

$$\begin{aligned}
&\lim_{n\to\infty}\left|\frac{(-1)^n(2^{n+1}+1)\cdot n}{(n+1)\cdot(-1)^{n-1}(2^n+1)}\cdot\frac{\left(x-\frac{1}{2}\right)^{n+1}}{\left(x-\frac{1}{2}\right)^n}\right|\\
&=\lim_{n\to\infty}\left|\frac{n}{n+1}\,\frac{(2^{n+1}+1)}{(2^n+1)}\cdot\left(x-\frac{1}{2}\right)\right|=2\left|x-\frac{1}{2}\right|
\end{aligned}$$

Die Potenzreihe konvergiert nach dem Quotientenkriterium für

$$2\left|x-\frac{1}{2}\right|<1$$

absolut. Wir erhalten als Konvergenzkreis das Intervall $(0,1)$.

Für $x=0$ lauten die Reihenglieder

$$\frac{(-1)^{n-1}(2^n+1)}{n}\left(-\frac{1}{2}\right)^n=-\frac{1+2^{-n}}{n}<-\frac{1}{n}$$

und damit erhalten wir Divergenz mit dem Minoranten-/Majorantenkriterium.

Für $x=1$ sind die Glieder

$$\frac{(-1)^{n-1}(2^n+1)}{n}\left(\frac{1}{2}\right)^n=(-1)^{n-1}\frac{1+2^{-n}}{n}$$

alternierend und ihr Betrag ist streng monoton fallend (2^{-n} ist fallend, n wachsend). Mit dem Leibniz-Kriterium folgt, dass die Reihe konvergiert. Insgesamt erhalten wir Konvergenz der Potenzreihe für $x\in(0,1]$.

(b) Man kann das Quotientenkriterium anwenden. Dazu bestimmen wir

$$\begin{aligned}
&\left|\frac{\left(1-(-2)^{-n-2}(n+1)!\right)n!}{(n+1)!\left(1-(-2)^{-n-1}n!\right)}\cdot\frac{(x-2)^{n+1}}{(x-2)^n}\right|\\
&=\left|\frac{\frac{1}{2}+\frac{(-2)^{n+1}}{(n+1)!}}{\frac{(-2)^{n+1}}{n!}-1}\right|\,|x-2|\\
&\longrightarrow\frac{1}{2}|x-2|\quad(n\to\infty).
\end{aligned}$$

Für $(1/2)\,|x-2|<1$, also für $x\in(0,4)$, konvergiert die Reihe absolut, für $|x-2|>2$ divergiert sie.

Im Randpunkt $x=0$ lautet die Reihe

$$\left(\sum_{n=0}^{\infty}\frac{1-(-2)^{-n-1}n!}{n!}(-2)^n\right)=\left(\sum_{n=0}^{\infty}\left[\frac{(-2)^n}{n!}+\frac{1}{2}\right]\right).$$

Da $(1/2)+((-2)^n/n!)\to(1/2)$ $(n\to\infty)$, bilden die Reihenglieder keine Nullfolge, die Reihe divergiert also.

Im Randpunkt $x=4$ erhält man analog die Reihenglieder $(2^n/n!)+((-1)^n/2)$, die ebenfalls keine Nullfolge bilden. Auch hier divergiert die Reihe. Die Reihe konvergiert demnach genau für $x\in(0,4)$.

(c) Es gilt

$$\begin{aligned}
&\sqrt[n]{\frac{1}{n^2}\left|\sqrt{n^2+n}-\sqrt{n^2+1}\right|^n|x+1|^n}\\
&=\frac{1}{(\sqrt[n]{n})^2}\left|\sqrt{n^2+n}-\sqrt{n^2+1}\right|\,|x+1|\\
&=\frac{1}{(\sqrt[n]{n})^2}\,\frac{n-1}{\sqrt{n^2+n}+\sqrt{n^2+1}}\,|x+1|\\
&=\frac{1}{(\sqrt[n]{n})^2}\,\frac{n-1}{n\left(\sqrt{1+\frac{1}{n}}+\sqrt{1+\frac{1}{n^2}}\right)}\,|x+1|\\
&\longrightarrow\frac{1}{2}\,|x+1|\quad(n\to\infty).
\end{aligned}$$

Also konvergiert die Potenzreihe nach dem Wurzelkriterium für $|x+1|<2$, d. h. $x\in(-3,1)$. Sie divergiert für $|x+1|>2$.

Wenn $|x+1| = 2$ ist, zeigt die Abschätzung

$$\begin{aligned}\frac{2^n}{n^2}&\left|\left(\sqrt{n^2+n}-\sqrt{n^2+1}\right)^n\right|\\ &=\frac{1}{n^2}\left(\frac{2(n-1)}{n\left(\sqrt{1+\frac{1}{n}}+\sqrt{1+\frac{1}{n^2}}\right)}\right)^n \le \frac{1}{n^2},\end{aligned}$$

dass durch $\left(\sum_{n=1}^{\infty}\frac{1}{n^2}\right)$ eine konvergente Majorante gegeben ist. Also konvergiert die Potenzreihe für $x = 1$ und $x = -3$, insgesamt also für $x \in [-3, 1]$.

9.8 ••• Um den Konvergenzradius zu bestimmen, wenden wir das Wurzelkriterium an. Es gilt

$$\begin{aligned}\sqrt[n]{\left|\frac{(2\mathrm{i})^n}{n^2+\mathrm{i}n}(z-2\mathrm{i})^n\right|} &= 2\,|z-2\mathrm{i}|\,\frac{1}{\sqrt[n]{|n^2+\mathrm{i}n|}}\\ &= 2\,|z-2\mathrm{i}|\,\frac{1}{\sqrt[2n]{n^4+n^2}}\\ &\longrightarrow 2\,|z-2\mathrm{i}| \quad (n\to\infty).\end{aligned}$$

Damit konvergiert die Potenzreihe für $|z-2\mathrm{i}| < 1/2$ und divergiert für $|z-2\mathrm{i}| > 1/2$.

Wir betrachten nun ein z auf dem Rand des Konvergenzkreises, also gilt $|z-2\mathrm{i}| = 1/2$. Es ist dann $|2\mathrm{i}\,(z-2\mathrm{i})| = 1$. Damit folgt

$$\left|\frac{(2\mathrm{i}(z-2\mathrm{i}))^n}{n^2+\mathrm{i}n}\right| = \frac{1}{|n^2+\mathrm{i}n|} = \frac{1}{\sqrt{n^4+n^2}} \le \frac{1}{n^2}.$$

Die Reihe $\left(\sum_{n=1}^{\infty} 1/n^2\right)$ bildet demnach eine konvergente Majorante. Also konvergiert die Reihe auch für jedes z auf dem Rand des Konvergenzkreises. Insgesamt folgt die Konvergenz für alle z mit $|z-2\mathrm{i}| \le 1/2$.

9.9 •• (a) Es muss gelten

$$(1-x)\sum_{n=0}^{\infty} a_n\,x^n \stackrel{!}{=} \mathrm{e}^x = \sum_{n=0}^{\infty}\frac{x^n}{n!}.$$

Die linke Seite wird umgeformt zu:

$$\begin{aligned}(1-x)\sum_{n=0}^{\infty} a_n\,x^n &= \sum_{n=0}^{\infty} a_n\left(x^n - x^{n+1}\right)\\ &= a_0 + \sum_{n=1}^{\infty}(a_n - a_{n-1})\,x^n.\end{aligned}$$

Durch Koeffizientenvergleich ergeben sich die Bedingungen

$$\begin{aligned}a_0 &= 1,\\ a_n &= a_{n-1} + \frac{1}{n!}, \qquad n \in \mathbb{N}.\end{aligned}$$

Die Behauptung folgt jetzt durch vollständige Induktion. Den Induktionsanfang bildet die Relation $a_0 = 1$. Der Induktionsschritt: Aus

$$a_n = \sum_{k=0}^{n}\frac{1}{k!} \quad \text{und} \quad a_{n+1} = a_n + \frac{1}{(n+1)!}$$

folgt

$$a_{n+1} = \sum_{k=0}^{n}\frac{1}{k!} + \frac{1}{(n+1)!} = \sum_{k=0}^{n+1}\frac{1}{k!}.$$

Dies ist die Behauptung.

(b) Es gilt

$$\lim_{n\to\infty}\left|\frac{a_{n+1}x^{n+1}}{a_n x^n}\right| = \lim_{n\to\infty}\left|x\,\frac{\sum_{k=0}^{n+1}\frac{1}{k!}}{\sum_{k=0}^{n}\frac{1}{k!}}\right| = \left|\frac{\mathrm{e}\,x}{\mathrm{e}}\right| = |x|.$$

Nach dem Quotientenkriterium ist der Konvergenzradius der Potenzreihe also 1.

Im Randpunkt $x = 1$ hat die Reihe die Form $\sum_{n=0}^{\infty} a_n$. Da (a_n) aber keine Nullfolge ist, kann diese Reihe nicht konvergieren. Analog ist die Reihe für $x = -1$ von der Form $\left(\sum_{n=0}^{\infty}(-1)^n\,a_n\right)$, daher divergiert auch diese Reihe, da $((-1)^n a_n)$ keine Nullfolge ist. Insgesamt konvergiert die Potenzreihe nur auf dem Intervall $(-1, 1)$.

9.10 •• (a) Die Funktion ist für alle z mit $z^2 + 2 \neq 0$ definiert. Also ist $D = \mathbb{C} \setminus \{\sqrt{2}\,\mathrm{i}, -\sqrt{2}\,\mathrm{i}\}$.

(b) Es muss gelten

$$\begin{aligned}z - 1 &= (z^2+2)\sum_{n=0}^{\infty} a_n z^n\\ &= \sum_{n=0}^{\infty} a_n z^{n+2} + \sum_{n=0}^{\infty} 2a_n z^n\\ &= \sum_{n=2}^{\infty} a_{n-2} z^n + \sum_{n=0}^{\infty} 2a_n z^n\\ &= 2a_0 + 2a_1 z + \sum_{n=2}^{\infty}(a_{n-2} + 2a_n)\,z^n.\end{aligned}$$

Jetzt können wir einen Koeffizientenvergleich durchführen:

$$a_0 = -\frac{1}{2}, \quad a_1 = \frac{1}{2}, \quad a_n = -\frac{1}{2}\,a_{n-2}, \quad n \ge 2.$$

Wir bestimmen die ersten paar Folgenglieder,

$$\begin{aligned}a_0 &= -\frac{1}{2}, & a_1 &= \frac{1}{2}, & a_2 &= \frac{1}{4},\\ a_3 &= -\frac{1}{4}, & a_4 &= -\frac{1}{8}, & a_5 &= \frac{1}{8},\end{aligned}$$

und vermuten

$$a_{2k} = \left(-\frac{1}{2}\right)^{k+1}, \quad a_{2k+1} = -\left(-\frac{1}{2}\right)^{k+1}, \quad k \in \mathbb{Z}_{\geq 0}.$$

Diese Vermutung lässt sich mit vollständiger Induktion zeigen.

Den Konvergenzradius kann man mit dem Wurzelkriterium bestimmen. Dafür betrachten wir $\sqrt[n]{|a_n z^n|}$:

$$\sqrt[2k]{|a_{2k}\, z^{2k}|} = \frac{1}{\sqrt[2k]{2^{k+1}}}\,|z| \longrightarrow \frac{1}{\sqrt{2}}\,|z|,$$
$$\sqrt[2k+1]{|a_{2k+1}\, z^{2k+1}|} = \frac{1}{\sqrt[2k+1]{2^{k+1}}}\,|z| \longrightarrow \frac{1}{\sqrt{2}}\,|z|,$$

jeweils für $k \to \infty$.

Die Folge $(\sqrt[n]{|a_n z^n|})$ ist konvergent mit Grenzwert $|z|/\sqrt{2}$. Für absolute Konvergenz muss dieser Grenzwert kleiner als 1 sein, also $|z| < \sqrt{2}$. Der Konvergenzradius ist also $\sqrt{2}$.

9.11 •• Die geomerische Reihe ist

$$\frac{1}{1-q} = \sum_{n=0}^{\infty} q^n \quad \text{für } |q| < 1.$$

Setzen wir $q = z/2$, so erhalten wir

$$\frac{1}{1-\frac{z}{2}} = \sum_{n=0}^{\infty} \left(\frac{z}{2}\right)^n \quad \text{für } |z| < 2.$$

Damit folgt

$$\begin{aligned}2f(z) &= (1+z^3)\sum_{n=0}^{\infty}\left(\frac{z}{2}\right)^n\\ &= \sum_{n=0}^{\infty}\left(\frac{z}{2}\right)^n + \sum_{n=0}^{\infty}\frac{z^{n+3}}{2^n}\\ &= \sum_{n=0}^{\infty}\left(\frac{z}{2}\right)^n + 8\sum_{n=3}^{\infty}\frac{z^n}{2^n}\\ &= 1 + \frac{z}{2} + \frac{z^2}{4} + 9\sum_{n=3}^{\infty}\left(\frac{z}{2}\right)^n\end{aligned}$$

für $|z| < 2$.

9.12 ••• Der Ansatz

$$f(x) = \sum_{k=0}^{\infty} a_k (x-1)^k$$

führt auf die Gleichung

$$1 + x = \left(\sum_{k=0}^{\infty} a_k (x-1)^k\right)^n.$$

Wir müssen also die ersten Glieder von Potenzen einer Potenzreihe bestimmen. Mit dem Cauchy-Produkt und der Landau-Symbolik erhalten wir

$$\left(\sum_{k=0}^{\infty} a_k (x-1)^k\right)^1 = a_0 + a_1(x-1) + O((x-1)^2),$$
$$\left(\sum_{k=0}^{\infty} a_k (x-1)^k\right)^2 = a_0^2 + (a_0 a_1 + a_1 a_0)(x-1) + O((x-1)^2),$$
$$\left(\sum_{k=0}^{\infty} a_k (x-1)^k\right)^3 = a_0^3 + (a_0^2 a_1 + 2a_0^2 a_1)(x-1) + O((x-1)^2),$$

jeweils für $x \to 1$. Dies legt die Vermutung

$$\left(\sum_{k=0}^{\infty} a_k (x-1)^k\right)^n = a_0^n + n a_0^{n-1} a_1 (x-1) + O((x-1)^2)$$

für alle $n \in \mathbb{N}$ und $x \to 1$ nahe, die wir mit vollständiger Induktion beweisen. Den Induktionsanfang haben wir schon erbracht. Aus der Annahme, dass die Vermutung für ein bestimmtes $n \in \mathbb{N}$ richtig ist, folgt

$$\begin{aligned}&\left(\sum_{k=0}^{\infty} a_k (x-1)^k\right)^{n+1}\\ &= \left(a_0^n + n a_0^{n-1} a_1(x-1) + O((x-1)^2)\right)\\ &\quad\cdot\left(a_0 + a_1(x-1) + O((x-1)^2)\right)\\ &= a_0^{n+1} + a_0^n a_1(x-1) + n a_0^n a_1 (x-1) + O((x-1)^2)\\ &= a_0^{n+1} + (n+1) a_0^n a_1 (x-1) + O((x-1)^2)\end{aligned}$$

für $x \to 1$. Damit ist die Vermutung für alle $n \in \mathbb{N}$ bewiesen. Durch Koeffizientenvergleich mit $1 + x = 2 + (x-1)$ ergibt sich nun

$$a_0^n = 2, \quad n a_0^{n-1} a_1 = 1,$$

und daher

$$a_0 = \sqrt[n]{2}, \quad a_1 = \frac{\sqrt[n]{2}}{2n}.$$

Es ist also

$$(1+x)^{1/n} = \sqrt[n]{2} + \frac{\sqrt[n]{2}}{2n}(x-1) + O((x-1)^2)$$

für alle $n \in \mathbb{N}$ und $x \to 1$.

9.13 •• (a) Wir schreiben die Gleichung in die Form

$$\frac{1}{2}\left(w + \frac{1}{w}\right) = -1 \quad \text{mit } w = e^z.$$

um. Das ist äquivalent zu

$$w^2 + 2w + 1 = (w+1)^2 = 0.$$

Die Lösung ist $w = -1$. Das führt auf $e^z = -1$, d. h.

$$z = \ln(-1) + 2\pi i n = \pi i + 2\pi i n = (2n+1)\pi i, \quad n \in \mathbb{Z}.$$

(b) Mit der Formel $\cosh z = \frac{1}{2}(e^z + e^{-z})$ erhält man

$$\frac{1}{2}(e^z + e^{-z}) - \frac{1}{2}(1 - 8i)e^{-z} = 2 + 2i,$$

also

$$e^z + 8i\,e^{-z} = 4 + 4i.$$

Nach der Substitution $w = e^z$ und anschließender Multiplikation mit w ergibt sich die quadratische Gleichung

$$w^2 - (4+4i)w + 8i = 0.$$

Diese Gleichung löst man durch quadratisches Ergänzen:

$$\begin{aligned} 0 &= (w - (2+2i))^2 - (2+2i)^2 + 8i \\ &= (w - (2+2i))^2 - 4 - 8i + 4 + 8i \\ &= (w - (2+2i))^2. \end{aligned}$$

Also ist $w = 2 + 2i$, insbesondere also $|w| = 2\sqrt{2}$ und $\arg(w) = \pi/4$. Mit dem komplexen Logarithmus ergibt sich

$$z = \ln(2\sqrt{2}) + i\left(\frac{\pi}{4} + 2\pi n\right), \quad n \in \mathbb{Z}.$$

9.14 •• (a) Mit der Euler'schen Formel ist $\cos z = \frac{1}{2}(e^{iz} + e^{-iz})$. Für jedes $z \in \mathbb{C}$ folgt also

$$\begin{aligned} \cos\overline{z} &= \frac{1}{2}\left(e^{i\overline{z}} + e^{-i\overline{z}}\right) \\ &= \frac{1}{2}\left(\overline{e^{-iz}} + \overline{e^{iz}}\right) \\ &= \overline{\frac{1}{2}(e^{-iz} + e^{iz})} \\ &= \overline{\cos z}. \end{aligned}$$

Jedes $z \in \mathbb{C}$ erfüllt also diese Gleichung.

(b) Falls $z \in \mathbb{C}$ Lösung der Gleichung ist, folgt

$$e^{i\overline{z}} = \overline{e^{iz}} = e^{-i\overline{z}}, \quad \text{also} \quad e^{2i\overline{z}} = 1.$$

Die Substitution $w = e^{i\overline{z}}$ führt auf $w^2 = 1$ also $w = \pm 1$.

Nun wendet man den komplexen Logarithmus an:

$$\begin{aligned} w = 1: &\quad i\overline{z} = \ln 1 + 2\pi n i = 2n\,\pi i, \\ w = -1: &\quad i\overline{z} = \ln 1 + i(\pi + 2\pi n) = (2n+1)\,\pi i, \end{aligned}$$

jeweils für $n \in \mathbb{Z}$. Fasst man beide Fälle zusammen, erhält man $z = \pi n$ für $n \in \mathbb{Z}$. Umgekehrt stellt man fest, dass jedes solche z tatsächlich die Gleichung erfüllt.

Anwendungsprobleme

9.15 •• Es gilt

$$e^2 = \sum_{n=0}^{\infty} \frac{2^n}{n!} = \sum_{n=0}^{N} \frac{2^n}{n!} + \sum_{n=N+1}^{\infty} \frac{2^n}{n!}.$$

Den letzten Summanden schreiben wir durch eine Indexverschiebung um zu

$$\sum_{n=N+1}^{\infty} \frac{2^n}{n!} = 2^{N+1} \sum_{n=0}^{\infty} \frac{2^n}{(N+1+n)!}.$$

Nun schätzen wir ab,

$$\begin{aligned} \sum_{n=0}^{\infty} \frac{2^n}{(N+1+n)!} &\le \frac{1}{(N+1)!} \sum_{n=0}^{\infty} \frac{2^n}{(N+2)^n} \\ &= \frac{1}{(N+1)!} \frac{1}{1 - \frac{2}{N+2}} = \frac{N+2}{(N+1)!\,N}. \end{aligned}$$

Es folgt

$$\left| e^2 - \sum_{n=0}^{N} \frac{2^n}{n!} \right| \le \frac{2^{N+1}(N+2)}{(N+1)!\,N}.$$

Wir können also fünf korrekte Dezimalstellen garantieren, wenn wir N so groß wählen, dass die rechte Seite kleiner als $5 \cdot 10^{-6}$ wird. Für $N = 12$ erhalten wir

$$\frac{2^{N+1}(N+2)}{(N+1)!\,N} \approx 0.000\,002.$$

Die Abschätzung ist also erfüllt. Der so berechnete Wert ist 7.389 05, die korrekte Darstellung auf 6 Stellen lautet 7.389 056.

9.16 •• Auf 8 Nachkommastellen gerundet, ergibt sich in allen drei Fällen eine Differenz von 0. Bei einem Taschenrechner ohne wissenschaftliche Zahlendarstellung ist dies das Ergebnis, dass angezeigt wird.

Um diese Beobachtung zu erklären, stellen wir die Potenzen von $\sin(x)$ als Potenzreihen dar:

$$\begin{aligned} \sin(x) &= x - \frac{1}{6}x^3 + \frac{1}{120}x^5 - \frac{1}{5040}x^7 + O\left(x^8\right), \\ \sin^2(x) &= \sin(x) \cdot \sin(x) \\ &= x^2 - \frac{1}{3}x^4 + \frac{2}{45}x^6 + O\left(x^8\right), \\ \sin^3(x) &= \sin(x) \cdot \sin^2(x) \\ &= x^3 - \frac{1}{2}x^5 + \frac{13}{120}x^7 + O\left(x^9\right), \\ \sin^5(x) &= \sin^2(x) \cdot \sin^3(x) \\ &= x^5 - \frac{5}{6}x^7 + O\left(x^9\right), \\ \sin^7(x) &= \sin^2(x) \cdot \sin^5(x) = x^7 + O\left(x^9\right). \end{aligned}$$

Diese Ausdrücke setzen wir in die Potenzreihen von sinh ein und erhalten

$$\begin{aligned}\sinh(\sin(x)) &= \sin(x) + \frac{1}{6}\sin^3(x) + \frac{1}{120}\sin^5(x)\\ &\quad + \frac{1}{5040}\sin^7(x) + \mathrm{O}\left(\sin^8(x)\right)\\ &= x - \frac{1}{6}x^3 + \frac{1}{120}x^5 - \frac{1}{5040}x^7\\ &\quad + \frac{1}{6}\left(x^3 - \frac{1}{2}x^5 + \frac{13}{120}x^7\right)\\ &\quad + \frac{1}{120}\left(x^5 - \frac{5}{6}x^7\right)\\ &\quad + \frac{1}{5040}x^7 + \mathrm{O}\left(x^8\right)\\ &= x - \frac{1}{15}x^5 + \frac{1}{90}x^7 + \mathrm{O}\left(x^8\right).\end{aligned}$$

Nun der umgekehrte Fall, zunächst bestimmen wir die Potenzen von $\sinh(x)$:

$$\begin{aligned}\sinh(x) &= x + \frac{1}{6}x^3 + \frac{1}{120}x^5 + \frac{1}{5040}x^7 + \mathrm{O}\left(x^8\right),\\ \sinh^2(x) &= \sinh(x)\cdot\sinh(x)\\ &= x^2 + \frac{1}{3}x^4 + \frac{2}{45}x^6 + \mathrm{O}\left(x^8\right),\\ \sinh^3(x) &= \sinh(x)\cdot\sinh^2(x)\\ &= x^3 + \frac{1}{2}x^5 + \frac{13}{120}x^7 + \mathrm{O}\left(x^9\right),\\ \sinh^5(x) &= \sinh^2(x)\cdot\sinh^3(x)\\ &= x^5 + \frac{5}{6}x^7 + \mathrm{O}\left(x^9\right),\\ \sinh^7(x) &= \sinh^2(x)\cdot\sinh^5(x) = x^7 + \mathrm{O}\left(x^9\right).\end{aligned}$$

Eingesetzt in die Sinus-Funktion ergibt sich

$$\begin{aligned}\sin(\sinh(x)) &= \sinh(x) - \frac{1}{6}\sinh^3(x) + \frac{1}{120}\sinh^5(x)\\ &\quad - \frac{1}{5040}\sinh^7(x) + \mathrm{O}\left(\sin^8(x)\right)\\ &= x + \frac{1}{6}x^3 + \frac{1}{120}x^5 + \frac{1}{5040}x^7\\ &\quad - \frac{1}{6}\left(x^3 + \frac{1}{2}x^5 + \frac{13}{120}x^7\right)\\ &\quad + \frac{1}{120}\left(x^5 + \frac{5}{6}x^7\right)\\ &\quad - \frac{1}{5040}x^7 + \mathrm{O}\left(x^8\right)\\ &= x - \frac{1}{15}x^5 - \frac{1}{90}x^7 + \mathrm{O}\left(x^8\right).\end{aligned}$$

Daher ist

$$\sinh(\sin(x)) - \sin(\sinh(x)) = \frac{1}{45}x^7 + \mathrm{O}(x^8)$$

für $x \to 0$.

9.17 • Nach p aufgelöst, ergibt sich

$$p = \frac{RT}{V-b} - \frac{a}{V^2} = \frac{RT}{V}\frac{1}{1-b/V} - \frac{a}{V^2}.$$

Durch Einsetzen der geometrischen Reihe erhalten wir

$$\begin{aligned}p &= \frac{RT}{V}\sum_{n=0}^{\infty}\left(\frac{b}{V}\right)^n - \frac{a}{V^2}\\ &= \frac{RT}{V} + (bRT - a)\frac{1}{V^2} + \frac{RT}{b}\sum_{n=3}^{\infty}\left(\frac{b}{V}\right)^n.\end{aligned}$$

Berücksichtigt man nur den ersten Term der Reihe, so erhält man $p = RT/V$, die Gleichung des idealen Gases.

Kapitel 10

Aufgaben

Verständnisfragen

10.1 •• Untersuchen Sie die Funktionen $f_n\colon \mathbb{R} \to \mathbb{R}$ mit

$$f_n(x) = \begin{cases} x^n \cos \frac{1}{x}, & x \neq 0 \\ 0, & x = 0 \end{cases}$$

für $n = 1, 2, 3$ auf Stetigkeit, Differenzierbarkeit oder stetige Differenzierbarkeit.

10.2 •• Begründen Sie, dass eine $2n$-mal stetig differenzierbare Funktion $f\colon (a, b) \to \mathbb{R}$ mit der Eigenschaft

$$f'(\hat{x}) = \cdots = f^{(2n-1)}(\hat{x}) = 0$$

und

$$f^{(2n)}(\hat{x}) > 0$$

im Punkt $\hat{x} \in (a, b)$ ein Minimum hat.

10.3 • Zeigen Sie, dass eine differenzierbare Funktion $f\colon (a, b) \to \mathbb{R}$ affin-linear ist, wenn ihre Ableitung konstant ist.

10.4 • Bestimmen Sie zu

$$f(x) = x^3 \cosh\left(\frac{x^3}{6}\right)$$

die Werte der 8. und 9. Ableitung an der Stelle $x = 0$.

10.5 ••• Neben dem Newton-Verfahren gibt es zahlreiche andere iterative Methoden zur Berechnung von Nullstellen von Funktionen. Das sogenannte *Halley-Verfahren* etwa besteht ausgehend von einem Startwert x_0 in der Iterationsvorschrift

$$x_{j+1} = x_j - \frac{f(x_j) f'(x_j)}{(f'(x_j))^2 - \frac{1}{2} f''(x_j) f(x_j)}, \quad j \in \mathbb{N}.$$

Beweisen Sie mithilfe der Taylorformeln erster und zweiter Ordnung, dass das Verfahren in einer kleinen Umgebung um eine Nullstelle $\hat{x}$ einer dreimal stetig differenzierbaren Funktion $f\colon D \to \mathbb{R}$ mit der Eigenschaft $f'(\hat{x}) \neq 0$ sogar kubisch konvergiert, d. h., es gilt in dieser Umgebung

$$|\hat{x} - x_{j+1}| \leq c |\hat{x} - x_j|^3$$

mit einer von j unabhängigen Konstanten $c > 0$.

Rechenaufgaben

10.6 • Berechnen Sie die Ableitungen der Funktionen $f\colon D \to \mathbb{R}$ mit

$$f_1(x) = \left(x + \frac{1}{x}\right)^2, \quad x \neq 0$$

$$f_2(x) = \cos(x^2) \cos^2 x, \quad x \in \mathbb{R}$$

$$f_3(x) = \ln\left(\frac{e^x - 1}{e^x}\right), \quad x \neq 0$$

$$f_4(x) = x^{(x^x)}, \quad x > 0$$

auf dem jeweiligen Definitionsbereich der Funktion.

10.7 •• Wenden Sie das Newton Verfahren an, um die Nullstelle $x = 0$ der beiden Funktionen

$$f(x) = \begin{cases} x^{4/3}, & x \geq 0 \\ -|x|^{4/3}, & x < 0 \end{cases}$$

T. Arens et al., *Arbeitsbuch Mathematik*, https://doi.org/10.1007/978-3-662-64391-4_9

und

$$g(x) = \begin{cases} \sqrt{x}, & x \geq 0 \\ -\sqrt{|x|}, & x < 0 \end{cases}$$

zu bestimmen. Falls das Verfahren konvergiert, geben Sie die Konvergenzordnung an und ein Intervall für mögliche Startwerte.

10.8 •• Beweisen Sie induktiv die Leibniz'sche Formel für die n-te Ableitung eines Produkts zweier n-mal differenzierbarer Funktionen f und g:

$$(fg)^{(n)} = \sum_{k=0}^{n} \binom{n}{k} f^{(k)} g^{(n-k)} \quad \text{für } n \in \mathbb{N}_0.$$

10.9 •• Zeigen Sie durch eine vollständige Induktion die Ableitungen

$$\frac{\mathrm{d}^n}{\mathrm{d}x^n}(\mathrm{e}^x \sin x) = (\sqrt{2})^n \mathrm{e}^x \sin\left(x + \frac{n\pi}{4}\right)$$

für $n = 0, 1, 2, \ldots$

10.10 •• Bestimmen Sie die Potenzreihe zu $f\colon \mathbb{R}_{>0} \to \mathbb{R}$ mit $f(x) = 1/x^2$ um den Entwicklungspunkt $x_0 = 1$ und ihren Konvergenzradius.

10.11 •• Zeigen Sie, dass die Funktion $f\colon [-1, 2] \to \mathbb{R}$ mit $f(x) = x^4$ konvex ist,

(a) indem Sie nach Definition $f(\lambda x + (1-\lambda)z) \leq \lambda f(x) + (1-\lambda) f(z)$ für alle $\lambda \in [0, 1]$ prüfen,
(b) mittels der Bedingung $f'(x)(y - x) \leq f(y) - f(x)$.

10.12 • Zeigen Sie für alle $x > 0$ die Abschätzung

$$x \ln x \geq -\frac{1}{\mathrm{e}}.$$

10.13 •• Bei Betrachtungen der Energie relativistischer Teilchen stößt man auf die Funktion $f\colon \mathbb{R} \to \mathbb{R}$ mit

$$f(x) = \frac{\sin^2 x}{(1 - a\cos x)^5}$$

für eine Konstante $a \in (0, 1)$. Bestimmen Sie die Extremalstellen dieser Funktion.

10.14 • Bestimmen Sie die Taylorreihe zu $f\colon \mathbb{R} \to \mathbb{R}$ mit $f(x) = x\exp(x-1)$ um $x = 1$ zum einen direkt und andererseits mithilfe der Potenzreihe zur Exponentialfunktion. Untersuchen Sie weiterhin die Reihe auf Konvergenz.

10.15 •• Zeigen Sie für $|x| < 1$ die Taylorformel

$$\ln\frac{1-x}{1+x} = -2\left(x + \frac{x^3}{3} + \cdots + \frac{x^{2n-1}}{2n-1}\right) + R_{2n}(x)$$

mit dem Restglied

$$R_{2n}(x) = \frac{-x^{2n+1}}{2n+1}\left(\frac{1}{(1+tx)^{2n+1}} + \frac{1}{(1-tx)^{2n+1}}\right)$$

für ein $t \in (0, 1)$.

Approximieren Sie mithilfe des Taylorpolynoms vom Grad $n = 2$ den Wert $\ln(2/3)$ und zeigen Sie, dass der Fehler kleiner als $5 \cdot 10^{-4}$ ist.

10.16 • Berechnen Sie die Grenzwerte

$$\lim_{x\to\infty} \frac{\ln(\ln x)}{\ln x}$$
$$\lim_{x\to a} \frac{x^a - a^x}{a^x - a^a}, \quad \text{mit } a \in \mathbb{R}_{>0} \setminus \{1\}$$
$$\lim_{x\to 0} \frac{1}{\mathrm{e}^x - 1} - \frac{1}{x}$$
$$\lim_{x\to 0} \cot(x)(\arcsin(x))$$

10.17 • Bestimmen Sie eine Konstante $c \in \mathbb{R}$ sodass die Funktion $f\colon [-\pi/2, \pi/2] \to \mathbb{R}$

$$f(x) = \begin{cases} (\cos x)^{\frac{1}{x^2}}, & x \neq 0 \\ c, & x = 0 \end{cases}$$

stetig ist.

10.18 • Zeigen Sie, dass der verallgemeinerte Mittelwert für $x \to 0$ gegen das geometrische Mittel positiver Zahlen $a_1, \ldots a_k \in \mathbb{R}_{>0}$ konvergiert, d. h., es gilt:

$$\lim_{x\to 0}\left(\frac{1}{n}\sum_{j=1}^{n} a_j^x\right)^{\frac{1}{x}} = \sqrt[n]{\prod_{j=1}^{n} a_j}$$

Anwendungsprobleme

10.19 •• Wie weit kann man bei optimalen Sichtverhältnissen von einem Turm der Höhe $h = 10\,\mathrm{m}$ sehen, wenn die Erde als Kugel mit Radius $R \approx 6300\,\mathrm{km}$ angenommen wird?

10.20 •• Es wird eine Hängebrücke über eine 30 m breite Bucht gebaut. Dabei ist die Form der Brücke durch die sogenannte Kettenlinie beschrieben, d. h., es gibt eine positive Konstante $a > 0$, sodass die Form durch den Graphen der Funktion $f : \mathbb{R} \to \mathbb{R}$ mit

$$f(x) = h_0 + a\left(\cosh\left(\frac{x - x_0}{a}\right) - 1\right)$$

gegeben ist. Die Durchfahrtshöhe für Segelschiffe muss $h_0 = 8\,\text{m}$ betragen. Die Steilufer sind 10 m und 12 m über dem Wasserspiegel (siehe Abbildung). Bestimmen Sie mithilfe des Newton-Verfahrens den Parameter $a > 0$ und den Abstand x_0 des Tiefpunkts zu einem der Ufer.

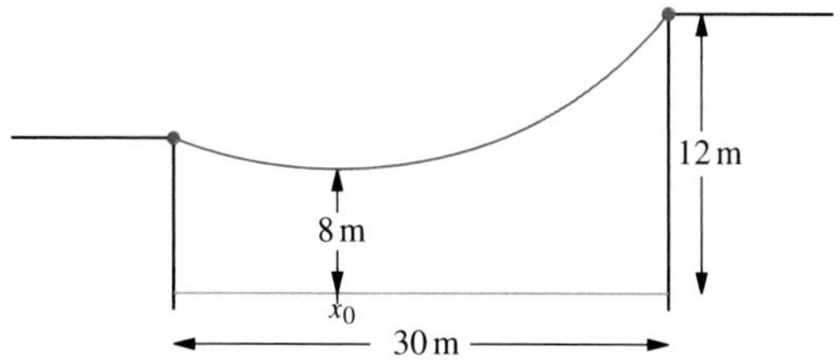

10.21 • Das Fermat'sche Prinzip besagt, dass Licht stets den Weg kürzester Dauer einschlägt. Betrachten wir den Weg des Lichts zwischen zwei Punkten p und q in zwei Medien mit unterschiedlichen Geschwindigkeiten c_1 und c_2. Innerhalb der jeweiligen Medien bewegt sich das Licht auf geraden Strahlen, sodass die zurückgelegten Strecken im ersten Medium durch $c_1 t$ und im zweiten Medium durch $c_2 t$ gegeben sind (siehe Abb. 10.39). Geben Sie eine Funktion an, die die Dauer von p nach q als Funktion $T(x)$ der Stelle x angibt, und folgern Sie aus der Minimalitätsbedingung $T'(x) = 0$ für den wirklichen Verlauf eines Lichtstrahls das Snellius'sche Brechungsgesetz

$$\frac{\sin\alpha_1}{\sin\alpha_2} = \frac{c_1}{c_2}.$$

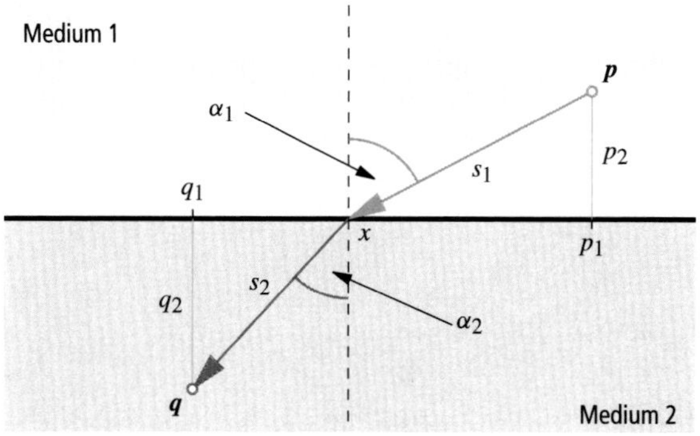

Abb. 10.39 Brechung des Lichts an zwei Medien

10.22 •• In einem Sägewerk werden Baumstämme auf zwei rechtwinklig aufeinandertreffenden Fließbändern transportiert, von denen das eine 2 m und das andere 3 m breit ist. Wie lang dürfen die Stämme maximal sein, damit sie nicht verkanten, wenn man die Dicke der Stämme vernachlässigt?

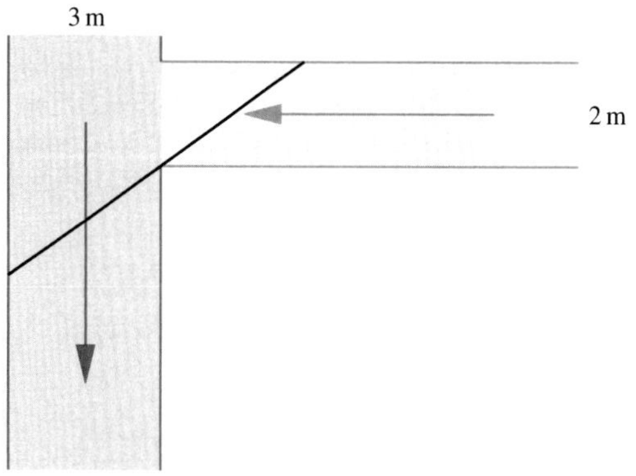

Abb. 10.40 Der schwarz eingezeichnete Baumstamm muss sich vom 2 m breiten Fließband ohne Verkanten auf das 3 m breite Fließband befördern lassen

10.23 • Ein Seiltänzer, der auf einer 12 m langen Stange 4 m von einem Ende entfernt steht, übt an dieser Stelle durch sein Gewicht eine Kraft von $F = 600\,\text{N}$ auf die Stange aus. Das Eigengewicht der Stange soll vernachlässigt werden. Bestimmen Sie den kubischen Spline $s \in S_3^{3,1}$ zur Beschreibung der Biegung der Stange unter dieser Last, wenn am Rand die Bedingungen $s(0) = s''(0) = s(12) = s''(12) = 0$ gelten. Die Punktlast bei $x = 8$ wird modelliert durch einen Sprung

$$\lim_{\varepsilon\to 0}(s'''(8+\varepsilon) - s'''(8-\varepsilon)) = \frac{F}{B}$$

in der dritten Ableitung der Lösung, wobei $B = 8000\,\text{Nm}^2$ die Biegefestigkeit der Stange bezeichnet.

Hinweise

Verständnisfragen

10.1 •• Betrachten Sie zum einen die Grenzwerte der Funktionen und ihrer Ableitungsfunktionen in $x = 0$ und zum anderen die Grenzwerte der Differenzenquotienten.

10.2 •• Überlegen Sie sich, dass die Bedingungen strenge Monotonie der $(2n-1)$-ten Ableitungsfunktion mit sich bringen und somit der Vorzeichenwechsel zeigt, dass die $(2n-2)$-te Ableitung ein Minimum in $\hat{x}$ besitzt. Argumentieren Sie dann induktiv.

10.3 • Man verwende die Taylorformel 1. Ordnung.

10.4 • Nutzen Sie, dass die Potenzreihe der Funktion die Taylorreihe zu f ist.

10.5 ••• Einsetzen der Iterationsvorschrift bezüglich x_j, ausklammern des Nenners und verwenden der Taylorformel zweiter Ordnung mit der Lagrange'schen Restglieddarstellung sind erste wichtige Schritte für die gesuchte Abschätzung. Überlegen Sie sich auch, dass der Nenner in der Iterationsvorschrift in einer Umgebung um $\hat{x}$ nicht null wird.

Rechenaufgaben

10.6 • Wenden Sie passende Kombinationen von Produkt und Kettenregel an.

10.7 •• Mit der Iterationsvorschrift lässt sich die Differenz $|x_{k+1} - x_k|$ abschätzen.

10.8 •• Es gilt $\binom{n}{k} + \binom{n}{k+1} = \binom{n+1}{k+1}$.

10.9 •• Verwenden Sie das Additionstheorem

$$\sin x + \cos x = \frac{\sin\left(x + \frac{\pi}{4}\right)}{\sin\frac{\pi}{4}}, \quad x \in \mathbb{R}.$$

10.10 •• Betrachten Sie die Potenzreihe zum Ausdruck $1/x$ und die Ableitung.

10.11 •• Mit den binomischen Formeln folgt allgemein $2ab \leq a^2 + b^2$ für $a, b \in \mathbb{R}$.

10.12 • Bestimmen Sie lokale Minima und untersuchen Sie das Verhalten am Rand des Definitionsbereichs.

10.13 •• Ermitteln Sie die kritischen Stellen und betrachten Sie die zweite Ableitung an diesen Stellen.

10.14 • Mit einer Induktion lässt sich die n-te Ableitung zeigen.

10.15 •• Nutzen Sie die Darstellung $f(x) = \ln(1-x) - \ln(1+x)$ und berechnen Sie die n-te Ableitung. Für die Fehlerabschätzung muss eine passende Stelle x in die Taylorformel eingesetzt werden.

10.16 • In allen vier Beispielen lässt sich die L'Hospital'sche Regel, gegebenenfalls nach Umformungen des Ausdrucks, anwenden.

10.17 • Stetigkeit bedeutet insbesondere, dass der Grenzwert für $x \to 0$ mit dem Funktionswert bei $x = 0$ übereinstimmt.

10.18 • Schreiben Sie die allgemeine Potenz mithilfe der Exponentialfunktion und dem natürlichen Logarithmus und überlegen Sie sich, dass der Grenzwert des Exponenten mit der L'Hospital'schen Regel gefunden werden kann.

Anwendungsprobleme

10.19 •• Bestimmen Sie die Tangente an der Erdkugel, die den Horizont berührt und die Spitze des Turms trifft.

10.20 •• Aus den Gleichungen am Ufer, etwa $f(0) = 10$ und $f(30) = 12$, kann man eine Gleichung für das Verhältnis $y = x_0/a$ gewinnen. Die Lösung y der Gleichung kann nicht analytisch berechnet werden, sie lässt sich aber mit dem Newton-Verfahren approximieren.

10.21 • Mit dem Satz des Pythagoras lässt sich die Länge der Teilstrecken in den Medien in Abhängigkeit von x bestimmen und daraus die benötigte Zeit ermitteln. Die Summe dieser Zeiten ergibt die gesuchte Funktion.

10.22 •• Stellen Sie eine Funktion für die Länge eines Baumstamms dar, wie ihn die Abbildung zeigt, mit der horizontalen Länge, in der der Baumstamm in das 2 m breite Fließband hineinragt, als Argument. Bestimmen Sie das Minimum dieser Funktion.

10.23 • Machen Sie einen Ansatz für die Polynome 3. Grades, so dass die Randbedinungen bei $x = 0$ und $x = 12$ erfüllt sind. Aus den Bedingungen bei $x = 8$ erhält man ein Gleichungssystem für die verbleibenden Koeffizienten.

Lösungen

Verständnisfragen

10.1 •• Für $x \neq 0$ sind die Funktionen stetig differenzierbar. In $x = 0$ ist f_1 stetig aber nicht differenzierbar, f_2 differenzierbar, aber nicht stetig differenzierbar und f_3 stetig differenzierbar.

10.2 •• –

10.3 • –

10.4 • $f^{(8)}(0) = 0$ und $f^{(9)}(0) = 7!$.

10.5 ••• –

Rechenaufgaben

10.6 •

$$f_1'(x) = 2\left(x - \frac{1}{x^3}\right)$$
$$f_2'(x) = -2x\sin(x^2)\cos^2 x - 2\cos(x^2)\cos x\sin x$$
$$f_3'(x) = \frac{1}{e^x - 1}$$
$$f_4'(x) = x^{(x^x)}(x^{(x-1)} + x^x \ln x(\ln x + 1))$$

10.7 •• Für die Funktion f ist das Newton-Verfahren linear-konvergent. Im zweiten Fall divergiert das Verfahren.

10.8 •• –

10.9 •• –

10.10 •• Es gilt

$$\frac{1}{x^2} = \sum_{n=0}^{\infty}(n+1)(-1)^n(x-1)^n$$

für $x \in (0, 2)$.

10.11 •• –

10.12 • –

10.13 •• Die Funktion hat Minimalstellen bei $\hat{x}_n = n\pi$ für $n \in \mathbb{Z}$, und Maximalstellen bei $\hat{y}_0 = \arccos\left(-\frac{1}{3a} + \sqrt{\frac{5}{3} + \frac{1}{9a^2}}\right)$ und $\hat{y}_n^+ = \hat{y}_0 + 2n\pi$, $\hat{y}_n^- = -\hat{y}_0 + 2n\pi$ für $n \in \mathbb{Z}$.

10.14 • Die Taylorreihe/Potenzreihe lautet

$$f(x) = \sum_{n=0}^{\infty} \frac{n+1}{n!}(x-1)^n$$

für $x \in \mathbb{R}$, d. h., der Konvergenzradius ist unendlich.

10.15 •• –

10.16 •

$$\lim_{x\to\infty} \frac{\ln(\ln x)}{\ln x} = 0$$
$$\lim_{x\to a} \frac{x^a - a^x}{a^x - a^a} = \frac{1 - \ln a}{\ln a}$$
$$\lim_{x\to 0} \frac{1}{e^x - 1} - \frac{1}{x} = -\frac{1}{2}$$
$$\lim_{x\to 0} \cot(x)(\arcsin(x)) = 1$$

10.17 • Mit $c = 1/\sqrt{e}$ ist f stetig auf $[-\pi/2, \pi/2]$.

10.18 • –

Anwendungsprobleme

10.19 •• Die Entfernung beträgt

$$L = \sqrt{2Rh + h^2} \approx 11\,\text{km}.$$

10.20 •• Es gilt $a = 39.12049$ und $x_0 = 12.45659$, wenn bei $x = 0$ das Ufer mit 10 m Höhe liegt.

10.21 • –

10.22 •• Die Stämme dürfen maximal 7.02 m lang sein.

10.23 • Das Spline ist

$$s(x) = \begin{cases} 0.004\,x^3 - 0.533\,x, & x \in [0, 8], \\ -0.008\,(x-12)^3 + 0.667\,(x-12), & x \in (8, 12]. \end{cases}$$

Lösungswege

Verständnisfragen

10.1 •• Aufgrund der Differenziationsregeln ist f_n für $n = 1, 2, 3$ in jedem Punkt $x > 0$ differenzierbar mit:

$$f_1'(x) = \cos\frac{1}{x} + \frac{1}{x}\sin\frac{1}{x}$$
$$f_2'(x) = 2x\cos\frac{1}{x} + \sin\frac{1}{x}$$
$$f_3'(x) = 3x^2\cos\frac{1}{x} + x\sin\frac{1}{x}$$

Insbesondere ist f_n' in jedem Punkt $x \neq 0$ stetig differenzierbar.

Wir müssen noch die Stelle $x = 0$ untersuchen. Mit dem Grenzwert

$$\lim_{x\to 0} |f_1(x)| = \lim_{x\to 0} \left| x \cos \frac{1}{x} \right| \leq \lim_{x\to 0} |x| = 0$$

folgt, dass f_1 in $x = 0$ stetig ist. f_1 ist in $x = 0$ aber nicht differenzierbar; denn der Limes des Differenzenquotienten

$$\lim_{x\to 0} \frac{f_1(x) - f(0)}{x - 0} = \lim_{x\to 0} \cos \frac{1}{x}$$

existiert nicht. Um das zu sehen, wählen wir die beiden Nullfolgen $a_n = \frac{1}{2n\pi}$ und $b_n = \frac{1}{2n\pi+\pi}$, die eingesetzt in f_1 auf unterschiedliche Grenzwerte führen.

Für die zweite und dritte Funktion folgt Stetigkeit in $x = 0$ analog zum ersten Fall. Weiter erhalten wir für den Differenzenquotienten

$$\lim_{x\to 0} \frac{f_n(x) - f(0)}{x - 0} = \lim_{x\to 0} x^{n-1} \cos \frac{1}{x} = 0$$

für $n = 2, 3$. Also ist f_n in $x = 0$ differenzierbar.

f_2 ist in $x = 0$ aber nicht stetig differenzierbar, da

$$\lim_{x\to 0} f_2'(x) = \lim_{x\to 0} 2x \cos \frac{1}{x} + \sin \frac{1}{x}$$

nicht existiert, was wir diesmal mit den beiden Nullfolgen $a_n = \frac{1}{2n\pi}$ und $b_n = \frac{1}{2n\pi+\pi/2}$ sehen. Im Gegensatz zu f_2 ist f_3 in $x = 0$ stetig differenzierbar, denn der Grenzwert

$$\begin{aligned}\lim_{x\to 0} |f_3'(x)| &= \lim_{x\to 0} \left| 3x^2 \cos \frac{1}{x} + x \sin \frac{1}{x} \right| \\ &= \lim_{x\to 0} 3x^2 + |x| = 0\end{aligned}$$

existiert und ist identisch mit dem Grenzwert des Differenzenquotienten in $x = 0$.

10.2 •• Mit den Voraussetzungen der Aufgabe ist $f^{(2n)}$ stetig und es gibt eine Umgebung $I \subseteq (a, b)$ um $\hat{x} \in I$, mit

$$f^{(2n)}(x) > 0 \quad \text{für } x \in I\,,$$

also ist die Funktion $f^{(2n-1)}$ streng monoton wachsend auf I, d. h. wechselt von negativen zu positiven Werten bei der Nullstelle $\hat{x}$. Nach dem Vorzeichenkriterium hat die Ableitungsfunktion $f^{(2n-2)}$ in der kritischen Stelle $\hat{x}$ ein Minimum mit Funktionswert $f^{(2n-2)}(\hat{x}) = 0$ und aufgrund der strengen Monotonie der Ableitung $f^{(2n-1)}$ ist nach dem Mittelwertsatz $f^{(2n-2)}(x) > 0$ für $x \in I \setminus \{\hat{x}\}$.

Nun müssen wir das obige Argument noch verschärfen. Wir zeigen folgende Aussage: Ist $g\colon I \to \mathbb{R}$ zweimal stetig differenzierbar, $g(\hat{x}) = g'(\hat{x}) = g''(\hat{x}) = 0$ und $g''(x) > 0$ für $x \in I \setminus \{\hat{x}\}$. Dann hat g in $\hat{x}$ eine Minimalstelle und es ist $g(x) > 0$ für $x \in I \setminus \{\hat{x}\}$.

Dies beweisen wir analog zu oben. Denn da $g''(x) \geq 0$ auf I gilt, ist g' monoton wachsend. Da weiter $g''(x) > 0$ auf $(\hat{x} - \varepsilon, \hat{x})$ streng monoton ist, können wir abschätzen

$$g'(\hat{x} - \varepsilon) < g'(\hat{x} - \varepsilon/2) \leq g'(\hat{x})\,.$$

Genauso gilt dies für Stellen rechts von $\hat{x}$. Also ist g' sogar streng monoton wachsend. Nun können wir wie oben folgern, dass $\hat{x}$ Minimalstelle von g ist. Außerdem ist der Minimalwert $g(\hat{x}) = 0$ und g' streng monoton. Dies bedeutet $g(x) > 0$ für $x \neq \hat{x}$. Damit erfüllt g wieder dieselben Bedingungen wie g''.

Induktiv folgern wir somit aus der Eigenschaft für $f^{(2n-2)}$, dass f'' ein Minimum in $\hat{x}$ hat und $f''(x) > 0$ gilt für $x \in I \setminus \{\hat{x}\}$. Da dies entsprechend einen Vorzeichenwechsel von $f'(\hat{x})$ impliziert, haben wir gezeigt, dass $\hat{x}$ lokale Minimalstelle von f ist.

10.3 • Wir setzen voraus, dass $f\colon (a, b) \to \mathbb{R}$ differenzierbar ist mit konstanter Ableitung $f'(x) = c \in \mathbb{R}$ für alle $x \in (a, b)$. Dann ist f' differenzierbar und es gilt $f''(x) = 0$ für $x \in (a, b)$. Wählen wir irgendeinen Entwicklungspunkt $x_0 \in (a, b)$, so ergibt die Taylorformel

$$\begin{aligned}f(x) &= f(x_0) + f'(x_0)(x - x_0) + R_1(x, x_0) \\ &= f(x_0) + c(x - x_0) + \frac{1}{2}\underbrace{f''(\xi)}_{=0}(x - x_0)^2 \\ &= cx + \underbrace{(f(x_0) - cx_0)}_{\text{konstant}}\,.\end{aligned}$$

Diese Darstellung zeigt, dass f affin-linear ist.

10.4 • Mit der für ganz $\mathbb{R}$ konvergierenden Potenzreihe des Kosinus hyperbolicus

$$\cosh(x) = \sum_{k=0}^{\infty} \frac{x^{2k}}{(2k)!}$$

können wir die Potenzreihe von f angeben:

$$f(x) = x^3 \cosh\left(\frac{x^3}{6}\right) = \sum_{k=0}^{\infty} \frac{x^{6k+3}}{36^k (2k)!}\,.$$

Der Konvergenzkreis dieser Potenzreihe umfasst ganz $\mathbb{R}$ bzw. $\mathbb{C}$ und sie ist auch die entsprechende Taylorreihe zu f. Vergleichen wir den 8. und 9. Koeffizienten der formalen Taylorreihe mit der bestimmten Potenzreihe, so folgen aus

$$\sum_{n=0}^{\infty} \frac{f^{(n)}}{n!} x^n = f(x) = x^3 + \frac{x^9}{2 \cdot 36} + \frac{x^{15}}{24 \cdot 36^2} + \dots\,.$$

die Identitäten

$$\frac{f^{(8)}(0)}{8!} = 0 \quad \text{und} \quad \frac{f^{(9)}(0)}{9!} = \frac{1}{2 \cdot 36}.$$

Ohne weitere Rechnung erhalten wir

$$f^{(8)}(0) = 0$$

und

$$f^{(9)}(0) = \frac{9!}{2 \cdot 36} = 7!.$$

10.5 ●●● Zunächst beachten wir, dass es wegen der Stetigkeit von f' ein Intervall um die Stelle $\hat{x}$ gibt, auf dem $f'(x)$ nicht null ist. Formal können wir dies so beschreiben: es gibt eine Konstante $c > 0$ und ein Intervall I mit $\hat{x} \in I$ und $|f'(x)| \geq c > 0$. Weiter können wir davon ausgehen, dass I kompakt ist, ansonsten verkleinern wir I entsprechend. Auf kompakten Intervallen nehmen stetige Funktionen ein Maximum an. Es gibt insbesondere eine Konstante $\alpha > 0$, sodass $|f^{(n)}(x)| \leq \alpha$ für alle $x \in I$ und für $n \in \{0, 1, 2, 3\}$.

Da $f(\hat{x}) = 0$ und f stetig ist, bleibt f auch in einer Umgebung um $\hat{x}$ klein. Es gibt deswegen ein Intervall $J \subseteq I$ mit $\hat{x} \in J$ und $\alpha|f(x)| \leq c^2$. Innerhalb dieses Intervalls ist $|f'(x))^2 - \frac{1}{2}f''(x)f(x)| \geq c^2/2 := \beta > 0$. Damit wird deutlich, dass, solange die Iterationen $x_j \in J$ sind, ein Iterationsschritt erlaubt ist. Der Nenner verschwindet nicht.

Diese Beschränkungen nutzen wir zusammen mit der Taylorformel zweiter Ordnung, d. h.

$$\begin{aligned} 0 &= f(\hat{x}) \\ &= f(x_j) + f'(x_j)(\hat{x} - x_j) \\ &\quad + \frac{1}{2}f''(x_j)(\hat{x} - x_j)^2 + \frac{1}{6}f''(\xi)(\hat{x} - x_j)^3 \end{aligned}$$

mit einer Zwischenstelle ξ, für die Abschätzung

$$\begin{aligned} |\hat{x} - x_{j+1}| &= \left|\hat{x} - x_j + \frac{f(x_j)f'(x_j)}{(f'(x_j))^2 - \frac{1}{2}f''(x_j)f(x_j)}\right| \\ &\leq \frac{1}{\beta}\left|(f'(x_j))^2 - \frac{1}{2}f''(x_j)f(x_j)(\hat{x} - x_j) + f(x_j)\, f'(x_j)\right| \\ &= \frac{1}{\beta}\Big|(f(x_j) + f'(x_j)(\hat{x} - x_j))f'(x_j) \\ &\quad - \frac{1}{2}f''(x_j)f(x_j)(\hat{x} - x_j)\Big| \\ &= \frac{1}{\beta}\Big|\left(-\frac{1}{2}f''(x_j)(\hat{x} - x_j)^2 + \frac{1}{6}f'''(\xi)(\hat{x} - x_j)^3\right)f'(x_j) \\ &\quad - \frac{1}{2}f''(x_j)f(x_j)(\hat{x} - x_j)\Big| \\ &= \frac{1}{\beta}\Big|-\frac{1}{2}f''(x_j)(f(x_j) + f'(x_j)(\hat{x} - x_j))(\hat{x} - x_j) \\ &\quad + \frac{1}{6}f'''(\xi)f'(x_j)(\hat{x} - x_j)^3\Big| \end{aligned}$$

Mit der Dreiecksungleichung und der Taylorformel erster Ordnung,

$$0 = f(\hat{x}) = f(x_j) + f'(x_j)(\hat{x} - x_j) + \frac{1}{2}f''(\chi)(\hat{x} - x_j)^2,$$

für eine weitere Zwischenstelle χ zwischen $\hat{x}$ und x_j, ergibt sich die gesuchte Abschätzung

$$\begin{aligned} |\hat{x} - x_{j+1}| &\leq \frac{\alpha}{2\beta}\left|(f(x_j) + f'(x_j)(\hat{x} - x_j))(\hat{x} - x_j)\right| \\ &\quad + \frac{\alpha^2}{6\beta}\left|\hat{x} - x_j\right|^3 \\ &= \frac{\alpha}{4\beta}\left|f''(\chi)(\hat{x} - x_j)^3\right| + \frac{\alpha^2}{6\beta}\left|\hat{x} - x_j\right|^3 \\ &\leq \underbrace{\frac{5\alpha^2}{12\beta}}_{=:c}\left|\hat{x} - x_j\right|^3. \end{aligned}$$

Kommentar Das Verfahren wird Halley-Verfahren genannt, da die Methode für Polynome schon vor der Entwicklung der Differenzialrechnung durch Newton und Leibniz bekannt war und zum Beispiel vom Astronom Halley verwendet wurde, um Nullstellen von Polynomen höheren Grads mit hoher Genauigkeit zu berechnen. ◀

Rechenaufgaben

10.6 ● Wir fassen den Ausdruck zu f_1 als Verkettung von y^2 und $y + \frac{1}{y}$ auf und nutzen die Kettenregel. Somit folgt

$$\begin{aligned} f_1'(x) &= 2\left(x + \frac{1}{x}\right)\left(1 - \frac{1}{x^2}\right) \\ &= 2\left(x + \frac{1}{x} - \frac{1}{x} - \frac{1}{x^3}\right) \\ &= 2\left(x - \frac{1}{x^3}\right). \end{aligned}$$

In nächsten Beispiel muss die Produktregel angewandt werden und bei den Faktoren $\cos(x^2)$ und $\cos^2 x$ ist die Kettenregel angebracht. Insgesamt errechnen wir

$$\begin{aligned} f_2'(x) &= \left(\cos(x^2)\cos^2 x\right) \\ &= -2x\sin(x^2)\cos^2 x - 2\cos(x^2)\cos x\, \sin x. \end{aligned}$$

Den dritten Term schreiben wir um zu

$$f_3(x) = \ln\left(\frac{e^x - 1}{e^x}\right) = \ln(e^x - 1) - \ln(e^x) = \ln(e^x - 1) - x$$

und bilden die Ableitung unter Nutzung der Kettenregel:

$$f_3'(x) = \frac{1}{e^x - 1}e^x - 1 = \frac{1}{e^x - 1}.$$

Im letzten Beispiel schreiben wir

$$x^{x^x} = e^{\ln x\, e^{x \ln x}}$$

und bilden die Ableitung mithilfe der Kettenregel

$$\begin{aligned} f_4'(x) &= e^{\ln x\, e^{x\ln x}} \left(\frac{1}{x} e^{x \ln x} + \ln x e^{x \ln x}(\ln x + 1) \right) \\ &= x^{x^x} \left(x^{x-1} + x^x \ln x (\ln x + 1) \right) . \end{aligned}$$

10.7 •• Für die Funktion f gilt

$$f'(x) = \begin{cases} \frac{4}{3}\sqrt[3]{x}, & x > 0, \\ \frac{4}{3}\sqrt[3]{-x}, & x < 0. \end{cases}$$

Für das Newton-Verfahren erhalten wir somit die Iterationsvorschrift

$$x_{k+1} = x_k - \frac{f(x_k)}{f'(x_k)} = \frac{1}{4} x_k ,$$

für $x \neq 0$. Das Verfahren konvergiert in diesem Fall linear gegen null, denn es gilt

$$|x_{k+1} - x_k| \leq \frac{3}{4} |x_k| .$$

Aus $|x_{k+1}| \leq \left(\frac{3}{4}\right)^{k+1} |x_0| \to 0$ für $k \to \infty$ resultiert in diesem Fall Konvergenz. Das Resultat ist kein Widerspruch zur quadratischen Konvergenz der allgemeinen Theorie, da f in 0 nicht zweimal stetig differenzierbar ist.

Es gilt $g'(x) = \frac{1}{2\sqrt{|x|}}$ für $x \neq 0$. Damit folgt, wenn wir das Newton-Verfahren anwenden, für $x_k > 0$

$$x_{k+1} = x_k - 2\sqrt{x_k}\sqrt{x_k} = -x_k ,$$

und für $x_k < 0$

$$x_{k+1} = x_k + 2\sqrt{-x_k}\sqrt{-x_k} = -x_k .$$

Die Folge springt mit $x_{2n} = x_0$ und $x_{2n+1} = -x_0$. Das Newton-Verfahren ist nicht konvergent.

10.8 •• Für einen Induktionsanfang betrachten wir $n = 0$. Es ist $(fg)^{(0)} = fg$ und

$$\sum_{k=0}^{0} \binom{0}{k} f^{(k)} g^{(0-k)} = f^{(0)} g^{(0)} = fg .$$

Nun nehmen wir an, dass die Formel für ein $n \in \mathbb{N}$ gilt und führen den Induktionsschluss von n auf $n+1$. Sind f und g $(n+1)$-mal differenzierbar, so folgt mit der Induktionsannahme

$$\begin{aligned} (fg)^{(n+1)} &= \left((fg)^{(n)} \right)' \\ &= \sum_{k=0}^{n} \binom{n}{k} \left(f^{(k)} g^{(n-k)} \right)' . \end{aligned}$$

Wenden wir die Produktregel an und die im Hinweis angegebene Formel zum Binomialkoeffizienten, so ergibt sich die Leibniz'sche Formel aus

$$\begin{aligned} (fg)^{(n+1)} &= \sum_{k=0}^{n} \binom{n}{k} \left(f^{(k+1)} g^{(n-k)} + f^{(k)} g^{(n-k+1)} \right) \\ &= \sum_{k=1}^{n+1} \binom{n}{k-1} f^{(k)} g^{(n-(k-1))} + \sum_{k=0}^{n} \binom{n}{k} f^{(k)} g^{(n-k+1)} \\ &= \sum_{k=1}^{n} \underbrace{\left(\binom{n}{k-1} + \binom{n}{k} \right)}_{=\binom{n+1}{k}} f^{(k)} g^{(n+1-k)} \\ &\quad + \underbrace{\binom{n}{n}}_{=1=\binom{n+1}{n+1}} f^{(n+1)} g^{(n-(n+1-1))} + \underbrace{\binom{n}{0}}_{=\binom{n+1}{0}} f^{(0)} g^{(n+1)} \\ &= \sum_{k=0}^{n+1} \binom{n+1}{k} f^{(k)} g^{(n+1-k)} . \end{aligned}$$

10.9 •• Ein Induktionsanfang für $n = 0$ mit $\frac{d^0}{dx^0} f(x) = f(x)$ ist offensichtlich.

Beginnen wir also mit der Annahme, dass die angegebene Ableitungsformel bis zu $n \in \mathbb{N}$ gültig ist. Es folgt mit dem Additionstheorem

$$\sin x + \cos x = \frac{\sin\left(x + \frac{\pi}{4}\right)}{\sin \frac{\pi}{4}}, \quad x \in \mathbb{R}.$$

für die nächsthöhere Ableitung

$$\begin{aligned} \frac{d^{n+1}}{dx^{n+1}} (e^x \sin x) &= \frac{d}{dx} \left(\frac{d^n}{dx^n} (e^x \sin x) \right) \\ &= \frac{d}{dx} \left(\sqrt{2}^n e^x \sin\left(x + \frac{n\pi}{4} \right) \right) \\ &= \sqrt{2}^n e^x \left(\sin\left(x + \frac{n\pi}{4} \right) + \cos\left(x + \frac{n\pi}{4} \right) \right) \\ &= \sqrt{2}^n e^x \underbrace{\left(\sin \frac{\pi}{4} \right)^{-1}}_{=\sqrt{2}} \sin\left(x + \frac{n\pi}{4} + \frac{\pi}{4} \right) \\ &= \sqrt{2}^{n+1} e^x \sin\left(x + \frac{(n+1)\pi}{4} \right) . \end{aligned}$$

Damit ist die Induktion abgeschlossen und wir haben gezeigt, dass die Formel für alle $n \in \mathbb{N}$ gilt.

10.10 •• Die Funktion $f\colon (0,2) \to \mathbb{R}$ mit $f(x) = 1/x$ lässt sich mit der geometrischen Reihe als Potenzreihe um $x_0 = 1$ darstellen,

$$f(x) = \frac{1}{1-(1-x)} = \sum_{n=0}^{\infty} (-1)^n (x-1)^n$$

mit dem Konvergenzradius $r = 1$. Damit ergibt sich für die Ableitung

$$f'(x) = \sum_{n=1}^{\infty} n(-1)^n (x-1)^{n-1} = -\sum_{n=0}^{\infty} (n+1)(-1)^n (x-1)^n .$$

Andererseits erhalten wir für $f(x) = x^{-1}$ die Ableitung

$$f'(x) = -x^{-2} = -\frac{1}{x^2} .$$

Aus der allgemeinen Aussage, dass die Potenzreihe differenzierbar ist und im Konvergenzintervall die Ableitung darstellt folgt die Potenzreihendarstellung

$$\frac{1}{x^2} = \sum_{n=0}^{\infty} (n+1)(-1)^n (x-1)^n$$

für $x \in (0, 2)$.

10.11 •• (a) Wir setzen $z = \lambda x + (1-\lambda)y$ mit $\lambda \in [0, 1]$ und $x, y \in \mathbb{R}$ in die Funktion ein und schätzen den Ausdruck zweimal mithilfe der allgemeinen Ungleichung $2ab \le a^2 + b^2$ ab. Dies führt auf die Konvexitätsbedingung:

$$\begin{aligned}
f(\lambda x + (1-\lambda)y) &= (\lambda x + (1-\lambda)y)^4 \\
&= \left(\lambda^2 x^2 + 2\lambda(1-\lambda)xy + (1-\lambda)^2 y^2\right)^2 \\
&\le \left(\lambda^2 x^2 + \lambda(1-\lambda)(x^2+y^2) + (1-\lambda)^2 y^2\right)^2 \\
&= \Big(\underbrace{(\lambda^2 + \lambda(1-\lambda))}_{=\lambda} x^2 + \underbrace{(\lambda(1-\lambda) + (1-\lambda)^2)}_{=(1-\lambda)} y^2\Big)^2 \\
&= \left(\lambda x^2 + (1-\lambda)y^2\right)^2 \\
&= \lambda^2 x^4 + 2\lambda(1-\lambda)x^2y^2 + (1-\lambda)^2 y^4 \\
&\le \lambda^2 x^4 + \lambda(1-\lambda)(x^4+y^4) + (1-\lambda)^2 y^4 \\
&= (\lambda^2 + \lambda(1-\lambda))x^4 + ((1-\lambda)^2 + \lambda(1-\lambda))y^4 \\
&= \lambda f(x) + (1-\lambda) f(y)
\end{aligned}$$

(b) Mit $f(x) = x^4$ und $f'(x) = 4x^3$ erhalten wir

$$\begin{aligned}
f'(x)(y-x) &= 4x^3(y-x) \\
&= (4xy - 4x^2)x^2 \\
&\le (2(x^2+y^2) - 4x^2)x^2 \\
&= (2y^2 - 2x^2)x^2 \\
&= 2y^2x^2 - 2x^4 \\
&\le x^4 + y^4 - 2x^4 = y^4 - x^4 = f(y) - f(x) ,
\end{aligned}$$

wiederum mit der Abschätzung aus dem Hinweis.

Abschließend überlegen wir uns noch, wie aus der allgemeinen Bedingung

$$f'(x)(y-x) \le f(y) - f(x)$$

für alle $x, y \in D$ folgt, dass die Funktion konvex ist. Dazu betrachten wir für $\lambda \in [0, 1]$ die Differenz

$$\begin{aligned}
&\lambda f(x) + (1-\lambda) f(y) - f(\lambda x + (1-\lambda)y) \\
&= \lambda\,(f(x) - f(\lambda x + (1-\lambda)y)) \\
&\quad + (1-\lambda)\,(f(y) - f(\lambda x + (1-\lambda)y)) \\
&\ge \lambda f'(\lambda x + (1-\lambda)y)\,(\lambda x + (1-\lambda)y - x) \\
&\quad + (1-\lambda) f'(\lambda x + (1-\lambda)y)\,(\lambda x + (1-\lambda)y - y) \\
&= \lambda(1-\lambda) f'(\lambda x + (1-\lambda)y)\,(y-x) \\
&\quad + (1-\lambda)\lambda f'(\lambda x + (1-\lambda)y)\,(x-y) = 0 .
\end{aligned}$$

Also folgt aus der Bedingung für die Ableitung Konvexität der Funktion f.

10.12 • Es gilt $f'(x) = \ln x + 1$ und aus der Bedingung $f'(x) = 0$, d. h. $\ln \hat{x} = -1$, ergibt sich die kritische Stelle $\hat{x} = \frac{1}{e}$. Mit der zweiten Ableitung $f''(\hat{x}) = \frac{1}{\hat{x}} = e > 0$ ergibt sich, dass in $\hat{x}$ ein lokales Minimum der Funktion liegt.

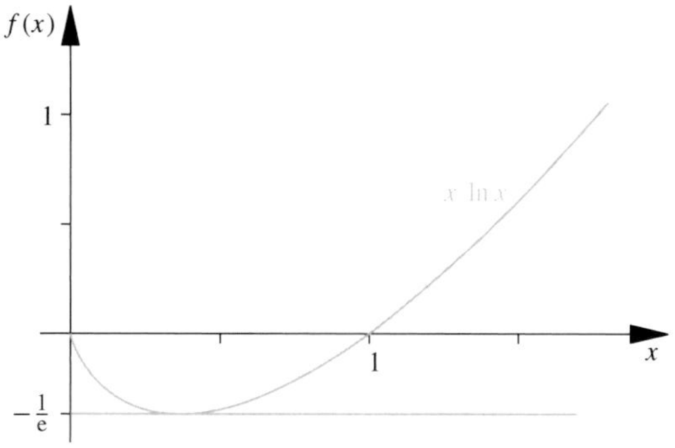

Abb. 10.41 Graph der Funktion $f(x) = x \ln x$ mit der unteren Schranke bei $-1/e$

Zusammen mit dem Verhalten

$$\lim_{x\to 0} x \ln x = \lim_{x\to 0} \frac{\ln x}{\frac{1}{x}} = \lim_{x\to 0} \frac{\frac{1}{x}}{\frac{-1}{x^2}} = \lim_{x\to 0} x = 0$$

und

$$x \ln x \to \infty \quad \text{für } x \to \infty ,$$

wird deutlich, dass die lokale Minimalstelle auch globale Minimalstelle der Funktion ist, und es folgt die Abschätzung

$$x \ln x = f(x) \le f(\hat{x}) = \frac{1}{e} \ln\left(\frac{1}{e}\right) = -\frac{1}{e}$$

für alle $x > 0$.

10.13 •• Mit der Produktregel berechnen wir die Ableitung

$$f'(x) = \frac{2\sin x \cos x}{(1-a\cos x)^5} - 5a\frac{\sin^3 x}{(1-a\cos x)^6} = \frac{2\sin x\cos x(1-a(\cos x) - 5a\sin^3 x)}{(1-a\cos x)^6}.$$

Aus der notwendigen Bedingung $f'(x) = 0$ für Extremalstellen erhalten wir in diesem Fall für kritische Stellen die Gleichung

$$\begin{aligned} 0 &= \sin x\,(2\cos x - 2a\cos^2 x - 5a\sin^2 x) \\ &= \sin x\,(2\cos x - 5a + 3a\cos^2 x)\,. \end{aligned}$$

Lösungen sind zum einen durch $\sin x = 0$ also durch $\hat{x}_n = n\pi$ mit $n \in \mathbb{Z}$ gegeben oder durch die Bedingung

$$3a\cos^2 x + 2\cos x - 5a = 0\,.$$

Setzen wir $u = \cos x$, so folgt die quadratische Gleichung

$$3au^2 + 2u - 5a = 0$$

mit den beiden Lösungen

$$u_\pm = -\frac{1}{3a} \pm \sqrt{\frac{5}{3} + \frac{1}{9a^2}}\,.$$

Da $\sqrt{\frac{5}{3} + \frac{1}{9a^2}} \geq 1$ ist, gilt $|u_-| > 1$. Damit kommt diese Lösung nicht infrage, da $u = \cos x \in [-1, 1]$ gelten muss. Für die zweite Lösung gilt

$$0 \leq -\frac{1}{3a} + \sqrt{\frac{5}{3} + \frac{1}{9a^2}} \leq 1\,,$$

da zum einen $\sqrt{\frac{5}{3} + \frac{1}{9a^2}} \geq \frac{1}{3a}$ ist. Die obere Schranke sieht man, wenn man $a = 1$ einsetzt und mit der Ableitung

$$\frac{1}{3a^2} - \frac{1}{9a^3\sqrt{\frac{5}{3} + \frac{1}{9a^2}}} = \frac{1}{3a^2}\left(1 - \frac{1}{\sqrt{15a^2+1}}\right) > 0$$

zeigt, dass der Ausdruck monoton wächst für $a \in (0, 1)$. Damit erhalten wir die weiteren kritischen Stellen

$$\hat{y}_0 = \arccos\left(-\frac{1}{3a} + \sqrt{\frac{5}{3} + \frac{1}{9a^2}}\right)$$

und $\hat{y}_n^+ = y_0 + 2\pi n$ sowie, wegen Symmetrie, $\hat{y}_n^- = -y_0 + 2\pi n$ für $n \in \mathbb{Z}$.

Um zu entscheiden, ob an diesen Stellen Minima oder Maxima liegen, bestimmen wir die zweite Ableitung mit

$$\begin{aligned} f''(x) &= \frac{\cos x(2\cos x + 3a\cos^2 x - 5a)}{(1-a\cos x)^6} \\ &\quad + \frac{\sin x(-2\sin x - 6a\sin x\cos x)}{(1-a\cos x)^6} \\ &\quad - 6\frac{a\sin^2 x(2\cos x + 3a\cos^2 x - 5a)}{(1-a\cos x)^7}\,. \end{aligned}$$

Es folgt

$$f''(\hat{x}_n) = \frac{2 + (-1)^n 3a - 5a}{(1-a\cos x)^6} > 0\,.$$

In den Stellen $\hat{x}_n$ liegen somit Minmalstellen der Funktion.

Für die anderen Nullstellen ergibt sich aus der quadratischen Gleichung

$$f''(\hat{y}_n^\pm) = \frac{\sin \hat{y}_n^\pm(-2\sin\hat{y}^\pm - 6a\sin\hat{y}^\pm\cos\hat{y}^\pm)}{(1-a\cos\hat{y}^\pm)^6} < 0\,,$$

da $\hat{y}_0^+ \in (0, \pi/2)$ und $\hat{y}_0^- \in (-\pi/2, 0)$ ist. Somit liegen an allen Stellen $\hat{y}_n^\pm$ lokale Maxima der Funktion.

10.14 • Erste Variante: Wir berechnen die Ableitungen der Funktion zu

$$\begin{aligned} f'(x) &= \mathrm{e}^{x-1} + x\mathrm{e}^{x-1} = (x+1)\mathrm{e}^{x-1} \\ f''(x) &= \mathrm{e}^{x-1} + (x+1)\mathrm{e}^{x-1} = (x+2)\mathrm{e}^{x-1} \\ &\vdots \end{aligned}$$

Daraus lässt sich vermuten, dass

$$f^{(n)}(x) = (x+n)\mathrm{e}^{x-1}$$

ist. Eine vollständige Induktion mit dem Induktionsschritt

$$\begin{aligned} f^{(n+1)}(x) &= \left((x+n)\mathrm{e}^{x-1}\right)' \\ &= \mathrm{e}^{x-1} + (x+n)\mathrm{e}^{x-1} = (x+n+1)\mathrm{e}^{x-1} \end{aligned}$$

belegt die Vermutung.

Ausgewertet an der Stelle $x = 0$ erhalten wir die Taylorreihe

$$T(x) = \sum_{n=0}^{\infty} \frac{f^{(n)}(1)}{n!}(x-1)^n = \sum_{n=0}^{\infty} \frac{n+1}{n!}(x-1)^n\,.$$

Mit

$$\left|\frac{(n+2)\,n!(x-1)^{n+1}}{(n+1)\,(n+1)!(x-1)^n}\right| = \frac{(n+2)}{(n+1)^2}|x-1| \to 0,$$

für $n \to \infty$ liefert das Quotientenkriterium, dass die Reihe für alle $x \in \mathbb{R}$ konvergiert. Mit der Restglied-Abschätzung

$$\begin{aligned} |R_n(x,1)| &= \frac{|f^{(n+1)}(\xi)|}{(n+1)!}|x-1|^{n+1} \\ &\leq \frac{(\max\{|x|,1\} + n + 1)\max\{\mathrm{e}^{x-1},1\}}{n+1}\frac{|x-1|^{n+1}}{n!} \\ &\to 0 \end{aligned}$$

für $n \to \infty$ sehen wir auch, dass die Taylorreihe eine Potenzreihe zu f um $x = 1$ liefert.

Zweite Variante: Nutzen wir die Potenzreihe zur Exponentialfunktion, so folgt mit der Zerlegung

$$f(x) = xe^{x-1} = (x-1)e^{x-1} + e^{x-1}$$

die Darstellung

$$\begin{aligned} f(x) &= (x-1)\sum_{n=0}^{\infty} \frac{1}{n!}(x-1)^n + \sum_{n=0}^{\infty} \frac{1}{n!}(x-1)^n \\ &= \sum_{n=1}^{\infty} \frac{1}{(n-1)!}(x-1)^n + \sum_{n=0}^{\infty} \frac{1}{n!}(x-1)^n \\ &= 1 + \sum_{n=1}^{\infty}\left(\frac{1}{(n-1)!} + \frac{1}{n!}\right)(x-1)^n \\ &= \sum_{n=0}^{\infty} \frac{n+1}{n!}(x-1)^n . \end{aligned}$$

Die Reihendarstellung konvergiert für alle $x \in \mathbb{R}$, da die Potenzreihe zur Exponentialfunktion auf ganz $\mathbb{R}$ konvergiert.

10.15 •• Mit $f(x) = \ln(1-x) - \ln(1+x)$ ergibt sich durch Induktion

$$f^{(n)}(x) = (n-1)!\left(\frac{(-1)^n}{(1+x)^n} - \frac{1}{(1-x)^n}\right).$$

Also ist

$$f^{(n)}(0) = \begin{cases} 0, & \text{für } n \text{ gerade} \\ -2(n-1)!, & \text{für } n \text{ ungerade} \end{cases}$$

und

$$f^{(2n+1)}(tx) = -(2n)!\left(\frac{1}{(1-tx)^{2n+1}} + \frac{1}{(1+tx)^{2n+1}}\right).$$

Dies zeigt die gesuchte Taylorformel für $|x| < 1$.

Für die gesuchte Approximation setzen wir $x = 1/5$ in der Taylor-Formel ein. Dann folgt das Restglied

$$R_{2n} = \frac{-1}{(2n+1)\,5^{2n+1}}\left(\frac{1}{(1-tx)^{2n+1}} + \frac{1}{(1+tx)^{2n+1}}\right)$$

für ein $t \in (0,1)$. Mit den Abschätzungen

$$1 + \frac{t}{5} > 1 \quad \text{und} \quad 1 - \frac{t}{5} > 4/5$$

ergibt sich

$$|R_{2n}| < \frac{1}{2n+1}\left(\frac{1}{4^{2n+1}} + \frac{1}{5^{2n+1}}\right).$$

Für $n = 2$ ist

$$|R_4| < \frac{1}{5}\left(\frac{1}{4^5} + \frac{1}{5^5}\right) < \frac{1}{5}\frac{2}{4^5} = \frac{1}{2560} < \frac{1}{2000},$$

und wir haben die gesuchte Abschätzung des Fehlers.

10.16 •

- Direktes Anwenden der L'Hospital'schen Regel führt auf den Grenzwert

$$\begin{aligned} \lim_{x\to\infty} \frac{\ln(\ln x)}{\ln x} &= \lim_{x\to\infty} \frac{\frac{1}{\ln x}\cdot\frac{1}{x}}{\frac{1}{x}} \\ &= \lim_{x\to\infty} \frac{1}{\ln x} = 0 . \end{aligned}$$

- Im Grenzfall $x = a$ ergibt sich ein unbestimmter Ausdruck von der Form „0/0“. Wir können die L'Hospital'sche Regel anwenden und erhalten mit den Ableitungen $(a^x)' = xa^{x-1}$ und $(a^x)' = \ln(a)\,a^x$ den Grenzwert

$$\begin{aligned} \lim_{x\to a} \frac{x^a - a^x}{a^x - a^a} &= \lim_{x\to a} \frac{ax^{a-1} - a^x \ln a}{a^x \ln a} \\ &= \frac{a^a - a^a \ln a}{a^a \ln a} = \frac{1 - \ln a}{\ln a} . \end{aligned}$$

- Im dritten Beispiel schreiben wir die Differenz als rationalen Ausdruck, der wiederum im Grenzfall auf einen unbestimmten Ausdruck der Form „0/0“ führt. Wenden wir zweimal die L'Hospital'sche Regel an, so folgt

$$\begin{aligned} \lim_{x\to 0}\left(\frac{1}{e^x - 1} - \frac{1}{x}\right) &= \lim_{x\to 0} \frac{x - e^x + 1}{(e^x - 1)x} \\ &= \lim_{x\to 0} \frac{1 - e^x}{e^x - 1 + xe^x} \\ &= \lim_{x\to 0} \frac{-e^x}{2e^x + xe^x} = \frac{-1}{2} . \end{aligned}$$

- Auch in diesem Fall hilft die L'Hospital'sche Regel, wenn wir schreiben

$$\begin{aligned} \lim_{x\to 0}(\cot(x)\arcsin(x)) &= \lim_{x\to 0}(\cos x)\lim_{x\to 0}\frac{\arcsin x}{\sin x} \\ &= \lim_{x\to 0} \frac{\frac{1}{\sqrt{1-x^2}}}{\cos x} \\ &= \lim_{x\to 0} \frac{1}{\sqrt{1-x^2}} = 1. \end{aligned}$$

10.17 • Da die Funktion außerhalb der Stelle $x = 0$ als Verkettung stetiger Funktionen stetig ist, müssen wir nur die Stelle $x = 0$ untersuchen. Wir nutzen die Stetigkeit der Exponentialfunktion und die L'Hospital'sche Regel, um den Grenzwert

$$\begin{aligned} \lim_{x\to 0}(\cos x)^{\frac{1}{x^2}} &= \lim_{x\to 0}\exp\left(\frac{\ln(\cos x)}{x^2}\right) = \exp\left(\lim_{x\to 0}\frac{\ln(\cos x)}{x^2}\right) \\ &= \exp\left(\lim_{x\to 0}\frac{-\sin x}{2x\cos x}\right) = \exp\left(\lim_{x\to 0}\frac{-\sin x}{2x\cos x}\right) \\ &= \exp\frac{-1}{2}\left(\lim_{x\to 0}\frac{\sin x}{x}\right) = \exp\left(\frac{-1}{2}\right) = \frac{1}{\sqrt{e}} \end{aligned}$$

zu berechnen.

10.18 • Es gilt die Identität

$$\left(\frac{1}{n}\sum_{j=1}^{n} a_j^x\right)^{\frac{1}{x}} = \exp\left(\frac{1}{x}\ln\left(\frac{1}{n}\sum_{j=1}^{n} a_j^x\right)\right).$$

Da die Exponentialfunktion stetig ist, betrachten wir nur den Grenzwert des Exponenten der im Grenzfall $x \to 0$ auf den unbestimmten Ausdruck „$\frac{0}{0}$" führt, denn es ist

$$\begin{aligned}\lim_{x\to 0}\ln\left(\frac{1}{n}\sum_{j=1}^{n} a_j^x\right) &= \ln\left(\frac{1}{n}\sum_{j=1}^{n}\lim_{x\to 0} a_j^x\right)\\ &= \ln\left(\frac{1}{n}\sum_{j=1}^{n} 1\right) = \ln 1 = 0.\end{aligned}$$

Also folgt mit der L'Hospital'schen Regel

$$\begin{aligned}\lim_{x\to 0}\frac{\ln(\frac{1}{n}\sum_{j=1}^{n} a_j^x)}{x} &= \lim_{x\to 0}\frac{\frac{1}{n}\sum_{j=1}^{n} a_j^x \ln a_j}{1(\frac{1}{n}\sum_{j=1}^{n} a_j^x)}\\ &= \frac{\sum_{j=1}^{n}\ln a_j}{\sum_{j=1}^{n} 1} = \frac{1}{n}\sum_{j=1}^{n}\ln a_j .\end{aligned}$$

Setzen wir den Grenzwert ein, so folgt die gesuchte Aussage

$$\begin{aligned}\lim_{x\to 0}\left(\frac{1}{n}\sum_{j=1}^{n} a_j^x\right)^{\frac{1}{x}} &= \exp\left(\frac{1}{n}\sum_{j=1}^{n}\ln a_j\right)\\ &= \left(\exp\sum_{j=1}^{n}\ln a_j\right)^{\frac{1}{n}} = \left(\prod_{j=1}^{n} a_j\right)^{\frac{1}{n}}.\end{aligned}$$

Anwendungsprobleme

10.19 •• Wir betrachten eine Schnittebene (siehe Abbildung) und beschreiben die Erdoberfläche als Kreis um den Ursprung in dieser Ebene. Den Turm platzieren wir in den Punkt $(0, R)$ und den oberen Halbkreis fassen wir als den Graphen der Funktion

$$f\colon [-R, R] \to \mathbb{R} \quad \text{mit } f(x) = \sqrt{R^2 - x^2}$$

auf. Eine Tangente an diesen Graphen an einer Stelle $x_0 \in [-R, R]$ ist gegeben durch die Linearisierung

$$g(x) = f(x_0) + f'(x_0)(x - x_0).$$

Gesucht ist die Tangente mit der Eigenschaft $g(0) = R + h$. Also erhalten wir für x_0 die Bedingung

$$\begin{aligned}R + h &= f(x_0) + f'(x_0)(x - x_0)\\ &= \sqrt{R^2 - x_0^2} - \frac{x_0}{\sqrt{R^2 - x_0^2}}(-x_0)\\ &= \sqrt{R^2 - x_0^2} + \frac{x_0^2}{\sqrt{R^2 - x_0^2}}\end{aligned}$$

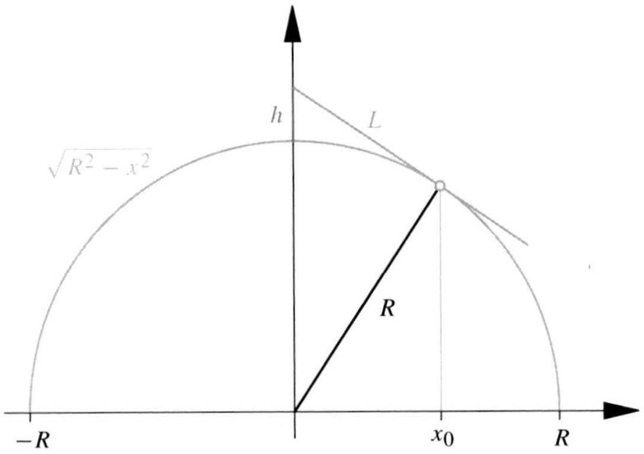

Abb. 10.42 Sichtweite auf der Erdkugel von einem Turm aus

bzw.

$$(R + h)^2 = R^2 + x_0^2 + \frac{x_0^2}{R^2 - x_0^2}.$$

Wir formen die Gleichung weiter um zu

$$(R + h)^2(R^2 - x_0^2) = R^4 - x_0^4 + x_0^4 = R^4$$

und es folgt

$$x_0^2 = R^2 - \frac{R^4}{(R + h)^2} = R^2\left(1 - \frac{R^2}{(R + h)^2}\right).$$

Für den Funktionswert an dieser Stelle x_0 erhalten wir $y_0^2 = R^2 - x_0^2 = R^4/(R + h)^2$. Mit dem Satz des Pythagoras ergibt sich so die gesuchte Entfernung L aus

$$\begin{aligned}L^2 &= x_0^2 + (R + h - y_0)^2\\ &= R^2\left(1 - \frac{R^2}{(R + h)^2}\right) + \left(R + h - \frac{R^2}{(R + h)}\right)^2\\ &= (R + h)^2 - R^2\\ &= h^2 + 2hR.\end{aligned}$$

Damit erhalten wir die Entfernung

$$L = \sqrt{h^2 + 2hR} \approx 11\,\text{km}.$$

Beachten Sie, dass der wesentliche Teil der Arbeit darin besteht, nachzuweisen, dass die Tangente an einen Kreis senkrecht auf dem Radius im Berührungspunkt ist. Der Rest ist dann eine elementargeometrische Überlegung.

Kommentar In dieser speziellen Situation lässt sich übrigens auch rein geometrisch argumentieren, wenn wir die Information, dass die Tangente senkrecht zur radialen Richtung ist, voraussetzen. Denn, legen wir anstelle der Turmspitze die Koordinaten des Sichtpunkts bei $(0, R) \in \mathbb{R}^2$ fest, so ist die Tangente eine Parallele zur y-Achse durch diesen Punkt. Auf dieser Linie liegt die Turmspitze an der Stelle (R, L) mit dem Betrag $|(R, L)| = (R + h)^2$. Der Satz des Pythagoras im rechtwinkligen Dreieck $(0, 0)$, $(0, R)$ und (R, L) liefert die Sichtweite L. ◀

10.20 •• In der Gleichung

$$10 = h_0 + a\left(\cosh\left(\frac{x_0}{a}\right) - 1\right)$$

setzen wir $y = x_0/a$ und lösen nach a auf. Damit erhalten wir

$$a(y) = \frac{10 - h_0}{\cosh(y) - 1}.$$

Mit der Gleichung für das andere Steilufer,

$$12 = h_0 + a\left(\cosh\left(\frac{30 - x_0}{a}\right) - 1\right)$$

erhalten wir damit

$$0 = h_0 - 12 + a(y)\left(\cosh\left(\frac{30}{a(y)} - y\right) - 1\right).$$

Diese Gleichung lösen wir numerisch durch das Newton-Verfahren. Wir fassen die rechte Seite als eine Funktion g auf. Wir benötigen auch noch deren Ableitung,

$$\begin{aligned} g'(y) &= a'(y)\left(\cosh\left(\frac{30}{a(y)} - y\right) - 1\right) \\ &\quad + a(y)\sinh\left(\frac{30}{a(y)} - y\right)\left(-\frac{30\,a'(y)}{(a(y))^2} - 1\right), \end{aligned}$$

mit

$$a'(y) = -\frac{10 - h_0}{(\cosh(y) - 1)^2}\sinh(y).$$

Die Tabelle zeigt die ersten 10 Newton-Iterierten für den Startwert $y_0 = 1$:

n	y_n
0	1.000 000
1	0.931 107
2	0.853 591
3	0.764 694
4	0.661 146
5	0.542 393
6	0.423 459
7	0.344 550
8	0.320 361
9	0.318 428
10	0.318 416

Auf fünf Stellen gerundet erhalten wir $y = 0.318\,42$ und damit

$$a = 39.120\,49, \quad x_0 = 12.456\,59.$$

10.21 • Mit t_1 bezeichnen wir die Laufzeit im Medium 1, mit t_2 diejenige im Medium 2. Dann gilt für die Gesamtlaufzeit T die Gleichung

$$T = t_1 + t_2 = \frac{s_1}{c_1} + \frac{s_2}{c_2}.$$

Mit x bezeichnen wir diejenige Stelle zwischen q_1 und p_1, an der der Lichtstrahl vom Medium 1 in das Medium 2 übertritt. Dann gilt nach dem Satz des Pythagoras

$$\begin{aligned} s_1 &= \sqrt{(p_1 - x)^2 + p_2^2}, \\ s_2 &= \sqrt{(x - q_1)^2 + q_2^2}. \end{aligned}$$

Daraus folgt

$$T(x) = \frac{1}{c_1}\sqrt{(p_1 - x)^2 + p_2^2} + \frac{1}{c_2}\sqrt{(x - q_1)^2 + q_2^2}.$$

Wir wollen diejenige Stelle x finden, für die die Gesamtlaufzeit minimal wird. Dort muss $T'(x) = 0$ sein.

$$\begin{aligned} T'(x) &= \frac{x - q_1}{c_2\sqrt{(x - q_1)^2 + q_2^2}} - \frac{p_1 - x}{c_1\sqrt{(p_1 - x)^2 + p_2^2}} \\ &= \frac{x - q_1}{c_2\,s_2} - \frac{p_1 - x}{c_1\,s_1} \\ &= \frac{\sin\alpha_2}{c_2} - \frac{\sin\alpha_1}{c_1}. \end{aligned}$$

Aus der Forderung $T'(x) = 0$ folgt also das Snellius'sche Brechungsgesetz.

10.22 •• Wir untersuchen einen Baumstamm, der genau vom Rand des einen Fließbands zum Rand des anderen reicht. Wir setzen $b_1 = 2\,\text{m}$ und $b_2 = 3\,\text{m}$. Den Anteil des Baumstamms, der sich auf dem Band der Breite b_1 bedindet, hat die Länge l_1, der Rest die Länge l_2.

Es entstehen auf den beiden Fließbändern ähnliche rechtwinklige Dreieicke, eines mit Hypotenuse l_1, einer Kathete b_1 und anderer Kathete x, sowie eines mit Hypotenuse l_2, einer Kathete b_2 und anderer Kathete y. Wegen der Ähnlichkeit der Dreiecke ist

$$\frac{x}{b_1} = \frac{b_2}{y}, \quad \text{d.h.} \quad y = \frac{b_1\,b_2}{x}.$$

Für die Länge des Baumstammes l ist damit gegeben durch

$$\begin{aligned} l = l_1 + l_2 &= \sqrt{x^2 + b_1^2} + \sqrt{y^2 + b_2^2} \\ &= \sqrt{x^2 + b_1^2} + \sqrt{\frac{b_1^2\,b_2^2}{x^2} + b_2^2}. \end{aligned}$$

Wir fassen dies als eine Funktion von x auf und bestimmen ihr Minimum, denn das ist die gesuchte Maximallänge, damit ein

Kapitel 10

Stamm ohne zu verkanten von einem Band auf das andere gelangen kann.

$$\begin{aligned} l'(x) &= \frac{x}{\sqrt{x^2+b_1^2}} + \frac{b_1^2\,b_2^2}{2\sqrt{\frac{b_1^2 b_2^2}{x^2}+b_2^2}}\,(-2)\,\frac{1}{x^3} \\ &= \frac{x}{\sqrt{x^2+b_1^2}} - \frac{b_1^2\,b_2}{x^2\sqrt{b_1^2+x^2}} \\ &= \frac{x^3-b_1^2\,b_2}{x^2\sqrt{b_1^2+x^2}}. \end{aligned}$$

Das einzige Extremum liegt bei

$$x = b_1^{2/3}\,b_2^{1/3},$$

aufgrund der Geometrie des Problems muss es sich um ein Minimum handeln.

Es folgt nun

$$y = \frac{b_1\,b_2}{x} = b_1^{1/3} b_2^{2/3},$$

und damit

$$\begin{aligned} l &= \sqrt{x^2+b_1^2} + \sqrt{y^2+b_2^2} \\ &= b_1\sqrt{1+b_1^{-2/3}b_2^{2/3}} + b_2\sqrt{1+b_1^{2/3}b_2^{-2/3}}. \end{aligned}$$

Mit den Zahlenwerten ergibt sich

$$l = 2\sqrt{1+(9/4)^{1/3}}\,\mathrm{m} + 3\sqrt{1+(4/9)^{1/3}}\,\mathrm{m} \approx 7.02\,\mathrm{m}.$$

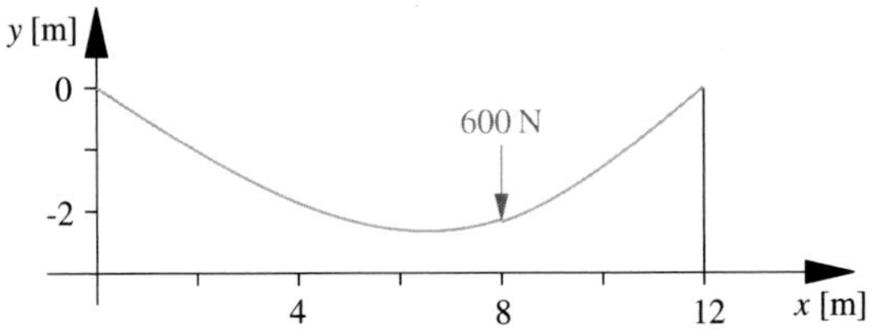

Abb. 10.43 Die Durchbiegung einer Stange durch einen Seiltänzer wird durch einen kubischen Spline approximiert

10.23 • Wir schreiben die Polynome 3. Grades von vornherein so auf, dass die Bedingungen an $x = 0$ und $x = 12$ erfüllt sind:

$$\begin{aligned} s(x) &= a_3\,x^3 + a_1\,x, & x &\in [0,8), \\ s(x) &= b_3\,(x-12)^3 + b_1\,(x-12), & x &\in (8,12]. \end{aligned}$$

Die vier freien Parameter a_1, a_3, b_1 und b_3 werden durch die Bedingungen an der Stelle $x = 8$ bestimmt. Dort müssen s, s' und s'' stetig sein und für s''' muss der angegebene Sprung gelten. Es folgt

$$\begin{aligned} 512\,a_3 + 8a_1 + 64\,b_3 + 4\,b_1 &= 0, \\ 192\,a_3 + a_1 - 48\,b_3 - b_1 &= 0, \\ 48\,a_3 + 24\,b_3 &= 0, \\ 6\,a_3 - 6\,b_3 &= 0.075. \end{aligned}$$

Dies ist ein lineares Gleichungssystem mit 4 Gleichungen und 4 Unbekannten. Es besitzt die Lösung

$$a_3 = 0.004, \quad a_1 = -0.533, \quad b_3 = -0.008, \quad b_1 = 0.667\,.$$

Die Abb. 10.43 zeigt das Ergebnis. Auffällig ist, dass die stärkste Auslenkung der Stange keineswegs an der Stelle ist, an der sich der Seiltänzer befindet.

Kapitel 11

Aufgaben

Verständnisfragen

11.1 • Zeigen Sie, dass sich zwei verschiedene Stammfunktionen F_1 und F_2 einer gegebenen Funktion f höchstens um eine additive Konstante unterscheiden.

11.2 •• Wir betrachten eine in $[a, b]$ stetige Funktion f. Zeigen Sie, dass, wenn für alle in $[a, b]$ stetigen Funktionen g mit $g(a) = g(b) = 0$ stets

$$\int_a^b f(x)\, g(x)\, \mathrm{d}x = 0$$

ist, f identisch null sein muss.

11.3 • Die folgenden Aussagen über Integrale über unbeschränkte Integranden oder unbeschränkte Bereiche sind falsch. Geben Sie jeweils ein Gegenbeispiel an.

1. Wenn $\int_a^b \{f(x) + g(x)\}\, \mathrm{d}x$ existiert, dann existieren auch $\int_a^b f(x)\, \mathrm{d}x$ und $\int_a^b g(x)\, \mathrm{d}x$.
2. Wenn $\int_a^b f(x)\, \mathrm{d}x$ und $\int_a^b g(x)\, \mathrm{d}x$ existieren, dann existiert auch $\int_a^b f(x)\, g(x)\, \mathrm{d}x$.
3. Wenn $\int_a^b f(x)\, g(x)\, \mathrm{d}x$ existiert, dann existieren auch $\int_a^b f(x)\, \mathrm{d}x$ und $\int_a^b g(x)\, \mathrm{d}x$.

11.4 •• Bestimmen Sie für eine beliebige stetig differenzierbare Funktion f

$$\mathrm{e}^x \frac{\mathrm{d}}{\mathrm{d}x} \left(f(x)\, \mathrm{e}^{-x}\right)$$

und beweisen Sie: Ist f auf $[0, 1]$ stetig differenzierbar und gilt $f(0) = 0$ sowie $f(1) = 1$, so erhält man die Abschätzung

$$\int_0^1 |f'(x) - f(x)|\, \mathrm{d}x \geq \frac{1}{\mathrm{e}}$$

11.5 •• Die Funktion f sei integrierbar in $[a, b]$. Muss dann f in $[a, b]$ eine Stammfunktion besitzen?

11.6 •• Finden Sie eine auf $[0, 1]$ definierte Funktion f, die für alle $n \in \mathbb{N}_0$

$$\int_0^1 f(x)\, x^n\, \mathrm{d}x = \frac{1}{n+2}$$

erfüllt. Ist diese Funktion eindeutig?

11.7 •• Bestimmen Sie den Grenzwert

$$\lim_{\alpha \to -1} \int_a^b x^\alpha\, \mathrm{d}x$$

für $0 < a < b$ und vergleichen Sie ihn mit dem Wert von $\int_a^b x^{-1}\, \mathrm{d}x$.

Rechenaufgaben

11.8 • Bestimmen Sie je eine Stammfunktion zu den Funktionen f_1 bis f_4 mit Definitionsmenge $\mathbb{R}$ und Vorschrift:

$$f_1(x) = x^3$$
$$f_2(x) = x^3 + x^2 + x + 1$$
$$f_3(x) = \mathrm{e}^x + \cos x$$
$$f_4(x) = \mathrm{e}^{5x} - \frac{2}{1+x^2} + 1$$

11.9 •• Betrachten Sie eine beliebige auf $[a, b]$ stetige und streng monoton wachsende Funktion f. Finden Sie die Stelle $m \in (a, b)$, für die die Fläche, die vom Graphen $y = f(x)$ sowie den Geraden $x = a$, $x = b$ und $y = f(m)$ eingeschlossen wird, extremal ist.

Hinweis: Aus der strengen Monotonie folgt nicht $f'(x) > 0$, der Beweis lässt sich aber dennoch führen, sehen Sie bitte die Fragen und Antworten zu Teil 2.

T. Arens et al., *Arbeitsbuch Mathematik*, https://doi.org/10.1007/978-3-662-64391-4_10

11.10 •• Die *Fresnel'schen Integrale* C und S sind auf $\mathbb{R}$ gegeben durch

$$C(x) = \int_0^x \cos(t^2)\,\mathrm{d}t$$

$$S(x) = \int_0^x \sin(t^2)\,\mathrm{d}t\,.$$

Bestimmen und klassifizieren Sie alle Extrema dieser Funktionen.

11.11 • Bestimmen Sie das Taylorpolynom zweiter Ordnung mit Entwicklungspunkt $x_0 = 0$ der auf $\mathbb{R}$ durch

$$f(x) = \cos x + \int_0^x \frac{\cos t}{1+t^2}\,\mathrm{d}t$$

definierten Funktion.

11.12 • Zeigen Sie für alle $x \in \mathbb{R}$

$$\int_0^x |t|\,\mathrm{d}t = \frac{x\,|x|}{2}\,.$$

11.13 •• Bestimmen Sie den Grenzwert

$$G = \lim_{x\to 1}\left(\frac{x}{x-1}\int_1^x \frac{\sin t}{t}\,\mathrm{d}t\right).$$

11.14 •• Bestimmen und klassifizieren Sie alle Extrema der auf $\mathbb{R}$ durch

$$f(x) = x\,\mathrm{e}^{-x^2} - \int_0^x \mathrm{e}^{-t^2}\,\mathrm{d}t\,,$$

$$g(x) = \int_0^x \frac{\sin t}{1+t^2}\,\mathrm{d}t$$

definierten Funktionen.

11.15 •• Ist die Funktion f in $[0,\ 1]$ integrierbar, so gilt wegen der Approximierbarkeit durch Treppenfunktionen

$$\int_0^1 f(t)\,\mathrm{d}t = \lim_{n\to\infty}\frac{1}{n}\sum_{k=1}^{n} f\left(\frac{k}{n}\right).$$

Bestimmen Sie damit die Grenzwerte

$$G_1 = \lim_{n\to\infty}\sum_{k=1}^{n}\frac{n}{n^2+k^2}\,,$$

$$G_2 = \lim_{n\to\infty}\sum_{k=1}^{n}\frac{k^\alpha}{n^{\alpha+1}} \quad \text{mit } \alpha > 0\,.$$

11.16 • Man bestimme den Wert des Integrals

$$I = \int_0^\infty \left(\mathrm{e}^{-2x} + \mathrm{e}^{-3x} + \mathrm{e}^{-4x}\right)\mathrm{d}x\,.$$

11.17 •• Überprüfen Sie die folgenden Integrale auf Existenz:

$$I_1 = \int_0^1 \frac{\mathrm{d}x}{\mathrm{e}^x\,(\sqrt{x}+x)}$$

$$I_2 = \int_0^\infty \frac{\mathrm{d}x}{x^2+\sqrt{x}}$$

$$I_3 = \int_0^\infty \frac{\mathrm{d}x}{x\,(1+\sqrt{x})}$$

11.18 •• Zeigen Sie unter Benutzung von

$$\int_{-1}^0 \frac{1}{\sqrt{1+x}}\,\mathrm{d}x = \int_0^1 \frac{1}{\sqrt{1-x}}\,\mathrm{d}x = 2\,,$$

dass das Integral

$$I = \int_{-1}^1 \frac{\mathrm{d}x}{\sqrt{1-x^2}}$$

existiert, und geben Sie eine Abschätzung an.

11.19 •• Man überprüfe das Integral

$$I = \int_0^{1/\mathrm{e}} \frac{\mathrm{d}x}{\sqrt{x}\,|\ln x|}$$

auf Existenz.

11.20 •• Man zeige mittels *Vergleichskriterium*, dass das Integral

$$\int_0^{\pi/2} \frac{\mathrm{d}x}{\sin x}$$

nicht existiert.

11.21 •• Überprüfen Sie, ob der folgende Grenzwert existiert:

$$\lim_{n\to\infty}\sum_{k=1}^{n}\int_{-\infty}^{0} \mathrm{e}^{kx}\,\mathrm{d}x$$

11.22 ••• Berechnen Sie das Parameterintegral

$$J(t) = \int_0^1 \arcsin(tx)\,dx\,, \quad 0 \le t < 1\,,$$

indem Sie zunächst dessen Ableitung $J'(t)$ im offenen Intervall $0 < t < 1$ bestimmen. Schließen Sie hieraus auf $J(t)$, $0 \le t < 1$, zurück und bestimmen Sie die Integrationskonstante durch den Wert des Integrals an der Stelle $t = 0$. Ist $J(t)$ nach $t = 1$ stetig fortsetzbar?

11.23 ••• Aus dem Intervall $[0, 1]$ wird das offene Mittelintervall der Länge $\frac{1}{4}$, $(\frac{3}{8}, \frac{5}{8})$, entfernt. Es bleiben die beiden Intervalle

$$I_{11} = \left[0, \tfrac{3}{8}\right] \quad \text{und} \quad I_{12} = \left[\tfrac{5}{8}, 1\right]$$

übrig, aus denen jeweils das offene Mittelintervall der Länge $\frac{1}{4^2}$ entfernt wird. Dies liefert die vier Intervalle

$$I_{21} = \left[0, \tfrac{5}{32}\right], \quad I_{22} = \left[\tfrac{7}{32}, \tfrac{12}{32}\right],$$
$$I_{23} = \left[\tfrac{20}{32}, \tfrac{25}{32}\right], \quad I_{24} = \left[\tfrac{27}{32}, 1\right].$$

Analoges Fortfahren liefert im n-ten Schritt 2^n Intervalle. Im Grenzübergang wird die Vereinigung dieser Intervalle zu einer Cantormenge C, ähnlich wie auf S. 380 beschrieben. Bestimmen Sie das Maß $\mu(C)$ dieser Menge.

Anwendungsprobleme

11.24 • Nach der Meinung mancher Professoren ist die Lernrate r vieler Studierender indirekt proportional zur Zeit t, die noch bis zur Prüfung übrig ist,

$$r(t) = \frac{\alpha}{t}$$

(mit einer Konstanten $\alpha > 0$). Was sind Ihrer Meinung nach die Probleme dieses Modells, würden Sie seinen Vorhersagen vertrauen? Wie würden Sie das Modell modifizieren, um es realistischer zu machen?

11.25 •• Im Folgenden sind alle Koordinaten in cm angegeben: Ein Glas entsteht durch Rotation des durch $y > 0$ bestimmten Astes der Hyperbel

$$y^2 - x^2 = 1$$

(Innenfläche) sowie Rotation der Halbgeraden

$$y = x, \quad x \ge 0$$

(Außenfläche). Es wird nach oben durch die Ebene

$$y = c > 1$$

begrenzt. Bestimmen Sie für $c = 3$ das Flüssigkeitsvolumen, das in dem Glas maximal Platz findet, sowie die Masse des leeren Glases, wenn dieses aus einem Material der Dichte

$$\rho = 2.2 \frac{\text{g}}{\text{cm}^3}$$

besteht. Ermitteln Sie einen allgemeinen Ausdruck für die Masse eines leeren Glases mit Höhe c und Dichte ρ.

11.26 ••• Ein Spielkegel soll durch einen Rotationskörper beschrieben werden. Die Oberfläche dieses Körpers entsteht, indem der Graph von f im Intervall $[0, 5]$ um die x-Achse rotiert, wobei f eine möglichst einfache differenzierbare Funktion sein soll, die folgende Eigenschaften besitzt:

- ein Randminimum an $x = 0$ mit $f(0) = 0$,
- ein lokales Maximum an $x = 1$ mit $f(1) = 1$,
- ein lokales Minimum an $x = \frac{3}{2}$ mit $f(\frac{3}{2}) = \frac{1}{2}$,
- ein lokales Maximum an $x = 3$ mit $f(3) = 2$,
- ein Randminimum an $x = 5$ mit $f(5) = \frac{3}{2}$,
- keine weiteren Extrema in $(0, 5)$.

Bestimmen Sie das Volumen des Kegels für Ihre Modellfunktion. Geben Sie den Bereich an, in dem das Volumen eines solchen Kegels für alle zulässigen Modellfunktionen liegen muss.

Hinweise

Verständnisfragen

11.1 • Betrachten Sie die Differenz von F_1 und F_2.

11.2 •• Führen Sie den Beweis durch Widerspruch, indem Sie annehmen, dass f an einer Stelle $x_0 \in [a, b]$ ungleich null wäre.

11.3 • 1. Die Nullfunktion ist auf jedem Intervall integrierbar. Können Sie die Nullfunktion als Summe zweier Funktionen darstellen, die jeweils nicht integrierbar sind?

2. Betrachten Sie die Funktionen f und g mit $f(x) = g(x) = x^{-\alpha}$ mit geeignetem α auf $[0, 1]$.

3. Betrachten Sie die Funktionen f und g mit $f(x) = g(x) = x^{-\alpha}$ mit geeignetem α auf $[1, \infty)$.

11.4 •• Mit einer Darstellung für $f' - f$ und $e^x \ge 1$ in $[0, 1]$ lässt sich eine Abschätzung für den Wert des Integrals schnell auswerten.

11.5 •• Betrachten Sie die auf $\mathbb{R}$ definierte Funktion:

$$f(x) = \Theta_0(x) = \begin{cases} 0 & \text{für } x \leq 0 \\ 1 & \text{für } x > 0 \end{cases}$$

11.6 •• $\int x^{n+1}\,\mathrm{d}x = \frac{1}{n+2}\,x^{n+2}$.

11.7 •• Benutzen Sie die Regeln von L'Hospital.

Rechenaufgaben

11.8 • Benutzen Sie die Linearität der Integration sowie die Tabelle der Stammfunktionen von S. 391.

11.9 •• Stellen Sie eine Formel für die Summe der beiden Teilflächen in Abhängigkeit von m dar und leiten Sie sie nach m ab.

11.10 •• Nutzen Sie den ersten Hauptsatz der Differenzial- und Integralrechnung, der auf S. 386 dargestellt wurde. Für die Klassifizierung der Extreme sind Fallunterscheidungen notwendig.

11.11 • Nutzen Sie den ersten Hauptsatz der Differenzial- und Integralrechnung, der auf S. 386 dargestellt wurde, aus.

11.12 • Fallunterscheidung für positive und negative x.

11.13 •• Benutzen Sie die Regeln von L'Hospital oder wenden Sie den Mittelwertsatz der Integralrechnung an.

11.14 •• Mit dem ersten Hauptsatz der Differenzial- und Integralrechnung können Sie alle Mittel der klassischen Kurvendiskussion benutzen.

11.15 •• Schreiben Sie die Grenzwerte auf die oben gegebene Form um. Die notwendigen Integrationen sind elementar ausführbar.

11.16 • Bestimmen Sie

$$\lim_{b\to\infty} \int_0^b \left(\mathrm{e}^{-2x} + \mathrm{e}^{-3x} + \mathrm{e}^{-4x}\right) \mathrm{d}x\,.$$

Eine Stammfunktion lässt sich leicht angeben.

11.17 •• Gehen Sie wie beim Beispiel von S. 398 vor.

11.18 •• Benutzen Sie eine geeignete binomische Formel, trennen Sie den Integrationsbereich auf und schätzen Sie passend ab.

11.19 •• Welche Abschätzung können Sie für $|\ln x|$ mit $x \in [0, \frac{1}{\mathrm{e}}]$ angeben?

11.20 •• Vergleichen Sie mit $\int_0^{\pi/2} \frac{\mathrm{d}x}{x}$.

11.21 •• Bestimmen Sie den Wert des allgemeinen Integrals $\int_{-\infty}^{0} \mathrm{e}^{kx}\,\mathrm{d}x$.

11.22 ••• Differenziation und Integration dürfen hier vertauscht werden. Integration von $J'(t)$ bezüglich t liefert bis auf eine Konstante $J(t)$. Die Konstante kann aus $J(0) = 0$ bestimmt werden.

11.23 ••• Im Gegensatz zur Cantormenge von S. 380 hat die hier beschriebene ein endliches Maß $0 < \mu(C) < 1$. Um es zu bestimmen, berechnen Sie die Länge L_n aller bis zum n-ten Schritt entfernten Intervalle.

Anwendungsprobleme

11.24 • Wie viel würden die Studierenden nach diesem Modell *insgesamt* lernen?

11.25 •• Integrieren Sie $\pi\, x(y)^2$ für die Hyperbel von $y = 1$ bis $y = c$ und für die Gerade von $y = 0$ bis $y = c$.

11.26 ••• Am einfachsten lassen sich die Forderungen mit einem Polynom siebenten Grades oder mehreren passend zusammengesetzten Polynomen niedrigeren Grades erfüllen.

Lösungen

Verständnisfragen

11.1 • –

11.2 •• –

11.3 • –

11.4 •• –

11.5 •• Eine solche Stammfunktion muss es nicht allgemein geben.

11.6 •• Eine mögliche Wahl ist $f(x) = x$. Diese ist nicht eindeutig.

11.7 •• Man erhält $\ln b - \ln a$.

Rechenaufgaben

11.8 • $F_1(x) = \frac{x^4}{4}$, $F_2(x) = \frac{x^4}{4} + \frac{x^3}{3} + \frac{x^2}{2} + x$, $F_3(x) = e^x + \sin x$, $F_4(x) = \frac{e^{5x}}{5} - 2\arctan x + x$.

11.9 •• $m = (a+b)/2$.

11.10 •• C hat

lokale Minima an $x = -\sqrt{\frac{4k+1}{2}\,\pi}$ und $x = +\sqrt{\frac{4k+3}{2}\,\pi}$,

lokale Maxima an $x = +\sqrt{\frac{4k+1}{2}\,\pi}$ und $x = -\sqrt{\frac{4k+3}{2}\,\pi}$,

S hat

lokale Minima an $x = \sqrt{2k\,\pi}$ und $x = -\sqrt{(2k+1)\,\pi}$,

lokale Maxima an $x = -\sqrt{2k\,\pi}$ und $x = \sqrt{(2k+1)\,\pi}$,

jeweils mit $k \in \mathbb{N}$.

11.11 • $T_2(x;0) = 1 + x - \frac{1}{2}x^2$.

11.12 • –

11.13 •• $G = \sin(1)$.

11.14 •• f hat keine Extrema, g hat Minima an $x = 2k\pi$ und Maxima an $x = (2k+1)\pi$ mit $k \in \mathbb{Z}$.

11.15 •• $G_1 = \frac{\pi}{4}$, $G_2 = \frac{1}{1+\alpha}$.

11.16 • $I = 13/12$.

11.17 •• I_1 und I_2 existieren, I_3 existiert nicht.

11.18 •• –

11.19 •• –

11.20 •• –

11.21 •• Der Grenzwert existiert nicht.

11.22 ••• $J(t) = -\frac{1}{t} + \frac{\sqrt{1-t^2}}{t} + \arcsin t$, die stetige Fortsetzung nach $t = 1$ liefert $\lim_{t\to 1} J(t) = -1 + \frac{\pi}{2}$.

11.23 ••• $\mu(C) = 1/2$

Anwendungsprobleme

11.24 • Der insgesamt gelernte Stoff divergiert.

11.25 •• Das Flüssigkeitsvolumen für $c = 3$ ist $V_h(3) = \left(6 + \frac{2}{3}\right)\pi\ \text{cm}^3$, die Masse eines leeren Glases der Höhe c beträgt $M(c,\rho) = \pi\left(c - \frac{2}{3}\right)\rho$.

11.26 ••• Die genaue Lösung ist von der gewählten Modellfunktion abhängig. Auf jeden Fall aber lassen sich Schranken angeben, für das Volumen V des Spielkegels gilt $5\pi < V < 17\pi$.

Lösungswege

Verständnisfragen

11.1 • F_1 und F_2 seien zwei Stammfunktionen einer gegebenen Funktion f. Damit gilt $F_1' = F_2' = f$. Bezeichnen wir die Differenz der beiden Funktionen mit ϕ, so gilt für alle x des Definitionsbereiches:

$$\begin{aligned}\phi(x) &= F_2(x) - F_1(x)\\ \phi'(x) &= F_2'(x) - F_1'(x) = f(x) - f(x) = 0\end{aligned}$$

Die Ableitung der Differenzfunktion verschwindet überall, damit muss ϕ selbst konstant sein.

11.2 •• Wir nehmen an, f sei nicht die Nullfunktion. Dann muss es eine Stelle $x_0 \in [a,b]$ geben, an der $f(x_0) \neq 0$ ist. Ohne Beschränkung der Allgemeinheit nehmen wir an, dass f dort positiv ist. Wegen der Stetigkeit von f muss es eine Umgebung (c,d) von x_0 geben, in der f ebenfalls positiv ist.

Nun können wir ohne Schwierigkeiten eine stetige Funktion g finden, die in (c,d) positiv ist und in $[a,b]\setminus(c,d)$ verschwindet. Zwei Möglichkeiten wären:

$$g(x) = \begin{cases}(x-c)(d-x) & \text{für } x \in (c,d)\\ 0 & \text{für } x \in [a,b]\setminus(c,d)\end{cases}$$

$$g(x) = \begin{cases}x - c & \text{für } x \in (c, \frac{c+d}{2}]\\ d - x & \text{für } x \in (\frac{c+d}{2}, d)\\ 0 & \text{für } x \in [a,b]\setminus(c,d).\end{cases}$$

Mit einer solchen Funktion gilt nun

$$\int_a^b f(x)\,g(x)\,dx = \int_c^d f(x)\,g(x)\,dx > 0\,,$$

im Widerspruch zu den Voraussetzungen. Die Annahme, f sei nicht die Nullfunktion, muss also falsch sein.

Kapitel 11

11.3 • 1. Die beiden Funktionen f und g mit $f(x) = \frac{1}{x}$ und $g(x) = -\frac{1}{x}$ sind auf $\mathbb{R}_{\geq 0}$ nicht integrierbar. Für die Summe der beiden Funktionen gilt $f(x) + g(x) \equiv 0$, und die Nullfunktion ist auf $\mathbb{R}_{\geq 0}$ selbstverständlich integrierbar.

2. Wir betrachten die Funktionen f und g mit $f(x) = g(x) = x^{-1/2}$ auf $[0,\ 1]$. Jede der beiden ist integrierbar, ihr Produkt $h = f\,g$ mit $h(x) = \frac{1}{x}$ jedoch nicht.

3. Wir untersuchen die beiden Funktionen f und g mit $f(x) = g(x) = \frac{1}{x}$ auf $[1,\ \infty)$. Ihre Produktfunktion h mit $h(x) = \frac{1}{x^2}$ ist auf diesem Intervall integrierbar, das gilt jedoch weder für f noch für g für sich.

11.4 •• Wir erhalten

$$f'(x) - f(x) = \mathrm{e}^x \frac{\mathrm{d}}{\mathrm{d}x}\left(f(x)\,\mathrm{e}^{-x}\right)$$

und damit

$$\begin{aligned}
\int_0^1 |f'(x) - f(x)|\,\mathrm{d}x &= \int_0^1 \left|\mathrm{e}^x \frac{\mathrm{d}}{\mathrm{d}x}\left(f(x)\,\mathrm{e}^{-x}\right)\right| \mathrm{d}x \\
&= \int_0^1 \mathrm{e}^x \left|\frac{\mathrm{d}}{\mathrm{d}x}\left(f(x)\,\mathrm{e}^{-x}\right)\right| \mathrm{d}x \\
&\geq \int_0^1 \left|\frac{\mathrm{d}}{\mathrm{d}x}\left(f(x)\,\mathrm{e}^{-x}\right)\right| \mathrm{d}x \\
&\geq \int_0^1 \frac{\mathrm{d}}{\mathrm{d}x}\left(f(x)\,\mathrm{e}^{-x}\right) \mathrm{d}x \\
&= f(x)\,\mathrm{e}^{-x}\big|_0^1 = \frac{1}{\mathrm{e}}
\end{aligned}$$

11.5 •• Die im Hinweis angegebene Funktion f mit

$$f(x) = \Theta_0(x) = \begin{cases} 0 & \text{für } x \leq 0 \\ 1 & \text{für } x > 0 \end{cases}$$

ist beispielsweise in $[-1,\ 1]$ integrierbar. Hätte sie eine Stammfunktion F, so müsste gelten

$$0 = f(0) = F'(0) = \lim_{n\to\infty} \frac{F(1/n) - F(0)}{1/n}.$$

Der Mittelwertsatz der Differenzialrechnung liefert jedoch

$$\frac{F(1/n) - F(0)}{1/n} = 1$$

für alle $n \in \mathbb{N}$.

11.6 •• Wählt man $f(x) = x$, so erhält man

$$\int_0^1 x\,x^n\,\mathrm{d}x = \frac{1}{n+2}\,x^{n+2}\Big|_0^1 = \frac{1}{n+2}.$$

Man kann die Funktion aber auf einer Nullmenge modifizieren, ohne an dem Ergebnis etwas zu ändern. Fordert man hingegen Stetigkeit, so kann man zeigen, dass $f(x) = x$ die einzige zulässige Wahl ist.

11.7 •• Wir kennen

$$\int_a^b x^\alpha\,\mathrm{d}x = \frac{x^{\alpha+1}}{\alpha+1}\Big|_a^b = \frac{b^{\alpha+1} - a^{\alpha+1}}{\alpha+1}.$$

Im Grenzfall $\alpha \to -1$ erhalten wir nun mit L'Hospital

$$\begin{aligned}
\lim_{\alpha\to-1} \frac{b^{\alpha+1} - a^{\alpha+1}}{\alpha+1} &= \lim_{\alpha\to-1} \frac{\ln b\, b^{\alpha+1} - \ln a\, a^{\alpha+1}}{1} \\
&= \ln b - \ln a\,.
\end{aligned}$$

Die Integrationsregel

$$\int \frac{\mathrm{d}x}{x} = \ln x + C$$

fügt sich so gesehen nahtlos in die Integrationen der anderen Potenzen ein.

Rechenaufgaben

11.8 • Mittels Linearität der Integration und mit der Tabelle der Stammfunktionen erhalten wir

$$\begin{aligned}
F_1(x) &= \int x^3\,\mathrm{d}x = \frac{x^4}{4} + C_1 \\
F_2(x) &= \int x^3\,\mathrm{d}x + \int x^2\,\mathrm{d}x + \int x\,\mathrm{d}x + \int \mathrm{d}x \\
&= \frac{x^4}{4} + \frac{x^3}{3} + \frac{x^2}{2} + x + C_2 \\
F_3(x) &= \int \mathrm{e}^x\,\mathrm{d}x + \int \cos x\,\mathrm{d}x = \mathrm{e}^x + \sin x + C_3 \\
F_4(x) &= \frac{1}{5}\int 5\,\mathrm{e}^{5x}\mathrm{d}x - 2\int \frac{\mathrm{d}x}{1+x^2} + \int \mathrm{d}x \\
&= \frac{\mathrm{e}^{5x}}{5} - 2\arctan x + x + C_3\,.
\end{aligned}$$

Da nur eine Stammfunktion gesucht ist, können wir den Integrationskonstanten jeden beliebigen Wert zuweisen, z. B. $C_1 = C_2 = C_3 = C_4 = 0$.

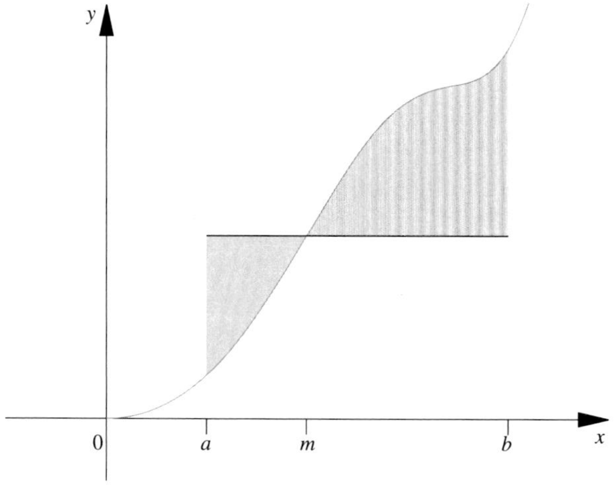

Abb. 11.30 Wir wählen m so, dass die Summe der beiden Flächen extremal wird

11.9 •• Wir bezeichnen mit F eine Stammfunktion von f und erhalten für die gesuchte Fläche, die in Abb. 11.30 skizziert ist,

$$\begin{aligned} A(m) &= \int_a^m (f(m) - f(x))\,\mathrm{d}x + \int_m^b (f(x) - f(m))\,\mathrm{d}x \\ &= f(m)\int_a^m \mathrm{d}x - \int_a^m f(x)\,\mathrm{d}x + \int_m^b f(x)\,\mathrm{d}x - f(m)\int_m^b \mathrm{d}x \\ &= f(m)\,(m-a) - F(m) + F(a) \\ &\quad + F(b) - F(m) - f(m)\,(b-m) \\ &= f(m)\,(2m-a-b) - 2F(m) + F(a) + F(b) \end{aligned}$$

Nun leiten wir dieses Ergebnis nach m ab und erhalten

$$\begin{aligned} A'(m) &= f'(m)\,(2m-a-b) + 2f(m) - 2f(m) \\ &= f'(m)\,(2m-a-b)\,. \end{aligned}$$

Um mögliche Extrema zu finden, setzen wir diese Ableitung gleich null. Da nach Voraussetzung f streng monoton wachsend ist, ist $f'(m) \neq 0$, daher muss

$$m = \frac{a+b}{2}$$

sein, unabhängig von der genauen Form von f. Für die zweite Ableitung erhalten wir

$$\begin{aligned} A''(m) &= f''(m)\,(2m-a-b) + 2f'(m)\,, \\ A''\left(\frac{a+b}{2}\right) &= 2f'\left(\frac{a+b}{2}\right) > 0\,. \end{aligned}$$

Wir haben demnach ein Minimum gefunden, wie man auch durch geometrische Betrachtungen leicht bestätigen kann.

11.10 •• Wir erhalten für die Ableitungen

$$\begin{aligned} C'(x) &= \cos(x^2) \\ C''(x) &= -2x\,\sin(x^2) \\ S'(x) &= \sin(x^2) \\ C''(x) &= 2x\,\cos(x^2)\,. \end{aligned}$$

Die erste Ableitung C' verschwindet für $x^2 = \frac{2n+1}{2}\,\pi$ mit $n \in \mathbb{N}_0$, also an den Stellen

$$x = \pm\sqrt{\frac{2n+1}{2}\,\pi}\,, \quad n \in \mathbb{N}_0\,.$$

Für die zweite Ableitung an diesen Stellen erhalten wir

$$\begin{aligned} C''\left(\pm\sqrt{\frac{2n+1}{2}\,\pi}\right) &= \mp 2\sqrt{\frac{2n+1}{2}\,\pi}\,\sin\left(\frac{2n+1}{2}\,\pi\right) \\ &= \mp 2\,(-1)^n\,\sqrt{\frac{2n+1}{2}\,\pi}\,. \end{aligned}$$

Dieser Ausdruck ist positiv für gerade n und $x < 0$ bzw. ungerade n und $x > 0$, in den anderen Fällen negativ. Es liegen demnach lokale Minima an den Stellen

$$\begin{aligned} x &= -\sqrt{\frac{4k+1}{2}\,\pi}\,, \quad k \in \mathbb{N}_0 \\ x &= +\sqrt{\frac{4k+3}{2}\,\pi}\,, \quad k \in \mathbb{N}_0\,, \end{aligned}$$

lokale Maxima an den Stellen

$$\begin{aligned} x &= +\sqrt{\frac{4k+1}{2}\,\pi}\,, \quad k \in \mathbb{N}_0 \\ x &= -\sqrt{\frac{4k+3}{2}\,\pi}\,, \quad k \in \mathbb{N}_0\,. \end{aligned}$$

Die Rechnung für S erfolgt analog: S' verschwindet für $x^2 = n\,\pi$ mit $n \in \mathbb{N}_0$, also an

$$x = \pm\sqrt{n\,\pi}\,, \quad n \in \mathbb{N}_0\,.$$

Die zweite Ableitung liefert

$$\begin{aligned} S''\left(\pm\sqrt{n,\pi}\right) &= \pm 2\sqrt{n\,\pi}\,\cos(n\,\pi) \\ &= \pm 2\,(-1)^n\,\sqrt{n\,\pi}\,. \end{aligned}$$

Das ist positiv an den Stellen mit geradem n und $x > 0$ bzw. ungeradem n und $x < 0$, negativ für gerades n und $x < 0$ bzw. ungerades n und $x > 0$. Es liegen demnach lokale Minima an

$$\begin{aligned} x &= \sqrt{2k\,\pi}\,, \quad k \in \mathbb{N} \\ x &= -\sqrt{(2k+1)\,\pi}\,, \quad k \in \mathbb{N}\,, \end{aligned}$$

lokale Maxima an

$$x = -\sqrt{2k\pi}, \quad k \in \mathbb{N}$$
$$x = \sqrt{(2k+1)\pi}, \quad k \in \mathbb{N}.$$

Im Fall $x = n = 0$ liegt ein Sattelpunkt vor, denn für $x \in (\frac{-\pi}{2}, 0)$ ist $S(x) = -\int_x^0 \sin(t^2)\,dt < 0$ und für $x \in (0, \frac{\pi}{2})$ ist $S(x) > 0$.

11.11 • Wir erhalten aus

$$f(x) = \cos x + \int_0^x \frac{\cos t}{1+t^2}\,dt$$
$$f'(x) = -\sin x + \frac{\cos x}{1+x^2}$$
$$f''(x) = -\cos x - \frac{\sin x}{1+x^2} - \frac{2x\cos x}{(1+x^2)^2}$$

die Werte $f(0) = 1$, $f'(0) = 1$ und $f''(0) = -1$. Damit können wir das gesuchte Taylorpolynom sofort angeben,

$$T_2(x;0) = 1 + x - \frac{1}{2}x^2.$$

11.12 • Für $x = 0$ ist die Behauptung klarerweise richtig. Für $x > 0$ ist

$$\int_0^x |t|\,dt = \int_0^x t\,dt = \left.\frac{t^2}{2}\right|_0^x = \frac{x^2}{2} = \frac{x\,|x|}{2}.$$

Für $x < 0$ erhalten wir

$$\int_0^x |t|\,dt = -\int_x^0 |t|\,dt = \int_x^0 t\,dt = \left.\frac{t^2}{2}\right|_x^0 = -\frac{x^2}{2} = \frac{x\,|x|}{2}.$$

11.13 •• Anwendung der Regeln von L'Hospital liefert

$$G = \lim_{x\to 1}\left(\frac{x}{x-1}\int_1^x \frac{\sin t}{t}\,dt\right)$$
$$= \lim_{x\to 1}\left(\int_1^x \frac{\sin t}{t}\,dt + x\,\frac{\sin x}{x}\right)$$
$$= \sin(1) \approx 0.841\,471.$$

Eine elegantere Variante, diesen Grenzwert zu berechnen, ist es, den Mittelwertsatz auf das Integral anzuwenden:

$$G = \lim_{x\to 1}\left(\frac{x}{x-1}\,\frac{\sin\xi}{\xi}\,(x-1)\right)$$

mit $\xi \in (1, x)$. Kürzen des Ausdrucks $(x-1)$ in Zähler und Nenner liefert

$$G = \lim_{x\to 1}\left(\frac{x\,\sin\xi}{\xi}\right) = \sin 1,$$

da mit $x \to 1$ auch $\xi \to 1$ gelten muss.

11.14 •• Wir erhalten

$$f(x) = x\,e^{-x^2} - \int_0^x e^{-t^2}\,dt$$
$$f'(x) = e^{-x^2} - 2x^2\,e^{-x^2} - e^{-x^2} = -2x^2\,e^{-x^2}$$
$$f''(x) = 4x\,(x^2-1)\,e^{-x^2}.$$

Die erste Ableitung verschwindet nur für $x = 0$. Wegen $f''(0) = 0$ kann man vorerst keine Aussage treffen, die weitere Rechnung zeigt $f'''(0) = -4 \neq 0$, es liegt demnach kein Extremum vor.

Für die zweite Funktion ergibt sich

$$g(x) = \int_0^x \frac{\sin t}{1+t^2}\,dt$$
$$g'(x) = \frac{\sin x}{1+x^2}$$
$$g''(x) = \frac{\cos x}{1+x^2} - \frac{2x\,\sin x}{(1+x^2)^2}.$$

Die erste Ableitung verschwindet für $x = n\,\pi$ mit $n \in \mathbb{Z}$. In die zweite Ableitung eingesetzt ergibt das

$$f''(n\pi) = \frac{(-1)^n}{1+(n\pi)^2}.$$

An $x = 2k\pi, k \in \mathbb{Z}$ liegen Minima, an $x = (2k+1)\pi, k \in \mathbb{Z}$ liegen Maxima der Funktion.

11.15 •• Wir erhalten:

$$G_1 = \lim_{n\to\infty}\sum_{k=1}^n \frac{n}{n^2+k^2} = \lim_{n\to\infty}\frac{1}{n}\sum_{k=1}^n \frac{1}{1+\left(\frac{k}{n}\right)^2}$$
$$= \int_0^1 \frac{dx}{1+x^2} = \arctan x\big|_0^1 = \arctan 1 = \frac{\pi}{4}$$
$$G_2 = \lim_{n\to\infty}\sum_{k=1}^n \frac{k^\alpha}{n^{\alpha+1}} = \lim_{n\to\infty}\frac{1}{n}\sum_{k=1}^n\left(\frac{k}{n}\right)^\alpha$$
$$= \int_0^1 x^\alpha\,dx = \left.\frac{1}{1+\alpha}x^{1+\alpha}\right|_0^1 = \frac{1}{1+\alpha}$$

11.16 •

$$\begin{aligned}
I &= \int\limits_0^\infty \left(\mathrm{e}^{-2x} + \mathrm{e}^{-3x} + \mathrm{e}^{-4x}\right) \mathrm{d}x \\
&= \lim_{b\to\infty} \int\limits_0^b \left(\mathrm{e}^{-2x} + \mathrm{e}^{-3x} + \mathrm{e}^{-4x}\right) \mathrm{d}x \\
&= \lim_{b\to\infty} \left\{ \int\limits_0^b \mathrm{e}^{-2x}\,\mathrm{d}x + \int\limits_0^b \mathrm{e}^{-3x}\,\mathrm{d}x + \int\limits_0^b \mathrm{e}^{-4x}\,\mathrm{d}x \right\} \\
&= -\lim_{b\to\infty} \left[\frac{\mathrm{e}^{-2x}}{2} + \frac{\mathrm{e}^{-3x}}{3} + \frac{\mathrm{e}^{-4x}}{4} \right]_0^b \\
&= -\lim_{b\to\infty} \left[\frac{\mathrm{e}^{-2b}}{2} + \frac{\mathrm{e}^{-3b}}{3} + \frac{\mathrm{e}^{-4b}}{4} \right] + \left[\frac{1}{2} + \frac{1}{3} + \frac{1}{4} \right] \\
&= \frac{13}{12}
\end{aligned}$$

11.17 •• Da für $x \in [0,\, 1]$ stets $\mathrm{e}^x > 1$ ist, gilt

$$\begin{aligned}
I_1 &= \int\limits_0^1 \frac{\mathrm{d}x}{\mathrm{e}^x\,(\sqrt{x} + x)} \le \int\limits_0^1 \frac{\mathrm{d}x}{\sqrt{x} + x} \\
&\le \int\limits_0^1 \frac{\mathrm{d}x}{\sqrt{x}},
\end{aligned}$$

dieses Integral existiert. Im zweiten Fall teilen wir das Integrationsintervall auf,

$$\begin{aligned}
I_2 &= I_{2a} + I_{2b}, \\
I_{2a} &= \int\limits_0^1 \frac{\mathrm{d}x}{x^2 + \sqrt{x}} \le \int\limits_0^1 \frac{\mathrm{d}x}{\sqrt{x}}, \\
I_{2b} &= \int\limits_1^\infty \frac{\mathrm{d}x}{x^2 + \sqrt{x}} \le \int\limits_0^1 \frac{\mathrm{d}x}{x^2},
\end{aligned}$$

beide Teilintegrale existieren und damit auch I_2. Im dritten Fall teilen wir den Integrationsbereich ebenfalls auf, können aber vermuten, dass das Integral wegen des Verhaltens bei $x = 0$ divergiert,

$$\begin{aligned}
I_3 &= I_{3a} + I_{3b}, \\
I_{3a} &= \int\limits_0^1 \frac{\mathrm{d}x}{x + x^{3/2}} \ge \int\limits_0^1 \frac{\mathrm{d}x}{x + x} = \frac{1}{2} \int\limits_0^1 \frac{\mathrm{d}x}{x}, \\
I_{3b} &= \int\limits_1^\infty \frac{\mathrm{d}x}{x + x^{3/2}} \le \int\limits_1^\infty \frac{\mathrm{d}x}{x^{3/2}}.
\end{aligned}$$

I_3 divergiert, weil das Integral I_{3a} nicht existiert.

11.18 •• Weil auf $[-1,\, 0]$ stets $\sqrt{1-x} \ge 1$ und analog auf $[0,\, 1]$ stets $\sqrt{1+x} \ge 1$ ist, können wir sofort abschätzen:

$$\begin{aligned}
I &= \int\limits_{-1}^1 \frac{\mathrm{d}x}{\sqrt{1-x^2}} = \int\limits_{-1}^1 \frac{\mathrm{d}x}{\sqrt{1-x}\,\sqrt{1+x}} \\
&= \int\limits_{-1}^0 \frac{\mathrm{d}x}{\sqrt{1-x}\,\sqrt{1+x}} + \int\limits_0^1 \frac{\mathrm{d}x}{\sqrt{1-x}\,\sqrt{1+x}} \\
&\le \int\limits_{-1}^0 \frac{\mathrm{d}x}{\sqrt{1+x}} + \int\limits_0^1 \frac{\mathrm{d}x}{\sqrt{1-x}} = 4.
\end{aligned}$$

Die Existenz dieses Integrals erlaubt die Definition der Zahl π über die Bogenlänge, siehe S. 410. Aus der obigen Abschätzung sieht man darüber hinaus unmittelbar $\pi \le 4$.

11.19 •• Da für $x \in [0,\, \frac{1}{\mathrm{e}}]$ stets $|\ln x| = -\ln x = \ln \frac{1}{x} > 1$ ist, erhalten wir

$$I = \int\limits_0^{1/\mathrm{e}} \frac{\mathrm{d}x}{\sqrt{x}\,|\ln x|} \le \int\limits_0^{1/\mathrm{e}} \frac{\mathrm{d}x}{\sqrt{x}} = 2\,x^{1/2}\Big|_0^{1/\mathrm{e}} = 2\,\sqrt{\mathrm{e}}.$$

11.20 •• Für alle $x \in [0,\, \frac{\pi}{2}]$ gilt die Ungleichung $\sin x \le x$. Das sieht man sofort anhand einer Diskussion der Funktion f mit $f(x) := x - \sin x$.

In $(0,\, \frac{\pi}{2}]$ gilt damit

$$\frac{1}{x} \le \frac{1}{\sin x},$$

und die Divergenz des Integrals folgt unmittelbar aus der Divergenz des Integrals $\int_0^{\pi/2} \frac{\mathrm{d}x}{x}$.

11.21 •• Für das Integral erhalten wir

$$\begin{aligned}
\int\limits_{-\infty}^0 \mathrm{e}^{kx}\,\mathrm{d}x &= \lim_{a\to-\infty} \int\limits_a^0 \mathrm{e}^{kx}\,\mathrm{d}x \\
&= \lim_{a\to-\infty} \left.\frac{\mathrm{e}^{kx}}{k}\right|_a^0 = \frac{1}{k}.
\end{aligned}$$

Damit ist

$$\lim_{n\to\infty} \sum_{k=1}^n \int\limits_{-\infty}^0 \mathrm{e}^{kx}\,\mathrm{d}x = \lim_{n\to\infty} \sum_{k=1}^n \frac{1}{k},$$

und die harmonische Reihe ist divergent.

11.22 ••• Die Vertauschung von Differenziation und Integration ergibt für $0 < t < 1$:

$$J'(t) = \int_0^1 \frac{x}{\sqrt{1-t^2x^2}}\,dx = \left[-\frac{1}{t^2}\sqrt{1-t^2x^2}\right]_0^1$$
$$= -\frac{\sqrt{1-t^2}}{t^2} + \frac{1}{t^2}\,.$$

Diesen Ausdruck können wir nun integrieren, um $J(t)$ zu erhalten:

$$\int J'(t)\,dt = \int \frac{dt}{t^2} - \int \frac{\sqrt{1-t^2}}{t^2}\,dt$$
$$= -\frac{1}{t} + \frac{1}{t}\sqrt{1-t^2} - \int \frac{2t}{2t\sqrt{1-t^2}}\,dt$$
$$= -\frac{1}{t} + \frac{\sqrt{1-t^2}}{t} + \arcsin t + C$$

Damit ist

$$J(t) = -\frac{1}{t} + \frac{\sqrt{1-t^2}}{t} + \arcsin t + C\,, \quad 0 < t < 1\,,$$

und dies ist im Nachhinein auch gültig für $t = 0$ (Stetigkeit des Parameterintegrals bei stetigem Integranden). Aus $J(0) = 0$ folgt $C = 0$. Im Intervall $0 \le t < 1$ gilt

$$J(t) = \frac{(\sqrt{1-t^2}-1)(\sqrt{1-t^2}+1)}{t(\sqrt{1-t^2}+1)} + \arcsin t$$
$$= -\frac{t}{1+\sqrt{1-t^2}} + \arcsin t\,.$$

Die stetige Fortsetzung nach $t = 1$ liefert

$$\lim_{t\to 1} J(t) = -1 + \frac{\pi}{2}\,.$$

11.23 ••• Bezeichnen wir mit L_n die Länge aller bis zum n-ten Schritt entfernten Intervalle, so gilt

$$L_1 = \frac{1}{4}$$
$$L_2 = \frac{1}{4} + 2\cdot\frac{1}{4^2} = \frac{1}{4} + \frac{1}{8}$$
$$L_3 = L_2 + 4\cdot\frac{1}{4^3} = \frac{1}{4} + \frac{1}{8} + \frac{1}{16}\,.$$

Dies deutet bereits auf eine geometrische Reihe hin. Allgemein werden im n-ten Schritt 2^{n-1} Intervalle der Länge $\frac{1}{4^n}$ entfernt. Wir erhalten damit:

$$L_n = \sum_{k=1}^{n} \frac{2^{n-1}}{4^n} = \frac{1}{2}\sum_{k=1}^{n}\left(\frac{1}{2}\right)^k = \frac{1}{4}\sum_{k=0}^{n-1}\left(\frac{1}{2}\right)^k$$
$$= \frac{1}{4}\cdot\frac{1-\left(\frac{1}{2}\right)^n}{1-\frac{1}{2}} = \frac{1-\left(\frac{1}{2}\right)^n}{2}$$

$$\mu(C) = 1 - \lim_{n\to\infty} L_n$$
$$= 1 - \lim_{n\to\infty} \frac{1-\left(\frac{1}{2}\right)^n}{2} = \frac{1}{2}$$

Man nennt die erhaltene Menge daher eine „Cantormenge vom Maß $\frac{1}{2}$“. Auf analoge Weise kann man Cantormengen C' von jedem beliebigem Maß $\mu(C') \in [0,\,1]$ konstruieren.

Anwendungsprobleme

11.24 • Da

$$R = \int_0^{t_{\text{Start}}} r(t)\,dt = \alpha \int_0^{t_{\text{Start}}} \frac{dt}{t}$$

bestimmt divergent ist, würde man nach diesem Modell in beliebig kurzer Zeit beliebig viel lernen. Um das ohnehin sehr krude Modell zumindest ein wenig realistischer zu machen, könnte man es zu

$$r(t) = \min\left\{\frac{\alpha}{t},\, r_{\max}\right\}$$

modifizieren. In diesem Fall wäre ein auf Summen basierendes Modell jedoch ohnehin eher angebracht als eines, das eine stetige Lernrate annimmt.

11.25 •• Für das durch die rotierende Hyperbel umschriebene Volumen erhalten wir

$$V_h(c) = \pi\int_1^c x^2(y)\,dy = \pi\int_1^c (y^2-1)\,dy$$
$$= \pi\left\{\frac{y^3}{3}\Big|_1^c - y\Big|_1^c\right\} = \pi\left\{\frac{c^3}{3} - c + \frac{2}{3}\right\}\,.$$

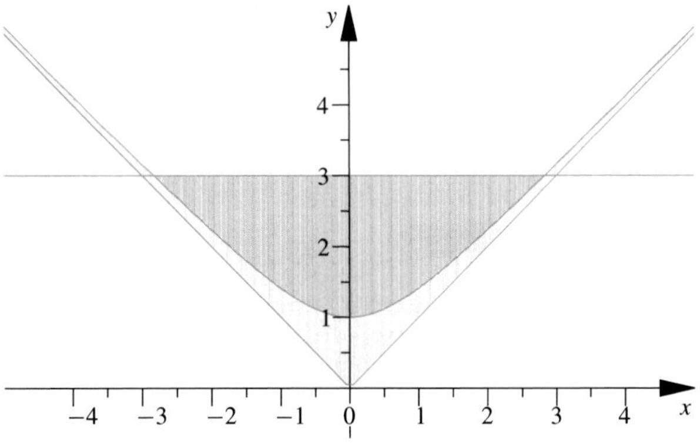

Abb. 11.31 Ein Glas, das durch Rotation des Astes $y > 0$ der Hyperbel $y^2 - x^2 - 1$ und der Geraden $y = x$ entsteht

Dieses Volumen steht für die Flüssigkeit zur Verfügung. Im konkreten Fall $c = 3$ sind es

$$V_h(3) = \left(6 + \frac{2}{3}\right) \pi \text{ cm}^3 .$$

Analog erhalten wir das von der rotierenden Geraden umschriebene Volumen zu

$$V_g(c) = \pi \int_1^c x^2(y)\,\mathrm{d}y = \pi \int_1^c y^2\,\mathrm{d}y = \pi \frac{c^3}{3},$$

Das Volumen des leeren Glases beträgt damit

$$V_{\mathrm{gl}}(c) = V_g(c) - V_h(c) = \pi \left(c - \frac{2}{3}\right),$$

seine Masse ist $M(c, \rho) = V_{\mathrm{gl}}(c)\,\rho$. Für $c = 3$ entspricht das bei einer Dichte von $\rho = 2.2 \frac{\mathrm{g}}{\mathrm{cm}^3}$ einer Masse von

$$M(6, 2.2) = \frac{7\pi}{3} \cdot 2.2 \approx 7.3304\,\mathrm{g}.$$

11.26 ••• Hier gibt es keinen genau vorgezeichneten Lösungsweg. Wir empfehlen die Verwendung von Interpolationspolynome zweiten bzw. dritten Grades, deren Koeffizienten aus den geforderten Bedingungen bestimmt werden. Die entsprechenden Gleichungssysteme sind umfangreich genug, um den Einsatz von Computeralgebrasystemen zu rechtfertigen.

Um eine obere und eine untere Schranke für das Volumen zu erhalten, kann man benutzen, dass der Graph einer Funktion mit den geforderten Eigenschaften immer zwischen dem Graphen der beiden Treppenfunktionen t_1 und t_2 liegen muss, die auf $[0, 5]$ durch

$$t_1(x) = \begin{cases} 0 & \text{für } x \in (0, 1) \\ \frac{1}{2} & \text{für } x \in (1, 3) \\ \frac{3}{2} & \text{für } x \in (3, 5) \end{cases}$$

$$t_2(x) = \begin{cases} 1 & \text{für } x \in (0, 1) \\ 2 & \text{für } x \in (1, 5) \end{cases}$$

gegeben sind.

Kapitel 11

Kapitel 12

Aufgaben

Verständnisfragen

12.1 • Als Umkehrung welcher Rechenregeln ergeben sich Substitution und partielle Integration?

12.2 •• Man bestimme das Integral

$$I = \int_{-\pi}^{\pi} \frac{\sinh x \, \cos x}{1+x^2} \, \mathrm{d}x$$

12.3 •• Substituieren Sie im Integral

$$I = \int_0^1 \frac{\mathrm{d}x}{x^\alpha}$$

$u = 1/x$ und vergleichen Sie die Konvergenzeigenschaften des ursprünglichen und des neuen Integrals in Abhängigkeit von $\alpha \in \mathbb{R}$.

12.4 •• Eine Methode, Integrale der Form

$$\int_a^\infty f(x) \, \mathrm{d}x$$

numerisch zu bestimmen ist es, eine Genauigkeit $\varepsilon > 0$ vorzugeben, dann die Folge der Integrale

$$I_1 = \int_a^{b_1} f(x) \, \mathrm{d}x \,, \quad I_2 = \int_a^{b_2} f(x) \, \mathrm{d}x \,, \quad \ldots$$

mit $a < b_1 < b_2 < b_3 < \ldots$ zu bestimmen und den Prozess abzubrechen, wenn $|I_n - I_{n-1}| < \varepsilon$ ist. Vergleichen Sie die beiden Möglichkeiten $b_n = 100\,n$ und $b_n = 10^n$ für die beiden Integrale

$$I_1 = \int_1^\infty \frac{1}{x^{5/4}} \, \mathrm{d}x \quad \text{und} \quad I_2 = \int_1^\infty \frac{1}{x^{4/5}} \, \mathrm{d}x$$

mit einer vorgegebenen Genauigkeit $\varepsilon = 10^{-6}$. Was ist der prinzipielle Nachteil dieser Methode?

Rechenaufgaben

12.5 • Man bestimme die im Folgenden angegebenen Integrale:

$$I = \int x \, \sin x \, \mathrm{d}x$$

12.6 ••

$$I_1 = 7 \int \sqrt{x\sqrt{x}} \, \mathrm{d}x, \quad I_2 = 15 \int \sqrt{x\sqrt{x\sqrt{x}}} \, \mathrm{d}x.$$

12.7 ••

$$I_1 = \int \frac{x}{\cosh^2 x} \, \mathrm{d}x, \quad I_2 = \int \frac{\ln(x^2)}{x^2} \, \mathrm{d}x$$

12.8 ••

$$I_1 = \int_{\pi/6}^{\pi/2} \frac{x}{\sin^2 x} \, \mathrm{d}x \,, \quad I_2 = \int_0^1 r^2 \sqrt{1-r} \, \mathrm{d}r$$

12.9 ••

$$I_1 = \int_0^1 \frac{\mathrm{e}^x}{(1+\mathrm{e}^x)^2} \, \mathrm{d}x \,, \quad I_2 = \int \frac{\cos(\ln x)}{x} \, \mathrm{d}x$$

12.10 ••

$$I = \int \cos\left(\mathrm{e}^{\sin x}\right) \mathrm{e}^{\sin x} \cos x \, \mathrm{d}x$$

T. Arens et al., *Arbeitsbuch Mathematik*, https://doi.org/10.1007/978-3-662-64391-4_11

12.11 ••

$$I_1 = \int \frac{e^x}{e^x + e^{-x}}\,dx\,, \quad I_2 = \int \frac{\ln^2 x}{x}\,dx$$

12.12 ••

$$I = \int e^x \cosh(e^x)\, e^{(e^x)}\,dx$$

12.13 ••

$$I = \int_1^2 \frac{x-27}{x^3 - 2x^2 - 3x}\,dx$$

12.14 ••

$$I = \int_0^1 \frac{x^2 - 6x - 7}{(x-2)^2\,(x^2+1)}\,dx$$

12.15 ••

$$I_1 = \int \frac{4x-2}{x^2+3x+3}\,dx\,, \quad I_2 = \int \frac{e^x\ \sinh x}{e^x + 1}\,dx$$

12.16 ••

$$I = \int \frac{x^2+2x+2}{x^3+3x^2+6x+12}\,dx$$

12.17 ••

$$I_1 = \int x \cdot \ln(x^2)\,dx\,, \quad I_2 = \int \frac{\tan x}{\cos x}\,dx$$

12.18 ••

$$I = \int \cosh(e^x)\, e^{2x}\,dx$$

12.19 ••

$$I = \int \frac{\sin x}{\cos x - \sin^2 x}\,dx$$

12.20 ••

$$I_1 = \int \frac{dx}{\sqrt{1+e^{2x}}}\,, \quad I_2 = \int \frac{\sin x}{1+\cos x}\,dx$$

12.21 •• Man zeige die Beziehung

$$\int_0^\infty \frac{\ln x}{x^2+1}\,dx = 0$$

12.22 • Die Funktion f sei auf $\mathbb{R}$ zweimal stetig differenzierbar. Zeigen Sie für alle Intervalle $[a,\, b]$

$$\int_a^b x\, f''(x)\,dx = [b\, f'(b) - a\, f'(a)] - [f(b) - f(a)]\,.$$

12.23 •• Man bestimme einen allgemeinen Ausdruck für Integrale der Form

$$I_n = \int x^n\ \ln x\,dx$$

mit $n \in \mathbb{N}$.

12.24 •• Man bestimme jeweils eine Rekursionsformel für die Integrale

$$I_n = \int x^n\, e^{-x}\,dx$$

$$J_n = \int \sin^n x\,dx$$

12.25 •• Man zeige, dass die Reihe

$$\left(\sum_{k=1}^{\infty} \frac{1}{k^3 + 3k^2 + 2k}\right)$$

konvergent ist und bestimme ihren Wert.

Anwendungsprobleme

12.26 •• Die Geschwindigkeit einer Rakete, die mit Startgeschwindigkeit $v_0 = 0$ abhebt, ist durch

$$v(t) = u\ \ln \frac{m_0}{m_0 - qt} - gt$$

gegeben, wobei m_0 die Masse der Rakete beim Start, q die Rate des Massenausstoßes (und damit des Treibstoffverbrauchs) und g die Erdbeschleunigung bezeichnet. Bestimmen Sie den bis zu einer Zeit $t = t_f$ (final) zurückgelegten Weg $s(t_f) = \int_0^{t_f} v(t)\,dt$ unter der Annahme (näherungsweise) konstanter Erdbeschleunigung. Schätzen Sie die maximale Zeit, für die die obige Formel Gültigkeit hat.

12.27 •• Implementieren Sie in einer Programmiersprache Ihrer Wahl die Trapez- und die Simpson-Formel. Testen Sie sie an einigen Funktionen, deren Integrale Sie analytisch bestimmen können. Vergleichen Sie die Effizienz der beiden Methoden.

12.28 ●● Schreiben Sie in einer Programmiersprache Ihrer Wahl einen einfachen Monte-Carlo-Integrator. Testen Sie ihn an einigen Funktionen, deren Integrale Sie analytisch bestimmen können.

12.29 ● Auch die rekursive Implementierung der Simpson-Formel auf S. 456 hat natürlich mit jenen Schwächen zu kämpfen, die zu Beginn von Abschnitt 12.5 angeführt wurden. Finden Sie eine Funktion, für die `simpson` einen völlig falschen Wert liefert.

12.30 ●● Die rekursive Implementierung der Simpson-Formel auf S. 456 bietet noch einige Möglichkeiten für Verbesserungen. Modifizieren Sie die Funktion so, dass bereits benutzte Funktionswerte bei den rekursiven Aufrufen weiterverwendet und nicht wieder neu berechnet werden. Ergänzen Sie zudem, dass die maximal benötigte Rekursionstiefe und die Gesamtzahl der Funktionsaufrufe ermittelt und ausgegeben werden.

Hinweise

Verständnisfragen

12.1 ● Jede Integrationsregel ist die Umkehrung einer Ableitungsregel. Welche Regeln kommen infrage?

12.2 ●● Untersuchen Sie die Symmetrieeigenschaften des Integranden.

12.3 ●● Beachten Sie die Übersicht auf S. 397.

12.4 ●● Existieren die Integrale I_1 und I_2?

Rechenaufgaben

12.5 ● Partielle Integration.

12.6 ●● Für diese Integrale benötigen Sie keine speziellen Integrationstechniken.

12.7 ●● Partielle Integration.

12.8 ●● Partielle Integration.

12.9 ●● Substituieren Sie im ersten Beispiel $u = \mathrm{e}^x$, im zweiten $u = \ln x$.

12.10 ●● Arbeiten Sie mit der Substitution $u = \sin x$. Im weiteren Verlauf der Rechnung wird eine weitere Substitution notwendig sein.

12.11 ●● Standardsubstitutionen, in I_1 die Exponentialfunktion, in I_2 den Logarithmus.

12.12 ●● Substituieren Sie $u = \mathrm{e}^x$ und benutzen Sie an geeigneter Stelle die Definitionsgleichung des hyperbolischen Kosinus.

12.13 ●● Partialbruchzerlegung. Eine Nullstelle des Nenners liegt offensichtlich bei $x = 0$.

12.14 ●● Partialbruchzerlegung.

12.15 ●● Schreiben Sie in I_1 den Zähler so um, dass Sie zwei Integrale erhalten, von denen Sie eines mittels logarithmischer Integration lösen können. Benutzen Sie notfalls die Formeln von S. 442. In I_2 hilft eine Aufspaltung des hyperbolischen Sinus anhand der Definitionsgleichung. Der so erhaltene Ausdruck vereinfacht sich durch kluges Anwenden der binomischen Formeln.

12.16 ●● Das ist ein Kandidat für logarithmische Integration.

12.17 ●● In I_1 partielle Integration, wobei der Logarithmus zu differenzieren ist. Bei I_2 ist es hilfreich, den Tangens aufzuspalten, danach führt eine Substitution weiter.

12.18 ●● Substitution $u = \mathrm{e}^x$ und anschließende partielle Integration.

12.19 ●● Die naheliegende Substitution $u = \sin x$ führt zu keinem einfacheren Integral. Da der Integrand ungerade in $\sin x$ ist, hilft hingegen, wie aus der Zusammenfassung auf S. 444 ersichtlich, die Substitution $u = \cos x$.

12.20 ●● Eine schnelle Möglichkeit ist es, in I_1 die gesamte Wurzel zu substituieren. In I_2 erhalten Sie mit einer der Standardsubstitutionen von S. 444 ein Integral über eine rationale Funktion. Bei diesem besonderen Beispiel gibt es jedoch sogar noch einen schnelleren Weg.

12.21 ●● Spalten Sie das Integral an der Stelle $x = 1$ auf und substituieren Sie in einem der beiden Teilintervalle $u = 1/x$.

12.22 ● Das folgt unmittelbar aus partieller Integration.

12.23 •• Arbeiten Sie mit partieller Integration, und kontrollieren Sie das Ergebnis durch Differenzieren.

12.24 •• In beiden Fällen hilft partielle Integration; spalten Sie im zweiten Beispiel das Produkt so auf, dass Sie die Stammfunktion eines Faktors sofort angeben können.

12.25 •• Bestimmen Sie einen expliziten Ausdruck für die Partialsummen, benutzen Sie dazu Partialbruchzerlegung und Indexverschiebungen.

Anwendungsprobleme

12.26 •• Benutzen Sie $\int \ln f(x)\,\mathrm{d}x = \int 1 \cdot \ln f(x)\,\mathrm{d}x$ und partielle Integration. Überlegen Sie für die Frage nach der Gültigkeit, wie lange eine Rakete der Masse m_0 Treibstoff mit einer Rate q verbrauchen kann.

12.27 •• Definieren Sie, falls möglich, die aufzurufende Funktion extern, um sie leichter austauschen zu können. Es wird vermutlich am einfachsten sein, zwei Schleifen ineinander zu schachteln, die äußere für die Verfeinerung der Zerlegung, die innere für das Aufsummieren der Teilergebnisse. Machen Sie sich am Anfang nicht zu viele Gedanken um eine Optimierung (etwa durch Wiederverwenden von schon ermittelten Funktionswerten).

12.28 •• Definieren Sie, falls möglich, die aufzurufende Funktion extern, um sie leichter austauschen zu können. Die zentrale Zutat für ein solches Programm ist ein Zufallsgenerator, mit dem die Punkte für die Funktionsauswertung bestimmt werden. Liefert etwa die Routine RAND() eine im Intervall (0, 1) gleichverteilte Zufallszahl, so erhält man die Stützpunkte über $a + (b - a) \cdot \mathrm{RAND}()$. Zudem benötigt man eine Schleife, in der die Ergebnisse aufsummiert werden. Denken Sie daran, die Zahl der Funktionsauswertungen zu speichern.

12.29 • Orientieren sich sich an Abb. 12.7 und berücksichtigen Sie, dass für den Konvergenztest nur die Werte an fünf (äquidistanten) Stellen verwendet werden.

12.30 •• Führen Sie in der Funktion ein zusätzliches Argument ein, das schon die berechneten Funktionswerte enthält. In der Funktion soll am Anfang überprüft werden (mit `exist` oder `nargin`), ob dieses Argument übergeben wurde. Wenn ja, verwenden Sie die entsprechenden Werte weiter.

Sehen Sie zwei weitere Rückgabewerte für die Zahl der gesamten Funktionsaufrufe sowie für die Rekursionstiefe vor. Bei der Ermittlung der Rekursionstiefe bietet es sich an, „von unten", d.h. bei der tiefesten Ebene zu zählen zu beginnen.

Lösungen

Verständnisfragen

12.1 • Kettenregel und Produktregel.

12.2 •• $I = 0$

12.3 •• $I = \int_1^\infty \frac{\mathrm{d}u}{u^{2-\alpha}}$

12.4 •• –

Rechenaufgaben

12.5 • $I = -x\cos x + \sin x + C$

12.6 •• $I_1 = 4\,x^{7/4} + C,\ I_2 = 8\,x^{15/8} + C$

12.7 •• $I_1 = x \cdot \tanh x - \ln\cosh x + C$

$$I_2 = -\frac{\ln(x^2)}{x} - \frac{2}{x} + C$$

12.8 •• $I_1 = \frac{\sqrt{3}\pi}{6} + \ln 2,\ I_2 = 16/105$

12.9 •• $I_1 = \frac{1}{2} - \frac{1}{1+\mathrm{e}},\ I_2 = \sin(\ln x) + C$

12.10 •• $I = \sin\left(\mathrm{e}^{\sin x}\right) + C.$

12.11 •• $I_1 = \frac{1}{2}\ln\left|\mathrm{e}^{2x} + 1\right| + C,\ I_2 = \frac{\ln^3 x}{3} + C$

12.12 •• $I = \frac{1}{4}\left[\mathrm{e}^{2\mathrm{e}^x} + 2\mathrm{e}^x\right] + C$

12.13 •• $I = 18\ln 2 - 7\ln 3$

12.14 •• $I = -\frac{3}{2} - 3\ln 2$

12.15 •• $I_1 = 2\ln(x^2 + 3x + 3) - \frac{16}{\sqrt{3}}\arctan\frac{2x+3}{\sqrt{3}} + C,$ $I_2 = \frac{\mathrm{e}^x - x}{2} + C$

12.16 •• $I = \frac{1}{3}\ln\left|x^3 + 3x^2 + 6x + 12\right| + C$

12.17 •• $I_1 = \frac{x^2}{2}\ln(x^2) - \frac{x^2}{2} + C,\ I_2 = \frac{1}{\cos x} + C$

12.18 •• $I = \mathrm{e}^x\sinh(\mathrm{e}^x) - \cosh(\mathrm{e}^x) + C$

12.19 •• $I = -\frac{2}{\sqrt{5}} \operatorname{arcoth}\left(\frac{2}{\sqrt{5}} \cos x + \frac{1}{\sqrt{5}}\right) + C$

12.20 •• $I_1 = \operatorname{arcoth}\sqrt{1+e^{2x}} + C$, $I_2 = \ln\left(\tan^2 \frac{x}{2} + 1\right) + C = -\ln(1+\cos x) + D$

12.21 •• –

12.22 • –

12.23 •• $I_m = \frac{x^{n+1}}{n+1} \ln x - \frac{x^{n+1}}{(n+1)^2}$

12.24 •• $I_n = -x^n e^{-x} + n\, I_{n-1}$, $J_n = (1 - \frac{1}{n})\, J_{n-2} - \frac{1}{n} \sin^{n-1} x \cos x$.

12.25 •• Der Wert der Reihe ist $S = \frac{1}{4}$.

Anwendungsprobleme

12.26 •• $s(t_f) = u t_f - \frac{g}{2} t_f^2 + u(t_f - \frac{m_0}{q}) \ln \frac{m_0}{m_0 - q t_f}$, das kann bestenfalls gültig sein für $t_f < \frac{m_0}{q}$.

12.27 •• –

12.28 •• –

12.29 • z. B. `f = @(x)sin(x)^2` im Intervall $[-2\pi, 2\pi]$

12.30 •• –

Lösungswege

Verständnisfragen

12.1 • Die Substitution ergibt sich als Umkehrung der Kettenregel, die partielle Integration als Umkehrung der Produktregel.

12.2 •• Wir setzen

$$f(x) = \frac{\sinh x \cos x}{1 + x^2}$$

Wegen

$$f(-x) = \frac{\sinh(-x) \cos(-x)}{1 + (-x)^2} = -\frac{\sinh x \cos x}{1 + x^2} = -f(x)$$

ist der Integrand antisymmetrisch und bei Integration über ein symmetrisches Intervall verschwindet das Integral. Daher ist

$$\int_{-\pi}^{\pi} f(x)\,dx = 0.$$

12.3 •• Mit der Substitution $u = 1/x$ erhalten wir

$$I = \int_0^1 \frac{dx}{x^\alpha} = \left| \begin{matrix} u = \frac{1}{x} & 1 \to 1 \\ dx = -\frac{du}{u^2} & 0 \to \infty \end{matrix} \right| = -\int_\infty^1 u^\alpha \frac{du}{u^2} = \int_1^\infty \frac{du}{u^{2-\alpha}}$$

Wir wissen (siehe z. B. S. 397), dass Integrale der Form

$$\int_0^1 \frac{dx}{x^\alpha} \quad \text{bzw.} \quad \int_1^\infty \frac{dx}{x^\beta}$$

genau dann konvergieren, wenn $\alpha < 1$ bzw $\beta > 1$ ist. Nun sehen wir auch, wie diese Beziehungen zusammenhängen. Mit $\beta = 2 - \alpha$ haben die beiden Integrale genau das gleiche Konvergenzverhalten und, wenn sie existieren, den gleichen Wert.

12.4 •• Für I_1 liefert die Methode einen akzeptablen Näherungswert, allerdings erst für vergleichsweise großes n. Bei I_2 hingegen stoßen wir auf massive Probleme. Auch hier bricht die Methode irgendwann ab und liefert einen endlichen Wert; tatsächlich aber existiert das Integral gar nicht.

12.5 •

$$I = \int x \sin x\,dx = \left| \begin{matrix} u = x & u' = 1 \\ v' = \sin x & v = -\cos x \end{matrix} \right| = -x \cos x + \int \cos x\,dx = -x \cos x + \sin x + C$$

12.6 ••

$$\begin{aligned} I_1 &= 7 \int \sqrt{x\, x^{1/2}}\,dx = 7 \int (x^{3/2})^{1/2}\,dx \\ &= 7 \int x^{3/4}\,dx = 7\,\frac{x^{7/4}}{7/4} + C = 4\,x^{7/4} + C \\ I_2 &= 15 \int \sqrt{x \sqrt{x\, x^{1/2}}}\,dx = 15 \int \sqrt{x\,(x^{3/2})^{1/2}}\,dx \\ &= 15 \int (x\, x^{3/4})^{1/2}\,dx = 15 \int x^{7/8}\,dx \\ &= 15 \frac{x^{15/8}}{15/8} + C = 8\,x^{15/8} + C \end{aligned}$$

Rechenaufgaben

12.7 ••

$$I_1 = \int x \frac{1}{\cosh^2 x}\,dx = \left| \begin{matrix} u = x & u' = 1 \\ v' = \frac{1}{\cosh^2 x} & v = \tanh x \end{matrix} \right| = $$
$$= x \cdot \tanh x - \int \tanh x\,dx = x \cdot \tanh x - \int \frac{\sinh x}{\cosh x}\,dx$$
$$= x \cdot \tanh x - \ln\cosh x + C$$

Notwendig ist dabei nur die Kennnis des (Fast-)Standardintegrals

$$\int \frac{1}{\cosh^2 x}\,dx = \tanh x + C$$

und die Anwendung der logarithmischen Integration. Die Betragsstriche sind hier unnötig, da der hyperoblische Kosinus ohnehin nie negativ werden kann.

Für das zweite Integral erhalten wir

$$I_2 = \int \ln(x^2)\,\frac{1}{x^2}\,dx = \left| \begin{matrix} u = \ln(x^2) & u' = \frac{2x}{x^2} \\ v' = \frac{1}{x^2} & v = -\frac{1}{x} \end{matrix} \right| =$$
$$= -\frac{\ln(x^2)}{x} + \int \frac{2}{x^2}\,dx = -\frac{\ln(x^2)}{x} - \frac{2}{x} + C.$$

12.8 •• Wir erhalten

$$I_1 = \int\limits_{\pi/6}^{\pi/2} x\,\frac{1}{\sin^2 x}\,dx = \left| \begin{matrix} u = x & v' = \frac{1}{\sin^2 x} \\ u' = 1 & v = -\cot x \end{matrix} \right| =$$
$$= -x\,\cot x \Big|_{\pi/6}^{\pi/2} + \int\limits_{\pi/6}^{\pi/2} \cot x\,dx$$
$$= [-x\,\cot x + \ln|\sin x|]_{\pi/6}^{\pi/2} = \frac{\sqrt{3}\,\pi}{6} + \ln 2$$

und

$$I_2 = \int\limits_0^1 r^2\,\sqrt{1-r}\,dr = \left| \begin{matrix} u = r^2 & v' = (1-r)^{1/2} \\ u' = 2r & v = -\frac{2}{3}(1-r)^{3/2} \end{matrix} \right| =$$
$$= \underbrace{-\frac{2r^2}{3}(1-r)^{3/2}\Big|_0^1}_{=0} + \frac{4}{3}\int\limits_0^1 r\,(1-r)^{3/2}\,dr$$
$$= \left| \begin{matrix} u = r & u' = 1 \\ v' = (1-r)^{3/2} & v = -\frac{2}{5}(1-r)^{5/2} \end{matrix} \right| =$$
$$= \frac{4}{3}\left\{ \underbrace{-\frac{2r}{5}(1-r)^{5/2}\Big|_0^1}_{=0} + \frac{2}{5}\int\limits_0^1 (1-r)^{5/2}\,dr \right\}$$
$$= -\frac{4}{3}\,\frac{2}{5}\,\frac{2}{7}\,(1-r)^{7/2}\Big|_0^1 = \frac{16}{105}$$

12.9 •• Wir erhalten mit der Substitution $u = e^x$

$$I_1 = \int\limits_0^1 \frac{e^x}{(1+e^x)^2}\,dx = \left| \begin{matrix} u = e^x,\ x = \ln u & 1 \to e \\ dx = \frac{dx}{du}\,du = \frac{1}{u}\,du & 0 \to 1 \end{matrix} \right| =$$
$$= \int\limits_1^e \frac{u}{(1+u)^2}\,\frac{du}{u} = \int\limits_1^e (1+u)^{-2}\,du$$
$$= -(1+u)^{-1}\Big|_1^e = -\frac{1}{1+e} + \frac{1}{1+1}$$
$$= \frac{1}{2} - \frac{1}{1+e}$$

Da im zweiten Integral der Logarithmus als Argument des Cosinus am störendsten aussieht, substituieren wir:

$$I_2 = \int \frac{\cos(\ln x)}{x}\,dx = \left| \begin{matrix} u = \ln x\ d \\ u = \frac{1}{x}\,du \end{matrix} \right| =$$
$$= \int \cos u\,du = \sin u + C$$
$$= \sin(\ln x) + C$$

12.10 •• Wir arbeiten mit doppelter Substitution:

$$I = \int \cos\left(e^{\sin x}\right)\,e^{\sin x}\,\cos x\,dx = \left| \begin{matrix} u = \sin x \\ du = \cos x\,dx \end{matrix} \right| =$$
$$= \int \cos(e^u)\,e^u\,du = \left| \begin{matrix} v = e^u \\ du = \frac{dv}{e^u} \end{matrix} \right| =$$
$$= \int \cos v\,dv = \sin v + C = \sin(e^u) + C$$
$$= \sin\left(e^{\sin x}\right) + C$$

Natürlich hätte man auch sofort $v = e^{\sin x}$ substituieren können und wäre mit einem (dafür komplizierteren) Substitutionsschritt ausgekommen.

12.11 •• Die naheliegendste Substitution in I_1 ist natürlich $u = e^x$:

$$I_1 = \int \frac{e^x}{e^x + e^{-x}}\,dx = \left| \begin{matrix} u = e^x \\ du = e^x\,dx \end{matrix} \right| =$$
$$= \int \frac{u}{u + \frac{1}{u}}\,\frac{du}{u} = \int \frac{u}{u^2+1}\,du = \frac{1}{2}\int \frac{2u}{u^2+1}\,du$$
$$= \frac{1}{2}\ln\left|u^2+1\right| + C = \frac{1}{2}\ln\left|e^{2x}+1\right| + C\,;$$

in I_2 substituieren wir für den Logarithmus:

$$I = \int \frac{\ln^2 x}{x}\,dx = \left| \begin{matrix} u = \ln x \\ du = \frac{1}{x}\,dx \end{matrix} \right| = \int u^2\,du =$$
$$= \frac{1}{3}u^3 + C = \frac{\ln^3 x}{3} + C\,.$$

12.12 •• Hier substituiert man $u = \mathrm{e}^x$:

$$\begin{aligned} I &= \int \mathrm{e}^x \cosh(\mathrm{e}^x)\,\mathrm{e}^{(\mathrm{e}^x)}\,\mathrm{d}x = \left| \begin{matrix} u = \mathrm{e}^x \\ \mathrm{d}u = \mathrm{e}^x\,\mathrm{d}x \end{matrix} \right| = \\ &= \int \cosh(u)\,\mathrm{e}^u\,\mathrm{d}u = \frac{1}{2}\int (\mathrm{e}^u + \mathrm{e}^{-u})\,\mathrm{e}^u\,\mathrm{d}u \\ &= \frac{1}{2}\int \left(\mathrm{e}^{2u} + 1\right)\mathrm{d}u = \frac{1}{2}\left[\frac{1}{2}\mathrm{e}^{2u} + u\right] + C \\ &= \frac{1}{4}\left[\mathrm{e}^{2\mathrm{e}^x} + 2\mathrm{e}^x\right] + C \end{aligned}$$

12.13 •• Nullsetzen des Nenners liefert

$$x^3 - 2x^2 - 3x = x\,(x^2 - 2x - 3) = 0$$

und mit $x_1 = 0$, $x_{2,3} = 1 \pm \sqrt{1+3}$ setzen wir eine Partialbruchzerlegung an

$$\frac{x - 27}{x^3 - 2x^2 - 3x} = \frac{A}{x} + \frac{B}{x-3} + \frac{C}{x+1}$$

Multiplikation mit dem gemeinsamen Nenner liefert

$$x - 27 = A\,(x-3)\,(x+1) + B\,x\,(x+1) + C\,x\,(x-3)\,,$$

und die Polstellenmethode ergibt

$$\begin{aligned} x &= 0: \quad & -27 &= -3A \quad & A &= 9 \\ x &= 3: \quad & -24 &= -12B \quad & B &= -2 \\ x &= -1: \quad & -28 &= 4C \quad & C &= -7\,. \end{aligned}$$

Damit können wir das Integral sofort ermitteln:

$$\begin{aligned} I &= \int_1^2 \left(\frac{9}{x} - \frac{2}{x-3} - \frac{7}{x+1}\right)\mathrm{d}x \\ &= \left[9\ln|x| - 2\ln|x-3| - 7\ln|x+1|\right]_1^2 \\ &= 9\,(\ln 2 - \ln 1) - 2\,(\ln 1 - \ln 2) - 7\,(\ln 3 - \ln 2) \\ &= 18\ln 2 - 7\ln 3 \end{aligned}$$

12.14 •• Die Polynomdivision entfällt wegen Grad Zähler $= 2 < 4 =$ Grad Nenner. Nun setzen wir eine Partialbruchzerlegung an

$$\frac{x^2 - 6x - 7}{(x-2)^2\,(x^2+1)} = \frac{A}{x-2} + \frac{B}{(x-2)^2} + \frac{Cx + D}{x^2+1}$$

Multiplikation mit dem gemeinsamen Nenner ergibt

$$\begin{aligned} x^2 - 6x - 7 = {} & A\,(x-2)\,(x^2+1) + B\,(x^2+1) \\ & + (Cx + D)\,(x-2)^2\,. \end{aligned}$$

Wir sortieren auf beiden Seiten nach Potenzen:

$$\begin{aligned} x^2 - 6x - 7 = {} & (A + C)\,x^3 + (-2A + B - 4C + D)\,x^2 \\ & + (A + 4C - 4D)\,x + (-2A + B + 4D) \end{aligned}$$

Man erhält das Gleichungssystem

$$\begin{aligned} A + C &= 0\,, \\ -2A + B - 4C + D &= 1\,, \\ A + 4C - 4D &= -6\,, \\ -2A + B + 4D &= -7 \end{aligned}$$

mit der Lösung $A = 2$, $B = -3$, $C = -2$, $D = 0$.

$$\begin{aligned} I &= \int_0^1 \left(\frac{2}{x-2} - \frac{3}{(x-2)^2} - \frac{2x}{x^2+1}\right)\mathrm{d}x \\ &= \left[2\ln|x-2| + \frac{3}{x-2} - \ln(x^2+1)\right]_0^1 \\ &= -\frac{3}{2} - 3\ln 2 \end{aligned}$$

12.15 •• Da der Nenner keine reellen Nullstellen hat, lässt sich der Integrand von I_1 nicht mehr mittels reeller Partialbruchzerlegung vereinfachen. Statt dessen versuchen wir, den Zähler als Ableitung des Nenners darzustellen, um logarithmisch integrieren zu können:

$$\begin{aligned} I_1 &= 2\int \frac{2x - 1}{x^2 + 3x + 3}\,\mathrm{d}x = 2\int \frac{2x + 3 - 4}{x^2 + 3x + 3}\,\mathrm{d}x \\ &= 2\left\{\int \frac{2x+3}{x^2+3x+3}\,\mathrm{d}x - \int \frac{4}{x^2+3x+3}\,\mathrm{d}x\right\} \\ &= 2\ln|x^2 + 3x + 3| - 8\cdot\int \frac{1}{x^2 + 3x + \frac{9}{4} + \frac{3}{4}}\,\mathrm{d}x \\ &= 2\ln(x^2 + 3x + 3) - 8\cdot\int \frac{1}{\left(x + \frac{3}{2}\right)^2 + \frac{3}{4}}\,\mathrm{d}x \end{aligned}$$

Die Substitution $u = x + \frac{3}{2}$, $\mathrm{d}u = \mathrm{d}x$ führt schließlich auf

$$\begin{aligned} \int \frac{\mathrm{d}u}{u^2 + \frac{3}{4}} &= \frac{4}{3}\cdot\int \frac{\mathrm{d}u}{\frac{4u^2}{3} + 1} = \left| \begin{matrix} v = \frac{2u}{\sqrt{3}} \\ \mathrm{d}u = \frac{\sqrt{3}}{2}\,\mathrm{d}v \end{matrix} \right| = \\ &= \frac{\sqrt{3}}{2}\cdot\frac{4}{3}\cdot\int \frac{\mathrm{d}v}{v^2+1} = \frac{2}{\sqrt{3}}\arctan v + C \\ &= \frac{2}{\sqrt{3}}\arctan\frac{2x+3}{\sqrt{3}} + C \end{aligned}$$

und wir erhalten

$$I_1 = 2\ln(x^2 + 3x + 3) - \frac{16}{\sqrt{3}}\arctan\frac{2x+3}{\sqrt{3}} + C\,.$$

In I_2 spalten wir den hyperbolischen Sinus auf und erhalten

$$\begin{aligned} I &= \int \frac{\mathrm{e}^x\,\sinh x}{\mathrm{e}^x + 1}\,\mathrm{d}x = \int \frac{\mathrm{e}^x\,\frac{1}{2}(\mathrm{e}^x - \mathrm{e}^{-x})}{\mathrm{e}^x + 1}\,\mathrm{d}x \\ &= \frac{1}{2}\int \frac{\mathrm{e}^{2x} - 1}{\mathrm{e}^x + 1}\,\mathrm{d}x = \frac{1}{2}\int \frac{(\mathrm{e}^x + 1)\cdot(\mathrm{e}^x - 1)}{\mathrm{e}^x + 1}\,\mathrm{d}x \\ &= \frac{1}{2}\int (\mathrm{e}^x - 1)\,\mathrm{d}x = \frac{\mathrm{e}^x - x}{2} + C\,. \end{aligned}$$

12.16 •• Umformen erlaubt sofort eine logarithmische Integration:

$$\begin{aligned} I &= \frac{1}{3}\int \frac{3x^2+6x+6}{x^3+3x^2+6x+12}\,\mathrm{d}x \\ &= \frac{1}{3}\int \frac{[x^3+3x^2+6x+12]'}{x^3+3x^2+6x+12}\,\mathrm{d}x \\ &= \frac{1}{3}\ln\left|x^3+3x^2+6x+12\right| + C \end{aligned}$$

12.17 •• Bei I_1 arbeitet man, wie so oft bei Integralen mit Logarithmen, sinnvollerweise mit partieller Integration:

$$\begin{aligned} I_1 &= \int x\cdot\ln(x^2)\,\mathrm{d}x = \left|\begin{matrix} u=\ln(x^2) & v'=x \\ u'=\frac{2x}{x^2}=\frac{2}{x} & v=\frac{x^2}{2}\end{matrix}\right| = \\ &= \frac{x^2}{2}\ln(x^2) - \int \frac{2}{x}\cdot\frac{x^2}{2}\,\mathrm{d}x = \frac{x^2}{2}\ln(x^2) - \int x\,\mathrm{d}x \\ &= \frac{x^2}{2}\ln(x^2) - \frac{x^2}{2} + C\,. \end{aligned}$$

In I_2 erhalten wir mit $\tan x = \frac{\sin x}{\cos x}$

$$\begin{aligned} I_2 &= \int \frac{\tan x}{\cos x}\,\mathrm{d}x = \int \frac{\sin x}{\cos^2 x}\,\mathrm{d}x = \left|\begin{matrix} u=\cos x \\ \mathrm{d}x = -\frac{\mathrm{d}u}{\sin x}\end{matrix}\right| = \\ &= -\int \frac{\sin x}{u^2}\cdot\frac{\mathrm{d}u}{\sin x} = -\int \frac{\mathrm{d}u}{u^2} = \frac{1}{u} + C = \frac{1}{\cos x} + C\,. \end{aligned}$$

12.18 •• Substitution mit anschließender partieller Integration liefert:

$$\begin{aligned} I &= \int \cosh(\mathrm{e}^x)\,\mathrm{e}^{2x}\,\mathrm{d}x = \int \cosh(\mathrm{e}^x)\,(\mathrm{e}^x)^2\,\mathrm{d}x \\ &= \left|\begin{matrix} u=\mathrm{e}^x & x=\ln u \\ \mathrm{d}x=\frac{\mathrm{d}x}{\mathrm{d}u}\,\mathrm{d}u=\frac{1}{u}\,\mathrm{d}u\end{matrix}\right| = \int \cosh u\cdot u^2\,\frac{\mathrm{d}u}{u} \\ &= \int u\cdot\cosh u\,\mathrm{d}u = \left|\begin{matrix} f=u & g'=\cosh u \\ f'=1 & g=\sinh u\end{matrix}\right| = \\ &= u\cdot\sinh u - \int \sinh u\,\mathrm{d}u = u\cdot\sinh u - \cosh u + C \\ &= \mathrm{e}^x\,\sinh(\mathrm{e}^x) - \cosh(\mathrm{e}^x) + C \end{aligned}$$

12.19 ••

$$\begin{aligned} I &= \int \frac{\sin x}{\cos x - \sin^2 x}\,\mathrm{d}x = \int \frac{\sin x}{\cos x - 1 + \cos^2 x}\,\mathrm{d}x \\ &= \left|\begin{matrix} u=\cos x \\ \mathrm{d}u = -\sin x\,\mathrm{d}x\end{matrix}\right| = -\int \frac{\mathrm{d}u}{u^2+u-1} \\ &= -\int \frac{\mathrm{d}u}{(u+\frac{1}{2})^2-\frac{5}{4}} = -\frac{4}{5}\int \frac{\mathrm{d}u}{(\frac{2}{\sqrt{5}}u+\frac{1}{\sqrt{5}})^2-1} \\ &= -\frac{4}{5}\frac{\sqrt{5}}{2}\,\mathrm{arcoth}\left(\frac{2}{\sqrt{5}}u+\frac{1}{\sqrt{5}}\right) + C \\ &= -\frac{2}{\sqrt{5}}\,\mathrm{arcoth}\left(\frac{2}{\sqrt{5}}\cos x+\frac{1}{\sqrt{5}}\right) + C \end{aligned}$$

Eine zuverlässige Alternative wäre natürlich die Universalsubstitution $t = \tan\frac{x}{2}$.

12.20 ••

$$\begin{aligned} I_1 &= \int \frac{\mathrm{d}x}{\sqrt{1+\mathrm{e}^{2x}}}\,\mathrm{d}x \\ &= \left|\begin{matrix} u=\sqrt{1+\mathrm{e}^{2x}} & \mathrm{e}^{2x}=u^2-1 \\ \mathrm{d}u = \frac{\mathrm{e}^{2x}}{\sqrt{1+\mathrm{e}^{2x}}}\,\mathrm{d}x = \frac{\mathrm{e}^{2x}}{u}\,\mathrm{d}x & \mathrm{d}x=\frac{u}{\mathrm{e}^{2x}}\,\mathrm{d}u\end{matrix}\right| = \\ &= \int \frac{u}{u\,\mathrm{e}^{2x}}\,\mathrm{d}u = \int \frac{1}{u^2-1}\,\mathrm{d}u = \mathrm{arcoth}\,u + C \\ &= \mathrm{arcoth}\,\sqrt{1+\mathrm{e}^{2x}} + C\,. \end{aligned}$$

Mit der Substitution $u = \tan\frac{x}{2}$ erhält man:

$$\begin{aligned} I_2 &= \int \frac{\sin x}{1+\cos x}\,\mathrm{d}x = \int \frac{\frac{2u}{1+u^2}}{1+\frac{1-u^2}{1+u^2}}\,\frac{2\,\mathrm{d}u}{1+u^2} \\ &= 4\int \frac{\frac{u}{1+u^2}}{1+u^2+1-u^2}\,\mathrm{d}u = \int \frac{2u}{u^2+1}\,\mathrm{d}u \\ &= \ln\left(u^2+1\right) + C = \ln\left(\tan^2\frac{x}{2}+1\right) + C \end{aligned}$$

In diesem Fall geht es schneller und eleganter mit

$$\begin{aligned} I_2 &= \int \frac{\sin x}{1+\cos x}\,\mathrm{d}x = -\int \frac{-\sin x}{1+\cos x}\,\mathrm{d}x \\ &= -\ln|1+\cos x| + D = -\ln(1+\cos x) + D\,. \end{aligned}$$

Die Äquivalenz der Ergebnisse kann man durch Anwenden der trigonometrischen Identität $\cos x = \cos^2\frac{x}{2} - \sin^2\frac{x}{2}$ und Ausnutzen der Rechenregeln für Logarithmen schnell nachprüfen.

12.21 •• Wir setzen

$$I_1 = \int_0^1 \frac{\ln x}{x^2+1}\,\mathrm{d}x\,,\quad I_2 = \int_1^\infty \frac{\ln x}{x^2+1}\,\mathrm{d}x$$

In I_2 substituieren wir nun $u = \frac{1}{x}$, $x = \frac{1}{u}$, $\mathrm{d}x = -\frac{\mathrm{d}u}{u^2}$ und erhalten

$$\begin{aligned} I_2 &= -\int_1^0 \frac{\ln\frac{1}{u}}{\frac{1}{u^2}+1}\,\frac{\mathrm{d}u}{u^2} = \int_0^1 \frac{\ln 1 - \ln u}{1+u^2}\,\mathrm{d}u \\ &= -\int_0^1 \frac{\ln u}{1+u^2}\,\mathrm{d}u = -I_1 \end{aligned}$$

Damit ist

$$\int_0^\infty \frac{\ln x}{x^2+1}\,\mathrm{d}x = I_1 + I_2 = 0\,,$$

was zu zeigen war.

Kapitel 12

12.22 • Partielle Integration liefert

$$\int_a^b x\, f''(x)\,\mathrm{d}x = \begin{vmatrix} u = x & v' = f''(x) \\ u' = 1 & v = f'(x) \end{vmatrix} = x\, f'(x)|_a^b - \int_a^b f'(x)\,\mathrm{d}x = [b\, f'(b) - a\, f'(a)] - [f(b) - f(a)]\,.$$

12.23 •• Mit partieller Integration erhalten wir

$$\begin{aligned} I_m &= \int x^n \,\ln x\,\mathrm{d}x = \begin{vmatrix} u = \ln x & u' = \frac{1}{x} \\ v' = x^n & v = \frac{x^{n+1}}{n+1} \end{vmatrix} \\ &= \frac{x^{n+1}}{n+1}\,\ln x - \int \frac{x^{n+1}}{n+1}\,\frac{1}{x}\mathrm{d}x \\ &= \frac{x^{n+1}}{n+1}\,\ln x - \frac{x^{n+1}}{(n+1)^2} \end{aligned}$$

Die Richtigkeit dieses Ergebnisses können wir unmittelbar durch Differenzieren bestätigen,

$$I'_m = x^n\,\ln x + \frac{x^{n+1}}{n+1}\,\frac{1}{x} - \frac{x^n}{n+1} = x^n\,\ln x\,.$$

12.24 •• Mit partieller Integration erhalten wir im ersten Fall

$$\begin{aligned} I_n &= \int x^n\,\mathrm{e}^{-x}\,\mathrm{d}x = \begin{vmatrix} u = x^n & v' = \mathrm{e}^{-x} \\ u' = n\,x^{n-1} & v = -\mathrm{e}^{-x} \end{vmatrix} \\ &= -x^n\,\mathrm{e}^{-x} + n\int x^{n-1}\,\mathrm{e}^{-x}\,\mathrm{d}x = -x^n\,\mathrm{e}^{-x} + n\,I_{n-1} \end{aligned}$$

Im zweite Beispiel spalten wir den Integranden $\sin^n x$ in ein Produkt $\sin x\,\sin^{n-1} x$ auf. Den ersten Faktor können wir dann sofort integrieren

$$\begin{aligned} J_n &= \int \sin^n x\,\mathrm{d}x = \int \sin x\,\sin^{n-1} x\,\mathrm{d}x \\ &= \begin{vmatrix} u = \sin^{n-1} x & v' = \sin x \\ u' = (n-1)\,\sin^{n-2}\cos x & v = -\cos x \end{vmatrix} \\ &= -\sin^{n-1} x\,\cos x + (n-1)\int \sin^{n-2} x\,\cos^2 x\,\mathrm{d}x\,. \end{aligned}$$

Mit $\cos^2 x = 1 - \sin^2 x$ ergibt sich weiter

$$\begin{aligned} J_n &= -\sin^{n-1} x\,\cos x + (n-1)\int \sin^{n-2} x\,\mathrm{d}x \\ &\quad - (n-1)\int \sin^n x\,\mathrm{d}x \\ &= -\sin^{n-1} x\,\cos x + (n-1)\,J_{n-2} - (n-1)\,J_n \end{aligned}$$

Wir haben nun eine algebraische Gleichung

$$n\,J_n = (n-1)\,J_{n-2} - \sin^{n-1} x\,\cos x$$

vorliegen und erhalten daraus

$$J_n = \left(1 - \frac{1}{n}\right)\,J_{n-2} - \frac{1}{n}\,\sin^{n-1} x\,\cos x\,.$$

12.25 •• Wegen der Ungleichung

$$\frac{1}{k^3 + 3k^2 + 2k} \le \frac{1}{k^3}$$

und der Konvergenz der Reihe

$$\sum_{k=1}^{\infty} \frac{1}{k^3}$$

ist auch die hier betrachtete Reihe konvergent. Um den Wert zu bestimmen, setzen wir mit

$$k^3 + 3k^2 + 2k = k\,(k+1)\,(k+2)$$

eine Partialbruchzerlegung an,

$$\frac{1}{k^3 + 3k^2 + 2k} = \frac{A}{k} + \frac{B}{k+1} + \frac{C}{k+2}\,.$$

Für die Koeffizienten erhalten wir $A = \frac{1}{2}$, $B = -1$ und $C = \frac{1}{2}$ und damit

$$\begin{aligned} S_n &:= \sum_{k=1}^{n} \frac{1}{k^3 + 3k^2 + 2k} \\ &= \frac{1}{2}\sum_{k=1}^{n}\frac{1}{k} - \sum_{k=1}^{n}\frac{1}{k+1} + \frac{1}{2}\sum_{k=1}^{n}\frac{1}{k+2} \\ &= \frac{1}{2}\sum_{k=1}^{n}\frac{1}{k} - \sum_{k=2}^{n+1}\frac{1}{k} + \frac{1}{2}\sum_{k=3}^{n+2}\frac{1}{k} \\ &= \frac{1}{2}\sum_{k=1}^{n}\frac{1}{k} - \left(\sum_{k=1}^{n}\frac{1}{k} - 1 + \frac{1}{n+1}\right) \\ &\quad + \frac{1}{2}\left(\sum_{k=1}^{n}\frac{1}{k} - 1 - \frac{1}{2} + \frac{1}{n+1} + \frac{1}{n+2}\right) \\ &= 1 - \frac{1}{n+1} - \frac{1}{2} - \frac{1}{4} + \frac{1}{2}\left(\frac{1}{n+1} + \frac{1}{n+2}\right) \\ &= \frac{1}{4} - \frac{1}{2}\,\frac{1}{n^2 + 3n + 2} \to \frac{1}{4}\,. \end{aligned}$$

Daher ist

$$\sum_{k=1}^{\infty} \frac{1}{k^3 + 3k^2 + 2k} = \frac{1}{4}\,.$$

Anwendungsprobleme

12.26 •• Wir erhalten mittels „Dazuerfinden" der Eins und partieller Integration

$$\begin{aligned}
s(t_f) &= \int_0^{t_f} v(t)\,\mathrm{d}t = u\int_0^{t_f} \ln\frac{m_0}{m_0-qt}\,\mathrm{d}t - g\int_0^{t_f} t\,\mathrm{d}t \\
&= u\int_0^{t_f} 1\cdot\ln\frac{m_0}{m_0-qt}\,\mathrm{d}t - \frac{g\,t_f^2}{2} = \left| \begin{matrix} f'=1 & g=\ln\frac{m_0}{m_0-qt} \\ f=t & g'=\frac{q}{m_0-qt} \end{matrix} \right| = \\
&= u\left\{t_f\ln\frac{m_0}{m_0-qt_f} - \int_0^{t_f}\frac{qt}{m_0-qt}\,\mathrm{d}t\right\} - \frac{g\,t_f^2}{2} \\
&= u\left\{t_f\ln\frac{m_0}{m_0-qt_f} + \int_0^{t_f}\frac{qt}{qt-m_0}\,\mathrm{d}t\right\} - \frac{g\,t_f^2}{2}.
\end{aligned}$$

Das verbleibende Integral ergibt sich zu

$$\begin{aligned}
\int_0^{t_f}\frac{qt}{qt-m_0}\,\mathrm{d}t &= \int_0^{t_f}\frac{qt-m_0+m_0}{qt-m_0}\,\mathrm{d}t \\
&= \int_0^{t_f}\left[1+\frac{m_0}{qt-m_0}\right]\mathrm{d}t \\
&= t_f + \frac{m_0}{q}\int_0^{t_f}\frac{\mathrm{d}t}{t-\frac{m_0}{q}} \\
&= t_f + \frac{m_0}{q}\ln\left|t-\frac{m_0}{q}\right|\Bigg|_0^{t_f}.
\end{aligned}$$

An dieser Stelle ist es sinnvoll, sich Gedanken über den Gültigkeitsbereich des Modells zu machen. Man sieht, dass $v(t)$ für $t \to \frac{m_0}{q}$ divergiert. Zur Zeit $t = \frac{m_0}{q}$ hätte die Rakete ihre gesamte Masse abgestoßen – also aufgehört zu existieren! Tatsächlich kann eine Rakete zwar größtenteils, aber eben nicht vollständig aus Treibstoff bestehen. Schon zu einer Zeit $t_{\text{end}} < \frac{m_0}{q}$ ist der Treibstoff verbraucht, und das Modell hat keine Gültigkeit mehr.

Für alle relevanten Zeiten t, auch für $t = t_f$ ist also $t < \frac{m_0}{q}$, damit können wir die Betragsstriche sofort auflösen,

$$\left|t-\frac{m_0}{q}\right| = \frac{m_0}{q} - t\,.$$

Somit erhalten wir mit

$$\begin{aligned}
\ln\left(\frac{m_0}{q}-t\right)\Bigg|_0^{t_f} &= \ln\left(\frac{m_0}{q}-t_f\right) - \ln\frac{m_0}{q} = \ln\frac{\frac{m_0}{q}-t_f}{\frac{m_0}{q}} \\
&= \ln\frac{m_0-qt_f}{m_0} = -\ln\frac{m_0}{m_0-qt_f}
\end{aligned}$$

das Ergebnis

$$s(t_f) = ut_f - \frac{g}{2}t_f^2 + u\left(t_f - \frac{m_0}{q}\right)\ln\frac{m_0}{m_0-qt_f}\,.$$

für $t_f \le t_{\text{end}} < \frac{m_0}{q}$.

12.27 •• –

12.28 •• –

12.29 • Eine relativ einfache Möglichkeit ist die Funktion $f\colon \mathbb{R} \to [0,1]$, $f(x) = \sin^2 x$, die man in MATLAB® per `f = @(x)sin(x)^2` definieren kann. Integriert man diese im Intervall $[-2\pi, 2\pi]$, so werden im ersten Schritt nur die Werte an den Stellen $x_k = k\pi$, $k = \{-2,-1,0,1,2\}$ verwendet. Da hierfür $f(x_k) = 0$ ist, scheint das Konvergenzkritierum erfüllt und man erhält für das Integral einen Wert von (nahezu) Null, wohingegen

$$\int_{-2\pi}^{2\pi}\sin^2 x\,\mathrm{d}x = 4\int_0^{\pi}\sin^2 x\,\mathrm{d}x = 2\pi$$

ist.

12.30 •• Eine Möglichkeit, die gewünschten Erweiterungen zu erreichen, ist die folgende:

```
function [I, N_calls, d_rek] = simpson_ext(fn,a,b,
    tol,N_r,fnvals)
m = (a+b)/2; % Intervallmitte
% Funktionswerte verwenden/berechnen:
if exist('fnvals', 'var')
    f_a = fnvals(1); f_m = fnvals(2);
    f_b = fnvals(3); is_first = false;
else
    f_a = fn(a); f_m = fn(m);
    f_b = fn(b); is_first = true;
end
f_am = fn((a+m)/2); f_mb = fn((m+b)/2);
% Simpson für [a,b], [a,m] und [m,b]:
I_ab = ((b-a)/6)*(f_a+4*f_m +f_b);
I_am = ((m-a)/6)*(f_a+4*f_am+f_m);
I_mb = ((b-m)/6)*(f_m+4*f_mb+f_b);
% Test und ggf. rekursiver Aufruf:
if N_r<=0
    disp('max. Rek.-Tiefe erreicht');
    N_calls = 1; d_rek = 1;
elseif abs(I_am+I_mb-I_ab)>tol
    [I_am, N_calls1, d_rek1] = ...
        simpson_ext(fn, a, m, ...
        tol/2, N_r-1, [f_a, f_am, f_m]);
    [I_mb, N_calls2, d_rek2] = ...
        simpson_ext(fn, m, b, ...
        tol/2, N_r-1, [f_m, f_mb, f_b]);
    N_calls = N_calls1 + N_calls2  + 1;
    d_rek   = max([d_rek1 d_rek2]) + 1;
else
```

```
    N_calls = 1; d_rek = 1;
end
I = I_am+I_mb;
if is_first
    disp([num2str(N_calls), ...
        ' Funktionsaufrufe benötigt,']);
    disp(['maximale Rekursionstiefe: ', num2str(
        d_rek)]);
end
end
```

Diese Funktion kann völlig analog zur Basisversion von `simpson` aufgerufen werden. Die zusätzlichen Argumente und Rückgabewerte werden nur intern in den Rekursionen verwendet.

Natürlich könnte man manches auch anders lösen. So könnte man statt der `exist`-Abfrage auch die Zahl der übergebenen Argumente überprüfen: `if nargin>5`

Allerdings müsste man diese Abfrage ggf. anpassen, wenn weitere Argumente eingeführt werden, während die `exist`-Abfrage vergleichsweise robust gegenüber Änderungen des Codes ist.

Kapitel 13

Aufgaben

Verständnisfragen

13.1 • Zeigen Sie, dass die Differenzialgleichung

$$(1+x^2)u''(x) - 2xu'(x) + 2u(x) = 0, \quad x > 0,$$

die Lösung $u_1(x) = x$ besitzt. Bestimmen Sie eine weitere Lösung u_2 durch Reduktion der Ordnung, d. h. durch den Ansatz $u_2(x) = xv(x)$.

13.2 • Gegeben ist die Differenzialgleichung

$$y'(x) = -2\,x\,(y(x))^2, \quad x \in \mathbb{R}.$$

(a) Skizzieren Sie das Richtungsfeld dieser Gleichung.
(b) Bestimmen Sie eine Lösung durch den Punkt $P_1 = (1, 1/2)^\top$.
(c) Gibt es eine Lösung durch den Punkt $P_2 = (1, 0)^\top$?

13.3 •• Eine Differenzialgleichung der Form

$$u'(x) = h(u(x)),$$

in der also die rechte Seite nicht explizit von x abhängt, nennt man autonom. Zeigen Sie, dass jede Lösung einer autonomen Differenzialgleichung translationsinvariant ist, d. h., mit u ist auch $v(x) = u(x+a)$, $x \in \mathbb{R}$, eine Lösung. Lösen Sie die Differenzialgleichung für den Fall $h(u) = u(u-1)$.

13.4 •• Eine Differenzialgleichung der Form

$$y(x) = xy'(x) + f\,(y'(x))$$

für x aus einem Intervall I und mit einer stetig differenzierbaren Funktion $f : \mathbb{R} \to \mathbb{R}$ wird **Clairaut'sche Differenzialgleichung** genannt.

(a) Differenzieren Sie die Differenzialgleichung und zeigen Sie so, dass es eine Schar von Geraden gibt, von denen jede die Differenzialgleichung löst.
(b) Es sei konkret

$$f(p) = \frac{1}{2}\ln(1+p^2) - p\arctan p, \quad p \in \mathbb{R}.$$

Bestimmen Sie eine weitere Lösung der Differenzialgleichung für $I = (-\pi/2, \pi/2)$.
(c) Zeigen Sie, dass für jedes $x_0 \in (-\pi/2, \pi/2)$ die Tangente der Lösung aus (b) eine der Geraden aus (a) ist. Man nennt die Lösung aus (b) auch die **Einhüllende** der Geraden aus (a).
(d) Wie viele verschiedene stetig differenzierbare Lösungen gibt es für eine Anfangswertvorgabe $y(x_0) = y_0$, $y_0 > 0$, mit $x_0 \in (-\pi/2, \pi/2)$?

13.5 •• Das Anfangswertproblem

$$y'(x) = 1 - x + y(x), \quad y(x_0) = y_0$$

soll mit dem Euler-Verfahren numerisch gelöst werden. Ziel ist es, zu zeigen, dass die numerische Lösung für $h \to 0$ in jedem Gitterpunkt gegen die exakte Lösung konvergiert.

(a) Bestimmen Sie die exakte Lösung y des Anfangswertproblems.
(b) Mit y_k bezeichnen wir die Approximation des Euler-Verfahrens am Punkt $x_k = x_0 + kh$. Zeigen Sie, dass

$$y_k = (1+h)^k(y_0 - x_0) + x_k.$$

(c) Wir wählen $\hat{x} > x_0$ beliebig und setzen die Schrittweite $h = (\hat{x} - x_0)/n$ für $n \in \mathbb{N}$. Die Approximation des Euler-Verfahrens am Punkt $x_n = \hat{x}$ ist dann y_n. Zeigen Sie

$$\lim_{n\to\infty} y_n = y(\hat{x}).$$

Rechenaufgaben

13.6 • Berechnen Sie die allgemeinen Lösungen der folgenden Differenzialgleichungen.

(a) $y'(x) = x^2\,y(x)$, $x \in \mathbb{R}$,
(b) $y'(x) + x\,(y(x))^2 = 0$, $x \in \mathbb{R}$,
(c) $x\,y'(x) = \sqrt{1-(y(x))^2}$, $x \in \mathbb{R}$.

T. Arens et al., *Arbeitsbuch Mathematik*, https://doi.org/10.1007/978-3-662-64391-4_12

13.7 •• Berechnen Sie die Lösungen der folgenden Anfangswertprobleme.

(a) $u'(x) = \dfrac{x}{3\sqrt{1+x^2}\,(u(x))^2}$, $x > 0$, $u(0) = 3$

(b) $u'(x) = -\dfrac{1}{2x}\dfrac{(u(x))^2 - 6u(x) + 5}{u(x) - 3}$, $x > 1$, $u(1) = 2$.

13.8 ••• Bestimmen Sie die Lösung des Anfangswertproblems aus der Anwendung von S. 474,

$$\sqrt{1 + (y'(x))^2} + c\,x\,y''(x) = 0, \quad x \in (A, 0),$$
$$y(A) = y'(A) = 0,$$

mit Konstanten $c > 0$ mit $c \neq 1$ und $A < 0$. Welchen qualitativen Unterschied gibt es in der Lösung für $c < 1$ bzw. für $c > 1$?

13.9 • Bestimmen Sie die allgemeine Lösung der linearen Differenzialgleichung erster Ordnung

$$u'(x) + \cos(x)\,u(x) = \frac{1}{2}\sin(2x), \quad x \in (0, \pi).$$

13.10 •• Bestimmen Sie die allgemeine Lösung der Differenzialgleichung

$$u'(x) = \frac{1}{2x}u(x) - \frac{1}{2u(x)}, \quad x \in (0, 1).$$

Welche Werte kommen für die Integrationskonstante in Betracht, wenn nur reellwertige Lösungen infrage kommen sollen?

13.11 •• Bestimmen Sie die allgemeine Lösung der Differenzialgleichung

$$y'(x) = 1 + \frac{(y(x))^2}{x^2 + x\,y(x)}, \quad x > 0.$$

13.12 • Bestimmen Sie die allgemeine reellwertige Lösung der Differenzialgleichung

$$y'''(x) + 2y''(x) + 2y'(x) + y(x) = 0, \quad x \in \mathbb{R}.$$

13.13 •• Bestimmen Sie die allgemeine Lösung der inhomogenen linearen Differenzialgleichung

$$y'''(x) + 3y''(x) + 3y'(x) + y(x) = x + 6\mathrm{e}^{-x}, \quad x \in \mathbb{R}.$$

13.14 •• Gegeben ist die Differenzialgleichung

$$y''(x) - 2y'(x) + 2y(x) = \mathrm{e}^{2x}\sin x, \quad x \in \mathbb{R}.$$

(a) Bestimmen Sie die allgemeine Lösung des homogenen Problems.
(b) Bestimmen Sie eine partikuläre Lösung des inhomogenen Problems.
(c) Lösen Sie das Anfangswertproblem mit $y(0) = 3/5$, $y'(0) = 1$.

13.15 •• Bestimmen Sie die allgemeine Lösung der Euler'schen Differenzialgleichung dritter Ordnung

$$u'''(x) - \frac{2}{x}u''(x) + \frac{5}{x^2}u'(x) - \frac{5}{x^3}u(x) = 0, \quad x > 0.$$

13.16 •• Bestimmen Sie die Lösung des Anfangswertproblems

$$(1 + x^2)\,u''(x) - (1 - x)\,u'(x) - u(x) = 8x^3 - 3x^2 + 6x - 1,$$

$x \in \mathbb{R}$, mit $u(0) = 0$, $u'(0) = 1$.

13.17 •• Gegeben ist das Anfangswertproblem

$$u''(x) + 2xu'(x) - u(x) = (1 + x + x^2)\,\mathrm{e}^x, \quad x \in \mathbb{R}.$$

mit $u(0) = 0$ und $u'(0) = 1/2$, das durch einen Potenzreihenansatz

$$u(x) = \sum_{n=0}^{\infty} a_n x^n$$

gelöst werden kann.

(a) Bestimmen Sie eine Rekursionsformel für die Koeffizienten a_n.
(b) Zeigen Sie

$$a_n = \frac{1}{2}\frac{1}{(n-1)!}, \quad n \geq 1,$$

und geben Sie die Lösung des Anfangswertproblems in geschlossener Form an.

13.18 •• Um $x_0 = 1$ sind Lösungen der Differenzialgleichung

$$x\,u''(x) + (2 + x)\,u'(x) + u(x) = 0$$

in Potenzreihen entwickelbar. Bestimmen Sie diese Potenzreihe für den Fall $u(1) = -u'(1) = 1$ und geben Sie den Konvergenzbereich der Reihe an.

13.19 ••• Bestimmen Sie die allgemeine Lösung der Differenzialgleichung

$$x^2 y''(x) + x^2 y'(x) - 2y(x) = 0$$

mit einem erweiterten Potenzreihenansatz

$$y(x) = \sum_{k=0}^{\infty} a_k\, x^{k+\lambda} \quad \text{mit } a_0 \neq 0,\ \lambda \in \mathbb{R}.$$

Anwendungsprobleme

13.20 •• In einem einfachen Infektionsmodell wird die Rate, mit der Anteil I der Infizierten in einer Population ($0 < I < 1$) steigt, proportional zu den Kontakten zwischen Infizierten und Nichtinfizierten angesetzt.

(a) Stellen Sie eine Differenzialgleichung auf, die diesen Sachverhalt beschreibt. Bestimmen Sie den Typ der Differenzialgleichung und berechnen Sie die Lösung für die Anfangsbedingung $I(0) = I_0$ an.
(b) Erweitern Sie das Modell, indem Sie eine Heilungsrate proportional zu I ansetzen. Wie ändert sich das Lösungsverhalten der Differenzialgleichung? Welche Gleichgewichtszustände ($I'(t) = 0$) gibt es?

13.21 •• Ein Balken der Länge $L = 3\,\mathrm{m}$ mit rechteckigem Querschnitt von der Höhe $h = 0.1\,\mathrm{m}$ und der Breite $b = 0.06\,\mathrm{m}$ wird an seinen Endpunkten gelagert und belastet. Setzen wir den Ursprung in den Mittelpunkt des Balkens, so gelten für die Durchbiegung w die Randbedingungen

$$w\left(-\frac{L}{2}\right) = w\left(\frac{L}{2}\right) = 0\,\mathrm{m},$$

$$w''\left(-\frac{L}{2}\right) = w''\left(\frac{L}{2}\right) = 0\,\mathrm{m}^{-1}.$$

Das Elastizitätsmodul des Materials ist $E = 10^{10}\,\mathrm{N/m^2}$, ein typischer Wert für einen Holzbalken.

(a) Wir belasten den Balken durch eine konstante Last $q = 300\,\mathrm{N/m}$. Die Durchbiegung genügt also der Differenzialgleichung

$$E\,I\,w''''(x) = q, \quad x \in \left(-\frac{L}{2}, \frac{L}{2}\right),$$

wobei I das Flächenträgheitsmoment des Balkens angibt. Bestimmen Sie w.

(b) Wirkt an einer einzigen Stelle des Balkens eine Kraft, so kann man die Durchbiegung mithilfe der *Querkraft* Q beschreiben. Wirkt an der Stelle $x_0 = 0\,\mathrm{m}$ eine Kraft von $300\,\mathrm{N}$, so verwendet man die Differenzialgleichung

$$E\,I\,w'''(x) = Q(x), \quad x \in \left(-\frac{L}{2}, \frac{L}{2}\right),$$

mit

$$Q(x) = \begin{cases} -150\,\mathrm{N}, & x < x_0, \\ 150\,\mathrm{N}, & x \geq x_0. \end{cases}$$

Bestimmen Sie auch in diesem Fall w.

13.22 • Eine Masse von $5\,\mathrm{kg}$ dehnt eine Feder um $0.1\,\mathrm{m}$. Dieses System befindet sich in einer viskosen Flüssigkeit. Durch diese Flüssigkeit wirkt auf die Masse bei einer Geschwindigkeit von $0.04\,\mathrm{m/s}$ eine bremsende Kraft von $2\,\mathrm{N}$. Es wirkt eine äußere Kraft $F(t) = 2\cos(\omega t)\,\mathrm{N}$, $t > 0$, $\omega \in \mathbb{R}$. Für die Erdbeschleunigung können Sie $g = 10\,\mathrm{m/s^2}$ annehmen.

(a) Stellen Sie die zugehörige Differenzialgleichung auf und bestimmen Sie deren allgemeine Lösung.
(b) Ein Summand in der Lösung, man nennt ihn auch die *stationäre Lösung*, gibt das Verhalten des Systems für große Zeiten wieder. Diese ist unabhängig von den Anfangsbedingungen.
Schreiben Sie die stationäre Lösung in der Form

$$A(\omega)\cos(\omega t - \delta),$$

und bestimmen Sie dasjenige ω, für das die Amplitude $A(\omega)$ maximal ist.

13.23 •• Implementieren Sie das klassische Runge-Kutta-Verfahren der 4. Stufe in MATLAB®. Verifizieren Sie Ihr Programm, indem Sie das Beispiel von S. 482 nachrechnen.

Hinweise

Verständnisfragen

13.1 • Der Ansatz liefert eine lineare Differenzialgleichung der 1. Ordnung für die Funktion v'.

13.2 • Die Differenzialgleichung kann durch Separation gelöst werden. Beachten Sie für Teil (c) die Skizze des Richtungsfelds aus Teil (a).

13.3 •• $u(x) = 1/(1 - c\,\mathrm{e}^x)$.

13.4 •• Durch Differenzieren der Gleichung erhalten Sie zwei verschiedene Bedingungen für eine Lösung. Die eine Bedingung liefert die Geraden aus (a), die zweite die Einhüllende aus (b). Stellen Sie die Gleichung einer Tangente an die Lösung aus (b) auf und versuchen Sie, diese auf die Gestalt aus (a) zu bringen.

13.5 •• (a) Es handelt sich um eine lineare Differenzialgleichung. (b) Man kann den Nachweis durch vollständige Induktion führen. (c) Verwenden Sie Teil (b) und die Darstellung der Exponentialfunktion über den Grenzwert $\exp(x) = \lim\limits_{n\to\infty}(1 + x/n)^n$.

Rechenaufgaben

13.6 • Die Differenzialgleichungen können durch Trennung der Veränderlichen gelöst werden.

13.7 •• Beide Differenzialgleichungen können durch Separation gelöst werden. Im Fall (b) benötigen Sie eine Partialbruchzerlegung.

13.8 ••• Die Lösung kann durch Separation bestimmt werden. Bestimmen Sie direkt nach jeder Integration die Integrationskonstante aus den Anfangsbedingungen. Beachten Sie, dass x und A negativ sind.

13.9 • Berechnen Sie zuerst die allgemeine Lösung der homogenen linearen Differenzialgleichung durch Separation. Eine partikuläre Lösung der inhomogenen Differenzialgleichung können Sie anschließend durch Variation der Konstanten gewinnen. Beachten Sie $\sin(2x) = 2\sin(x)\cos(x)$.

13.10 •• Es handelt sich um eine Bernoulli'sche Differenzialgleichung, die durch die Substitution $u(x) = (v(x))^{1/2}$ in eine lineare Differenzialgleichung transformiert werden kann.

13.11 •• Es handelt sich um eine homogene Differenzialgleichung. Die Substitution $z(x) = y(x)/x$ führt zum Erfolg.

13.12 • Es handelt sich um eine lineare Differenzialgleichung mit konstanten Koeffizienten. Verwenden Sie einen Exponentialansatz. Zu einem Paar komplex konjugierter Lösungen erhalten Sie die reellwertigen Lösungen aus Real- und Imaginärteil.

13.13 •• Die allgemeine Lösung der homogenen linearen Differenzialgleichung kann durch den Exponentialansatz bestimmt werden. Ein partikuläre Lösung der inhomogenen Gleichung erhält man mit dem Ansatz vom Typ der rechten Seite. Achten Sie auf Resonanz.

13.14 •• Da die Differenzialgleichung linear mit konstanten Koeffizienten ist, kann der Exponentialansatz für (a) verwendet werden. Die partikuläre Lösung kann man mit einem Ansatz vom Typ der rechten Seite bestimmen.

13.15 •• Die allgemeine Lösung einer homogenen Euler'schen Differenzialgleichung kann mit dem Potenzansatz $u(x) = x^\lambda$ bestimmt werden.

13.16 •• Das Anfangswertproblem kann durch einen Potenzreihenansatz mit Entwicklungspunkt $x_0 = 0$ gelöst werden. Aus der Rekursionsformel für die Koeffizienten kann geschlossen werden, dass nur endlich viele Koeffizienten ungleich null sind. Die Lösung ist also ein Polynom.

13.17 •• Beide Seiten der Differenzialgleichung können als eine Potenzreihe geschrieben werden. Anschließend kann man Koeffizientenvergleich durchführen.

13.18 •• Beachten Sie bei der Bestimmung der Potenzreihe den Entwicklungspunkt. Auch die Koeffizienten x und $2 + x$ müssen um $x_0 = 1$ entwickelt werden. Rechnen Sie mit der Rekursionsformel, die Sie erhalten, die ersten paar Reihenglieder aus, um eine Vermutung für eine explizite Darstellung der Glieder zu erhalten.

13.19 ••• Gehen Sie zunächst vor wie bei einem gewöhnlichen Potenzreihenansatz. Der Koeffizientenvergleich liefert dann Bedingungen an λ. Im einen Fall erhalten Sie eine Potenzreihe als Lösung. Im zweiten Fall erhalten Sie zusätzliche Terme. Wählt man λ so, dass man eine Potenzreihe als Lösung erhält, so gilt für die Koeffizienten die Formel $a_k = (-1)^k\, 6(k+1)\, a_0/(k+3)!$ für $k \in \mathbb{N}_0$ mit $a_0 \in \mathbb{R}$ beliebig.

Anwendungsprobleme

13.20 •• (a) Nehmen Sie an, dass die Kontakte zwischen Infizierten und Nichtinfizierten proportional zum Produkt der beiden Anteile an der Population sind. Die Differenzialgleichung können Sie entweder durch eine Substitution oder durch Trennung der Veränderlichen lösen.

(b) Die prinzipielle Lösungsmethode ist wie bei (a), nur die Ausdrücke sind etwas komplizierter. Für das Lösungsverhalten betrachten Sie den Grenzwert für $t \to \infty$.

13.21 •• Die Lösung bei beiden Teilaufgaben hat eine bestimmte Struktur. Nutzen Sie Symmetrien des Problems, um einen geeigneten Ansatz aufzustellen, und bestimmen Sie die Parameter aus den Randbedingungen und der Tatsache, dass es sich um eine Lösung der Differenzialgleichung handelt.

13.22 • (a) Das Problem wird durch die Differenzialgleichung des harmonischen Oszillators beschrieben. Feder- und Dämpfungskonstante können aus den vorliegenden Informationen abgeleitet werden. Die Lösung erfolgt über den Exponentialansatz und den Ansatz vom Typ der rechten Seite.

(b) Verwenden Sie ein Additionstheorem, um $\cos(\omega t - \delta)$ umzuformen. Identifizieren Sie anschließend Terme der stationären Lösung, die $\cos(\delta)$ und $\sin(\delta)$ entsprechen. Nutzen Sie dazu die Gleichgung $\cos^2(\delta) + \sin^2(\delta) = 1$ aus.

13.23 •• Das Programm entspricht genau dem Flussdiagram von Abbildung 13.21. Beachten Sie aber, dass Indizes von Vektoren in MATLAB® bei 1 beginnen, in unserer Darstellung aber bei 0. Man muss den Index j also um 1 verschieben.

Lösungen

Verständnisfragen

13.1 • $u_2(x) = x^2 - 1$

13.2 • (a) siehe ausführlichen Lösungsweg, (b) $y(x) = 1/(1 + x^2)$, (c) $y(x) = 0$.

13.3 •• Die Lösung kann durch Separation bestimmt werden. Zur Integration von $1/h(u)$ können Sie eine Partialbruchzerlegung durchführen.

13.4 •• (a) Für jedes $a \in \mathbb{R}$ ist $y(x) = ax + f(a)$ eine Lösung. (b) $y(x) = -\ln(\cos(x))$ für $x \in (-\pi/2, \pi/2)$. (c) Siehe ausführlichen Lösungsweg. (d) 4.

13.5 •• Die Lösung zu (a) ist $y(x) = x + (y_0 - x_0)\exp(x - x_0)$ für $x \in \mathbb{R}$. Zu (b) und (c) siehe den ausführlichen Lösungsweg.

Rechenaufgaben

13.6 • (a) $y(x) = C\,\mathrm{e}^{x^3/3}$ für $x \in \mathbb{R}$, (b) $y(x) = \frac{1}{x^2/2 - C}$ für $x \in \mathbb{R} \setminus \{\sqrt{2C}\}$, (c) $y(x) = \sin(\ln|x| + C)$ für $x \in \mathbb{R} \setminus \{0\}$.

13.7 •• (a) $u(x) = (\sqrt{1 + x^2} + 26)^{1/3}$, (b) $u(x) = 3 - \sqrt{4 - 3/x}$.

13.8 ••• Die Lösung lautet

$$y(x) = \frac{c\,|A|^{\frac{-1}{c}}\,|x|^{\frac{c+1}{c}}}{2(c+1)} - \frac{c\,|A|^{\frac{1}{c}}\,|x|^{\frac{c-1}{c}}}{2(c-1)} + \frac{c\,|A|}{c^2 - 1}$$

für $x \in (0, A)$. Für $c < 1$ ist sie unbeschränkt, für $c > 1$ beschränkt.

13.9 • $u(x) = \sin(x) - 1 + C\,\mathrm{e}^{-\sin x}$.

13.10 •• $u(x) = \sqrt{x(C - \ln x)}$, $x \in (0, 1)$. Damit u reellwertig ist, muss $C \geq 0$ sein.

13.11 •• $y(x) = x\left(-1 \pm \sqrt{2\ln x + C}\right)$, $x > 0$.

13.12 • $y(x) = c_1\mathrm{e}^{-x} + c_2\mathrm{e}^{-x/2}\cos(\sqrt{3}x/2) + c_3\mathrm{e}^{-x/2}\sin(\sqrt{3}x/2)$ für $x \in \mathbb{R}$ mit $c_1, c_2, c_3 \in \mathbb{R}$.

13.13 •• $u(x) = Ax - 3 + x^3\,\mathrm{e}^{-x} + c_1\mathrm{e}^{-x} + c_2\,x\mathrm{e}^{-x} + c_3\,x^2\mathrm{e}^{-x}$ für $x \in \mathbb{R}$ mit $c_1, c_2, c_3 \in \mathbb{R}$.

13.14 •• (a) $y_h(x) = c_1\,\mathrm{e}^x\cos(x) + c_2\,\mathrm{e}^x\sin(x)$, (b) $y_p(x) = (\mathrm{e}^{2x}/5)\,(\sin x - 2\cos x)$, (c) $y(x) = (\mathrm{e}^{2x}/5)\,(\sin x - 2\cos x) + (\mathrm{e}^x/5)\,(5\cos x + 3\sin x)$, jeweils für $x \in \mathbb{R}$.

13.15 •• Die reellwertige Lösung ist $u(x) = c_1\,x + c_2\,x^2\cos(\ln x) + c_3\,x^2\sin(\ln x)$ für $x > 0$ mit $c_j \in \mathbb{R}$, $j = 1, 2, 3$.

13.16 •• $u(x) = x^3 + x$, $x \in \mathbb{R}$.

13.17 •• (a) $a_{n+2} = \frac{1+n^2}{(n+2)!} - \frac{2n-1}{(n+2)(n+1)}a_n$ für $n \geq 0$, (b) $u(x) = \frac{1}{2}\,x\,\mathrm{e}^x$, $x \in \mathbb{R}$.

13.18 •• $u(x) = \sum_{n=0}^{\infty}(1 - x)^n = 1/x$ mit dem Konvergenzbereich $(0, 2)$.

13.19 ••• Die Lösung ist

$$y(x) = c_1\left(\frac{1}{x} - \frac{1}{2}\right) + c_2\sum_{k=2}^{\infty}(-1)^k\,\frac{6\,(k-1)}{(k+1)!}x^k$$

mit zwei Integrationskonstanten $c_1, c_2 \in \mathbb{R}$.

Anwendungsprobleme

13.20 •• (a) Die Differenzialgleichung ist $I'(t) = k_1\,I(t)\,(1 - I(t))$, $t > 0$, mit der Lösung $I(t) = 1 - (1 + \frac{I_0}{1-I_0}\,\mathrm{e}^{k_1 t})^{-1}$ für $t > 0$. Die Lösung geht für $t \to \infty$ gegen 1.

(b) Die Differenzialgleichung ist $I'(t) = k_1\,I(t)\,(1 - I(t)) - k_2 I(t)$, $t > 0$, mit der Lösung $I(t) = (k_1 - k_2)\,I_0\,(k_1 I_0 + (k_1 - k_2 - k_1 I_0)\exp(-(k_1 - k_2)\,t))^{-1}$. Die Lösung geht für $t \to \infty$ gegen 0 falls $k_1 < k_2$ und gegen $(k_1 - k_2)/k_1$ für $k_1 > k_2$. Einen Gleichgewichtszustand gibt es nur für $I_0 = (k_1 - k_2)/k_1$, dann ist I konstant.

13.21 •• (a) Die Lösung ist

$$w(x) = 2.5 \cdot 10^{-4}\,\mathrm{m}^{-3}\left(x^2 - \frac{9}{4}\,\mathrm{m}^2\right)\left(x^2 - \frac{207}{4}\,\mathrm{m}^2\right)$$

für $x \in [-L/2, L/2]$.

(b) Die Lösung ist

$$w(x) = \begin{cases} 5 \cdot 10^{-4}\,\mathrm{m}^{-2}\big(x - \frac{3}{2}\,\mathrm{m}\big)\big(x^2 - 3\,\mathrm{m}\,x - \frac{9}{2}\,\mathrm{m}\big), & x \geq 0, \\ -5 \cdot 10^{-4}\,\mathrm{m}^{-2}\big(x + \frac{3}{2}\,\mathrm{m}\big)\big(x^2 + 3\,\mathrm{m}\,x - \frac{9}{2}\,\mathrm{m}\big), & x < 0. \end{cases}$$

13.22 • (a) Die allgemeine Lösung der Differenzialgleichung ist

$$\begin{aligned}u(t) &= c_1 \cos(5\sqrt{3}\,t)\,\mathrm{e}^{-5t} + c_2 \sin(5\sqrt{3}\,t)\,\mathrm{e}^{-5t}\\ &+ \frac{2\,(100-\omega^2)}{5\,((100-\omega^2)^2+100\omega^2)}\cos(\omega t)\,\mathrm{m}\\ &+ \frac{2\omega}{(100-\omega^2)^2+100\omega^2}\sin(\omega t)\,\mathrm{m}.\end{aligned}$$

(b) Die stationäre Lösung ist

$$s(t) = \frac{2}{5\sqrt{(100-\omega^2)^2+100\omega^2}}\cos(\omega t-\delta)\,\mathrm{m}.$$

Die Amplitude wird für $\omega = 5\sqrt{2}$ maximal.

13.23 •• –

Lösungswege

Verständnisfragen

13.1 • Es gilt

$$u_1(x) = x, \quad u_1'(x) = 1, \quad u_1''(x) = 0.$$

Durch Einsetzen in die Differenzialgleichung erhalten wir

$$(1+x^2)u_1''(x) - 2x\,u_1'(x) + 2u_1(x) = -2x\cdot 1 + 2\cdot x = 0.$$

Also ist u_1 eine Lösung.

Mit dem Ansatz $u_2(x) = x v(x)$ erhalten wir

$$\begin{aligned}u_2'(x) &= x\,v'(x) + v(x),\\ u_2''(x) &= x\,v''(x) + 2v'(x).\end{aligned}$$

Durch Einsetzen folgt:

$$\begin{aligned}0 &= (1+x^2)\,(x\,v''(x) + 2v'(x)) - 2x\,(x\,v'(x) + v(x)) + 2x\,v(x)\\ &= (x+x^3)v''(x) + (2+2x^2-2x^2)v''(x)\\ &= (x+x^3)v''(x) + 2v'(x)\end{aligned}$$

Dies ist eine homogene lineare Differenzialgleichung 1. Ordnung für v'. Separation liefert

$$\begin{aligned}\frac{v''(x)}{v'(x)} &= -\frac{2}{x+x^3} = -\frac{2}{x} + \frac{2x}{1+x^2}.\\ \ln|v'(x)| &= -2\ln|x| + \ln(1+x^2)\\ &= \ln\frac{1+x^2}{x^2}\\ v'(x) &= 1 + \frac{1}{x^2},\end{aligned}$$

also $v(x) = x + \frac{1}{x}$. Damit folgt $u_2(x) = 1 + x^2$.

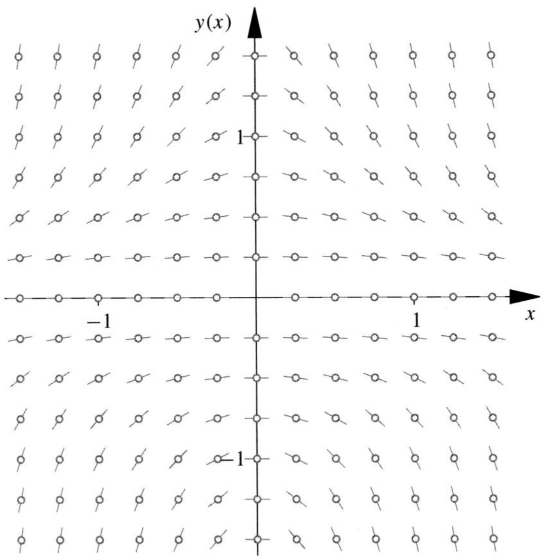

Abb. 13.32 Das Richtungsfeld der Differenzialgleichung $y'(x) = -2x\,(y(x))^2$

13.2 • (a) Das Richtungsfeld ist in Abb. 13.32 dargestellt. Mit $f(x,y) = -2xy^2$ gilt $f(x,y) = -f(-x,y)$. Daher ist das Richtungsfeld symmetrisch zur y-Achse, und die Lösungen sind gerade Funktionen.

(b) Wir lösen die Differenzialgleichung durch Separation. Es folgt

$$\frac{y'(x)}{y(x)^2} = -2x,$$

und daher

$$-\frac{1}{y} = \int \frac{1}{y^2}\,\mathrm{d}y = -\int 2x\,\mathrm{d}x = -x^2 - C$$

mit eine Konstante $C \in \mathbb{R}$. Somit erhalten wir die Lösung

$$y(x) = \frac{1}{x^2+C}, \quad x \in \mathbb{R}.$$

Der Anfangswert $y(1) = 1/2$ liefert $C = 1$.

(c) Die allgemeine Lösung aus (b) lässt diesen Anfangswert nicht zu. Am Richtungsfeld kann man aber die Lösung $y(x) = 0$ ablesen. In der Tat haben wir in der Rechnung von (b) implizit die Annahme $y(x) \neq 0$ gemacht.

13.3 •• Die Kettenregel liefert

$$v'(x) = u'(x+a)$$

und daher ist

$$v'(x) = u'(x+a) = h(u(x+a)) = h(v(x)).$$

Somit ist v eine Lösung der Differenzialgleichung.

Mit Trennung der Veränderlichen erhalten wir

$$\int \frac{\mathrm{d}u}{h(u)} = \int \mathrm{d}x.$$

Durch Partialbruchzerlegung folgt

$$\frac{1}{h(u)} = \frac{1}{u\,(u-1)} = \frac{1}{u-1} - \frac{1}{u},$$

und daher ist eine Stammfunktion

$$\int \frac{\mathrm{d}u}{h(u)} = \ln|u-1| - \ln|u| = \ln\left|\frac{u-1}{u}\right|.$$

Somit folgt

$$\ln\left|\frac{u(x)-1}{u(x)}\right| = x + \tilde{c},$$

oder

$$\frac{u(x)-1}{u(x)} = c\,\mathrm{e}^x,$$

jeweils mit Konstanten $\tilde{c}, c \in \mathbb{R}$. Somit folgt

$$u(x) = \frac{1}{1 - c\,\mathrm{e}^x}$$

mit $x \in \mathbb{R}$ bzw. $x \in \mathbb{R} \setminus \{\ln c\}$.

13.4 •• (a) Das Differenzieren der Differenzialgleichung ergibt

$$y'(x) = y'(x) + xy''(x) + f'\,(y'(x))\,y''(x),$$

oder

$$y''(x)\,(x + f'((y'(x))) = 0.$$

Nimmt man $y''(x) = 0$ für alle $x \in I$ an, so folgt

$$y(x) = ax + f(a), \quad x \in I,$$

mit beliebiger Steigung $a \in \mathbb{R}$.

(b) Die Ableitung von f ist

$$\begin{aligned} f'(p) &= \frac{1}{2}\frac{2p}{1+p^2} - p\frac{1}{1+p^2} - \arctan p \\ &= -\arctan p, \quad p \in \mathbb{R}. \end{aligned}$$

Nimmt man $x + f'\,(y'(x)) = 0$ für alle $x \in (-\pi/2, \pi/2)$ an, so folgt

$$x = \arctan y'(x),$$

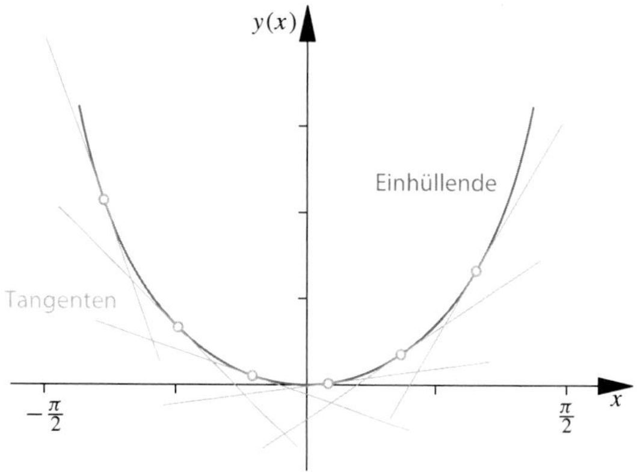

Abb. 13.33 Die beiden Lösungstypen der Clairaut'schen Differenzialgleichung: die Einhüllende und Ihre Tangenten

oder

$$y(x) = c - \ln(\cos(x)), \quad x \in \left(-\frac{\pi}{2}, \frac{\pi}{2}\right).$$

mit einer Integrationskonstante $c \in \mathbb{R}$. Setzt man dies in die Differenzialgleichung ein, folgt $c = 0$.

(c) In $x_0 \in (-\pi/2, \pi/2)$ ist die Tangente an $y(x) = -\ln(\cos(x))$ durch

$$t(x) = -\ln(\cos(x_0)) + \tan(x_0)(x - x_0), \quad x \in \mathbb{R},$$

gegeben.

Setzt man $a = \tan x_0$, so folgt $x_0 = \arctan a$ und daher

$$t(x) = -\ln(\cos(x_0)) + ax - a\arctan a.$$

Beachtet man

$$\frac{1}{\cos^2 x_0} = 1 + \tan^2 x_0 = 1 + a^2,$$

so folgt

$$\begin{aligned} t(x) &= \frac{1}{2}\ln(1+a^2) + ax - a\arctan a \\ &= ax + f(a), \quad x \in \mathbb{R}, \end{aligned}$$

also genau eine der Geraden aus (a). Die Einhüllende und ihre Tangenten sind in der Abb. 13.33 dargestellt.

(d) Es können 4 verschiedene stetig differenzierbare Lösungen angegeben werden, nämlich

$$\begin{aligned} y_1(x) &= -\ln(\cos(x)), \\ y_2(x) &= x\tan(x_0) + f\,(\tan(x_0)), \end{aligned} \quad x \in \left(-\frac{\pi}{2}, \frac{\pi}{2}\right),$$

sowie

$$y_3(x) = \begin{cases} y_1(x), & x \in \left[x_0, \frac{\pi}{2}\right) \\ y_2(x), & x \in \left(-\frac{\pi}{2}, x_0\right) \end{cases},$$

$$y_4(x) = \begin{cases} y_2(x), & x \in \left[x_0, \frac{\pi}{2}\right) \\ y_1(x), & x \in \left(-\frac{\pi}{2}, x_0\right) \end{cases}.$$

13.5 •• (a) Es handelt sich um eine lineare Differenzialgleichung. Die allgemeine Lösung der homogenen Gleichung ist $y_h(x) = A\exp(x)$, $x \in \mathbb{R}$, mit einer Integrationskonstante $A \in \mathbb{R}$. Als Lösung für die inhomogene DGL probieren wir Variation der Konstanten,

$$y_p(x) = A(x)\,\exp(x).$$

Dann ist

$$\begin{aligned} y'(x) &= A(x)e^x + A'(x)\,e^x \\ &\stackrel{!}{=} 1 - x + y(x) \\ &= 1 - x + A(x)\,e^x. \end{aligned}$$

Also gilt

$$A'(x)\,e^x = 1 - x,$$

was auf $A(x) = x\,\exp(-x) + C$ führt. Dann ist die allgemeine Lösung der inhomogenen Differenzialgleichung

$$y(x) = x + C\,e^x, \quad x \in \mathbb{R},$$

mit einer Integrationskonstante $C \in \mathbb{R}$. Aus der Anfangswertvorgabe $y(x_0) = y_0$ folgt

$$y(x) = x + (y_0 - x_0)\,e^{x-x_0}, \quad x \in \mathbb{R}.$$

(b) Für die gegebene Differenzialgleichung lautet die Approximation y_k des Euler-Verfahrens an den Punkten $x_k = x_0 + kh$:

$$\begin{aligned} y_0 &= y_0, \\ y_{k+1} &= y_k + (1 - x_k + y_k)h \\ &= (1+h)\,y_k - hx_k + h, \quad k \in \mathbb{N}_0 \end{aligned}$$

Wir schreiben y_1 um,

$$y_1 = y_0 + (1 - x_0 + y_0)\,h = (1+h)(y_0 - x_0) + x_1.$$

Dies ist der Induktionsanfang zum Nachweis der angegebenen Formel

$$y_k = (1+h)^k(y_0 - x_0) + x_k, \quad k \in \mathbb{N}$$

durch vollständige Induktion. Zum Induktionsschritt nehmen wir an, dass die Formel für ein $k \in \mathbb{N}$ gilt. Dann folgt:

$$\begin{aligned} y_{k+1} &= (1+h)y_k + h - hx_k \\ &\stackrel{\text{I.V.}}{=} (1+h)((1+h)^k(y_0 - x_0) + x_k) + h - hx_k \\ &= (1+h)^{(k+1)}(y_0 - x_0) + (1+h)x_k - hx_k + h \\ &= (1+h)^{(k+1)}(y_0 - x_0) + x_{k+1} \end{aligned}$$

(c) Die Approximation y_n am Punkt $x_n = \hat{x}$ haben wir in (b) schon ausgerechnet: Wir setzen noch die Schrittweite h ein und erhalten

$$\begin{aligned} y_n &= (1+h)^n(y_0 - x_0) + x_n \\ &= \left(1 + \frac{x - x_0}{n}\right)^n (y_0 - x_0) + x. \end{aligned}$$

Da

$$\lim_{n\to\infty} \left(1 + \frac{x - x_0}{n}\right)^n = e^{x-x_0},$$

ist

$$\lim_{n\to\infty} y_n = (y_0 - x_0)\,\exp(\hat{x} - x_0) + \hat{x}.$$

Das ist aber gerade der Funktionswert der exakten Lösung y an $\hat{x}$.

Rechenaufgaben

13.6 • (a) Mit

$$\frac{dy}{dx} = x^2\,y$$

folgt

$$\ln|y| = \int \frac{dy}{y} = \int x^2\,dx = \frac{x^3}{3} + \tilde{C},$$

mit einer Konstante $\tilde{C} \in \mathbb{R}$. Die Anwendung der Exponentialfunktion auf beiden Seiten und das Auflösen des Betrags ergeben

$$y(x) = C\,e^{x^3/3}, \quad x \in \mathbb{R},$$

mit einer weiteren Konstanten $C \in \mathbb{R}$.

(b) Wegen

$$\frac{y'(x)}{(y(x))^2} = -x$$

folgt

$$-\frac{1}{y(x)} = -\frac{x^2}{2} + C$$

oder

$$y(x) = \frac{1}{x^2/2 - C}, \quad x \in \mathbb{R} \setminus \{\sqrt{2C}\}.$$

(c) Aus

$$x\frac{\mathrm{d}y}{\mathrm{d}x} = \sqrt{1-y^2}$$

erhalten wir

$$\int \frac{1}{\sqrt{1-y^2}}\,\mathrm{d}y = \int \frac{1}{x}\,\mathrm{d}x,$$

$$\arcsin y(x) = \ln|x| + C,$$

mit einer Integrationskonstante $C \in \mathbb{R}$.

Damit erhalten wir

$$y(x) = \sin(\ln|x| + C), \quad x \in \mathbb{R}\setminus\{0\}.$$

13.7 •• (a) Die Trennung der Variablen liefert

$$\int u^2\,\mathrm{d}u = \frac{x}{3\sqrt{1+x^2}}\,\mathrm{d}x.$$

Mit den Stammfunktionen

$$\int u^2\,\mathrm{d}u = \frac{1}{3}u^3$$

$$\int \frac{x}{3\sqrt{1+x^2}}\,\mathrm{d}x = \frac{1}{3}\sqrt{1+x^2}$$

erhält man die allgemeine Lösung

$$u(x) = \left(\sqrt{1+x^2} + 3c\right)^{1/3}, \quad x > 0,$$

mit einer Integrationskonstante $c \in \mathbb{R}$.

Die Integrationskonstante bestimmt man dann aus $u(0) = 3$, d. h.

$$27 = u^3(0) = 1 + 3c, \quad \text{und daher} \quad 3c = 26.$$

Auflösen nach u liefert das Ergebnis

$$u(x) = (\sqrt{1+x^2} + 26)^{1/3}, \quad x > 0.$$

(b) Wir führen eine Separation durch,

$$\frac{2\,(u-3)\,\mathrm{d}u}{(u-5)(u-1)} = -\frac{\mathrm{d}x}{x}.$$

Eine Partialbruchzerlegung liefert

$$\frac{u-3}{(u-5)(u-1)} = \frac{1}{2\,(u-5)} + \frac{1}{2\,(u-1)}.$$

Damit folgt

$$\ln\frac{1}{|x|} + \tilde{c} = \ln|u-5| + \ln|u-1| = \ln|u^2 - 6u + 5|.$$

Nach Anwendung der Exponentialfunktion und Auflösen des Betrags folgt mit einer neuen Integrationskonstante c die Gleichung

$$\frac{c}{x} = u^2(x) - 6u(x) + 5.$$

Der Anfangswert $u(1) = 2$ liefert $c = -3$. Mit quadratischer Ergänzung

$$4 - \frac{3}{x} = u^2(x) - 6u(x) + 9 = (u(x) - 3)^2$$

erhalten wir die Lösung

$$u(x) = 3 - \sqrt{4 - \frac{3}{x}}, \quad x > 1.$$

Vor der Wurzel muss das negative Vorzeichen stehen, da ansonsten die Anfangsbedingung $u(1) = 2$ verletzt ist.

13.8 ••• Es handelte sich um eine separable Differenzialgleichung für y'. Durch Trennung der Veränderlichen erhalten wir

$$\frac{y''(x)}{\sqrt{1+(y'(x))^2}} = -\frac{1}{cx}.$$

Integration auf beiden Seiten liefert die Gleichung

$$\operatorname{arsinh} y'(x) + c_1 = -\frac{1}{c}\ln|x|.$$

Mit der Anfangsbedingung $y'(A) = 0$ folgt

$$c_1 = -\frac{1}{c}\ln|A|.$$

Damit haben wir die Gleichung

$$\operatorname{arsinh} y'(x) = \ln\left[\left(\frac{|A|}{|x|}\right)^{1/c}\right].$$

Durch Anwendung des Sinus hyperbolicus ergibt sich

$$y'(x) = \frac{1}{2}\left[\left(\frac{|A|}{|x|}\right)^{1/c} - \left(\frac{|A|}{|x|}\right)^{-1/c}\right].$$

Da $x \in (0, A)$ ist, gilt insbesondere $x < 0$ und daher können wir dies auch als

$$y'(x) = \frac{1}{2}\left[\left(-\frac{|A|}{x}\right)^{1/c} - \left(-\frac{|A|}{x}\right)^{-1/c}\right]$$

schreiben. In dieser Form können wir erneut integrieren, wobei wir $c \neq 1$ nutzen, und erhalten

$$y(x) = \frac{|A|^{-1/c}}{2}\,\frac{c}{c+1}\,(-x)^{(c+1)/c} - \frac{|A|^{1/c}}{2}\,\frac{c}{c-1}\,(-x)^{(c-1)/c} + c_2.$$

Die Integrationskonstante c_2 bestimmen wir mit der Anfangsvorgabe

$$\begin{aligned}0 &= y(A)\\ &= \frac{|A|^{-1/c}}{2}\,\frac{c}{c+1}\,|A|^{(c+1)/c} - \frac{|A|^{1/c}}{2}\,\frac{c}{c-1}\,|A|^{(c-1)/c} + c_2\\ &= -\frac{c\,|A|}{c^2-1} + c_2.\end{aligned}$$

Damit erhalten wir

$$\begin{aligned}y(x) = {}& \frac{|A|^{-1/c}}{2}\,\frac{c}{c+1}\,|x|^{(c+1)/c}\\ &- \frac{|A|^{1/c}}{2}\,\frac{c}{c-1}\,|x|^{(c-1)/c} + \frac{c\,|A|}{c^2-1}\end{aligned}$$

für $x \in (0, A)$.

Für $c < 1$ ist der zweite Summand für $x \to 0$ unbeschränkt. Für $c > 1$ erhalten wir für $x \to 0$ einen endlichen Wert.

13.9 • Die allgemeine Lösung der homogenen Differenzialgleichung u_h ergibt sich durch Trennung der Veränderlichen,

$$\int \frac{\mathrm{d}u_h}{u_h} = -\int \cos(x)\,\mathrm{d}x.$$

Es folgt

$$\ln|u_h(x)| = \tilde{C} - \sin x$$

mit $\tilde{C} \in \mathbb{R}$ und daher

$$u_h(x) = C\,\mathrm{e}^{-\sin x}, \quad x \in \mathbb{R},$$

mit $C \in \mathbb{R}$.

Für die partikuläre Lösung der inhomogenen Differenzialgleichung machen wir den Ansatz $u_p(x) = C(x)\exp(-\sin(x))$. Ableiten liefert

$$u_p'(x) = C'(x)\,\mathrm{e}^{-\sin(x)} - C(x)\cos(x)\,\mathrm{e}^{-\sin(x)}.$$

Dies setzen wir in die Differenzialgleichung ein und erhalten

$$\begin{aligned}\frac{1}{2}\sin(2x) &= C'(x)\,\mathrm{e}^{-\sin(x)} - C(x)\cos(x)\,\mathrm{e}^{-\sin(x)}\\ &\quad + \cos(x)\,C(x)\,\mathrm{e}^{-\sin(x)}\\ &= C'(x)\,\mathrm{e}^{-\sin(x)}.\end{aligned}$$

Wie erwartet heben sich die Terme mit $C(x)$ weg. Es folgt nun

$$C(x) = \frac{1}{2}\int \sin(2x)\,\mathrm{e}^{\sin(x)}\,\mathrm{d}x.$$

Mit der Substitution $y = \sin(x)$ mit $\mathrm{d}y = \cos(x)\,\mathrm{d}x$ und unter Beachtung von $\sin(2x) = 2\sin(x)\cos(x)$ folgt nun

$$C(x) = \int y\,\mathrm{e}^y\,\mathrm{d}y = \mathrm{e}^y\,(y-1) = \mathrm{e}^{\sin(x)}\,(\sin(x)-1).$$

Damit ergibt sich die partikuläre Lösung

$$u_p(x) = \sin(x) - 1, \quad x \in \mathbb{R},$$

und die allgemeine Lösung

$$u(x) = u_p(x) + u_h(x) = \sin(x) - 1 + C\,\mathrm{e}^{-\sin x}$$

für $x \in \mathbb{R}$.

13.10 •• Es handelt sich um eine Bernoulli'sche Differenzialgleichung mit Exponenten $\alpha = -1$. Wir müssen also die Substitution $u(x) = (v(x))^\lambda$ mit

$$\lambda = \frac{1}{1-\alpha} = \frac{1}{1-(-1)} = \frac{1}{2}$$

durchführen. Mit

$$u'(x) = \frac{1}{2}\,(v(x))^{-1/2}\,v'(x)$$

folgt durch Einsetzen in die Differenzialgleichung

$$\frac{1}{2}\,(v(x))^{-1/2}\,v'(x) = \frac{1}{2x}\,(v(x))^{1/2} - \frac{1}{2}\,(v(x))^{-1/2}.$$

Nach Multiplikation der Gleichung mit $2\,(v(x))^{1/2}$ erhalten wir die lineare Differenzialgleichung

$$v'(x) = \frac{1}{x}\,v(x) - 1, \quad x \in (0,1).$$

Durch Separation ergibt sich die Lösung der homogenen linearen Differenzialgleichung als

$$v_h(x) = C\,x, x \in (0,1),$$

mit $C \in \mathbb{R}$. Die Lösung der inhomogenen Differenzialgleichung ermitteln wir durch Variation der Konstanten,

$$v_p(x) = C(x)\,x, \quad v_p'(x) = C(x) + C'(x)\,x.$$

Durch Einsetzen erhalten wir

$$C(x) + C'(x)\,x = C(x) - 1, \quad \text{also} \quad C'(x) = -\frac{1}{x}.$$

Dies liefert die Funktion $C(x) = -\ln x$ und die partikuläre Lösung

$$v_p(x) = -x\,\ln x, \quad x \in (0,1).$$

Die allgemeine Lösung der linearen Differenzialgleichung ist demnach

$$v(x) = x\,(C - \ln x), \qquad x \in (0, 1).$$

Die Rücksubstitution ergibt

$$u(x) = (x\,(C - \ln x))^{1/2}, \qquad x \in (0, 1).$$

Damit u reellwertig ist, muss $x\,(C - \ln x)$ für alle $x \in (0, 1)$ größer oder gleich null sein. Dies ist für $C \geq 0$ der Fall.

13.11 •• Indem wir die rechte Seite umschreiben zu

$$1 + \frac{1}{\left(\frac{x}{y(x)}\right)^2 + \frac{x}{y(x)}},$$

identifizieren wir die Differenzialgleichung als eine homogen Differenzialgleichung. Mit der Substitution $z(x) = y(x)/x$ und dementsprechend

$$y'(x) = z(x) + x\,z'(x)$$

erhalten wir

$$z(x) + x\,z'(x) = 1 + \frac{x^2\,(z(x))^2}{x^2(1 + z(x)} = 1 + \frac{(z(x))^2}{1 + z(x)}.$$

Es folgt

$$z'(x) = \frac{1}{x\,(1 + z(x))}.$$

Durch Separation ergibt sich

$$z(x) + \frac{1}{2}\,(z(x))^2 + \frac{1}{2} = \ln x + \frac{C}{2}.$$

Der Summand $1/2$ auf der linken Seite ist einfach eine geschickt gewählte Integrationskonstante, denn es folgt nun

$$z(x) = -1 \pm \sqrt{2\ln x + C}, \qquad x > 0.$$

Damit ist

$$y(x) = x\left(-1 \pm \sqrt{2\ln x + C}\right), \qquad x > 0.$$

13.12 • Mit dem Exponentialansatz $y(x) = \exp(\lambda x)$ erhalten wir die charakteristische Gleichung

$$\lambda^3 + 2\lambda^2 + 2\lambda + 1 = 0.$$

Die Nullstelle -1 ermitteln wir durch Probieren. Damit ergibt sich

$$\begin{aligned} 0 &= (\lambda + 1)(\lambda^2 + \lambda + 1) \\ &= (\lambda + 1)\left(\lambda + \frac{1}{2} - \frac{\sqrt{3}\,\mathrm{i}}{2}\right)\left(\lambda + \frac{1}{2} + \frac{\sqrt{3}\,\mathrm{i}}{2}\right). \end{aligned}$$

Die allgemeine komplexwertige Lösung lautet dann

$$y(x) = c_1 \mathrm{e}^{-x} + c_2 \mathrm{e}^{(-1+\mathrm{i}\sqrt{3})x/2} + c_3 \mathrm{e}^{(-1-\mathrm{i}\sqrt{3})x/2}$$

für $x \in \mathbb{R}$ mit $c_1, c_2, c_3 \in \mathbb{C}$. Aus der Euler'schen Formel erhalten wir

$$\mathrm{e}^{(-1+\mathrm{i}\sqrt{3})x/2} = \mathrm{e}^{-x/2}\left(\cos(\sqrt{3}x/2) + \mathrm{i}\sin(\sqrt{3}x/2)\right).$$

Damit ist die reellwertige Lösung durch

$$y(x) = c_1 \mathrm{e}^{-x} + c_2 \mathrm{e}^{-x/2}\cos(\sqrt{3}x/2) + c_3 \mathrm{e}^{-x/2}\sin(\sqrt{3}x/2)$$

für $x \in \mathbb{R}$ mit $c_1, c_2, c_3 \in \mathbb{R}$ gegeben.

13.13 •• Zunächst muss die allgemeine Lösung u_h der zugehörigen homogenen linearen Differenzialgleichung bestimmt werden. Dazu verwenden wir den Exponentialansatz $y(x) = \exp(\lambda x)$. Die charakteristische Gleichung ergibt sich zu

$$0 = \lambda^3 + 3\lambda^2 + 3\lambda + 1 = (\lambda + 1)^3.$$

Die Zahl -1 ist eine dreifache Nullstelle des charakteristischen Polynoms. Damit folgt

$$u_\mathrm{h}(x) = c_1 \mathrm{e}^{-x} + c_2\,x\mathrm{e}^{-x} + c_3\,x^2\mathrm{e}^{-x}$$

für $x \in \mathbb{R}$ mit $c_1, c_2, c_3 \in \mathbb{R}$.

Zur Bestimmung einer partikulären Lösung u_p der inhomogenen linearen Differenzialgleichung verwenden wir den Ansatz vom Typ der rechten Seite. Da -1 eine dreifache Nullstelle des charakteristischen Polynoms ist, lautet der Ansatz

$$y_\mathrm{p}(x) = A\,x + B + C\,x^3\mathrm{e}^{-x}, \qquad x \in \mathbb{R}.$$

Die Ableitungen lauten

$$\begin{aligned} y_\mathrm{p}'(x) &= A + C\,(3x^2 - x^3)\,\mathrm{e}^{-x}, \\ y_\mathrm{p}''(x) &= C\,(6x - 6x^2 + x^3)\,\mathrm{e}^{-x}, \\ y_\mathrm{p}'''(x) &= C\,(6 - 18x + 9x^2 - x^3)\,E^{-x} \end{aligned}$$

Wir setzen ein:

$$\begin{aligned} x + 6\mathrm{e}^{-x} &= C\,(6 - 18x + 9x^2 - x^3)\,\mathrm{e}^{-x} \\ &\quad + 3C\,(6x - 6x^2 + x^3)\,\mathrm{e}^{-x} \\ &\quad + 3A + 3C\,(3x^2 - x^3)\,\mathrm{e}^{-x} \\ &\quad + Ax + B + C\,x^3\mathrm{e}^{-x} \\ &= 3A + B + Ax + 6C\,\mathrm{e}^{-x} \end{aligned}$$

Durch Koeffizientenvergleich folgt $C = 1$, $A = 1$ und $B = -3$. Die allgemeine Lösung der Differenzialgleichung ist demnach

$$u(x) = Ax - 3 + x^3\,\mathrm{e}^{-x} + c_1 \mathrm{e}^{-x} + c_2\,x\mathrm{e}^{-x} + c_3\,x^2\mathrm{e}^{-x}$$

für $x \in \mathbb{R}$ mit $c_1, c_2, c_3 \in \mathbb{R}$.

13.14 •• (a) Der Exponentialansatz $y(x) = \exp(\lambda x)$ führt auf das charakteristische Polynom $p(\lambda) = \lambda^2 - 2\lambda + 2$. Dieses hat die Nullstellen $\lambda_{1/2} = 1 \pm \mathrm{i}$. Daher haben wir die beiden reellwertigen Lösungen

$$y_1(x) = \mathrm{e}^x \cos(x) \quad \text{und} \quad y_2(x) = \mathrm{e}^x \sin(x)$$

der homogenen Differenzialgleichung gefunden. Somit lautet die allgemeine Lösung des homogenen Problems

$$y_\mathrm{h}(x) = c_1 \,\mathrm{e}^x \cos(x) + c_2 \,\mathrm{e}^x \sin(x), x \in \mathbb{R},$$

mit $c_1, c_2 \in \mathbb{R}$.

(b) Wir verwenden den Ansatz vom Typ der rechten Seite

$$y_\mathrm{p}(x) = (A \sin(x) + B \cos(x))\,\mathrm{e}^{2x}.$$

Für die Ableitungen ergibt sich

$$\begin{aligned} y_\mathrm{p}'(x) &= ((2A - B)\,\sin(x) + (A + 2B)\,\cos(x))\,\mathrm{e}^{2x}, \\ y_\mathrm{p}''(x) &= ((3A - 4B)\,\sin(x) + (4A + 3B)\,\cos(x))\,\mathrm{e}^{2x}. \end{aligned}$$

Einsetzen in die Differenzialgleichung liefert

$$\begin{aligned} \mathrm{e}^{2x} \sin x &= ((3A - 4B)\,\sin(x) + (4A + 3B)\,\cos(x))\,\mathrm{e}^{2x} \\ &\quad - 2\,((2A - B)\,\sin(x) + (A + 2B)\,\cos(x))\,\mathrm{e}^{2x} \\ &\quad + 2\,(A \sin(x) + B \cos(x))\,\mathrm{e}^{2x} \\ &= ((A - 2B)\,\sin(x) + (2A + B)\,\cos(x))\,\mathrm{e}^{2x}. \end{aligned}$$

So sehen wir durch Koeffizientenvergleich, dass $A - 2B = 1$ sowie $2A + B = 0$. Damit ergibt sich $A = 1/5$ und $B = -2/5$. Die partikuläre Lösung des inhomogenen Problems ist

$$y_\mathrm{p}(x) = \frac{1}{5}\,\mathrm{e}^{2x}(\sin x - 2\cos x), \quad x \in \mathbb{R}.$$

(c) Die allgemeine Lösung der Differenzialgleichung lautet

$$y(x) = \frac{1}{5}\,\mathrm{e}^{2x}(\sin x - 2\cos x) + c_1\,\mathrm{e}^x \cos x + c_2\,\mathrm{e}^x \sin x.$$

Die Ableitung ist

$$\begin{aligned} y'(x) &= \frac{1}{5}\,\mathrm{e}^{2x}(4 \sin x - 3\cos x) + (c_1 + c_2)\,\mathrm{e}^x \cos x \\ &\quad + (c_2 - c_1)\,\mathrm{e}^x \sin x. \end{aligned}$$

Durch Einsetzen der Anfangsbedingungen erhält man

$$\begin{aligned} -\frac{2}{5} + c_1 &= \frac{3}{5}, \\ -\frac{3}{5} + c_1 + c_2 &= 1. \end{aligned}$$

Hiermit folgt $c_1 = 1$ und $c_2 = 3/5$. Die Lösung des Anfangswertproblems ist durch

$$y(x) = \frac{\mathrm{e}^{2x}}{5}\,(\sin x - 2\cos x) + \frac{\mathrm{e}^x}{5}\,(5\cos x + 3 \sin x)$$

für $x \in \mathbb{R}$ gegeben.

13.15 •• Mit dem Ansatz $u(x) = x^\lambda$ erhalten wir

$$\begin{aligned} u'(x) &= \lambda\, x^{\lambda-1}, \\ u''(x) &= \lambda\,(\lambda - 1)\,x^{\lambda-2}, \\ u'''(x) &= \lambda\,(\lambda - 1)\,(\lambda - 2)\,x^{\lambda-3}. \end{aligned}$$

Wir setzen dies in die Differenzialgleichung ein,

$$\begin{aligned} 0 &= \lambda\,(\lambda - 1)\,(\lambda - 2)\,x^{\lambda-3} - 2\,\lambda\,(\lambda - 1)\,x^{\lambda-3} \\ &\quad + 5\,\lambda\,x^{\lambda-3} - 5\,x^{\lambda-3} \\ &= (\lambda - 1)\,(\lambda^2 - 4\lambda + 5)\,x^{\lambda-3}. \end{aligned}$$

Da $x > 0$ ist, ist auch $x^{\lambda-3} > 0$. Daher gilt

$$0 = (\lambda - 1)\,(\lambda^2 - 4\lambda + 5) = (\lambda - 1)\,(\lambda - 2 - \mathrm{i})\,(\lambda - 2 + \mathrm{i}).$$

Die allgemeine Lösung der Differenzialgleichung ist demnach

$$u(x) = c_1\,x + c_2\,x^{2+\mathrm{i}} + c_3\,x^{2-\mathrm{i}}, \quad x > 0,$$

mit $c_j \in \mathbb{C}$, $j = 1, 2, 3$.

Ist man an einer reellen Lösung interessiert, müssen die beiden komplexen Lösungen in Real- und Imaginärteil aufgespalten werden,

$$\begin{aligned} x^{2+\mathrm{i}} &= \mathrm{e}^{(2+\mathrm{i})\,\ln x} = x^2\,(\cos(\ln x) + \mathrm{i}\,\sin(\ln x)), \\ x^{2-\mathrm{i}} &= \mathrm{e}^{(2-\mathrm{i})\,\ln x} = x^2\,(\cos(\ln x) - \mathrm{i}\,\sin(\ln x)). \end{aligned}$$

Daher ist die allgemeine reellwertige Lösung durch

$$u(x) = c_1\,x + c_2\,x^2\,\cos(\ln x) + c_3\,x^2\,\sin(\ln x)$$

für $x > 0$ mit $c_j \in \mathbb{R}$, $j = 1, 2, 3$.

13.16 •• Mit einem Potenzreihenansatz mit Entwicklungspunkt $x_0 = 0$ erhalten wir

$$\begin{aligned} u(x) &= \sum_{n=0}^{\infty} a_n\,x^n, \\ u'(x) &= \sum_{n=1}^{\infty} n\,a_n\,x^{n-1} \\ &= \sum_{n=0}^{\infty} (n + 1)\,a_{n+1}\,x^n, \\ u''(x) &= \sum_{n=2}^{\infty} n\,(n - 1)\,a_n\,x^{n-2} \\ &= \sum_{n=0}^{\infty} (n + 2)\,(n + 1)\,a_{n+2}\,x^n. \end{aligned}$$

Es folgt

$$\begin{aligned}(1-x)\,u'(x) &= \sum_{n=0}^{\infty}(n+1)\,a_{n+1}\,x^n - \sum_{n=1}^{\infty} n\,a_n\,x^n \\ &= a_1 + (2a_2 - a_1)\,x \\ &\quad + \sum_{n=2}^{\infty}[(n+1)\,a_{n+1} - n\,a_n]\,x^n, \\ (1+x^2)\,u''(x) &= \sum_{n=0}^{\infty}(n+2)\,(n+1)\,a_{n+2}\,x^n \\ &\quad + \sum_{n=2}^{\infty} n\,(n-1)\,a_n\,x^n \\ &= 2a_2 + 6a_3\,x \\ &\quad + \sum_{n=2}^{\infty}[(n+2)(n+1)a_{n+2} + n(n-1)a_n]x^n.\end{aligned}$$

Diese ganzen Terme sind in die Differenzialgleichung einzusetzen:

$$\begin{aligned}&8x^3 - 3x^2 + 6x - 1 \\ &= 2a_2 + 6a_3\,x - a_1 - (2a_2 - a_1)\,x - a_0 - a_1\,x \\ &\quad + \sum_{n=2}^{\infty}[(n+2)\,(n+1)\,a_{n+2} + n\,(n-1)\,a_n]\,x^n \\ &\quad - \sum_{n=2}^{\infty}[(n+1)\,a_{n+1} - n\,a_n]\,x^n - \sum_{n=2}^{\infty} a_n\,x^n \\ &= -a_0 - a_1 + 2a_2 + (-2a_2 + 6a_3)\,x \\ &\quad + \sum_{n=2}^{\infty}(n+1)\,[(n+2)\,a_{n+2} - a_{n+1} + (n-1)\,a_n]\,x^n\end{aligned}$$

Durch Koeffizientenvergleich bekommen wir die Gleichungen:

$$\begin{aligned}n=0:&\quad -1 = a_0 - a_1 + 2a_2 \\ n=1:&\quad 6 = -2a_2 + 6a_3 \\ n=2:&\quad -3 = 3a_2 - 3a_3 + 12a_4 \\ n=3:&\quad 8 = 8a_3 - 4a_4 + 20a_5 \\ n\geq 4:&\quad 0 = (n+2)\,a_{n+2} - a_{n+1} + (n-1)\,a_n\end{aligned}$$

Aus den Anfangsbedingungen folgt $a_0 = 0$ und $a_1 = 1$. Mit den ersten vier Gleichungen oben erhalten wir nacheinander $a_2 = 0$, $a_3 = 1$, $a_4 = 0$ und $a_5 = 0$. Durch vollständige Induktion folgt aus der letzten Gleichung nun sofort $a_n = 0$ für alle $n \geq 4$. Also ist

$$u(x) = x^3 + x.$$

13.17 •• (a) Mit dem Ansatz $u(x) = \sum_{n=0}^{\infty} a_n x^n$ folgt

$$\begin{aligned}2xu'(x) &= 2x\sum_{n=1}^{\infty} n\,a_n x^{n-1} = \sum_{n=1}^{\infty} 2n\,a_n x^n \\ &= \sum_{n=0}^{\infty} 2n\,a_n x^n, \\ u''(x) &= \sum_{n=2}^{\infty} n(n-1)a_n x^{n-2} \\ &= \sum_{n=0}^{\infty}(n+2)(n+1)a_{n+2}x^n.\end{aligned}$$

Für die rechte Seite hat man:

$$\begin{aligned}(1+x+x^2)\,\mathrm{e}^x &= \sum_{n=0}^{\infty}\frac{x^n}{n!} + \sum_{n=0}^{\infty}\frac{x^{n+1}}{n!} + \sum_{n=0}^{\infty}\frac{x^{n+2}}{n!} \\ &= \sum_{n=0}^{\infty}\frac{x^n}{n!} + \sum_{n=1}^{\infty}\frac{x^n}{(n-1)!} + \sum_{n=2}^{\infty}\frac{x^n}{(n-2)!} \\ &= 1 + 2x + \sum_{n=2}^{\infty}\left(\frac{1}{n!} + \frac{1}{(n-1)!} + \frac{1}{(n-2)!}\right)x^n \\ &= 1 + 2x + \sum_{n=2}^{\infty}\frac{1+n+(n-1)n}{n!}x^n \\ &= 1 + 2x + \sum_{n=2}^{\infty}\frac{1+n^2}{n!}x^n \\ &= \sum_{n=0}^{\infty}\frac{1+n^2}{n!}x^n\end{aligned}$$

Gleichsetzen liefert

$$\sum_{n=0}^{\infty}\big[(n+2)(n+1)a_{n+2} + (2n-1)a_n\big]x^n = \sum_{n=0}^{\infty}\frac{1+n^2}{n!}x^n.$$

Mit dem Koeffizientenvergleich folgt

$$\begin{aligned}(n+2)(n+1)a_{n+2} &= \frac{1+n^2}{n!} - (2n-1)a_n, \quad n \geq 0, \\ a_{n+2} &= \frac{1+n^2}{(n+2)!} - \frac{2n-1}{(n+2)(n+1)}a_n \quad n \geq 0.\end{aligned}$$

(b) Aus den Anfangswerten folgt

$$a_0 = 0, \quad a_1 = \frac{1}{2} = \frac{1}{2\cdot 0!}.$$

Damit erhalten wir

$$a_2 = \frac{1}{2!} + \frac{1}{2}\cdot 0 = \frac{1}{2} = \frac{1}{2\cdot 1!}.$$

Dies ist der Induktionsanfang.

Der Schluss $n \to n+2$ ist:

$$\begin{aligned} a_{n+2} &= \frac{1+n^2}{(n+2)!} - \frac{2n-1}{(n+2)(n+1)} a_n \\ &\overset{\text{I.V.}}{=} \frac{1+n^2}{(n+2)!} - \frac{1}{2}\frac{(2n-1)n}{(n+2)!} \\ &= \frac{2+2n^2-2n^2+n}{2(n+2)!} = \frac{n+2}{2(n+2)!} = \frac{1}{2(n+1)!} \end{aligned}$$

Damit folgt:

$$\begin{aligned} u(x) &= \sum_{n=0}^{\infty} a_n x^n = a_0 + \sum_{n=1}^{\infty} a_n x^n \\ &= 0 + \frac{1}{2}\sum_{n=1}^{\infty} \frac{x^n}{(n-1)!} = \frac{1}{2}\sum_{n=0}^{\infty} \frac{x^{n+1}}{n!} \\ &= \frac{x}{2}\sum_{n=0}^{\infty} \frac{x^n}{n!} = \frac{1}{2} x \mathrm{e}^x \end{aligned}$$

13.18 •• Mit dem Ansatz $u(x) = \sum_{n=0}^{\infty} a_n (x-1)^n$ folgt:

$$\begin{aligned} 0 &= x \sum_{n=2}^{\infty} a_n\, n\,(n-1)\,(x-1)^{n-2} \\ &\quad + (2+x)\sum_{n=1}^{\infty} a_n\, n\,(x-1)^{n-1} + \sum_{n=0}^{\infty} a_n (x-1)^n \\ &= ((x-1)+1)\sum_{n=2}^{\infty} a_n\, n\,(n-1)\,(x-1)^{n-2} \\ &\quad + ((x-1)+3)\sum_{n=1}^{\infty} a_n\, n\,(x-1)^{n-1} + \sum_{n=0}^{\infty} a_n (x-1)^n \\ &= \sum_{n=2}^{\infty} a_n\, n\,(n-1)\,(x-1)^{n-1} \\ &\quad + \sum_{n=2}^{\infty} a_n\, n\,(n-1)\,(x-1)^{n-2} + \sum_{n=1}^{\infty} a_n\, n\,(x-1)^n \\ &\quad + 3\sum_{n=1}^{\infty} a_n\, n\,(x-1)^{n-1} + \sum_{n=0}^{\infty} a_n (x-1)^n \\ &= \sum_{n=1}^{\infty} a_{n+1}\,(n+1)\,n\,(x-1)^n \\ &\quad + \sum_{n=0}^{\infty} a_{n+2}\,(n+2)\,(n+1)\,(x-1)^n + \sum_{n=1}^{\infty} a_n\, n\,(x-1)^n \\ &\quad + 3\sum_{n=0}^{\infty} a_{n+1}\,(n+1)\,(x-1)^n + \sum_{n=0}^{\infty} a_n (x-1)^n \\ &= 2a_2 + 3a_1 + a_0 \\ &\quad + \sum_{n=1}^{\infty} \big[a_{n+2}\,(n+2)\,(n+1) + a_{n+1}\,(n+1)\,(n+3) \\ &\qquad + (n+1)\,a_n\big](x-1)^n \end{aligned}$$

Durch Koeffizientenvergleich erhalten wir die Gleichungen

$$\begin{aligned} n = 0: &\quad 0 = 2a_2 + 3a_1 + a_0, \\ n \geq 1: &\quad 0 = a_{n+2}\,(n+2) + a_{n+1}\,(n+3) + a_n. \end{aligned}$$

Aus den Anfangswerten erhalten wir $a_0 = 1$, $a_1 = -1$. Damit folgt aus der ersten Gleichung $a_2 = 1$. Mit der zweiten Gleichung errechnen wir sukzessive

$$a_3 = -1, \quad a_4 = 1, \quad a_5 = -1.$$

Dies legt die Vermutung $a_n = (-1)^n$ nahe. Den Induktionsanfang haben wir mit den Überlegungen von eben schon erbracht. Für den Induktionsschritt nehmen wir an, dass die Aussage für ein n und $n+1$ richtig ist. Dann folgt

$$\begin{aligned} a_{n+2} &= -\frac{a_{n+1}\,(n+3) + a_n}{n+2} \\ &= -\frac{(-1)^{n+1}\,(n+3) + (-1)^n}{n+2} \\ &= (-1)^{n+2}\,\frac{n+3-1}{n+2} = (-1)^{n+2}. \end{aligned}$$

Damit ist unsere Vermutung bewiesen. Es folgt mit der geometrischen Reihe

$$u(x) = \sum_{n=0}^{\infty} (1-x)^n = \frac{1}{1-(1-x)} = \frac{1}{x},$$

falls $|1-x| < 1$. Die Reihe konvergiert also genau für $x \in (0,2)$.

13.19 ••• Mit dem Ansatz erhalten wir die Ableitungen

$$\begin{aligned} y'(x) &= \sum_{k=0}^{\infty} a_k\,(k+\lambda)\,x^{k+\lambda-1}, \\ y''(x) &= \sum_{k=0}^{\infty} a_k\,(k+\lambda)\,(k+\lambda-1)\,x^{k+\lambda-2}. \end{aligned}$$

Durch Einsetzen in die Differenzialgleichung folgt:

$$\begin{aligned} 0 &= \sum_{k=0}^{\infty} a_k\,(k+\lambda)\,(k+\lambda-1)\,x^{k+\lambda} \\ &\quad + \sum_{k=0}^{\infty} a_k\,(k+\lambda)\,x^{k+\lambda+1} - \sum_{k=0}^{\infty} 2\,a_k\,x^{k+\lambda} \\ &= \sum_{k=0}^{\infty} a_k\,(k+\lambda)\,(k+\lambda-1)\,x^{k+\lambda} \\ &\quad + \sum_{k=1}^{\infty} a_{k-1}\,(k+\lambda-1)\,x^{k+\lambda} - \sum_{k=0}^{\infty} 2\,a_k\,x^{k+\lambda} \\ &= \sum_{k=1}^{\infty} x^{k+\lambda}\big[a_k\,(k+\lambda)\,(k+\lambda-1)a_{k-1}\,(k+\lambda-1) - 2\,a_k\big] \\ &\quad + a_0\,x^{\lambda}\,(\lambda\,(\lambda-1)-2) \end{aligned}$$

Wir führen nun einen Koeffizientenvergleich durch,

$$\begin{aligned} k &= 0 & a_0(\lambda(\lambda-1)-2) &= 0, \\ k &\geq 1 & a_k(k+\lambda)(k+\lambda-1)+a_{k-1}(k+\lambda-1)-2a_k &= 0. \end{aligned}$$

Da $a_0 \neq 0$ vorausgesetzt war, folgt aus der ersten Gleichung $\lambda = 2$ oder $\lambda = -1$.

Im Fall $\lambda = 2$ erhalten wir eine Potenzreihe als Lösung. Der erste Koeffizient a_0 ist unbestimmt, für alle weiteren gilt die Rekursionsformel

$$a_k = -\frac{(k+1)\,a_{k-1}}{k\,(k+2)}$$

Hieraus kann man die explizite Formel

$$a_k = (-1)^k\,\frac{6\,(k+1)}{(k+3)!}\,a_0, \quad k \in \mathbb{N}_0,$$

ableiten, die sich durch vollständige Induktion beweisen lässt. So erhalten wir die Lösung

$$y(x) = a_0 \sum_{k=0}^{\infty} \frac{6\,(k+1)}{(k+3)!}\,x^{k+2} = a_0 \sum_{k=2}^{\infty} \frac{6\,(k-1)}{(k+1)!}\,x^k.$$

Im Fall $\lambda = -1$ erhalten wir die Formel

$$a_k\,k\,(k-3) + a_{k-1}\,(k-2) = 0, \quad k \in \mathbb{N},$$

für die Koeffizienten. Der erste Koeffizient a_0 kann wieder beliebig gewählt werden, dann folgt $a_1 = -a_0/2$ und $a_2 = 0$. Für $k = 3$ ist die Formel für jedes a_3 erfüllt, diese Koeffizient kann wieder beliebig gewählt werden. Dann folgt

$$a_k = -\frac{k-2}{k\,(k-3)}\,a_{k-1}, \quad k > 3.$$

Dies ist dieselbe Rekursionsformel wie im ersten Fall, nur steht für k jeweils $k-3$. Somit erhalten wir hier auch das explizite Resultat

$$a_k = (-1)^k + 1\,\frac{6\,(k-2)}{k!}\,a_3, \quad k \in \mathbb{N}_{\geq 3}.$$

Die Lösung ist

$$\begin{aligned} y(x) &= a_0\left(\frac{1}{x} - \frac{1}{2}\right) + a_3 \sum_{k=3}^{\infty} (-1)^k + 1\,\frac{6\,(k-2)}{k!}\,x^{k-1} \\ &= a_0\left(\frac{1}{x} - \frac{1}{2}\right) + a_3 \sum_{k=2}^{\infty} (-1)^k\,\frac{6\,(k-1)}{(k+1)!}\,x^k. \end{aligned}$$

Der zweite Summand in der Lösung ist derselbe, wie im ersten Fall $\lambda = 2$. Dies ist auch der Teil, den wir mit einem gewöhnlichen Potenzreihenansatz gefunden hätten. Der erste Summand lässt sich nicht in eine Potenzreihe um null entwickeln, daher wird er nur durch den erweiterten Potenzreihenansatz gefunden.

Anwendungsprobleme

13.20 •• (a) Die Anzahl der Kontakte zwischen einem Infizierten und einem Gesunden kann proportional zu dem Produkt $I(t)\,(1 - I(t))$ angesetzt werden. Damit erhalten wir die Differenzialgleichung

$$I'(t) = k_1\,I(t)\,(1 - I(t)), \quad t > 0,$$

wobei k_1 eine Proportionalitätskonstante ist, die sowohl die Wahrscheinlichkeit für einen Kontakt als auch die Wahrscheinlichkeit für eine Infektion im Fall eines Kontaktes widerspiegelt.

Dies ist genau die Differenzialgleichung, die wir bei der Besprechung des logistischen Wachstumsmodells gefunden haben. Es handelt sich dabei um eine Bernoulli'sche Differenzialgleichung, die aber auch direkt durch Separation gelöst werden kann. Da dies der einfachere Lösungsweg ist, wollen wir ihn hier beschreiben. Trennung der Veränderlichen liefert

$$\frac{I'(t)}{I(t)\,(1 - I(t))} = k_1.$$

Für den Übergang zu den Stammfunktionen muss eine Partialbruchzerlegung durchgeführt werden,

$$\frac{1}{I(t)\,(1 - I(t))} = \frac{1}{1 - I(t)} + \frac{1}{I(t)}.$$

Bei der Integration nutzen wir aus, dass $I(t) \in (0, 1)$ liegt. Wir können daher auf den Betrag verzichten und erhalten

$$\ln(I(t)) - \ln(1 - I(t)) = k_1\,t + c_1, \quad t > 0,$$

und daher

$$\frac{I(t)}{1 - I(t)} = c_2\,\mathrm{e}^{k_1 t}.$$

Die Anfangsvorgabe ergibt $c_2 = I_0/(1 - I_0)$. Damit erhalten wir schließlich

$$I(t) = 1 - \frac{1}{1 + \frac{I_0}{1 - I_0}\,\mathrm{e}^{k_1 t}}, \quad t > 0.$$

Für große t ergibt sich, dass die gesamte Population infiziert wird, $\lim_{t\to\infty} I(t) = 1$.

(b) Die modifizierte Differenzialgleichung lautet

$$I'(t) = k_1\,I(t)\,(1 - I(t)) - k_2 I(t), \quad t > 0,$$

mit einer zweiten Proportionalitätskonstante k_2, die die Heilungsrate angibt. Wiederum mit Separation erhalten wir

$$\frac{I'(t)}{(k_1 - k_2)\,I(t) - k_1\,I(t)^2} = 1.$$

Die Partialbruchzerlegung liefert diesmal

$$\frac{1}{(k_1-k_2)\,I(t)-k_1\,I(t)^2} = \frac{1}{(k_1-k_2)\,I(t)} + \frac{k_1}{(k_1-k_2)\,(k_1-k_2-k_1\,I(t))}.$$

Mit Integration wird daraus

$$\ln\left|\frac{k_1-k_2-k_1\,I(t)}{I(t)}\right| = -(k_1-k_2)\,t + c_2,$$

oder

$$\frac{k_1-k_2}{I(t)} - k_1 = c_2\,\mathrm{e}^{-(k_1-k_2)t}.$$

Dies können wir auflösen zu

$$I(t) = \frac{k_1-k_2}{k_1+c_2\exp(-(k_1-k_2)\,t)}, \qquad t>0.$$

Mit der Anfangsvorgabe erhalten wir

$$c_2 = \frac{k_1-k_2}{I_0} - k_1.$$

Somit ergibt sich schließlich

$$I(t) = \frac{(k_1-k_2)\,I_0}{k_1 I_0 + (k_1-k_2-k_1 I_0)\exp(-(k_1-k_2)\,t)}$$

für $t>0$.

Ist $k_2 > k_1$, so ergibt sich hier $\lim_{t\to\infty} I(t) = 0$, die Heilungsrate dominiert die Rate der Neuinfektionen. Für $k_1 > k_2$ folgt

$$\lim_{t\to\infty} I(t) = \frac{k_1-k_2}{k_1}.$$

Es entsteht ein gleichbleibender Anteil der Bevölkerung, der infiziert ist.

Die Ableitung der Lösung ist

$$I'(t) = \frac{(k_1-k_2)^2\,I_0\,(k_1-k_2-k_1\,I_0)\exp(-(k_1-k_2)\,t)}{(k_1 I_0 + (k_1-k_2-k_1 I_0)\exp(-(k_1-k_2)\,t))^2}.$$

Damit $I'(t)=0$ sein kann, muss die Bedingung

$$k_1 - k_2 - k_1\,I_0 = 0$$

erfüllt sein, denn alle anderen Faktoren in der Ableitung sind positiv. Daher gilt $I'(t)=0$ genau dann, wenn

$$I_0 = \frac{k_1-k_2}{k_1},$$

genau der Grenzwert der Lösung von oben. Es ist dann $I'(t) = 0$ für alle $t>0$.

13.21 •• (a) Aus der Differenzialgleichung folgt durch 4-maliges Integrieren, dass die Funktion w ein Polynom 4. Grades ist. Da das Problem symmetrisch ist, muss w ferner eine gerade Funktion sein. Damit noch die geforderten Randbedingungen für w an den Stellen $\pm L/2$ erfüllt sind, folgt also

$$w(x) = a\left(x^2 - \frac{L^2}{4}\right)(x^2+b)$$

mit geeigneten Konstanten a und b.

Um die übrigen Bedingungen zu erfüllen, berechnen wir die 2. und 4. Ableitung dieser Funktion.

$$\begin{aligned} w''(x) &= 2a\left(x^2-\frac{L^2}{4}\right) + 8a\,x^2 + 2a\,(x^2+b), \\ w''''(x) &= 24\,a. \end{aligned}$$

Damit folgt aus der Differenzialgleichung $a = 2.5\cdot 10^{-4}\,\mathrm{m}^{-3}$.

Um b zu bestimmen, setzen wir diesen Wert in die zweite Ableitung ein. Es folgt

$$w''(x)\,\mathrm{m}^3 = \frac{3}{1000}\,x^2 + \frac{1}{2000}\,b - \frac{1}{8000}\,L^2.$$

Indem wir $x = L/2$ einsetzen, ergibt sich aus der Randbedingung

$$b = -\frac{23\,L^2}{4} = -\frac{207}{4}\,\mathrm{m}^2.$$

Es ist also

$$w(x) = 2.5\cdot 10^{-4}\,\mathrm{m}^{-3}\left(x^2 - \frac{9}{4}\,\mathrm{m}^2\right)\left(x^2 - \frac{207}{4}\,\mathrm{m}^2\right)$$

für $x \in [-L/2, L/2]$.

(b) Da nach der Differenzialgleichung w''' stückweise konstant ist, ist w stückweise ein Polynom 3. Grades. Außerdem müssen w, w' und w'' in 0 stetig sein. Aufgrund der Symmetrie ist w eine gerade Funktion. Wir machen den Ansatz

$$w(x) = a\left(x - \frac{L}{2}\right)(x^2+bx+c), \qquad x \ge 0.$$

Aus der Forderung, dass w gerade ist, folgt

$$w(x) = -a\left(x + \frac{L}{2}\right)(x^2-bx+c), \qquad x < 0.$$

Dadurch ist die Stetigkeit von w und w'' an der Stelle Null gesichert, außerdem gilt $w(L/2) = w(-L/2) = 0$.

Um die übrigen Bedingungen zu nutzen, bestimmen wir die ersten drei Ableitungen von w. Es gilt:

$$w'(x) = \begin{cases} a(x^2 + bx + c) + a(x - L/2)(2x + b), & x > 0 \\ -a(x^2 - bx + c) - a(x + L/2)(2x - b), & x < 0 \end{cases}$$

$$w''(x) = \begin{cases} 2a(2x + b) + 2a(x - L/2), & x > 0 \\ -2a(2x - b) - 2a(x + L/2), & x < 0 \end{cases}$$

$$w'''(x) = \begin{cases} 6a, & x > 0 \\ -6a, & x < 0 \end{cases}$$

Mit der Differenzialgleichung erhalten wir $a = 5\cdot 10^{-4}\,\mathrm{m}^{-2}$. Die Randbedingungen für w'' ergeben $b = -L$. Schließlich folgt aus der Stetigkeit von w' an der Stelle 0, dass $c = -L^2/4$ ist. Somit gilt

$$w(x) = \begin{cases} 5\cdot 10^{-4}\,\mathrm{m}^{-2}\left(x - \frac{3}{2}\,\mathrm{m}\right) & \\ \quad \cdot\left(x^2 - 3\,\mathrm{m}\,x - \frac{9}{4}\,\mathrm{m}^2\right), & x \geq 0, \\ -5\cdot 10^{-4}\,\mathrm{m}^{-2}\left(x + \frac{3}{2}\,\mathrm{m}\right) & \\ \quad \cdot\left(x^2 + 3\,\mathrm{m}\,x - \frac{9}{4}\,\mathrm{m}^2\right), & x < 0. \end{cases}$$

13.22 • (a) Die Gewichtskraft der Masse ist

$$F_m = 5\,\mathrm{kg}\cdot g = 50\,\mathrm{N}.$$

Bei dieser Kraft wird die Feder um 0.1 m ausgelenkt, sie hat also die Federkonstante

$$D = \frac{50\,\mathrm{N}}{0.1\,\mathrm{m}} = 500\,\frac{\mathrm{N}}{\mathrm{m}}.$$

Für die Dämpfungskonstante σ gilt nach der Aufgabenstellung

$$5\,\mathrm{kg}\cdot 0.04\,\frac{\mathrm{m}}{\mathrm{s}}\cdot\sigma = 2\mathrm{N}.$$

Hieraus folgt $\sigma = 10\,\mathrm{s}^{-1}$. Die Differenzialgleichung für die Auslenkung u lautet also

$$u''(t) + 10\,\frac{1}{\mathrm{s}}\,u'(t) + 100\,\frac{1}{\mathrm{s}^2}\,u(t) = \frac{2}{5}\,\cos(\omega t)\,\frac{\mathrm{m}}{\mathrm{s}^2}.$$

Dies ist eine lineare Differenzialgleichung mit konstanten Koeffizienten. Der Exponentialansatz führt auf die charakteristische Gleichung

$$\lambda^2 + 10\lambda + 100 = 0,$$

die die Lösungen

$$\lambda_{1/2} = -5 \pm \mathrm{i}\,5\sqrt{3}$$

besitzt. Da $\omega \in \mathbb{R}$ vorausgesetzt wird, liegt also keine Resonanz vor.

Zur Bestimmung einer partikulären Lösung der inhomogenen Differenzialgleichung verwenden wir den Ansatz vom Typ der rechten Seite. Der Ansatz ist

$$u_\mathrm{p}(t) = A\,\cos(\omega t) + B\,\sin(\omega t).$$

Nach Ableiten und Einsetzen liefert ein Koeffizientenvergleich das lineare Gleichungssystem

$$\begin{aligned} (100 - \omega^2)\,A + 10\omega\,B &= 2/5, \\ -10\omega\,A + (100 - \omega^2)\,B &= 0. \end{aligned}$$

Es besitzt die Lösung

$$\begin{aligned} A &= \frac{2\,(100 - \omega^2)}{5\,((100 - \omega^2)^2 + 100\omega^2)}\,\mathrm{m}, \\ B &= \frac{2\omega}{(100 - \omega^2)^2 + 100\omega^2}\,\mathrm{m}. \end{aligned}$$

Somit erhalten wir die allgemeine Lösung

$$\begin{aligned} u(t) &= c_1\,\cos(5\sqrt{3}\,t)\,\mathrm{e}^{-5t} + c_2\,\sin(5\sqrt{3}\,t)\,\mathrm{e}^{-5t} \\ &+ \frac{2\,(100 - \omega^2)}{5\,((100 - \omega^2)^2 + 100\omega^2)}\,\cos(\omega t)\,\mathrm{m} \\ &+ \frac{2\omega}{(100 - \omega^2)^2 + 100\omega^2}\,\sin(\omega t)\,\mathrm{m}. \end{aligned}$$

(b) Die stationäre Lösung s besteht genau aus den letzten beiden Summanden der allgemeinen Lösung, da die ersten beiden Summanden für große t gegen null konvergieren. Klammert man aus beiden Termen der stationären Lösung einen Faktor $2/5$ aus, so ergib die Summe der Quadrate der Zähler wieder

$$(100 - \omega^2)^2 + 100\,\omega^2,$$

Daher gibt es eine Zahl δ mit

$$\begin{aligned} \cos(\delta) &= \frac{100 - \omega^2}{\sqrt{(100 - \omega^2)^2 + 100\omega^2}}, \\ \sin(\delta) &= \frac{100\,\omega}{\sqrt{(100 - \omega^2)^2 + 100\omega^2}}. \end{aligned}$$

Somit ergibt sich

$$\begin{aligned} s(t) &= \frac{2\,[\cos(\delta)\,\cos(\omega t) - \sin(\delta)\,\sin(\omega t)]}{5\sqrt{(100 - \omega^2)^2 + 100\omega^2}}\,\mathrm{m} \\ &= \frac{2}{5\sqrt{(100 - \omega^2)^2 + 100\omega^2}}\,\cos(\omega t - \delta)\,\mathrm{m}. \end{aligned}$$

Mit

$$A(\omega) = \frac{1}{\sqrt{(100 - \omega^2)^2 + 100\omega^2}}$$

folgt

$$A'(\omega) = \frac{100\omega - 2\,\omega^3}{((100 - \omega^2)^2 + 100\omega^2)^{3/2}}.$$

Die nicht-negativen Nullstellen von A' sind 0 und $5\sqrt{2}$. Da $A(\omega) \to 0$ für $t \to \infty$, erhalten wir die maximale Amplitude für $\omega = 5\sqrt{2}$.

13.23 •• Das Anfangswertproblem geben wir uns in der Form

$$y'(x) = f(x, y(x)), \quad x \in [x_0, x_N], \quad y(x_0) = y_0,$$

vor. Die Implementierung des Runge-Kutta-Verfahrens benötigt also ein Handle auf eine Implementierung von f, die zwei Eingabe- und einen Ausgabeparameter hat. Eine solche Funktion kann als anonyme Funktion oder als Funktion in einer Datei mit der Kopfzeile

```
function w = f(x,v)
```

realisiert werden. Weiter werden benötigt der Anfangswert y_0, die Anfangsstelle x_0, den Endpunkt des Intervalls x_N sowie die Anzahl der Schritte N. Zurückgegeben werden sollten die Näherungswerte für die Funktionswerte $y(x)$ der Lösung in den Gitterpunkten sowie eben diese Gitterpunkte. Damit lautet also die Kopfzeile unserer Implementierung

```
function [y,x] = runge_kutta(f,y_0,x_0,x_N,N)
```

Dabei sind beide Ausgabeparameter Vektoren der Länge $N + 1$.

Man sollte diese beiden Ausgabeparameter vor Beginn der eigentlichen Rechnung in der richtigen Größe initialisieren. Eine Anpassung ihrer Größe während der Rechnung ist ineffizient. Die Gitterpunkte lassen sich im Voraus mit der Funktion `linspace` elegant berechnen.

Die eigentliche Rechnung erfolgt in einer Schleife, wie im Flussdiagramm in Abbildung 13.21 dargestellt. Da Indizes in MATLAB® bei 1 beginnen, läuft diese Schleife über j von 1 bis N, und es werden die Einträge `y(2)` bis `y(N+1)` berechnet. Damit sieht das Programm wie folgt aus:

```
function [y,x] = runge_kutta(f,y_0,x_0,x_N,N)
%
% function [y,x] = runge_kutta(f,y_0,x_0,x_N,N)
%
% Implementierung des klassischen Runge-Kutta-
% Verfahrens der 4. Stufe zur Loesung eines
% Anfangswertproblems
%
% y'(x) = f(x,y(x)),  y(x_0) = y_0
%
% Eingabe
%   f    Handle einer Funktion der Form w = f(x,v)
%   y_0  Startwert der Loesungsfunktion an der
%        Stelle x_0
%   x_0  Anfangsstelle
%   x_N  Die Loesung wird auf dem Intervall
%        [x_0,x_N] berechnet.
%   N    Anzahl der Schritte im Verfahren
%
% Ausgabe
%   y    Spaltenvektor der Laenge N+1 mit
%        Naeherungswerten an y(x)
%   x    Gitterpunkte, Spaltenvektor der
%        Laenge N+1
%

% Initialisierung der Ausgabevektoren
y = zeros(N+1,1);
y(1) = y_0;
x = linspace(x_0,x_N,N+1).';

% Schrittweite
h = (x_N - x_0 ) / N;

% Hier beginnt das eigentliche Verfahren
for j=1:N
    % Berechnung der 4 Hilfsgroessen
    k1 = f( x(j),      y(j) );
    k2 = f( x(j)+h/2, y(j)+h/2*k1 );
    k3 = f( x(j)+h/2, y(j)+h/2*k2 );
    k4 = f( x(j+1),    y(j)+h*k3 );

    % Funktionswert am naechsten Gitterpunkt
    y(j+1) = y(j) + h/6 * (k1+2*k2+2*k3+k4);
end
```

Zur Verifizierung definieren wir eine entsprechende anonyme Funktion und rufen dann das Programm auf:

```
>> f = @(x,v) (x-1).^2 / (x.^2 + 1) .* v;
>> [y,x] = runge_kutta(f,1,0,1,16)
```

Der letzte ausgegebene Eintrag im Vektor `y` ist `1.359140779749208` und stimmt in den ersten 8 Nachkommastellen mit dem auf S. 482 angegebenen Wert überein. Falls Ihnen nur 4 Nachkommastellen ausgegeben werden, müssen Sie zunächst mit `format long` das Ausgabeformat für Fließkommazahlen ändern.

Kapitel 14

Aufgaben

Verständnisfragen

14.1 • Haben (reelle) lineare Gleichungssysteme mit zwei verschiedenen Lösungen stets unendlich viele Lösungen?

14.2 • Gibt es ein (reelles) lineares Gleichungssystem mit weniger Gleichungen als Unbekannten, welches eindeutig lösbar ist?

14.3 •• Ist ein reelles lineares Gleichungssystem $(\boldsymbol{A} \mid \boldsymbol{b})$ mit n Unbekannten und n Gleichungen für ein $\boldsymbol{b}$ eindeutig lösbar, so ist es dies auch für jedes $\boldsymbol{b}$ – stimmt das?

14.4 • Folgt aus $\operatorname{rg} \boldsymbol{A} = \operatorname{rg}(\boldsymbol{A} \mid \mathbf{b})$, dass das lineare Gleichungssystem $(\boldsymbol{A} \mid \mathbf{b})$ eindeutig lösbar ist?

14.5 •• Zeigen Sie, dass die *elementare* Zeilenumformung (1) auf S. 520 auch durch mehrfaches Anwenden der Umformungen vom Typ (2) und (3) auf S. 520 erzielt werden kann.

14.6 •• Es sind reelle Zahlen a, b, c, d, r, s vorgegeben. Begründen Sie, dass das lineare Gleichungssystem

$$\begin{aligned} a\,x_1 + b\,x_2 &= r \\ c\,x_1 + d\,x_2 &= s \end{aligned}$$

im Fall $a\,d - b\,c \neq 0$ eindeutig lösbar ist und geben Sie die eindeutig bestimmte Lösung an.

Bestimmen Sie zusätzlich für $m \in \mathbb{R}$ die Lösungsmenge des folgenden linearen Gleichungssystems:

$$\begin{aligned} -2\,x_1 + 3\,x_2 &= 2\,m \\ x_1 - 5\,x_2 &= -11 \end{aligned}$$

Rechenaufgaben

14.7 • Bestimmen Sie die Lösungsmengen L der folgenden linearen Gleichungssysteme und untersuchen Sie deren geometrische Interpretationen

$$\begin{aligned} 2\,x_1 + 3\,x_2 &= 5 \\ x_1 + x_2 &= 2 \\ 3\,x_1 + x_2 &= 1, \end{aligned} \qquad \begin{aligned} 2x_1 - x_2 + 2x_3 &= 1 \\ x_1 - 2x_2 + 3x_3 &= 1 \\ 6x_1 + 3x_2 - 2x_3 &= 1 \\ x_1 - 5x_2 + 7x_3 &= 2. \end{aligned}$$

14.8 ••• Für welche $a \in \mathbb{R}$ hat das System

$$\begin{aligned} (a+1)\,x_1 + (-a^2 + 6\,a - 9)\,x_2 + (a-2)\,x_3 &= 1 \\ (a^2 - 2\,a - 3)\,x_1 + \quad (a^2 - 6\,a + 9)\,x_2 + \qquad 3\,x_3 &= a - 3 \\ (a+1)\,x_1 + (-a^2 + 6\,a - 9)\,x_2 + (a+1)\,x_3 &= 1 \end{aligned}$$

keine, genau eine bzw. mehr als eine Lösung? Für $a = 0$ und $a = 2$ berechne man alle Lösungen.

14.9 •• Berechnen Sie die Lösungsmenge des komplexen linearen Gleichungssystems:

$$\begin{aligned} 2\,x_1 \qquad\quad + \mathrm{i}\,x_3 &= \mathrm{i} \\ x_1 - 3\,x_2 - \mathrm{i}x_3 &= 2\,\mathrm{i} \\ \mathrm{i}\,x_1 + x_2 + \phantom{\mathrm{i}}x_3 &= 1 + \mathrm{i} \end{aligned}$$

14.10 •• Bestimmen Sie die Lösungsmenge des folgenden linearen Gleichungssystems in Abhängigkeit von $r \in \mathbb{R}$:

$$\begin{aligned} r\,x_1 + x_2 + x_3 &= 1 \\ x_1 + r\,x_2 + x_3 &= 1 \\ x_1 + x_2 + r\,x_3 &= 1 \end{aligned}$$

14.11 ••• Untersuchen Sie das lineare Gleichungssystem

$$\begin{aligned} x_1 - x_2 + x_3 - 2\,x_4 &= -2 \\ -2\,x_1 + 3\,x_2 + a\,x_3 \qquad\quad &= 4 \\ -x_1 + x_2 - x_3 + a\,x_4 &= a \\ a\,x_2 + b^2\,x_3 - 4\,a\,x_4 &= 1 \end{aligned}$$

in Abhängigkeit der beiden Parameter $a, b \in \mathbb{R}$ auf Lösbarkeit bzw. eindeutige Lösbarkeit und stellen Sie die entsprechenden Bereiche für $(a, b) \in \mathbb{R}^2$ grafisch dar.

T. Arens et al., *Arbeitsbuch Mathematik*, https://doi.org/10.1007/978-3-662-64391-4_13

Anwendungsprobleme

14.12 • Beim freien Fall eines Körpers vermutet man, dass die Strecke s in Meter m, welche der fallende Körper zurücklegt, von der Fallzeit t in Sekunden s, der Erdbeschleunigung g in m/s^2 und des Gewichts M des fallenden Körpers in kg abhängt. Ermitteln Sie durch Dimensionsanalyse aus dieser Vermutung eine Formel für die Fallstrecke.

14.13 •• Im Ursprung $\mathbf{0} = (0, 0, 0)$ des $\mathbb{R}^3$ laufen die drei Stäbe eines Stabwerks zusammen, die von den Punkten

$$\boldsymbol{a} = (-2, 1, -5), \quad \boldsymbol{b} = (2, -2, -4), \quad \boldsymbol{c} = (1, 2, -3)$$

ausgehen.

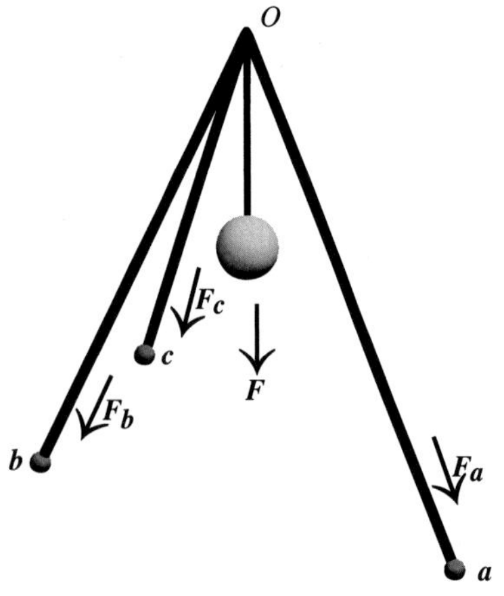

Abb. 14.8 Die Gewichtskraft F verteilt sich auf die Stäbe

Im Ursprung $\mathbf{0}$ wirkt die *vektorielle* Kraft $\boldsymbol{F} = (0, 0, -56)$ in Newton. Welche Kräfte wirken auf die Stäbe?

14.14 • Aus zwei Gold-Silber-Legierungen, in denen sich die Metallmassen wie 2 : 3 bzw. wie 3 : 7 verhalten, sind 8 kg einer neuen Legierung mit dem Verhältnis 5 : 11 herzustellen. Wie viel Kilogramm der Legierungen sind dabei zu verwenden?

14.15 •• Wir betrachten das in Abb. 14.9 gegebene Modell für das Kohlendioxidmolekül CO_2. Es sind zwei (identische) Atome der Masse $m_1 = m = m_2$ über zwei identische Federn mit der Federkonstanten k mit einem Atom der Masse M verbunden. Der Einfachheit halber nehmen wir an, dass das System sich nur in einer Richtung, der x-Richtung, bewegen kann.

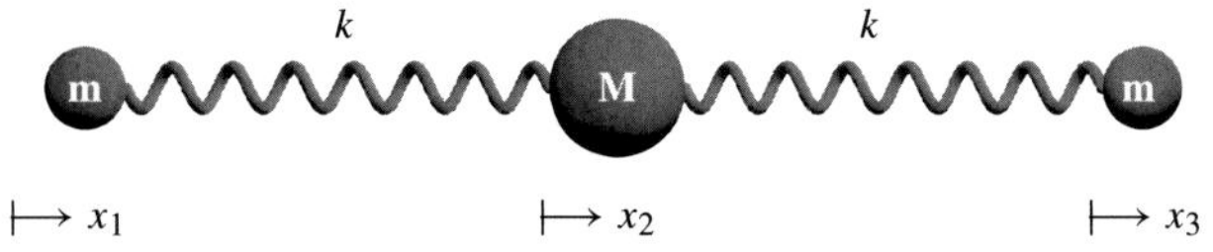

Abb. 14.9 Ein Modell für das Kohlendioxidmolekül

Geben Sie die Bewegungsgleichungen der Massenpunkte an und untersuchen Sie, für welche Auslenkungen x_1, x_2 und x_3 die Kräfte $F_{m_1} = m_1\,\ddot{x}_1$, $F_M = M\,\ddot{x}_2$ und $F_{m_2} = m_2\,\ddot{x}_3$ jeweils 0 sind.

Hinweise

Verständnisfragen

14.1 • Siehe S. 531.

14.2 • Man betrachte die Zeilenstufenform.

14.3 •• Man ermittle die Zeilenstufenform der erweiterten Koeffizientenmatrix.

14.4 • Man suche ein Gegenbeispiel.

14.5 •• Will man die Zeile i mit der Zeile j vertauschen, so beginne man mit der Addition der j-ten Zeile zur i-ten Zeile.

14.6 •• Bringen Sie die erweiterte Koeffizientenmatrix auf Zeilenstufenform.

Rechenaufgaben

14.7 • Benutzen Sie das Eliminationsverfahren von Gauß oder das von Gauß und Jordan.

14.8 ••• Bringen Sie die erweiterte Koeffizientenmatrix auf Zeilenstufenform und unterscheiden Sie dann verschiedene Fälle für a.

14.9 •• Man bilde die erweiterte Koeffizientenmatrix und wende das Verfahren von Gauß an.

14.10 •• Führen Sie das Eliminationsverfahren von Gauß durch.

14.11 ••• Wenden Sie elementare Zeilenumformungen auf die erweiterte Koeffizientenmatrix an, und beachten Sie jeweils, unter welchen Voraussetzungen an a und b diese zulässig sind.

Anwendungsprobleme

14.12 • Man setze eine Formel für die Strecke s mit den gegebenen Größen und unbestimmten Exponenten an.

14.13 • Man zerlege die Kraft $\boldsymbol{F}$ in drei Kräfte $\boldsymbol{F}_a$, $\boldsymbol{F}_b$ und $\boldsymbol{F}_c$ in Richtung der Stäbe.

14.14 •• Man setze x_1 bzw. x_2 für die gesuchte Anzahl der Kilogramm der Legierungen und formuliere die Problemstellung als lineares Gleichungssystem.

14.15 •• Man formuliere das Hooke'sche Gesetz ($F = -k\,x$) für die drei Massenpunkte. Dies ergibt ein Gleichungssystem in den Unbestimmten x_1, x_2 und x_3.

Lösungen

Verständnisfragen

14.1 • Ja.

14.2 • Nein.

14.3 •• Ja.

14.4 • Nein.

14.5 •• –

14.6 •• Die eindeutig bestimmte Lösung des allgemeinen Systems ist $(\frac{rd-bs}{a\,d-b\,c}, \frac{as-rc}{a\,d-b\,c})$ und die eindeutige Lösung des Beispiels lautet $(\frac{-10m+33}{7}, \frac{22-2m}{7})$.

Rechenaufgaben

14.7 • Das erste System ist nicht lösbar, die Lösungsmenge des zweiten Systems ist $L = \{(\frac{1}{3}\,(1-t), \frac{1}{3}(-1+4\,t), t) \mid t \in \mathbb{R}\}$.

14.8 ••• Für $a = -1$ gibt es keine Lösung. Für $a = 2$ und $a = 3$ gibt es unendlich viele Lösungen. Für alle anderen reellen Zahlen a gibt es genau eine Lösung. Im Fall $a = 0$ ist dies $L = \{(1, 0, 0)\}$, und im Fall $a = 2$ ist $L = \{(\frac{1}{3} + \frac{1}{3}\lambda, \lambda, 0) \mid \lambda \in \mathbb{R}\}$ die Lösungsmenge.

14.9 •• Die Lösungsmenge ist $L = \{\frac{1}{5}\,(3 + \mathrm{i}, 3 - 4\,\mathrm{i}, 3 + 6\,\mathrm{i})\}$.

14.10 •• Im Fall $r = -2$ ist $L = \emptyset$. Im Fall $r = 1$ ist $L = \{(1-s-t, s, t) \mid s, t \in \mathbb{R}\}$ die Lösungsmenge und für alle anderen $r \in \mathbb{R}$ ist $L = \{(\frac{1}{2+r}, \frac{1}{2+r}, \frac{1}{2+r})\}$ die Lösungsmenge.

14.11 ••• Das Gleichungssystem ist für alle Paare (a, b) der Hyperbel $H = \{(a, b) \mid b^2 - a\,(a+2) = 0\}$ nicht lösbar. Für alle anderen Paare $(a, b) \in \mathbb{R}^2 \setminus H = G$ ist das System lösbar. Es ist nicht eindeutig lösbar, falls $a = 2$ gilt, d. h. für alle Paare $(a, b) = (2, b) \in G$. Für die restlichen Paare ist das System eindeutig lösbar.

Anwendungsprobleme

14.12 • $s = a\,g\,t^2$ mit $a \in \mathbb{R}$.

14.13 • $\boldsymbol{F}_a = (-12, 6, -30)$, $\boldsymbol{F}_b = (10, -10, -20)$, $\boldsymbol{F}_c = (2, 4, -6)$.

14.14 •• Man braucht 1 Kilogramm der ersten und 7 Kilogramm der zweiten Legierung.

14.15 •• Es wirken keine Kräfte, wenn alle Auslenkungen gleich sind.

Lösungswege

Verständnisfragen

14.1 • Ist $\boldsymbol{s} = (s_1, \ldots, s_n)$ eine spezielle Lösung und $\boldsymbol{l} = (l_1, \ldots, l_n)$ eine Lösung des homogenen Systems, so ist für jedes $\lambda \in \mathbb{R}$ auch $\boldsymbol{s} + (\lambda\,l_1, \ldots, \lambda\,l_n)$ eine Lösung.

14.2 • Bringt man die erweiterte Koeffizientenmatrix auf Zeilenstufenform, so erkennt man, dass im Falle der Lösbarkeit mindestens eine Unbekannte frei wählbar ist. Somit ist eine Lösung niemals eindeutig bestimmt.

14.3 •• Weil die Lösung eindeutig bestimmt ist, muss der Rang der Koeffizientenmatrix, der in diesem Fall gleich dem Rang der erweiterten Koeffizientenmatrix ist, gleich n sein. Betrachtet man die Zeilenstufenform der erweiterten Koeffizientenmatrix, so hat diese n Stufen:

$$\left(\begin{array}{cccc|c} * & & & & b_1 \\ & * & & & \\ & & * & & \vdots \\ & 0 & & \ddots & \\ & & & * & b_n \end{array}\right)$$

Keines der Elemente $*$ ist null. Also ist das Gleichungssystem für beliebige $b_1, \ldots, b_n$ eindeutig lösbar.

14.4 • Das lineare Gleichungssystem

$$x_1 + x_2 = 1$$

hat die erweiterte Koeffizientenmatrix

$$(1\ 1 \mid 1)\,.$$

Insbesondere gilt also $\operatorname{rg}\mathbf{A} = \operatorname{rg}(\mathbf{A} \mid \mathbf{b})$, aber dieses System ist nicht eindeutig lösbar, da $(1-t,\, t)$ für jedes $t \in \mathbb{R}$ eine Lösung ist.

14.5 •• Wir vertauschen die i-te mit der j-ten Zeile und notieren diese etwas vereinfacht mit z_i und z_j in der erweiterten Koeffizientenmatrix. Addition und Multiplikation der Zeilen führen wir mit einem Vorgriff auf das nächste Kapitel *vektoriell* durch:

$$\begin{pmatrix} z_i \\ \vdots \\ z_j \end{pmatrix} \overset{(3)}{\longrightarrow} \begin{pmatrix} z_i + z_j \\ \vdots \\ z_j \end{pmatrix}$$

$$\overset{(2)}{\longrightarrow} \begin{pmatrix} z_i + z_j \\ \vdots \\ z_j - (z_i + z_j) \end{pmatrix} \longrightarrow \begin{pmatrix} z_i + z_j \\ \vdots \\ -z_i \end{pmatrix}$$

$$\overset{(3)}{\longrightarrow} \begin{pmatrix} z_i + z_j + (-z_i) \\ \vdots \\ -z_i \end{pmatrix} \overset{(2)}{\longrightarrow} \begin{pmatrix} z_j \\ \vdots \\ z_i \end{pmatrix}$$

14.6 •• Das Gleichungssystem aus der Aufgabenstellung hat als erweiterte Koeffizientenmatrix:

$$\left(\begin{array}{cc|c} a & b & r \\ c & d & s \end{array}\right) \tag{14.4}$$

Zur Abkürzung setzen wir $D := a\,d - b\,c$. Da nach Voraussetzung $D \neq 0$ ist, gilt $a \neq 0$ oder $c \neq 0$.

1. Fall: $a \neq 0$. Wir formen die Matrix in (14.4) mithilfe von elementaren Zeilenumformungen um: Wir addieren das $-\frac{c}{a}$-Fache der ersten zur zweiten Zeile, multiplizieren dann die zweite Zeile mit a/D, addieren dann das $-b$-Fache der zweiten Zeile zur ersten, multiplizieren dann die erste Zeile mit $1/a$ und erhalten:

$$\left(\begin{array}{cc|c} 1 & 0 & \frac{rd-bs}{D} \\ 0 & 1 & \frac{as-rc}{D} \end{array}\right)$$

Also besitzt das Gleichungssystem aus der Aufgabenstellung genau eine Lösung, nämlich $(\frac{rd-bs}{D}, \frac{as-rc}{D})$.

2. Fall: $c \neq 0$. Eine zum 1. Fall analoge Rechnung zeigt, dass das Gleichungssystem auch in diesem Fall genau eine Lösung besitzt, nämlich $(\frac{rd-bs}{D}, \frac{as-rc}{D})$.

Insgesamt ist damit bewiesen: Das Gleichungssystem aus der Aufgabenstellung besitzt für $a\,d - b\,c \neq 0$ genau eine Lösung, nämlich

$$\left(\frac{rd-bs}{D}, \frac{as-rc}{D}\right).$$

Wir lösen nun das gegebene Gleichungssystem in Abhängigkeit von $m \in \mathbb{R}$. Wegen $10 - 3 = 7 \neq 0$ ist das System eindeutig lösbar, und Einsetzen in die Formel für die eindeutig bestimmte Lösung: $\boldsymbol{l} = (\frac{-10m+33}{7}, \frac{22-2m}{7})$.

Rechenaufgaben

14.7 • Wir führen an der erweiterten Koeffizientenmatrix $(\mathbf{A} \mid \boldsymbol{b})$ des ersten Systems elementare Zeilenumformungen durch, bis wir Zeilenstufenform erreicht haben:

$$\left(\begin{array}{cc|c} 2 & 3 & 5 \\ 1 & 1 & 2 \\ 3 & 1 & 1 \end{array}\right) \to \left(\begin{array}{cc|c} 1 & 1 & 2 \\ 0 & 1 & 1 \\ 0 & -2 & -5 \end{array}\right) \to \left(\begin{array}{cc|c} 1 & 1 & 2 \\ 0 & 1 & 1 \\ 0 & 0 & -3 \end{array}\right)$$

Damit gilt $\operatorname{rg}(\mathbf{A} \mid \boldsymbol{b}) > \operatorname{rg}\mathbf{A}$ und nach dem Lösbarkeitskriterium auf S. 526 ist das System nicht lösbar.

Zeichnet man die drei Geraden, die durch die drei Gleichungen des Systems gegeben sind, in ein Koordinatensystem ein, so erkennt man, dass die drei Geraden keinen gemeinsamen Punkt haben – ihre Schnittmenge ist leer, das besagt die Nichtlösbarkeit des Gleichungssystems.

Nun wenden wir dasselbe Verfahren auf das zweite Gleichungssystem an:

$$\left(\begin{array}{ccc|c} 2 & -1 & 2 & 1 \\ 1 & -2 & 3 & 1 \\ 6 & 3 & -2 & 1 \\ 1 & -5 & 7 & 2 \end{array}\right) \to \left(\begin{array}{ccc|c} 1 & -2 & 3 & 1 \\ 0 & 3 & -4 & -1 \\ 0 & 15 & -20 & -5 \\ 0 & -3 & 4 & 1 \end{array}\right)$$

$$\to \left(\begin{array}{ccc|c} 1 & -2 & 3 & 1 \\ 0 & 3 & -4 & -1 \\ 0 & 0 & 0 & 0 \\ 0 & 0 & 0 & 0 \end{array}\right)$$

Damit gilt $\operatorname{rg}(\mathbf{A} \mid \boldsymbol{b}) = \operatorname{rg}\mathbf{A}$ und nach dem Lösbarkeitskriterium auf S. 526 ist das System lösbar. Wir wählen für die Unbekannte x_3 eine beliebige reelle Zahl t und erhalten durch Rückwärtseinsetzen $x_2 = \frac{1}{3}(-1 + 4t)$ und schließlich $x_1 = \frac{1}{3}(1-t)$. Die Lösungsmenge ist also $L = \{(\frac{1}{3}(1-t), \frac{1}{3}(-1+4t), t) \mid t \in \mathbb{R}\}$.

Zeichnet man die vier Ebenen, die durch die vier Gleichungen des Systems gegeben sind, in ein Koordinatensystem ein, so erkennt man, dass es sich um vier unterschiedliche Ebenen handelt, die eine Gerade gemein haben. Diese Gerade ist durch die Lösungsmenge des Gleichungssystems gegeben.

14.8 ••• Wir führen elementare Zeilenumformungen an der erweiterten Koeffizientenmatrix aus:

$$\left(\begin{array}{ccc|c} a+1 & -a^2+6a-9 & a-2 & 1 \\ a^2-2a-3 & a^2-6a+9 & 3 & a-3 \\ a+1 & -a^2+6a-9 & a+1 & 1 \end{array}\right)$$
$$= \left(\begin{array}{ccc|c} a+1 & -(a-3)^2 & a-2 & 1 \\ (a+1)(a-3) & (a-3)^2 & 3 & a-3 \\ a+1 & -(a-3)^2 & a+1 & 1 \end{array}\right)$$
$$\to \left(\begin{array}{ccc|c} a+1 & -(a-3)^2 & a-2 & 1 \\ 0 & (a-3)^2(a-2) & -a^2+5a-3 & 0 \\ 0 & 0 & 3 & 0 \end{array}\right)$$
$$\to \left(\begin{array}{ccc|c} a+1 & -(a-3)^2 & 0 & 1 \\ 0 & (a-3)^2(a-2) & 0 & 0 \\ 0 & 0 & 1 & 0 \end{array}\right)$$

Wir unterscheiden vier Fälle:

$a \notin \{-1, 2, 3\}$: Die Koeffizientenmatrix **A** hat den Rang 3, es gibt dann genau eine Lösung. Im Fall $a = 0$ erhält man

$$\left(\begin{array}{ccc|c} 1 & -9 & 0 & 1 \\ 0 & -18 & 0 & 0 \\ 0 & 0 & 1 & 0 \end{array}\right) \to \left(\begin{array}{ccc|c} 1 & 0 & 0 & 1 \\ 0 & 1 & 0 & 0 \\ 0 & 0 & 1 & 0 \end{array}\right)$$

also als Lösungsmenge $L = \{(1, 0, 0)\}$.

$a = -1$: Hier ergibt sich:

$$\left(\begin{array}{ccc|c} 0 & -16 & 0 & 1 \\ 0 & -48 & 0 & 0 \\ 0 & 0 & 1 & 0 \end{array}\right) \to \left(\begin{array}{ccc|c} 0 & 0 & 0 & 1 \\ 0 & 1 & 0 & 0 \\ 0 & 0 & 1 & 0 \end{array}\right)$$

Wegen $\operatorname{rg} \mathbf{A} = 2 < 3 = \operatorname{rg}(\mathbf{A} \mid \boldsymbol{b})$ (oder weil die erste Zeile die Form $(0\,0\,0 \mid *)$ mit $* \neq 0$ hat) gibt es keine Lösung.

$a = 2$: Hier ergibt sich:

$$\left(\begin{array}{ccc|c} 3 & -1 & 0 & 1 \\ 0 & 0 & 0 & 0 \\ 0 & 0 & 1 & 0 \end{array}\right) \to \left(\begin{array}{ccc|c} 3 & -1 & 0 & 1 \\ 0 & 0 & 1 & 0 \\ 0 & 0 & 0 & 0 \end{array}\right)$$

Wegen $\operatorname{rg} \mathbf{A} = \operatorname{rg}(\mathbf{A} \mid \boldsymbol{b})$ ist das Gleichungssystem lösbar. Es ist $x_3 = 0$, wir setzen $x_2 = \lambda \in \mathbb{R}$, also $x_1 = (1 + \lambda)/3$. Die Lösungsmenge ist $L = \{(\frac{1}{3} + \frac{1}{3}\lambda, \lambda, 0) \mid \lambda \in \mathbb{R}\}$.

$a = 3$: Hier ergibt sich

$$\left(\begin{array}{ccc|c} 4 & 0 & 0 & 1 \\ 0 & 0 & 0 & 0 \\ 0 & 0 & 1 & 0 \end{array}\right) \to \left(\begin{array}{ccc|c} 4 & 0 & 0 & 1 \\ 0 & 0 & 1 & 0 \\ 0 & 0 & 0 & 0 \end{array}\right)$$

also die Lösungsmenge: $L = \{(\frac{1}{4}, \lambda, 0) \mid \lambda \in \mathbb{R}\}$.

Uns interessiert allerdings nur, dass es mehr als eine – nämlich unendlich viele – Lösungen gibt.

14.9 •• Wir wenden elementare Zeilenumformungen auf die erweiterte Koeffizientenmatrix an:

$$\left(\begin{array}{ccc|c} 2 & 0 & \mathrm{i} & \mathrm{i} \\ 1 & -3 & -\mathrm{i} & 2\mathrm{i} \\ \mathrm{i} & 1 & 1 & 1+\mathrm{i} \end{array}\right) \to \left(\begin{array}{ccc|c} 1 & -3 & -\mathrm{i} & 2\mathrm{i} \\ 2 & 0 & \mathrm{i} & \mathrm{i} \\ \mathrm{i} & 1 & 1 & 1+\mathrm{i} \end{array}\right)$$
$$\to \left(\begin{array}{ccc|c} 1 & -3 & -\mathrm{i} & 2\mathrm{i} \\ 0 & 6 & 3\mathrm{i} & -3\mathrm{i} \\ 0 & 1+3\mathrm{i} & 0 & 3+\mathrm{i} \end{array}\right)$$
$$\to \left(\begin{array}{ccc|c} 1 & -3 & -\mathrm{i} & 2\mathrm{i} \\ 0 & 2 & \mathrm{i} & -\mathrm{i} \\ 0 & 2+6\mathrm{i} & 0 & 6+2\mathrm{i} \end{array}\right)$$
$$\to \left(\begin{array}{ccc|c} 1 & -3 & -\mathrm{i} & 2\mathrm{i} \\ 0 & 2 & \mathrm{i} & -\mathrm{i} \\ 0 & 2+6\mathrm{i} & 0 & 6+2\mathrm{i} \end{array}\right)$$
$$\to \left(\begin{array}{ccc|c} 1 & -3 & -\mathrm{i} & 2\mathrm{i} \\ 0 & 2 & \mathrm{i} & -\mathrm{i} \\ 0 & 0 & 3-\mathrm{i} & 3+3\mathrm{i} \end{array}\right)$$

Es gibt also eine eindeutige Lösung und zwar

$$x_3 = \frac{3+3\,\mathrm{i}}{3-\mathrm{i}} = \frac{1}{10}(3+3\,\mathrm{i})(3+\mathrm{i}) = \frac{3}{5} + \frac{6}{5}\cdot\mathrm{i},$$
$$x_2 = \frac{-\mathrm{i}-\mathrm{i}x_3}{2} = \frac{3}{5} - \frac{4}{5}\cdot\mathrm{i},$$
$$x_1 = 2\,\mathrm{i} + 3\,x_2 + \mathrm{i}\,x_3 = \frac{3}{5} + \frac{1}{5}\cdot\mathrm{i},$$

also ist $L = \{\frac{1}{5}(3+\mathrm{i},\ 3-4\,\mathrm{i},\ 3+6\,\mathrm{i})\}$ die Lösungsmenge.

14.10 •• Wir notieren die erweiterte Koeffizientenmatrix und beginnen mit dem Eliminationsverfahren von Gauß:

$$\left(\begin{array}{ccc|c} r & 1 & 1 & 1 \\ 1 & r & 1 & 1 \\ 1 & 1 & r & 1 \end{array}\right) \to \left(\begin{array}{ccc|c} 0 & 1-r^2 & 1-r & 1-r \\ 1 & r & 1 & 1 \\ 0 & 1-r & r-1 & 0 \end{array}\right)$$

1. Fall: $r = 1$. In diesem Fall kann man die Lösungsmenge direkt ablesen: $L = \{(1-s-t, s, t) \mid s, t \in \mathbb{R}\}$ (das sind unendlich viele Lösungen).

2. Fall: $r \neq 1$. Wir führen einen weiteren Eliminationsschritt durch. Hierbei multiplizieren wir die erste und die dritte Zeile mit $\frac{1}{1-r}$ und erhalten:

$$\left(\begin{array}{ccc|c} 0 & 1+r & 1 & 1 \\ 1 & r & 1 & 1 \\ 0 & 1 & -1 & 0 \end{array}\right) \to \left(\begin{array}{ccc|c} 1 & r & 1 & 1 \\ 0 & 1 & -1 & 0 \\ 0 & 0 & 2+r & 1 \end{array}\right)$$

Im Fall $r = -2$ gilt offenbar $L = \emptyset$.

Und im Fall $r \neq -2$ gibt es offenbar genau eine Lösung. Es ist $L = \{(\frac{1}{2+r}, \frac{1}{2+r}, \frac{1}{2+r})\}$ die Lösungsmenge.

14.11 ••• Die erweiterte Koeffizientenmatrix $(\mathbf{A}\,|\,\mathbf{b})$ des Systems lautet:

$$\left(\begin{array}{cccc|c} 1 & -1 & 1 & -2 & -2 \\ -2 & 3 & a & 0 & 4 \\ -1 & 1 & -1 & a & a \\ 0 & a & b^2 & -4a & 1 \end{array}\right)$$

Wir führen nun elementare Zeilenumformungen durch, um die Matrix auf Zeilenstufenform zu bringen:

$$\left(\begin{array}{cccc|c} 1 & -1 & 1 & -2 & -2 \\ -2 & 3 & a & 0 & 4 \\ -1 & 1 & -1 & a & a \\ 0 & a & b^2 & -4a & 1 \end{array}\right)$$
$$\to \left(\begin{array}{cccc|c} 1 & -1 & 1 & -2 & -2 \\ 0 & 1 & a+2 & -4 & 0 \\ 0 & 0 & 0 & a-2 & a-2 \\ 0 & a & b^2 & -4a & 1 \end{array}\right)$$
$$\to \left(\begin{array}{cccc|c} 1 & -1 & 1 & -2 & -2 \\ 0 & 1 & a+2 & -4 & 0 \\ 0 & 0 & 0 & a-2 & a-2 \\ 0 & 0 & b^2-a\,(a+2) & 0 & 1 \end{array}\right)$$
$$\to \left(\begin{array}{cccc|c} 1 & -1 & 1 & -2 & -2 \\ 0 & 1 & a+2 & -4 & 0 \\ 0 & 0 & b^2-a\,(a+2) & 0 & 1 \\ 0 & 0 & 0 & a-2 & a-2 \end{array}\right)$$

An der dritten Zeile erkennen wir nun bereits, dass das Gleichungssystem nicht lösbar ist, falls der Ausdruck $b^2 - a\,(a+2)$ gleich null wird. Die Menge aller dieser Paare $(a,\, b)$ mit $b^2 - a\,(a+2) = 0$ bildet eine Hyperbel H.

Wir setzen nun voraus, dass $(a,\, b) \notin H$ gilt. Wir dividieren die dritte Zeile durch $b^2 - a\,(a+2)$ und erhalten die Koeffizientenmatrix:

$$\left(\begin{array}{cccc|c} 1 & -1 & 1 & -2 & -2 \\ 0 & 1 & a+2 & -4 & 0 \\ 0 & 0 & 1 & 0 & 1/(b^2-a\,(a+2)) \\ 0 & 0 & 0 & a-2 & a-2 \end{array}\right)$$

Ist $a \neq 2$, so kann man die letzte Zeile durch $a-2$ teilen und erhält so die eindeutige Lösbarkeit des Systems.

Ist jedoch $a = 2$, so hat das System unendlich viele Lösungen.

Für die Paare (a, b) auf der eingezeichneten Hyperbel ist das Gleichungssystem nicht lösbar. Sonst ist es lösbar. Bei $a \neq 2$ ist die Lösung eindeutig; bei $a = 2$ gibt es unendlich viele Lösungen.

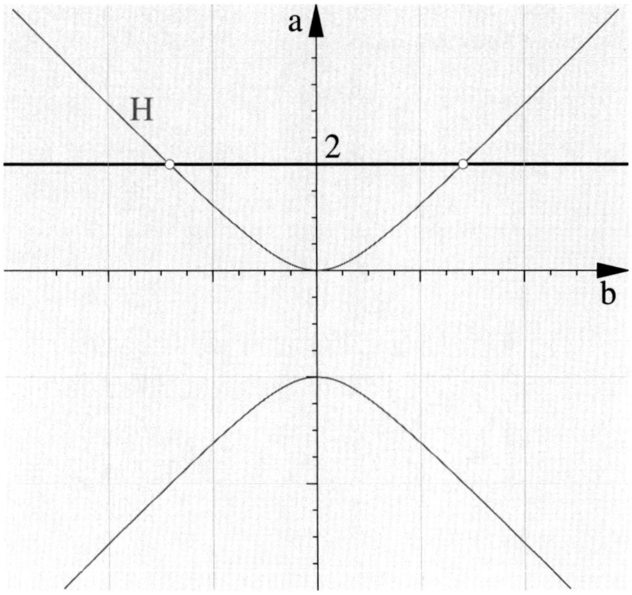

Anwendungsprobleme

14.12 • Wir machen der Vermutung entsprechend für s den Ansatz

$$s = a \cdot t^{x_1} \cdot g^{x_2} \cdot M^{x_3} \quad \text{mit } a \in \mathbb{R}\,, \tag{14.5}$$

wobei nun die Werte für die Exponenten x_1, x_2, x_3 zu bestimmen sind. Wir notieren die Einheiten links und rechts des Gleichheitszeichens der Formel (14.5):

$$\begin{aligned} \mathrm{m} = \mathrm{s}^0 \cdot \mathrm{m}^1 \cdot \mathrm{kg}^0 &= \mathrm{s}^{x_1} \cdot (\mathrm{m}/\mathrm{s}^2)^{x_2} \cdot \mathrm{kg}^{x_3} \\ &= \mathrm{s}^{x_1 - 2x_2} \cdot \mathrm{m}^{x_2} \cdot \mathrm{kg}^{x_3} \end{aligned}$$

Der Vergleich der Exponenten der zugehörigen Einheiten liefert nun das lineare Gleichungssystem

$$\begin{aligned} x_1 - 2\,x_2 &= 0 \\ x_2 &= 1 \\ x_3 &= 0 \end{aligned}$$

mit der eindeutig bestimmten Lösung $(2,\, 1,\, 0)$. Setzen wir diese gefundenen Werte in die Gleichung (14.5) ein, so erhalten wir für die Fallstrecke s die Formel

$$s = a \cdot t^2 \cdot g^1 \cdot M^0 \quad \text{mit } a \in \mathbb{R}\,,$$

sodass also letztlich eine Abhängigkeit der Fallstrecke von der Masse gar nicht gegeben ist. Die Konstante a kann nun durch Experimente bestimmt werden. Und tatsächlich erhält man dann für die Fallstrecke

$$s = 1/2\, g\, t^2\,.$$

14.13 • Es ist die Kraft $\boldsymbol{F}$ in drei Kräfte zu zerlegen, welche in die Richtungen der Punkte $\boldsymbol{a} = (-2, 1, -5)$, $\boldsymbol{b} = (2, -2, -4)$ und $\boldsymbol{c} = (1, 2, -3)$ zeigen, wir bezeichnen diese mit $\boldsymbol{F}_a$, $\boldsymbol{F}_b$ und $\boldsymbol{F}_c$.

Gesucht sind also $l_1, l_2, l_3 \in \mathbb{R}$ mit $l_1 \cdot \boldsymbol{a} + l_2 \cdot \boldsymbol{b} + l_3 \cdot \boldsymbol{c} = \boldsymbol{F}$ – es gilt dann Fall $l_1 \cdot \boldsymbol{a} = \boldsymbol{F}_a$, $l_2 \cdot \boldsymbol{a} = \boldsymbol{F}_b$ und $l_3 \cdot \boldsymbol{c} = \boldsymbol{F}_c$. Dies drückt aus, dass die Kräfte in die Richtungen der Stäbe zeigen. (Addition und Multiplikation verstehen wir hier durchwegs komponentenweise. Wir nehmen die Notationen aus dem folgenden Kapitel vorweg.)

Wir formulieren die Gleichung $l_1 \cdot \boldsymbol{a} + l_2 \cdot \boldsymbol{b} + l_3 \cdot \boldsymbol{c} = \boldsymbol{F}$ als ein lineares Gleichungssystem und geben sogleich die erweiterte Koeffizientenmatrix an, welche wir auf Zeilenstufenform bringen, um die Lösung l_1, l_2, l_3 zu bestimmen:

$$\left(\begin{array}{ccc|c} -2 & 2 & 1 & 0 \\ 1 & -2 & 2 & 0 \\ -5 & -4 & -3 & -56 \end{array}\right) \to \left(\begin{array}{ccc|c} 1 & -2 & 2 & 0 \\ 0 & 2 & -5 & 0 \\ 0 & -14 & 7 & -56 \end{array}\right)$$
$$\to \left(\begin{array}{ccc|c} 1 & -2 & 2 & 0 \\ 0 & 2 & -5 & 0 \\ 0 & 0 & -28 & -56 \end{array}\right)$$

Es ist $(6, 5, 2)$ die eindeutige Lösung des Systems. Damit haben wir die Kräfte in Richtung der Stäbe ermittelt, es gilt:

$$\begin{aligned} \boldsymbol{F}_a &= (-12, 6, -30) \\ \boldsymbol{F}_b &= (10, -10, -20) \\ \boldsymbol{F}_c &= (2, 4, -6) \end{aligned}$$

14.14 •• In einem Kilogramm der ersten Legierung sind $2/5$ kg Gold und $3/5$ kg Silber. In einem Kilogramm der zweiten Legierung sind $3/10$ kg Gold und $7/10$ kg Silber. In einem Kilogramm der zu erstellenden Legierung sind $5/16$ kg Gold und $11/16$ kg Silber.

Diese Daten liefern das lineare Gleichungssystem für die Unbekannten Größen x_1 und x_2, d. h. für die gesuchten Kilogramm:

$$\begin{aligned} 2/5\, x_1 + 3/10\, x_2 &= 40/16 \\ 3/5\, x_1 + 7/10\, x_2 &= 88/16 \end{aligned}$$

Wir multiplizieren beide Gleichungen mit 10 durch und führen an der erweiterten Koeffizientenmatrix eine elementare Zeilenumformung durch:

$$\left(\begin{array}{cc|c} 4 & 3 & 400/16 \\ 6 & 7 & 880/16 \end{array}\right) \to \left(\begin{array}{cc|c} 4 & 3 & 400/16 \\ 0 & 5 & 5600/16 \end{array}\right)$$

Dabei haben wir die zweite Zeile mit 2 multipliziert und davon das 3-Fache der ersten Zeile subtrahiert.

Es ist $\boldsymbol{l} = (1, 7)$ die eindeutig bestimmte Lösung des Systems. Also sind 1 Kilogramm der ersten und 7 Kilogramm der zweiten Legierung zu verwenden.

14.15 •• Wir formulieren das Hook'sche Gesetz für die drei Massenpunkte und erhalten die Bewegungsgleichungen:

$$\begin{aligned} F_{m_1} &= -k\, x_1 + k\, x_2 \\ F_M &= k\, x_1 - 2k\, x_2 + k\, x_3 \\ F_{m_2} &= k\, x_2 - k\, x_3 \end{aligned}$$

Gesucht sind die Lösungen des homogenen linearen Gleichungssystems:

$$\begin{aligned} -k\, x_1 + k\, x_2 &= 0 \\ k\, x_1 - 2k\, x_2 + k\, x_3 &= 0 \\ k\, x_2 - k\, x_3 &= 0 \end{aligned}$$

Die erweiterte Koeffizientenmatrix dieses Systems lautet:

$$\left(\begin{array}{ccc|c} -k & k & 0 & 0 \\ k & -2k & k & 0 \\ 0 & k & -k & 0 \end{array}\right)$$

Die Lösungsmenge des Systems erhalten wir, indem wir zur zweiten Zeile die erste und dritte addieren:

$$\left(\begin{array}{ccc|c} -k & k & 0 & 0 \\ k & -2k & k & 0 \\ 0 & k & -k & 0 \end{array}\right) \to \left(\begin{array}{ccc|c} -k & k & 0 & 0 \\ 0 & 0 & 0 & 0 \\ 0 & k & -k & 0 \end{array}\right)$$

Die Lösungsmenge dieses Systems ist

$$L = \{(a, a, a) \,|\, a \in \mathbb{R}\}.$$

Also sind die drei betrachteten Kräfte genau dann null, wenn die drei Auslenkungen jeweils gleich groß sind; dies ist z. B. dann der Fall, wenn sich das System gleichförmig in x-Richtung bewegt.

Kommentar Mithilfe der Matrizenmultiplikation, die wir auf S. 576 erklären werden, können wir diese Bewegungsgleichungen in der einfachen Form

$$\boldsymbol{F} = -\mathbf{K} \cdot \boldsymbol{x}$$

mit den Spaltenvektoren

$$\boldsymbol{F} = \begin{pmatrix} F_{m_1} \\ F_M \\ F_{m_2} \end{pmatrix}, \quad \boldsymbol{x} = \begin{pmatrix} x_1 \\ x_2 \\ x_3 \end{pmatrix}$$

und der Matrix

$$\mathbf{K} = \begin{pmatrix} k & -k & 0 \\ -k & 2k & -k \\ 0 & -k & k \end{pmatrix}$$

zusammenfassen. In Kap. 18 entwickeln wir eine Methode, um solche *vektoriellen* Differenzialgleichungen (beachte: $\boldsymbol{F} = \boldsymbol{m} \cdot \ddot{\boldsymbol{x}} = -\mathbf{K} \cdot \boldsymbol{x}$) zu lösen. ◀

Kapitel 15

Aufgaben

Verständnisfragen

15.1 •• Zeigen Sie, dass die Menge $\mathbb{K}^{m \times n}$ aller $m \times n$-Matrizen über einem Körper $\mathbb{K}$ mit komponentenweiser Addition und skalarer Multiplikation einen $\mathbb{K}$-Vektorraum bildet.

15.2 •• Begründen Sie die auf S. 554 gemachten Aussagen zum Erzeugnis $\langle X \rangle$ einer Teilmenge X eines $\mathbb{K}$-Vektorraums V.

15.3 • Gelten in einem Vektorraum V die folgenden Aussagen?

(a) Ist eine Basis von V unendlich, so sind alle Basen von V unendlich.
(b) Ist eine Basis von V endlich, so sind alle Basen von V endlich.
(c) Hat V ein unendliches Erzeugendensystem, so sind alle Basen von V unendlich.
(d) Ist eine linear unabhängige Menge von V endlich, so ist es jede.

15.4 • Gegeben sind ein Untervektorraum U eines $\mathbb{K}$-Vektorraums V und Elemente $\boldsymbol{u}, \boldsymbol{w} \in V$. Welche der folgenden Aussagen sind richtig?

(a) Sind $\boldsymbol{u}$ und $\boldsymbol{w}$ nicht in U, so ist auch $\boldsymbol{u} + \boldsymbol{w}$ nicht in U.
(b) Sind $\boldsymbol{u}$ und $\boldsymbol{w}$ nicht in U, so ist $\boldsymbol{u} + \boldsymbol{w}$ in U.
(c) Ist $\boldsymbol{u}$ in U, nicht aber $\boldsymbol{w}$, so ist $\boldsymbol{u} + \boldsymbol{w}$ nicht in U.

15.5 • Folgt aus der linearen Unabhängigkeit von $\boldsymbol{u}$ und $\boldsymbol{v}$ eines $\mathbb{K}$-Vektorraums auch jene von $\boldsymbol{u} - \boldsymbol{v}$ und $\boldsymbol{u} + \boldsymbol{v}$?

15.6 • Folgt aus der linearen Unabhängigkeit der drei Vektoren $\boldsymbol{u}, \boldsymbol{v}, \boldsymbol{w}$ eines $\mathbb{K}$-Vektorraums auch die lineare Unabhängigkeit der drei Vektoren $\boldsymbol{u} + \boldsymbol{v} + \boldsymbol{w}, \boldsymbol{u} + \boldsymbol{v}, \boldsymbol{v} + \boldsymbol{w}$?

15.7 • Geben Sie zu folgenden Teilmengen des $\mathbb{R}$-Vektorraums $\mathbb{R}^3$ an, ob sie Untervektorräume sind, und begründen Sie dies:

(a) $U_1 := \left\{ \begin{pmatrix} v_1 \\ v_2 \\ v_3 \end{pmatrix} \in \mathbb{R}^3 \,\middle|\, v_1 + v_2 = 2 \right\}$

(b) $U_2 := \left\{ \begin{pmatrix} v_1 \\ v_2 \\ v_3 \end{pmatrix} \in \mathbb{R}^3 \,\middle|\, v_1 + v_2 = v_3 \right\}$

(c) $U_3 := \left\{ \begin{pmatrix} v_1 \\ v_2 \\ v_3 \end{pmatrix} \in \mathbb{R}^3 \,\middle|\, v_1 v_2 = v_3 \right\}$

(d) $U_4 := \left\{ \begin{pmatrix} v_1 \\ v_2 \\ v_3 \end{pmatrix} \in \mathbb{R}^3 \,\middle|\, v_1 = v_2 \text{ oder } v_1 = v_3 \right\}$

15.8 •• Begründen Sie, dass für jedes $n \in \mathbb{N}$ die Menge

$$U := \left\{ \boldsymbol{u} = \begin{pmatrix} u_1 \\ \vdots \\ u_n \end{pmatrix} \in \mathbb{R}^n \,\middle|\, u_1 + \cdots + u_n = 0 \right\}$$

einen $\mathbb{R}$-Vektorraum bildet und bestimmen Sie eine Basis und die Dimension von U.

15.9 •• Welche der folgenden Teilmengen des $\mathbb{R}$-Vektorraums $\mathbb{R}^{\mathbb{R}}$ sind Untervektorräume? Begründen Sie Ihre Aussagen.

(a) $U_1 := \{f \in \mathbb{R}^{\mathbb{R}} \mid f(1) = 0\}$
(b) $U_2 := \{f \in \mathbb{R}^{\mathbb{R}} \mid f(0) = 1\}$
(c) $U_3 := \{f \in \mathbb{R}^{\mathbb{R}} \mid f$ hat höchstens endlich viele Nullstellen$\}$
(d) $U_4 := \{f \in \mathbb{R}^{\mathbb{R}} \mid$ für höchstens endlich viele $x \in \mathbb{R}$ ist $f(x) \neq 0\}$
(e) $U_5 := \{f \in \mathbb{R}^{\mathbb{R}} \mid f$ ist monoton wachsend$\}$
(f) $U_6 := \{f \in \mathbb{R}^{\mathbb{R}} \mid$ die Abbildung $g \in \mathbb{R}^{\mathbb{R}}$ mit $g(x) = f(x) - f(x-1)$ liegt in $U\}$, wobei $U \subseteq \mathbb{R}^{\mathbb{R}}$ ein vorgegebener Untervektorraum ist.

T. Arens et al., *Arbeitsbuch Mathematik*, https://doi.org/10.1007/978-3-662-64391-4_14

15.10 •• Gibt es für jede natürliche Zahl n eine Menge A mit $n+1$ verschiedenen Vektoren $\boldsymbol{v}_1, \ldots, \boldsymbol{v}_{n+1} \in \mathbb{R}^n$, sodass je n Elemente von A linear unabhängig sind? Geben Sie eventuell für ein festes n eine solche an.

15.11 •• Begründen Sie, dass das Axiom (V5) bei der Definition des Vektorraums auf S. 546 aus den anderen dort angegebenen Axiomen folgt.

15.12 ••• Für einen Körper $\mathbb{K}$ und eine nichtleere Menge M definieren wir

$$V := \{f \in \mathbb{K}^M \mid \text{nur für endlich viele } x \in M \text{ ist } f(x) \neq 0\}.$$

Es ist V also eine Teilmenge von $\mathbb{K}^M$, dem Vektorraum aller Abbildungen von M nach $\mathbb{K}$ (siehe S. 550).

(a) Begründen Sie, dass V ein $\mathbb{K}$-Vektorraum ist.
(b) Für jedes $y \in M$ definieren wir eine Abbildung $\delta_y : M \to \mathbb{K}$ durch:

$$\delta_y(x) := \begin{cases} 1, & \text{falls } x = y \\ 0, & \text{sonst} \end{cases}$$

Begründen Sie, dass $B := \{\delta_y \mid y \in M\}$ eine Basis von V ist.

Rechenaufgaben

15.13 • Wir betrachten im $\mathbb{R}^2$ die drei Untervektorräume $U_1 = \left\langle\left\{\begin{pmatrix}1\\2\end{pmatrix}\right\}\right\rangle$, $U_2 = \left\langle\left\{\begin{pmatrix}1\\1\end{pmatrix}, \begin{pmatrix}1\\-2\end{pmatrix}\right\}\right\rangle$ und $U_3 = \left\langle\left\{\begin{pmatrix}1\\-3\end{pmatrix}\right\}\right\rangle$. Welche der folgenden Aussagen ist richtig?

(a) Es ist $\left\{\begin{pmatrix}-2\\-4\end{pmatrix}\right\}$ ein Erzeugendensystem von $U_1 \cap U_2$.
(b) Die leere Menge $\emptyset$ ist eine Basis von $U_1 \cap U_3$.
(c) Es ist $\left\{\begin{pmatrix}1\\4\end{pmatrix}\right\}$ eine linear unabhängige Teilmenge von U_2.
(d) Es gilt $\langle U_1 \cup U_3\rangle = \mathbb{R}^2$.

15.14 •• Prüfen Sie, ob die Menge

$$B := \left\{\boldsymbol{v}_1 = \begin{pmatrix}1 & 0\\0 & 1\end{pmatrix}, \boldsymbol{v}_2 = \begin{pmatrix}1 & 1\\0 & 0\end{pmatrix}, \boldsymbol{v}_3 = \begin{pmatrix}0 & 1\\-1 & 0\end{pmatrix}, \boldsymbol{v}_4 = \begin{pmatrix}0 & 0\\1 & 0\end{pmatrix}\right\} \subseteq \mathbb{R}^{2\times 2}$$

eine Basis des $\mathbb{R}^{2\times 2}$ bildet.

15.15 •• Bestimmen Sie eine Basis des von der Menge

$$X = \left\{\begin{pmatrix}0\\1\\0\\-1\end{pmatrix}, \begin{pmatrix}1\\0\\1\\-2\end{pmatrix}, \begin{pmatrix}-1\\-2\\0\\1\end{pmatrix}, \begin{pmatrix}-1\\0\\1\\0\end{pmatrix}, \begin{pmatrix}1\\0\\-1\\-1\end{pmatrix}, \begin{pmatrix}2\\0\\-1\\0\end{pmatrix}\right\}$$

erzeugten Untervektorraums $U := \langle X\rangle$ des $\mathbb{R}^4$.

Anwendungsprobleme

15.16 •• Die Wirkung der in einem Punkt $\boldsymbol{v} \in \mathbb{R}^3$ angreifenden Kraft $\boldsymbol{F} = \begin{pmatrix}-7\\24\\9\end{pmatrix}$ in Newton, soll durch geeignete Vielfache der drei in $\boldsymbol{v}$ angreifenden Kräfte

$$\boldsymbol{F}_1 = \begin{pmatrix}1\\2\\0\end{pmatrix}, \quad \boldsymbol{F}_2 = \begin{pmatrix}3\\-4\\1\end{pmatrix}, \quad \boldsymbol{F}_3 = \begin{pmatrix}0\\2\\3\end{pmatrix}$$

– jeweils in Newton – kompensiert werden. D. h., der Punkt $\boldsymbol{v}$ ist ein Knoten, in dem ein Kräftegleichgewicht, also $\boldsymbol{F} + \lambda_1 \boldsymbol{F}_1 + \lambda_2 \boldsymbol{F}_2 + \lambda_3 \boldsymbol{F}_3 = \boldsymbol{0}$ mit $\lambda_1, \lambda_2, \lambda_3 \in \mathbb{R}$, herrschen soll.

15.17 •• Gegeben sind drei Punktladungen $q_0 = -4\,C$, $q_1 = 6\,C$ und $q_2 = 3\,C$ im $\mathbb{R}^2$ an den jeweiligen Stellen $\boldsymbol{r}_0 = \begin{pmatrix}0\\0\end{pmatrix}$, $\boldsymbol{r}_2 = \begin{pmatrix}1\\0\end{pmatrix}$ und $\boldsymbol{r}_3 = \begin{pmatrix}1\\1\end{pmatrix}$.

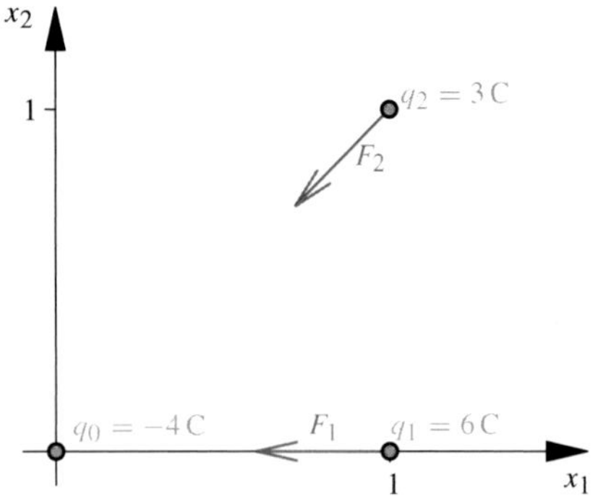

Abb. 15.31 Die Anordnung der Ladungen im $\mathbb{R}^2$

Bestimmen Sie die resultierende Kraft $\boldsymbol{F}$, die von q_1 und q_2 auf q_0 ausgeübt wird.

15.18 •• **Der Schwerpunkt des Sonnensystems.** In der Tab. 15.2 sind die ungefähren Massen der Planeten und ihre genäherten Abstände von der Sonne angegeben. Bestimmen Sie

Tab. 15.2 Die Massen der Sonne und der Planeten und ihre Abstände von der Sonne in Astronomischen Einheiten (AE)

	Masse in Erdmassen	Sonnenabstand in AE
Sonne	333 000	0
Merkur	0.06	0.4
Venus	0.8	0.7
Erde	1	1
Mars	0.1	1.5
Jupiter	318	5
Saturn	95	10
Uranus	15	20
Neptun	17	30

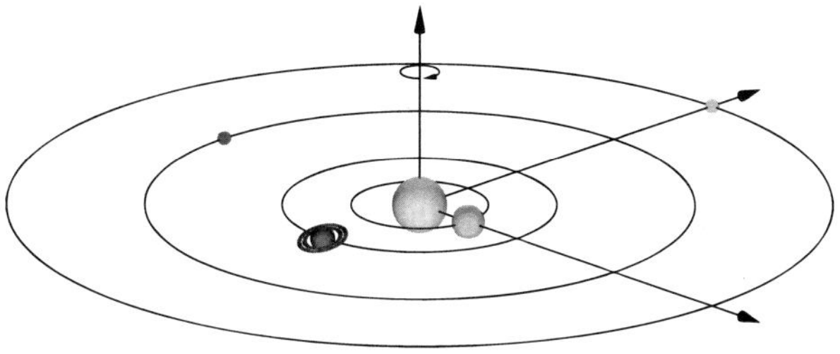

Abb. 15.32 Das vereinfachte Sonnensystem aus Jupiter, Saturn, Uranus, Neptun und Sonne

den ungefähren Schwerpunkt des Sonnensystems. Berücksichtigen Sie hierzu vereinfachend nur die Sonne und die Planeten Jupiter, Saturn, Uranus und Neptun. Gehen Sie weiter von einem ebenen Sonnensystem aus und tragen Sie Jupiter auf der positiven x_1-Achse, Saturn auf der negativen x_2-Achse, Uranus auf der negativen x_1-Achse und schließlich Neptun auf der positiven x_2-Achse auf.

Hinweise

Verständnisfragen

15.1 •• Weisen Sie die neun Vektorraumaxiome (V1)–(V9) von S. 546 nach.

15.2 •• Weisen Sie die definierenden Eigenschaften für Untervektorräume nach. Die Aussage in (c) begründen Sie am besten, indem Sie die beiden Inklusionen $\subseteq$ und $\supseteq$ nachweisen.

15.3 • Beachten Sie die Definitionen von Erzeugendensystem, linear unabhängiger Menge und Basis.

15.4 • Man beweise oder widerlege die Ausagen.

15.5 • Wenden Sie das Kriterium für lineare Unabhängigkeit auf S. 558 an.

15.6 • Wenden Sie das Kriterium für lineare Unabhängigkeit auf S. 558 an.

15.7 • Prüfen Sie für jede Menge nach, ob sie nichtleer ist und ob für je zwei Elemente auch deren Summe und zu jedem Element auch das skalare Vielfache davon wieder in der entsprechenden Menge liegt.

15.8 •• Zeigen Sie, dass die Menge einen Untervektorraum des $\mathbb{R}^n$ bildet. Betrachten Sie für Basisvektoren Elemente von U, die abgesehen von einer 1 und einer -1 nur Nullen als Komponenten haben.

15.9 •• Prüfen Sie für jede Menge nach, ob sie nichtleer ist und ob für je zwei Elemente auch deren Summe und zu jedem Element auch das skalare Vielfache davon wieder in der entsprechenden Menge liegt.

15.10 •• Geben Sie zur Standardbasis des $\mathbb{R}^n$ einen weiteren Vektor an.

15.11 •• Berechnen Sie $(1+1)(\boldsymbol{v}+\boldsymbol{w})$ auf zwei verschiedene Arten.

15.12 ••• Begründen Sie, dass V ein Untervektorraum von $\mathbb{K}^M$ ist. Da die Menge B durchaus unendlich sein kann, ist es hier notwendig, die lineare Unabhängigkeit von B dadurch zu beweisen, dass man die lineare Unabhängigkeit jeder endlichen Teilmenge von B beweist.

Rechenaufgaben

15.13 • Bestimmen Sie die Mengen in einer Zeichnung.

15.14 •• Überprüfen Sie die Menge auf lineare Unabhängigkeit.

15.15 •• Überprüfen Sie die angegebenen Vektoren auf lineare Unabhängigkeit.

Anwendungsprobleme

15.16 •• Stellen Sie $-\boldsymbol{F}$ als Linearkombination der drei Kräfte $\boldsymbol{F}_1$, $\boldsymbol{F}_2$, $\boldsymbol{F}_3$ dar.

15.17 •• Beachten Sie das Superpositionsprinzip und das Coulomb'sche Gesetz.

15.18 •• Bestimmen Sie die Koordinaten der Planeten und benutzen Sie die Formel für den Schwerpunkt auf S. 548.

Lösungen

Verständnisfragen

15.1 •• –

15.2 •• –

15.3 • Die Aussagen in (a) und (b) sind richtig, die Aussagen (c) und (d) sind falsch.

15.4 • Die Aussagen in (a) und (b) sind falsch, die Aussage in (c) ist richtig.

15.5 • Ja.

15.6 • Ja.

15.7 • U_1, U_3 und U_4 sind keine Untervektorräume, U_2 hingegen schon.

15.8 •• Es ist

$$B := \left\{ \begin{pmatrix} 1 \\ 0 \\ \vdots \\ 0 \\ -1 \end{pmatrix}, \begin{pmatrix} 0 \\ 1 \\ \vdots \\ 0 \\ -1 \end{pmatrix}, \ldots, \begin{pmatrix} 0 \\ 0 \\ \vdots \\ 1 \\ -1 \end{pmatrix} \right\}$$

eine Basis von U, insbesondere gilt $\dim(U) = n - 1$.

15.9 •• U_2, U_3 und U_5 sind keine Untervektorräume, U_1, U_4 und U_6 hingegen schon.

15.10 •• Ja, es ist $A = \{\boldsymbol{e}_1, \ldots, \boldsymbol{e}_n, \boldsymbol{v}\}$ mit den Standard-Einheitsvektoren $\boldsymbol{e}_1, \ldots, \boldsymbol{e}_n$ und $\boldsymbol{v} = \boldsymbol{e}_1 + \cdots + \boldsymbol{e}_n$ eine solche Menge.

15.11 •• –

15.12 ••• –

Rechenaufgaben

15.13 • Alle Aussagen sind richtig.

15.14 •• Ja, die Menge bildet eine Basis.

15.15 •• Die Standardbasis $E_4 = \{\boldsymbol{e}_1, \boldsymbol{e}_2, \boldsymbol{e}_3, \boldsymbol{e}_4\}$ ist eine Basis von U.

Anwendungsprobleme

15.16 •• Es ist $-\boldsymbol{F} = -2\,\boldsymbol{F}_1 + 3\,\boldsymbol{F}_2 - 4\,\boldsymbol{F}_3$.

15.17 •• $\boldsymbol{F} = \dfrac{1}{4\pi\varepsilon} \begin{pmatrix} -3\sqrt{2}\,(4\sqrt{2}+1) \\ -3\sqrt{2} \end{pmatrix}$.

15.18 •• $\boldsymbol{s} = \dfrac{1}{333\,445} \begin{pmatrix} 1290 \\ -440 \end{pmatrix}$.

Lösungswege

Verständnisfragen

15.1 •• Wir weisen die neun Vektorraumaxiome nach. Gegeben sind $\mathbf{A} = (a_{ij})$, $\mathbf{B} = (b_{ij})$, $\mathbf{C} = (c_{ij}) \in \mathbb{K}^{m\times n}$ sowie λ, $\mu \in \mathbb{K}$.

(V1) $\mathbf{A} + \mathbf{B} = (a_{ij}) + (b_{ij}) = (a_{ij} + b_{ij}) \in \mathbb{K}^{m\times n}$ sowie $\lambda\,(a_{ij}) = (\lambda\,a_{ij}) \in \mathbb{K}^{m\times n}$.

(V2) $(\mathbf{A} + \mathbf{B}) + \mathbf{C} = (a_{ij} + b_{ij}) + (c_{ij}) = (a_{ij} + b_{ij} + c_{ij}) = (a_{ij}) + (b_{ij} + c_{ij}) = \mathbf{A} + (\mathbf{B} + \mathbf{C})$.

(V3) $\mathbf{A} + \mathbf{0} = (a_{ij} + 0) = (a_{ij}) = \mathbf{A}$.

(V4) Es ist $(-a_{ij}) \in \mathbb{K}^{m\times n}$, und es gilt $(-a_{ij}) + (a_{ij}) = \mathbf{0}$.

(V5) $\mathbf{A} + \mathbf{B} = (a_{ij} + b_{ij}) = (b_{ij} + a_{ij}) = \mathbf{B} + \mathbf{A}$.

(V6) $(\lambda\,\mu)\,\mathbf{A} = (\lambda\,\mu\,a_{ij}) = \lambda\,(\mu\,a_{ij}) = \lambda\,(\mu\,\mathbf{A})$.

(V7) $(\lambda + \mu)\,\mathbf{A} = ((\lambda + \mu)\,a_{ij}) = (\lambda\,a_{ij} + \mu\,a_{ij}) = (\lambda\,a_{ij}) + (\mu\,a_{ij}) = \lambda\,\mathbf{A} + \mu\,\mathbf{A}$.

(V8) $\lambda\,(\mathbf{A}+\mathbf{B}) = \lambda\,((a_{ij}) + (b_{ij})) = (\lambda\,(a_{ij} + b_{ij})) = (\lambda\,a_{ij} + \lambda\,b_{ij}) = (\lambda\,a_{ij}) + (\lambda\,b_{ij}) = \lambda\,\mathbf{A} + \lambda\,\mathbf{B}$.

(V9) $1\,\mathbf{A} = 1\,(a_{ij}) = (1\,a_{ij}) = (a_{ij}) = \mathbf{A}$.

Also bildet $\mathbb{K}^{m\times n}$ mit den angegebenen Verknüpfungen einen $\mathbb{K}$-Vektorraum.

15.2 •• (a) Die Menge $\langle X\rangle$ ist nicht leer, da der Nullvektor stets in $\langle X\rangle$ liegt. Wir weisen die Eigenschaften (U1) und (U2) aus der Definition auf S. 551 für $\langle X\rangle$ nach.

Zu (U1): Nehmen wir zwei Elemente aus $\langle X\rangle$, also zwei Linearkombinationen von X, so ist die Summe dieser beiden Linearkombinationen wieder eine Linearkombination von X. Und nun zu (U2): Ist $\boldsymbol{v} = \lambda_1\,\boldsymbol{v}_1 + \cdots + \lambda_n\,\boldsymbol{v}_n \in \langle X\rangle$ und $\lambda \in \mathbb{K}$, dann gilt $\lambda\,\boldsymbol{v} = (\lambda\,\lambda_1)\,\boldsymbol{v}_1 + \cdots + (\lambda\,\lambda_n)\,\boldsymbol{v}_n \in \langle X\rangle$.

(b) Für jedes $\boldsymbol{v} \in X$ gilt $\boldsymbol{v} = 1\,\boldsymbol{v} \in \langle X\rangle$.

(c) Ist U irgendein Untervektorraum von V, der X enthält, so ist, weil U die Eigenschaften (U1) und (U2) erfüllt, auch jede

Linearkombination von X in U, letztlich also $\langle X\rangle \subseteq U$. Da dies für jeden Untervektorraum U mit $X \subseteq U$ gilt, erhalten wir hieraus

$$\langle X\rangle \subseteq \bigcap_{\substack{X\subseteq U \\ U \text{ Untervektorraum von } V}} U\,.$$

Mit (a) und (b) folgt die Inklusion $\supseteq$, da $\langle X\rangle$ einer der Untervektorräume ist, über die der Durchschnitt gebildet wird. Damit ist die Gleichheit der beiden in (c) angegebenen Mengen gezeigt.

15.3 • (a) Richtig. Basen haben stets gleich viele Elemente, auch wenn sie unendlich viele haben.

(b) Richtig. Basen haben stets gleich viele Elemente.

(c) Falsch. Vektorräume können durchaus unendliche Erzeugendensysteme aber nur endliche Basen haben. Beispiel?

(d) Falsch. Endliche Teilmengen unendlichdimensionaler Vektorräume sind linear unabhängig. Beispiel?

15.4 • (a) Die Aussage ist falsch. Wir zeigen dies an einem Beispiel. Die beiden Vektoren $\begin{pmatrix}1\\1\end{pmatrix}$ und $\begin{pmatrix}-1\\-1\end{pmatrix}$ liegen beide nicht in dem von $\begin{pmatrix}1\\0\end{pmatrix}$ erzeugten Untervektorraum des $\mathbb{R}^2$, ihre Summe, das ist der Nullvektor des $\mathbb{R}^2$, jedoch schon.

(b) Die Aussage ist falsch. Wir zeigen dies an einem Beispiel. Die beiden Vektoren $\begin{pmatrix}1\\1\end{pmatrix}$ und $\begin{pmatrix}2\\2\end{pmatrix}$ liegen beide nicht in dem von $\begin{pmatrix}1\\0\end{pmatrix}$ erzeugten Untervektorraum des $\mathbb{R}^2$ und ihre Summe, das ist der Vektor $\begin{pmatrix}3\\3\end{pmatrix}$ auch nicht.

(c) Die Aussage ist richtig. Weil $\boldsymbol{u} \in U$ gilt, folgte aus $\boldsymbol{u}+\boldsymbol{w} \in U$

$$\boldsymbol{u}+\boldsymbol{w}-\boldsymbol{u}=\boldsymbol{w} \in U$$

im Widerspruch zur Voraussetzung. Damit kann $\boldsymbol{u}+\boldsymbol{w} \in U$ nicht gelten.

15.5 • Aus $\lambda\,(\boldsymbol{u}-\boldsymbol{v})+\mu\,(\boldsymbol{u}+\boldsymbol{v})=\boldsymbol{0}$ für Elemente $\lambda,\ \mu \in \mathbb{K}$ folgt $(\lambda+\mu)\,\boldsymbol{u}+(\mu-\lambda)\,\boldsymbol{v}=\boldsymbol{0}$. Und weil $\boldsymbol{v}$ und $\boldsymbol{u}$ linear unabhängig sind, ist eine solche Gleichheit nach dem Kriterium für lineare Unabhängigkeit auf S. 558 nur im Fall $\lambda+\mu=0=\mu-\lambda$ möglich. Hieraus folgt $\lambda=0=\mu$. Erneut nach dem eben zitierten Kriterium folgt nun die lineare Unabhängigkeit von $\boldsymbol{u}-\boldsymbol{v}$ und $\boldsymbol{u}+\boldsymbol{v}$.

15.6 • Aus $\lambda\,(\boldsymbol{u}+\boldsymbol{v}+\boldsymbol{w})+\mu\,(\boldsymbol{u}+\boldsymbol{v})+\nu\,(\boldsymbol{v}+\boldsymbol{w})=\boldsymbol{0}$ für Elemente $\lambda,\ \mu,\ \nu \in \mathbb{K}$, folgt $(\lambda+\mu)\,\boldsymbol{u}+(\lambda+\mu+\nu)\,\boldsymbol{v}+(\mu+\nu)\,\boldsymbol{v}=\boldsymbol{0}$. Aus der linearen Unabhängigkeit von $\boldsymbol{u}$, $\boldsymbol{v}$ und $\boldsymbol{w}$ folgt mit dem Kriterium für lineare Unabhängigkeit auf S. 558 sogleich $\lambda+\mu=0$, $\lambda+\mu+\nu=0$ und $\mu+\nu=0$. Setzt man die letzte Gleichung in die vorletzte ein, so folgt $\lambda=0$ und damit aus der ersten $\mu=0$ und schließlich $\nu=0$, sodass nach dem eben zitierten Kriterium die lineare Unbhängigkeit von $\boldsymbol{u}+\boldsymbol{v}+\boldsymbol{w}$, $\boldsymbol{u}+\boldsymbol{v}$, $\boldsymbol{v}+\boldsymbol{w}$ folgt.

15.7 • (a) Der Nullvektor $\boldsymbol{0}$ ist nicht Element von U_1, somit kann U_1 kein Untervektorraum sein.

(b) Weil der Nullvektor offenbar in U_2 liegt, gilt $U_2 \neq \emptyset$. Sind $\begin{pmatrix}v_1\\v_2\\v_3\end{pmatrix}$ und $\begin{pmatrix}v_1'\\v_2'\\v_3'\end{pmatrix} \in U_2$, so gelten

$$v_1+v_2=v_3 \quad\text{und}\quad v_1'+v_2'=v_3'\,,$$

also auch

$$(v_1+v_1')+(v_2+v_2')=(v_3+v_3')\,.$$

Damit ist aber $\begin{pmatrix}v_1+v_1'\\v_2+v_2'\\v_3+v_3'\end{pmatrix}=\begin{pmatrix}v_1\\v_2\\v_3\end{pmatrix}+\begin{pmatrix}v_1'\\v_2'\\v_3'\end{pmatrix} \in U_2$.

Und für jedes $\lambda \in \mathbb{R}$ gilt

$$\lambda\,v_1+\lambda\,v_2=\lambda v_3\,,$$

sodass also auch $\begin{pmatrix}\lambda\,v_1\\\lambda\,v_2\\\lambda\,v_3\end{pmatrix}=\lambda\begin{pmatrix}v_1\\v_2\\v_3\end{pmatrix} \in U_2$ gilt.

Diese drei Eigenschaften besagen, dass U_2 ein Untervektorraum des $\mathbb{R}^3$ ist.

(c) Der Vektor $\begin{pmatrix}-1\\-1\\1\end{pmatrix}$ ist offenbar ein Element aus U_3. Aber das -1-Fache $(-1)\begin{pmatrix}-1\\-1\\1\end{pmatrix}=\begin{pmatrix}1\\1\\-1\end{pmatrix}$ liegt nicht in U_3, sodass U_3 kein Untervektorraum des $\mathbb{R}^3$ ist.

(d) In U_4 liegen die beiden Elemente $\begin{pmatrix}1\\1\\0\end{pmatrix}$ und $\begin{pmatrix}2\\4\\2\end{pmatrix}$, nicht aber deren Summe $\begin{pmatrix}3\\3\\5\end{pmatrix}$. U_4 ist also kein Untervektorraum des $\mathbb{R}^3$.

15.8 •• Der Nullvektor liegt in U, sodass U nicht leer ist. Und mit je zwei Elementen $\begin{pmatrix}u_1\\\vdots\\u_n\end{pmatrix}$, $\begin{pmatrix}u_1'\\\vdots\\u_n'\end{pmatrix} \in U$ ist auch deren Summe $\begin{pmatrix}u_1+u_1'\\\vdots\\u_n+u_n'\end{pmatrix}$ in U, da $(u_1+u_1')+\cdots+(u_n+u_n')=0$ gilt. Analog folgt auch, dass jedes skalare Vielfache eines Elementes aus U wieder in U liegt. Damit ist begründet, dass U ein $\mathbb{R}$-Vektorraum ist.

Die folgenden $n-1$ Vektoren liegen in U:

$$\begin{pmatrix}1\\0\\\vdots\\0\\-1\end{pmatrix},\begin{pmatrix}0\\1\\\vdots\\0\\-1\end{pmatrix},\ldots,\begin{pmatrix}0\\0\\\vdots\\1\\-1\end{pmatrix}$$

Wir bezeichnen diese Elemente der Reihe nach $\boldsymbol{u}_1$ bis $\boldsymbol{u}_{n-1}$ und begründen, dass sie eine Basis bilden.

Wir zeigen die lineare Unabhängigkeit der Menge $B = \{\boldsymbol{u}_1, \ldots, \boldsymbol{u}_{n-1}\}$. Der Ansatz $\lambda_1\,\boldsymbol{u}_1 + \cdots + \lambda_{n-1}\,\boldsymbol{u}_{n-1} = \mathbf{0}$ für $\lambda_1, \ldots, \lambda_{n-1} \in \mathbb{R}$ liefert ein homogenes lineares Gleichungssystem, das wir sogleich durch die erweiterte Koeffizientenmatrix angeben und lösen:

$$\left(\begin{array}{cccccc|c}1&0&0&\ldots&&0&0\\0&1&0&&&0&0\\0&0&1&&&0&0\\\vdots&&&\ddots&\ddots&\vdots&\vdots\\0&0&\ldots&&0&1&0\\-1&-1&-1&\ldots&&-1&0\end{array}\right)$$

$$\to\left(\begin{array}{cccccc|c}1&0&0&\ldots&&0&0\\0&1&0&&&0&0\\0&0&1&&&0&0\\\vdots&&&\ddots&\ddots&\vdots&\vdots\\0&0&\ldots&&0&1&0\\0&0&0&\ldots&&0&0\end{array}\right)$$

Also ist der Nullvektor $\mathbf{0} \in \mathbb{R}^n$ nur als triviale Linearkombination darstellbar. Folglich ist B linear unabhängig.

Nun begründen wir, dass B ein Erzeugendensystem für U ist.

Ist $\boldsymbol{u} = \begin{pmatrix}u_1\\u_2\\\vdots\\u_{n-1}\\u_n\end{pmatrix} \in U$ ein beliebiger Vektor, so gilt die Gleichheit

$$\begin{pmatrix}u_1\\u_2\\\vdots\\u_{n-1}\\u_n\end{pmatrix} = u_1\begin{pmatrix}1\\0\\\vdots\\0\\-1\end{pmatrix} + u_2\begin{pmatrix}0\\1\\\vdots\\0\\-1\end{pmatrix} + \ldots + u_{n-1}\begin{pmatrix}0\\0\\\vdots\\1\\-1\end{pmatrix},$$

denn $u_n = -u_1 - \ldots - u_{n-1}$. Damit gilt $U = \langle\{\boldsymbol{u}_1, \ldots, \boldsymbol{u}_{n-1}\}\rangle$.

Also ist B ein linear unabhängiges Erzeugendensystem von U und somit eine Basis von U.

15.9 •• (a) Es ist U_1 ein Untervektorraum von $\mathbb{R}^{\mathbb{R}}$: (i) $\mathbf{0} \in U_1$. (ii) Mit $f,\, g \in U_1$ gilt auch $f + g \in U_1$. (iii) Mit $f \in U_1$ und $\lambda \in \mathbb{R}$ gilt auch $\lambda\, f \in U_1$.

(b) Es ist U_2 kein Untervektorraum von $\mathbb{R}^{\mathbb{R}}$, denn $\mathbf{0} \notin U_2$.

(c) Es ist U_3 kein Untervektorraum von $\mathbb{R}^{\mathbb{R}}$, denn $\mathbf{0} \notin U_3$.

(d) Es ist U_4 ein Untervektorraum von $\mathbb{R}^{\mathbb{R}}$: (i) $\mathbf{0} \in U_4$. (ii) Mit $f, g \in U_4$ gilt auch $f + g \in U_4$. (iii) Mit $f \in U_4$ und $\lambda \in \mathbb{R}$ gilt auch $\lambda\, f \in U_4$.

(e) Es ist U_5 kein Untervektorraum von $\mathbb{R}^{\mathbb{R}}$, denn es ist $f : x \mapsto x$ in U_5, $-f$ jedoch nicht.

(f) Es ist U_6 ein Untervektorraum von $\mathbb{R}^{\mathbb{R}}$. Ist U ein Untervektorraum von $\mathbb{R}^{\mathbb{R}}$, so gilt: (i) $\mathbf{0} \in U_6$, da $\mathbf{0} \in U$. (ii) Nun seien $f,\, f' \in U_6$. Dann gilt $g : x \mapsto f(x) - f(x-1)$, $g' : x \mapsto f'(x) - f'(x-1) \in U$. Und weil U ein Untervektorraum von $\mathbb{R}^{\mathbb{R}}$ ist, liegt auch $g + g' : x \mapsto (f(x) - f(x-1)) + (f'(x) - f'(x-1)) \in U$, aber d. h. gerade: $f + f' \in U_6$. (iii) Mit $f \in U_6$ und $\lambda \in \mathbb{R}$ gilt auch $\lambda\, f \in U_6$, da $\lambda\, g \in U$.

15.10 •• Im Fall $n = 1$ wähle man $\boldsymbol{e}_1 = 1$ und $\boldsymbol{e}_2 = 2$. Es ist dann $A = \{\boldsymbol{e}_1, \boldsymbol{e}_2\}$ eine solche Menge.

Nun zum Fall $n > 1$. Wir behaupten, dass $A = \{\boldsymbol{e}_1, \ldots, \boldsymbol{e}_n, \boldsymbol{v}\}$ mit den Standard-Einheitsvektoren $\boldsymbol{e}_1, \ldots, \boldsymbol{e}_n$ und $\boldsymbol{v} = \begin{pmatrix}1\\\vdots\\1\end{pmatrix}$ die verlangte Eigenschaft hat. Es ist $B := \{\boldsymbol{e}_1, \ldots, \boldsymbol{e}_n\}$ natürlich linear unabhängig. Damit ist für $i \in \{1, \ldots, n\}$ auch die $n-1$-elementige Menge $\{\boldsymbol{e}_1, \ldots, \boldsymbol{e}_{i-1}, \boldsymbol{e}_{i+1}, \ldots, \boldsymbol{e}_n\}$ auch linear unabhängig. Wäre $E_i := \{\boldsymbol{e}_1, \ldots, \boldsymbol{e}_{i-1}, \boldsymbol{e}_{i+1}, \ldots, \boldsymbol{e}_n, \boldsymbol{v}\}$ linear abhängig, so müsste $\boldsymbol{v}$ Linearkombination der übrigen Vektoren sein, d. h.

$$\boldsymbol{v} = \sum_{\substack{j=1\\j\neq i}}^{n} \lambda_j \boldsymbol{e}_j$$

mit $\lambda_j \in \mathbb{R}$. In der Position i haben alle Vektoren $\boldsymbol{e}_j$ der rechten Seite eine Null, da $\boldsymbol{e}_i$ ja gerade fehlt, und damit auch die rechte Seite selbst. Der Vektor $\boldsymbol{v}$ hat aber in der Position i eine Eins, ein Widerspruch. Also ist E_i linear unabhängig. Wir haben begründet, dass jede n-elementige Teilmenge von A linear unabhängig ist.

15.11 •• Sind $\boldsymbol{v}$ und $\boldsymbol{w}$ beliebige Elemente eines $\mathbb{K}$-Vektorraumes V, so gilt wegen (V6)

$$(1+1)\,(\boldsymbol{v}+\boldsymbol{w}) = (1+1)\,\boldsymbol{v} + (1+1)\,\boldsymbol{w}$$

und somit wegen (V7) und (V9)

$$(1+1)\,(\boldsymbol{v}+\boldsymbol{w}) = \boldsymbol{v}+\boldsymbol{v}+\boldsymbol{w}+\boldsymbol{w}\,.$$

Wir wenden nun auf das gleiche Element gleich (V7) und (V9) an

$$(1+1)\,(\boldsymbol{v}+\boldsymbol{w}) = 1\,(\boldsymbol{v}+\boldsymbol{w}) + 1\,(\boldsymbol{v}+\boldsymbol{w}) = \boldsymbol{v}+\boldsymbol{w}+\boldsymbol{v}+\boldsymbol{w}\,.$$

Insgesamt erhalten wir

$$v + v + w + w = v + w + v + w .$$

Weil wir nun $-v$ von links und $-w$ von rechts addieren dürfen, erhalten wir so $v + w = w + v$. Und dies gilt für beliebige $v, w \in V$.

15.12 ••• (a) Es ist V eine nichtleere Teilmenge des Vektorraumes $\mathbb{K}^M$, da die Nullabbildung in V enthalten ist. Denn diese nimmt für kein $x \in M$ und damit für endlich viele $x \in M$ einen von null verschiedenen Wert an. Und sind f und g zwei Abbildungen aus V, d. h., f und g nehmen nur an endlich vielen *Stellen* einen von null verschiedenen Wert an, so auch deren Summe $f + g : x \mapsto f(x) + g(x)$. Und für jedes $\lambda \in \mathbb{K}$ und $f \in V$ hat auch die Abbildung $\lambda f : x \mapsto \lambda f(x)$ die Eigenschaft nur endlich viele von null verschiedene Werte anzunehmen. Damit ist begründet, dass V ein Untervektorraum von $\mathbb{K}^M$, also ein $\mathbb{K}$-Vektorraum ist.

(b) Die Menge B ist linear unabhängig: Wir wählen eine endliche Teilmenge $E \subseteq B$, etwa $E = \{\delta_{y_1}, \ldots, \delta_{y_n}\}$ für verschiedene $y_1, \ldots, y_n \in M$. Für $\lambda_1, \ldots, \lambda_n \in K$ gelte

$$\sum_{i=1}^{n} \lambda_i \delta_{y_i} = \mathbf{0} \quad (\text{d. h.: } \forall\, x \in M \text{ gilt } \sum_{i=1}^{n} a_i \delta_{y_i}(x) = 0). \quad (*)$$

Setzt man nun in $(*)$ nacheinander (die verschiedenen) $y_1, y_2, \ldots, y_n$ ein, so erhält man nacheinander $\lambda_1 = 0, \lambda_2 = 0, \ldots, \lambda_n = 0$; und damit ist die lineare Unabhängigkeit von B gezeigt.

Die Menge B ist ein Erzeugendensystem von V: Gegeben ist ein $f \in V$. Dann gibt es endlich viele verschiedene $x_1, \ldots, x_n \in M$ mit

$$f(x_1) =: \lambda_1 \neq 0, \ldots, f(x_n) =: \lambda_n \neq 0 \quad \text{und}$$
$$f(x) = 0 \ \forall x \in M \setminus \{x_1, \ldots, x_n\}.$$

Wir zeigen nun die Gleichheit

$$f = \lambda_1 \delta_{x_1} + \ldots + \lambda_n \delta_{x_n}.$$

Für jedes $x \in M \setminus \{x_1, \ldots, x_n\}$ gilt

$$\begin{aligned} 0 = f(x) &= (\lambda_1 \delta_{x_1} + \ldots + \lambda_n \delta_{x_n})(x) \\ &= \lambda_1 \delta_{x_1}(x) + \ldots + \lambda_n \delta_{x_n}(x) = 0 + \ldots + 0 = 0 \end{aligned}$$

und für jedes $x_i \in \{x_1, \ldots, x_n\}$ gilt

$$\begin{aligned} \lambda_i = f(x_i) &= (\lambda_1 \delta_{x_1} + \ldots + \lambda_n \delta_{x_n})(x_i) \\ &= \lambda_1 \delta_{x_1}(x_i) + \ldots + \lambda_n \delta_{x_n}(x_i) = \lambda_i . \end{aligned}$$

Also stimmen die beiden Abbildungen f und $\lambda_1 \delta_{x_1} + \ldots + \lambda_n \delta_{x_n}$ für alle Werte aus M überein, d. h., sie sind gleich: $f = \lambda_1 \delta_{x_1} + \ldots + \lambda_n \delta_{x_n}$. Dies begründet, dass jedes beliebige f aus V eine Linearkombination von Elementen aus B ist, sodass B ein Erzeugendensystem von V liefert.

Insgesamt wurde gezeigt, dass B ein linear unabhängiges Erzeugendensystem von V, also eine Basis, ist.

Rechenaufgaben

15.13 • Man kann natürlich alle angegeben Mengen in eine Zeichnung eintragen, aber die Aussagen sind auch so unmittelbar klar.

(a) Weil $U_1 \subseteq U_2 = \mathbb{R}^2$ gilt, ist $U_1 \cap U_2 = U_1$. Der Vektor $\begin{pmatrix} -2 \\ -4 \end{pmatrix}$ liegt natürlich in dem eindimensionalen Vektorraum U_1 und ist somit ein Basisvektor, also stimmt die Aussage.

(b) Die zwei eindimensionalen Vektorräume U_1 und U_2 sind voneinander verschieden. Also ist der Nullvektor ihr einziger gemeinsamer Punkt: $U_1 \cap U_2 = \{\mathbf{0}\}$. Und die leere Menge ist eine Basis dieses trivialen Untervektorraumes des $\mathbb{R}^2$ – also stimmt die Aussage.

(c) Der Vektor $\begin{pmatrix} 1 \\ 4 \end{pmatrix}$ liegt in $U_2 = \mathbb{R}^2$ und ist vom Nullvektor verschieden. Als einelementige Menge ist dann $\left\{\begin{pmatrix} 1 \\ 4 \end{pmatrix}\right\}$ linear unabhängig; damit stimmt die Aussage.

(d) Die U_1 und U_3 erzeugenden Vektoren sind linear unabhängig, also enthält $U_1 \cup U_3$ zwei linear unabhängige Vektoren, und zwei solche Vektoren erzeugen im $\mathbb{R}^2$ einen zweidimensionalen Raum, d. h. $\mathbb{R}^2$ selbst – die Aussage ist also richtig.

15.14 •• Da der Vektorraum $\mathbb{R}^{2\times 2}$ die Dimension 4 hat, reicht es aus, die lineare Unabhängigkeit von B zu zeigen, da je vier linear unabhängige Vektoren eines vierdimensionalen Raumes eine Basis bilden.

Wir machen den üblichen Ansatz. Mit reellen Zahlen $\lambda_1, \ldots, \lambda_4$ gelte

$$\lambda_1 v_1 + \cdots + \lambda_4 v_4 = \mathbf{0} .$$

Ausgeschrieben lautet diese Gleichung

$$\begin{pmatrix} \lambda_1 + \lambda_2 & \lambda_2 + \lambda_3 \\ -\lambda_3 + \lambda_4 & \lambda_1 \end{pmatrix} = \begin{pmatrix} 0 & 0 \\ 0 & 0 \end{pmatrix} .$$

Am rechten unteren Eintrag der linken Matrix erkennen wir $\lambda_1 = 0$. Der Eintrag an der Stelle $(1, 1)$ der linken Matrix liefert dann $\lambda_2 = 0$. Die Stelle $(1, 2)$ besagt dann $\lambda_3 = 0$, und schließlich folgt aus dem linken unteren Eintrag $\lambda_4 = 0$. Also ist B linear unabhängig und als vierelementige Menge somit eine Basis des $\mathbb{R}^{2\times 2}$.

15.15 •• Man schreibt die in der Aufgabenstellung gegebenen erzeugenden Vektoren von U als Zeilen in eine Matrix:

$$\begin{pmatrix} 0 & 1 & 0 & -1 \\ 1 & 0 & 1 & -2 \\ -1 & -2 & 0 & 1 \\ -1 & 0 & 1 & 0 \\ 1 & 0 & -1 & -1 \\ 2 & 0 & -1 & 0 \end{pmatrix}$$

Dann bringt man diese Matrix mit elementaren Zeilenumformungen auf Zeilenstufenform:

$$\begin{pmatrix} 0 & 1 & 0 & -1 \\ 1 & 0 & 1 & -2 \\ -1 & -2 & 0 & 1 \\ -1 & 0 & 1 & 0 \\ 1 & 0 & -1 & -1 \\ 2 & 0 & -1 & 0 \end{pmatrix} \to \begin{pmatrix} 1 & 0 & 1 & -2 \\ 0 & 1 & 0 & -1 \\ 0 & 0 & 1 & -3 \\ 0 & 0 & 0 & 5 \\ 0 & 0 & 0 & 0 \\ 0 & 0 & 0 & 0 \end{pmatrix}$$

Wir haben bei diesen Umformungen nur eine Zeilenvertauschung durchgeführt. Und zwar haben wir die ersten beiden Zeilen miteinander vertauscht. Die Nullzeilen in der fünften und sechsten Zeile besagen, dass sich die letzten beiden angegeben Vektoren in der ersten Matrix als Linearkombination der ersten vier Vektoren darstellen lassen. Man kann sie aus dem Erzeugendensystem weglassen. Die ersten vier von der Nullzeile verschiedenen Zeilen besagen wegen der Dreiecksgestalt, dass sie linear unabhängig sind. Dann sind aber auch die ersten vier Vektoren in den oberen Zeilen der ersteren Matrix linear unabhängig. Weil vier linear unabhängige Vektoren eines vierdimensionalen Vektorraumes eine Basis dieses Vektorraumes bilden, ist also $U = \mathbb{R}^4$ und

$$B = \left\{ \begin{pmatrix} 0 \\ 1 \\ 0 \\ -1 \end{pmatrix}, \begin{pmatrix} 1 \\ 0 \\ 1 \\ -2 \end{pmatrix}, \begin{pmatrix} -1 \\ -2 \\ 0 \\ 1 \end{pmatrix} \begin{pmatrix} -1 \\ 0 \\ 1 \\ 0 \end{pmatrix} \right\}$$

eine Basis von U und damit des $\mathbb{R}^4$.

Wir hätten die Lösung auch schneller haben können. Mit ein paar Kopfrechnungen sieht man sehr schnell, dass die Matrix

$$\begin{pmatrix} 0 & 1 & 0 & -1 \\ 1 & 0 & 1 & -2 \\ -1 & -2 & 0 & 1 \\ -1 & 0 & 1 & 0 \\ 1 & 0 & -1 & -1 \\ 2 & 0 & -1 & 0 \end{pmatrix}$$

den Rang 4 hat, damit hat der Untervektorraum U des $\mathbb{R}^4$ die Dimension 4, folglich gilt $U = \mathbb{R}^4$. Und nun kann man eine beliebige Basis des $\mathbb{R}^4$ als Basis von U wählen, etwa die Standardbasis $E_4 = \{\boldsymbol{e}_1, \boldsymbol{e}_2, \boldsymbol{e}_3, \boldsymbol{e}_4\}$.

Anwendungsprobleme

15.16 •• Wir suchen $\lambda_1, \lambda_2, \lambda_3 \in \mathbb{R}$ mit

$$-\boldsymbol{F} = \lambda_1 \boldsymbol{F}_1 + \lambda_2 \boldsymbol{F}_2 + \lambda_3 \boldsymbol{F}_3 . \qquad (*)$$

In diesem Fall herrscht ein Kräftegleichgewicht.

Die Gleichung $(*)$ ist ein lineares Gleichungssystem mit der erweiterten Koeffizientenmatrix:

$$\left(\begin{array}{ccc|c} 1 & 3 & 0 & 7 \\ 2 & -4 & 2 & -24 \\ 0 & 1 & 3 & -9 \end{array}\right)$$

Elementare Zeilenumformungen führen zur Lösung des Systems:

$$\left(\begin{array}{ccc|c} 1 & 3 & 0 & 7 \\ 2 & -4 & 2 & -24 \\ 0 & 1 & 3 & -9 \end{array}\right) \to \left(\begin{array}{ccc|c} 1 & 3 & 0 & 7 \\ 0 & 1 & 3 & -9 \\ 0 & 0 & 32 & -128 \end{array}\right)$$

Also ist $\lambda_3 = -4$, $\lambda_2 = 3$ und $\lambda_1 = -2$. Damit erhalten wir für die Kraft $-\boldsymbol{F}$ eine Darstellung als Linearkombination der Kräfte $\boldsymbol{F}_1$, $\boldsymbol{F}_2$ und $\boldsymbol{F}_3$,

$$-\boldsymbol{F} = -2\,\boldsymbol{F}_1 + 3\,\boldsymbol{F}_2 - 4\,\boldsymbol{F}_3 .$$

15.17 •• Wir bezeichnen die Kraft die von q_i auf q_0 wirkt mit $\boldsymbol{F}_i$ für $i = 1, 2$. Mit dem Coulomb'schen Gesetz auf S. 545 folgt dann

$$\boldsymbol{F}_1 = \frac{1}{4\pi\,\varepsilon}\,6\,\mathrm{C}\,(-4\,\mathrm{C}) \begin{pmatrix} 1 \\ 0 \end{pmatrix}$$

und

$$\boldsymbol{F}_2 = \frac{1}{4\pi\,\varepsilon}\,\frac{3\,\mathrm{C}\,(-4\,\mathrm{C})}{2}\,\frac{1}{\sqrt{2}} \begin{pmatrix} 1 \\ 1 \end{pmatrix} .$$

Mit dem Superpositionsprinzip ist also die resultierende Kraft $\boldsymbol{F}$ auf q_0 die Summe der beiden einzelnen Kräfte $\boldsymbol{F}_1$ und $\boldsymbol{F}_2$:

$$\boldsymbol{F} = \boldsymbol{F}_1 + \boldsymbol{F}_2 = \frac{1}{4\pi\,\varepsilon} \left(\begin{pmatrix} -24 \\ 0 \end{pmatrix} + \begin{pmatrix} -6/\sqrt{2} \\ -6/\sqrt{2} \end{pmatrix} \right) = \begin{pmatrix} -3\sqrt{2}\,(4\sqrt{2} - 1) \\ -3\sqrt{2} \end{pmatrix}$$

15.18 •• Wir zeichnen die Planeten in ein Koordinatensystem ein, wobei die Sonne im Ursprung $\mathbf{0}$ liegt. Wir setzen Jupiter in den Punkt $\begin{pmatrix} 5 \\ 0 \end{pmatrix}$, Saturn in den Punkt $\begin{pmatrix} 0 \\ -10 \end{pmatrix}$, Uranus in den Punkt $\begin{pmatrix} -20 \\ 0 \end{pmatrix}$ und Neptun in den Punkt $\begin{pmatrix} 0 \\ 30 \end{pmatrix}$.

Nun setzen wir die Massen der entsprechenden Planeten in ihren Punkten in die Formel für den Schwerpunkt $\boldsymbol{s}$ ein – die Gesamtmasse der fünf betrachteten Himmelskörper beträgt dabei 333 445 Erdmassen:

$$\boldsymbol{s} = \frac{1}{333\,445} \left(\begin{pmatrix} 1590 \\ 0 \end{pmatrix} + \begin{pmatrix} 0 \\ -950 \end{pmatrix} + \begin{pmatrix} -300 \\ 0 \end{pmatrix} + \begin{pmatrix} 0 \\ 510 \end{pmatrix} \right) = \frac{1}{333\,445} \begin{pmatrix} 1290 \\ -440 \end{pmatrix}$$

Tatsächlich liegt dieser Punkt in der Sonne.

Kapitel 16

Aufgaben

Verständnisfragen

16.1 • Ist das Produkt quadratischer oberer bzw. unterer Dreiecksmatrizen wieder eine obere bzw. untere Dreiecksmatrix?

16.2 • Bekanntlich gilt im Allgemeinen $\mathbf{A}\,\mathbf{B} \neq \mathbf{B}\,\mathbf{A}$ für $n \times n$-Matrizen $\mathbf{A}$ und $\mathbf{B}$. Gilt $\det(\mathbf{A}\,\mathbf{B}) = \det(\mathbf{B}\,\mathbf{A})$?

16.3 •• Hat eine Matrix $\mathbf{A} \in \mathbb{R}^{n\times n}$ mit $n \in 2\mathbb{N} + 1$ und $\mathbf{A} = -\mathbf{A}^{\mathrm{T}}$ die Determinante 0?

16.4 •• Gilt für invertierbare Matrizen $\mathbf{A}, \mathbf{B} \in \mathbb{K}^{n\times n}$

$$\operatorname{ad}(\mathbf{A}\,\mathbf{B}) = \operatorname{ad}(\mathbf{B})\operatorname{ad}(\mathbf{A})\,?$$

16.5 •• Ist das Produkt symmetrischer Matrizen stets wieder eine symmetrische Matrix?

16.6 • Ist das Inverse einer invertierbaren symmetrischen Matrix wieder symmetrisch?

16.7 • Folgt aus der Invertierbarkeit einer Matrix $\mathbf{A}$ stets die Invertierbarkeit der Matix $\mathbf{A}^{\mathrm{T}}$?

16.8 ••• Wir betrachten eine *Blockdreiecksmatrix*, d. h. eine Matrix der Form

$$\mathbf{M} = \begin{pmatrix} \mathbf{A} & \mathbf{C} \\ \mathbf{0} & \mathbf{B} \end{pmatrix} \in \mathbb{K}^{n\times n},$$

wobei $\mathbf{0} \in \mathbb{K}^{(n-m)\times m}$ die Nullmatrix ist und $\mathbf{A} \in \mathbb{K}^{m\times m}$, $\mathbf{C} \in \mathbb{K}^{m\times(n-m)}$, $\mathbf{B} \in \mathbb{K}^{(n-m)\times(n-m)}$ sind.

Zeigen Sie: $\det \mathbf{M} = \det \mathbf{A} \det \mathbf{B}$.

Rechenaufgaben

16.9 • Berechnen Sie alle möglichen Matrizenprodukte mit jeweils zwei der Matrizen

$$\mathbf{A} = \begin{pmatrix} 1 & 2 & 3 \\ 1 & 4 & 6 \end{pmatrix}, \quad \mathbf{B} = \begin{pmatrix} 1 & 2 \\ 0 & 4 \\ 1 & 0 \end{pmatrix},$$

$$\mathbf{C} = \begin{pmatrix} 1 & 0 & 4 \\ 1 & 1 & 1 \\ 0 & 0 & 3 \end{pmatrix}, \quad \mathbf{D} = \begin{pmatrix} 1 & 2 \\ 0 & 4 \end{pmatrix}.$$

16.10 •• Gegeben sind drei Matrizen $\mathbf{A}, \mathbf{B}, \mathbf{C} \in \mathbb{R}^{3\times 3}$ mit der Eigenschaft $\mathbf{A}\,\mathbf{B} = \mathbf{C}$, ausführlich

$$\begin{pmatrix} a_{11} & 2 & 3 \\ a_{21} & 1 & 3 \\ a_{31} & -1 & -2 \end{pmatrix} \begin{pmatrix} 2 & b_{12} & 1 \\ 0 & b_{22} & 2 \\ 0 & b_{32} & 2 \end{pmatrix} = \begin{pmatrix} 2 & -3 & c_{13} \\ 4 & -3 & c_{23} \\ 0 & 0 & c_{33} \end{pmatrix}.$$

Man ergänze die unbestimmten Komponenten.

16.11 •• Sind die folgenden Matrizen invertierbar? Bestimmen Sie gegebenenfalls das Inverse.

$$\mathbf{A} = \begin{pmatrix} 6 & -3 & 8 \\ -1 & 1 & -2 \\ 4 & -3 & 7 \end{pmatrix}, \quad \mathbf{B} = \begin{pmatrix} 1 & 1 & 1 \\ 2 & 0 & 2 \\ 1 & -2 & 3 \end{pmatrix} \in \mathbb{R}^{3\times 3},$$

$$\mathbf{C} = \begin{pmatrix} 1 & 1 & 1 & 2 \\ 0 & 1 & 0 & 2 \\ 0 & 0 & 1 & 3 \\ 0 & 0 & 0 & 1 \end{pmatrix}, \quad \mathbf{D} = \begin{pmatrix} 0 & 1 & -1 & 2 \\ 1 & 0 & -1 & 2 \\ 2 & 1 & 2 & -1 \\ 3 & 2 & 0 & 3 \end{pmatrix} \in \mathbb{R}^{4\times 4}$$

16.12 •• Bestimmen Sie ein lineares Gleichungssystem, dessen Lösungsmenge $L = \left\langle \begin{pmatrix} 1 \\ 0 \\ -1 \end{pmatrix}, \begin{pmatrix} 0 \\ 1 \\ -1 \end{pmatrix} \right\rangle \subseteq \mathbb{R}^3$ ist.

T. Arens et al., *Arbeitsbuch Mathematik*, https://doi.org/10.1007/978-3-662-64391-4_15

16.13 •• Bestimmen Sie eine LR-Zerlegung der Matrix

$$\mathbf{A} = \begin{pmatrix} 1/2 & 1/3 & 1/4 & 1/5 \\ 1/3 & 1/4 & 1/5 & 1/6 \\ 1/4 & 1/5 & 1/6 & 1/7 \\ 1/5 & 1/6 & 1/7 & 1/8 \end{pmatrix}$$

und mit deren Hilfe die Determinante $\det \mathbf{A}$.

16.14 •• Vervollständigen Sie die folgende Matrix $\mathbf{A}$ so, dass $\mathbf{A} \in \mathbb{R}^{3\times 3}$ eine orthogonale Matrix ist:

$$\mathbf{A} = \begin{pmatrix} 1/2 & * & 1/\sqrt{2} \\ 1/2 & -1/2 & * \\ * & 1/\sqrt{2} & * \end{pmatrix}$$

16.15 • Berechnen Sie die Determinanten der folgenden reellen Matrizen:

$$\mathbf{A} = \begin{pmatrix} 1 & 2 & 0 & 0 \\ 2 & 1 & 0 & 0 \\ 0 & 0 & 3 & 4 \\ 0 & 0 & 4 & 3 \end{pmatrix}, \quad \mathbf{B} = \begin{pmatrix} 2 & 0 & 0 & 0 & 2 \\ 0 & 2 & 0 & 2 & 0 \\ 0 & 0 & 2 & 0 & 0 \\ 0 & 2 & 0 & 2 & 0 \\ 2 & 0 & 0 & 0 & 2 \end{pmatrix}$$

16.16 ••• Berechnen Sie die Determinante der reellen $n \times n$-Matrix

$$\mathbf{A} = \begin{pmatrix} 0 & \dots & 0 & d_1 \\ \vdots & \iddots & d_2 & * \\ 0 & \iddots & \iddots & \vdots \\ d_n & * & \dots & * \end{pmatrix}.$$

Anwendungsprobleme

16.17 •• Für ein aus drei produzierenden Abteilungen bestehendes Unternehmen hat man durch praktische Erfahrung die folgenden Matrizen $\mathbf{P} \in \mathbb{R}^{3\times 3}$ für die Produktherstellung und $\mathbf{R} \in \mathbb{R}^{3\times 3}$ für die Rohstoffverteilung ermittelt:

$$\mathbf{P} = \begin{pmatrix} 0.5 & 0.0 & 0.1 \\ 0.0 & 0.8 & 0.2 \\ 0.1 & 0.0 & 0.8 \end{pmatrix} \quad \text{und} \quad \mathbf{R} = \begin{pmatrix} 1 & 1 & 0.3 \\ 0.3 & 0.2 & 1 \\ 1.2 & 1 & 0.2 \end{pmatrix}$$

(a) Welche Nachfrage $\boldsymbol{v}$ kann das Unternehmen befriedigen, wenn die Gesamtproduktion $\boldsymbol{g}$ durch $\boldsymbol{g} = \begin{pmatrix} 150 \\ 230 \\ 140 \end{pmatrix}$ bei Auslastung aller Maschinen vorgegeben ist? Welcher Rohstoffverbrauch $\boldsymbol{r}$ fällt dabei an?

(b) Durch eine Marktforschung wurde der Verkaufsvektor $\boldsymbol{v} = \begin{pmatrix} 90 \\ 54 \\ 36 \end{pmatrix}$ ermittelt. Welche Gesamtproduktion $\boldsymbol{g}$ ist nötig, um diese Nachfrage zu befriedigen? Mit welchem Rohstoffverbrauch $\boldsymbol{r}$ ist dabei zu rechnen?

(c) Nun ist die Rohstoffmenge $\boldsymbol{r} = \begin{pmatrix} 200 \\ 100 \\ 200 \end{pmatrix}$ vorgegeben. Welche Gesamtproduktion $\boldsymbol{g}$ kann erzielt werden? Welche Nachfrage $\boldsymbol{v}$ wird dabei befriedigt?

16.18 •• In einer Population von Ameisen kann man Individuen mit drei verschiedenen Merkmalen m_1, m_2 und m_3 unterscheiden. Die Wahrscheinlichkeit dafür, dass das Merkmal m_j auf das Merkmal m_i bei einem Fortpflanzungszyklus übergeht, bezeichnen wir mit p_{ij}. Diese Zahlen sind in der Tab. 16.4 gegeben.

Tab. 16.4 Die Übergangswahrscheinlichkeiten der Merkmale m_1, m_2, m_3

	m_1	m_2	m_3
m_1	0.7	0.4	0.4
m_2	0.1	0.5	0.2
m_3	0.2	0.1	0.4

Diese Zahlen bilden eine sogenannte *stochastische Matrix* $\mathbf{P} = (p_{ij}) \in \mathbb{R}^{3\times 3}$.

(a) Wie groß ist der Anteil der drei Merkmale nach einem Zyklus, wenn am Anfang Gleichverteilung vorliegt?

(b) Welche Anfangsverteilung der drei Merkmale ändert sich nach einem Zyklus nicht?

16.19 •• Für die Bewegungsgleichungen der beiden in der Abb. 16.18 skizzierten Massen m_1 und m_2 gilt

$$\begin{aligned} m_1\,\ddot{x}_1 &= -(k_1 + k_2)\,x_1 + k_2\,x_2 \\ m_2\,\ddot{x}_2 &= k_2\,x_1 - (k_2 + k_3)\,x_2 \end{aligned} \qquad (*)$$

mit den Federkonstanten $k_1, k_2, k_3 > 0$.

Bestimmen Sie mit dem Ansatz

$$\boldsymbol{z} = \begin{pmatrix} z_1(t) \\ z_2(t) \\ z_3(t) \\ z_4(t) \end{pmatrix} = \begin{pmatrix} x_1(t) \\ \dot{x}_1(t) \\ x_2(t) \\ \dot{x}_2(t) \end{pmatrix}$$

eine Matrix $\mathbf{A}$ mittels der sich das Differenzialgleichungssystem $(*)$ als Differenzialgleichungssystem $\dot{\boldsymbol{z}} = \mathbf{A}\,\boldsymbol{z}$ 1. Ordnung formulieren lässt.

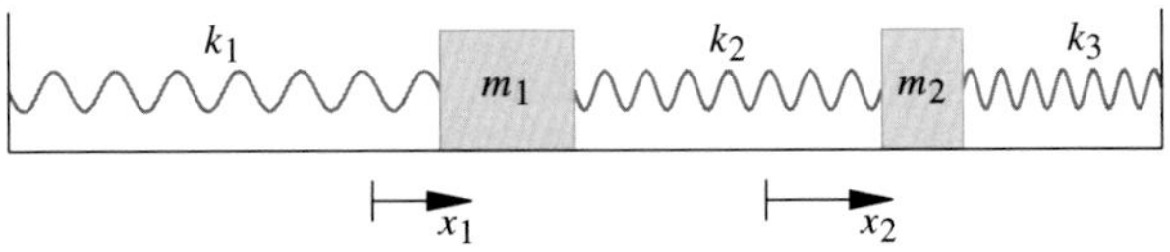

Abb. 16.18 Zwei Massen m_1 und m_2 sind mit Federn an einer Wand befestigt und miteinander mit einer weiteren Feder verbunden. Die Federkonstanten sind k_1, k_2 und k_3

Hinweise

Verständnisfragen

16.1 • Man prüfe dies an oberen und unteren 2×2-Matrizen nach und verallgemeinere die Beobachtung.

16.2 • Man beachte den Determinantenmultiplikationssatz auf S. 604.

16.3 •• Man beachte die Regeln in der Übersicht auf S. 606

16.4 •• Man beachte die Formel auf S. 609.

16.5 •• Prüfen Sie, ob $(\mathbf{A}\,\mathbf{B})^T = \mathbf{A}\,\mathbf{B}$ für alle symmetrischen 2×2-Matrizen $\mathbf{A}$ und $\mathbf{B}$ gilt.

16.6 • Prüfen Sie, ob für eine symmetrische Matrix $\mathbf{A}$ die Gleichung $(\mathbf{A}^{-1})^T = (\mathbf{A}^T)^{-1}$ gilt.

16.7 • Beachte die Übersicht auf S. 606.

16.8 ••• Führen Sie Zeilenumformungen an der Matrix $\mathbf{M}$ durch.

Rechenaufgaben

16.9 • Berechnen Sie $\mathbf{A}\,\mathbf{B}$, $\mathbf{A}\,\mathbf{C}$, $\mathbf{B}\,\mathbf{A}$, $\mathbf{C}\,\mathbf{B}$, $\mathbf{B}\,\mathbf{D}$, $\mathbf{D}\,\mathbf{A}$ und $\mathbf{C}\,\mathbf{C}$, $\mathbf{D}\,\mathbf{D}$.

16.10 •• Führen Sie die Multiplikation durch und vergleichen Sie die Komponenten.

16.11 •• Man verwende das auf S. 583 beschriebene Verfahren.

16.12 •• Das Gleichungssystem ist homogen, besteht nur aus einer Zeile und hat drei Unbekannte.

16.13 •• Verwenden Sie den ab S. 596 beschriebenen Algorithmus.

16.14 •• Die Spalten bzw. Zeilen einer orthogonalen Matrix haben die Länge 1 und stehen senkrecht aufeinander.

16.15 • Verwenden Sie die Regeln in der Übersicht auf S. 606.

16.16 ••• Unterscheiden Sie nach den Fällen n gerade und n ungerade.

Anwendungsprobleme

16.17 •• Man beachte die Anwendung auf S. 585.

16.18 •• Keine Veränderung der Verteilung heißt, dass nach einem Zyklus die Verteilung gleich ist. Machen Sie einen entsprechenden Ansatz.

16.19 •• Beachten Sie die Methoden in der Anwendung auf S. 578.

Lösungen

Verständnisfragen

16.1 • Ja.

16.2 • Ja.

16.3 •• Ja.

16.4 •• Ja.

16.5 •• Nein.

16.6 • Ja.

16.7 • Ja.

16.8 ••• –

Rechenaufgaben

16.9 • $\mathbf{A}\,\mathbf{B} = \begin{pmatrix} 4 & 10 \\ 7 & 18 \end{pmatrix}$, $\mathbf{A}\,\mathbf{C} = \begin{pmatrix} 3 & 2 & 15 \\ 5 & 4 & 26 \end{pmatrix}$,
$\mathbf{B}\,\mathbf{A} = \begin{pmatrix} 3 & 10 & 15 \\ 4 & 16 & 24 \\ 1 & 2 & 3 \end{pmatrix}$, $\mathbf{C}\,\mathbf{B} = \begin{pmatrix} 5 & 2 \\ 2 & 6 \\ 3 & 0 \end{pmatrix}$, $\mathbf{B}\,\mathbf{D} = \begin{pmatrix} 1 & 10 \\ 0 & 16 \\ 1 & 2 \end{pmatrix}$,
$\mathbf{D}\,\mathbf{A} = \begin{pmatrix} 3 & 10 & 15 \\ 4 & 16 & 24 \end{pmatrix}$, $\mathbf{C}\,\mathbf{C} = \begin{pmatrix} 1 & 0 & 16 \\ 2 & 1 & 8 \\ 0 & 0 & 9 \end{pmatrix}$, $\mathbf{D}\,\mathbf{D} = \begin{pmatrix} 1 & 10 \\ 0 & 16 \end{pmatrix}$.

16.10 •• $\mathbf{A} = \begin{pmatrix} 1 & 2 & 3 \\ 2 & 1 & 3 \\ 0 & -1 & -2 \end{pmatrix}$, $\mathbf{B} = \begin{pmatrix} 2 & -2 & 1 \\ 0 & -2 & 2 \\ 0 & 1 & 2 \end{pmatrix}$,
$\mathbf{C} = \begin{pmatrix} 2 & 3 & 11 \\ 4 & -3 & 10 \\ 0 & 0 & -6 \end{pmatrix}$.

16.11 •• Die Matrizen **A**, **B**, **C** sind invertierbar, die Matrix **D** nicht.

Es gilt $\mathbf{A}^{-1} = \begin{pmatrix} 1 & -3 & -2 \\ -1 & 10 & 4 \\ -1 & 6 & 3 \end{pmatrix}$, $\mathbf{B}^{-1} = \begin{pmatrix} -1 & \frac{5}{4} & -\frac{1}{2} \\ 1 & -\frac{1}{2} & 0 \\ 1 & -\frac{3}{4} & \frac{1}{2} \end{pmatrix}$,

$$\mathbf{C}^{-1} = \begin{pmatrix} 1 & -1 & -1 & 3 \\ 0 & 1 & 0 & -2 \\ 0 & 0 & 1 & -3 \\ 0 & 0 & 0 & 1 \end{pmatrix}.$$

16.12 •• $x_1 + x_2 + x_3 = 0$.

16.13 ••

$$\mathbf{A} = \underbrace{\begin{pmatrix} 1 & 0 & 0 & 0 \\ 2/3 & 1 & 0 & 0 \\ 1/2 & 6/5 & 1 & 0 \\ 2/5 & 6/5 & 12/7 & 1 \end{pmatrix}}_{=\mathbf{L}} \cdot \underbrace{\begin{pmatrix} 1/2 & 1/3 & 1/4 & 1/5 \\ 0 & 1/36 & 1/30 & 1/30 \\ 0 & 0 & 1/600 & 1/350 \\ 0 & 0 & 0 & 1/9800 \end{pmatrix}}_{=\mathbf{R}},$$

$$\det \mathbf{A} = \frac{1}{2 \cdot 36 \cdot 600 \cdot 9800}.$$

16.14 •• $\mathbf{A} = \begin{pmatrix} 1/2 & -1/2 & 1/\sqrt{2} \\ 1/2 & -1/2 & -1/\sqrt{2} \\ 1/\sqrt{2} & 1/\sqrt{2} & 0 \end{pmatrix}$.

16.15 • $\det \mathbf{A} = 21$, $\det \mathbf{B} = 0$.

16.16 ••• $\det \mathbf{A} = (-1)^{\frac{n(n-1)}{2}}\, d_1\, d_2 \ldots d_n$.

Anwendungsprobleme

16.17 •• (a) $\boldsymbol{v} = \begin{pmatrix} 61 \\ 18 \\ 13 \end{pmatrix}$, $\boldsymbol{r} = \begin{pmatrix} 422 \\ 231 \\ 438 \end{pmatrix}$; (b) $\boldsymbol{g} = \begin{pmatrix} 240 \\ 570 \\ 300 \end{pmatrix}$, $\boldsymbol{r} = \begin{pmatrix} 900 \\ 486 \\ 918 \end{pmatrix}$; (c) $\boldsymbol{g} = \frac{1}{99}\begin{pmatrix} 3000 \\ 15\,000 \\ 6000 \end{pmatrix}$.

16.18 •• (a) 15 : 8 : 7. (b) 28 : 10 : 11.

16.19 •• $\mathbf{A} = \begin{pmatrix} 0 & 1 & 0 & 0 \\ -\frac{1}{m_1}(k_1 + k_2) & 0 & \frac{1}{m_1} k_2 & 0 \\ 0 & 0 & 0 & 1 \\ \frac{1}{m_2} k_2 & 0 & -\frac{1}{m_2}(k_2 + k_3) & 0 \end{pmatrix} \in \mathbb{R}^{4\times4}$.

Lösungswege

Verständnisfragen

16.1 • Die Aussage stimmt. Wir betrachten zwei Matrizen $\mathbf{A}, \mathbf{B} \in \mathbb{K}^{n\times n}$. Sind beide Matrizen obere Dreiecksmatrizen, so haben der i-te Zeilenvektor $\boldsymbol{z}_i$ von **A** und der j-te Spaltenvektor $\boldsymbol{s}_j$ von **A** die Gestalt

$$\boldsymbol{z}_i = (0, \ldots, 0, a_{ii}, \ldots, a_{in}) \text{ und } \boldsymbol{s}_j = \begin{pmatrix} b_{j1} \\ \vdots \\ b_{jj} \\ 0 \\ \vdots \\ b_{jn} \end{pmatrix}.$$

Also gilt für $i > j$ die Gleichung $\boldsymbol{z}_i\, \boldsymbol{s}_j = 0$, und damit hat die Matrix **A B** unterhalb der Diagonalen, d. h. an den Stellen (i, j) mit $i > j$, nur Nullen als Komponenten, da an diesen Stellen die Produkte von $\boldsymbol{z}_i$ mit $\boldsymbol{s}_j$ stehen.

Für untere Dreiecksmatrizen schließt man analog.

16.2 • Die Aussage stimmt. Mit dem Determinantenmultiplikationssatz auf S. 604 gilt nämlich $\det(\mathbf{A}\,\mathbf{B}) = \det \mathbf{A} \det \mathbf{B} = \det \mathbf{B} \det \mathbf{A} = \det(\mathbf{B}\,\mathbf{A})$.

16.3 •• Ja, denn mit den Regeln auf S. 606 gilt

$$\det \mathbf{A} = \det(-\mathbf{A}^T) = (-1)^n \det \mathbf{A} = -\det \mathbf{A},$$

sodass also $\det \mathbf{A} = -\det \mathbf{A}$, d. h. $\det \mathbf{A} = 0$ gilt.

16.4 •• Die Aussage stimmt. Es gilt nämlich:

$$\begin{aligned} \mathrm{ad}(\mathbf{A}\,\mathbf{B}) &= (\mathbf{A}\,\mathbf{B})^{-1} \det(\mathbf{A}\,\mathbf{B}) \\ &= \mathbf{B}^{-1}\,\mathbf{A}^{-1} \det \mathbf{A} \det \mathbf{B} \\ &= \det \mathbf{B}\,\mathbf{B}^{-1} \det \mathbf{A}\,\mathbf{A}^{-1} \\ &= \mathrm{ad}(\mathbf{B})\,\mathrm{ad}(\mathbf{A}) \end{aligned}$$

16.5 •• Die Aussage ist falsch. Das Produkt **A B** der symmetrischen Matrizen $\mathbf{A} = \begin{pmatrix} 1 & 2 \\ 2 & 0 \end{pmatrix}$ und $\mathbf{B} = \begin{pmatrix} -1 & 0 \\ 0 & 1 \end{pmatrix}$ ist nämlich nicht symmetrisch.

16.6 • Weil die Einheitsmatrix symmetrisch ist, gilt für jede invertierbare Matrix $\mathbf{A} \in \mathbb{K}^{n\times n}$

$$(\mathbf{A}^{-1}\,\mathbf{A})^T = \mathbf{E}_n^T = \mathbf{E}_n\,,$$

also $\mathbf{A}^T\,(\mathbf{A}^{-1})^T = \mathbf{E}_n$, sodass $(\mathbf{A}^T)^{-1} = (\mathbf{A}^{-1})^T$ gilt.

Ist $\mathbf{A}$ zudem symmetrisch, gilt also $\mathbf{A}^T = \mathbf{A}$, so folgt also

$$(\mathbf{A}^{-1})^T = (\mathbf{A}^T)^{-1} = \mathbf{A}^{-1}\,.$$

Also ist $\mathbf{A}^{-1}$ wieder symmetrisch.

16.7 • Weil $\mathbf{A}$ invertierbar ist, gilt $\det \mathbf{A} \neq 0$. Aus $\det \mathbf{A} = \det \mathbf{A}^T$ folgt $\det \mathbf{A}^T \neq 0$. Dies wiederum besagt, dass $\mathbf{A}^T$ invertierbar ist, also ist die Aussage richtig.

16.8 ••• Durch Zeilenumformungen an $\mathbf{M}$ macht man $\mathbf{A}$ zu einer oberen Dreiecksmatrix $\mathbf{A}'$. Dabei bleibt $\mathbf{B}$ unverändert, und aus $\mathbf{C}$ wird dabei $\mathbf{C}'$. Ist k die Anzahl der dabei ausgeführten Zeilenvertauschungen, so gilt

$$\det \mathbf{A}' = (-1)^k \det \mathbf{A}.$$

Nun mache man $\mathbf{B}$ durch Zeilenumformungen an $\mathbf{M}$ zu einer oberen Dreiecksmatrix $\mathbf{B}'$. Dabei bleiben $\mathbf{A}'$ und $\mathbf{C}'$ unverändert. Ist l die Anzahl der dabei ausgeführten Zeilenvertauschungen, so gilt

$$\det \mathbf{B}' = (-1)^l \det \mathbf{B}.$$

Damit haben wir nun insgesamt eine obere Dreiecksmatrix

$$\mathbf{M}' = \begin{pmatrix} \mathbf{A} & \mathbf{C} \\ 0 & \mathbf{B} \end{pmatrix} \in \mathbb{K}^{n\times n}$$

konstruiert. Nach den Regeln in der Übersicht auf S. 606 gilt $\det \mathbf{M}' = \det \mathbf{A}' \det \mathbf{B}'$. Wegen $\det \mathbf{M} = (-1)^{k+l} \det \mathbf{M}'$ folgt die Behauptung.

Rechenaufgaben

16.9 • Zwei Matrizen sind nur dann miteinander multiplizierbar, wenn der erste Faktor des Produktes so viele Spalten wie der zweite Faktor Zeilen hat. Damit erhalten wir die folgenden Produkte: $\mathbf{A\,B} = \begin{pmatrix} 4 & 11 \\ 7 & 2 \end{pmatrix}$, $\mathbf{A\,C} = \begin{pmatrix} 3 & 2 & 15 \\ 1 & 0 & 22 \end{pmatrix}$,

$$\mathbf{B\,A} = \begin{pmatrix} 3 & 10 & 15 \\ 4 & 16 & 24 \\ 1 & 2 & 3 \end{pmatrix}, \mathbf{C\,B} = \begin{pmatrix} 5 & 2 \\ 2 & 6 \\ 3 & 0 \end{pmatrix}, \mathbf{B\,D} = \begin{pmatrix} 1 & 10 \\ 0 & 16 \\ 1 & 2 \end{pmatrix},$$

$$\mathbf{D\,A} = \begin{pmatrix} 3 & 2 & 15 \\ 4 & 0 & 24 \end{pmatrix}, \mathbf{C\,C} = \begin{pmatrix} 1 & 0 & 16 \\ 2 & 1 & 8 \\ 0 & 0 & 9 \end{pmatrix}, \mathbf{D\,D} = \begin{pmatrix} 1 & 10 \\ 0 & 16 \end{pmatrix}.$$

16.10 •• Wir führen die Multiplikation der Matrix $\mathbf{A}$ mit $\mathbf{B}$ durch und erhalten die Gleichung:

$$\begin{pmatrix} 2\,a_{11} & a_{11}\,b_{12} + 2\,b_{22} + 3\,b_{32} & 10 + a_{11} \\ 2\,a_{21} & a_{21}\,b_{12} + b_{22} + 3\,b_{32} & 8 + a_{21} \\ 2\,a_{31} & a_{31}\,b_{12} - b_{22} - 2\,b_{32} & -6 + a_{31} \end{pmatrix} = \begin{pmatrix} 2 & -3 & c_{13} \\ 4 & -3 & c_{23} \\ 0 & 0 & c_{33} \end{pmatrix}$$

Zwei Matrizen sind genau dann gleich, wenn sie gleich viele Zeilen und Spalten haben und komponentenweise übereinstimmen. Da beide Matrizen gleich viele Zeilen und Spalten haben, führen wir nun einen Vergleich der Komponenten durch. Dies sind neun Gleichungen:

$$\begin{aligned} 2\,a_{11} &= 2 \\ 2\,a_{21} &= 4 \\ 2\,a_{31} &= 0 \\ a_{11}\,b_{12} + 2\,b_{22} + 3\,b_{32} &= -3 \\ a_{21}\,b_{12} + b_{22} + 3\,b_{32} &= -3 \\ a_{31}\,b_{12} - b_{22} - 2\,b_{32} &= 0 \\ 10 + a_{11} &= c_{12} \\ 8 + a_{21} &= c_{23} \\ -6 + a_{31} &= c_{33} \end{aligned}$$

Aus diesem (nicht-linearen) Gleichungssystem erhalten wir der Reihe nach

$$a_{11} = 1, \quad a_{21} = 2, \quad a_{31} = 0$$

und hieraus, indem wir diese Werte in die rechten drei Gleichungen einsetzen,

$$c_{13} = 11, \quad c_{23} = 10, \quad c_{33} = -6\,.$$

Nun setzen wir diese sechs bekannten Werte in die mittleren drei Gleichungen ein und erhalten das lineare Gleichungssystem

$$\begin{aligned} b_{12} + 2\,b_{22} + 3\,b_{32} &= -3 \\ 2\,b_{12} + b_{22} + 3\,b_{32} &= -3 \\ -b_{22} - 2\,b_{32} &= 0 \end{aligned}$$

mit der eindeutig bestimmten Lösung

$$b_{12} = -2, \quad b_{22} = -2, \quad b_{32} = 1\,.$$

Also gilt $\mathbf{A} = \begin{pmatrix} 1 & 2 & 3 \\ 2 & 1 & 3 \\ 0 & -1 & -2 \end{pmatrix}$, $\mathbf{B} = \begin{pmatrix} 2 & -2 & 1 \\ 0 & -2 & 2 \\ 0 & 1 & 2 \end{pmatrix}$,

$$\mathbf{C} = \begin{pmatrix} 2 & -2 & 11 \\ 4 & -3 & 10 \\ 0 & 0 & -6 \end{pmatrix}.$$

16.11 •• Wir wenden das Verfahren an, das auf S. 583 beschrieben wurde. Für die Matrix **A** erhalten wir:

$$\left(\begin{array}{rrr|rrr} 6 & -3 & 8 & 1 & 0 & 0 \\ -1 & 1 & -2 & 0 & 1 & 0 \\ 4 & -3 & 7 & 0 & 0 & 1 \end{array}\right) \to \left(\begin{array}{rrr|rrr} 0 & 3 & -4 & 1 & 6 & 0 \\ -1 & 1 & -2 & 0 & 1 & 0 \\ 0 & 1 & -1 & 0 & 4 & 1 \end{array}\right)$$

$$\to \left(\begin{array}{rrr|rrr} -1 & 1 & -2 & 0 & 1 & 0 \\ 0 & 3 & -4 & 1 & 6 & 0 \\ 0 & 1 & -1 & 0 & 4 & 1 \end{array}\right)$$

$$\to \left(\begin{array}{rrr|rrr} 1 & -1 & 2 & 0 & -1 & 0 \\ 0 & 0 & -1 & 1 & -6 & -3 \\ 0 & 1 & -1 & 0 & 4 & 1 \end{array}\right)$$

$$\to \left(\begin{array}{rrr|rrr} 1 & -1 & 2 & 0 & -1 & 0 \\ 0 & 1 & -1 & 0 & 4 & 1 \\ 0 & 0 & -1 & 1 & -6 & -3 \end{array}\right)$$

$$\to \left(\begin{array}{rrr|rrr} 1 & -1 & 2 & 0 & -1 & 0 \\ 0 & 1 & -1 & 0 & 4 & 1 \\ 0 & 0 & 1 & -1 & 6 & 3 \end{array}\right)$$

$$\to \left(\begin{array}{rrr|rrr} 1 & -1 & 0 & 2 & -13 & -6 \\ 0 & 1 & 0 & -1 & 10 & 4 \\ 0 & 0 & 1 & -1 & 6 & 3 \end{array}\right)$$

$$\to \left(\begin{array}{rrr|rrr} 1 & 0 & 0 & 1 & -3 & -2 \\ 0 & 1 & 0 & -1 & 10 & 4 \\ 0 & 0 & 1 & -1 & 6 & 3 \end{array}\right)$$

Es ist also **A** invertierbar und

$$\mathbf{A}^{-1} = \begin{pmatrix} 1 & -3 & -2 \\ -1 & 10 & 4 \\ -1 & 6 & 3 \end{pmatrix}.$$

Für die Matrix **B** erhalten wir:

$$\left(\begin{array}{rrr|rrr} 1 & 1 & 1 & 1 & 0 & 0 \\ 2 & 0 & 2 & 0 & 1 & 0 \\ 1 & -2 & 3 & 0 & 0 & 1 \end{array}\right) \to \left(\begin{array}{rrr|rrr} 1 & 1 & 1 & 1 & 0 & 0 \\ 0 & -2 & 0 & -2 & 1 & 0 \\ 0 & -3 & 2 & -1 & 0 & 1 \end{array}\right)$$

$$\to \left(\begin{array}{rrr|rrr} 1 & 1 & 1 & 1 & 0 & 0 \\ 0 & 1 & 0 & 1 & -1/2 & 0 \\ 0 & -3 & 2 & -1 & 0 & 1 \end{array}\right)$$

$$\to \left(\begin{array}{rrr|rrr} 1 & 1 & 1 & 1 & 0 & 0 \\ 0 & 1 & 0 & 1 & -1/2 & 0 \\ 0 & 0 & 1 & 1 & -3/4 & 1/2 \end{array}\right)$$

$$\to \left(\begin{array}{rrr|rrr} 1 & 0 & 0 & -1 & 5/4 & -1/2 \\ 0 & 1 & 0 & 1 & -1/2 & 0 \\ 0 & 0 & 1 & 1 & -3/4 & 1/2 \end{array}\right)$$

Also ist **B** invertierbar und

$$\mathbf{B}^{-1} = \begin{pmatrix} -1 & 5/4 & -1/2 \\ 2 & -1/2 & 0 \\ 1 & -3/4 & 1/2 \end{pmatrix}$$

Bei der Matrix **C** gehen wir analog vor:

$$\left(\begin{array}{rrrr|rrrr} 1 & 1 & 1 & 2 & 1 & 0 & 0 & 0 \\ 0 & 1 & 0 & 2 & 0 & 1 & 0 & 0 \\ 0 & 0 & 1 & 3 & 0 & 0 & 1 & 0 \\ 0 & 0 & 0 & 1 & 0 & 0 & 0 & 1 \end{array}\right)$$

$$\to \left(\begin{array}{rrrr|rrrr} 1 & 0 & 1 & 0 & 1 & -1 & 0 & 0 \\ 0 & 1 & 0 & 0 & 0 & 1 & 0 & -2 \\ 0 & 0 & 1 & 0 & 0 & 0 & 1 & -3 \\ 0 & 0 & 0 & 1 & 0 & 0 & 0 & 1 \end{array}\right)$$

$$\to \left(\begin{array}{rrrr|rrrr} 1 & 0 & 0 & 0 & 1 & -1 & -1 & 3 \\ 0 & 1 & 0 & 0 & 0 & 1 & 0 & -2 \\ 0 & 0 & 1 & 0 & 0 & 0 & 1 & -3 \\ 0 & 0 & 0 & 1 & 0 & 0 & 0 & 1 \end{array}\right)$$

Es ist also **C** invertierbar und

$$\mathbf{C}^{-1} = \begin{pmatrix} 1 & -1 & -1 & 3 \\ 0 & 1 & 0 & -2 \\ 0 & 0 & 1 & -3 \\ 0 & 0 & 0 & 1 \end{pmatrix}.$$

Bei der Matrix **D** wird das Verfahren abbrechen. Denn die Summe der ersten drei Zeilen ergibt die vierte Zeile. Also sind die Zeilen linear abhängig, sodass beim Anwenden von elementaren Zeilenumformungen eine Nullzeile entstehen wird. Wir führen das Verfahren dennoch durch:

$$\left(\begin{array}{rrrr|rrrr} 0 & 1 & -1 & 2 & 1 & 0 & 0 & 0 \\ 1 & 0 & -1 & 2 & 0 & 1 & 0 & 0 \\ 2 & 1 & 2 & -1 & 0 & 0 & 1 & 0 \\ 3 & 2 & 0 & 3 & 0 & 0 & 0 & 1 \end{array}\right)$$

$$\to \left(\begin{array}{rrrr|rrrr} 1 & 0 & -1 & 2 & 0 & 1 & 0 & 0 \\ 0 & 1 & -1 & 2 & 1 & 0 & 0 & 0 \\ 0 & 1 & 4 & -5 & 0 & -2 & 1 & 0 \\ 0 & 2 & 3 & -3 & 0 & -3 & 0 & 1 \end{array}\right)$$

$$\to \left(\begin{array}{rrrr|rrrr} 1 & 0 & -1 & 2 & 0 & 1 & 0 & 0 \\ 0 & 1 & -1 & 2 & 1 & 0 & 0 & 0 \\ 0 & 0 & 5 & -7 & -1 & -2 & 1 & 0 \\ 0 & 0 & 5 & -7 & -2 & -3 & 0 & 1 \end{array}\right)$$

$$\to \left(\begin{array}{rrrr|rrrr} 1 & 0 & -1 & 2 & 0 & 1 & 0 & 0 \\ 0 & 1 & -1 & 2 & 1 & 0 & 0 & 0 \\ 0 & 0 & 5 & -7 & -1 & -2 & 1 & 0 \\ 0 & 0 & 0 & 0 & -1 & -1 & -1 & 1 \end{array}\right)$$

Es ist also **D** nicht invertierbar, da $\operatorname{rg} \mathbf{D} = 3$ gilt.

16.12 •• Das gesuchte lineare Gleichungssystem muss homogen sein, da der Nullvektor eine Lösung ist. Weil die Dimension des Lösungsraumes 2 ist und die Lösungen im $\mathbb{R}^3$ liegen, muss die Koeffizientenmatrix des Gleichungssystems den Rang 1 ($= 3 - 2$) und drei Spalten haben. Also können wir für das gesuchte Gleichungssystem annehmen, dass es von der folgenden Form ist:

$$a_1 x_1 + a_2 x_2 + a_3 x_3 = 0\,.$$

Die Homogenität des Gleichungssystems besagt, dass alle Lösungen senkrecht auf dem Vektor $\boldsymbol{a} = \begin{pmatrix} a_1 \\ a_2 \\ a_3 \end{pmatrix} \in \mathbb{R}^3$ stehen. Dies liefert, wenn wir die zwei linear unabhängigen, erzeugenden Vektoren des Lösungsraumes L betrachten, die Bedingungen:

$$\begin{aligned} a_1 - a_3 &= 0 \\ a_2 - a_3 &= 0 \end{aligned}$$

Also können wir $a_1 = a_2 = a_3 = 1$ wählen. Damit ist also

$$x_1 + x_2 + x_3 = 0$$

ein lineares Gleichungssystem, das L als Lösungsmenge hat.

16.13 •• Zunächst berechnen wir eine $L\,R$-Zerlegung von $\mathbf{A}$. Dabei tragen wir die Eliminationsfaktoren m_{ij} anstelle der Nullen an den entsprechenden Stellen ein:

$$\underbrace{\begin{pmatrix} 1/2 & 1/3 & 1/4 & 1/5 \\ 1/3 & 1/4 & 1/5 & 1/6 \\ 1/4 & 1/5 & 1/6 & 1/7 \\ 1/5 & 1/6 & 1/7 & 1/8 \end{pmatrix}}_{=\mathbf{A}} \to \begin{pmatrix} 1/2 & 1/3 & 1/4 & 1/5 \\ 2/3 & 1/36 & 1/30 & 1/30 \\ 1/2 & 1/30 & 1/24 & 3/70 \\ 2/5 & 1/30 & 3/70 & 9/200 \end{pmatrix}$$

$$\to \begin{pmatrix} 1/2 & 1/3 & 1/4 & 1/5 \\ 2/3 & -1 & -2 & 2 \\ 1/2 & 6/5 & 1/600 & 1/350 \\ 2/5 & 6/5 & 1/350 & 1/200 \end{pmatrix}$$

$$\to \begin{pmatrix} 1/2 & 1/3 & 1/4 & 1/5 \\ 2/3 & 1/36 & 1/30 & 1/30 \\ 1/2 & 6/5 & 1/600 & 1/350 \\ 2/5 & 6/5 & 12/7 & 1/9800 \end{pmatrix}$$

Somit besitzt $\mathbf{A}$ die $L\,R$-Zerlegung:

$$\mathbf{A} = \underbrace{\begin{pmatrix} 1 & 0 & 0 & 0 \\ 2/3 & 1 & 0 & 0 \\ 1/2 & 6/5 & 1 & 0 \\ 2/5 & 6/5 & 12/7 & 1 \end{pmatrix}}_{=:\mathbf{L}} \underbrace{\begin{pmatrix} 1/2 & 1/3 & 1/4 & 1/5 \\ 0 & 1/36 & 1/30 & 1/30 \\ 0 & 0 & 1/600 & 1/350 \\ 0 & 0 & 0 & 1/9800 \end{pmatrix}}_{=:\mathbf{R}}$$

Für die Determinante $\det \mathbf{A}$ gilt wegen des Determinantenmultiplikationssatzes

$$\det \mathbf{A} = \det \mathbf{L}\, \det \mathbf{R} = \det \mathbf{R} = \frac{1}{2 \cdot 36 \cdot 600 \cdot 9800}\,.$$

16.14 •• Wir bezeichnen die gesuchten Elemente:

$$\mathbf{A} = \begin{pmatrix} 1/2 & a & 1/\sqrt{2} \\ 1/2 & -1/2 & b \\ c & 1/\sqrt{2} & d \end{pmatrix}$$

und nehmen nun an, dass die Matrix $\mathbf{A}$ orthogonal ist.

Weil die Zeilen einer orthogonalen Matrix normiert sind, gelten für a und b:

$$\begin{aligned} 1/4 + a^2 + 1/2 = 1 &\Rightarrow a = \pm 1/2 \\ 1/4 + 1/4 + b^2 = 1 &\Rightarrow b = \pm 1/\sqrt{2} \end{aligned}$$

Nehmen wir an, dass $a = 1/2$ gilt. Dann folgt ein Widerspruch zur Orthogonalität der Matrix $\mathbf{A}$, weil das Skalarprodukt zwischen erster und zweiter Zeile den Wert Null ergeben muss:

$$1/4 - 1/4 + 1/\sqrt{2}\,b \neq 0$$

Also ist $a = -1/2$. Damit folgt für b mittels des Skalarproduktes der ersten beiden Zeilen,

$$1/4 + 1/4 + 1/\sqrt{2}\,b = 0\,,$$

sogleich $b = -1/\sqrt{2}$.

Nun kommen wir zu c. Weil die erste Spalte die Länge 1 haben muss, gilt

$$1/4 + 1/4 + c^2 = 1 \Rightarrow c = \pm 1/\sqrt{2}\,.$$

Wir nehmen an, dass $c = -1/\sqrt{2}$ gilt. Dann folgt durch Bildung des Skalarproduktes der ersten beiden Spalten ein Widerspruch zur Orthogonalität der Matrix $\mathbf{A}$:

$$-1/4 - 1/4 - 1/2 \neq 0$$

Also ist $c = 1/\sqrt{2}$.

Um schließlich d zu ermitteln, nutzen wir aus, dass die dritte Zeile die Länge 1 haben muss:

$$1/2 + 1/2 + d^2 = 1$$

Hieran erkennen wir, dass $d = 0$ gelten muss.

Nun haben wir alle Komponenten der Matrix $\mathbf{A}$ bestimmt:

$$\mathbf{A} = \begin{pmatrix} 1/2 & -1/2 & 1/\sqrt{2} \\ 1/2 & -1/2 & -1/\sqrt{2} \\ 1/\sqrt{2} & 1/\sqrt{2} & 0 \end{pmatrix}$$

Jetzt ist noch nachzuprüfen, dass die Matrix tatsächlich orthogonal ist. In der Tat gilt für das Produkt $\mathbf{A}^T\,\mathbf{A}$:

$$\begin{pmatrix} 1/2 & 1/2 & 1/\sqrt{2} \\ -1/2 & -1/2 & 1/\sqrt{2} \\ 1/\sqrt{2} & -1/\sqrt{2} & 0 \end{pmatrix} \begin{pmatrix} 1/2 & -1/2 & 1/\sqrt{2} \\ 1/2 & -1/2 & -1/\sqrt{2} \\ 1/\sqrt{2} & 1/\sqrt{2} & 0 \end{pmatrix} = \mathbf{E}_3$$

16.15 • Da **A** eine Blockdreiecksmatrix (siehe Aufgabe 9) ist, ergibt sich

$$\det \mathbf{A} = \begin{vmatrix} 1 & 2 \\ 2 & 1 \end{vmatrix} \begin{vmatrix} 3 & 4 \\ 4 & 3 \end{vmatrix} = \\ = (1^2 - 2^2)(3^2 - 4^2) = (-3)(-7) = 21\,.$$

Da **B** zwei identische Zeilen (z. B. die erste und die letzte Zeile) hat, ist $\det \mathbf{B} = 0$.

16.16 ••• Zunächst sei $n = 2m$ gerade. Durch die m Zeilenvertauschungen $1 \leftrightarrow n, 2 \leftrightarrow n-1, \ldots, m \leftrightarrow m+1$ entsteht aus

$$\begin{pmatrix} 0 & \ldots & 0 & d_1 \\ \vdots & \iddots & d_2 & * \\ 0 & \iddots & \iddots & \vdots \\ d_n & * & \ldots & * \end{pmatrix} \qquad (\star)$$

die Matrix

$$\begin{pmatrix} d_n & * & \ldots & * \\ 0 & \ddots & \ddots & \vdots \\ \vdots & \ddots & d_2 & * \\ 0 & \ldots & 0 & d_1 \end{pmatrix}, \qquad (\star\star)$$

deren Determinante $d_1\, d_2 \cdots d_n$ ist. Also gilt:

$$\begin{vmatrix} 0 & \ldots & 0 & d_1 \\ \vdots & \iddots & d_2 & * \\ 0 & \iddots & \iddots & \vdots \\ d_n & * & \ldots & * \end{vmatrix} = (-1)^m\, d_1\, d_2 \ldots d_n \\ = (-1)^{m\,(2m-1)}\, d_1\, d_2 \ldots d_n \\ = (-1)^{\frac{n\,(n-1)}{2}}\, d_1\, d_2 \ldots d_n$$

Als nächstes sei $n = 2m + 1$ ungerade. In diesem Fall ergibt sich die Matrix $(\star\star)$ aus $(\star)$ durch die m Zeilenvertauschungen $1 \leftrightarrow n, 2 \leftrightarrow n-1, \ldots, m \leftrightarrow m+2$, und es folgt genauso:

$$\begin{vmatrix} 0 & \ldots & 0 & d_1 \\ \vdots & \iddots & d_2 & * \\ 0 & \iddots & \iddots & \vdots \\ d_n & * & \ldots & * \end{vmatrix} = (-1)^m\, d_1\, d_2 \ldots d_n \\ = (-1)^{m\,(2m+1)}\, d_1\, d_2 \ldots d_n \\ = (-1)^{\frac{(n-1)\,n}{2}}\, d_1\, d_2 \ldots d_n$$

Anwendungsprobleme

16.17 •• Wir verwenden die Bezeichnungen von S. 585.

(a) Wegen $\mathbf{E}_3 - \mathbf{P} = \begin{pmatrix} 0.5 & 0.0 & -0.1 \\ 0.0 & 0.2 & -0.2 \\ -0.1 & 0.0 & 0.2 \end{pmatrix}$ erhält man für $\boldsymbol{v}$:

$$\boldsymbol{v} = (\mathbf{E}_3 - \mathbf{P})\, \boldsymbol{g} = \begin{pmatrix} 0.5 & 0.0 & -0.1 \\ 0.0 & 0.2 & -0.2 \\ -0.1 & 0.0 & 0.2 \end{pmatrix} \begin{pmatrix} 150 \\ 230 \\ 140 \end{pmatrix} = \begin{pmatrix} 61 \\ 18 \\ 13 \end{pmatrix}.$$

Für den Rohstoffvektor erhält man

$$\boldsymbol{r} = \mathbf{R}\, \boldsymbol{g} = \begin{pmatrix} 1 & 1 & 0.3 \\ 0.3 & 0.2 & 1 \\ 1.2 & 1 & 0.2 \end{pmatrix} \begin{pmatrix} 150 \\ 230 \\ 140 \end{pmatrix} = \begin{pmatrix} 422 \\ 231 \\ 438 \end{pmatrix}.$$

(b) Wegen $(\mathbf{E}_3 - \mathbf{P})^{-1} = \frac{1}{18} \begin{pmatrix} 40 & 0 & 20 \\ 20 & 90 & 100 \\ 20 & 0 & 100 \end{pmatrix}$ erhält man für $\boldsymbol{g}$

$$\boldsymbol{g} = (\mathbf{E}_n - \mathbf{P})^{-1}\, \boldsymbol{v} = \frac{1}{18} \begin{pmatrix} 40 & 0 & 20 \\ 20 & 90 & 100 \\ 20 & 0 & 100 \end{pmatrix} \begin{pmatrix} 90 \\ 54 \\ 36 \end{pmatrix} = \begin{pmatrix} 240 \\ 570 \\ 300 \end{pmatrix}.$$

Dabei ergibt sich der Rohstoffvektor

$$\boldsymbol{r} = \mathbf{R}\, (\mathbf{E}_n - \mathbf{P})^{-1}\, \boldsymbol{v} \\ = \frac{1}{18} \begin{pmatrix} 1 & 1 & 0.3 \\ 0.3 & 0.2 & 1 \\ 1.2 & 1 & 0.2 \end{pmatrix} \begin{pmatrix} 40 & 0 & 20 \\ 20 & 90 & 100 \\ 20 & 0 & 100 \end{pmatrix} \begin{pmatrix} 90 \\ 54 \\ 36 \end{pmatrix} \\ = \begin{pmatrix} 1 & 1 & 0.3 \\ 0.3 & 0.2 & 1 \\ 1.2 & 1 & 0.2 \end{pmatrix} \begin{pmatrix} 240 \\ 570 \\ 300 \end{pmatrix} = \begin{pmatrix} 900 \\ 486 \\ 918 \end{pmatrix}.$$

(c) Für den Vektor $\boldsymbol{g}$, der die Gesamtproduktion darstellt gilt

$$\boldsymbol{g} = \mathbf{R}^{-1}\, \boldsymbol{r}\,.$$

Das Inverse zu **R** ist die Matrix

$$\mathbf{R}^{-1} = \frac{1}{99} \begin{pmatrix} -480 & 50 & 470 \\ 570 & -80 & -455 \\ 30 & 100 & -50 \end{pmatrix}.$$

Damit erhalten wir für den gesuchten Vektor $\boldsymbol{g}$

$$\boldsymbol{g} = \mathbf{R}^{-1}\, \boldsymbol{r} = \frac{1}{99} \begin{pmatrix} -480 & 50 & 470 \\ 570 & -80 & -455 \\ 30 & 100 & -50 \end{pmatrix} \begin{pmatrix} 200 \\ 100 \\ 200 \end{pmatrix} \\ = \frac{1}{99} \begin{pmatrix} 3000 \\ 15\,000 \\ 6000 \end{pmatrix}.$$

Damit ergibt sich für den zugehörigen Verkaufsvektor $\boldsymbol{v} = (\mathbf{E}_n - \mathbf{P})\,\mathbf{R}^{-1}\,\boldsymbol{r}$

$$\boldsymbol{v} = \frac{1}{33}\begin{pmatrix}900\\1800\\900\end{pmatrix}.$$

16.18 •• (a) Wegen der Gleichverteilung ist der Anfangszustand

$$\begin{pmatrix}a_1\\a_2\\a_3\end{pmatrix} = \begin{pmatrix}1/3\\1/3\\1/3\end{pmatrix}.$$

Damit erhalten wir nach einem Fortpflanzungszyklus die Verteilung:

$$\begin{pmatrix}0.7 & 0.4 & 0.4\\0.1 & 0.5 & 0.2\\0.2 & 0.1 & 0.4\end{pmatrix}\begin{pmatrix}1/3\\1/3\\1/3\end{pmatrix} = 1/3\begin{pmatrix}1.5\\0.8\\0.7\end{pmatrix}$$

(b) Dass sich die Anfangsverteilung $\boldsymbol{a} = \begin{pmatrix}a_1\\a_2\\a_3\end{pmatrix}$ nicht ändert, bedeutet

$$\mathbf{P}\,\boldsymbol{a} = \boldsymbol{a}\,.$$

Diese Bedingung liefert ein Gleichungssystem für die Zahlen a_1, a_2, a_3:

$$\begin{pmatrix}0.7 & 0.4 & 0.4\\0.1 & 0.5 & 0.2\\0.2 & 0.1 & 0.4\end{pmatrix}\begin{pmatrix}a_1\\a_2\\a_3\end{pmatrix} = \begin{pmatrix}a_1\\a_2\\a_3\end{pmatrix}$$

Wir geben die erweiterte Koeffizientenmatrix an:

$$\left(\begin{array}{ccc|c}-0.3 & 0.4 & 0.4 & 0\\0.1 & -0.5 & 0.2 & 0\\0.2 & 0.1 & -0.6 & 0\end{array}\right)$$

Das Eliminationsverfahren von Gauß liefert die Lösungsmenge

$$L = \left\{\lambda\begin{pmatrix}\frac{28}{11}\\\frac{10}{11}\\1\end{pmatrix}\,\middle|\,\lambda\in\mathbb{R}\right\}.$$

Damit ist also 28 : 10 : 11 die gesuchte Verteilung.

16.19 •• Wir setzen

$$\boldsymbol{z} = \begin{pmatrix}z_1(t)\\z_2(t)\\z_3(t)\\z_4(t)\end{pmatrix} = \begin{pmatrix}x_1(t)\\\dot{x}_1(t)\\x_2(t)\\\dot{x}_2(t)\end{pmatrix}$$

und erhalten durch komponentenweises Differenzieren:

$$\dot{\boldsymbol{z}} = \begin{pmatrix}\dot{z}_1(t)\\\dot{z}_2(t)\\\dot{z}_3(t)\\\dot{z}_4(t)\end{pmatrix} = \begin{pmatrix}\dot{x}_1(t)\\\ddot{x}_1(t)\\\dot{x}_2(t)\\\ddot{x}_2(t)\end{pmatrix} = \begin{pmatrix}z_2(t)\\-\frac{1}{m_1}(k_1+k_2)\,x_1 + \frac{1}{m_1}k_2\,x_2\\z_4(t)\\\frac{1}{m_2}k_2\,x_1 - \frac{1}{m_2}(k_2+k_3)\,x_2\end{pmatrix}$$

Damit erfüllt die Matrix

$$\mathbf{A} = \begin{pmatrix}0 & 1 & 0 & 0\\-\frac{1}{m_1}(k_1+k_2) & 0 & \frac{1}{m_1}k_2 & 0\\0 & 0 & 0 & 1\\\frac{1}{m_2}k_2 & 0 & -\frac{1}{m_2}(k_2+k_3) & 0\end{pmatrix} \in \mathbb{R}^{4\times 4}$$

die Eigenschaft

$$\dot{\boldsymbol{z}} = \mathbf{A}\,\boldsymbol{z}\,.$$

Kapitel 17

Aufgaben

Verständnisfragen

17.1 • Welche der folgenden Abbildungen sind linear?

(a) $\varphi_1 : \begin{cases} \mathbb{R}^2 & \to \mathbb{R}^2 \\ \begin{pmatrix} v_1 \\ v_2 \end{pmatrix} & \mapsto \begin{pmatrix} v_2 - 1 \\ -v_1 + 2 \end{pmatrix} \end{cases}$

(b) $\varphi_2 : \begin{cases} \mathbb{R}^2 & \to \mathbb{R}^3 \\ \begin{pmatrix} v_1 \\ v_2 \end{pmatrix} & \mapsto \begin{pmatrix} 13\,v_2 \\ 11\,v_1 \\ -4\,v_2 - 2\,v_1 \end{pmatrix} \end{cases}$

(c) $\varphi_3 : \begin{cases} \mathbb{R}^2 & \to \mathbb{R}^3 \\ \begin{pmatrix} v_1 \\ v_2 \end{pmatrix} & \mapsto \begin{pmatrix} v_1 \\ -v_1^2\,v_2 \\ v_2 - v_1 \end{pmatrix} \end{cases}$

17.2 • Für welche $\boldsymbol{u} \in \mathbb{R}^2$ ist die Abbildung

$$\varphi : \begin{cases} \mathbb{R}^2 & \to \mathbb{R}^2 \\ \boldsymbol{v} & \mapsto \boldsymbol{v} + \boldsymbol{u} \end{cases}$$

linear?

17.3 • Gibt es eine lineare Abbildung $\varphi : \mathbb{R}^2 \to \mathbb{R}^2$ mit

(a) $\varphi\left(\begin{pmatrix} 2 \\ 3 \end{pmatrix}\right) = \begin{pmatrix} 2 \\ 2 \end{pmatrix}, \varphi\left(\begin{pmatrix} 2 \\ 0 \end{pmatrix}\right) = \begin{pmatrix} 1 \\ 1 \end{pmatrix}, \varphi\left(\begin{pmatrix} 6 \\ 3 \end{pmatrix}\right) = \begin{pmatrix} 4 \\ 3 \end{pmatrix}$

bzw.

(b) $\varphi\left(\begin{pmatrix} 1 \\ 3 \end{pmatrix}\right) = \begin{pmatrix} 2 \\ 1 \end{pmatrix}, \varphi\left(\begin{pmatrix} 2 \\ 0 \end{pmatrix}\right) = \begin{pmatrix} 1 \\ 1 \end{pmatrix}, \varphi\left(\begin{pmatrix} 5 \\ 3 \end{pmatrix}\right) = \begin{pmatrix} 4 \\ 3 \end{pmatrix}$?

17.4 • Welche Dimensionen haben Kern und Bild der folgenden linearen Abbildung?

$$\varphi : \begin{cases} \mathbb{R}^2 & \to \mathbb{R}^2 \\ \begin{pmatrix} v_1 \\ v_2 \end{pmatrix} & \mapsto \begin{pmatrix} v_1 + v_2 \\ v_1 + v_2 \end{pmatrix} \end{cases}$$

17.5 •• Begründen Sie die auf S. 622 gemachte Behauptung: Sind $\varphi : V \to V'$ und $\psi : V' \to V''$ linear, so ist auch die Hintereinanderausführung $\psi \circ \varphi : V \to V''$ linear, und ist φ eine bijektive lineare Abbildung, so ist auch $\varphi^{-1} : V' \to V$ eine solche.

17.6 •• Wenn A eine linear unabhängige Menge eines $\mathbb{K}$-Vektorraums V ist und φ ein injektiver Endomorphismus von V ist, ist dann auch $A' = \{\varphi(\boldsymbol{v}) \mid \boldsymbol{v} \in A\}$ linear unabhängig?

17.7 • Folgt aus der linearen Abhängigkeit der Zeilen einer reellen 11×11-Matrix $\mathbf{A}$ die lineare Abhängigkeit der Spalten von $\mathbf{A}$?

17.8 ••• Gegeben ist eine lineare Abbildung $\varphi\colon \mathbb{R}^2 \to \mathbb{R}^2$ mit $\varphi \circ \varphi = \mathrm{id}_{\mathbb{R}^2}$ (d. h., für alle $\boldsymbol{v} \in \mathbb{R}^2$ gilt $\varphi(\varphi(\boldsymbol{v})) = \boldsymbol{v}$), aber $\varphi \neq \pm\mathrm{id}_{\mathbb{R}^2}$ (d. h. $\varphi \notin \{\boldsymbol{v} \mapsto \boldsymbol{v},\ \boldsymbol{v} \mapsto -\boldsymbol{v}\}$). Zeigen Sie:

(a) Es gibt eine Basis $B = \{\boldsymbol{b}_1, \boldsymbol{b}_2\}$ des $\mathbb{R}^2$ mit $\varphi(\boldsymbol{b}_1) = \boldsymbol{b}_1$, $\varphi(\boldsymbol{b}_2) = -\boldsymbol{b}_2$.

(b) Ist $B' = \{\boldsymbol{a}_1, \boldsymbol{a}_2\}$ eine weitere Basis mit der in (a) angegebenen Eigenschaft, so existieren $\lambda, \mu \in \mathbb{R} \setminus \{0\}$ mit $\boldsymbol{a}_1 = \lambda\,\boldsymbol{b}_1$, $\boldsymbol{a}_2 = \mu\,\boldsymbol{b}_2$.

Rechenaufgaben

17.9 • Wir betrachten die lineare Abbildung $\varphi : \mathbb{R}^4 \to \mathbb{R}^4$, $\boldsymbol{v} \mapsto \mathbf{A}\,\boldsymbol{v}$ mit der Matrix

$$\mathbf{A} = \begin{pmatrix} 3 & 1 & 1 & -1 \\ 1 & 3 & -1 & 1 \\ 1 & -1 & 3 & 1 \\ -1 & 1 & 1 & 3 \end{pmatrix}.$$

Gegeben sind weiter die Vektoren

$$\boldsymbol{a} = \begin{pmatrix} 1 \\ 1 \\ 1 \\ 1 \end{pmatrix}, \quad \boldsymbol{b} = \begin{pmatrix} 1 \\ -1 \\ -1 \\ 1 \end{pmatrix} \quad \text{und} \quad \boldsymbol{c} = \begin{pmatrix} 4 \\ 4 \\ 4 \\ 4 \end{pmatrix}.$$

Kapitel 17

T. Arens et al., *Arbeitsbuch Mathematik*, https://doi.org/10.1007/978-3-662-64391-4_16

(a) Berechnen Sie $\varphi(\boldsymbol{a})$ und begründen Sie, dass $\boldsymbol{b}$ im Kern von φ liegt. Ist φ injektiv?
(b) Bestimmen Sie die Dimensionen von Kern und Bild der linearen Abbildung φ.
(c) Bestimmen Sie Basen des Kerns und des Bildes von φ.
(d) Bestimmen Sie die Menge L aller $\boldsymbol{v} \in \mathbb{R}^4$ mit $\varphi(\boldsymbol{v}) = \boldsymbol{c}$.

17.10 • Wir betrachten den reellen Vektorraum $\mathbb{R}[X]_3$ aller Polynome über $\mathbb{R}$ vom Grad kleiner oder gleich 3, und es bezeichne $\frac{\mathrm{d}}{\mathrm{d}X} : \mathbb{R}[X]_3 \to \mathbb{R}[X]_3$ die Differenziation. Weiter sei $E = (1, X, X^2, X^3)$ die Standardbasis von $\mathbb{R}[X]_3$.

(a) Bestimmen Sie die Darstellungsmatrix ${}_E\boldsymbol{M}(\frac{\mathrm{d}}{\mathrm{d}X})_E$.
(b) Bestimmen Sie die Darstellungsmatrix ${}_B\boldsymbol{M}(\frac{\mathrm{d}}{\mathrm{d}X})_B$ von $\frac{\mathrm{d}}{\mathrm{d}X}$ bezüglich der geordneten Basis $B = (X^3, 3X^2, 6X, 6)$ von $\mathbb{R}[X]_3$.

17.11 •• Gegeben sind die geordnete Standardbasis

$$E_2 = \left(\begin{pmatrix}1\\0\end{pmatrix}, \begin{pmatrix}0\\1\end{pmatrix}\right) \quad \text{des } \mathbb{R}^2,$$

$$B = \left(\begin{pmatrix}1\\1\\1\end{pmatrix}, \begin{pmatrix}1\\1\\0\end{pmatrix}, \begin{pmatrix}1\\0\\0\end{pmatrix}\right) \quad \text{des } \mathbb{R}^3 \quad \text{und}$$

$$C = \left(\begin{pmatrix}1\\1\\1\\1\end{pmatrix}, \begin{pmatrix}1\\1\\1\\0\end{pmatrix}, \begin{pmatrix}1\\1\\0\\0\end{pmatrix}, \begin{pmatrix}1\\0\\0\\0\end{pmatrix}\right) \quad \text{des } \mathbb{R}^4.$$

Nun betrachten wir zwei lineare Abbildungen $\varphi : \mathbb{R}^2 \to \mathbb{R}^3$ und $\psi : \mathbb{R}^3 \to \mathbb{R}^4$ definiert durch

$$\varphi\left(\begin{pmatrix}v_1\\v_2\end{pmatrix}\right) = \begin{pmatrix}v_1 - v_2\\0\\2v_1 - v_2\end{pmatrix} \text{ und } \psi\left(\begin{pmatrix}v_1\\v_2\\v_3\end{pmatrix}\right) = \begin{pmatrix}v_1 + 2v_3\\v_2 - v_3\\v_1 + v_2\\2v_1 + 3v_3\end{pmatrix}.$$

Bestimmen Sie die Darstellungsmatrizen ${}_B\boldsymbol{M}(\varphi)_{E_2}$, ${}_C\boldsymbol{M}(\psi)_B$ und ${}_C\boldsymbol{M}(\psi \circ \varphi)_{E_2}$.

17.12 •• Gegeben ist eine lineare Abbildung $\varphi : \mathbb{R}^3 \to \mathbb{R}^3$. Die Darstellungsmatrix von φ bezüglich der geordneten Standardbasis $E_3 = (\boldsymbol{e}_1, \boldsymbol{e}_2, \boldsymbol{e}_3)$ des $\mathbb{R}^3$ lautet:

$${}_{E_3}\boldsymbol{M}(\varphi)_{E_3} = \begin{pmatrix}4 & 0 & -2\\1 & 3 & -2\\1 & 2 & -1\end{pmatrix} \in \mathbb{R}^{3\times 3}$$

(a) Begründen Sie: $B = \left(\begin{pmatrix}2\\2\\3\end{pmatrix}, \begin{pmatrix}1\\1\\1\end{pmatrix}, \begin{pmatrix}2\\1\\1\end{pmatrix}\right)$ ist eine geordnete Basis des $\mathbb{R}^3$.
(b) Bestimmen Sie die Darstellungsmatrix ${}_B\boldsymbol{M}(\varphi)_B$ und die Transformationsmatrix $\boldsymbol{S}$ mit ${}_B\boldsymbol{M}(\varphi)_B = \mathbf{S}^{-1}\, {}_{E_3}\boldsymbol{M}(\varphi)_{E_3}\, \mathbf{S}$.

17.13 •• Gegeben sind zwei geordnete Basen A und B des $\mathbb{R}^3$

$$A = \left(\begin{pmatrix}8\\-6\\7\end{pmatrix}, \begin{pmatrix}-16\\7\\-13\end{pmatrix}, \begin{pmatrix}9\\-3\\7\end{pmatrix}\right)$$

$$B = \left(\begin{pmatrix}1\\-2\\1\end{pmatrix}, \begin{pmatrix}3\\-1\\2\end{pmatrix}, \begin{pmatrix}2\\1\\2\end{pmatrix}\right)$$

und eine lineare Abbildung $\varphi : \mathbb{R}^3 \to \mathbb{R}^3$, welche bezüglich der Basis A die folgende Darstellungsmatrix hat

$${}_A\boldsymbol{M}(\varphi)_A = \begin{pmatrix}1 & -18 & 15\\-1 & -22 & 15\\1 & -25 & 22\end{pmatrix}.$$

(a) Bestimmen Sie die Darstellungsmatrix ${}_B\boldsymbol{M}(\varphi)_B$ von φ bezüglich der geordneten Basis B.
(b) Bestimmen Sie die Darstellungsmatrizen ${}_A\boldsymbol{M}(\varphi)_B$ und ${}_B\boldsymbol{M}(\varphi)_A$.

17.14 ••• Es bezeichne $\Delta\colon \mathbb{R}[X]_4 \to \mathbb{R}[X]_4$ den durch $\Delta(f) = f(X+1) - f(X)$ erklärte *Differenzenoperator*.

(a) Begründen Sie, dass Δ linear ist, und berechnen Sie die Darstellungsmatrix ${}_E\boldsymbol{M}(\Delta)_E$ von Δ bezüglich der kanonischen Basis $E = (1, X, X^2, X^3, X^4)$ von $\mathbb{R}[X]_4$ sowie die Dimensionen des Bildes und des Kerns von Δ.
(b) Begründen Sie, dass

$$B = \left(1, X, \frac{X(X-1)}{2}, \frac{X(X-1)(X-2)}{6}, \frac{X(X-1)(X-2)(X-3)}{24}\right)$$

eine geordnete Basis von $\mathbb{R}[X]_4$ ist, und berechnen Sie die Darstellungsmatrix ${}_B\boldsymbol{M}(\Delta)_B$ von Δ bezüglich B.
(c) Angenommen, Sie sollten auch noch die Darstellungsmatrizen der Endomorphismen Δ^2, Δ^3, Δ^4, Δ^5 berechnen – es bedeutet hierbei $\Delta^k = \underbrace{\Delta \circ \cdots \circ \Delta}_{k\text{-mal}}$ – Ihnen sei dafür aber die Wahl der Basis von $\mathbb{R}[X]_4$ freigestellt. Welche Basis würden Sie nehmen? Begründen Sie Ihre Wahl.

Anwendungsprobleme

17.15 • Auf S. 622 wurde das *Katzenauge* für drei Spiegel in den Koordinatenebenen betrachtet. Verallgemeinern Sie das dortige Vorgehen für drei zueinander senkrechte Spiegel S_1, S_2 bzw. S_3 mit den Normalenvektoren $\boldsymbol{n}_1$, $\boldsymbol{n}_2$ bzw. $\boldsymbol{n}_3$.

17.16 •• In der Physik sind aus den verschiedensten Gründen Änderungen des Bezugssystems – das ist ein System, auf das sich die Orts- und Zeitangaben beziehen – nötig. Mathematisch betrachtet ist dies eine Koordinatentransformation, also eine lineare Abbildung.

Bestimmen Sie die Darstellungsmatrix bezüglich der Standardbasis E_3 der Koordinatentransformation, bei der das neue Bezugssystem aus dem alten durch eine Drehung um den Winkel α und der *Drehachse* $\boldsymbol{e}_1$ bzw. $\boldsymbol{e}_2$ bzw. $\boldsymbol{e}_3$ entsteht.

Hinweise

Verständnisfragen

17.1 • Überprüfen Sie die Abbildungen auf Linearität oder widerlegen Sie die Linearität durch Angabe eines Beispiels.

17.2 • Nehmen Sie an, dass die Abbildung linear ist. Untersuchen Sie, welche Bedingung $\boldsymbol{u}$ erfüllen muss.

17.3 • Beachten Sie das Prinzip der linearen Fortsetzung auf S. 625.

17.4 • Bestimmen Sie das Bild von φ und beachten Sie die Dimensionsformel auf S. 629.

17.5 •• Zeigen Sie direkt, dass $\psi \circ \varphi$ und φ^{-1} linear sind. Beachten Sie die Definition der Linearität.

17.6 •• Prüfen Sie die Menge A' auf lineare Unabhängigkeit, bedenken Sie dabei aber, dass A' durchaus unendlich viele Elemente enthalten kann. Beachten Sie auch das Injektivitätskriterium auf S. 628.

17.7 • Man beachte die Regel *Zeilenrang ist gleich Spaltenrang*.

17.8 ••• Wählen Sie geeignete Vektoren $\boldsymbol{v}$ und $\boldsymbol{v}'$ und betrachten Sie $\boldsymbol{v} + \varphi(\boldsymbol{v})$ und $\boldsymbol{v}' - \varphi(\boldsymbol{v}')$.

Rechenaufgaben

17.9 • Beachten Sie das Injektivitätskriterium auf S. 628.

17.10 • In der i-ten Spalten der Darstellungsmatrix steht der Koordinatenvektor des Bildes des i-ten Basisvektors.

17.11 •• Beachten Sie die Formel auf S. 636.

17.12 •• Beachten Sie die Basistransformationsformel auf S. 637.

17.13 •• Schreiben Sie ${}_B\boldsymbol{M}(\varphi)_B = {}_B\boldsymbol{M}(\mathrm{id} \circ \varphi \circ \mathrm{id})_B$ und beachten Sie die Formel für das Produkt von Darstellungsmatrizen auf S. 636.

17.14 ••• Beachten Sie die Definitionen der Linearität und der Darstellungsmatrix.

Anwendungsprobleme

17.15 • Führen Sie die Rechnung auf S. 622 mit Ebenenspiegelungen σ durch, deren Darstellungsmatrizen die Form $\mathbf{E}_3 - 2\,\boldsymbol{n}\,\boldsymbol{n}^T$ haben.

17.16 •• Bestimmen Sie die Bilder der Basisvektoren unter der Drehung.

Lösungen

Verständnisfragen

17.1 • (a) φ_1 ist nicht linear. (b) φ_2 ist linear. (c) φ_3 ist nicht linear.

17.2 • Nur für $\boldsymbol{u} = \boldsymbol{0}$.

17.3 • (a) Nein. (b) Ja.

17.4 • $\dim \varphi(\mathbb{R}^2) = 1$ und $\dim \varphi^{-1}(\{\boldsymbol{0}\}) = 1$.

17.5 •• –

17.6 •• Ja.

17.7 • Ja.

17.8 ••• –

Rechenaufgaben

17.9 • (a) $\varphi(\boldsymbol{a}) = \boldsymbol{c}$, $\varphi(\boldsymbol{b}) = \boldsymbol{0}$, φ ist nicht injektiv. (b) Der Kern hat die Dimension 1 und das Bild die Dimension 3. (c) Es ist $\{\boldsymbol{b}\}$ eine Basis des Kerns von φ und $\left\{\begin{pmatrix}3\\1\\1\\-1\end{pmatrix}, \begin{pmatrix}1\\3\\-1\\1\end{pmatrix}, \begin{pmatrix}1\\-1\\3\\1\end{pmatrix}\right\}$ eine Basis des Bildes von φ.
(d) $L = \boldsymbol{a} + \varphi^{-1}(\{\boldsymbol{0}\})$.

Kapitel 17

17.10 •

$$_{E}\boldsymbol{M}\left(\frac{\mathrm{d}}{\mathrm{d}X}\right)_{E} = \begin{pmatrix} 0 & 1 & 0 & 0 \\ 0 & 0 & 2 & 0 \\ 0 & 0 & 0 & 3 \\ 0 & 0 & 0 & 0 \end{pmatrix} \quad \text{und}$$

$$_{B}\boldsymbol{M}\left(\frac{\mathrm{d}}{\mathrm{d}X}\right)_{B} = \begin{pmatrix} 0 & 0 & 0 & 0 \\ 1 & 0 & 0 & 0 \\ 0 & 1 & 0 & 0 \\ 0 & 0 & 1 & 0 \end{pmatrix}.$$

17.11 ••

$$_{B}\boldsymbol{M}(\varphi)_{E_2} = \begin{pmatrix} 2 & -1 \\ -2 & 1 \\ 1 & -1 \end{pmatrix},$$

$$_{C}\boldsymbol{M}(\psi)_{B} = \begin{pmatrix} 5 & 2 & 2 \\ -3 & 0 & -1 \\ -2 & -1 & -1 \\ 3 & 0 & 1 \end{pmatrix},$$

$$_{C}\boldsymbol{M}(\psi \circ \varphi)_{E_2} = \begin{pmatrix} 8 & -5 \\ -7 & 4 \\ -3 & 2 \\ 7 & -4 \end{pmatrix}.$$

17.12 •• (b) Es gilt $_{B}\boldsymbol{M}(\varphi)_{B} = \begin{pmatrix} 1 & 0 & 0 \\ 0 & 2 & 0 \\ 0 & 0 & 3 \end{pmatrix}$ und $\boldsymbol{S} = \begin{pmatrix} 2 & 1 & 2 \\ 2 & 1 & 1 \\ 3 & 1 & 1 \end{pmatrix}$.

17.13 •• (a) Es gilt $_{B}\boldsymbol{M}(\varphi)_{B} = \begin{pmatrix} 16 & 47 & -88 \\ 18 & 44 & -92 \\ 12 & 27 & -59 \end{pmatrix}$.

(b) Es gilt $_{A}\boldsymbol{M}(\varphi)_{B} = \begin{pmatrix} -2 & 10 & -3 \\ -8 & 0 & 23 \\ -2 & 17 & -10 \end{pmatrix}$ und $_{B}\boldsymbol{M}(\varphi)_{A} = \begin{pmatrix} 7 & -13 & 22 \\ 6 & -2 & 14 \\ 4 & 1 & 7 \end{pmatrix}$.

17.14 ••• (a) $_{E}\boldsymbol{M}(\triangle)_{E} = \begin{pmatrix} 0 & 1 & 1 & 1 & 1 \\ 0 & 0 & 2 & 3 & 4 \\ 0 & 0 & 0 & 3 & 6 \\ 0 & 0 & 0 & 0 & 4 \\ 0 & 0 & 0 & 0 & 0 \end{pmatrix}$,

$\dim \varphi^{-1}(\{\boldsymbol{0}\}) = 1$, $\dim(\triangle(V)) = 4$.

(b) $_{B}\boldsymbol{M}(\triangle)_{B} = \begin{pmatrix} 0 & 1 & 0 & 0 & 0 \\ 0 & 0 & 1 & 0 & 0 \\ 0 & 0 & 0 & 1 & 0 \\ 0 & 0 & 0 & 0 & 1 \\ 0 & 0 & 0 & 0 & 0 \end{pmatrix}$.

(c) Die Basis B.

Anwendungsprobleme

17.15 • Der einfallende Lichtstrahl verlässt in umgekehrter Richtung die Spiegelanordnung.

17.16 ••

$$_{E_3}\boldsymbol{M}(\delta_{\boldsymbol{e}_1,\alpha})_{E_3} = \begin{pmatrix} 1 & 0 & 0 \\ 0 & \cos\alpha & -\sin\alpha \\ 0 & \sin\alpha & \cos\alpha \end{pmatrix},$$

$$_{E_3}\boldsymbol{M}(\delta_{\boldsymbol{e}_2,\alpha})_{E_3} = \begin{pmatrix} \cos\alpha & 0 & \sin\alpha \\ 0 & 1 & 0 \\ -\sin\alpha & 0 & \cos\alpha \end{pmatrix},$$

$$_{E_3}\boldsymbol{M}(\delta_{\boldsymbol{e}_3,\alpha})_{E_3} = \begin{pmatrix} \cos\alpha & -\sin\alpha & 0 \\ \sin\alpha & \cos\alpha & 0 \\ 0 & 0 & 1 \end{pmatrix}.$$

Lösungswege

Verständnisfragen

17.1 • (a) Wegen $\varphi_1(\boldsymbol{0}) = \begin{pmatrix} -1 \\ -2 \end{pmatrix} \neq \boldsymbol{0}$ kann φ_1 nicht linear sein.

(b) Mit $\lambda \in \mathbb{R}$ und $\boldsymbol{v} = \begin{pmatrix} v_1 \\ v_2 \end{pmatrix}$, $\boldsymbol{w} = \begin{pmatrix} w_1 \\ w_2 \end{pmatrix}$ gilt

$$\begin{aligned} \varphi(\lambda\,\boldsymbol{v} + \boldsymbol{w}) &= \begin{pmatrix} 13\,(\lambda\,v_2 + w_2) \\ 11\,(\lambda\,v_1 + w_1) \\ -4\,(\lambda\,v_2 + w_2) - 2\,(\lambda\,v_1 + w_1) \end{pmatrix} \\ &= \lambda\,\varphi_2(\boldsymbol{v}) + \varphi(\boldsymbol{w}), \end{aligned}$$

sodass φ_2 eine lineare Abbildung ist.

(c) Mit $\boldsymbol{v} = \begin{pmatrix} 1 \\ 1 \end{pmatrix}$ und $\lambda = 2$ gilt

$$\varphi_3(\lambda\,\boldsymbol{v}) = \begin{pmatrix} 2 \\ -8 \\ 0 \end{pmatrix} \quad \text{und} \quad \lambda\,\varphi(\boldsymbol{v}) = \begin{pmatrix} 2 \\ -2 \\ 0 \end{pmatrix},$$

sodass φ_3 keine lineare Abbildung ist.

17.2 • Wenn φ linear ist, dann gilt $\varphi(\boldsymbol{v} + \boldsymbol{w}) = \varphi(\boldsymbol{v}) + \varphi(\boldsymbol{w})$ für alle $\boldsymbol{v}, \boldsymbol{w} \in \mathbb{R}^2$. Mit der angegeben Abbildungsvorschrift besagt dies

$$\varphi(\boldsymbol{v} + \boldsymbol{w}) = \boldsymbol{v} + \boldsymbol{w} + \boldsymbol{u} = \boldsymbol{v} + \boldsymbol{u} + \boldsymbol{w} + \boldsymbol{u} = \varphi(\boldsymbol{v}) + \varphi(\boldsymbol{w}).$$

Und dies ist nur dann möglich, wenn $\boldsymbol{u} = \boldsymbol{0}$ ist. Also folgt aus der Linearität von φ die Gleichung $\boldsymbol{u} = \boldsymbol{0}$. Umgekehrt ist aber natürlich φ in der Situation $\boldsymbol{u} = \boldsymbol{0}$ eine lineare Abbildung, es ist φ dann nämlich die Identität.

17.3 • (a) Wegen

$$\begin{pmatrix}6\\3\end{pmatrix} = 1\begin{pmatrix}2\\3\end{pmatrix} + 2\begin{pmatrix}2\\0\end{pmatrix}$$

würde eine lineare Abbildung $\varphi : \mathbb{R}^2 \to \mathbb{R}^2$ mit den angegebenen Eigenschaften den Vektor $\begin{pmatrix}6\\3\end{pmatrix}$ einerseits auf

$$\begin{aligned}\varphi\left(\begin{pmatrix}6\\3\end{pmatrix}\right) &= \varphi\left(1\begin{pmatrix}2\\3\end{pmatrix} + 2\begin{pmatrix}2\\0\end{pmatrix}\right)\\ &= \varphi\left(\begin{pmatrix}2\\3\end{pmatrix}\right) + 2\varphi\left(\begin{pmatrix}2\\0\end{pmatrix}\right)\\ &= \begin{pmatrix}2\\2\end{pmatrix} + 2\begin{pmatrix}1\\1\end{pmatrix} = \begin{pmatrix}4\\4\end{pmatrix}\end{aligned}$$

abbilden, andererseits aber auch $\varphi\left(\begin{pmatrix}6\\3\end{pmatrix}\right) = \begin{pmatrix}4\\3\end{pmatrix} \neq \begin{pmatrix}4\\4\end{pmatrix}$ erfüllen. Das kann aber nicht sein, sodass keine solche lineare Abbildung existiert.

(b) Wegen

$$\begin{pmatrix}5\\3\end{pmatrix} = 1\begin{pmatrix}1\\3\end{pmatrix} + 2\begin{pmatrix}2\\0\end{pmatrix} \quad \text{und}$$
$$\begin{pmatrix}4\\3\end{pmatrix} = 1\begin{pmatrix}2\\1\end{pmatrix} + 2\begin{pmatrix}1\\1\end{pmatrix}$$

enthält die dritte Forderung $\varphi\left(\begin{pmatrix}5\\3\end{pmatrix}\right) = \begin{pmatrix}4\\3\end{pmatrix}$ tatsächlich nichts, was nicht schon in den ersten beiden Forderungen verlangt wird. Nach dem Prinzip der linearen Fortsetzung existiert genau eine Abbildung mit den gewünschten Eigenschaften.

17.4 • Für jedes $\boldsymbol{v} \in \mathbb{R}^2$ gilt $\varphi(\boldsymbol{v}) \in \mathbb{R}\begin{pmatrix}1\\1\end{pmatrix}$, sodass also $\varphi(\mathbb{R}^2) = \left\langle\begin{pmatrix}1\\1\end{pmatrix}\right\rangle$ und somit $\dim\varphi(\mathbb{R}^2) = 1$ gilt. Mit der Dimensionsformel auf S. 629 folgt $\dim\varphi^{-1}(\{\boldsymbol{0}\}) = 1$.

Wir können auch den Kern von φ bestimmen, dieser ist offenbar $\left\langle\begin{pmatrix}1\\-1\end{pmatrix}\right\rangle$.

17.5 •• Sind $\boldsymbol{v}, \boldsymbol{w} \in V$ und $\lambda \in \mathbb{K}$, so gilt

$$\begin{aligned}\psi \circ \varphi(\lambda\,\boldsymbol{v} + \boldsymbol{w}) &= \psi(\varphi(\lambda\,\boldsymbol{v} + \boldsymbol{w}))\\ &= \psi(\lambda\,\varphi(\boldsymbol{v}) + \varphi(\boldsymbol{w}))\\ &= \psi(\lambda\,\varphi(\boldsymbol{v}) + \psi(\varphi(\boldsymbol{w}))\\ &= \lambda\,\psi(\varphi(\boldsymbol{v})) + \psi(\varphi(\boldsymbol{w}))\\ &= \lambda\,\psi \circ \varphi(\boldsymbol{v}) + \psi \circ \varphi(\boldsymbol{w})\,.\end{aligned}$$

Das begründet, dass $\psi \circ \varphi$ linear ist.

Nun sei φ bijektiv. Es existiert dann die Umkehrabbildung $\varphi^{-1} : V' \to V$. Es ist zu zeigen, dass φ^{-1} linear ist. Dazu wählen wir beliebige $\boldsymbol{v}', \boldsymbol{w}' \in V'$ und ein $\lambda \in \mathbb{K}$. Zu $\boldsymbol{v}', \boldsymbol{w}'$ existieren $\boldsymbol{v}, \boldsymbol{w} \in V$ mit $\varphi(\boldsymbol{v}) = \boldsymbol{v}'$ und $\varphi(\boldsymbol{w}) = \boldsymbol{w}'$, d. h. $\boldsymbol{v} = \varphi^{-1}(\boldsymbol{v}')$ und $\boldsymbol{w} = \varphi^{-1}(\boldsymbol{w}')$. Dann gilt:

$$\begin{aligned}\varphi^{-1}(\lambda\,\boldsymbol{v}' + \boldsymbol{w}') &= \varphi^{-1}(\lambda\,\varphi(\boldsymbol{v}) + \varphi(\boldsymbol{w}))\\ &= \varphi^{-1}(\varphi(\lambda\,\boldsymbol{v} + \boldsymbol{w})\\ &= \lambda\,\boldsymbol{v} + \boldsymbol{w}\\ &= \lambda\,\varphi^{-1}(\boldsymbol{v}') + \varphi^{-1}(\boldsymbol{w}')\end{aligned}$$

Damit ist gezeigt, dass φ^{-1} linear ist.

17.6 •• Da A eine unendliche Menge sein kann, trifft dies auch für A' zu. Wir prüfen die lineare Unabhängigkeit von A' nach, indem wir die lineare Unabhängigkeit für jede endliche Teilmenge $E \subseteq A'$ nachweisen.

Ist nun $E = \{\varphi(\boldsymbol{v}_1), \ldots, \varphi(\boldsymbol{v}_r)\} \subseteq A'$ mit $\boldsymbol{v}_1, \ldots, \boldsymbol{v}_r \in A$ eine solche endliche Teilmenge von A', so folgt aus

$$\lambda_1\,\varphi(\boldsymbol{v}_1) + \cdots + \lambda_r\,\varphi(\boldsymbol{v}_r) = \boldsymbol{0}$$

für $\lambda_1, \ldots, \lambda_r \in \mathbb{K}$ und der Linearität von φ sogleich

$$\varphi(\lambda_1\,\boldsymbol{v}_1 + \cdots + \lambda_r\,\boldsymbol{v}_r) = \boldsymbol{0}\,.$$

Nun ist φ aber als injektiv vorausgesetzt. Nach dem Injektivitätskriterium auf S. 628 gilt deswegen

$$\lambda_1\,\boldsymbol{v}_1 + \cdots + \lambda_r\,\boldsymbol{v}_r = \boldsymbol{0}\,.$$

Weil aber die Menge $\{\boldsymbol{v}_1, \ldots, \boldsymbol{v}_r\}$ als endliche Teilmenge von A linear unabhängig ist, folgt

$$\lambda_1 = \cdots = \lambda_r = 0\,,$$

also die lineare Unabhängigkeit von E und damit schließlich jene von A'.

17.7 • Die Aussage ist richtig. Weil der Zeilenrang von $\mathbf{A}$ kleiner oder gleich 10 ist, ist auch der Spaltenrang von $\mathbf{A}$ kleiner oder gleich 10. Also sind die Spalten von $\mathbf{A}$ linear abhängig.

17.8 ••• (a) Wegen $\varphi \neq -\mathrm{id}_{\mathbb{R}^2}$ existiert $\boldsymbol{v} \in \mathbb{R}^2$ mit $\varphi(\boldsymbol{v}) \neq -\boldsymbol{v}$, also $\boldsymbol{b}_1 := \boldsymbol{v} + \varphi(\boldsymbol{v}) \neq \boldsymbol{0}$. Wegen $\varphi \neq \mathrm{id}_{\mathbb{R}^2}$ existiert $\boldsymbol{v}' \in \mathbb{R}^2$ mit $\varphi(\boldsymbol{v}') \neq \boldsymbol{v}'$, also $\boldsymbol{b}_2 = \boldsymbol{v}' - \varphi(\boldsymbol{v}') \neq \boldsymbol{0}$. Es gilt

$$\varphi(\boldsymbol{b}_1) = \varphi\big(\boldsymbol{v} + \varphi(\boldsymbol{v})\big) = \varphi(\boldsymbol{v}) + \varphi^2(\boldsymbol{v}) = \varphi(\boldsymbol{v}) + \boldsymbol{v} = \boldsymbol{b}_1,$$
$$\varphi(\boldsymbol{b}_2) = \varphi\big(\boldsymbol{v}' - \varphi(\boldsymbol{v}')\big) = \varphi(\boldsymbol{v}') - \varphi^2(\boldsymbol{v}') = \varphi(\boldsymbol{v}') - \boldsymbol{v}' = -\boldsymbol{b}_2$$

wie gewünscht.

Bemerkung: Anstelle von $\varphi \circ \varphi$ haben wir φ^2 geschrieben, wie es allgemein üblich ist.

Es bleibt zu zeigen, dass $\{\boldsymbol{b}_1, \boldsymbol{b}_2\}$ tatsächlich eine Basis des $\mathbb{R}^2$ ist. Sind $\alpha, \beta \in \mathbb{R}$ mit $\alpha\, \boldsymbol{b}_1 + \beta\, \boldsymbol{b}_2 = \boldsymbol{0}$ gegeben, so folgt durch Anwenden von φ auf diese Identität

$$\begin{aligned}\boldsymbol{0} = \varphi(\boldsymbol{0}) &= \varphi(\alpha\, \boldsymbol{b}_1 + \beta\, \boldsymbol{b}_2) = \alpha\, \varphi(\boldsymbol{b}_1) + \beta\, \varphi(\boldsymbol{b}_2)\\ &= \alpha\, \boldsymbol{b}_1 - \beta\, \boldsymbol{b}_2 .\end{aligned}$$

Addition bzw. Subtraktion beider Identitäten ergibt $2\alpha\, \boldsymbol{b}_1 = 2\beta\, \boldsymbol{b}_2 = \boldsymbol{0}$, wegen $\boldsymbol{b}_1, \boldsymbol{b}_2 \neq \boldsymbol{0}$ also $\alpha = \beta = 0$. Damit ist $\{\boldsymbol{b}_1, \boldsymbol{b}_2\}$ linear unabhängig, aus Dimensionsgründen also eine Basis des $\mathbb{R}^2$.

(b) Es existieren $\lambda, \mu \in \mathbb{R}$ mit $\boldsymbol{a}_1 = \lambda\, \boldsymbol{b}_1 + \mu\, \boldsymbol{b}_2$. Anwenden von φ ergibt

$$\boldsymbol{a}_1 = \varphi(\boldsymbol{a}_1) = \lambda\, \boldsymbol{b}_1 - \mu\, \boldsymbol{b}_2 .$$

Da die Darstellung von $\boldsymbol{a}_1$ als Linearkombination der Basis $\{\boldsymbol{b}_1, \boldsymbol{b}_2\}$ eindeutig ist, muss $-\mu = \mu$, d. h. $\mu = 0$ sein. Also ist $\boldsymbol{a}_1 = \lambda\, \boldsymbol{b}_1$. Es gilt $\lambda \neq 0$, weil $\boldsymbol{a}_1$ als Element der Basis $\{\boldsymbol{a}_1, \boldsymbol{a}_2\}$ natürlich nicht der Nullvektor ist. Damit haben wir ein λ mit den gewünschten Eigenschaften gefunden.

Die gleiche Prozedur für $\boldsymbol{a}_2$ ergibt für $\boldsymbol{a}_2 = \lambda\, \boldsymbol{v}_1 + \mu\, \boldsymbol{b}_2$ mit $\lambda, \mu \in \mathbb{R}$,

$$\boldsymbol{a}_2 = -\varphi(\boldsymbol{a}_2) = -\lambda\, \boldsymbol{b}_1 + \mu\, \boldsymbol{b}_2 ,$$

zusammen mit $\boldsymbol{a}_2 = \lambda\, \boldsymbol{b}_1 + \mu\, \boldsymbol{b}_2$ also $\lambda = 0$ und $\boldsymbol{a}_2 = \mu\, \boldsymbol{b}_2$ mit $\mu \neq 0$.

Rechenaufgaben

17.9 • (a) Wir berechnen $\varphi(\boldsymbol{a})$:

$$\varphi(\boldsymbol{a}) = \mathbf{A}\, \boldsymbol{a} = \begin{pmatrix} 3 & 1 & 1 & -1\\ 1 & 3 & -1 & 1\\ 1 & -1 & 3 & 1\\ -1 & 1 & 1 & 3\end{pmatrix}\begin{pmatrix}1\\1\\1\\1\end{pmatrix} = \begin{pmatrix}4\\4\\4\\4\end{pmatrix} = \boldsymbol{c}$$

Der Vektor $\boldsymbol{b}$ liegt im Kern von φ, wenn $\varphi(\boldsymbol{b}) = \boldsymbol{0}$ gilt. Wir prüfen das nach:

$$\varphi(\boldsymbol{b}) = \mathbf{A}\, \boldsymbol{b} = \begin{pmatrix} 3 & 1 & 1 & -1\\ 1 & 3 & -1 & 1\\ 1 & -1 & 3 & 1\\ -1 & 1 & 1 & 3\end{pmatrix}\begin{pmatrix}1\\-1\\-1\\1\end{pmatrix} = \begin{pmatrix}0\\0\\0\\0\end{pmatrix} = \boldsymbol{0}$$

Also liegt $\boldsymbol{b}$ im Kern von φ.

Die Abbildung φ ist nach dem Injektivitätskriterium auf S. 628 nicht injektiv, da $\boldsymbol{b} \neq \boldsymbol{0}$ im Kern von φ liegt.

(b) Da $\varphi(\mathbb{R}^4) = \langle \boldsymbol{s}_1, \boldsymbol{s}_2, \boldsymbol{s}_3, \boldsymbol{s}_4\rangle$ mit den Spaltenvektoren $\boldsymbol{s}_1, \boldsymbol{s}_2, \boldsymbol{s}_3, \boldsymbol{s}_4$ der Matrix $\mathbf{A}$ gilt, erhalten wir die Dimension des Bildes durch elementare Spaltenumformungen an $\mathbf{A}$:

$$\begin{pmatrix} 3 & 1 & 1 & -1\\ 1 & 3 & -1 & 1\\ 1 & -1 & 3 & 1\\ -1 & 1 & 1 & 3\end{pmatrix} \to \begin{pmatrix} 0 & 1 & 0 & 0\\ -8 & 3 & 0 & 0\\ 4 & -1 & 4 & 0\\ -4 & 1 & 4 & 0\end{pmatrix}$$

An dieser *Spaltenstufenform* erkennt man den Spaltenrang 3 der Matrix $\mathbf{A}$. Damit gilt $\dim \varphi(\mathbb{R}^4) = 3$. Mit der Dimensionsformel von S. 629 folgt nun, $\dim \varphi^{-1}(\{\boldsymbol{0}\}) = 1$.

Wir hätten natürlich auch umgekehrt zuerst die Dimension des Kerns durch elementare Zeilenumformungen bestimmen können.

Nach (a) liegt der Vektor $\boldsymbol{b}$ im Kern von φ. Nach (b) ist der Kern eindimensional, sodass $\varphi^{-1}(\{\boldsymbol{0}\})) = \left\langle \begin{pmatrix}1\\-1\\-1\\1\end{pmatrix}\right\rangle$ gelten muss. Also ist $\{\boldsymbol{b}\}$ eine Basis des Kerns von φ.

Nach (b) ist das Bild von φ dreidimensional. Wir haben weiterhin in (b) gezeigt, dass die ersten drei Spalten der Matrix $\mathbf{A}$ linear unabhängig sind. Also bilden die ersten drei Spaltenvektoren $\boldsymbol{s}_1, \boldsymbol{s}_2, \boldsymbol{s}_3$ von $\mathbf{A}$ eine Basis des Bildes von φ: $\left\{\begin{pmatrix}3\\1\\1\\-1\end{pmatrix}, \begin{pmatrix}1\\3\\-1\\1\end{pmatrix}, \begin{pmatrix}1\\-1\\3\\1\end{pmatrix}\right\}$ ist eine Basis von $\varphi(\mathbb{R}^4)$.

(d) Es ist L die Lösungsmenge des inhomogenen linearen Gleichungssystems $(\mathbf{A}\,|\,\boldsymbol{c})$. Diese Lösungsmenge ist nach einem Ergebnis auf S. 531 die Summe einer speziellen Lösung und der Lösungsmenge des zugehörigen homogenen Systems. Da $\boldsymbol{a}$ nach (a) eine spezielle Lösung des inhomogenen Systems und der Kern die Lösungsmenge des homogenen Systems ist, erhalten wir also: $L = \boldsymbol{a} + \varphi^{-1}(\{\boldsymbol{0}\})$.

17.10 • (a) Wegen

$$\frac{\mathrm{d}}{\mathrm{d}X}(1) = 0, \quad \frac{\mathrm{d}}{\mathrm{d}X}(X) = 1, \quad \frac{\mathrm{d}}{\mathrm{d}X}(X^2) = 2\,X, \quad \frac{\mathrm{d}}{\mathrm{d}X}(X^3) = 3\,X$$

erhalten wir sogleich

$${}_E\mathbf{M}\left(\frac{\mathrm{d}}{\mathrm{d}X}\right)_E = \begin{pmatrix} 0 & 1 & 0 & 0\\ 0 & 0 & 2 & 0\\ 0 & 0 & 0 & 3\\ 0 & 0 & 0 & 0\end{pmatrix}.$$

(b) Wegen

$$\frac{\mathrm{d}}{\mathrm{d}X}(X^3) = 3\,X^2, \quad \frac{\mathrm{d}}{\mathrm{d}X}(3\,X^2) = 6\,X, \quad \frac{\mathrm{d}}{\mathrm{d}X}(6\,X) = 6, \quad \frac{\mathrm{d}}{\mathrm{d}X}(6) = 0$$

erhalten wir hieraus

$${}_B\mathbf{M}\left(\frac{\mathrm{d}}{\mathrm{d}X}\right)_B = \begin{pmatrix} 0 & 0 & 0 & 0\\ 1 & 0 & 0 & 0\\ 0 & 1 & 0 & 0\\ 0 & 0 & 1 & 0\end{pmatrix}.$$

Kapitel 17

17.11 •• Wir verwenden die Bezeichnungen $\boldsymbol{e}_1 = \begin{pmatrix}1\\0\end{pmatrix}$ und $\boldsymbol{e}_2 = \begin{pmatrix}0\\1\end{pmatrix}$ sowie $\boldsymbol{b}_1 := \begin{pmatrix}1\\1\\1\end{pmatrix}, \boldsymbol{b}_2 := \begin{pmatrix}1\\1\\0\end{pmatrix}, \boldsymbol{b}_3 := \begin{pmatrix}1\\0\\0\end{pmatrix}$.

Wir erhalten ${}_B\mathbf{M}(\varphi)_{E_2}$, indem wir die Koordinaten v_{1j}, v_{2j}, v_{3j} von $\varphi(\boldsymbol{e}_j)$ für $j = 1, 2$ bezüglich der Basis B in die Spalten einer Matrix schreiben. Wir erhalten v_{1j}, v_{2j}, v_{3j} durch Lösen der durch

$$v_{1j}\,\boldsymbol{b}_1 + v_{2j}\,\boldsymbol{b}_2 + v_{3j}\,\boldsymbol{b}_3 = \boldsymbol{e}_j$$

für $j = 1, 2$ gegebenen linearen Gleichungssysteme über $\mathbb{R}$ mit dem Gauß-Algorithmus. Man erhält

$${}_B\mathbf{M}(\varphi)_{E_2} = \begin{pmatrix}2 & -1\\ -2 & 1\\ 1 & -1\end{pmatrix}.$$

Analog erhält man ${}_C\mathbf{M}(\psi)_B$, indem man die Koordinaten $v'_{1j}, v'_{2j}, v'_{3j}, v'_{4j}$ von $\psi(\boldsymbol{b}_j)$ für $j = 1, 2, 3$ bezüglich der Basis C in die Spalten einer Matrix schreibt. Dies liefert:

$${}_C\mathbf{M}(\psi)_B = \begin{pmatrix}5 & 2 & 2\\ -3 & 0 & -1\\ -2 & -1 & -1\\ 3 & 0 & 1\end{pmatrix}$$

Die Darstellungsmatrix ${}_C\mathbf{M}(\psi \circ \varphi)_{E_2}$ erhält man durch Matrixmultiplikation:

$${}_C\mathbf{M}(\psi \circ \varphi)_{E_2} = {}_C\mathbf{M}(\psi)_B\, {}_B\mathbf{M}(\varphi)_{E_2} = \begin{pmatrix}8 & -5\\ -7 & 4\\ -3 & 2\\ 7 & -4\end{pmatrix}$$

17.12 •• (a) Wegen

$$\begin{pmatrix}2 & 2 & 3\\ 1 & 1 & 1\\ 2 & 1 & 1\end{pmatrix} \to \begin{pmatrix}1 & 1 & 1\\ 0 & 1 & 1\\ 0 & 0 & 1\end{pmatrix}$$

sind die drei Vektoren

$$\boldsymbol{b}_1 := \begin{pmatrix}2\\2\\3\end{pmatrix}, \quad \boldsymbol{b}_2 := \begin{pmatrix}1\\1\\1\end{pmatrix} \quad \text{und} \quad \boldsymbol{b}_3 := \begin{pmatrix}2\\1\\1\end{pmatrix}$$

linear unabhängig, also B eine geordnete Basis.

(b) Mit $\mathbf{A} := {}_{E_3}\mathbf{M}(\varphi)_{E_3}$ erhalten wir

$$\begin{aligned}\mathbf{A}\,\boldsymbol{b}_1 &= 1\,\boldsymbol{b}_1 + 0\,\boldsymbol{b}_2 + 0\,\boldsymbol{b}_3\,,\\ \mathbf{A}\,\boldsymbol{b}_2 &= 0\,\boldsymbol{b}_1 + 2\,\boldsymbol{b}_2 + 0\,\boldsymbol{b}_3\,,\\ \mathbf{A}\,\boldsymbol{b}_3 &= 0\,\boldsymbol{b}_1 + 0\,\boldsymbol{b}_2 + 3\,\boldsymbol{b}_3\,.\end{aligned}$$

Also gilt

$${}_B\mathbf{M}(\varphi)_B = \begin{pmatrix}1 & 0 & 0\\ 0 & 2 & 0\\ 0 & 0 & 3\end{pmatrix}.$$

Und als Transformationsmatrix erhalten wir die Matrix

$$\begin{aligned}\mathbf{S} &= {}_{E_3}\mathbf{M}(\mathrm{id}_{\mathbb{R}^3})_B = ((\boldsymbol{b}_1, \boldsymbol{b}_2, \boldsymbol{b}_3))\\ &= \begin{pmatrix}2 & 1 & 2\\ 2 & 1 & 1\\ 3 & 1 & 1\end{pmatrix}.\end{aligned}$$

17.13 •• (a) Es gilt

$${}_B\mathbf{M}(\varphi)_B = {}_B\mathbf{M}(\mathrm{id} \circ \varphi \circ \mathrm{id})_B = {}_B\mathbf{M}(\mathrm{id})_A\, {}_A\mathbf{M}(\varphi)_A\, {}_A\mathbf{M}(\mathrm{id})_B\,.$$

Um also ${}_B\mathbf{M}(\varphi)_B$ zu ermitteln, ist das Produkt der drei Matrizen ${}_B\mathbf{M}(\mathrm{id})_A$, ${}_A\mathbf{M}(\varphi)_A$ und ${}_A\mathbf{M}(\mathrm{id})_B$ zu bilden. Die Matrix ${}_A\mathbf{M}(\varphi)_A$ ist gegeben, die anderen beiden Matrizen müssen wir noch bestimmen. Wegen ${}_B\mathbf{M}(\mathrm{id})_A\, {}_A\mathbf{M}(\mathrm{id})_B = {}_B\mathbf{M}(\mathrm{id})_B = \mathbf{E}_3$ ist ${}_A\mathbf{M}(\mathrm{id})_B$ das Inverse zu ${}_B\mathbf{M}(\mathrm{id})_A$.

Wir bezeichnen die Elemente der geordneten Basis der Reihe nach mit $\boldsymbol{a}_1, \boldsymbol{a}_2, \boldsymbol{a}_3$ und jene der Basis B mit $\boldsymbol{b}_1, \boldsymbol{b}_2, \boldsymbol{b}_3$ und ermitteln ${}_B\mathbf{M}(\mathrm{id})_A = (({}_B\boldsymbol{a}_1, {}_B\boldsymbol{a}_2, {}_B\boldsymbol{a}_3))$. Gesucht sind also $\lambda_1, \lambda_2, \lambda_3 \in \mathbb{R}$ mit

$$\lambda_1\,\boldsymbol{b}_1 + \lambda_2\,\boldsymbol{b}_2 + \lambda_3\,\boldsymbol{b}_3 = \boldsymbol{a}_1 \text{ bzw. } = \boldsymbol{a}_2 \text{ bzw. } = \boldsymbol{a}_3\,.$$

Dies sind drei lineare Gleichungssysteme, die wir simultan lösen:

$$\left(\begin{array}{ccc|ccc}1 & 3 & 2 & 8 & -16 & 9\\ -2 & -1 & 1 & -6 & 7 & -3\\ 1 & 2 & 2 & 7 & -13 & 7\end{array}\right) \to \cdots \to \left(\begin{array}{ccc|ccc}1 & 0 & 0 & 3 & -3 & 1\\ 0 & 1 & 0 & 1 & -3 & 2\\ 0 & 0 & 1 & 1 & -2 & 1\end{array}\right)$$

Damit lautet die Basistransformationsmatrix

$${}_B\mathbf{M}(\mathrm{id})_A = \begin{pmatrix}3 & -3 & 1\\ 1 & -3 & 2\\ 1 & -2 & 1\end{pmatrix}.$$

Die Matrix ${}_A\mathbf{M}(\mathrm{id})_B$ erhalten wir durch Invertieren der Matrix ${}_B\mathbf{M}(\mathrm{id})_A$. Es gilt

$${}_A\mathbf{M}(\mathrm{id})_B = \begin{pmatrix}1 & 1 & -3\\ 1 & 2 & -5\\ 1 & 3 & -6\end{pmatrix}.$$

Wir berechnen schließlich das Produkt

$$\begin{aligned}{}_B\mathbf{M}(\varphi)_B &= {}_B\mathbf{M}(\mathrm{id})_A\, {}_A\mathbf{M}(\varphi)_A\, {}_A\mathbf{M}(\mathrm{id})_B\\ &= \begin{pmatrix}16 & 47 & -88\\ 18 & 44 & -92\\ 12 & 27 & -59\end{pmatrix}.\end{aligned}$$

(b) Wegen

$$_A\mathbf{M}(\varphi)_B = {}_A\mathbf{M}(\varphi \circ \mathrm{id})_B = {}_A\mathbf{M}(\varphi)_A\, {}_A\mathbf{M}(\mathrm{id})_B$$

erhalten wir die Darstellungsmatrix $_A\mathbf{M}(\varphi)_B$ als Produkt der beiden Matrizen $_A\mathbf{M}(\varphi)_A$ und $_A\mathbf{M}(\mathrm{id})_B$. Es gilt

$$_A\mathbf{M}(\varphi)_B = {}_A\mathbf{M}(\varphi)_A\, {}_A\mathbf{M}(\mathrm{id})_B = \begin{pmatrix} -2 & 10 & -3 \\ -8 & 0 & 23 \\ -2 & 17 & -10 \end{pmatrix}.$$

Analog erhalten wir für

$$_B\mathbf{M}(\varphi)_B = {}_B\mathbf{M}(\mathrm{id} \circ \varphi)_A = {}_B\mathbf{M}(\mathrm{id})_A\, {}_A\mathbf{M}(\varphi)_A$$

die Darstellungsmatrix

$$_B\mathbf{M}(\varphi)_B = {}_B\mathbf{M}(\mathrm{id})_A\, {}_A\mathbf{M}(\varphi)_A = \begin{pmatrix} 7 & -13 & 22 \\ 6 & -2 & 14 \\ 4 & 1 & 7 \end{pmatrix}.$$

17.14 ••• (a) Wir kürzen $V := \mathbb{R}[X]_4$ ab. Dann gilt für $f, g \in V$

$$\begin{aligned}\triangle(f+g) &= (f+g)(X+1) - (f+g)(X) \\ &= f(X+1) - f(X) + g(X+1) - g(X) \\ &= \triangle(f) + \triangle(g),\end{aligned}$$

damit ist $\triangle$ additiv. Und für $f \in V$ und $\lambda \in \mathbb{R}$ gilt

$$\begin{aligned}\triangle(\lambda f) &= (\lambda f)(X+1) - (\lambda f)(X) \\ &= \lambda f(X+1) - \lambda f(X) \\ &= \lambda (f(X+1) - f(X)) \\ &= \lambda \triangle(f),\end{aligned}$$

was besagt, dass $\triangle$ homogen ist.

Die Homogenität und die Additivität besagen, dass $\triangle$ eine lineare Abbildung ist.

Es gilt

$$\begin{aligned}\triangle(1) &= 1 - 1 = 0, \\ \triangle(X) &= (X+1) - X = 1, \\ \triangle(X^2) &= (X+1)^2 - X^2 = 2X + 1, \\ \triangle(X^3) &= (X+1)^3 - X^3 = 3X^2 + 3X + 1, \\ \triangle(X^4) &= (X+1)^4 - X^4 = 4X^3 + 6X^2 + 4X + 1.\end{aligned}$$

Also ist

$$\mathbf{D}_1 := {}_E\mathbf{M}(\triangle)_E = \begin{pmatrix} 0 & 1 & 1 & 1 & 1 \\ 0 & 0 & 2 & 3 & 4 \\ 0 & 0 & 0 & 3 & 6 \\ 0 & 0 & 0 & 0 & 4 \\ 0 & 0 & 0 & 0 & 0 \end{pmatrix}$$

die Darstellungsmatrix von $\triangle$ bezüglich der Standardbasis $E = (1, X, X^2, X^3, X^4)$ von $\mathbb{R}[X]_4$.

Wir behaupten, dass die letzten 4 Spalten von $\mathbf{D}_1$ linear unabhängig sind. Ist nämlich

$$\lambda_1 \begin{pmatrix} 1 \\ 0 \\ 0 \\ 0 \\ 0 \end{pmatrix} + \lambda_2 \begin{pmatrix} 1 \\ 2 \\ 0 \\ 0 \\ 0 \end{pmatrix} + \lambda_3 \begin{pmatrix} 1 \\ 3 \\ 3 \\ 0 \\ 0 \end{pmatrix} + \lambda_4 \begin{pmatrix} 1 \\ 4 \\ 6 \\ 4 \\ 0 \end{pmatrix} = \begin{pmatrix} 0 \\ 0 \\ 0 \\ 0 \\ 0 \end{pmatrix},$$

so folgt aus der vierten Zeile $4\lambda_4 = 0$, d. h. $\lambda_4 = 0$. Nach Streichen des vierten Vektors ergibt sich aus der dritten Zeile $3\lambda_3 = 0$, d. h. $\lambda_3 = 0$, usw., also insgesamt $\lambda_1 = \lambda_2 = \lambda_3 = \lambda_4 = 0$ wie behauptet.

Weil $f \in V$ genau dann im Kern von $\triangle$ liegt, wenn $_E\mathbf{M}(\triangle)_E\, _Ef = \mathbf{0}$ gilt und der Kern der Matrix nach obiger Rechnung die Dimension 1 hat, erhalten wir für die Dimension des Kerns von $\triangle$:

$$\dim \varphi^{-1}(\{\mathbf{0}\}) = 1$$

Mit der Dimensionsformel folgt nun $\dim(\triangle(V)) = 4$.

(b) Wir bezeichnen die angegebenen Polynome der Reihe nach mit p_j für $j = 0, 1, 2, 3, 4$, und haben dann $B = (p_0, p_1, p_2, p_3, p_4)$. Die Matrix $\mathbf{M}$, deren Spalten die Koordinatenvektoren $_E p_j$ sind, hat die Form

$$\begin{pmatrix} 1 & * & * & * & * \\ 0 & 1 & * & * & * \\ 0 & 0 & \frac{1}{2} & * & * \\ 0 & 0 & 0 & \frac{1}{6} & * \\ 0 & 0 & 0 & 0 & \frac{1}{24} \end{pmatrix}.$$

Wegen der Dreiecksgestalt ist B linear unabhängig, weil die Koordinatenvektoren linear unabhängig sind, und folglich ist B eine geordnete Basis von V. Es gilt

$$\begin{aligned}\triangle(p_0) &= \triangle(1) = 0, \\ \triangle(p_1) &= \triangle(X) = 1 = p_0, \\ \triangle(p_2) &= \frac{(X+1)\,X}{2} - \frac{X\,(X-1)}{2} = \frac{X^2+X}{2} - \frac{X^2-X}{2} \\ &= X = p_1, \\ \triangle(p_3) &= \frac{(X+1)\,X\,(X-1)}{6} - \frac{X\,(X-1)\,(X-2)}{6} \\ &= \frac{X\,(X-1)}{6}\big(X+1-(X-2)\big) \\ &= \frac{X\,(X-1)}{2} = p_2, \\ \triangle(p_4) &= \frac{(X+1)\,X\,(X-1)(X-2)}{24} \\ &\quad - \frac{X\,(X-1)\,(X-2)\,(X-3)}{24} \\ &= \frac{X\,(X-1)\,(X-2)}{24}\big(X+1-(X-3)\big) \\ &= \frac{X\,(X-1)\,(X-2)}{6} = p_3.\end{aligned}$$

Die Darstellungsmatrix von $\triangle$ bezüglich B ist demnach:

$$\mathbf{D}_2 := {}_B\mathbf{M}(\triangle)_B = \begin{pmatrix} 0 & 1 & 0 & 0 & 0 \\ 0 & 0 & 1 & 0 & 0 \\ 0 & 0 & 0 & 1 & 0 \\ 0 & 0 & 0 & 0 & 1 \\ 0 & 0 & 0 & 0 & 0 \end{pmatrix}$$

Bemerkung: Man nennt die Form der Matrix $\mathbf{D}_2$ *Jordan-Normalform* – dies ist fast eine Diagonalform.

(c) Natürlich die Basis B, denn wegen $\triangle^k(p_j) = p_{j-k}$ (für $0 \le k \le j \le 4$) sind die Matrizen von $\triangle^2$, $\triangle^3$, $\triangle^4$, $\triangle^5$ der Reihe nach einfach

$$\begin{pmatrix} 0 & 0 & 1 & 0 & 0 \\ 0 & 0 & 0 & 1 & 0 \\ 0 & 0 & 0 & 0 & 1 \\ 0 & 0 & 0 & 0 & 0 \\ 0 & 0 & 0 & 0 & 0 \end{pmatrix}, \quad \begin{pmatrix} 0 & 0 & 0 & 1 & 0 \\ 0 & 0 & 0 & 0 & 1 \\ 0 & 0 & 0 & 0 & 0 \\ 0 & 0 & 0 & 0 & 0 \\ 0 & 0 & 0 & 0 & 0 \end{pmatrix},$$

$$\begin{pmatrix} 0 & 0 & 0 & 0 & 1 \\ 0 & 0 & 0 & 0 & 0 \\ 0 & 0 & 0 & 0 & 0 \\ 0 & 0 & 0 & 0 & 0 \\ 0 & 0 & 0 & 0 & 0 \end{pmatrix}, \quad \begin{pmatrix} 0 & 0 & 0 & 0 & 0 \\ 0 & 0 & 0 & 0 & 0 \\ 0 & 0 & 0 & 0 & 0 \\ 0 & 0 & 0 & 0 & 0 \\ 0 & 0 & 0 & 0 & 0 \end{pmatrix}.$$

(Dasselbe erhält man durch direktes Ausrechnen von $\mathbf{D}_2^2$, $\mathbf{D}_2^3$, $\mathbf{D}_2^4$, $\mathbf{D}_2^5$.)

Insbesondere ist $\triangle^5 = 0$ die Nullabbildung.

Anwendungsprobleme

17.15 • Die drei Ebenenspiegelungen sind durch die drei Matrizen $\mathbf{E}_3 - 2\,\boldsymbol{n}_1\,\boldsymbol{n}_1^T$, $\mathbf{E}_3 - 2\,\boldsymbol{n}_2\,\boldsymbol{n}_2^T$, $\mathbf{E}_3 - 2\,\boldsymbol{n}_3\,\boldsymbol{n}_3^T$ gegeben. Der einfallende Lichtstrahl, den wir als Vektor $\boldsymbol{v} \in \mathbb{R}^3$ interpretieren, wird nacheinander an den drei Ebenen gespiegelt. Wir berechnen das Produkt dieser drei *Spiegelungsmatrizen*, dabei beachten wir, dass je zwei der drei verschiedenen Normalenvektoren senkrecht aufeinander stehen, d. h., es gilt $\boldsymbol{n}_i^T\,\boldsymbol{n}_j = 0$ für $i \neq j$:

$$\begin{aligned} &\left[(\mathbf{E}_3 - 2\,\boldsymbol{n}_1\,\boldsymbol{n}_1^T)\,(\mathbf{E}_3 - 2\,\boldsymbol{n}_2\,\boldsymbol{n}_2^T)\right](\mathbf{E}_3 - 2\,\boldsymbol{n}_3\,\boldsymbol{n}_3^T) \\ &\quad = (\mathbf{E}_3 - 2\,\boldsymbol{n}_1\,\boldsymbol{n}_1^T - 2\,\boldsymbol{n}_2\,\boldsymbol{n}_2^T)\,(\mathbf{E}_3 - 2\,\boldsymbol{n}_3\,\boldsymbol{n}_3^T) \\ &\quad = \mathbf{E}_3 - 2\,\boldsymbol{n}_1\,\boldsymbol{n}_1^T - 2\,\boldsymbol{n}_2\,\boldsymbol{n}_2^T - 2\,\boldsymbol{n}_3\,\boldsymbol{n}_3^T \\ &\quad = \mathbf{E}_3 - 2\,(\boldsymbol{n}_1\,\boldsymbol{n}_1^T + \boldsymbol{n}_2\,\boldsymbol{n}_2^T + \boldsymbol{n}_3\,\boldsymbol{n}_3^T) \\ &\quad = \mathbf{E}_3 - 2\,\mathbf{E}_3 = -\mathbf{E}_3 \end{aligned}$$

Bezeichnet φ die zusammengesetzte Abbildung an den drei Ebenen und ist $\boldsymbol{v}$ ein einfallender Lichtstrahl, so gilt also $\varphi(\boldsymbol{v}) = -\boldsymbol{v}$, der Strahl verlässt das Katzenauge in umgekehrter Richtung.

Kommentar An obiger Rechnung erkennt man, dass man bei der Produktbildung die Reihenfolge der Matrizen $\mathbf{E}_3 - 2\,\boldsymbol{n}_1\,\boldsymbol{n}_1^T$, $\mathbf{E}_3 - 2\,\boldsymbol{n}_2\,\boldsymbol{n}_2^T$, $\mathbf{E}_3 - 2\,\boldsymbol{n}_3\,\boldsymbol{n}_3^T$ durchaus vertauschen kann, das Ergebnis bleibt das gleich. ◀

17.16 •• Wir betrachten das in der Abb. 17.23 gegebene Koordinatensystem.

Zuerst behandeln wir den Fall, bei dem die x_1-Achse die Drehachse ist, siehe Abb. 17.24. Wir wählen eine Aufsicht, bei der die Drehachse, also die x_1-Achse senkrecht zur Betrachtungsebene steht, siehe Abb. 17.25.

Nun bestimmen wir die Koordinatenvektoren der Bilder der Basisvektoren unter der Drehung $\delta_{\boldsymbol{e}_1,\alpha}$ um den Winkel α; wir erhalten diese Koordinatenvektoren aus der Abb. 17.24

$$\delta_{\boldsymbol{e}_1,\alpha}(\boldsymbol{e}_1) = \boldsymbol{e}_1, \quad \delta_{\boldsymbol{e}_1,\alpha}(\boldsymbol{e}_2) = \begin{pmatrix} 0 \\ \cos\alpha \\ \sin\alpha \end{pmatrix},$$

$$\delta_{\boldsymbol{e}_1,\alpha}(\boldsymbol{e}_3) = \begin{pmatrix} 0 \\ -\sin\alpha \\ \cos\alpha \end{pmatrix},$$

damit hat die gesuchte Darstellungsmatrix die Form

$${}_{E_3}\mathbf{M}(\delta_{\boldsymbol{e}_1,\alpha})_{E_3} = \begin{pmatrix} 1 & 0 & 0 \\ 0 & \cos\alpha & -\sin\alpha \\ 0 & \sin\alpha & \cos\alpha \end{pmatrix}.$$

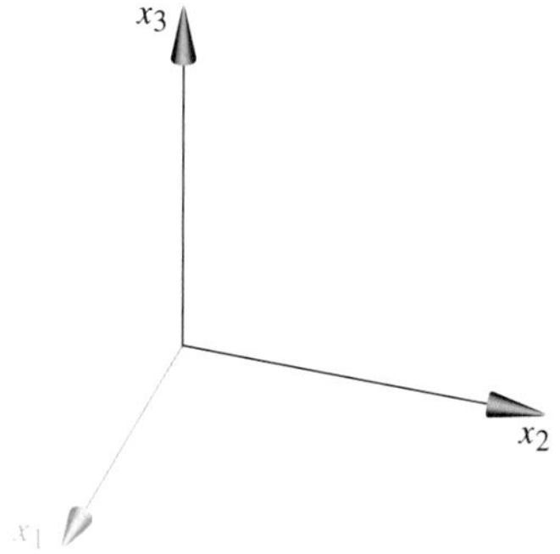

Abb. 17.23 Ein Koordinatensystem im $\mathbb{R}^3$

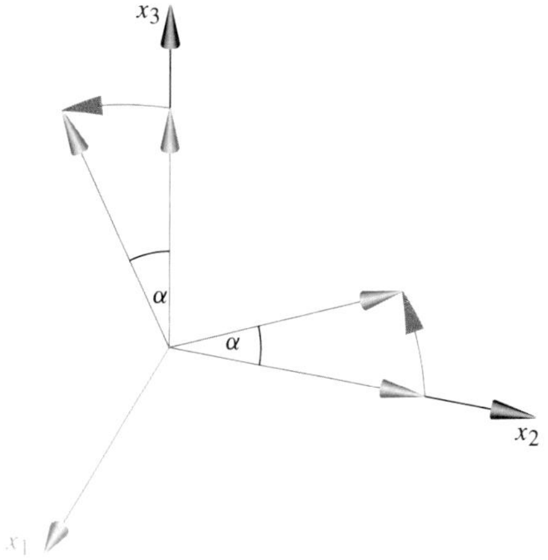

Abb. 17.24 Das Koordinatensystem wird um den Winkel α um die x_1-Achse gedreht

Kapitel 17

Bei den Drehungen $\delta_{e_2,\alpha}$ und $\delta_{e_3,\alpha}$ geht man analog vor; man erhält dabei die Darstellungsmatrizen

$$_{E_3}\mathbf{M}(\delta_{e_2,\alpha})_{E_3} = \begin{pmatrix} \cos\alpha & 0 & \sin\alpha \\ 0 & 1 & 0 \\ -\sin\alpha & 0 & \cos\alpha \end{pmatrix},$$

$$_{E_3}\mathbf{M}(\delta_{e_3,\alpha})_{E_3} = \begin{pmatrix} \cos\alpha & -\sin\alpha & 0 \\ \sin\alpha & \cos\alpha & 0 \\ 0 & 0 & 1 \end{pmatrix}.$$

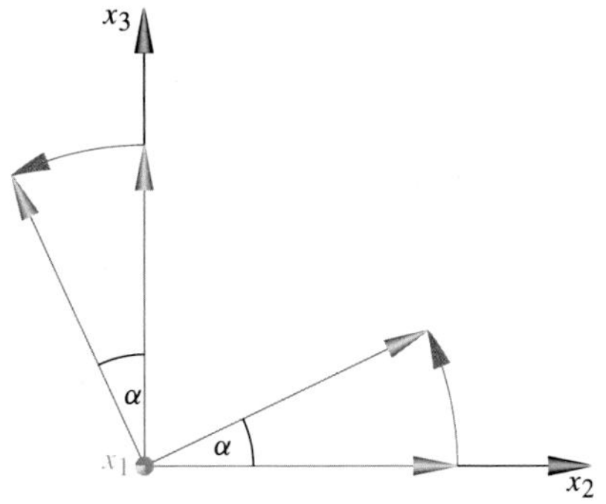

Abb. 17.25 Die x_1-Achse bleibt bei der Drehung fest

Kapitel 18

Aufgaben

Verständnisfragen

18.1 • Gegeben ist ein Eigenvektor $\boldsymbol{v}$ zum Eigenwert λ einer Matrix $\mathbf{A}$.

(a) Ist $\boldsymbol{v}$ auch Eigenvektor von $\mathbf{A}^2$? Zu welchem Eigenwert?
(b) Wenn $\mathbf{A}$ zudem invertierbar ist, ist dann $\boldsymbol{v}$ auch ein Eigenvektor zu $\mathbf{A}^{-1}$? Zu welchem Eigenwert?

18.2 •• Wieso hat jede Matrix $\mathbf{A} \in \mathbb{K}^{n\times n}$ mit $\mathbf{A}^2 = \mathbf{E}_n$ einen der Eigenwerte ± 1 und keine weiteren?

18.3 • In der folgenden Abbildung zeigt das erste Bild ein aus den Punkten A, B, C, D gebildetes Quadrat um den Ursprung. Die folgenden Abbildungen zeigen Bilder des Quadrats unter drei verschiedenen linearen Abbildungen $\Phi_{1,2,3} : \mathbb{R}^2 \to \mathbb{R}^2$:

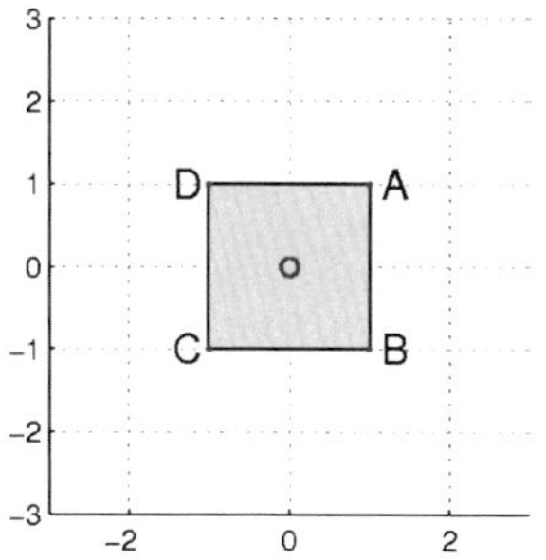

Abb. 1

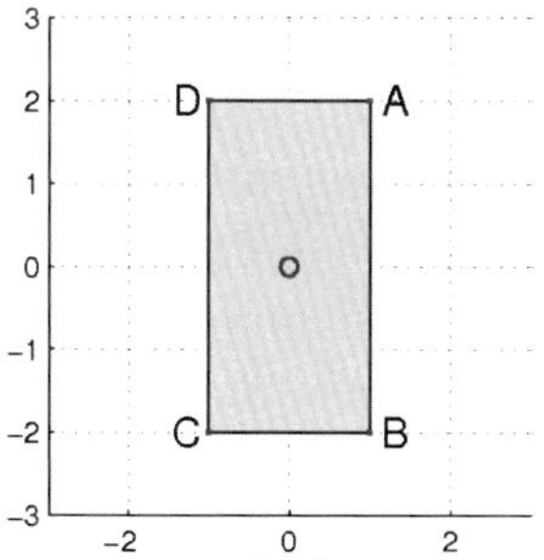

Abb. 2

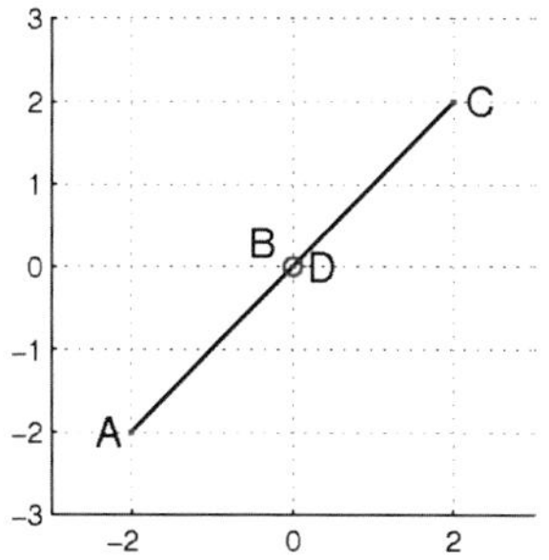

Abb. 3

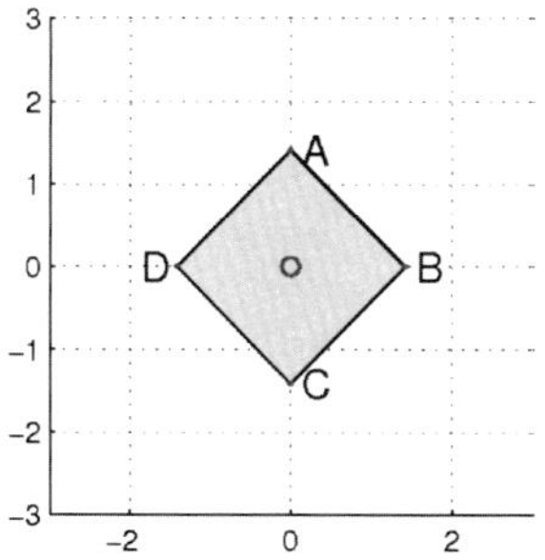

Abb. 4

Bestimmen Sie die Eigenwerte der Abbildungen und zeichnen Sie, soweit möglich, Eigenvektoren ein.

18.4 • Wieso ist für jede beliebige Matrix $\mathbf{A} \in \mathbb{C}^{n\times n}$ die Matrix $\mathbf{B} = \mathbf{A}\,\overline{\mathbf{A}}^T$ hermitesch?

18.5 •• Gegeben ist eine nilpotente Matrix $\mathbf{A} \in \mathbb{C}^{n\times n}$ mit Nilpotenzindex $p \in \mathbb{N}\mathbb{N}$, d. h., es gilt

$$\mathbf{A}^p = \mathbf{0} \quad \text{und} \quad \mathbf{A}^{p-1} \neq \mathbf{0}.$$

Begründen Sie:

(a) Die Matrix $\mathbf{A}$ ist nicht invertierbar.
(b) Die Matrix $\mathbf{A}$ hat einen Eigenwert der Vielfachheit n.
(c) Es gilt $p \leq n$.

18.6 •• Haben ähnliche Matrizen dieselben Eigenwerte? Haben diese dann gegebenenfalls auch dieselben algebraischen und geometrischen Vielfachheiten?

18.7 •• Haben die quadratischen $n\times n$-Matrizen $\mathbf{A}$ und $\mathbf{A}^T$ dieselben Eigenwerte? Haben diese gegebenenfalls auch dieselben algebraischen und geometrischen Vielfachheiten?

18.8 • Gegeben ist eine Matrix $\mathbf{A} \in \mathbb{C}^{n\times n}$. Sind die Eigenwerte der quadratischen Matrix $\mathbf{A}^T\,\mathbf{A}$ die Quadrate der Eigenwerte von $\mathbf{A}$?

Rechenaufgaben

18.9 • Geben Sie die Eigenwerte und Eigenvektoren der folgenden Matrizen an:

(a) $\mathbf{A} = \begin{pmatrix} 3 & -1 \\ 1 & 1 \end{pmatrix} \in \mathbb{R}^{2\times 2}$,

(b) $\mathbf{B} = \begin{pmatrix} 0 & 1 \\ 1 & 0 \end{pmatrix} \in \mathbb{C}^{2\times 2}$.

(c) $\mathbf{C} = \begin{pmatrix} a & b \\ b & d \end{pmatrix} \in \mathbb{R}^{2\times 2}$.

T. Arens et al., *Arbeitsbuch Mathematik*, https://doi.org/10.1007/978-3-662-64391-4_17

18.10 •• Welche der folgenden Matrizen sind diagonalisierbar? Geben Sie gegebenenfalls eine invertierbare Matrix $\mathbf{S}$ an, sodass $\mathbf{D} = \mathbf{S}^{-1}\,\mathbf{A}\,\mathbf{S}$ Diagonalgestalt hat.

(a) $\mathbf{A} = \begin{pmatrix} 1 & \mathrm{i} \\ \mathrm{i} & -1 \end{pmatrix} \in \mathbb{C}^{2\times 2}$,

(b) $\mathbf{B} = \begin{pmatrix} 3 & 0 & 7 \\ 0 & 1 & 0 \\ 7 & 0 & 3 \end{pmatrix} \in \mathbb{R}^{3\times 3}$,

(c) $\mathbf{C} = \frac{1}{3}\begin{pmatrix} 1 & 2 & 2 \\ 2 & -2 & 1 \\ 2 & 1 & -2 \end{pmatrix} \in \mathbb{C}^{3\times 3}$.

18.11 •• Gegeben ist die reelle, symmetrische Matrix

$$\mathbf{A} = \begin{pmatrix} 10 & 8 & 8 \\ 8 & 10 & 8 \\ 8 & 8 & 10 \end{pmatrix}.$$

Bestimmen Sie eine orthogonale Matrix $\mathbf{S} \in \mathbb{R}^{3\times 3}$, sodass $\mathbf{D} = \mathbf{S}^{-1}\,\mathbf{A}\,\mathbf{S}$ eine Diagonalmatrix ist.

18.12 •• Im Vektorraum $\mathbb{R}[X]_3$ der reellen Polynome vom Grad höchstens 3 ist für ein $a \in \mathbb{R}$ die Abbildung $\varphi\colon \mathbb{R}[X]_3 \to \mathbb{R}[X]_3$ durch

$$\varphi(\boldsymbol{p}) = \boldsymbol{p}(a) + \boldsymbol{p}'(a)(X - a)$$

erklärt.

(a) Begründen Sie, dass φ linear ist.
(b) Berechnen Sie die Darstellungsmatrix von φ bezüglich der Basis $E_3 = (1, X, X^2, X^3)$ von $\mathbb{R}[X]_3$.
(c) Bestimmen Sie eine geordnete Basis B von $\mathbb{R}[X]_3$, bezüglich der die Darstellungsmatrix von φ Diagonalgestalt hat.

Anwendungsprobleme

18.13 •• Wir betrachten vier Populationen unterschiedlicher Arten a_1, a_2, a_3, a_4. Vereinfacht nehmen wir an, dass bei einem Fortpflanzungszyklus, der für alle vier Arten gleichzeitig stattfindet, die vier Arten mit einer gewissen Häufigkeit mutieren, aber es entstehen bei jedem solchen Zyklus wieder nur diese vier Arten. Mit f_{ij} bezeichnen wir die Häufigkeit, mit der a_i zu a_j mutiert. Die folgende Matrix gibt diese Häufigkeiten wieder – dabei gelte $0 \le t \le 1$:

$$\mathbf{F} = \begin{pmatrix} 1 & 0 & 0 & 0 \\ 0 & 1-t & t & t \\ 0 & t & 1-t & t \\ 0 & t & t & 1-t \end{pmatrix}$$

Gibt es nach hinreichend vielen Fortpflanzungszyklen eine Art, die dominiert?

18.14 •• Die zur Zeit t im Blutkreislauf befindliche Dosis $b(t)$ und die vom Magen absorbierte Dosis $d(t)$ eines Herzmedikaments gehorchen dem Differenzialgleichungssystem

$$d(t)' = -d(t), \quad b(t)' = d(t) - \frac{1}{10}\,b(t).$$

Bestimmen Sie die Funktionen $b(t)$ und $d(t)$ unter den Anfangsbedingungen $d(0) = 1$ und $b(0) = 0$.

18.15 •• Gegeben sind die verschiedenen Eigenwerte $\lambda_1, \ldots, \lambda_r$ einer Matrix $\mathbf{A} \in \mathbb{C}^{n\times n}$. Für jedes $j \in \{1, \ldots, r\}$ bezeichnen wir mit $\boldsymbol{v}_j \in \mathbb{C}^n$ einen Eigenvektor von $\mathbf{A}$ zum Eigenwert λ_j. Weiter erklären wir für jedes $j \in \{1, \ldots, r\}$ die Abbildung $\boldsymbol{y}_j\colon \mathbb{R} \to \mathbb{C}^n$ durch

$$\boldsymbol{y}_j(t) = \mathrm{e}^{\lambda_j t}\,\boldsymbol{v}_j\,.$$

Begründen Sie, dass $\boldsymbol{y}_1, \ldots, \boldsymbol{y}_r$ Lösungen der Differenzialgleichung $\boldsymbol{y}' = \mathbf{A}\,\boldsymbol{y}$ sind. Zeigen Sie auch, dass die Abbildungen $\boldsymbol{y}_1, \ldots, \boldsymbol{y}_r$ linear unabhängig sind.

18.16 ••• Gegeben ist der Trägheitstensor

$$\mathbf{J} = \begin{pmatrix} 24 & -4 & -8 \\ -4 & 60 & -2 \\ -8 & -2 & 60 \end{pmatrix} [\mathrm{kg\,m^2}].$$

Bestimmen Sie die Menge aller Winkelgeschwindigkeiten $\boldsymbol{\omega}$ bezüglich derer die Rotationsenergie $T_0 = \frac{1}{2}\,\boldsymbol{\omega}^T\,\mathbf{J}\,\boldsymbol{\omega} = 1.0\,\frac{\mathrm{kg\ m^2}}{\mathrm{s^2}}$ ist.

18.17 •• Gegeben ist eine elastische Membran im $\mathbb{R}^2$, die von der Einheitskreislinie $x_1^2 + x_2^2 = 1$ berandet wird. Bei ihrer (als lineare Abbildung angenommene) Verformung gehe der Punkt $\begin{pmatrix} v_1 \\ v_2 \end{pmatrix}$ in den Punkt $\begin{pmatrix} 5\,v_1 + 3\,v_2 \\ 3\,v_1 + 5\,v_2 \end{pmatrix}$ über.

(a) Welche Form und Lage hat die ausgedehnte Membran?
(b) Welche Geraden durch den Ursprung werden auf sich abgebildet?

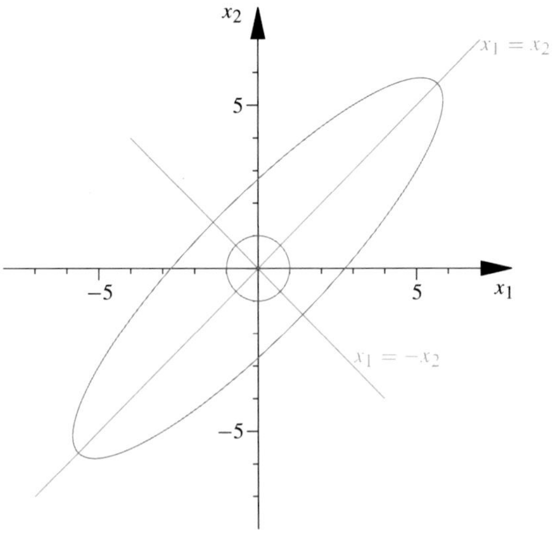

Kapitel 18

Hinweise

Verständnisfragen

18.1 • Bilden Sie das Produkt von $\mathbf{A}^2$ bzw. $\mathbf{A}^{-1}$ mit dem Eigenvektor.

18.2 •• Betrachten Sie $(\mathbf{A} - \mathbf{E}_n)(\mathbf{A} - \mathbf{E}_n)$.

18.3 • Wählen Sie jeweils eine passende Basis, von der Sie entscheiden können, ob die Basisvektoren auf Vielfache von sich abgebildet werden.

18.4 • Transponieren und konjugieren Sie die Matrix $\mathbf{B}$.

18.5 •• Wenden Sie den Determinantenmultiplikationssatz an und zeigen Sie, dass es nur eine Möglichkeit für einen Eigenwert der Matrix geben kann. Der Fundamentalsatz der Algebra besagt dann, dass dieser Eigenwert auch tatsächlich existiert. Für die Aussage in (c) beachte man den Satz von Cayley-Hamilton auf S. 657.

18.6 •• –

18.7 •• Begründen Sie, dass die charakteristischen Polynome der beiden Matrizen $\mathbf{A}$ und $\mathbf{A}^T$ gleich sind.

18.8 • Geben Sie ein Gegenbeispiel an.

Rechenaufgaben

18.9 • Bestimmen Sie das charakteristische Polynom, dessen Nullstellen und dann die Eigenräume zu den so ermittelten Eigenwerten.

18.10 •• Bestimmen Sie die Eigenwerte, Eigenräume und wenden Sie das Kriterium für Diagonalisierbarkeit auf S. 662 an.

18.11 •• Bestimmen Sie die Eigenwerte von $\mathbf{A}$, dann eine Basis des $\mathbb{R}^3$ aus Eigenvektoren von $\mathbf{A}$ und orthonormieren Sie schließlich diese Basis. Wählen Sie schließlich die Matrix $\mathbf{S}$, deren Spalten die orthonormierten Basisvektoren sind.

18.12 •• Diagonalisieren Sie die Darstellungsmatrix von φ bezüglich der Standardbasis.

Anwendungsprobleme

18.13 •• Bestimmen Sie die Eigenwerte und Eigenvektoren von $\mathbf{F}$ und interpretieren Sie die Bedeutung eines eventuell größten Eigenwertes, beachten Sie hierzu die Vektoriteration auf S. 673.

18.14 •• Beachten Sie die Merkregel auf S. 678.

18.15 •• Setzen Sie die Abbildungen $\boldsymbol{y}_j$ in die Differenzialgleichung ein. Machen Sie den üblichen Ansatz, um zu zeigen, dass die Vektoren $\boldsymbol{y}_1, \ldots, \boldsymbol{y}_r$ linear unabhängig sind und setzen Sie einen speziellen Wert ein.

18.16 ••• Beachten Sie die Anwendung auf S. 671.

18.17 •• Ermitteln Sie die Darstellungsmatrix $\mathbf{A}$ der zugehörigen linearen Abbildung bezüglich der Standardbasis und bestimmen Sie die Form der Menge $\{\mathbf{A}\,\boldsymbol{v} \in \mathbb{R}^2 \mid |\boldsymbol{v}| = 1\}$. Ermitteln Sie letztlich die Eigenwerte und Eigenvektoren von $\mathbf{A}$.

Lösungen

Verständnisfragen

18.1 • (a) Ja, zum Eigenwert λ^2.

(b) Ja, zum Eigenwert λ^{-1}.

18.2 •• –

18.3 • –

18.4 • –

18.5 •• Die Matrix hat den n-fachen Eigenwert 0.

18.6 •• Ja, ähnliche Matrizen haben dieselben Eigenwerte mit den gleichen algebraischen und geometrischen Vielfachheiten.

18.7 •• Die Matrizen $\mathbf{A}$ und $\mathbf{A}^T$ haben dieselben Eigenwerte und auch jeweils dieselben algebraischen und geometrischen Vielfachheiten.

18.8 • Nein.

Rechenaufgaben

18.9 • (a) Es ist 2 der einzige Eigenwert von $\mathbf{A}$ und jeder Vektor aus $\left\langle\begin{pmatrix}1\\1\end{pmatrix}\right\rangle \setminus \{\mathbf{0}\}$ ist ein Eigenvektor zum Eigenwert 2 von $\mathbf{A}$.

(b) Es sind ± 1 die beiden Eigenwert von $\mathbf{B}$ und jeder Vektor aus $\left\langle\begin{pmatrix}1\\1\end{pmatrix}\right\rangle\setminus\{\mathbf{0}\}$ ist ein Eigenvektor zum Eigenwert 1 von $\mathbf{B}$ und jeder Vektor aus $\left\langle\begin{pmatrix}1\\-1\end{pmatrix}\right\rangle \setminus \{\mathbf{0}\}$ ist ein Eigenvektor zum Eigenwert -1 von $\mathbf{B}$.

(c) Im Fall $b = 0$ sind die Eigenwerte a und d mit den zugehörigen Eigenvektoren $\boldsymbol{e}_1$ und $\boldsymbol{e}_2$. Für $b \neq 0$ sind die Eigenwerte $\lambda_{1,2} = \frac{a+d\pm\omega}{2}$ mit $\omega = \sqrt{(a-d)^2 + 4b^2}$ und die Eigenräume

$$\mathrm{Eig}_C(\lambda_{1,2}) = \left\langle\begin{pmatrix}-b\\ \frac{a-d\mp\omega}{2}\end{pmatrix}\right\rangle.$$

18.10 •• (a) Die Matrix $\mathbf{A}$ ist nicht diagonalisierbar. (b) Die Matrix $\mathbf{B}$ ist diagonalisierbar. (c) Die Matrix ist diagonalisierbar.

18.11 •• Es ist $\mathbf{S} = \frac{1}{\sqrt{6}}\begin{pmatrix}-\sqrt{3} & -1 & \sqrt{2}\\ \sqrt{3} & -1 & \sqrt{2}\\ 0 & 2 & \sqrt{2}\end{pmatrix}$.

18.12 •• (b) ${}_{E_3}\boldsymbol{M}(\varphi)_{E_3} = \begin{pmatrix}1 & 0 & -a^2 & -2a^3\\ 0 & 1 & 2a & 3a^2\\ 0 & 0 & 0 & 0\\ 0 & 0 & 0 & 0\end{pmatrix}$.

(c) Es ist $B = (a^2 - 2aX + X^2, 2a^3 - 3a^2X + X^3, 1, X)$ eine geeignete geordnete Basis, es gilt

$${}_B\boldsymbol{M}(\varphi)_B = \begin{pmatrix}0 & 0 & 0 & 0\\ 0 & 0 & 0 & 0\\ 0 & 0 & 1 & 0\\ 0 & 0 & 0 & 1\end{pmatrix}.$$

Anwendungsprobleme

18.13 •• Die drei Arten a_2, a_3, a_4 werden die Art a_1 verdrängen und gleichhäufig vorkommen.

18.14 •• $b(t) = -\frac{10}{9}\mathrm{e}^{-t} + \frac{10}{9}\mathrm{e}^{-t/10}$ und $d(t) = \mathrm{e}^{-t}$.

18.15 •• –

18.16 ••• –

18.17 •• (a) Die Einheitskreislinie wird auf eine Ellipse mit den Halbachsen 2 und 8 abgebildet. (b) Die zwei Geraden $\left\langle\begin{pmatrix}1\\1\end{pmatrix}\right\rangle$ und $\left\langle\begin{pmatrix}1\\-1\end{pmatrix}\right\rangle$ werden auf sich abgebildet.

Lösungswege

Verständnisfragen

18.1 • (a) Aus $\mathbf{A}\,\boldsymbol{v} = \lambda\,\boldsymbol{v}$ folgt

$$\mathbf{A}^2\,\boldsymbol{v} = \mathbf{A}(\lambda\,\boldsymbol{v}) = \lambda^2\,\boldsymbol{v},$$

sodass also $\boldsymbol{v}$ ein Eigenvektor zum Eigenwert λ^2 von $\mathbf{A}^2$ ist.

(b) Aus $\mathbf{A}\,\boldsymbol{v} = \lambda\,\boldsymbol{v}$ folgt

$$\boldsymbol{v} = \mathbf{A}^{-1}(\mathbf{A}\,\boldsymbol{v}) = \mathbf{A}^{-1}(\lambda\,\boldsymbol{v}) = \lambda\,(\mathbf{A}^{-1}\boldsymbol{v}),$$

sodass also $\boldsymbol{v}$ ein Eigenvektor zum Eigenwert λ^{-1} von $\mathbf{A}^{-1}$ ist.

18.2 •• Wenn die Matrix $\mathbf{A}$ einen Eigenwert λ hat, so existiert ein Vektor $\boldsymbol{v} \neq \mathbf{0}$ mit

$$\boldsymbol{v} = \mathbf{A}^2\,\boldsymbol{v} = \mathbf{A}\,(\lambda\,\boldsymbol{v}) = \lambda^2\,\boldsymbol{v},$$

sodass also $(\lambda^2 - 1)\,\boldsymbol{v} = \mathbf{0}$ gilt. Weil $\boldsymbol{v} \neq \mathbf{0}$ ist, folgt also $\lambda^2 - 1 = 0$, d. h. $\lambda = 1$ oder $\lambda = -1$. Damit ist gezeigt: Die Matrix $\mathbf{A}$ kann höchstens die Eigenwerte 1 oder -1 haben. Nun überlegen wir uns noch, dass $\mathbf{A}$ auch tatsächlich einen dieser Eigenwerte hat. Wegen

$$\mathbf{0} = \mathbf{A}^2 - \mathbf{E}_n = (\mathbf{A} - \mathbf{E}_n)\,(\mathbf{A} - \mathbf{E}_n)$$

folgt mit dem Determinantenmultiplikationssatz

$$\det(\mathbf{A} - \mathbf{E}_n) = 0 \text{ oder } \det(\mathbf{A} + \mathbf{E}_n) = 0,$$

sodass also 1 oder -1 auch tatsächlich ein Eigenwert ist.

18.3 • 1. Das zweite Bild zeigt das Bild des Quadrats unter der Abbildung Φ_1. Wir sehen, dass das Quadrat in Richtung $(0,1)^\top$ um Faktor 2 gestreckt wird, in Richtung $(1,0)^\top$ keine Änderung vorliegt. Das heisst, dass $\Phi_1((0,1)^\top) = 2(0,1)^\top$ und $\Phi_1((1,0)^\top) = (1,0)^\top$. Damit haben wir schon die zwei Eigenwerte $\lambda_1 = 2$ und $\lambda_2 = 1$ von Φ_1 bestimmt und kennen auch Eigenvektoren $(0,1)^\top$ und $(1,0)^\top$.

2. Im dritten Bild sehen wir das Bild des Quadrats unter Φ_2, wo offenbar die Punkte D und B auf den Ursprung abgebildet wurden. Das bedeutet, dass $\Phi_2((-1,1)^\top) = (0,0)^\top$, und

wir erhalten den ersten Eigenwert $\lambda_1 = 0$ mit einem Eigenvektor $(-1, 1)^\top$. Die Punkte A und C wurden nicht nur um Faktor 2 gestreckt, sondern auch am Ursprung gespiegelt, also ist $\Phi_2((1,1)^\top) = -2(1,1)^\top$, und wir erhalten den zweiten Eigenwert $\lambda_2 = -2$ mit Eigenvektor $(1,1)^\top$. Diese Abbildung ist aber weder eine Projektion, noch eine Spiegelung oder Streckung im klassischen Sinne, doch bezogen auf den Eigenwert 0 hat sie zumindest einen Charakter einer Projektion auf die Gerade $G: x_1 - x_2 = 0$.

3. Das vierte Bild zeigt das Bild unter Φ_3, wir können eine Rotation um 45° erkennen, die Abbildungsmatrix so einer Rotation lautet:

$$A = \begin{pmatrix} \cos\frac{\pi}{4} & -\sin\frac{\pi}{4} \\ \sin\frac{\pi}{4} & \cos\frac{\pi}{4} \end{pmatrix} = \frac{\sqrt{2}}{2}\begin{pmatrix} 1 & -1 \\ 1 & 1 \end{pmatrix}$$

Diese Matrix hat das charakteristische Polynom $p(\lambda) = \det(A - \lambda I) = \lambda^2 - \sqrt{2}\lambda + 1$ mit den Nullstellen $\lambda_1 = \frac{1}{2}\sqrt{2}(1+i)$ und $\lambda_2 = \frac{1}{2}\sqrt{2}(1-i)$. Die Eigenvektoren kann man nun durch $(A - \lambda_1 I)x = 0$ und $(A - \lambda_2 I)x = 0$ bestimmen, sie lauten $\mu(1,-i)^\top$ und $\mu(1,i)^\top$ für $\mu \in \mathbb{R} \setminus \{0\}$– diese kann man aber nicht mehr einzeichnen.

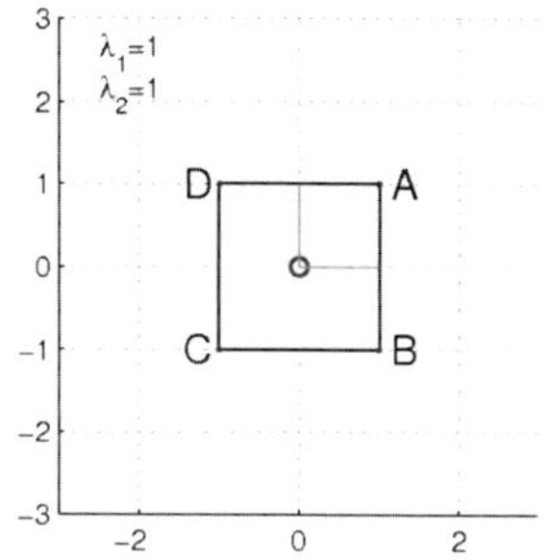

Abb. 1

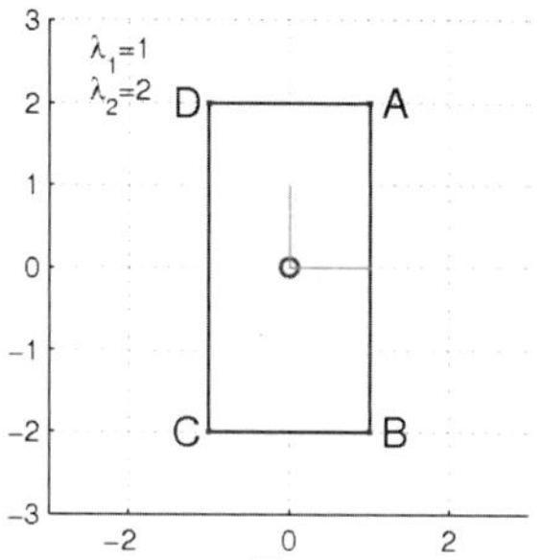

Abb. 2

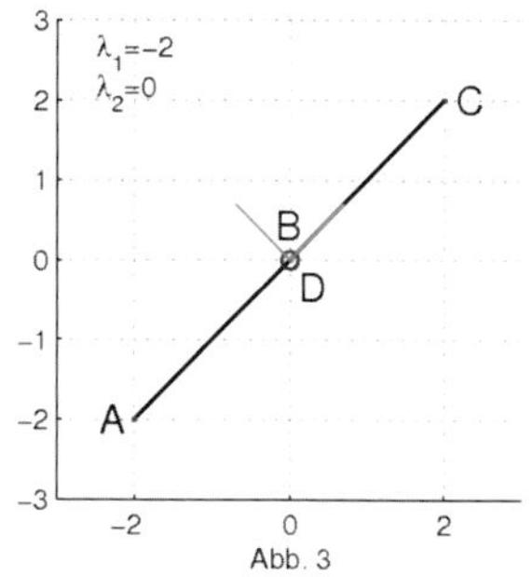

Abb. 3

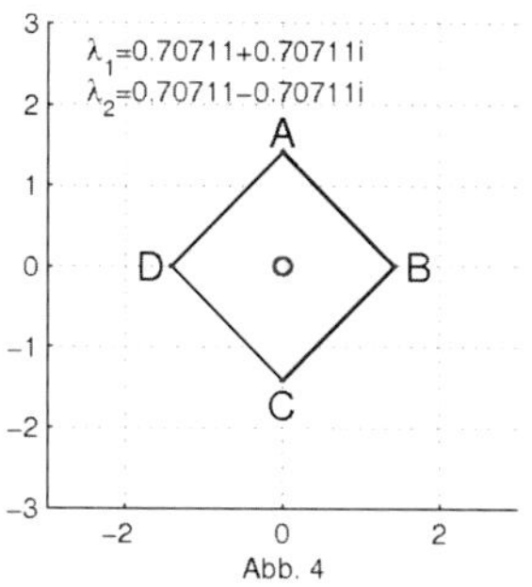

Abb. 4

18.4 • Das gilt wegen $\overline{\mathbf{B}}^T = (\overline{\mathbf{A}\overline{\mathbf{A}}^T})^T = (\overline{\mathbf{A}}\mathbf{A}^T)^T = \mathbf{A}\overline{\mathbf{A}}^T = \mathbf{B}$.

18.5 •• (a) Aus $\mathbf{A}^p = 0$ folgt $\det(\mathbf{A}) = 0$ wegen $0 = \det(\mathbf{A}^p) = \det(\mathbf{A})^p$. Damit ist $\mathbf{A}$ nicht invertierbar.

(b) Ist $\lambda \in \mathbb{C}$ ein Eigenwert von $\mathbf{A}$, so gibt es einen Eigenvektor $\boldsymbol{v} \in \mathbb{C}^n$ zum Eigenwert λ. Dann gilt mit $\mathbf{A}\,\boldsymbol{v} = \lambda\,\boldsymbol{v}$

$$\mathbf{0} = (\mathbf{A}^p)\,\boldsymbol{v} = \mathbf{A}^{p-1}\,(\mathbf{A}\,\boldsymbol{v}) = \lambda\,\mathbf{A}^{p-1}\,\boldsymbol{v} = \ldots = \lambda^p\,\boldsymbol{v}\,.$$

Wegen $\boldsymbol{v} \neq \mathbf{0}$ gilt $\lambda^p = 0$, also folgt $\lambda = 0$.

Somit kann höchstens 0 ein Eigenwert sein. Aufgrund des Fundamentalsatzes der Algebra ist aber 0 dann auch Eigenwert von $\mathbf{A}$, weil das charakteristische Polynom $\chi_{\mathbf{A}}$ in Linearfaktoren zerfällt und es somit Eigenwerte gibt. Da $\chi_{\mathbf{A}}$ keine weiteren Nullstellen haben kann, muss 0 eine n-fache Nullstelle sein; es gilt also $\chi_{\mathbf{A}} = \pm X^n$.

(c) Mit dem Satz von Cayley-Hamilton folgt $\chi_{\mathbf{A}}(\mathbf{A}) = \mathbf{0}$. Also $\mathbf{A}^n = 0$, und damit ist $p \leq n$ bewiesen.

18.6 •• Weil ähnliche Matrizen dieselben charakteristischen Polynome haben, haben ähnliche Matrizen auch dieselben Eigenwerte mit denselben algebraischen Vielfachheiten. Es gilt

$$\begin{aligned} \mathbf{A}\,\boldsymbol{v} = \lambda\,\boldsymbol{v} &\Leftrightarrow \mathbf{S}^{-1}\,\mathbf{A}\,\boldsymbol{v} = \mathbf{S}^{-1}\,(\lambda\,\boldsymbol{v}) = \lambda\,(\mathbf{S}^{-1}\,\boldsymbol{v}) \\ &\Leftrightarrow (\mathbf{S}^{-1}\,\mathbf{A}\,\mathbf{S})\,(\mathbf{S}^{-1}\,\boldsymbol{v}) = \lambda\,(\mathbf{S}^{-1}\,\boldsymbol{v})\,. \end{aligned}$$

Die bijektive lineare Abbildung $\boldsymbol{v} \mapsto \mathbf{S}^{-1}\,\boldsymbol{v}$ bildet demnach den Eigenraum $\mathrm{Eig}_{\mathbf{A}}(\lambda)$ von $\mathbf{A}$ zu einem Eigenwert λ auf den entsprechenden Eigenraum $\mathrm{Eig}_{\mathbf{S}^{-1}\mathbf{A}\mathbf{S}}(\lambda)$ von $\mathbf{S}^{-1}\,\mathbf{A}\,\mathbf{S}$ ab. Das impliziert $\dim \mathrm{Eig}_{\mathbf{A}}(\lambda) = \dim \mathrm{Eig}_{\mathbf{S}^{-1}\mathbf{A}\mathbf{S}}(\lambda)$. Also stimmen auch die geometrischen Vielfachheiten überein.

18.7 •• Wegen

$$\begin{aligned} \chi_{\mathbf{A}} &= \det(\mathbf{A} - X\,\mathbf{E}_n) = \det\left((\mathbf{A} - X\,\mathbf{E}_n)^T\right) \\ &= \det(\mathbf{A}^T - X\,\mathbf{E}_n) = \chi_{\mathbf{A}^T} \end{aligned}$$

haben $\mathbf{A}$ und $\mathbf{A}^T$ dieselben Eigenwerte mit jeweils denselben algebraischen Vielfachheiten. Auch die geometrischen Vielfachheiten stimmen überein: Ist nämlich λ ein Eigenwert von $\mathbf{A}$, so gilt für die Dimension des Eigenraumes zum Eigenwert λ:

$$\begin{aligned} \dim \mathrm{Eig}_{\mathbf{A}}(\lambda) &= \dim \mathrm{Ker}(\mathbf{A} - \lambda\,\mathbf{E}_n) \\ &= n - \mathrm{rg}(\mathbf{A} - \lambda\,\mathbf{E}_n) \\ &= n - \mathrm{rg}(\mathbf{A}^T - \lambda\,\mathbf{E}_n) \\ &= \dim \mathrm{Ker}(\mathbf{A}^T - \lambda\,\mathbf{E}_n) \\ &= \dim \mathrm{Eig}_{\mathbf{A}^T}(\lambda) \end{aligned}$$

18.8 • Die Aussage ist falsch. Als Beispiel betrachten wir

$$\mathbf{A} = \begin{pmatrix} 1 & 1 \\ 0 & 1 \end{pmatrix}, \quad \mathbf{A}^T\,\mathbf{A} = \begin{pmatrix} 1 & 1 \\ 1 & 2 \end{pmatrix}.$$

Die Eigenwerte von $\mathbf{A}^T\,\mathbf{A}$ sind die Nullstellen von $X^2 - 3\,X + 1$, d. h. $\lambda_{1/2} = (3 \pm \sqrt{5})/2$, während $\mathbf{A}$ den zweifachen Eigenwert $\lambda = 1$ hat.

Rechenaufgaben

18.9 • (a) Wir berechnen das charakteristische Polynom der Matrix **A**

$$\chi_{\mathbf{A}} = \det\begin{pmatrix} 3-X & -1 \\ 1 & 1-X \end{pmatrix} = (2-X)^2 .$$

Die einzige Nullstelle von $\chi_{\mathbf{A}}$ ist 2, also ist 2 der einzige Eigenwert von A mit der algebraischen Vielfachheit 2. Den Eigenraum $\mathrm{Eig}_{\mathbf{A}}(2)$ zum Eigenwert 2 erhalten wir als Kern der Matrix $(\mathbf{A} - 2\,\mathbf{E}_2)$

$$\mathrm{Eig}_{\mathbf{A}}(2) = \mathrm{Ker}\begin{pmatrix} 1 & -1 \\ 1 & -1 \end{pmatrix} = \left\langle \begin{pmatrix} 1 \\ 1 \end{pmatrix} \right\rangle .$$

Damit ist jeder Vektor aus $\left\langle \begin{pmatrix} 1 \\ 1 \end{pmatrix} \right\rangle \setminus \{\mathbf{0}\}$ ein Eigenvektor zum Eigenwert 2 von **A**.

(b) Wir berechnen das charakteristische Polynom der Matrix **B**

$$\chi_{\mathbf{B}} = \det\begin{pmatrix} -X & 1 \\ 1 & -X \end{pmatrix} = (-1-X)\,(1-X) .$$

Die beiden Nullstellen von $\chi_{\mathbf{B}}$ sind ± 1, also gibt es zwei Eigenwerte mit der jeweiligen algebraischen Vielfachheit 1. Die Eigenräume $\mathrm{Eig}_{\mathbf{B}}(1)$ und $\mathrm{Eig}_{\mathbf{B}}(-1)$ zu den beiden Eigenwerten 1 und -1 erhalten wir als Kerne der Matrizen $(\mathbf{B} - 1\,\mathbf{E}_2)$ und $(\mathbf{B} + 1\,\mathbf{E}_2)$:

$$\mathrm{Eig}_{\mathbf{B}}(1) = \mathrm{Ker}\begin{pmatrix} -1 & 1 \\ 1 & -1 \end{pmatrix} = \left\langle \begin{pmatrix} 1 \\ 1 \end{pmatrix} \right\rangle$$

$$\mathrm{Eig}_{\mathbf{B}}(-1) = \mathrm{Ker}\begin{pmatrix} 1 & 1 \\ 1 & 1 \end{pmatrix} = \left\langle \begin{pmatrix} 1 \\ -1 \end{pmatrix} \right\rangle$$

Damit ist jeder Vektor aus $\left\langle \begin{pmatrix} 1 \\ 1 \end{pmatrix} \right\rangle \setminus \{\mathbf{0}\}$ ein Eigenvektor zum Eigenwert 1 von **B** und jeder Vektor aus $\left\langle \begin{pmatrix} 1 \\ -1 \end{pmatrix} \right\rangle \setminus \{\mathbf{0}\}$ ein Eigenvektor zum Eigenwert -1 von **B**.

(c) Im Fall $b = 0$ sind die Eigenwerte a und d mit den zugehörigen Eigenvektoren $\boldsymbol{e}_1$ und $\boldsymbol{e}_2$. Daher setzen wir nun $b \neq 0$ voraus. Wir berechnen das charakteristische Polynom der Matrix **C**

$$\chi_{\mathbf{C}} = \det\begin{pmatrix} a-X & b \\ b & d-X \end{pmatrix} = X^2 - (a+d)\,X + a\,d - b^2 .$$

Die beiden Nullstellen von $\chi_{\mathbf{C}}$ sind die reellen Zahlen

$$\lambda_1 = \frac{a + c + \sqrt{(a-d)^2 + 4\,b^2}}{2},$$
$$\lambda_2 = \frac{a + c - \sqrt{(a-d)^2 + 4\,b^2}}{2}.$$

Mit der Abkürzung $\omega = \sqrt{(a-d)^2 + 4\,b^2}$ lassen sich λ_1 und λ_2 schreiben als

$$\lambda_1 = \frac{a + c + \omega}{2}, \quad \lambda_2 = \frac{a + c - \omega}{2}.$$

Wegen $b \neq 0$ gibt es zwei verschiedene Eigenwerte mit der jeweiligen algebraischen Vielfachheit 1. Die Eigenräume $\mathrm{Eig}_{\mathbf{C}}(\lambda_1)$ und $\mathrm{Eig}_{\mathbf{C}}(\lambda_2)$ zu den beiden Eigenwerten λ_1 und λ_2 erhalten wir als Kerne der Matrizen $(\mathbf{C} - \lambda_1 \mathbf{E}_2)$ und $(\mathbf{C} - \lambda_2 \mathbf{E}_2)$:

$$\mathrm{Eig}_{\mathbf{C}}(\lambda_1) = \mathrm{Ker}(\mathbf{C} - \lambda_1 \mathbf{E}_2)$$

Da die geometrische Vielfachheit von λ_1 gleich 1 ist und $b \neq 0$ gilt, können wir die zweite Zeile durch eine Nullzeile ersetzen und erhalten wegen $a - \lambda_1 = \frac{1}{2}(a - d - \omega)$

$$\mathrm{Eig}_{\mathbf{C}}(\lambda_1) = \mathrm{Ker}\begin{pmatrix} \frac{a-d-\omega}{2} & b \\ 0 & 0 \end{pmatrix} = \left\langle \begin{pmatrix} -b \\ \frac{a-d-\omega}{2} \end{pmatrix} \right\rangle .$$

Analog erhalten wir

$$\mathrm{Eig}_{\mathbf{C}}(\lambda_2) = \mathrm{Ker}\begin{pmatrix} a - \lambda_2 & b \\ 0 & 0 \end{pmatrix} = \left\langle \begin{pmatrix} -b \\ \frac{a-d+\omega}{2} \end{pmatrix} \right\rangle .$$

Damit ist jeder Vektor aus $\left\langle \begin{pmatrix} -b \\ \frac{a-d-\omega}{2} \end{pmatrix} \right\rangle \setminus \{0\}$ ein Eigenvektor zum Eigenwert λ_1 von **C** und jeder Vektor aus $\left\langle \begin{pmatrix} -b \\ \frac{a-d+\omega}{2} \end{pmatrix} \right\rangle \setminus \{0\}$ ein Eigenvektor zum Eigenwert λ_2 von **C**.

18.10 •• (a) Das charakteristische Polynom von **A** ist

$$\chi_{\mathbf{A}} = \begin{vmatrix} 1-X & \mathrm{i} \\ \mathrm{i} & -1-X \end{vmatrix} = -(1 - X^2) + 1 = X^2 ,$$

sodass **A** den zweifachen Eigenwert 0 hat. Der Eigenraum zum Eigenwert 0 ist aber nicht zweidimensional, da **A** nicht die Nullmatrix ist. Nach dem Kriterium für Diagonalisierbarkeit von S. 662 ist **A** nicht diagonalisierbar.

(b) Das charakteristische Polynom von **B** ist

$$\chi_{\mathbf{B}} = \begin{vmatrix} 3-X & 0 & 7 \\ 0 & 1-X & 0 \\ 7 & 0 & 3-X \end{vmatrix} = (1-X)\,(10-X)\,(-4-X) ,$$

sodass **A** die drei jeweils einfachen Eigenwerte 1, 10 und -4 hat. Damit ist nun schon klar, dass **B** diagonalisierbar ist, da die geometrische Vielfachheit für jeden Eigenwert mindestens 1 ist. (Eigentlich folgt die Diagonalisierbarkeit auch schon aus der Symmetrie der Matrix $\boldsymbol{M}$.)

Wir bestimmen nun die Eigenräume zu den drei Eigenwerten:

$$\mathrm{Eig}_{\mathbf{B}}(1) = \left\langle \begin{pmatrix} 0 \\ 1 \\ 0 \end{pmatrix} \right\rangle$$

$$\mathrm{Eig}_{\mathbf{B}}(10) = \mathrm{Ker} \begin{pmatrix} -7 & 0 & 7 \\ 0 & -9 & 0 \\ 7 & 0 & -7 \end{pmatrix} = \left\langle \begin{pmatrix} 1 \\ 0 \\ 1 \end{pmatrix} \right\rangle$$

$$\mathrm{Eig}_{\mathbf{B}}(-4) = \mathrm{Ker} \begin{pmatrix} 7 & 0 & 7 \\ 0 & 5 & 0 \\ 7 & 0 & 7 \end{pmatrix} = \left\langle \begin{pmatrix} 1 \\ 0 \\ -1 \end{pmatrix} \right\rangle$$

Wir setzen $\boldsymbol{b}_1 := \begin{pmatrix} 0 \\ 1 \\ 0 \end{pmatrix}$, $\boldsymbol{b}_2 := \begin{pmatrix} 1 \\ 0 \\ 1 \end{pmatrix}$, $\boldsymbol{b}_3 := \begin{pmatrix} 1 \\ 0 \\ -1 \end{pmatrix}$. Es gilt nun mit der Matrix $\mathbf{S} = ((\boldsymbol{b}_1, \boldsymbol{b}_2, \boldsymbol{b}_3))$ die Gleichung

$$\begin{pmatrix} 1 & 0 & 0 \\ 0 & 10 & 0 \\ 0 & 0 & -4 \end{pmatrix} = \mathbf{S}^{-1}\,\mathbf{B}\,\mathbf{S}\,.$$

Kommentar Die Matrix $\mathbf{B}$ ist symmetrisch. Also gibt es eine orthogonale Matrix, die $\mathbf{B}$ auf Diagonalgestalt transformiert. Die von uns bestimmte Matrix $\mathbf{S}$ transformiert zwar $\mathbf{B}$ auf Diagonalgestalt, ist aber nicht orthogonal. Man müsste aber nur noch die Spalten von $\mathbf{S}$ normieren. ◀

(c) Das charakteristische Polynom von $\mathbf{C}$ ist

$$\begin{aligned} \chi_{\mathbf{C}} &= \frac{1}{27} \begin{vmatrix} 1-3X & 2 & 2 \\ 2 & -2-3X & 1 \\ 2 & 1 & -2-3X \end{vmatrix} \\ &= \frac{1}{27}(-27X^3 - 27X^2 + 27X + 27) \\ &= (-1-X)^2(1-X)\,, \end{aligned}$$

sodass $\mathbf{A}$ den zweifachen Eigenwert -1 und den einfachen Eigenwert 1 hat.

Wir bestimmen nun die Eigenräume zu den beiden Eigenwerten:

$$\mathrm{Eig}_{\mathbf{B}}(-1) = \mathrm{Ker} \begin{pmatrix} 4 & 2 & 2 \\ 2 & 1 & 1 \\ 2 & 1 & 1 \end{pmatrix} = \left\langle \begin{pmatrix} 0 \\ 1 \\ -1 \end{pmatrix}, \begin{pmatrix} 1 \\ 0 \\ -2 \end{pmatrix} \right\rangle$$

$$\mathrm{Eig}_{\mathbf{B}}(1) = \mathrm{Ker} \begin{pmatrix} -2 & 2 & 2 \\ 2 & -5 & 1 \\ 2 & 1 & -5 \end{pmatrix} = \left\langle \begin{pmatrix} 2 \\ 1 \\ 1 \end{pmatrix} \right\rangle$$

Wir setzen $\boldsymbol{b}_1 := \begin{pmatrix} 0 \\ 1 \\ -1 \end{pmatrix}$, $\boldsymbol{b}_2 := \begin{pmatrix} 1 \\ 0 \\ -2 \end{pmatrix}$, $\boldsymbol{b}_3 := \begin{pmatrix} 2 \\ 1 \\ 1 \end{pmatrix}$. Es gilt nun mit der Matrix $\mathbf{S} = ((\boldsymbol{b}_1, \boldsymbol{b}_2, \boldsymbol{b}_3))$ die Gleichung

$$\begin{pmatrix} -1 & 0 & 0 \\ 0 & -1 & 0 \\ 0 & 0 & 1 \end{pmatrix} = \mathbf{S}^{-1}\,\mathbf{B}\,\mathbf{S}\,.$$

18.11 •• Als charakteristisches Polynom erhalten wir

$$\chi_{\mathbf{A}} = -X^3 + 30\,X^2 - 108\,X + 104 = -(X-2)^2\,(X-26)\,.$$

Also sind 2 ein Eigenwert der algebraischen Vielfachheit 2 und 26 ein solcher der algebraischen Vielfachheit 1.

Wir bestimmen die Eigenräume

$$\begin{aligned} \mathrm{Eig}_{\mathbf{A}}(2) &= \mathrm{Ker}(\mathbf{A} - 2\,\mathbf{E}_3) = \mathrm{Ker} \begin{pmatrix} 8 & 8 & 8 \\ 8 & 8 & 8 \\ 8 & 8 & 8 \end{pmatrix} \\ &= \mathrm{Ker} \begin{pmatrix} 1 & 1 & 1 \\ 0 & 0 & 0 \\ 0 & 0 & 0 \end{pmatrix} = \left\langle \begin{pmatrix} -1 \\ 1 \\ 0 \end{pmatrix}, \begin{pmatrix} -1 \\ 0 \\ 1 \end{pmatrix} \right\rangle \end{aligned}$$

und

$$\begin{aligned} \mathrm{Eig}_{\mathbf{A}}(26) &= \mathrm{Ker}(\mathbf{A} - 26\,\mathbf{E}_3) \\ &= \mathrm{Ker} \begin{pmatrix} -16 & 8 & 8 \\ 8 & -16 & 8 \\ 8 & 8 & -16 \end{pmatrix} \\ &= \mathrm{Ker} \begin{pmatrix} 2 & -1 & -1 \\ 1 & -2 & 1 \\ 1 & 1 & -2 \end{pmatrix} \\ &= \mathrm{Ker} \begin{pmatrix} 1 & 1 & -2 \\ 0 & 1 & -1 \\ 0 & 0 & 0 \end{pmatrix} = \left\langle \begin{pmatrix} 1 \\ 1 \\ 1 \end{pmatrix} \right\rangle. \end{aligned}$$

Wir konstruieren nun aus der Basis

$$\left\{ \boldsymbol{b}_1 := \begin{pmatrix} -1 \\ 1 \\ 0 \end{pmatrix}, \boldsymbol{b}_2 := \begin{pmatrix} -1 \\ 0 \\ 1 \end{pmatrix} \right\}$$

des Eigenraumes zum Eigenwert 2 eine Orthonormalbasis. Der Vektor

$$\boldsymbol{c}_1 := \frac{1}{\sqrt{2}} \begin{pmatrix} -1 \\ 1 \\ 0 \end{pmatrix}.$$

hat die Länge 1, und der Vektor

$$\boldsymbol{b}' := \boldsymbol{b}_2 - (\boldsymbol{b}_2 \cdot \boldsymbol{b}_1)\,\boldsymbol{b}_1 = \begin{pmatrix} -1/2 \\ -1/2 \\ 1 \end{pmatrix}$$

steht senkrecht auf $\boldsymbol{c}_1$ und ist eine Linearkombination von $\boldsymbol{b}_1$ und $\boldsymbol{b}_2$, sodass also $\{\boldsymbol{c}_1, \boldsymbol{b}'\}$ auch eine Basis aus Eigenvektoren des Eigenraumes zum Eigenwert 2 ist. Wir normieren den Vektor $\boldsymbol{b}'$ und erhalten damit eine Orthonormalbasis; mit

$$\boldsymbol{c}_2 := \frac{1}{\sqrt{6}} \cdot \begin{pmatrix} -1 \\ -1 \\ 2 \end{pmatrix}$$

gilt:

$$B_1 := (\boldsymbol{c}_1, \boldsymbol{c}_2)$$

ist eine geordnete Orthonormalbasis des Eigenraumes $\mathrm{Eig}_{\mathbf{A}}(2)$. Weil der den Eigenraum zum Eigenwert 26 erzeugende Vektor senkrecht auf den Vektoren $\boldsymbol{c}_1$ und $\boldsymbol{c}_2$ steht, ist damit die folgende Basis eine Orthonormalbasis des $\mathbb{R}^3$, die aus Eigenvektoren der Matrix $\mathbf{A}$ besteht

$$B = \left(\frac{1}{\sqrt{2}} \cdot \begin{pmatrix} -1 \\ 1 \\ 0 \end{pmatrix}, \frac{1}{\sqrt{6}} \cdot \begin{pmatrix} -1 \\ -1 \\ 2 \end{pmatrix}, \frac{1}{\sqrt{3}} \cdot \begin{pmatrix} 1 \\ 1 \\ 1 \end{pmatrix} \right).$$

Kommentar Wir hätten den Eigenraum von Eigenwert 26 gar nicht explizit bestimmen müssen. Ein Vektor, der diesen (eindimensionalen) Eigenraum aufspannt, muss ja zwangsläufig senkrecht auf den beiden Vektoren $\boldsymbol{c}_1$ und $\boldsymbol{c}_2$ stehen. Also hätten wir irgendeinen solchen Vektor wählen können und diesen dann nach Normieren als Element einer Orthonormalbasis wählen können. Eine einfache Methode, einen zu zwei Vektoren des $\mathbb{R}^3$ senkrechten Vektor des $\mathbb{R}^3$ zu bestimmen, liefert das Vektorprodukt (siehe Kap. 19). ◀

Mit der Matrix

$$\mathbf{S} := ((\boldsymbol{c}_1, \boldsymbol{c}_2, \boldsymbol{c}_3)) = \frac{1}{\sqrt{6}} \cdot \begin{pmatrix} -\sqrt{3} & -1 & \sqrt{2} \\ \sqrt{3} & -1 & \sqrt{2} \\ 0 & 2 & \sqrt{2} \end{pmatrix}$$

gilt nun die Gleichung

$$\begin{pmatrix} 2 & 0 & 0 \\ 0 & 2 & 0 \\ 0 & 0 & 26 \end{pmatrix} = \mathbf{S}^{-1} \mathbf{A} \mathbf{S}.$$

18.12 •• (a) Es gilt für alle $\lambda \in \mathbb{R}$ und $\boldsymbol{p}, \boldsymbol{q} \in \mathbb{R}[X]_3$

$$\begin{aligned} \varphi(\lambda\, \boldsymbol{p} + \boldsymbol{q}) &= \lambda\, \boldsymbol{p}(a) + \boldsymbol{q}(a) + \lambda\, \boldsymbol{p}'(a)(X - a) \\ &\quad + \boldsymbol{q}'(a)(X - a) = \lambda\, \varphi(\boldsymbol{p}) + \varphi(\boldsymbol{q}), \end{aligned}$$

also ist φ eine lineare Abbildung.

(b) Es gilt

$$\begin{aligned} &\varphi(1) = 1, \ \varphi(X) = X, \\ &\varphi(X^2) = -a^2 + 2\, a\, X, \ \varphi(X^3) = -2\, a^3 + 3\, a^2\, X. \end{aligned}$$

Damit erhalten wir

$${}_{E_3}\boldsymbol{M}(\varphi)_{E_3} = \begin{pmatrix} 1 & 0 & -a^2 & -2\,a^3 \\ 0 & 1 & 2\,a & 3\,a^2 \\ 0 & 0 & 0 & 0 \\ 0 & 0 & 0 & 0 \end{pmatrix} =: \mathbf{A}.$$

(c) Wegen $\mathrm{rg}(\mathbf{A}) = 2$ hat der Kern von φ die Dimension 2, und dabei haben die Koordinatenvektoren einer Basis des Kerns von φ die Form

$$\begin{pmatrix} a^2 \\ -2\,a \\ 1 \\ 0 \end{pmatrix}, \begin{pmatrix} 2\,a^3 \\ -3\,a^2 \\ 0 \\ 1 \end{pmatrix}.$$

Damit erhalten wir Basisvektoren des Kerns von φ, d. h. eine Basis des Eigenraumes zum Eigenwert 0 der Matrix ${}_{E_3}\boldsymbol{M}(\varphi)_{E_3}$

$$\mathrm{Ker}(\varphi) = \left\langle \underbrace{a^2 - 2\,a\,X + X^2}_{=:\boldsymbol{b}_1}, \underbrace{2\,a^3 - 3\,a^2\,X + X^3}_{=:\boldsymbol{b}_2} \right\rangle.$$

In (b) haben wir bereits gezeigt, dass die Koordinatenvektoren von 1 und X Eigenvektoren zum Eigenwert 1 von ${}_{E_3}\boldsymbol{M}(\varphi)_{E_3}$ sind, weil

$$\varphi(1) = 1 =: \boldsymbol{b}_3 \quad \text{und} \quad \varphi(X) = X =: \boldsymbol{b}_4$$

gilt. Weil die Darstellungsmatrix aber auch nicht mehr als vier linear unabhängige Eigenvektoren haben kann, bildet $B = (\boldsymbol{b}_1, \boldsymbol{b}_2, \boldsymbol{b}_3, \boldsymbol{b}_4)$ eine geordnete Basis von $\mathbb{R}[X]_3$ aus Eigenvektoren von φ. Die Darstellungsmatrix bezüglich der geordneten Basis B hat die Form

$${}_B\boldsymbol{M}(\varphi)_B = \begin{pmatrix} 0 & 0 & 0 & 0 \\ 0 & 0 & 0 & 0 \\ 0 & 0 & 1 & 0 \\ 0 & 0 & 0 & 1 \end{pmatrix}.$$

Anwendungsprobleme

18.13 •• Wir bestimmen die Eigenwerte und Eigenvektoren der Matrix $\mathbf{F}$. Dabei erhalten wir zuerst das charakteristische Polynom

$$\chi_{\mathbf{F}} = (1 - 2t - X)^2 (1 - X)(1 + t - X).$$

Also ist $1 + t$ ein maximaler Eigenwert. Die Vektoriteration auf S. 673 besagt nun, dass nach hinreichend vielen Fortpflanzungszyklen, was ja nichts anderes bedeutet, als die Matrix $\mathbf{F}$ wiederholt auf eine Startpopulation anzuwenden, eine Startpopulation ungleich $\begin{pmatrix} 1 \\ 0 \\ 0 \\ 0 \end{pmatrix}$ gegen einePopulationsverteilung konvergiert, die durch einen Eigenvektor zum Eigenwert $1 + t$ gegeben ist. Wir berechnen einen Eigenvektor zum Eigenwert $1 + t$:

$$\mathrm{Eig}_{\mathbf{F}}(1 + t) = \left\langle \begin{pmatrix} 0 \\ 1 \\ 1 \\ 1 \end{pmatrix} \right\rangle$$

Damit wird es keine dominierende Art geben, die drei Arten a_2, a_3, a_4 werden die Art a_1 verdrängen und gleichhäufig vorkommen.

18.14 •• Nach der Merkregel auf S. 678 ist die Abbildung $\boldsymbol{y} : t \mapsto \mathrm{e}^{t\,\mathbf{A}}\,\boldsymbol{v}$ mit $\boldsymbol{v} = \begin{pmatrix}1\\0\end{pmatrix}$ und $\mathbf{A} = \begin{pmatrix}-1 & 0\\ 1 & -\frac{1}{10}\end{pmatrix}$ die eindeutig bestimmte Lösung. Wir bestimmen $\mathrm{e}^{t\,\mathbf{A}}\,\boldsymbol{v}$.

Die Matrix $\mathbf{A}$ hat die beiden Eigenwerte $\lambda_1 = -1$ und $\lambda_2 = -\frac{1}{10}$. Wir erhalten die Eigenräume

$$\mathrm{Eig}_{\mathbf{A}}(-1) = \left\langle\begin{pmatrix}-9\\10\end{pmatrix}\right\rangle,$$

$$\mathrm{Eig}_{\mathbf{A}}\left(-\frac{1}{10}\right) = \left\langle\begin{pmatrix}0\\1\end{pmatrix}\right\rangle.$$

Es gilt nun mit der Matrix

$$\mathbf{S} = \begin{pmatrix}-9 & 0\\ 10 & 1\end{pmatrix} \quad \text{und}$$

$$\mathbf{S}^{-1} = -\frac{1}{9}\begin{pmatrix}1 & 0\\ -10 & -9\end{pmatrix}$$

nach der Merkregel auf S. 677:

$$\begin{aligned}\mathrm{e}^{t\,\mathbf{A}}\,\boldsymbol{v} &= \mathbf{S}\begin{pmatrix}\mathrm{e}^{-t} & 0\\ 0 & \mathrm{e}^{-t/10}\end{pmatrix}\mathbf{S}^{-1}\begin{pmatrix}1\\0\end{pmatrix}\\ &= -\frac{1}{10}\begin{pmatrix}-9\,\mathrm{e}^{-t}\\ 10\,\mathrm{e}^{-t} - 10\,\mathrm{e}^{-t/10}\end{pmatrix}\end{aligned}$$

Damit erhalten wir wegen $\boldsymbol{y} = \begin{pmatrix}d(t)\\b(t)\end{pmatrix}$ die Lösung

$$d(t) = \mathrm{e}^{-t} \text{ und } b(t) = -\frac{10}{9}\,(\mathrm{e}^{-t} - \mathrm{e}^{-t/10}).$$

Mit Methoden der Analysis kann man nun auch leicht zeigen, dass die Konzentration des Medikamentes bei $t = \frac{10}{9}\ln 10$ maximal ist.

18.15 •• Wir betrachten den Vektor $\boldsymbol{v}_j = \begin{pmatrix}v_{1j}\\ \vdots\\ v_{nj}\end{pmatrix}$. Dann gilt

$$\begin{aligned}\boldsymbol{y}_j'(t) &= \begin{pmatrix}(\mathrm{e}^{\lambda_j t}\,v_{1j})'\\ \vdots\\ (\mathrm{e}^{\lambda_j t}\,v_{nj})'\end{pmatrix} = \begin{pmatrix}\lambda_j\,\mathrm{e}^{\lambda_j t}\,v_{1j}\\ \vdots\\ \lambda_j\,\mathrm{e}^{\lambda_j t}\,v_{nj}\end{pmatrix}\\ &= \lambda_j\,\mathrm{e}^{\lambda_j t}\begin{pmatrix}v_{1j}\\ \vdots\\ v_{nj}\end{pmatrix} = \mathrm{e}^{\lambda_j t}(\lambda_j\,\boldsymbol{v}_j)\\ &= \mathrm{e}^{\lambda_j t}\,\mathbf{A}\,\boldsymbol{v}_j = \mathbf{A}\,(\mathrm{e}^{\lambda_j t}\,\boldsymbol{v}_j) = \mathbf{A}\,\boldsymbol{y}_j(t),\end{aligned}$$

d. h. $\boldsymbol{y}_j$ ist Lösung von $\boldsymbol{y}' = \mathbf{A}\,\boldsymbol{y}$. Offenbar gilt $\boldsymbol{y}_j(\mathbf{0}) = \boldsymbol{v}_j$.

Nun zeigen wir noch die lineare Unabhängigkeit der Vektoren $\boldsymbol{y}_1, \ldots, \boldsymbol{y}_r$.

Aus $\sum_{j=1}^{r} \mu_j\,\boldsymbol{y}_j = \mathbf{0} \in (\mathbb{C}^n)^{\mathbb{R}}$ mit $\mu_j \in \mathbb{C}$ folgt durch Einsetzen von $t = 0$:

$$\sum_{j=1}^{r} \mu_j\,\boldsymbol{v}_j = \sum_{j=1}^{r} \mu_j\,\boldsymbol{y}_j(\mathbf{0}) = \begin{pmatrix}0\\ \vdots\\ 0\end{pmatrix}$$

Da die Vektoren $\boldsymbol{v}_j$ Eigenvektoren zu verschiedenen Eigenwerten von $\mathbf{A}$ sind, sind $\boldsymbol{v}_1, \ldots, \boldsymbol{v}_r$ linear unabhängig. Es gilt also $\mu_j = 0$ für $1 \le j \le r$, und damit sind auch $\boldsymbol{y}_1, \ldots, \boldsymbol{y}_r$ linear unabhängig.

Kommentar Man überlegt sich leicht, dass die Lösungsmenge einer linearen Differenzialgleichung wie $\boldsymbol{y}' = \mathbf{A}\,\boldsymbol{y}$ ein Teilraum des $\mathbb{C}$-Vektorraums $(\mathbb{C}^n)^{\mathbb{R}}$ aller Abbildungen von $\mathbb{R}$ in $\mathbb{C}^n$ ist. Wir haben damit bewiesen, dass $\langle \boldsymbol{y}_1, \ldots, \boldsymbol{y}_r\rangle$ ein r-dimensionaler $\mathbb{C}$-Vektorraum ist, der nur aus Lösungen von $\boldsymbol{y}' = \mathbf{A}\,\boldsymbol{y}$ besteht. In der Analysis wird gezeigt, dass der Lösungsraum von $\boldsymbol{y}' = \mathbf{A}\,\boldsymbol{y}$, $\mathbf{A} \in \mathbb{C}^{n\times n}$, die Dimension n hat. Im Fall $r < n$ fehlen also noch Lösungen. Alle Lösungen kriegt man entweder in Gestalt aller Linearkombinationen der Spalten von $\exp(\mathbf{A}\,t)$ oder durch den Ansatz $\boldsymbol{y}(t) = \mathrm{e}^{\lambda_j t}(\boldsymbol{w}_{d_j} + t\,\boldsymbol{w}_{d_j-1} + \cdots + t^{d_j-1}\,\boldsymbol{w}_1)$, wobei d_j die algebraische Vielfachheit des Eigenwertes λ_j ist und $\boldsymbol{w}_s \in \mathrm{Ker}(\mathbf{A} - \lambda_j\,\mathbf{E}_n)^s$ für $1 \le s \le d_j$. ◀

18.16 ••• Wir führen das Produkt $\frac{1}{2}\,\boldsymbol{\omega}^T\,\mathbf{J}\,\boldsymbol{\omega}$ mit $\boldsymbol{\omega} = (\omega_i)$ aus und erhalten

$$\begin{aligned}T_0 = 1.0\frac{\mathrm{kg\,m^2}}{\mathrm{s^2}} &= \frac{1}{2}\,\boldsymbol{\omega}^T\,\mathbf{J}\,\boldsymbol{\omega}\\ &= \frac{24}{2}\,\omega_1^2 - \frac{4}{2}\,\omega_1\,\omega_2 - \frac{8}{2}\,\omega_1\,\omega_3\\ &\quad + \frac{60}{2}\,\omega_2^2 - \frac{2}{2}\,\omega_2\,\omega_3 + \frac{60}{2}\,\omega_3^2.\end{aligned}$$

Offenbar ist es nicht so einfach möglich die Menge aller der $\boldsymbol{\omega} = \begin{pmatrix}\omega_1\\ \omega_2\\ \omega_3\end{pmatrix}$ zu bestimmen, welche diese Gleichung erfüllen.

Wir wählen einen anderen Weg und diagonalisieren die Matrix $\mathbf{J}$ orthogonal, d. h., wir wählen ein anderes kartesisches Koordinatensystem, und zwar das System der Hauptträgheitsachsen des gegebenen Tensors $\mathbf{J}$.

Weil die Matrix $\mathbf{J}$ symmetrisch ist, gibt es eine Orthonormalbasis $B = (\boldsymbol{b}_1, \boldsymbol{b}_2, \boldsymbol{b}_3)$ des $\mathbb{R}^3$ bestehend aus Eigenvektoren $\boldsymbol{b}_1, \boldsymbol{b}_2, \boldsymbol{b}_3$ der Matrix $\mathbf{J}$ zu den drei Eigenwerten $\lambda_1, \lambda_2, \lambda_3$. Wir bestimmen die Eigenwerte und zugehörige normierte Eigenvektoren, d. h. Hauptträgheitsachsen, mit Maple und erhalten (jeweils in $[\mathrm{kg\,m^2}]$)

$$\lambda_1 = 21.81, \quad \lambda_2 = 59.82, \quad \lambda_3 = 62.37$$

und

$$\boldsymbol{b}_1 = \begin{pmatrix}-0.97\\ -0.20\\ -0.12\end{pmatrix}, \quad \boldsymbol{b}_2 = -0.12\begin{pmatrix}-0.11\\ 0.85\\ -0.51\end{pmatrix}, \quad \boldsymbol{b}_3 = \begin{pmatrix}-0.21\\ 0.48\\ 0.85\end{pmatrix}.$$

Dabei haben wir alle Größen auf die ersten zwei Stellen nach dem Dezimalpunkt gerundet.

Mit der Matrix $\mathbf{S} = ((\boldsymbol{b}_1, \boldsymbol{b}_2, \boldsymbol{b}_3))$ gilt also näherungsweise

$$\mathbf{D} := \begin{pmatrix} 21.81 & 0 & 0 \\ 0 & 59.82 & 0 \\ 0 & 0 & 62.37 \end{pmatrix} = \mathbf{S}^T \mathbf{J} \mathbf{S}.$$

Nun erhalten wir allgemein für die Rotationsenergie unseres Systems

$$T = \frac{1}{2}\boldsymbol{\omega}^T \mathbf{J} \boldsymbol{\omega} = \frac{1}{2}(\mathbf{S}\boldsymbol{\omega})^T \mathbf{D} (\mathbf{S}\boldsymbol{\omega}) = \frac{1}{2}\boldsymbol{\omega}'^T \mathbf{D} \boldsymbol{\omega}'$$

mit $\boldsymbol{\omega}' = \mathbf{S}\boldsymbol{\omega}$. Wir untersuchen nun, für welche Vektoren $\boldsymbol{\omega}'$ die Gleichung $\boldsymbol{\omega}' = (\omega_i)$ die Gleichheit $\frac{1}{2}\boldsymbol{\omega}'^T \mathbf{D} \boldsymbol{\omega}' = 1.0\frac{\text{kg m}^2}{\text{s}^2}$ gilt, indem wir das Produkt $\frac{1}{2}\boldsymbol{\omega}'^T \mathbf{D} \boldsymbol{\omega}'$ auswerten:

$$\begin{aligned} 1.0\frac{\text{kg m}^2}{\text{s}^2} &= \frac{1}{2}\boldsymbol{\omega}'^T \mathbf{D} \boldsymbol{\omega}' \\ &= \frac{21.81}{2}(\omega_1')^2 + \frac{59.82}{2}(\omega_2')^2 + \frac{62.37}{2}(\omega_3')^2 \end{aligned}$$

Wenn alle Koeffizienten vor den $(\omega_i')^2$ gleich wären, würde es sich bei der Menge aller möglichen $\boldsymbol{\omega}'$, die diese Gleichung erfüllen, um eine Kugelsphäre handeln. Aber in unserem Fall handelt es sich um einen sogenannten *Ellipsoid*. Diesen Ellipsoid nennt man auch den *Trägheitsellipsoid* des Trägheitstensors $\mathbf{J}$.

Für all die Punkte $\boldsymbol{\omega}'$ dieses Ellipsoids E gilt nun also

$$\frac{1}{2}\boldsymbol{\omega}'^T \mathbf{D} \boldsymbol{\omega}' = 1.0\,\frac{\text{kg m}^2}{\text{s}^2}.$$

Gefragt war aber nach der Menge aller $\boldsymbol{\omega}$ mit

$$\frac{1}{2}\boldsymbol{\omega}^T \mathbf{J} \boldsymbol{\omega} = 1.0\,\frac{\text{kg m}^2}{\text{s}^2}.$$

Wegen $\boldsymbol{\omega}' = \mathbf{S}\boldsymbol{\omega}$ erhalten wir die Menge aller dieser $\boldsymbol{\omega}$, indem wir $\mathbf{S}^T$ auf alle ermittelten $\boldsymbol{\omega}'$ anwenden, es ist also

$$\{\boldsymbol{\omega} = \mathbf{S}^T \boldsymbol{\omega}' \mid \boldsymbol{\omega}' \in E\}$$

die gesuchte Menge.

18.17 •• (a) Die Darstellungsmatrix des Endomorphismus $\begin{pmatrix} v_1 \\ v_2 \end{pmatrix}$ in den Punkt $\begin{pmatrix} 5\,v_1 + 3\,v_2 \\ 3\,v_1 + 5\,v_2 \end{pmatrix}$ des $\mathbb{R}^2$ lautet bezüglich der Standardbasis des $\mathbb{R}^2$

$$\mathbf{A} = \begin{pmatrix} 5 & 3 \\ 3 & 5 \end{pmatrix}.$$

Die Punkte der Einheitskreislinie $E = \{\boldsymbol{v} = (v_i) \in \mathbb{R}^2 \mid v_1^2 + v_2^2 = 1\}$ lassen sich charakterisieren als jene Punkte, deren Skalarprodukt mit sich 1 ergibt,

$$\boldsymbol{v} \in E \Leftrightarrow \boldsymbol{v} \cdot \boldsymbol{v} = \boldsymbol{v}^T \boldsymbol{v} = 1.$$

Gesucht ist die Form der Membran, eine Beschreibung erhalten wir etwa durch eine Gleichung, welche diese Membran nach dem Abbilden aller Punkte des Einheitskreises beschreibt. Die Membran, also das Bild der linearen Abbildung, ist gegeben durch die Menge $M := \{\mathbf{A}\,\boldsymbol{v} \mid \|\boldsymbol{v}\| = 1\}$. Wir beschreiben diese Menge nun durch eine Gleichung, dazu formen wir erst einmal um:

$$\begin{aligned} \boldsymbol{w} \in M &\Leftrightarrow \boldsymbol{w} = \mathbf{A}\,\boldsymbol{v} \text{ mit } \|\boldsymbol{v}\| = 1 \\ &\Leftrightarrow \boldsymbol{v} = \mathbf{A}^{-1}\,\boldsymbol{w} \text{ mit } \|\boldsymbol{v}\| = 1 \end{aligned}$$

Also erhalten wir $M = \{\boldsymbol{w} \mid \|\mathbf{A}^{-1}\,\boldsymbol{w}\| = 1\}$. Damit haben wir die Elemente $\boldsymbol{w} \in M$ durch eine Gleichung ausgedrückt:

$$\boldsymbol{w} \in M \Leftrightarrow \|\mathbf{A}^{-1}\,\boldsymbol{w}\| = 1 \Leftrightarrow \boldsymbol{w}^T\,(\mathbf{A}^{-1})^T\,\mathbf{A}^{-1}\,\boldsymbol{w} = 1$$

Diese Gleichung lässt sich mit $\mathbf{B} := (\mathbf{A}^{-1})^T\,\mathbf{A}^{-1} = (\mathbf{A}^2)^{-1}$ einfacher schreiben,

$$\boldsymbol{w} \in M \Leftrightarrow \boldsymbol{w}^T\,\mathbf{B}\,\boldsymbol{w} = 1.$$

Wir bestimmen die Eigenwerte und Eigenvektoren von $\mathbf{B}$. Mit Aufgabe 18.1 können wir die Eigenwerte und Eigenvektoren von $\mathbf{B}$ aus jenen von $\mathbf{A}$ folgern. Das charakteristische Polynom von $\mathbf{A}$ lautet

$$\chi_{\mathbf{A}} = (5 - X)^2 - 9 = X^2 - 10\,X + 16 = (2 - X)\,(8 - X),$$

sodass also die Matrix die beiden Eigenwerte 2 und 8 hat. Offenbar ist $\boldsymbol{v}_1 := \begin{pmatrix} 1 \\ 1 \end{pmatrix}$ ein Eigenvektor zum Eigenwert 8. Weil die Matrix $\mathbf{A}$ symmetrisch ist, muss ein zu $\boldsymbol{v}_1$ senkrechter Vektor ein Eigenvektor zum Eigenwert 2 sein. Wir wählen $\boldsymbol{v}_2 := \begin{pmatrix} 1 \\ -1 \end{pmatrix}$.

Mit Aufgabe 19.1 folgt, dass die Matrix $\mathbf{B}$ die Eigenwerte $\frac{1}{64}$ und $\frac{1}{4}$ mit den zugehörigen Eigenvektoren $\boldsymbol{v}_1$ und $\boldsymbol{v}_2$ besitzt. Mit der orthogonalen Matrix $\mathbf{S} = ((\frac{1}{\sqrt{2}}\,\boldsymbol{v}_1, \frac{1}{\sqrt{2}}\,\boldsymbol{v}_2))$ gilt

$$\mathbf{D} := \begin{pmatrix} \frac{1}{64} & 0 \\ 0 & \frac{1}{4} \end{pmatrix} = \mathbf{S}^T\,\mathbf{B}\,\mathbf{S},$$

und wegen $\|\mathbf{S}\,\boldsymbol{w}\| = \|\boldsymbol{w}\|$ durchläuft mit $\boldsymbol{w}$ auch $\mathbf{S}\,\boldsymbol{w}$ die Menge M, sodass also die Elemente $\boldsymbol{w}$ der Menge M auch durch

$$\boldsymbol{w} \in M \Leftrightarrow \boldsymbol{w}^T\,\mathbf{D}\,\boldsymbol{w} = 1$$

charakterisiert werden können. Die Gleichung $\boldsymbol{w}^T\,\mathbf{D}\,\boldsymbol{w} = 1$ hat aber eine einfache Form, wir setzen $\boldsymbol{w} = (w_i)$:

$$\boldsymbol{w}^T\,\mathbf{D}\,\boldsymbol{w} = 1 \Leftrightarrow \frac{1}{64}\,w_1^2 + \frac{1}{4}\,w_2^2 = 1$$

Diese letzte Gleichung beschreibt eine Ellipse mit den Halbachsenlängen 2 und 8, wie man sich durch Einsetzen weniger Werte überzeugt.

Kapitel 19

Kapitel 19

Aufgaben

Verständnisfragen

19.1 • Man beweise: Zwei Vektoren $\boldsymbol{u}, \boldsymbol{v} \in \mathbb{R}^3 \setminus \{\boldsymbol{0}\}$ sind dann und nur dann zueinander orthogonal, wenn $\|\boldsymbol{u} + \boldsymbol{v}\|^2 = \|\boldsymbol{u}\|^2 + \|\boldsymbol{v}\|^2$ ist.

19.2 • Man beweise: Für zwei linear unabhängige Vektoren $\boldsymbol{u}, \boldsymbol{v} \in \mathbb{R}^3$ sind die zwei Vektoren $\boldsymbol{u} - \boldsymbol{v}$ und $\boldsymbol{u} + \boldsymbol{v}$ genau dann orthogonal, wenn $\|\boldsymbol{u}\| = \|\boldsymbol{v}\|$ ist. Was heißt dies für das von $\boldsymbol{u}$ und $\boldsymbol{v}$ aufgespannte Parallelogramm?

19.3 •• Angenommen, die Gerade G ist die Schnittgerade der Ebenen E_1 und E_2, jeweils gegeben durch eine lineare Gleichung

$$\boldsymbol{n}_i \cdot \boldsymbol{x} - k_i = 0\,, \quad i = 1, 2\,.$$

Stellen Sie die Menge aller durch G legbaren Ebenen dar als Menge aller linearen Gleichungen mit Unbekannten (x_1, x_2, x_3), deren Lösungsmenge G enthält.

19.4 •• Das (orientierte) Volumen V des von drei Vektoren $\boldsymbol{v}_1$, $\boldsymbol{v}_2$ und $\boldsymbol{v}_3$ aufgespannten Parallelepipeds ist gleich dem Spatprodukt $\det(\boldsymbol{v}_1, \boldsymbol{v}_2, \boldsymbol{v}_3)$. Warum ist das Quadrat V^2 dieses Volumens gleich der Determinante der von den paarweisen Skalarprodukten gebildeten (symmetrischen) *Gram'schen Matrix*

$$\mathbf{G}(\boldsymbol{v}_1, \boldsymbol{v}_2, \boldsymbol{v}_3) = \begin{pmatrix} \boldsymbol{v}_1 \cdot \boldsymbol{v}_1 & \boldsymbol{v}_1 \cdot \boldsymbol{v}_2 & \boldsymbol{v}_1 \cdot \boldsymbol{v}_3 \\ \boldsymbol{v}_2 \cdot \boldsymbol{v}_1 & \boldsymbol{v}_2 \cdot \boldsymbol{v}_2 & \boldsymbol{v}_2 \cdot \boldsymbol{v}_3 \\ \boldsymbol{v}_3 \cdot \boldsymbol{v}_1 & \boldsymbol{v}_3 \cdot \boldsymbol{v}_2 & \boldsymbol{v}_3 \cdot \boldsymbol{v}_3 \end{pmatrix}?$$

19.5 ••• Welche eigentlich orthogonale 3×3-Matrix $\mathbf{A} \neq \mathbf{E}_3$ erfüllt die Eigenschaften

$$\mathbf{A}^3 = \mathbf{A}\,\mathbf{A}\,\mathbf{A} = \mathbf{E}_3 \quad \text{und} \quad \mathbf{A}\begin{pmatrix}1\\1\\1\end{pmatrix} = \begin{pmatrix}1\\1\\1\end{pmatrix}.$$

Wie viele Lösungen gibt es? Gibt es auch eine uneigentlich orthogonale Matrix mit diesen Eigenschaften?

Rechenaufgaben

19.6 • Im $\mathbb{R}^3$ sind zwei Vektoren gegeben, nämlich $\boldsymbol{u} = \begin{pmatrix}2\\-2\\1\end{pmatrix}$ und $\boldsymbol{v} = \begin{pmatrix}2\\5\\14\end{pmatrix}$. Berechnen Sie $\|\boldsymbol{u}\|$, $\|\boldsymbol{v}\|$, den von $\boldsymbol{u}$ und $\boldsymbol{v}$ eingeschlossenen Winkel φ sowie das Vektorprodukt $\boldsymbol{u} \times \boldsymbol{v}$.

19.7 • Stellen Sie die Gerade

$$G = \begin{pmatrix}3\\0\\4\end{pmatrix} + \mathbb{R}\begin{pmatrix}2\\-2\\1\end{pmatrix}$$

als Schnittgerade zweier Ebenen dar, also als Lösungsmenge zweier linearer Gleichungen. Wie lauten die Gleichungen aller durch G legbaren Ebenen?

19.8 •• Im affinen Raum $\mathbb{R}^3$ sind die vier Punkte

$$\boldsymbol{a} = \begin{pmatrix}-1\\0\\1\end{pmatrix}, \quad \boldsymbol{b} = \begin{pmatrix}0\\0\\2\end{pmatrix}, \quad \boldsymbol{c} = \begin{pmatrix}-1\\2\\0\end{pmatrix}, \quad \boldsymbol{d} = \begin{pmatrix}1\\2\\x_3\end{pmatrix}$$

gegeben. Bestimmen Sie die letzte Koordinate x_3 von $\boldsymbol{d}$ derart, dass der Punkt $\boldsymbol{d}$ in der von $\boldsymbol{a}$, $\boldsymbol{b}$ und $\boldsymbol{c}$ aufgespannten Ebene liegt. Liegt $\boldsymbol{d}$ im Inneren oder auf dem Rand des Dreiecks $\boldsymbol{abc}$?

19.9 • Im Anschauungsraum $\mathbb{R}^3$ sind die zwei Geraden

$$G = \begin{pmatrix}2\\0\\-3\end{pmatrix} + \mathbb{R}\begin{pmatrix}3\\1\\-1\end{pmatrix}, \quad H = \begin{pmatrix}2\\-1\\0\end{pmatrix} + \mathbb{R}\begin{pmatrix}-1\\1\\1\end{pmatrix}$$

gegeben. Bestimmen Sie die Gleichung derjenigen Ebene E durch den Ursprung, welche zu G und H parallel ist. Welche Entfernung hat E von der Geraden G, welche von H?

T. Arens et al., *Arbeitsbuch Mathematik*, https://doi.org/10.1007/978-3-662-64391-4_18

19.10 • Im Anschauungsraum $\mathbb{R}^3$ sind die Gerade

$$G = \begin{pmatrix}1\\0\\2\end{pmatrix} + \mathbb{R}\begin{pmatrix}2\\1\\-2\end{pmatrix} \text{ und der Punkt } \boldsymbol{p} = \begin{pmatrix}1\\1\\1\end{pmatrix}$$

gegeben. Bestimmen Sie die Hesse'sche Normalform derjenigen Ebene E durch $\boldsymbol{p}$, welche zu G normal ist.

19.11 •• Im Anschauungsraum $\mathbb{R}^3$ sind die zwei Geraden

$$G_1 = \begin{pmatrix}3\\0\\4\end{pmatrix} + \mathbb{R}\begin{pmatrix}2\\-2\\1\end{pmatrix}, \quad G_2 = \begin{pmatrix}2\\3\\3\end{pmatrix} + \mathbb{R}\begin{pmatrix}-1\\1\\2\end{pmatrix}$$

gegeben. Bestimmen Sie die kürzeste Strecke zwischen den beiden Geraden, also deren Endpunkte $\boldsymbol{a}_1 \in G_1$ und $\boldsymbol{a}_2 \in G_2$ sowie deren Länge d.

19.12 •• Im Anschauungsraum $\mathbb{R}^3$ ist die Gerade

$$G = \begin{pmatrix}1\\1\\2\end{pmatrix} + \mathbb{R}\begin{pmatrix}2\\-2\\1\end{pmatrix}$$

gegeben. Welcher Gleichung müssen die Koordinaten x_1, x_2 und x_3 des Raumpunktes $\boldsymbol{x}$ genügen, damit $\boldsymbol{x}$ von G den Abstand $r = 3$ hat und somit auf dem Drehzylinder mit der Achse G und dem Radius r liegt?

19.13 •• Im Anschauungsraum $\mathbb{R}^3$ sind die zwei Geraden

$$G_1 = \begin{pmatrix}3\\0\\4\end{pmatrix} + \mathbb{R}\begin{pmatrix}2\\-2\\1\end{pmatrix}, \quad G_2 = \begin{pmatrix}2\\3\\3\end{pmatrix} + \mathbb{R}\begin{pmatrix}-1\\2\\2\end{pmatrix}$$

gegeben. Welcher Gleichung müssen die Koordinaten x_1, x_2 und x_3 des Raumpunktes $\boldsymbol{x}$ genügen, damit $\boldsymbol{x}$ von den beiden Geraden denselben Abstand hat? Bei der Menge dieser Punkte handelt es sich übrigens um das *Abstandsparaboloid* von G_1 und G_2, ein orthogonales hyperbolisches Paraboloid (siehe Kap. 21).

19.14 •• Im Anschauungsraum $\mathbb{R}^3$ ist die Gerade

$$G = \boldsymbol{p} + \mathbb{R}\boldsymbol{u} \text{ mit } \boldsymbol{p} = \begin{pmatrix}1\\1\\2\end{pmatrix} \text{ und } \boldsymbol{u} = \begin{pmatrix}2\\-2\\1\end{pmatrix}$$

gegeben. Welcher Gleichung müssen die Koordinaten x_1, x_2 und x_3 des Raumpunktes $\boldsymbol{x}$ genügen, damit $\boldsymbol{x}$ auf demjenigen Drehkegel mit der Spitze $\boldsymbol{p}$ und der Achse G liegt, dessen halber Öffnungswinkel $\varphi = 30°$ beträgt?

19.15 •• Man füge in der folgenden Matrix $\mathbf{M}$ die durch Sterne markierten fehlenden Einträge derart ein, dass eine eigentlich orthogonale Matrix entsteht.

$$\mathbf{M} = \frac{1}{3}\begin{pmatrix}* & -2 & 2\\ * & 1 & *\\ * & * & *\end{pmatrix}.$$

Wie viele verschiedene Lösungen gibt es?

19.16 •• Der Einheitswürfel $\mathcal{W}$ wird um die durch den Koordinatenursprung gehende Raumdiagonale durch 60° gedreht. Berechnen Sie die Koordinaten der Ecken des verdrehten Würfels $\mathcal{W}'$.

19.17 •• Man bestimme die orthogonale Darstellungsmatrix $\mathbf{R}_{d,\varphi}$ der Drehung durch den Winkel φ um eine durch den Koordinatenursprung laufende Drehachse mit dem Richtungsvektor $\boldsymbol{d} = \begin{pmatrix}d_1\\d_2\\d_3\end{pmatrix}$ bei $\|\boldsymbol{d}\| = 1$.

Anwendungsprobleme

19.18 •• Im Anschauungsraum $\mathbb{R}^3$ sind die „einander fast schneidenden" Geraden

$$G_1 = \begin{pmatrix}2\\3\\3\end{pmatrix} + \mathbb{R}\begin{pmatrix}-1\\1\\2\end{pmatrix}, \quad G_2 = \begin{pmatrix}3\\0\\4\end{pmatrix} + \mathbb{R}\begin{pmatrix}2\\-2\\1\end{pmatrix}$$

gegeben. Für welchen Raumpunkt $\boldsymbol{m}$ ist die Quadratsumme der Abstände von G_1 und G_2 minimal.

19.19 ••• Man zeige:

1. In einem Parallelepiped schneiden die vier Raumdiagonalen einander in einem Punkt.
2. Die Quadratsumme dieser vier Diagonalenlängen ist gleich der Summe der Quadrate der Längen aller 12 Kanten des Parallelepipeds (siehe dazu die Parallelogrammgleichung (S. 704)).

19.20 ••• Angenommen, die Punkte $\boldsymbol{p}_1$, $\boldsymbol{p}_2$, $\boldsymbol{p}_3$, $\boldsymbol{p}_4$ bilden ein reguläres Tetraeder der Kantenlänge 1. Man zeige:

1. Der Schwerpunkt $\boldsymbol{s} = \frac{1}{4}(\boldsymbol{p}_1 + \boldsymbol{p}_2 + \boldsymbol{p}_3 + \boldsymbol{p}_4)$ hat von allen Eckpunkten dieselbe Entfernung.
2. Die Mittelpunkte der Kanten $\boldsymbol{p}_1\boldsymbol{p}_2$, $\boldsymbol{p}_1\boldsymbol{p}_3$, $\boldsymbol{p}_4\boldsymbol{p}_3$ und $\boldsymbol{p}_4\boldsymbol{p}_2$ bilden ein Quadrat. Wie lautet dessen Kantenlänge?
3. Der Schwerpunkt $\boldsymbol{s}$ halbiert die Strecke zwischen den Mittelpunkten gegenüberliegender Kanten. Diese drei Strecken sind paarweise orthogonal.

19.21 •• Die Vektoren $(\boldsymbol{b}_1, \boldsymbol{b}_2, \boldsymbol{b}_3)$ der orthonormierten Standardbasis B werden durch Multiplikation mit der eigentlich orthogonalen Matrix

$$\mathbf{A} = \frac{1}{\sqrt{6}} \begin{pmatrix} 2 & -1 & -1 \\ 0 & \sqrt{3} & -\sqrt{3} \\ \sqrt{2} & \sqrt{2} & \sqrt{2} \end{pmatrix}$$

in eine orthonormierte Basis $B' = (\boldsymbol{b}_1', \boldsymbol{b}_2', \boldsymbol{b}_3')$ mit $\boldsymbol{b}_i' = \mathbf{A}\, \boldsymbol{b}_i$ bewegt. Diese Bewegung $\mathcal{B}$ ist bekanntlich eine einzige Drehung. Bestimmen Sie die Achse $\boldsymbol{d}$ und den Drehwinkel φ dieser Drehung.

19.22 •• Die Spaltenvektoren der eigentlich orthogonalen Matrix

$$\mathbf{A} = \frac{1}{3} \begin{pmatrix} 2 & 1 & 2 \\ 1 & 2 & -2 \\ -2 & 2 & 1 \end{pmatrix}$$

bilden die Raumlage $(\boldsymbol{b}_1', \boldsymbol{b}_2', \boldsymbol{b}_3')$ eines orthonormierten Dreibeins. Bestimmen Sie die zu dieser Raumlage gehörigen Euler'schen Drehwinkel α, β und γ.

19.23 ••• Die drei Raumpunkte

$$\boldsymbol{a}_1 = \begin{pmatrix} 0 \\ 0 \\ 1 \end{pmatrix}, \quad \boldsymbol{a}_2 = \begin{pmatrix} -2 \\ 1 \\ 2 \end{pmatrix}, \quad \boldsymbol{a}_3 = \begin{pmatrix} -1 \\ -1 \\ 3 \end{pmatrix}$$

bilden ein gleichseitiges Dreieck. Gesucht ist die erweiterte Darstellungsmatrix derjenigen Bewegung, welche die drei Eckpunkte zyklisch vertauscht, also mit $\boldsymbol{a}_1 \mapsto \boldsymbol{a}_2$, $\boldsymbol{a}_2 \mapsto \boldsymbol{a}_3$ und $\boldsymbol{a}_3 \mapsto \boldsymbol{a}_1$.

Hinweise

Verständnisfragen

19.1 • Berechnen Sie das Skalarprodukt $\boldsymbol{u} \cdot \boldsymbol{v}$.

19.2 • Berechnen Sie $(\boldsymbol{u} - \boldsymbol{v}) \cdot (\boldsymbol{u} + \boldsymbol{v})$.

19.3 •• Jede dieser Ebenen hat eine Gleichung, welche die Lösungsmenge des durch die Gleichungen von E_1 und E_2 gegebenen linearen Gleichungssystem nicht weiter einschränkt.

19.4 •• Beachten Sie den Determinantenmultiplikationssatz aus Kap. 16, S. 604.

19.5 ••• Jede eigentlich orthogonale Matrix stellt eine Drehung dar, und ein Eigenvektor zum Eigenwert 1 bestimmt die Richtung der Drehachse (siehe S. 728).

Rechenaufgaben

19.6 • Beachte die geometrische Deutung des Skalarproduktes oder des Vektorproduktes im $\mathbb{R}^3$.

19.7 • Jeder zum Richtungsvektor von G orthogonale Vektor ist Normalvektor einer derartigen Ebene. Das zugehörige Absolutglied in der Ebenengleichung folgt aus der Bedingung, dass der gegebene Punkt von G auch die Ebenengleichung erfüllen muss.

19.8 •• Es muss $\boldsymbol{d}$ eine Affinkombination von $\boldsymbol{a}$, $\boldsymbol{b}$ und $\boldsymbol{c}$ sein. Wenn $\boldsymbol{d}$ der abgeschlossenen Dreiecksscheibe angehört, ist dies sogar eine Konvexkombination.

19.9 • Der Normalvektor von E ist zu den Richtungsvektoren von G und H orthogonal. Für die Berechnungen der Abstände wird zweckmäßig die Hesse'sche Normalform von E verwendet.

19.10 • Der Richtungsvektor von G ist ein Normalvektor von E.

19.11 •• Verwenden Sie die Formeln von S. 721.

19.12 •• Beachten Sie die Formel auf S. 721.

19.13 •• Beachten Sie die Formel auf S. 721.

19.14 •• Die Gleichung dieses Drehkegels muss ausdrücken, dass die Verbindungsgerade des Punktes $\boldsymbol{x}$ mit der Kegelspitze $\boldsymbol{p}$ mit dem Richtungsvektor $\boldsymbol{u}$ der Kegelachse den Winkel φ einschließt.

19.15 •• Definitionsgemäß müssen die Spaltenvektoren ein orthonormiertes Rechtsdreibein bilden.

19.16 •• Wende die Formel (19.16) für die Drehmatrix $\mathbf{R}_{\widehat{d},\varphi}$ an.

19.17 •• Verwenden Sie die Darstellung in (19.16).

Anwendungsprobleme

19.18 •• Beachte das Anwendungsbeispiel auf S. 722.

19.19 ••• Beachten Sie die Koordinatenvektoren der acht Eckpunkte eines Parallelepipeds auf S. 712.

19.20 ••• Benutzen Sie bei $i \neq j$ die Gleichung $(\boldsymbol{p}_i - \boldsymbol{p}_j)^2 = 1$, um das Skalarprodukt $(\boldsymbol{p}_i \cdot \boldsymbol{p}_j)$ durch eine Funktion von $\boldsymbol{p}_i^2$ und $\boldsymbol{p}_j^2$ zu substituieren.

19.21 •• Nach den Ergebnissen auf S. 728 ist $\boldsymbol{d}$ ein Eigenvektor von $\mathbf{A}$ zum Eigenwert 1 und $\cos\varphi$ aus der Spur zu ermitteln. Die Orientierung von $\boldsymbol{d}$ bestimmt das Vorzeichen von φ.

19.22 •• Beachten Sie die Anwendung auf S. 727

19.23 ••• Berechnen Sie die Drehmatrix gemäß (19.16). Sie müssen allerdings beachten, dass die Drehachse diesmal nicht durch den Ursprung geht.

Lösungen

Verständnisfragen

19.1 • –

19.2 • Ein Parallelogramm hat genau dann orthogonale Diagonalen, wenn alle Seitenlängen übereinstimmen.

19.3 •• $\{(\lambda \boldsymbol{n}_1 + \mu \boldsymbol{n}_2) \cdot \boldsymbol{x} = \lambda k_1 + \mu k_2 \,|\, (\lambda, \mu) \in \mathbb{R}^2 \setminus \{(0,0)\}\}$

19.4 •• –

19.5 ••• Es gibt zwei Lösungen,

$$\mathbf{A}_1 = \begin{pmatrix} 0 & 0 & 1 \\ 1 & 0 & 0 \\ 0 & 1 & 0 \end{pmatrix} \quad \text{und} \quad \mathbf{A}_2 = \begin{pmatrix} 0 & 1 & 0 \\ 0 & 0 & 1 \\ 1 & 0 & 0 \end{pmatrix} = \mathbf{A}_1^2.$$

Keine uneigentlich orthogonale Matrix kann diese Bedingungen erfüllen.

Rechenaufgaben

19.6 • $\|\boldsymbol{u}\| = 3$, $\|\boldsymbol{v}\| = 15$, $\cos\varphi = 8/45$, $\varphi \approx 79.76°$

$$\boldsymbol{u} \times \boldsymbol{v} = \begin{pmatrix} -33 \\ -26 \\ 14 \end{pmatrix}$$

19.7 •

$$E_1: \quad x_2 + 2x_3 - 8 = 0$$
$$E_2: \quad -x_1 + 2x_3 - 5 = 0$$

Jede weitere Ebenengleichung ist eine Linearkombination dieser beiden.

19.8 •• $x_3 = 2$. Der Punkt $\boldsymbol{d}$ liegt außerhalb des Dreiecks.

19.9 • $E: x_1 - x_2 + 2x_3 = 0$. Die Entfernung der Ebene E von G beträgt $2\sqrt{6}/3$, jene von der Geraden H $\sqrt{6}/2$.

19.10 • $l(\boldsymbol{x}) = \frac{1}{3}(2x_1 + x_2 - 2x_3 - 1) = 0$

19.11 •• $d = \sqrt{2}$, $\boldsymbol{a}_1 = \begin{pmatrix} 1 \\ 2 \\ 3 \end{pmatrix}$, $\boldsymbol{a}_2 = \begin{pmatrix} 2 \\ 3 \\ 3 \end{pmatrix}$.

19.12 ••

$$5x_1^2 + 5x_2^2 + 8x_3^2 + 8x_1x_2 - 4x_1x_3 + 4x_2x_3 - 10x_1 - 26x_2 - 32x_3 = 31.$$

19.13 ••

$$3x_1^2 - 3x_3^2 - 4x_1x_2 + 8x_1x_3 - 12x_2x_3 - 42x_1 + 26x_2 + 38x_3 = 27.$$

19.14 ••

$$11x_1^2 + 11x_2^2 + 23x_3^2 + 32x_1x_2 - 16x_1x_3 + 16x_2x_3 - 22x_1 - 86x_2 - 92x_3 + 146 = 0.$$

19.15 •• Es gibt vier Lösungen, wobei in den folgenden Darstellungen einmal die oberen, einmal die unteren Vorzeichen zu wählen sind:

$$\mathbf{M}_{12} = \frac{1}{3}\begin{pmatrix} \mp 1 & -2 & 2 \\ \pm 2 & 1 & 2 \\ -2 & \pm 2 & \pm 1 \end{pmatrix}$$

$$\mathbf{M}_{34} = \frac{1}{15}\begin{pmatrix} \pm 5 & -10 & 10 \\ \pm 14 & 5 & -2 \\ -2 & \pm 10 & \pm 11 \end{pmatrix}$$

19.16 •• Die zugehörige Drehmatrix lautet

$$\mathbf{R}_{\hat{d},\varphi} = \frac{1}{3}\begin{pmatrix} 2 & -1 & 2 \\ 2 & 2 & -1 \\ -1 & 2 & 2 \end{pmatrix}.$$

Die Koordinatenvektoren der verdrehten Würfelecken sind die Spaltenvektoren in

$$\frac{1}{3}\begin{pmatrix} 0 & 2 & 1 & -1 & 2 & 4 & 3 & 1 \\ 0 & 2 & 4 & 2 & -1 & 1 & 3 & 1 \\ 0 & -1 & 1 & 2 & 2 & 1 & 3 & 4 \end{pmatrix}.$$

19.17 •• Bei Benutzung der üblichen Abkürzungen $\mathrm{s}\,\varphi$ und $\mathrm{c}\,\varphi$ für den Sinus und Kosinus des Drehwinkels lautet die Drehmatrix $\mathbf{R}_{d,\varphi}$

$$\begin{pmatrix} (1-d_1^2)\,\mathrm{c}\,\varphi + d_1^2 & d_1 d_2(1-\mathrm{c}\,\varphi) - d_3\,\mathrm{s}\,\varphi & d_1 d_3(1-\mathrm{c}\,\varphi) + d_2\,\mathrm{s}\,\varphi \\ d_1 d_2(1-\mathrm{c}\,\varphi) + d_3\,\mathrm{s}\,\varphi & (1-d_2^2)\,\mathrm{c}\,\varphi + d_2^2 & d_2 d_3(1-\mathrm{c}\,\varphi) - d_1\,\mathrm{s}\,\varphi \\ d_1 d_3(1-\mathrm{c}\,\varphi) - d_2\,\mathrm{s}\,\varphi & d_2 d_3(1-\mathrm{c}\,\varphi) + d_1\,\mathrm{s}\,\varphi & (1-d_3^2)\,\mathrm{c}\,\varphi + d_3^2 \end{pmatrix}$$

Anwendungsprobleme

19.18 ••

$$\boldsymbol{m} = \frac{1}{2}\begin{pmatrix} 3 \\ 5 \\ 6 \end{pmatrix}$$

19.19 ••• –

19.20 ••• Die Entfernung der Eckpunkte vom Schwerpunkt lautet

$$\|\boldsymbol{x} - \boldsymbol{p}_i\| = \sqrt{\frac{3}{8}}.$$

Die Seitenlänge des Quadrates ist $\frac{1}{2}$.

19.21 ••

$$\boldsymbol{d} = \begin{pmatrix} \frac{\sqrt{2}-1}{\sqrt{2}-\sqrt{3}} \\ 1 \\ 1-\sqrt{2} \end{pmatrix},$$

$\cos\varphi = \frac{1}{2\sqrt{6}}(2+\sqrt{2}+\sqrt{3}-\sqrt{6})$ und $\varphi \approx -56.60°$.

19.22 ••

$$\cos\alpha = \frac{1}{\sqrt{2}}, \quad \sin\alpha = \frac{1}{\sqrt{2}}, \quad \alpha = 45°$$
$$\cos\beta = \frac{1}{3}, \quad \sin\beta = \frac{2\sqrt{2}}{3}, \quad \beta \approx 70.53°$$
$$\cos\gamma = \frac{1}{\sqrt{2}}, \quad \sin\gamma = -\frac{1}{\sqrt{2}}, \quad \gamma = 315°$$

19.23 •••

$$\mathbf{D}^* = \begin{pmatrix} 1 & 0 & 0 & 0 \\ -3 & 0 & 0 & 1 \\ 1 & 1 & 0 & 0 \\ 2 & 0 & 1 & 0 \end{pmatrix}.$$

Lösungswege

Verständnisfragen

19.1 •

$$\|\boldsymbol{u}+\boldsymbol{v}\|^2 = (\boldsymbol{u}+\boldsymbol{v})\cdot(\boldsymbol{u}+\boldsymbol{v}) = \|\boldsymbol{u}\|^2 + \|\boldsymbol{v}\|^2 + 2\,(\boldsymbol{u}\cdot\boldsymbol{v}).$$

Damit ist die gegebene Bedingung äquivalent zur Aussage $\boldsymbol{u}\cdot\boldsymbol{v} = 0$, also zur Orthogonalität.

19.2 • Wegen der Linearität und Kommutativität des Skalarproduktes gilt

$$(\boldsymbol{u}-\boldsymbol{v})\cdot(\boldsymbol{u}+\boldsymbol{v}) = \|\boldsymbol{u}\|^2 - \|\boldsymbol{v}\|^2.$$

Somit ist die Orthogonalität zwischen dem Summenvektor und dem Differenzenvektor, die beide von $\mathbf{0}$ verschieden sind, äquivalent zu $\|\boldsymbol{u}\| = \|\boldsymbol{v}\|$.

19.3 •• Die Gleichung dieser Ebene muss linear sein und eine Folgegleichung der Gleichungen von E_1 und E_2, also eine Linearkombination dieser Gleichung.

19.4 •• Wir verwenden erneut das Symbol $((\boldsymbol{v}_1\ \boldsymbol{v}_2\ \boldsymbol{v}_3))$ für die 3×3-Matrix mit den Spaltenvektoren $\boldsymbol{v}_1$, $\boldsymbol{v}_2$ und $\boldsymbol{v}_3$.

$$\begin{aligned} V^2 &= (\det(\boldsymbol{v}_1, \boldsymbol{v}_2, \boldsymbol{v}_3))^2 \\ &= \det((\boldsymbol{v}_1\ \boldsymbol{v}_2\ \boldsymbol{v}_3))^{\mathrm{T}} \cdot \det((\boldsymbol{v}_1\ \boldsymbol{v}_2\ \boldsymbol{v}_3)) \\ &= \det\left(((\boldsymbol{v}_1\ \boldsymbol{v}_2\ \boldsymbol{v}_3))^{\mathrm{T}}((\boldsymbol{v}_1\ \boldsymbol{v}_2\ \boldsymbol{v}_3))\right) \\ &= \det\begin{pmatrix} \boldsymbol{v}_1\cdot\boldsymbol{v}_1 & \boldsymbol{v}_1\cdot\boldsymbol{v}_2 & \boldsymbol{v}_1\cdot\boldsymbol{v}_3 \\ \boldsymbol{v}_2\cdot\boldsymbol{v}_1 & \boldsymbol{v}_2\cdot\boldsymbol{v}_2 & \boldsymbol{v}_2\cdot\boldsymbol{v}_3 \\ \boldsymbol{v}_3\cdot\boldsymbol{v}_1 & \boldsymbol{v}_3\cdot\boldsymbol{v}_2 & \boldsymbol{v}_3\cdot\boldsymbol{v}_3 \end{pmatrix}. \end{aligned}$$

19.5 ••• $\mathbf{A}$ stellt eine Drehung um die Achse $\boldsymbol{d} = \begin{pmatrix} 1 \\ 1 \\ 1 \end{pmatrix}$ durch den Winkel $\varphi = \pm 120°$ dar, nachdem $3\varphi = \pm 360°$ sein muss. Nun benutzen wir entweder die Darstellung der Drehmatrix $\mathbf{R}_{\hat{d},\varphi}$ aus (19.16) mit $\hat{\boldsymbol{d}} = \frac{1}{\sqrt{3}}\boldsymbol{d}$. Oder wir denken daran, dass diese Drehungen um die Raumdiagonale des Einheitswürfels die Vektoren $(\boldsymbol{e}_1, \boldsymbol{e}_2, \boldsymbol{e}_3)$ der Standardbasis zyklisch vertauschen und damit $\mathbf{A} = ((\boldsymbol{e}_2\ \boldsymbol{e}_3\ \boldsymbol{e}_1))$ oder $\mathbf{A} = ((\boldsymbol{e}_3\ \boldsymbol{e}_1\ \boldsymbol{e}_2))$ ist.

$\mathbf{A}$ kann nicht uneigentlich sein, also mit $\det\mathbf{A} = -1$, denn

$$(\det\mathbf{A})^3 = \det(\mathbf{A}^3) = \det\mathbf{E}_3 = 1.$$

Rechenaufgaben

19.6 •

$$\|\boldsymbol{u}\| = \sqrt{2^2+(-2)^2+1^2} = \sqrt{9}$$
$$\|\boldsymbol{v}\| = \sqrt{2^2+5^2+14^2} = \sqrt{225}$$
$$\cos\varphi = \frac{1}{\|\boldsymbol{u}\|\,\|\boldsymbol{v}\|}(\boldsymbol{u}\cdot\boldsymbol{v}) = \frac{1}{45}(4-10+14) = \frac{8}{45}$$
$$\boldsymbol{u}\times\boldsymbol{v} = \begin{pmatrix}2\\-2\\1\end{pmatrix}\times\begin{pmatrix}2\\5\\14\end{pmatrix} = \begin{pmatrix}-2\cdot 14-1\cdot 5\\1\cdot 2-2\cdot 14\\2\cdot 5+2\cdot 2\end{pmatrix}$$

Zur Kontrolle ist

$$\|\boldsymbol{u}\times\boldsymbol{v}\| = \sqrt{33^2+26^2+14^2} = \|\boldsymbol{u}\|\,\|\boldsymbol{v}\|\,\sin\varphi$$
$$= 3\cdot 15\cdot\sqrt{1-(8/45)^2} = \sqrt{1961}.$$

19.7 • Bei

$$G = \begin{pmatrix}3\\0\\4\end{pmatrix} + \mathbb{R}\begin{pmatrix}2\\-2\\1\end{pmatrix} = \boldsymbol{p}+\mathbb{R}\,\boldsymbol{v}$$

wählen wir:

$$E_1:\quad (\boldsymbol{v}\times\boldsymbol{e}_1)\boldsymbol{x}-(\boldsymbol{v}\times\boldsymbol{e}_1)\boldsymbol{p} = 0$$
$$E_2:\quad (\boldsymbol{v}\times\boldsymbol{e}_2)\boldsymbol{x}-(\boldsymbol{v}\times\boldsymbol{e}_2)\boldsymbol{p} = 0$$

Wir berechnen:

$$\boldsymbol{v}_1 = \begin{pmatrix}2\\-2\\1\end{pmatrix}\times\begin{pmatrix}1\\0\\0\end{pmatrix} = \begin{pmatrix}0\\1\\2\end{pmatrix},\qquad \boldsymbol{v}_1\cdot\boldsymbol{p} = 8$$
$$\boldsymbol{v}_2 = \begin{pmatrix}2\\-2\\1\end{pmatrix}\times\begin{pmatrix}0\\1\\0\end{pmatrix} = \begin{pmatrix}-1\\0\\2\end{pmatrix},\qquad \boldsymbol{v}_2\cdot\boldsymbol{p} = 5$$

Für beliebige $(\lambda,\mu)\in\mathbb{R}^2\setminus\{(0,0\}$ stellt

$$E::\ -\mu\,x_1+\lambda\,x_2+2(\lambda+\mu)x_3-8\lambda-5\mu = 0$$

eine Ebene durch G dar, und dies sind alle möglichen Ebenen durch G.

19.8 •• Für die Koeffizienten λ, μ und ν in der gesuchten Affinkombination von $\boldsymbol{a}$, $\boldsymbol{b}$ und $\boldsymbol{c}$ muss gelten:

$$\begin{aligned}\lambda+\ \mu+\ \nu &= 1\\ -\lambda\qquad -\ \nu &= 1\\ 2\nu &= 2\\ \lambda+2\mu\qquad &= x_3\end{aligned}$$

Aus den ersten drei Gleichungen folgt als eindeutige Lösung $\nu = 1$, $\lambda = -2$ und $\mu = 2$. Damit bleibt $x_3 = \lambda+2\mu = 2$ Der Punkt $\boldsymbol{d}$ liegt außerhalb des Dreiecks, nachdem λ nicht im Intervall $[0,1]$ liegt.

Für den ersten Teil der Aufgabe könnte man auch die Gleichung $2x_1-x_2-2x_3+4 = 0$ der von $\boldsymbol{a}$, $\boldsymbol{b}$ und $\boldsymbol{c}$ aufgespannten Ebene verwenden.

19.9 • Wir berechnen einen Normalvektor von E durch

$$\boldsymbol{n} = \begin{pmatrix}3\\1\\-1\end{pmatrix}\times\begin{pmatrix}-1\\1\\2\end{pmatrix} = \begin{pmatrix}2\\-2\\4\end{pmatrix},\qquad \hat{\boldsymbol{n}} = \frac{1}{\sqrt{6}}\begin{pmatrix}1\\-1\\2\end{pmatrix}.$$

Das Absolutglied der Gleichung von E muss null sein, weil E durch den Ursprung geht. Damit lautet die Hesse'sche Normalform

$$E:\ l(\boldsymbol{x}) = \hat{\boldsymbol{n}}\cdot\boldsymbol{x} = \frac{1}{\sqrt{6}}(x_1-x_2+2x_3) = 0\,.$$

Wir setzen die gegebenen Punkte $\boldsymbol{g}$ von G und $\boldsymbol{h}$ von H ein und erhalten als orientierte Abstände:

$$l(\boldsymbol{g}) = \hat{\boldsymbol{n}}\cdot\boldsymbol{g} = \frac{-4}{\sqrt{6}} = \frac{-2\sqrt{6}}{3}$$
$$l(\boldsymbol{h}) = \hat{\boldsymbol{n}}\cdot\boldsymbol{h} = \frac{3}{\sqrt{6}} = \frac{\sqrt{6}}{2}$$

Die Ebene verläuft zwischen G und H, weil diese beiden orientierten Abstände verschiedene Vorzeichen haben.

19.10 • Die Koordinaten des Richtungsvektors $\boldsymbol{n} = \begin{pmatrix}2\\1\\-2\end{pmatrix}$ von G sind die Koeffizienten in der linearen Gleichung von E. Das Absolutglied ist $\boldsymbol{n}\cdot\boldsymbol{p} = 1$. Um daraus die Hesse'sche Normalform zu erhalten, muss die Gleichung noch durch $\|\boldsymbol{n}\| = 3$ dividiert werden.

19.11 •• Die gemeinsame Normale von G_1 und G_2 hat als Richtungsvektor

$$\boldsymbol{n} = \begin{pmatrix}2\\-2\\1\end{pmatrix}\times\begin{pmatrix}-1\\1\\2\end{pmatrix} = \begin{pmatrix}-5\\-5\\0\end{pmatrix}.$$

Durch Normieren entsteht daraus $\hat{\boldsymbol{n}} = \frac{1}{\sqrt{2}}\begin{pmatrix}1\\1\\0\end{pmatrix}$. Der im Sinne von $\hat{\boldsymbol{n}}$ orientierte kürzeste Abstand zwischen G_1 und G_2 lautet

$$\left(\begin{pmatrix}3\\0\\4\end{pmatrix}-\begin{pmatrix}2\\3\\3\end{pmatrix}\right)\cdot\hat{\boldsymbol{n}} = \begin{pmatrix}1\\-3\\1\end{pmatrix}\cdot\hat{\boldsymbol{n}} = \frac{-2}{\sqrt{2}} = -\sqrt{2}\,.$$

Der Schnittpunkt der gemeinsamen Normalen mit G_1 ist

$$\boldsymbol{a}_1 = \begin{pmatrix}3\\0\\4\end{pmatrix} + t_1 \begin{pmatrix}2\\-2\\1\end{pmatrix}$$

mit

$$t_1 = \frac{1}{\|\boldsymbol{n}\|^2} \det \begin{pmatrix}-1 & -1 & -5\\ 3 & 1 & -5\\ -1 & 2 & 0\end{pmatrix} = \frac{-50}{50} = -1\,,$$

also $\boldsymbol{a}_1 = \begin{pmatrix}3\\0\\4\end{pmatrix} - \begin{pmatrix}2\\-2\\1\end{pmatrix} = \begin{pmatrix}1\\2\\3\end{pmatrix}$.

Analog ist

$$\boldsymbol{a}_2 = \begin{pmatrix}2\\3\\3\end{pmatrix} + t_2 \begin{pmatrix}-1\\1\\2\end{pmatrix}$$

mit

$$t_2 = \frac{1}{\|\boldsymbol{n}\|^2} \det \begin{pmatrix}-1 & 2 & -5\\ 3 & -2 & -5\\ -1 & 1 & 0\end{pmatrix} = \frac{0}{50} = 0\,,$$

also $\boldsymbol{a}_2 = \begin{pmatrix}2\\3\\3\end{pmatrix}$.

19.12 •• Ausgehend von der Bedingung

$$d = \frac{\|(\boldsymbol{x} - \boldsymbol{p}) \times \boldsymbol{u}\|}{\|\boldsymbol{u}\|} = 3$$

mit $\boldsymbol{p} = \begin{pmatrix}1\\1\\2\end{pmatrix}$ und $\boldsymbol{u} = \begin{pmatrix}2\\-2\\1\end{pmatrix}$ berechnen wir

$$\boldsymbol{n} = \begin{pmatrix}x_1 - 1\\x_2 - 1\\x_3 - 2\end{pmatrix} \times \begin{pmatrix}2\\-2\\1\end{pmatrix} = \begin{pmatrix}x_2 + 2x_3 - 5\\-x_1 + 2x_3 - 3\\-2x_1 - 2x_2 + 4\end{pmatrix}$$

und setzen dies in die Gleichung $\boldsymbol{n}^2 = 9\,\boldsymbol{u}^2$ ein.

19.13 •• Aus der Formel

$$d = \frac{\|(\boldsymbol{x} - \boldsymbol{p}_i) \times \boldsymbol{u}_i\|}{\|\boldsymbol{u}_i\|}$$

für den Abstand des Punktes $\boldsymbol{x}$ von der Geraden $\boldsymbol{p}_i + \mathbb{R}\,\boldsymbol{u}_i$ folgt als Bedingungsgleichung

$$\frac{\|(\boldsymbol{x} - \boldsymbol{p}_1) \times \boldsymbol{u}_1\|}{\|\boldsymbol{u}_1\|} = \frac{\|(\boldsymbol{x} - \boldsymbol{p}_2) \times \boldsymbol{u}_2\|}{\|\boldsymbol{u}_2\|}\,.$$

Wir berechnen die Vektorprodukte

$$\begin{pmatrix}x_1 - 3\\x_2\\x_3 - 4\end{pmatrix} \times \begin{pmatrix}2\\-2\\1\end{pmatrix} = \begin{pmatrix}x_2 + 2x_3 - 8\\-x_1 + 2x_3 - 5\\-2x_1 - 2x_2 + 6\end{pmatrix}$$

sowie

$$\begin{pmatrix}x_1 - 2\\x_2 - 3\\x_3 - 3\end{pmatrix} \times \begin{pmatrix}-1\\2\\2\end{pmatrix} = \begin{pmatrix}2x_2 - 2x_3\\-2x_1 - x_3 + 7\\2x_1 + x_2 - 7\end{pmatrix}$$

und erhalten wegen $\|\boldsymbol{u}_1\| = \|\boldsymbol{u}_2\|$ die quadratische Bedingungsgleichung

$$\begin{aligned}&(x_2 + 2x_3 - 8)^2 + (-x_1 + 2x_3 - 5)^2 + (-2x_1 - 2x_2 + 6)^2\\ &\quad = (2x_2 - 2x_3)^2 + (-2x_1 - x_3 + 7)^2 + (2x_1 + x_2 - 7)^2.\end{aligned}$$

19.14 •• Wir berechnen den Winkel φ zwischen den Vektoren $\boldsymbol{x} - \boldsymbol{p}$ und $\boldsymbol{u}$ nach der Formel

$$\cos\varphi = \frac{\sqrt{3}}{2} = \frac{(\boldsymbol{x} - \boldsymbol{p}) \cdot \boldsymbol{u}}{\|\boldsymbol{x} - \boldsymbol{p}\|\,\|\boldsymbol{u}\|}\,.$$

Dies ergibt die quadratische Bedingungsgleichung

$$((\boldsymbol{x} - \boldsymbol{p}) \cdot \boldsymbol{u})^2 = \frac{3}{4}\,(\boldsymbol{x} - \boldsymbol{p})^2\,\boldsymbol{u}^2.$$

Nach Einsetzung der gegebenen Koordinaten folgt

$$\begin{aligned}&(2x_1 - 2x_2 + x_3 - 2)^2\\ &\quad = \frac{27}{4}\,((x_1 - 1)^2 + (x_2 - 1)^2 + (x_3 - 2)^2).\end{aligned}$$

19.15 •• Nachdem der zweite Spaltenvektor ein Einheitsvektor ist, bleibt für dessen dritte Koordinate $\pm 2/3$. Der dritte Spaltenvektor ist gleichfalls ein Einheitsvektor und gleichzeitig orthogonal zum zweiten. Also gelten für dessen fehlende Koordinaten x_2 und x_3 die Gleichungen

$$x_2 \pm 2x_3 = \frac{4}{3} \quad \text{und} \quad \frac{4}{9} + x_2^2 + x_3^3 = 1\,.$$

Wir berechnen x_2 aus der zweiten Gleichung und setzen dies in der dritten ein. Dies ergibt die quadratische Gleichung

$$45x_3^2 \mp 48x_3 + 11 = 0$$

mit den beiden Lösungen

$$x_3 = \pm\frac{11}{15} \quad \text{oder} \quad x_3 = \mp\frac{1}{3}\,.$$

Der erste Spaltenvektor ist als Vektorprodukt aus dem zweiten und dritten Spaltenvektor berechenbar.

19.16 •• Wir setzen für die Drehachse $\hat{\boldsymbol{d}} = \frac{1}{\sqrt{3}}\begin{pmatrix}1\\1\\1\end{pmatrix}$, für den Drehwinkel $\cos\varphi = \frac{1}{2}$, $\sin\varphi = \frac{\sqrt{3}}{2}$, und berechnen die Drehmatrix $\mathbf{R}_{\hat{d},\varphi}$. Als Matrizenprodukt

$$\mathbf{R}_{\hat{d},\varphi}\cdot\begin{pmatrix}0&1&1&0&0&1&1&0\\0&0&1&1&0&0&1&1\\0&0&0&0&1&1&1&1\end{pmatrix}$$

entsteht dann die oben angegebene Matrix mit den Koordinaten der Würfelecken in den Spalten.

19.17 •• Wir setzen in die Formel

$$\mathbf{R}_{d,\varphi} = (\boldsymbol{d}\,\boldsymbol{d}^T) + \cos\varphi\,(\mathbf{E}_3 - \boldsymbol{d}\,\boldsymbol{d}^T) + \sin\varphi\,\mathbf{S}_d$$

ein. Dabei ist

$$\boldsymbol{d}\,\boldsymbol{d}^T = \begin{pmatrix}d_1d_1 & d_1d_2 & d_1d_3\\ d_2d_1 & d_2d_2 & d_2d_3\\ d_3d_1 & d_3d_2 & d_3d_3\end{pmatrix}$$

und

$$\mathbf{S}_d = \begin{pmatrix}0 & -d_3 & d_2\\ d_3 & 0 & -d_1\\ -d_2 & d_1 & 0\end{pmatrix}.$$

Als erstes Element in der Hauptdiagonale von $\mathbf{R}_{d,\varphi}$ folgt

$$r_{11} = d_1^2 + \cos\varphi(1 - d_1^2).$$

Rechts daneben steht

$$r_{12} = d_1d_2(1-\cos\varphi) - d_3\sin\varphi.$$

Anwendungsprobleme

19.18 •• $\boldsymbol{m}$ ist der Mittelpunkt der Gemeinlotstrecke. Wir verwenden die Formeln von S. 721 und berechnen zunächst einen Richtungsvektor der gemeinsamen Normalen von G_1 und G_2, nämlich

$$\boldsymbol{n} = \begin{pmatrix}-1\\1\\2\end{pmatrix}\times\begin{pmatrix}2\\-2\\1\end{pmatrix} = \begin{pmatrix}5\\5\\0\end{pmatrix}.$$

Der Schnittpunkt der gemeinsamen Normalen mit G_1 ist

$$\boldsymbol{a}_1 = \begin{pmatrix}2\\3\\3\end{pmatrix} + t_1\begin{pmatrix}-1\\1\\2\end{pmatrix}$$

mit

$$t_1 = \frac{1}{\|\boldsymbol{n}\|^2}\det\begin{pmatrix}-1&2&-5\\3&-2&-5\\-1&1&0\end{pmatrix} = \frac{0}{50} = 0,$$

also $\boldsymbol{a}_1 = \begin{pmatrix}2\\3\\3\end{pmatrix}$. Analog ist

$$\boldsymbol{a}_2 = \begin{pmatrix}3\\0\\4\end{pmatrix} + t_2\begin{pmatrix}2\\-2\\1\end{pmatrix}$$

mit

$$t_2 = \frac{1}{\|\boldsymbol{n}\|^2}\det\begin{pmatrix}-1&-1&-5\\3&1&-5\\-1&2&0\end{pmatrix} = \frac{-50}{50} = -1,$$

also $\boldsymbol{a}_2 = \begin{pmatrix}3\\0\\4\end{pmatrix} - \begin{pmatrix}2\\-2\\1\end{pmatrix} = \begin{pmatrix}1\\2\\3\end{pmatrix}$. Nun bleibt

$$\boldsymbol{m} = \frac{1}{2}(\boldsymbol{a}_1 + \boldsymbol{a}_2) = \frac{1}{2}\begin{pmatrix}3\\5\\6\end{pmatrix}.$$

Diese Aufgabe ließe sich auch mit Methoden der Analysis lösen: Setzen Sie $\boldsymbol{m}$ zunächst mit unbekannten Koordinaten $(x_1, x_2, x_3)^\mathrm{T}$ an und minimieren Sie dann die Quadratsumme der Abstände von G_1 und G_2 (siehe Formel auf S. 721) durch Nullsetzen der partiellen Ableitungen nach x_1, x_2 und x_3.

19.19 ••• Wird das Parallelepiped von den drei linear unabhängigen Vektoren $\boldsymbol{a}$, $\boldsymbol{b}$ und $\boldsymbol{c}$ aufgespannt und wählen wir die erste Ecke im Koordinatenurprung $\mathbf{0}$, so verbinden die 4 Raumdiagonalen die Punktepaare $(\boldsymbol{p}_i, \boldsymbol{q}_i)$, $i = 1, \dots, 4$, wobei gilt:

$$\begin{aligned}\boldsymbol{p}_1 &= \mathbf{0}, & \boldsymbol{q}_1 &= \boldsymbol{a}+\boldsymbol{b}+\boldsymbol{c}\\ \boldsymbol{p}_2 &= \boldsymbol{a}, & \boldsymbol{q}_2 &= \boldsymbol{b}+\boldsymbol{c}\\ \boldsymbol{p}_3 &= \boldsymbol{a}+\boldsymbol{b}, & \boldsymbol{q}_3 &= \boldsymbol{c}\\ \boldsymbol{p}_4 &= \boldsymbol{b}, & \boldsymbol{q}_4 &= \boldsymbol{a}+\boldsymbol{c}\end{aligned}$$

Nun liegt der Mittelpunkt

$$\boldsymbol{m} = \frac{1}{2}(\boldsymbol{a}+\boldsymbol{b}+\boldsymbol{c})$$

auf allen Raumdiagonalen, denn für jedes $i \in \{1, \dots, 4\}$ ist

$$\boldsymbol{m} = \frac{1}{2}(\boldsymbol{p}_i + \boldsymbol{q}_i).$$

Als Quadratsumme der Längen $\|\boldsymbol{q}_i - \boldsymbol{p}_i\|$ folgt

$$(\boldsymbol{a}+\boldsymbol{b}+\boldsymbol{c})^2 + (-\boldsymbol{a}+\boldsymbol{b}+\boldsymbol{c})^2 + (-\boldsymbol{a}-\boldsymbol{b}+\boldsymbol{c})^2 + (\boldsymbol{a}-\boldsymbol{b}+\boldsymbol{c})^2 = 4\left(\boldsymbol{a}^2+\boldsymbol{b}^2+\boldsymbol{c}^2\right),$$

nachdem die gemischten Skalarprodukte $2(\boldsymbol{a}\cdot\boldsymbol{b})$, $2(\boldsymbol{a}\cdot\boldsymbol{c})$ und $2(\boldsymbol{b}\cdot\boldsymbol{c})$ in dieser Summe je zweimal mit positivem und zweimal mit negativem Vorzeichen auftreten.

19.20 ••• Zu 1) Für die Entfernung d_1 des Schwerpunktes $\boldsymbol{s}$ vom Eckpunkt $\boldsymbol{p}_1$ folgt

$$\begin{aligned} d_1^2 &= \|\boldsymbol{s}-\boldsymbol{p}_1\|^2 = \frac{1}{16}\|\boldsymbol{p}_1+\boldsymbol{p}_2+\boldsymbol{p}_3+\boldsymbol{p}_4-4\boldsymbol{p}_1\|^2 \\ &= \frac{1}{16}\left((\boldsymbol{p}_2-\boldsymbol{p}_1)+(\boldsymbol{p}_3-\boldsymbol{p}_1)+(\boldsymbol{p}_4-\boldsymbol{p}_1)\right)^2 \\ &= \frac{1}{16}(3\cdot 1 + 3\cdot 1) = \frac{3}{8}, \end{aligned}$$

nachdem für die Skalarprodukte bei $i \neq j$ und $i, j \neq 1$ gilt

$$\begin{aligned} &(\boldsymbol{p}_i-\boldsymbol{p}_1)\cdot(\boldsymbol{p}_j-\boldsymbol{p}_1) \\ &= \boldsymbol{p}_i\cdot\boldsymbol{p}_j - \boldsymbol{p}_i\cdot\boldsymbol{p}_1 - \boldsymbol{p}_j\cdot\boldsymbol{p}_1 + \boldsymbol{p}_1^2 + \frac{1}{2}\left(\boldsymbol{p}_i^2+\boldsymbol{p}_j^2-\boldsymbol{p}_i^2-\boldsymbol{p}_j^2\right) \\ &= \frac{1}{2}\left((\boldsymbol{p}_i-\boldsymbol{p}_1)^2+(\boldsymbol{p}_j-\boldsymbol{p}_1)^2-(\boldsymbol{p}_i-\boldsymbol{p}_j)^2\right) = \frac{1}{2}. \end{aligned}$$

Die Distanz $d_1 = \|\boldsymbol{s}-\boldsymbol{p}_1\|$ hängt gar nicht vom Index 1 ab.

Zu 2) Die genannten Kantenmitten sind der Reihe nach

$$\boldsymbol{m}_1 = \frac{1}{2}(\boldsymbol{p}_1+\boldsymbol{p}_2),\quad \boldsymbol{m}_2 = \frac{1}{2}(\boldsymbol{p}_1+\boldsymbol{p}_3),$$
$$\boldsymbol{m}_3 = \frac{1}{2}(\boldsymbol{p}_3+\boldsymbol{p}_4),\quad \boldsymbol{m}_4 = \frac{1}{2}(\boldsymbol{p}_2+\boldsymbol{p}_4).$$

Sie erfüllen die Parallelogrammbedingung

$$\boldsymbol{m}_2-\boldsymbol{m}_1 = \boldsymbol{m}_3-\boldsymbol{m}_4 = \boldsymbol{p}_3-\boldsymbol{p}_2.$$

Alle Seitenlängen in diesem Parallelogramm sind gleich $\frac{1}{2}$, denn

$$\|\boldsymbol{m}_2-\boldsymbol{m}_1\|^2 = \frac{1}{4}(\boldsymbol{p}_3-\boldsymbol{p}_2)^2 = \frac{1}{4},$$
$$\|\boldsymbol{m}_3-\boldsymbol{m}_2\|^2 = \frac{1}{4}(\boldsymbol{p}_4-\boldsymbol{p}_1)^2 = \frac{1}{4}.$$

Zudem sind aufeinanderfolgende Seiten orthogonal, denn zunächst folgt

$$\begin{aligned} (\boldsymbol{m}_2-\boldsymbol{m}_1)\cdot(\boldsymbol{m}_3-\boldsymbol{m}_2) &= \frac{1}{4}(\boldsymbol{p}_3-\boldsymbol{p}_2)\cdot(\boldsymbol{p}_4-\boldsymbol{p}_1) \\ &= \frac{1}{4}(\boldsymbol{p}_3\cdot\boldsymbol{p}_4 - \boldsymbol{p}_3\cdot\boldsymbol{p}_1 - \boldsymbol{p}_2\cdot\boldsymbol{p}_4 + \boldsymbol{p}_2\cdot\boldsymbol{p}_1). \end{aligned}$$

Der letzte Ausdruck ist eine Summe von Skalarprodukten. Nun gilt für $i \neq j$

$$(\boldsymbol{p}_i-\boldsymbol{p}_j)^2 = \boldsymbol{p}_i^2 + \boldsymbol{p}_j^2 - 2(\boldsymbol{p}_i\cdot\boldsymbol{p}_j) = 1,$$

somit

$$\boldsymbol{p}_i\cdot\boldsymbol{p}_j = \frac{1}{2}\left(\boldsymbol{p}_i^2+\boldsymbol{p}_j^2-1\right).$$

Wir setzen dies in der letzten Gleichung ein und erhalten

$$\begin{aligned} &(\boldsymbol{m}_2-\boldsymbol{m}_1)\cdot(\boldsymbol{m}_3-\boldsymbol{m}_2) \\ &= \frac{1}{8}\left(\boldsymbol{p}_3^2+\boldsymbol{p}_4^2-1-\boldsymbol{p}_3^2-\boldsymbol{p}_1^2\right. \\ &\qquad \left.+1-\boldsymbol{p}_2^2-\boldsymbol{p}_4^2+1+\boldsymbol{p}_2^2+\boldsymbol{p}_1^2-1\right) \\ &= 0. \end{aligned}$$

Zu 3) Mit dem letzten Beweis ist gleichzeitig

$$(\boldsymbol{p}_3-\boldsymbol{p}_2)\cdot(\boldsymbol{p}_4-\boldsymbol{p}_1) = 0$$

und damit die Orthogonalität der Gegenkantenpaare bestätigt. Als Mittelpunkt der zugehörigen Seitenmitten folgt

$$\begin{aligned} &\frac{1}{2}\left(\frac{1}{2}(\boldsymbol{p}_2+\boldsymbol{p}_3)+\frac{1}{2}(\boldsymbol{p}_1+\boldsymbol{p}_4)\right) \\ &\qquad = \frac{1}{4}(\boldsymbol{p}_1+\boldsymbol{p}_2+\boldsymbol{p}_3+\boldsymbol{p}_4) = \boldsymbol{s}. \end{aligned}$$

19.21 •• Für die Spur von $\mathbf{A}$ gilt

$$\operatorname{Sp}(\mathbf{A}) = \frac{1}{\sqrt{6}}(2+\sqrt{2}+\sqrt{3}) = 1 + 2\cos\varphi.$$

Zur Bestimmung eines Vektors $\boldsymbol{d}$ lösen wir das homogene lineare Gleichungssystem

$$(\mathbf{A}-\mathbf{E}_3)\,\boldsymbol{x} = \mathbf{0}$$

mit der Koeffizientenmatrix

$$\begin{pmatrix} 2-\sqrt{6} & -1 & -1 \\ 0 & \sqrt{3}-\sqrt{6} & -\sqrt{3} \\ \sqrt{2} & \sqrt{2} & \sqrt{2}-\sqrt{6} \end{pmatrix}.$$

Wir berechnen eine Lösung als Vektorprodukt

$$\begin{pmatrix} 2-\sqrt{6} \\ -1 \\ -1 \end{pmatrix} \times \begin{pmatrix} 0 \\ 1-\sqrt{2} \\ -1 \end{pmatrix} = \begin{pmatrix} 2-\sqrt{2} \\ 2-\sqrt{6} \\ (2-\sqrt{6})(1-\sqrt{2}) \end{pmatrix}.$$

Dies bleibt eine Lösung, wenn wir die Koordinaten noch durch $(2-\sqrt{6})$ dividieren.

Nach S. 728 ist

$$\frac{1}{2}(\mathbf{A}+\mathbf{A}^T) = \sin\varphi\,\mathbf{S}_{\hat{d}}$$

der schiefsymmetrische Anteil von $\mathbf{A}$, und in $\mathbf{S}_{\hat{d}}$ stehen nach (19.9) die Koordinaten des normierten Drehvektors $\hat{\boldsymbol{d}} = \frac{1}{\|\boldsymbol{d}\|}\boldsymbol{d}$. Wir erhalten

$$\frac{1}{2\sqrt{6}}\begin{pmatrix} 0 & -1 & -1-\sqrt{2} \\ 1 & 0 & -\sqrt{2}-\sqrt{3} \\ 1+\sqrt{2} & \sqrt{2}+\sqrt{3} & 0 \end{pmatrix} = \frac{\sin\varphi}{\|\boldsymbol{d}\|}\mathbf{S}_{\boldsymbol{d}}.$$

Ein Vorzeichenvergleich zeigt $\sin\varphi < 0$.

19.22 •• Wir beginnen mit $\cos\beta = \boldsymbol{b}_3\cdot\boldsymbol{b}_3' = \frac{1}{3}$. Der Vektor

$$\boldsymbol{d} = \boldsymbol{b}_3 \times \boldsymbol{b}_3' = \begin{pmatrix}0\\0\\1\end{pmatrix} \times \frac{1}{3}\begin{pmatrix}2\\-2\\1\end{pmatrix} = \frac{1}{3}\begin{pmatrix}2\\2\\0\end{pmatrix}$$

schliesst mit $\boldsymbol{b}_1$ den (im Sinne von $\boldsymbol{b}_3$ gemessenen) orientierten Winkel α ein. Wir erhalten

$$\cos\alpha = \boldsymbol{b}_1\cdot\hat{\boldsymbol{d}} = \frac{1}{\sqrt{2}}.$$

$\boldsymbol{d}$ liegt im ersten Quadranten, also $0 < \alpha < 90°$.

Der Vektor $\boldsymbol{d}$ schließt mit $\boldsymbol{b}_1'$ den im Sinne von $\boldsymbol{b}_3'$ zu messenden Winkel γ ein. Wir finden

$$\cos\gamma = \boldsymbol{b}_1'\cdot\hat{\boldsymbol{d}} = \frac{1}{3}\begin{pmatrix}2\\1\\-2\end{pmatrix}\cdot\frac{1}{\sqrt{2}}\begin{pmatrix}1\\1\\0\end{pmatrix} = \frac{3}{3\sqrt{2}} = \frac{1}{\sqrt{2}}.$$

Zur Bestimmung der richtigen Orientierung berechnen wir ferner

$$\begin{aligned}\sin\gamma &= (\hat{\boldsymbol{d}}\times\boldsymbol{b}_1')\cdot\boldsymbol{b}_3' \\ &= \det(\hat{\boldsymbol{d}},\boldsymbol{b}_1',\boldsymbol{b}_3') = \hat{\boldsymbol{d}}\cdot(\boldsymbol{b}_1'\times\boldsymbol{b}_3') = -\hat{\boldsymbol{d}}\cdot\boldsymbol{b}_2',\end{aligned}$$

also

$$\sin\gamma = -\hat{\boldsymbol{d}}\cdot\boldsymbol{b}_2' = -\frac{1}{3\sqrt{2}}\begin{pmatrix}1\\1\\0\end{pmatrix}\cdot\begin{pmatrix}1\\2\\2\end{pmatrix} = -\frac{1}{\sqrt{2}}.$$

19.23 ••• Wir berechnen einen zur Dreiecksebene orthogonalen Vektor $\boldsymbol{d} = (\boldsymbol{a}_1-\boldsymbol{a}_2)\times(\boldsymbol{a}_2-\boldsymbol{a}_3)$ als

$$\boldsymbol{d} = \begin{pmatrix}2\\-1\\-1\end{pmatrix}\times\begin{pmatrix}-1\\2\\-1\end{pmatrix} = \begin{pmatrix}3\\3\\3\end{pmatrix}, \quad \hat{\boldsymbol{d}} = \frac{1}{\sqrt{3}}\begin{pmatrix}1\\1\\1\end{pmatrix}.$$

Die Drehachse geht durch den Schwerpunkt

$$\boldsymbol{s} = \frac{1}{3}(\boldsymbol{a}_1+\boldsymbol{a}_2+\boldsymbol{a}_3) = \begin{pmatrix}-1\\0\\2\end{pmatrix}.$$

Durch die Drehung soll $\boldsymbol{a}_1$ nach $\boldsymbol{a}_2$ kommen. Da der Vektor $(\boldsymbol{a}_1-\boldsymbol{s})\times(\boldsymbol{a}_2-\boldsymbol{s})$ mit $\hat{\boldsymbol{d}}$ gleichgerichtet ist, beträgt der Drehwinkel $\varphi = 120°$, d. h., $\cos\varphi = -\frac{1}{2}$, $\sin\varphi = \frac{\sqrt{3}}{2}$. Die zugehörige Drehmatrix $\mathbf{R}_{\hat{d},\varphi}$ wurde bereits im Beispiel 19 ausgerechnet als

$$\mathbf{R}_{\hat{d},\varphi} = \begin{pmatrix}0&0&1\\1&0&0\\0&1&0\end{pmatrix}.$$

Sie ist deshalb besonders einfach, weil die Basisvektoren zyklisch vertauscht werden.

Nun ist diese orthogonale 3×3-Drehmatrix rechte untere Teilmatrix in der erweiterten Darstellungsmatrix $\mathbf{D}^*$. Die erste Spalte in $\mathbf{D}^*$ folgt aus der Forderung, dass der Schwerpunkt sich bei der Drehung nicht ändert, also wegen

$$\begin{pmatrix}1\\\boldsymbol{s}\end{pmatrix} = \begin{pmatrix}1 & \mathbf{0}^T\\ \boldsymbol{x} & \mathbf{R}_{\hat{d},\varphi}\end{pmatrix}\begin{pmatrix}1\\\boldsymbol{s}\end{pmatrix}.$$

Wir setzen ein und erhalten für den noch unbekannten Vektor $\boldsymbol{x}$ in der ersten Spalte

$$\begin{pmatrix}1\\-1\\0\\2\end{pmatrix} = \begin{pmatrix}1&0&0&0\\x_1&0&0&1\\x_2&1&0&0\\x_3&0&1&0\end{pmatrix}\begin{pmatrix}1\\-1\\0\\2\end{pmatrix} = \begin{pmatrix}1\\x_1+2\\x_2-1\\x_3\end{pmatrix},$$

woraus $x_1 = -3$, $x_2 = 1$, $x_3 = 2$ folgt.

Kapitel 20

Aufgaben

Verständnisfragen

20.1 • Sind die folgenden Produkte Skalarprodukte?

$$\cdot : \begin{cases} \mathbb{R}^2 \times \mathbb{R}^2 & \to \quad \mathbb{R} \\ \left(\begin{pmatrix} v_1 \\ v_2 \end{pmatrix}, \begin{pmatrix} w_1 \\ w_2 \end{pmatrix} \right) & \mapsto \quad v_1 - w_1 \end{cases},$$

$$\cdot : \begin{cases} \mathbb{R}^2 \times \mathbb{R}^2 & \to \quad \mathbb{R} \\ \left(\begin{pmatrix} v_1 \\ v_2 \end{pmatrix}, \begin{pmatrix} w_1 \\ w_2 \end{pmatrix} \right) & \mapsto \quad 3\, v_1 w_1 + v_1 w_2 + v_2 w_1 + v_2 w_2 \end{cases}$$

20.2 •• Für welche $a, b \in \mathbb{C}$ ist

$$\cdot : \begin{cases} \mathbb{C}^2 \times \mathbb{C}^2 & \to \quad \mathbb{C} \\ \left(\begin{pmatrix} v_1 \\ v_2 \end{pmatrix}, \begin{pmatrix} w_1 \\ w_2 \end{pmatrix} \right) & \mapsto \quad \begin{array}{r} \overline{v}_1\, w_1 + a\, \overline{v}_1\, w_2 \\ -2\overline{v}_2\, w_1 + b\, \overline{v}_2\, w_2 \end{array} \end{cases}$$

hermitesch?

Für welche $a, b \in \mathbb{C}$ ist f außerdem positiv definit?

20.3 • Gibt es zu jedem $\lambda \in \mathbb{R}_{\geq 0}$ einen Vektor $\boldsymbol{v}$ eines euklidischen Vektorraums mit Skalarprodukt $\cdot$ mit $\boldsymbol{v} \cdot \boldsymbol{v} = \lambda$?

20.4 ••• Beweisen Sie die auf den S. 747 und 766 formulierte Cauchy-Schwarz'sche Ungleichung.

20.5 •• Begründen Sie: Ist U ein Untervektorraum eines endlichdimensionalen euklidischen Vektorraums V, so lässt sich jedes $v \in V$ eindeutig in der Form

$$\boldsymbol{v} = \boldsymbol{u} + \boldsymbol{u}'$$

mit $\boldsymbol{u} \in U$ und $\boldsymbol{u}' \in U^{\perp}$ schreiben. Insbesondere gilt also $V = U + U^{\perp}$.

20.6 • Sind $\cdot$ und $\circ$ zwei Skalarprodukte des $\mathbb{R}^n$, so ist jede Orthogonalbasis bezüglich $\cdot$ auch eine Orthogonalbasis bezüglich $\circ$ – stimmt das?

20.7 •• Begründen Sie die auf S. 761 gezogenen Folgerungen

1. $\boldsymbol{r}^{(i)} = \boldsymbol{b} - \boldsymbol{A}\, \boldsymbol{x}^{(i)} \in U_i^{\perp}$ bezüglich des kanonischen Skalarproduktes,
2. $U_i = \langle \boldsymbol{r}^{(0)}, \boldsymbol{r}^{(1)}, \ldots, \boldsymbol{r}^{(i-1)} \rangle$,

unter den dort gemachten Voraussetzungen.

Rechenaufgaben

20.8 •• Auf dem $\mathbb{R}$-Vektorraum $V = \{f \in \mathbb{R}[X] \mid \deg(f) \leq 3\} \subseteq \mathbb{R}[X]$ der Polynome vom Grad kleiner oder gleich 3 ist das Skalarprodukt $\cdot$ durch

$$f \cdot g = \int_{-1}^{1} f(t)\, g(t)\, dt$$

für $f, g \in V$ gegeben.

(a) Bestimmen Sie eine Orthonormalbasis von V bezüglich $\cdot$.
(b) Man berechne in V den Abstand von $f = X + 1$ zu $g = X^2 - 1$.

20.9 •• Bestimmen Sie alle normierten Vektoren des $\mathbb{C}^3$, die zu $\boldsymbol{v}_1 = \begin{pmatrix} 1 \\ \mathrm{i} \\ 0 \end{pmatrix}$ und $\boldsymbol{v}_2 = \begin{pmatrix} 0 \\ \mathrm{i} \\ -\mathrm{i} \end{pmatrix}$ bezüglich des kanonischen Skalarproduktes senkrecht stehen.

20.10 • Berechnen Sie den minimalen Abstand des Punktes $\boldsymbol{v} = \begin{pmatrix} 3 \\ 1 \\ -1 \end{pmatrix}$ zu der Ebene $\left\langle \begin{pmatrix} 1 \\ 1 \\ 1 \end{pmatrix}, \begin{pmatrix} -1 \\ -1 \\ 1 \end{pmatrix} \right\rangle$.

T. Arens et al., *Arbeitsbuch Mathematik*, https://doi.org/10.1007/978-3-662-64391-4_19

Anwendungsprobleme

20.11 •• Im Laufe von zehn Stunden wurde alle zwei Stunden, also zu den Zeiten $t_1 = 0$, $t_2 = 2$, $t_3 = 4$, $t_4 = 6$, $t_5 = 8$ und $t_6 = 10$ in Stunden, die Höhe $h_1, \ldots, h_6$ des Wasserstandes der Nordsee in Metern ermittelt. Damit haben wir sechs Paare (t_i, h_i) für den Wasserstand der Nordsee zu bestimmten Zeiten vorliegen:

$$(0, 1.0), (2, 1.5), (4, 1.3), (6, 0.6), (8, 0.4), (10, 0.8)$$

Man ermittle eine Funktion, welche diese Messwerte möglichst gut approximiert.

20.12 •• Bestimmen Sie die ersten Koeffizienten einer Fourierreihenentwicklung der sogenannten *Sägezahnfunktion*, also der periodischen Fortsetzung der Funktion

$$f(t) = \begin{cases} t, & \text{falls } |t| < \pi, \\ 0, & \text{falls } t = \pi. \end{cases}$$

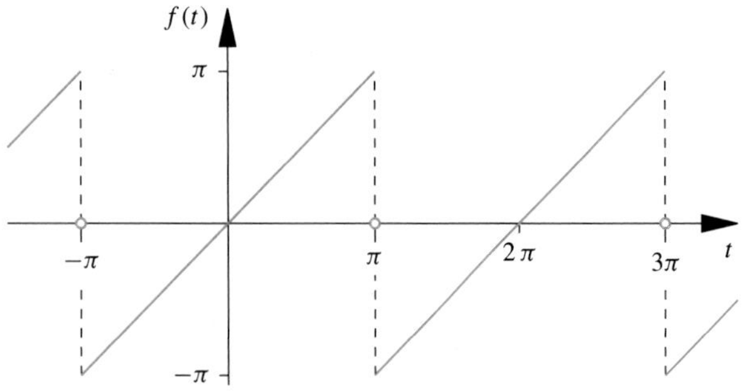

Abb. 20.17 Die Sägezahnfunktion ist eine periodische Funktion mit der Periode π

Hinweise

Verständnisfragen

20.1 • Man beachte die Definition eines euklidischen Skalarproduktes auf S. 742.

20.2 •• Man beachte das Kriterium von S. 745.

20.3 • Beachten Sie die positive Definitheit des Skalarproduktes.

20.4 ••• Wählen Sie in der für alle $\lambda, \mu \in \mathbb{K}$ geltenden Ungleichung $0 \leq (\lambda\, \boldsymbol{v} + \mu\, \boldsymbol{w}) \cdot (\lambda\, \boldsymbol{v} + \mu\, \boldsymbol{w})$ spezielle Werte für λ und μ.

20.5 •• Wählen Sie eine Orthonormalbasis in U und setzen Sie diese zu einer Orthonormalbasis von V fort.

20.6 • Man suche ein Gegenbeispiel.

20.7 •• Beachten Sie bei (1) den Projektionssatz auf S. 756 bezüglich des durch die Matrix $\boldsymbol{A}$ definierten Skalarproduktes. Die Aussage (2) können Sie per Induktion beweisen.

Rechenaufgaben

20.8 •• Verwenden Sie das Orthonormierungsverfahren von Gram und Schmidt (siehe S. 754).

20.9 •• Bestimmen Sie alle Vektoren $\boldsymbol{v} = (v_i)$, welche die Bedingungen $\boldsymbol{v} \perp \boldsymbol{v}_1$ und $\boldsymbol{v} \perp \boldsymbol{v}_2$ und $\|\boldsymbol{v}\| = 1$ erfüllen.

20.10 • Man beachte den Projektionssatz auf S. 756 und die anschließenden Ausführungen.

Anwendungsprobleme

20.11 •• Man beachte die Methode der kleinsten Quadrate auf S. 759. Als Basisfunktionen wähle man Funktionen, welche diese 12-Stunden-Periodizität des Wasserstandes berücksichtigen.

20.12 •• Beachten Sie die Anwendung auf S. 753.

Lösungen

Verständnisfragen

20.1 • Das erste Produkt ist kein Skalarprodukt, das zweite schon.

20.2 •• Das Produkt ist für $a = -2$ und $b \in \mathbb{R}$ hermitesch und für $a = -2$ und $b > 0$ positiv definit.

20.3 • Ja.

20.4 ••• –

20.5 •• –

20.6 • Nein.

20.7 •• –

Rechenaufgaben

20.8 •• (a) Es ist

$$\left\{\frac{1}{\sqrt{2}},\ \sqrt{\frac{3}{2}}X,\ \sqrt{\frac{45}{8}}\left(X^2-\frac{1}{3}\right),\ \sqrt{\frac{175}{8}}\left(X^3-\frac{3}{5}X\right)\right\}$$

eine Orthonormalbasis von V.

(b) Der Abstand beträgt $\sqrt{\frac{32}{5}}$.

20.9 ••

$$\left\{\frac{e^{i\varphi}}{\sqrt{3}}\begin{pmatrix} i\\ 1\\ 1\end{pmatrix}\ \middle|\ \varphi\in[0,2\pi[\right\}.$$

20.10 • Der minimale Abstand ist $\sqrt{2}$.

Anwendungsprobleme

20.11 •• Die Näherungsfunktion f lautet

$$f=0.93+0.23\cos\left(\frac{2\pi t}{12}\right)+0.46\sin\left(\frac{2\pi t}{12}\right).$$

20.12 •• Es gilt $a_k=0$ für alle k, und $b_1=1, b_2=-1, b_3=2/3, b_4=-1/2$.

Lösungswege

Verständnisfragen

20.1 • Das erste Produkt ist kein Skalarprodukt, denn es ist nicht linear im ersten Argument, wie das folgende Beispiel zeigt:

$$\left(\begin{pmatrix}1\\0\end{pmatrix}+\begin{pmatrix}1\\0\end{pmatrix}\right)\cdot\begin{pmatrix}1\\1\end{pmatrix}=1\neq 0=\begin{pmatrix}1\\0\end{pmatrix}\cdot\begin{pmatrix}1\\1\end{pmatrix}+\begin{pmatrix}1\\0\end{pmatrix}\cdot\begin{pmatrix}1\\1\end{pmatrix}$$

Das zweite Produkt ist ein Skalarprodukt. Offenbar können wir das Skalarprodukt auch mittels der Matrix $\mathbf{A}=\begin{pmatrix}3&1\\1&1\end{pmatrix}$ durch

$$\boldsymbol{v}\cdot\boldsymbol{w}=\boldsymbol{v}^T\,\mathbf{A}\,\boldsymbol{w}$$

ausdrücken. Weil die Matrix $\mathbf{A}$ symmetrisch und nach dem Kriterium von S. 745 sogar positiv definit ist, ist $\cdot$ ein Skalarprodukt.

20.2 •• Wir können das gegebene Produkt mittels der Matrix $\mathbf{A}:=\begin{pmatrix}1&a\\-2&b\end{pmatrix}$ durch

$$\boldsymbol{v}\cdot\boldsymbol{w}=\overline{\boldsymbol{v}}^T\,\mathbf{A}\,\boldsymbol{w}$$

beschreiben. Nun überprüfen wir, für welche komplexen Zahlen a und b die Matrix hermitesch bzw. positiv definit ist, denn es ist in diesem Fall das Produkt $\cdot$ hermitesch bzw. positiv definit.

Die Matrix $\mathbf{A}$ ist hermitesch, wenn $\overline{\mathbf{A}}^T=\mathbf{A}$ gilt, also genau dann, wenn $a=-2$ und $b\in\mathbb{R}$ ist.

Und $\mathbf{A}$ ist genau dann positiv definit, wenn $\det(\mathbf{A})>0$ gilt, d. h. $b>4$ (man beachte das Kriterium von S. 765).

20.3 • Wir müssen voraussetzen, dass es wenigstens einen vom Nullvektor verschiedenen Vektor $\boldsymbol{u}$ in V gibt. Diesen Vektor $\boldsymbol{u}$ normieren wir auf die Länge 1 und erhalten so den Vektor $\boldsymbol{n}$.

Weil jede positive reelle Zahl λ eine (positive) Wurzel $\sqrt{\lambda}$ besitzt, existiert in V der Vektor $\boldsymbol{v}:=\sqrt{\lambda}\,\boldsymbol{n}$. Mit diesem so erklärten Vektor $\boldsymbol{v}$ gilt die Gleichung

$$\boldsymbol{v}\cdot\boldsymbol{v}=(\sqrt{\lambda}\,\boldsymbol{n})\cdot(\sqrt{\lambda}\,\boldsymbol{n})=\sqrt{\lambda}^2\,(\boldsymbol{n}\cdot\boldsymbol{n})=\lambda\,.$$

Also ist ein Skalarprodukt $\cdot : V\times V\to\mathbb{R}$ stets surjektiv, wenn $V\neq\{\boldsymbol{0}\}$ gilt.

20.4 ••• Im Fall $\boldsymbol{w}=\boldsymbol{0}$ stimmen alle Behauptungen. Darum setzen wir von nun an $\boldsymbol{w}\neq\boldsymbol{0}$ voraus.

Für alle $\lambda,\ \mu\in\mathbb{K}$ gilt die Ungleichung

$$0\leq(\lambda\,\boldsymbol{v}+\mu\,\boldsymbol{w})\cdot(\lambda\,\boldsymbol{v}+\mu\,\boldsymbol{w})\,.$$

Wir wählen nun das reelle $\lambda:=\boldsymbol{w}\cdot\boldsymbol{w}\ (>0)$ und $\mu:=-\boldsymbol{v}\cdot\boldsymbol{w}$ und erhalten so:

$$\begin{aligned}0&\leq(\lambda\,\boldsymbol{v}+\mu\,\boldsymbol{w})\cdot(\lambda\,\boldsymbol{v}+\mu\,\boldsymbol{w})\\&=\lambda\,\overline{\lambda}\,(\boldsymbol{v}\cdot\boldsymbol{v})+\lambda\,\overline{\mu}\,(\boldsymbol{v}\cdot\boldsymbol{w})+\mu\,\overline{\lambda}\,(\boldsymbol{w}\cdot\boldsymbol{v})+\mu\,\overline{\mu}\,(\boldsymbol{w}\cdot\boldsymbol{w})\\&=\lambda\,(\lambda\,(\boldsymbol{v}\cdot\boldsymbol{v})+\overline{\mu}\,(\boldsymbol{v}\cdot\boldsymbol{w})+\mu\,(\boldsymbol{w}\cdot\boldsymbol{v})+\mu\,\overline{\mu})\\&=\lambda\,((\boldsymbol{w}\cdot\boldsymbol{w})\,(\boldsymbol{v}\cdot\boldsymbol{v})-\mu\,\overline{\mu}-\mu\,\overline{\mu}+\mu\,\overline{\mu})\\&=\lambda\,(\|\boldsymbol{w}\|\,\|\boldsymbol{v}\|-(\boldsymbol{v}\cdot\boldsymbol{w})\,(\overline{\boldsymbol{v}\cdot\boldsymbol{w}}))\end{aligned}$$

Wir können die positive Zahl λ in dieser Ungleichung kürzen und erhalten

$$\|\boldsymbol{w}\|^2\,\|\boldsymbol{v}\|^2\geq|\boldsymbol{v}\cdot\boldsymbol{w}|^2\,.$$

Wegen der Isotonie der Wurzelfunktion folgt die Cauchy-Schwarz'sche Ungleichung

$$|\boldsymbol{v}\cdot\boldsymbol{w}|\leq\|\boldsymbol{v}\|\,\|\boldsymbol{w}\|\,.$$

Weiterhin folgt aus der Gleicheit

$$|\boldsymbol{v}\cdot\boldsymbol{w}| = \|\boldsymbol{v}\|\,\|\boldsymbol{w}\|$$

mit obiger Wahl für λ und μ sogleich

$$(\lambda\,\boldsymbol{v}+\mu\,\boldsymbol{w})\cdot(\lambda\,\boldsymbol{v}+\mu\,\boldsymbol{w}) = 0\,,$$

wegen der positiven Definitheit des Skalarproduktes also $\lambda\,\boldsymbol{v}+\mu\,\boldsymbol{w}=0$. Weil $\lambda\neq 0$ gilt, bedeutet dies, dass $\boldsymbol{v}$ und $\boldsymbol{w}$ linear abhängig sind.

Ist andererseits vorausgesetzt, dass $\boldsymbol{v}$ und $\boldsymbol{w}$ linear abhängig sind, so existiert ein $\nu\in\mathbb{K}$ mit $\boldsymbol{v}=\nu\,\boldsymbol{w}$. Wir erhalten

$$|\boldsymbol{v}\cdot\boldsymbol{w}| = |\nu|\,\|\boldsymbol{w}\|\,\|\boldsymbol{w}\| = \|\nu\,\boldsymbol{w}\|\,\|\boldsymbol{w}\| = \|\boldsymbol{v}\|\,\|\boldsymbol{w}\|\,.$$

Damit ist alles begründet.

20.5 •• Die Dimension von V bzw. U sei n bzw. r. Wir wählen eine Orthonormalbasis $\{\boldsymbol{b}_1,\dots,\boldsymbol{b}_r\}$ von U und ergänzen diese zu einer Orthonormalbasis $B=\{\boldsymbol{b}_1,\dots,\boldsymbol{b}_r,\boldsymbol{b}_{r+1},\dots,\boldsymbol{b}_n\}$ von V. Offenbar gilt $\langle\{\boldsymbol{b}_{r+1},\dots,\boldsymbol{b}_n\}\rangle\subseteq U^\perp$.

Ist nun $\boldsymbol{v}$ ein beliebiges Element von V, so gibt es $\lambda_1,\,\dots,\,\lambda_n\in\mathbb{R}$ mit

$$\boldsymbol{v} = \underbrace{\lambda_1\,\boldsymbol{b}_1+\dots+\lambda_r\,\boldsymbol{b}_r}_{=:\boldsymbol{u}\in U} + \underbrace{\lambda_{r+1}\,\boldsymbol{b}_{r+1}+\dots+\lambda_n\,\boldsymbol{b}_n}_{=:\boldsymbol{u}'\in U^\perp}\,.$$

Damit haben wir eine gewünschte Darstellung gefunden.

Wir begründen noch, dass eine solche Darstellung eindeutig ist. Gilt nun

$$\boldsymbol{u}+\boldsymbol{u}' = \boldsymbol{v} = \boldsymbol{w}+\boldsymbol{w}'$$

für Elemente $\boldsymbol{u},\,\boldsymbol{w}\in U$ und $\boldsymbol{u}',\,\boldsymbol{w}'\in U^\perp$, so folgt

$$\underbrace{\boldsymbol{u}-\boldsymbol{w}}_{\in U} = \underbrace{\boldsymbol{w}'-\boldsymbol{u}'}_{\in U^\perp}\,.$$

Weil aber für den Durchschnitt $U\cap U^\perp=\{\boldsymbol{0}\}$ gilt, folgt sogleich $\boldsymbol{u}=\boldsymbol{w}$ und $\boldsymbol{u}'=\boldsymbol{w}'$, also die Eindeutigkeit einer solchen Darstellung.

20.6 • Die Aussage ist falsch. Wähle etwa im $\mathbb{R}^2$ für $\cdot$ das kanonische Skalarprodukt und für $\circ$ jenes, das durch die Matrix $\mathbf{A}=\begin{pmatrix}1&1\\1&2\end{pmatrix}$, also durch $\boldsymbol{v}\circ\boldsymbol{w}:=\boldsymbol{v}^T\,\mathbf{A}\,\boldsymbol{w}$, gegeben ist. Dann steht $\boldsymbol{e}_1$ bezüglich $\cdot$ senkrecht auf $\boldsymbol{e}_2$ nicht aber bezüglich $\circ$, da $\boldsymbol{e}_1\circ\boldsymbol{e}_2\neq 0$ gilt.

20.7 •• (1) Die Aussage

$$\|\boldsymbol{x}^{(i)}-\boldsymbol{x}\| = \min_{\boldsymbol{y}\in\boldsymbol{x}^{(0)}+U_i}\|\boldsymbol{y}-\boldsymbol{x}\|$$

ist nach dem Projektionssatz auf S. 756 äquivalent zu

$$(\boldsymbol{x}^{(i)}-\boldsymbol{x})\cdot\boldsymbol{u} = 0 \text{ für alle } \boldsymbol{u}\in U_i\,,$$

wobei das Skalarprodukt $\cdot$ nun mit der (positiv definiten) Matrix $\mathbf{A}$ gegeben ist. Mit dem Vektor $\boldsymbol{r}^{(i)}:=\boldsymbol{b}-\mathbf{A}\,\boldsymbol{x}^{(i)}$ gilt für alle $\boldsymbol{u}\in U_i$

$$0 = (\boldsymbol{x}-\boldsymbol{x}^{(i)})\cdot\boldsymbol{u} = (\boldsymbol{b}-\mathbf{A}\,\boldsymbol{x}^{(i)})^T\,\boldsymbol{u}\,.$$

Die Aussage (2) begründen wir durch Induktion:

$$\begin{aligned}U_i &= \langle\boldsymbol{r}^{(0)},\,\mathbf{A}\,\boldsymbol{r}^{(0)},\,\dots,\,\mathbf{A}^{i-1}\,\boldsymbol{r}^{(0)}\rangle\\ &= \langle\boldsymbol{r}^{(0)},\,\boldsymbol{r}^{(1)},\,\dots,\,\boldsymbol{r}^{(i-1)}\rangle\end{aligned}\qquad(*)$$

Wir begründen die Gleichheit per Induktion nach i. Für $i=0$ stimmt die Behauptung. Wir zeigen, dass $\boldsymbol{r}^{(i)}\in U_{i+1}$ gilt; wegen der linearen Unabhängigkeit der Vektoren $\boldsymbol{r}^{(0)},\dots,\boldsymbol{r}^{(i)}$ folgt dann die Behauptung. Bei der folgenden Rechnung kommt (1) $\boldsymbol{x}^i-\boldsymbol{x}^{(0)}\in U_i$ ins Spiel,

$$\begin{aligned}\boldsymbol{r}^{(i)} &= \boldsymbol{b}-\mathbf{A}\,\boldsymbol{x}^{(i)}\\ &= \boldsymbol{b}-\mathbf{A}(\boldsymbol{x}^{(0)}+\lambda_0\,\boldsymbol{r}^{(0)}+\dots+\lambda_{i-1}\,\boldsymbol{r}^{(i-1)})\\ &\in \langle\boldsymbol{r}^{(0)},\,\mathbf{A}\,\boldsymbol{r}^{(0)},\,\dots,\,\mathbf{A}^i\,\boldsymbol{r}^{(0)}\rangle = U_{i+1}\,,\end{aligned}$$

weil $\boldsymbol{b}-\mathbf{A}\,\boldsymbol{x}^{(0)}=\boldsymbol{r}^{(0)}$ gilt. Wegen der linearen Unabhängigkeit der $\boldsymbol{r}_j$ gilt

$$U_{i+1} = \langle\boldsymbol{r}^{(0)},\,\boldsymbol{r}^{(1)},\,\dots,\,\boldsymbol{r}^{(i)}\rangle\,.$$

Rechenaufgaben

20.8 •• (a) Wir verwenden das Orthonormalisierungsverfahren von Gram und Schmidt.

Setze $\boldsymbol{c}_1=1$. Wegen $\|\boldsymbol{c}_1\|=\sqrt{2}$ erhalten wir als ersten Basisvektor einer Orthonormalbasis $\boldsymbol{b}_1:=\frac{1}{\sqrt{2}}$.

Wegen $X\cdot 1=0$ ist $\boldsymbol{c}_2:=X$ bereits orthogonal zu $\boldsymbol{b}_1$. Mit $\|\boldsymbol{c}_2\|=\sqrt{\frac{2}{3}}$ erhalten wir $\boldsymbol{b}_2:=\sqrt{\frac{3}{2}}\,X$ als zweiten Basisvektor einer Orthonormalbasis.

Für $\boldsymbol{c}_3$ wählen wir

$$\begin{aligned}\boldsymbol{c}_3 &:= X^2-\frac{1}{\sqrt{2}}\left(\frac{1}{\sqrt{2}}\cdot X^2\right)-\sqrt{\frac{3}{2}}\,X\left(\sqrt{\frac{3}{2}}X\cdot X^2\right)\\ &= X^2-\frac{1}{3}.\end{aligned}$$

Wegen $\|c_3\| = \sqrt{\frac{8}{45}}$ erhalten wir $b_3 := \sqrt{\frac{45}{8}}(X^2 - \frac{1}{3})$ als dritten Vektor einer Orthonormalbasis.

Für c_4 wählen wir

$$\begin{aligned} c_4 &:= X^3 - \frac{1}{\sqrt{2}}\left(\frac{1}{\sqrt{2}} \cdot X^3\right) - \sqrt{\frac{3}{2}}\,X\left(\sqrt{\frac{3}{2}}X \cdot X^3\right) \\ &\quad - \sqrt{\frac{45}{8}}\left(X^2 - \frac{1}{3}\right)\left(\sqrt{\frac{45}{8}}\left(X^2 - \frac{1}{3}\right) \cdot X^3\right) \\ &= X^3 - \frac{3}{5}X\,. \end{aligned}$$

Wegen $\|c_4\| = \sqrt{\frac{8}{175}}$ erhalten wir mit $b_4 := \sqrt{\frac{175}{8}}(X^3 - \frac{3}{5}X)$ einen vierten und letzten Vektor einer Orthonormalbasis.

Es ist also $B = \{b_1, b_2, b_3, b_4\}$ eine Orthonormalbasis von V.

(b) Es gilt

$$\begin{aligned} d(f, g) = \|f - g\| &= \sqrt{(f - g) \cdot (f - g)} \\ &= \left(\int_{-1}^{1} (t^2 - t - 2)^2\, dt\right)^{1/2} = \sqrt{\frac{32}{5}}. \end{aligned}$$

20.9 •• Die Bedingungen $v \perp v_1$, $v \perp v_2$ besagen für einen Vektor $v = (v_i) \in \mathbb{C}^3$

$$v_1 - \mathrm{i}\,v_2 = 0, \quad -\mathrm{i}\,v_2 + \mathrm{i}\,v_3 = 0\,.$$

Setzt man $v_2 = \lambda \in \mathbb{C}$, so erhält man aus diesen Bedingungen

$$v_1 = \mathrm{i}\,\lambda, \quad v_3 = \lambda, \quad \text{also } v = \lambda \begin{pmatrix} \mathrm{i} \\ 1 \\ 1 \end{pmatrix} \text{ mit } \lambda \in \mathbb{C}\,.$$

Nun benutzen wir noch die Forderung der Normierung, d. h. $\|v\| = 1$, um λ genauer zu bestimmen,

$$1 = \|v\| = \sqrt{(\overline{\lambda\, v})^T (\lambda\, v)} = \sqrt{\overline{\lambda}\,\lambda}\,\sqrt{\overline{v}^T\, v} = |\lambda|\,\sqrt{3}\,.$$

Diese Bedingung besagt $\lambda = \frac{e^{i\varphi}}{\sqrt{3}}$.

Damit haben wir die gesuchten Vektoren bestimmt. Es sind dies die Elemente der Menge

$$\left\{ \frac{e^{i\varphi}}{\sqrt{3}} \begin{pmatrix} \mathrm{i} \\ 1 \\ 1 \end{pmatrix} \;\middle|\; \varphi \in [0, 2\pi[\right\}.$$

20.10 • Wir gehen vor wie in dem Beispiel nach dem Projektionssatz auf S. 756.

Wir bilden die Matrix $\mathbf{A}$, deren Spalten die Basisvektoren b_1, b_2 von U sind und erhalten dann den Koordinatenvektor von u bezüglich der Basis $B = (b_1, b_2)$ durch Lösen des Gleichungssystems

$$\mathbf{A}^T \mathbf{A}\, x = \mathbf{A}^T\, v\,.$$

Das Gleichungssystem lautet

$$\begin{pmatrix} 3 & -1 \\ -1 & 3 \end{pmatrix} x = \begin{pmatrix} 3 \\ -5 \end{pmatrix}.$$

Die eindeutig bestimmte Lösung $\begin{pmatrix} 1/2 \\ -3/2 \end{pmatrix}$ besagt, dass die senkrechte Projektion von v auf U der Vektor $u = 1/2\, b_1 - 3/2\, b_2 = \begin{pmatrix} 2 \\ 2 \\ -1 \end{pmatrix}$ ist. Damit erhalten wir für den minimalen Abstand den Abstand von v zu U

$$\|v - u\| = \left\| \begin{pmatrix} 3 \\ 1 \\ -1 \end{pmatrix} - \begin{pmatrix} 2 \\ 2 \\ -1 \end{pmatrix} \right\| = \sqrt{2}\,.$$

Anwendungsprobleme

20.11 •• Um die Periodizität des Wasserstandes zu berücksichtigen, wählen wir $f_1 = 1$, $f_2 = \cos(\frac{2\pi t}{12})$, $f_3 = \sin(\frac{2\pi t}{12})$ als Basisfunktionen. Gesucht sind nun $\lambda_1, \lambda_2, \lambda_3 \in \mathbb{R}$, sodass die Funktion

$$f = \lambda_1 f_1 + \lambda_2 f_3 + \lambda_3 f_3$$

die Größe

$$(f(t_1) - h_1)^2 + \cdots + (f(t_6) - h_6)^2$$

minimiert.

Wir ermitteln nun die Matrix $\mathbf{A}$ und den Vektor p (siehe S. 759), um die Normalengleichung aufstellen zu können.

Für die Matrix $\mathbf{A}$ erhalten wir

$$\mathbf{A} = \begin{pmatrix} 1 & 1 & 0 \\ 1 & 1/2 & \sqrt{3}/2 \\ 1 & -1/2 & \sqrt{3}/2 \\ 1 & -1 & 0 \\ 1 & -1/2 & -\sqrt{3}/2 \\ 1 & 1/2 & -\sqrt{3}/2 \end{pmatrix}$$

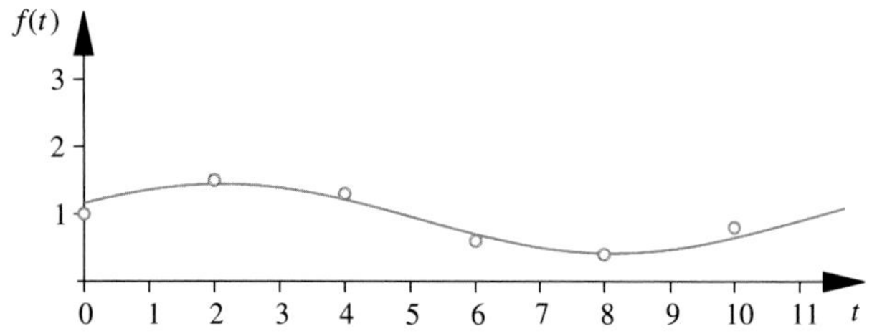

Abb. 20.18 Die Ausgleichsfunktion und die vorgegebenen Stützstellen

und für den Vektor $\boldsymbol{p}$ gilt

$$\boldsymbol{p} = \begin{pmatrix} 1.0 \\ 1.5 \\ 1.3 \\ 0.6 \\ 0.4 \\ 0.8 \end{pmatrix}.$$

Damit können wir nun die Normalengleichung $\mathbf{A}^T\,\mathbf{A}\,\boldsymbol{v} = \mathbf{A}^T\,\boldsymbol{p}$ aufstellen. Sie lautet mit unseren Zahlen

$$\begin{pmatrix} 6 & 0 & 0 \\ 0 & 3 & 0 \\ 0 & 0 & 3 \end{pmatrix} \boldsymbol{x} = \begin{pmatrix} 5.6 \\ 0.7 \\ 0.8 \cdot \sqrt{3} \end{pmatrix}.$$

Dieses Gleichungssystem ist eindeutig lösbar, die eindeutig bestimmte Lösung ist

$$\lambda_1 = 0.93, \quad \lambda_2 = 0.23, \quad \lambda_3 = 0.46,$$

wobei wir auf zwei Dezimalstellen gerundet haben.

Damit haben wir die Näherungsfunktion f ermittelt

$$f = 0.93 + 0.23 \cos\left(\frac{2\pi\,t}{12}\right) + 0.46 \sin\left(\frac{2\pi\,t}{12}\right).$$

20.12 •• Wir ermitteln zuerst die ersten a_k. Offenbar muss für diese Funktion $a_0 = 0$ gelten.

Wir bestimmen a_1, a_2:

$$a_1 = \frac{1}{\pi} \int_{-\pi}^{\pi} f(t)\,\cos(t)\,\mathrm{d}t = 0,$$

$$a_2 = \frac{1}{\pi} \int_{-\pi}^{\pi} f(t)\,\cos(2\,t)\,\mathrm{d}t = 0.$$

Allgemeiner erhalten wir für alle k unter Berücksichtigung der Symmetrie des Integrationsintervalles und der Antisymmetrie der Funktion $f(t)\,\cos(k\,t)$ die Koeffizienten $a_k = 0$.

Nun zu den b_k. Wir ermitteln die ersten Koeffizienten mittels partieller Integration:

$$\begin{aligned} b_1 &= \frac{1}{\pi} \int_{-\pi}^{\pi} f(t)\,\sin t\,\mathrm{d}t \\ &= \frac{1}{\pi} \int_{-\pi}^{\pi} t\,\sin t\,\mathrm{d}t = \left| \begin{matrix} u = t & v' = \sin t \\ u' = 1 & v = -\cos t \end{matrix} \right| = \\ &= \frac{1}{\pi} \left\{ -t\,\cos t\,\Big|_{-\pi}^{\pi} + \int_{-\pi}^{\pi} \cos t\,\mathrm{d}t \right\} \\ &= \frac{2\pi + 0}{\pi} = 2. \end{aligned}$$

Analog:

$$b_2 = \frac{1}{\pi} \int_{-\pi}^{\pi} f(t)\,\sin(2\,t)\,\mathrm{d}t = -1$$

$$b_3 = \frac{1}{\pi} \int_{-\pi}^{\pi} f(t)\,\sin(3\,t)\,\mathrm{d}t = 2/3$$

$$b_4 = \frac{1}{\pi} \int_{-\pi}^{\pi} f(t)\,\sin(4\,t)\,\mathrm{d}t = -1/2$$

Kapitel 21

Aufgaben

Verständnisfragen

21.1 • Welche der nachstehend genannten Abbildungen sind quadratische Formen, welche quadratische Funktionen:

(a) $f(\boldsymbol{x}) = x_1^2 - 7x_2^2 + x_3^2 + 4x_1x_2x_3$
(b) $f(\boldsymbol{x}) = x_1^2 - 6x_2^2 + x_1 - 5x_2 + 4$
(c) $f(\boldsymbol{x}) = x_1x_2 + x_3x_4 - 20x_5$
(d) $f(\boldsymbol{x}) = x_1^2 - x_3^2 + x_1x_4$

21.2 • Welche der nachstehend genannten Abbildungen sind symmetrische Bilinearformen, welche hermitesche Sesquilinearformen:

(a) $\sigma : \mathbb{C}^2 \times \mathbb{C}^2 \to \mathbb{C}, \sigma(\boldsymbol{x}, \boldsymbol{y}) = x_1\overline{y}_1$
(b) $\sigma : \mathbb{C}^2 \times \mathbb{C}^2 \to \mathbb{C}, \sigma(\boldsymbol{x}, \boldsymbol{y}) = x_1\overline{y}_1 + \overline{x}_2 y_2$
(c) $\sigma : \mathbb{C} \times \mathbb{C} \to \mathbb{C}, \sigma(x, y) = \overline{x\,y}$
(d) $\sigma : \mathbb{C} \times \mathbb{C} \to \mathbb{C}, \sigma(x, y) = \overline{x}\,y + \overline{y}\,y$
(e) $\sigma : \mathbb{C}^3 \times \mathbb{C}^3 \to \mathbb{C}, \sigma(\boldsymbol{x}, \boldsymbol{y}) = x_1y_2 - x_2y_1 + x_3y_3$

Rechenaufgaben

21.3 •• Bringen Sie die folgenden quadratischen Formen auf eine Normalform laut S. 780. Wie lauten die Signaturen, wie die zugehörigen diagonalisierenden Basen?

(a) $\rho : \mathbb{R}^3 \to \mathbb{R}; \rho(\boldsymbol{x}) = 4x_1^2 - 4x_1x_2 + 4x_1x_3 + x_3^2$
(b) $\rho : \mathbb{R}^3 \to \mathbb{R}; \rho(\boldsymbol{x}) = x_1x_2 + x_1x_3 + x_2x_3$

21.4 •• Bringen Sie die folgende hermitesche Sesquilinearform auf Diagonalform und bestimmen Sie die Signatur:

$$\rho :\ \mathbb{C}^3 \to \mathbb{C}, \quad \rho(\boldsymbol{x}) = 2x_1\overline{y}_1 + 2i\, x_1\overline{y}_2 - 2i\, x_2\overline{y}_1\,.$$

21.5 • Bestimmen Sie die Polarform der folgenden quadratischen Formen:

(a) $\rho : \mathbb{R}^3 \to \mathbb{R}, \rho(\boldsymbol{x}) = 4x_1x_2 + x_2^2 + 2x_2x_3$
(b) $\rho : \mathbb{R}^3 \to \mathbb{R}, \rho(\boldsymbol{x}) = x_1^2 - x_1x_2 + 6x_1x_3 - 2x_3^2$

21.6 • Bestimmen Sie Rang und Signatur der quadratischen Form

$$\rho : \mathbb{R}^6 \to \mathbb{R}, \quad \rho(\boldsymbol{x}) = x_1x_2 - x_3x_4 + x_5x_6\,.$$

21.7 •• Bringen Sie die folgenden quadratischen Formen durch Wechsel zu einem anderen kartesischen Koordinatensystem auf ihre Diagonalform:

(a) $\rho : \mathbb{R}^3 \to \mathbb{R}, \rho(\boldsymbol{x}) = x_1^2 + 6x_1x_2 + 12x_1x_3 + x_2^2 + 4x_2x_3 + 4x_3^2$
(b) $\rho : \mathbb{R}^3 \to \mathbb{R}, \rho(\boldsymbol{x}) = 5x_1^2 - 2x_1x_2 + 2x_1x_3 + 2x_2^2 - 4x_2x_3 + 2x_3^2$
(c) $\rho : \mathbb{R}^3 \to \mathbb{R}, \rho(\boldsymbol{x}) = 4x_1^2 + 4x_1x_2 + 4x_1x_3 + 4x_2^2 + 4x_2x_3 + 4x_3^2$

21.8 •• Transformieren Sie die folgenden Kegelschnitte $Q(\psi)$ auf deren Normalform und geben Sie Ursprung und Richtungsvektoren der Hauptachsen an:

(a) $\psi(\boldsymbol{x}) = x_1^2 + x_1x_2 - 2$
(b) $\psi(\boldsymbol{x}) = 5x_1^2 - 4x_1x_2 + 8x_2^2 + 4\sqrt{5}\,x_1 - 16\sqrt{5}\,x_2 + 4$
(c) $\psi(\boldsymbol{x}) = 9x_1^2 - 24x_1x_2 + 16x_2^2 - 10x_1 + 180x_2 + 325$

21.9 •• Bestimmen Sie den Typ und im nichtparabolischen Fall einen Mittelpunkt der folgenden Quadriken $Q(\psi)$ des $\mathbb{R}^3$:

(a) $\psi(\boldsymbol{x}) = 8x_1^2 + 4x_1x_2 - 4x_1x_3 - 2x_2x_3 + 2x_1 - x_3$
(b) $\psi(\boldsymbol{x}) = x_1^2 - 6x_2^2 + x_1 - 5x_2.$
(c) $\psi(\boldsymbol{x}) = 4x_1^2 - 4x_1x_2 - 4x_1x_3 + 4x_2^2 - 4x_2x_3 + 4x_3^2 - 5x_1 + 7x_2 + 7x_3 + 1$

21.10 •• Bestimmen Sie in Abhängigkeit vom Parameter $c \in \mathbb{R}$ den Typ der folgenden Quadrik $Q(\psi)$ des $\mathbb{R}^3$:

$$\psi(\boldsymbol{x}) = 2x_1x_2 + c\,x_3^2 + 2(c-1)x_3$$

T. Arens et al., *Arbeitsbuch Mathematik*, https://doi.org/10.1007/978-3-662-64391-4_20

21.11 ••• Transformieren Sie die folgenden Quadriken $Q(\psi)$ des $\mathbb{R}^3$ auf deren Hauptachsen und finden Sie damit heraus, um welche Quadrik es sich handelt:

(a) $\psi(\boldsymbol{x}) = x_1^2 - 4x_1x_2 + 2\sqrt{3}\,x_2x_3 - 2\sqrt{3}\,x_1 + \sqrt{3}\,x_2 + x_3$

(b) $\psi(\boldsymbol{x}) = 4x_1^2 + 8x_1x_2 + 4x_2x_3 - x_3^2 + 4x_3$

(c) $\psi(\boldsymbol{x}) = 13x_1^2 - 10x_1x_2 + 13x_2^2 + 18x_3^2 - 72$

21.12 • Welche der folgenden Quadriken $Q(\psi)$ des $\mathbb{R}^3$ ist parabolisch?

(a) $\psi(\boldsymbol{x}) = x_2^2 + x_3^2 + 2x_1x_2 + 2x_3$

(b) $\psi(\boldsymbol{x}) = 4x_1^2 + 2x_1x_2 - 2x_1x_3 - x_2x_3 + x_1 + x_2$

21.13 • Bestimmen Sie den Typ der Quadriken $Q(\psi_0)$ und $Q(\psi_1)$ mit

$$\psi_0(\boldsymbol{x}) = \rho(\boldsymbol{x}) \quad \text{und} \quad \psi_1(\boldsymbol{x}) = \rho(\boldsymbol{x}) + 1,$$

wobei

$$\rho : \mathbb{R}^6 \to \mathbb{R}, \quad \rho(\boldsymbol{x}) = x_1x_2 - x_3x_4 + x_5x_6\,.$$

21.14 •• Berechnen Sie die Singulärwerte der linearen Abbildung

$$\varphi : \mathbb{R}^3 \to \mathbb{R}^4, \quad \begin{pmatrix} x_1' \\ \vdots \\ x_4' \end{pmatrix} = \begin{pmatrix} 2 & 0 & -10 \\ -11 & 0 & 5 \\ 0 & 3 & 0 \\ 0 & -4 & 0 \end{pmatrix} \begin{pmatrix} x_1 \\ x_2 \\ x_3 \end{pmatrix}.$$

21.15 ••• Berechnen Sie die Singulärwertzerlegung der linearen Abbildung

$$\varphi : \mathbb{R}^3 \to \mathbb{R}^3, \quad \begin{pmatrix} x_1' \\ x_2' \\ x_3' \end{pmatrix} = \begin{pmatrix} -2 & 4 & -4 \\ 6 & 6 & 3 \\ -2 & 4 & -4 \end{pmatrix} \begin{pmatrix} x_1 \\ x_2 \\ x_3 \end{pmatrix}.$$

21.16 ••• Berechnen Sie die Moore-Penrose-Pseudoinverse φ^{ps} zur linearen Abbildung

$$\varphi : \mathbb{R}^3 \to \mathbb{R}^3, \quad \begin{pmatrix} x_1' \\ x_2' \\ x_3' \end{pmatrix} = \begin{pmatrix} 1 & 0 & 0 \\ 1 & 0 & 0 \\ 1 & 2 & 1 \end{pmatrix} \begin{pmatrix} x_1 \\ x_2 \\ x_3 \end{pmatrix}.$$

Überprüfen Sie die Gleichungen $\varphi \circ \varphi^{\mathrm{ps}} \circ \varphi = \varphi$ und $\varphi^{\mathrm{ps}} \circ \varphi \circ \varphi^{\mathrm{ps}} = \varphi^{\mathrm{ps}}$.

Anwendungsprobleme

21.17 •• Berechnen Sie eine Näherungslösung des überbestimmten linearen Gleichungssystems:

$$\begin{aligned} 2x_1 + 3x_2 &= 23.8 \\ x_1 + x_2 &= 9.6 \\ x_2 &= 4.1 \end{aligned}$$

In der Absolutspalte stehen Messdaten von vergleichbarer Genauigkeit.

21.18 •• Berechnen Sie in $\mathbb{R}^2$ die *Ausgleichsgerade* der gegebenen Punkte

$$\boldsymbol{p}_1 = \begin{pmatrix} 1 \\ -1 \end{pmatrix}, \quad \boldsymbol{p}_2 = \begin{pmatrix} 3 \\ 0 \end{pmatrix}, \quad \boldsymbol{p}_3 = \begin{pmatrix} 4 \\ 1 \end{pmatrix}, \quad \boldsymbol{p}_4 = \begin{pmatrix} 4 \\ 2 \end{pmatrix},$$

also diejenige Gerade G, für welche die Quadratsumme der Normalabstände aller $\boldsymbol{p}_i$ minimal ist.

21.19 •• Die *Ausgleichsparabel* P einer gegebenen Punktmenge in der x_1x_2-Ebene ist diejenige Parabel mit zur x_2-Achse parallelen Parabelachse, welche die Punktmenge nach der Methode der kleinsten Quadrate bestmöglich approximiert. Berechnen Sie die Ausgleichsparabel der gegebenen Punkte

$$\boldsymbol{p}_1 = \begin{pmatrix} 0 \\ 5 \end{pmatrix}, \quad \boldsymbol{p}_2 = \begin{pmatrix} 2 \\ 4 \end{pmatrix}, \quad \boldsymbol{p}_3 = \begin{pmatrix} 3 \\ 4 \end{pmatrix}, \quad \boldsymbol{p}_4 = \begin{pmatrix} 5 \\ 8 \end{pmatrix}.$$

Hinweise

Verständnisfragen

21.1 • Beachten Sie die Definitionen auf den Seiten 775 und 786.

21.2 • Beachten Sie die jeweiligen Definitionen auf den Seiten 774 und 781.

Rechenaufgaben

21.3 •• Verwenden Sie den ab S. 778 erklärten Algorithmus und reduzieren Sie die Einheitsmatrix bei den Spaltenoperationen mit.

21.4 •• Hier ist der Algorithmus von S. 778 mit den Zeilenoperationen und allerdings konjugiert komplexen Spaltenoperationen zu verwenden.

21.5 • Beachten Sie S. 776.

21.6 • Suchen Sie zunächst einen Basiswechsel, welcher die auf $\mathbb{R}^2$ definierte quadratische Form $\rho(\boldsymbol{x}) = x_1 x_2$ diagonalisiert.

21.7 •• Nach der Zusammenfassung auf S. 784 besteht die gesuchte orthonormierte Basis H aus Eigenvektoren der Darstellungsmatrix von ρ.

21.8 •• Folgen Sie den Schritten 1 und 2 von S. 788.

21.9 •• Die Bestimmung des Typs gemäß S. 793 ist auch ohne Hauptachsentransformation möglich. Achtung, im Fall (b) ist $\psi(\boldsymbol{x})$ als Funktion auf dem $\mathbb{R}^3$ aufzufassen.

21.10 •• Beachten Sie das Kriterium auf S. 789.

21.11 ••• Folgen Sie den Schritten 1 und 2 von S. 788.

21.12 • Beachten Sie das Kriterium auf S. 789 für den parabolischen Typ sowie die Definition des Mittelpunktes auf S. 788.

21.13 • Beachten Sie die Aufgabe 21.6.

21.14 •• Nach der Merkregel von S. 800 sind die Singulärwerte die Wurzeln aus den von null verschiedenen Eigenwerten der symmetrischen Matrix $\boldsymbol{A}^T\boldsymbol{A}$.

21.15 ••• Folgen Sie der auf S. 799 beschriebenen Vorgangsweise.

21.16 ••• Wählen Sie $\boldsymbol{b}_3 \in \ker\varphi$ (siehe Abb. 21.21) und ergänzen Sie zu einer Basis B mit $\boldsymbol{b}_1, \boldsymbol{b}_2 \in \ker\varphi^{\perp}$. Ebenso ergänzen Sie im Zielraum $\varphi(\boldsymbol{b}_1), \varphi(\boldsymbol{b}_2) \in \mathrm{Im}(\varphi)$ durch einen dazu orthogonalen Vektor $\boldsymbol{b}_3' \in \ker\varphi^{\mathrm{ad}}$ zu einer Basis B'. Dann ist φ^{ps} durch $\varphi(\boldsymbol{b}_i) \mapsto \boldsymbol{b}_i$, $i = 1, 2$, und $\boldsymbol{b}_3' \mapsto \boldsymbol{0}$ festgelegt.

Anwendungsprobleme

21.17 •• Lösen Sie die Normalgleichungen.

21.18 •• G ist die Lösungsmenge einer linearen Gleichung $l(\boldsymbol{x}) = u_0 + u_1 x_1 + u_2 x_2$ mit drei zunächst unbekannten Koeffizienten u_0, u_1, u_2. Die gegebenen Punkte führen auf vier lineare homogene Gleichungen für diese Unbekannten. Dabei ist der Wert $l(\boldsymbol{p}_i)$ proportional zum Normalabstand des Punktes $\boldsymbol{p}_i$ von der Geraden G (beachten Sie die Hesse'sche Normalform auf S. 714).

21.19 •• P ist die Nullstellenmenge einer quadratischen Funktion $x_2 = a x_1^2 + b x_1 + c$. Jeder der gegebenen Punkte führt auf eine lineare Gleichung für die unbekannten Koeffizienten.

Lösungen

Verständnisfragen

21.1 • (d) ist eine quadratische Form, (b), (c) und (d) sind quadratische Funktionen.

21.2 • (a) ist hermitesch. Es gibt keine symmetrische Bilinearform.

Rechenaufgaben

21.3 •• Die Darstellungsmatrix $\boldsymbol{M}_{B'}(\rho)$ und eine mögliche Umrechnungsmatrix ${}_B\boldsymbol{T}_{B'}$ von der Ausgangsbasis zur diagonalisierenden Basis lauten

$$\text{(a) } \boldsymbol{M}_{B'}(\rho) = \begin{pmatrix} 1 & 0 & 0 \\ 0 & 1 & 0 \\ 0 & 0 & -1 \end{pmatrix}, \; {}_B\boldsymbol{T}_{B'} = \begin{pmatrix} \frac{1}{2} & 0 & \frac{1}{2} \\ 0 & 1 & 1 \\ 0 & 1 & 0 \end{pmatrix},$$

$$\text{(b) } \boldsymbol{M}_{B'}(\rho) = \begin{pmatrix} 1 & 0 & 0 \\ 0 & -1 & 0 \\ 0 & 0 & -1 \end{pmatrix}, \; {}_B\boldsymbol{T}_{B'} = \begin{pmatrix} 1 & -1/\sqrt{2} & -1 \\ 1 & 1/\sqrt{2} & -1 \\ 0 & 0 & 1 \end{pmatrix}.$$

Die Signatur $(p,\; r-p,\; n-r)$ lautet in (a) $(2, 1, 0)$, in (b) $(1, 2, 0)$.

21.4 •• Die diagonalisierte Darstellungsmatrix und eine zugehörige Transformationsmatrix lauten

$$\boldsymbol{M}_{B'}(\rho) = \begin{pmatrix} 1 & 0 & 0 \\ 0 & -1 & 0 \\ 0 & 0 & 0 \end{pmatrix}, \quad {}_B\boldsymbol{T}_{B'} = \begin{pmatrix} 1/\sqrt{2} & -i/\sqrt{2} & 0 \\ 0 & 1/\sqrt{2} & 0 \\ 0 & 0 & 1 \end{pmatrix}.$$

Die Signatur von ρ ist $(p,\; r-p,\; n-r) = (1, 1, 1)$.

21.5 • (a) $\sigma(\boldsymbol{x}, \boldsymbol{y}) = 2x_1 y_2 + 2x_2 y_1 + x_2 y_2 + x_2 y_3 + x_3 y_2$

(b) $\sigma(\boldsymbol{x}, \boldsymbol{y}) = x_1 y_1 - \frac{1}{2} x_1 y_2 - \frac{1}{2} x_2 y_1 + 3x_1 y_3 + 3x_3 y_1 - 2x_3 y_3$.

21.6 • Der Rang ist 6, die Signatur $(3, 3, 0)$.

21.7 •• (a) $\rho(\boldsymbol{x}) = 10x_3'^2 - 4x_2'^2$, $(p, r-p, n-r) = (1,1,1)$,

(b) $\rho(\boldsymbol{x}) = 3x_1'^2 + 6x_3'^2$, $(p, r-p, n-r) = (2,0,1)$.

(c) $\rho(\boldsymbol{x}) = 2x_1'^2 + 2x_2'^2 + 8x_3'^2$, $(p, r-p, n-r) = (3,0,0)$,

21.8 •• (a) $\psi(\boldsymbol{x}) = \dfrac{\sqrt{2}+1}{4}\,x_1'^2 - \dfrac{\sqrt{2}-1}{4}\,x_2'^2 - 1$.
Mittelpunkt ist $\mathbf{0}$, die Hauptachsen haben die Richtung der Vektoren $(1 \pm \sqrt{2},\ 1)^T$.

(b) $\psi(\boldsymbol{x}) = \frac{1}{4}\,x_1'^2 + \frac{1}{9}\,x_2'^2 - 1$. Mittelpunkt $(0,\ \sqrt{5})^T$, Hauptachsen in Richtung von $(2,\ 1)^T$ und $(-1,\ 2)^T$.

(c) $\psi(\boldsymbol{x}) = \frac{1}{2}\,x_1'^2 - 2x_2$ mit dem Ursprung $\boldsymbol{p} = (-9,\ -3)^T$ und den Achsenrichtungen $(-3, -4)^T$ und $(-4, -3)^T$.

21.9 •• (a) $Q(\psi)$ ist kegelig (Typ 1) mit Mittelpunkt beliebig auf der Geraden $G = (t, -\frac{1}{2} - 2t, 2t)^T$, $t \in \mathbb{R}$. Wegen $\psi(\boldsymbol{x}) = (2x_1 - x_3)(4x_1 + 2x_2 + 1)$ besteht $Q(\psi)$ aus zwei Ebenen durch G.

(b) $Q(\psi)$ ist eine Quadrik vom Typ 2 mit Mittelpunkt auf der Geraden $(-\frac{1}{2}, -\frac{5}{12}, t)^T$, $t \in \mathbb{R}$, und zwar ein hyperbolischer Zylinder mit Erzeugenden parallel zur x_3-Achse.

(c) $Q(\psi)$ ist parabolisch (Typ 3), und zwar wegen der Signatur $(2,0,1)$ der quadratischen Form ein elliptisches Paraboloid.

21.10 •• $Q(\psi)$ ist bei $c = 1$ ein quadratischer Kegel, bei $c = 0$ ein hyperbolisches Paraboloid und ansonsten ein einschaliges Hyperboloid.

21.11 ••• (a) $3x_1'^2 + (\sqrt{2}-1)x_2'^2 - (\sqrt{2}+1)x_3'^2 - \frac{11}{6} = 0$. $Q(\psi)$ ist ein einschaliges Hyperboloid.

(b) $\frac{\sqrt{6}(3+\sqrt{105})x_1'^2}{8} - \frac{\sqrt{6}(\sqrt{105}-3)x_2'^2}{8} + 2x_3 = 0$. $Q(\psi)$ ist ein hyperbolisches Paraboloid.

(c) $\frac{x_1'^2}{9} + \frac{x_2'^2}{4} + \frac{x_3'^2}{4} - 1 = 0$. $Q(\psi)$ ist ein linsenförmiges Drehellipsoid.

21.12 • (b) ist parabolisch.

21.13 • $Q(\psi_0)$ ist von Typ 1, $Q(\psi_1)$ von Typ 2 mit $n = r = 6$, $p = 3$.

21.14 •• Die Singulärwerte sind $10\sqrt{2}$, $5\sqrt{2}$ und 5.

21.15 •••

$$\boldsymbol{A} = \begin{pmatrix} -2 & 4 & -4 \\ 6 & 6 & 3 \\ -2 & 4 & -4 \end{pmatrix} = \boldsymbol{U} \begin{pmatrix} 6\sqrt{2} & 0 & 0 \\ 0 & 9 & 0 \\ 0 & 0 & 0 \end{pmatrix} \boldsymbol{V}^T$$

$$\boldsymbol{U} = \frac{1}{\sqrt{2}} \begin{pmatrix} -1 & 0 & 1 \\ 0 & \sqrt{2} & 0 \\ -1 & 0 & -1 \end{pmatrix}, \quad \boldsymbol{V}^T = \frac{1}{3} \begin{pmatrix} 1 & -2 & 2 \\ 2 & 2 & 1 \\ -2 & 1 & 2 \end{pmatrix}$$

21.16 •••

$$\varphi^{\mathrm{ps}}: \quad \begin{pmatrix} y_1 \\ y_2 \\ y_3 \end{pmatrix} = \frac{1}{10} \begin{pmatrix} 5 & 5 & 0 \\ -2 & -2 & 4 \\ -1 & -1 & 2 \end{pmatrix} \begin{pmatrix} y_1' \\ y_2' \\ y_3' \end{pmatrix}.$$

Anwendungsprobleme

21.17 •• $x_1 = 5.583$, $x_2 = 4.183$.

21.18 •• Gleichung von G:
$-0.340\,17x_1 + 0.337\,78x_2 + 0.877\,61 = 0$.

21.19 •• $P\colon x_2 = \frac{5}{12}\,x_1^2 - \frac{235}{156}\,x_1 + \frac{263}{52}$.

Lösungswege

Verständnisfragen

21.1 • Der letzte Summand in (a) ist vom Grad 3. Also ist dies keine quadratische Funktion. In (d) kommen nur Summanden vom Grad 2 in $(x_1, \ldots, x_4)$ vor. Also ist dies eine quadratische Form $\mathbb{R}^n \to \mathbb{R}$ mit $n \geq 4$ und damit zugleich eine quadratische Funktion. In (b) und (c) reichen die Grade der Summanden von 0 bis 2.

21.2 • (a) erfüllt die Definition von S. 781. (b), (c) und (d) hingegen verletzen diese Definition. (e) zeigt eine Bilinearform, jedoch ist diese nicht symmetrisch wegen des Minuszeichens vor x_2y_1.

Rechenaufgaben

21.3 •• (a) Wir schreiben nur die Zwischenergebnisse nach einem Paar gleichartiger Zeilen- und Spaltenoperationen nieder:

$$\left(\begin{array}{ccc} 4 & -2 & 2 \\ -2 & 0 & 0 \\ 2 & 0 & 1 \\ \hline 1 & 0 & 0 \\ 0 & 1 & 0 \\ 0 & 0 & 1 \end{array}\right) \xrightarrow[\frac{1}{2}s_1]{\frac{1}{2}z_1} \left(\begin{array}{ccc} 1 & -1 & 1 \\ -1 & 0 & 0 \\ 1 & 0 & 1 \\ \hline \frac{1}{2} & 0 & 0 \\ 0 & 1 & 0 \\ 0 & 0 & 1 \end{array}\right) \xrightarrow{\substack{z_2+z_1 \\ z_3-z_1 \\ \cdots}} \left(\begin{array}{ccc} 1 & 0 & 0 \\ 0 & -1 & 1 \\ 0 & 1 & 0 \\ \hline \frac{1}{2} & \frac{1}{2} & -\frac{1}{2} \\ 0 & 1 & 0 \\ 0 & 0 & 1 \end{array}\right)$$

$$\xrightarrow{\substack{z_3+z_2 \\ s_3+s_2}} \left(\begin{array}{ccc} 1 & 0 & 0 \\ 0 & -1 & 0 \\ 0 & 0 & 1 \\ \hline \frac{1}{2} & \frac{1}{2} & 0 \\ 0 & 1 & 1 \\ 0 & 0 & 1 \end{array}\right) \xrightarrow{\substack{z_3\leftrightarrow z_2 \\ s_3\leftrightarrow s_2}} \left(\begin{array}{ccc} 1 & 0 & 0 \\ 0 & 1 & 0 \\ 0 & 0 & -1 \\ \hline \frac{1}{2} & 0 & \frac{1}{2} \\ 0 & 1 & 1 \\ 0 & 1 & 0 \end{array}\right)$$

Die Matrix unter dem Strich ist eine auf die Normalform führende Transformationsmatrix ${}_B\boldsymbol{T}_{B'}$.

(b) Wieder schreiben nur die Ergebnisse nach einem Paar gleichartiger Zeilen- und Spaltenoperationen an:

$$\left(\begin{array}{ccc} 0 & \frac{1}{2} & \frac{1}{2} \\ \frac{1}{2} & 0 & \frac{1}{2} \\ \frac{1}{2} & \frac{1}{2} & 0 \\ \hline 1 & 0 & 0 \\ 0 & 1 & 0 \\ 0 & 0 & 1 \end{array}\right) \xrightarrow[s_1+s_2]{z_1+z_2} \left(\begin{array}{ccc} 1 & \frac{1}{2} & 1 \\ \frac{1}{2} & 0 & \frac{1}{2} \\ 1 & \frac{1}{2} & 0 \\ \hline 1 & 0 & 0 \\ 1 & 1 & 0 \\ 0 & 0 & 1 \end{array}\right) \xrightarrow[\cdots]{\substack{z_2-\frac{1}{2}z_1 \\ z_3-z_1}} \left(\begin{array}{ccc} 1 & 0 & 0 \\ 0 & -\frac{1}{4} & 0 \\ 0 & 0 & -1 \\ \hline 1 & -\frac{1}{2} & -1 \\ 1 & \frac{1}{2} & -1 \\ 0 & 0 & 1 \end{array}\right)$$

$$\xrightarrow[\cdots]{\substack{2z_2 \\ 2s_2}} \left(\begin{array}{ccc} 1 & 0 & 0 \\ 0 & -1 & 0 \\ 0 & 0 & -1 \\ \hline 1 & -1 & -1 \\ 1 & 1 & -1 \\ 0 & 0 & 1 \end{array}\right)$$

Wieder lesen wir unter dem Strich ${}_B\boldsymbol{T}_{B'}$ ab.

21.4 •• Aus Platzgründen schreiben wir wiederum nur die Zwischenergebnisse nach einem Paar gekoppelter Umformungen auf:

$$\left(\begin{array}{ccc} 2 & 2i & 0 \\ -2i & 0 & 0 \\ 0 & 0 & 0 \\ \hline 1 & 0 & 0 \\ 0 & 1 & 0 \\ 0 & 0 & 1 \end{array}\right) \xrightarrow[s_2-is_1]{z_2+iz_1} \left(\begin{array}{ccc} 2 & 0 & 0 \\ 0 & -2 & 0 \\ 0 & 0 & 0 \\ \hline 1 & -i & 0 \\ 0 & 1 & 0 \\ 0 & 0 & 1 \end{array}\right)$$

$$\xrightarrow[\cdots]{\substack{1/\sqrt{2}z_1 \\ 1/\sqrt{2}z_2}} \left(\begin{array}{ccc} 1 & 0 & 0 \\ 0 & -1 & 0 \\ 0 & 0 & 0 \\ \hline 1/\sqrt{2} & -i/\sqrt{2} & 0 \\ 0 & 1/\sqrt{2} & 0 \\ 0 & 0 & 1 \end{array}\right)$$

Wieder steht oben die Darstellungsmatrix $\boldsymbol{M}_{B'}(\rho)$ in Normalform und darunter die Transformationsmatrix ${}_B\boldsymbol{T}_{B'}$.

21.5 • Die Quadrate kx_i^2 werden zu $kx_i y_i$ aufgespaltet, die gemischten Termie $2kx_i x_j$ aufgespaltet in $kx_i y_j + kx_j y_i$.

21.6 • Ein Basiswechsel von B zu B' mit $x_1 = x_1' + x_2'$, $x_2 = x_1' - x_2'$ usw. führt zu

$$\rho(\boldsymbol{x}) = x_1'^2 - x_2'^2 - x_3'^2 + x_4'^2 + x_5'^2 - x_6'^2.$$

Damit ist $\boldsymbol{M}_{B'}(\rho) = \operatorname{diag}(1, -1, -1, 1, 1, -1)$.

21.7 •• (a) Das charakteristische Polynom der Darstellungsmatrix A von ρ lautet

$$\det(\boldsymbol{A} - \lambda \boldsymbol{E}_3) = -\lambda^3 + 6\lambda^2 + 40\lambda = -\lambda(\lambda + 4)(\lambda - 10).$$

Mögliche Eigenvektoren zu den Eigenwerten $0, -4, 10$ sind

$$\boldsymbol{b}_1' = \begin{pmatrix} 0 \\ -2 \\ 1 \end{pmatrix}, \quad \boldsymbol{b}_2' = \begin{pmatrix} -3 \\ 1 \\ 2 \end{pmatrix}, \quad \boldsymbol{b}_3' = \begin{pmatrix} 5 \\ 3 \\ 6 \end{pmatrix}.$$

Bezüglich der durch Normierung entstehenden Basis H mit

$$\boldsymbol{h}_1 = \frac{1}{\sqrt{5}} \begin{pmatrix} 0 \\ -2 \\ 1 \end{pmatrix}, \quad \boldsymbol{h}_2 = \frac{1}{\sqrt{14}} \begin{pmatrix} -3 \\ 1 \\ 2 \end{pmatrix}, \quad \boldsymbol{h}_3 = \frac{1}{\sqrt{70}} \begin{pmatrix} 5 \\ 3 \\ 6 \end{pmatrix}$$

bekommt die quadratische Form die Diagonalform

$$\rho(\boldsymbol{x}) = -4x_2'^2 + 10x_3'^2.$$

(b) Das charakteristische Polynom der gegebenen Darstellungsmatrix ist

$$\det(\boldsymbol{A} - \lambda \boldsymbol{E}_3) = -\lambda^3 + 9\lambda^2 - 18\lambda = -\lambda(\lambda - 3)(\lambda - 6).$$

Eine mögliche Basis aus Eigenvektoren zu den Eigenwerten $0, 3, 6$ lautet

$$\boldsymbol{b}_1' = \begin{pmatrix} 0 \\ 1 \\ 1 \end{pmatrix}, \quad \boldsymbol{b}_2' = \begin{pmatrix} 1 \\ 1 \\ -1 \end{pmatrix}, \quad \boldsymbol{b}_3' = \begin{pmatrix} 2 \\ -1 \\ 1 \end{pmatrix}.$$

Bezüglich der durch Normierung entstehenden Basis H mit

$$\boldsymbol{h}_1 = \frac{1}{\sqrt{2}} \begin{pmatrix} 0 \\ 1 \\ 1 \end{pmatrix}, \quad \boldsymbol{h}_2 = \frac{1}{\sqrt{3}} \begin{pmatrix} 1 \\ 1 \\ -1 \end{pmatrix}, \quad \boldsymbol{h}_3 = \frac{1}{\sqrt{6}} \begin{pmatrix} 2 \\ -1 \\ 1 \end{pmatrix}$$

nimmt die quadratische Form Diagonalform an:

$$\rho(\boldsymbol{x}) = 3x_2'^2 + 6x_3'^2$$

(c) Als charakteristisches Polynom der Darstellungsmatrix A von ρ folgt

$$\begin{aligned} \det(\boldsymbol{A} - \lambda \boldsymbol{E}_3) &= -\lambda^3 + 12\lambda^2 - 36\lambda + 32 \\ &= -(\lambda - 2)^2(\lambda - 8). \end{aligned}$$

Eine mögliche Basis aus Eigenvektoren ist

$$\boldsymbol{b}_1' = \begin{pmatrix} -1 \\ 1 \\ 0 \end{pmatrix}, \quad \boldsymbol{b}_2' = \begin{pmatrix} -1 \\ 0 \\ 1 \end{pmatrix}, \quad \boldsymbol{b}_3' = \begin{pmatrix} 1 \\ 1 \\ 1 \end{pmatrix}.$$

Die ersten beiden aus dem Eigenraum zu 2 sind allerdings noch nicht orthogonal. Wir ersetzen daher $\boldsymbol{b}_2'$ durch

$$\boldsymbol{b}_2'' = \boldsymbol{b}_2' - \frac{\boldsymbol{b}_2' \cdot \boldsymbol{b}_1'}{\boldsymbol{b}_1' \cdot \boldsymbol{b}_1'} \boldsymbol{b}_1' = \frac{1}{2}\begin{pmatrix} -1 \\ -1 \\ 2 \end{pmatrix}$$

und normieren noch alle drei Vektoren. Dies ergibt

$$\boldsymbol{h}_1 = \frac{1}{\sqrt{2}}\begin{pmatrix} -1 \\ 1 \\ 0 \end{pmatrix}, \quad \boldsymbol{h}_2 = \frac{1}{\sqrt{6}}\begin{pmatrix} -1 \\ -1 \\ 2 \end{pmatrix}, \quad \boldsymbol{h}_3 = \frac{1}{\sqrt{3}}\begin{pmatrix} 1 \\ 1 \\ 1 \end{pmatrix}$$

und die vereinfachte Form

$$\rho(\boldsymbol{x}) = 2x_1'^2 + 2x_2'^2 + 8x_3'^2.$$

21.8 •• (a) Zunächst diagonalisieren wir die in der quadratischen Funktion enthaltene quadratische Form mit der Darstellungsmatrix

$$A = \begin{pmatrix} 1 & \frac{1}{2} \\ \frac{1}{2} & 0 \end{pmatrix}.$$

Wir erhalten das charakteristische Polynom $\lambda^2 - \lambda - \frac{1}{4}$ mit den Eigenwerten $(1 \pm \sqrt{2})/2$ und den Eigenvektoren

$$\boldsymbol{b}_1' = \begin{pmatrix} 1+\sqrt{2} \\ 1 \end{pmatrix}, \quad \boldsymbol{b}_2' = \begin{pmatrix} 1-\sqrt{2} \\ 1 \end{pmatrix}.$$

Nachdem in der quadratischen Funktion die linearen Glieder fehlen, fällt der Mittelpunkt in den Ursprung $\boldsymbol{0}$. In dem Koordinatensystem $(\boldsymbol{0}; \boldsymbol{h}_1, \boldsymbol{h}_2)$ mit $\boldsymbol{h}_i = \boldsymbol{b}_i'/\|\boldsymbol{b}_i'\|$ entsteht die Kegelschnittsgleichung

$$\frac{\sqrt{2}+1}{2}x_1'^2 - \frac{\sqrt{2}-1}{2}x_2'^2 - 2 = 0.$$

Nach Division durch 2 erhalten wir die Normalform. Es liegt eine Hyperbel vor mit den Achsenlängen $2/\sqrt{\sqrt{2} \pm 1}$.

(b) Das charakterische Polynom $\lambda^2 - 13\lambda + 36$ der enthaltenen quadratischen Form führt auf die Eigenwerte 4 und 9 mit den Eigenvektoren

$$\boldsymbol{b}_1' = \begin{pmatrix} 2 \\ 1 \end{pmatrix}, \quad \boldsymbol{b}_2' = \begin{pmatrix} -1 \\ 2 \end{pmatrix}.$$

Das lineare Gleichungssystem für den Mittelpunkt

$$A\boldsymbol{x} = -\boldsymbol{a}, \quad \text{also} \begin{pmatrix} 5 & -2 \\ -2 & 8 \end{pmatrix}\begin{pmatrix} x_1 \\ x_2 \end{pmatrix} = \begin{pmatrix} -2\sqrt{5} \\ 8\sqrt{5} \end{pmatrix}$$

ergibt die (eindeutige Lösung) $\boldsymbol{m} = \begin{pmatrix} 0 \\ \sqrt{5} \end{pmatrix}$. Wir rechnen auf $\boldsymbol{m}$ als neuen Ursprung und die normierte Eigenvektoren als neue kartesische Basis um, setzen also

$$\begin{pmatrix} x_1 \\ x_2 \end{pmatrix} = \begin{pmatrix} 0 \\ \sqrt{5} \end{pmatrix} + \frac{1}{\sqrt{5}}\begin{pmatrix} 2 & -1 \\ 1 & 2 \end{pmatrix}\begin{pmatrix} x_1' \\ x_2' \end{pmatrix}$$

in $\psi(\boldsymbol{x})$ ein und erhalten als Konstante nach (21.12) den Wert $\psi(\boldsymbol{m}) = -36$. Nach Division durch 36 folgt

$$\frac{x_1'^2}{9} + \frac{x_2'^2}{4} - 1 = 0.$$

Es liegt eine Ellipse mit den Achsenlängen 3 und 2 vor.

(c) Das charakteristische Polynom der enthaltenen quadratischen Form lautet

$$\det(A - \lambda \boldsymbol{E}_2) = \det\begin{pmatrix} 9-\lambda & -12 \\ -12 & 16-\lambda \end{pmatrix} = \lambda^2 - 25\lambda.$$

Zu den Eigenwerten 25 und 0 gehören die Eigenvektoren

$$\boldsymbol{b}_1' = \begin{pmatrix} 3 \\ -4 \end{pmatrix} \quad \text{und} \quad \boldsymbol{b}_2' = \begin{pmatrix} 4 \\ 3 \end{pmatrix}.$$

Das Gleichungssystem

$$A\boldsymbol{x} = -\boldsymbol{a}, \quad \text{also} \begin{pmatrix} 9 & -12 \\ -12 & 16 \end{pmatrix}\begin{pmatrix} x_1 \\ x_2 \end{pmatrix} = \begin{pmatrix} -5 \\ 90 \end{pmatrix}$$

ist unlösbar. Wir zerlegen daher die Absolutspalte $\boldsymbol{a}$ in zwei orthogonale Komponenten $\boldsymbol{a}_0 + \boldsymbol{a}_1$. Dabei liegt $\boldsymbol{a}_0$ in dem von $\boldsymbol{b}_2'$ aufgespannten Kern $\ker A$ und $\boldsymbol{a}_1$ in dem dazu orthogonalen Bildraum A, der von den Spaltenvektoren von A aufgespannt wird:

$$\boldsymbol{a}_0 = \frac{\boldsymbol{a} \cdot \boldsymbol{b}_2'}{\boldsymbol{b}_2' \cdot \boldsymbol{b}_2'}\boldsymbol{b}_2' = \begin{pmatrix} 40 \\ 30 \end{pmatrix},$$

$$\boldsymbol{a}_1 = \boldsymbol{a} - \boldsymbol{a}_0 = \begin{pmatrix} -45 \\ 60 \end{pmatrix}.$$

Als Lösung von $A\boldsymbol{x} = -\boldsymbol{a}_1$ folgt $\boldsymbol{p}(t) = (5 + 4t,\, 3t)^T, t \in \mathbb{R}$. Der Koordinatenwechsel

$$\begin{pmatrix} x_1 \\ x_2 \end{pmatrix} = \begin{pmatrix} 5+4t \\ 3t \end{pmatrix} + \frac{1}{5}\begin{pmatrix} 3 & 4 \\ -4 & 3 \end{pmatrix}\begin{pmatrix} x_1' \\ x_2' \end{pmatrix}$$

ergibt

$$\psi(\boldsymbol{x}) = 25x_1'^2 + 100x_2' + 500t + 500.$$

Die Wahl $t = -1$ beseitigt die Konstante. Es handelt sich um eine Parabel mit dem Scheitel $\boldsymbol{p}(-1) = (-9, -3)^T$.

Die Division der Gleichung durch 50 ergibt den Koeffizienten 2 von x_2'. Eine Umkehr beider Koordinatenachsen schließlich ergibt ein Rechtskoordinatensystem mit dem in der Normalform auf S. 789 vorgeschriebenen Koeffizienten -2, also die Kegelschnittsgleichung $\frac{1}{2}x_1''^2 - 2x_2'' = 0$. Die Parabel hat den Parameter $1/2$.

21.9 •• (a) Für die Koeffizientenmatrix $\boldsymbol{A}$, die erweiterte Koeffizientenmatrix $\boldsymbol{A}^*$ und für den Vektor $\boldsymbol{a}$ gilt

$$\boldsymbol{A} = \begin{pmatrix} 8 & 2 & -2 \\ 2 & 0 & -1 \\ -2 & -1 & 0 \end{pmatrix}, \quad \boldsymbol{a} = \begin{pmatrix} 1 \\ 0 \\ -\frac{1}{2} \end{pmatrix},$$

$$\boldsymbol{A}^* = \begin{pmatrix} 0 & 1 & 0 & -\frac{1}{2} \\ 1 & 8 & 2 & -2 \\ 0 & 2 & 0 & -1 \\ -\frac{1}{2} & -2 & -1 & 0 \end{pmatrix},$$

daher

$$\operatorname{rg}(\boldsymbol{A}) = \operatorname{rg}(\boldsymbol{A} \mid \boldsymbol{a}) = \operatorname{rg}(\boldsymbol{A}^*) = 2.$$

Das Gleichungssystem $\boldsymbol{A}\boldsymbol{x} = -\boldsymbol{a}$ für den Mittelpunkt ist lösbar. Also liegt der kegelige Typ 1 vor.

(b) Es ist $\operatorname{rg}(\boldsymbol{A}) = \operatorname{rg}(\boldsymbol{A} \mid \boldsymbol{a}) = 2$ und $\operatorname{rg}(\boldsymbol{A}^*) = 3$. Das System $\boldsymbol{A}\boldsymbol{x} = -\boldsymbol{a}$ für den Mittelpunkt hat eine einparametrige Lösung. Die in $\psi(\boldsymbol{x})$ enthaltene quadratische Form liegt bereits in Diagonaldarstellung vor. Also ist deren Signatur $(1, 1, 1)$.

(c) Es ist $\operatorname{rg}(\boldsymbol{A}) = 2$ und $\operatorname{rg}(\boldsymbol{A} \mid \boldsymbol{a}) = 3$. Also gibt es keinen Mittelpunkt. Es liegt ein parabolischer Typ vor. Nach Zeilen- und Spaltenumformungen erkennt man die Signatur $(p,\ r-p,\ n-r) = (2, 0, 1)$ der enthaltenen quadratischen Form.

21.10 •• Die enthaltene quadratische Form ist bei $c = 0$ vom Rang 2, ansonsten vom Rang 3 und durch

$$\begin{pmatrix} x_1 \\ x_2 \\ x_3 \end{pmatrix} \begin{pmatrix} \frac{1}{\sqrt{2}} & -\frac{1}{\sqrt{2}} & 0 \\ \frac{1}{\sqrt{2}} & \frac{1}{\sqrt{2}} & 0 \\ 0 & 0 & 1 \end{pmatrix} \begin{pmatrix} x_1' \\ x_2' \\ x_3' \end{pmatrix}$$

diagonalisierbar. Bei $c = 0$ entsteht unmittelbar die Gleichung

$$x_1'^2 - x_2'^2 - 3x_3' = 0$$

eines hyperbolischen Paraboloids. Bei $c \neq 0$ gibt es einen eindeutigen Mittelpunkt $\boldsymbol{m} = (0,\ 0,\ \frac{1-c}{c})^T$. Wird er als Koordinatenursprung gewählt, so erhalten wir die Gleichung

$$x_1'^2 - x_2'^2 + cx_3'^2 - \frac{(1-c)^2}{c} = 0.$$

Bei $c = 1$ stellt diese einen quadratischen Kegel dar, ansonsten unabhängig vom Vorzeichen von c ein einschaliges Hyperboloid, nachdem bei negativem c sowohl der Koeffizient von $x_3'^2$, als auch das Absolutglied das Vorzeichen wechseln.

21.11 ••• (a) Das charakteristische Polynom $-\lambda^3 + \lambda^2 + 7\lambda - 3$ hat die Nullstellen 3 sowie $-1 \pm \sqrt{2}$. Die Vektoren

$$\boldsymbol{b}_1' = \begin{pmatrix} -\sqrt{3} \\ \sqrt{3} \\ 1 \end{pmatrix}, \quad \boldsymbol{b}_{2,3}' = \begin{pmatrix} \pm\sqrt{2} \\ \pm\sqrt{2} - 1 \\ \sqrt{3} \end{pmatrix}$$

bilden eine Basis aus Eigenvektoren, aus welchen durch Normierung die Hauptachsen folgen. Der Mittelpunkt als Lösung von $\boldsymbol{A}\boldsymbol{x} = -\boldsymbol{a}$ fällt nach $\boldsymbol{m} = (2/\sqrt{3},\ -1/2\sqrt{3},\ 5/6)^T$. Wegen $\psi(\boldsymbol{m}) = -11/6$ wird die Quadrikengleichung zu

$$3x_1'^2 + (\sqrt{2} - 1)x_2'^2 - (\sqrt{2} + 1)x_3'^2 - \frac{11}{6} = 0.$$

Dadurch wird ein einschaliges Hyperboloid dargestellt.

(b) Das charakteristische Polynom $-\lambda^3 + 3\lambda^2 + 24$ führt zu den Eigenwerten $\frac{1}{2}(3 \pm \sqrt{105})$ und 0 und zu Eigenvektoren

$$\boldsymbol{b}_{1,2}' = \begin{pmatrix} 13 \pm \sqrt{105} \\ 5 \pm \sqrt{105} \\ 4 \end{pmatrix}, \quad \boldsymbol{b}_3' = \begin{pmatrix} -1 \\ 1 \\ 2 \end{pmatrix}.$$

Das Gleichungssystem $\boldsymbol{A}\boldsymbol{x} = -\boldsymbol{a}$ ist unlösbar; also liegt ein Paraboloid vor. Wir zerlegen $\boldsymbol{a}$ in zwei zueinander orthogonale Komponenten $\boldsymbol{a} = \boldsymbol{a}_0 + \boldsymbol{a}_1$ mit $\boldsymbol{a}_0 \in \ker \boldsymbol{A}$ und $\boldsymbol{a}_1 \in \operatorname{Im} \boldsymbol{A}$. Dies ergibt

$$\boldsymbol{a}_0 = \frac{1}{3}\begin{pmatrix} -2 \\ 2 \\ 4 \end{pmatrix}, \quad \boldsymbol{a}_1 = \frac{1}{3}\begin{pmatrix} 2 \\ -2 \\ 2 \end{pmatrix}.$$

Das System $\boldsymbol{A}\boldsymbol{x} = -\boldsymbol{a}_1$ hat als Lösung $\boldsymbol{p} = \frac{1}{6}(1-t,\ -2+t,\ 2t)^T$. Bei $t = 1/4$ fällt nach Substitution die Konstante in der Quadrikengleichung weg und es bleibt nach geeigneter Multiplikation die Normalform

$$\frac{\sqrt{6}(3 + \sqrt{105})x_1'^2}{8} - \frac{\sqrt{6}(\sqrt{105} - 3)x_2'^2}{8} + 2x_3 = 0.$$

Es handelt sich um ein hyperbolisches Paraboloid mit dem Scheitel $\frac{1}{24}(3, -7, 2)^T$.

(c) Das charakteristische Polynom

$$-\lambda^3 + 44\lambda^2 - 612\lambda + 2592$$

hat als Nullstellen die Eigenwerte 8 und zweifach 18. Der Koordinatenurpsrung $\boldsymbol{0}$ ist bereits der Mittelpunkt. Die Normalform der Quadrikengleichung

$$\frac{x_1'^2}{9} + \frac{x_2'^2}{4} + \frac{x_3'^2}{4} - 1 = 0$$

weist $Q(\psi)$ als ein verlängertes Drehellipsoid aus mit den Achsenlängen 3 und zweimal 2. Eine mögliche Basis für die Hauptachsen ist

$$\boldsymbol{h}_1 = \frac{1}{\sqrt{2}}\begin{pmatrix} 1 \\ 1 \\ 0 \end{pmatrix}, \quad \boldsymbol{h}_2 = \frac{1}{\sqrt{2}}\begin{pmatrix} -1 \\ 1 \\ 0 \end{pmatrix}, \quad \boldsymbol{h}_3 = \begin{pmatrix} 0 \\ 0 \\ 1 \end{pmatrix}.$$

21.12 • Wir untersuchen die Lösbarkeit des Gleichungssystems $\boldsymbol{A}\boldsymbol{x} = -\boldsymbol{a}$. In (a) gibt es die eindeutige Lösung $(0, 0, -1)^T$ für den Mittelpunkt, denn $\operatorname{rg}\boldsymbol{A} = 3$. In (b) ist $\operatorname{rg}\boldsymbol{A} = 2$, eine notwendige Bedingung für Typ 3. Zudem ist $\operatorname{rg}(\boldsymbol{A} \mid \boldsymbol{a}) = 3$, das System also unlösbar. Also ist $Q(\psi)$ parabolisch.

21.13 • Der Basiswechsel von B zu B' mit $x_1 = x_1' + x_2'$, $x_2 = x_1' - x_2'$ usw. führt zu:

$$\psi_0(\boldsymbol{x}) = x_1'^2 - x_2'^2 - x_3'^2 + x_4'^2 + x_5'^2 - x_6'^2$$
$$\psi_1(\boldsymbol{x}) = x_1'^2 - x_2'^2 - x_3'^2 + x_4'^2 + x_5'^2 - x_6'^2 - 1$$

Damit ist $Q(\psi_0)$ ein kegeliger Typ und $Q(\psi_1)$ eine im Ursprung $\boldsymbol{0}$ zentrierte Mittelpunktsquadrik mit den charakteristischen Zahlen (siehe S. 789) $(n, r, p) = (6, 6, 3)$.

21.14 •• Wir erhalten als Matrizenprodukt

$$\boldsymbol{A}^T\boldsymbol{A} = \begin{pmatrix} 125 & 0 & -75 \\ 0 & 25 & 0 \\ -75 & 0 & 125 \end{pmatrix}.$$

Aus dem charakteristischen Polynom $-\lambda^3 + 275\lambda^2 - 16\,250\lambda + 250\,000$ folgen die Eigenwerte 200, 50 und 25. Also lauten die Singulärwerte von $\boldsymbol{A}$: $10\sqrt{2}$, $5\sqrt{2}$ und 5.

21.15 ••• Wir bestimmen Eigenwerte und -vektoren der symmetrischen Matrix

$$\boldsymbol{A}^T\boldsymbol{A} = \begin{pmatrix} 44 & 20 & 34 \\ 20 & 68 & -14 \\ 34 & -14 & 41 \end{pmatrix}.$$

Zu den Eigenwerten 72, 81 und 0 gehört die orthonormierte Basis

$$\boldsymbol{h}_1 = \frac{1}{3}\begin{pmatrix} 1 \\ -2 \\ 2 \end{pmatrix}, \quad \boldsymbol{h}_2 = \frac{1}{3}\begin{pmatrix} 2 \\ 2 \\ 1 \end{pmatrix}, \quad \boldsymbol{h}_3 = \frac{1}{3}\begin{pmatrix} -2 \\ 1 \\ 2 \end{pmatrix}.$$

Der letzte liegt im Kern $\ker\boldsymbol{A}$. Die Bilder $\boldsymbol{A}\boldsymbol{h}_1$ und $\boldsymbol{A}\boldsymbol{h}_2$ sind zueinander orthogonal und bestimmen die ersten zwei Vektoren $\boldsymbol{h}_1', \boldsymbol{h}_2'$ im Bildraum mit

$$\boldsymbol{h}_1' = \frac{1}{\sqrt{2}}\begin{pmatrix} -1 \\ 0 \\ -1 \end{pmatrix}, \quad \boldsymbol{h}_2' = \begin{pmatrix} 0 \\ 1 \\ 0 \end{pmatrix}.$$

Wir ergänzen durch das Vektorprodukt $\boldsymbol{h}_3' = \boldsymbol{h}_1' \times \boldsymbol{h}_2'$ zu einer orthonormierten Basis im Bildraum. Dann bilden die $\boldsymbol{h}_i$ als Spaltenvektoren die orthogonale Matrix

$$\boldsymbol{V} = {}_B\boldsymbol{T}_H = \frac{1}{3}\begin{pmatrix} 1 & 2 & -2 \\ -2 & 2 & 1 \\ 2 & 1 & 2 \end{pmatrix}$$

und die $\boldsymbol{h}_i'$ die orthogonale Matrix

$$\boldsymbol{U} = {}_{B'}\boldsymbol{T}_{H'} = \frac{1}{\sqrt{2}}\begin{pmatrix} -1 & 0 & 1 \\ 0 & \sqrt{2} & 0 \\ -1 & 0 & -1 \end{pmatrix}.$$

Wegen

$$\boldsymbol{A} = {}_{B'}\boldsymbol{M}(\varphi)_B = {}_{H'}\boldsymbol{T}\,B'\,{}_{H'}\boldsymbol{M}(\varphi)_H\,{}_H\boldsymbol{T}_B$$

ist

$$\boldsymbol{A} = \boldsymbol{U}\,\operatorname{diag}(\sqrt{72}, 9, 0)\,\boldsymbol{V}^T.$$

In der Diagonalmatrix stehen die Wurzeln aus den Eigenwerten von $\boldsymbol{A}^T\boldsymbol{A}$, also die Singulärwerte von $\boldsymbol{A}$ zusammen mit 0.

21.16 ••• $\boldsymbol{b}_3 = (0, 1, -2)^T$ spannt den Kern $\ker\varphi$ auf. In dem zugehörigen Orthogonalraum $\ker\varphi^\perp$, dem Bildraum der adjungierten Abbildung φ^{ad}, wählen wir die Vektoren $\boldsymbol{b}_1 = (1, 0, 0)^T$ und $\boldsymbol{b}_2 = (1, 2, 1)^T$ als zwei linear unabhängige Zeilenvektoren aus der gegebenen Darstellungsmatrix. Deren Bildvektoren $\boldsymbol{b}_1' = \varphi(\boldsymbol{b}_1) = (1, 1, 1)^T$ und $\boldsymbol{b}_2' = \varphi(\boldsymbol{b}_1) = (1, 1, 6)^T$ liegen im Bildraum $\operatorname{Im}\varphi$. Wir ergänzen zu einer Basis B' durch einen orthogonalen Vektor $\boldsymbol{b}_3' \in \operatorname{Im}\varphi^\perp$, der damit im Kern von φ^{ad} liegt, etwa $\boldsymbol{b}_3' = (1, -1, 0)^T$. Nun ist

$${}_B\boldsymbol{M}(\varphi^{\text{ps}})_{B'} = \begin{pmatrix} 1 & 0 & 0 \\ 0 & 1 & 0 \\ 0 & 0 & 0 \end{pmatrix}.$$

Mithilfe der Transformationsmatrizen ${}_E\boldsymbol{T}_B = ((\boldsymbol{b}_1, \boldsymbol{b}_2, \boldsymbol{b}_3))$ und ${}_{E'}\boldsymbol{T}_{B'} = ((\boldsymbol{b}_1', \boldsymbol{b}_2', \boldsymbol{b}_3'))$ rechnen wir auf die Standardbasen E und E' im Urbildraum und im Zielraum um und erhalten schließlich

$${}_B\boldsymbol{M}(\varphi^{\text{ps}})_{E'} = \frac{1}{10}\begin{pmatrix} 5 & 5 & 0 \\ -2 & -2 & 4 \\ -1 & -1 & 2 \end{pmatrix}.$$

Zum Nachprüfen der obigen Gleichungen genügt es, die Basisvektoren $\boldsymbol{b}_i$ oder $\boldsymbol{b}_j'$ zu verfolgen.

Anwendungsprobleme

21.17 •• Wir multiplizieren das unlösbare Gleichungssystem $\boldsymbol{A}\boldsymbol{x} = \boldsymbol{s}$ von links mit $\boldsymbol{A}^T$ und erhalten die Normalgleichungen

$$5x_1 + \ \ 7x_2 = 57.2$$
$$7_1 + 22x_2 = 85.1$$

Daraus folgt als Lösung, etwa nach der Cramerschen Regel, $x_1 = 5.583$ und $x_2 = 4.183$.

21.18 •• Durch Einsetzen der gegebenen Punkte in $kx_1 + d = x_2$ entstehen vier lineare Gleichungen für k und d der Form

$$\boldsymbol{A}\begin{pmatrix} k \\ d \end{pmatrix} = \begin{pmatrix} 1 & 1 \\ 3 & 1 \\ 4 & 1 \\ 4 & 1 \end{pmatrix}\begin{pmatrix} k \\ d \end{pmatrix} = \begin{pmatrix} -1 \\ 0 \\ 1 \\ 2 \end{pmatrix}.$$

Wir multiplizieren von links mit $\boldsymbol{A}^T$ und erhalten die Normalgleichungen

$$\begin{pmatrix} 42 & 12 \\ 12 & 4 \end{pmatrix}\begin{pmatrix} k \\ d \end{pmatrix} = \begin{pmatrix} 11 \\ 2 \end{pmatrix},$$

welche zur eindeutigen Lösung $k = 5/6$ und $d = -2$ führen, also zur Geradengleichung $x_2 = 5x_1/6 - 2$ oder $0.340\,17x_1 + 0.337\,78x_2 + 0.877\,61 = 0$.

21.19 •• Das lineare Gleichungssystem für die unbestimmten Koeffizienten a, b, c lautet

$$\boldsymbol{A}\begin{pmatrix} a \\ b \\ c \end{pmatrix} = \begin{pmatrix} 0 & 0 & 1 \\ 4 & 2 & 1 \\ 9 & 3 & 1 \\ 25 & 5 & 1 \end{pmatrix}\begin{pmatrix} a \\ b \\ c \end{pmatrix} = \begin{pmatrix} 5 \\ 4 \\ 4 \\ 8 \end{pmatrix}.$$

Durch Multiplikation von links mit $\boldsymbol{A}^T$ leiten wir die Normalgleichungen

$$\begin{pmatrix} 722 & 160 & 38 \\ 160 & 38 & 10 \\ 38 & 10 & 4 \end{pmatrix}\begin{pmatrix} a \\ b \\ c \end{pmatrix} = \begin{pmatrix} 252 \\ 60 \\ 21 \end{pmatrix}$$

her. Wir erhalten als Koeffizienten der optimalen Parabelgleichung $(a, b, c) = (5/12, -235/156, 263/52)$, also ungefähr $(0.416, -1.506, 5.058)$.

Kapitel 22

Aufgaben

Verständnisfragen

22.1 • Gegeben sind kartesische Tensoren r_{ijk}, s_{ij} und t_{ij}. Welche der folgenden Größen sind koordinateninvariant?

$$s_{ii}, \quad s_{ij}t_{jk}, \quad s_{ij}t_{ji}, \quad r_{ijj}, \quad s_{ij}t_{jk}s_{ki}$$

22.2 •• Warum verschwindet das doppelt-verjüngende Produkt $s^{ij}a_{ij}$, wenn der Tensor s^{ij} symmetrisch und der Tensor a_{ij} alternierend ist? Was ist $s^{ij}a_{ji}$?

22.3 •• Warum sind die Symmetrie und die Antisymmetrie eines kartesischen Tensors t_{ij} zweiter Stufe koordinateninvariante Eigenschaften.

22.4 • Beweisen Sie die folgende Aussage: Sind die Vektoren mit Komponenten a_i, b_i und c_i linear unabhängig im $\mathbb{R}^3$ und ist der Vektor v_i darstellbar als die Linearkombination $v_i = \alpha\, a_i + \beta\, b_i + \gamma\, c_i$, so gilt für den ersten Koeffizienten $\alpha = \varepsilon_{ijk} v_i b_j c_k / \varepsilon_{ijk} a_i b_j c_k$. Wie lauten die analogen Ausdrücke für β und γ?

22.5 ••• Wie lautet das Quadrat (a) des Rotationstensors t_{ik} sowie (b) jenes des Drehtensors d_{ij}?

Rechenaufgaben

22.6 • Berechnen Sie im $\mathbb{R}^3$ die nachstehend angeführten Ausdrücke, die alle das Kronecker-Delta enthalten:

$$\delta_{ii}, \quad \delta_{ij}\delta_{jk}, \quad \delta_{ij}\delta_{ji}, \quad \delta_{ij}\delta_{jk}\delta_{ki}.$$

22.7 •• Zerlegen Sie den Tensor t_{ij} mit

$$(t_{ij}) = \begin{pmatrix} 3 & 2 & 1 \\ 0 & -4 & 3 \\ 7 & 11 & -5 \end{pmatrix}$$

in seinen symmetrischen Anteil s_{ij} und seinen alternierenden Anteil a_{ij} und berechnen Sie den Vektor $d_j = \frac{1}{2}\,\varepsilon_{ijk} t_{ik}$.

22.8 ••• Berechnen Sie für den zyklischen Basiswechsel von $B = (\boldsymbol{b}_1, \boldsymbol{b}_2, \boldsymbol{b}_3)$ zu $\overline{B} = (\boldsymbol{b}_2, \boldsymbol{b}_3, \boldsymbol{b}_1)$ die Einträge $\overline{a}^i_j$ und $\underline{a}^i_j$ und überprüfen Sie dies beim kovarianten Metriktensor g_{ij}.

22.9 ••• Neben der kanonischen Basis $(\boldsymbol{e}_1, \boldsymbol{e}_2, \boldsymbol{e}_3)$ des $\mathbb{R}^3$ sei B eine weitere Basis mit

$$\boldsymbol{b}_1 = \begin{pmatrix} 1 \\ 1 \\ 1 \end{pmatrix}, \quad \boldsymbol{b}_2 = \begin{pmatrix} -1 \\ 0 \\ 1 \end{pmatrix}, \quad \boldsymbol{b}_3 = \begin{pmatrix} -1 \\ -1 \\ 1 \end{pmatrix}.$$

Berechnen Sie die Vektoren $\boldsymbol{b}^1$, $\boldsymbol{b}^2$ und $\boldsymbol{b}^3$ der Dualbasis B^*, den kovarianten Metriktensor g_{ij}, den kontravarianten Metriktensor g^{ij} durch Invertieren der Matrix (g_{ij}) und überprüfen Sie die Gleichung (22.8).

22.10 ••• Wir wechseln von der Basis $B = (\boldsymbol{b}_1, \boldsymbol{b}_2, \boldsymbol{b}_3)$ mit dem kovarianten Metriktensor $(g_{ij}) = \operatorname{diag}(1, 2, 1)$ zur Basis $\overline{B} = (\overline{\boldsymbol{b}}_1, \overline{\boldsymbol{b}}_2, \overline{\boldsymbol{b}}_3)$ mit

$$\overline{\boldsymbol{b}}_1 = \boldsymbol{b}_1, \quad \overline{\boldsymbol{b}}_2 = \boldsymbol{b}_1 + \boldsymbol{b}_2, \quad \overline{\boldsymbol{b}}_3 = \boldsymbol{b}_1 + \boldsymbol{b}_2 + \boldsymbol{b}_3.$$

Wie sehen die neuen Komponenten $\overline{t}_{ij}$ des Tensors t_{ij} mit

$$(t_{ij}) = \begin{pmatrix} 1 & -1 & 2 \\ 2 & 2 & -1 \\ -1 & -2 & 1 \end{pmatrix}$$

aus? Berechnen Sie ferner die neuen Komponenten $\overline{t}^{\,i}{}_j$, und zwar einerseits im neuen Koordinatensystem durch Hinaufziehen, andererseits aus den zugehörigen alten Komponenten nach dem jeweiligen Transformationsgesetz.

22.11 •• Wie ändert sich der symmetrische Tensor 2. Stufe

$$(t_{ij}) = \begin{pmatrix} \lambda_1 & 0 & 0 \\ 0 & \lambda_2 & 0 \\ 0 & 0 & \lambda_3 \end{pmatrix},$$

wenn die zugrunde liegende orthonormierte Basis B um die x_3-Achse durch 60° nach $\overline{B}$ verdreht wird?

22.12 • Berechnen Sie den Projektionstensor n_{ij} zum Einheitsvektor $\widehat{\boldsymbol{n}} = \frac{1}{\sqrt{6}}(1, -1, 2)^T$ und zerlegen Sie den Vektor $\boldsymbol{v} = (1, 1, 1)^T$ in zwei orthogonale Komponenten $\boldsymbol{v}'$ und $\boldsymbol{v}''$, wobei $\boldsymbol{v}'$ zu $\widehat{\boldsymbol{n}}$ parallel ist.

T. Arens et al., *Arbeitsbuch Mathematik*, https://doi.org/10.1007/978-3-662-64391-4_21

22.13 •• Die eigentlich orthogonale Matrix

$$(d_{ij}) = \frac{1}{3}\begin{pmatrix} 2 & 1 & 2 \\ 1 & 2 & -2 \\ -2 & 2 & 1 \end{pmatrix}$$

bestimmt einen Drehtensor. Berechnen Sie die Drehachse $\widehat{\boldsymbol{d}}$ und den auf die Orientierung von $\widehat{\boldsymbol{d}}$ abgestimmten Drehwinkel φ mit $0 \leq \varphi < 360°$.

22.14 • Berechnen Sie die Werte $\varepsilon_{ijk}\varepsilon_{ijl}$ und $\varepsilon_{ijk}\varepsilon_{ijk}$.

22.15 •• Sind e_i die Komponenten eines Einheitsvektors und v_i jene eines beliebigen Vektors des $\mathbb{R}^3$, so gilt die Identität

$$v_i = v_j e_j e_i + \varepsilon_{ijk} e_j \, \varepsilon_{klm} v_l e_m.$$

Begründen Sie diese Identität. Was bedeutet sie in Vektorform?

22.16 •• Beweisen Sie die Grassmann-Identität von S. 714

$$\boldsymbol{u} \times (\boldsymbol{v} \times \boldsymbol{w}) = (\boldsymbol{u} \cdot \boldsymbol{w})\boldsymbol{v} - (\boldsymbol{u} \cdot \boldsymbol{v})\boldsymbol{w}$$

unter Benutzung der Tensordarstellung (22.12) von Vektorprodukten.

Anwendungsprobleme

22.17 • Bestimmen Sie bei dem gegebenen Spannungstensor

$$\mathbf{S} = \begin{pmatrix} \sigma & \tau & x\tau \\ \tau & \sigma & y\tau \\ x\tau & y\tau & \sigma \end{pmatrix}$$

mit σ als Normalspannung und τ als Schubspannung die Konstanten $x, y \in \mathbb{R}$ derart, dass der Spannungsvektor auf der zu $(1,1,1)^T$ orthogonalen Ebene verschwindet.

22.18 •• In einem Punkt des Armes am abgebildeten Kran sind die durch die Last hervorgerufenen Dehnungs- und Gleitungsgrößen bezüglich des angegebenen Koordinatensystems bekannt:

$$\varepsilon_1 = 100 \cdot 10^{-6}, \quad \varepsilon_2 = 400 \cdot 10^{-6}, \quad \varepsilon_3 = 900 \cdot 10^{-6},$$
$$\gamma_{12} = 400 \cdot 10^{-6}, \quad \gamma_{23} = -1200 \cdot 10^{-6}, \quad \gamma_{13} = -600 \cdot 10^{-6}$$

Bestimmen Sie die Hauptdehnungen und die Hauptdehnungsrichtungen des zugehörigen Verzerrungstensors **V**.

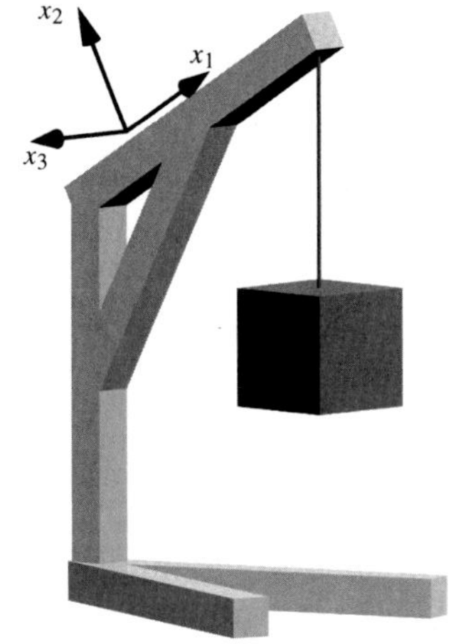

Abb. 22.5 Die Last verursacht eine Verzerrung im Träger des Kranes

Hinweise

Verständnisfragen

22.1 • Beachten Sie die Definition eines kartesischen Tensors auf S. 824.

22.2 •• Es ist $s^{ij} = s^{ji}$ und $a_{ij} = -a_{ji}$.

22.3 •• Vergleichen Sie das Transformationsverhalten von t_{ij} mit jenem von t_{ji}.

22.4 • Beachten Sie die Cramer'sche Regel auf S. 610 sowie die Formel (22.11).

22.5 ••• Mit dem Quadrat ist die zweifache Anwendung gemeint. Beachten Sie die Formeln (22.13) und (22.16) oder auch die geometrische Bedeutung dieser Tensoren, dargestellt in den Abb. 22.1 und 22.3. In (22.13) ist $\|\boldsymbol{d}\| = \omega$, in (22.16) $\|\boldsymbol{d}\| = 1$ vorausgesetzt.

Rechenaufgaben

22.6 • In den Summen läuft jeder Summationsindex von 1 bis 3.

22.7 •• Beachten Sie die S. 826 sowie (22.14).

22.8 ••• ${}_B\boldsymbol{T}_{\overline{B}} = (\overline{a}^i_j)$ und ${}_{\overline{B}}\boldsymbol{T}_B = (\underline{a}^i_j)$.

22.9 ••• Im Sinne der Bemerkung auf S. 823 wird hier der Dualraum V^* mit dem Vektorraum $V = \mathbb{R}^3$ identifiziert.

22.10 ••• Die Transformation der Tensorkomponenten wird übersichtlicher, wenn sie in Matrizenschreibweise erfolgt.

22.11 •• Die B-Koordinaten der verdrehten Vektoren $\overline{\boldsymbol{b}}_j$ legen die $\underline{a}^i_j$ fest.

22.12 • Beachten Sie die S. 826 sowie die Abb. 22.2.

22.13 •• Beachten Sie die Spur und den alternierenden Anteil des Drehtensors.

22.14 • Verwenden Sie die Gleichung (22.15).

22.15 •• Verwenden Sie die Gleichung (22.15).

22.16 •• Verwenden Sie die Gleichung (22.15).

Anwendungsprobleme

22.17 • Beachten Sie die Erklärungen auf der S. 828.

22.18 •• Beachten Sie die Anwendung auf S. 830.

Lösungen

Verständnisfragen

22.1 • Koordinateninvariant sind s_{ii}, $s_{ij}t_{ji}$ und $s_{ij}t_{jk}s_{ki}$.

22.2 •• $-s^{ij}a_{ji} = s^{ij}a_{ij} = -s^{ij}a_{ij} = 0.$

22.3 •• $t_{ij} = \pm t_{ji} \implies \bar{t}_{ij} = \pm \bar{t}_{ji}.$

22.4 • Es ist

$\beta = \varepsilon_{ijk}a_i v_j c_k/\varepsilon_{ijk}a_i b_j c_k$ und $\gamma = \varepsilon_{ijk}a_i b_j v_k/\varepsilon_{ijk}a_i b_j c_k.$

22.5 ••• $t_{ik}t_{km} = d_i d_m - \omega^2\delta_{im}$. Das Quadrat des Drehtensors ist jener zum doppelten Drehwinkel, also ausführlich

$$d_{ij}d_{jk} = d_i d_k(1-\cos 2\varphi) + \delta_{ik}\cos 2\varphi - \varepsilon_{ikl}d_l \sin 2\varphi.$$

Rechenaufgaben

22.6 • $\delta_{ii} = \delta_{ij}\delta_{ji} = \delta_{ij}\delta_{jk}\delta_{ki} = 3,\ \delta_{ij}\delta_{jk} = \delta_{ik}.$

22.7 •• Es ist

$$(s_{ij}) = \begin{pmatrix} 3 & 1 & 4 \\ 1 & -4 & 7 \\ 4 & 7 & -5 \end{pmatrix}, \quad (a_{ij}) = \begin{pmatrix} 0 & 1 & -3 \\ -1 & 0 & -4 \\ 3 & 4 & 0 \end{pmatrix} \quad \text{und}$$

$$d_j = \begin{pmatrix} 4 \\ -3 \\ -1 \end{pmatrix}.$$

22.8 •••

$$(\overline{a}^i_j) = \begin{pmatrix} 0 & 1 & 0 \\ 0 & 0 & 1 \\ 1 & 0 & 0 \end{pmatrix}, \quad (\underline{a}^i_j) = \begin{pmatrix} 0 & 0 & 1 \\ 1 & 0 & 0 \\ 0 & 1 & 0 \end{pmatrix}.$$

$$\overline{g}_{11} = g_{22},\quad \overline{g}_{12} = g_{23},\quad \overline{g}_{13} = g_{12},$$
$$\overline{g}_{22} = g_{33},\quad \overline{g}_{23} = g_{13},\quad \overline{g}_{33} = g_{11}.$$

22.9 •••

$$\boldsymbol{b}^1 = \frac{1}{2}\begin{pmatrix} 1 \\ 0 \\ 1 \end{pmatrix}, \quad \boldsymbol{b}^2 = \begin{pmatrix} -1 \\ 1 \\ 0 \end{pmatrix}, \quad \boldsymbol{b}^3 = \frac{1}{2}\begin{pmatrix} 1 \\ -2 \\ 1 \end{pmatrix}.$$

$$(g_{ij}) = \begin{pmatrix} 3 & 0 & -1 \\ 0 & 2 & 2 \\ -1 & 2 & 3 \end{pmatrix}, \quad (g^{ij}) = \frac{1}{2}\begin{pmatrix} 1 & -1 & 1 \\ -1 & 4 & -3 \\ 1 & -3 & 3 \end{pmatrix}.$$

22.10 •••

$$(\bar{t}_{ij}) = \begin{pmatrix} 1 & 0 & 2 \\ 3 & 4 & 5 \\ 2 & 1 & 3 \end{pmatrix}, \quad (\bar{t}^{\,i}{}_j) = \begin{pmatrix} 0 & -2 & \frac{1}{2} \\ 2 & 5 & \frac{7}{2} \\ -1 & -3 & -2 \end{pmatrix}.$$

22.11 ••

$$(\bar{t}_{ij}) = \frac{1}{4}\begin{pmatrix} \lambda_1 + 3\lambda_2 & \sqrt{3}(-\lambda_1+\lambda_2) & 0 \\ \sqrt{3}(-\lambda_1+\lambda_2) & 3\lambda_1+\lambda_2 & 0 \\ 0 & 0 & 4\lambda_3 \end{pmatrix}$$

22.12 •

$$n_{ij} = \frac{1}{6}\begin{pmatrix} 1 & -1 & 2 \\ -1 & 1 & -2 \\ 2 & -2 & 4 \end{pmatrix}, \quad \boldsymbol{v}' = \frac{1}{3}\begin{pmatrix} 1 \\ -1 \\ 2 \end{pmatrix}, \quad \boldsymbol{v}'' = \frac{1}{3}\begin{pmatrix} 2 \\ 4 \\ 1 \end{pmatrix}.$$

22.13 ••

$$\widehat{\boldsymbol{d}} = \frac{1}{\sqrt{2}}\begin{pmatrix} 1 \\ 1 \\ 0 \end{pmatrix}, \quad \cos\varphi = \frac{1}{3}, \quad \varphi = 70.528\ldots^\circ.$$

22.14 • $\varepsilon_{ijk}\varepsilon_{ijl} = 2\delta_{kl},\ \varepsilon_{ijk}\varepsilon_{ijk} = 6.$

22.15 •• $\boldsymbol{v} = (\boldsymbol{v}\cdot\boldsymbol{e})\boldsymbol{e} + \boldsymbol{e}\times(\boldsymbol{v}\times\boldsymbol{e}).$

Kapitel 22

22.16 •• –

Anwendungsprobleme

22.17 • Entweder $x = y = 1$ und $\sigma = -2\tau \neq 0$ oder $\sigma = \tau = 0$ und x, y beliebig.

22.18 •• Die Hauptdehnungen sind 0.001 4 und zweimal 0 und sie erfolgen in den Richtungen von

$$\boldsymbol{h}_1 = \frac{1}{\sqrt{14}}\begin{pmatrix}1\\2\\-3\end{pmatrix}, \ \boldsymbol{h}_2 = \frac{1}{\sqrt{10}}\begin{pmatrix}3\\0\\1\end{pmatrix}, \ \boldsymbol{h}_3 = \frac{1}{\sqrt{140}}\begin{pmatrix}2\\-10\\-6\end{pmatrix}.$$

Lösungswege

Verständnisfragen

22.1 • s_{ii} ist ein Tensor 0. Stufe, also ein Skalar und damit koordinateninvariant. Es ist dies die Spur der Matrix (s_{ij}).
$r_{ik} = s_{ij}t_{jk}$ ist ein Tensor 2. Stufe und damit nicht koordinateninvariant. Hingegen ist $s_{ij}t_{ji} = r_{ii}$ invariant und zwar die Spur des Matrizenproduktes $(s_{ij})(t_{jk})$.
r_{ijj} ist ein Tensor 1. Stufe, während $s_{ij}t_{jk}s_{ki}$ wieder ein Skalar ist, und zwar die Spur des Matrizenproduktes $(s_{ij})(t_{jk})(s_{kl})$.

22.2 •• Wenn wir in $s^{ij}a_{ij}$ die beiden Summationsindizes i und j vertauschen, so entsteht

$$t = s^{ij}a_{ij} = s^{ji}a_{ji} = -s^{ij}a_{ij} = -t.$$

Also ist $t = 0$. Zugleich ist $s^{ij}a_{ji} = -s^{ij}a_{ij} = -t = 0$.

22.3 •• Nach der Definition kartesischer Tensoren auf S. 824 ist $\bar{t}_{ij} = a_{ik}a_{jl}t_{kl}$. Damit ist $\bar{t}_{ji} = a_{jk}a_{il}t_{kl}$ und nach Vertauschung der Summationsindizes k und l weiter $\bar{t}_{ji} = a_{jl}a_{ik}t_{lk}$. Demnach gilt:

$$\begin{aligned}
t_{kl} = t_{lk} \quad &\Longrightarrow \quad \bar{t}_{ij} = a_{ik}a_{jl}t_{kl} = a_{ik}a_{jl}t_{lk} = \bar{t}_{ji}\\
t_{kl} = -t_{lk} \quad &\Longrightarrow \quad \bar{t}_{ij} = a_{ik}a_{jl}t_{kl} = -a_{ik}a_{jl}t_{lk} = -\bar{t}_{ji}
\end{aligned}$$

22.4 • $v_i = \alpha\, a_i + \beta\, b_i + \gamma\, c_i$ für $i = 1, 2, 3$ stellt ein System von drei linearen Gleichungen für die drei Unbekannten α, β und γ dar. Wegen der geforderten linearen Unabhängigkeit der Vektoren $\boldsymbol{a} = a_i$, $\boldsymbol{b} = b_i$ und $\boldsymbol{c} = c_i$ hat die Koeffizientenmatrix $((\boldsymbol{a}\,\boldsymbol{b}\,\boldsymbol{c}))$ den Rang 3. Wir können die Lösungen nach der Cramer'schen Regel angeben als Quotienten von Determinanten. So ist bei $\boldsymbol{v} = v_i$ z. B. $\alpha = \det(\boldsymbol{v}, \boldsymbol{b}, \boldsymbol{c}) / \det(\boldsymbol{a}, \boldsymbol{b}, \boldsymbol{c})$. Nun übertragen wir die auftretenden Spatprodukte nach (22.11) mithilfe des Epsilon-Tensors in die Tensorschreibweise.

22.5 ••• (a) Aus $t_{ik} = \varepsilon_{ijk}d_j$ und $d_jd_j = \omega^2$ folgt mit der Formel (22.15)

$$\begin{aligned}
t_{ik}t_{km} &= \varepsilon_{ijk}d_j\, \varepsilon_{klm}d_l = \varepsilon_{kij}\varepsilon_{klm}\, d_jd_l\\
&= (\delta_{il}\delta_{jm} - \delta_{im}\delta_{jl})d_jd_l\\
&= d_id_m - \delta_{im}\omega^2 = \omega^2(\widehat{d}_i\widehat{d}_m - \delta_{im}),
\end{aligned}$$

sofern wir $\hat{\boldsymbol{d}} = \frac{1}{\omega}\boldsymbol{d} = \widehat{d}_i$ setzen. Nach Abb. 22.2 ist dies gleich dem mit $-\omega^2$ multiplizierten Tensor der Normalprojektion auf die zu $\boldsymbol{d}$ orthogonale Ebene E.

(b) Das Quadrat des Drehtensors mit der Achse $\boldsymbol{d}$ zum Drehwinkel φ ist natürlich jener zum Drehwinkel 2φ. Wir bestätigen dies durch die folgende Rechnung, in der wir mehrfach $d_id_i = 1$ sowie $\varepsilon_{jkm}d_jd_m = 0$ nutzen:

$$\begin{aligned}
d_{ij}d_{jk} &= (d_id_j(1-\cos\varphi) + \delta_{ij}\cos\varphi - \varepsilon_{ijl}d_l\sin\varphi)\\
&\quad \cdot (d_jd_k(1-\cos\varphi) + \delta_{jk}\cos\varphi - \varepsilon_{jkm}d_m\sin\varphi)\\
&= d_id_jd_jd_k(1-\cos\varphi)^2 + d_id_k(1-\cos\varphi)\cos\varphi\\
&\quad - \varepsilon_{jkm}d_id_jd_m(1-\cos\varphi)\sin\varphi + d_id_k\cos\varphi(1-\cos\varphi)\\
&\quad + \delta_{ik}\cos^2\varphi - \varepsilon_{ikm}d_m\sin\varphi\cos\varphi\\
&\quad - \varepsilon_{ijl}d_jd_kd_l(1-\cos\varphi)\sin\varphi\\
&\quad - \varepsilon_{ikl}d_l\sin\varphi\cos\varphi + \varepsilon_{ijl}\varepsilon_{jkm}d_ld_m\sin^2\varphi
\end{aligned}$$

Mithilfe der Summenformel (22.15) folgt $\varepsilon_{ijl}\varepsilon_{jkm} = -(\delta_{ik}\delta_{lm} - \delta_{im}\delta_{lk})$ und daher

$$\begin{aligned}
d_{ij}d_{jk} &= d_id_k((1-\cos\varphi)^2 + 2(1-\cos\varphi)\cos\varphi)\\
&\quad - 2\varepsilon_{ikl}d_l\sin\varphi\cos\varphi + \delta_{ik}\cos^2\varphi\\
&\quad - \delta_{ik}\sin^2\varphi + d_id_k\sin^2\varphi\\
&= d_id_k((1-\cos\varphi)(1+\cos\varphi) + \sin^2\varphi)\\
&\quad + \delta_{ik}(\cos^2\varphi - \sin^2\varphi) - 2\varepsilon_{ikl}d_l\sin\varphi\cos\varphi\\
&= d_id_k(1-\cos 2\varphi) + \delta_{ik}\cos 2\varphi - \varepsilon_{ikl}d_l\sin 2\varphi.
\end{aligned}$$

Rechenaufgaben

22.6 • $\delta_{ii} = \delta_{11} + \delta_{22} + \delta_{33} = 3$.

Notwendig dafür, dass ein Summand in $\delta_{ij}\delta_{jk}$ nicht verschwindet, ist $j = k$. Somit ist $\delta_{ij}\delta_{jk} = \delta_{ik}$. Das zeigt auch die Matrizenschreibweise, denn $(\delta_{ij}\delta_{jk}) = (\delta_{ij})(\delta_{jk}) = \mathbf{E}_3\mathbf{E}_3 = \mathbf{E}_3 = (\delta_{ik})$.

Somit ist $\delta_{ij}\delta_{ji} = \delta_{ii} = 3$ und weiter auch $(\delta_{ij}\delta_{jk})\delta_{ki} = \delta_{ik}\delta_{ki} = \delta_{ii} = 3$.

22.7 •• Wir setzen $\mathbf{M} = (t_{ij})$. Dann ist

$$\mathbf{M} \pm \mathbf{M}^T = \begin{pmatrix} 3 & 2 & 1 \\ 0 & -4 & 3 \\ 7 & 11 & -5 \end{pmatrix} \pm \begin{pmatrix} 3 & 0 & 7 \\ 2 & -4 & 11 \\ 1 & 3 & -5 \end{pmatrix},$$

daher

$$(s_{ij}) = \frac{1}{2}(t_{ij} + t_{ji}) = \begin{pmatrix} 3 & 1 & 4 \\ 1 & -4 & 7 \\ 4 & 7 & -5 \end{pmatrix}$$

und

$$(a_{ij}) = \frac{1}{2}(t_{ij} - t_{ji}) = \begin{pmatrix} 0 & 1 & -3 \\ -1 & 0 & -4 \\ 3 & 4 & 0 \end{pmatrix}.$$

d_j ist der zur schiefsymmetrischen Matrix (a_{ij}) gehörige Vektor, also $d_j = (4, -3, -1)^T$. Dies bestätigt auch die Rechnung:

$$d_j = \frac{1}{2}\,\varepsilon_{ijk} t_{ik} = \frac{1}{2} \begin{pmatrix} \varepsilon_{213}t_{23} + \varepsilon_{312}t_{32} \\ \varepsilon_{123}t_{13} + \varepsilon_{321}t_{31} \\ \varepsilon_{132}t_{12} + \varepsilon_{231}t_{21} \end{pmatrix}$$
$$= \frac{1}{2}\begin{pmatrix} -3+11 \\ 1-7 \\ -2+0 \end{pmatrix} = \begin{pmatrix} 4 \\ -3 \\ -1 \end{pmatrix}$$

Zur Kontrolle könnte auch die Gleichung $d_j = \frac{1}{2}\,\varepsilon_{ijk} t_{ik} = \frac{1}{2}\,\varepsilon_{ijk} a_{ik}$ verwendet werden.

22.8 ••• Wir beachten die Transformationsgleichungen $\boldsymbol{b}_j = \overline{a}_j^i\, \overline{\boldsymbol{b}}_i$ in (22.1) sowie umgekehrt $\overline{\boldsymbol{b}}_j = \underline{a}_j^i \boldsymbol{b}_i$ oder auch die Tatsache, dass in den Spalten der Transformationsmatrix ${}_B\boldsymbol{T}_{\overline{B}}$ die B-Koordinaten der Vektoren aus $\overline{B}$ stehen, kurz ${}_B\boldsymbol{T}_{\overline{B}} = (({}_B\overline{\boldsymbol{b}}_1, {}_B\overline{\boldsymbol{b}}_2, {}_B\overline{\boldsymbol{b}}_3))$ und analog ${}_{\overline{B}}\boldsymbol{T}_B = (({}_{\overline{B}}\boldsymbol{b}_1, {}_{\overline{B}}\boldsymbol{b}_2, {}_{\overline{B}}\boldsymbol{b}_3))$. Beachten Sie die jeweilige Gleichheit der linken unteren Indizes.

Wegen $\overline{\boldsymbol{b}}_1 = \boldsymbol{b}_2, \overline{\boldsymbol{b}}_2 = \boldsymbol{b}_3, \overline{\boldsymbol{b}}_3 = \boldsymbol{b}_1$ ist nun

$$(\underline{a}_j^i) = {}_B\boldsymbol{T}_{\overline{B}} = \begin{pmatrix} 0 & 0 & 1 \\ 1 & 0 & 0 \\ 0 & 1 & 0 \end{pmatrix}.$$

Umgekehrt führen $\boldsymbol{b}_1 = \overline{\boldsymbol{b}}_3, \boldsymbol{b}_2 = \overline{\boldsymbol{b}}_1, \boldsymbol{b}_3 = \overline{\boldsymbol{b}}_2$ zur inversen Matrix

$$(\overline{a}_j^i) = {}_{\overline{B}}\boldsymbol{T}_B = \begin{pmatrix} 0 & 1 & 0 \\ 0 & 0 & 1 \\ 1 & 0 & 0 \end{pmatrix}.$$

Der kovariante Metriktensor erfüllt die Transformationsgleichungen $\overline{g}_{ij} = \underline{a}_i^k\, \underline{a}_j^l\, g_{kl}$. Dies ergibt im vorliegenden Fall wegen der vielen Nullen in den Transformationsmatrizen

$$\overline{g}_{11} = \underline{a}_1^k\, \underline{a}_1^l\, g_{kl} = g_{22}, \quad \overline{g}_{12} = \underline{a}_1^k\, \underline{a}_2^l\, g_{kl} = g_{23},$$
$$\overline{g}_{13} = \underline{a}_1^k\, \underline{a}_3^l\, g_{kl} = g_{21}, \quad \overline{g}_{22} = \underline{a}_2^k\, \underline{a}_2^l\, g_{kl} = g_{33},$$
$$\overline{g}_{23} = \underline{a}_2^k\, \underline{a}_3^l\, g_{kl} = g_{31}, \quad \overline{g}_{33} = \underline{a}_3^k\, \underline{a}_3^l\, g_{kl} = g_{11}.$$

Der Rest folgt aus der Symmetrie. Aber natürlich sind die Komponenten des Metriktensors bezüglich $\overline{B}$ auch direkt als Skalarprodukte $\overline{g}_{ij} = \overline{\boldsymbol{b}}_i \cdot \overline{\boldsymbol{b}}_j$ zu berechnen.

22.9 ••• Der Vektor $\boldsymbol{b}^1$ ist durch die Gleichungen

$$\boldsymbol{b}^1 \cdot \boldsymbol{b}_1 = 1, \quad \boldsymbol{b}^1 \cdot \boldsymbol{b}_2 = \boldsymbol{b}^1 \cdot \boldsymbol{b}_3 = 0$$

gekennzeichnet. Somit ist $\boldsymbol{b}^1$ ein geeignetes Vielfaches des Vektors $\boldsymbol{b}_2 \times \boldsymbol{b}_3$.

Es gibt auch eine andere Möglichkeit zur Berechnung: Dazu bezeichnen wir die kanonische Basis hier ausnahmsweise mit $\overline{B}$, also $\boldsymbol{e}_i = \overline{\boldsymbol{b}}_i$. Die Dualbasis zur kanonischen Basis ist mit $\overline{B}$ identisch, d. h. $\overline{\boldsymbol{b}}^j = \overline{\boldsymbol{b}}_j$. Nun ist $\boldsymbol{b}^i = \underline{a}_j^i \overline{\boldsymbol{b}}^j$. Also sind die Zeilenvektoren in der Matrix $(\underline{a}_j^i)$ die kanonischen Koordinaten der Vektoren $\boldsymbol{b}^i$ aus der Dualbasis B^*.

Die gegebenen $\overline{B}$-Koordinaten der $\boldsymbol{b}_i$ bestimmen die Matrix

$${}_{\overline{B}}\boldsymbol{T}_B = (\overline{a}_j^i) = \begin{pmatrix} 1 & -1 & -1 \\ 1 & 0 & -1 \\ 1 & 1 & 1 \end{pmatrix}.$$

Invers dazu ist wegen $\overline{\boldsymbol{b}}_1 = \frac{1}{2}(\boldsymbol{b}_1 - 2\boldsymbol{b}_2 + \boldsymbol{b}_3), \overline{\boldsymbol{b}}_2 = \boldsymbol{b}_2 - \boldsymbol{b}_3$ und $\overline{\boldsymbol{b}}_3 = \frac{1}{2}(\boldsymbol{b}_1 + \boldsymbol{b}_3)$

$${}_B\boldsymbol{T}_{\overline{B}} = (\underline{a}_j^i) = \frac{1}{2}\begin{pmatrix} 1 & 0 & 1 \\ -2 & 2 & 0 \\ 1 & -2 & 1 \end{pmatrix}.$$

Die Dualbasis zu B lautet somit

$$\boldsymbol{b}^1 = \frac{1}{2}\begin{pmatrix} 1 \\ 0 \\ 1 \end{pmatrix}, \quad \boldsymbol{b}^2 = \begin{pmatrix} -1 \\ 1 \\ 0 \end{pmatrix}, \quad \boldsymbol{b}^3 = \frac{1}{2}\begin{pmatrix} 1 \\ -2 \\ 1 \end{pmatrix}.$$

Dies stimmt überein mit einer Bemerkung im Beispiel auf S. 819. Demnach sind die kanonischen Koordinaten der $\boldsymbol{b}^i$ die Zeilenvektoren in der zu ${}_{\overline{B}}\boldsymbol{T}_B$ inversen Matrix, wobei die Spaltenvektoren in ${}_{\overline{B}}\boldsymbol{T}_B$ die kanonischen Koordinaten der $\boldsymbol{b}_j$ darstellen.

Der kovariante Metriktensor von B lautet

$$(g_{ij}) = (\boldsymbol{b}_i \cdot \boldsymbol{b}_j) = \begin{pmatrix} 3 & 0 & -1 \\ 0 & 2 & 2 \\ -1 & 2 & 3 \end{pmatrix}.$$

Invers dazu ist

$$(g^{ij}) = (\boldsymbol{b}^i \cdot \boldsymbol{b}^j) = \frac{1}{4}\begin{pmatrix} 2 & -2 & 2 \\ -2 & 8 & -6 \\ 2 & -6 & 6 \end{pmatrix}$$
$$= \frac{1}{2}\begin{pmatrix} 1 & -1 & 1 \\ -1 & 4 & -3 \\ 1 & -3 & 3 \end{pmatrix}.$$

Nach (22.8) sind die Vektoren der Dualbasis auch durch Hinaufziehen mithilfe des kontravarianten Metriktensors zu bestimmen, also $\boldsymbol{b}^i = g^{ij}\boldsymbol{b}_j$. Wir beschränken uns auf den Fall $i = 1$:

$$\begin{aligned}\boldsymbol{b}^1 &= g^{11}\boldsymbol{b}_1 + g^{12}\boldsymbol{b}_2 + g^{13}\boldsymbol{b}_3\\ &= \frac{1}{2}\left(1\begin{pmatrix}1\\1\\1\end{pmatrix} - 1\begin{pmatrix}-1\\0\\1\end{pmatrix} + 1\begin{pmatrix}-1\\-1\\1\end{pmatrix}\right) = \frac{1}{2}\begin{pmatrix}1\\0\\1\end{pmatrix}.\end{aligned}$$

22.10 ••• Die Gleichungen $\overline{\boldsymbol{b}}_1 = \boldsymbol{b}_1$, $\overline{\boldsymbol{b}}_2 = \boldsymbol{b}_1 + \boldsymbol{b}_2$ und $\overline{\boldsymbol{b}}_3 = \boldsymbol{b}_1 + \boldsymbol{b}_2 + \boldsymbol{b}_3$ zusammen mit den Umkehrgleichungen $\boldsymbol{b}_1 = \overline{\boldsymbol{b}}_1$, $\boldsymbol{b}_2 = \overline{\boldsymbol{b}}_2 - \overline{\boldsymbol{b}}_1$ und $\boldsymbol{b}_3 = \overline{\boldsymbol{b}}_3 - \overline{\boldsymbol{b}}_2$ bestimmen die Transformationsmatrizen

$$(\underline{a}^i_j) = \begin{pmatrix}1&1&1\\0&1&1\\0&0&1\end{pmatrix}, \quad (\overline{a}^i_j) = \begin{pmatrix}1&-1&0\\0&1&-1\\0&0&1\end{pmatrix}.$$

Nun ist $\overline{t}_{ij} = \underline{a}^k_i\,\underline{a}^l_j\,t_{kl}$ oder in Matrizenform $(\overline{t}_{ij}) = (\underline{a}^k_i)^T(t_{kl})(\underline{a}^l_j)$ und daher

$$\begin{aligned}(\overline{t}_{ij}) &= \begin{pmatrix}1&0&0\\1&1&0\\1&1&1\end{pmatrix}\begin{pmatrix}1&-1&2\\2&2&-1\\-1&-2&1\end{pmatrix}\begin{pmatrix}1&1&1\\0&1&1\\0&0&1\end{pmatrix}\\ &= \begin{pmatrix}1&-1&2\\3&1&1\\2&-1&2\end{pmatrix}\begin{pmatrix}1&1&1\\0&1&1\\0&0&1\end{pmatrix} = \begin{pmatrix}1&0&2\\3&4&5\\2&1&3\end{pmatrix}.\end{aligned}$$

Aus dem gegebenen kovarianten Metriktensor g_{ij} folgt durch Invertieren der Matrix der kontravariante Metriktensor $(g^{ij}) = \mathrm{diag}(1, \frac{1}{2}, 1)$.

Durch Hinaufziehen entsteht $t^i_{\ j} = g^{ik}t_{kj}$. Das bedeutet in Matrizenschreibweise

$$\begin{aligned}(t^i_{\ j}) = (g^{ik})(t_{kj}) &= \begin{pmatrix}1&0&0\\0&\frac{1}{2}&0\\0&0&1\end{pmatrix}\begin{pmatrix}1&-1&2\\2&2&-1\\-1&-2&1\end{pmatrix}\\ &= \begin{pmatrix}1&-1&2\\1&1&-\frac{1}{2}\\-1&-2&1\end{pmatrix}.\end{aligned}$$

Daraus berechnen wir $\overline{t}^i_{\ j} = \overline{a}^i_k\,\underline{a}^l_j\,t^k_{\ l}$. Dies bedeutet in Matrizenform $(\overline{t}^i_{\ j}) = (\overline{a}^i_k)(t^k_{\ l})(\underline{a}^l_j)$, also

$$\begin{aligned}(\overline{t}^i_{\ j}) &= \begin{pmatrix}1&-1&0\\0&1&-1\\0&0&1\end{pmatrix}\begin{pmatrix}1&-1&2\\1&1&-\frac{1}{2}\\-1&-2&1\end{pmatrix}\begin{pmatrix}1&1&1\\0&1&1\\0&0&1\end{pmatrix}\\ &= \begin{pmatrix}0&-2&\frac{1}{2}\\2&5&\frac{7}{2}\\-1&-3&-2\end{pmatrix}.\end{aligned}$$

Der kovariante Metriktensor von $\overline{B}$ lautet

$$\begin{aligned}(\overline{g}^{ij}) &= (\overline{a}^i_k)(g^{kl})(\overline{a}^j_l)^T\\ &= \begin{pmatrix}1&-1&0\\0&1&-1\\0&0&1\end{pmatrix}\begin{pmatrix}1&0&0\\0&\frac{1}{2}&0\\0&0&1\end{pmatrix}\begin{pmatrix}1&0&0\\-1&1&0\\0&-1&1\end{pmatrix}\\ &= \begin{pmatrix}\frac{3}{2}&-\frac{1}{2}&0\\-\frac{1}{2}&\frac{3}{2}&-1\\0&-1&1\end{pmatrix}\end{aligned}$$

und ist invers zu $(\overline{g}_{ij}) = (\overline{\boldsymbol{b}}_i \cdot \overline{\boldsymbol{b}}_j)$. Durch Hinaufziehen bezüglich der neuen Basis $\overline{B}$ entsteht

$$\begin{aligned}(\overline{t}^i_{\ k}) = (\overline{g}^{ij})(\overline{t}_{jk}) &= \begin{pmatrix}\frac{3}{2}&-\frac{1}{2}&0\\-\frac{1}{2}&\frac{3}{2}&-1\\0&-1&1\end{pmatrix}\begin{pmatrix}1&0&2\\3&4&5\\2&1&3\end{pmatrix}\\ &= \begin{pmatrix}0&-2&\frac{1}{2}\\2&5&\frac{7}{2}\\-1&-3&-2\end{pmatrix}.\end{aligned}$$

22.11 •• Die verdrehten Basisvektoren sind

$$\overline{\boldsymbol{b}}_1 = \frac{1}{2}\left(\boldsymbol{b}_1 + \sqrt{3}\,\boldsymbol{b}_2\right), \quad \overline{\boldsymbol{b}}_2 = \frac{1}{2}\left(-\sqrt{3}\,\boldsymbol{b}_1 + \boldsymbol{b}_2\right), \quad \overline{\boldsymbol{b}}_3 = \boldsymbol{b}_3.$$

Die B-Koordinaten von $\overline{\boldsymbol{b}}_j$ sind die $\underline{a}^i_j$, die bei den Umrechnungen $\overline{t}_{ij} = \underline{a}^k_i\,\underline{a}^l_j\,t_{kl}$ erforderlich sind. Nachdem der obere Index der Zeilenindex ist, ergibt dies in Matrizenschreibweise

$$\begin{aligned}(\overline{t}_{ij}) &= (\underline{a}^k_i)^T(t_{kl})(\underline{a}^l_j)\\ &= \frac{1}{4}\begin{pmatrix}1&\sqrt{3}&0\\-\sqrt{3}&1&0\\0&0&2\end{pmatrix}\begin{pmatrix}\lambda_1&0&0\\0&\lambda_2&0\\0&0&\lambda_3\end{pmatrix}\begin{pmatrix}1&-\sqrt{3}&0\\\sqrt{3}&1&0\\0&0&2\end{pmatrix}\\ &= \frac{1}{4}\begin{pmatrix}\lambda_1+3\lambda_2&\sqrt{3}(-\lambda_1+\lambda_2)&0\\\sqrt{3}(-\lambda_1+\lambda_2)&3\lambda_1+\lambda_2&0\\0&0&4\lambda_3\end{pmatrix}\end{aligned}$$

22.12 • Der Projektionstensor lautet

$$(n_{ij}) = (n_i n_j) = \frac{1}{6}\begin{pmatrix}1&-1&2\\-1&1&-2\\2&-2&4\end{pmatrix}.$$

Damit ist die eine Komponente von $\boldsymbol{v}$

$$v'_i = n_{ij}v_j = \frac{1}{6}\begin{pmatrix}1&-1&2\\-1&1&-2\\2&-2&4\end{pmatrix}\begin{pmatrix}1\\1\\1\end{pmatrix} = \frac{1}{3}\begin{pmatrix}1\\-1\\2\end{pmatrix}.$$

Als Differenz $\boldsymbol{v}'' = \boldsymbol{v} - \boldsymbol{v}'$ folgt

$$v''_i = v_i - v'_i = (\delta_{ij} - n_i n_j)\,v_j = \frac{1}{3}\begin{pmatrix}2\\4\\1\end{pmatrix}.$$

22.13 •• Ein Eigenvektor $\boldsymbol{d}$ zum Eigenwert 1 der Matrix (d_{ij}) ist als Vektorprodukt zweier linear unabhängiger Zeilenvektoren der Matrix $(d_{ij} - \delta_{ij})$ zu berechnen, also etwa

$$\boldsymbol{d} = \begin{pmatrix} -1 \\ 1 \\ 2 \end{pmatrix} \times \begin{pmatrix} -2 \\ 2 \\ -2 \end{pmatrix} = \begin{pmatrix} -6 \\ -6 \\ 0 \end{pmatrix}.$$

Durch Normierung entsteht daraus

$$\hat{\boldsymbol{d}} = \frac{1}{\sqrt{2}} \begin{pmatrix} 1 \\ 1 \\ 0 \end{pmatrix}.$$

Die Spur von (d_{ij}) ergibt

$$d_{ii} = \frac{1}{3}(2+2+1) = \frac{5}{3} = 1 + 2\cos\varphi,$$

also $\cos\varphi = 1/3$, $\varphi = 70.528\ldots°$ oder $\varphi = 289.471\ldots°$. Der alternierende Anteil von d_{ij} ist nach (22.16)

$$\begin{aligned} \frac{1}{2}(d_{ij} - d_{ji}) &= \frac{1}{3}\begin{pmatrix} 0 & 0 & 2 \\ 0 & 0 & -2 \\ -2 & 2 & 0 \end{pmatrix} = -\varepsilon_{ijk}\,\hat{d}_k \sin\varphi \\ &= \begin{pmatrix} 0 & -\hat{d}_3 \sin\varphi & \hat{d}_2 \sin\varphi \\ \hat{d}_3 \sin\varphi & 0 & -\hat{d}_1 \sin\varphi \\ -\hat{d}_2 \sin\varphi & \hat{d}_1 \sin\varphi & 0 \end{pmatrix}. \end{aligned}$$

Ein Vergleich der Einträge an der Stelle $(1,3)$ ergibt $\hat{d}_2 = \sin\varphi/\sqrt{2} = 2/3$, also $\sin\varphi = 2\sqrt{2}/3 > 0$. Damit bleibt für φ nur die zwischen 0° und 90° gelegene Lösung.

22.14 • Aus der Gleichung (22.15) folgt

$$\varepsilon_{ijk}\varepsilon_{ijl} = \delta_{jj}\delta_{kl} - \delta_{jl}\delta_{jk} = 3\,\delta_{kl} - \delta_{kl} = 2\,\delta_{kl}.$$

Bei $l = k$ entsteht $\varepsilon_{ijk}\varepsilon_{ijk} = 2\,\delta_{kk} = 6$.

22.15 •• Wir formen den letzten Term auf der rechten Seite der gegebenen Gleichung mithilfe von (22.15) und der Gleichung $e_i e_i = 1$ um:

$$\begin{aligned} \varepsilon_{ijk} e_j\, \varepsilon_{klm} v_l e_m &= \varepsilon_{ijk}\,\varepsilon_{lmk}\, e_j e_m v_l \\ &= (\delta_{il}\delta_{jm} - \delta_{im}\delta_{jl}) e_j e_m v_l \\ &= (\delta_{jm} e_j e_m) v_i - e_l e_i v_l = v_i - v_j e_j e_i. \end{aligned}$$

Wir brauchen nur noch den letzten Summanden auf die linke Seite zu bringen, um die obige Identität bestätigen zu können.

Gemäß (22.11) bedeutet diese Identität in Vektorform

$$\boldsymbol{v} = (\boldsymbol{v}\cdot\boldsymbol{e})\,\boldsymbol{e} + (\boldsymbol{e}\times(\boldsymbol{v}\times\boldsymbol{e})).$$

22.16 •• Wir setzen $\boldsymbol{z} = \boldsymbol{u}\times(\boldsymbol{v}\times\boldsymbol{w})$. In Tensorschreibweise bedeutet dies mit (22.12) $z_i = \varepsilon_{ijk} u_j\, \varepsilon_{klm} v_l w_m$. Wir formen dies wie folgt um:

$$\begin{aligned} z_i &= \varepsilon_{kij}\varepsilon_{klm}\, u_j v_l w_m = (\delta_{il}\delta_{jm} - \delta_{im}\delta_{jl}) u_j v_l w_m \\ &= (u_j w_j) v_i - (u_j v_j) w_i. \end{aligned}$$

Dies ist gleichbedeutend mit

$$\boldsymbol{z} = (\boldsymbol{u}\cdot\boldsymbol{w})\,\boldsymbol{v} - (\boldsymbol{u}\cdot\boldsymbol{v})\,\boldsymbol{w}.$$

Anwendungsprobleme

22.17 • Der Spannungsvektor auf der zu $\boldsymbol{n} = (1,1,1)^T$ orthogonalen Ebene lautet

$$\begin{pmatrix} \sigma & \tau & x\tau \\ \tau & \sigma & y\tau \\ x\tau & y\tau & \sigma \end{pmatrix} \begin{pmatrix} 1 \\ 1 \\ 1 \end{pmatrix} = \begin{pmatrix} 0 \\ 0 \\ 0 \end{pmatrix}.$$

Dies ist äquivalent zu

$$\sigma + (1+x)\tau = (1+y)\tau + \sigma = (x+y)\tau + \sigma = 0.$$

Bei $\tau = 0$ bleibt als einzige Möglichkeit $\sigma = 0$, während x und y beliebig sind. Bei $\tau \neq 0$ ist

$$x = -\frac{\sigma+\tau}{\tau} = y \quad \text{und} \quad -2\tau\frac{\sigma+\tau}{\tau} + \sigma = 0.$$

Aus der letzten Gleichung folgt $-\sigma - 2\tau = 0$, also $\sigma = -2\tau$ und weiter $x = y = 1$.

22.18 •• Wir erhalten mit den Angaben den Verzerrungstensor

$$\mathbf{V} = (v_{ij}) = \begin{pmatrix} 100 & 200 & -300 \\ 200 & 400 & -600 \\ -300 & -600 & 900 \end{pmatrix},$$

wobei wir eigentlich noch jede Komponente mit dem Faktor 10^{-6} multiplizieren müssen. Um die Rechnungen zu vereinfachen, lassen wir diesen Faktor vorläufig weg.

Wir können die Eigenwerte und Eigenvektoren der Matrix $\mathbf{V}$ mithilfe des charakteristischen Polynoms ermitteln. Aber wenn wir die Matrix $\mathbf{V}$ etwas länger betrachten, vor allem die lineare Abhängigkeit der Spaltenvektoren, dann stellen wir fest, dass der Vektor $\boldsymbol{v} = (1,2,-3)^T$ ein Eigenvektor ist, denn

$$\mathbf{V}\boldsymbol{v} = \begin{pmatrix} 100 & 200 & -300 \\ 200 & 400 & -600 \\ -300 & -600 & 900 \end{pmatrix} \begin{pmatrix} 1 \\ 2 \\ -3 \end{pmatrix} = 1400 \begin{pmatrix} 1 \\ 2 \\ -3 \end{pmatrix}.$$

Damit haben wir bereits den Eigenwert 1400 mit einem zugehörigen normierten Eigenvektor $\boldsymbol{h}_1 = \frac{1}{\sqrt{14}}\begin{pmatrix}1\\2\\-3\end{pmatrix}$ ermittelt.

Weil es eine Orthonormalbasis des $\mathbb{R}^3$ aus Eigenvektoren von $\mathbf{V}$ geben muss, wählen wir einen zu $\boldsymbol{h}_2$ orthogonalen normierten Vektor $\boldsymbol{h}_2 = \frac{1}{\sqrt{10}}\begin{pmatrix}3\\0\\1\end{pmatrix}$. Dieser Vektor ist ein weiterer Eigenvektor von $\mathbf{V}$, und zwar zum Eigenwert 0, wie die folgende Rechnung zeigt:

$$\mathbf{V}\boldsymbol{h}_2 = \frac{1}{\sqrt{10}}\begin{pmatrix}100 & 200 & -300\\200 & 400 & -600\\-300 & -600 & 900\end{pmatrix}\begin{pmatrix}3\\0\\1\end{pmatrix} = \begin{pmatrix}0\\0\\0\end{pmatrix}$$

Nun lautet der dritte Vektor der gesuchten Orthonormalbasis

$$\boldsymbol{h}_3 = \boldsymbol{h}_1 \times \boldsymbol{h}_2 = \frac{1}{\sqrt{140}}\begin{pmatrix}2\\-10\\-6\end{pmatrix}$$

mit

$$\mathbf{V}\boldsymbol{h}_3 = \frac{1}{\sqrt{140}}\begin{pmatrix}100 & 200 & -300\\200 & 400 & -600\\-300 & -600 & 900\end{pmatrix}\begin{pmatrix}2\\-10\\-6\end{pmatrix} = \begin{pmatrix}0\\0\\0\end{pmatrix}.$$

Also ist 0 ein zweifacher Eigenwert, wie auch $\operatorname{rg}\mathbf{V} = 1$ zeigt.

$H = (\boldsymbol{h}_1, \boldsymbol{h}_2, \boldsymbol{h}_3)$ ist somit eine orthonormierte Basis aus Eigenvektoren des Verzerrungstensors $\mathbf{V}$. Nun berücksichtigen wir wieder den bisher vernachlässigten Faktor 10^{-6}: Die Hauptdehnungen sind $1400 \cdot 10^{-6}$ und zweimal 0. Die Hauptdehnungsrichtungen sind durch $\boldsymbol{h}_1$, $\boldsymbol{h}_2$ und $\boldsymbol{h}_3$ gegeben. Wir erhalten mit der eigentlich orthogonalen Transformationsmatrix $\mathbf{T} = ((\boldsymbol{h}_1, \boldsymbol{h}_2, \boldsymbol{h}_3))$

$$\begin{pmatrix}0 & 0 & 0\\0 & 0 & 0\\0 & 0 & 1400 \cdot 10^{-6}\end{pmatrix} = \mathbf{T}^T\mathbf{V}\mathbf{T},$$

sodass also nur in der Richtung von $\boldsymbol{h}_3$ eine positive Dehnung stattfindet.

Kapitel 22

Kapitel 23

Aufgaben

Verständnisfragen

23.1 • Bestimmen Sie grafisch die optimale Lösung $\boldsymbol{x}^*$ der Zielfunktion $z = \boldsymbol{c}^T \boldsymbol{x}$ unter den Nebenbedingungen

$$\begin{aligned} x_1 + \quad x_2 &\le 2 \\ -2\,x_1 + \quad x_2 &\le 2 \\ -2\,x_1 - 3\,x_2 &\le 2 \\ x_1 - \quad x_2 &\le 4 \end{aligned}$$

mit dem Zielfunktionsvektor

(a) $\boldsymbol{c} = (3, -2)^T$,
(b) $\boldsymbol{c} = (-3, 2)^T$.

23.2 • Bestimmen Sie grafisch die optimalen Lösungen der Zielfunktion $z(\boldsymbol{x}) = \boldsymbol{c}^T \boldsymbol{x}$ unter den Nebenbedingungen

$$\begin{aligned} -x_1 + \quad x_2 &\le 1 \\ x_1 - 2\,x_2 &\le 1 \\ x_1, x_2 &\ge 0 \end{aligned}$$

mit dem Zielfunktionsvektor

(a) $\boldsymbol{c} = (1, 1)^T$,
(b) $\boldsymbol{c} = (-1, 1)^T$,
(c) $\boldsymbol{c} = (-1, -1)^T$.

23.3 • Gegeben ist ein lineares Optimierungsproblem in Standardform

$$\begin{aligned} \max z &= \boldsymbol{c}^T \boldsymbol{x} \\ \boldsymbol{A}\,\boldsymbol{x} &\le \boldsymbol{b},\ \boldsymbol{x} \ge \boldsymbol{0} \end{aligned}$$

mit den Größen $\boldsymbol{c} \in \mathbb{R}^n$, $\boldsymbol{A} \in \mathbb{R}^{m\times n}$ und $\boldsymbol{b} \in \mathbb{R}^m_{\ge 0}$. Welche der folgenden Behauptungen sind wahr? Begründen Sie jeweils Ihre Vermutung:

(a) Ist der durch die Nebenbedingungen definierte Polyeder unbeschränkt, so nimmt die Zielfunktion auf dem Zulässigkeitsbereich beliebig große Werte an.
(b) Eine Änderung nur des Betrages des Zielfunktionsvektors, sofern dieser nicht verschwindet, hat keine Auswirkung auf die optimale Lösung $\boldsymbol{x}^*$, ebenso wenig die Addition einer Konstanten $c_0 \in \mathbb{R}$ zur Zielfunktion.
(c) Ist $\boldsymbol{x}^*$ die optimale Lösung, so ist $a\,\boldsymbol{x}^*$ für ein $a \in \mathbb{R} \setminus \{0\}$ die optimale Lösung des Problems

$$\begin{aligned} \max z &= \boldsymbol{c}^T \boldsymbol{x} \\ \frac{1}{a}\boldsymbol{A}\,\boldsymbol{x} &\le \boldsymbol{b},\ \boldsymbol{x} \ge \boldsymbol{0} \end{aligned}$$

(d) Hat das Problem zwei verschiedene optimale Lösungen, so hat es schon unendlich viele optimale Lösungen.
(e) Das Problem hat höchstens endlich viele optimale Ecken.

23.4 •• Betrachten Sie im Folgenden den durch die Ungleichungen

$$\begin{aligned} x_1 + x_2 &\le 4 \\ x_1 - x_2 &\le 2 \\ -x_1 + x_2 &\le 2 \\ x_1, x_2 &\ge 0 \end{aligned}$$

gegebenen Polyeder.

(a) Bestimmen Sie grafisch die optimale Lösung $\boldsymbol{x}^*$ der Zielfunktion $z(\boldsymbol{x}) = \boldsymbol{c}^T \boldsymbol{x}$ mit dem Zielfunktionsvektor
   - $\boldsymbol{c} = (1, 0)^T$,
   - $\boldsymbol{c} = (0, 1)^T$.

(b) Wie muss der Zielfunktionsvektor $\boldsymbol{c} \in \mathbb{R}^2$ gewählt werden, sodass alle Punkte der Kante

$$\left\{\lambda\,(3, 1)^T + \mu\,(1, 3)^T \mid \lambda, \mu \in [0, 1],\ \lambda + \mu = 1\right\}$$

des Polyeders zwischen den beiden Ecken $(3, 1)^T$ und $(1, 3)^T$ optimale Lösungen der Zielfunktion $z(\boldsymbol{x}) = \boldsymbol{c}^T \boldsymbol{x}$ sind?

T. Arens et al., *Arbeitsbuch Mathematik*, https://doi.org/10.1007/978-3-662-64391-4_22

23.5 •• Gegeben ist ein lineares Optimierungsproblem in Standardform

$$\max z = c_0 + \boldsymbol{c}^T \cdot \boldsymbol{x}$$
$$\boldsymbol{A}\,\boldsymbol{x} \le \boldsymbol{b},\ \boldsymbol{x} \ge \boldsymbol{0}$$

mit den Größen $\boldsymbol{c} \in \mathbb{R}^n$, $c_0 \in \mathbb{R}$, $\boldsymbol{A} \in \mathbb{R}^{m\times n}$ und $\boldsymbol{b} \in \mathbb{R}^m_{>0}$. Begründen Sie: Sind $\boldsymbol{p}_1, \dots, \boldsymbol{p}_r \in \mathbb{R}^n$ sämtliche optimalen Ecklösungen, so bildet

$$\left\{\sum_{i=1}^{r} \lambda_i\, \boldsymbol{p}_i \,\middle|\, \lambda_1, \dots, \lambda_r \in [0,1],\ \lambda_1 + \dots + \lambda_r = 1\right\}$$

die Menge aller optimalen Lösungen des linearen Optimierungsproblems.

23.6 •• Durch die fünf Ungleichungen

$$\begin{aligned} x_1 + x_2 + x_3 &\le 1 \\ x_1 - x_2 + x_3 &\le 1 \\ -x_1 + x_2 + x_3 &\le 1 \\ -x_1 - x_2 + x_3 &\le 1 \\ x_3 &\ge 0 \end{aligned}$$

wird eine vierseitige Pyramide mit den Eckpunkten $(1,0,0)^T$, $(0,1,0)^T$, $(-1,0,0)^T$, $(0,-1,0)^T$, $(0,0,1)^T$ definiert.

(a) Bestimmen Sie grafisch das Maximum und die zugehörige Optimallösung der Zielfunktion $z = 3\,x_3$ auf der Pyramide.

(b) Bestimmen Sie eine Zielfunktion z, sodass alle Punkte der Grundfläche der Pyramide, das heißt alle Punkte der konvexen Hülle der Punkte $(1,0,0)^T$, $(0,1,0)^T$, $(-1,0,0)^T$ und $(0,-1,0)^T$ optimale Lösungen des zugehörigen Maximierungsproblems sind.

23.7 ••• Betrachten Sie im Folgenden den durch die Ungleichungen

$$\begin{aligned} x_1 + x_2 &\le 5 \\ -x_1 + x_2 &\le 1 \\ x_1, x_2 &\ge 0 \end{aligned}$$

definierten Polyeder und die Zielfunktion $z = \boldsymbol{c}^T\boldsymbol{x}$ mit dem zugehörigen, von den beiden Größen $r > 0$ und $\alpha \in [0, 2\pi[$ abhängigen Zielfunktionsvektor $\boldsymbol{c} = \boldsymbol{c}(r,\alpha) = (r\cos\alpha,\ r\sin\alpha)^T$.

(a) Bestimmen Sie grafisch die optimalen Ecken des Optimierungsproblems für $r = 1$, $\alpha = \frac{3\pi}{8}$ sowie für $r = 2$ und $\alpha = \frac{5\pi}{8}$.

(b) Bestimmen Sie die Menge aller $r > 0$ und $\alpha \in [0, 2\pi[$, für die die Ecke $(2,3)^T$ des Polyeders eine optimale Lösung des Optimierungsproblems ist. Gehen Sie dazu zunächst grafisch vor und beweisen Sie anschließend Ihre Vermutung mathematisch.

(c) Die Nebenbedingungen, für die in einem Punkt eines durch Ungleichungen gegebenen Polyeders sogar Gleichheit gilt, bezeichnet man als die in diesem Punkt *aktiven Nebenbedingungen*. Den zu einer Ungleichung $\boldsymbol{a}^T\boldsymbol{x} \le b$ gehörigen Vektor $\boldsymbol{a}$ nennt man den *Gradienten* dieser Ungleichung. Betrachten Sie nun den von den Gradienten der in der Ecke $(2,3)^T$ des Polyeders aktiven Nebenbedingungen aufgespannten Kegel, das heißt die Menge

$$K = \left\{\lambda\,(1,1)^T + \mu\,(-1,1)^T \mid \lambda, \mu \ge 0\right\}.$$

Für welche $r > 0$ und $\alpha \in [0, 2\pi[$ gilt $\boldsymbol{c}(r,\alpha) \in K$? Beweisen Sie Ihre Aussage!

23.8 ••• Betrachten Sie den durch die konvexe Hülle der achten Einheitswurzeln $\boldsymbol{p}_k = \left(\cos(k\frac{\pi}{4}),\ \sin(k\frac{\pi}{4})\right)$, $k \in \{0, \dots, 7\}$ definierten Polyeder, d. h. die Menge

$$P = \left\{\sum_{k=0}^{7} \lambda_k\, \boldsymbol{p}_k \,\middle|\, \lambda_0, \dots, \lambda_7 \in [0,1],\ \lambda_0 + \dots + \lambda_7 = 1\right\}.$$

(a) Zeichnen Sie den Polyeder.

(b) Durch die beiden Größen $r > 0$ und $\alpha \in \mathbb{R}$ wird nun wieder ein Zielfunktionsvektor $\boldsymbol{c} = \boldsymbol{c}(r,\alpha) = (r\cos\alpha,\ r\sin\alpha)^T$ und die zugehörige Zielfunktion $z(\boldsymbol{x}) = \boldsymbol{c}^T\boldsymbol{x}$ definiert. Beschreiben Sie für jede Ecke $\boldsymbol{p}_k$, $k \in \{0, \dots, 7\}$ bei welcher Wahl von r und α diese Ecke eine optimale Lösung des zugehörigen linearen Optimierungsproblems ist.

Rechenaufgaben

23.9 • Gesucht ist das Maximum der Funktion $z = x_2 + 3\,x_3$ unter den Nebenbedingungen

$$\begin{aligned} x_1 + x_2 + x_3 &\le 6 \\ x_1 - x_2 + 2\,x_3 &\le 3 \\ x_1, x_2, x_3 &\ge 0\,. \end{aligned}$$

Lösen Sie dieses Problem mit dem Simplexalgorithmus.

23.10 • Bestimmen Sie mithilfe des Simplexalgorithmus das Maximum der Funktion $z = 2\,x_1 + 2\,x_2 + x_3 - 5$ unter den Nebenbedingungen

$$\begin{aligned} 2\,x_1 + x_2 + x_3 &\le 4 \\ x_1 + 2\,x_2 + x_3 &\le 5 \\ 2\,x_1 + 2\,x_2 + x_3 &\le 6 \\ x_1, x_2, x_3 &\ge 0\,. \end{aligned}$$

23.11 •• Bestimmen Sie mit dem Simplexalgorithmus die optimalen Lösungen der Zielfunktion $z = 3\,x_1 + 6\,x_2 - 13$ unter den Nebenbedingungen

$$\begin{aligned} -x_1 + 2\,x_2 &\le 3 \\ -x_1 + 2\,x_2 &\le 1 \\ x_1 + 2\,x_2 &\le 5 \\ 2\,x_2 + x_2 &\le 7 \\ x_1 + x_2 &\le 4 \\ x_1,\, x_2 &\ge 0\,. \end{aligned}$$

Welche der Ecken, die Sie im Laufe des Algorithmus durchlaufen sind entartet?

23.12 •• Gesucht ist das Maximum der Zielfunktion $z = x_1 + \alpha\,x_2$ unter den Nebenbedingungen

$$\begin{aligned} \beta\,x_1 + x_2 &\le 1 \\ x_1,\, x_2 &\ge 0\,. \end{aligned}$$

Bestimmen Sie für alle $\alpha,\, \beta \in \mathbb{R}$ – falls existent – sämtliche optimale Lösungen.

23.13 ••• Betrachten Sie das folgende von Klee und Minty für $n \in \mathbb{N}$ eingeführte lineare Optimierungsproblem:

$$\begin{aligned} &\max \sum_{k=1}^{n} 10^{n-k} x_k \\ &2 \cdot \sum_{k=1}^{i-1} 10^{i-k} x_k + x_i \le 100^{i-1}\,,\ 1 \le i \le n\,, \\ &\qquad x_1,\, \ldots,\, x_n \ge 0\,. \end{aligned}$$

(a) Bestimmen Sie die optimale Lösung $\boldsymbol{x}^*$ der Zielfunktion z mithilfe des Simplexalgorithmus im Fall $n = 3$. Wählen Sie dabei als Pivotspalte stets die Spalte mit dem größten Zielfunktionskoeffizienten.
Könnte man im ersten Simplexschritt eine Pivotspalte so wählen, dass der Algorithmus schon nach diesem einen Schritt die optimale Ecke liefert?
(b) Lösen Sie nun das lineare Optimierungsproblem für jedes $n \in \mathbb{N}$.

Anwendungsprobleme

23.14 • Eine Werft mit 40 Mitarbeitern stellt die Stahlkonstruktionen für zwei unterschiedliche Yachttypen M_1 und M_2 her. Bei der Herstellung von M_1 bzw. M_2 werden je 30 bzw. 20 Tonnen Stahl verbaut, wobei 200 bzw. 300 Arbeitsstunden aufgewandt werden müssen. Es stehen jährlich maximal 6000 Tonnen Stahl und 60 000 Arbeitsstunden zur Verfügung. Beide Stahlkonstruktionen bringen im Verkauf je 1000 Euro Gewinn ein.

(a) Wie viele Yachten der Typen M_1 und M_2 sollte die Werft herstellen, um den Gewinn zu maximieren?
(b) Aufgrund steigender Nachfrage kann die Werft beim Verkauf des Modells M_2 mehr Gewinn machen. Wie hoch muss der Gewinn sein, den die Werft mit dem Verkauf von Modell M_2 erzielt, damit der Betrieb seine Produktion umstellen sollte? Würde es sich gegebenenfalls lohnen neue Arbeitskräfte einzustellen?

Hinweise

Verständnisfragen

23.1 • Zeichnen Sie den Polyeder der Punkte, die die Nebenbedingungen erfüllen, und überlegen Sie sich, wie die Niveaulinien der Zielfunktion verlaufen.

23.2 • Beachten Sie, dass optimale Lösungen nicht notwendigerweise eindeutig sein oder überhaupt existieren müssen.

23.3 • Suchen Sie gegebenenfalls ein einfaches Gegenbeispiel.

23.4 •• Zu (b): Überlegen Sie sich, wie die Niveaulinien der Zielfunktion aussehen müssen.

23.5 •• Zeigen Sie, dass die Punkte der Menge die Nebenbedingungen erfüllen und bestimmen Sie den Zielfunktionswert in diesen Punkten.

23.6 •• Zeichnen Sie die Pyramide, und überlegen Sie sich, wie die Niveauflächen der Zielfunktionen aussehen bzw. aussehen müssen.

23.7 ••• Überlegen Sie sich, wie der Zielfunktionsvektor für verschiedene Werte von r und α aussieht. Was folgt daraus für die Niveaulinien der Zielfunktion?

23.8 ••• Gehen Sie zunächst anschaulich vor.

Rechenaufgaben

23.9 • Führen Sie Schlupfvaribablen ein und und bestimmen Sie das Optimum mithilfe des Simplexalgorithmus.

23.10 • Die Aufgabe ist ein lineares Optimierungsproblem in Standardform.

23.11 •• Rekapitulieren Sie, welche Charakteristika das Simplextableau in entarteten Ecken zeigt.

23.12 •• Lösen Sie die Aufgabe mithilfe des Simplexalgorithmus.

23.13 ••• Um Teil (b) zu lösen, versuchen Sie den Gedanken aus Teil (a) zu verallgemeinern.

Anwendungsprobleme

23.14 • Formulieren Sie das Beispiel als lineares Optimierungsproblem und lösen Sie es grafisch.

Lösungen

Verständnisfragen

23.1 • (a) $\boldsymbol{x}^* = (3, -1)^T$, (b) $\boldsymbol{x}^* = (0, 2)^T$.

23.2 • (a) Die Zielfunktion ist auf dem Zulässigkeitsbereich unbeschränkt. Es existieren keine optimalen Lösungen.

(b) Alle Punkte der von $(0, 1)^T$ ins Unendliche laufenden Halbgerade

$$\{\boldsymbol{x} \in \mathbb{R}^2 \mid -x_1 + x_2 = 1, x_2 \geq 0\}$$

sind optimale Lösungen der Zielfunktion.

(c) $\boldsymbol{x}^* = (0, 0)^T$.

23.3 • (a) Falsch.

(b) Wahr.

(c) Falsch.

(d) Wahr.

(e) Wahr.

23.4 •• (a) $\boldsymbol{x}^* = (3, 1)^T$ im Fall $\boldsymbol{c} = (1, 0)^T$ und $\boldsymbol{x}^* = (1, 3)^T$ im Fall $\boldsymbol{c} = (0, 1)^T$.

(b) Die Kante ist für jeden der Zielfunktionsvektoren $\boldsymbol{c} = c \cdot (1, 1)^T$ mit $c > 0$ optimal.

23.5 •• –

23.6 •• (a) $\boldsymbol{x}^* = (0, 0, 1)^T$.

(b) Die Zielfunktion muss die Gestalt $z = -c \cdot x_3$ mit einem $c > 0$ haben.

23.7 ••• (a) Die optimale Lösung ist $\boldsymbol{x}^* = (2, 3)^T$.

(b) Die Ecke $(2, 3)^T$ ist eine optimale Lösung für alle $r > 0$ und $\alpha \in [\frac{\pi}{4}, \frac{3\pi}{4}]$.

(c) Es gilt $\boldsymbol{c}(r, \alpha) \in K \Leftrightarrow (r, \alpha) \in \mathbb{R}_{>0} \times [\frac{\pi}{4}, \frac{3\pi}{4}]$.

23.8 ••• (a) Der Polyeder ist ein reguläres Achteck mit Ecken auf dem Einheitskreis.

(b) Die Ecke $\boldsymbol{p}_k = \left(\cos(k\frac{\pi}{4}), \sin(k\frac{\pi}{4})\right)$ ist genau dann eine optimale Lösung des Optimierungsproblems zum Zielfunktionsvektor $\boldsymbol{c}(r, \alpha)$, wenn $r > 0$ und $\alpha \in [k\frac{\pi}{4} - \frac{\pi}{8}, k\frac{\pi}{4} + \frac{\pi}{8}] + 2\pi\mathbb{Z}$ sind.

Rechenaufgaben

23.9 • Die Funktion z nimmt ihr Maximum $z(\boldsymbol{x}^*) = 38/3$ im Punkt $\boldsymbol{x}^* = (0, 8/3, 10/3)^T$ an.

23.10 • Das Maximum der Funktion $z(\boldsymbol{x}^*) = 1$ auf dem Zulässigkeitsbereich wird im Punkt $(1, 2, 0)^T$ angenommen.

23.11 •• Die Zielfunktion z nimmt ihr Maximum $z(\boldsymbol{x}^*) = 2$ in allen Punkten $\boldsymbol{x}^*$ auf der Kante $\{\lambda(1, 2)^T + \mu(3, 1)^T \mid \lambda, \mu \geq 0, \lambda + \mu = 1\}$ an. Im Laufe des Algorithmus werden die beiden entarteten Ecken $(1, 2)^T$ und $(3, 1)^T$ durchlaufen.

23.12 •• Im Fall $\beta \leq 0$ ist die Zielfunktion unbeschränkt. Im Fall $\beta > 0$ ist für $\alpha < 1/\beta$ die Ecke $\boldsymbol{x}^* = (1/\beta, 0)^T$ und für $\alpha > 1/\beta$ die Ecke $\boldsymbol{x}^* = (0, 1)^T$ optimal. Falls $\beta > 0$ und $\alpha = 1/\beta$, sind alle Punkte der Kante $\{\lambda(1/\beta, 0)^T + \mu(0, 1)^T \mid \lambda, \mu \geq 0, \lambda + \mu = 1\}$ zwischen diesen beiden Ecken optimale Lösungen.

23.13 ••• (a) Es ist $\boldsymbol{x}^* = (0, 0, 10\,000)^T$ und $z(\boldsymbol{x}^*) = 10\,000$. Wählt man im ersten Simplexschritt die dritte Spalte als Pivotspalte, so erreicht man schon nach einem Schritt diese Ecke.

(b) Die optimale Lösung ist $\boldsymbol{x}^* = (0, \ldots, 0, 10^{n-1})^T$ mit dem zugehörigen Zielfunktionswert $z(\boldsymbol{x}^*) = 10^{n-1}$.

Anwendungsprobleme

23.14 • (a) Es sollten 120 Yachten jedes der beiden Typen M_1 und M_2 produziert werden.

(b) Der Gewinn müsste mehr als 1500 Euro betragen. Der limitierende Faktor ist die zur Verfügung stehende Arbeitszeit.

Kapitel 23

Lösungswege

Verständnisfragen

23.1 • Der Polyeder der zulässigen Punkte ergibt sich als Schnitt der durch die jeweiligen Ungleichungen bestimmten Halbräume. Für eine Ungleichung der Form

$$a_1 x_1 + a_2 x_2 \leq b$$

etwa, kann man den dadurch bestimmten Halbraum folgendermaßen leicht zeichnen.

Die Punkte des Randes des Halbraums sind die, welche die Ungleichung exakt erfüllen, das heißt diejenigen, für die

$$a_1 x_1 + a_2 x_2 = b$$

gilt. Diese Gleichung entspricht der Normalengleichung einer Gerade. Die Gerade lässt sich leicht grafisch bestimmen, indem man zwei ihrer Punkte berechnet – etwa (falls vorhanden) die beiden Schnittpunkte mit den Koordinatenachsen – und die durch diese beiden Punkte definierte Gerade einzeichnet. Der gesuchte Halbraum ist nun leicht einzutragen, wenn man beachtet, dass die Funktion

$$a_1 x_1 + a_2 x_2$$

in Richtung des Vektors $(a_1, a_2)^T$ zunimmt.

Ist so der durch die Ungleichungen definierte Polyeder als Schnitt der Halbräume grafisch bestimmt, ist nun noch das Maximum der Zielfunktion auf dieser Punktmenge zu finden. Dazu betrachten wir die *Niveaulinien* der Zielfunktion $\boldsymbol{z}(\boldsymbol{x}) = \boldsymbol{c}^T \boldsymbol{x}$, das heißt die Menge aller Punkte für die

$$c_1 x_1 + c_2 x_2 = c$$

für verschiedene Werte von c. Da diese Gleichungen zueinander parallele Geraden definieren, ist das recht einfach.

Für einen beliebigen Wert von c zeichnen wir die zugehörige Niveaulinie ein. Die übrigen Niveaulinien ergeben sich nun durch Parallelverschiebung dieser Gerade, wobei Verschiebung in Richtung $\boldsymbol{c}$ höhere Werte für die Zielfunktion bedeutet. Ausgehend von einer Niveaulinie die den Polyeder schneidet verschiebt man diese also so lange parallel in Richtung $\boldsymbol{c}$, bis sie den Polyeder gerade noch berührt. Man erhält damit die optimalen Lösungen als Schnitt der so entstandenen Niveaulinie mit dem Polyeder.

Abbildung 23.25 zeigt das so enstandene Bild für $\boldsymbol{c}_1 = (3, -2)^T$ und $\boldsymbol{c}_2 = (-3, 2)^T$ sowie die zugehörigen Niveaulinien g_1 und g_2. Man erkennt darin die Optimallösung $\boldsymbol{x}^* = (3, -1)^T$ und den zugehörigen Zielfunktionswert $\boldsymbol{z}(\boldsymbol{x}^*) = 11$ in Fall (a), sowie $\boldsymbol{x}^* = (0, 2)^T$ und $\boldsymbol{z}(\boldsymbol{x}^*) = 4$ in Fall (b).

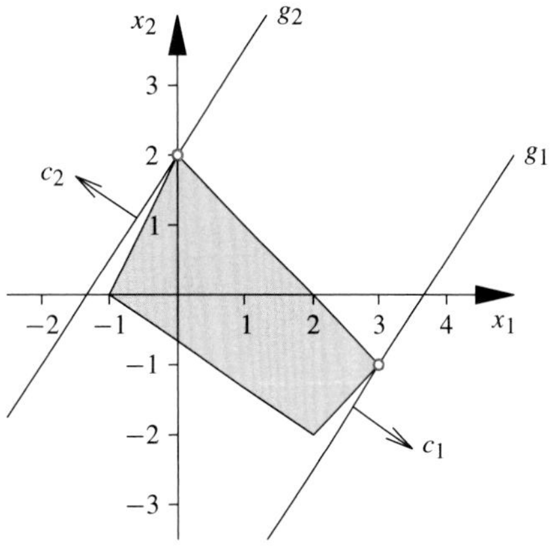

Abb. 23.25 Der durch die Ungleichungen definierte Polyeder, die Zielfunktionsvektoren und Niveaulinien

23.2 • Wir zeichnen zunächst den (unbeschränkten) Zulässigkeitsbereich und bestimmen dann die Optima der Zielfunktionen (siehe Abb. 23.26).

(a) Für $c_1 = (1, 1)^T$ nimmt die Zielfunktion beliebig große Werte an, da der Zulässigkeitsbereich in Richtung c_1 unbeschränkt ist. In Abb. 23.26 sind zwei Niveaulinien g_1 und g_1' der Zielfunktion eingezeichnet. Es existieren also keine optimalen Lösungen.

(b) Für $c_2 = (-1, 1)^T$ schneidet die Niveaulinie g_2, die dem Maximum der Zielfunktion auf dem Polyeder entspricht, den Polyeder in der von $(0, 1)^T$ ins Unendliche laufenden Halbgerade

$$\{\boldsymbol{x} \in \mathbb{R}^2 \mid -x_1 + x_2 = 1,\, x_2 \geq 0\}\,.$$

Alle Punkte dieser Halbgerade sind also optimale Lösungen der Zielfunktion.

(c) Für $c_3 = (-1, -1)^T$ ist der Punkt des Polyeders, der die Zielfunktion maximiert, der Ursprung $\boldsymbol{x}^* = (0, 0)^T$.

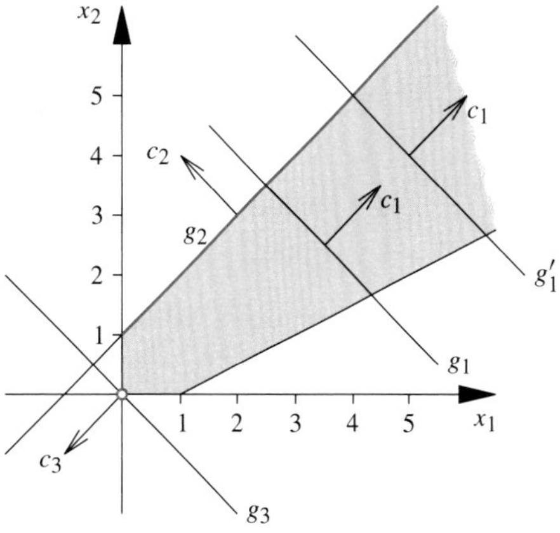

Abb. 23.26 Der unbeschränkte Zulässigkeitsbereich und die Kenndaten der Zielfunktionen

23.3 • (a) Diese Aussage ist falsch. Die Unbeschränktheit des Zulässigkeitsbereiches ist zwar eine *notwendige*, nicht aber eine *hinreichende* Bedingung für die Unbeschränktheit der Zielfunktion. Ein einfaches Gegenbeispiel ist das eindimensionale Problem

$$\max z = -x$$
$$x \geq 0.$$

(b) Diese Aussage ist wahr. Wir betrachten die neue Zielfunktion $\boldsymbol{z}' = \boldsymbol{d}^T \cdot \boldsymbol{x} + c_0$, wobei der neue Zielfunktionsvektor $\boldsymbol{d} = a \cdot \boldsymbol{c}$ mit einem $a > 0$ ist. Ist nun $\boldsymbol{y}^*$ eine optimale Lösung zur Zielfunktion $\boldsymbol{z}'$, so heißt das, dass

$$\boldsymbol{z}'(\boldsymbol{y}^*) \geq \boldsymbol{z}'(\boldsymbol{x})$$

für alle $\boldsymbol{x} \in \mathbb{R}^n$ mit

$$\mathbf{A} \cdot \boldsymbol{x} \leq \boldsymbol{b}, \ \boldsymbol{x} \geq \boldsymbol{0}$$

gilt. Insbesondere gilt wegen $a > 0$ für alle diese Punkte $\boldsymbol{x}$ dann auch

$$\frac{1}{a} \cdot \boldsymbol{z}'(\boldsymbol{y}^*) - c_0 \geq \frac{1}{a} \cdot \boldsymbol{z}'(\boldsymbol{x}) - c_0 .$$

Einsetzen von $\boldsymbol{z}' = a \cdot \boldsymbol{c}^T \cdot \boldsymbol{x} + c_0$ liefert

$$\boldsymbol{z}(\boldsymbol{y}^*) \geq \boldsymbol{z}(\boldsymbol{x}),$$

das heißt, $\boldsymbol{y}^*$ ist auch eine optimale Lösung zur Zielfunktion $\boldsymbol{z}$.

(c) Falsch, da a auch negativ Werte annehmen kann (würde man $a > 0$ vorraussetzen, so wäre die Behauptung wahr, wie eine einfache Überlegung zeigt). Da im Fall $a < 0$ zum Beispiel die Nebenbedingung $a \cdot \boldsymbol{x}^* \geq 0$ im Allgemeinen nicht mehr erfüllt ist, ist der Punkt $a \cdot \boldsymbol{x}^*$ in diesem Fall nicht einmal zulässig.

(d) Wahr. Hat das Problem zwei verschiedene optimale Lösungen, so sind auch alle Punkte der konvexen Hülle dieser zwei Lösungen optimal – und das sind schon unendlich viele.

(e) Wahr. In den Ecken eines durch die Ungleichungen

$$\mathbf{A} \cdot \boldsymbol{x} \leq \boldsymbol{b}, \ \boldsymbol{x} \geq \boldsymbol{0}$$

gegebenen Polyeders müssen mindestens n Ungleichungen mit Gleichheit erfüllt sein, deren Gradienten linear unabhängig sind. Da aber jeweils höchstens ein Punkt diese n verschiedenen Gleichungen auf einmal erfüllen kann, gibt es höchstens $\binom{n+m}{n}$ verschiedene Ecken. Insbesondere gibt es nur endlich viele Ecken, die gleichzeitig optimale Lösungen des Optimierungsproblems sind.

23.4 •• (a) Grafisch ergeben sich im Fall $\boldsymbol{c}_1 = (1, 0)^T$ als optimale Lösung $\boldsymbol{x}^* = (3, 1)^T$ und im Fall $\boldsymbol{c}_2 = (0, 1)^T$ als optimale Lösung $\boldsymbol{x}^* = (1, 3)^T$ (siehe Abb. 23.27).

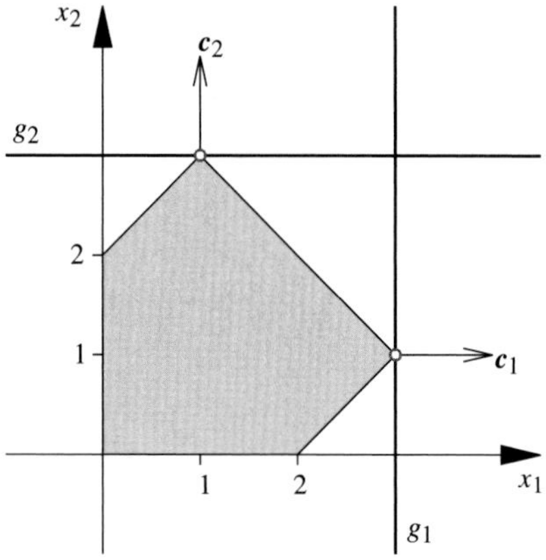

Abb. 23.27 Die optimale Lösungen sind $(3, 1)^T$ und $(1, 3)^T$

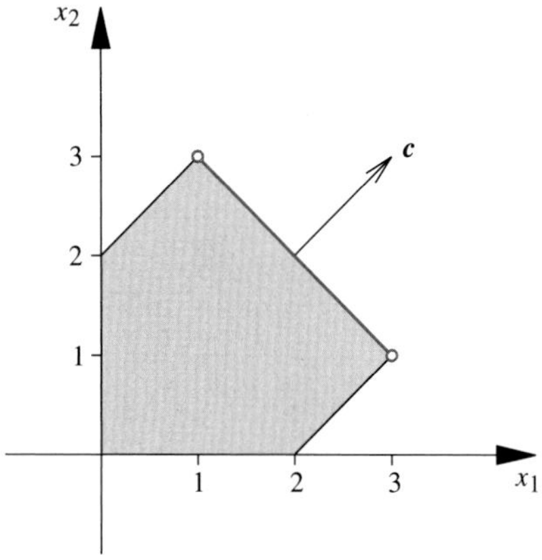

Abb. 23.28 Die Punkte der Kante sind genau dann optimale Lösungen, wenn $\boldsymbol{c} = c \cdot (1, 1)^T$ mit einem $c > 0$ gewählt wird

(b) Damit alle Punkte der genannten Kante optimale Lösungen der Zielfunktion sein können, muss, wie in Abb. 23.28 zu sehen, die Kante eine Niveaulinie der Zielfunktion sein. Insbesondere müssen also die beiden Punkte $(3, 1)^T$ und $(1, 3)^T$ auf dieser Niveaulinie liegen. Das ist aber genau dann der Fall, wenn $\boldsymbol{c} = c \cdot (1, 1)^T$ mit einem $c \in \mathbb{R} \setminus \{0\}$ gewählt wird. Um Optimalität für die Kante zu erreichen muss zudem $c > 0$ gewählt werden.

23.5 •• Für jede der optimalen Lösungen $\boldsymbol{p}_1, \ldots, \boldsymbol{p}_r$ gelte $\boldsymbol{z}(\boldsymbol{p}_i) = c_0 + z$. Dann gilt mit $\boldsymbol{p} := \lambda_1 \boldsymbol{p}_1 + \cdots + \lambda_r \boldsymbol{p}_r$ mit $0 \leq \lambda_1, \ldots, \lambda_r \leq 1$ und $\lambda_1 + \ldots + \lambda_r = 1$:

1) Der Punkt $\boldsymbol{p}$ ist ein Punkt des Polyeders: $\mathbf{A} \cdot \boldsymbol{p} = \mathbf{A} \cdot (\lambda_1 \boldsymbol{p}_1 + \cdots + \lambda_r \boldsymbol{p}_r) = \lambda_1 \cdot \mathbf{A} \cdot \boldsymbol{p}_1 + \ldots + \lambda_r \cdot \mathbf{A} \cdot \boldsymbol{p}_r \leq \lambda_1 \boldsymbol{b} + \cdots + \lambda_r \boldsymbol{b} = (\lambda_1 + \cdots + \lambda_r) \boldsymbol{b} = \boldsymbol{b}$.

2) Der Wert $\boldsymbol{z}(\boldsymbol{p})$ ist optimal: Da in den optimalen Eckpunkten die Zielfunktionswerte übereinstimmen ist auch $\boldsymbol{z}(\boldsymbol{p}) = \boldsymbol{z}(\lambda_1 \boldsymbol{p}_1 + \cdots + \lambda_r \boldsymbol{p}_r) = c_0 + \boldsymbol{c}^T \cdot \boldsymbol{p} = c_0 + \lambda_1 \boldsymbol{c}^T \cdot \boldsymbol{p}_1 + \cdots + \lambda_r \boldsymbol{c}^T \cdot \boldsymbol{p}_r = c_0 + (\lambda_1 + \cdots + \lambda_r) z = c_0 + z$.

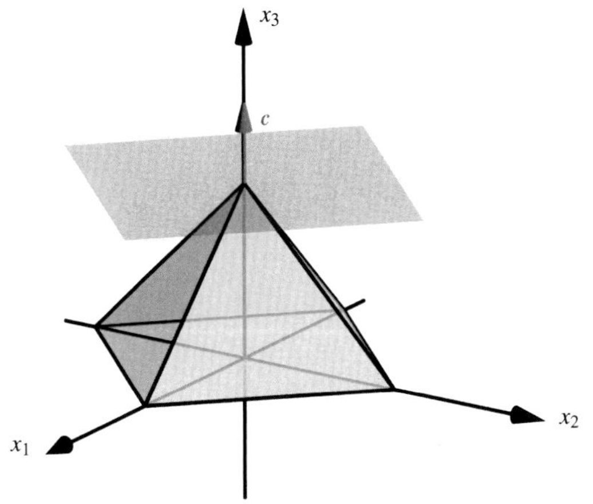

Abb. 23.29 Die Optimallösung liegt in der Spitze der Pyramide

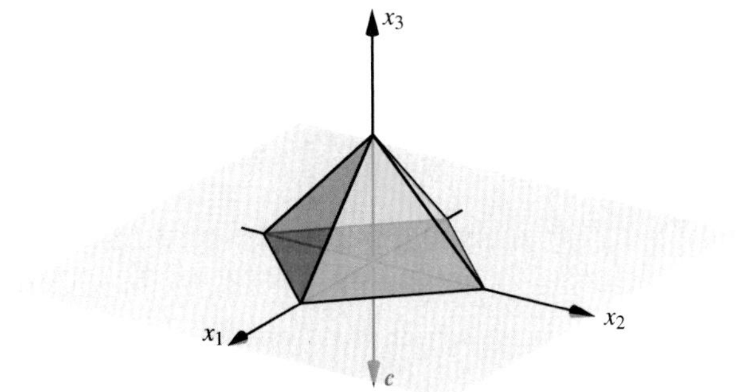

Abb. 23.30 Die Grundfläche der Pyramide soll die Menge aller Optimallösungen darstellen

23.6 •• (a) Da die Ecken der Pyramide schon in der Angabe vorgegeben sind, ist diese leicht zu zeichnen, siehe Abb. 23.29. Die Niveauflächen der Zielfunktion sind Ebenen mit dem Normalenvektor $\boldsymbol{c} = (0, 0, 3)^T$, das heißt zur x_1-x_2-Ebene parallele Ebenen. Da die Funktion in Richtung x_3 größere Werte annimmt, liegt die optimale Lösung in der Spitze der Pyramide: $\boldsymbol{x}^* = (0, 0, 1)^T$.

(b) Da alle Punkte der Grundfläche der Pyramide optimale Lösungen der Zielfunktion darstellen sollen und die Fläche in der x_1-x_2-Ebene liegt, muss diese Ebene eine Niveaufläche der Zielfunktion sein, wie in Abb. 23.30 zu erkennen ist. Das ist aber genau dann der Fall, wenn $z = c \cdot x_3$ mit einem $c \in \mathbb{R} \setminus \{0\}$ gewählt wird. Da die Punkte der Grundfläche zudem optimale Lösungen sein sollen, muss $c < 0$ gewählt werden.

23.7 ••• (a) Die Komponenten r und α des Zielfunktionsvektors beschreiben dessen Länge und den Winkel, den er mit der x_1-Achse einschließt. Grafisch ergibt sich in beiden Fällen die Ecke $\boldsymbol{x}^* = (2, 3)^T$ als optimale Lösung der Zielfunktion zu den jeweiligen Werten von r und α, siehe Abb. 23.31.

(b) Damit die Ecke $(2, 3)^T$ optimal ist, muss der Zielfunktionsvektor „vom Polyeder weg" zeigen, seine Länge spielt keine Rolle. Die Grenzfälle sind genau die, in denen eine von der

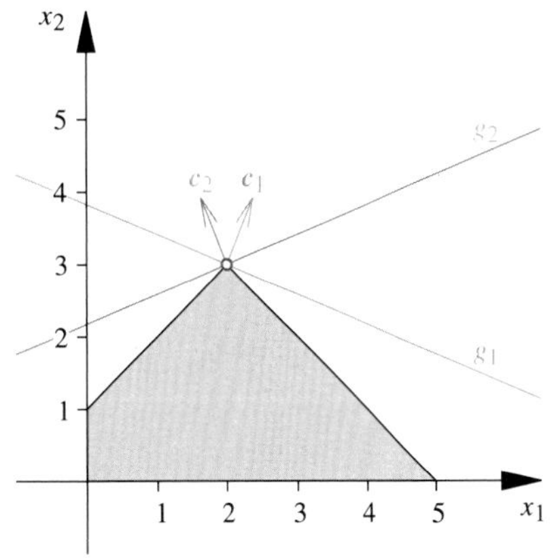

Abb. 23.31 In beiden Fällen ergibt sich die Ecke $(2, 3)^T$ als optimale Lösung

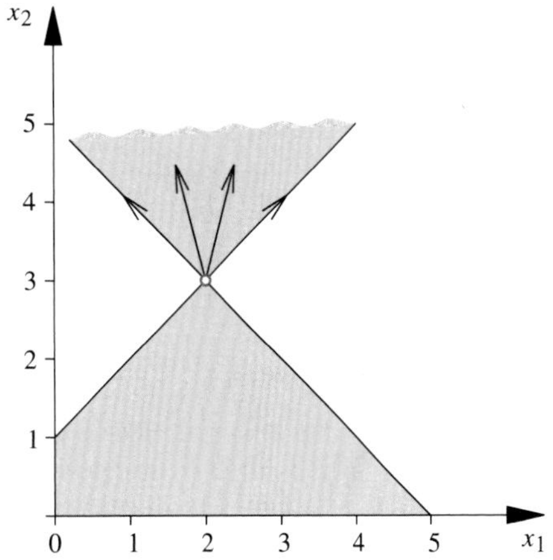

Abb. 23.32 Die Ecke $(2, 3)^T$ ist genau dann optimal, wenn $\boldsymbol{c}$ im oberen (grünen) Bereich liegt

Ecke ausgehende Kante mit einer Niveaulinien der Zielfunktion übereinstimmt, für die also der Zielfunktionsvektor mit der jeweiligen Kante einen rechten Winkel einschließt (siehe Abb. 23.32). Die Ecke $(2, 3)^T$ ist also eine optimale Lösung zur Zielfunktion z mit dem Zielfunktionsvektor $\boldsymbol{c}\,(r, \alpha)^T$, falls $r > 0$ und $\alpha \in [\frac{\pi}{4}, \frac{3\pi}{4}]$.

Nun zeigen wir die aus der Anschauung gewonnene Vermutung noch mathematisch.

Die Ecke $\boldsymbol{p} = (2, 3)^T$ ist genau dann optimal, wenn die Zielfunktion in den beiden benachbarten Ecken $\boldsymbol{p}_1 = (5, 0)^T$ und $\boldsymbol{p}_2 = (0, 1)^T$ keine größeren Werte annimmt, d. h. genau dann, wenn $z(\boldsymbol{p}) \geq z(\boldsymbol{p}_1)$ und $z(\boldsymbol{p}) \geq z(\boldsymbol{p}_2)$. Das führt auf

$$\begin{matrix} 2r\cos\alpha + 3r\sin\alpha \geq 5r\cos\alpha \\ 2r\cos\alpha + 3r\sin\alpha \geq r\sin\alpha \end{matrix} \iff \begin{matrix} \sin\alpha \geq \cos\alpha \\ \sin\alpha \geq -\cos\alpha \end{matrix}$$

$$\iff \sin\alpha \geq |\cos\alpha| \iff \alpha \in \left[\frac{\pi}{4}, \frac{3\pi}{4}\right],$$

wie behauptet.

(c) Offensichtlich gilt $\boldsymbol{c}(r, \alpha) \in K$ genau dann, wenn das lineare Gleichungssystem

$$\lambda - \mu = r\cos\alpha$$
$$\lambda + \mu = r\sin\alpha$$

eine Lösung unter den Einschränkungen $\lambda, \mu \geq 0$ besitzt. Die Lösung des Gleichungssystems ist $\lambda = \frac{1}{2}r(\cos\alpha + \sin\alpha)$ und $\mu = \frac{1}{2}r(-\cos\alpha + \sin\alpha)$, sodass die Bedingung $\lambda, \mu \geq 0$ genau dann erfüllt ist, wenn $\sin\alpha \geq |\cos\alpha| \iff \alpha \in [\frac{\pi}{4}, \frac{3\pi}{4}]$ gilt.

Es gilt hier also folgende Aussage: Die Ecke $(2, 3)^T$ Polyeders ist genau dann eine optimale Lösung der Zielfunktion, wenn der Zielfunktionsvektor im Kegel der Gradienten der in der Ecke aktiven Nebenbedingungen liegt. Diese Aussage gilt auch im Allgemeinen bei linearen Optimierungsproblemen und stellt so ein weiteres Optimalitätskriterium dar.

23.8 ••• (a) Die konvexe Hülle der achten Einheitswurzeln $\boldsymbol{p}_k = (\cos(k\frac{\pi}{4}), \sin(k\frac{\pi}{4}))$, $k \in \{0, \ldots, 7\}$ ist ein reguläres Achteck mit Zentrum im Ursprung, wie es in Abb. 23.33 zu sehen ist.

(b) Anschaulich findet man zu jeder Ecke einen Kegel, in der der Zielfunktionsvektor liegen muss, sodass die jeweilige Ecke eine optimale Lösung ist (siehe Abb. 23.34).

Wir zeigen nun die Vermutung noch mathematisch. Dazu wählen wir ein $k \in 0, \ldots, 7$. Die Ecke $\boldsymbol{p}_k$ ist genau dann eine optimale Lösung, wenn die Zielfunktion in den beiden benachbarten Ecken keine größeren Werte annimmt, das heißt, wenn die beiden Ungleichungen

$$\cos\left(k\frac{\pi}{4}\right)\cdot r\cos\alpha + \sin\left(k\frac{\pi}{4}\right)\cdot r\sin\alpha \geq \cos\left((k-1)\frac{\pi}{4}\right)\cdot r\cos\alpha + \sin\left((k-1)\frac{\pi}{4}\right)\cdot r\sin\alpha$$

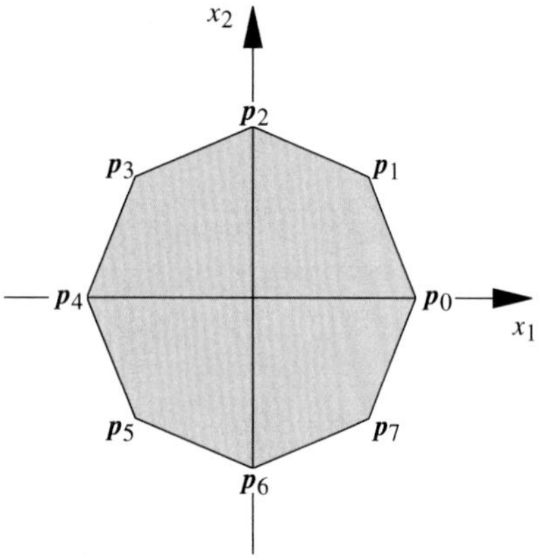

Abb. 23.33 Die konvexe Hülle der achten Einheitswurzeln ist ein reguläres Achteck

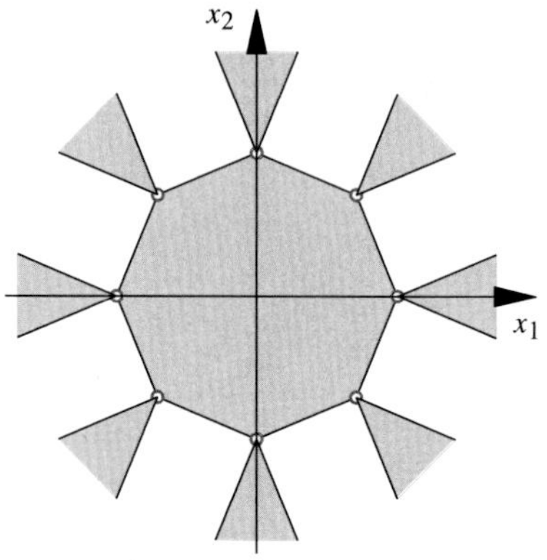

Abb. 23.34 An jeder Ecke liegt ein Kegel von möglichen Zielfunktionsvektoren, für die diese eine optimale Lösung ist

und

$$\cos\left(k\frac{\pi}{4}\right)\cdot r\cos\alpha + \sin\left(k\frac{\pi}{4}\right)\cdot r\sin\alpha \geq \cos\left((k+1)\frac{\pi}{4}\right)\cdot r\cos\alpha + \sin\left((k+1)\frac{\pi}{4}\right)\cdot r\sin\alpha$$

erfüllt sind. Durch Anwenden der Identität $\cos(x + y) = \cos x\cos y - \sin x\sin y$ erhält man die dazu äquivalenten Ungleichungen

$$\cos\left(k\frac{\pi}{4} - \alpha\right) \geq \cos\left(k\frac{\pi}{4} - \alpha - \frac{\pi}{4}\right)$$
$$\cos\left(k\frac{\pi}{4} - \alpha\right) \geq \cos\left(k\frac{\pi}{4} - \alpha + \frac{\pi}{4}\right)$$

Eine elementare Überlegung ergibt, dass die Ungleichungen

$$\cos x \geq \cos\left(x - \frac{\pi}{4}\right)$$
$$\cos x \geq \cos\left(x + \frac{\pi}{4}\right)$$

für ein $x \in \mathbb{R}$ genau dann erfüllt sind, wenn $x \in [-\frac{\pi}{8}, \frac{\pi}{8}] + 2\pi\mathbb{Z}$. Wendet man diese Aussage auf unsere beiden Ungleichungen an, so folgt, dass die Optimalitätsbedingung genau dann erfüllt ist, wenn

$$k\frac{\pi}{4} - \alpha \in \left[-\frac{\pi}{8}, \frac{\pi}{8}\right] + 2\pi\mathbb{Z}$$
$$\iff \alpha \in \left[k\frac{\pi}{4} - \frac{\pi}{8}, k\frac{\pi}{4} + \frac{\pi}{8}\right] + 2\pi\mathbb{Z},$$

was sich mit der grafischen Überlegung deckt.

Rechenaufgaben

23.9 • Wir führen zunächst die Schlupfvariablen x_4 und x_5 in den beiden Ungleichungen ein. Das führt uns auf

$$\begin{aligned} x_1 + x_2 + x_3 + x_4 &\leq 6 \\ x_1 - x_2 + 2x_3 + x_5 &\leq 3 \\ x_1, x_2, x_3, x_4, x_5 &\geq 0. \end{aligned}$$

Das erste Simplextableau lautet also

$$\begin{array}{ccccc|c} 1 & \mathbf{1} & 1 & 1 & 0 & 6 \\ 1 & -1 & 2 & 0 & 1 & 4 \\ \hline 0 & 1 & 3 & 0 & 0 & 0 \end{array}\,.$$

Wir wählen die zweite Spalte aufgrund des positiven Zielfunktonskoeffizienten als Pivotspalte. Die Engpassbedingung liefert die erste Zeile als Pivotzeile. Wir erzeugen also in der zweiten Spalte einen Einheitsvektor durch die entsprechenden Zeilenumformungen:

$$\begin{array}{ccccc|c} 1 & 1 & 1 & 1 & 0 & 6 \\ 2 & 0 & \mathbf{3} & 1 & 1 & 10 \\ \hline -1 & 0 & 2 & -1 & 0 & -6 \end{array}\,.$$

Da noch ein positiver Koeffizient in der Zeile der Zielfunktion auftaucht, müssen wir noch einen Simplexschritt mit der entsprechenden Spalte als Pivotspalte tun. Zusammen mit der Engpassbedingung erhalten wir das Element in der dritten Spalte und der zweiten Zeile als Pivotelement. Nachdem wir diese Zeile mit $1/3$ multipliziert haben, erhalten wir nach passenden Zeilenumformungen einen Einheitsvektor in der dritten Spalte:

$$\begin{array}{ccccc|c} 1/3 & 1 & 0 & 2/3 & -1/3 & 8/3 \\ 2/3 & 0 & 1 & 1/3 & 1/3 & 10/3 \\ \hline -7/3 & 0 & 0 & -5/3 & -2/3 & -38/3 \end{array}\,.$$

Hier ist kein Eintrag in der letzten Zeile mehr positiv – die Optimalitätsbedingung ist also erfüllt und die zugehörige Ecke $\boldsymbol{x}^* = (0, 8/3, 10/3)^T$ ist optimal mit dem dem Tableau entnommenen zugehörigen Funktionswert $z(\boldsymbol{x}^*) = 38/3$.

23.10 • Wir stellen das Simplextableau auf und führen den ersten Schritt des Simplexalgorithmus durch:

$$\begin{array}{cccccc|c} \mathbf{2} & 1 & 1 & 1 & 0 & 0 & 4 \\ 1 & 2 & 1 & 0 & 1 & 0 & 5 \\ 2 & 2 & 1 & 0 & 0 & 1 & 6 \\ \hline 2 & 2 & 1 & 0 & 0 & 0 & 5 \end{array}$$

$$\rightarrow \begin{array}{cccccc|c} 1 & 1/2 & 1/2 & 1/2 & 0 & 0 & 2 \\ 0 & 3/2 & 1/2 & -1/2 & 1 & 0 & 3 \\ 0 & 1 & 0 & -1 & 0 & 1 & 2 \\ \hline 0 & 1 & 0 & -1 & 0 & 0 & 1 \end{array}\,.$$

Hier fällt die Wahl der Pivotspalte auf die zweite Spalte. Als Pivotzeilen stehen uns wegen $\frac{2}{1} = \frac{3}{3/2}$ die zweite und die dritte Spalte zur Verfügung. Rein willkürlich wählen wir die dritte Zeile. Das führt auf

$$\begin{array}{cccccc|c} 1 & 1/2 & 1/2 & 1/2 & 0 & 0 & 2 \\ 0 & 3/2 & 1/2 & -1/2 & 1 & 0 & 3 \\ 0 & \mathbf{1} & 0 & -1 & 0 & 1 & 2 \\ \hline 0 & 1 & 0 & -1 & 0 & 0 & 1 \end{array}$$

$$\rightarrow \begin{array}{cccccc|c} 1 & 0 & 1/2 & 1 & 0 & -1/2 & 1 \\ 0 & 0 & 1/2 & 1 & 1 & -3/2 & 0 \\ 0 & 1 & 0 & -1 & 0 & 1 & 2 \\ \hline 0 & 0 & 0 & 0 & 0 & -1 & -1 \end{array}\,.$$

Da das Optimalitätskriterium erfüllt ist, ist die optimale Ecke $\boldsymbol{x}^* = (1, 2, 0)^T$ und der zugehörige Maximalwert $z(\boldsymbol{x}^*) = 1$.

23.11 •• Das erste Simplextableau ist

$$\begin{array}{ccccccc|c} -1 & 2 & 1 & 0 & 0 & 0 & 0 & 3 \\ -1 & \mathbf{1} & 0 & 1 & 0 & 0 & 0 & 1 \\ 1 & 2 & 0 & 0 & 1 & 0 & 0 & 5 \\ 2 & 1 & 0 & 0 & 0 & 1 & 0 & 7 \\ 1 & 1 & 0 & 0 & 0 & 0 & 1 & 4 \\ \hline 3 & 6 & 0 & 0 & 0 & 0 & 0 & 13 \end{array}\,.$$

Nach Wahl der zweiten Spalte als Pivotspalte führt der nächste Simplexschritt auf

$$\rightarrow \begin{array}{ccccccc|c} 1 & 0 & 1 & -2 & 0 & 0 & 0 & 1 \\ -1 & 1 & 0 & 1 & 0 & 0 & 0 & 1 \\ \mathbf{3} & 0 & 0 & -2 & 1 & 0 & 0 & 3 \\ 3 & 0 & 0 & -1 & 0 & 1 & 0 & 6 \\ 2 & 0 & 0 & -1 & 0 & 0 & 1 & 3 \\ \hline 9 & 0 & 0 & -6 & 0 & 0 & 0 & 7 \end{array}\,.$$

Die Pivotspaltenwahl fällt hier auf die erste Zeile. Da $3/3 = 1/1$, können wir uns zwischen der ersten und dritten Zeile als Pivotzeile entscheiden; zudem wissen wir damit, dass die nächste Ecke entartet sein wird. Beachtet man die bei dieser Wahl entstehenden Zielfunktionskoeffizienten, so ist klar, dass wir die dritte Zeile zur Pivotzeile machen (somit wird verhindert, dass wir einen Simplexschritt lang in der Ecke hängenbleiben):

$$\rightarrow \begin{array}{ccccccc|c} 0 & 0 & 1 & -4/3 & -1/3 & 0 & 0 & 0 \\ 0 & 1 & 0 & 1/3 & 1/3 & 0 & 0 & 2 \\ 1 & 0 & 0 & -2/3 & 1/3 & 0 & 0 & 1 \\ 0 & 0 & 0 & 1 & -1 & 1 & 0 & 3 \\ 0 & 0 & 0 & \mathbf{1/3} & -2/3 & 0 & 1 & 1 \\ \hline 0 & 0 & 0 & 0 & -3 & 0 & 0 & -2 \end{array}\,.$$

Die zugehörige Ecke $(2, 1)^T$ ist optimal und – wie oben schon festgestellt – entartet. Betrachtet man die vierte Spalte des Simplextableaus, so wird klar, dass wir diese Spalte zwar als Pivotspalte verwenden können, der zugehörige Zielfunktionskoeffizient aber verschwindet. Entsprechend erhalten wir mittels eines weiteren Simplexschrittes eine weitere optimale Ecke.

Wie schon zuvor können wir dabei wegen $1/\frac{1}{3} = 3/1$ zwischen zwei Zeilen, nämlich der vierten und fünften, als Pivotzeilen wählen. Die nächste Ecke ist also wieder entartet.

$$\rightarrow \begin{array}{ccccccc|c} 0 & 0 & 1 & 0 & -3 & 0 & 4 & 4 \\ 0 & 1 & 0 & 0 & 1 & 0 & -1 & 1 \\ 1 & 0 & 0 & 0 & -1 & 0 & 2 & 3 \\ 0 & 0 & 0 & 0 & 1 & 1 & -3 & 0 \\ 0 & 0 & 0 & 1 & -2 & 0 & 3 & 3 \\ \hline 0 & 0 & 0 & 0 & -3 & 0 & 0 & -2 \end{array}.$$

Als optimale Lösungen erhalten wir also die Punkte der konvexen Hülle $\{\lambda(1, 2)^T + \mu(3, 1)^T \mid \lambda, \mu \geq 0, \lambda + \mu = 1\}$ der beiden (entarteten) Ecken $(1, 2)^T$ und $(3, 1)^T$, der zugehörige Funktionswert ist 2.

23.12 •• Wir lösen das Problem mithilfe des Simplexalgorithmus, wobei diverse Fallunterscheidungen zu beachten sind. Das erste Simplextableau ist

$$\begin{array}{ccc|c} \boldsymbol{\beta} & 1 & 1 & 1 \\ \hline 1 & \alpha & 0 & 0 \end{array}.$$

Wir wählen die erste Zeile als Pivotzeile. Im Fall $\beta \leq 0$ ist die Engpassbedingung nicht erfüllbar, die Zielfunktion also auf dem Zulässigkeitsbereich unbeschränkt.

Sei also nun $\beta > 0$. In diesem Fall führt ein Simplexschritt auf das neue Tableau

$$\begin{array}{ccc|c} 1 & 1/\beta & 1/\beta & 1/\beta \\ \hline 0 & \alpha - 1/\beta & -1/\beta & -1/\beta \end{array}.$$

Falls nun $\alpha < 1/\beta$, das heißt $\alpha - 1/\beta < 0$, ist $\boldsymbol{x}^* = (1/\beta, 0)^T$ die eindeutige optimale Lösung. Im Fall $\alpha \geq 1/\beta$ können wir noch einen Simplexschritt tun:

$$\begin{array}{ccc|c} 1 & \mathbf{1/\boldsymbol{\beta}} & 1/\beta & 1/\beta \\ \hline 0 & \alpha - 1/\beta & -1/\beta & -1/\beta \end{array} \rightarrow \begin{array}{ccc|c} \beta & 1 & 1 & 1 \\ \hline 1 - \alpha\beta & 0 & -\alpha & -\alpha \end{array}.$$

Ist $\alpha > 1/\beta$, so haben wir dabei den Zielfunktionswert verbessert und sind wegen $1 - \alpha\beta < 0$ in der optimalen Ecke $\boldsymbol{x}^* = (0, 1)^T$ angelangt.

Falls $\alpha = 1/\beta$ wurde der Zielfunktionswert im letzten Schritt nicht verbessert, wir haben also die Punkte auf der Kante $\{\lambda(1/\beta, 0)^T + \mu(0, 1)^T \mid \lambda, \mu \geq 0, \lambda + \mu = 1\}$ zwischen den beiden Ecken $(1/\beta, 0)^T$ und $\boldsymbol{x}^* = (0, 1)^T$ als optimale Lösungen identifiziert.

23.13 ••• Dieses Beispiel macht deutlich, welchen Einfluss die Regel, nach der die Pivotelemente im Simplexalgorithmus gewählt werden, auf die Anzahl der benötigten Simplexschritte haben kann.

(a) Für $n = 3$ ist das Maximum der Zielfunktion

$$z = 100 x_1 + 10 x_2 + x_3$$

unter den Nebenbedingungen

$$\begin{aligned} x_1 &\leq 1 \\ 20 x_1 + x_2 &\leq 100 \\ 200 x_1 + 20 x_2 + x_3 &\leq 10\,000 \\ x_1, x_2, x_3 &\geq 0 \end{aligned}$$

gesucht. Wir stellen das zugehörige Simplextableau auf und bestimmen die optimale Lösung mithilfe des Simplexalgorithmus. Dabei wählen wir, wie in der Aufgabenstellung vogegeben, die Spalte mit dem größten Zielfunktionskoeffizienten als Pivotspalte. Die jeweiligen Pivotelemente sind fett markiert:

$$\begin{array}{cccccc|c} \mathbf{1} & 0 & 0 & 1 & 0 & 0 & 1 \\ 20 & 1 & 0 & 0 & 1 & 0 & 100 \\ 200 & 20 & 1 & 0 & 0 & 1 & 10\,000 \\ \hline 100 & 10 & 1 & 0 & 0 & 0 & 0 \end{array}$$

$$\rightarrow \begin{array}{cccccc|c} 1 & 0 & 0 & 1 & 0 & 0 & 1 \\ 0 & \mathbf{1} & 0 & -20 & 1 & 0 & 80 \\ 0 & 20 & 1 & -200 & 0 & 1 & 9800 \\ \hline 0 & 10 & 1 & -100 & 0 & 0 & -100 \end{array}$$

$$\rightarrow \begin{array}{cccccc|c} 1 & 0 & 0 & \mathbf{1} & 0 & 0 & 1 \\ 0 & 1 & 0 & -20 & 1 & 0 & 80 \\ 0 & 0 & 1 & 200 & -20 & 1 & 8200 \\ \hline 0 & 0 & 1 & 100 & -10 & 0 & -900 \end{array}$$

$$\rightarrow \begin{array}{cccccc|c} 1 & 0 & 0 & 1 & 0 & 0 & 1 \\ 20 & 1 & 0 & -20 & 1 & 0 & 100 \\ -200 & 0 & \mathbf{1} & 200 & -20 & 1 & 8000 \\ \hline -100 & 0 & 1 & 0 & -10 & 0 & -1000 \end{array}$$

$$\rightarrow \begin{array}{cccccc|c} \mathbf{1} & 0 & 0 & 1 & 0 & 0 & 1 \\ 20 & 1 & 0 & -20 & 1 & 0 & 100 \\ -200 & 0 & 1 & 200 & -20 & 1 & 8000 \\ \hline 100 & 0 & 0 & 0 & 10 & -1 & -9000 \end{array}$$

$$\rightarrow \begin{array}{cccccc|c} 1 & 0 & 0 & 1 & 0 & 0 & 1 \\ 0 & 1 & 0 & -20 & \mathbf{1} & 0 & 80 \\ 0 & 0 & 1 & 200 & -20 & 1 & 8200 \\ \hline 0 & 0 & 0 & -100 & 10 & -1 & -9100 \end{array}$$

$$\rightarrow \begin{array}{cccccc|c} 1 & 0 & 0 & \mathbf{1} & 0 & 0 & 1 \\ 0 & 1 & 0 & -20 & 1 & 0 & 80 \\ 0 & 20 & 1 & -200 & 0 & 1 & 9800 \\ \hline 0 & -10 & 0 & 100 & 0 & -1 & -9900 \end{array}$$

$$\rightarrow \begin{array}{cccccc|c} 1 & 0 & 0 & 1 & 0 & 0 & 1 \\ 20 & 1 & 0 & 0 & 1 & 0 & 100 \\ 200 & 20 & 1 & 0 & 0 & 1 & 10\,000 \\ \hline -100 & -10 & 0 & 0 & 0 & -1 & -10\,000 \end{array}.$$

Die optimale Lösung ist also $\boldsymbol{x}^* = (0, 0, 10\,000)^T$, der zugehörige Zielfunktionswert $\boldsymbol{z}(\boldsymbol{x}^*) = 10\,000$.

Wählt man im ersten Schritt die dritte Spalte als Pivotspalte, so erreicht man schon nach einem Schritt diese Ecke:

$$\begin{array}{cccccc|c} 1 & 0 & 0 & 1 & 0 & 0 & 1 \\ 20 & 1 & 0 & 0 & 1 & 0 & 100 \\ 200 & 20 & \mathbf{1} & 0 & 0 & 1 & 10\,000 \\ \hline 100 & 10 & 1 & 0 & 0 & 0 & 0 \end{array}$$

$$\to \begin{array}{cccccc|c} 1 & 0 & 0 & 1 & 0 & 0 & 1 \\ 20 & 1 & 0 & 0 & 1 & 0 & 100 \\ 200 & 20 & 1 & 0 & 0 & 1 & 10\,000 \\ \hline -100 & -10 & 0 & 0 & 0 & -1 & -10\,000 \end{array} .$$

(b) Für ein beliebiges $n \in \mathbb{N}$ erhält man als Simplextableau

$$\begin{array}{ccccccccc|c} 1 & 0 & \cdots & 0 & 1 & 0 & \cdots & 0 & 1 \\ 20 & 1 & \cdots & 0 & 0 & 1 & \cdots & 0 & 10 \\ \vdots & \vdots & \ddots & \vdots & \vdots & \vdots & \ddots & \vdots & \vdots \\ 2 \cdot 10^{n-1} & 2 \cdot 10^{n-2} & \cdots & \mathbf{1} & 0 & 0 & \cdots & 1 & 10^{n-1} \\ \hline 10^{n-1} & 10^{n-2} & \cdots & 1 & 0 & 0 & \cdots & 0 & 0 \end{array} .$$

Wählt man hier ganz wie zuvor im Fall $n = 3$ die n-te Spalte als Pivotspalte und führt einen Simplexschritt durch erhält man

$$\begin{array}{ccccccccc|c} 1 & 0 & \cdots & 0 & 1 & 0 & \cdots & 0 & 1 \\ 20 & 1 & \cdots & 0 & 0 & 1 & \cdots & 0 & 10 \\ \vdots & \vdots & \ddots & \vdots & \vdots & \vdots & \ddots & \vdots & \vdots \\ 2 \cdot 10^{n-1} & 2 \cdot 10^{n-2} & \cdots & 1 & 0 & 0 & \cdots & 1 & 10^{n-1} \\ \hline -10^{n-1} & -10^{n-2} & \cdots & 0 & 0 & 0 & \cdots & -1 & -10^{n-1} \end{array}$$

als neues Tableau. Da hier kein Zielfunktionskoeffizient mehr positiv ist, haben wir die optimale Ecke $\boldsymbol{x}^* = (0, \dots, 0, 10^{n-1})^T$ erreicht, wobei $z(\boldsymbol{x}^*) = 10^{n-1}$ der optimale Zielfunktionswert ist.

Anwendungsprobleme

23.14 • (a) Bezeichnen x_1 bzw. x_2 die Anzahl an Yachten die von den Typen M_1 bzw. M_2 produziert werden, so ist das zugehörige lineare Optimierungsproblem folgendes: Es ist das Maximum der Zielfunktion $z = 1000\,x_1 + 1000\,x_2$ unter den Nebenbedingungen

$$\begin{aligned} 30\,x_1 + 20\,x_2 &\le 6000 \\ 200\,x_1 + 300\,x_2 &\le 60\,000 \end{aligned}$$

gesucht. Grafisch ergibt sich wie in Abb. 23.35 die optimale Lösung $\boldsymbol{x}^* = (120\;120)^T$ mit dem zugehörigen Zielfunktionswert $z(\boldsymbol{x}^*) = 240\,000$, was einer Produktion von je 120 Yachten beider Typen und einem jährlichen Gewinn von 240 000 Euro bei deren Verkauf entspricht.

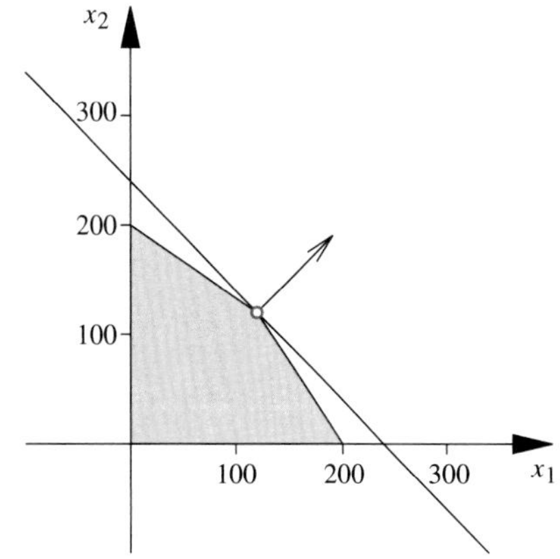

Abb. 23.35 Die optimale Lösung ist $\boldsymbol{x}^* = (120,\ 120)^T$

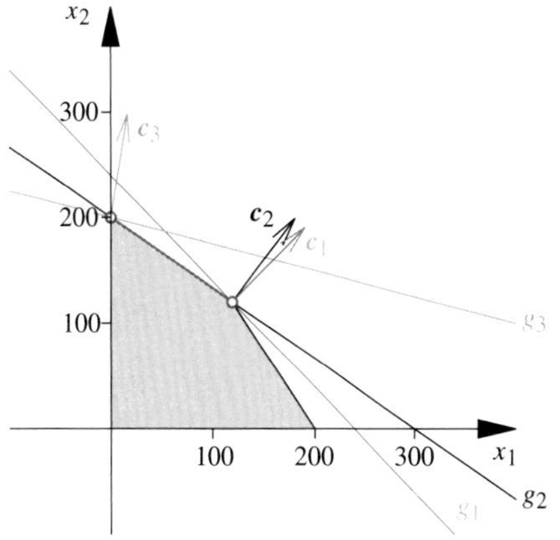

Abb. 23.36 Die Zielfunktionsvektoren und Niveaulinien für unterschiedliche Werte von c

(b) Der steigende Gewinn entspricht einer Modifikation der Zielfunktion $z = 1000\,x_1 + c\,x_2$ mit Werten $c \ge 1000$. Das zur Aufgabenstellung gehörige mathematische Problem entspricht der Frage, ab welchem Wert von c die Ecke $\boldsymbol{p} = (120,\ 120)^T$ nicht mehr optimal ist.

In Abb. 23.36 sind die Zielfunktionsvektoren und die dazugehörigen Niveaulinien für einige Werte von c eingezeichnet. Man kann erkennen, dass die Ecke $\boldsymbol{p}$ noch optimal ist, wenn die Kante, die diese Ecke mit der Ecke $(0,\ 200)^T$ verbindet, auf einer Niveaulinie der Zielfunktion liegt. Sobald c noch größere Werte annimmt, ist letztgenannte Ecke die optimale Lösung der Zielfunktion. Die Grenze liegt also genau bei $c = 1500$, das heißt, die Werft sollte die Produktion auf 200 Yachten des Typs M_2 umstellen, sobald bei deren Verkauf ein Gewinn von mehr als je 1500 Euro gemacht wird. Da in diesem Fall die einzige aktive limitierende Nebenbedingung die Ungleichung

$$200\,x_1 + 300\,x_2 \le 60\,000$$

ist, die der Beschränkung durch die Arbeitszeit entspricht, würde es sich gegebenenfalls lohnen neue Arbeitskräfte einzustellen.

Kapitel 24

Aufgaben

Verständnisfragen

24.1 • Welche der folgenden Aussagen über Funktionen $f\colon \mathbb{R}^n \to \mathbb{R}$ sind richtig?

(a) Jede in einem Punkt $\boldsymbol{p}$ differenzierbare Funktion ist dort partiell differenzierbar.
(b) Jede in einem Punkt $\boldsymbol{p}$ differenzierbare Funktion ist dort stetig.
(c) Jede in einem Punkt $\boldsymbol{p} \in D(f)$ differenzierbare Funktion f ist in ganz $D(f)$ differenzierbar.
(d) Jede in einem Punkt $\boldsymbol{p}$ stetige Funktion ist dort partiell differenzierbar.
(e) Jede in einem Punkt $\boldsymbol{p}$ differenzierbare Funktion ist dort in x_1-Richtung stetig.

24.2 •• Wir betrachten eine Funktion $f\colon \mathbb{R}^2 \to \mathbb{R}$, von der bekannt ist, dass sie auf jeden Fall in $\mathbb{R}^2 \setminus \{\mathbf{0}\}$ stetig ist. Gilt mit Sicherheit

(a) $\lim_{x\to 0} \lim_{y\to 0} f(x,\, y) = \lim_{y\to 0} \lim_{x\to 0} f(x,\, y)$,
(b) $\lim_{(x,y)\to(0,0)} = f(0,0)$,

wenn f in $\boldsymbol{x} = (0,\, 0)^{\mathrm{T}}$

1. stetig ist?
2. in jeder Richtung richtungsstetig ist?
3. differenzierbar ist?
4. partiell differenzierbar ist?

Rechenaufgaben

24.3 • Man berechne alle partiellen Ableitungen erster und zweiter Ordnung der Funktionen:

$$f(x,y) = x^2 \mathrm{e}^y + \mathrm{e}^{xy}$$
$$g(x,y) = \sin^2(xy)$$
$$h(x,y) = \mathrm{e}^{\cos x + y^3}$$

24.4 •• Man betrachte die Schar aller Strecken von $(0,\, t)^{\mathrm{T}}$ nach $(1-t,\, 0)^{\mathrm{T}}$ mit $t \in [0,\, 1]$ und bestimme die Einhüllende dieser Strecken.

24.5 • Untersuchen Sie die beiden Funktionen f und g, $\mathbb{R}^2 \to \mathbb{R}$,

$$f(\boldsymbol{x}) = \begin{cases} \frac{x_1 x_2^3}{(x_1^2+x_2^2)^2} & \text{für } \boldsymbol{x} \neq \mathbf{0} \\ 0 & \text{für } \boldsymbol{x} = \mathbf{0} \end{cases}$$

$$g(\boldsymbol{x}) = \begin{cases} \frac{x_1^3 x_2^2}{(x_1^2+x_2^2)^2} & \text{für } \boldsymbol{x} \neq \mathbf{0} \\ 0 & \text{für } \boldsymbol{x} = \mathbf{0} \end{cases}$$

auf Stetigkeit im Ursprung.

24.6 •• Man untersuche die Funktion f,

$$f(x,y) = \begin{cases} \frac{xy^3}{\cos(x^2+y^2)-1} & \text{für } (x,y) \neq (0,0) \\ 0 & \text{für } (x,y) = (0,0) \end{cases}$$

auf Stetigkeit im Punkt $(0,0)$.

24.7 •• Man untersuche die Funktion

$$f(x,y) = \begin{cases} \frac{x^6+y^5}{x^4+y^4} & \text{für } (x,y) \neq (0,0) \\ 0 & \text{für } (x,y) = (0,0) \end{cases}$$

auf Stetigkeit. Des Weiteren berechne man die partiellen Ableitungen $\frac{\partial f}{\partial x}(0,0)$, $\frac{\partial f}{\partial y}(0,0)$ und die Richtungsableitung $\frac{\partial f}{\partial \widehat{\boldsymbol{a}}}(0,0)$ mit $\widehat{\boldsymbol{a}} = (\frac{1}{\sqrt{2}},\, \frac{1}{\sqrt{2}})^{\mathrm{T}}$. Ist die Funktion im Ursprung differenzierbar?

24.8 • Man entwickle die Funktion f, $\mathbb{R}^2 \to \mathbb{R}$,

$$f(x,y) = y \cdot \ln x + x\,\mathrm{e}^{y+2}$$

um $P = (\frac{1}{\mathrm{e}},\, -1)$ in ein Taylorpolynom zweiter Ordnung.

T. Arens et al., *Arbeitsbuch Mathematik*, https://doi.org/10.1007/978-3-662-64391-4_23

24.9 •• Man entwickle $f(x, y) = x^y$ an der Stelle $\tilde{x} = (1, 1)^T$ in ein Taylorpolynom bis zu Termen zweiter Ordnung und berechne damit näherungsweise $\sqrt[10]{(1.05)^9}$.

24.10 • Bestimmen Sie das Taylorpolynom zweiten Grades der Funktion $f\colon \mathbb{R} \setminus \{0\} \to \mathbb{R}_{>0}$,

$$f(\boldsymbol{x}) = \frac{1}{\sqrt{x_1^2 + x_2^2 + x_3^2}}$$

an der Stelle $\tilde{x} = (1, 1, 1)^T$.

24.11 •• Bestimmen Sie die Ableitung $\frac{dy}{dx}$ der Funktion y, die durch $x^y = y^x$ definiert ist. Bestimmen Sie die Tangente an diese Funktion an der Stelle $x = 1$.

24.12 • Man berechne die Jacobi-Matrizen $\boldsymbol{J}_f$ und $\boldsymbol{J}_g$ der Abbildungen:

$$\begin{aligned} f_1(x, y, z) &= e^{xy} + \cos^2 z \\ f_2(x, y, z) &= xyz - e^{-z} \\ f_3(x, y, z) &= \sinh(xz) + y^2 \\ g_1(x_1, x_2, x_3, x_4) &= \sqrt{x_1^2 + x_2^2 + 1} - x_4 \\ g_2(x_1, x_2, x_3, x_4) &= \cos(x_1 x_3^2) + e^{x_4} \\ g_3(x_1, x_2, x_3, x_4) &= x_2 x_3 + \ln(1 + x_4^2) \end{aligned}$$

24.13 •• Man bestimme einen allgemeinen Ausdruck für die zweite Ableitung eines Parameterintegrals mit variablen Grenzen,

$$I(t) = \int_{a(t)}^{b(t)} f(x, t)\, dx\,,$$

und damit das Taylorpolynom zweiter Ordnung der Funktion $I\colon \mathbb{R} \to \mathbb{R}$,

$$I(t) = \int_{2t}^{1+t^2} e^{-t x^2}\, dx$$

mit Entwicklungsmitte $t_0 = 1$.

24.14 •• Transformieren Sie den Ausdruck

$$W = \frac{1}{\sqrt{x^2 + y^2}} \left(x \frac{\partial U}{\partial x} + y \frac{\partial U}{\partial y} \right)$$

auf Polarkoordinaten. (Hinweis: Setzen Sie dazu $u(r, \varphi) = U(r \cos\varphi, r \sin\varphi)$.)

24.15 •• Bestimmen Sie mithilfe des Newton-Verfahrens eine Näherungslösung des Gleichungssystems

$$\begin{aligned} \sin x \cos y &= 0.1 \\ x^2 + \sin y &= 0.2\,, \end{aligned}$$

die in der Nähe von $x_0 = y_0 = 0$ liegt (zwei Iterationsschritte).

24.16 ••• Zeigen Sie die *Euler-Gleichung*: Ist eine Funktion $f\colon \mathbb{R}^n \to \mathbb{R}$ homogen vom Grad h, ist also

$$f(\lambda \boldsymbol{x}) = f(\lambda x_1, \ldots, \lambda x_n) = \lambda^h f(\boldsymbol{x})\,,$$

so gilt

$$\boldsymbol{x} \cdot \nabla f = h f\,.$$

24.17 • Bestimmen Sie alle Lösungen der Differenzialgleichungen

$$2x \cos y - x^2 \sin y\, y' = 0$$

und

$$e^x y + (e^x + 2y)\, y' = 0\,.$$

24.18 •• Bestimmen Sie alle Lösungen der Differenzialgleichung

$$\frac{2x}{1 + x^2} \sin(x + y) + \cos(x + y)(1 + y') = 0\,.$$

24.19 ••• Bestimmen Sie alle Lösungen der Differenzialgleichung

$$\cos x + \sin x + 2 \sin x\, y\, y' = 0\,.$$

24.20 •• Man untersuche, ob sich die Funktion $f\colon \mathbb{R}^2 \times (-1, \infty) \to \mathbb{R}$

$$f(x, y, z) = e^x - y^2 z + x \ln(1 + z) - 1 = 0$$

am Punkt $\boldsymbol{p} = (0, 1, 0)^T$ lokal eindeutig nach $z = \varphi(x, y)$ auflösen lässt und berechne für diesen Fall die partiellen Ableitungen $\varphi_x(0, 1)$ und $\varphi_y(0, 1)$.

24.21 •• Man begründe, warum sich das Gleichungssystem

$$\begin{aligned} f_1(x, y, z) &= 2\cos(xyz) + yz - 2x = 0 \\ f_2(x, y, z) &= (xyz)^2 + z - 1 = 0 \end{aligned}$$

in einer Umgebung des Punktes $\tilde{x} = (1, 0, 1)^T$ lokal nach y und z auflösen lässt und berechne für diese Auflösungen $y'(1)$, $z'(1)$, $y''(1)$ sowie $z''(1)$.

24.22 •• Gegeben ist die Funktion $f\colon \mathbb{R}^3 \to \mathbb{R}$

$$f(x, y, z) = \mathrm{e}^{\cos^2(xy^3z)} - \sqrt{\mathrm{e}}.$$

Man begründe, warum sich $f(x, y, z) = 0$ in einer Umgebung von $P = (x_0, y_0, z_0) = (\pi, 1, \frac{1}{4})$ lokal nach z auflösen lässt, und berechne dort die partiellen Ableitungen $z_x(x_0, y_0)$ und $z_y(x_0, y_0)$.

24.23 • Man überprüfe, ob sich das Gleichungssystem

$$f_1(x, y, z) = x^2 + y^2 - z - 22 = 0$$
$$f_2(x, y, z) = x + y^2 + z^3 = 0$$

in einer Umgebung von $\tilde{\boldsymbol{x}} = (4, 2, -2)^{\mathrm{T}}$ eindeutig nach x und y auflösen lässt. Ferner bestimme man explizit zwei Funktionen φ_1 und φ_2, sodass in $U(P)$ gilt: $f_j(\varphi_1(z), \varphi_2(z), z) \equiv 0$, $j = 1, 2$.

24.24 •• Gegeben sind die Abbildungen $\boldsymbol{f} : \mathbb{R}^3 \to \mathbb{R}^3$ und $\boldsymbol{g} : \mathbb{R}^3 \to \mathbb{R}^3$:

$$\begin{aligned} f_1(\boldsymbol{x}) &= x_1 - 2x_2 + x_3 \\ f_2(\boldsymbol{x}) &= x_1 x_2 \\ f_3(\boldsymbol{x}) &= x_1^2 - x_3^2 \\ g_1(\boldsymbol{y}) &= (y_1 - y_2)^2 + y_3^2 \\ g_2(\boldsymbol{y}) &= (y_1 + y_2)^2 \\ g_3(\boldsymbol{y}) &= y_1 y_2 - y_3 \end{aligned}$$

Man überprüfe, ob die Abbildung $\boldsymbol{h} = \boldsymbol{g} \circ \boldsymbol{f} = \boldsymbol{g}(\boldsymbol{f})$, $\mathbb{R}^3 \to \mathbb{R}^3$ in einer geeigneten Umgebung von $h(\boldsymbol{p})$ mit $\boldsymbol{p} = (1, 1, 1)^{\mathrm{T}}$ umkehrbar ist.

24.25 •• Man finde alle kritischen Punkte der Funktion

$$f(x, y) = (y^2 - x^2) \cdot \mathrm{e}^{-\frac{x^2+y^2}{2}}$$

und überprüfe, ob es sich dabei um lokale Maxima, lokale Minima oder Sattelpunkte handelt.

24.26 •• Man bestimme und klassifiziere alle Extrema der Funktion $f\colon \mathbb{R}^2 \to \mathbb{R}$,

$$f(x, y) = (1 + 2x - y)^2 + (2 - x + y)^2 + (1 + x - y)^2.$$

24.27 •• Man bestimme die stationären Stellen der Funktion $f, \mathbb{R}^3 \to \mathbb{R}$,

$$f(x, y, z) = x^2 + xz + y^2$$

unter der Nebenbedingung $g(x, y, z) = x + y + z - 1 = 0$. Handelt es sich dabei um Extrema?

24.28 •• Gegeben ist die Funktion $f\colon \mathbb{R}^2 \to \mathbb{R}$,

$$f(x, y) = y^4 - 3xy^2 + x^3.$$

Gesucht sind Lage und Art aller kritischen Punkte dieser Funktion.

Anwendungsprobleme

24.29 • Bestimmen Sie die Werte und Fehler der folgenden Größen:

- Zylindervolumen V,

$$V = r^2\pi\, h,$$
$$r = (10.0 \pm 0.1)\,\mathrm{cm}, \quad h = (50.0 \pm 0.1)\,\mathrm{cm}$$

- Beschleunigung a,

$$s = \frac{1}{2}at^2,$$
$$s = (100.0 \pm 0.5)\,\mathrm{m}, \quad t = (3.86 \pm 0.01)\,\mathrm{s}$$

- Widerstand R_{12} bei Parallelschaltung,

$$\frac{1}{R_{12}} = \frac{1}{R_1} + \frac{1}{R_2},$$
$$R_1 = (100 \pm 5)\,\Omega, \quad R_2 = (50 \pm 5)\,\Omega$$

24.30 • Das *ideale Gas* hat die Zustandsgleichung $pV = RT$ mit der Gaskonstanten R. Prüfen Sie für dieses System die Beziehung

$$\left(\frac{\partial p}{\partial V}\right)_T \left(\frac{\partial V}{\partial T}\right)_p \left(\frac{\partial T}{\partial p}\right)_V = -1\,.$$

explizit nach.

24.31 ••• Eine Schlüsselgröße in der statistischen Physik ist die *Zustandssumme* Z, die von verschiedenen Variablen x_1 bis x_n abhängen kann.

Bestimmen Sie die vierte Ableitung des Logarithmus der Zustandssumme

$$\frac{\partial^4 \ln Z}{\partial x_i\, \partial x_j\, \partial x_k\, \partial x_l}$$

und stellen Sie das Ergebnis mit

$$\left\langle \frac{\partial^k Z}{\partial x_{i_1} \ldots \partial x_{i_k}} \right\rangle = \frac{1}{Z} \frac{\partial^k Z}{\partial x_{i_1} \ldots \partial x_{i_k}}$$

dar. Sie erhalten eine *verbundene Korrelationsfunktion* des betrachteten thermodynamischen Systems, ausgedrückt durch Erwartungswerte, die *vollen Korrelationsfunktionen* entsprechen.

Hinweise

Verständnisfragen

24.1 • Die Beziehung zwischen den verschiedenen Begriffen wird in Abb. 24.13 dargestellt.

24.2 •• Richtungsstetigkeit in jede Richtung impliziert insbesondere Stetigkeit in Richtung der Koordinatenachsen. Zum Zusammenhang zwischen Differenzierbarkeit und Stetigkeit siehe Abb. 24.13.

Rechenaufgaben

24.3 • Nach den Variablen x und y unabhängig ableiten; wegen des Satzes von Schwarz ist z. B. $f_{xy} = f_{yx}$.

24.4 •• Finden Sie zu jedem $x \in (0, 1)$ die Strecke mit maximalem Wert für $y = f(x)$, eliminieren Sie t aus dem Ergebnis. Dabei hilft es, eine Funktion F von beiden Variablen x und t zu definieren.

24.5 • Benutzen Sie Polarkoordinaten, gehen Sie vor wie auf S. 877.

24.6 •• Benutzen Sie Polarkoordinaten, entwickeln Sie den Kosinus.

24.7 •• Der einzige fragliche Punkt ist $\boldsymbol{x} = \boldsymbol{0}$, dort hilft die Einführung von Polarkoordinaten. Die partiellen Ableitungen muss man gemäß Definition als Differenzialquotienten bestimmen.

24.8 • Bestimmen Sie alle partiellen Ableitungen bis zur zweiten Ordnung und setzen Sie in die Koeffizientenformel (24.2) ein.

24.9 •• Bestimmen Sie alle partiellen Ableitungen bis zur zweiten Ordnung und setzen Sie in die Koeffizientenformel (24.2) ein. Mithilfe des Taylorpolynoms können Sie sofort eine Näherung für $\sqrt[10]{(1.05)^9} = (1 + 0.05)^{1-0.1}$ angeben, da die Abweichung von der Entwicklungsmitte klein ist.

24.10 • Man kann die allgemeine Ableitungen nach x_i und die allgemeine Ableitung $\frac{\partial^2 f}{\partial x_j\, \partial x_i}$ betrachten, in letzterer ergibt sich eine Unterscheidung zwischen den Fällen $i = j$ und $i \neq j$.

24.11 •• Betrachten Sie die Gleichung $F(x, y) = x^y - y^x = 0$ und überprüfen Sie, ob durch diese Gleichung in einer Umgebung von $x = 1$ eine Funktion y von x implizit gegeben ist. Die Ableitung dieser Funktion lässt sich durch implizites Differenzieren bestimmen.

24.12 • Bilden Sie die Ableitungen aller Komponenten nach allen Argumenten.

24.13 •• Benutzen Sie das Ergebnis von S. 893 und gehen Sie vor wie in diesem Beispiel.

24.14 •• Sie können natürlich die Ergebnisse von S. 894 benutzen.

24.15 •• Gehen Sie vor wie auf S. 895.

24.16 ••• Leiten Sie die Homogenitätsbeziehung nach λ ab, schreiben Sie Ableitung nach λ auf Ableitungen nach den Argumenten λx_i und weiter nach den Koordinaten x_i um.

24.17 • Es handelt sich um exakte Differenzialgleichungen.

24.18 •• Benutzen Sie einen integrierenden Faktor der Form $\mu(x, y) = \mu(x)$.

24.19 ••• Benutzen Sie einen integrierenden Faktor der Form $\mu(x, y) = X(x)Y(y)$.

24.20 •• Benutzen Sie den Hauptsatz über implizite Funktionen und implizites Differenzieren.

24.21 •• Benutzen Sie den Hauptsatz über implizite Funktionen und implizites Differenzieren.

24.22 •• Benutzen Sie den Hauptsatz über implizite Funktionen und implizites Differenzieren.

24.23 • Hauptsatz über implizite Funktionen. Zur expliziten Bestimmung von φ_1 und φ_2 muss man lediglich eine quadratische Gleichung lösen – der Zweig der Wurzel ist dabei eindeutig festgelegt.

24.24 •• Bestimmen Sie die Jacobi-Matrix von $\boldsymbol{h}$ durch Matrixmultiplikation und überprüfen Sie, ob $\det \boldsymbol{J}_{\boldsymbol{h}} \neq 0$ ist.

24.25 •• Nullsetzen des Gradienten und Überprüfen der Hesse-Matrix an den fünf kritischen Punkten.

24.26 •• Nullsetzen des Gradienten liefert ein Gleichungssystem mit genau einer Lösung. Überprüfen Sie für diesen Punkt die Hesse-Matrix.

24.27 •• Lösen Sie die Nebenbedingung explizit nach einer der Variablen (zum Beispiel z) auf, und definieren Sie eine neue Funktion $\mathbb{R}^2 \to \mathbb{R}$, deren kritische Stellen Sie mittels Nullsetzen des Gradienten bestimmen können.

24.28 •• Nullsetzen des Gradienten liefert drei kritische Punkte. An zwei davon erlaubt die Hesse-Matrix eine Aussage. Am dritten können Sie beispielsweise $f(x, 0)$ betrachten.

Anwendungsprobleme

24.29 • Benutzen Sie die Fehlerformeln, die sich aus dem totalen Differenzial ergeben, gehen Sie vor wie auf S. 885.

24.30 • Lösen Sie jeweils nach der fraglichen Variablen auf, und bilden Sie die gewünschte Ableitung, wobei die andere Variable konstant gehalten wird. Benutzen Sie im Endergebnis nochmals die Zustandsgleichung.

24.31 ••• Behandeln Sie Z als unbekannte, beliebig oft differenzierbare Funktion, die klarerweise allen gängigen Ableitungsregeln gehorcht.

Lösungen

Verständnisfragen

24.1 • Die Aussagen (a), (b) und (e) sind richtig, (c) und (d) sind falsch.

24.2 •• Für (a) genügt jede der Bedingungen **1.** bis **4.**, für (b) hingegen sind nur **1.** und **3.** stark genug.

Rechenaufgaben

24.3 • (Siehe ausführlichen Lösungsweg.)

24.4 •• Die Einhüllende e_F ist die Funktion $[0, 1] \to [0, 1]$ mit der Vorschrift $e_F(x) = \left(1 - \sqrt{x}\right)^2$.

24.5 • f ist nicht stetig im Ursprung, g ist stetig.

24.6 •• f ist unstetig.

24.7 •• f ist stetig, aber nicht differenzierbar.

24.8 •

$$p_2\left(x, y; \frac{1}{\mathrm{e}}, -1\right) = 2 + \frac{\mathrm{e}^2}{2}\left(x - \frac{1}{\mathrm{e}}\right)^2 + \frac{1}{2}(y+1)^2 + 2\mathrm{e}\left(x - \frac{1}{\mathrm{e}}\right)(y+1)$$

24.9 •• $\sqrt[10]{(1.05)^9} \approx 1.045$

24.10 •

$$T_2(\boldsymbol{x}; 1, 1, 1) = \frac{1}{\sqrt{3}} - \sum_{i=1}^{3} \frac{x_i - 1}{3^{3/2}} + \sum_{i=1}^{3} \sum_{j=i+1}^{3} \frac{(x_i - 1)(x_j - 1)}{3^{3/2}}.$$

24.11 •• $\dfrac{\mathrm{d}y}{\mathrm{d}x} = \dfrac{y}{x} \dfrac{x^{y-1} - y^{x-1} \ln y}{y^{x-1} - x^{y-1} \ln x}$, $t\colon y = x$

24.12 • –

24.13 •• $p_2(t; 1) = \frac{(t-1)^2}{\mathrm{e}^4}$

24.14 •• $W = \frac{\partial u}{\partial r}$

24.15 •• $x_2 \approx 0.10\,202$, $y_2 \approx 0.190\,74$

24.16 ••• –

24.17 • Alle Lösungen der ersten Gleichung sind implizit durch $x^2 \cos y = C$ mit Konstanten C gegeben, explizit durch $y(x) = \arccos \frac{C}{x^2}$. Für die zweite Gleichung erhalten wir aus $\mathrm{e}^x y + y^2 = C$ zu $y(x) = -\frac{\mathrm{e}^x}{2} \pm \sqrt{C + \frac{\mathrm{e}^{2x}}{4}}$.

24.18 •• $\mu(x) = 1 + x^2$, $(1 + x^2)\sin(x + y) = C$

24.19 ••• $\mu(x, y) = \mathrm{e}^{x+y^2}$, $\sin x\, \mathrm{e}^{x+y^2} = C$

24.20 •• Das Gleichungssystem ist auflösbar, $\varphi_x(0, 1) = 1$ und $\varphi_y(0, 1) = 0$.

24.21 •• $y'(1) = 2$, $z'(1) = 0$ und $y''(1) = 8$, $z''(1) = -8$

24.22 •• $z_x(\pi, 1) = -\frac{1}{4\pi}$ und $z_y(\pi, 1) = -\frac{3}{4}$.

24.23 •

$$x = \varphi_1(z) = \frac{1}{2} + \sqrt{\frac{1}{4} + z^3 + z + 22},$$

$$y = \varphi_2(z) = \sqrt{-z^3 - \frac{1}{2} - \sqrt{\frac{1}{4} + z^3 + z + 22}}$$

24.24 •• Die Abbildung ist umkehrbar.

24.25 •• $\boldsymbol{p}_1 = (0, 0)^\top$ ist ein Sattelpunkt, $\boldsymbol{p}_2 = (0, \sqrt{2})^\top$ und $\boldsymbol{p}_3 = (0, -\sqrt{2})^\top$ sind lokale Maxima; $\boldsymbol{p}_4 = (\sqrt{2}, 0)^\top$ und $\boldsymbol{p}_5 = (-\sqrt{2}, 0)^\top$ sind lokale Minima.

24.26 •• Das Minimum der Funktion liegt bei $x = -\frac{3}{2}$, $y = -2$.

24.27 •• Der einzige kritische Punkt ist $\boldsymbol{p} = (2, 1, -2)^\top$, dort liegt kein Extremum.

24.28 •• $\boldsymbol{p}_1 = (0, 0)^\top$ ist ein Sattelpunkt, $\boldsymbol{p}_2 = (\frac{3}{2}, \frac{3}{2})^\top$ und $\boldsymbol{p}_3 = (\frac{3}{2}, -\frac{3}{2})^\top$ sind lokale Minima.

Anwendungsprobleme

24.29 • $V = (1571 \pm 35) \cdot 10\,\mathrm{cm}^3$, $a = (13.42 \pm 0.10)\,\frac{\mathrm{m}}{\mathrm{s}^2}$, $R_{12} = (33.3 \pm 2.8)\,\Omega$

24.30 • –

24.31 ••• Mit „perm" für alle Permutationen von (x_i, x_j, x_k, x_l) erhalten wir

$$\begin{aligned}\frac{\partial^4 \ln Z}{\partial x_i\, \partial x_j\, \partial x_k\, \partial x_l} &= \left\langle \frac{\partial^4 Z}{\partial x_i\, \partial x_j\, \partial x_k\, \partial x_l} \right\rangle \\ &\quad + \sum_{\text{perm}} \left\{ -\frac{1}{6} \left\langle \frac{\partial^3 Z}{\partial x_{i_1}\, \partial x_{i_2}\, \partial x_{i_3}} \right\rangle \left\langle \frac{\partial Z}{\partial x_{i_4}} \right\rangle \right. \\ &\qquad - \frac{1}{8} \left\langle \frac{\partial^2 Z}{\partial x_{i_1}\, \partial x_{i_2}} \right\rangle \left\langle \frac{\partial^2 Z}{\partial x_{i_3}\, \partial x_{i_4}} \right\rangle \\ &\qquad \left. + \frac{1}{2} \left\langle \frac{\partial^2 Z}{\partial x_{i_1}\, \partial x_{i_2}} \right\rangle \left\langle \frac{\partial Z}{\partial x_{i_3}} \right\rangle \left\langle \frac{\partial Z}{\partial x_{i_4}} \right\rangle \right\} \\ &\quad - 6 \left\langle \frac{\partial Z}{\partial x_i} \right\rangle \left\langle \frac{\partial Z}{\partial x_j} \right\rangle \left\langle \frac{\partial Z}{\partial x_k} \right\rangle \left\langle \frac{\partial Z}{\partial x_l} \right\rangle.\end{aligned}$$

Lösungswege

Verständnisfragen

24.1 • (a) Differenzierbarkeit in einem Punkt impliziert dort partielle Differenzierbarkeit.

(b) Differenzierbarkeit impliziert auch Stetigkeit.

(c) Aus der Differenzierbarkeit in einem Punkt $\boldsymbol{p}$ kann man noch nichts über die Differenzierbarkeit anderswo aussagen.

(d) Es gibt Funktionen, die in einem Punkt zwar stetig sind, dort aber keine partiellen Ableitungen mehr besitzen.

(e) Aus der Differenzierbarkeit folgt erst recht die Richtungsstetigkeit in jede beliebige Richtung.

24.2 •• Beide Beziehungen gelten sicher für stetige Funktionen. Wegen der Stetigkeit in $\mathbb{R}^2 \setminus \{\boldsymbol{0}\}$ gilt

$$\lim_{x\to 0} \lim_{y\to 0} f(x, y) = \lim_{x\to 0} f(x, 0)$$

und analog

$$\lim_{y\to 0} \lim_{x\to 0} f(x, y) = \lim_{y\to 0} f(0, y),$$

daher genügt für (a) auch Richtungsstetigkeit in $(1, 0)^\top$- und $(0, 1)^\top$-Richtung. Eine in einem Punkt differenzierbare Funktion ist dort auch stetig, eine dort partielle differenzierbare in Richtung der Koordinatenachsen auch richtungsstetig. Damit genügt jede der Bedingungen 1. bis 4., um die Gleichheit der Grenzwerte in (a) zu garantieren.

Für (b) benötigt man hingegen die Stetigkeit (1.) in $(0, 0)$, die weder von der Richtungsstetigkeit (2.) noch von der partiellen Differenzierbarkeit (4.) garantiert wird, sehr wohl aber von der Differenzierbarkeit (3.) selbst.

Rechenaufgaben

24.3 • Da alle drei Funktionen auf jeden Fall zweimal stetig differenzierbar sind, ist der Satz von Schwarz anwendbar, damit ist $f_{xy} = f_{yx}$, $g_{xy} = g_{yx}$ und $h_{xy} = h_{yx}$:

$$\begin{aligned} f_x &= 2\,x\,\mathrm{e}^y + y\,\mathrm{e}^{xy} \\ f_{xx} &= 2\,\mathrm{e}^y + y^2\,\mathrm{e}^{xy} \\ f_y &= x^2\,\mathrm{e}^y + x\,\mathrm{e}^{xy} \\ f_{yy} &= x^2\,\mathrm{e}^y + x^2\,\mathrm{e}^{xy} \\ f_{yx} &= 2\,x\,\mathrm{e}^y + \mathrm{e}^{xy} + x\,y\,\mathrm{e}^{xy} \\ f_{xy} &= f_{yx} = 2\,x\,\mathrm{e}^y + \mathrm{e}^{xy} + x\,y\,\mathrm{e}^{xy} \end{aligned}$$

Kapitel 24

$$
\begin{aligned}
g_x &= 2y\sin(xy)\cos(xy)\\
g_{xx} &= 2y^2(\cos^2(xy)-\sin^2(xy))\\
g_{xy} &= 2xy(\cos^2(xy)-\sin^2(xy)) + 2\sin(xy)\cos(xy)\\
g_y &= 2x\sin(xy)\cos(xy)\\
g_{yy} &= 2x^2(\cos^2(xy)-\sin^2(xy))\\
g_{yx} &= 2xy(\cos^2(xy)-\sin^2(xy)) + 2\sin(xy)\cos(xy)\\
h_x &= -\sin x\, \mathrm{e}^{\cos x + y^3}\\
h_{xx} &= (\sin^2 x - \cos x)\mathrm{e}^{\cos x + y^3}\\
h_{xy} &= -3y^2\sin x\, \mathrm{e}^{\cos x + y^3}\\
h_y &= 3y^2\,\mathrm{e}^{\cos x + y^3}\\
h_{yy} &= (9y^4 + 6y)\mathrm{e}^{\cos x + y^3}\\
h_{yx} &= -3y^2\sin x\, \mathrm{e}^{\cos x + y^3}
\end{aligned}
$$

24.4 •• Die Gleichung einer Geraden durch die Punkte $(0,\,t)^\top$ und $(1-t,\,0)^\top$ hat für $t \in (0,1)$ die Form

$$f(x) = t - \frac{t}{1-t}\,x\,.$$

Wir definieren nun die Funktion F, $(0,1)\times(0,1)\to\mathbb{R}$,

$$F(x,t) = t - \frac{t}{1-t}\,x\,.$$

Um für jedes x den t-Wert zu finden, für den $y = F(x,t)$ maximal wird, bilden wir die partielle Ableitung nach t und setzen sie null,

$$\frac{\partial f}{\partial t} = 1 - \frac{x}{(1-t)^2} \stackrel{!}{=} 0\,.$$

Lösen dieser Gleichung liefert $t = 1-\sqrt{x}$, und für den maximalen y-Wert erhalten wir

$$y_{\max} = F\left(x,\,1-\sqrt{x}\right) = 1 - 2\sqrt{x} + x = \left(1-\sqrt{x}\right)^2\,.$$

Einbeziehen der beiden Geraden für $t=0$ und $t=1$ setzt diese Lösung stetig nach $x=0$ und $x=1$ fort. Die Einhüllende e_F ist demnach die Funktion, $[0,1]\to[0,1]$,

$$e_F(x) = \left(1-\sqrt{x}\right)^2\,.$$

24.5 • Bei Einführung von Polarkoordinaten erhalten wir

$$
\begin{aligned}
\lim_{\boldsymbol{x}\to\boldsymbol{0}} f(\boldsymbol{x}) &= \lim_{r\to 0}\frac{r^4\cos\varphi\,\sin^3\varphi}{r^4} = \lim_{r\to 0}\cos\varphi\,\sin^3\varphi\\
&= \cos\varphi\,\sin^3\varphi\,,
\end{aligned}
$$

also einen winkelabhängigen Ausdruck. f ist damit in $\boldsymbol{x}=\boldsymbol{0}$ unstetig. Für g hingegen ergibt sich

$$
\begin{aligned}
\lim_{\boldsymbol{x}\to\boldsymbol{0}} g(\boldsymbol{x}) &= \lim_{r\to 0}\frac{r^5\cos^3\varphi\,\sin^2\varphi}{r^4}\\
&= \lim_{r\to 0} r\,\cos^3\varphi\,\sin^2\varphi = 0\,.
\end{aligned}
$$

Der Ausdruck $\cos^3\varphi\,\sin^2\varphi$ ist mit Sicherheit beschränkt, damit existiert der Grenzwert $\boldsymbol{x}\to\boldsymbol{0}$ und ist gleich dem Funktionswert $g(\boldsymbol{0}) = 0$.

24.6 •• Mit Polarkoordinaten erhält man

$$
\begin{aligned}
G &= \lim_{(x,y)\to(0,0)}\frac{xy^3}{\cos(x^2+y^2)-1} = \lim_{r\to 0}\frac{r^4\cos\varphi\sin^3\varphi}{\cos(r^2)-1}\\
&= \lim_{r\to 0}\frac{r^4\cos\varphi\sin^3\varphi}{1-\frac{r^4}{2}+\mathcal{O}(r^8)-1} = \lim_{r\to 0}\frac{-2r^4\cos\varphi\sin^3\varphi}{r^4+\mathcal{O}(r^8)}\\
&= \lim_{r\to 0}\frac{-2\cos\varphi\sin^3\varphi}{1+\mathcal{O}(r^4)} = -2\cos\varphi\sin^3\varphi
\end{aligned}
$$

und dieser Ausdruck hängt vom Winkel φ ab (siehe z. B. für $\varphi = 0$ und $\varphi = \frac{\pi}{4}$. Der Grenzwert existiert also nicht, die Funktion ist im Ursprung unstetig).

24.7 •• An allen Punkten außer $(x,y) = (0,0)$ ist f natürlich als Zusammensetzung stetiger und differenzierbarer Funktionen ebenfalls stetig und differenzierbar. Zu untersuchen bleibt der Punkt $(0,0)$, hier erhalten wir:

$$
\begin{aligned}
\lim_{(x,y)\to(0,0)}\frac{x^6+y^5}{x^4+y^4} &= \lim_{r\to 0}\frac{r^6\cos^6\varphi + r^5\sin^5\varphi}{r^4\cos^4\varphi + r^4\sin^4\varphi}\\
&= \lim_{r\to 0} r\cdot\left\{\frac{r\cos^6\varphi+\sin^5\varphi}{\cos^4\varphi+\sin^4\varphi}\right\}\\
&= 0 = f(0,0)
\end{aligned}
$$

Die Funktion ist stetig.

Der Grenzwert wird null, da der Klammerausdruck wegen

$$\cos^4\varphi + \sin^4\varphi \geq \frac{1}{2}$$

immer endlich bleibt (siehe auch S. 877).

Nun bestimmen wir die partiellen Ableitungen im Ursprung:

$$
\begin{aligned}
\frac{\partial f}{\partial x}(0,0) &= \lim_{h\to 0}\frac{f(h,0)-f(0,0)}{h}\\
&= \lim_{h\to 0}\frac{1}{h}\left(\frac{h^6+0}{h^4+0}-0\right) = \lim_{h\to 0} h = 0\\
\frac{\partial f}{\partial y}(0,0) &= \lim_{h\to 0}\frac{f(0,h)-f(0,0)}{h}\\
&= \lim_{h\to 0}\frac{1}{h}\left(\frac{0+h^5}{0+h^4}-0\right) = \lim_{h\to 0}\frac{h}{h} = 1\\
\frac{\partial f}{\partial \boldsymbol{a}}(0,0) &= \lim_{h\to 0}\frac{f(\frac{h}{\sqrt{2}},\frac{h}{\sqrt{2}})-f(0,0)}{h}\\
&= \lim_{h\to 0}\frac{1}{h}\,\frac{\frac{1}{8}h^6+\frac{\sqrt{2}}{8}h^5}{\frac{1}{4}h^4+\frac{1}{4}h^4} = \lim_{h\to 0}\frac{\frac{1}{8}h+\frac{\sqrt{2}}{8}}{\frac{1}{2}} = \frac{\sqrt{2}}{4}
\end{aligned}
$$

Da hier nicht $\frac{\partial f}{\partial \boldsymbol{a}}(0,0) = (\mathbf{grad}\,f)(0,0)\cdot\boldsymbol{a}$ gilt, kann f in $(0,0)$ nicht differenzierbar sein.

24.8 • Für die partiellen Ableitungen bis zur zweiten Ordnung erhält man allgemein bzw. speziell an $\boldsymbol{p} = (\frac{1}{e}, -1)^\top$:

$$\begin{aligned}
f &= y \cdot \ln x + x\,e^{y+2} & f\big|_{\boldsymbol{p}} &= 2 \\
\frac{\partial f}{\partial x} &= y \cdot \frac{1}{x} + e^{y+2} & \frac{\partial f}{\partial x}\bigg|_{\boldsymbol{p}} &= 0 \\
\frac{\partial f}{\partial y} &= \ln x + x\,e^{y+2} & \frac{\partial f}{\partial y}\bigg|_{\boldsymbol{p}} &= 0 \\
\frac{\partial^2 f}{\partial x^2} &= -\frac{y}{x^2} & \frac{\partial^2 f}{\partial x^2}\bigg|_{\boldsymbol{p}} &= e^2 \\
\frac{\partial^2 f}{\partial y^2} &= x\,e^{y+2} & \frac{\partial^2 f}{\partial y^2}\bigg|_{\boldsymbol{p}} &= 1 \\
\frac{\partial^2 f}{\partial x\,\partial y} &= \frac{1}{x} + e^{y+2} & \frac{\partial^2 f}{\partial x\,\partial y}\bigg|_{\boldsymbol{p}} &= 2e
\end{aligned}$$

Für das Taylorpolynom ergibt sich also

$$\begin{aligned}
p_2\left(x, y; \frac{1}{e}, -1\right) &= 2 + \frac{e^2}{2}\left(x - \frac{1}{e}\right)^2 + \frac{1}{2}(y+1)^2 \\
&\quad + 2e\left(x - \frac{1}{e}\right)(y+1).
\end{aligned}$$

24.9 •• Wir erhalten für die Ableitungen (wir lassen aus Platzgründen die Argumente weg):

$$\begin{aligned}
f &= x^y = e^{y \cdot \ln x} & f\big|_{\tilde{x}} &= 1 \\
\frac{\partial f}{\partial x} &= y\,x^{y-1} & \frac{\partial f}{\partial x}\bigg|_{\tilde{x}} &= 1 \\
\frac{\partial f}{\partial y} &= \ln x \cdot x^y & \frac{\partial f}{\partial y}\bigg|_{\boldsymbol{p}} &= 0 \\
\frac{\partial^2 f}{\partial x^2} &= y(y-1)x^{y-2} & \frac{\partial^2 f}{\partial x^2}\bigg|_{\tilde{x}} &= 0 \\
\frac{\partial^2 f}{\partial y^2} &= (\ln x)^2\,x^y & \frac{\partial^2 f}{\partial y^2}\bigg|_{\tilde{x}} &= 0 \\
\frac{\partial^2 f}{\partial x\,\partial y} &= x^{y-1} + y \cdot \ln x \cdot x^{y-1} & \frac{\partial^2 f}{\partial x\,\partial y}\bigg|_{\tilde{x}} &= 1
\end{aligned}$$

und damit das Taylorpolynom

$$p_2(x, y; 1, 1) = 1 + (x-1) + (x-1)(y-1).$$

Nun benutzen wir diesen Ausdruck als Näherung für kleine Abweichungen von der Entwicklungsmitte

$$\begin{aligned}
\sqrt[10]{(1.05)^9} &= 1.05^{0.9} = (1 + 0.05)^{1-0.1} \\
&\approx 1 + 0.05 + 0.05 \cdot (-0.1) = 1.045
\end{aligned}$$

Das exakte Ergebnis wäre $1.05^{0.9} = 1.044\,88\ldots$

24.10 • Wir erhalten für die erste Ableitung

$$\frac{\partial f(\boldsymbol{x})}{\partial x_i} = -\frac{x_i}{\left(x_1^2 + x_2^2 + x_3^2\right)^{3/2}}$$

und für die zweite

$$\frac{\partial^2 f(\boldsymbol{x})}{\partial x_i\,\partial x_j} = -\frac{\delta_{ij}}{\left(x_1^2 + x_2^2 + x_3^2\right)^{3/2}} + \frac{3\,x_i\,x_j}{\left(x_1^2 + x_2^2 + x_3^2\right)^{5/2}}.$$

An der Stelle $\tilde{\boldsymbol{x}} = (1, 1, 1)^\top$ ergibt sich

$$\begin{aligned}
f(\tilde{\boldsymbol{x}}) &= \frac{1}{\sqrt{3}} \\
\frac{\partial f}{\partial x_i}\bigg|_{\tilde{\boldsymbol{x}}} &= -\frac{1}{3^{3/2}} \\
\frac{\partial^2 f(\boldsymbol{x})}{\partial x_i\,\partial x_j}\bigg|_{\tilde{\boldsymbol{x}}} &= \frac{1 - \delta_{ij}}{3^{3/2}} = \begin{cases} 0, & i = j, \\ \frac{1}{3^{3/2}}, & i \neq j. \end{cases}
\end{aligned}$$

Damit erhalten wir für das Taylorpolynom zweiter Ordnung

$$T_2(\boldsymbol{x}; 1, 1, 1) = \frac{1}{\sqrt{3}} - \sum_{i=1}^{3} \frac{x_i - 1}{3^{3/2}} + \sum_{i=1}^{3} \sum_{j=i+1}^{3} \frac{(x_i - 1)(x_j - 1)}{3^{3/2}}.$$

Dabei haben wir benutzt, dass sich der kombinatorische Vorfaktor für die gemischten Terme zu $\frac{1}{2!}\binom{2}{1} = 1$ ergibt.

24.11 •• Wir definieren die Funktion $F(x, y) = x^y - y^x$ und bestimmen die Ableitungen

$$\begin{aligned}
\frac{\partial F}{\partial x} &= \frac{\partial}{\partial x}\left(x^y - e^{x \ln y}\right) = y\,x^{y-1} - y^x \ln y \\
\frac{\partial F}{\partial y} &= \frac{\partial}{\partial y}\left(e^{y \ln x} - y^x\right) = x^y \ln x - x\,y^{x-1}
\end{aligned}$$

F ist in $D(F) = \mathbb{R}_{>0} \times \mathbb{R}_{>0}$ partiell stetig differenzierbar, damit ist die Gleichung an jedem Punkt, wo $F(x, y) = 0$ gilt und $\frac{\partial F}{\partial y} \neq 0$ ist, eindeutig nach y auflösbar. Da F in $D(F)$ sogar beliebig oft differenzierbar ist, kann man auch beliebig hohe Ableitungen durch implizites Differenzieren erhalten, insbesondere gilt

$$y' = \frac{dy}{dx} = -\frac{\frac{\partial F}{\partial x}}{\frac{\partial F}{\partial y}} = \frac{y}{x}\,\frac{x^{y-1} - y^{x-1} \ln y}{y^{x-1} - x^{y-1} \ln x}.$$

Für $x = 1$ erhalten wir die Gleichung $1^y = y^1$, also $y = 1$. Damit ergibt sich $y'(1) = 1$ und entsprechend die Tangente t: $y = 1 + 1 \cdot (x - 1)$, also $y = x$.

Kapitel 24

24.12 • Ableiten ergibt:

$$\boldsymbol{J}_f = \frac{\partial(f_1, f_2, f_3)}{\partial(x, y, z)} = \begin{pmatrix} y\mathrm{e}^{xy} & x\mathrm{e}^{xy} & -2\cos z \sin z \\ yz & xz & xy + \mathrm{e}^{-z} \\ z\cosh(xz) & 2y & x\cosh(xz) \end{pmatrix}$$

$$\boldsymbol{J}_g = \frac{\partial(g_1, g_2, g_3)}{\partial(x_1, x_2, x_3, x_4)} = \begin{pmatrix} \frac{x_1}{\sqrt{x_1^2+x_2^2+1}} & \frac{x_2}{\sqrt{x_1^2+x_2^2+1}} & 0 & -1 \\ -x_3^2 \sin(x_1 x_3^2) & 0 & -2x_1x_3\sin(x_1x_3^2) & \mathrm{e}^{x_4} \\ 0 & x_3 & x_2 & \frac{2x_4}{1+x_4^2} \end{pmatrix}$$

24.13 •• Aus

$$\dot{I} = f(b(t), t)\,\dot{b} - f(a(t), t)\,\dot{a} + \int_{a(t)}^{b(t)} \frac{\partial f(x,t)}{\partial t}\,\mathrm{d}x\,,$$

wobei ein Punkt wiederum für die Ableitung nach t steht, erhalten wir:

$$\begin{aligned}
\ddot{I} &= f(b,t)\,\ddot{b} + \left\{ \frac{\partial f}{\partial \tau}(b,\tau)\Big|_{\tau=t} + \frac{\partial f}{\partial y}(y,t)\Big|_{y=b} \dot{b} \right\} \dot{b} \\
&\quad - f(a,t)\,\ddot{a} - \left\{ \frac{\partial f}{\partial \tau}(a,\tau)\Big|_{\tau=t} + \frac{\partial f}{\partial y}(y,t)\Big|_{y=a} \dot{a} \right\} \dot{a} \\
&\quad + \frac{\partial f}{\partial \tau}(b,\tau)\Big|_{\tau=t} \dot{b} - \frac{\partial f}{\partial \tau}(a,\tau)\Big|_{\tau=t} \dot{a} + \int_{a(t)}^{b(t)} \frac{\partial^2 f(x,t)}{\partial t^2}\,\mathrm{d}x \\
&= f(b,t)\,\ddot{b} + 2\,\frac{\partial f}{\partial \tau}(b,\tau)\Big|_{\tau=t} \dot{b} + \frac{\partial f}{\partial y}(y,t)\Big|_{y=b} \dot{b}^2 \\
&\quad - f(a,t)\,\ddot{a} - 2\,\frac{\partial f}{\partial \tau}(a,\tau)\Big|_{\tau=t} \dot{a} - \frac{\partial f}{\partial y}(y,t)\Big|_{y=a} \dot{a}^2 \\
&\quad + \int_{a(t)}^{b(t)} \frac{\partial^2 f(x,t)}{\partial t^2}\,\mathrm{d}x
\end{aligned}$$

In unserem Beispiel ist $a(t) = 2t$, $b(t) = 1 + t^2$ und $f(x,t) = \mathrm{e}^{-t\,x^2}$. Damit erhalten wir

$$\dot{a} = 2\,, \quad \ddot{a} = 0\,, \quad \dot{b} = 2t\,, \quad \ddot{b} = 2\,,$$

$$\frac{\partial f(x,t)}{\partial x} = -2tx\,\mathrm{e}^{-t\,x^2}$$

$$\frac{\partial f(x,t)}{\partial t} = -x^2\,\mathrm{e}^{-t\,x^2}$$

$$\frac{\partial^2 f(x,t)}{\partial t^2} = x^4\,\mathrm{e}^{-t\,x^2}$$

und somit

$$\begin{aligned}
\dot{I}(t) &= 2t\mathrm{e}^{-t\,(1+t^2)^2} - 2\mathrm{e}^{-4t^3} - \int_{2t}^{1+t^2} t\,\mathrm{e}^{-t\,x^2}\,\mathrm{d}x \\
\ddot{I}(t) &= 2\mathrm{e}^{-t\,(1+t^2)^2} - 4t(1+t^2)^2\,\mathrm{e}^{-t\,(1+t^2)^2} \\
&\quad - 8t^3(1+t^2)\,\mathrm{e}^{-t\,(1+t^2)^2} + 16\,t^2\,\mathrm{e}^{-4t^3} + 16t^2\,\mathrm{e}^{-4t^3} \\
&\quad + \int_{2t}^{1+t^2} x^4\,\mathrm{e}^{-t\,x^2}\,\mathrm{d}x\,.
\end{aligned}$$

Setzen wir $t = 1$, so erhalten wir

$$\begin{aligned}
I(1) &= 0 \\
\dot{I}(1) &= 2\mathrm{e}^{-4} - 2\mathrm{e}^{-4} = 0 \\
\ddot{I}(1) &= 2\mathrm{e}^{-4} - 16\,\mathrm{e}^{-4} - 16\,\mathrm{e}^{-4} + 16\,\mathrm{e}^{-4} + 16\,\mathrm{e}^{-4} = 2\mathrm{e}^{-4}
\end{aligned}$$

und damit das Taylorpolynom

$$p_2(t;\,1) = \frac{(t-1)^2}{\mathrm{e}^4}\,.$$

24.14 ••

$$\begin{aligned}
W &= \frac{1}{r}\left(r\cos\varphi \left(\frac{\partial u}{\partial r}\frac{\partial r}{\partial x} + \frac{\partial u}{\partial \varphi}\frac{\partial \varphi}{\partial x} \right) \right. \\
&\qquad \left. + r\sin\varphi \left(\frac{\partial u}{\partial r}\frac{\partial r}{\partial y} + \frac{\partial u}{\partial \varphi}\frac{\partial \varphi}{\partial y} \right) \right) \\
&= \cos\varphi \left(\frac{\partial u}{\partial r}\cos\varphi - \frac{\partial u}{\partial \varphi}\frac{\sin\varphi}{r} \right) \\
&\quad + \sin\varphi \left(\frac{\partial u}{\partial r}\sin\varphi + \frac{\partial u}{\partial \varphi}\frac{\cos\varphi}{r} \right) \\
&= \cos^2\varphi\,\frac{\partial u}{\partial r} + \sin^2\varphi\,\frac{\partial u}{\partial r} = \frac{\partial u}{\partial r}
\end{aligned}$$

24.15 •• Wir definieren die Funktion f und g, $\mathbb{R}^2 \to \mathbb{R}$ mittels

$$\begin{aligned}
f(x,y) &= \sin x\,\cos y - 0.1 \\
g(x,y) &= x^2 + \sin y - 0.2
\end{aligned}$$

und die Funktion $\boldsymbol{f}\colon \mathbb{R}^2 \to \mathbb{R}^2$ über $\boldsymbol{f}(x,y) = (f(x,y),\, g(x,y))^\top$. Für die Jacobi-Matrix dieser Funktion erhalten wir

$$\boldsymbol{J}_f(\boldsymbol{x}) = \begin{pmatrix} \cos x\,\cos y & -\sin x\,\sin y \\ 2x & \cos y \end{pmatrix}$$

und am Punkt $\boldsymbol{x}_1$ speziell

$$\boldsymbol{J}_f(\boldsymbol{x}_1) = \begin{pmatrix} 1 & 0 \\ 0 & 1 \end{pmatrix},$$

also einfach die Einheitsmatrix, deren Inverse natürlich ebenfalls die Einheitsmatrix ist. Mit $\boldsymbol{f}(\boldsymbol{x}_1) = (-0.1, -0.2)^\top$ erhalten wir gemäß Newton-Vorschrift

$$\begin{pmatrix} x_1 \\ y_1 \end{pmatrix} = \begin{pmatrix} 0 \\ 0 \end{pmatrix} - \boldsymbol{J}_f^{-1}\Big|_{\boldsymbol{x}_0} \begin{pmatrix} -0.1 \\ -0.2 \end{pmatrix} = \begin{pmatrix} 0.1 \\ 0.2 \end{pmatrix}.$$

Dort erhalten wir

$$\boldsymbol{J}_f\Big|_{\boldsymbol{x}_1} \approx \begin{pmatrix} 0.975\,17 & -0.019\,83 \\ 0.2 & 0.980\,07 \end{pmatrix}$$

$$\boldsymbol{J}_f^{-1}\Big|_{x_1, y_1} \approx \begin{pmatrix} 1.021\,22 & 0.020\,67 \\ -0.208\,40 & 1.016\,12 \end{pmatrix}$$

und damit

$$\begin{pmatrix} x_2 \\ y_2 \end{pmatrix} \approx \begin{pmatrix} 0.1 \\ 0.2 \end{pmatrix} - \boldsymbol{J}_f^{-1}\Big|_{\boldsymbol{x}_1} \begin{pmatrix} -0.002\,16 \\ 0.008\,67 \end{pmatrix} \approx \begin{pmatrix} 0.102\,02 \\ 0.190\,74 \end{pmatrix}.$$

Zum Vergleich, die auskonvergierte Lösung liegt bei

$$(x^*, y^*) \approx (0.102\,02, 0.190\,75).$$

24.16 ••• Wir leiten die Homogenitätsbeziehung nach λ ab,

$$\frac{\mathrm{d}f(\lambda \boldsymbol{x})}{\mathrm{d}\lambda} = h\,\lambda^{h-1} f(\boldsymbol{x}),$$

und benutzen die Kettenregel,

$$\frac{\mathrm{d}f(\lambda \boldsymbol{x})}{\mathrm{d}\lambda} = \frac{\partial f(\lambda \boldsymbol{x})}{\partial(\lambda x_1)} \frac{\partial(\lambda x_1)}{\partial \lambda} + \ldots + \frac{\partial f(\lambda \boldsymbol{x})}{\partial(\lambda x_n)} \frac{\partial(\lambda x_n)}{\partial \lambda}.$$

Mit

$$\frac{\partial(\lambda x_i)}{\partial \lambda} = x_i$$

und

$$\frac{\partial f(\lambda \boldsymbol{x})}{\partial(\lambda x_i)} = \frac{\partial f(\lambda \boldsymbol{x})}{\partial x_i} \frac{\partial x_i}{\partial(\lambda x_i)} = \frac{1}{\lambda} \frac{\partial f(\lambda \boldsymbol{x})}{\partial x_i}$$

erhalten wir

$$\boldsymbol{x} \cdot (\mathbf{grad}\, f) = h\,\lambda^h f(\boldsymbol{x}).$$

Diese Gleichung gilt für beliebige Werte von λ, insbesondere für $\lambda = 1$. Damit ist die Euler-Gleichung gezeigt.

24.17 • Wir setzen

$$p(x, y) = 2x \cos y$$
$$q(x, y) = -x^2 \sin y$$

und sehen aus

$$\frac{\partial p}{\partial y} = -2x \sin y = \frac{\partial q}{\partial x},$$

dass diese Differenzialgleichung exakt ist. Integration liefert

$$F(x, y) = \int 2x \cos y \,\mathrm{d}x = x^2 \cos y + \varphi_1(y)$$
$$F(x, y) = -\int x^2 \sin y \,\mathrm{d}y = x^2 \cos y + \varphi_2(x).$$

Alle Lösungen sind implizit durch

$$x^2 \cos y = C$$

mit Konstanten C gegeben. Auflösen nach y liefert

$$y(x) = \arccos \frac{C}{x^2}.$$

Auch die zweite Gleichung ist exakt, wie man mit $p(x, y) = \mathrm{e}^x\, y$ und $q(x, y) = \mathrm{e}^x + 2y$ sofort aus

$$\frac{\partial p}{\partial y} = \mathrm{e}^x = \frac{\partial q}{\partial x}$$

erkennt. Integration liefert nun

$$F(x, y) = \int \mathrm{e}^x\, y \,\mathrm{d}x = \mathrm{e}^x\, y + \varphi_1(y)$$
$$F(x, y) = \int (\mathrm{e}^x + 2y)\,\mathrm{d}y = \mathrm{e}^x\, y + y^2 + \varphi_2(x).$$

Vergleich zeigt, dass $\varphi_1(y) = y^2 + \text{const}$ sein muss, die Lösung also implizit durch

$$\mathrm{e}^x\, y + y^2 = C$$

gegeben sind. Lösen der quadratischen Gleichung liefert

$$y(x) = -\frac{\mathrm{e}^x}{2} \pm \sqrt{C + \frac{\mathrm{e}^{2x}}{4}},$$

wobei für $C < 0$ stets

$$x \geq \frac{1}{2} \ln(-4C)$$

sein muss.

24.18 •• Wir setzen

$$p(x, y) = \frac{2x}{1 + x^2} \sin(x + y) + \cos(x + y),$$
$$q(x, y) = \cos(x + y).$$

Aus

$$\frac{\partial p}{\partial y} = \frac{2x}{1+x^2}\cos(x+y) - \sin(x+y),$$
$$\frac{\partial q}{\partial x} = -\sin(x+y)$$

sehen wir, dass diese Differenzialgleichung nicht exakt ist. Wir versuchen, einen integrierenden Faktor μ zu finden und setzen versuchsweise $\mu(x,y) = \mu(x)$. Aus

$$\frac{\partial(\mu p)}{\partial y} = \mu\,\frac{2x}{1+x^2}\cos(x+y) - \mu\,\sin(x+y)$$
$$\frac{\partial(\mu q)}{\partial x} = \mu'\,\cos(x+y) - \mu\,\sin(x+y)$$

sehen wir, dass μ die Differenzialgleichung

$$\mu' = \frac{2x}{1+x^2}\,\mu$$

erfüllen muss. Das ist eine lineare Gleichung erster Ordnung, zu der wir schnell eine Lösung angeben können. Setzen wir etwa $\mu(x) = \mathrm{e}^{\varphi(x)}$, so erhalten wir

$$\varphi'(x) = \frac{2x}{1+x^2} \quad\rightarrow\quad \varphi(x) = \ln(1+x^2)$$

(wir brauchen ja nur irgend eine Lösung) und $\mu(x) = 1 + x^2$. Zur exakten Differenzialgleichung

$$2x\,\sin(x+y) + (1+x^2)\,\cos(x+y)(1+y') = 0$$

gibt es eine Stammfunktion F, für die wir durch Integration

$$\begin{aligned} F(x,y) &= \int \big(2x\,\sin(x+y) + (1+x^2)\,\cos(x+y)\big)\,\mathrm{d}x \\ &= (1+x^2)\,\sin(x+y) + \varphi_1(y) \\ F(x,y) &= \int (1+x^2)\,\cos(x+y)\,\mathrm{d}y \\ &= (1+x^2)\,\sin(x+y) + \varphi_2(x) \end{aligned}$$

erhalten. Alle Lösungen der Differenzialgleichungen sind damit implizit in der Form

$$(1+x^2)\,\sin(x+y) = C$$

mit Konstanten C gegeben.

24.19 ••• Wir setzen

$$p(x,y) = \cos x + \sin x$$
$$q(x,y) = 2\sin x\; y$$

und sehen aus

$$\frac{\partial p}{\partial y} = 0 \neq 2\cos x\; y = \frac{\partial q}{\partial x},$$

dass die Differenzialgleichung nicht exakt ist. Es gelingt auch nicht, einen integrierenden Faktor zu finden, der nur von einer der beiden Variablen abhängt. Zielführend ist hingegen ein *Produktansatz* $\mu(x,y) = X(x)Y(y)$,

$$\frac{\partial \mu p}{\partial y} = X\,Y'\,\cos x + X\,Y'\,\sin x$$
$$\frac{\partial \mu q}{\partial x} = 2\,y\,X\,Y\,\cos x + 2y\,X'\,Y\,\sin x\,.$$

Da wir aber *irgendwelche* Funktionen X und Y benötigen, mit denen die Exaktheitsbedingung erfüllt ist, suchen wir nach Ausdrücken, die keine trigonometrischen Funktionen mehr enthalten und daher

$$X\,Y' = 2y\,X\,Y \quad\text{und}\quad X\,Y' = 2y\,X'\,Y$$

erfüllen müssen. Mit der ersten Gleichung können wir die zweite zu $X' = X$ vereinfachen, eine Lösung davon ist $X(x) = \mathrm{e}^x$. Nach Division durch X nimmt die erste Gleichung die Gestalt $Y' = 2y\,Y$ an. Davon können wir schnell eine Lösung angeben, etwa indem wir $Y = \mathrm{e}^{\varphi(y)}$ setzen,

$$\varphi'(y)\,\mathrm{e}^{\varphi(y)} = 2y\,\mathrm{e}^{\varphi(y)}\,.$$

Eine spezielle Lösung ist $\varphi(y) = y^2$, sodass unser integrierender Faktor die Gestalt

$$\mu(x,y) = X(x)\,Y(y) = \mathrm{e}^x\,\mathrm{e}^{x^2} = \mathrm{e}^{x+y^2}$$

annimmt. Die Differenzialgleichung

$$(\cos x + \sin x)\mathrm{e}^{x+y^2} + 2\sin x\; y\,\mathrm{e}^{x+y^2}\,y' = 0$$

ist exakt, und wir erhalten

$$F(x,y) = \mathrm{e}^{y^2}\int(\cos x + \sin x)\mathrm{e}^x\,\mathrm{d}x = \mathrm{e}^{y^2}\,\sin x\,\mathrm{e}^x + \varphi_1(y)$$
$$F(x,y) = \sin x\,\mathrm{e}^x \int 2y\,\mathrm{e}^{y^2}\mathrm{d}y = \sin x\,\mathrm{e}^x\,\mathrm{e}^{y^2} + \varphi_2(x)\,.$$

Die Lösungen der Differenzialgleichung sind demnach implizit durch

$$\sin x\,\mathrm{e}^{x+y^2} = C$$

gegeben. Hier können wir sogar eine explizite Auflösung nach y wagen:

$$\begin{aligned} \mathrm{e}^{x+y^2} &= \frac{C}{\sin x} \qquad x + y^2 = \ln\frac{C}{\sin x} \\ y^2 &= \ln C - \ln\sin x - x \\ y(x) &= \pm\sqrt{D - \ln\sin x - x} \end{aligned}$$

Dabei haben wir $D := \ln C$ gesetzt (eine Konstante ist so gut wie die andere), und die Lösung ist nur dort definiert, wo $\sin x > 0$ und

$$D - \ln\sin x - x \geq 0$$

ist.

24.20 •• $f \in C^1$ ist erfüllt, und es gilt $f(0,1,0) = 0$. Nun erhält man

$$\left.\frac{\partial f}{\partial z}\right|_p = \left[-y^2 + \frac{x}{1+z}\right]_p = -1 \neq 0,$$

die Auflösung ist also möglich. Wir definieren

$$F(x, y) = \mathrm{e}^x - y^2 z(x, y) + x \ln(1 + \varphi(x, y)) - 1 \equiv 0$$

und erhalten für die partiellen Ableitungen dieser Funktion:

$$\begin{aligned} F_x(x, y) &= \mathrm{e}^x - y^2\varphi_x(x, y) + \ln(1 + \varphi(x, y)) + \frac{x\varphi_x(x, y)}{1 + \varphi(x, y)} \\ &\equiv 0 \\ F_y(x, y) &= 2y\varphi(x, y) + y^2\varphi_y(x, y) + \frac{x\varphi_y(x, y)}{1 + \varphi(x, y)} \\ &\equiv 0 \end{aligned}$$

Am Punkt (0, 1) ergibt das mit $\varphi(0, 1) = 0$ die beiden Gleichungen

$$1 - \varphi_x(0, 1) = 0 \quad \varphi_y(0, 1) = 0$$

also $\varphi_x(0, 1) = 1$ und $\varphi_y(0, 1) = 0$. Dasselbe Ergebnis erhält man natürlich auch aus dem allgemeineren

$$\begin{aligned} F_x(x, y) &= \frac{\partial f}{\partial x} + \frac{\partial f}{\partial z} \cdot \frac{\partial \varphi}{\partial x} \equiv 0 \\ F_y(x, y) &= \frac{\partial f}{\partial y} + \frac{\partial f}{\partial z} \cdot \frac{\partial \varphi}{\partial y} \equiv 0 \end{aligned}$$

mit Auflösen nach φ_x bzw. φ_y und Einsetzen von $x = 0$, $y = 1$.

24.21 •• Es sind $f_1, f_2 \in C^1(\mathbb{R}^3)$, außerdem ist $f_1(1,0,1) = f_2(1,0,1) = 0$. Für die Jacobi-Determinante erhält man:

$$\begin{aligned} \left|\frac{\partial(f_1, f_2)}{\partial(y,z)}\right|_p &= \begin{vmatrix} -2\sin(xyz)xz + z & -2\sin(xyz)xy + y \\ 2(xyz)\cdot xz & 2(xyz)\cdot xy + 1 \end{vmatrix}_p \\ &= \begin{vmatrix} 1 & 0 \\ 0 & 1 \end{vmatrix} = 1 \neq 0. \end{aligned}$$

Daher gibt es zwei Funktionen y und z, für die gilt: $y(1) = 0$, $z(1) = 1$ sowie $f_1(x, y(x), z(x)) \equiv 0$ und $f_2(x, y(x), z(x)) \equiv 0$ in einer Umgebung von P. Mit diesem Ergebnis werden nun zwei Funktionen F_1 und F_2 definiert und nach x abgeleitet:

$$\begin{aligned} F_1(x) &:= f_1(x, y(x), z(x)) \\ &= 2\cos(x\,y(x)\,z(x)) + y(x)\,z(x) - 2x \equiv 0 \\ F_1'(x) &= -2\sin(x\,y(x)\,z(x)) \\ &\quad \cdot \{y(x)\,z(x) + x\cdot[y'(x)\,z(x) + y(x)\,z'(x)]\} \\ &\quad + [y'(x)\,z(x) + y(x)\,z'(x)] - 2 \equiv 0 \\ F_1''(x) &= -2\cos(\ldots)\cdot\{\ldots\}^2 - 2\sin(\ldots)\cdot\{\ldots\}' \\ &\quad + y''(x)\,z(x) + 2y'(x)\,z'(x) + y(x)\,z''(x) \equiv 0 \\ F_2(x) &:= f_2(x, y(x), z(x)) = (x\,y(x)\,z(x))^2 + z(x) - 1 \equiv 0 \\ F_2'(x) &= 2(x\,y(x)\,z(x))\cdot\{\ldots\} + z'(x) \equiv 0 \\ F_2''(x) &= 2\cdot\{\ldots\}^2 + 2(x\,y(x)\,z(x))\cdot\{\ldots\}' + z''(x) \equiv 0 \end{aligned}$$

Nun setzen wir $x = 1$ ein und beachten $y(1) = 0$ und $z(1) = 1$: Aus $F_1'(1) = y'(1) - 2 = 0$ erhält man $y'(1) = 2$, des Weiteren ist $F_2'(1) = z'(1) = 0$. Analog sind wegen $F_1''(1) = -2\cdot 2^2 + y''(1) = 0$ und $F_2''(1) = 2\cdot 2^2 + z''(1) = 0$ die zweiten Ableitungen $y''(1) = 8$ und $z''(1) = -8$.

24.22 •• Als Zusammensetzung unendlich oft differenzierbarer Funktionen ist sicher $f \in C^1$, und es gilt

$$f\left(\pi, 1, \frac{1}{4}\right) = \mathrm{e}^{\cos^2\frac{\pi}{4}} - \sqrt{\mathrm{e}} = \mathrm{e}^{\left(\frac{1}{\sqrt{2}}\right)^2} - \sqrt{\mathrm{e}} = 0\,.$$

Für die Ableitung nach z erhält man

$$\begin{aligned} \left.\frac{\partial f}{\partial z}\right|_p &= -2xy^3\cos(xy^3z)\sin(xy^3z)\cdot \left.\mathrm{e}^{\cos^2(xy^3z)}\right|_p \\ &= -2\pi\cos\frac{\pi}{4}\sin\frac{\pi}{4}\mathrm{e}^{\cos^2\frac{\pi}{4}} \neq 0\,. \end{aligned}$$

Die Funktion ist also lokal eindeutig nach z auflösbar. Nun zu den partiellen Ableitungen:

$$\begin{aligned} F(x,y) &:= f(x,y,z(x,y)) = \mathrm{e}^{\cos^2(xy^3z(x,y))} - \sqrt{e} \equiv 0 \\ F_x(x,y) &= -2\cos(xy^3z(x,y))\sin(xy^3z(x,y)) \\ &\quad \cdot \mathrm{e}^{\cos^2(xy^3z(x,y))}\cdot(zy^3 + xy^3z_x(x,y)) \equiv 0 \\ F_y(x,y) &= -2\cos(xy^3z(x,y))\sin(xy^3z(x,y)) \\ &\quad \cdot \mathrm{e}^{\cos^2(xy^3z(x,y))}\cdot(3xy^2z + xy^3z_y(x,y)) \equiv 0 \end{aligned}$$

Einsetzen von $x = \pi$, $y = 1$ ergibt mit $z(\pi, 1) = \frac{1}{4}$

$$\underbrace{-2\mathrm{e}^{1/2}\frac{1}{\sqrt{2}}\cdot\frac{1}{\sqrt{2}}}_{\neq 0}\cdot\left(\frac{1}{4} + \pi z_x(\pi,1)\right) = 0$$

$$\underbrace{-2\mathrm{e}^{1/2}\frac{1}{\sqrt{2}}\cdot\frac{1}{\sqrt{2}}}_{\neq 0}\cdot\left(\frac{3\pi}{4} + \pi z_y(\pi,1)\right) = 0$$

weiter also $z_x(\pi, 1) = -\frac{1}{4\pi}$ und $z_y(\pi, 1) = -\frac{3}{4}$.

24.23 • Es ist $f_i \in C^1$, $f_1(4,2,-2) = f_2(4,2,-2) = 0$, und für die Jacobi-Determinante erhält man

$$\begin{aligned} \left|\frac{\partial(f_1, f_2)}{\partial(x,y)}\right| &= \begin{vmatrix} \frac{\partial f_1}{\partial x} & \frac{\partial f_1}{\partial y} \\ \frac{\partial f_2}{\partial x} & \frac{\partial f_2}{\partial y} \end{vmatrix}_P = \begin{vmatrix} 2x & 2y \\ 1 & 2y \end{vmatrix}_P \\ &= \begin{vmatrix} 8 & 4 \\ 4 & 1 \end{vmatrix} = 28 \neq 0 \end{aligned}$$

Das Funktionensystem ist also in P tatsächlich lokal auflösbar. Aus $f_1(x,y,z) = 0$ erhält man $x^2 = 22 + z - y^2$, aus

$f_2(x, y, z) = 0$ weiter $y^2 = -z^3 - x$, und setzt man das ein, ergibt sich $x^2 - x - z^3 - z - 22 = 0$. Als Lösung der quadratischen Gleichung erhält man

$$x = \varphi_1(z) = -\frac{1}{2} + \sqrt{\frac{1}{4} + z^3 + z + 22}$$

(nur der positive Zweig der Wurzel kommt in Betracht, da für $z = -2$ ja $x = 4 > 0$ sein soll) und damit weiter

$$y = \varphi_2(z) = \sqrt{-z^3 - \frac{1}{2} - \sqrt{\frac{1}{4} + z^3 + z + 22}}.$$

24.24 •• Es ist $\boldsymbol{\eta} = \boldsymbol{f}(\boldsymbol{p}) = (0, 1, 0)$. Die Jacobi-Matrizen von $\boldsymbol{f}$ und $\boldsymbol{g}$ in $\boldsymbol{p}$ und $\boldsymbol{\eta}$ ergeben:

$$\left.\frac{\partial f}{\partial x}\right|_{(1,1,1)} = \begin{pmatrix} 1 & -2 & 1 \\ x_2 & x_1 & 0 \\ 2x_1 & 0 & -2x_3 \end{pmatrix}_{(1,1,1)} = \begin{pmatrix} 1 & -2 & 1 \\ 1 & 1 & 0 \\ 2 & 0 & -2 \end{pmatrix}$$

$$\left.\frac{\partial g}{\partial y}\right|_{(0,1,0)} = \begin{pmatrix} 2(y_1 - y_2) & -2(y_1 - y_2) & 2y_3 \\ 2(y_1 + y_2) & 2(y_1 + y_2) & 0 \\ y_2 & y_1 & -1 \end{pmatrix}_{(0,1,0)} = \begin{pmatrix} -2 & 2 & 0 \\ 2 & 2 & 0 \\ 1 & 0 & -1 \end{pmatrix}$$

Nun gilt nach der Kettenregel:

$$\frac{\partial h}{\partial x}(\boldsymbol{p}) = \frac{\partial g}{\partial y}(\boldsymbol{\eta}) \cdot \frac{\partial f}{\partial x}(\boldsymbol{p}) = \begin{pmatrix} -2 & 2 & 0 \\ 2 & 2 & 0 \\ 1 & 0 & -1 \end{pmatrix} \cdot \begin{pmatrix} 1 & -2 & 1 \\ 1 & 1 & 0 \\ 2 & 0 & -2 \end{pmatrix} = \begin{pmatrix} 0 & 6 & -2 \\ 4 & -2 & 2 \\ -1 & -2 & 3 \end{pmatrix}$$

und die Determinante ergibt

$$\left|\frac{\partial h}{\partial x}(\boldsymbol{p})\right| = -6 \cdot (12 + 2) - 2 \cdot (-8 - 2) = -64 \neq 0,$$

die Abbildung ist also umkehrbar. Da die Matrizen quadratisch sind, gilt auch

$$\left|\frac{\partial h}{\partial x}(\boldsymbol{p})\right| = \left|\frac{\partial g}{\partial y}(\boldsymbol{\eta})\right| \cdot \left|\frac{\partial f}{\partial x}(\boldsymbol{p})\right| = 8 \cdot (-8) = -64.$$

24.25 •• Für die ersten partiellen Ableitungen erhält man

$$\frac{\partial f}{\partial x} = x \cdot (x^2 - y^2 - 2) \cdot \mathrm{e}^{-\frac{x^2+y^2}{2}}$$
$$\frac{\partial f}{\partial y} = y \cdot (2 + x^2 - y^2) \cdot \mathrm{e}^{-\frac{x^2+y^2}{2}}$$

Nullsetzen liefert im ersten Fall $x = 0$ oder $x^2 - y^2 - 2 = 0$, im zweiten $y = 0$ oder $x^2 - y^2 + 2 = 0$. Ein kritischer Punkt ist damit auf jeden Fall $\boldsymbol{p}_1 = (0, 0)^\top$. Die Bedingungen $x = 0$ und $2 - y^2 = 0$ führen auf $\boldsymbol{p}_2 = (0, \sqrt{2})^\top$, $\boldsymbol{p}_3 = (0, -\sqrt{2})^\top$. Für $y = 0$ und $x^2 - 2 = 0$ erhält man $\boldsymbol{p}_4 = (\sqrt{2}, 0)^\top$, $\boldsymbol{p}_5 = (-\sqrt{2}, 0)^\top$. Die beiden Bedingungen $x^2 - y^2 - 2 = 0$ und $x^2 - y^2 + 2 = 0$ sind nicht gleichzeitig erfüllbar, man hat also bereits alle kritischen Punkte gefunden. Überprüfen der zweiten Ableitungen liefert:

$$(f_{xx} \cdot f_{yy} - f_{xy}^2)|_{(0,0)} = (-2) \cdot 2 - 0 = -4 < 0$$
$$\boldsymbol{p}_1 \text{ Sattelpkt.}$$
$$(f_{xx} \cdot f_{yy} - f_{xy}^2)|_{(0,\sqrt{2})} = \left(-\frac{4}{e}\right) \cdot \left(-\frac{4}{e}\right) - 0 = \frac{16}{\mathrm{e}^2} > 0$$
$$f_{xx} = -\frac{4}{\mathrm{e}} < 0, \quad \boldsymbol{p}_2 \text{ lok. Max.}$$
$$(f_{xx} \cdot f_{yy} - f_{xy}^2)|_{(0,\sqrt{2})} = \left(-\frac{4}{e}\right) \cdot \left(-\frac{4}{e}\right) - 0 = \frac{16}{\mathrm{e}^2} > 0$$
$$f_{xx} = -\frac{4}{\mathrm{e}} < 0, \quad \boldsymbol{p}_3 \text{ lok. Max.}$$
$$(f_{xx} \cdot f_{yy} - f_{xy}^2)|_{(\sqrt{2},0)} = \frac{4}{e} \cdot \frac{4}{e} - 0 = \frac{16}{\mathrm{e}^2} > 0$$
$$f_{xx} = \frac{4}{\mathrm{e}} > 0, \quad \boldsymbol{p}_4 \text{ lok. Min.}$$
$$(f_{xx} \cdot f_{yy} - f_{xy}^2)|_{(-\sqrt{2},0)} = \frac{4}{e} \cdot \frac{4}{e} - 0 = \frac{16}{\mathrm{e}^2} > 0$$
$$f_{xx} = \frac{4}{\mathrm{e}} > 0, \quad \boldsymbol{p}_5 \text{ lok. Min.}$$

24.26 •• Die ersten partiellen Ableitungen ergeben sich zu $f_x = 4(1+2x-y) - 2(2-x+y) + 2(1+x-y) = 12x - 8y + 2$ und $f_y = -2(1+2x-y) + 2(2-x+y) - 2(1+x-y) = -8x + 6y$. Nullsetzen liefert ein Gleichungssystem mit den Lösungen $x = -\frac{3}{2}$ und $y = -2$.

Mit $f_{xx} = 12$, $f_{xy} = -8$ und $f_{yy} = 6$ erhält man $\Delta = f_{xx} f_{yy} - f_{xy}^2 = 8 > 0$, es handelt sich also tatsächlich um ein Extremum, wegen $f_{xx} = 12 > 0$ um ein relatives Minimum, natürlich muss es auch das absolute Minimum der Funktion sein.

24.27 •• Lösen wir die Bedingung $g(x, y, z) = 0$ nach z auf, so erhalten wir $z = 1 - x - y$, damit definieren wir

$$\tilde{f}(x, y) := f(x, y, 1 - x - y) = x - xy + y^2.$$

Für diese Funktion erhalten wir

$$\begin{aligned} \tilde{f}_x &= 1 - y = 0 &&\rightarrow \quad y = 1 \\ \tilde{f}_y &= -x + 2y = 0 &&\rightarrow \quad x = 2y, \end{aligned}$$

also $x = 2$, $y = 1$, $z = -2$. Nun ist $f(2,1,-2) = \tilde{f}(2,1) = 1$, aber z. B. $\tilde{f}(0,0) = 0 < 1$ und $\tilde{f}(2,0) = 2 > 1$, also liegt an $\boldsymbol{p} = (2,1,-2)^\top$ kein Extremum.

24.28 •• Nullsetzen der ersten partiellen Ableitungen liefert:

$$\begin{aligned} f_x(x,y) &= -3y^2 + 3x^2 = 3(x^2 - y^2) = 0 \\ &\rightarrow x^2 = y^2,\ x = \pm y \\ f_y(x,y) &= 4y^3 - 6xy = 2y(2y^2 - 3x) = 0 \\ &\rightarrow y = 0 \vee 2y^2 - 3x = 0 \end{aligned}$$

Eine Lösung ist also sicher $\boldsymbol{p}_1 = (0,0)^\top$. Setzt man nun $y^2 = x^2$ in $2y^2 - 3x = 0$ ein, erhält man $x \cdot (2x - 3) = 0$ mit den beiden Lösungen $x = 0$ (schon in $\boldsymbol{p}_1$ erfasst) und $x = \frac{3}{2}$. Wegen $x = \pm y$ ergeben sich also zwei weitere Punkte $\boldsymbol{p}_2 = (\frac{3}{2}, \frac{3}{2})^\top$ und $\boldsymbol{p}_3 = (\frac{3}{2}, -\frac{3}{2})^\top$. Nun versuchen wir, anhand der Hesse-Matrix Aussagen über die Art des Extremums zu erhalten, dazu betrachten wir:

$$\Delta_2 = \begin{vmatrix} f_{xx} & f_{xy} \\ f_{xy} & f_{yy} \end{vmatrix} = \begin{vmatrix} 6x & -6y \\ -6y & 12y^2 - 6x \end{vmatrix}$$

Für die Punkte $\boldsymbol{p}_2$ und $\boldsymbol{p}_3$ erhalten wir:

$$\begin{aligned} \Delta_2\big|_{\boldsymbol{p}_2} &= 9 \cdot 18 - (-9) \cdot (-9) = 81 > 0 \\ \Delta_2\big|_{\boldsymbol{p}_3} &= 9 \cdot 18 - 9 \cdot 9 = 81 > 0 \end{aligned}$$

Es handelt sich also um Extrema, und zwar (wegen $f_{xx}|_{\boldsymbol{p}_2} = f_{xx}|_{\boldsymbol{p}_3} = 9 > 0$) um zumindest lokale Minima. An $\boldsymbol{p}_1$ kann mit der Hesse-Matrix keine Aussage gemacht werden ($\Delta_2\big|_{\boldsymbol{p}_1} = 0$), da aber beispielsweise $f(x,0) = x^3$ in jeder Umgebung von $\boldsymbol{p}_1 = (0,0)^\top$ größere und kleinere Werte als $f(0,0) = 0$ annimmt, muss es sich um einen Sattelpunkt handeln. Anhand von $f(x,0)$ sieht man auch, dass f beliebig große und kleine Werte annehmen kann, es also keine globalen Extreme geben kann.

Anwendungsprobleme

24.29 • Linearisierung im Sinne des totalen Differenzials liefert

- $\Delta V = 2r\pi\, h\, \Delta r + r^2\pi\, \Delta h$, mit $r = 10\,\text{cm}$, $h = 50\,\text{cm}$, $\Delta r = 0.1\,\text{cm}$ und $\Delta h = 0.1\,\text{cm}$ erhalten wir $V = (15\,707.96 \pm 345.57)\,\text{cm}^3$. Angaben in so hoher Genauigkeit sind allerdings weder für den Wert noch den Fehler sinnvoll. Meist beschränkt man sich darauf, den Fehler auf zwei signifikante Stellen des Fehlers und den Wert auch bis zu dieser Genauigkeit anzugeben, hier etwa

$$V = (1571 \pm 35) \cdot 10\,\text{cm}^3\,.$$

- Aus $a = \frac{2s}{t^2}$ erhalten wir

$$\Delta a = \frac{2\,\Delta s}{t^2} - 2\,\frac{2s}{t^3}\,\Delta t$$

und bei Einsetzen der Werte

$$a = (13.42 \pm 0.14)\frac{\text{m}}{\text{s}^2}\,.$$

- Aus

$$R_{12} = \frac{R_1 R_2}{R_1 + R_2}$$

erhalten wir

$$\Delta R_{12} = \frac{R_2^2\,\Delta R_1 + R_1^2\,\Delta R_2}{(R_1 + R_2)^2}$$

und damit

$$R_{12} = (33.3 \pm 2.8)\Omega\,.$$

Dass der absolute Fehler hier kleiner ist als der der Ausgangsgrößen ist nicht sonderlich überraschend, denn auch der Wert ist kleiner. Betrachtet man den relativen Fehler $\Delta R_{12}/R_{12}$, so sieht man, dass dieser größer ist als das geometrische Mittel der relativen Ausgangsfehler. (Die simple Betrachtung eines Mittels ist hier gerechtfertigt, weil beide Ausgangsgrößen symmetrisch eingehen, das geometrische Mittel ist dem Charakter von relativen Größen besser angepasst als das arithmetische.)

24.30 • Wir erhalten aus

$$pV = RT\,, \quad p = \frac{RT}{V}\,, \quad V = \frac{RT}{p}\,, \quad T = \frac{pV}{R}$$

die Ableitungen

$$\left(\frac{\partial p}{\partial V}\right)_T = -\frac{RT}{V^2}\,, \quad \left(\frac{\partial V}{\partial T}\right)_p = \frac{R}{p}\,, \quad \left(\frac{\partial T}{\partial p}\right)_V = \frac{V}{R}$$

und das Produkt

$$\left(\frac{\partial p}{\partial V}\right)_T \left(\frac{\partial V}{\partial T}\right)_p \left(\frac{\partial T}{\partial p}\right)_V = -\frac{RT}{pV} = -1\,.$$

24.31 ••• Wir erhalten durch mehrfaches Ableiten

$$
\begin{aligned}
\frac{\partial \ln Z}{\partial x_i} &= \frac{1}{Z}\frac{\partial Z}{\partial x_i} = \left\langle \frac{\partial Z}{\partial x_i} \right\rangle \\
\frac{\partial^2 \ln Z}{\partial x_i\,\partial x_j} &= -\frac{1}{Z^2}\frac{\partial Z}{\partial x_i}\frac{\partial Z}{\partial x_j} + \frac{1}{Z}\frac{\partial^2 Z}{\partial x_i\,\partial x_j} \\
&= \left\langle \frac{\partial^2 Z}{\partial x_i\,\partial x_j} \right\rangle - \left\langle \frac{\partial Z}{\partial x_i} \right\rangle \left\langle \frac{\partial Z}{\partial x_j} \right\rangle \frac{\partial^3 \ln Z}{\partial x_i\,\partial x_j\,\partial x_k} \\
&= \frac{2}{Z^3}\frac{\partial Z}{\partial x_i}\frac{\partial Z}{\partial x_j}\frac{\partial Z}{\partial x_k} - \frac{1}{Z^2}\frac{\partial^2 Z}{\partial x_i\,\partial x_k}\frac{\partial Z}{\partial x_j} \\
&\quad - \frac{1}{Z^2}\frac{\partial Z}{\partial x_i}\frac{\partial^2 Z}{\partial x_j\,\partial x_k} - \frac{1}{Z^2}\frac{\partial^2 Z}{\partial x_i\,\partial x_j}\frac{\partial Z}{\partial x_k} \\
&\quad + \frac{1}{Z}\frac{\partial^3 Z}{\partial x_i\,\partial x_j\,\partial x_k} \\
&= \left\langle \frac{\partial^3 Z}{\partial x_i\,\partial x_j\,\partial x_k} \right\rangle - \left\langle \frac{\partial^2 Z}{\partial x_i\,\partial x_j} \right\rangle \left\langle \frac{\partial Z}{\partial x_k} \right\rangle \\
&\quad - \left\langle \frac{\partial^2 Z}{\partial x_i\,\partial x_k} \right\rangle \left\langle \frac{\partial Z}{\partial x_j} \right\rangle - \left\langle \frac{\partial^2 Z}{\partial x_j\,\partial x_k} \right\rangle \left\langle \frac{\partial Z}{\partial x_i} \right\rangle \\
&\quad + 2\left\langle \frac{\partial Z}{\partial x_i} \right\rangle \left\langle \frac{\partial Z}{\partial x_j} \right\rangle \left\langle \frac{\partial Z}{\partial x_k} \right\rangle
\end{aligned}
$$

$$
\begin{aligned}
\frac{\partial^4 \ln Z}{\partial x_i\,\partial x_j\,\partial x_k\,\partial x_l} &= -\frac{6}{Z^4}\frac{\partial Z}{\partial x_i}\frac{\partial Z}{\partial x_j}\frac{\partial Z}{\partial x_k}\frac{\partial Z}{\partial x_l} + \frac{2}{Z^3}\frac{\partial^2 Z}{\partial x_i\,\partial x_l}\frac{\partial Z}{\partial x_j}\frac{\partial Z}{\partial x_k} \\
&\quad + \frac{2}{Z^3}\frac{\partial^2 Z}{\partial x_j\,\partial x_l}\frac{\partial Z}{\partial x_i}\frac{\partial Z}{\partial x_k} + \frac{2}{Z^3}\frac{\partial^2 Z}{\partial x_k\,\partial x_l}\frac{\partial Z}{\partial x_i}\frac{\partial Z}{\partial x_j} \\
&\quad - \frac{1}{Z^2}\frac{\partial^3 Z}{\partial x_i\,\partial x_k\,\partial x_l}\frac{\partial Z}{\partial x_j} - \frac{1}{Z^2}\frac{\partial^2 Z}{\partial x_i\,\partial x_k}\frac{\partial^2 Z}{\partial x_j\,\partial x_l} \\
&\quad + \frac{2}{Z^3}\frac{\partial^2 Z}{\partial x_i\,\partial x_k}\frac{\partial Z}{\partial x_j}\frac{\partial Z}{\partial x_l} - \frac{1}{Z^2}\frac{\partial^3 Z}{\partial x_j\,\partial x_k\,\partial x_l}\frac{\partial Z}{\partial x_i} \\
&\quad - \frac{1}{Z^2}\frac{\partial^2 Z}{\partial x_j\,\partial x_k}\frac{\partial^2 Z}{\partial x_i\,\partial x_l} + \frac{2}{Z^3}\frac{\partial^2 Z}{\partial x_j\,\partial x_k}\frac{\partial Z}{\partial x_i}\frac{\partial Z}{\partial x_l} \\
&\quad - \frac{1}{Z^2}\frac{\partial^3 Z}{\partial x_i\,\partial x_j\,\partial x_l}\frac{\partial Z}{\partial x_k} - \frac{1}{Z^2}\frac{\partial^2 Z}{\partial x_i\,\partial x_j}\frac{\partial^2 Z}{\partial x_k\,\partial x_l} \\
&\quad + \frac{2}{Z^3}\frac{\partial^2 Z}{\partial x_i\,\partial x_j}\frac{\partial Z}{\partial x_k}\frac{\partial Z}{\partial x_l} - \frac{1}{Z^2}\frac{\partial^3 Z}{\partial x_i\,\partial x_j\,\partial x_k}\frac{\partial Z}{\partial x_l} \\
&\quad + \frac{1}{Z}\frac{\partial^4 Z}{\partial x_i\,\partial x_j\,\partial x_k\,\partial x_l} \\
&= \left\langle \frac{\partial^4 Z}{\partial x_i\,\partial x_j\,\partial x_k\,\partial x_l} \right\rangle \\
&\quad - \frac{1}{6}\sum_{\text{perm.}} \left\langle \frac{\partial^3 Z}{\partial x_{i_1}\,\partial x_{i_2}\,\partial x_{i_3}} \right\rangle \left\langle \frac{\partial Z}{\partial x_{i_4}} \right\rangle \\
&\quad - \frac{1}{8}\sum_{\text{perm.}} \left\langle \frac{\partial^2 Z}{\partial x_{i_1}\,\partial x_{i_2}} \right\rangle \left\langle \frac{\partial^2 Z}{\partial x_{i_3}\,\partial x_{i_4}} \right\rangle \\
&\quad + \frac{1}{2}\sum_{\text{perm.}} \left\langle \frac{\partial^2 Z}{\partial x_{i_1}\,\partial x_{i_2}} \right\rangle \left\langle \frac{\partial Z}{\partial x_{i_3}} \right\rangle \left\langle \frac{\partial Z}{\partial x_{i_4}} \right\rangle \\
&\quad - 6\left\langle \frac{\partial Z}{\partial x_i} \right\rangle \left\langle \frac{\partial Z}{\partial x_j} \right\rangle \left\langle \frac{\partial Z}{\partial x_k} \right\rangle \left\langle \frac{\partial Z}{\partial x_l} \right\rangle
\end{aligned}
$$

Dabei bedeutet „perm", dass über alle Permutationen von (x_i, x_j, x_k, x_l) zu zu summieren ist. Die kombinatorischen Vorfaktoren kompensiert dabei die mehrfach gezählten Varianten.

Kapitel 25

Aufgaben

Verständnisfragen

25.1 • Mit $W \subseteq \mathbb{R}^3$ bezeichnen wir das Gebiet, das von den Ebenen $x_1 = 0$, $x_2 = 0$, $x_3 = 2$ und der Fläche $x_3 = x_1^2 + x_2^2$, $x_1 \geq 0$, $x_2 \geq 0$ begrenzt wird. Schreiben Sie das Integral

$$\int_W \sqrt{x_3 - x_2^2}\,\mathrm{d}\boldsymbol{x}$$

auf 6 verschiedene Arten als iteriertes Integral in kartesischen Koordinaten. Berechnen Sie den Wert mit der Ihnen am geeignetsten erscheinenden Integrationsreihenfolge.

25.2 •• Gesucht ist das Gebietsintegral

$$\int_{x=0}^{2}\int_{y=0}^{x^2} \frac{x}{y+5}\,\mathrm{d}y\,\mathrm{d}x + \int_{x=2}^{\sqrt{20}}\int_{y=0}^{\sqrt{20-x^2}} \frac{x}{y+5}\,\mathrm{d}y\,\mathrm{d}x\,.$$

Erstellen Sie eine Skizze des Integrationsbereichs. Vertauschen Sie die Integrationsreihenfolge und berechnen Sie so das Integral.

25.3 • Gegeben ist das Gebiet $D \subseteq \mathbb{R}^3$, das als Schnitt der Einheitskugel mit der Menge $\{\boldsymbol{x} \in \mathbb{R}^3 \,|\, x_1, x_2, x_3 > 0\}$ entsteht. Beschreiben Sie dieses Gebiet in kartesischen Koordinaten, Zylinderkoordinaten und Kugelkoordinaten.

25.4 • Bestimmen Sie für die folgenden Gebiete D je eine Transformation $\psi : B \to D$, bei der B ein Quader ist:

(a) $D = \left\{\boldsymbol{x} \in \mathbb{R}^2_{>0} \,|\, 0 < x_1^2 + x_2^2 < 4,\ 0 < \frac{x_2}{x_1} < 1\right\}$

(b) $D = \left\{\boldsymbol{x} \in \mathbb{R}^3 \,|\, x_1, x_2 > 0,\ x_1^2 + x_2^2 + x_3^2 < 1\right\}$

(c) $D = \left\{\boldsymbol{x} \in \mathbb{R}^2 \,|\, 0 < x_2 < 1,\ x_2 < x_1 < 2 + x_2\right\}$

(d) $D = \left\{\boldsymbol{x} \in \mathbb{R}^3 \,|\, 0 < x_3 < 1,\ x_2 > 0,\ x_1^2 < 9 - x_2^2\right\}$

25.5 • Gegeben ist ein Dreieck $D \subseteq \mathbb{R}^2$ mit den Eckpunkten $\boldsymbol{a}$, $\boldsymbol{b}$ und $\boldsymbol{c}$. Zeigen Sie, dass für den Schwerpunkt des Dreiecks die Formel

$$\boldsymbol{x}_S = \frac{1}{3}(\boldsymbol{a} + \boldsymbol{b} + \boldsymbol{c})$$

gilt.

25.6 •• Die Menge all derjenigen Punkte $\boldsymbol{x} \in \mathbb{R}^3$, die Lösungen einer Gleichung der Form

$$a\,x_1^2 + b\,x_2^2 + c\,x_3^2 = r^2$$

bei gegebenem a, b, c und $r > 0$ sind, nennt man ein **Ellipsoid**. Für $a = b = c$ erhält man den Spezialfall einer Kugel.

Bei Kugelkoordinaten erhält man für konstantes r und variable Winkelkoordinaten eine Kugelschale. Modifizieren Sie die Kugelkoordinaten so, dass bei konstantem r ein Ellipsoid entsteht. Wie lautet die Funktionaldeterminante der zugehörigen Transformation?

25.7 ••• Gegeben ist eine messbare Menge $D \subseteq \mathbb{R}^n$ und eine Folge von paarweise disjunkten, messbaren Mengen (D_n) aus $\mathbb{R}^n$ mit $\bigcup_{n=1}^{\infty} D_n = D$. Zeigen Sie

$$\int_D 1\,\mathrm{d}\boldsymbol{x} = \sum_{n=1}^{\infty}\int_{D_n} 1\,\mathrm{d}\boldsymbol{x}\,.$$

Rechenaufgaben

25.8 • Berechnen Sie die folgenden Gebietsintegrale:

(a) $J = \displaystyle\int_D \frac{\sin(x_1 + x_3)}{x_2 + 2}\,\mathrm{d}\boldsymbol{x}$ mit $D = \left[-\frac{\pi}{4}, 0\right] \times [0, 2] \times \left[0, \frac{\pi}{2}\right]$

(b) $J = \displaystyle\int_D \frac{2x_1x_3}{(x_1^2 + x_2^2)^2}\,\mathrm{d}\boldsymbol{x}$ mit $D = \left[\frac{1}{\sqrt{3}}, 1\right] \times [0, 1] \times [0, 1]$

T. Arens et al., *Arbeitsbuch Mathematik*, https://doi.org/10.1007/978-3-662-64391-4_24

25.9 •• Berechnen Sie die folgenden Integrale für beide möglichen Integrationsreihenfolgen:

(a) $\int_B (x^2 - y^2)\,\mathrm{d}(x, y)$ mit dem Gebiet $B \subseteq \mathbb{R}^2$ zwischen den Graphen der Funktionen mit $y = x^2$ und $y = x^3$ für $x \in (0, 1)$.
(b) $\int_B \frac{\sin(y)}{y}\,\mathrm{d}(x, y)$ mit $B \subseteq \mathbb{R}^2$ definiert durch

$$B = \left\{(x, y)^{\mathrm{T}} \in \mathbb{R}^2 : 0 \le x \le y \le \frac{\pi}{2}\right\}.$$

Welche Integrationsreihenfolge ist jeweils die günstigere?

25.10 •• Zeigen Sie für beliebige $n \in \mathbb{N}$ die Beziehung

$$V_n = \int_0^1 \int_0^{t_1} \ldots \int_0^{t_{n-1}} \mathrm{d}t_n \cdots \mathrm{d}t_2\,\mathrm{d}t_1 = \frac{1}{n!}.$$

25.11 •• Das Dreieck D ist durch seine Eckpunkten $(0, 0)^{\mathrm{T}}$, $(\pi/2, \pi/2)^{\mathrm{T}}$ und $(\pi, 0)^{\mathrm{T}}$ definiert. Berechnen Sie das Gebietsintegral

$$\int_D \sqrt{\sin x_1 \sin x_2}\,\cos x_2\,\mathrm{d}\boldsymbol{x}.$$

25.12 ••• Das Gebiet M ist definiert durch

$$M = \left\{\boldsymbol{x} \in \mathbb{R}^2 \;\middle|\; 0 < \frac{x_2}{x_1^2 + x_2^2} < 1 - \frac{x_1}{x_1^2 + x_2^2} < \frac{1}{2}\right\}.$$

Bestimmen Sie das Integral

$$\int_M \frac{4(x_1 + x_2)}{(x_1^2 + x_2^2)^3}\,\mathrm{d}\boldsymbol{x}$$

mithilfe der Transformation

$$x_1 = \frac{u_1}{u_1^2 + u_2^2}, \quad x_2 = \frac{u_2}{u_1^2 + u_2^2}.$$

25.13 •• Bestimmen Sie das Integral

$$I = \int_D (2y^2 + 3xy - 2x^2)\,\mathrm{d}(x, y),$$

wobei D ein Quadrat ist, dessen Eckpunkte bei $(x, y) = (4, 0)$, $(2, 4)$, $(-2, 2)$ und $(0, -2)$ liegen.

25.14 •• Bestimmen Sie den Inhalt jenes Volumenbereiches, der von den Flächen $x^2+y^2 = 1+z^2$ und $x^2+y^2 = 2-z^2$ eingeschlossen wird und der den Koordinatenursprung enthält.

25.15 •• Gegeben ist $D = \{x \in \mathbb{R}^2 \mid x_1^2 + x_2^2 < 1\}$. Berechnen Sie

$$\int_D (x_1^2 + x_1x_2 + x_2^2)\,\mathrm{e}^{-(x_1^2+x_2^2)}\,\mathrm{d}\boldsymbol{x}$$

durch Transformation auf Polarkoordinaten.

25.16 •• Aus dem Zylinder

$$\{\boldsymbol{x} \in \mathbb{R}^3 \mid x_1^2 + x_2^2 < 4\} \subseteq \mathbb{R}^3$$

wird durch die x_1x_2-Ebene und die Fläche

$$\{\boldsymbol{x} \in \mathbb{R}^3 \mid x_3 = \mathrm{e}^{x_1^2+x_2^2}\}$$

ein Körper herausgeschnitten. Welche Masse hat dieser Körper und wo liegt sein Schwerpunkt, wenn seine Dichte durch $\rho(\boldsymbol{x}) = x_2^2$ gegeben ist?

25.17 • Gegeben ist die Kugelschale D um den Nullpunkt mit äußerem Radius R und innerem Radius r $(r < R)$. Berechnen Sie den Wert des Integrals

$$\int_D \sqrt{x^2 + y^2 + z^2}\,\mathrm{d}(x, y, z).$$

25.18 •• Die Halbkugel $B = \{\boldsymbol{x} \in \mathbb{R}^3 \mid \|\boldsymbol{x}\| < R, z > 0\}$ besteht aus einem Material mit der Dichte $\varrho(x) = ax_3$, $a > 0$. Berechnen Sie die Masse und die dritte Koordinate des Schwerpunkts der Halbkugel.

Anwendungsprobleme

25.19 • Wir nähern die Erde durch eine Kugel mit Radius $R = 7000\,\mathrm{km}$ an. Entlang des Äquators soll rund um die Erde eine Straße der Breite $B = 60\,\mathrm{m}$ gebaut werden. Welches Volumen V hat die abgetragene Planetenmasse, wenn die Straßenoberfläche genau die Mantelfläche eines Zylinders bildet (siehe Abb. 25.29)? Wie groß ist das Volumen, wenn die Straße auf dem Mond ($R = 1700$ km) gebaut wird?

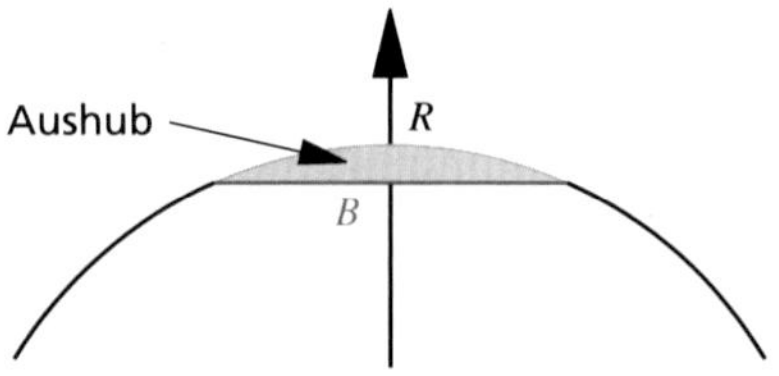

Abb. 25.29 Schematische Darstellung der Straße aus Aufgabe 25.19 als Querschnitt durch den Planeten

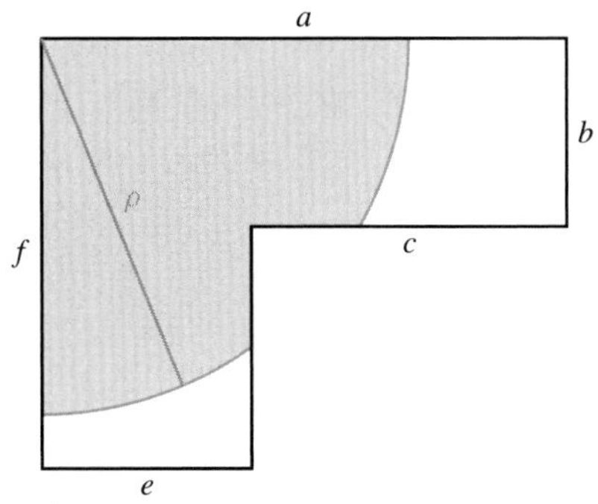

Abb. 25.30 Die L-förmige Wiese aus Aufgabe 25.20 und der Bereich, der von der Ziege abgegrast werden kann

25.20 •• Auf einem L-förmig eingezäunten Stück Wiese ist an der linken oberen Ecke eine Ziege mit einer Leine der Länge ρ angebunden. Die Bezeichnungen für die Maße der Wiese finden Sie in Abb. 25.30. Es soll

$$\sqrt{e^2 + b^2} < \rho < \min\{a, f\}$$

gelten. Welche Fläche kann die Ziege abgrasen?

25.21 •• Ein Hammer (siehe Abb. 25.31) besteht aus einem hölzernen Stiel der Dichte $\rho_H = 600\,\text{kg/m}^3$ und einem stählernen Kopf der Dichte $\rho_S = 7700\,\text{kg/m}^3$. Der Stiel hat die Länge $l_1 = 30\,\text{cm}$ und ist zylindrisch. Der Radius am freien Ende beträgt $r_1 = 1\,\text{cm}$. An den übrigen Stellen ist er in Abhängigkeit des Abstands x vom freien Ende durch die Formel

$$r(x) = r_1 - a\,\frac{x^2}{l_1^2}, \quad 0 \le x \le l_1,$$

gegeben. Hierbei ist $a = 0.2\,\text{cm}$.

Der Kopf ist ein Quader mit Länge $l_2 = 9\,\text{cm}$, sowie Breite und Höhe $b_2 = h_2 = 2.4\,\text{cm}$. Der Kopf ist so durchbohrt, dass der Stiel genau hineinpasst und Stiel und Kopf bündig abschließen.

Bestimmen Sie die Lage des Schwerpunkts des Hammers. Runden Sie dabei alle Zahlenwerte auf vier signifikante Stellen.

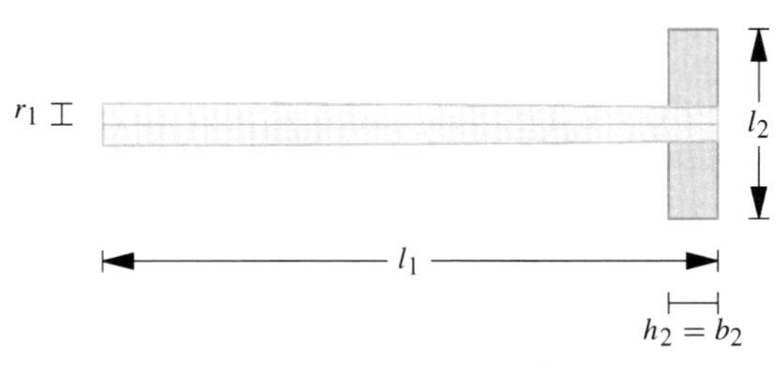

Abb. 25.31 Darstellung des Hammers aus Aufgabe 25.21 im Querschnitt

Hinweise

Verständnisfragen

25.1 • Wählen Sie eine Integrationsreihenfolge, bei der durch die innerste Integration die Wurzel verschwindet.

25.2 •• Durch das Vertauschen der Integrationsreihenfolge können beide Integrale zu einem zusammengefasst werden.

25.3 • Am einfachsten sind die Kugelkoordinaten.

25.4 • Formen Sie die Bedingungen aus den Definitionen der Mengen so um, dass Intervalle entstehen. Gibt es Ausdrücke, die auf bekannte Transformationen hinweisen?

25.5 • Verwenden Sie die Vektoren $\boldsymbol{b}-\boldsymbol{a}$ und $\boldsymbol{c}-\boldsymbol{a}$ als Basis für ein Koordinatensystem im $\mathbb{R}^2$. Die Fläche des Dreiecks ist $|\det((\boldsymbol{b}-\boldsymbol{a}, \boldsymbol{c}-\boldsymbol{a}))|/2$.

25.6 •• Substituieren Sie in den Gleichung so, dass die Gleichung einer Kugel entsteht.

25.7 ••• Zeigen Sie zunächst, dass die Reihe auf der rechten Seite der Gleichung konvergiert. Dazu kann das Monotoniekriterium verwendet werden. Um die Gleichheit nachzuweisen, muss man die Definition der Integrale über Treppenfunktionen verwenden. Wählen Sie eine Folge von Treppenfunktionen für jedes D_n und konstruieren Sie damit eine Folge für D.

Rechenaufgaben

25.8 • Verwenden Sie den Satz von Fubini, um die Gebietsintegrale als iterierte Integrale zu schreiben.

25.9 •• Schreiben Sie die Integrale für beide möglichen Integrationsreihenfolgen als iteriertes Integral. Lassen sich auf beiden Wegen die Integrale berechnen?

25.10 •• Setzen Sie $V_0 = 1$ und rechnen Sie die Formel für $n = 1$, $n = 2$ und $n = 3$ explizit aus. Stellen Sie eine Vermutung für das allgemeine Ergebnis auf und beweisen diese durch vollständige Induktion.

25.11 •• Schreiben Sie das Integral als iteriertes Integral, bei dem im inneren Integral die Integration über x_2 durchgeführt wird.

25.12 ••• Bestimmen Sie die Funktionaldeterminante der Transformation und wenden Sie die Transformationsformel an. Dazu müssen Sie den Integranden durch u_1 und u_2 ausdrücken. Was ist $x_1^2 + x_2^2$?

25.13 •• Fertigen Sie eine Skizze des Integrationsbereichs an. Welches sind geeignete Koordinaten für eine Anwendung der Transformationsformel?

25.14 •• Führen Sie die Rechnung in Zylinderkoordinaten durch und nutzen Sie soweit wie möglich die Symmetrien des Systems aus. Das Zerlegen des Integrationsgebietes in zwei Normalbereiche ist dennoch notwendig.

25.15 •• Substituieren Sie $u = r^2$ für das Integral über r.

25.16 •• Verwenden Sie Zylinderkoordinaten. Im Integral über r kann man $u = r^2$ substituieren.

25.17 • Verwenden Sie Kugelkoordinaten.

25.18 •• Verwenden Sie Kugelkoordinaten für beide Gebietsintegrale.

Anwendungsprobleme

25.19 • Stellen Sie das Volumen durch Zylinderkoordinaten dar.

25.20 •• Bestimmen Sie einfach zu beschreibende Teilflächen, für die Sie die Flächeninhalte berechnen können. Ggf. ist es sinnvoll, eine Fläche zunächst mehrfach zu bestimmen und dann entsprechend oft wieder abzuziehen.

25.21 •• Überlegen Sie sich einfache Teilgebiete, aus denen sich der Hammer zusammensetzt. Setzen Sie ggf. bekannte Formeln für Integrale über Quader oder Rotationskörper ein.

Lösungen

Verständnisfragen

25.1 • Der Wert ist $\frac{16}{15}\sqrt{2}$.

25.2 •• Der Wert des Integrals ist 4.

25.3 • Die Darstellungen des Gebiets lautet:

$$\begin{aligned} D &= \{\boldsymbol{x} \in \mathbb{R}^3 \mid 0 < x_1 < 1, \\ &\qquad 0 < x_2 < \sqrt{1 - x_1^2},\ x_1^2 + x_2^2 + x_3^2 = 1\} \\ &= \{(\rho\cos\varphi, \rho\sin\varphi, z)^\top \in \mathbb{R}^3 \mid \\ &\qquad 0 < \varphi < \pi/2,\ 0 < \rho < 1,\ z^2 + \rho^2 = 1\} \\ &= \{(\cos\varphi\sin\vartheta, \sin\varphi\sin\vartheta, \cos\vartheta)^\top \in \mathbb{R}^3 \mid \\ &\qquad 0 < \varphi < \pi/2,\ 0 < \vartheta < \pi/2\} \end{aligned}$$

25.4 • (a) Polarkoordinaten, $B = (0,2) \times (0,\pi/4)$, (b) Kugelkoordinaten, $B = (0,1) \times (0,\pi/2) \times (0,\pi)$, (c) $B = (0,1) \times (0,2)$ und $\psi(u_1,u_2) = (u_1 + u_2, u_1)^\top$, (d) Zylinderkoordinaten, $B = (0,3) \times (0,\pi) \times (0,1)$.

25.5 • –

25.6 •• Die Transformation ist

$$\begin{aligned} x_1 &= \frac{r}{\sqrt{a}}\cos\varphi\,\sin\vartheta, \\ x_2 &= \frac{r}{\sqrt{b}}\sin\varphi\,\sin\vartheta, \\ x_3 &= \frac{r}{\sqrt{c}}\cos\vartheta \end{aligned}$$

mit der Funktionaldeterminante $r^2\,\sin\vartheta/\sqrt{abc}$.

25.7 ••• –

Rechenaufgaben

25.8 • (a) $J = \ln 2\,(\sqrt{2} - 1)$, (b) $(\pi/2)\,(1/\sqrt{3} - 1/4)$.

25.9 •• (a) $\int_B (x^2 - y^2)\,\mathrm{d}(x,y) = 2/105$,
(b) $\int_B \sin(y)/y\,\mathrm{d}(x,y) = 1$.

25.10 •• –

25.11 •• $\int_D \sqrt{\sin x_1 \sin x_2}\cos x_2\,\mathrm{d}\boldsymbol{x} = \pi/3$.

25.12 ••• Der Wert des Integrals ist $5/12$.

25.13 •• $I = 60$

25.14 •• $V = 2\sqrt{2}\pi$

25.15 •• $\pi\,(1 - 2/\mathrm{e})$.

25.16 •• Die Masse ist $m = (\pi/2)\,(3\mathrm{e}^4 + 1)$. Die Schwerpunktkoordinaten s_1 und s_2 verschwinden. Es gilt $s_3 = (7\mathrm{e}^8 + 1)/(8(3\mathrm{e}^4 + 1))$.

25.17 • $\int_D \sqrt{x^2 + y^2 + z^2}\,\mathrm{d}(x,y,z) = \pi\,(R^4 - r^4)$.

25.18 •• Die Masse ist $m = a\pi\,R^4/4$, für die dritte Schwerpunktkoordinate gilt $s_3 = 8R/15$.

Anwendungsprobleme

25.19 • Das Volumen ist, unabhängig vom Radius des Planeten, $\pi\, B^3/6$.

25.20 •• Die Fläche ist

$$\frac{1}{2}\left(b\sqrt{\rho^2-b^2}+e\sqrt{\rho^2-e^2}+\rho^2\left[\arcsin\frac{b}{\rho}+\arcsin\frac{e}{\rho}\right]\right)-be.$$

25.21 •• Aus Symmetriegründen gilt $s_2 = s_3 = 0\,\mathrm{m}$. Für die erste Koordinate ergibt sich $s_1 \approx 0.270\,1\,\mathrm{m}$.

Lösungswege

Verständnisfragen

25.1 • Es gibt 6 verschiedene Permutationen, also Reihenfolgen, der drei Koordinaten des Raums. Dementsprechend können wir auch das Integral auf 6 verschiedene Arten berechnen. Es ist:

$$\begin{aligned}
\int_W \sqrt{x_3-x_2^2}\,\mathrm{d}\boldsymbol{x} &= \int_{x_1=0}^{\sqrt{2}}\int_{x_2=0}^{\sqrt{2-x_1^2}}\int_{x_3=x_1^2+x_2^2}^{2}\sqrt{x_3-x_2^2}\,\mathrm{d}x_3\,\mathrm{d}x_2\,\mathrm{d}x_1\\
&= \int_{x_1=0}^{\sqrt{2}}\int_{x_3=x_1^2}^{2}\int_{x_2=0}^{\sqrt{x_3-x_1^2}}\sqrt{x_3-x_2^2}\,\mathrm{d}x_2\,\mathrm{d}x_3\,\mathrm{d}x_1\\
&= \int_{x_2=0}^{\sqrt{2}}\int_{x_1=0}^{\sqrt{2-x_2^2}}\int_{x_3=x_1^2+x_2^2}^{2}\sqrt{x_3-x_2^2}\,\mathrm{d}x_3\,\mathrm{d}x_1\,\mathrm{d}x_2\\
&= \int_{x_2=0}^{\sqrt{2}}\int_{x_3=x_2^2}^{2}\int_{x_1=0}^{\sqrt{x_3-x_2^2}}\sqrt{x_3-x_2^2}\,\mathrm{d}x_1\,\mathrm{d}x_3\,\mathrm{d}x_2\\
&= \int_{x_3=0}^{2}\int_{x_1=0}^{\sqrt{x_3}}\int_{x_2=0}^{\sqrt{x_3-x_1^2}}\sqrt{x_3-x_2^2}\,\mathrm{d}x_2\,\mathrm{d}x_1\,\mathrm{d}x_3\\
&= \int_{x_3=0}^{2}\int_{x_2=0}^{\sqrt{x_3}}\int_{x_1=0}^{\sqrt{x_3-x_2^2}}\sqrt{x_3-x_2^2}\,\mathrm{d}x_1\,\mathrm{d}x_2\,\mathrm{d}x_3
\end{aligned}$$

Im 4-ten oder 6-ten Fall hebt sich durch die Integration über x_1 im innersten Integral die Wurzel weg. Wir erhalten zum Beispiel im 4-ten Fall

$$\begin{aligned}
\int_W \sqrt{x_3-x_2^2}\,\mathrm{d}\boldsymbol{x} &= \int_{x_2=0}^{\sqrt{2}}\int_{x_3=x_2^2}^{2}\int_{x_1=0}^{\sqrt{x_3-x_2^2}}\sqrt{x_3-x_2^2}\,\mathrm{d}x_1\,\mathrm{d}x_3\,\mathrm{d}x_2\\
&= \int_{x_2=0}^{\sqrt{2}}\int_{x_3=x_2^2}^{2}\left(x_3-x_2^2\right)\mathrm{d}x_3\,\mathrm{d}x_2\\
&= \int_{x_2=0}^{\sqrt{2}}\left(2-2x_2^2+\frac{1}{2}x_2^4\right)\mathrm{d}x_2\\
&= \left[2x_2-\frac{2}{3}x_2^3+\frac{1}{10}x_2^5\right]_0^{\sqrt{2}}\\
&= \frac{16}{15}\sqrt{2}.
\end{aligned}$$

25.2 •• In der Abb. 25.32 ist der Integrationsbereich dargestellt.

Das Integrationsgebiet des ersten Integrals ist

$$\begin{aligned}
&\{(x,y)^\top \in \mathbb{R}^2 \mid 0<x<2,\ 0<y<x^2\}\\
&\quad=\{(x,y)^\top \in \mathbb{R}^2 \mid 0<y<4,\ \sqrt{y}<x<2\},
\end{aligned}$$

das des zweiten Integrals ist

$$\begin{aligned}
&\{(x,y)^\top \in \mathbb{R}^2 \mid 2<x<\sqrt{20},\ 0<y<\sqrt{20-x^2}\}\\
&\quad=\{(x,y)^\top \in \mathbb{R}^2 \mid 0<y<4,\ 2<x<\sqrt{20-y^2}\}.
\end{aligned}$$

Dreht man die Integrationsreihenfolge in den Integralen um, können beide zusammengefasst werden. Dann haben wir zu be-

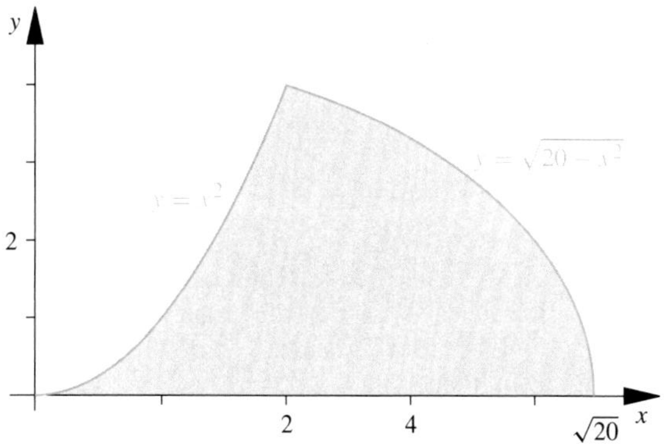

Abb. 25.32 Der gemeinsame Integrationsbereich der Gebietsintegrale aus der Aufgabe 25.2

rechnen

$$\begin{aligned}\int_{y=0}^{4}\int_{x=\sqrt{y}}^{\sqrt{20-y^2}} \frac{x}{y+5}\,\mathrm{d}x\,\mathrm{d}y &= \int_{y=0}^{4} \frac{1}{2(y+5)}\,(20-y^2-y)\,\mathrm{d}y\\ &= \int_{y=0}^{4} \frac{1}{2(y+5)}\,(y+5)\,(4-y)\,\mathrm{d}y\\ &= \int_{y=0}^{4} \frac{4-y}{2}\,\mathrm{d}y = 4.\end{aligned}$$

25.3 • In kartesischen Koordinaten kann man das Gebiet zum Beispiel schreiben als

$$\begin{aligned}D = \{\boldsymbol{x} \in \mathbb{R}^3 \,|\, 0 < x_1 < 1,\\ 0 < x_2 < \sqrt{1-x_1^2},\ x_1^2 + x_2^2 + x_3^2 = 1\}.\end{aligned}$$

In zylindrischen Koordinaten erhalten wir etwa

$$\begin{aligned}D = \{(\rho\,\cos\varphi, \rho\,\sin\varphi, z)^\top \in \mathbb{R}^3 \,|\, 0 < \varphi < \pi/2,\\ 0 < \rho < 1,\ z^2 + \rho^2 = 1\}.\end{aligned}$$

In Kugelkoordinaten ist das Gebiet am einfachsten auszudrücken,

$$\begin{aligned}D = \{(\cos\varphi\,\sin\vartheta, \sin\varphi\,\sin\vartheta, \cos\vartheta)^\top \in \mathbb{R}^3 \,|\, 0 < \varphi < \pi/2,\\ 0 < \vartheta < \pi/2\}.\end{aligned}$$

In dieser Darstellung wird auch am deutlichsten, dass es sich um ein Achtel einer Kugel (einen Kugeloktanden) handelt.

25.4 • (a) Da für Polarkoordinaten (r,φ) die Gleichung $r^2 = x_1^2 + x_2^2$ gilt, scheinen sich diese anzubieten. Damit lautet die erste Bedingung $0 < r < 2$. Die zweite Bedingung schreiben wir zu $0 < x_2 < x_1$ um. Das Gebiet D liegt also unterhalb der Geraden $x_1 = x_2$. In Polarkoordinaten bedeutet das $0 < \varphi < \pi/4$. Damit ist also

$$B = (0,2) \times \left(0, \frac{\pi}{4}\right)$$

und $\psi : B \to D$ gegeben durch

$$\psi(r,\varphi) = \begin{pmatrix} r\,\cos\varphi \\ r\,\sin\varphi \end{pmatrix}.$$

(b) Es handelt sich bei der Menge D um ein Viertel einer Kugel. Es bieten sich daher Kugelkoordinaten an. Wie bei (a) sehen wir $0 < r < 1$. Die Bedingungen $x_1, x_2 > 0$ führen auf $\varphi \in (0, \pi/2)$. Damit sind alle Bedingungen abgedeckt, für die ϑ-Koordinate gibt es keine zusätzlichen Einschränkungen. Wir haben also

$$B = (0,1) \times \left(0, \frac{\pi}{2}\right) \times (0,\pi)$$

und $\psi : B \to D$ mit

$$\psi(r,\varphi,\vartheta) = \begin{pmatrix} r\,\cos\varphi\,\sin\vartheta \\ r\,\sin\varphi\,\sin\vartheta \\ r\,\cos\vartheta \end{pmatrix}.$$

(c) Die erste Bedingung hat schon die Form eines Intervalls. Wir subtrahieren x_2 in der zweiten Bedingung und erhalten

$$0 < x_1 - x_2 < 2.$$

Mit $u_1 = x_2$ und $u_2 = x_1 - x_2$ folgt $x_1 = u_1 + u_2$. Damit setzen wir

$$B = (0,1) \times (0,2)$$

und wählen $\psi : B \to D$ als

$$\psi(u_1,u_2) = \begin{pmatrix} u_1 + u_2 \\ u_1 \end{pmatrix}.$$

(d) Die dritte Bedingung lautet umgeschrieben $x_1^2 + x_2^2 < 9$. Dies deutet auf Zylinderkoordinaten $(\rho,\varphi,z)^\top$ hin. Die Bedingung $x_2 > 0$ übersetzt sich dann zu $0 < \varphi < \pi$. Damit erhalten wir

$$B = (0,3) \times (0,\pi) \times (0,1)$$

und $\psi : B \to D$ mit

$$\psi(\rho,\varphi,z) = \begin{pmatrix} \rho\,\cos\varphi \\ \rho\,\sin\varphi \\ z \end{pmatrix}.$$

25.5 • Wir setzen $\boldsymbol{p} = \boldsymbol{b} - \boldsymbol{a}$ und $\boldsymbol{q} = \boldsymbol{c} - \boldsymbol{a}$. Dadurch könne wir jeden Punkt $\boldsymbol{x} \in D$ eindeutig als

$$\boldsymbol{x} = \boldsymbol{a} + s_1\,\boldsymbol{p} + s_2\,\boldsymbol{q}$$

darstellen, wobei $s_1, s_2 \in (0,1)$ und $s_1 + s_2 < 1$ gilt. Somit folgt für den Schwerpunkt

$$\begin{aligned}\boldsymbol{x}_S &= \frac{1}{V(D)} \int_D \boldsymbol{x}\,\mathrm{d}\boldsymbol{x}\\ &= \frac{1}{V(D)} \int_0^1 \int_0^{1-s_1} (\boldsymbol{a} + s_1\,\boldsymbol{p} + s_2\,\boldsymbol{q}) \cdot |\det((\boldsymbol{p},\boldsymbol{q}))|\,\mathrm{d}s_2\,\mathrm{d}s_1\\ &= 2\int_0^1 \left[s_2\,(\boldsymbol{a} + s_1\,\boldsymbol{p}) + \frac{1}{2}\,s_2^2\,\boldsymbol{q}\right]_{s_2=0}^{1-s_1} \mathrm{d}s_1\\ &= 2\int_0^1 \left((1-s_1)\,\boldsymbol{a} + s_1\,(1-s_1)\,\boldsymbol{p} + \frac{1}{2}\,(1-s_1)^2\,\boldsymbol{q}\right) \mathrm{d}s_1\\ &= 2\left[\left(s_1 - \frac{1}{2}\,s_1^2\right)\boldsymbol{a} + \left(\frac{1}{2}\,s_1^2 - \frac{1}{3}\,s_1^3\right)\boldsymbol{p} - \frac{1}{6}\,(1-s_1)^3\,\boldsymbol{q}\right]_0^1\\ &= \boldsymbol{a} + \frac{1}{3}\,\boldsymbol{p} + \frac{1}{3}\,\boldsymbol{q} = \frac{1}{3}\,(\boldsymbol{a} + \boldsymbol{b} + \boldsymbol{c}).\end{aligned}$$

25.6 •• Ist $\boldsymbol{x}$ ein Punkt auf einem Ellipsoid, so substituieren wir

$$y_1 = \sqrt{a}\, x_1, \quad y_2 = \sqrt{b}\, x_2, \quad y_3 = \sqrt{c}\, x_3.$$

Dann gilt für $\boldsymbol{y} = (y_1, y_2, y_3)^\top$ die Gleichung

$$y_1^2 + y_2^2 + y_3^2 = r^2.$$

Also liegt $\boldsymbol{y}$ auf einer Kugelschale um den Ursprung mit Radius r.

Indem wir die Menge aller $\boldsymbol{y}$, die auf dieser Kugelschale liegen, durch Kugelkoordinaten mit konstantem r darstellen, erhalten wir für $\boldsymbol{x}$ die Gleichungen

$$\begin{aligned} x_1 &= \frac{r}{\sqrt{a}} \cos\varphi \, \sin\vartheta, \\ x_2 &= \frac{r}{\sqrt{b}} \sin\varphi \, \sin\vartheta, \\ x_3 &= \frac{r}{\sqrt{c}} \cos\vartheta. \end{aligned}$$

Allgemeiner spricht man bei Transformation der Form

$$\begin{aligned} x_1 &= \alpha\, r \, \cos\varphi \, \sin\vartheta, \\ x_2 &= \beta\, r \, \sin\varphi \, \sin\vartheta, \\ x_3 &= \gamma\, r \, \cos\vartheta \end{aligned}$$

mit $r > 0$, $\varphi \in (-\pi, \pi)$, $\vartheta \in (0, \pi)$ und gegebenen Konstanten $\alpha, \beta, \gamma > 0$ von **elliptischen Koordinaten.** Jedes so gegebene $\boldsymbol{x} \in \mathbb{R}^3$ erfüllt die Gleichung

$$\frac{x_1^2}{\alpha^2} + \frac{x_2^2}{\beta^2} + \frac{x_3^2}{\gamma^2} = r^2.$$

Berechnet man die Funktionalmatrix der zugehörigen Transformation, so unterscheidet sich diese von derjenigen zu den Kugelkoordinaten gerade dadurch, dass in der ersten Zeile jeweils ein Faktor α, in der zweiten jeweils ein Faktor β, und in der dritten jeweils ein Faktor γ steht. Wegen der Linearität der Determinante bezüglich jeder Zeile, folgt, dass die Funktionaldeterminante durch

$$\alpha\beta\gamma\, r^2 \, \sin\vartheta$$

gegeben ist. In den ursprünglichen Bezeichnungen erhalten wir

$$\frac{r^2 \sin\vartheta}{\sqrt{abc}}.$$

25.7 ••• Da die Mengen (D_n) paarweise disjunkt sind und ihre Vereinigung genau D ergibt, ist jede endliche Vereinigung von solchen Mengen eine Teilmenge von D,

$$\bigcup_{n=1}^{N} D_n \subseteq D.$$

Nach den Rechenregeln der Integralrechnung, wobei wir noch einmal ausnutzen, dass die Mengen paarweise disjunkt sind, ist somit

$$\sum_{n=1}^{N} \int_{D_n} 1 \, \mathrm{d}\boldsymbol{x} = \int_{\bigcup_{n=1}^{N} D_n} 1 \, \mathrm{d}\boldsymbol{x} \leq \int_D 1 \, \mathrm{d}x.$$

Also ist die Reihe der Integrale auf der linken Seite dieser Gleichung nach oben beschränkt. Außerdem ist sie monoton wachsend, denn Gebietsintegrale über die Funktion 1 sind stets positiv. Also konvergiert die Reihe dieser Integrale, und es gilt

$$\sum_{n=1}^{\infty} \int_{D_n} 1 \, \mathrm{d}\boldsymbol{x} \leq \int_D 1 \, \mathrm{d}\boldsymbol{x}.$$

Die andere Abschätzung ist schwieriger. Wir wählen uns auf jedem D_n eine Folge von monoton wachsenden Treppenfunktionen $(\varphi_{n,k})_k$, die fast überall gegen die Funktion χ_n mit

$$\chi_n(\boldsymbol{x}) = \begin{cases} 1, & \boldsymbol{x} \in D_n, \\ 0, & \boldsymbol{x} \in \mathbb{R}^n \setminus D_n \end{cases}$$

konvergiert. Es folgt, da $D_n \subseteq D$,

$$\lim_{k\to\infty} \int_D \varphi_{n,k}(\boldsymbol{x}) \, \mathrm{d}\boldsymbol{x} = \int_{D_n} 1 \, \mathrm{d}\boldsymbol{x}.$$

Wir setzen weiter

$$\varphi_k(\boldsymbol{x}) = \begin{cases} \sum_{n=1}^{k} \varphi_{n,k}(\boldsymbol{x}), & \boldsymbol{x} \in \bigcup_{n=1}^{k} D_n, \\ 0, & \text{sonst.} \end{cases}$$

Dann ist auch (φ_k) eine Folge monoton wachsender Treppenfunktionen, und sie konvergiert fast überall gegen die Funktion χ mit

$$\chi(\boldsymbol{x}) = \begin{cases} 1, & \boldsymbol{x} \in D, \\ 0, & \text{sonst.} \end{cases}$$

Somit gilt

$$\begin{aligned} \int_D 1 \, \mathrm{d}\boldsymbol{x} &= \lim_{k\to\infty} \int_D \varphi_k(\boldsymbol{x}) \, \mathrm{d}\boldsymbol{x} \\ &= \lim_{k\to\infty} \sum_{n=1}^{k} \int_D \varphi_{n,k}(\boldsymbol{x}) \, \mathrm{d}\boldsymbol{x} \\ &\leq \lim_{k\to\infty} \sum_{n=1}^{\infty} \int_{D_n} \varphi_{n,k}(\boldsymbol{x}) \, \mathrm{d}\boldsymbol{x} \\ &\leq \lim_{k\to\infty} \sum_{n=1}^{\infty} \int_{D_n} 1 \, \mathrm{d}\boldsymbol{x}. \end{aligned}$$

Im letzten Ausdruck kann man den Grenzwert auch weglassen, denn es kommt kein k mehr vor. Damit steht die gewünschte Abschätzung da.

Rechenaufgaben

25.8 • (a) Das Integrationsgebiet ist ein Quader. Der Integrand ist stetig und lässt sich auf den Rand des Quaders stetig fortsetzen. Er ist also integrierbar. Daher können wir den Satz von Fubini anwenden.

$$\begin{aligned} J &= \int_{x_3=0}^{\pi/2} \int_{x_1=-\pi/4}^{0} \int_{x_2=0}^{2} \frac{\sin(x_1+x_3)}{x_2+2}\,\mathrm{d}x_2\,\mathrm{d}x_1\,\mathrm{d}x_3 \\ &= [\ln(x_2+2)]_0^2 \int_{x_3=0}^{\pi/2} \int_{x_1=-\pi/4}^{0} \sin(x_1+x_3)\,\mathrm{d}x_1\,\mathrm{d}x_3 \\ &= \ln 2 \int_{x_3=0}^{\pi/2} \int_{x_1=-\pi/4}^{0} \sin(x_1+x_3)\,\mathrm{d}x_1\,\mathrm{d}x_3 \\ &= \ln 2 \int_0^{\pi/2} \left(\cos\left(x_3-\frac{\pi}{4}\right) - \cos x_3\right)\mathrm{d}x_3 = \ln 2\,(\sqrt{2}-1). \end{aligned}$$

(b) Wie bei Teil (a) sehen wir, dass der Satz von Fubini angewandt werden kann. Es ergibt sich

$$\begin{aligned} J &= \int_{x_3=0}^{1} \int_{x_1=1/\sqrt{3}}^{1} \int_{x_2=0}^{1} \frac{2x_1x_3}{(x_1^2+x_2^2)^2}\,\mathrm{d}x_3\,\mathrm{d}x_1\,\mathrm{d}x_2 \\ &= \int_{x_3=0}^{1} \int_{x_1=1/\sqrt{3}}^{1} \frac{x_1}{(x_1^2+x_2^2)^2}\,\mathrm{d}x_1\,\mathrm{d}x_2 \\ &= \frac{1}{2}\int_0^1 \left(\frac{1}{1/3+x_2^2} - \frac{1}{1+x_2^2}\right)\mathrm{d}x_2 \\ &= \frac{1}{2}\left(\sqrt{3}\arctan\sqrt{3} - \arctan 1\right) = \frac{\pi}{2}\left(\frac{1}{\sqrt{3}} - \frac{1}{4}\right). \end{aligned}$$

25.9 •• (a) Zunächst integrieren wir im inneren Integral bezüglich x:

$$\begin{aligned} \int_B (x^2-y^2)\,\mathrm{d}(x,y) &= \int_0^1 \int_{\sqrt{y}}^{\sqrt[3]{y}} (x^2-y^2)\,\mathrm{d}x\,\mathrm{d}y = \int_0^1 \left[\frac{1}{3}x^3 - xy^2\right]_{\sqrt{y}}^{\sqrt[3]{y}} \mathrm{d}y \\ &= \int_0^1 \left(\frac{1}{3}y - y^{7/3} - \frac{1}{3}y^{3/2} + y^{5/2}\right)\mathrm{d}y \\ &= \left[\frac{1}{6}y^2 - \frac{3}{10}y^{10/3} - \frac{2}{15}y^{5/2} + \frac{2}{7}y^{7/2}\right]_0^1 \\ &= \frac{2}{105} \end{aligned}$$

Einfacher ist es zuerst bezüglich y zu integrieren:

$$\begin{aligned} \int_B (x^2-y^2)\,\mathrm{d}(x,y) &= \int_0^1 \int_{x^3}^{x^2} (x^2-y^2)\,\mathrm{d}y\,\mathrm{d}x \\ &= \int_0^1 \left(x^4 - \frac{1}{3}x^6 - x^5 + \frac{1}{3}x^9\right)\mathrm{d}x \\ &= \frac{2}{105} \end{aligned}$$

(b) Der Versuch, im inneren Integral bezüglich y zu integrieren, scheitert hier: Eine Stammfunktion von $\sin(y)/y$ kann nicht explizit angegeben werden. Daher bleibt nur die Möglichkeit zunächst bezüglich x zu integrieren:

$$\begin{aligned} \int_B \frac{\sin(y)}{y}\,\mathrm{d}(x,y) &= \int_0^{\pi/2} \int_0^{y} \frac{\sin(y)}{y}\,\mathrm{d}x\,\mathrm{d}y \\ &= \int_0^{\pi/2} \frac{\sin(y)}{y}\,y\,\mathrm{d}y \\ &= [-\cos(y)]_0^{\pi/2} = 1 \end{aligned}$$

25.10 •• Wir setzen $V_0 = 1$ und berechnen die iterierten Integrale zunächst für $n = 1$, $n = 2$ und $n = 3$:

$$\int_0^{t_0} \mathrm{d}t_1 = t_0 = \frac{t_0}{1!}$$

$$\int_0^{t_0}\int_0^{t_1} \mathrm{d}t_2\,\mathrm{d}t_1 = \int_0^{t_0} t_1\,\mathrm{d}t_1 = \left.\frac{t_1^2}{2}\right|_0^{t_0} = \frac{t_0^2}{2} = \frac{t_0^2}{2!}$$

$$\begin{aligned} \int_0^{t_0}\int_0^{t_1}\int_0^{t_2} \mathrm{d}t_3\,\mathrm{d}t_2\,\mathrm{d}t_1 &= \int_0^{t_0}\int_0^{t_1} t_2\,\mathrm{d}t_2\,\mathrm{d}t_1 \\ &= \int_0^{t_0} \frac{t_1^2}{2}\,\mathrm{d}t_1 = \left.\frac{t_1^3}{6}\right|_0^{t_0} = \frac{t_0^3}{6} = \frac{t_0^3}{3!} \end{aligned}$$

Damit stellen wir die folgende Vermutung auf:

$$\int_0^{t_0}\int_0^{t_1}\cdots\int_0^{t_n} \mathrm{d}t_n\cdots\mathrm{d}t_2\,\mathrm{d}t_1 = \frac{t_0^n}{n!}$$

Diese beweisen wir mit vollständiger Induktion, wobei wir den Induktionsanfang schon erbracht haben. Es bleibt der Induktionsschluss zu zeigen. Aufgrund der Induktionsvoraussetzung gilt

$$\int_0^{t_1}\int_0^{t_2}\cdots\int_0^{t_{n+1}} \mathrm{d}t_{n+1}\cdots\mathrm{d}t_3\,\mathrm{d}t_2 = \frac{t_1^n}{n!}$$

Demnach ist

$$\int_0^{t_0}\int_0^{t_1}\cdots\int_0^{t_{n+1}} \mathrm{d}t_{n+1}\cdots \mathrm{d}t_2\,\mathrm{d}t_1 = \int_0^{t_0} \frac{t_1^n}{n!}\,\mathrm{d}t_1$$

$$= \left[\frac{t_1^{n+1}}{(n+1)!}\right]_0^{t_0} = \frac{t_0^{n+1}}{(n+1)!}.$$

Somit ist die Vermutung bewiesen. Setzen wir jetzt für t_0 wieder den Wert 1 ein, so erhalten wir

$$V_n = \frac{1}{n!}.$$

25.11 •• Wir geben zunächst das Dreieck D durch

$$D = \{\boldsymbol{x} \in \mathbb{R}^2 \mid 0 \le x_1 \le \pi,\ 0 \le x_2 \le q(x_1)\}$$

an, wobei q durch

$$q(t) = \begin{cases} t & 0 \le t \le \pi/2, \\ \pi - t & \pi/2 < t \le \pi \end{cases}$$

gegeben ist.

Da alle auftretenden Funktionen stetig auf den Rand von D fortgesetzt werden können, können wir den Satz von Fubini anwenden, um das Gebietsintegral als iteriertes Integral zu schreiben. Zunächst führen wir die Integration bezüglich x_2 durch. Eine Stammfunktion kann mit der Substitution $u = \sin x_2$ gefunden werden:

$$\int \sqrt{\sin x_1 \sin x_2}\cos x_2\,\mathrm{d}x_2 = \int \sqrt{u\,\sin x_1}\,\mathrm{d}u$$

$$= \frac{2}{3}\sqrt{\sin x_1}\,u^{3/2}$$

$$= \frac{2}{3}\sqrt{\sin x_1\,\sin^3 x_2}$$

Es ist also

$$\int_0^{q}(x_1) \int \sqrt{\sin x_1 \sin x_2}\cos x_2\,\mathrm{d}x_2$$

$$= \begin{cases} \frac{2}{3}\sin^2 x_1, & 0 < x_1 < \pi/2, \\ \frac{2}{3}\sqrt{\sin x_1\,\sin^3(\pi - x_1)}, & \pi/2 < x_1 \le \pi, \end{cases}$$

$$= \frac{2}{3}\sin^2 x_1.$$

Damit folgt für das Gebietsintegral

$$\int_D \sqrt{\sin x_1 \sin x_2}\cos x_2\,\mathrm{d}\boldsymbol{x} = \frac{2}{3}\int_0^{\pi} \sin^2 x_1\,\mathrm{d}x_1$$

$$= \frac{1}{3}\left[x_1 - \sin(x_1)\,\cos(x_1)\right]_0^{\pi}$$

$$= \frac{\pi}{3}.$$

25.12 ••• Die Bedingungen aus der Definition der Menge M kann man umschreiben zu

$$0 < u_2 < \frac{1}{2} \quad \text{und} \quad \frac{1}{2} < u_1 < 1 - u_2.$$

Alle $\boldsymbol{u} \in \mathbb{R}^2$, die diesen Bedingungen genügen, fassen wir in der Menge B zusammen.

Zur Transformation gehört die Abbildung ψ, deren Funktionalmatrix sich als

$$\psi'(\boldsymbol{u}) = \begin{pmatrix} \frac{u_2^2 - u_1^2}{(u_1^2+u_2^2)^2} & \frac{-2u_1u_2}{(u_1^2+u_2^2)^2} \\ \frac{-2u_1u_2}{(u_1^2+u_2^2)^2} & \frac{u_1^2-u_2^2}{(u_1^2+u_2^2)^2} \end{pmatrix}$$

ergibt. Die Determinante ist

$$\det\psi'(\boldsymbol{u}) = -\frac{(u_1^2 - u_2^2)^2}{(u_1^2+u_2^2)^4} - \frac{4u_1^2u_2^2}{(u_1^2+u_2^2)^4}$$

$$= -\frac{u_1^4 + 2u_1^2u_2^2 + u_2^4}{(u_1^2+u_2^2)^4} = -\frac{1}{(u_1^2+u_2^2)^2}.$$

Um den Integranden umzuschreiben, beachten wir den Zusammenhang

$$x_1^2 + x_2^2 = \frac{u_1^2 + u_2^2}{(u_1^2+u_2^2)^2} = \frac{1}{u_1^2+u_2^2}.$$

Damit folgt

$$\frac{4\,(x_1 + x_2)}{(x_1^2 + x_2^2)^3} = 4\,(u_1 + u_2)\,(u_1^2 + u_2^2)^2.$$

Mit der Transformationsformel erhalten wir nun

$$\int_M \frac{4(x_1 + x_2)}{(x_1^2 + x_2^2)^3}\,\mathrm{d}\boldsymbol{x} = \int_B 4\,(u_1 + u_2)\,\mathrm{d}\boldsymbol{u}$$

$$= \int_{u_2=0}^{1/2}\int_{u_1=1/2}^{1-u_2} 4\,(u_1 + u_2)\,\mathrm{d}u_1\,\mathrm{d}u_2$$

$$= \int_0^{1/2}\left(\frac{3}{2} - 2u_2 - 2u_2^2\right)\mathrm{d}u_2 = \frac{5}{12}.$$

25.13 •• Das Quadrat wird durch die Geraden $2y - x = -4$, $2y - x = 6$, $2x + y = -2$ und $2x + y = 8$ begrenzt. Von daher ist es günstig, die Koordinaten $u = 2y - x$, $v = 2x + y$ einzuführen. Die Umkehrung erhalten wir aus

$$\begin{aligned} -u &= -2y + x \\ 2v &= 4x + 2y \\ \hline 2v - u &= 5x \end{aligned} \qquad \text{und} \qquad \begin{aligned} 2u &= 4y - 2x \\ v &= 2x + y \\ \hline 2u + v &= 5y \end{aligned}$$

zu $x = (2v - u)/5$ und $y = (2u + v)/5$ mit

$$(u, v) \in B = [-4, 6] \times [-2, 8]\,.$$

In

$$\begin{aligned} I &= \int_D f(x, y)\,\mathrm{d}(x, y) \\ &= \int_B f(x(u, v), y(u, v))\,\left|\det \frac{\partial(x, y)}{\partial(u, v)}\right| \mathrm{d}v\,\mathrm{d}u \end{aligned}$$

nimmt daher der Integrand in den neuen Koordinaten die Form

$$\begin{aligned} g(u, v) &= f(x(u, v), y(u, v)) \\ &= \frac{2}{25}(2u + v)^2 + \frac{3}{25}(2v - u)(2u + v) \\ &\quad - \frac{2}{25}(2v - u)^2 \\ &= \frac{1}{25}(8u^2 + 8uv + 2v^2 - 6u^2 + 9uv + 6v^2 \\ &\quad - 2u^2 + 8uv - 8v^2) \\ &= u\,v \end{aligned}$$

an, den Betrag der Jacobi-Determinante erhalten wir zu

$$\begin{aligned} \left|\det \frac{\partial(x, y)}{\partial(u, v)}\right| &= \left|\begin{vmatrix} \frac{\partial x}{\partial u} & \frac{\partial x}{\partial v} \\ \frac{\partial y}{\partial u} & \frac{\partial y}{\partial v} \end{vmatrix}\right| \\ &= \left|\begin{vmatrix} -\frac{1}{5} & \frac{2}{5} \\ \frac{2}{5} & \frac{1}{5} \end{vmatrix}\right| = \left|-\frac{1}{25} - \frac{4}{25}\right| = \frac{1}{5}\,. \end{aligned}$$

Wir erhalten also

$$\begin{aligned} I &= \int_B \frac{uv}{5}\,\mathrm{d}(u, v) \\ &= \frac{1}{5} \int_{u=-4}^{6} u\,\mathrm{d}u \cdot \int_{v=-2}^{8} v\,\mathrm{d}v \\ &= \frac{1}{5} \left[\frac{u^2}{2}\right]_{u=-4}^{6} \cdot \left[\frac{v^2}{2}\right]_{v=-2}^{8} \\ &= \frac{1}{20} \cdot (36 - 16) \cdot (64 - 4) = 60\,. \end{aligned}$$

25.14 •• Als erstes führen wir Zylinderkoordinaten ein. Die beiden Flächen $\rho^2 = 1 + z^2$ und $\rho^2 = 2 - z^2$ schneiden sich in $\rho = \sqrt{3/2}$ bzw. $z = \pm\frac{1}{4}$. Um die Integration ausführen zu können, muss der Bereich in zwei Teile zerlegt werden, einmal von $\rho = 0$ bis $\rho = 1$ und dann von $\rho = 1$ bis $\rho = \sqrt{3/2}$. Erleichternd kommt hinzu, dass aus Symmetriegründen nur über positive z integriert werden muss, der Bereich $z < 0$ kann durch

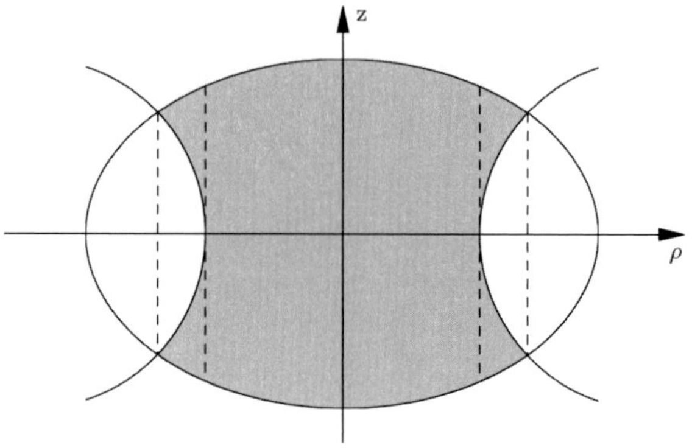

Abb. 25.33 Der Volumeninhalt des hier skizzierten Rotationskörpers ist zu bestimmen

einen Faktor 2 vor dem Integral berücksichtigt werden. Die Aufteilung ist in Abb. 25.33 skizziert.

$$\begin{aligned} V &= 2 \int_{\varphi=0}^{2\pi} \int_{\rho=0}^{1} \int_{z=0}^{\sqrt{2-r^2}} \rho\,\mathrm{d}z\,\mathrm{d}\varphi\,\mathrm{d}\rho \\ &\quad + 2 \int_{\varphi=0}^{2\pi} \int_{\rho=1}^{\sqrt{3/2}} \int_{z=\sqrt{\rho^2-1}}^{\sqrt{2-\rho^2}} \rho\,\mathrm{d}z\,\mathrm{d}\varphi\,\mathrm{d}\rho \\ &= 4\pi \int_{\rho=0}^{1} \rho\,\sqrt{2 - \rho^2}\,\mathrm{d}r \\ &\quad + 4\pi \int_{\rho=1}^{\sqrt{3/2}} \rho(\sqrt{\rho^2 - 1} - \sqrt{2 - \rho^2})\,\mathrm{d}\rho \\ &= 4\pi \left\{ \int_{\rho=0}^{\sqrt{3/2}} \rho\,\sqrt{2 - \rho^2}\,D\rho - \int_{\rho=1}^{\sqrt{3/2}} \rho\sqrt{\rho^2 - 1}\,\mathrm{d}\rho \right\} \end{aligned}$$

Mit der Substitution $u = \rho^2$, $\frac{\mathrm{d}u}{\mathrm{d}\rho} = 2\rho$, $\mathrm{d}\rho = \frac{\mathrm{d}u}{2\rho}$ in beiden Integralen folgt:

$$\begin{aligned} V &= 2\pi \left\{ \int_0^{3/2} \sqrt{2 - u}\,\mathrm{d}u - \int_1^{3/2} \sqrt{u - 1}\,\mathrm{d}u \right\} \\ &= 2\pi \left\{ -\frac{2}{3}(2 - u)^{3/2}\Big|_0^{3/2} - \frac{2}{3}(u - 1)^{3/2}\Big|_1^{3/2} \right\} \\ &= 2\pi \left\{ -\frac{2}{3}\left(\frac{1}{2}\right)^{3/2} + \frac{2}{3}2^{3/2} - \frac{2}{3}\left(\frac{1}{2}\right)^{3/2} \right\} \\ &= 2\pi \left\{ \frac{2}{3}2\sqrt{2} - \frac{4}{3}\frac{1}{2\sqrt{2}} \right\} = 2\sqrt{2}\pi \end{aligned}$$

25.15 •• Wir setzen $B = (0,1) \times (0, 2\pi]$. Mit der Transformation auf Polarkoordinaten gilt

$$\begin{aligned}
&\int_D (x_1^2 + x_1 x_2 + x_2^2)\, \mathrm{e}^{-(x_1^2+x_2^2)}\, \mathrm{d}\boldsymbol{x} \\
&= \int_B (1 + \cos\varphi\, \sin\varphi)\, r^3\, \mathrm{e}^{-r^2}\, \mathrm{d}(r,\varphi) \\
&= \int_0^1 \int_0^{2\pi} (1 + \cos\varphi\, \sin\varphi)\, r^3\, \mathrm{e}^{-r^2}\, \mathrm{d}\varphi\, \mathrm{d}r.
\end{aligned}$$

Für die Integration bezüglich r verwendet man die Substitution $u = r^2$ und integriert anschließend partiell:

$$\begin{aligned}
I &= \int_0^{2\pi} (1 + \cos\varphi\, \sin\varphi)\, \mathrm{d}\varphi \cdot \frac{1}{2} \int_0^1 u\, \mathrm{e}^{-u}\, \mathrm{d}u \\
&= \frac{1}{2} \int_0^{2\pi} \left(1 + \frac{1}{2} \sin(2\varphi)\right) \mathrm{d}\varphi \cdot \left([-u\, \mathrm{e}^{-u}]_0^1 + \int_0^1 \mathrm{e}^{-u}\, \mathrm{d}u \right) \\
&= \frac{1}{2} \left[\varphi - \frac{1}{4} \cos(2\varphi) \right]_0^{2\pi} \cdot \left(-\frac{1}{\mathrm{e}} - [\mathrm{e}^{-u}]_0^1 \right) = \pi \left(1 - \frac{2}{\mathrm{e}}\right)
\end{aligned}$$

25.16 •• Mit Zylinderkoordinaten

$$\boldsymbol{x} = (\rho \cos\varphi, \rho \sin\varphi, z)^\top$$

folgt für die Masse m

$$\begin{aligned}
m &= \int_V \rho(\boldsymbol{x})\, \mathrm{d}\boldsymbol{x} \\
&= \int_0^{2\pi} \int_0^2 \int_0^{\mathrm{e}^{r^2}} r^3 \sin^2\varphi\, \mathrm{d}z\, \mathrm{d}r\, \mathrm{d}\varphi \\
&= \int_0^{2\pi} \sin^2\varphi\, \mathrm{d}\varphi \cdot \int_0^2 r^3 \int_0^{\mathrm{e}^{r^2}} 1\, \mathrm{d}z\, \mathrm{d}r.
\end{aligned}$$

Der Wert des ersten Integrals ist π. Beim zweiten Integral wird $u = r^2$ substituiert, und es folgt

$$\begin{aligned}
\int_0^2 r^3 \int_0^{\mathrm{e}^{r^2}} 1\, \mathrm{d}z\, \mathrm{d}r &= \int_0^2 r^3\, \mathrm{e}^{r^2} \mathrm{d}r = \frac{1}{2} \int_0^4 u\, \mathrm{e}^u\, \mathrm{d}u \\
&= \frac{1}{2} [(u-1)\, \mathrm{e}^u]_0^4 = \frac{3}{2} \mathrm{e}^4 + \frac{1}{2}.
\end{aligned}$$

Also folgt

$$m = \frac{\pi}{2} \left(3\, \mathrm{e}^4 + 1\right).$$

Zur Berechnung des Schwerpunkts $\boldsymbol{s}$ überlegen wir uns zunächst, dass wegen der Rotationssymmetrie des Körpers die Schwerpunktkoordinaten $s_1 = s_2 = 0$ sein müssen. Die s_3-Koordinate des Schwerpunkts ergibt sich durch

$$\begin{aligned}
s_3 &= \frac{1}{m} \int_V x_3\, \rho(\boldsymbol{x})\, \mathrm{d}\boldsymbol{x} \\
&= \frac{1}{m} \int_0^{2\pi} \int_0^2 \int_0^{\mathrm{e}^{r^2}} z\, r^3 \sin^2\varphi\, \mathrm{d}z\, \mathrm{d}r\, \mathrm{d}\varphi \\
&= \frac{\pi}{2m} \int_0^2 r^3\, \mathrm{e}^{2r^2}\, \mathrm{d}r = \frac{\pi}{4m} \int_0^4 u\, \mathrm{e}^{2u}\, \mathrm{d}u \\
&= \frac{7\mathrm{e}^8 + 1}{8(3\mathrm{e}^4 + 1)}.
\end{aligned}$$

25.17 • Wir benutzen Kugelkoordinaten,

$$x = \rho \sin\vartheta \cos\varphi, \quad y = \rho \sin\vartheta \sin\varphi, \quad z = \rho \cos\vartheta$$

mit $r \leq \rho \leq R$, $0 \leq \vartheta \leq \pi$, $0 \leq \varphi \leq 2\pi$. Es ist dann

$$\sqrt{x^2 + y^2 + z^2} = \rho,$$

und es folgt

$$\begin{aligned}
\int_D \sqrt{x^2 + y^2 + z^2}\, \mathrm{d}(x,y,z) &= \int_r^R \int_0^\pi \int_0^{2\pi} \rho^3 \sin\vartheta\, \mathrm{d}\varphi\, \mathrm{d}\vartheta\, \mathrm{d}\rho \\
&= \int_r^R \int_0^\pi 2\pi\rho^3 \sin\vartheta\, \mathrm{d}\vartheta\, \mathrm{d}\rho = \int_r^R 2\pi\, \rho^3\, [-\cos\vartheta]_0^\pi\, \mathrm{d}\rho \\
&= 4\pi \int_r^R \rho^3\, \mathrm{d}\rho = 4\pi \left[\frac{\rho^4}{4}\right]_r^R = \pi \left[R^4 - r^4\right].
\end{aligned}$$

25.18 •• In Kugelkoordinaten (r, ϑ, φ), d. h.

$$x_1 = r \cos\varphi \sin\vartheta, \quad x_2 = r \sin\varphi \sin\vartheta, \quad x_3 = r \cos\vartheta,$$

wird B durch die Bedingungen $0 \leq r \leq R$, $0 \leq \vartheta \leq \pi/2$, $0 \leq \varphi \leq 2\pi$ beschrieben. Damit gilt für die Masse

$$\begin{aligned}
m &= \int_0^{2\pi} \int_0^{\pi/2} \int_0^R a\, r \cos\vartheta\, r^2 \sin\vartheta\, \mathrm{d}r\, \mathrm{d}\vartheta\, \mathrm{d}\varphi \\
&= a \int_0^R r^3\, \mathrm{d}r \cdot \int_0^{2\pi} \mathrm{d}\varphi \cdot \int_0^{\pi/2} \cos\vartheta \sin\vartheta\, \mathrm{d}\vartheta \\
&= a \frac{R^4}{4} 2\pi \left[\frac{\sin^2\vartheta}{2}\right]_0^{\pi/2} = a\pi\, \frac{R^4}{4}.
\end{aligned}$$

Da der Integrand in drei Faktoren separiert, die jeder nur von einer der drei Integrationsvariablen abhängt, kann das iterierte Integral hier als Produkt von drei eindimensionalen Integralen geschrieben werden.

Aus Symmetriegründen liegt der Schwerpunkt von B auf der x_3-Achse, d. h. $s_1 = s_2 = 0$. Für die dritte Koordinate berechnen wir unter Berücksichtigung der Funktionaldeterminante den Wert

$$\begin{aligned} m s_3 &= \int_0^{2\pi}\int_0^{\pi/2}\int_0^{R} a r^2 \cos^2\vartheta \, r^2 \sin\vartheta \, \mathrm{d}r \, \mathrm{d}\vartheta \, \mathrm{d}\varphi \\ &= a \int_0^{R} r^4 \, \mathrm{d}r \cdot \int_0^{2\pi} \mathrm{d}\varphi \cdot \int_0^{\pi/2} \cos^2\vartheta \sin\vartheta \, \mathrm{d}\vartheta \\ &= a \frac{R^5}{5} 2\pi \left[-\frac{\cos^3\vartheta}{3} \right]_0^{\pi/2} = a\pi \frac{2R^5}{15} . \end{aligned}$$

Also ist $s_3 = 8R/15$.

Anwendungsprobleme

25.19 • Wir setzen $b = B/2$. Wir beschreiben den Körper D, der abgetragen wird, durch Zylinderkoordinaten,

$$x_1 = \rho \cos\varphi, \quad x_2 = \rho \sin\varphi, \quad x_3 = z$$

mit $-b < z < b$, $-\pi < \varphi < \pi$. Die Skizze macht darüber hinaus deutlich, dass $R^2 - b^2 < \rho^2 < R^2 - z^2$ gilt. Somit ist

$$\begin{aligned} V &= \int_D 1 \, \mathrm{d}\boldsymbol{x} \\ &= \int_{z=-b}^{b} \int_{\rho=\sqrt{R^2-b^2}}^{\sqrt{R^2-z^2}} \int_{\varphi=-\pi}^{\pi} \rho \, \mathrm{d}\varphi \, \mathrm{d}\rho \, \mathrm{d}z \\ &= \pi \int_{-b}^{b} \left(R^2 - z^2 - (R^2 - b^2)\right) \mathrm{d}z \\ &= \pi \int_{-b}^{b} \left(b^2 - z^2\right) \mathrm{d}z \\ &= \frac{4\pi}{3} b^3 = \frac{\pi}{6} B^3 . \end{aligned}$$

Da wir die Rechnung ohne konkrete Zahlenwerte durchgeführt haben, ist sie für Mond und Erde gleichermaßen gültig. Das Volumen ist überraschenderweise vom Radius des Himmelskörpers unabhängig.

25.20 •• Wir berechen zunächst die Fläche F_1, die die Ziege in dem Rechteck abgrasen kann, dass die Kanten e und f besitzt. Es ergibt sich

$$\begin{aligned} F_1 &= \int_{x_1=0}^{e} \int_{x_2=0}^{\sqrt{\rho^2-x_1^2}} 1 \, \mathrm{d}x_2 \, \mathrm{d}x_1 \\ &= \int_0^{e} \sqrt{\rho^2 - x_1^2} \, \mathrm{d}x_1 \\ &= \left[\frac{1}{2} \left(x_1 \sqrt{\rho^2 - x_1^2} + \rho^2 \arcsin \frac{x_1}{\rho} \right) \right]_0^e \\ &= \frac{1}{2} \left(e \sqrt{\rho^2 - e^2} + \rho^2 \arcsin \frac{e}{\rho} \right) . \end{aligned}$$

Durch Einsetzen der entsprechenden Größen erhalten wir auch die Fläche F_2, die die Ziege im Rechteck mit den Kanten a und b abgrasen kann,

$$F_2 = \frac{1}{2} \left(b \sqrt{\rho^2 - b^2} + \rho^2 \arcsin \frac{b}{\rho} \right) .$$

Addieren wir diese beiden Flächen, so haben wir ein Rechteck mit den Kanten der Längen b und e doppelt gezählt. Also ist die gesuchte Fläche

$$\frac{1}{2} \left(b \sqrt{\rho^2 - b^2} + e \sqrt{\rho^2 - e^2} + \rho^2 \left[\arcsin \frac{b}{\rho} + \arcsin \frac{e}{\rho} \right] \right) - be .$$

25.21 •• Zunächst müssen Masse von Hammer und Stiel bestimmt werden. Beim Stiel handelt es sich um einen Rotationskörper, die Masse ist also

$$\begin{aligned} m_1 &= \rho_{\mathrm{H}} \pi \int_0^{l} \left(r_1 - a \frac{x^2}{l_1^2} \right)^2 \mathrm{d}x \\ &= \rho_{\mathrm{H}} \pi \left[r_1^2 x - \frac{2}{3} a r_1 \frac{x^3}{l_1^2} + a^2 \frac{x^5}{l_1^4} \right]_{x=0}^{l} \\ &= \rho_{\mathrm{H}} \pi \, l_1 \left(r_1^2 - \frac{2}{3} a r_1 + \frac{a^2}{5} \right) \\ &\approx 0.049\,46\,\mathrm{kg}. \end{aligned}$$

Der Kopf ist ein Quader, jedoch müssen wir die Bohrung für den Stiel berücksichtigen. Wir erhalten für seine Masse

$$\begin{aligned} m_2 = \rho_{\mathrm{S}} \Bigg[& l_2 b_2 h_2 - \pi l_1 \left(r_1^2 - \frac{2}{3} a r_1 + \frac{a^2}{5} \right) \\ & + \pi \left(r_1^2 (l_1 - h_2) - \frac{2}{3} a r_1 \frac{(l_1 - h_2)^3}{l^2} + \frac{a^2}{5} \cdot \frac{(l_1 - h_2)^5}{l_1^4} \right) \Bigg] \\ \approx {} & 0.3605\mathrm{kg}. \end{aligned}$$

Beim Schwerpunkt $\boldsymbol{s}$ sind aufgrund der Symmetrie $s_2 = s_3 = 0$. Wir müssen nur die erste Koordinate berechnen. Zunächst berechnen wir das Integral für den Stiel, das wir durch Zylinderkoordinaten ausrechnen:

$$\begin{aligned}
\int\limits_{\text{Stiel}} \rho_H\, x_1\, d\boldsymbol{x} &= \rho_H \int\limits_{-\pi}^{\pi} \int\limits_{0}^{l_1} \int\limits_{0}^{r_1 - a\frac{x^2}{l^2}} \rho\, x\, d\rho\, dx\, d\varphi \\
&= \pi\, \rho_H \int\limits_0^{l_1} x \left(r_1 - a\,\frac{x^2}{l^2} \right) d\boldsymbol{x} \\
&= \pi\, \rho_H \left[\frac{r_1^2}{2}\, x^2 - \frac{1}{2}\, a\, r_1 \frac{x^4}{l_1^2} + \frac{a^2}{6}\, \frac{x^6}{l_1^4} \right]_{x=0}^{l_1} \\
&= \rho_H\, \pi\, l_1^2 \left(\frac{r_1^2}{2} - \frac{1}{2}\, a\, r_1 + \frac{a^2}{6} \right) \\
&\approx 6.899 \cdot 10^{-3}\, \text{m kg}
\end{aligned}$$

Der Wert des entsprechenden Integrals für den Kopf ohne Bohrung ist

$$\rho_S\, \frac{l_2\, b_2}{2}\, \left(l_1^2 - (l_1 - h_2)^2\right).$$

Aus der Rechnung oben für den Stiel können wir wieder diejenigen Terme ablesen, die sich für die Bohrung ergeben und die wir abziehen müssen,

$$\begin{aligned}
&\int\limits_{\text{Kopf}} \rho_S\, x_1\, d\boldsymbol{x} \\
&\quad = \rho_S \left[\frac{l_2\, b_2}{2} (l_1^2 - (l_1 - h_2)^2) - \pi\, l_1^2 \left(\frac{r_1^2}{2} - \frac{1}{2}\, a\, r_1 + \frac{a^2}{6} \right) \right. \\
&\qquad \left. + \pi \left(\frac{r_1^2\, (l_1^2 - h_2^2)}{2} - \frac{a\, r_1\, (l_1^4 - h_2^4)}{2\, l_1^2} + \frac{a^2\, (l_1^6 - h_2^6)}{6\, l_1^4} \right) \right] \\
&\quad \approx 0.103\,8\, \text{m kg}.
\end{aligned}$$

Somit ist die gesuchte Schwerpunktkoordinate

$$s_1 = \frac{\int_{\text{Stiel}} \rho_H\, x_1\, d\boldsymbol{x} + \int_{\text{Kopf}} \rho_S\, x_1\, d\boldsymbol{x}}{m_1 + m_2} \approx 0.270\,1\, \text{m}.$$

Der Schwerpunkt des Hammers liegt also nur wenig unterhalb des Kopfes.

Kapitel 26

Aufgaben

Verständnisfragen

26.1 • Kann eine Kurve im $\mathbb{R}^2$, die nur in einem beschränkten Bereich liegt, unendliche Bogenlänge haben?

26.2 • Ordnen Sie zu: Welche der folgenden Kurven entspricht welcher Parameterdarstellung:

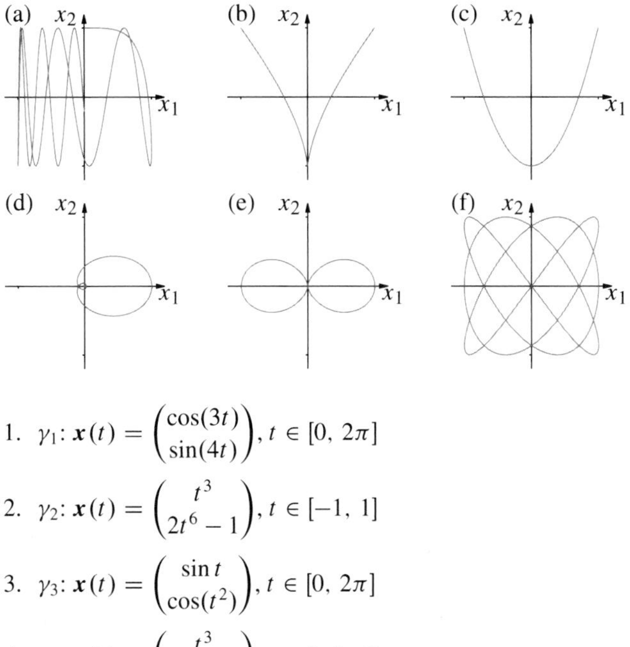

1. $\gamma_1\colon \boldsymbol{x}(t) = \begin{pmatrix} \cos(3t) \\ \sin(4t) \end{pmatrix}$, $t \in [0,\, 2\pi]$
2. $\gamma_2\colon \boldsymbol{x}(t) = \begin{pmatrix} t^3 \\ 2t^6 - 1 \end{pmatrix}$, $t \in [-1,\, 1]$
3. $\gamma_3\colon \boldsymbol{x}(t) = \begin{pmatrix} \sin t \\ \cos(t^2) \end{pmatrix}$, $t \in [0,\, 2\pi]$
4. $\gamma_4\colon \boldsymbol{x}(t) = \begin{pmatrix} t^3 \\ 2t^2 - 1 \end{pmatrix}$, $t \in [-1,\, 1]$
5. $\gamma_5\colon r(\varphi) = \frac{1}{1+\varphi^2}$, $\varphi \in [-4\pi,\, 4\pi]$
6. $\gamma_6\colon r(\varphi) = \cos^2\varphi$, $\varphi \in [0,\, 2\pi]$

26.3 •• Leiten Sie die Flächenformel (26.4) durch Zerlegungen der von der Kurve umschlossenen Fläche in Dreiecke und einen entsprechenden Grenzübergang her.

26.4 ••• Eine *Epizykloide* ist die Bahnkurve eines Punktes am Rande eines Rades, das auf einem anderen Rad abrollt. Bestimmen Sie eine Parameterdarstellung einer solchen Epizykloide, wobei der feste Kreis den Radius R, der abrollende den Radius a hat. Unter welcher Bedingung ist eine solche Epizykloide eine geschlossene Kurve? Wie weit können zwei Punkte einer solchen Epizykloide höchstens voneinander entfernt sein?

Rechenaufgaben

26.5 • Finden Sie jeweils eine Parametrisierung der folgenden Kurven:

1. Zunächst ein Geradenstück von $\boldsymbol{A} = (-2,\, 0)^\top$ nach $\boldsymbol{B} = (0,\, 1)^\top$, anschließend ein Dreiviertelkreis von $\boldsymbol{B}$ mit Mittelpunkt $\boldsymbol{M} = (0,\, 2)^\top$ nach $\boldsymbol{C} = (-1,\, 2)^\top$ und zuletzt ein Geradenstück von $\boldsymbol{C}$ nach $\boldsymbol{D} = (-2,\, 2)^\top$.
2. Vom Anfangspunkt $\boldsymbol{A} = (-1,\, 3)^\top$ entlang eines Parabelbogens durch den Scheitel $\boldsymbol{B} = (0,\, -1)^\top$ nach $\boldsymbol{C} = (1,\, 3)^\top$, von dort entlang einer Geraden nach $\boldsymbol{D} = (1,\, 5)$ und zuletzt auf einem Viertelkreis zurück nach $\boldsymbol{A}$.
3. Ein im negativen Sinne durchlaufener Halbkreis von $\boldsymbol{A} = (2,\, 0)^\top$ nach $\boldsymbol{B} = (-2,\, 0)$, ein Geradenstück von $\boldsymbol{B}$ nach $\boldsymbol{0} = (0,\, 0)^\top$ und ein im positiven Sinne durchlaufener Halbkreis von $\boldsymbol{0}$ zurück nach $\boldsymbol{A}$.

26.6 • Bestimmen Sie einen allgemeinen Ausdruck für die Krümmung einer in Polarkoordinaten als $r(\varphi)$ gegebenen Kurve.

26.7 •• Die *Kardioide* oder *Herzkurve* ist gegeben durch

$$r(\varphi) = a\,(1 + \cos\varphi)\,, \qquad \varphi \in [0,\, 2\pi]$$

mit einer Konstante $a \in \mathbb{R}_{>0}$.

1. Bestimmen Sie den Inhalt der Fläche, die von dieser Kurve begrenzt wird.
2. Bestimmen Sie ihre Bogenlänge.
3. Bestimmen Sie die Evolute dieser Kurve.
4. Fertigen Sie eine Skizze an.

T. Arens et al., *Arbeitsbuch Mathematik*, https://doi.org/10.1007/978-3-662-64391-4_25

26.8 •• Die Bernoulli'sche *Lemniskate* ist in Polarkoordinaten gegeben durch

$$r(\varphi) = a\,\sqrt{2\,\cos(2\varphi)}$$

mit $\varphi \in \left[-\frac{\pi}{4},\, \frac{\pi}{4}\right] \cup \left[\frac{3\pi}{4},\, \frac{5\pi}{4}\right]$. Skizzieren Sie diese Kurve, geben Sie eine Darstellung in kartesischen Koordinaten an und bestimmen Sie den Inhalt der von ihr eingeschlossenen Fläche.

26.9 •• Die *Pascal'sche Schnecke* ist in Parameterdarstellung gegeben durch

$$\boldsymbol{x}(t) = \begin{pmatrix} a\,\cos^2 t + b\,\cos t \\ a\,\cos t\,\sin t + b\,\sin t \end{pmatrix}$$

mit festen positiven Werten $a > 0$, $b > 0$ und dem Parameterintervall $t \in (-\pi, \pi]$. Skizzieren Sie den Verlauf der Kurve für die Fälle $b < a$, $a < b < 2a$ und $b > 2a$. Suchen Sie eine kartesische und eine Polarkoordinatendarstellung der Kurve und bestimmen Sie den von ihr eingeschlossenen Flächeninhalt. Was ist dabei zu beachten?

26.10 ••• Die *Strophoide* kann in Polarkoordinaten durch

$$r = -\frac{a\,\cos(2\varphi)}{\cos\varphi}, \quad -\frac{\pi}{2} < \varphi < \frac{\pi}{2}$$

beschrieben werden. (Dabei gelten die Bemerkungen von S. 970 bezüglich negativer Werte von r.)

- Finden Sie eine implizite Darstellung der Kurve in kartesischen Koordinaten.
- Zeigen Sie, dass die Kurve mittels

$$x_1(t) = \frac{a\,(t^2-1)}{1+t^2}, \quad x_2(t) = \frac{a\,t\,(t^2-1)}{1+t^2}$$

  parametrisiert werden kann.
- Bestimmen Sie die Tangenten an die Kurve im Ursprung.
- Bestimmen Sie die Asymptote der Strophoide und fertigen Sie eine Skizze der Kurve an.
- Bestimmen Sie den Flächeninhalt der „Schleife" der Kurve.
- Bestimmen Sie den Inhalt der Fläche, die von der Strophoiden und ihrer Asymptoten eingeschlossen wird.

26.11 •• Bestimmen Sie zu den folgenden Kurven Krümmung, Torsion, begleitendes Dreibein und die Bogenlänge $s(t, 0)$:

$$\boldsymbol{\alpha}(t) = \begin{pmatrix} \cosh t \\ \sinh t \\ t \end{pmatrix}, \quad \boldsymbol{\beta}(t) = \begin{pmatrix} t\,\cos t \\ t\,\sin t \\ t \end{pmatrix}$$

mit jeweils $t \in \mathbb{R}_{\geq 0}$.

26.12 •• Auf der Wendelfläche

$$\boldsymbol{x}(u, v) = \begin{pmatrix} u\,\cos v \\ u\,\sin v \\ v \end{pmatrix} \qquad u \in \mathbb{R}_{\geq 0},\ v \in \mathbb{R}$$

ist die Kurve γ durch $\gamma = \gamma_1 + \gamma_2$ mit

$$\gamma_1\colon \quad \begin{aligned} u(t) &= t \\ v(t) &= t \end{aligned} \qquad t \in [0, 2\pi]$$

$$\gamma_2\colon \quad \begin{aligned} u(t) &= \pi - t \\ v(t) &= 2\pi \end{aligned} \qquad t \in [0, 2\pi]$$

gegeben. Bestimmen Sie die Länge dieser Kurve.

26.13 • Zeigen Sie, dass die Basisvektoren der Kugelkoordinaten, $((\boldsymbol{e}_r, \boldsymbol{e}_\vartheta, \boldsymbol{e}_\varphi))$, und der Zylinderkoordinaten, $((\boldsymbol{e}_\rho, \boldsymbol{e}_\varphi, \boldsymbol{e}_z))$, jeweils ein Orthonormalsystem darstellen.

26.14 •• Bestimmen Sie kovariante Basisvektoren für die folgenden beiden Koordinatensysteme, überprüfen Sie, ob es sich um orthogonale Koordinaten handelt und beschreiben Sie die Koordinatenflächen. Die Konstante $c > 0$ ist dabei ein Maßstabsfaktor.

- *Polare elliptische Koordinaten*

$$\boldsymbol{x} = \begin{pmatrix} c\,\sinh\alpha\,\sin\beta\,\cos\varphi \\ c\,\sinh\alpha\,\sin\beta\,\sin\varphi \\ c\,\cosh\alpha\,\cos\beta \end{pmatrix}$$

  mit $\alpha \in \mathbb{R}_{\geq 0}$, $0 \leq \beta \leq \pi$ und $-\pi < \varphi \leq \pi$.
- *Parabolische Zylinderkoordinaten*

$$\boldsymbol{x} = \begin{pmatrix} \frac{c}{2}\,(u^2 - v^2) \\ c\,u\,v \\ z \end{pmatrix}$$

  mit $u \in \mathbb{R}_{\geq 0}$, $v \in \mathbb{R}$ und $z \in \mathbb{R}$.

Anwendungsprobleme

26.15 • Die Bahn der Erde um die Sonne ist in sehr guter Näherung eine Ellipse mit der großen Halbachse $a \approx 149\,597\,890$ km und numerischer Exzentrizität $\varepsilon \approx 0.016\,710\,2$. In einem Brennpunkt dieser Ellipse steht die Sonne. Bestimmen Sie damit näherungsweise die Länge der Erdbahn. (Hinweis: Das auftretende elliptische Integral ist nicht elementar lösbar, entwickeln Sie den Integranden in ε.) Erwarten Sie, dass die Korrektur zu $2\pi\,a$ positiv oder negativ ist?

26.16 ••• Eine Ziege ist an einem festen Punkt einer runden Säule angebunden, und zwar mit einem Seil, dessen Länge gleich dem halben Umfang der Säule ist. Welche Fläche Gras kann die (als punktförmig angenommene) Ziege erreichen?

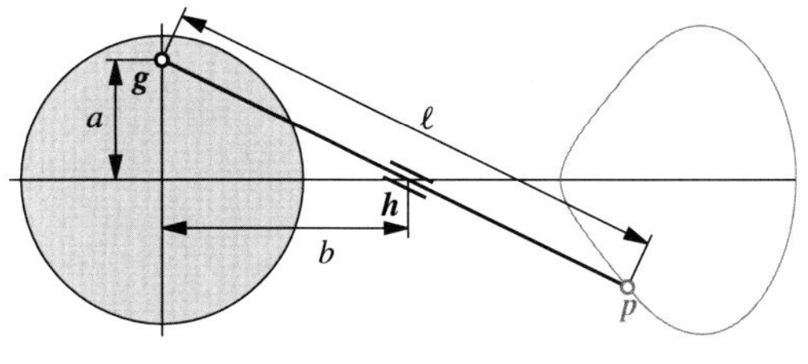

Abb. 26.30 Ein einfaches Gestänge mit einem Gelenk $\boldsymbol{g}$ und einer Hülse $\boldsymbol{h}$

26.17 •• Ein Stab der Länge l ist an einem Ende mittels eines Gelenks $\boldsymbol{g}$ auf der Seite eines Rades befestigt. Das Gelenk hat vom Radmittelpunkt (= Drehpunkt) den Abstand a. Der Stab läuft durch eine frei drehbare Hülse $\boldsymbol{h}$, die im Abstand b vom Radmittelpunkt fixiert ist. (Dabei ist $a + b < l$.) Bestimmen Sie die Kurve, die der Endpunkt $\boldsymbol{p}$ des Stabes bei Drehung des Rades beschreibt.

Die Situation ist in Abb. 26.30 dargestellt. Alle betrachteten Punkte liegen in einer Ebene, alle Gelenke sind in dieser Ebene frei drehbar.

26.18 •• Betrachten Sie einen homogenen Körper, dessen Querschnitt von den Kurven $y = ax^2$ und $y = c$ mit $a, c > 0$ begrenzt wird. Für welche Werte von a und c ist dieser Körper (in einem homogenen Kraftfeld $\boldsymbol{F} = -F\widehat{\boldsymbol{y}}$, $F > 0$) stabil gelagert?

26.19 •• Im Straßenbau und bei der Anlage von Eisenbahntraßen spielt die **Klothoide**

$$\boldsymbol{\gamma}(t) = \left(\int_0^t \cos(\tau^2)\,\mathrm{d}\tau, \quad \int_0^t \sin(\tau^2)\,\mathrm{d}\tau \right)^\top, \quad t \in \mathbb{R}_{\geq 0},$$

die auch als *Spinnkurve* oder *Cornu-Spirale* bezeichnet wird, eine wichtige Rolle. Die *Fresnel'schen Integrale*, die in ihrer Parameterdarstellung auftauchen, können nicht elementar gelöst werden.

Bestimmen Sie Bogenlänge $s(0, t)$ und Krümmung der Klothoide, skizzieren Sie die Kurve. Überlegen Sie, wegen welcher Eigenschaft Klothoidenstücke neben Geraden und Kreisen zentrale Elemente im Straßen- und Trassenbau sein könnten.

Hinweise

Verständnisfragen

26.1 • Versuchen Sie ein Beispiel mit immer dichter liegenden Oszillationen gleicher Amplitude zu konstruieren.

26.2 • Schon Anfangs- und Endpunkt der Kurven sind aufschlussreich, um einige Möglichkeiten auszuschließen.

26.3 •• Beginnen Sie mit einer Konstruktion ähnlich wie in Abb. 26.9 dargestellt. Drücken Sie die Dreiecksflächen als Determinanten aus und benutzen Sie den Mittelwertsatz der Differenzialrechnung.

26.4 ••• Bestimmen Sie zunächst die Bahn des Mittelpunktes des äußeren Rades und überlegen Sie, wie sich die Winkelgeschwindigkeiten der beiden Räder zueinander verhalten.

Rechenaufgaben

26.5 • Ein Geradenstücke von $\boldsymbol{p}_1$ nach $\boldsymbol{p}_2$ lässt sich immer in der Form $\boldsymbol{x} = \boldsymbol{p}_1 + t\,(\boldsymbol{p}_2 - \boldsymbol{p}_1)$ mit $t \in [0, 1]$ parametrisieren. Teile eines positiv durchlaufenen Kreises mit Mittelpunkt $\boldsymbol{m}$ und Radius r_0 lassen sich stets als $\boldsymbol{x} = (m_1 + r_0 \cos t \quad m_2 + r_0 \sin t)^\top$ mit einem geeigneten Intervall für t schreiben. Bei allen Kurven hilft es, zunächst einmal eine Skizze anzufertigen.

26.6 • Benutzen Sie die Darstellung $x_1 = r(\varphi)\cos\varphi$, $x_2 = r(\varphi)\sin\varphi$ und Formel (26.8).

26.7 •• Sie können $\boldsymbol{\gamma}(t) = (a(1 + \cos t)\cos t, a(1 + \cos t)\sin t)^\top$ setzen und die Formeln (26.5), (26.6) sowie (26.9) benutzen. Dadurch, dass die Kurve in Polarkoordinaten gegeben ist, gibt es für manche dieser Ausdrücke jedoch sogar einfachere Formen.

26.8 •• Benutzen Sie die Identität $\cos(2\varphi) = \cos^2\varphi - \sin^2\varphi$. Sie können die Symmetrieeigenschaften der Kurve benutzen, um die Rechnungen zu vereinfachen.

26.9 •• Die Polarkoordinatendarstellung lässt sich sofort ablesen. Nach Multiplikation mit r kann man direkt die bekannten Umrechungsbeziehungen zwischen kartesischen und Polarkoordinaten benutzen. Die Bestimmung des Flächeninhalts erfolgt am einfachsten in Polarkoordinaten.

26.10 ••• Benutzen Sie die Identität $\cos(2\varphi) = \cos^2\varphi - \sin^2\varphi$, um die Gleichung in kartesischen Koordinaten zu erhalten. Einsetzen der Parametrisierung in diese Gleichung muss eine wahre Aussage liefern. Der Ursprung entspricht den Parameterwerten $t = \pm 1$, die Tangenten bestimmt man am besten aus der Parameterdarstellung; diese erlaubt mit $t \to \pm\infty$ auch ein einfaches Auffinden der Asymptoten.

26.11 •• Gehen Sie wie im Fall der Schraubenlinie in Abschn. 26.4 vor.

26.12 •• Betrachten Sie die im $\mathbb{R}^3$ durch $\boldsymbol{\gamma}(t) = \boldsymbol{x}(u(t), v(t))$ definierte Kurve. Behandeln Sie die beiden Stücke der Kurve separat und addieren Sie anschließend die Ergebnisse für die Bogenlänge.

26.13 • Bilden Sie die Skalarprodukte $\boldsymbol{e}_r \cdot \boldsymbol{e}_\vartheta$, $\boldsymbol{e}_r \cdot \boldsymbol{e}_\varphi$, $\boldsymbol{e}_\vartheta \cdot \boldsymbol{e}_\varphi$ bzw. $\boldsymbol{e}_\rho \cdot \boldsymbol{e}_\varphi$, $\boldsymbol{e}_\rho \cdot \boldsymbol{e}_z$ und $\boldsymbol{e}_\varphi \cdot \boldsymbol{e}_z$.

26.14 •• Bilden Sie die kovarianten Basisvektoren durch Ableitungen nach den neuen Koordinaten und vergleichen Sie die Skalarprodukte dieser Vektoren miteinander. Alternativ können Sie auch noch die kontravarianten Basisvektoren bilden und deren Richtungen mit jenen der kovarianten vergleichen.

Anwendungsprobleme

26.15 • Die Korrektur ist negativ.

26.16 ••• Die Ziege kommt auf der Seite der Säule dann am weitesten, wenn das Seil bis zu einem Punkt $\boldsymbol{p}$ an der Säule anliegt und von diesem Punkt an tangential weiterläuft. Aus dieser Bedingung lässt sich eine Parameterdarstellung der Grenzkurve bestimmen.

26.17 •• Beachten Sie, dass $\boldsymbol{p}$ stets auf der Geraden durch $\boldsymbol{g}$ und $\boldsymbol{h}$ liegt und zudem der Abstand $\|\boldsymbol{p} - \boldsymbol{h}\| = \ell$ ist.

26.18 •• Orientieren Sie sich an der Anwendung von S. 969. Den Schwerpunkt erhalten Sie aus Symmetrieüberlegungen und der Berechnung eines Doppelintegrals.

26.19 •• Der Hauptsatz der Differenzial- und Integralrechnung (Kap. 11) klärt, was beim Ableiten nach der variablen Grenze passiert, der Rest ist simples Einsetzen in (26.8) und (26.6). Überlegen Sie sich, welche Nachteile es hätte, im Straßenbau nur Geraden- und Kreisabschnitte zur Verfügung zu haben.

Lösungen

Verständnisfragen

26.1 • Ja.

26.2 • 1f, 2c, 3a, 4b, 5d, 6e

26.3 •• –

26.4 ••• $$\boldsymbol{\gamma}(\varphi) = \begin{pmatrix} (R+a)\cos\varphi - a\cos\frac{(R+a)\varphi}{R} \\ (R+a)\sin\varphi - a\sin\frac{(R+a)\varphi}{R} \end{pmatrix}$$ mit $\varphi \in \mathbb{R}$

Rechenaufgaben

26.5 • Siehe Lösung auf der Website.

26.6 • $\kappa(\varphi) = (r^2 + 2\dot{r}^2 - r\,\ddot{r})/(r^2 + \dot{r}^2)^{3/2}$.

26.7 •• $A = \frac{3\pi}{2}\,a^2$, $\ell = 8a$.

26.8 •• $(x_1^2 + x_2^2)^2 = 2a^2(x_1^2 - x_2^2)$, $A = 2a^2$.

26.9 •• $r = a\,\cos\varphi + b$, $(x_1^2 + x_2^2 - a\,x_1)^2 = b^2\,(x_1^2 + x_2^2)$, $A = \frac{\pi}{2}\,a^2 + \pi\,b^2$.

26.10 ••• $(x_1 + a)\,x_1^2 + (x_1 - a)\,x_2^2 = 0$, die Tangenten haben die Steigung ± 1, $A_S = 2a^2 - \frac{\pi}{2}\,a^2$, $A_F = 2a^2 + \frac{\pi}{2}\,a^2$.

26.11 •• Für $\boldsymbol{\alpha}$ erhält man $\kappa(t) = \tau(t) = 1/(2\cosh^2 t)$ und $s(t) = \sqrt{2}\sinh t$. Für $\boldsymbol{\beta}$ ergibt sich $\kappa(t) = \frac{\sqrt{t^4+5t^2+8}}{(t^2+2)^{3/2}}$, $\tau(t) = \frac{t^2+6}{t^4+5t^2+8}$ und $s(t) = \frac{1}{2}\,t\,\sqrt{t^2+2} + \operatorname{arsinh}\left(\frac{t}{\sqrt{2}}\right)$.

26.12 •• $s = 2\pi\left(1 + \frac{1}{\sqrt{2}}\,\sqrt{1 + 2\pi^2}\right) + \operatorname{arsinh}\frac{2\pi}{\sqrt{2}}$.

26.13 • –

26.14 •• Beide Koordinatensysteme sind orthogonal. Zum Rest der Lösung siehe Website/Arbeitsbuch.

Anwendungsprobleme

26.15 • $s \approx 939.885\,6$ Mio. km.

26.16 ••• $A = \frac{5}{6}a^2\,\pi^3$.

26.17 ••

$$\boldsymbol{p}(\varphi) = \begin{pmatrix} a\,\cos\varphi \\ a\,\sin\varphi \end{pmatrix} + \frac{\ell}{\sqrt{a^2 + b^2 - 2ab\,\cos\varphi}} \begin{pmatrix} b - a\,\cos\varphi \\ -a\,\sin\varphi \end{pmatrix}.$$

26.18 •• Die Bedingung lautet $a\,c < 5/6$.

26.19 •• $s(0, t) = t$, $\kappa(t) = 2t$, die Krümmung ändert sich stetig und kann beliebige Werte annehmen.

Lösungswege

Verständnisfragen

26.1 • Kurven unendlicher Bogenlänge, die in einem beschränkten Bereich liegen, lassen sich problemlos konstruieren. Beispielsweise liegt die Kurve

$$\boldsymbol{\gamma}(t) = \left(\frac{1}{t},\, \sin t\right)^\top, \quad t \in [1, \infty)$$

vollständig in dem Rechteck $0 \le x_1 \le 1$, $-1 \le x_2 \le 1$, hat aber eine unendliche Bogenlänge.

26.2 • 1f, 2c, 3a, 4b, 5d, 6e

26.3 •• Die Kurve sei durch $\boldsymbol{x} = \boldsymbol{\gamma}(t)$ mit $t \in [a, b]$ parametrisiert. Greift man Zwischenpunkte t_i mit $a = t_0 < t_1 < t_2 < \ldots < t_{n-1} < t_n = b$ heraus, so kann man, wie in Abb. 26.31 dargestellt, die Kurve durch einen Polygonzug und die von ihr begrenzte Fläche durch viele Dreiecke annähern.

Wir greifen nun ein Dreieck heraus, dessen Eckpunkte durch $\mathbf{0}$, $\boldsymbol{\gamma}(t_i)$ und $\boldsymbol{\gamma}(t_{i+1})$ gegeben sind. Aus der linearen Algebra wissen wir, dass sich die Fläche dieses Dreiecks durch

$$\Delta A_i = \frac{1}{2}\det((\boldsymbol{\gamma}(t_i),\, \boldsymbol{\gamma}(t_{i+1})))$$

gegeben ist. (Am einfachsten merkt man sich das, indem man die Vektoren durch Ergänzen von $x_3(t_i) = x_3(t_{i+1}) = 0$ in den $\mathbb{R}^3$ einbettet und den halben Betrag des Kreuzprodukts $\boldsymbol{\gamma}(t_i) \times \boldsymbol{\gamma}(t_{i+1})$ betrachtet.) Nun schreiben wir diesen Ausdruck mit Hilfe des Mittelwertsatzes der Differenzialrechnung um.

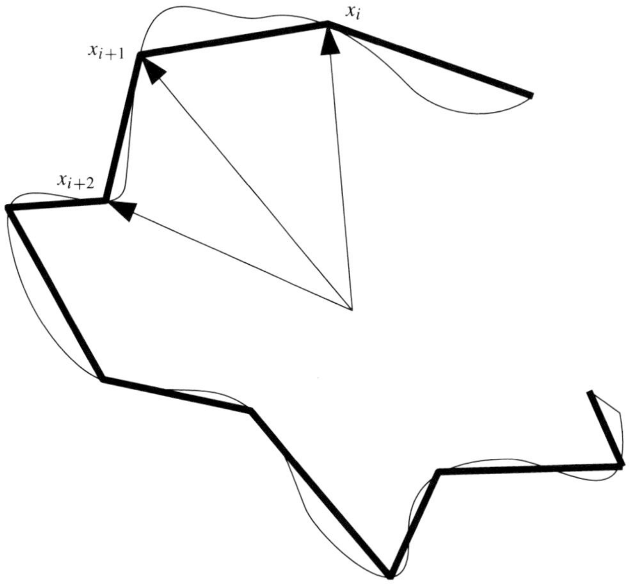

Abb. 26.31 Mit Hilfe eines Polygonzugs kann man die von einer Kurve umschriebene Fläche durch Dreiecke approximieren

Dabei setzen wir $\Delta t_i = t_{i+1} - t_i$; τ_i ist ein vorerst nicht näher bestimmter Parameterwert aus dem Intervall $(t_i,\, t_{i+1})$:

$$\begin{aligned}
\Delta A_i &= \frac{1}{2}\det((\boldsymbol{\gamma}(t_i),\, \boldsymbol{\gamma}(t_{i+1}))) \\
&= \frac{1}{2}\det((\boldsymbol{\gamma}(t_i),\, \boldsymbol{\gamma}(t_i + \Delta t_i))) \\
&= \frac{1}{2}\det((\boldsymbol{\gamma}(t_i),\, \boldsymbol{\gamma}(t_i) + \dot{\boldsymbol{\gamma}}(\tau_i)\,\Delta t_i)) \\
&= \frac{1}{2}\det((\boldsymbol{\gamma}(t_i),\, \boldsymbol{\gamma}(t_i))) + \frac{1}{2}\det((\boldsymbol{\gamma}(t_i),\, \dot{\boldsymbol{\gamma}}(\tau_i)))\,\Delta t_i
\end{aligned}$$

Dabei haben wir die Linearität der Determinante (hier Linearität in der zweiten Spalte) ausgenutzt. Die erste Determinante verschwindet, und für den Grenzübergang unendlich feiner Unterteilung wird $\Delta t_i \to dt$, $\tau_i \to t$ und

$$\sum_{i=0}^{n-1} \Delta A_i \quad \to \frac{1}{2}\int_a^b \det((\boldsymbol{\gamma}(t),\, \dot{\boldsymbol{\gamma}}(t)))\,dt\,.$$

Wir haben Formel (26.5) wiedergefunden. Ausschreiben der Determinante liefert entsprechend (26.4).

26.4 ••• Wir bezeichnen mit R den Radius des inneren Rades, mit a den des äußeren. Legen wir den Mittelpunkt des inneren Rades in den Ursprung, so beschreibt der Mittelpunkt des äußeren eine Bahn

$$\boldsymbol{m}(\varphi) = \begin{pmatrix} (R+a)\,\cos\varphi \\ (R+a)\,\sin\varphi \end{pmatrix}, \quad \varphi \in \mathbb{R}\,.$$

Dazu kommt die zweite Drehung mit Radius a um einen Winkel α,

$$\boldsymbol{\gamma}(\varphi) = \begin{pmatrix} (R+a)\,\cos\varphi + a\,\cos\alpha \\ (R+a)\,\sin\varphi + a\,\sin\alpha \end{pmatrix}, \quad \varphi \in \mathbb{R}\,.$$

wobei wir $\alpha = \alpha(\varphi)$ nun bestimmen wollen:

Das äußere Rad dreht sich entsprechend dem Verhältnis der Radien schneller (oder langsamer, wenn $a > R$ ist). Die abgerollten Strecken sind gleich, d.h. wenn wir den abgerollten Winkel mit ϑ bezeichnen, ist $R\,\varphi = a\,\vartheta$ und damit $\vartheta = \frac{R}{a}\,\varphi$. Man muss aber noch berücksichtigen, dass sich das Bezugssystem des äußeren Rades mitdreht, d. h. der Winkel gegenüber der x_1-Achse ist $\alpha = \alpha_0 + \vartheta + \varphi$.

Für jenen Punkt, mit dem das äußere Rad das innere für $\varphi = 0$ gerade berührt, ist $\alpha_0 = \pi$, wobei man die Addition von π verwenden kann, um das Vorzeichen der Winkelfunktionen umzudrehen.

Der betrachtete Punkt beschreibt demnach die Kurve

$$\boldsymbol{\gamma}(\varphi) = \begin{pmatrix} (R+a)\,\cos\varphi - a\,\cos\frac{(R+a)\varphi}{R} \\ (R+a)\,\sin\varphi - a\,\sin\frac{(R+a)\varphi}{R} \end{pmatrix}$$

mit $\varphi \in \mathbb{R}$. Ist das Verhältnis a/R eine ganze Zahl, so schließt sich die Kurve nach einem Umlauf; ist es rational, so schließt sie sich nach einer endlichen Zahl von Umläufen. Für ein irrationales Verhältnis hingegen schließt sich die Kurve nie.

Kapitel 26

Ein Punkt auf einer Epizykloide hat vom Ursprung des inneren Rades mindestens den Abstand R, höchstens den Abstand $R + 2a$. Damit kann der Abstand zweier Punkte auf einer Epizykloide höchstens $2R + 4a$ betragen. Dieser Maximalabstand kann nur angenommen werden, wenn der Zähler im gekürzten Verhältnis a/R eine gerade Zahl ist. (Bei einer ungeraden Zahl hat z. B. jener Punkt, der für $\varphi = 0$ den größten Abstand zum Ursprung hat, diesen für $\varphi = \pi$ sicher nicht.) Ist a/R irrational, so wird der Maximalabstand zwar nicht angenommen, man kann aber zu jedem $\varepsilon > 0$ zwei Punkte finden, deren Abstand größer als $2R + 4a - \varepsilon$ ist.

Anmerkung Auf Epizykloiden beruhten im geozentrischen Weltbild viele fortgeschrittene astronomische Modelle (*Epizykeltheorien*). Mit den Verläufen der Epizykloiden, die zwei Kreisbewegungen beinhalten, konnte man die Bewegung der anderen Planeten relativ zur Erde recht genau beschreiben und dabei die Erde im Mittelpunkt belassen.

Da es sich bei den Planetenbahnen eigentlich um Ellipsen (wenn auch meist mit geringer Exzentrizität) handelt, gelang auch mit Epizykloiden keine völlig akkurate Beschreibung der immer genauer werdenden Beobachtungen. Daher wurden in den astronomischen Modellen bereits Kurven benutzt, die sich aus drei oder mehr überlagerten Kreisbewegungen zusammensetzen, bevor das heliozentrische Weltbild und die Kepler'schen Gesetze diese komplizierten Konstruktionen unnötig machten. ◄

Rechenaufgaben

26.5 • 1. Das Geradenstück lässt sich beispielsweise mit

$$\boldsymbol{x}(t) = \begin{pmatrix} -2 + 2t \\ t \end{pmatrix} \quad t \in [0, 1]$$

beschreiben, der Dreiviertelkreis mit

$$\boldsymbol{x}(t) = \begin{pmatrix} \cos t \\ 2 + \sin t \end{pmatrix} \quad t \in \left[-\frac{\pi}{2}, \pi\right]$$

und das letzte Geradenstück mit

$$\boldsymbol{x}(t) = \begin{pmatrix} -1 - t \\ 2 \end{pmatrix} \quad t \in [0, 1].$$

Will man die Kurve mit einem durchgehenden Parameterintervall beschreiben, so muss man noch ein wenig umparametrisieren, etwa:

$$\boldsymbol{x}(t) = \begin{cases} \begin{pmatrix} -2 + 2t \\ t \end{pmatrix} & \text{für } t \in [0, 1] \\ \begin{pmatrix} \cos \frac{\pi(t-2)}{2} \\ 2 + \sin \frac{\pi(t-2)}{2} \end{pmatrix} & \text{für } t \in (1, 4] \\ \begin{pmatrix} 3 - t \\ 2 \end{pmatrix} & \text{für } t \in (4, 5] \end{cases}$$

2. Die Parabel ist durch Angabe des Scheitels und zweier weiterer Punkte eindeutig zu $x_2 = 4x_1^2 - 1$ festgelegt. Den ersten Teil der Kurve kann man daher mittels

$$\boldsymbol{x}(t) = \begin{pmatrix} t \\ 4t^2 - 1 \end{pmatrix} \quad t \in [-1, 1]$$

parametrisieren. Das Geradenstück erhält man etwa mittels

$$\boldsymbol{x}(t) = \begin{pmatrix} 1 \\ t \end{pmatrix} \quad t \in [3, 5] .$$

Der Kreis, von dessen Bogen man ein Viertel durchlaufen soll, muss den Mittelpunkt in $(1, 3)^\top$ und Radius 2 haben. Wir erhalten

$$\boldsymbol{x}(t) = \begin{pmatrix} 1 + 2\cos t \\ 3 + 2\sin t \end{pmatrix} \quad t \in \left[\frac{\pi}{2}, \pi\right] .$$

Wollen wir die Kurve wieder mit einem Intervall parametrisieren, so müssen wir wiederum umskalieren:

$$\boldsymbol{x}(t) = \begin{cases} \begin{pmatrix} t - 1 \\ 4(t-1)^2 - 1 \end{pmatrix} & \text{für } t \in [0, 2] \\ \begin{pmatrix} 1 \\ 1 + t \end{pmatrix} & \text{für } t \in (2, 4] \\ \begin{pmatrix} 1 + 2\cos \frac{\pi(t-3)}{2} \\ 3 + 2\sin \frac{\pi(t-3)}{2} \end{pmatrix} & \text{für } t \in (4, 5] \end{cases}$$

3. Den Halbkreis erhalten wir zu

$$\boldsymbol{x}(t) = \begin{pmatrix} 2\cos t \\ -2\sin t \end{pmatrix} \quad t \in [0, \pi] .$$

Das Geradenstück kann man beispielsweise mittels

$$\boldsymbol{x}(t) = \begin{pmatrix} t \\ 0 \end{pmatrix} \quad t \in [-2, 0]$$

parametrisieren, den abschließenden Halbkreis mittels

$$\boldsymbol{x}(t) = \begin{pmatrix} 1 + \cos t \\ \sin t \end{pmatrix} \quad t \in [-\pi, 0] .$$

Zusammenfassen zu einem Intervall liefert:

$$\boldsymbol{x}(t) = \begin{cases} \begin{pmatrix} 2\cos(\pi t) \\ -2\sin(\pi t) \end{pmatrix} & \text{für } t \in [0, 1] \\ \begin{pmatrix} t - 3 \\ 0 \end{pmatrix} & \text{für } t \in (1, 3] \\ \begin{pmatrix} 1 + \cos((t-4)\pi) \\ \sin((t-4)\pi) \end{pmatrix} & \text{für } t \in (3, 4] \end{cases}$$

Die Kurven sind in Abb. 26.32 dargestellt.

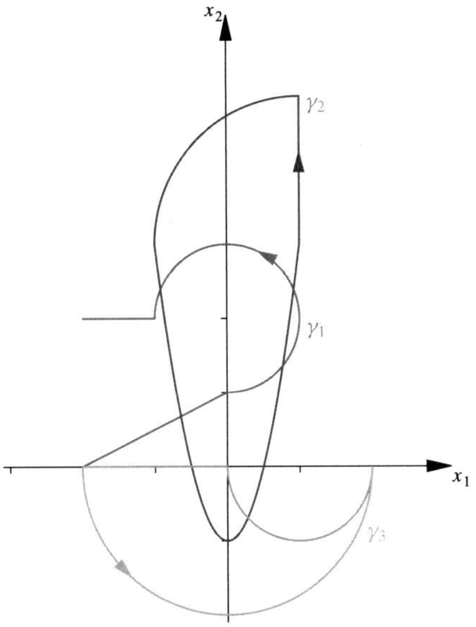

Abb. 26.32 Die Darstellung dreier Kurven γ_1, γ_2, γ_3

26.6 • Mit

$$\boldsymbol{x}(\varphi) = \begin{pmatrix} r(\varphi)\cos\varphi \\ r(\varphi)\sin\varphi \end{pmatrix}$$

$$\dot{\boldsymbol{x}}(\varphi) = \begin{pmatrix} \dot{r}\cos\varphi - r\sin\varphi \\ \dot{r}\sin\varphi + r\cos\varphi \end{pmatrix}$$

$$\ddot{\boldsymbol{x}}(\varphi) = \begin{pmatrix} \ddot{r}\cos\varphi - 2\dot{r}\sin\varphi - r\cos\varphi \\ \ddot{r}\sin\varphi + 2\dot{r}\cos\varphi - r\sin\varphi \end{pmatrix}$$

erhalten wir (unter massiver Verwendung des trigonometrischen Pythagoras $\sin^2\varphi + \cos^2\varphi = 1$):

$$\begin{aligned} \kappa(\varphi) &= \frac{\det((\dot{\boldsymbol{x}}, \ddot{\boldsymbol{x}}))}{(\dot{x}_1^2 + \dot{x}_2^2)^{3/2}} \\ &= \frac{\begin{vmatrix} \dot{r}\cos\varphi - r\sin\varphi & \ddot{r}\cos\varphi - 2\dot{r}\sin\varphi - r\cos\varphi \\ \dot{r}\sin\varphi + r\cos\varphi & \ddot{r}\sin\varphi + 2\dot{r}\cos\varphi - r\sin\varphi \end{vmatrix}}{(\dot{r}^2 + r^2)^{3/2}} \\ &= \frac{r^2 + 2\dot{r}^2 - r\,\ddot{r}}{(\dot{r}^2 + r^2)^{3/2}} \end{aligned}$$

Alle gemischten Produkte wie $2\,r\,\dot{r}\,\sin\varphi\,\cos\varphi$ fallen weg, und man kann die Krümmung allein durch r, $\dot{r}$ und $\ddot{r}$ ausdrücken. Für $r(\varphi) = r_0 = \text{const}$ sind $\dot{r}$ und $\ddot{r}$ gleich null, wir erhalten in diesem Spezialfall

$$\kappa = \frac{r_0^2}{\left(r_0^2\right)^{3/2}} = \frac{1}{r_0},$$

wie es der Interpretation der Krümmung als Kehrwert des Krümmungskreisradius entspricht.

26.7 •• Wir bestimmen zunächst die Ableitung der Kurve

$$\begin{aligned} \boldsymbol{\gamma}(t) &= \begin{pmatrix} a\,(\cos t + \cos^2 t) \\ a\,(\sin t + \cos t\,\sin t) \end{pmatrix} \\ \dot{\boldsymbol{\gamma}}(t) &= \begin{pmatrix} a\,(-\sin t - 2\,\cos^t\,\sin t) \\ a\,(\cos t + \cos^2 t - \sin^2 t) \end{pmatrix} \\ &= \begin{pmatrix} a\,(-\sin t - 2\,\cos t\,\sin t) \\ a\,(\cos t + 2\,\cos^2 t - 1) \end{pmatrix} \end{aligned}$$

da wir diese auf jeden Fall für die Evolute benötigen werden. Vorerst aber kommen wir mit

$$\begin{aligned} r(\varphi) &= a\,(1 + \cos\varphi) \\ \dot{r}(\varphi) &= -a\,\sin\varphi \\ \dot{r}(\varphi) &= -a\,\cos\varphi \end{aligned}$$

aus, zumindest wenn wir die bequemeren Formeln für Kurven in Polarkoordinaten benutzen. Das Rechnen mit den kartesischen Varianten ist natürlich ebenso möglich, nur ein wenig umständlicher.

1. Wir erhalten für den Flächeninhalt mit Formel (26.3):

$$\begin{aligned} A &= \frac{1}{2}\int_0^{2\pi} r^2(\varphi)\,\mathrm{d}\varphi \\ &= \frac{a^2}{2}\int_0^{2\pi} (1 + 2\cos\varphi + \cos^2\varphi)\,\mathrm{d}\varphi \\ &= \frac{a^2}{2}\int_0^{2\pi} \mathrm{d}\varphi + a^2\int_0^{2\pi} \cos\varphi\,\mathrm{d}\varphi + \frac{a^2}{2}\int_0^{2\pi} \cos^2\varphi)\,\mathrm{d}\varphi \\ &= \frac{a^2}{2}\,2\pi + 0 + \frac{a^2}{2}\,\pi = \frac{3\pi}{2}\,a^2 \end{aligned}$$

2. Für die Bogenlänge erhalten wir mit Formel (26.7):

$$\begin{aligned} \ell &:= s(0, 2\pi) \\ &= \int_0^{2\pi} \sqrt{r^2(\varphi) + \dot{r}^2(\varphi)}\,\mathrm{d}\varphi \\ &= \int_0^{2\pi} \sqrt{a^2\,(1 + 2\cos\varphi + \cos^2\varphi) + a^2\,\sin^2\varphi}\,\mathrm{d}\varphi \\ &= a\int_0^{2\pi} \sqrt{1 + 2\cos\varphi + \cos^2\varphi + \sin^2\varphi}\,\mathrm{d}\varphi \\ &= a\sqrt{2}\int_0^{2\pi} \sqrt{1 + \cos\varphi}\,\mathrm{d}\varphi \end{aligned}$$

Dieses Integral kann man zum Beispiel mit der Umformung $1 + \cos\varphi = 2\cos^2\frac{\varphi}{2}$ lösen. Manerhält

$$\int_0^{2\pi} \sqrt{1+\cos\varphi} = 4\sqrt{2},$$

insgesamt finden wir $\ell = 8a$.

3. Für die Gleichung der Evolute benötigen wir zunächst die Krümmung der Kurve. Besonders einfach erhält man diese aus dem Ergebnis der vorangegangenen Aufgabe:

$$\begin{aligned}\kappa(\varphi) &= \frac{r^2(\varphi)+2\dot{r}^2(\varphi)-r(\varphi)\,\ddot{r}(\varphi)}{(\dot{r}^2(\varphi)+r^2(\varphi))^{3/2}}\\ &= \frac{a^2\left(1+3\cos\varphi+2\cos^2\varphi+2\sin^2\varphi\right)}{a^3\left(\sin^2\varphi+1+2\cos\varphi+\cos^2\varphi\right)^{3/2}}\\ &= \frac{3\,a^2\,(1+\cos\varphi)}{2^{3/2}\,a^3\,(1+\cos\varphi)^{3/2}}\\ &= \frac{1}{a}\,\frac{3}{2^{3/2}}\,\frac{1}{\sqrt{1+\cos\varphi}}\end{aligned}$$

Damit finden wir für die Evolute:

$$\begin{aligned}\boldsymbol{\xi}(t) &= \begin{pmatrix}\gamma_1(t)\\ \gamma_2(t)\end{pmatrix} + \frac{1}{\kappa(t)}\begin{pmatrix}-\dot{\gamma}_2(t)\\ \dot{\gamma}_1(t)\end{pmatrix}\\ &= \begin{pmatrix}-a\,\left(\cos t+\cos^2 t\right)\\ a\,(\sin t+\cos t\,\sin t)\end{pmatrix}\\ &\quad + \frac{1}{\frac{1}{a}\,\frac{3}{2^{3/2}}\,\frac{1}{\sqrt{1+\cos t}}}\begin{pmatrix}-a\,\left(\cos t+2\,\cos^2 t-1\right)\\ a\,(-\sin t-2\,\cos t\,\sin t)\end{pmatrix}\\ &= \begin{pmatrix}-a\,\left(\cos t+\cos^2 t\right)\\ a\,(\sin t+\cos t\,\sin t)\end{pmatrix}\\ &\quad + \frac{2^{3/2}}{3}\sqrt{1+\cos t}\begin{pmatrix}-a^2\,\left(\cos t+2\,\cos^2 t-1\right)\\ a^2\,(-\sin t-2\,\cos t\,\sin t)\end{pmatrix}\end{aligned}$$

4. Die Skizze einer Kardioide für die Wahl $a = 1$ wird in Abb. 26.33 dargestellt.

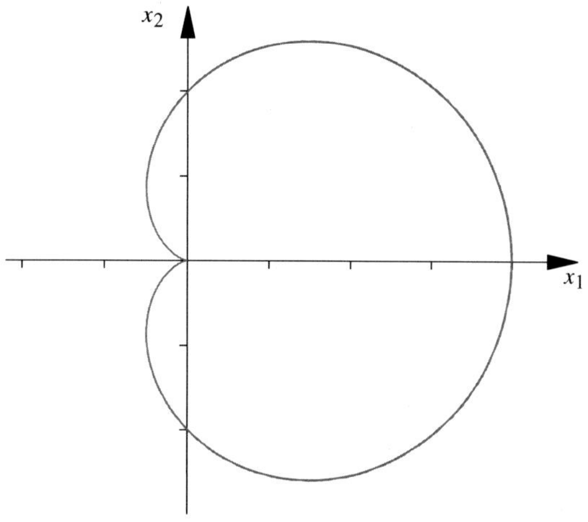

Abb. 26.33 Die Kardioide $r(\varphi) = 1 + \cos\varphi$

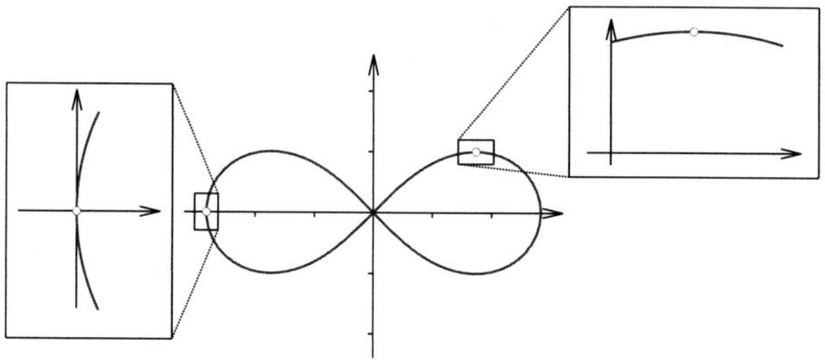

Abb. 26.34 Die Lemniskate

26.8 •• Die Lemniskate, die grob die Form einer liegenden Acht hat (und gelegentlich als Unendlichkeitssymbol verwendet wird), ist in Abb. 26.34 skizziert.

Mit der Identität $\cos(2\varphi) = \cos^2\varphi - \sin^2\varphi$ können wir die Gleichung der Lemniskate nach Quadrieren als

$$r^2 = 2\,a^2\,(\cos^2\varphi - \sin^2\varphi)$$

schreiben. Multiplikation der Gleichung mit r^2 liefert

$$(r^2)^2 = 2\,a^2\,(r^2\cos^2\varphi - r^2\sin^2\varphi),$$

und diesen Ausdruck können wir sofort in kartesische Koordinaten umschreiben,

$$(x_1^2 + x_2^2)^2 = 2\,a^2\,(x_1^2 - x_2^2).$$

Die Lemniskate ist symmetrisch bezüglich Spiegelung an der x_2-Achse. Daher genügt es, nur den Bereich $\varphi \in \left[-\frac{\pi}{4}, \frac{\pi}{4}\right]$ zu betrachten. Wir erhalten für den Flächeninhalt einer Schleife

$$\begin{aligned}A_{\frac{1}{2}} &= \frac{1}{2}\int_{-\pi/4}^{\pi/4} r^2\,\mathrm{d}\varphi = a^2\int_{-\pi/4}^{\pi/4}\cos(2\varphi)\,\mathrm{d}\varphi\\ &= a^2\left.\frac{\sin(2\varphi)}{2}\right|_{-\pi/4}^{\pi/4} = a^2\end{aligned}$$

Die gesamte Lemniskate schließt daher eine Fläche vom Inhalt $2a^2$ ein.

26.9 •• Die Kurve ist für die Fälle $b = a/2$, $b = 3a/2$ und $b = 5a/2$ in Abb. 26.35 skizziert.

Allgemein hat man für $b < a$ eine Schleife, für $a < b < 2a$ eine Einbuchtung. Der Fall $b = a$ entspricht der Kardioiden, die in einer anderen Aufgabe genauer diskutiert wird.

Aus

$$\boldsymbol{x}(\varphi) = r(\varphi)\begin{pmatrix}\cos\varphi\\ \sin\varphi\end{pmatrix}$$

kann man direkt $r(\varphi) = a\,\cos\varphi + b$ ablesen. Multiplikation mit r liefert

$$r^2 = a\,r\,\cos\varphi + b\,r,$$

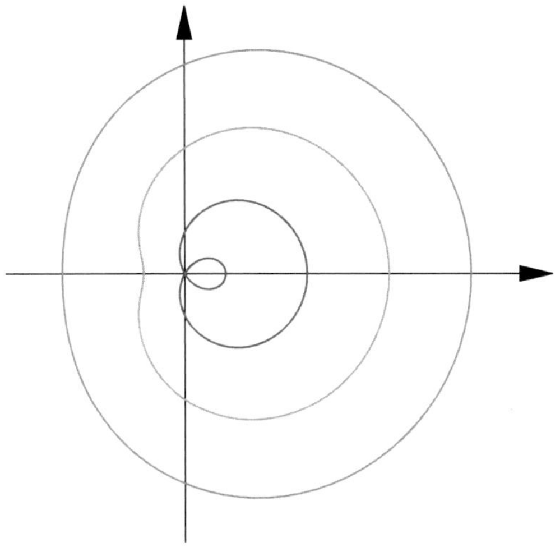

Abb. 26.35 Eine Pascal'sche Schnecke für $b = a/2$, $b = 3a/2$ und $b = 5a/2$

auf kartesische Koordinaten umgeschrieben

$$x_1^2 + x_2^2 = a\,x_1 + b\,\sqrt{x_1^2 + x_2^2}r\,.$$

Zum Eliminieren der Wurzel bringen wir den Term $a\,x_1$ auf die linke Seite und quadrieren die erhaltene Gleichung,

$$\left(x_1^2 + x_2^2 - a\,x_1\right)^2 = b^2\,\left(x_1^2 + x_2^2\right)\,.$$

Bei der Bestimmung des Inhalts der eingeschlossenen Fläche müssen wir beachten, dass für $b < a$ die Schleife doppelt gezählt wird, da die Punkte darin zweimal von der Kurve umlaufen werden. Mit diesem Wissen erhalten wir unmittelbar:

$$\begin{aligned} A &= \frac{1}{2}\int_0^{2\pi} r^2\,\mathrm{d}\varphi \\ &= \frac{1}{2}\int_0^{2\pi} \left(a^2\cos^2\varphi + 2ab\,\cos\varphi + b^2\right)\,\mathrm{d}\varphi \\ &= \frac{a^2}{2}\underbrace{\int_0^{2\pi}\cos^2\varphi\,\mathrm{d}\varphi}_{=\pi} + ab\underbrace{\int_0^{2\pi}\cos\varphi\,\mathrm{d}\varphi}_{=0} + \frac{b^2}{2}\underbrace{\int_0^{2\pi}\mathrm{d}\varphi}_{=2\pi} \\ &= \frac{\pi}{2}\,a^2 + \pi\,b^2 \end{aligned}$$

26.10 •••

- Multiplikation der Definitionsgleichung mit r und Erweitern des Bruchs auf der rechten Seite mit r liefert

$$r^2 = -a\,\frac{r^2\,\cos(2\varphi)}{r\,\cos\varphi} = -a\,\frac{r^2\cos^2\varphi - r^2\sin^2\varphi}{r\,\cos\varphi}\,.$$

Umschreiben auf kartesische Koordinaten und Multiplikation mit $x_1 = r\,\cos\varphi$ liefert nun $x_1\,(x_1^2 + x_2^2) = a\,(x_2^2 - x_1^2)$ oder umgeformt

$$(x_1 + a)\,x_1^2 + (x_2 - a)\,x_2^2 = 0\,.$$

- Setzen wir die angegeben Parametrisierung in diese Gleichung ein, so erhalten wir

$$\begin{aligned} &\frac{a\,(t^2-1) + a\,(1+t^2)}{1+t^2}\cdot\frac{a^2\,(t^2-1)^2}{(1+t^2)^2} \\ &+ \frac{a\,(t^2-1) - a\,(1+t^2)}{1+t^2}\cdot\frac{a^2\,t^2\,(t^2-1)^2}{(1+t^2)^2} = 0\,, \end{aligned}$$

vereinfacht

$$\frac{a^3\,(t^2-1)^2}{(1+t^2)^3}\cdot(2t^2 - 2t^2) = 0\,,$$

und diese Gleichung ist identisch erfüllt.

- Für den Ursprung muss $x_1(t) = x_2(t) = 0$ gelten, das ist nur für $t = \pm 1$ möglich. Der Ursprung wird doppelt durchlaufen; er ist der einzige Punkt der Strophoide mit dieser Eigenschaft.
  Die Steigungen der Tangenten erhalten wir durch Ableiten der Parameterdarstellung nach t,

$$\dot{\boldsymbol{x}}(t) = \frac{a}{(1+t^2)^2}\begin{pmatrix} 4t \\ t^4 + 4t^2 - 1 \end{pmatrix}\,.$$

Damit ergibt sich

$$\dot{\boldsymbol{x}}(-1) = a\begin{pmatrix} -1 \\ 1 \end{pmatrix}\,, \quad \dot{\boldsymbol{x}}(1) = a\begin{pmatrix} 1 \\ 1 \end{pmatrix}\,.$$

Die Tangenten sind demnach genau die Winkelhalbierenden der Quadranten,

$$\tau_1 : \boldsymbol{x}(u) = u\begin{pmatrix} -1 \\ 1 \end{pmatrix}\,, \quad \tau_2 : \boldsymbol{x}(v) = v\begin{pmatrix} 1 \\ 1 \end{pmatrix}\,.$$

- Wegen

$$\lim_{t\to-\infty} x_1(t) = \lim_{t\to\infty} x_1(t) = a$$

ist $x_2 = a$ die einzige Asymptote der Kurve. Mit dieser Information, der Spiegelsymmetrie an der x_1-Achse und dem Scheitel für $t = 0$ in $(-a,\,0)^\top$ kann man die in Abb. 26.36 dargestellte Kurve auf jeden Fall grob skizzieren.

- Da die Tangenten im Ursprung gerade die Quadrantenhalbierenden sind, entspricht die „Schleife" der Strophoide gerade dem Parameterintervall $[-\frac{\pi}{4},\,\frac{\pi}{4}]$. Damit erhalten wir für den

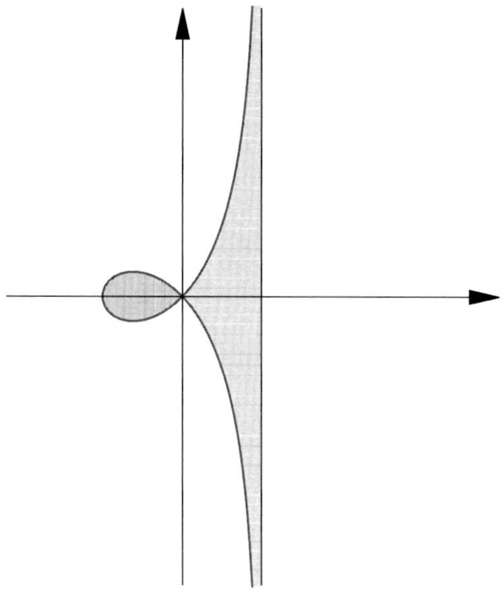

Abb. 26.36 Die Strophoide

Flächeninhalt:

$$\begin{aligned} A_S &= \frac{1}{2}\int_{-\pi/4}^{\pi/4} r^2\,\mathrm{d}\varphi \\ &= \frac{a^2}{2}\int_{-\pi/4}^{\pi/4} \frac{\cos^2(2\varphi)}{\cos^2\varphi}\,\mathrm{d}\varphi \\ &= \frac{a^2}{2}\int_{-\pi/4}^{\pi/4} \frac{\left(\cos^2(\varphi)-\sin^2(\varphi)\right)^2}{\cos^2\varphi}\,\mathrm{d}\varphi \\ &= \frac{a^2}{2}\int_{-\pi/4}^{\pi/4} \frac{\left(2\cos^2(\varphi)-1\right)^2}{\cos^2\varphi}\,\mathrm{d}\varphi \\ &= a^2\int_0^{\pi/4}\left(4\cos^2(\varphi)-4+\frac{1}{\cos^2\varphi}\right)\mathrm{d}\varphi \\ &= 2a^2\,[\varphi+\cos\varphi\,\sin\varphi]_0^{\pi/4} - a^2\pi + a^2\,\tan\varphi|_0^{\pi/4} \\ &= 2a^2\left[\frac{\pi}{4}+\frac{1}{2}\right] - a^2\pi + a^2 \\ &= 2a^2 - \frac{a^2\pi}{2} \end{aligned}$$

- Aus der kartesischen Darstellung der Strophoide erhalten wir

$$x_2 = \pm\sqrt{\frac{(a+x_1)\,x_1^2}{a-x_1}}\,.$$

Den Inhalt der zwischen Kurve und Asymptote eingeschlossenen Fläche erhalten wir aus dem Doppelintegral:

$$A_F = \int_{x_1=0}^{a}\int_{x_2=-\sqrt{\frac{(a+x_1)x_1^2}{a-x_1}}}^{\sqrt{\frac{(a+x_1)x_1^2}{a-x_1}}} \mathrm{d}x_2\,\mathrm{d}x_1 = 2\int_0^a x_1\,\frac{\sqrt{a+x_1}}{\sqrt{a-x_1}}\,\mathrm{d}x_1$$

Der Integrand ist eine rationale Funktion in x_1, $\sqrt{a+x_1}$ und $\sqrt{a-x_1}$. Diesen Fall können wir mit einer Standardsubstitution von S. 444 behandeln. Wir setzen $u=\sqrt{a-x}$, damit erhalten wir

$$x_1 = a-u^2\,,\qquad \frac{\mathrm{d}x_1}{\sqrt{a-x_1}} = -2\mathrm{d}u\,,\qquad \begin{matrix} a\to 0 \\ 0\to\sqrt{a}\end{matrix}$$

und für den gesuchten Flächeninhalt:

$$\begin{aligned} A_F &= 4\int_0^{\sqrt{a}} (a-u^2)\,\sqrt{2a-u^2}\,\mathrm{d}u \\ &= 4\sqrt{2a}\int_0^{\sqrt{a}} (a-u^2)\sqrt{1-\left(\frac{u}{\sqrt{2a}}\right)^2}\,\mathrm{d}u \\ &= \left| \begin{matrix} \frac{u}{\sqrt{2a}} = \sin\phi & \sqrt{a}\to\frac{\pi}{4} \\ \frac{\mathrm{d}u}{\sqrt{2a}} = \cos\phi\,\mathrm{d}\varphi & 0\to 0 \end{matrix} \right| = \\ &= 8a\int_0^{\pi/4} (a-2a\sin^2\phi)\,\sqrt{1-\sin^2\phi}\,\cos\phi\,\mathrm{d}\phi \\ &= 8a^2\int_0^{\pi/4} (1-2\sin^2\phi)\,\cos^2\phi\,\mathrm{d}\phi \\ &= 8a^2\left\{\int_0^{\pi/4}\cos^2\phi\,\mathrm{d}\phi - 2\int_0^{\pi/4}\sin^2\phi\,\cos^2\phi\,\mathrm{d}\phi\right\} \end{aligned}$$

Mit $\sin^2\phi = 1-\cos^2\phi$ und der Rekursionsformel

$$\int\cos^4\phi\,\mathrm{d}\phi = \frac{1}{4}\,\sin\phi\,\cos^3\phi + \frac{3}{4}\int\cos^2\phi\,\mathrm{d}\phi$$

erhalten wir weiter:

$$\begin{aligned} A_F &= 4a^2\left\{\sin\phi\,\cos\phi\Big|_0^{\pi/4} + \int_0^{\pi/4}\cos^2\phi\,\mathrm{d}\phi\right\} \\ &= 4a^2\left\{\frac{1}{4}+\frac{1}{2}\,[\phi+\cos\phi\,\sin\phi]_0^{\pi/4}\right\} \\ &= 2a^2 + \frac{a^2\,\pi}{2} \end{aligned}$$

26.11 •• Mehrfaches Ableiten der ersten Kurve liefert

$$\boldsymbol{\alpha}(t) = \begin{pmatrix} \cosh t \\ \sinh t \\ t \end{pmatrix}, \quad \dot{\boldsymbol{\alpha}}(t) = \begin{pmatrix} \sinh t \\ \cosh t \\ 1 \end{pmatrix},$$

$$\ddot{\boldsymbol{\alpha}}(t) = \begin{pmatrix} \cosh t \\ \sinh t \\ 0 \end{pmatrix}, \quad \dddot{\boldsymbol{\alpha}}(t) = \begin{pmatrix} \sinh t \\ \cosh t \\ 0 \end{pmatrix}.$$

Damit erhalten wir für Krümmung und Torsion:

$$\begin{aligned}
\kappa &= \frac{\|\dot{\boldsymbol{\alpha}} \times \ddot{\boldsymbol{\alpha}}\|}{\|\dot{\boldsymbol{\alpha}}\|^3} \\
&= \frac{1}{\left(\sinh^2 t + \cosh^2 t + 1\right)^{3/2}} \left\| \begin{pmatrix} -\sinh t \\ \cosh t \\ -1 \end{pmatrix} \right\| \\
&= \frac{1}{2\cosh^2 t}
\end{aligned}$$

$$\begin{aligned}
\tau &= \frac{\det((\dot{\boldsymbol{\alpha}}, \ddot{\boldsymbol{\alpha}}, \dddot{\boldsymbol{\alpha}}))}{\|\dot{\boldsymbol{\alpha}} \times \ddot{\boldsymbol{\alpha}}\|^2} \\
&= \frac{1}{2\cosh^2 t} \begin{vmatrix} \sinh t & \cosh t & \sinh t \\ \cosh t & \sinh t & \cosh t \\ 1 & 0 & 0 \end{vmatrix} \\
&= \frac{1}{2\cosh^2 t}
\end{aligned}$$

Das begleitende Dreibein ergibt sich zu:

$$\begin{aligned}
\hat{\boldsymbol{t}}(t) &= \frac{1}{\|\dot{\boldsymbol{\alpha}}(t)\|}\, \dot{\boldsymbol{\alpha}}(t) = \frac{1}{\sqrt{2}\cosh t} \begin{pmatrix} \sinh t \\ \cosh t \\ 1 \end{pmatrix} \\
&= \frac{1}{\sqrt{2}} \begin{pmatrix} \tanh t \\ 1 \\ 1/\cosh t \end{pmatrix}
\end{aligned}$$

$$\begin{aligned}
\hat{\boldsymbol{h}} &= \frac{1}{\|\dot{\hat{\boldsymbol{t}}}(t)\|}\, \dot{\hat{\boldsymbol{t}}}(t) = \frac{1}{\|\dot{\hat{\boldsymbol{t}}}(t)\|} \cdot \frac{1}{\sqrt{2}} \begin{pmatrix} 1 - \tanh^2 t \\ 0 \\ -\sinh t/\cosh^2 t \end{pmatrix} \\
&= \cosh t \begin{pmatrix} 1 - \tanh^2 t \\ 0 \\ -\sinh t/\cosh^2 t \end{pmatrix} \\
&= \begin{pmatrix} \cosh t - \sinh t \tanh t \\ 0 \\ -\tanh t \end{pmatrix} = \begin{pmatrix} 1/\cosh t \\ 0 \\ -\tanh t \end{pmatrix}
\end{aligned}$$

$$\hat{\boldsymbol{b}} = \hat{\boldsymbol{t}} \times \hat{\boldsymbol{h}} = \frac{1}{\sqrt{2}} \begin{pmatrix} -\tanh t \\ 1 \\ -1/\cosh t \end{pmatrix}$$

Für die Bogenlänge erhalten wir:

$$\begin{aligned}
s &= \int_0^t \sqrt{\cosh^2 \tau + \sinh^2 \tau + 1}\, d\tau \\
&= \sqrt{2} \int_0^t \cosh \tau\, d\tau = \sqrt{2} \sinh t
\end{aligned}$$

(Dabei ist τ eine Integrationsvariable, die nichts mit der Torsion zu tun hat.)

Für die zweite Kurve ergibt sich analog:

$$\boldsymbol{\beta}(t) = \begin{pmatrix} t\cos t \\ t\sin t \\ t \end{pmatrix}, \qquad \dot{\boldsymbol{\beta}}(t) = \begin{pmatrix} -t\sin t + \cos t \\ t\cos t + \sin t \\ 1 \end{pmatrix},$$

$$\ddot{\boldsymbol{\beta}}(t) = \begin{pmatrix} -t\cos t - 2\sin t \\ -t\sin t + 2\cos t \\ 0 \end{pmatrix}, \quad \dddot{\boldsymbol{\beta}}(t) = \begin{pmatrix} t\sin t - 3\cos t \\ -t\cos t - 3\sin t \\ 0 \end{pmatrix},$$

Daraus erhalten wir weiter

$$\begin{aligned}
\|\dot{\boldsymbol{\beta}}(t)\| &= \sqrt{t^2 + 2}, \\
\dot{\boldsymbol{\beta}}(t) \times \ddot{\boldsymbol{\beta}}(t) &= \begin{pmatrix} t\sin t - 2\cos t \\ -t\cos t - 2\sin t \\ t^2 + 2 \end{pmatrix}, \\
\|\dot{\boldsymbol{\beta}}(t) \times \ddot{\boldsymbol{\beta}}(t)\| &= \sqrt{t^4 + 5t^2 + 8}, \\
\kappa(t) &= \frac{\sqrt{t^4 + 5t^2 + 8}}{(t^2 + 2)^{3/2}}, \\
\det((\dot{\boldsymbol{\beta}}, \ddot{\boldsymbol{\beta}}, \dddot{\boldsymbol{\beta}})) &= \dddot{\boldsymbol{\beta}} \cdot \left(\dot{\boldsymbol{\beta}}(t) \times \ddot{\boldsymbol{\beta}}\right) = t^2 + 6, \\
\tau(t) &= \frac{t^2 + 6}{t^4 + 5t^2 + 8}
\end{aligned}$$

Für das begleitende Dreibein erhalten wir:

$$\begin{aligned}
\hat{\boldsymbol{t}}(t) &= \frac{1}{\sqrt{t^2 + 2}} \begin{pmatrix} -t\sin t + \cos t \\ t\cos t + \sin t \\ 1 \end{pmatrix}, \\
\dot{\hat{\boldsymbol{t}}}(t) &= -\frac{1}{(t^2 + 2)^{3/2}} \\
&\quad \cdot \begin{pmatrix} t^3\cos t + t^2\sin t + 3t\cos t + 4\sin t \\ t^3\sin t - t^2\cos t + 3t\sin t - 4\cos t \\ t \end{pmatrix}, \\
\|\dot{\hat{\boldsymbol{t}}}(t)\| &= \frac{1}{(t^2 + 2)^{3/2}} \sqrt{t^6 + 7t^4 + 18t^2 + 16} \\
&= \frac{1}{(t^2 + 2)^{3/2}} \sqrt{(t^2 + 2)(t^4 + 5t^2 + 8)} \\
&= \frac{\sqrt{t^4 + 5t^2 + 8}}{t^2 + 2},
\end{aligned}$$

$$\hat{\boldsymbol{h}}(t) = -\frac{1}{\sqrt{(t^2+2)(t^4+5t^2+8)}} \cdot \begin{pmatrix} t^3\cos t + t^2 \sin t + 3t\cos t + 4\sin t \\ t^3 \sin t - t^2\cos t + 3t\sin t - 4\cos t \\ t \end{pmatrix},$$

$$\hat{\boldsymbol{b}}(t) = \hat{\boldsymbol{t}} \times \hat{\boldsymbol{h}} = \frac{1}{\sqrt{t^4+5t^2+8}} \begin{pmatrix} t\sin t - 2\cos t \\ -t\cos t - 2\sin t \\ t^2+2 \end{pmatrix}$$

Für die Bogenlänge ergibt sich:

$$\begin{aligned} s(t) &= \int_0^t \|\dot{\boldsymbol{\beta}}(\tau)\|\,\mathrm{d}\tau = \int_0^t \sqrt{\tau^2+2}\,\mathrm{d}\tau \\ &= \left| \begin{matrix} \tau = \sqrt{2}\sinh u & t \to \operatorname{arsinh}\left(\frac{t}{\sqrt{2}}\right) \\ \mathrm{d}\tau = \sqrt{2}\cosh u\,\mathrm{d}u & 0 \to 0 \end{matrix} \right| = \\ &= 2 \int_0^{\operatorname{arsinh}(t/\sqrt{2})} \cosh^2 u\,\mathrm{d}u \\ &= (\cosh u \sinh u + u)\Big|_0^{\operatorname{arsinh}(t/\sqrt{2})} \\ &= \frac{1}{2} t\sqrt{t^2+2} + \operatorname{arsinh}\left(\frac{t}{\sqrt{2}}\right) \end{aligned}$$

26.12 •• Der erste Teil der Kurve ist

$$\boldsymbol{\gamma}_1(t) = \begin{pmatrix} t\sin t \\ t\cos t \\ t \end{pmatrix} \qquad t \in [0, 2\pi]$$

mit der Ableitung

$$\dot{\boldsymbol{\gamma}}_1(t) = \begin{pmatrix} \cos t - t\sin t \\ \sin t + t\cos t \\ 1 \end{pmatrix}$$
$$\|\dot{\boldsymbol{\gamma}}_1(t)\| = \sqrt{2+t^2}.$$

Für die Länge dieses Teils der Kurve erhalten wir

$$\begin{aligned} s_1 &= \int_0^{2\pi} \sqrt{2+t^2}\,\mathrm{d}t = \sqrt{2}\int_0^{2\pi} \sqrt{1+\left(\frac{t}{\sqrt{2}}\right)^2}\,\mathrm{d}t \\ &= \left| \begin{matrix} \frac{t}{\sqrt{2}} = \sinh\phi \\ \phi = \operatorname{arsinh}\frac{t}{\sqrt{2}} \\ \mathrm{d}t = \sqrt{2}\cosh\phi\,\mathrm{d}\phi \end{matrix} \right| = 2\int_I \cosh^2\phi\,\mathrm{d}\phi \\ &= [\phi + \sinh\phi\cosh\phi]_I = \left[\operatorname{arsinh}\frac{t}{\sqrt{2}} + \frac{t}{\sqrt{2}}\sqrt{1+\frac{t^2}{2}}\right]_0^{2\pi} \\ &= \operatorname{arsinh}\frac{2\pi}{\sqrt{2}} + \frac{2\pi}{\sqrt{2}}\sqrt{1+2\pi^2} \end{aligned}$$

Für den zweiten Teil der Kurve,

$$\boldsymbol{\gamma}_2(t) = \begin{pmatrix} 2\pi - t \\ 0 \\ 2\pi \end{pmatrix} \qquad t \in [0, 2\pi]$$

ergibt sich

$$\dot{\boldsymbol{\gamma}}_2(t) = \begin{pmatrix} -1 \\ 0 \\ 0 \end{pmatrix} \qquad \|\dot{\boldsymbol{\gamma}}_2(t)\| = 1$$

Für die Länge der Kurve erhalten wir damit einfach

$$s_2 = \int_0^{2\pi} \|\dot{\boldsymbol{\gamma}}_2(t)\|\,\mathrm{d}t = \int_0^{2\pi} \mathrm{d}t = 2\pi.$$

Die Gesamtlänge der Kurve ist damit

$$s = s_1 + s_2 = 2\pi\left(1 + \frac{1}{\sqrt{2}}\sqrt{1+2\pi^2}\right) + \operatorname{arsinh}\frac{2\pi}{\sqrt{2}}.$$

26.13 • Für die Kugelkoordinaten haben wir

$$\boldsymbol{e}_r = \begin{pmatrix} \sin\vartheta\cos\varphi \\ \sin\vartheta\sin\varphi \\ \cos\vartheta \end{pmatrix}, \ \boldsymbol{e}_\vartheta = \begin{pmatrix} \cos\vartheta\cos\varphi \\ \cos\vartheta\sin\varphi \\ -\sin\vartheta \end{pmatrix}, \ \boldsymbol{e}_\varphi = \begin{pmatrix} -\sin\varphi \\ \cos\varphi \\ 0 \end{pmatrix}$$

erhalten. Nun bilden wir die Skalarprodukte:

$$\begin{aligned} \boldsymbol{e}_r \cdot \boldsymbol{e}_\vartheta &= \sin\vartheta\cos\vartheta\cos^2\varphi + \sin\vartheta\cos\vartheta\sin^2\varphi - \cos\vartheta\sin\vartheta \\ &= 0 \\ \boldsymbol{e}_r \cdot \boldsymbol{e}_\varphi &= -\sin\vartheta\cos\varphi\sin\varphi + \sin\vartheta\cos\varphi\sin\varphi + 0 \\ &= 0 \\ \boldsymbol{e}_\vartheta \cdot \boldsymbol{e}_\varphi &= -\cos\vartheta\cos\varphi\sin\varphi + \cos\vartheta\cos\varphi\sin\varphi + 0 \\ &= 0 \end{aligned}$$

Analog haben wir für die Zylinderkoordinaten

$$\boldsymbol{e}_\rho = \begin{pmatrix} \cos\varphi \\ \sin\varphi \\ 0 \end{pmatrix}, \quad \boldsymbol{e}_\varphi = \begin{pmatrix} -\sin\varphi \\ \cos\varphi \\ 0 \end{pmatrix}, \quad \boldsymbol{e}_z = \begin{pmatrix} 0 \\ 0 \\ 1 \end{pmatrix}$$

und erhalten damit für die Skalarprodukte:

$$\begin{aligned} \boldsymbol{e}_\rho \cdot \boldsymbol{e}_\varphi &= -\cos\varphi\sin\varphi + \cos\varphi\sin\varphi + 0 = 0 \\ \boldsymbol{e}_\rho \cdot \boldsymbol{e}_z &= 0 + 0 + 0 = 0 \\ \boldsymbol{e}_\varphi \cdot \boldsymbol{e}_z &= 0 + 0 + 0 = 0 \end{aligned}$$

Die beiden Koordinatensysteme sind demnach tatsächlich orthogonal. Wegen $\|\boldsymbol{e}_r\| = \|\boldsymbol{e}_\vartheta\| = \|\boldsymbol{e}_\varphi\| = 1$ und $\|\boldsymbol{e}_\rho\| = \|\boldsymbol{e}_\varphi\| = \|\boldsymbol{e}_z\| = 1$ sind sie sogar *orthonormal*.

26.14 ••

- Für die polaren elliptischen Koordinaten erhalten wir:

$$\boldsymbol{b}_\alpha = \begin{pmatrix} c\,\cosh\alpha\,\sin\beta\,\cos\varphi \\ c\,\cosh\alpha\,\sin\beta\,\sin\varphi \\ c\,\sinh\alpha\,\cos\beta \end{pmatrix}$$

$$\boldsymbol{b}_\beta = \begin{pmatrix} c\,\sinh\alpha\,\cos\beta\,\cos\varphi \\ c\,\sinh\alpha\,\cos\beta\,\sin\varphi \\ -c\,\cosh\alpha\,\sin\beta \end{pmatrix}$$

$$\boldsymbol{b}_\varphi = \begin{pmatrix} -c\,\sinh\alpha\,\sin\beta\,\sin\varphi \\ c\,\sinh\alpha\,\sin\beta\,\cos\varphi \\ 0 \end{pmatrix}$$

Wegen

$$\boldsymbol{b}_\alpha \cdot \boldsymbol{b}_\beta = \boldsymbol{b}_\alpha \cdot \boldsymbol{b}_\varphi = \boldsymbol{b}_\beta \cdot \boldsymbol{b}_\varphi = 0$$

sind diese Koordinaten orthogonal. Die α-Flächen werden durch

$$\boldsymbol{x}(\beta, \varphi) = \begin{pmatrix} c_1\,\sin\beta\,\cos\varphi \\ c_1\,\sin\beta\,\sin\varphi \\ c_2\,\cos\beta \end{pmatrix}$$

mit $c_1 = c\,\sinh\alpha_0$ und $c_2 = c\,\sinh\alpha_0$ parametrisiert. das sind Rotationsellipsoide mit der x_3-Achse als Rotationsachse. Die β-Flächen sind Ebenen in denen die x_3-Achse liegt; die φ-Flächen sind zweischalige Rotationshyperboloide.

- In parabolischen Zylinderkoordinaten erhalten wir:

$$\boldsymbol{b}_u = \begin{pmatrix} c\,u \\ c\,v \\ 0 \end{pmatrix} = c\,\sqrt{u^2+v^2}\begin{pmatrix} u/\sqrt{u^2+v^2} \\ v/\sqrt{u^2+v^2} \\ 0 \end{pmatrix}$$

$$\boldsymbol{b}_v = \begin{pmatrix} -c\,v \\ c\,u \\ 0 \end{pmatrix} = c\,\sqrt{u^2+v^2}\begin{pmatrix} -v/\sqrt{u^2+v^2} \\ u/\sqrt{u^2+v^2} \\ 0 \end{pmatrix}$$

$$\boldsymbol{b}_z = \begin{pmatrix} 0 \\ 0 \\ 1 \end{pmatrix}$$

wobei wir jeweils den Betrag des Vektors als Vorfaktor explizit gemacht haben. Auch hier könnten wir analog zu vorher die Orthogonalität mittels Skalarproduktbildung überprüfen. Ein alternativer (umständlicherer, aber lehrreicher) Weg ist es, auch noch die kontravarianten Basisvektoren zu berechnen und dann zu überprüfen, ob deren Richtungen mit jenen der kovarianten übereinstimmen.
Die neuen Koordinaten können wir durch die alten mittels

$$u = \sqrt{\frac{1}{c}\left(\sqrt{x_1^2+x_2^2}+x_1\right)}$$

$$v = \operatorname{sign}(x_2)\sqrt{\frac{1}{c}\left(\sqrt{x_1^2+x_2^2}-x_1\right)}$$

$$z = x_3$$

ausdrücken, wobei $\operatorname{sign}(x_2)$ für das Vorzeichen von X_2 steht. Gradientenbildung ergibt

$$\boldsymbol{b}^u = \frac{1}{2c}\cdot\frac{1}{\sqrt{\frac{1}{c}\left(\sqrt{x_1^2+x_2^2}+x_1\right)}}\begin{pmatrix} x_1/\sqrt{x_1^2+x_2^2}+1 \\ x_2/\sqrt{x_1^2+x_2^2} \\ 0 \end{pmatrix}$$

$$= \frac{1}{c\,(u^2+v^2)}\begin{pmatrix} u \\ v \\ 0 \end{pmatrix} = \frac{1}{c\,\sqrt{u^2+v^2}}\begin{pmatrix} u/\sqrt{u^2+v^2} \\ v/\sqrt{u^2+v^2} \\ 0 \end{pmatrix}$$

$$\boldsymbol{b}^v = \frac{1}{2c}\cdot\frac{\operatorname{sign}(x_2)}{\sqrt{\frac{1}{c}\left(\sqrt{x_1^2+x_2^2}-x_1\right)}}\begin{pmatrix} x_1/\sqrt{x_1^2+x_2^2}-1 \\ x_2/\sqrt{x_1^2+x_2^2} \\ 0 \end{pmatrix}$$

$$= \frac{1}{c\,\sqrt{u^2+v^2}}\begin{pmatrix} -v/\sqrt{u^2+v^2} \\ u/\sqrt{u^2+v^2} \\ 0 \end{pmatrix},$$

$$\boldsymbol{b}^z = \begin{pmatrix} 0 \\ 0 \\ 1 \end{pmatrix}$$

(Dabei müssen wir bei der Ableitung von v den Fall $x_2 = 0$ vorerst ausschließen, können diesen aber anschließend stetig ergänzen.)
Die Richtungen der kontravarianten Basisvektoren stimmen mit denen der kovarianten überein, also ist das Koordinatensystem orthogonal. Die u- und v-Flächen sind parabolische Zylinder, die z-Flächen Ebenen parallel zur x_1-x_2-Ebene.

Anwendungsprobleme

26.15 • Wir erhalten für die Ellipse

$$\boldsymbol{x}(\varphi) = \begin{pmatrix} a\,\cos\varphi \\ b\,\sin\varphi \end{pmatrix}, \quad \varphi \in [0, 2\pi)$$

die Ableitung

$$\dot{\boldsymbol{x}}(\varphi) = \begin{pmatrix} -a\,\sin\varphi \\ b\,\cos\varphi \end{pmatrix}, \quad \varphi \in [0, 2\pi)$$

und damit für die Bogenlänge:

$$s = \int_0^{2\pi} \sqrt{a^2\,\sin^2\varphi + b^2\,\cos^2\varphi}\,\mathrm{d}\varphi$$

$$= \int_0^{2\pi} \sqrt{a^2\sin^2\varphi + a^2\,\cos^2\varphi - (a^2-b^2)\,\cos^2\varphi}\,\mathrm{d}\varphi$$

$$= a\int_0^{2\pi} \sqrt{1 - \frac{a^2-b^2}{a^2}\,\cos^2\varphi}\,\mathrm{d}\varphi = a\int_0^{2\pi}\sqrt{1-\varepsilon^2\,\cos^2\varphi}\,\mathrm{d}\varphi$$

Kapitel 26

Nun entwickeln wir

$$\sqrt{1-\varepsilon^2\cos^2\varphi} = 1 - \frac{1}{2}\varepsilon^2\cos^2\varphi + \mathcal{O}(\varepsilon^4)$$

und erhalten damit näherungsweise:

$$\begin{aligned} s &\approx a\int_0^{2\pi} \mathrm{d}\varphi - \frac{a\,\varepsilon^2}{2}\int_0^{2\pi}\cos^2\varphi\,\mathrm{d}\varphi \\ &\approx 2\pi\,a - \frac{\pi\,a}{2}\varepsilon^2 = a\,(2\pi - 0.000\,438\,6) \\ &\approx 939.885\,6 \text{ Mio. km} \end{aligned}$$

Die Abweichung von einer Kreisbahn ist äußerst gering. (In den meisten Darstellungen wird die „Ellipsenhaftigkeit" der Erdbahn stark übertrieben dargestellt.)

26.16 ••• Wir nennen den Radius der Säule a und legen ihren Mittelpunkt nach $(-a \quad 0)^\top$ Die Ziege sei am Punkt $(0 \quad 0)^\top$ festgebunden. Den rechten Halbkreis in der Abbildung kann sie ohne Probleme erreichen. Auf der anderen Seite kommt sie dann am weitesten, wenn das Seil bis zu einem Punkt $\boldsymbol{p}$ an der Säule anliegt und von diesem Punkt an tangential weiterläuft.

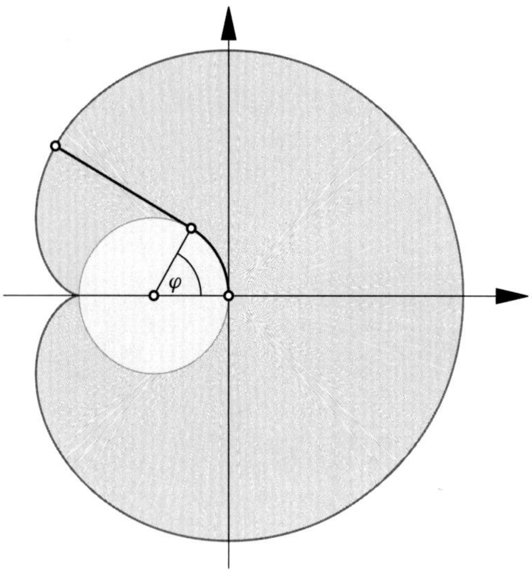

Aus Symmetriegründen genügt es, nur den Bereich $x_2 \geq 0$ zu betrachten. Der Punkt $\boldsymbol{p}$ kann dort durch

$$\boldsymbol{p} = \begin{pmatrix} -a + a\cos\varphi \\ a\sin\varphi \end{pmatrix}$$

beschrieben werden. Der Richtungsvektor der Tangente an den Kreis ist in diesem Punkt durch $(-\sin\varphi \quad \cos\varphi)^\top$ gegeben. Das Seil liegt bis zur Länge $a\varphi$ an der Säule an, das restliche Stück der Länge $a(\pi-\varphi)$ läuft entlang der Tangente. Die Position der Ziege ist damit

$$\begin{aligned} \boldsymbol{\zeta}(\varphi) &= \begin{pmatrix} -a + a\cos\varphi \\ a\sin\varphi \end{pmatrix} + a(\pi-\varphi)\begin{pmatrix} -\sin\varphi \\ \cos\varphi \end{pmatrix} \\ &= a\begin{pmatrix} -1 + \cos\varphi - \pi\sin\varphi + \varphi\sin\varphi \\ \sin\varphi + \pi\cos\varphi - \varphi\cos\varphi \end{pmatrix}. \end{aligned}$$

Ableiten liefert

$$\dot{\boldsymbol{\zeta}}(\varphi) = a\begin{pmatrix} \varphi\cos\varphi - \pi\cos\varphi \\ \varphi\sin\varphi - \pi\sin\varphi \end{pmatrix},$$

und wir erhalten für den gesuchten Flächeninhalt:

$$\begin{aligned} A_1 &= \frac{1}{2}\int_0^\pi \begin{vmatrix} \zeta_1 & \dot\zeta_1 \\ \zeta_2 & \dot\zeta_2 \end{vmatrix} \mathrm{d}\varphi \\ &= \frac{a^2}{2}\int_0^\pi \left\{\pi\sin\varphi - \varphi\sin\varphi - 2\pi\,\varphi + \varphi^2 + \pi^2\right\}\mathrm{d}\varphi \\ &= \frac{a^2}{2}\left\{\frac{\pi^3}{3} - \pi\right\} \end{aligned}$$

Diese Fläche müssen wir doppelt nehmen, die Grundfläche der Säule abziehen und den großen Halbkreis addieren. Damit erhalten wir letztlich

$$\begin{aligned} A &= 2\,A_1 - a^2\pi + \frac{1}{2}(a\pi)^2\,\pi \\ &= \frac{5}{6}a^2\,\pi^3 - 2\,a^2\,\pi\,. \end{aligned}$$

26.17 •• Wir wissen, dass $\boldsymbol{p}$ immer auf der Geraden durch

$$\boldsymbol{g} = \begin{pmatrix} a\cos\varphi \\ a\sin\varphi \end{pmatrix} \quad \text{und} \quad \boldsymbol{h} = \begin{pmatrix} b \\ 0 \end{pmatrix}$$

liegen muss. Diese Gerade lässt sich mittels

$$\boldsymbol{x}(t) = \begin{pmatrix} a\cos\varphi \\ a\sin\varphi \end{pmatrix} + \frac{t}{\sqrt{a^2+b^2-2ab\cos\varphi}}\begin{pmatrix} b - a\cos\varphi \\ -a\sin\varphi \end{pmatrix}$$

beschreiben, dabei haben wir den Richtungsvektor bereits normiert. Da $\boldsymbol{p}$ von $\boldsymbol{g}$ stets den Abstand ℓ hat und wir $\boldsymbol{g}$ als Basispunkt unserer Geraden gewählt haben, wissen wir, dass $\boldsymbol{p}$ die Kurve

$$\boldsymbol{p}(\varphi) = \begin{pmatrix} a\cos\varphi \\ a\sin\varphi \end{pmatrix} + \frac{\ell}{\sqrt{a^2+b^2-2ab\cos\varphi}}\begin{pmatrix} b - a\cos\varphi \\ -a\sin\varphi \end{pmatrix}$$

mit $\varphi \in [0, 2\pi)$ beschreibt.

26.18 •• Wir wissen, dass der Schwerpunkt unterhalb der Evolute der Randkurve liegen muss, um stabile Lagerung zu gewährleisten. Aus Symmetriegründen kennen wir eine Schwerpunktskoordinate, $x_S = 0$. Für die zweite bestimmen wir die Schnittpunkte der beiden Randkurven zu $(\pm\sqrt{c/a},\, c)$ und erhalten mit der Bezeichung A für die Parabelfläche:

$$\begin{aligned} y_S &= \frac{1}{A}\iint_B y\,\mathrm{d}(x,y) = \frac{1}{A}\int_{-\sqrt{c/a}}^{\sqrt{c/a}}\int_{ax^2}^{c} y\,\mathrm{d}y\,\mathrm{d}x \\ &= \frac{1}{A}\int_{-\sqrt{c/a}}^{\sqrt{c/a}} \frac{y^2}{2}\bigg|_{ax^2}^{c}\,\mathrm{d}x = \frac{1}{A}\frac{1}{2}\int_{-\sqrt{c/a}}^{\sqrt{c/a}} \left(c^2 - a^2x^4\right)\mathrm{d}x \\ &= \frac{1}{A}\int_0^{\sqrt{c/a}} \left(c^2 - a^2x^4\right)\mathrm{d}x = \frac{1}{A}\left[c^2x - \frac{1}{5}a^2x^5\right]_0^{\sqrt{c/a}} \\ &= \frac{1}{A}\left(c^2\sqrt{\frac{c}{a}} - \frac{1}{5}c^2\sqrt{\frac{c}{a}}\right) = \frac{1}{A}\frac{4}{5}c^2\sqrt{\frac{c}{a}} \end{aligned}$$

Nun müssen wir nur noch A bestimmen,

$$\begin{aligned} A &= \iint_B \mathrm{d}(x,y) = \int_{-\sqrt{c/a}}^{\sqrt{c/a}}\int_{ax^2}^{c} \mathrm{d}y\,\mathrm{d}x \\ &= \int_{-\sqrt{c/a}}^{\sqrt{c/a}} y\big|_{ax^2}^{c}\,\mathrm{d}x = \int_{-\sqrt{c/a}}^{\sqrt{c/a}} \left(c - a\,x^2\right)\mathrm{d}x \\ &= 2\int_0^{\sqrt{c/a}} \left(c - a\,x^2\right)\mathrm{d}x = 2\left[c\,x - \frac{1}{3}a\,x^3\right]_0^{\sqrt{c/a}} \\ &= 2\left(c\sqrt{\frac{c}{a}} - \frac{1}{3}c\sqrt{\frac{c}{a}}\right) = \frac{4}{3}c\sqrt{\frac{c}{a}}, \end{aligned}$$

und erhalten

$$y_S = \frac{\frac{4}{5}c^2\sqrt{\frac{c}{a}}}{\frac{4}{3}c\sqrt{\frac{c}{a}}} = \frac{4}{5}\frac{3}{4}c = \frac{3}{5}c\,.$$

Um die Stabilität in einem homogenen Kraftfeld zu überprüfen, müssen wir nun die Evolute der Kurve

$$\boldsymbol{\gamma}(t) = \begin{pmatrix} t \\ a\,t^2 \end{pmatrix}, \quad t \in \left[-\sqrt{\frac{c}{a}}, \sqrt{\frac{c}{a}}\right]$$

bestimmen. Mit

$$\dot{\boldsymbol{\gamma}}(t) = \begin{pmatrix} 1 \\ 2at \end{pmatrix}, \quad \ddot{\boldsymbol{\gamma}}(t) = \begin{pmatrix} 0 \\ 2a \end{pmatrix}$$

erhalten wir

$$\begin{vmatrix} 1 & 0 \\ 2at & 2a \end{vmatrix} = 2a\,,$$

und damit für die Evolute

$$\boldsymbol{\xi}(t) = \begin{pmatrix} t \\ a\,t^2 \end{pmatrix} + \frac{1 + 4a^2t^2}{2a}\begin{pmatrix} -2at \\ 1 \end{pmatrix}, \quad t \in \left[-\sqrt{\frac{c}{a}}, \sqrt{\frac{c}{a}}\right].$$

Uns interessiert der Punkt auf der Symmetrieachse, der Stelle mit $x_1 = \xi_1(t) = 0$. Diese erhält man, wie es auch die Symmetrieeigenschaften vermuten lassen, mit $t = 0$. Mit $\xi_2(0) = \frac{1}{2a}$ erhalten wir die Bedingung

$$\frac{3}{5}c < \frac{1}{2a} \quad \Longleftrightarrow \quad a\,c < \frac{5}{6}\,.$$

Je größer man a wählt, desto kleiner muss c sein, und umgekehrt.

26.19 •• Mit

$$\dot{\boldsymbol{\gamma}}(t) = \begin{pmatrix} \cos(t^2) \\ \sin(t^2) \end{pmatrix}$$

erhalten wir:

$$\begin{aligned} s(0,t) &= \int_0^t \|\dot{\boldsymbol{x}}(\tau)\|\,\mathrm{d}\tau \\ &= \int_0^t \sqrt{\cos(\tau^2) + \sin(\tau^2)}\,\mathrm{d}t \\ &= \int_0^t \mathrm{d}\tau = t \end{aligned}$$

Die Bogenlänge ist damit gleich unserem ursprünglichen Parameter. Weiteres Differenzieren liefert

$$\ddot{\boldsymbol{\gamma}}(t) = \begin{pmatrix} -2t\,\sin(t^2) \\ 2t\,\cos(t^2) \end{pmatrix},$$

und damit ergibt sich für die Krümmung:

$$\begin{aligned} \kappa(t) &= \frac{\det((\dot{\boldsymbol{x}},\,\ddot{\boldsymbol{x}}))}{(\dot{x}_1^2 + \dot{x}_2^2)^{3/2}} \\ &= \begin{vmatrix} \cos(t^2) & -2t\,\sin(t^2) \\ \sin(t^2) & 2t\,\cos(t^2) \end{vmatrix} \\ &= 2t\,\cos^2(t^2) + 2t\,\sin^2(t^2) = 2t \end{aligned}$$

Die Krümmung ist demnach proportional zur Bogenlänge! Dass die Krümmung der Klothoide anfangs null ist, dann stetig zunimmt und beliebig große Werte erreichen kann, macht ihre

Bedeutung im Straßenbau aus. Geraden haben Krümmung von null, Kreise eine konstante Krümmung $\kappa_0 \neq 0$.

Beim direkten Übergang von einer Geraden zu einem Kreis (oder zwischen Kreisen mit unterschiedlichen Radien) würde sich die Krümmung sprunghaft ändern, was ein ruckartiges Drehen am Lenkrad erforderlich machen würde. Auch wenn dieser Effekt durch die Breite der Straße abgemildert wird, wäre die entsprechende plötzliche Zu- oder Abnahme der Querbeschleunigung unangenehm, unter Umständen sogar gefährlich.

Beim Entlangfahren einer Klothoide hingegen wird das Lenkrad kontinuierlich gedreht. Ein Klothoidenstück kann zwischen Kurven beliebiger Krümmung „eingepasst“ werden, insbesondere also zwischen einem Geradenstück und einem Kreisbogen mit beliebigem Radius oder zwischen zwei Kreisbögen mit unterschiedlichen Radien.

Kapitel 27

Aufgaben

Verständnisfragen

27.1 •• Ordnen Sie die folgenden Vektorfelder $\boldsymbol{v}_i$, $i = 1, \ldots, 6$ den Teilbildern in Abb. 27.35 und 27.36 zu:

- $\boldsymbol{v}_1(x, y) = (x_1, x_2)^{\mathrm{T}}$
- $\boldsymbol{v}_2(x, y) = (-x_2, x_1)^{\mathrm{T}}$
- $\boldsymbol{v}_3(x, y) = (x_1^2 + x_2^2, 2x_1x_2)^{\mathrm{T}}$
- $\boldsymbol{v}_4(x, y) = (x_1 - x_2, x_1 + x_2)^{\mathrm{T}}$
- $\boldsymbol{v}_5(x, y) = (x_1, -x_2)^{\mathrm{T}}$
- $\boldsymbol{v}_6(x, y) = (-2x_1x_2, x_1^2 + x_2^2)^{\mathrm{T}}$

(Für die Berechnung der Rotation, von der nur die 3-Komponente relevant ist, kann man sich die Vektorfelder jeweils durch $v_3 = 0$ zu solchen aus dem $\mathbb{R}^3$ ergänzt denken.)

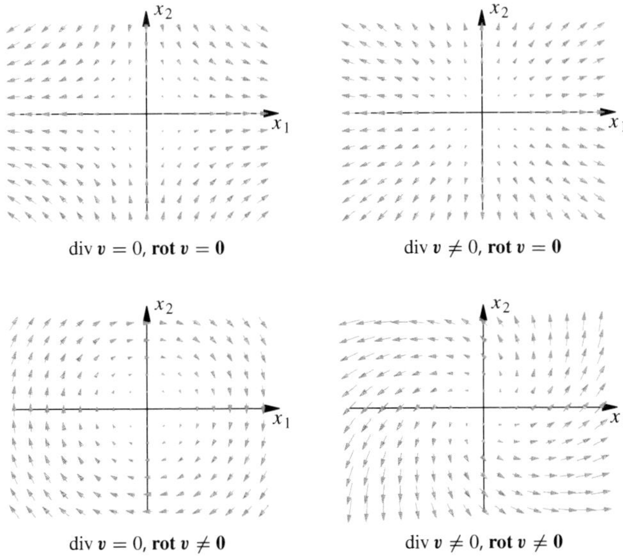

Abb. 27.35 Wir vergleichen Vektorfelder mit jeweils verschwindender und nicht verschwindender Divergenz bzw. Rotation

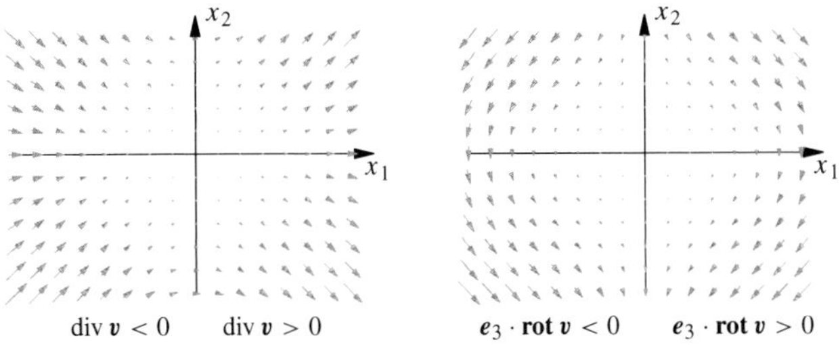

Abb. 27.36 Der Übergang von negativen Werten der Divergenz bzw. der 3-Komponente der Rotation in der jeweils linken Bildhälfte zu positiven in der rechten. (Das anscheinend „falsche" Vorzeichen der Rotation stammt daher, dass gemäß „Rechte-Hand-Regel" der Vektor $\boldsymbol{e}_3$ aus dem Buch heraus zeigt)

27.2 • Gegeben sind ein Vektorfeld $\boldsymbol{V}$ sowie zwei Kurven C_1 und C_2 mit gleichem Anfangs- und Endpunkt. Kann man aus

$$\int_{C_1} \boldsymbol{V}(\boldsymbol{x})\, \mathrm{d}\boldsymbol{x} = \int_{C_2} \boldsymbol{V}(\boldsymbol{x})\, \mathrm{d}\boldsymbol{x}$$

folgern, dass $\boldsymbol{V}$ ein Potenzial besitzt?

27.3 •• Wir betrachten die Ausdrücke

$$\boldsymbol{v}(\boldsymbol{x}) = \frac{1}{x_1^2 + x_2^2} \begin{pmatrix} -x_2 \\ x_1 \\ 0 \end{pmatrix},$$

$$\boldsymbol{w}(\boldsymbol{x}) = \frac{1}{x_1^2 + x_2^2 + x_3^2} \begin{pmatrix} -x_2 \\ x_1 \\ 0 \end{pmatrix}.$$

Für welche $\boldsymbol{x} \in \mathbb{R}^3$ sind dieser Ausdrücke definiert? Sind die Definitionsmengen $D(\boldsymbol{v})$ und $D(\boldsymbol{w})$ einfach zusammenhängend? Besitzen die Vektorfelder $\boldsymbol{v}$: $D(\boldsymbol{v}) \to \mathbb{R}^3$, $\boldsymbol{x} \mapsto \boldsymbol{v}(\boldsymbol{x})$ bzw. $\boldsymbol{w}$: $D(\boldsymbol{w}) \to \mathbb{R}^3$, $\boldsymbol{x} \mapsto \boldsymbol{w}(\boldsymbol{x})$ ein Potenzial?

27.4 •• Die Rotation eines Vektorfeldes der Form

$$\boldsymbol{A}(x_1, x_2, x_3) = \begin{pmatrix} A_1(x_1) \\ A_2(x_2) \\ A_3(x_3) \end{pmatrix}$$

T. Arens et al., *Arbeitsbuch Mathematik*, https://doi.org/10.1007/978-3-662-64391-4_26

verschwindet trivialerweise, da in den Komponenten $\left(\frac{\partial A_i}{\partial x_j} - \frac{\partial A_j}{\partial x_i}\right)$ bereits jeder Term für sich verschwindet und damit auch ihre Differenz. Welche Form hat ein Vektorfeld, für das das Gleiche gilt, in Kugelkoordinaten?

Rechenaufgaben

27.5 •• Für das Vektorfeld $\boldsymbol{v}$, $\mathbb{R}^3 \to \mathbb{R}^3$, $\boldsymbol{v}(\boldsymbol{x}) = (x_2x_3^3,\ x_1x_3^3,\ 3x_1x_2x_3^2)^\mathrm{T}$ berechne man $\mathbf{rot}\,\boldsymbol{v}$, $\operatorname{div}\boldsymbol{v}$, $\mathbf{grad}\operatorname{div}\boldsymbol{v}$, gegebenenfalls ein Potenzial ϕ und das Kurvenintegral

$$I = \int_C \boldsymbol{v}\cdot\mathbf{d}\boldsymbol{s}\,,$$

wobei C den Anfangspunkt $(0,0,0)$ geradlinig mit dem Endpunkt $(1,2,3)$ verbindet.

27.6 •• Man berechne den Wert des Kurvenintegrals

$$I = \int_K \begin{pmatrix} 2x_1x_2 + x_2^2 \\ 2x_1x_2 + x_1^2 \end{pmatrix}\cdot\mathbf{d}\boldsymbol{s}$$

für die in Abb. 27.37 dargestellte Kurve K.

27.7 •• K_1, K_2 sind die in Abb. 27.38 dargestellten Kurven im $\mathbb{R}^2$ mit Anfangspunkt $(-1,0)$ und Endpunkt $(1,1)$.

Für die Vektorfelder

- $\boldsymbol{v}(x,y) = (x,\ y)^\mathrm{T}$,
- $\boldsymbol{v}(x,y) = (-y,\ x)^\mathrm{T}$,
- $\boldsymbol{v}(x,y) = (\mathrm{e}^{\pi x}\cos(\pi y),\ -\mathrm{e}^{\pi x}\sin(\pi y))^\mathrm{T}$

berechne man die Integrale $\int_{K_i} \boldsymbol{v}\cdot\mathbf{d}\boldsymbol{s}$.

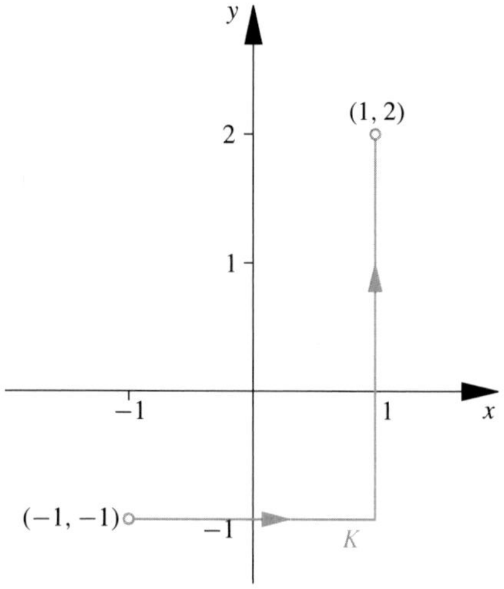

Abb. 27.37 Berechnen Sie $\int_K \left\{(2x_1x_2 + x_2^2)\mathrm{d}x_1 + (2x_1x_2 + x_1^2)\mathrm{d}x_2\right\}$ entlang dieser Kurve

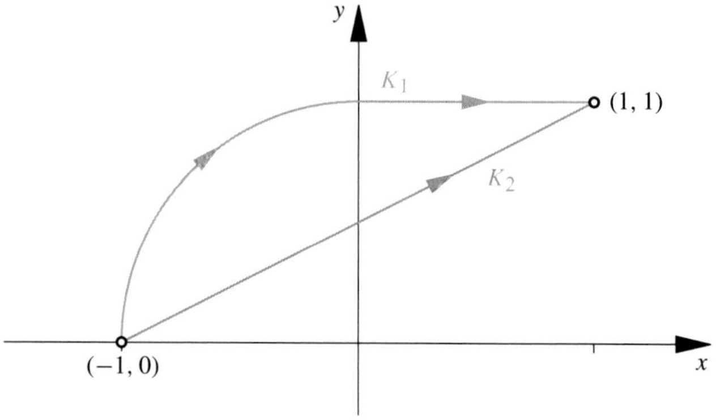

Abb. 27.38 Kurven K_1 und K_2

27.8 • Man untersuche, ob die folgenden Kurvenintegrale vom Weg unabhängig sind, und berechne das Integral für den Fall, dass die Kurve C die geradlinige Verbindungsstrecke von $\boldsymbol{a}$ nach $\boldsymbol{b}$ ist.

- $I_1 = \int_C \{2x_1\,\mathrm{d}x_1 + x_3\,\mathrm{d}x_2 + (x_2+x_4)\,\mathrm{d}x_3 + x_3\,\mathrm{d}x_4\}$, mit $\boldsymbol{a} = (0,0,0,0)^\mathrm{T}$, $\boldsymbol{b} = (1,1,0,1)^\mathrm{T}$
- $I_2 = \int_C \left\{\pi x\mathrm{e}^{\pi w}\,\mathrm{d}w + \mathrm{e}^{\pi w}\,\mathrm{d}x + z^2\,\mathrm{d}y + 2yz\,\mathrm{d}z\right\}$ mit $\boldsymbol{a} = (1,1,1,1)^\mathrm{T}$ und $\boldsymbol{b} = (1,-1,2,0)^\mathrm{T}$

27.9 •• Man berechne das Kurvenintegral

$$L = \int_C \left\{(x - 2y^2z)\mathrm{d}x + (x^3 - z^2)\mathrm{d}y + (x^2+y^2)\mathrm{d}z\right\},$$

wobei C die Schnittkurve der beiden Flächen $z^2 = x^2 + y^2$ und $z = \frac{8}{x^2+y^2}$ ist.

27.10 •• Man berechne das Kurvenintegral

$$K = \int_{\partial B} (xy^2\,\mathrm{d}x + xy\,\mathrm{d}y),$$

wobei ∂B der positiv orientierte Rand jenes Bereiches B ist, der von

- $y = \sqrt{2x - x^2}$ für $0 \le x < 2$,
- $y = 0$ für $2 \le x \le 4$ und
- $y = \sqrt{4x - x^2}$ für $0 \le x \le 4$

begrenzt wird.

27.11 •• Wir betrachten den Bereich $S \subset \mathbb{R}^2$,

$$S = \left\{(x,y)\,|\,x \ge 0,\ 0 \le y \le x,\ 1 \le x^2 + y^2 \le 4\right\}$$

Über S ist durch $z(x,y) = x^2 + y^2$ explizit eine Fläche F gegeben. Skizzieren Sie die Menge S und berechnen Sie das Oberflächenintegral $I = \int_F G\,\mathrm{d}\sigma$ mit $G(x,y,z) = \arctan\frac{y}{x}$.

27.12 • Man berechne den Oberflächeninhalt der Fläche F mit Parametrisierung

$$\boldsymbol{x}(u,v) = \begin{pmatrix} \sin^2 u \, \cos v \\ \sin^2 u \, \sin v \\ \sin u \, \cos u \end{pmatrix} \qquad u \in [0,\pi],\ v \in [0, 2\pi].$$

27.13 •• Man berechne das Oberflächenintegral

$$I = \iint_{\partial B} (x+z^2)\,\mathrm{d}y \wedge \mathrm{d}z + (z-y)\,\mathrm{d}z \wedge \mathrm{d}x + x^2 z \,\mathrm{d}x \wedge \mathrm{d}y,$$

wobei der Bereich B von den Flächen $x^2+z^2=1$ und $x^2+y^2=1$ begrenzt wird.

27.14 •• Durch $z(x,y)=y^2$ ist über der Menge

$$S = \left\{(x,y) \in \mathbb{R}^2 \mid 0 \le x \le 2,\, 0 \le y \le \sqrt{x}\right\}$$

eine Fläche F gegeben. Man berechne den Wert des Oberflächenintegrals $I = \int_F y \,\mathrm{d}\sigma$.

27.15 •• Man berechne das Oberflächenintegral $\int_F G\,\mathrm{d}\sigma$ der Funktion

$$G(x,y,z) = \frac{yz}{\sqrt{1+x}}$$

über der Fläche

$$F = \{(x,y,z) \in \mathbb{R}^3 \mid 0 \le x \le 2, 0 \le y \le 2\sqrt{x}, z = \sqrt{4x-y^2}\}.$$

27.16 •• Berechnen Sie für das Vektorfeld

$$\boldsymbol{V}(\boldsymbol{x}) = \begin{pmatrix} x^2 + \frac{\cosh y}{\cosh z} \\ y^2 + 2xz - x^2 \sin z \\ x^2 z^2 - \mathrm{e}^{\sin y} \end{pmatrix}$$

das Oberflächenintegral über die Oberfläche der oberen Halbkugel mit Mittelpunkt $(0,0,0)$, Radius 2 und nach außen orientiertem Normalvektor.

27.17 •• Man berechne den Fluss des Vektorfeldes

$$\boldsymbol{V} = \begin{pmatrix} x^3 + xy^2 \\ x^2 y + y^3 \\ x^2 y \end{pmatrix}$$

durch die Fläche

$$F: z = \sqrt{x^2+y^2} < 2,$$

die so orientiert ist, dass die z-Komponente ihres Normalenvektors negativ ist.

27.18 •• Bestimmen Sie den Fluss des Vektorfeldes

$$\boldsymbol{V} = \left(x^3 y,\, x^2 y^2,\, x\right)^{\mathrm{T}}$$

durch die Fläche F, die durch

$$z = 2x^2 + 2y^2, \quad 2 \le z \le 8, \quad x \ge 0, \quad y \ge 0$$

gegeben und dabei so orientiert ist, dass die z-Komponente des Normalenvektors immer negativ ist.

27.19 •• Man berechne das Oberflächenintegral

$$I = \iint_{\partial B} \begin{pmatrix} x + \mathrm{e}^{(z^2)} \\ x^2 - y^2 + z^2 \\ 1 - xyz \end{pmatrix} \cdot \mathbf{d}\boldsymbol{\sigma},$$

wobei B jener Bereich ist, der von den Flächen $z = \sqrt{x^2+y^2}$ und $z = 2 - \sqrt{x^2+y^2}$ eingeschlossen wird.

27.20 •• Bestimmen Sie das Linienelement $\mathbf{d}\boldsymbol{s}$, das Oberflächenelement $\mathbf{d}\boldsymbol{\sigma}$, das Volumenelement $\mathrm{d}\boldsymbol{x}$ sowie die Differenzialoperatoren **grad**, **rot**, div und Δ in polaren elliptische Koordinaten

$$\boldsymbol{x} = \begin{pmatrix} c \, \sinh\alpha \, \sin\beta \, \cos\varphi \\ c \, \sinh\alpha \, \sin\beta \, \sin\varphi \\ c \, \cosh\alpha \, \cos\beta \end{pmatrix}$$

mit $\alpha \in \mathbb{R}_{\ge 0}$, $0 \le \beta \le \pi$ und $-\pi < \varphi \le \pi$. Die Konstante $c > 0$ ist ein Maßstabsfaktor. (Vergleiche dazu auch Aufgabe 26.14.)

27.21 •• Bestimmen Sie den Fluss von

$$\boldsymbol{V}(x,y,z) = \frac{1}{\sqrt{x^2+y^2}} \begin{pmatrix} x^3 - y^3 \\ x^2 y + xy^2 \\ x^2 + y^2 \end{pmatrix}$$

durch die nach außen orientierte Oberfläche des Zylinders $x^2 + y^2 = \frac{9}{4}$, $-\frac{1}{2} \le z \le \frac{1}{2}$. Bestimmen Sie zudem die Kurvenintegrale

$$\oint_{C_{z_0}} \boldsymbol{V} \cdot \mathbf{d}\boldsymbol{s},$$

wobei C_{z_0} die Kreise $x^2+y^2 = \frac{9}{4}$, $z = z_0$ sind, die so durchlaufen werden, dass im Punkt $(\frac{3}{2}, 0, z_0)$ die y-Komponente des Tangentenvektors positiv ist, $\dot{y} > 0$.

27.22 •• Bestimmen Sie die Komponenten des Vektorfeldes

$$\boldsymbol{V}(\boldsymbol{x}) = \begin{pmatrix} \frac{x^2+y^2}{\sqrt{x^2+y^2+z^2}} \\ 0 \\ \frac{xz}{\sqrt{x^2+y^2+z^2}} \end{pmatrix}$$

bei Darstellung in Kugelkoordinaten, d. h. V_r, V_ϑ und V_φ für

$$\boldsymbol{V} = V_r\,\boldsymbol{e}_r + V_\vartheta\,\boldsymbol{e}_\vartheta + V_\varphi\,\boldsymbol{e}_\varphi\,.$$

Bestimmen Sie für das Vektorfeld $\boldsymbol{V}$ den Fluss

$$\oint_{\mathcal{K}} \boldsymbol{V}\cdot \mathbf{d}\boldsymbol{\sigma}\,,$$

wobei $\mathcal{K}$ die nach außen orientierte Kugeloberfläche $x^2+y^2+z^2=9$ ist.

Anwendungsprobleme

27.23 ••• Ein *Dipol* sind zwei in festem Abstand $2a$ zueinander gehaltene gegengleiche (d. h. betragsmäßig gleiche, entgegengesetzte) Ladungen $\pm q$.

Bestimmen Sie jeweils die auf einen Dipol wirkende Kraft $\boldsymbol{F}$ und Drehmoment $\boldsymbol{T} = \sum_i (\boldsymbol{x}-\tilde{\boldsymbol{x}})\times \boldsymbol{F}_i$ (mit Bezugspunkt $\tilde{\boldsymbol{x}}$) in einem

- homogenen elektrischen Feld $\boldsymbol{E}(\boldsymbol{x}) = E_0\,\boldsymbol{e}_3$,
- radialen elektrischen Feld

$$\boldsymbol{E}(\boldsymbol{x}) = \frac{1}{4\pi\,\varepsilon_0}\frac{Q}{r^2}\,\boldsymbol{e}_r$$

mit $Q \gg q$.

Bestimmen Sie im zweiten Fall Näherungsausdrücke für $a \ll \|\tilde{\boldsymbol{x}}\|$. Diskutieren Sie das Verhalten eines drehbaren, beweglichen Dipols in den angegebenen Feldern. (Hinweis: als Bezugspunkt $\tilde{\boldsymbol{x}}$ für die Bestimmung des Drehmoments wählen Sie günstigerweise den Mittelpunkt der Verbindungslinie der beiden Ladungen.)

27.24 •• Wir haben auf S. 1009 die potenzielle Energie eines in Form einer Kettenlinie gebogenen Drahtes bestimmt. Vergleichen Sie das Ergebnis mit der Energie für einen Draht der gleichen Länge, der an den gleichen Punkten befestigt ist, nun aber die Form

- eines „V"s (stückweise gerade) oder
- einer nach oben offenen Parabel

hat. (Hinweis: Im Fall der Parabel erhält man eine transzendente Gleichung, die sich nur näherungsweise lösen lässt.)

27.25 •• Das Strömungsfeld in einem Fluid mit zwei entgegengesetzten Linienwirbeln ist durch

$$\boldsymbol{v}(\boldsymbol{x}) = \begin{pmatrix} \frac{x_2}{(x_1+a)^2+x_2^2} - \frac{x_2}{(x_1-a)^2+x_2^2} \\ \frac{x_1-a}{(x_1-a)^2+x_2^2} - \frac{x_1+a}{(x_1+a)^2+x_2^2} \end{pmatrix}$$

gegeben.

Wo liegen die Wirbel? Bestimmen Sie die Arbeit, die bei Umlauf der folgenden positiv orientierten Kreise gewonnen wird:

$$\begin{aligned} C_1:&\quad (x_1-a)^2+x_2^2 = a^2\\ C_2:&\quad (x_1+a)^2+x_2^2 = a^2\\ C_3:&\quad x_1^2+x_2^2 = \frac{1}{4}a^2\\ C_4:&\quad x_1^2+x_2^2 = 4a^2 \end{aligned}$$

27.26 •••

- Bestimmen Sie die Gravitationskraft, die eine Kugelschale mit homogener Dichte ρ auf eine Probemasse m (a) außerhalb, (b) innerhalb der Kugelschale ausübt.
- Durch die (als homogen und kugelförmig angenommene) Erde wird ein Tunnel vom Nord- zum Südpol gegraben. Beschreiben Sie den (reibungsfreien) Fall eines Körpers durch diesen Tunnel mit einer geeigneten Differenzialgleichung. Lösen Sie diese Gleichung für einen am Nordpol mit Anfangsgeschwindigkeit $v_0 = 0$ losgelassenen Körper.

Hinweise

Verständnisfragen

27.1 •• Bestimmen Sie Rotation und Divergenz der Felder und vergleichen Sie mit den Angaben in den Abbildungen. Zudem kann es helfen, die Werte der Vektorfelder an einzelnen charakteristischen Punkten zu berechnen.

27.2 • Zu den Kriterien für die Existenz eines Potenzials, siehe Abschn. 27.3 ab S. 1012.

27.3 •• An welchen Stellen käme es zu einer Division durch null? Für die Existenz eines Potenzials muss die Rotation verschwinden und das Definitionsgebiet D einfach zusammenhängend sein.

27.4 •• Betrachten Sie die Rotation in Kugelkoordinaten (siehe S. 1029), und überlegen Sie, welche Form A_r, A_ϑ und A_φ haben müssen, damit jeder Term in den dortigen Differenzen verschwindet.

Rechenaufgaben

27.5 •• Das Ergebnis für **rot** $\boldsymbol{v}$ kann das Berechnen des Kurvenintegrals vereinfachen.

27.6 •• Untersuchen Sie, ob das Vektorfeld ein Potenzial besitzt.

27.7 •• Untersuchen Sie, ob ein Potenzial existiert.

27.8 • Untersuchen Sie Definitionsgebiet und Integrabilitätsbedingungen $\frac{\partial v_i}{\partial x_j} = \frac{\partial v_j}{\partial x_i}$.

27.9 •• Um die Gleichung der Schnittkurve zu bestimmen, benutzen Sie eine Flächengleichung, um z^2 aus der anderen zu eliminieren. Nun können Sie einen geeigneten Integralsatz benutzen.

27.10 •• Eine Skizze hilft bei diesem Beispiel außerordentlich. Benutzen Sie zum Auswerten des Integrals einen geeigneten Integralsatz.

27.11 •• Bestimmen Sie die Form von S, indem Sie seine Randkurven ermitteln. Diese erhalten Sie, wenn Sie in jeder Ungleichung das Gleichheitszeichen nehmen. Gehen Sie für die Bestimmung des Integrals so vor wie im Beispiel auf S. 1016; eine Auswertung in Polarkoordinaten bietet sich an.

27.12 • Die Abhängigkeit des Oberflächenelements $\mathrm{d}\boldsymbol{\sigma} = \|\boldsymbol{x}_u \times \boldsymbol{x}_v\|\,\mathrm{d}u\,\mathrm{d}v$ von einer der beiden Variablen ist trivial, damit faktorisiert das Doppelintegral.

27.13 •• Benutzen Sie einen geeigneten Integralsatz. Die Auswertung des Integrals erfolgt am besten in kartesischen Koordinaten, wobei x die äußerste Integrationsvariable ist.

27.14 •• Skizzieren Sie die Menge S. Durch die Struktur von Integrand und Integrationsgebiet bietet es sich an, zuerst über y, dann über x zu integrieren.

27.15 •• Bestimmen und skizzieren Sie den Bereich $S \subseteq \mathbb{R}^2$, über dem die Fläche definiert ist.

27.16 •• Benutzen Sie einen geeigneten Integralsatz.

27.17 •• Das Doppelintegral ist am einfachsten in Polarkoordinaten auszuwerten.

27.18 •• Das Doppelintegral ist am einfachsten in Polarkoordinaten auszuwerten.

27.19 •• Benutzen Sie einen geeigneten Integralsatz.

27.20 •• Bilden Sie die kovarianten Basisvektoren durch Ableitungen nach den Koordinaten, die metrischen Koeffizienten ergeben sich als Betrag dieser Vektoren. Mit den metrischen Koeffizienten kann man dann sowohl die differenziellen Elemente als auch die Differenzialoperatoren bestimmen.

27.21 •• Stellen Sie das Vektorfeld in Zylinderkoordinaten dar. Die gefragten Integrale lassen sich auch mittels geeigneter Integralsätze (Gauß bzw. Stokes) bestimmen. Bei Integration über die Oberfläche des Zylinders muss man Mantel, Grund- und Deckfläche separat behandeln; dabei trägt jeweils nur eine Komponente von $\boldsymbol{V}$ zum Integral bei.

27.22 •• Bestimmen Sie die Projektionen $V_r = \boldsymbol{V} \cdot \boldsymbol{e}_r$ etc. Das Oberflächenintegral lässt sich direkt oder mit dem Satz von Gauß ermitteln. Bestimmen Sie für die zweite Variante die Divergenz direkt in Kugelkoordinaten.

Anwendungsprobleme

27.23 ••• Beschreiben Sie den Dipol durch einen Vektor $\boldsymbol{a}$ mit Norm a, der vom Dipolmittelpunkt $\tilde{\boldsymbol{x}}$ zur Ladung q weist. (Entsprechend weist $-\boldsymbol{a}$ von $\tilde{\boldsymbol{x}}$ nach $-q$.) Die Kräfte $\boldsymbol{F}$ ergeben sich jeweils als Produkt der Ladung $\pm q$ mit dem elektrischen Feld am Ort dieser Ladung.

Die Kraft auf den Dipol ergibt sich als Summe der Kräfte auf die Einzelladungen, das Drehmoment wie angeben als Summe von Kreuzprodukten. Beachten Sie, dass die Basisvektoren in Kugelkoordinaten ortsabhängig sind! Bei der Arbeit mit Ortsvektoren kann man benutzen, dass beispielsweise $\boldsymbol{e}_r(\tilde{\boldsymbol{x}} + \boldsymbol{a}) = \frac{\tilde{\boldsymbol{x}}+\boldsymbol{a}}{\|\tilde{\boldsymbol{x}}+\boldsymbol{a}\|}$ gilt.

Überlegen Sie sich, in welchen Grenzfällen die erhaltenen Ausdrücke verschwinden und welche physikalische Interpretation das hat.

27.24 •• Bestimmen Sie die Länge der Kurve auf S. 1009, und stellen Sie die Gleichungen einer stückweise affin linearen Funktion bzw. Parabel auf, die durch die Punkte $(-\ln 2, \frac{5}{4})^\top$ und $(\ln 2, \frac{5}{4})^\top$ verlaufen und zwischen diesen Punkten die gleiche Länge haben. Bestimmen Sie nun das Kurvenintegral über $U(\boldsymbol{x}) = x_2$ entlang dieser beiden Kurven.

27.25 •• Suchen Sie nach Definitionslücken im Geschwindigkeitsfeld. Fertigen Sie eine Skizze an. Anhand der skizzierten Verhältnisse können Sie bereits abschätzen, welches Ergebnis Sie für die Arbeitsintegrale erwarten können.

27.26 •••

- Bestimmen Sie das Potenzial einer Kugelschale der Dicke $\mathrm{d}r$. Integrieren Sie dieses Potenzial von R_1 nach R_2 um das Potenzial der Kugelschale zu erhalten. Die Kraft ergibt sich unmittelbar durch Gradientenbildung.

- Mit den Ergebnissen aus dem ersten Teil der Aufgabe können Sie die Kraft auf eine Probemasse sofort bestimmen. Einsetzen in die Newton'sche Bewegungsgleichung $m\,\frac{\mathrm{d}^2 r}{\mathrm{d}t^2} = F(r)$ liefert eine bekannte Differenzialgleichung, deren Lösung Sie sofort angeben können.

Lösungen

Verständnisfragen

27.1 •• $\boldsymbol{v}_1$ – Abb. 27.35 rechts oben, $\boldsymbol{v}_2$ – Abb. 27.35 links unten, $\boldsymbol{v}_3$ – Abb. 27.36 links, $\boldsymbol{v}_4$ – Abb. 27.35 rechts unten, $\boldsymbol{v}_5$ – Abb. 27.35 links oben, $\boldsymbol{v}_6$ – Abb. 27.36 rechts.

27.2 • Nein.

27.3 •• $D(\boldsymbol{v}) = \{\boldsymbol{x} \in \mathbb{R}^3 \,|\, x_1 \neq 0 \text{ oder } x_2 \neq 0\}$, $D(\boldsymbol{w}) = \mathbb{R}^3 \setminus \{\boldsymbol{0}\}$, beide Vektorfelder besitzen (aus unterschiedlichen Gründen) kein Potenzial.

27.4 •• $\boldsymbol{A}(r, \vartheta, \varphi) = F(r)\,\boldsymbol{e}_r + \frac{G(\vartheta)}{r}\,\boldsymbol{e}_\vartheta + \frac{H(\varphi)}{r \sin\vartheta}\,\boldsymbol{e}_\varphi$ mit beliebigen stetig differenzierbaren Funktionen F, G und H.

Rechenaufgaben

27.5 •• $\textbf{rot}\,\boldsymbol{v} = \boldsymbol{0}$, $\operatorname{div} \boldsymbol{v} = 6x_1x_2x_3$,

$\textbf{grad}\operatorname{div} \boldsymbol{v} = (6x_2x_3,\, 6x_1x_3,\, 6x_1x_2)^\top$, $I = 54$.

27.6 •• $I = 8$.

27.7 ••

- $\int_{K_1} \boldsymbol{v} \cdot \mathbf{ds} = \int_{K_2} \boldsymbol{v} \cdot \mathbf{ds} = \frac{1}{2}$
- $\int_{K_1} \boldsymbol{v} \cdot \mathbf{ds} = -\left(1 + \frac{\pi}{2}\right)$, $\int_{K_2} \boldsymbol{v} \cdot \mathbf{ds} = -1$
- $\int_{K_1} \boldsymbol{v} \cdot \mathbf{ds} = \int_{K_2} \boldsymbol{v} \cdot \mathbf{ds} = -\frac{\mathrm{e}^{\pi} + \mathrm{e}^{-\pi}}{\pi}$.

27.8 • Wegunabhängigkeit ist in beiden Fällen gegeben; man erhält $I_1 = 1$ und $I_2 = -(2\mathrm{e}^{\pi} + 1)$.

27.9 •• $L = 12\pi$.

27.10 •• $K = -\frac{46}{3}$.

27.11 •• $I = \frac{\pi^2}{384} \cdot (17^{3/2} - 5^{3/2})$.

27.12 • $\int_F \mathrm{d}\sigma = \pi^2$.

27.13 •• $I = \frac{16}{15}$.

27.14 •• $\int_F y\, \mathrm{d}\sigma = \frac{37}{20}$.

27.15 •• $\int_F G\, \mathrm{d}\sigma = 8$.

27.16 •• $I = \frac{16\pi}{3}$.

27.17 •• $\frac{64}{5}\,\pi$.

27.18 •• $\frac{153}{7}$.

27.19 •• $I = 16/3$.

27.20 •• –

27.21 •• $\oint_{\partial \mathrm{Zyl.}} \boldsymbol{V} \cdot \mathbf{d\sigma} = \frac{27\pi}{8}$, $\oint_{C_{z_0}} \boldsymbol{V} \cdot \mathbf{ds} = \frac{27\pi}{8}$

27.22 •• $\boldsymbol{V}(r, \vartheta, \varphi) = r \sin\vartheta \cos\varphi\, \boldsymbol{e}_r - r \sin^2\vartheta \sin\varphi\, \boldsymbol{e}_\varphi$, $\oint_K \boldsymbol{V} \cdot \mathbf{d\sigma} = 0$

Anwendungsprobleme

27.23 •••

- $\boldsymbol{F} = \boldsymbol{0}$, $\boldsymbol{T} = qE_0(2\boldsymbol{a}) \times \boldsymbol{e}_3$
- $$\boldsymbol{F} = \frac{qQ}{4\pi\,\varepsilon_0} \left\{ \frac{\boldsymbol{e}_r(\tilde{\boldsymbol{x}} + \boldsymbol{a})}{\|\tilde{\boldsymbol{x}} + \boldsymbol{a}\|^2} - \frac{\boldsymbol{e}_r(\tilde{\boldsymbol{x}} - \boldsymbol{a})}{\|\tilde{\boldsymbol{x}} - \boldsymbol{a}\|^2} \right\} \approx \frac{qQ}{4\pi\,\varepsilon_0} \frac{1}{\|\tilde{\boldsymbol{x}}\|^3} \left(2\boldsymbol{a} - 3\,(2\boldsymbol{a} \cdot \boldsymbol{e}_r(\tilde{\boldsymbol{x}}))\,\boldsymbol{e}_r(\tilde{\boldsymbol{x}})\right),$$
  $$\boldsymbol{T} = \frac{qQ}{4\pi\varepsilon_0} \left\{ \frac{\boldsymbol{a} \times \boldsymbol{e}_r(\tilde{\boldsymbol{x}} + \boldsymbol{a})}{\|\tilde{\boldsymbol{x}} + \boldsymbol{a}\|^2} + \frac{\boldsymbol{a} \times \boldsymbol{e}_r(\tilde{\boldsymbol{x}} - \boldsymbol{a})}{\|\tilde{\boldsymbol{x}} - \boldsymbol{a}\|^2} \right\} \approx \frac{qQ}{4\pi\varepsilon_0} \frac{1}{\|\tilde{\boldsymbol{x}}\|^2} (2\boldsymbol{a}) \times \boldsymbol{e}_r(\tilde{\boldsymbol{x}}).$$

27.24 •• Wir erhalten für die stückweise gerade Kurve $W_{\mathrm{lin}} \approx 1.660\,17$, für die Parabel $W_{\mathrm{par}} \approx 1.630\,69$.

27.25 •• Die Wirbel liegen an $\boldsymbol{x} = (-a, 0)^\top$ und $\boldsymbol{x} = (a, 0)^\top$. Die Arbeitsintegrale liefern $\int_{C_1} \boldsymbol{v} \cdot \mathbf{ds} = 2\pi$, $\int_{C_2} \boldsymbol{v} \cdot \mathbf{ds} = -2\pi$ und $\int_{C_3} \boldsymbol{v} \cdot \mathbf{ds} = \int_{C_4} \boldsymbol{v} \cdot \mathbf{ds} = 0$.

27.26 ••• außerhalb: $\boldsymbol{F} = -G\,\frac{4\pi\,\rho(R_2^3 - R_1^3)}{3}\,\frac{m}{a^2}\,\boldsymbol{e}_r$; innerhalb: $\boldsymbol{F} = \boldsymbol{0}$; man erhält eine Schwingungsgleichung mit Frequenz $\omega = \sqrt{G\,\frac{4\pi\,\rho}{3}}$.

Lösungswege

Verständnisfragen

27.1 ••

- Für $\boldsymbol{v}_1$ erhalten wir

$$\operatorname{div} \boldsymbol{v}_1 = 2 \quad \boldsymbol{e}_3 \cdot \mathbf{rot}\, \boldsymbol{v}_1 = 0\,,$$

  es handelt sich um das rechte obere Bild in Abb. 27.35.
- Für $\boldsymbol{v}_2$ ergibt sich

$$\operatorname{div} \boldsymbol{v}_1 = 0 \quad \boldsymbol{e}_3 \cdot \mathbf{rot}\, \boldsymbol{v}_2 = 2\,,$$

  es handelt sich um das Abb. 27.35 links unten.
- Für $\boldsymbol{v}_3$ erhalten wir

$$\operatorname{div} \boldsymbol{v}_3 = 4x_1 \quad \boldsymbol{e}_3 \cdot \mathbf{rot}\, \boldsymbol{v}_3 = 0\,,$$

  was nahelegt, dass es sich um das rechte untere Bild in Abb. 27.35 handelt. (Auch Abb. 27.36 links würde prinzipiell passen; dafür werden wir aber noch ein besser passendes Feld finden.)
- Für $\boldsymbol{v}_4$ erhalten wir

$$\operatorname{div} \boldsymbol{v}_4 = 2 \quad \boldsymbol{e}_3 \cdot \mathbf{rot}\, \boldsymbol{v}_4 = 2\,,$$

  das kann nur Abb. 27.35 rechts unten sein.
- Für $\boldsymbol{v}_5$ ergibt sich

$$\operatorname{div} \boldsymbol{v}_5 = 0 \quad \boldsymbol{e}_3 \cdot \mathbf{rot}\, \boldsymbol{v}_5 = 0\,,$$

  das ist Abb. 27.35 links oben.
- Für $\boldsymbol{v}_6$ erhalten wir

$$\operatorname{div} \boldsymbol{v}_6 = 0 \quad \boldsymbol{e}_3 \cdot \mathbf{rot}\, \boldsymbol{v}_6 = 4x_1\,,$$

  damit muss es sich um das rechte Bild von Abb. 27.36 handeln.

27.2 • Dass die Integrale entlang zweier Kurven gleich sind, ist noch lange kein Beweis für Wegunabhängigkeit, und nur diese ist äquivalent mit der Existenz eines Potenzials. Anders wäre es allerdings, wenn die Gleichung für beliebige Kurven mit jeweils gleichem Anfangs- und Endpunkt gelten würde. Dann läge tatsächlich Wegunabhängigkeit vor.

27.3 •• $\boldsymbol{v}(\boldsymbol{x})$ ist nur dann nicht definiert, wenn x_1 und x_2 beide gleich null sind, also auf der x_3-Achse. Die Definitionsmenge von $\boldsymbol{v}$ ist daher

$$D(\boldsymbol{v}) = \{\boldsymbol{x} \in \mathbb{R}^3 \mid x_1 \neq 0 \text{ oder } x_2 \neq 0\}\,,$$

wobei „oder" einschließend (d. h. im Sinne der Aussagenlogik) zu verstehen ist.

Eine geschlossene Kurve, die einmal um die x_3-Achse führt, ist nicht auf einen Punkt zusammenziehbar. Obwohl die Rotation des Vektorfeldes für alle $\boldsymbol{x} \in D(\boldsymbol{v})$ verschwindet, hat das Vektorfeld $\boldsymbol{v}$ kein Potenzial.

Für $\boldsymbol{w}$ ist $D(\boldsymbol{w}) = \mathbb{R}^3 \setminus \{\mathbf{0}\}$, dieses Gebiet ist einfach zusammenhängend. (Man kann jede Kurve zu einem Punkt zusammenziehen, denn im Raum kann man dem einen fehlenden Punkt im Definitionsbereich immer leicht ausweichen.)

Für das Vektorfeld $\boldsymbol{w}$ ist allerdings $\mathbf{rot}\, \boldsymbol{w} \neq \mathbf{0}$, daher hat auch dieses Feld kein Potenzial.

27.4 •• Aus der Darstellung auf S. 1029 sehen wir, dass A_r keine Funktion von ϑ oder φ sein darf, damit die entsprechenden Terme verschwinden, $A_r(r\, \vartheta,\, \varphi) = F(r)$ mit einer beliebigen stetig differenzierbaren Funktion F, $\mathbb{R}_{\geq 0} \to \mathbb{R}$.

A_ϑ darf keine Funktion von φ, $r\, A_\vartheta$ keine Funktion von r sein, $A_\vartheta(r\, \vartheta,\, \varphi) = \frac{G(\vartheta)}{r}\, \boldsymbol{e}_\vartheta$ mit einer beliebigen stetig differenzierbaren Funktion G, $[0,\, 2\pi] \to \mathbb{R}$.

$\sin\vartheta\, A_\varphi$ darf nicht von ϑ, $r\, A_\varphi$ nicht von r abhängen. Die allgemeinste Form ist daher $A_\varphi(r\, \vartheta,\, \varphi) = \frac{H(\varphi)}{r \sin\vartheta}$ mit einer beliebigen stetig differenzierbaren Funktion H, $[0,\, 2\pi] \to \mathbb{R}$.

Dass wir für die Funktionen F, G und H stetige Differenzierbarkeit forden, obwohl diese Funktionen nie nach ihren Argumenten abgeleitet werden, liegt daran, dass die *Herleitung* der Ausdrücke für Differenzialoperatoren in krummlinigen Koordinaten stetig differenzierbare Vektorfelder voraussetzt.

Rechenaufgaben

27.5 •• Für $\boldsymbol{V}$ erhält man

$$\begin{aligned}
\mathbf{rot}\, \boldsymbol{V} &= \nabla \times \begin{pmatrix} x_2 x_3^3 \\ x_1 x_3^3 \\ 3x_1 x_2 x_3^2 \end{pmatrix} = \begin{pmatrix} 3x_1 x_3^2 - 3x_1 x_3^2 \\ -3x_2 x_3^2 + 3x_2 x_3^2 \\ x_3^3 - x_3^3 \end{pmatrix} = \mathbf{0} \\
\operatorname{div} \boldsymbol{V} &= \frac{\partial x_2 x_3^3}{\partial x_1} + \frac{\partial x_1 x_3^3}{\partial x_2} + \frac{\partial 3x_1 x_2 x_3^2}{\partial x_3} \\
&= 0 + 0 + 6x_1 x_2 x_3 = 6x_1 x_2 x_3 \\
\mathbf{grad} \operatorname{div} \boldsymbol{V} &= \mathbf{grad}(6x_1 x_2 x_3) = \begin{pmatrix} 6x_2 x_3 \\ 6x_1 x_3 \\ 6x_1 x_2 \end{pmatrix}
\end{aligned}$$

$\boldsymbol{v}$ ist im einfach zusammenhängenden Gebiet $\mathbb{R}^3$ definiert und es ist $\mathbf{rot}\, \boldsymbol{V} = \mathbf{0}$, damit gibt es ein Potenzial. Entweder durch Integration oder über Hinschauen erhält man $\varphi(x_1,\, x_2,\, x_3) = x_1 x_2 x_3^3$. Damit ergibt das Kurvenintegral einfach

$$I = \int_C \boldsymbol{V} \cdot \mathbf{d}\boldsymbol{s} = \varphi(1, 2, 3) - \varphi(0, 0, 0) = 54.$$

27.6 •• Wir setzen (der Bequemlichkeit halber) $x = x_1$ und $y = x_2$. Die Komponenten des zu integrierenden Vektorfeldes $\boldsymbol{V}$ sind $V_1(x, y) = 2xy + y^2$ und $V_2(x, y) = 2xy + x^2$. Nun gilt $V_{1,y} = 2x + 2y = V_{2,x}$, daher besitzt $\boldsymbol{V} = (V_1, V_2)$ ein Potenzial Φ, für das gilt: $\Phi_x = V_1$ und $\Phi_y = V_2$. Integration liefert nun: $\Phi = \int V_1\,dx = x^2y + xy^2 + w_1(y)$ und $\Phi = \int V_2\,dy = x^2y + xy^2 + w_2(x)$. Auf jeden Fall ist also $\Phi(x, y) = x^2y + xy^2$ ein Potenzial, und das Integral liefert $I = \Phi(1, 2) - \Phi(-1, -1) = (2 + 4) - (-1 - 1) = 8$.

Ebenso könnte man das Integral natürlich ohne Potenzial direkt berechnen, indem man zuerst $(x, y) = (t, -1)$, $t \in [-1, 1]$, $dx = dt$, $dy = 0$ setzt, anschließend $(x, y) = (1, t)$, $t \in [-1, 2]$, $dy = dt$, $dx = 0$):

$$\begin{aligned} I &= \int_{-1}^{1} (-2t + 1)\,dt + \int_{-1}^{2} (2t + 1)\,dt \\ &= \Big[-t^2 + t\Big]_{-1}^{1} + \Big[t^2 + t\Big]_{-1}^{2} \\ &= 2 + 6 = 8 \end{aligned}$$

27.7 ••

- Untersuchung der Integrabilitätsbedingungen: $\frac{\partial v_1}{\partial y} = 0 = \frac{\partial v_2}{\partial x}$, also existiert ein Potenzial $\varphi(x, y)$, für das gilt: $\frac{\partial \varphi}{\partial x} = v_1 = x$ und $\frac{\partial \varphi}{\partial y} = v_2 = y$, z. B. $\varphi(x, y) = \frac{x^2}{2} + \frac{y^2}{2}$. Damit ist

$$\int_{K_i} \{v_1\,dx + v_2\,dy\} = \varphi(1, 1) - \varphi(-1, 0) = 1 - \frac{1}{2} = \frac{1}{2}.$$

- Wegen $\frac{\partial v_1}{\partial y} = -1$ und $\frac{\partial v_2}{\partial x} = 1$ gibt es kein Potenzial. Daher muss man die Kurven parametrisieren

$$\begin{aligned} K_1:\quad & \text{i) } \boldsymbol{x}(t) = \begin{pmatrix} -\cos t \\ \sin t \end{pmatrix} \quad \dot{\boldsymbol{x}}(t) = \begin{pmatrix} \sin t \\ \cos t \end{pmatrix} \quad t \in \Big[0, \frac{\pi}{2}\Big] \\ & \text{ii) } \boldsymbol{x}(t) = \begin{pmatrix} t \\ 1 \end{pmatrix} \quad \dot{\boldsymbol{x}}(t) = \begin{pmatrix} 1 \\ 0 \end{pmatrix} \quad t \in [0, 1] \\ K_2:\quad & \boldsymbol{x}(t) = \begin{pmatrix} -1 + 2t \\ t \end{pmatrix} \quad \dot{\boldsymbol{x}}(t) = \begin{pmatrix} 2 \\ 1 \end{pmatrix} \quad t \in [0, 1] \end{aligned}$$

und erhält für die Integrale:

$$\begin{aligned} I_1 &:= \int_{K_1} \{-y\,dx + x\,dy\} \\ &= \int_0^{\pi/2} \{-\sin^2 t - \cos^2 t\}dt + \int_0^1 (-1)\,dt \\ &= -\int_0^{\pi/2} dt - \int_0^1 dt = -\Big(1 + \frac{\pi}{2}\Big) \end{aligned}$$

$$\begin{aligned} I_2 &:= \int_{K_2} \{-y\,dx + x\,dy\} \\ &= \int_0^1 \{-t \cdot 2 + (-1 + 2t)\}dt \\ &= -\int_0^1 dt = -1 \end{aligned}$$

- Hier gilt wieder

$$\frac{\partial V_1}{\partial y} = -\pi e^{\pi x} \sin(\pi y) = \frac{\partial V_2}{\partial x},$$

es gibt also ein Potenzial, z. B. $\varphi(x, y) = \frac{1}{\pi} e^{\pi x} \cos(\pi y)$. Damit ist:

$$\begin{aligned} \int_{K_i} \{V_1\,dx + V_2\,dy\} &= \varphi(1, 1) - \varphi(-1, 0) \\ &= \frac{1}{\pi} e^{\pi} \cos(\pi) - \frac{1}{\pi} e^{-\pi} \cos(0) \\ &= -\frac{e^{\pi} + e^{-\pi}}{\pi} \end{aligned}$$

27.8 • Die beiden Vektorfelder sind (ohne künstliche Einschränkungen) auf ganz $\mathbb{R}^4$ definert.

- Untersuchung der Integrabilitätsbedingungen: $\frac{\partial V_2}{\partial x_3} = 1 = \frac{\partial V_3}{\partial x_2}$, $\frac{\partial V_3}{\partial x_4} = 1 = \frac{\partial V_4}{\partial x_3}$, alle anderen sind trivial erfüllt. Berechnung von L entweder über Potenzial (z. B. $\Phi = x_1^2 + x_2x_3 + x_3x_4$) oder schneller mit $\boldsymbol{x}(t) = (t, t, 0, t)$, $t \in [0, 1]$: $I_1 = \int_0^1 2t\;dt = 1$
- Es ist in diesem Fall

$$\frac{\partial V_w}{\partial x} = \pi e^{\pi w} = \frac{\partial V_x}{\partial w} \quad \frac{\partial V_y}{\partial z} = 2z = \frac{\partial V_z}{\partial y},$$

alle anderen Ableitungen sind klarerweise null. Ein Potenzial ist $\varphi(w, x, y, z) = xe^{\pi w} + yz^2$ und für das Integral ergibt sich: $I_1 = \varphi(1, -1, 2, 0) - \varphi(1, 1, 1, 1) = -(2e^{\pi} + 1)$.

27.9 •• Zunächst geht es einmal darum, die Art der Schnittkurve zu bestimmen. Dazu setzen wir $z^2 = x^2 + y^2$ und $z^2 = \frac{64}{(x^2+y^2)^2}$ gleich und erhalten $(x^2 + y^2)^3 = 64$ oder $x^2 + y^2 = 4$, der Integrationsweg ist also ein Kreis. Einsetzen in eine der beiden Flächengleichungen liefert außerdem $z = 2$. Nun bietet sich der Satz von Stokes an. Für das Vektorfeld und seine Rotation erhält man:

$$\boldsymbol{K} = \begin{pmatrix} x - 2y^2z \\ x^3 - z^2 \\ x^2 + y^2 \end{pmatrix} \quad \textbf{rot}\,\boldsymbol{K} = \begin{pmatrix} 2y + 2z \\ -2y^2 - 2x \\ 3x^2 + 4yz \end{pmatrix}$$

Für die Fläche F kann an sich jede gewählt werden, die von C berandet wird, am einfachsten ist natürlich die Kreisscheibe in der Ebene $z = 2$. Der Normalvektor darauf ist $\boldsymbol{n} = (0, 0, 1)$ und damit spielt nur die z-Komponente des Rotors eine Rolle. Wir erhalten ein Integral, das man am besten in Polarkoordinaten löst:

$$\begin{aligned} L &= \iint\limits_{x^2+y^2\leq 4} (3x^2 + 8y)\mathrm{d}x\,\mathrm{d}y \\ &= \int\limits_{r=0}^{2} \int\limits_{\varphi=0}^{2\pi} (3r^2 \cos^2\varphi + 8r \sin\varphi) r \,\mathrm{d}r\,\mathrm{d}\varphi \\ &= \int\limits_{\varphi=0}^{2\pi} \cos^2\varphi \,\mathrm{d}\varphi \cdot \int\limits_{r=0}^{2} 3r^3 \,\mathrm{d}r + \int\limits_{\varphi=0}^{2\pi} \sin\varphi \,\mathrm{d}\varphi \cdot \int\limits_{r=0}^{2} 8r^2 \,\mathrm{d}r \\ &= \pi\, 3 \left.\frac{r^4}{4}\right|_0^2 + 0 = 12\pi \end{aligned}$$

27.10 •• Der Satz von Green-Riemann $\int_{\partial B} f\,\mathrm{d}x + g\,\mathrm{d}y = \iint_B (g_x - f_y)\,\mathrm{d}x\,\mathrm{d}y$ ergibt mit $f = xy^2$, $f_y = 2xy$, $g = xy$ und $g_x = y$ weiter

$$K = \int\limits_{\partial B} (xy^2\,\mathrm{d}x + xy\,\mathrm{d}y) = \iint\limits_B y(1-2x)\,\mathrm{d}x\,\mathrm{d}y.$$

Nun zerlegt man B, wie in Abb. 27.39 dargestellt.

Damit erhält man:

$$\begin{aligned} K &= \iint\limits_{B_1} y(1-2x)\,\mathrm{d}x\,\mathrm{d}y + \iint\limits_{B_2} y(1-2x)\,\mathrm{d}x\,\mathrm{d}y \\ &= \int\limits_0^2 \mathrm{d}x \int\limits_{\sqrt{2x-x^2}}^{\sqrt{4x-x^2}} y(1-2x)\,\mathrm{d}y + \int\limits_2^4 \mathrm{d}x \int\limits_0^{\sqrt{4x-x^2}} y(1-2x)\,\mathrm{d}y \\ &= \int\limits_0^2 \mathrm{d}x (1-2x) \left.\frac{y^2}{2}\right|_{\sqrt{2x-x^2}}^{\sqrt{4x-x^2}} + \int\limits_2^4 \mathrm{d}x(1-2x) \left.\frac{y^2}{2}\right|_0^{\sqrt{4x-x^2}} \\ &= \frac{1}{2}\int\limits_0^2 (1-2x)\cdot 2x\,\mathrm{d}x + \frac{1}{2}\int\limits_2^4 (1-2x)(4x-x^2)\,\mathrm{d}x \\ &= \frac{1}{2}\int\limits_0^2 (2x-4x^2)\,\mathrm{d}x + \frac{1}{2}\int\limits_2^4 (2x^3 - 9x^2 + 4x)\,\mathrm{d}x \\ &= \frac{1}{2}\left(x^2 - \frac{4}{3}x^3\right)\Big|_0^2 + \frac{1}{2}\left(\frac{1}{2}x^4 - 3x^3 + 2x^2\right)\Big|_2^4 = -\frac{46}{3} \end{aligned}$$

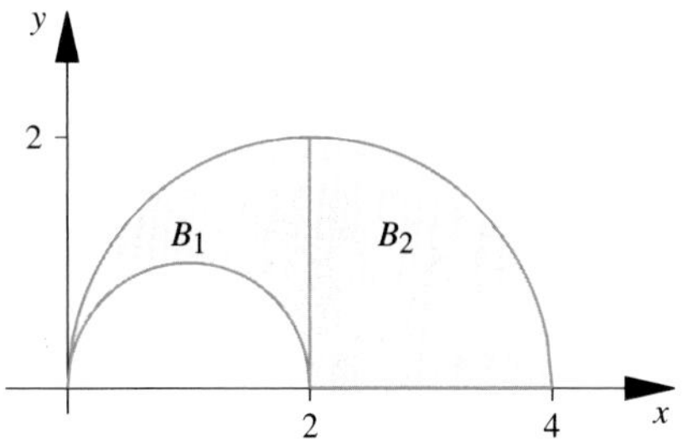

Abb. 27.39 Eine Zerlegung von B in die Bereiche B_1 und B_2

27.11 •• Zur Berechnung des Oberflächenelements braucht man $z_x = \frac{\partial z}{\partial x}(x, y) = 2x$ und $z_y = \frac{\partial z}{\partial y}(x, y) = 2y$. Damit ergibt sich

$$\begin{aligned} I &= \iint\limits_S G(x, y, z(x, y))\, \sqrt{1 + z_x^2 + z_y^2}\,\mathrm{d}x\,\mathrm{d}y \\ &= \int\limits_{r=1}^{2} \int\limits_{\varphi=0}^{\pi/4} \underbrace{\arctan\frac{r\sin\varphi}{r\cos\varphi}}_{\arctan(\tan\varphi)=\varphi} \cdot \sqrt{1+4r^2}\cdot r\,\mathrm{d}r\, d\varphi \\ &= \int\limits_{\varphi=0}^{\pi/4} \varphi\, d\varphi \cdot \int\limits_{r=1}^{2} r\,\sqrt{1+4r^2}\,\mathrm{d}r \\ &\overset{\left|\begin{smallmatrix} u = 1+4r^2 & 2\to 17 \\ \mathrm{d}u = 8r\,\mathrm{d}r & 1 \to 5 \end{smallmatrix}\right|}{=} \left.\frac{\varphi^2}{2}\right|_0^{\pi/4} \cdot \int\limits_{u=5}^{17} \frac{1}{8} u^{1/2}\,\mathrm{d}u \\ &= \frac{\pi^2}{12\cdot 32} u^{3/2}\Big|_5^{17} = \frac{\pi^2}{384}\cdot(17^{3/2} - 5^{3/2}) \end{aligned}$$

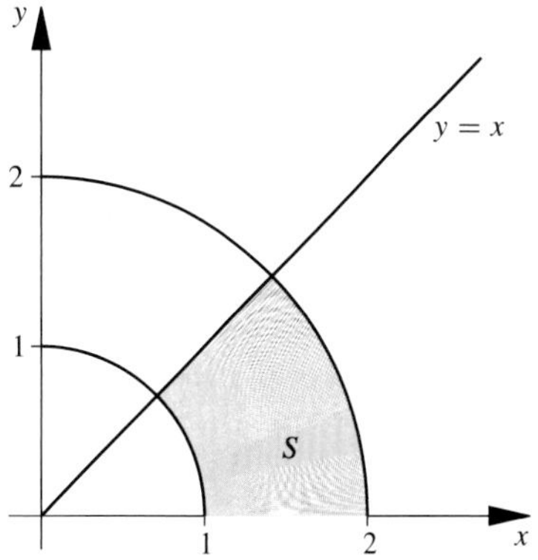

Abb. 27.40 Das Gebiet S, über dem mittels $z(x, y) = x^2 + y^2$ eine Fläche definiert ist

27.12 • Zunächst bestimmen wir die Tangentialvektoren an die Parameterkurven

$$\boldsymbol{x}_u = \begin{pmatrix} 2\sin u \,\cos u \,\cos v \\ 2\sin u \,\cos u \,\sin v \\ \cos^2 u - \sin^2 u \end{pmatrix} \quad \boldsymbol{x}_v = \begin{pmatrix} -\sin^2 u \,\sin v \\ \sin^2 u \,\cos v \\ 0 \end{pmatrix}$$

und den Normalvektor an die Fläche

$$\boldsymbol{x}_u \times \boldsymbol{x}_v = \begin{pmatrix} \sin^2 u \,\cos v\,(\sin^2 u - \cos^2 u) \\ \sin^2 u \,\sin v\,(\sin^2 u - \cos^2 u) \\ 2\sin^3 u \cos u \end{pmatrix}.$$

Dessen Betrag ergibt sich zu:

$$\begin{aligned} \|\boldsymbol{x}_u \times \boldsymbol{x}_v\| &= \sqrt{\sin^4 u\,(\sin^4 u + 2\sin^2 u\,\cos^2 u + \cos^4 u)} \\ &= \sqrt{\sin^4 u\,(\sin^2 u + \cos^2 u)^2} = \sin^2 u \end{aligned}$$

Damit ergibt sich für den Flächeninhalt

$$\begin{aligned} \int_F \mathrm{d}\sigma &= \int_{u=0}^{\pi} \int_{v=0}^{2\pi} \|\boldsymbol{x}_u \times \boldsymbol{x}_v\| \,\mathrm{d}u\,\mathrm{d}v \\ &= \int_{u=0}^{\pi} \int_{v=0}^{2\pi} \sin^2 u \,\mathrm{d}u\,\mathrm{d}v \\ &= \int_{v=0}^{2\pi} \mathrm{d}v \cdot \int_{u=0}^{\pi} \sin^2 u \,\mathrm{d}u \\ &= 2\pi \cdot \frac{\pi}{2} = \pi^2 \end{aligned}$$

27.13 •• Mit $\boldsymbol{K} = (x + z^2, z - y, x^2 z)^\top$ erhalten wir $\operatorname{div} \boldsymbol{K} = 1 - 1 + x^2 = x^2$ und mit dem Satz von Gauß

$$I = \iint_{\partial B} \boldsymbol{K}\,\mathrm{d}\boldsymbol{x} = \iiint_B \operatorname{div} \boldsymbol{K}\,\mathrm{d}\boldsymbol{x} = \iiint_B x^2\,\mathrm{d}\boldsymbol{x}.$$

B wird von zwei Zylindern begrenzt, hier ist es günstig, z und y durch x auszudrücken und über diese Variable als letztes zu integrieren. Das ergibt $x^2 + z^2 = 1 \;\rightarrow\; z = \pm\sqrt{1 - x^2}$, $x^2 + y^2 = 1 \;\rightarrow\; y = \pm\sqrt{1 - x^2}$ und damit weiter:

$$\begin{aligned} I &= \iiint_B \operatorname{div} \boldsymbol{K}\,\mathrm{d}\boldsymbol{x} \\ &= \int_{-1}^{1} \mathrm{d}x \int_{-\sqrt{1-x^2}}^{\sqrt{1-x^2}} \mathrm{d}y \int_{-\sqrt{1-x^2}}^{\sqrt{1-x^2}} x^2\,\mathrm{d}z \\ &= \int_{-1}^{1} \mathrm{d}x \int_{-\sqrt{1-x^2}}^{\sqrt{1-x^2}} \mathrm{d}y\, x^2 z \Big|_{z=-\sqrt{1-x^2}}^{\sqrt{1-x^2}} \\ &= 2\int_{-1}^{1} \mathrm{d}x \int_{-\sqrt{1-x^2}}^{\sqrt{1-x^2}} x^2 \sqrt{1 - x^2}\,\mathrm{d}y \\ &= 2\int_{-1}^{1} \mathrm{d}x\, x^2 \sqrt{1 - x^2}\, y \Big|_{y-\sqrt{1-x^2}}^{\sqrt{1-x^2}} \\ &= 4\int_{-1}^{1} x^2 (1 - x^2)\,\mathrm{d}x = 4\left(\frac{x^3}{3} - \frac{x^5}{5}\right)_{-1}^{1} = \frac{16}{15} \end{aligned}$$

27.14 •• Für diese Fläche ist $z_x = 0$, $z_y = 2y$ und damit erhält man:

$$\begin{aligned} \int_F y\,\mathrm{d}\boldsymbol{\sigma} &= \iint_S y\,\sqrt{1 + z_x^2 + z_y^2}\,\mathrm{d}(x, y) \\ &= \iint_S y\,\sqrt{1 + 4y^2}\,\mathrm{d}(x, y) \\ &= \int_{x=0}^{2} \int_{\underline{y}=0}^{\overline{y}=\sqrt{x}} y(1 + 4y^2)^{1/2} \mathrm{d}y\,\mathrm{d}x \\ &= \frac{1}{12} \int_{x=0}^{2} (1 + 4y^2)^{3/2} \Big|_{\underline{y}=0}^{\overline{y}=\sqrt{x}} \\ &= \frac{1}{12} \int_{0}^{2} \left[(1 + 4x)^{3/2} - 1\right] \mathrm{d}x \\ &= \frac{1}{12} \left[\frac{1}{10}(1 + 4x)^{5/2} - x\right]_0^2 \\ &= \frac{1}{12} \left[\frac{1}{10}(3^5 - 1) - 2\right] \\ &= \frac{243}{120} - \frac{1}{120} - \frac{20}{120} = \frac{222}{120} = \frac{37}{20} \end{aligned}$$

27.15 •• Die Fläche F ist definiert durch $z(x, y) = \sqrt{4x - y^2}$ über dem Bereich

$$S = \{(x, y) \mid 0 \le x \le 2,\; 0 \le y \le 2\sqrt{x}\}.$$

Eine Skizze dieser Fläche findet sich in Abb. 27.41.

Kapitel 27

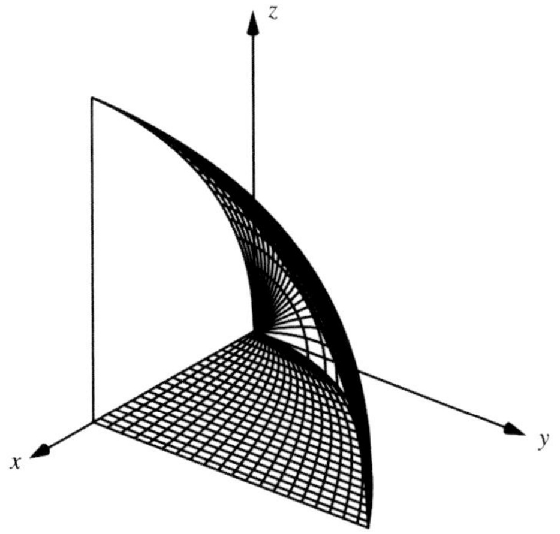

Abb. 27.41 Die über S mittels $z(x,\,y) = \sqrt{4x - y^2}$ definierte Fläche

Für die Ableitungen von z nach x und y erhält man $z_x = \frac{2}{\sqrt{4x-y^2}}$, $z_y = -\frac{y}{\sqrt{4x-y^2}}$ und damit für das Oberflächenintegral:

$$\begin{aligned}
\int_F G\,\mathrm{d}\boldsymbol{\sigma} &= \iint_S G(x,y,z(x,y)) \cdot \sqrt{1 + z_x^2 + z_y^2}\,\mathrm{d}(x,y) \\
&= \iint_S \frac{y\,\sqrt{4x-y^2}}{\sqrt{1+x}} \sqrt{1 + \frac{4}{4x-y^2} + \frac{y^2}{4x-y^2}}\,\mathrm{d}(x,y) \\
&= \iint_S \frac{y\,\sqrt{4x-y^2}}{\sqrt{1+x}} \sqrt{\frac{4x - y^2 + 4 + y^2}{4x-y^2}}\,\mathrm{d}(x,y) \\
&= \iint_S 2y\,\mathrm{d}(x,y) \\
&= \int_{x=0}^{2} \int_{\underline{y}=0}^{\overline{y}=2\sqrt{x}} 2y\,\mathrm{d}y \\
&= \int_{x=0}^{2} y^2 \Big|_{\underline{y}=0}^{\overline{y}=2\sqrt{x}} = \int_0^2 4x\,\mathrm{d}x \\
&= 2x^2\Big|_0^2 = 8
\end{aligned}$$

27.16 •• Auch hier wenden wir den Satz von Gauß an und erhalten

$$\operatorname{div} \boldsymbol{V} = 2x + 2y + 2x^2 z\,.$$

Nun ist $2x + 2y$ über diese Halbkugel integriert (aus Symmetriegründen) immer null, wir müssen also nur mehr das Integral über $2x^2 z$ bestimmen und tun das am besten in Kugelkoordinaten:

$$\begin{aligned}
I &= 2 \iiint_B x^2 z\,\mathrm{d}(x,y,z) \\
&= 2 \int_{r=0}^{2} \int_{\vartheta=0}^{\pi/2} \int_{\varphi=0}^{2\pi} r^5 \sin^3\vartheta \cos\vartheta \cos^2\varphi\,\mathrm{d}r\,\mathrm{d}\vartheta\,\mathrm{d}\varphi \\
&= 2 \int_{r=0}^{2} r^5\,\mathrm{d}r \cdot \int_{\vartheta=0}^{\pi/2} \sin^3\vartheta \cos\vartheta\,\mathrm{d}\vartheta \int_{\varphi=0}^{2\pi} \cos^2\varphi\,\mathrm{d}\varphi \\
&= 2\,\frac{r^6}{6}\Big|_{r=0}^{2} \; \frac{\sin^4\vartheta}{4}\Big|_{\vartheta=0}^{\pi/2} \; \pi = \frac{16}{3}
\end{aligned}$$

27.17 •• Für die Fläche erhalten wir unmittelbar das vektorielle Oberflächenelement

$$\mathrm{d}\boldsymbol{\sigma} = \begin{pmatrix} z_x \\ z_y \\ -1 \end{pmatrix} = \begin{pmatrix} \frac{x}{\sqrt{x^2+y^2}} \\ \frac{y}{\sqrt{x^2+y^2}} \\ -1 \end{pmatrix}$$

und damit:

$$\begin{aligned}
I &:= \int_F \boldsymbol{V} \cdot \mathrm{d}\boldsymbol{\sigma} \\
&= \iint_{\sqrt{x^2+y^2} \le 2} \left\{ \frac{x(x^3 + xy^2)}{\sqrt{x^2+y^2}} + \frac{y(x^2 y + y^3)}{\sqrt{x^2+y^2}} - x^2 y \right\} \mathrm{d}(x,y) \\
&= \iint_{\sqrt{x^2+y^2} \le 2} \left\{ x^2 \frac{x^2+y^2}{\sqrt{x^2+y^2}} + y^2 \frac{x^2+y^2}{\sqrt{x^2+y^2}} - x^2 y \right\} \mathrm{d}(x,y) \\
&= \int_{r=0}^{2} \int_{\varphi=0}^{2\pi} \left\{ r^3 \cos^2\varphi + r^3 \sin^2\varphi - r^3 \cos^2\varphi \sin\varphi \right\} r\,\mathrm{d}\varphi\,\mathrm{d}r \\
&= \int_{r=0}^{2} \int_{\varphi=0}^{2\pi} r^4 \left(1 - \cos^2\varphi \sin\varphi\right) \mathrm{d}\varphi\,\mathrm{d}r \\
&= \left[\frac{r^5}{5}\right]_0^2 \cdot \left[\varphi - \frac{\cos^3\varphi}{3}\right]_0^{2\pi} = \frac{64}{5}\,\pi
\end{aligned}$$

27.18 •• Wir erhalten mit $z(x,y) = 2x^2 + 2y^2$ sofort

$$\mathrm{d}\sigma = \begin{pmatrix} z_x \\ z_y \\ -1 \end{pmatrix} \mathrm{d}x\,\mathrm{d}y = \begin{pmatrix} 4x \\ 4y \\ -1 \end{pmatrix} \mathrm{d}x\,\mathrm{d}y$$

und mit

$$B = \left\{(x,y) \in \mathbb{R}^2 \mid x > 0,\ y > 0,\ 1 \le x^2 + y^2 \le 4\right\}$$

weiter:

$$\begin{aligned}
\int_F \boldsymbol{V}\cdot\mathbf{d}\boldsymbol{\sigma} &= \iint_B \left\{x^3y\cdot 4x + x^2y^2\cdot 4y - x\right\}\mathrm{d}(x,y)\\
&= \iint_B \left\{4x^4y + 4x^2y^3 - x\right\}\mathrm{d}(x,y)\\
&= \iint_B \left\{4x^2y(x^2+y^2) - x\right\}\mathrm{d}(x,y)\\
&= \int_{r=1}^{2}\int_{\varphi=0}^{\pi/2} \left\{4r^5\cos^2\varphi\sin\varphi - r\cos\varphi\right\} r\,\mathrm{d}r\,\mathrm{d}\varphi\\
&= 4\int_{r=1}^{2} r^6\,\mathrm{d}r\cdot\int_{\varphi=0}^{\pi/2}\cos^2\varphi\sin\varphi\,\mathrm{d}\varphi\\
&\quad -\int_{r=1}^{2} r^2\,\mathrm{d}r\cdot\int_{\varphi=0}^{\pi/2}\cos\varphi\,\mathrm{d}\varphi\\
&= 4\cdot\left.\frac{r^7}{7}\right|_{r=1}^{2}\cdot\left.\frac{-\cos^3\varphi}{3}\right|_{\varphi=0}^{\pi/2} - \left.\frac{r^3}{3}\right|_{r=1}^{2}\cdot\left.\sin\varphi\right|_{\varphi=0}^{\pi/2}\\
&= 4\cdot\frac{2^7-1}{7}\cdot\frac{1}{3} - \frac{2^3-1}{3}\cdot 1 = \frac{153}{7}
\end{aligned}$$

27.19 •• Nach dem Satz von Gauß erhält man mit $\operatorname{div}\boldsymbol{K} = 1-2y-xy$ für das Integral

$$I = \iiint_B (1-2y-xy)\,\mathrm{d}(x,y,z).$$

Der Integrationsbereich B liegt hier innerhalb zweier Kegel: Der erste hat die Spitze im Ursprung und öffnet sich nach oben, der zweite hat die Spitze in $\boldsymbol{r} = (0,0,2)$ und öffnet sich nach unten.

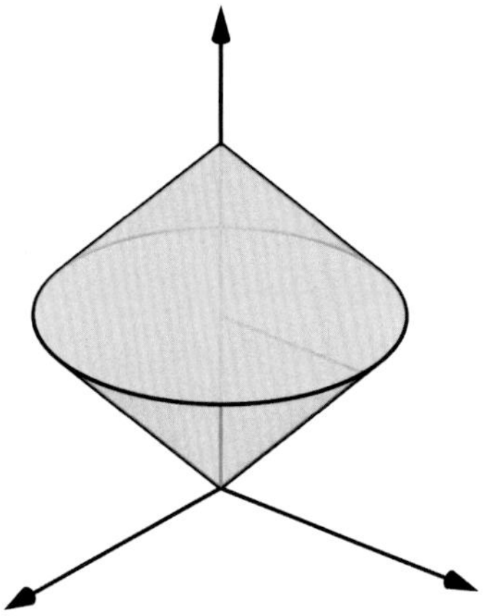

Abb. 27.42 Integrationsbereich für den Satz von Gauß

Da B zylindersymmetrisch um die z-Achse ist, wird die Berechnung des Volumsintegrals in Zylinderkoordinaten $x = r\cos\varphi$, $y = r\sin\varphi$, $z = z$ besonders einfach:

$$I = \int_0^{2\pi}\int_0^{1}\int_r^{2-r}\left(1 - 2r\sin\varphi - r^2\sin\varphi\cos\varphi\right) r\,\mathrm{d}z\,\mathrm{d}r\,\mathrm{d}\varphi$$

Die Integration über φ ist von den beiden anderen Integralen unabhängig und es gilt

$$\int_0^{2\pi}\sin\varphi\,\mathrm{d}\varphi = \int_0^{2\pi}\sin\varphi\cos\varphi\,\mathrm{d}\varphi = 0\,,$$

also liefert nur der erste Term des Integranden einen Beitrag:

$$I = 2\pi\int_0^1 r\,(2-r-r)\,\mathrm{d}r = 2\pi\int_0^1\left(2r-2r^2\right)\mathrm{d}r = \frac{2\pi}{3}$$

27.20 •• Für die polaren elliptischen Koordinaten haben wir

$$\boldsymbol{b}_\alpha = \begin{pmatrix} c\,\cosh\alpha\,\sin\beta\,\cos\varphi\\ c\,\cosh\alpha\,\sin\beta\,\sin\varphi\\ c\,\sinh\alpha\,\cos\beta\end{pmatrix}$$

$$\boldsymbol{b}_\beta = \begin{pmatrix} c\,\sinh\alpha\,\cos\beta\,\cos\varphi\\ c\,\sinh\alpha\,\cos\beta\,\sin\varphi\\ -c\,\cosh\alpha\,\sin\beta\end{pmatrix}$$

$$\boldsymbol{b}_\varphi = \begin{pmatrix} -c\,\sinh\alpha\,\sin\beta\,\sin\varphi\\ c\,\sinh\alpha\,\sin\beta\,\cos\varphi\\ 0\end{pmatrix}$$

erhalten. Das ergibt die metrischen Koeffizienten

$$\begin{aligned}
h_\alpha &= \|\boldsymbol{b}_\alpha\| = c\,\sqrt{\cosh^2\alpha\,\sin^2\beta + \sinh^2\alpha\,\cos^2\beta}\\
&= \frac{c}{\sqrt{2}}\,\sqrt{\cosh(2\alpha) - \cos(2\beta)}\\
h_\beta &= \|\boldsymbol{b}_\beta\| = c\,\sqrt{\sinh^2\alpha\,\cos^2\beta + \cosh^2\alpha\,\sin^2\beta}\\
&= \frac{c}{\sqrt{2}}\,\sqrt{\cosh(2\alpha) - \cos(2\beta)}\\
h_\varphi &= \|\boldsymbol{b}_\varphi\| = c\,\sqrt{\sinh^2\alpha\,\sin^2\beta}\\
&= c\,|\sinh\alpha\,\sin\beta|\,.
\end{aligned}$$

Wir erhalten für das Linienelement

$$\begin{aligned}
\mathbf{d}\boldsymbol{s} &= \boldsymbol{e}_\alpha \mathrm{d}s_\alpha + \boldsymbol{e}_\beta \mathrm{d}s_\beta + \boldsymbol{e}_\varphi \mathrm{d}s_\varphi\\
\mathrm{d}s_\alpha &= \frac{c}{\sqrt{2}}\,\sqrt{\cosh(2\alpha) - \cos(2\beta)}\,\mathrm{d}\alpha\\
\mathrm{d}s_\beta &= \frac{c}{\sqrt{2}}\,\sqrt{\cosh(2\alpha) - \cos(2\beta)}\,\mathrm{d}\beta\\
\mathrm{d}s_\varphi &= c\,|\sinh\alpha\,\sin\beta|\,\mathrm{d}\varphi\,,
\end{aligned}$$

Kapitel 27

für das Flächenelement

$$\begin{aligned}\mathbf{d}\boldsymbol{\sigma} &= \boldsymbol{e}_\alpha \mathrm{d}\sigma_\alpha + \boldsymbol{e}_\beta \mathrm{d}\sigma_\beta + \boldsymbol{e}_\varphi \mathrm{d}\sigma_\varphi \\ \mathrm{d}\sigma_\alpha &= \frac{c^2}{\sqrt{2}} \sqrt{\cosh(2\alpha) - \cos(2\beta)}\, |\sinh\alpha\, \sin\beta|\, \mathrm{d}\beta\, \mathrm{d}\varphi \\ \mathrm{d}\sigma_\beta &= \frac{c^2}{\sqrt{2}} \sqrt{\cosh(2\alpha) - \cos(2\beta)}\, |\sinh\alpha\, \sin\beta|\, \mathrm{d}\alpha\, \mathrm{d}\varphi \\ \mathrm{d}\sigma_\varphi &= \frac{c^2}{2} (\cosh(2\alpha) - \cos(2\beta))\, \mathrm{d}\alpha\, \mathrm{d}\beta\end{aligned}$$

und für das Volumenelement

$$\mathrm{d}\boldsymbol{x} = \frac{c^3}{2} (\cosh(2\alpha) - \cos(2\beta))\, |\sinh\alpha\, \sin\beta|\, \mathrm{d}\alpha\, \mathrm{d}\beta\, \mathrm{d}\varphi\,.$$

Wir setzen nun

$$\boldsymbol{e}_\alpha = \frac{1}{h_\alpha} \boldsymbol{b}_\alpha\,, \quad \boldsymbol{e}_\beta = \frac{1}{h_\beta} \boldsymbol{b}_\beta\,, \quad \boldsymbol{e}_\varphi = \frac{1}{h_\varphi} \boldsymbol{b}_\varphi\,.$$

Den Gradienten erhalten wir zu

$$\begin{aligned}\mathbf{grad}\,\Phi &= \boldsymbol{e}_\alpha \frac{1}{h_\alpha}\frac{\partial\Phi}{\partial\alpha} + \boldsymbol{e}_\beta \frac{1}{h_\beta}\frac{\partial\Phi}{\partial\beta} + \boldsymbol{e}_\varphi \frac{1}{h_\varphi}\frac{\partial\Phi}{\partial\varphi} \\ &= \boldsymbol{e}_\alpha \frac{\sqrt{2}}{c} \frac{1}{\sqrt{\cosh(2\alpha) - \cos(2\beta)}} \frac{\partial\Phi}{\partial\alpha} \\ &\quad + \boldsymbol{e}_\beta \frac{\sqrt{2}}{c} \frac{1}{\sqrt{\cosh(2\alpha) - \cos(2\beta)}} \frac{\partial\Phi}{\partial\beta} \\ &\quad + \boldsymbol{e}_\varphi \frac{1}{c\, |\sinh\alpha\, \sin\beta|} \frac{\partial\Phi}{\partial\beta}\,,\end{aligned}$$

die Divergenz zu

$$\begin{aligned}\operatorname{div}\boldsymbol{A} &= \frac{1}{h_\alpha h_\beta h_\varphi}\left[\frac{\partial}{\partial\alpha}(A_\alpha h_\beta h_\varphi) + \frac{\partial}{\partial\beta}(A_\beta h_\varphi h_\alpha) \right. \\ &\qquad \left. + \frac{\partial}{\partial\varphi}(A_\varphi h_\alpha h_\beta)\right] \\ &= \frac{2}{c^3 (\cosh(2\alpha) - \cos(2\beta))\, |\sinh\alpha\, \sin\beta|} \\ &\quad \cdot \left[\frac{\partial}{\partial\alpha}\left(A_\alpha \frac{c^2}{\sqrt{2}} \sqrt{\cosh(2\alpha) - \cos(2\beta)}\, |\sinh\alpha \sin\beta|\right) \right. \\ &\quad + \frac{\partial}{\partial\beta}\left(A_\beta \frac{c^2}{\sqrt{2}} \sqrt{\cosh(2\alpha) - \cos(2\beta)}\, |\sinh\alpha \sin\beta|\right) \\ &\quad \left. + \frac{\partial}{\partial\varphi}\left(A_\varphi \frac{c^2}{2} (\cosh(2\alpha) - \cos(2\beta))\right)\right]\end{aligned}$$

Durch analoges Einsetzen der metrischen Koeffizienten erhält man auch

$$\begin{aligned}\mathbf{rot}\,\boldsymbol{A} &= \frac{1}{h_\beta h_\varphi} \boldsymbol{e}_\alpha \left(\frac{\partial}{\partial\beta} h_\varphi A_\varphi - \frac{\partial}{\partial\varphi} h_\beta A_\beta\right) \\ &\quad + \frac{1}{h_\alpha h_\varphi} \boldsymbol{e}_\beta \left(\frac{\partial}{\partial\varphi} h_\alpha A_\alpha - \frac{\partial}{\partial\alpha} h_\varphi A_\varphi\right) \\ &\quad + \frac{1}{h_\alpha h_\beta} \boldsymbol{e}_\varphi \left(\frac{\partial}{\partial\alpha} h_\beta A_\beta - \frac{\partial}{\partial\beta} h_\alpha A_\alpha\right)\end{aligned}$$

und

$$\begin{aligned}\Delta\Phi = \frac{1}{h_\alpha h_\beta h_\varphi} &\left\{\frac{\partial}{\partial\alpha}\frac{h_\beta h_\varphi}{h_\alpha}\frac{\partial}{\partial\alpha} + \frac{\partial}{\partial\beta}\frac{h_\alpha h_\varphi}{h_\beta}\frac{\partial}{\partial\beta} \right. \\ &\left. + \frac{\partial}{\partial\varphi}\frac{h_\alpha h_\beta}{h_\varphi}\frac{\partial}{\partial\varphi}\right\}.\end{aligned}$$

27.21 •• Die Geometrie des Problems und die Form von $\boldsymbol{V}$ legen nahe, in Zylinderkoordinaten zu rechnen. Wir erhalten

$$\begin{aligned}\boldsymbol{V}(\rho, \varphi, z) &= \frac{1}{\rho} \begin{pmatrix} \rho^3 \cos^3\varphi - \rho^3 \sin^3\varphi \\ \rho^3 \cos^2\varphi\, \sin\varphi + \rho^3 \cos\varphi\, \sin^2\varphi \\ \rho^2 \end{pmatrix} \\ &= \rho^2 \begin{pmatrix} \cos^3\varphi - \sin^3\varphi \\ \cos^2\varphi\, \sin\varphi + \cos\varphi\, \sin^2\varphi \\ 0 \end{pmatrix} + \rho\, \boldsymbol{e}_z\end{aligned}$$

und können sofort $V_z = \rho$ ablesen. Die anderen Vektorkomponenten ergeben sich zu

$$\begin{aligned}V_\rho &= \boldsymbol{V} \cdot \boldsymbol{e}_\rho \\ &= \rho^2 \begin{pmatrix} \cos^3\varphi - \sin^3\varphi \\ \cos^2\varphi \sin\varphi + \cos\varphi \sin^2\varphi \\ 0 \end{pmatrix} \cdot \begin{pmatrix} \cos\varphi \\ \sin\varphi \\ 0 \end{pmatrix} + \rho\, \underbrace{\boldsymbol{e}_z \cdot \boldsymbol{e}_\rho}_{=0} \\ &= \rho^2(\cos^4\varphi - \sin^3\varphi\, \cos\varphi + \cos^2\varphi\, \sin^2\varphi + \cos\varphi \sin^3\varphi) \\ &= \rho^2\, \cos^2\varphi(\cos^2\varphi + \sin^2\varphi) = \rho^2\, \cos^2\varphi, \\ V_\varphi &= \boldsymbol{V} \cdot \boldsymbol{e}_\varphi \\ &= \rho^2 \begin{pmatrix} \cos^3\varphi - \sin^3\varphi \\ \cos^2\varphi \sin\varphi + \cos\varphi \sin^2\varphi \\ 0 \end{pmatrix} \cdot \begin{pmatrix} -\sin\varphi \\ \cos\varphi \\ 0 \end{pmatrix} + \rho\, \underbrace{\boldsymbol{e}_z \cdot \boldsymbol{e}_\varphi}_{=0} \\ &= \rho^2(-\cos^3\varphi \sin\varphi + \sin^4\varphi + \cos^3\varphi \sin\varphi + \cos^2\varphi \sin^2\varphi) \\ &= \rho^2\, \sin^2\varphi(\cos^2\varphi + \sin^2\varphi) = \rho^2\, \sin^2\varphi.\end{aligned}$$

Damit gilt

$$\boldsymbol{V}(\rho, \varphi, z) = \rho^2\, \cos^2\varphi\, \boldsymbol{e}_\rho + \rho^2\, \sin^2\varphi\, \boldsymbol{e}_\varphi + \rho\, \boldsymbol{e}_z$$

Den Fluss durch die Oberfläche des Zylinders können wir direkt oder mithilfe des Integralsatzes von Gauß bestimmen. Für die direkte Rechnung benötigen wir die Oberflächenelemente für Mantel, Grund- und Deckfläche. Für den Mantel ergibt sich

$$\begin{aligned}\boldsymbol{x}_M(\varphi, z) &= \begin{pmatrix} \frac{3}{2}\cos\varphi \\ \frac{3}{2}\sin\varphi \\ z \end{pmatrix}, \\ \frac{\partial \boldsymbol{x}_M}{\partial\varphi} \times \frac{\partial \boldsymbol{x}_M}{\partial z} &= \begin{pmatrix} \frac{3}{2}\cos\varphi \\ \frac{3}{2}\sin\varphi \\ 0 \end{pmatrix} = \frac{3}{2} \boldsymbol{e}_\rho\,, \\ \mathbf{d}\boldsymbol{\sigma}_M &= \pm \frac{\partial \boldsymbol{x}_M}{\partial\varphi} \times \frac{\partial \boldsymbol{x}_M}{\partial z}\, \mathrm{d}(\varphi, z) = \pm\frac{3}{2} \boldsymbol{e}_\rho \mathrm{d}(\varphi, z)\,,\end{aligned}$$

wobei wegen der Orientierung nach außen das positive Vorzeichen zu wählen ist. Für Grund- und Deckfläche ist der normierte Normalvektor $-\boldsymbol{e}_z$ bzw. $\boldsymbol{e}_z$, das skalare Oberflächenelement ist $\mathrm{d}\sigma = \mathrm{d}(x,z) = \rho\,\mathrm{d}(\rho,\varphi)$. Damit erhalten wir

$$\begin{aligned}
\oint_{\partial\,\text{Zyl.}} \boldsymbol{V}\cdot\mathbf{d}\boldsymbol{\sigma} &= \iint_M \boldsymbol{V}\cdot\mathbf{d}\boldsymbol{\sigma}_M + \iint_G \boldsymbol{V}\cdot\mathbf{d}\boldsymbol{\sigma}_G + \iint_D \boldsymbol{V}\cdot\mathbf{d}\boldsymbol{\sigma}_D \\
&= \frac{3}{2}\iint_M \boldsymbol{V}\cdot\boldsymbol{e}_\rho\,\mathrm{d}(\varphi,z) - \iint_G \boldsymbol{V}\cdot\boldsymbol{e}_z\,\rho\,\mathrm{d}(\rho,\varphi) \\
&\quad + \iint_D \boldsymbol{V}\cdot\boldsymbol{e}_z\,\rho\,\mathrm{d}(\rho,\varphi) \\
&= \frac{3}{2}\iint_{\rho=\frac{3}{2},\,|z|\le\frac{1}{2}} V_\rho\,\mathrm{d}(\varphi,z) - \iint_{\rho\le\frac{3}{2},\,z=\frac{1}{2}} V_z\,\rho\,\mathrm{d}(\rho,\varphi) \\
&\quad + \iint_{\rho\le\frac{3}{2},\,z=-\frac{1}{2}} V_z\,\rho\,\mathrm{d}(\rho,\varphi) \\
&= \left(\frac{3}{2}\right)^3 \iint_{|z|\le\frac{1}{2}} \cos^2\varphi\,\mathrm{d}(\varphi,z) - \iint_{\rho\le\frac{3}{2}} \rho^2\,\mathrm{d}(\rho,\varphi) \\
&\quad + \iint_{\rho\le\frac{3}{2}} \rho^2\,\mathrm{d}(\rho,\varphi) \\
&= \left(\frac{3}{2}\right)^3 \underbrace{\int_{z=-1/2}^{1/2} \mathrm{d}z}_{=1} \cdot \underbrace{\int_{\varphi=0}^{2\pi} \cos^2\varphi\,\mathrm{d}\varphi}_{=\pi} = \frac{27\pi}{8}
\end{aligned}$$

Alternativ können wir mit dem Satz von Gauß arbeiten. Die Divergenz von $\boldsymbol{V}$ erhalten wir zu

$$\begin{aligned}
\operatorname{div}\boldsymbol{V} &= \frac{1}{\rho}\frac{\partial}{\partial\rho}(\rho\,V_\rho) + \frac{1}{\rho}\frac{\partial V_\varphi}{\partial\varphi} + \frac{\partial V_z}{\partial z} \\
&= \frac{1}{\rho}\frac{\partial}{\partial\rho}(\rho^3\cos^2\varphi) + \frac{1}{\rho}\frac{\partial}{\partial\varphi}(\rho^2\sin^2\varphi) + \frac{\partial\rho}{\partial z} \\
&= 3\rho\cos^2\varphi + 2\rho\,\sin\varphi\,\cos\varphi\,.
\end{aligned}$$

Damit ergibt sich

$$\begin{aligned}
\oint_{\partial\,\text{Zyl.}} \boldsymbol{V}\cdot\mathbf{d}\boldsymbol{\sigma} &= \iiint_{\text{Zyl.}} \operatorname{div}\boldsymbol{V}\,\mathrm{d}V \\
&= \iiint_{\text{Zyl.}} \big(3\rho\cos^2\varphi + 2\rho\,\sin\varphi\,\cos\varphi\big)\,\rho\,\mathrm{d}(\rho,\varphi,z) \\
&= 3\iiint_{\text{Zyl.}} \rho^2\cos^2\varphi\,\mathrm{d}(\rho,\varphi,z) \\
&\quad + 2\iint_{\rho\le\frac{3}{2},\,|z|\le\frac{1}{2}} \rho^2\,\mathrm{d}(\rho,z)\cdot\underbrace{\int_0^{2\pi}\sin\varphi\,\cos\varphi\,\mathrm{d}\varphi}_{=0} \\
&= 3\underbrace{\int_{z=-1/2}^{1/2}\mathrm{d}z}_{=1}\cdot\underbrace{\int_{\rho=0}^{3/2}\rho^2\,\mathrm{d}\rho}_{\frac{1}{3}\left(\frac{3}{2}\right)^3}\cdot\underbrace{\int_0^{2\pi}\cos^2\varphi\,\mathrm{d}\varphi}_{=\pi} = \frac{27\pi}{8}\,.
\end{aligned}$$

Auch die Kurvenintegrale können wir direkt oder mit einem Integralsatz bestimmen. Die naheliegende Parametrisierung liefert mit $t\in[0,\,2\pi]$

$$\begin{aligned}
\boldsymbol{x}(t) &= \begin{pmatrix}\frac{3}{2}\cos t\\ \frac{3}{2}\sin t\\ z_0\end{pmatrix} = \frac{3}{2}\,\boldsymbol{e}_\rho(t) + z_0\,\boldsymbol{e}_z\,, \\
\dot{\boldsymbol{x}}(t) &= \begin{pmatrix}-\frac{3}{2}\sin t\\ \frac{3}{2}\cos t\\ 0\end{pmatrix} = \frac{3}{2}\,\boldsymbol{e}_\varphi(t)\,,
\end{aligned}$$

bzw. $\rho(t) = \frac{3}{2}$, $\varphi(t) = t$, $z(t) = z_0$. Damit ergibt sich

$$\begin{aligned}
\oint_{C_{z_0}} \boldsymbol{V}\cdot\mathbf{d}\boldsymbol{s} &= \frac{3}{2}\int_0^{2\pi} \boldsymbol{V}(\boldsymbol{x}(t))\cdot\boldsymbol{e}_\varphi(t)\,\mathrm{d}t \\
&= \frac{3}{2}\int_0^{2\pi} V_\varphi(\boldsymbol{x}(t))\,\mathrm{d}t = \frac{3}{2}\int_0^{2\pi}\rho^2(t)\,\sin^2\varphi(t)\,\mathrm{d}t \\
&= \frac{3}{2}\int_0^{2\pi}\left(\frac{3}{2}\right)^2\sin^2 t\,\mathrm{d}t = \left(\frac{3}{2}\right)^3\cdot\pi = \frac{27\pi}{8}\,.
\end{aligned}$$

Wollen wir mit dem Satz von Stokes arbeiten, benötigen wir zunächst die Rotation in Zylinderkoordinaten, die wir zu

$$\begin{aligned}
\operatorname{\mathbf{rot}}\boldsymbol{V}(\boldsymbol{x}) &= \left\{\frac{1}{\rho}\frac{\partial V_z}{\partial\varphi} - \frac{\partial V_\varphi}{\partial z}\right\}\boldsymbol{e}_\rho + \left\{\frac{\partial V_\rho}{\partial z} - \frac{\partial V_z}{\partial\rho}\right\}\boldsymbol{e}_\varphi \\
&\quad + \left\{\frac{1}{\rho}\left(\frac{\partial}{\partial\rho}(\rho V_\varphi) - \frac{\partial V_\rho}{\partial\varphi}\right)\right\}\boldsymbol{e}_z \\
&= 0 + \left\{-\frac{\partial\rho}{\partial\rho}\right\}\boldsymbol{e}_\varphi \\
&\quad + \left\{\frac{1}{\rho}\left(\frac{\partial}{\partial\rho}(\rho^3\sin^2\varphi) - \frac{\partial}{\partial\varphi}(\rho^2\cos^2\varphi)\right)\right\}\boldsymbol{e}_z \\
&= -\boldsymbol{e}_\varphi + \big(3\rho\,\sin^2\varphi + 2\rho\,\cos\varphi\,\sin\varphi\big)\,\boldsymbol{e}_z
\end{aligned}$$

erhalten. Wählen wir als Fläche einfach $x^2 + y^2 \leq \frac{9}{4}$, $z = z_0$, so ergibt sich

$$\begin{aligned}
\oint_{C_{z_0}} \boldsymbol{V} \cdot \mathbf{d}\boldsymbol{s} &= \iint_F (\mathbf{rot}\, \boldsymbol{V} \cdot \boldsymbol{e}_z)\, \rho\, \mathrm{d}(\rho, \varphi) \\
&= \iint_{\rho \leq \frac{3}{2},\, z=z_0} \left(3\rho \sin^2\varphi + 2\rho \cos\varphi \sin\varphi\right) \rho\, \mathrm{d}(\rho, \varphi) \\
&= \underbrace{\int_{\rho=0}^{3/2} 3\rho^2\, \mathrm{d}\rho}_{=(3/2)^3} \cdot \underbrace{\int_0^{2\pi} \sin^2\varphi\, \mathrm{d}\varphi}_{=\pi} \\
&\quad + 2 \int_{\rho=0}^{3/2} \rho^2\, \mathrm{d}\rho \cdot \underbrace{\int_0^{2\pi} \cos\varphi \sin\varphi\, \mathrm{d}\varphi}_{=0} = \frac{27\pi}{8}.
\end{aligned}$$

Kommentar Dass hier für $\oint_{\partial \text{Zyl.}} \boldsymbol{V} \cdot \mathbf{d}\boldsymbol{\sigma}$ und $\oint_{C_{z_0}} \boldsymbol{V} \cdot \mathbf{d}\boldsymbol{s}$ das gleiche Ergebnis erhalten wird, liegt nicht an einem Integralsatz sondern an der speziellen Form des Vektorfeldes $\boldsymbol{V}(\boldsymbol{x}) = x^2 \boldsymbol{e}_\rho + y^2 \boldsymbol{e}_\varphi + \rho\, \boldsymbol{e}_z$ (insbesondere an der z-Unabhängigkeit) sowie an der Art des Integrationsbereiches (Zylinderhöhe = 1). ◄

27.22 •• Umschreiben in Kugelkoordinaten liefert

$$\begin{aligned}
\boldsymbol{V}(r, \vartheta, \varphi) &= \frac{1}{r} \begin{pmatrix} r^2 \sin^2\vartheta \cos^2\varphi + r^2 \sin^2\vartheta \sin^2\varphi \\ 0 \\ r^2 \sin\vartheta \cos\vartheta \cos\varphi \end{pmatrix} \\
&= \begin{pmatrix} r \sin^2\vartheta \\ 0 \\ r \sin\vartheta \cos\vartheta \cos\varphi \end{pmatrix}
\end{aligned}$$

Nun bilden wir die Projektionen

$$\begin{aligned}
V_r = \boldsymbol{V} \cdot \boldsymbol{e}_r &= \begin{pmatrix} r \sin^2\vartheta \\ 0 \\ r \sin\vartheta \cos\vartheta \cos\varphi \end{pmatrix} \cdot \begin{pmatrix} \sin\vartheta \cos\varphi \\ \sin\vartheta \sin\varphi \\ \cos\vartheta \end{pmatrix} \\
&= r \sin^3\vartheta \cos\varphi + r \sin\vartheta \cos^2\vartheta \cos\varphi \\
&= r \sin\vartheta (\sin^2\vartheta + \cos^2\vartheta) \cos\varphi \\
&= r \sin\vartheta \cos\varphi\,, \\
V_\vartheta = \boldsymbol{V} \cdot \boldsymbol{e}_\vartheta &= \begin{pmatrix} r \sin^2\vartheta \\ 0 \\ r \sin\vartheta \cos\vartheta \cos\varphi \end{pmatrix} \cdot \begin{pmatrix} \cos\vartheta \cos\varphi \\ \cos\vartheta \sin\varphi \\ -\sin\vartheta \end{pmatrix} \\
&= r \sin^2\vartheta \cos\vartheta \cos\varphi - r \sin^2\vartheta \cos\vartheta \cos\varphi = 0\,, \\
V_\varphi = \boldsymbol{V} \cdot \boldsymbol{e}_\varphi &= \begin{pmatrix} r \sin^2\vartheta \\ 0 \\ r \sin\vartheta \cos\vartheta \cos\varphi \end{pmatrix} \cdot \begin{pmatrix} -\sin\varphi \\ \cos\varphi \\ 0 \end{pmatrix} \\
&= -r \sin^2\vartheta \sin\varphi\,.
\end{aligned}$$

Damit gilt

$$\boldsymbol{V}(r, \vartheta, \varphi) = r \sin\vartheta \cos\varphi\, \boldsymbol{e}_r - r \sin^2\vartheta \sin\varphi\, \boldsymbol{e}_\varphi\,.$$

Die Divergenz von $\boldsymbol{V}$ ergibt sich zu

$$\begin{aligned}
\operatorname{div} \boldsymbol{V} &= \frac{1}{r^2} \frac{\partial}{\partial r} \left(r^3 \sin\vartheta \cos\varphi\right) - \frac{1}{r \sin\vartheta} \frac{\partial}{\partial\varphi} r \sin^2\vartheta \sin\varphi \\
&= 2 \sin\vartheta \cos\varphi\,.
\end{aligned}$$

Mit dem Satz von Gauß erhalten wir nun

$$\begin{aligned}
\oint_{\mathcal{K}} \boldsymbol{V} \cdot \mathbf{d}\boldsymbol{\sigma} &\overset{\text{Gauß}}{=} \iiint_{r \leq 3} \operatorname{div} \boldsymbol{V}\, \mathrm{d}\boldsymbol{x} \\
&= 2 \iiint_{r \leq 3} \sin\vartheta \cos\varphi\, r^2 \sin\vartheta\, \mathrm{d}(r, \vartheta, \varphi) \\
&= 2 \underbrace{\int_{r=0}^{3} r^2\, \mathrm{d}r}_{=9} \cdot \underbrace{\int_{\vartheta=0}^{\pi} \sin^2\vartheta\, \mathrm{d}\vartheta}_{=\pi/2} \cdot \underbrace{\int_0^{2\pi} \cos\varphi\, \mathrm{d}\varphi}_{=0} = 0\,.
\end{aligned}$$

Auch die direkte Ermittlung des Oberflächenintegrals wäre hier nicht allzu schwierig. Das Oberflächenelement der Kugel hat die Form

$$\mathbf{d}\boldsymbol{\sigma} = 9 \sin\vartheta\, \boldsymbol{e}_r\, \mathrm{d}(\vartheta, \varphi)\,,$$

damit ergibt sich

$$\begin{aligned}
\oint_{\mathcal{K}} \boldsymbol{V} \cdot \mathbf{d}\boldsymbol{\sigma} &= 9 \iint_{[0,\pi] \times [0,2\pi)} \sin\vartheta\, \underbrace{\boldsymbol{V} \cdot \boldsymbol{e}_r}_{=V_r = 3 \sin\vartheta \cos\varphi}\, \mathrm{d}(\vartheta, \varphi) \\
&= 27 \int_{\vartheta=0}^{\pi} \sin^2\vartheta\, \mathrm{d}\vartheta \cdot \int_0^{2\pi} \cos\varphi\, \mathrm{d}\varphi = 0\,.
\end{aligned}$$

Anwendungsprobleme

27.23 ••• Die Position der Ladung q ist $\boldsymbol{x} = \tilde{\boldsymbol{x}} + \boldsymbol{a}$, die Position von $-q$ entsprechend $\boldsymbol{x} = \tilde{\boldsymbol{x}} - \boldsymbol{a}$.

- Im homogenen elektrischen Feld erhalten wir:

$$\begin{aligned}
\boldsymbol{F} &= q\, \boldsymbol{E}(\tilde{\boldsymbol{x}} + \boldsymbol{a}) - q\, \boldsymbol{E}(\tilde{\boldsymbol{x}} - \boldsymbol{a}) \\
&= qE_0 \boldsymbol{e}_3 - qE_0 \boldsymbol{e}_3 = \boldsymbol{0} \\
\boldsymbol{T} &= q(\tilde{\boldsymbol{x}} + \boldsymbol{a} - \tilde{\boldsymbol{x}}) \times \boldsymbol{E}(\tilde{\boldsymbol{x}} + \boldsymbol{a}) - q(\tilde{\boldsymbol{x}} - \boldsymbol{a} - \tilde{\boldsymbol{x}}) \times \boldsymbol{E}(\tilde{\boldsymbol{x}} - \boldsymbol{a}) \\
&= qE_0\, \boldsymbol{a} \times \boldsymbol{e}_3 + qE_0\, \boldsymbol{a} \times \boldsymbol{e}_3 \\
&= qE_0\, (2\boldsymbol{a}) \times \boldsymbol{e}_3
\end{aligned}$$

  Das Drehmoment verschwindet nur, wenn $\boldsymbol{a} \parallel \boldsymbol{e}_3$ ist, der Dipol also entlang der Feldlinien ausgerichtet ist.

Kapitel 27

- Im radialen elektrischen Feld ergibt sich:

$$\begin{aligned}
\boldsymbol{F} &= q\,\boldsymbol{E}(\tilde{\boldsymbol{x}}+\boldsymbol{a}) - q\,\boldsymbol{E}(\tilde{\boldsymbol{x}}-\boldsymbol{a}) \\
&= \frac{qQ}{4\pi\,\varepsilon_0}\left\{\frac{\boldsymbol{e}_r(\tilde{\boldsymbol{x}}+\boldsymbol{a})}{\|\tilde{\boldsymbol{x}}+\boldsymbol{a}\|^2} - \frac{\boldsymbol{e}_r(\tilde{\boldsymbol{x}}-\boldsymbol{a})}{\|\tilde{\boldsymbol{x}}-\boldsymbol{a}\|^2}\right\} \\
\boldsymbol{T} &= \frac{qQ}{4\pi\varepsilon_0}\left\{\frac{\boldsymbol{a}\times\boldsymbol{e}_r(\tilde{\boldsymbol{x}}+\boldsymbol{a})}{\|\tilde{\boldsymbol{x}}+\boldsymbol{a}\|^2} - \frac{(-\boldsymbol{a})\times\boldsymbol{e}_r(\tilde{\boldsymbol{x}}-\boldsymbol{a})}{\|\tilde{\boldsymbol{x}}-\boldsymbol{a}\|^2}\right\} \\
&= \frac{qQ}{4\pi\varepsilon_0}\left\{\frac{\boldsymbol{a}\times\boldsymbol{e}_r(\tilde{\boldsymbol{x}}+\boldsymbol{a})}{\|\tilde{\boldsymbol{x}}+\boldsymbol{a}\|^2} + \frac{\boldsymbol{a}\times\boldsymbol{e}_r(\tilde{\boldsymbol{x}}-\boldsymbol{a})}{\|\tilde{\boldsymbol{x}}-\boldsymbol{a}\|^2}\right\}
\end{aligned}$$

Nun bestimmen wir einen Näherungsausdruck für den Fall $a = \|\boldsymbol{a}\| \ll \|\tilde{\boldsymbol{x}}\|$. Dabei benutzen wir

$$\begin{aligned}
\frac{1}{\|\tilde{\boldsymbol{x}}+\boldsymbol{a}\|^2} &= \frac{1}{\|\tilde{\boldsymbol{x}}\|^2}\,\frac{1}{1+2\frac{\boldsymbol{a}\cdot\tilde{\boldsymbol{x}}}{\|\tilde{\boldsymbol{x}}\|^2}+\frac{a^2}{\|\tilde{\boldsymbol{x}}\|^2}} \\
&= \frac{1}{\|\tilde{\boldsymbol{x}}\|}\left(1-2\frac{\boldsymbol{a}\cdot\tilde{\boldsymbol{x}}}{\|\tilde{\boldsymbol{x}}\|^2}+O\left(\frac{a^2}{\|\tilde{\boldsymbol{x}}\|^2}\right)\right) \\
\frac{1}{\|\tilde{\boldsymbol{x}}-\boldsymbol{a}\|^2} &= \frac{1}{\|\tilde{\boldsymbol{x}}\|}\left(1+2\frac{\boldsymbol{a}\cdot\tilde{\boldsymbol{x}}}{\|\tilde{\boldsymbol{x}}\|^2}+O\left(\frac{a^2}{\|\tilde{\boldsymbol{x}}\|^2}\right)\right)
\end{aligned}$$

und

$$\begin{aligned}
\boldsymbol{e}_r(\tilde{\boldsymbol{x}}+\boldsymbol{a}) &= \frac{\tilde{\boldsymbol{x}}+\boldsymbol{a}}{\|\tilde{\boldsymbol{x}}+\boldsymbol{a}\|} \\
&= \frac{1}{\|\tilde{\boldsymbol{x}}\|}\,\frac{\tilde{\boldsymbol{x}}+\boldsymbol{a}}{\sqrt{1+2\frac{\boldsymbol{a}\cdot\tilde{\boldsymbol{x}}}{\|\tilde{\boldsymbol{x}}\|^2}+\frac{a^2}{\|\tilde{\boldsymbol{x}}\|^2}}} \\
&= \frac{1}{\|\tilde{\boldsymbol{x}}\|}(\tilde{\boldsymbol{x}}+\boldsymbol{a})\left\{1-\frac{\boldsymbol{a}\cdot\tilde{\boldsymbol{x}}}{\|\tilde{\boldsymbol{x}}\|^2}+O\left(\frac{a^2}{\|\tilde{\boldsymbol{x}}\|^2}\right)\right\} \\
\boldsymbol{e}_r(\tilde{\boldsymbol{x}}-\boldsymbol{a}) &= \frac{1}{\|\tilde{\boldsymbol{x}}\|}(\tilde{\boldsymbol{x}}-\boldsymbol{a})\left\{1+\frac{\boldsymbol{a}\cdot\tilde{\boldsymbol{x}}}{\|\tilde{\boldsymbol{x}}\|^2}+O\left(\frac{a^2}{\|\tilde{\boldsymbol{x}}\|^2}\right)\right\}.
\end{aligned}$$

Damit erhalten wir

$$\begin{aligned}
\boldsymbol{F} &= \frac{qQ}{4\pi\,\varepsilon_0}\left\{\frac{\boldsymbol{e}_r(\tilde{\boldsymbol{x}}+\boldsymbol{a})}{\|\tilde{\boldsymbol{x}}+\boldsymbol{a}\|^2} - \frac{\boldsymbol{e}_r(\tilde{\boldsymbol{x}}-\boldsymbol{a})}{\|\tilde{\boldsymbol{x}}-\boldsymbol{a}\|^2}\right\} \\
&\approx \frac{qQ}{4\pi\,\varepsilon_0}\,\frac{1}{\|\tilde{\boldsymbol{x}}\|^3}\left\{\left(1-2\frac{\boldsymbol{a}\cdot\tilde{\boldsymbol{x}}}{\|\tilde{\boldsymbol{x}}\|^2}\right)\left(1-\frac{\boldsymbol{a}\cdot\tilde{\boldsymbol{x}}}{\|\tilde{\boldsymbol{x}}\|^2}\right)(\tilde{\boldsymbol{x}}+\boldsymbol{a})\right. \\
&\qquad \left. -\left(1+2\frac{\boldsymbol{a}\cdot\tilde{\boldsymbol{x}}}{\|\tilde{\boldsymbol{x}}\|^2}\right)\left(1+\frac{\boldsymbol{a}\cdot\tilde{\boldsymbol{x}}}{\|\tilde{\boldsymbol{x}}\|^2}\right)(\tilde{\boldsymbol{x}}-\boldsymbol{a})\right\} \\
&= \frac{qQ}{4\pi\,\varepsilon_0}\,\frac{1}{\|\tilde{\boldsymbol{x}}\|^3}\left(2\boldsymbol{a}-3\,(2\boldsymbol{a}\cdot\boldsymbol{e}_r(\tilde{\boldsymbol{x}}))\,\boldsymbol{e}_r(\tilde{\boldsymbol{x}})+O\left(\frac{a^2}{\|\tilde{\boldsymbol{x}}\|^2}\right)\right) \\
&\approx \frac{qQ}{4\pi\,\varepsilon_0}\,\frac{1}{\|\tilde{\boldsymbol{x}}\|^3}\left(2\boldsymbol{a}-3\,(2\boldsymbol{a}\cdot\boldsymbol{e}_r(\tilde{\boldsymbol{x}}))\,\boldsymbol{e}_r(\tilde{\boldsymbol{x}})\right)
\end{aligned}$$

und (unter Benutzung von $\boldsymbol{a}\times\boldsymbol{a} = \boldsymbol{0}$)

$$\begin{aligned}
\boldsymbol{T} &= \frac{qQ}{4\pi\varepsilon_0}\left\{\frac{\boldsymbol{a}\times\boldsymbol{e}_r(\tilde{\boldsymbol{x}}+\boldsymbol{a})}{\|\tilde{\boldsymbol{x}}+\boldsymbol{a}\|^2} + \frac{\boldsymbol{a}\times\boldsymbol{e}_r(\tilde{\boldsymbol{x}}-\boldsymbol{a})}{\|\tilde{\boldsymbol{x}}-\boldsymbol{a}\|^2}\right\} \\
&\approx \frac{qQ}{4\pi\varepsilon_0}\,\frac{1}{\|\tilde{\boldsymbol{x}}\|^3}\left\{\left(1-2\frac{\boldsymbol{a}\cdot\tilde{\boldsymbol{x}}}{\|\tilde{\boldsymbol{x}}\|^2}\right)\left(1-\frac{\boldsymbol{a}\cdot\tilde{\boldsymbol{x}}}{\|\tilde{\boldsymbol{x}}\|^2}\right)\boldsymbol{a}\times(\tilde{\boldsymbol{x}}+\boldsymbol{a})\right. \\
&\qquad \left. +\left(1+2\frac{\boldsymbol{a}\cdot\tilde{\boldsymbol{x}}}{\|\tilde{\boldsymbol{x}}\|^2}\right)\left(1+\frac{\boldsymbol{a}\cdot\tilde{\boldsymbol{x}}}{\|\tilde{\boldsymbol{x}}\|^2}\right)\boldsymbol{a}\times(\tilde{\boldsymbol{x}}+\boldsymbol{a})\right\} \\
&\approx \frac{qQ}{4\pi\varepsilon_0}\,\frac{1}{\|\tilde{\boldsymbol{x}}\|^3}\left\{1-3\frac{\boldsymbol{a}\cdot\tilde{\boldsymbol{x}}}{\|\tilde{\boldsymbol{x}}\|^2}+1+3\frac{\boldsymbol{a}\cdot\tilde{\boldsymbol{x}}}{\|\tilde{\boldsymbol{x}}\|^2}\right\}\boldsymbol{a}\times\tilde{\boldsymbol{x}} \\
&= \frac{qQ}{4\pi\varepsilon_0}\,\frac{1}{\|\tilde{\boldsymbol{x}}\|^3}(2\boldsymbol{a})\times\tilde{\boldsymbol{x}} \\
&= \frac{qQ}{4\pi\varepsilon_0}\,\frac{1}{\|\tilde{\boldsymbol{x}}\|^2}(2\boldsymbol{a})\times\boldsymbol{e}_r(\tilde{\boldsymbol{x}}).
\end{aligned}$$

Ein drehbarer Dipol wird seine Lage so lange verändern, bis das auf ihn wirkende Drehmoment null ist, d. h. bis er in Feldrichtung ausgerichtet ist. Im homogenen Feld wird er sich parallel zur x_3-Achse einstellen, im radialen Feld radial. (Im Fall geringer oder keiner Reibung kommt es abhängig von der Anfangslage zu Pendelbewegungen um die Ruhelage.)

Im homogenen Feld wirkt auf den Dipol keine Nettokraft, damit ändert ein ursprünglich ruhender Dipol seine Position nicht. Im radialen Feld resultiert stets eine Kraft in Richtung der Dipolachse, zusätzlich aber auch eine Kraft, die proportional zum Skalarprodukt $\boldsymbol{a}\cdot\boldsymbol{e}_r(\tilde{\boldsymbol{x}})$ ist und für Orientierung entlang der Feldlinien über den anderen Anteil dominiert. (Es ist instruktiv, einige typische Stellungen des Dipols zu skizzieren und die wirkenden Kräfte zu bestimmen.)

In vielen Fällen vereinfacht man Rechungen mit Dipolen, indem man den Grenzfall betrachtet, in dem $a \to 0$ und $q \to \infty$ geht, und zwar so, dass das Produkt qa konstant bleibt. Definiert man das Dipolmoment $\boldsymbol{m} := 2q\boldsymbol{a}$, so bleibt auch dieses konstant, und unsere Näherungsausdrücke werden exakt,

$$\begin{aligned}
\boldsymbol{F} &= \frac{Q}{4\pi\,\varepsilon_0}\,\frac{1}{\|\boldsymbol{x}\|^3}\left(\boldsymbol{m}-3\,(\boldsymbol{m}\cdot\boldsymbol{e}_r(\boldsymbol{x}))\,\boldsymbol{e}_r(\boldsymbol{x})\right) \\
\boldsymbol{T} &= \frac{Q}{4\pi\varepsilon_0}\,\frac{1}{\|\boldsymbol{x}\|^2}\,\boldsymbol{m}\times\boldsymbol{e}_r(\boldsymbol{x})
\end{aligned}$$

für einen „punktförmigen" Dipol am Ort $\boldsymbol{x}$. Allgemein ergeben sich in inhomogenen Feldern nicht nur Drehmomente, sondern auch Kräfte auf einen Dipol.

27.24 •• Für den in Form einer Kettenlinie gebogenen Draht,

$$\boldsymbol{x}(t) = (t\ \cosh t)^\top, \quad t \in [-\ln 2, \ln 2]$$

haben wir auf S. 1009

$$W_{\text{Kett}} = \ln 2 + \frac{15}{16} \approx 1.630\,65$$

erhalten. Die Länge des Drahtes können wir schnell ermitteln,

$$\begin{aligned}\ell &= \int\limits_{-\ln 2}^{\ln 2} \sqrt{1+\sinh^2 t}\,\mathrm{d}t \\ &= 2\int\limits_0^{\ln 2} \cosh t\,\mathrm{d}t = 2\sinh t\Big|_0^{\ln 2} \\ &= \mathrm{e}^{\ln 2} - \mathrm{e}^{-\ln 2} = 2 - \frac{1}{2} = \frac{3}{2}.\end{aligned}$$

Nun bestimmen wir die Energie für die beiden anderen Formen. Aus Symmetriegründen genügt es jeweils, nur das Intervall $[0,\,2\pi]$ zu betrachten und die andere Hälfte durch einen Faktor 2 zu berücksichtigen.

- Die Kurve hat die Form

$$\boldsymbol{x}(t) = \left(t,\, d + \frac{h}{\ln 2}\,|t|\right)^\top, \quad t \in [-\ln 2,\, \ln 2]$$

mit Konstanten d und h sein muss. Aus dem Satz von Pythagoras erhalten wir mit der bekannten Bogenlänge sofort

$$h = \sqrt{\frac{9}{16} - \ln^2 2}$$

und aus der Bedingung $x_2(\ln 2) = \frac{5}{4}$

$$d = \frac{5}{4} - h = \frac{5}{4} - \sqrt{\frac{9}{16} - \ln^2 2}.$$

Die potenzielle Energie ergibt sich nun zu

$$\begin{aligned}W_{\text{lin}} &= 2\int\limits_0^{\ln 2} x_2(t)\,\|\boldsymbol{x}(t)\|\,\mathrm{d}t \\ &= 2\sqrt{1+\frac{h^2}{\ln^2 2}}\int\limits_0^{\ln 2}\left(\frac{5}{4} - h + \frac{h}{\ln 2}\,t\right)\mathrm{d}t \\ &= \sqrt{1+\frac{9}{16}\,\frac{1}{\ln^2 2} - 1}\,\left[\frac{5}{2}\,t - 2h\,t + \frac{h}{\ln 2}\,t^2\right]_0^{\ln 2} \\ &= \frac{3}{4\,\ln 2}\left(\frac{5}{2}\,\ln 2 - 2h\,\ln 2 + h\,\ln 2\right) \\ &= \frac{3}{4}\left(\frac{5}{2} - h\right) = \frac{3}{4}\left(\frac{5}{2} - \sqrt{\frac{9}{16} - \ln^2 2}\right) \\ &\approx 1.660\,17\,.\end{aligned}$$

- Im parabolischen Fall hat die Kurve die Form

$$\boldsymbol{x}(t) = \left(t,\, a + b\,t^2\right)^\top, \quad t \in [-\ln 2,\, \ln 2]$$

mit Konstanten a und b. Für die Bogenlänge einer solchen allgemeinen Parabel erhalten wir

$$\begin{aligned}\ell_{\text{par}} &= 2\int\limits_0^{\ln 2} \|\dot{\boldsymbol{x}}(t)\|\,\mathrm{d}t \\ &= 2\int\limits_0^{\ln 2} \sqrt{1+(2bt)^2}\,\mathrm{d}t \\ &\overset{\left|\begin{array}{c} 2bt = \sinh u \\ \mathrm{d}t = \frac{1}{2b}\cosh u\,\mathrm{d}u \\ [0,\ln 2] \to I\end{array}\right|}{=} 2\int\limits_I \sqrt{1+u^2}\,\cosh u\,\mathrm{d}u \\ &= 2\int\limits_I \cosh^2 u\,\mathrm{d}u = [u + \sinh u\,\cosh u]_I \\ &= \left[\operatorname{arsinh}(2bt) + 2bt\,\sqrt{1+(2bt)^2}\right]_0^{\ln 2} \\ &= \operatorname{arsinh}(2\,\ln 2\,b) + 2\,\ln 2\,b\,\sqrt{1+(2\,\ln 2\,b)^2}\,.\end{aligned}$$

Aus der Angabe wissen wir $\ell_{\text{par}} = \frac{3}{2}$, numerische Lösung der transzendeten Gleichung liefert

$$\begin{aligned}b &\approx 0.523\,943 \\ a &= \frac{5}{4} - b\,\ln^2 2 \approx 0.998\,270\,.\end{aligned}$$

Damit erhalten wir

$$\begin{aligned}W_{\text{par}} &= 2\int\limits_0^{\ln 2} \left(a + b\,t^2\right)\sqrt{1+(2bt)^2}\,\mathrm{d}t \\ &\overset{\left|\begin{array}{c} 2bt = \sinh u \\ \mathrm{d}t = \frac{1}{2b}\cosh u\,\mathrm{d}u \\ [0,\ln 2] \to I\end{array}\right|}{=} 2\int\limits_I \left(a + \frac{1}{4b}\,\sinh^2 u\right)\cosh^2 u\,\mathrm{d}u \\ &= a\,\underbrace{2\int\limits_I \cosh^2 u\,\mathrm{d}u}_{=3/2} + \frac{1}{2b}\int\limits_I \sinh^2 u\,\cosh^2 u\,\mathrm{d}u \\ &= \frac{3a}{2} + \frac{1}{2b}\left[-\frac{u}{8} + \frac{1}{32}\,\sinh(4u)\right]_{u=\operatorname{arsinh}(2bt)}\Bigg|_0^{\ln 2} \\ &\approx 1.630\,69\end{aligned}$$

Wir sehen, dass die Energie im Fall der Kettenlinie am geringsten ist. Das gilt nicht nur für die beiden hier betrachteten Formen, sondern jede andere Kurve unter den gleichen Bedingungen.

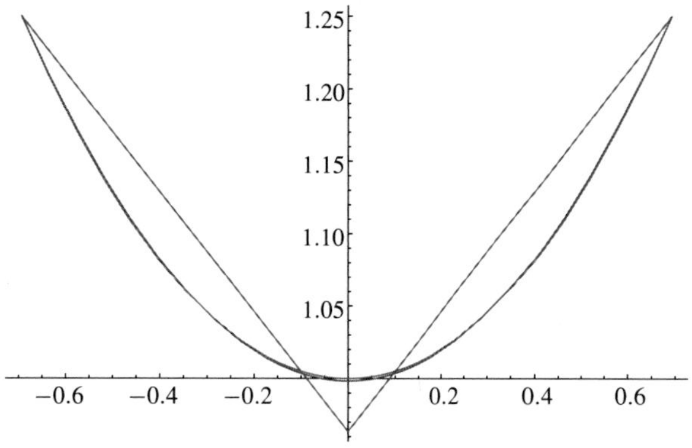

Abb. 27.43 Parabel und stückweise lineare Funktion im Vergleich zur Kettenlinie

27.25 •• Die Kurve C_1 können wir mittels

$$\boldsymbol{x}_1(t) = \begin{pmatrix} a + a\cos t \\ a\sin t \end{pmatrix}, \quad t \in [0,\, 2\pi]$$

parametrisieren. Mit

$$\dot{\boldsymbol{x}}_1(t) = (-a\sin t,\, a\cos t)^\top$$

erhalten wir

$$\begin{aligned}\int_{C_1} \boldsymbol{v}\cdot \mathbf{d}\boldsymbol{s} &= \int_0^{2\pi}\Bigg(-\frac{\sin^2 t}{(2+\cos t)^2+\sin^2 t} \\ &\quad + \frac{\sin^2 t}{\cos^2 t+\sin^2 t} + \frac{\cos^2 t}{\cos^2 t+\sin^2 t} \\ &\quad - \frac{\cos^2 t + 2\cos t}{(2+\cos t)^2+\sin^2 t}\Bigg)\mathrm{d}t \\ &= \int_0^{2\pi}\Bigg(-\frac{\sin^2 t}{5+4\cos t} + \sin^2 t \\ &\quad + \cos^2 t - \frac{\cos^2 t + 2\cos t}{5+4\cos t}\Bigg)\mathrm{d}t \\ &= \underbrace{\int_0^{2\pi}\mathrm{d}t}_{=2\pi} - \underbrace{\int_0^{2\pi}\frac{1+2\cos t}{5+4\cos t}\,\mathrm{d}t}_{=:I}\end{aligned}$$

Noch zu lösen ist also das etwas schwierigere Integral I.

Die Standardsubstitution $u = \tan\frac{t}{2}$,

$$\cos t = \frac{1-u^2}{1+u^2}, \quad \mathrm{d}t = \frac{2\,\mathrm{d}u}{1+u^2}$$

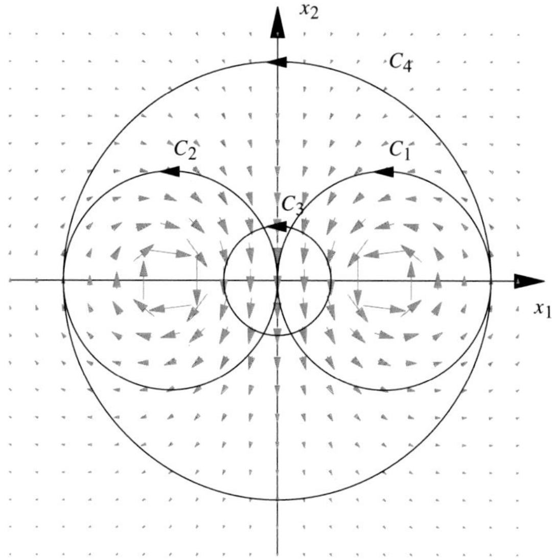

Abb. 27.44 C_1 umläuft einen Wirbel im Drehsinn, C_2 einen dagegen. C_3 umläuft keinen, C_4 einen im, einen gegen den Drehsinn

liefert mit $0 \to 0$, $\pi \to \pm\infty$, $2\pi \to 0$:

$$\begin{aligned} I &= \left(\int_0^{\pi} + \int_{\pi}^{2\pi}\right)\frac{1+2\cos t}{5+4\cos t}\,\mathrm{d}t \\ &= \left(\int_0^{\infty} + \int_{-\infty}^{0}\right)\frac{1+2\,\frac{1-u^2}{1+u^2}}{5+4\,\frac{1-u^2}{1+u^2}}\,\frac{2\,\mathrm{d}u}{1+u^2} \\ &= 2\int_{-\infty}^{\infty}\frac{3-u^2}{(1+u^2)(9+u^2)}\,\mathrm{d}u \\ &= -2\int_{-\infty}^{\infty}\frac{u^2-3}{(1+u^2)(9+u^2)}\,\mathrm{d}u \end{aligned}$$

Eine komplexe Partialbruchzerlegung liefert

$$\frac{3-u^2}{(1+u^2)(9+u^2)} = \frac{\mathrm{i}}{4}\left(\frac{1}{u-\mathrm{i}} - \frac{1}{u+\mathrm{i}} + \frac{1}{u+3\mathrm{i}} - \frac{1}{u-3\mathrm{i}}\right).$$

Nachfolgende Integration ergibt

$$\begin{aligned} I &= -\frac{\mathrm{i}}{2}\log\frac{(u-\mathrm{i})(u+3\mathrm{i})}{(u+\mathrm{i})(u-3\mathrm{i})}\Bigg|_{-\infty}^{\infty} = -\frac{\mathrm{i}}{2}\log\frac{u^2+2u\mathrm{i}+3}{u^2+2u\mathrm{i}+3}\Bigg|_{-\infty}^{\infty} \\ &= -\frac{\mathrm{i}}{2}\log\frac{1+\frac{2u}{u^2+3}\,\mathrm{i}}{1-\frac{2u}{u^2+3}\,\mathrm{i}}\Bigg|_{-\infty}^{\infty} = \arctan\frac{2u}{u^2+3}\Bigg|_{-\infty}^{\infty} = 0, \end{aligned}$$

wobei wir die Identität $\arctan y = -\frac{\mathrm{i}}{2}\log\frac{1+y\,\mathrm{i}}{1-y\,\mathrm{i}}$ verwendet haben. Damit ist das Integral entlang C_1 gleich 2π.

Auf analoge Weise erhält man

$$\int_{C_2} \boldsymbol{v} \cdot \mathbf{d}\boldsymbol{s} = -2\pi$$

$$\int_{C_3} \boldsymbol{v} \cdot \mathbf{d}\boldsymbol{s} = \int_{C_4} \boldsymbol{v} \cdot \mathbf{d}\boldsymbol{s} = 0$$

Diese Ergebnisse haben eine einfache physikalische Interpretation: C_1 umläuft wie in Abb. 27.44 den Wirbel an $\boldsymbol{x} = (a, 0)^\top$ einmal in Drehrichtung, den Wirbel an $\boldsymbol{x} = (-a, 0)^\top$ nicht. Damit gewinnt man die Arbeit 2π. C_2 umläuft lediglich den Wirbel in $\boldsymbol{x} = (-a, 0)^\top$, und zwar gegen Drehrichtung, nun muss die Arbeit 2π geleistet werden. C_3 umläuft keinen der beiden Wirbel, C_4 beide – das Resultat ist jeweils, dass insgesamt keine Arbeit gewonnen wird oder zu leisten ist.

27.26 ••• Wir bestimmen zunächst das Potenzial $\mathrm{d}\Phi$ einer Kugelschale mit Radius r und Dicke $\mathrm{d}r$ für eine Probemasse an $\boldsymbol{a} = (0, 0, a)^\top$. (Dabei betrachten wir $\mathrm{d}r$ vorläufig als kleine Größe, aber nicht als Differenzial.) Wegen der Rotationssymmetrie können wir sofort einen Kreis auf der Kugelschale betrachten. Der Abstand d eines beliebigen Punktes auf dem Kreis zum Aufpunkt $\boldsymbol{a}$ ist, wie in Abb. 27.45 dargestellt, gemäß Kosinussatz durch

$$d^2 = a^2 + r^2 - 2a\,r\,\cos\vartheta$$

gegeben.

Durch Integration über φ erhalten wir für das Potenzial den Beitrag

$$\begin{aligned}\mathrm{d}\Phi_{\text{Kreis}}(\vartheta) &= -\int_0^{2\pi} \frac{G\rho\, r^2\, \sin\vartheta\, \mathrm{d}r\, \mathrm{d}\vartheta}{\sqrt{a^2+r^2-2ar\cos\vartheta}}\, \mathrm{d}\varphi \\ &= -\frac{2\pi\, G\rho\, r^2\, \mathrm{d}r\, \mathrm{d}\vartheta}{\sqrt{a^2+r^2-2ar\cos\vartheta}} \,.\end{aligned}$$

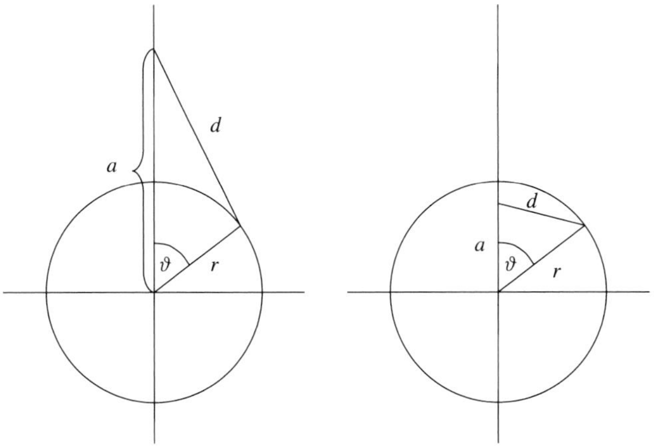

Abb. 27.45 Bestimmung des Graviationspotenzials einer homogenen Kugelschale

Der Term $r^2\, \sin\vartheta\, \mathrm{d}r\, \mathrm{d}\varphi$ ist dabei das Volumenelement in Kugelkoordinaten. Für den Beitrag der gesamten Kugelschale müssen wir nun auch die ϑ-Integration ausführen,

$$\begin{aligned}\mathrm{d}\Phi &= -\int_0^{\pi} \mathrm{d}\Phi_{\text{Kreis}}(\vartheta) \\ &= -\int_0^{\pi} \sin\vartheta\, \frac{2\pi\, G\rho\, r^2\, \mathrm{d}r}{\sqrt{a^2+r^2-2ar\cos\vartheta}}\, \mathrm{d}\vartheta \\ &= -\frac{2\pi\, G\rho\, r\, \mathrm{d}r}{a} \int_0^{\pi} \frac{2a\,r\,\sin\vartheta}{2\sqrt{a^2+r^2-2ar\cos\vartheta}}\, \mathrm{d}\vartheta \\ &= -\frac{2\pi\, G\rho\, r\, \mathrm{d}r}{a} \sqrt{a^2+r^2-2ar\cos\vartheta}\,\Big|_0^{\pi} \\ &= -\frac{2\pi\, G\rho\, r\, \mathrm{d}r}{a} \left(\sqrt{a^2+r^2+2ar} - \sqrt{a^2+r^2-2ar}\right) \\ &= -\frac{2\pi\, G\rho\, r\, \mathrm{d}r}{a} \left(\sqrt{(a+r)^2} - \sqrt{(a-r)^2}\right) \\ &= -\frac{2\pi\, G\rho\, r\, \mathrm{d}r}{a} (a + r - |a-r|)\end{aligned}$$

Bis hierher spielt es keine Rolle, ob wir den Fall $a > r$ oder $a < r$ betrachten. Um den Betrag aufzulösen, müssen wir die beiden Fälle allerdings unterscheiden.

- Für $a > r$ erhalten wir

$$\mathrm{d}\Phi = -\frac{2\pi\, r\, G\rho\, \mathrm{d}r}{a}(a + r - (a - r)) = -\frac{4\pi\, G\rho\, r^2\, \mathrm{d}r}{a} \,.$$

Das Potenzial einer (nun endlich dicken) Kugelschale mit $R_1 < r < R_2 < a$ ist damit

$$\begin{aligned}\Phi &= \int_{R_1}^{R_2} \mathrm{d}\Phi = -\frac{4\pi\, G\rho}{a} \int_{R_1}^{R_2} r^2\, \mathrm{d}r = -\frac{4\pi\, G\rho}{a} \left.\frac{r^3}{3}\right|_{R_1}^{R_2} \\ &= -\frac{4\pi\, G\rho(R_2^3 - R_1^3)}{3}\, \frac{1}{a} \,.\end{aligned}$$

Das Gravitationspotenzial einer solchen Kugelschale ist (unter der Voraussetzung $a > R_2$) genau das gleiche wie das einer Punktmasse $M := \frac{4\pi\,\rho(R_2^3 - R_1^3)}{3}$,

$$\boldsymbol{F} = -m\,\mathbf{grad}\,\Phi = -G\,\frac{mM}{a^2}\,\boldsymbol{e}_r \,.$$

(Ein Vorzeichen war von Anfang an in der Definition des Potenzials vorhanden, das Gravitation stets anziehend ist. Ein zweites Vorzeichen kommt von der Rückführung der Kraft auf den Gradienten, ein drittes aus der Ableitung $(\frac{1}{a})' = -\frac{1}{a^2}$. Insgesamt erhält man eine anziehende Kraft in Richtung von $-\boldsymbol{e}_r$.)

- Für $a < r$ ergibt sich

$$\mathrm{d}\Phi = -\frac{2\pi\, r\, G\rho\, \mathrm{d}r}{a}\,(a + r - (r - a)) = -4\pi\, G\rho\, r\, \mathrm{d}r\,.$$

Eine endlich dicke Kugelschale mit $a < R_1 < r < R_2$ hat das Potenzial

$$\Phi = \int_{R_1}^{R_2} \mathrm{d}\Phi = -4\pi\, G\rho \int_{R_1}^{R_2} r\, \mathrm{d}r$$
$$= -2\pi\, G\rho\, r^2\Big|_{R_1}^{R_2} = -2\pi\, G\rho\,(R_2^2 - R_2^2)\,.$$

Dieses Potenzial ist von a, ϕ und ϑ unabhängig, damit verschwindet der Gradient und es wird keine Kraft auf eine Probemasse ausgeübt, $\boldsymbol{F} = \boldsymbol{0}$.

Unser Ausdruck für $\mathrm{d}\Phi$ ist an $r = a$ stetig, wir können also stets die beiden Bereiche $r > a$ und $r < a$ getrennt betrachten.

Die wesentlichen Aspekte unseres Ergebnisse gelten (wie man leicht überprüfen kann) sogar für jede sphärische Massenverteilung, d. h. jede Dichte $\rho = \rho(r)$: Alle Masse mit $r < a$ wirkt wie eine im Ursprung konzentrierte Punktmasse, alle Masse mit $r > a$ übt keine Kraft aus.

Für den Fall durch den Tunnel erhält man aus der Newton'schen Bewegungsgleichung für Bewegung in radialer Richtung

$$m\,\frac{\mathrm{d}^2 a}{\mathrm{d}t^2} = F(a) = -mG\,\frac{4\pi\,\rho\, a^3}{3}\,\frac{1}{a^2} = -mG\,\frac{4\pi\,\rho}{3}\,a\,.$$

Das ist die Gleichung des ungedämpften harmonischen Oszillators, eine einfache Schwingungsgleichung

$$\frac{\mathrm{d}^2 a}{\mathrm{d}t^2} + G\,\frac{4\pi\,\rho}{3}\,a\; = 0\,.$$

mit Frequenz $\omega = \sqrt{G\,\frac{4\pi\,\rho}{3}}$. (Dass der hier verwendete Ausdruck für die Kraft nur für $a \leq R_{\mathrm{Erde}}$ gilt, ist kein Problem, da ein mit Anfangsgeschindigkeit $v_0 = 0$ losgeslassener Körper aus Gründen der Energieerhaltung immer im Bereich $|a| \leq R_{\mathrm{Erde}}$ verbleibt.)

Kapitel 28

Aufgaben

Verständnisfragen

28.1 • Geben Sie bei den folgenden linearen Systemen den Typ des kritischen Punktes $(0,0)^{\mathrm{T}}$ an. Welche Stabilitätseigenschaften liegen vor?

(a) $\boldsymbol{x}'(t) = \begin{pmatrix} 1 & -2 \\ -1 & 0 \end{pmatrix} \boldsymbol{x}(t)$,

(b) $\boldsymbol{x}'(t) = \frac{1}{3}\begin{pmatrix} 4 & -5 \\ 2 & 2 \end{pmatrix} \boldsymbol{x}(t)$,

(c) $\boldsymbol{x}'(t) = \frac{1}{3}\begin{pmatrix} -4 & -1 \\ 1 & -2 \end{pmatrix} \boldsymbol{x}(t)$,

(d) $\boldsymbol{x}'(t) = \begin{pmatrix} 4 & -10 \\ 2 & -4 \end{pmatrix} \boldsymbol{x}(t)$.

28.2 •• Für $(x, y)^{\mathrm{T}}$ aus dem Rechteck

$$R = \{(x, y) \mid |x| < 10, \quad |y-1| < b\}$$

ist die Funktion f definiert durch

$$f(x, y) = 1 + y^2.$$

(a) Geben Sie mit dem Satz von Picard-Lindelöf ein Intervall $[-\alpha, \alpha]$ an, auf dem das Anfangswertproblem

$$y'(x) = f(x, y(x)), \quad y(0) = 1,$$

genau eine Lösung auf $(-\alpha, \alpha)$ besitzt.

(b) Wie muss man die Zahl b wählen, damit die Intervalllänge 2α aus (a) größtmöglich wird?

(c) Berechnen Sie die Lösung des Anfangswertproblems. Auf welchem Intervall existiert die Lösung?

28.3 • Bestimmen Sie die allgemeine Lösung des Systems

$$\boldsymbol{x}'(t) = \boldsymbol{A}\boldsymbol{x}(t) = \begin{pmatrix} -3 & 1 \\ -1 & -1 \end{pmatrix} \boldsymbol{x}(t).$$

Zeigen Sie dazu:

(a) $\lambda = -2$ ist doppelte Nullstelle des charakteristischen Polynoms von $\boldsymbol{A}$ und $\boldsymbol{v}_1 = (1,1)^{\mathrm{T}}$ ist ein zugehöriger Eigenvektor.

(b) Der Ansatz

$$\boldsymbol{x}(t) = \mathrm{e}^{\lambda t}\boldsymbol{v}_2 + t\mathrm{e}^{\lambda t}\boldsymbol{v}_1$$

liefert die Gleichung $(\boldsymbol{A} - \lambda \boldsymbol{E}_2)\boldsymbol{v}_2 = \boldsymbol{v}_1$. Bestimmen Sie eine Lösung $\boldsymbol{v}_2$.

(c) Die Funktionen

$$\boldsymbol{x}_1(t) = \mathrm{e}^{\lambda t}\boldsymbol{v}_1 \quad \text{und} \quad \boldsymbol{x}_2(t) = \mathrm{e}^{\lambda t}\boldsymbol{v}_2 + t\boldsymbol{x}_1(t)$$

bilden ein Fundamentalsystem.

28.4 • Gegeben ist ein Fundamentalsystem $\{\boldsymbol{u}_1, \boldsymbol{u}_2\}$ eines Differenzialgleichungssystems $\boldsymbol{u}'(x) = \boldsymbol{A}(x)\,\boldsymbol{u}(x)$ und $\boldsymbol{v}$ eine weitere Lösung.

Welches ist die Dimension von $\boldsymbol{A}$? Ist auch $\{\boldsymbol{u}_1, \boldsymbol{u}_2, \boldsymbol{v}\}$ bzw. $\{\boldsymbol{u}_1 + \boldsymbol{u}_2, \boldsymbol{u}_1 - \boldsymbol{u}_2\}$ ein Fundamentalsystem?

28.5 •• Bestimmen Sie die Stabilitätsbedingung für das verbesserte Euler-Verfahren (siehe S. 480). Zeigen Sie, dass der Schnitt des Gebiets absoluter Stabilität mit der reellen Achse das Intervall $(-2, 0)$ ist.

28.6 •• Gegeben ist die Differenzialgleichung

$$x^2\, y''(x) - x\, y'(x) + y(x) = 0, \quad x \in (1, A)$$

mit den Randwertvorgaben

$$y'(1) = 1, \quad y(A) = b,$$

wobei $A > 1$ und $b \in \mathbb{R}$ gilt.

Kapitel 28

T. Arens et al., *Arbeitsbuch Mathematik*, https://doi.org/10.1007/978-3-662-64391-4_27

Bestimmen Sie ein Fundamentalsystem der Differenzialgleichung. Für welche A ist das Randwertproblem eindeutig lösbar? Geben Sie für ein A, für das keine eindeutige Lösbarkeit vorliegt, je einen Wert von b an, für den das System keine bzw. unendlich viele Lösungen besitzt.

Rechenaufgaben

28.7 •• Bestimmen Sie alle kritischen Punkte der folgenden Differenzialgleichungssysteme.

(a) $x_1'(t) = x_1(t) + (x_2(t))^2,$
$x_2'(t) = x_1(t) + x_2(t),$

(b) $x_1'(t) = 1 - x_1(t)\,x_2(t),$
$x_2'(t) = (x_1(t))^2 - (x_2(t))^3.$

Was können Sie ohne weitere Betrachtungen über die Stabilität der Punkte aussagen?

28.8 • Berechnen Sie die ersten drei sukzessiven Iterationen zu dem Anfangswertproblem

$$u'(x) = x - (u(x))^2, \quad x \in \mathbb{R}, \quad u(0) = 1.$$

28.9 •• Lösen Sie das Anfangswertproblem

$$\boldsymbol{u}'(x) = \begin{pmatrix} 1 & 0 & 0 \\ 0 & 1 & -1 \\ 0 & 1 & 1 \end{pmatrix} \boldsymbol{u}(x), \quad \boldsymbol{u}(0) = \begin{pmatrix} 1 \\ 1 \\ 1 \end{pmatrix}.$$

28.10 •• Bestimmen Sie für die Differenzialgleichung

$$x^2 y''(x) - \frac{3}{2} x\, y'(x) + y(x) = x^3$$

(a) zunächst die allgemeine Lösung der zugehörigen homogenen linearen Differenzialgleichung durch Reduktion der Ordnung. Nutzen Sie, dass $y_1(x) = x^2$ die homogene Differenzialgleichung löst.
(b) Bestimmen Sie dann eine partikuläre Lösung und die allgemeine Lösung der inhomogenen Differenzialgleichung durch Variation der Konstanten.
(c) Geben Sie die Lösung des Anfangswertproblems mit

$$y(1) = \frac{17}{5} \quad \text{und} \quad y'(1) = \frac{21}{5}$$

an.

28.11 • Das Differenzialgleichungssystem erster Ordnung

$$\boldsymbol{y}'(x) = \begin{pmatrix} 0 & 1 \\ 2/x^2 & 0 \end{pmatrix} \boldsymbol{y}(x) + \begin{pmatrix} 0 \\ 1/x \end{pmatrix}, \quad x > 0,$$

besitzt das Fudamentalsystem $\{\boldsymbol{y}_1, \boldsymbol{y}_2\}$ mit

$$\boldsymbol{y}_1(x) = \begin{pmatrix} x^2 \\ 2x \end{pmatrix}, \quad \boldsymbol{y}_2(x) = \begin{pmatrix} 1/x \\ -1/x^2 \end{pmatrix}, \quad x > 0.$$

Bestimmen Sie eine partikuläre Lösung $\boldsymbol{y}_p$ durch den Ansatz

$$\boldsymbol{y}_p(x) = c_1(x)\,\boldsymbol{y}_1(x) + c_2(x)\,\boldsymbol{y}_2(x).$$

Anwendungsprobleme

28.12 ••• Zwei Populationen x, y mit $0 \leq x, y \leq 1$ stehen in Konkurrenz um eine für beide lebenswichtige Ressource. Die zeitliche Veränderung der Populationen wird durch das folgende Differenzialgleichungssystem beschrieben:

$$\begin{aligned} x'(t) &= x(t)\left(1 - x(t) - \frac{1}{2}y(t)\right) \\ y'(t) &= y(t)\left(\frac{1}{2} - \frac{1}{2}y(t) - \frac{1}{3}x(t)\right) \end{aligned}$$

(a) Überlegen Sie sich, welchen Einfluss die einzelnen Koeffizienten im System beschreiben. Stellen Sie dazu zunächst fest, um was für ein Modell es sich handelt, wenn eine der beiden Populationen nicht vorhanden ist.
(b) Können beide Populationen koexistieren, oder muss eine davon aussterben?

28.13 •• Die Verteilung und der Abbau von Alkohol im menschlichen Körper kann durch das folgende einfache Modell beschrieben werden. Mit $B(t)$ bezeichnet man die Menge an Alkohol im Blut zum Zeitpunkt t, mit $G(t)$ die Menge an Alkohol im Gewebe. Der Austausch des Alkohols zwischen Blut und Gewebe sowie die Ausscheidung werden durch das Differenzialgleichungssystem

$$\begin{aligned} B'(t) &= -\alpha B(t) - \beta B(t) + \gamma G(t) \\ G'(t) &= \beta B(t) - \gamma G(t) \end{aligned}$$

beschrieben. Dabei beschreibt der Koeffizient α die Geschwindigkeit der Ausscheidung aus dem Körper, der Koeffizient β die Geschwindigkeit des Übergangs vom Blut ins Gewebe und der Koeffizient γ die des Übergangs vom Gewebe ins Blut.

Geben Sie das Verhalten des Alkoholgehalts qualitativ an. Was ist bei der numerischen Lösung des Systems zu beachten?

28.14 •• Das Anfangswertproblem

$$x'(t) = A\,x(t) = \begin{pmatrix} -60 & 20 \\ 118 & -41 \end{pmatrix} x(t), \quad t > 0,$$

mit $x(0) = (1,1)^T$ soll einmal mit dem Euler-Verfahren

$$x_{k+1} = x_k + h\,A\,x_k, \quad k = 1, 2, \ldots$$

und mit dem Rückwärts-Euler-Verfahren

$$x_{k+1} = x_k + h\,A\,x_{k+1}, \quad k = 1, 2, \ldots$$

und der Schrittweite $h = 0.1$ gelöst werden. Führen Sie für beide Verfahren jeweils die ersten 5 Schritte durch. Verwenden Sie dazu nach Möglichkeit einen Computer, da die auftretenden Rechnungen unhandlich sind. Welche Schlussfolgerungen ziehen Sie?

28.15 ••• Zu lösen ist das Randwertproblem

$$\begin{aligned} x u''(x) + u'(x) - u(x) &= x^2, \\ u(0) = 0, \quad u(1) &= 0. \end{aligned}$$

Formulieren Sie das Randwertproblem als Variationsgleichung. Stellen Sie außerdem das lineare Gleichungssystem auf, das bei der Methode der finiten Elemente mit 4 Hutfunktionen gelöst werden muss.

28.16 • Verwenden Sie den numerischen Löser `ode45`, um das Anfangswertproblem

$$\begin{aligned} &u''(x) + 2x\,u'(x) - u(x) = (1 + x + x^2)\,e^x\,, \quad x \in [0,1]\,, \\ &u(0) = 0\,, \quad u'(0) = \frac{1}{2}\,, \end{aligned}$$

aus dem Beispiel von S. 502 numerisch zu lösen.

Hinweise

Verständnisfragen

28.1 • Bestimmen Sie jeweils die Eigenwerte der Matrix und konsultieren Sie die Übersicht auf S. 1043.

28.2 •• Bestimmen Sie das Maximum von f auf R und verwenden Sie die Aussage des Satzes von Picard-Lindelöf. Die Differenzialgleichung kann durch Separation gelöst werden.

28.3 • Für (a) und (b) muss nur lineare Algebra verwendet werden. Stellen Sie für (c) die Wronski-Determinante auf.

28.4 • Wie viele Elemente hat ein Fundamentalsystem eines $n \times n$-Differenzialgleichungssystems?

28.5 •• Wenden Sie das verbesserte Euler-Verfahren auf die Testprobleme für Stabilitätsuntersuchungen an.

28.6 •• Es ist eine Euler'sche Differenzialgleichung, deren Fundamentalsystem durch den Ansatz $y(x) = x^\lambda$ bestimmt werden kann. Versuchen Sie, die Randwerte durch eine Linearkombination der Funktionen des Fundamentalsystems zu erfüllen.

Rechenaufgaben

28.7 •• Die kritischen Punkte bestimmen Sie durch Lösen der Gleichung $x' = \mathbf{0}$. Für die Stabilität des kritischen Punkts z müssen Sie die Eigenwerte von $F'(z)$ bestimmen, wobei F die Funktion ist, die das System beschreibt.

28.8 • Formulieren Sie das Anfangswertproblem als Integralgleichung und leiten Sie daraus eine Fixpunktgleichung her.

28.9 •• Verwenden Sie den Exponentialansatz $u(x) = v\,\exp(\lambda x)$ mit Eigenwert λ und Eigenvektor v.

28.10 •• Wählen Sie bei der Variation der Konstanten Forderungen so, dass keine zweiten oder noch höheren Ableitungen der freien Funktionen auftreten.

28.11 • Leiten Sie den Ansatz ab und setzen Sie ihn in das Differenzialgleichungssystem ein. Sie erhalten ein lineares Gleichungssystem für die Ableitungen der c_j, $j = 1, 2$.

Anwendungsprobleme

28.12 ••• Bestimmen Sie kritische Punkte des Differenzialgleichungssystems. Welche davon sind stabil? Interpretieren Sie auf dieser Grundlage das Verhalten der Trajektorien.

28.13 •• Bestimmen Sie die allgemeine Lösung des Systems durch einen Exponentialansatz. Überlegen Sie sich die Vorzeichen der Eigenwerte der zugehörigen Matrix.

28.14 •• Lösen Sie die Gleichung des Rückwärts-Euler-Verfahrens nach x_{k+1} auf.

28.15 ••• Nutzen Sie $xu''(x) + u'(x) = (xu'(x))'$ und verwenden Sie partielle Integration zur Herleitung der Variationsgleichung. Schreiben Sie die Hutfunktionen explizit auf und bestimmen damit die Koeffizienten im Gleichungssystem.

28.16 • Sie müssen das Problem als ein Anfangswertproblem für ein System von Differenzialgleichungen erster Ordnung $\boldsymbol{y}'(x) = \boldsymbol{f}(x, \boldsymbol{y}(x))$ umformulieren. Die rechte Seite dieses Systems können Sie dann in MATLAB® als Funktion `function w = f(x,v)` realisieren. Hierbei ist x skalar und v, w sind Spaltenvektoren der Länge 2.

Lösungen

Verständnisfragen

28.1 • (a) Instabiler Sattelpunkt, (b) instabiler Spiralpunkt, (c) asymptotisch stabiler uneigentlicher Knoten, (d) stabiles Zentrum.

28.2 •• (a) $\alpha = b/(1 + (1 + b)^2)$, (b) Maximum für $b = \sqrt{2}$, (c) $y(x) = \tan(x + \pi/4)$ für $x \in (-3\pi/4, \pi/4)$.

28.3 • (a), (c) siehe ausführlicher Lösungsweg, (b) $\boldsymbol{v}_2 = (0, 1)^\top$.

28.4 • Die Dimension der Matrix ist 2. $\{\boldsymbol{u}_1, \boldsymbol{u}_2, \boldsymbol{v}\}$ ist kein Fundamentalsystem, $\{\boldsymbol{u}_1 + \boldsymbol{u}_2, \boldsymbol{u}_1 - \boldsymbol{u}_2\}$ ist ein Fundamentalsystem.

28.5 •• Die Stabilitätsbedingung lautet

$$\left|1 + h\lambda + \frac{(h\lambda)^2}{2}\right| < 1.$$

28.6 •• Ein Fundamentalsystem ist durch $\{x,\ x \ln x\}$ gegeben. Für $A \neq \mathrm{e}$ ist das Randwertproblem eindeutig lösbar. Für $A = b = \mathrm{e}$ gibt es unendlich viele Lösungen, ansonsten ist das Randwertproblem unlösbar.

Rechenaufgaben

28.7 •• (a) Kritische Punkte $\boldsymbol{z}_1 = (0, 0)^\top$ und $\boldsymbol{z}_2 = (-1, 1)^\top$. Beide sind instabil. (b) Kritischer Punkt ist $\boldsymbol{z} = (1, 1)^\top$, der asymptotisch stabil ist.

28.8 • Die Iterierten sind

$$\begin{aligned} u_1(x) &= 1 - x + \frac{x^2}{2}, \\ u_2(x) &= 1 - x + \frac{3}{2}x^2 - \frac{2}{3}x^3 + \frac{1}{4}x^4 - \frac{1}{20}x^5, \\ u_3(x) &= 1 - x + \frac{3}{2}x^2 - \frac{4}{3}x^3 + \frac{13}{12}x^4 - \frac{49}{60}x^5 \\ &\quad + \frac{13}{30}x^6 - \frac{233}{1260}x^7 + \frac{29}{480}x^8 - \frac{31}{2160}x^9 \\ &\quad + \frac{1}{400}x^{10} - \frac{1}{4400}x^{11}. \end{aligned}$$

28.9 •• $\boldsymbol{u}(x) = \mathrm{e}^x\,(1, \cos x - \sin x, \cos x + \sin x)^\top,\ x \in \mathbb{R}$.

28.10 •• (a) $y_\mathrm{h}(x) = c_1\, x^2 + x_2\,\sqrt{x}$ für $x > 0$, (b) $y(x) = \frac{2}{5}\,x^3 + c_1\,x^2 + c_2\,\sqrt{x}$, $x > 0$, (c) $c_1 = 1$ und $c_2 = 2$.

28.11 • $\boldsymbol{y}_p(x) = (-x/2, -1/2)^\top,\ x > 0$.

Anwendungsprobleme

28.12 ••• (a) Siehe ausführlichen Lösungsweg, (b) ja, asymptotisch nehmen die Populationen den Wert $(x, y)^\top = (3/4, 1/2)^\top$ an.

28.13 •• Die Lösung ist

$$\begin{aligned} B(t) &= c_1\,(\gamma + \lambda_1)\,\mathrm{e}^{\lambda_1 t} + c_2\,(\gamma + \lambda_2)\,\mathrm{e}^{\lambda_2 t}, \\ G(t) &= c_1\,\beta\,\mathrm{e}^{\lambda_1 t} + c_2\,\beta\,\mathrm{e}^{\lambda_2 t} \end{aligned}$$

für $t > 0$ mit zwei Konstanten $c_1, c_2 \in \mathbb{R}$.

28.14 •• Siehe ausführlichen Lösungsweg.

28.15 ••• Das Gleichungssystem ist

$$\frac{1}{15}\begin{pmatrix} 32 & -22 & 0 & 0 \\ -22 & 62 & -37 & 0 \\ 0 & -37 & 92 & -52 \\ 0 & 0 & -53 & 122 \end{pmatrix}\begin{pmatrix} c_1 \\ c_2 \\ c_3 \\ c_4 \end{pmatrix} = \frac{1}{750}\begin{pmatrix} 7 \\ 25 \\ 55 \\ 97 \end{pmatrix},$$

wobei die c_j die Koeffizienten der entsprechenden Hutfunktion sind.

28.16 • –

Lösungswege

Verständnisfragen

28.1 • (a) Das charakteristische Polynom ist

$$p(\lambda) = (\lambda - 1)\,\lambda - 2 = (\lambda + 1)(\lambda - 2).$$

Es gibt zwei reelle Eigenwerte mit unterschiedlichen Vorzeichen. Es handelt sich um einen Sattelpunkt, der stets instabil ist.

(b) Das charakteristische Polynom ist (bis auf einen Faktor 1/9)

$$\begin{aligned} p(\lambda) &= (3\lambda - 4)(3\lambda - 2) + 10 = (3\lambda - 3)^2 + 9 \\ &= (3\lambda - 3 - 3\mathrm{i})(3\lambda - 3 + 3\mathrm{i}). \end{aligned}$$

Es liegen die konjugiert komplexen Eigenwerte $1 \pm \mathrm{i}$ vor, daher handelt es sich um einen Spiralpunkt. Da der Realteil der Eigenwerte positiv ist, laufen die Trajektorien aus dem kritischen Punkt heraus. Der kritische Punkt ist instabil.

(c) Das charakteristische Polynom lautet (bis auf einen Faktor 1/9)

$$p(\lambda) = (3\lambda + 4)(3\lambda + 2) + 1 = (3\lambda + 3)^2.$$

Wir haben den einzigen Eigenwert $\lambda = -1$. Wir bestimmen den zugehörigen Eigenraum durch Lösen des homogenen linearen Gleichungssystems

$$\left[\begin{pmatrix} -4 & -1 \\ 1 & -2 \end{pmatrix} + 3\boldsymbol{E}_2\right]\boldsymbol{v} = \boldsymbol{0}.$$

Wir erhalten die Lösung $\boldsymbol{v} = t\,(1, -1)^\top$, $t \in \mathbb{R}$. Der Eigenraum hat also die Dimension 1. Damit liegt ein uneigentlicher Knoten im 2. Fall vor. Da der Eigenwert ein negatives Vorzeichen hat, ist der kritische Punkt asymptotisch stabil.

(d) Das charakteristische Polynom ist

$$p(\lambda) = (\lambda - 4)(\lambda + 4) + 20 = \lambda^2 + 4.$$

Es liegen die komplex konjugierten Eigenwerte $\pm 2\mathrm{i}$ vor. Da der Realteil der Eigenwerte null ist, handelt es sich um ein Zentrum. Der Punkt ist stabil, aber nicht asymptotisch stabil.

28.2 •• (a) Da für $(x, y)^\top \in R$ gilt $y \in (1 - b, 1 + b)$ mit $b > 0$, so folgt

$$|f(x, y)| = 1 + y^2 \le 1 + (1 + b)^2.$$

Damit ist die Konstante M aus dem Satz von Picard-Lindelöf gleich $1 + (1 + b)^2$. Mit $a = 10$ folgt damit

$$\begin{aligned} \alpha &= \min\left\{10, \frac{b}{M}\right\} = \min\left\{10, \frac{b}{1 + (1 + b)^2}\right\} \\ &= \frac{b}{1 + (1 + b)^2}, \end{aligned}$$

denn $1 + (1 + b)^2 > b$.

(b) Wir bestimmen das Maximum von α als Funktion von b.

$$\alpha'(b) = \frac{b^2 + 2b + 2 - b(2b + 2)}{(b^2 + 2b + 2)^2} = \frac{2 - b^2}{(b^2 + 2b + 2)^2}.$$

Daher nimmt α für $b = \sqrt{2}$ ein Extremum an. Es ist

$$\alpha(\sqrt{2}) = \frac{\sqrt{2}}{4 + 2\sqrt{2}} > 0.$$

Da $\alpha(0) = 0$ und $\lim\limits_{b \to \infty} \alpha(b) = 0$, handelt es sich um ein Maximum.

(c) Durch Separation erhalten wir aus der Differenzialgleichung

$$\int \frac{1}{1 + y^2}\,\mathrm{d}y = x + C.$$

Damit ergibt sich die allgemeine Lösung

$$y(x) = \tan(x + C).$$

Durch Einsetzen der Anfangswerte folgt

$$y(x) = \tan\left(x + \frac{\pi}{4}\right).$$

Diese Funktion existiert auf dem Intervall $(-3\pi/4, \pi/4)$. In Dezimaldarstellung ist $\alpha(\sqrt{2}) \approx 0.207\,1$ und $\pi/4 \approx 0.785\,4$.

28.3 • (a) Das charakteristische Polynom ergibt sich als

$$\det(\boldsymbol{A} - \lambda\boldsymbol{E}_2) = (-3 - \lambda)(-1 - \lambda) + 1 = (\lambda + 2)^2.$$

Damit ist -2 eine doppelte Nullstelle.

Das Lösen des LGS

$$\boldsymbol{0} = (\boldsymbol{A} + 2\boldsymbol{E}_2)\boldsymbol{v} = \begin{pmatrix} -1 & 1 \\ -1 & 1 \end{pmatrix}\boldsymbol{v}$$

liefert den Eigenvektor $\boldsymbol{v}_1 = (1, 1)^\top$.

(b) Aus der Forderung

$$\begin{aligned} \boldsymbol{x}'(t) &= \lambda e^{\lambda t}\boldsymbol{v}_2 + e^{\lambda t}\boldsymbol{v}_1 + t\lambda e^{\lambda t}\boldsymbol{v}_1 \\ &\overset{!}{=} \boldsymbol{A}\boldsymbol{x}(t) = e^{\lambda t}\boldsymbol{A}\boldsymbol{v}_2 + te^{\lambda t}\boldsymbol{A}\boldsymbol{v}_1 \end{aligned}$$

ergibt sich wegen $\boldsymbol{A}\boldsymbol{v}^1 = \lambda\boldsymbol{v}_1$ das LGS

$$e^{\lambda t}\boldsymbol{v}_1 = e^{\lambda t}\boldsymbol{A}\boldsymbol{v}_2 - \lambda e^{\lambda t}\boldsymbol{v}_2 = e^{\lambda t}(\boldsymbol{A} - \lambda\boldsymbol{E}_2)\,\boldsymbol{v}^2.$$

Lösen dieses LGS liefert zum Beispiel den Vektor $\boldsymbol{v}_2 = (0, 1)^\top$.

(c) Die Wronski-Determinante von $\boldsymbol{x}_1, \boldsymbol{x}_2$ ist an der Stelle null von null verschieden,

$$W(0) = \det((\boldsymbol{v}_1, \boldsymbol{v}_2)) = 1.$$

Daher bilden diese beiden Lösungen ein Fundamentalsystem.

28.4 • Es handelt sich um ein lineares homogenes System. Der Vektorraum der Lösungen hat die Dimension n, wenn $\boldsymbol{A}(\boldsymbol{x})$ eine $n \times n$-Matrix ist. Nach Voraussetzung ist $\{\boldsymbol{u}_1, \boldsymbol{u}_2\}$ ein Fundamentalsystem, d. h. eine Basis des Lösungsraumes. Daher ist $n = 2$.

Die drei Vektoren $\boldsymbol{u}_1, \boldsymbol{u}_2, \boldsymbol{v}$ des 2-dimensionalen Lösungsraumes sind stets linear abhängig, können also keine Basis und daher auch kein Fundamentalsystem sein.

Man rechnet leicht nach, dass die beiden Elemente $\boldsymbol{u}_1 + \boldsymbol{u}_2$ und $\boldsymbol{u}^1 - \boldsymbol{u}^2$ des Lösungsraumes linear unabhängig sind und daher ebenfalls ein Fundamentalsystem bilden.

28.5 •• Das verbesserte Euler-Verfahren ist durch die Gleichungen

$$\begin{aligned} k_{j+1}^{(1)} &= f(x_j, y_j), \\ k_{j+1}^{(2)} &= f(x_{j+1}, y_j + hk_{j+1}^{(1)}), \\ y_{j+1} &= y_j + \frac{h}{2}(k_{j+1}^{(1)} + k_{j+1}^{(2)}) \end{aligned}$$

gegeben. Wir wenden dieses Verfahren auf das Testproblem

$$y'(x) = \lambda\, y(x), \quad y(0) = 1$$

explizit an. Dann ergibt sich

$$\begin{aligned} k_1^{(1)} &= f(0,1) = \lambda, \\ k_1^{(2)} &= f(x_1, 1 + h\,k_1^{(1)}) = f(h, 1 + h\lambda) = \lambda\,(1 + h\lambda), \\ y_1 &= 1 + \frac{h}{2}\,(\lambda + \lambda\,(1 + h\lambda)) = 1 + h\lambda + \frac{(h\lambda)^2}{2}. \end{aligned}$$

Damit ist die Stabilitätsbedingung

$$\left| 1 + h\lambda + \frac{(h\lambda)^2}{2} \right| < 1.$$

Wir setzen nun $\mu = h\lambda$. Es ist

$$1 + \mu + \frac{\mu^2}{2} = \frac{1}{2}\left[(\mu + 1)^2 + 1\right].$$

Die Stabilitätsbedingung ist daher für $\mu \in \mathbb{R}$ äquivalent zu

$$(\mu + 1)^2 < 1.$$

Die Lösungsmenge dieser Ungleichung ist das Intervall $(-2, 0)$.

28.6 •• Es handelt sich um eine Euler'sche Differenzialgleichung. Der Ansatz $y(x) = x^\lambda$ führt auf die Gleichung

$$0 = \lambda\,(\lambda - 1) - \lambda + 1 = \lambda^2 - 2\lambda + 1 = (\lambda - 1)^2.$$

Ein Fundamentalsystem ist daher durch

$$\{x,\ x\ \ln x\}$$

gegeben. Die allgemeine Lösung der Differenzialgleichung ist

$$y(x) = c_1\, x + c_2\, x\ \ln x, \quad x > 0,$$

mit Konstanten $c_1, c_2 \in \mathbb{R}$. Die Ableitung der Lösung ist

$$y'(x) = c_1 + c_2\,(1 + \ln x).$$

Aus der Anfangsbedingung $y'(1) = 1$ folgt somit

$$1 = c_1 + c_2\,(1 + 0) = c_1 + c_2.$$

Damit liefert die Bedingung an der Stelle A den Ausdruck

$$b = c_1\, A + (1 - c_1)\, A\ \ln A = A\ \ln A + c_1\, A\,(1 - \ln A).$$

Ist $1 - \ln A \neq 0$, d. h. $A \neq \mathrm{e}$, so können wir diese Gleichung nach c_1 auflösen und erhalten eine eindeutig bestimmte Lösung des Randwertproblems.

Ist $A = \mathrm{e}$, so lautet die Gleichung

$$b = \mathrm{e}\ \ln \mathrm{e} + 0 = \mathrm{e}.$$

Ist $b = \mathrm{e}$, so kann also $c_1 \in \mathbb{R}$ beliebig gewählt werden, es gibt unendlich viele Lösungen. Für $b \neq \mathrm{e}$ gibt es keine Lösung des Randwertproblems.

Rechenaufgaben

28.7 •• (a) Die Forderungen $x_1'(t) = x_2'(t) = 0$ für alle t führt auf die Gleichungen

$$x_1 + x_2^2 = 0, \quad x_1 + x_2 = 0,$$

wobei wir die Abhängigkeit von t unterdrückt haben. Einsetzen der zweiten Gleichung in die erste liefert

$$x_2\,(x_2 - 1) = 0.$$

So erhalten wir die kritischen Punkte $\boldsymbol{z}_1 = (0,0)^\top$ und $\boldsymbol{z}_2 = (-1,1)^\top$.

Die Ableitung der Funktion $\boldsymbol{F}$, die das System beschreibt, ist

$$\boldsymbol{F}'(\boldsymbol{x}) = \begin{pmatrix} 1 & 2x_2 \\ 1 & 1 \end{pmatrix}.$$

Daher gilt

$$\boldsymbol{F}'(\boldsymbol{z}_1) = \begin{pmatrix} 1 & 0 \\ 1 & 1 \end{pmatrix}.$$

Diese Matrix besitzt den doppelten Eigenwert 1. Daher ist dieser kritische Punkt instabil.

Kapitel 28

Im anderen kritischen Punkt ist

$$F'(z_2) = \begin{pmatrix} 1 & 2 \\ 1 & 1 \end{pmatrix}.$$

Diese Matrix besitzt die Eigenwerte $1 \pm \sqrt{2}$. Ein Eigenwert ist negativ, der andere positiv, es handelt sich also um einen Sattelpunkt, der stets instabil ist.

(b) Die Forderung $x'(t) = 0$ führt auf die Gleichungen

$$1 - x_1 x_2 = 0, \quad x_1^2 - x_2^3 = 0,$$

wobei wir wieder die Abhängigkeit von t weggelassen haben. Die erste Gleichung kann nur für $x_2 \neq 0$ erfüllt sein, es gilt dann $x_1 = 1/x_2$. Damit erhält man aus der zweiten Gleichung $x_2 = 1$. Es gibt daher nur den einzigen kritischen Punkt $z = (1, 1)^\top$.

Die Ableitung der Funktion F ist hier

$$F'(x) = \begin{pmatrix} -x_2 & -x_1 \\ 2x_1 & 3x_2^2 \end{pmatrix}.$$

Daher gilt

$$F'(z) = \begin{pmatrix} -1 & -1 \\ 2 & -3 \end{pmatrix}.$$

Diese Matrix hat die Eigenwerte $-2 \pm \mathrm{i}$. Daher handelt es sich um einen asymptotisch stabilen Spiralpunkt.

28.8 • Durch Integration erhalten wir aus der Differenzialgleichung die Integralgleichung

$$u(x) = 1 + \int_0^x \left[\xi - (u(\xi))^2\right] \mathrm{d}\xi.$$

Wir starten mit der konstanten Funktion $u_0(x) = 1$. Damit ergibt sich

$$u_1(x) = 1 + \int_0^x (\xi - 1)\,\mathrm{d}\xi = 1 - x + \frac{x^2}{2},$$

$$u_2(x) = 1 + \int_0^x \left[\xi - \left(1 - \xi + \frac{\xi^2}{2}\right)^2\right] \mathrm{d}\xi$$

$$= 1 - x + \frac{3}{2}x^2 - \frac{2}{3}x^3 + \frac{1}{4}x^4 - -\frac{1}{20}x^5,$$

$$u_3(x) = 1 + \int_0^x \left(\xi - (u_2(\xi))^2\right) \mathrm{d}\xi$$

$$= 1 - x + \frac{3}{2}x^2 - \frac{4}{3}x^3 + \frac{13}{12}x^4 - \frac{49}{60}x^5$$
$$+ \frac{13}{30}x^6 - \frac{233}{1260}x^7 + \frac{29}{480}x^8 - \frac{31}{2160}x^9$$
$$+ \frac{1}{400}x^{10} - \frac{1}{4400}x^{11}.$$

28.9 •• Zunächst muss das charakteristische Polynom bestimmt werden:

$$p(\lambda) = \det \begin{pmatrix} 1-\lambda & 0 & 0 \\ 0 & 1-\lambda & -1 \\ 0 & 1 & 1-\lambda \end{pmatrix}$$
$$= (1-\lambda)\left((1-\lambda)^2 + 1\right)$$
$$= (1-\lambda)(\lambda - 1 - \mathrm{i})(\lambda - 1 + \mathrm{i})$$

Also gibt es die Eigenwerte $\lambda_1 = 1$ und $\lambda_{2,3} = 1 \pm \mathrm{i}$.

Aus den linearen Gleichungssystemen $(A - \lambda_j E_3)\, v = O$, erhalten wir die Eigenvektoren

$$v_1 = (1, 0, 0)^\top \quad \text{zu } \lambda_1 = 1,$$
$$v_2 = (0, \mathrm{i}, 1)^\top \quad \text{zu } \lambda_2 = 1 + \mathrm{i},$$
$$v_3 = (0, -\mathrm{i}, 1)^\top \quad \text{zu } \lambda_2 = 1 - \mathrm{i}.$$

Die allgemeine komplexwertige Lösung der Differenzialgleichung ist demnach

$$u(x) = c_1 \begin{pmatrix} 1 \\ 0 \\ 0 \end{pmatrix} \mathrm{e}^x + c_2 \begin{pmatrix} 0 \\ \mathrm{i} \\ 1 \end{pmatrix} \mathrm{e}^{(1+\mathrm{i})x} + c_3 \begin{pmatrix} 0 \\ -\mathrm{i} \\ 1 \end{pmatrix} \mathrm{e}^{(-\mathrm{i})x}$$

für $x \in \mathbb{R}$ mit Konstanten $c_1, c_2, c_3 \in \mathbb{C}$. Um diese Konstanten zu bestimmen, setzen wir die Anfangswerte in die allgemeine Lösung ein und erhalten dass lineare Gleichungssystem

$$\begin{pmatrix} 1 & 0 & 0 \\ 0 & \mathrm{i} & -\mathrm{i} \\ 0 & 1 & 1 \end{pmatrix} \begin{pmatrix} c_1 \\ c_2 \\ c_3 \end{pmatrix} = \begin{pmatrix} 1 \\ 1 \\ 1 \end{pmatrix}.$$

Durch Anwendung des Gauß'schen Lösungsverfahrens bekommen wir die Lösung $c_1 = 1$, $c_2 = (1-\mathrm{i})/2$ und $c_3 = (1+\mathrm{i})/2$. Insgesamt ergibt sich dadurch die Lösung

$$u(x) = \frac{1}{2} \begin{pmatrix} 2\,\mathrm{e}^x \\ (\mathrm{i}+1)\mathrm{e}^{(1+\mathrm{i})x} - (\mathrm{i}-1)\mathrm{e}^{(1-\mathrm{i})x} \\ (1-\mathrm{i})\mathrm{e}^{(1+\mathrm{i})x} + (1+\mathrm{i})\mathrm{e}^{(1-\mathrm{i})x} \end{pmatrix}$$
$$= \mathrm{e}^x \begin{pmatrix} 1 \\ \cos x - \sin x \\ \cos x + \sin x \end{pmatrix}, \quad x \in \mathbb{R}.$$

28.10 ••

(a) Mit dem Ansatz zur Reduktion der Ordnung

$$y(x) = z(x) y_1(x) = x^2 z(x)$$

ist

$$y'(x) = z'(x)y_1(x) + z(x)y_1'(x) = x^2 z'(x) + 2x\, z(x),$$
$$y''(x) = z''(x)y_1(x) + 2z'(x)y_1'(x) + z(x)y_1''(x)$$
$$= x^2 z''(x) + 4x\, z'(x) + 2\, z(x).$$

Dies setzen wir in die homogene Differenzialgleichung ein:

$$\begin{aligned} 0 &= x^2\,(x^2\,z''(x) + 4x\,z'(x) + 2\,z(x)) \\ &\quad - \frac{3}{2}x\,(x^2\,z'(x) + 2x\,z(x)) + x^2\,z(x) \\ &= x^4\,z''(x) + \frac{5}{2}x^3\,z'(x) \end{aligned}$$

Somit erhalten wir die Differenzialgleichung

$$x\,z''(x) = -\frac{5}{2}\,z'(x),$$

die die Lösung $z'(x) = (-3/2)\,x^{-5/2}$ besitzt. Also folgt

$$y(x) = x^2\,z(x) = x^2\,x^{-3/2} = \sqrt{x}$$

für $x > 0$.
Die allgemeine Lösung der zugehörigen homogenen Differenzialgleichung ist also

$$y_{\text{h}}(x) = c_1\,x^2 + x_2\,\sqrt{x}, \quad x > 0.$$

(b) Mit dem Ansatz *Variation der Konstanten* ist

$$y_{\text{p}}(x) = C(x)\,x^2 + D(x)\,\sqrt{x}.$$

Ableiten liefert

$$y_{\text{p}}'(x) = C'(x)x^2 + D'(x)\sqrt{x} + 2C(x)x + \frac{1}{2}D(x)x^{-1/2}.$$

Wir fordern nun

$$C'(x)\,x^2 + D'(x)\,\sqrt{x} = 0,$$

und erhalten dann die zweite Ableitung

$$y_{\text{p}}''(x) = 2C'(x)x + \frac{1}{2}D'(x)x^{-1/2} + 2C(x) - \frac{1}{4}D(x)x^{-3/2}.$$

Setzen wir diese Ausdrücke in die Differenzialgleichung ein, so ergibt sich nach einiger Rechnung die zweite Forderung

$$x^3 = 2x^3C'(x) + \frac{1}{2}\,x^{3/2}\,D'(x).$$

Insgesamt ist somit das lineare Gleichungssystem

$$\begin{pmatrix} x^2 & x^{1/2} \\ 2x^3 & \frac{1}{2}x^{3/2} \end{pmatrix} \begin{pmatrix} C'(x) \\ D'(x) \end{pmatrix} = \begin{pmatrix} 0 \\ x^3 \end{pmatrix}$$

zu lösen. Wir erhalten

$$C'(x) = \frac{2}{3} \quad \text{und} \quad D'(x) = -\frac{2}{3}\,x^{3/2}.$$

Somit ist

$$C(x) = \frac{2}{3}\,x \quad \text{und} \quad D(x) = -\frac{4}{15}\,x^{5/2},$$

und dies liefert die partikuläre Lösung

$$y_{\text{p}}(x) = \frac{2}{3}\,x^2 - \frac{4}{15}\,x^3 = \frac{2}{5}\,x^3.$$

Die allgemeine Lösung der Differenzialgleichung ist also

$$y(x) = \frac{2}{5}\,x^3 + c_1\,x^2 + c_2\,\sqrt{x}, \quad x > 0.$$

(c) Die Ableitung der allgemeinen Lösung ist

$$y'(x) = \frac{6}{5}\,x^2 + 2c_1\,x + \frac{c_2}{2\,\sqrt{x}}.$$

Durch Einsetzen der Anfangswerte erhalten wir das lineare Gleichungssystem

$$\begin{pmatrix} 1 & 1 \\ 4 & 1 \end{pmatrix} \begin{pmatrix} c_1 \\ c_2 \end{pmatrix} = \begin{pmatrix} 3 \\ 6 \end{pmatrix}$$

mit der Lösung $c_1 = 1$ und $c_2 = 2$.
Somit haben wir die Lösung des Anfangswertproblems gefunden,

$$y(x) = \frac{2}{5}\,x^3 + x^2 + 2\sqrt{x}, \quad x > 0.$$

28.11 Den Ansatz abzuleiten ergibt

$$\begin{aligned} \boldsymbol{y}_p'(x) &= c_1(x)\begin{pmatrix} 2x \\ 2 \end{pmatrix} + c_2(x)\begin{pmatrix} -1/x^2 \\ 2/x^3 \end{pmatrix} \\ &\quad + c_1'(x)\begin{pmatrix} x^2 \\ 2x \end{pmatrix} + c_2'(x)\begin{pmatrix} 1/x \\ -1/x^2 \end{pmatrix}. \end{aligned}$$

In die Differenzialgleichung eingesetzt erhalten wir das LGS

$$c_1'(x)\begin{pmatrix} x^2 \\ 2x \end{pmatrix} + c_2'(x)\begin{pmatrix} 1/x \\ -1/x^2 \end{pmatrix} = \begin{pmatrix} 1/x \\ -1/x^2 \end{pmatrix}.$$

Die Lösung ist $c_1'(x) = 1/(3x^2)$, $c_2'(x) = -x/3$. Integration liefert

$$c_1(x) = -\frac{1}{3x}, \quad c_2(x) = -\frac{x^2}{6}.$$

Somit ist

$$\begin{aligned} \boldsymbol{y}_p(x) &= -\frac{1}{3x}\begin{pmatrix} x^2 \\ 2x \end{pmatrix} - \frac{x^2}{6}\begin{pmatrix} 1/x \\ -1/x^2 \end{pmatrix} \\ &= \begin{pmatrix} -x/3 \\ -2/3 \end{pmatrix} + \begin{pmatrix} -x/6 \\ 1/6 \end{pmatrix} = \begin{pmatrix} -x/2 \\ -1/2 \end{pmatrix} \end{aligned}$$

eine partikuläre Lösung des Differenzialgleichungssystems.

Kommentar Das Differenzialgleichungssystem in dieser Aufgabe entspricht genau der Differenzialgleichung 2. Ordnung, die in der Vertiefung zur Variation der Konstanten auf S. 1060 gelöst wird. Auch die Bedingungen an die c_j, $j = 1, 2$, entsprechen sich. Der in der Lösung dieser Aufgabe beschrittene Weg liefert also eine zweite Begründung für die Bedingungen, die bei der Variation der Konstanten an die c_j gestellt werden. ◄

Anwendungsprobleme

28.12 • (a) Ist eine der Populationen nicht vorhanden (etwa $y = 0$), so liegt für die andere ein logistisches Wachstumsmodell vor,

$$x'(t) = k\, x(t)\,(X - x(t)).$$

Dabei ist k eine Wachstumskonstante und X die Obergrenze für die Population. Für die Population x ist die Wachstumskonstante 1, für die Population y ist sie $1/2$. Die Obergrenze liegt für beide bei 1.

Der zusätzliche Term beschreibt die gegenseitige Beeinflussung der beiden Populationen. Da beide auf dieselbe Ressource zugreifen und dadurch ihr Wachstum gegenseitig behindern, ist der entsprechende Koeffizient negativ.

(b) Um diese Frage zu beantworten, stellen wir zunächst fest, wo kritische Punkte liegen. Das Gleichungssystem

$$x\left(1 - x - \frac{1}{2}y\right) = 0 \quad \text{und} \quad y\left(\frac{1}{2} - \frac{1}{2}y - \frac{1}{3}x\right) = 0$$

hat vier verschiedene Lösungen $\boldsymbol{z} = (x, y)^\top$:

$$\boldsymbol{z}_1 = \begin{pmatrix} 0 \\ 0 \end{pmatrix}, \quad \boldsymbol{z}_2 = \begin{pmatrix} 0 \\ 1 \end{pmatrix},$$

$$\boldsymbol{z}_3 = \begin{pmatrix} 1 \\ 0 \end{pmatrix}, \quad \boldsymbol{z}_4 = \begin{pmatrix} 3/4 \\ 1/2 \end{pmatrix}.$$

In $\boldsymbol{z}_1$ sind beide Populationen ausgestorben, in $\boldsymbol{z}_2$ und $\boldsymbol{z}_3$ ist jeweils eine ausgestorben und in $\boldsymbol{z}_4$ koexistieren beide. Damit ist schon einmal die Frage, ob beide koexistieren können, grundsätzlich mit ja zu beantworten.

Um ein vollständigeres Bild zu erhalten, betrachten wir noch das Stabilitätsverhalten der Lösungen in der Nähe dieser kritischen Punkte. Das Differenzialgleichungssystem wird durch die Funktion $\boldsymbol{F}$ mit

$$\boldsymbol{F}(x, y) = \begin{pmatrix} x - x^2 - \frac{1}{2}xy \\ \frac{1}{2}y - \frac{1}{2}y^2 - \frac{1}{3}xy \end{pmatrix}$$

beschrieben. Deren Ableitung ist

$$\boldsymbol{F}'(x, y) = \begin{pmatrix} 1 - 2x - \frac{1}{2}y & -\frac{1}{2}x \\ -\frac{1}{3}y & \frac{1}{2} - y - \frac{1}{3}x \end{pmatrix}.$$

Für die ersten drei kritischen Punkte gilt

$$F'(\boldsymbol{z}_1) = \begin{pmatrix} 1 & 0 \\ 0 & 1/2 \end{pmatrix},$$

$$F'(\boldsymbol{z}_2) = \begin{pmatrix} -1 & -1/2 \\ 0 & 1/6 \end{pmatrix},$$

$$F'(\boldsymbol{z}_3) = \begin{pmatrix} 1/2 & 0 \\ -1/3 & -1/2 \end{pmatrix}.$$

In allen drei Fällen können die Eigenwerte direkt an der Matrix abgelesen werden. In $\boldsymbol{z}_1$ liegen zwei positive Eigenwerte vor, es handelt sich um einen instabilen Knotenpunkt. In $\boldsymbol{z}_2$ und $\boldsymbol{z}_3$ ist je ein Eigenwert positiv, der andere negativ. Hier liegen Sattelpunkte vor, die ebenfalls instabil sind. Die einzige Trajektorie, die in diese kritischen Punkte hineinführt, ist die Lösung wenn eine der beiden Populationen nicht vorhanden ist.

In $\boldsymbol{z}_4$ schließlich gilt

$$F'(\boldsymbol{z}_4) = \begin{pmatrix} -3/4 & -3/8 \\ -1/6 & -1/4 \end{pmatrix}.$$

Das charakteristische Polynom ist

$$\begin{aligned}\left(\lambda + \frac{3}{4}\right)\left(\lambda + \frac{1}{4}\right) - \frac{1}{16} &= \lambda^2 + \lambda + \frac{1}{8} \\ &= \left(\lambda + \frac{1}{2} - \frac{1}{\sqrt{8}}\right)\left(\lambda + \frac{1}{2} + \frac{1}{\sqrt{8}}\right).\end{aligned}$$

Beide Eigenwerte $(-1/2) \pm (1/\sqrt{8})$ sind negativ, also handelt es sich um einen asymptotisch stabilen Punkt. Zumindest für Ausgangssituationen in einer Umgebung von $\boldsymbol{z}_4$ gilt also, dass beide Populationen koexistieren können. Die Populationen nähern sich dabei den Werten $x_4 = 3/4$ und $y_4 = 1/2$ an.

Allgemeiner kann man sogar zeigen, dass alle Trajektorien außer denjenigen, die in die Sattelpunkte hineinlaufen, den asymptotisch stabilen Punkt $\boldsymbol{z}_4$ als Grenzwert besitzen. Wer mehr zu diesem Modell erfahren möchte, findet im Abschnitt 9.4 des Buches William E. Boyce, Richard C. DiPrima: *Gewöhnliche Differenzialgleichungen.* Spektrum Akademischer Verlag, 2000, einen guten Einstiegspunkt.

28.13 •• In Matrixform stellt sich das Differenzialgleichungssystem dar als

$$\begin{pmatrix} B'(t) \\ G'(t) \end{pmatrix} = \begin{pmatrix} -(\alpha + \beta) & \gamma \\ \beta & -\gamma \end{pmatrix} \begin{pmatrix} B(t) \\ G(t) \end{pmatrix}.$$

Das charakteristische Polynom der Matrix berechnet sich zu

$$\begin{aligned} p(\lambda) &= (\lambda + \alpha + \beta)(\lambda + \gamma) - \beta\gamma \\ &= \lambda^2 + (\alpha + \beta + \gamma)\,\lambda + \alpha\gamma. \end{aligned}$$

Als Eigenwerte ergeben sich demnach

$$\lambda_{1/2} = -\frac{\alpha + \beta + \gamma}{2} \pm \sqrt{\left(\frac{\alpha + \beta + \gamma}{2}\right)^2 - \alpha\gamma}.$$

Beide Eigenwerte sind demnach reell und negativ.

Mit der zweiten Zeile der Matrix berechnen wir die zugehörigen Eigenvektoren $\boldsymbol{v}_j = (v_{1j}, v_{2j})^\top$,

$$\beta\, v_{1j} - (\gamma + \lambda_j)\, v_{2j} = 0, \quad j = 1,2,$$

und daher

$$\boldsymbol{v}_j = \begin{pmatrix} \gamma + \lambda_j \\ \beta \end{pmatrix}, \quad j = 1,2.$$

Damit haben wir die Lösung

$$\begin{aligned} B(t) &= c_1\,(\gamma + \lambda_1)\,\mathrm{e}^{\lambda_1 t} + c_2\,(\gamma + \lambda_2)\,\mathrm{e}^{\lambda_2 t}, \\ G(t) &= c_1\,\beta\,\mathrm{e}^{\lambda_1 t} + c_2\,\beta\,\mathrm{e}^{\lambda_2 t} \end{aligned}$$

für $t > 0$ mit zwei Konstanten $c_1, c_2 \in \mathbb{R}$.

Da beide Eigenwerte negativ sind, liegt eine exponentielle Abnahme des Alkoholgehalts vor.

Ist $\alpha\gamma \ll \beta$, so ist $\lambda_1 \approx 0$. Wir haben es in diesem Fall mit einem steifen Differenzialgleichungssystem zu tun. In der Anwendung bedeutet dies, dass die Ausscheidung und der Übergang vom Gewebe ins Blut sehr viel schwächer ausfallen, als der Übergang vom Blut ins Gewebe.

28.14 •• Die Iterationen für das Euler-Verfahren können direkt durchgeführt werden. Es ergibt sich

k	x_{1k}	x_{1k}
0	1.000 000	1.000 000
1	−3.000 000	8.700 000
2	32.400 000	−62.370 000
3	−286.740 000	575.667 000
4	2585.034 000	−5168.099 700
5	−23 261.369 400	46 524.510 270

Für das Rückwärts-Euler-Verfahren lösen wir zunächst die Gleichung nach $\boldsymbol{x}_{k+1}$ auf. Es ergibt sich

$$\begin{aligned} \boldsymbol{x}_{k+1} &= (\boldsymbol{E}_2 - h\,\boldsymbol{A})^{-1}\boldsymbol{x}_k \\ &= \begin{pmatrix} 0.421\,488 & 0.165\,289 \\ 0.975\,207 & 0.578\,512 \end{pmatrix} \boldsymbol{x}_k. \end{aligned}$$

Die Iterationen können damit ausgerechnet werden und ergeben

k	x_{1k}	x_{1k}
0	1.000 000	1.000 000
1	0.586 777	1.553 719
2	0.504 132	1.471 074
3	0.455 638	1.342 668
4	0.413 974	1.221 091
5	0.376 318	1.110 127

Die Ergebnisse lassen darauf schließen, dass ein steifes Differenzialgleichungssystem vorliegt. Mit der Schrittweite $h = 0.1$ ist das Euler-Verfahren für dieses System instabil, das Rückwärts-Euler-Verfahren dagegen stabil.

Die Stabilitätsbedingung für das Rückwärts-Euler-Verfahren lautet übrigens

$$\left|\frac{1}{1 - h\lambda}\right| < 1.$$

Diese Bedingung ist für jedes λ mit $\mathrm{Re}(\lambda) < 0$ erfüllt.

28.15 ••• Zunächst beachten wir

$$x u''(x) + u'(x) = \frac{\mathrm{d}}{\mathrm{d}x}\,(x u'(x))\,.$$

Um die Variationsgleichung herzuleiten, multiplizieren wir die Differenzialgleichung mit eine Funktion $v \in C^1([0,1])$, die außerdem $v(0) = v(1) = 0$ erfüllt,

$$\int_0^1 \left[(x u'(x))'\, v(x) - u(x)\, v(x)\right] \mathrm{d}x = \int_0^1 x^2\, v(x)\,\mathrm{d}x.$$

Den ersten Term können wir partiell integrieren,

$$\begin{aligned} \int_0^1 (x u'(x))'\, v(x)\,\mathrm{d}x &= [x\, u'(x)\, v(x)]_0^1 - \int_0^1 x\, u'(x)\, v'(x)\,\mathrm{d}x \\ &= -\int_0^1 x\, u'(x)\, v'(x)\,\mathrm{d}x. \end{aligned}$$

Daher folgt

$$\int_0^1 [x\, u'(x)\, v'(x) + u(x)\, v(x)]\,\mathrm{d}x = -\int_0^1 x^2\, v(x)\,\mathrm{d}x.$$

Dies ist die Variationsgleichung.

Die Diskretisierungspunkte sind $x_j = j/5$, $j = 0, \ldots, 5$. Die Hutfunktion φ_j, $j = 1, \ldots, 4$, und ihre Ableitungen sind gegeben durch

$$\varphi_j(x) = \begin{cases} 5x - j + 1, & x_{j-1} < x \le x_j, \\ j + 1 - 5x, & x_j < x < x_{j+1}, \\ 0, & \text{sonst}, \end{cases}$$

$$\varphi_j'(x) = \begin{cases} 5, & x_{j-1} < x \le x_j, \\ -5, & x_j < x < x_{j+1}, \\ 0, & \text{sonst}. \end{cases}$$

Die Einträge der FEM-Matrix $\boldsymbol{A} = (a_{jk}) \in \mathbb{R}^{4\times4}$ sind nun gegeben als

$$a_{jk} = \int_0^1 \Big[x\,\varphi_k'(x)\,\varphi_j'(x) + \varphi_k(x)\,\varphi_j(x)\Big]\,\mathrm{d}x$$

für $j,k = 1,\ldots,4$. Da die Hutfunktion φ_j außerhalb des Intervalls (x_{j-1}, x_{j+1}) null ist, verschwinden diejenigen a_{jk} mit $|j-k| > 1$. Für die übrigen ergibt sich:

$$\begin{aligned}
a_{jj} &= \int_{x_{j-1}}^{x_{j+1}} \Big[x\,(\varphi_j'(x))^2 + (\varphi_j(x))^2\Big]\,\mathrm{d}x \\
&= \int_{x_{j-1}}^{x_j} x\,5^2\,\mathrm{d}x + \int_{x_j}^{x_{j+1}} x\,(-5)^2\,\mathrm{d}x \\
&\quad + \int_{x_{j-1}}^{x_j} (5x - j + 1)^2\,\mathrm{d}x + \int_{x_j}^{x_{j+1}} (j + 1 - 5x)^2\mathrm{d}x \\
&= \left(j - \frac{1}{2}\right) + \left(j + \frac{1}{2}\right) + \frac{1}{15} + \frac{1}{15} \\
&= 2j + \frac{2}{15} \\
a_{j\,j+1} &= \int_{x_j}^{x_{j+1}} \Big[x\,\varphi_j'(x)\,\varphi_{j+1}'(x) + \varphi_j(x)\,\varphi_{j+1}(x)\Big]\,\mathrm{d}x \\
&= \int_{x_j}^{x_{j+1}} x\,(-5)\,5\,\mathrm{d}x + \int_{x_j}^{x_{j+1}} (j + 1 - 5x)(5x - j)\,\mathrm{d}x \\
&= -\left(j + \frac{1}{2}\right) + \frac{1}{30} \\
&= -j - \frac{7}{15}
\end{aligned}$$

Wegen der Symmetrie gilt $a_{j+1\,j} = a_{j\,j+1}$. Die Matrix des Systems ist demnach durch

$$\boldsymbol{A} = \frac{1}{15}\begin{pmatrix} 32 & -22 & 0 & 0 \\ -22 & 62 & -37 & 0 \\ 0 & -37 & 92 & -52 \\ 0 & 0 & -53 & 122 \end{pmatrix}$$

gegeben. Für die rechte Seite sind noch die folgenden Integrale zu berechnen:

$$\begin{aligned}
&\int_0^1 x^2\,\varphi_j(x)\,\mathrm{d}x \\
&\quad = \int_{x_{j-1}}^{x_j} x^2\,(5x - j + 1)\,\mathrm{d}x + \int_{x_j}^{x_{j+1}} x^2\,(j + 1 - 5x)\,\mathrm{d}x \\
&\quad = \left(\frac{j^2}{250} - \frac{j}{375} + \frac{1}{1500}\right) + \left(\frac{j^2}{250} + \frac{j}{375} + \frac{1}{1500}\right) \\
&= \frac{j^2}{125} + \frac{1}{750}
\end{aligned}$$

Somit ergibt sich die rechte Seite des LGS zu

$$\boldsymbol{b} = \frac{1}{750}\begin{pmatrix} 7 \\ 25 \\ 55 \\ 97 \end{pmatrix}.$$

28.16 • Mit der Substitution $y_1(x) = u(x)$, $y_2(x) = u'(x)$ erhalten wir das System

$$\begin{aligned}
y_1'(x) &= y_2(x)\,, \\
y_2'(x) &= y_1(x) - 2x\,y_2(x) + (1 + x + x^2)\,\mathrm{e}^x\,.
\end{aligned}$$

Dies realisieren wir als eine anonyme Funktion:

```
>> f = @(x,v) [v(2); ... v(1)-2*x*v(2)+(1+x+x.^2)*
    exp(x)];
```

Damit rufen wir `ode45` auf:

```
>> [x,y] = ode45(f, [0 1], [0; 1/2]);
```

Der zweite Parameter ist dabei das Lösungsintervall [0, 1], der dritte Parameter ist ein Spaltenvektor mit den Anfangswerten. Nach dem Aufruf enthält der Vektor `x` die Gitterpunkte, die Variable `y` ist eine Matrix mit zwei Spalten. Die erste Spalte erhält die berechneten Näherungswerte für $u(x)$, die zweite diejenigen für $u'(x)$. Die Lösung plotten wir mit

```
>> plot(x,y(:,1))
```

Den Fehler zur exakten Lösung $u(x) = (1/2)\,x\,\mathrm{e}^x$ zeigt man am besten in logarithmischen Skalen an,

```
>> semilogy(x, abs( y(:,1)-x.*exp(x)/2) )
```

Kapitel 29

Aufgaben

Verständnisfragen

29.1 • Geben Sie den Typ folgender partieller Differenzialgleichungen an:

(a) $y\,u_{xx} + u_{yy} = 0$

(b) $u_{xx} + 4\,u_{yy} + 9\,u_{zz} - 4u_{xy} + 3u_x = u$

(c) $(x^2-1)u_{xx} + (y^2-1)u_{yy} = xu_x + yu_y$

29.2 •• Zeigen Sie, dass für eine Lösung $u : \mathbb{R}^n \to \mathbb{R}$ der Laplace-Gleichung $\Delta u = 0$ und eine orthogonale Matrix $\boldsymbol{A} \in \mathbb{R}^{n\times n}$ auch $v(\boldsymbol{x}) = u(\boldsymbol{A}\boldsymbol{x})$ eine Lösung der Laplace-Gleichung ist.

29.3 • Welche Lösungen $u \in C^2(D) \cap C^1(\overline{D})$ besitzt das Neumann-Problem

$$\begin{aligned} \Delta u &= 0 \quad \text{in } D,\\ \frac{\partial u}{\partial \nu} &= 0 \quad \text{auf } \partial D. \end{aligned}$$

Hierbei ist D eine beschränkte, offene Menge, in der der Gauß'sche Satz angewandt werden darf.

29.4 •• Es sei eine Funktion $u : \mathbb{R}^n \times (0,\infty) \to \mathbb{R}$ gegeben, die die Diffusionsgleichung

$$\frac{\partial u}{\partial t} - \Delta u = 0$$

löst und mindestens dreimal stetig differenzierbar ist. Zeigen Sie, dass die Funktion $v : \mathbb{R}^n \times (0,\infty) \to \mathbb{R}$ mit

$$v(\boldsymbol{x},t) = \boldsymbol{x}\cdot\nabla u(\boldsymbol{x},t) + 2t\frac{\partial u}{\partial t}(\boldsymbol{x},t)$$

auch eine Lösung der Diffusionsgleichung ist,

(a) durch direktes Nachrechnen,
(b) indem Sie verwenden, dass mit u auch die Funktion $w : \mathbb{R}^n \times (0,\infty) \to \mathbb{R}$ mit $w(\boldsymbol{x},t;\mu) = u(\mu\boldsymbol{x},\mu^2 t)$ bei festem Parameter $\mu \in \mathbb{R}$ Lösung der Diffusionsgleichung ist.

Rechenaufgaben

29.5 •• Es sind Parameter zu bestimmen, sodass gewisse Funktionen Lösungen der angegebenen partiellen Differenzialgleichungen sind.

(a) Bestimmen Sie eine Zahl $a \in \mathbb{R}$, sodass die Funktion mit $u(\boldsymbol{x},t) = \exp(-\|\boldsymbol{x}\|^2/(2t))/t$ Lösung der Diffusionsgleichung

$$a\frac{\partial u}{\partial t} - \Delta u = 0$$

für $\boldsymbol{x} \in \mathbb{R}^2$ und $t > 0$ ist.
(b) Gegeben ist $\boldsymbol{d} \in \mathbb{R}^3 \setminus \{0\}$. Für welche Vektoren $\boldsymbol{p} \in \mathbb{R}^3$ ist das Vektorfeld $\boldsymbol{E} : \mathbb{R}^3 \to \mathbb{R}^3$ mit

$$\boldsymbol{E}(x) = \boldsymbol{p}\,\mathrm{e}^{\mathrm{i}\,\boldsymbol{d}\cdot\boldsymbol{x}}$$

Lösung der zeitharmonischen Maxwellgleichungen

$$\mathbf{rot}\,\boldsymbol{E} - \mathrm{i}\,\|\boldsymbol{d}\|\,\boldsymbol{H} = 0, \quad \text{und} \quad \mathbf{rot}\,\boldsymbol{H} + \mathrm{i}\,\|\boldsymbol{d}\|\,\boldsymbol{E} = 0?$$

29.6 •• Lösen Sie die Laplace-Gleichung

$$\Delta u(x,y) = u_{xx}(x,y) + u_{yy}(x,y) = 0$$

mit den Randbedingungen

$$u_y(x,0) = 0, \quad u(x,1) = \sin(3\pi x)\cosh(3\pi) - 2\sin(\pi x)$$

für $x \in [0,1]$ sowie $u(0,y) = u(1,y) = 0$ für $y \in [0,1]$ mithilfe eines Separationsansatzes.

29.7 •• Ermitteln Sie mit einem Separationsansatz die Lösung $u : [0,\pi] \times \mathbb{R}_{>0} \to \mathbb{R}$ des Problems

$$u_{xx}(x,t) + 4u_t(x,t) - 3u(x,t) = 0$$

mit Anfangswert $u(x,0) = \sin^3 x$ für $x \in [0,\pi]$ und Randwerten $u(0,t) = u(\pi,t) = 0$.

T. Arens et al., *Arbeitsbuch Mathematik*, https://doi.org/10.1007/978-3-662-64391-4_28

29.8 •• Separationsansätze für die Helmholtz-Gleichung.

(a) Zeigen Sie, dass die Wellengleichung $u_{tt} = \Delta u$ mit $\boldsymbol{x} \in \mathbb{R}^2$, $t \in \mathbb{R}$ mithilfe des Separationsansatzes $u(\boldsymbol{x}, t) = \mathrm{e}^{ikt}\, U(\boldsymbol{x})$ auf die Helmholtz-Gleichung $\Delta U + k^2 U = 0$ führt.

(b) Finden Sie Lösungen zur Helmholtz-Gleichung

$$\Delta u + k^2 u = \frac{\partial^2 u}{\partial x_1^2} + \frac{\partial^2 u}{\partial x_2^2} + k^2 u = 0$$

mit den Randbedingungen

$$u(x_1, 0) = u(x_1, b) = u(0, x_2) = u(a, x_2) = 0$$

für $0 < a, b \in \mathbb{R}$, indem Sie $k^2 = k_{x_1}^2 + k_{x_2}^2$ setzen und einen Separationsansatz benutzen.

29.9 • Rechnen Sie nach, dass in Polarkoordinaten (r, φ) durch

$$u(\boldsymbol{x}) = f_n(kr)\,\mathrm{e}^{in\varphi}, \quad \boldsymbol{x} = r\begin{pmatrix}\cos\varphi\\ \sin\varphi\end{pmatrix}, \quad n \in \mathbb{Z}$$

eine Lösung der Helmholtz-Gleichung gegeben ist, wobei f_n eine Lösung der *Bessel'schen Differenzialgleichung*

$$t^2 f_n''(t) + t f_n'(t) + (t^2 - n^2) f_n(t) = 0, \quad t > 0,$$

ist. Mehr zu dieser Differenzialgleichung findet sich in Kap. 34.

29.10 •• Gegeben ist das Anfangswertproblem

$$\begin{aligned} x\,u_x + y\,u_y + (x^2 + y^2)\,u = 0, \qquad & x, y > 0,\\ u(x, -x^2) = \mathrm{e}^{-x^2/2}, \qquad & x > 0. \end{aligned}$$

Finden Sie die Lösung $u = u(x, y)$ mit dem Charakteristikenverfahren.

29.11 •• Bestimmen Sie die Lösung u des Anfangswertproblems

$$x u_x(x, y) + \frac{x}{y u(x, y)} u_y(x, y) + u(x, y) = 0, \quad x, y > 0$$

und

$$u(t^2, t) = 1, \quad t > 0.$$

Anwendungsprobleme

29.12 •• Gegeben ist eine Lösung u des Anfangswertproblems für die Wellengleichung

$$\begin{aligned} \frac{\partial^2 u(x,t)}{\partial t^2} - \frac{\partial^2 u(x,t)}{\partial x^2} &= 0, \quad x \in \mathbb{R},\ t > 0,\\ u(x, 0) = g(x), \quad \frac{\partial u}{\partial t}(x, 0) &= h(x). \end{aligned}$$

Dabei soll $g \in C^2(\mathbb{R})$, $h \in C^1(\mathbb{R})$ gelten und beide Funktionen sollen außerhalb eines kompakten Intervalls verschwinden. Wir definieren die potenzielle Energie der Welle durch

$$E_p(t) = \frac{1}{2}\int_{-\infty}^{\infty} \left(\frac{\partial u}{\partial x}(x, t)\right)^2 \mathrm{d}x, \quad t \in \mathbb{R},$$

und die kinetische Energie durch

$$E_k(t) = \frac{1}{2}\int_{-\infty}^{\infty} \left(\frac{\partial u}{\partial t}(x, t)\right)^2 \mathrm{d}x, \quad t \in \mathbb{R}.$$

Zeigen Sie die Energieerhaltung

$$E_p(t) + E_k(t) = \text{konst.}, \quad t \in \mathbb{R},$$

und

$$\lim_{t\to\infty} E_p(t) = \lim_{t\to\infty} E_k(t).$$

29.13 ••• Wir betrachten den Verkehr auf einer Straße. Mit $\rho(x, t)$ bezeichnen wir die Anzahl der Fahrzeuge pro Längeneinheit am Ort x und zur Zeit t, also die Fahrzeugdichte. Mit $q(x, t)$ bezeichnen wir die Anzahl der Fahrzeuge pro Zeiteinheit, die den Ort x zum Zeitpunkt t passieren.

(a) Zeigen Sie die Erhaltungsgleichung

$$\frac{\partial \rho}{\partial t}(x, t) + \frac{\partial q}{\partial x}(x, t) = 0, \quad x \in \mathbb{R},\ t > 0.$$

(b) Die Geschwindigkeit der Fahrzeuge am Ort x und zum Zeitpunkt t modellieren wir als

$$v(x, t) = c\left(1 - \frac{\rho(x, t)}{\rho_0}\right),$$

wobei c die Maximalgeschwindigkeit ist und ρ_0 die maximale Fahrzeugdichte bezeichnet, bei der der Verkehr zum Erliegen kommt. Zeigen Sie, dass die Funktion

$$u(x, t) = v(x, t) - c\,\frac{\rho(x, t)}{\rho_0} = c\left(1 - \frac{2\rho(x, t)}{\rho_0}\right)$$

eine Lösung der *Burger-Gleichung*

$$u_t + u u_x = 0$$

ist.

(c) Finden Sie mit dem Charakteristikenverfahren Gebiete, in denen Sie die Lösung der Burger-Gleichung für die Anfangsbedingung

$$u(x,0) = \begin{cases} 1, & x \leq 0, \\ 1 - x, & 0 < x < 1, \\ 0, & 1 \leq x, \end{cases}$$

und $0 < t < 1$ angeben können. Welches Verhalten zeigt sich für $t = 1$? Interpretieren Sie die Lösung für die Anwendung der Verkehrssimulation.

29.14 •• Die Poisson-Gleichung

$$-\Delta u = f$$

mit Dirichlet'scher Randbedingung soll auf dem Quadrat $Q = [0, 1] \times [0, 1]$ durch die Methode der finiten Elemente approximativ gelöst werden. Die Variationsformulierung für dieses Problem lautet

$$\int_Q \nabla u(\boldsymbol{x}) \cdot \nabla v(\boldsymbol{x})\,\mathrm{d}\boldsymbol{x} = \int_Q f(\boldsymbol{x})\,v(\boldsymbol{x})\,\mathrm{d}\boldsymbol{x}$$

für alle $v \in H^1(Q)$ mit $v = 0$ auf ∂Q.

Es soll ein Gitter aus Quadraten der Kantenlänge $1/N$, $N \in \mathbb{N}$, verwendet werden. Als Ansatzfunktionen sollen Funktionen eingesetzt werden, die auf jedem Quadrat des Gitters bezüglich beider Argumente linear sind.

Stellen Sie Formeln für die Einträge der Steifigkeitsmatrix auf. Geben Sie dazu Formfunktionen auf einem Referenzquadrat an. Welche Dimension hat die Steifigkeitsmatrix? Wie viele Einträge sind in einer Zeile maximal von null verschieden?

Hinweise

Verständnisfragen

29.1 • Stellen Sie die Matrizen auf, die den Hauptteil der Differenzialgleichungen beschreiben. Wie lauten deren Eigenwerte?

29.2 •• Bestimmen Sie die partiellen Ableitungen von v über die mehrdimensionale Kettenregel.

29.3 • Verwenden Sie die erste Green'sche Identität (erster Green'scher Satz).

29.4 •• Verwenden Sie die mehrdimensionale Kettenregel, um die partiellen Ableitungen von v auszudrücken.

Rechenaufgaben

29.5 •• Einsetzen der partiellen Ableitungen der Funktionen in die Differenzialgleichungen liefert Bedingungen für die gesuchten Parameter.

29.6 •• Der Separationsansatz führt auf die Differenzialgleichungen des harmonischen Oszillators (siehe Kap. 13). Aus sämtlichen durch die Separation gewonnenen Lösungen muss eine Reihe gebildet werden. Die Koeffizienten ergeben sich dann durch einen Koeffizientenvergleich mit den Randwerten.

29.7 •• Bilden Sie aus allen durch die Separation erhaltenen Lösungen eine Reihe. Dabei können die Randbedingungen schon verwendet werden. Aus den Anfangswerten lassen sich die Koeffizienten der Reihenglieder bestimmen.

29.8 •• Bei (b) ist eine Separationsansatz in kartesischen Koordinaten durchzuführen, der auf einfache gewöhnliche Differenzialgleichungen führt.

29.9 • Führen Sie die Separation in Polarkoordinaten durch und substituieren Sie anschließend $t = kr$.

29.10 •• Lösen Sie zunächst die Differenzialgleichungen für k_1, k_2. Dadurch vereinfacht sich diejenige für w.

29.11 •• Das Charakteristikenverfahren kann angewandt werden. Die Differenzialgleichung für k_2 vereinfacht sich, wenn zunächst diejenigen für k_1 und w gelöst werden.

Anwendungsprobleme

29.12 •• Verwenden Sie die Formel von d'Alembert. Vereinfachen und beachten Sie, dass in den verbleibenden Integralen $x + t$ bzw. $x - t$ substituiert werden kann.

29.13 ••• (a) Bestimmen Sie die Anzahl der Fahrzeuge auf einem Intervall $[a, b]$ zum Zeitpunkt t und die Ableitung dieser Größe nach t. (b) Verwenden Sie Teil (a) und die Beziehung $q = v\rho$. (c) Wenden Sie das Charakteristikenverfahren für die einzelnen Abschnitte der Anfangskurve getrennt an. In welchen Gebieten wird so die Lösung bestimmt?

29.14 •• Wie lauten die Knoten des Gitters? Mit welchen Knoten des Gitters sind Basisfunktionen assoziiert? Wie sehen diese Basisfunktionen aus?

Lösungen

Verständnisfragen

29.1 • (a) elliptisch für $y > 0$, parabolisch für $y = 0$, hyperbolisch für $y < 0$. (b) parabolisch. (c) $|x|$, $|y|$ beide größer oder beide kleiner 1: elliptisch, einer der beiden Beträge gleich 1: parabolisch, sonst hyperbolisch.

29.2 •• –

29.3 • Die konstanten Funktionen sind die Lösungen.

29.4 •• –

Rechenaufgaben

29.5 •• (a) $a = 2$, (b) $\boldsymbol{p}$ muss orthogonal zu $\boldsymbol{d}$ sein.

29.6 ••

$$u(x,t) = -\frac{2}{\cosh \pi} \sin(\pi x) \cosh(\pi y) + \sin(3\pi x) \cosh(3\pi y).$$

29.7 •• $u(x,t) = \dfrac{3}{4} \mathrm{e}^t \sin x - \dfrac{1}{4} \mathrm{e}^{3t} \sin 3x.$

29.8 •• (a) –

(b) $u(x_1, x_2) = \sum\limits_{n,m} c_{nm} \sin\left(\dfrac{\pi m}{a} x_1\right) \sin\left(\dfrac{\pi n}{b} x_2\right)$

29.9 • –

29.10 •• $u(x,y) = \exp\left(\dfrac{1}{2} \dfrac{y^4}{x^4}\right) \exp\left(-\dfrac{1}{2}(x^2 + y^2)\right)$

29.11 •• $u(x,y) = x/y^2$

Anwendungsprobleme

29.12 •• –

29.13 ••• (a), (b) siehe ausführlicher Lösungsweg, (c) Die Lösung lautet für $t \leq 1$:

$$u(x,t) = \begin{cases} 1, & x \leq t, \\ \frac{1-x}{1-t}, & t < x < 1, \\ 0, & x \geq 1. \end{cases}$$

An der Stelle $x = 1$ besitzt $u(\cdot, 1)$ einen Sprung.

29.14 •• Die Matrix hat Dimension $(N-1)^2$, in jeder Zeile sind maximal neun Einträge von null verschieden. Mit den Knoten $\boldsymbol{x}_m$, $m = 1, \ldots, (N-1)^2$ sind die Basisfunktionen φ_m definiert durch $\varphi_m(\boldsymbol{x}_{m'}) = \delta_{m\,m'}$ und $\varphi_m(\boldsymbol{x}) = (a\,x_1 + b)(c\,x_2 + d)$ auf jedem Quadrat des Gitters. Die Formfunktionen sind $\psi_1(y_1, y_2) = y_1\,y_2$, $\psi_2(y_1, y_2) = (1 - y_1)\,y_2$, $\psi_3(y_1, y_2) = y_1\,(1-y_2)$, $\psi_4(y_1, y_2) = (1-y_1)\,(1-y_2)$, jeweils für $0 < y_1, y_2 < 1$.

Lösungswege

Verständnisfragen

29.1 • Wir stellen jeweils die Matrix $\boldsymbol{A}(x,y)$ auf, die den Hauptteil der partiellen Differenzialgleichung beschreibt, und bestimmen deren Eigenwerte.

(a) Es ist

$$\boldsymbol{A}(x,y) = \begin{pmatrix} y & 0 \\ 0 & 1 \end{pmatrix}$$

mit dem charakteristischen Polynom

$$p(\lambda) = (y - \lambda)(1 - \lambda).$$

Der Eigenwert 1 ist positiv, der andere Eigenwert ist y. Ist $y > 0$, so ist die Differenzialgleichung elliptisch, ist $y = 0$, so ist sie parabolisch, ist $y < 0$, so ist sie hyperbolisch.

(b) Die Matrix lautet

$$\boldsymbol{A}(x,y) = \begin{pmatrix} 1 & -2 & 0 \\ -2 & 4 & 0 \\ 0 & 0 & 9 \end{pmatrix}$$

mit dem charakteristischen Polynom

$$p(\lambda) = [(1-\lambda)(4-\lambda) - 4](9 - \lambda) = \lambda(\lambda - 5)(\lambda - 9).$$

Ein Eigenwert ist null, die anderen beiden sind positiv. Daher ist die Differenzialgleichung parabolisch.

(c) Hier ist die Matrix

$$\boldsymbol{A}(x,y) = \begin{pmatrix} x^2 - 1 & 0 \\ 0 & y^2 - 1 \end{pmatrix}$$

mit dem charakteristischen Polynom

$$p(\lambda) = (x^2 - 1 - \lambda)(y^2 - 1 - \lambda).$$

Der Typ hängt von der Lage des Punktes $(x,y)^\top$ ab. Die folgende Tabelle gibt die verschiedenen Möglichkeiten an:

Position			Typ
$\|x\| > 1, \|y\| > 1$	oder	$\|x\| < 1, \|y\| < 1$	elliptisch
$\|x\| = 1, \|y\| \neq 1$	oder	$\|x\| \neq 1, \|y\| = 1$	parabolisch
$\|x\| > 1, \|y\| < 1$	oder	$\|x\| < 1, \|y\| > 1$	hyperbolisch

29.2 •• Wir schreiben $v(\boldsymbol{x}) = u(\boldsymbol{y})$ mit $\boldsymbol{y} = \boldsymbol{A}\boldsymbol{x}$. Nach der Kettenregel ist

$$\frac{\partial v(\boldsymbol{x})}{\partial x_j} = \sum_{k=1}^{n} \frac{\partial u(\boldsymbol{A}\boldsymbol{x})}{\partial y_k} a_{kj}$$

und

$$\frac{\partial^2 v(\boldsymbol{x})}{\partial x_j^2} = \sum_{k,l=1}^{n} \frac{\partial^2 u(\boldsymbol{A}\boldsymbol{x})}{\partial y_k \, \partial y_l} a_{kj}\, a_{lj}.$$

Nun summieren wir über alle j und erhalten

$$\Delta v(\boldsymbol{x}) = \sum_{k,l=1}^{n} \frac{\partial^2 u(\boldsymbol{A}\boldsymbol{x})}{\partial y_k \, \partial y_l} \sum_{j=1}^{n} a_{kj}\, a_{lj}.$$

Die innere Summe entspricht dem Skalarprodukt der k-ten mit der l-ten Zeile der Matrix $\boldsymbol{A}$. Da diese orthogonal ist, verschwindet dieses Skalarprodukt, außer wenn $k = l$ ist. In diesem Fall ist es 1. Somit folgt

$$\Delta v(\boldsymbol{x}) = \sum_{k=1}^{n} \frac{\partial^2 u(\boldsymbol{A}\boldsymbol{x})}{\partial^2 y_k} = \Delta u(\boldsymbol{y}) = 0.$$

29.3 • Wir wenden die erste Green'sche Identität an, wobei wir für beide Funktionen eine Lösung u des Neumann-Problems einsetzen. Es ergibt sich

$$0 = \int_D (u\,\Delta u + \nabla u \cdot \nabla u)\, \mathrm{d}\boldsymbol{x} - \int_{\partial D} u \,\frac{\partial u}{\partial \nu}\, \mathrm{d}\sigma.$$

Der erste und der dritte Term sind null, daher ist

$$0 = \int_D \nabla u \cdot \nabla u \mathrm{d}\boldsymbol{x}.$$

Da $u \in C^2(D)$ ist, folgt $\nabla u \in C^1(D)$ und daher $\nabla u = \boldsymbol{0}$. Somit ist u konstant.

Umgekehrt sieht man sofort, dass jede konstante Funktion eine Lösung des Neumann-Problems ist.

29.4 •• (a) Es gilt

$$v(\boldsymbol{x}, t) = \sum_{k=1}^{n} x_k \frac{\partial u}{\partial x_k} + 2t\, \frac{\partial u}{\partial t}.$$

Wir berechnen die Ableitungen dieser Funktion zu

$$\begin{aligned}
\frac{\partial v}{\partial x_j} &= \frac{\partial u}{\partial x_j} + \sum_{k=1}^{n} x_k \frac{\partial^2 u}{\partial x_j \partial x_k} + 2t \frac{\partial^2 u}{\partial x_j \partial t} \\
\frac{\partial^2 v}{\partial x_j^2} &= 2\frac{\partial^2 u}{\partial x_j^2} + \sum_{k=1}^{n} x_k \frac{\partial^3 u}{\partial x_j^2 \partial x_k} + 2t \frac{\partial^3 u}{\partial x_j^2 \partial t} \\
\frac{\partial v}{\partial t} &= \sum_{k=1}^{n} x_k \frac{\partial^2 u}{\partial t \partial x_k} + 2\frac{\partial u}{\partial t} + 2t \frac{\partial^2 u}{\partial t^2}
\end{aligned}$$

Einsetzen dieser Ausdrücke in die Diffusionsgleichung ergibt

$$\begin{aligned}
\Delta v - \frac{\partial v}{\partial t} &= \sum_{j=1}^{n} \left(2\frac{\partial^2 u}{\partial x_j^2} + \sum_{k=1}^{n} x_k \frac{\partial^3 u}{\partial x_j^2 \partial x_k} + 2t \frac{\partial^3 u}{\partial x_j^2 \partial t} \right) \\
&\quad - \left(\sum_{k=1}^{n} x_i \frac{\partial^2 u}{\partial t \partial x_k} + 2\frac{\partial u}{\partial t} + 2t \frac{\partial^2 u}{\partial t^2} \right) \\
&= 2\frac{\partial u}{\partial t} + \sum_{k=1}^{n} x_k \frac{\partial^2 u}{\partial t \partial x_k} + 2t \frac{\partial^2 u}{\partial t^2} \\
&\quad - \sum_{k=1}^{n} x_k \frac{\partial^2 u}{\partial t \partial x_k} - 2\frac{\partial u}{\partial t} - 2t \frac{\partial^2 u}{\partial t^2} \\
&= 0,
\end{aligned}$$

wobei wir die Diffusionsgleichung für u verwendet haben.

(b) Differenzieren wir die Funktion $w(\boldsymbol{x}, t) = u(\mu \boldsymbol{x}, \mu^2 t)$ partiell bezüglich μ, so bleibt auch diese Ableitung eine Lösung der Diffusionsgleichung wegen des Satzes von Schwarz. Die Ableitung ist aber mit der Kettenregel gerade

$$\begin{aligned}
v_\mu(\boldsymbol{x}, t) &= \frac{\partial w}{\partial \mu}(\boldsymbol{x}, t; \mu) \\
&= \boldsymbol{x} \cdot \nabla_x u(\mu \boldsymbol{x}, \mu^2 t) + 2\mu t \frac{\partial u}{\partial t}(\mu \boldsymbol{x}, \mu^2 t).
\end{aligned}$$

Mit $\mu = 1$ ergibt sich, dass die Funktion $v = v_1$ Lösung der Diffusionsgleichung ist.

Rechenaufgaben

29.5 •• (a) Wir berechnen

$$\frac{\partial u}{\partial t}(\boldsymbol{x}, t) = \left(+ \frac{\|\boldsymbol{x}\|^2}{2t^3} - \frac{1}{t^2} \right) \mathrm{e}^{-\frac{\|\boldsymbol{x}\|^2}{2t}}$$

und weiter

$$\begin{aligned}
\frac{\partial u}{\partial x_1}(\boldsymbol{x}, t) &= \frac{-2x_1}{2t^2} \mathrm{e}^{-\frac{\|\boldsymbol{x}\|^2}{2t}} \\
\frac{\partial u}{\partial x_2}(\boldsymbol{x}, t) &= \frac{-2x_2}{2t^2} \mathrm{e}^{-\frac{\|\boldsymbol{x}\|^2}{2t}} \\
\frac{\partial^2 u}{\partial x_1^2}(\boldsymbol{x}, t) &= \left(-\frac{1}{t^2} + \frac{x_1^2}{t^3} \right) \mathrm{e}^{-\frac{\|\boldsymbol{x}\|^2}{2t}} \\
\frac{\partial^2 u}{\partial x_1^2}(\boldsymbol{x}, t) &= \left(-\frac{1}{t^2} + \frac{x_2^2}{t^3} \right) \mathrm{e}^{-\frac{\|\boldsymbol{x}\|^2}{2t}}.
\end{aligned}$$

Es lässt sich die Bedingung $a = 2$ ablesen, damit die Differenzialgleichung erfüllt ist.

(b) Zunächst bestimmen wir die Rotation von E. Es ist

$$\mathbf{rot}\, E(\boldsymbol{x}) = \mathrm{i} \begin{pmatrix} p_3 d_2 - p_2 d_3 \\ p_1 d_3 - p_3 d_1 \\ p_2 d_1 - p_1 d_2 \end{pmatrix} \mathrm{e}^{\mathrm{i}\boldsymbol{d}\cdot\boldsymbol{x}} = (\boldsymbol{d} \times \boldsymbol{p})\, \mathrm{e}^{\mathrm{i}\boldsymbol{d}\cdot\boldsymbol{x}}.$$

Also folgt mit der ersten partiellen Differenzialgleichung $\boldsymbol{H}(\boldsymbol{x}) = (\boldsymbol{d} \times \boldsymbol{p})\mathrm{e}^{\mathrm{i}\boldsymbol{d}\cdot\boldsymbol{x}}/\|\boldsymbol{d}\|$. Berechnen wir daraus die Rotation des Vektorfelds $\boldsymbol{H}$, so ergibt sich

$$\mathbf{rot}\, \boldsymbol{H}(x) = \mathrm{i}\frac{(\boldsymbol{d} \times (\boldsymbol{d} \times \boldsymbol{p})}{\|\boldsymbol{d}\|}\mathrm{e}^{\mathrm{i}\boldsymbol{d}\cdot\boldsymbol{x}}.$$

Diesen Ausdruck setzen wir in die zweite partielle Differenzialgleichung ein und erhalten die Bedingung

$$\mathrm{i}\|\boldsymbol{d}\|\boldsymbol{p}\,\mathrm{e}^{\mathrm{i}\boldsymbol{d}\cdot\boldsymbol{x}} = -\mathrm{i}\,\frac{\boldsymbol{d} \times (\boldsymbol{d} \times \boldsymbol{p})}{\|\boldsymbol{d}\|}\mathrm{e}^{\mathrm{i}\boldsymbol{d}\cdot\boldsymbol{x}}$$

bzw.

$$\|\boldsymbol{d}\|^2\boldsymbol{p} = -\boldsymbol{d} \times (\boldsymbol{d} \times \boldsymbol{p}) = (\boldsymbol{d}\cdot\boldsymbol{p})\,\boldsymbol{d} - (\boldsymbol{d}\cdot\boldsymbol{d})\,\boldsymbol{p}.$$

Dies gilt genau dann, wenn $(\boldsymbol{d}\cdot\boldsymbol{p})\,\boldsymbol{d} = 0$ ist bzw. $\boldsymbol{d}\cdot\boldsymbol{p} = 0$ gilt. Die Funktion $\boldsymbol{E}$ ist somit Lösung der Maxwellgleichungen, wenn $\boldsymbol{p}$ senkrecht steht auf der Richtung $\boldsymbol{d}$.

Kommentar Funktionen in der Form wie $\boldsymbol{E}$ stellen ebene Wellen da mit einer Wellenfront senkrecht zur Richtung $\boldsymbol{d}$ und der sogenannten Polarisierungsrichtung $\boldsymbol{p}/\|\boldsymbol{p}\|$. ◄

29.6 •• Der Separationsansatz der Form $u(x, y) = V(x)W(y)$ führt auf

$$V''(x)W(y) + V(x)W''(y) = 0 \quad \text{bzw.} \quad \frac{V''(x)}{V(x)} = -\frac{W''(y)}{W(y)},$$

wenn $V(x) \not\equiv 0$ und $W(y) \not\equiv 0$ sind. Es folgt, dass diese Identität nur erfüllt werden kann, wenn beide Seiten konstant sind. Damit ergeben sich die gewöhnlichen Differenzialgleichungen

$$V''(x) = kV(x) \quad \text{und} \quad W''(y) = -kW(y)$$

mit den allgemeinen Lösungen

$$\begin{aligned} V(x) &= a_1 \exp(\sqrt{k}x) + a_2 \exp(-\sqrt{k}x), \\ W(y) &= a_3 \exp(\sqrt{-k}y) + a_4 \exp(-\sqrt{-k}y). \end{aligned}$$

Aus den Randbedingungen $u(0, y) = u(1, y) = 0$ folgt $V(0) = V(1) = 0$. Wir erhalten:

$$\begin{aligned} V(0) &= (a_1 + a_2) = 0 \Rightarrow a_1 = -a_2 \\ V(1) &= a_1 \exp(\sqrt{k}) - a_1 \exp(-\sqrt{k}) = 0 \\ &\Rightarrow \exp(\sqrt{k}) = \exp(-\sqrt{k}) \Rightarrow \exp(2\sqrt{k}) = 1 \\ &\Rightarrow 2\sqrt{k} = 2\pi i n \Rightarrow k = -\pi^2 n^2,\ n \in \mathbb{N}. \end{aligned}$$

So sind mit

$$W_n(y) = \tilde{d}_n(\exp(\pi n y) + \exp(-\pi n y)) = 2\tilde{d}_n \cosh(\pi n y)$$

und

$$V_n(x) = \tilde{c}_n(\exp(\mathrm{i}\pi n x) - \exp(-\mathrm{i}\pi n x)) = 2\tilde{c}_n \sin(\pi n x)$$

die zugehörigen Lösungen durch

$$u(x,t) = \sum_{n=1}^{\infty} c_n \sin(\pi n x)\cosh(\pi n y)$$

gegeben.

Die Koeffizienten c_n sind noch aus der Bedingung $u(x, 1) = x$ zu bestimmen, d. h.

$$\begin{aligned} u(x,1) &= \sum_{n_1}^{\infty} c_n \sin(\pi n x)\, \cosh(\pi n) \\ &= \sin(3\pi x)\cosh(3\pi) - 2\sin(\pi x). \end{aligned}$$

Durch Koeffizientenvergleich erhalten wir $c_1 = -2\cosh(\pi)$, $c_3 = 1$ und $c_n = 0$ für alle $n \in \mathbb{N} \setminus \{1, 3\}$. Damit ergibt sich insgesamt die Lösung

$$u(x,t) = -\frac{2}{\cosh\pi}\sin(\pi x)\cosh(\pi y) + \sin(3\pi x)\cosh(3\pi y).$$

29.7 •• Mit dem Ansatz $u(x,t) = v(t)w(x)$ folgt

$$v(t)w''(x) + 4v'(t)w(x) - 3v(t)w(x) = 0$$

bzw.

$$\frac{w''(x)}{w(x)} = -4\frac{v'(t)}{v(t)} + 3 = k \in \mathbb{R}$$

für alle $x \in [0, \pi]$ und $t > 0$. Setzen wir $w''(x) = kw(x)$, so erfüllt v die separable Differenzialgleichung

$$v'(t) = -\frac{(k-3)}{4}v(t).$$

Wir erhalten eine Lösung

$$v(t) = \mathrm{e}^{\frac{3-k}{4}t}.$$

Weiter gilt für w die allgemeine Lösung

$$w(x) = c_1\mathrm{e}^{\sqrt{k}x} + \mathrm{e}^{-\sqrt{k}x}.$$

Mit den Randbedingungen folgt $c_1 + c_2 = 0$, d. h. $c_1 = -c_2$ und weiter

$$c_1(\mathrm{e}^{\sqrt{k}\pi} - \mathrm{e}^{-\sqrt{k}\pi}) = 0.$$

Für nichttrivale Lösungen muss $c_1 \neq 0$ sein, und, da der sinh nur die Nullstelle $x = 0$ hat, muss $k = -n^2$ für ein $n \in \mathbb{N}$ gelten. Also ergeben sich die Möglichkeiten

$$w(x) = c_1^{(n)} \sin nx$$

mit Konstanten $c_1^{(n)} \in \mathbb{R}$. Wir erhalten Lösungen in der Form

$$u(x,t) = \sum_{n=1}^{\infty} c_1^{(n)} e^{\frac{3+n^2}{4}t} \sin nx\,.$$

Aus der Anfangsbedingung

$$u(x,0) = \sin^3 x = \frac{3}{4}\sin x - \frac{1}{4}\sin 3x$$

folgt $c_1^{(1)} = 3/4$, $c_1^{(3)} = -1/4$ und $c_1^{(n)} = 0$ für $n \neq 1,3$ und wir erhalten die Lösung

$$u(x,t) = \frac{3}{4}e^{t}\sin x - \frac{1}{4}e^{3t}\sin 3x\,.$$

29.8 •• (a) Der Ansatz

$$u(\boldsymbol{x},t) = e^{ikt}\,U(\boldsymbol{x})$$

liefert

$$u_{tt} = (ik)^2 \exp(ikt)U(\boldsymbol{x}) = -k^2\exp(ikt)U(\boldsymbol{x}),$$
$$u_{x_j x_j} = \exp(ikt)\frac{\partial^2 U(\boldsymbol{x})}{\partial x_j^2}, \quad j = 1,2.$$

Somit folgt aus $u_{tt} = \Delta u$ die Identität

$$-k^2\exp(ikt)U(\boldsymbol{x}) = \exp(ikt)(U_{x_1x_1} + U_{x_2x_2}),$$

d. h., es gilt die Helmholtz-Gleichung $-k^2U(\boldsymbol{x}) = \Delta U(\boldsymbol{x})$.

(b) Ein Separationsansatz der Form

$$u(x_1,x_2) = U(x_1)V(x_2)$$

führt auf

$$U''(x_1)V(x_2) + U(x_1)V''(x_2) + k^2U(x_1)V(x_2) = 0$$

bzw.

$$\frac{U''(x_1)}{U(x_1)} + \frac{V''(x_2)}{V(x_2)} + k^2 = 0,$$

wenn $U(x_1) \neq 0$ und $V(x_2) \neq 0$ sind. Diese Identität kann nur erfüllt werden, wenn

$$U''(x_1)/U(x_1) = -k_{x_1}^2 \text{ und } V(x_2)''/V(x_2) = -k_{x_2}^2$$

mit $k_{x_1}^2 + k_{x_2}^2 = k^2$ gilt. Die allgemeinen Lösungen dieser gewöhnlichen Differenzialgleichungen lauten

$$U(x_1) = a_1\exp\left(\sqrt{-k_{x_1}^2}x_1\right) + a_2\exp\left(-\sqrt{-k_{x_1}^2}x_1\right)$$
$$V(x_2) = a_3\exp\left(\sqrt{-k_{x_2}^2}x_2\right) + a_4\exp\left(-\sqrt{-k_{x_2}^2}x_2\right).$$

Aus den Randbedingungen $u(x_1,0) = u(x_1,b) = 0$ folgt $V(0) = V(b) = 0$. Wir erhalten:

$$V(0) = a_3 + a_4 \Rightarrow a_3 = -a_4$$
$$V(b) = a_3\left(\exp\left(\sqrt{-k_{x_2}^2}b\right) - \exp\left(-\sqrt{-k_{x_2}^2}b\right)\right) = 0$$

Also folgt

$$\exp\left(\sqrt{-k_{x_2}^2}b\right) = \exp\left(-\sqrt{-k_{x_2}^2}b\right) \text{ bzw. } \exp\left(2\sqrt{-k_{x_2}^2}b\right) = 1.$$

Diese Gleichung wird erfüllt für $2\sqrt{-k_{x_2}^2}b = 2\pi i n$ bzw. $\sqrt{k_{x_2}^2} = \frac{\pi n}{b}$. Also ist $k_{x_2}^2 = \frac{\pi^2 n^2}{b^2}$ für $n \in \mathbb{N}$.

Analog erhalten wir aus $u(0,x_2) = u(a,x_2) = 0$ die Bedingungen $U(0) = U(a) = 0$ und damit

$$a_1 = -a_2 \quad \text{und} \quad k_{x_1}^2 = \frac{\pi^2 m^2}{a}, \quad m \in \mathbb{N}.$$

Damit ergeben sich die zugehörigen Lösungen

$$V_n(x_2) = \tilde{c}_n \sin\left(\frac{\pi n}{b}x_2\right),$$
$$U_m(x_1) = \tilde{d}_n \sin\left(\frac{\pi m}{a}x_1\right).$$

Jegliche Linearkombinationen dieser Funktionen sind weitere Lösungen. Insgesamt können wir die Klasse der Lösungen beschreiben durch Entwicklungen der Form

$$u(x_1,x_2) = \sum_{n,m=1}^{\infty} U_m(x_1)V_n(x_2)$$
$$= \sum_{n,m} c_{nm}\sin\left(\frac{\pi m}{a}x_1\right)\sin\left(\frac{\pi n}{b}x_2\right)$$

mit

$$k^2 = k_{x_1}^2 + k_{x_2}^2 = \pi^2\left(\frac{m^2}{a^2} + \frac{n^2}{b^2}\right)$$

und bei entsprechender Konvergenz der Reihe.

29.9 • Indem wir die Darstellung des Laplace-Operators in Polarkoordinaten verwenden, erhalten wir für die Helmholtz-Gleichung

$$\frac{1}{r}\left[\frac{\partial}{\partial r}(r\frac{\partial u}{\partial r}) + \frac{1}{r}\frac{\partial^2 u}{\partial \varphi^2}\right] + k^2 u = 0$$

bzw.

$$\frac{\partial^2 u}{\partial r^2} + \frac{1}{r}\frac{\partial u}{\partial r} + \frac{1}{r^2}\frac{\partial^2 u}{\partial \varphi^2} + k^2 u = 0\,.$$

Der Separationsansatz $u(\boldsymbol{x}) = u_1(r)u_2(\varphi)$ führt auf die beiden Differenzialgleichungen

$$r^2 u_1''(r) + r u_1'(r) + r^2 k^2 + \gamma) u_1(r) = 0$$

und

$$u_2''(\varphi) = \gamma u_2(\varphi)\,.$$

Beachten wir noch, dass u_2 eine 2π-periodische Funktion sein muss, so folgt aus der zweiten Gleichung $\gamma = -n^2$ für $n \in \mathbb{N}$, und es ergeben sich Lösungen vom Typ

$$u_{2,n}(\varphi) = \mathrm{e}^{\pm i n \varphi}\,.$$

Mit der Substitution $r = \frac{t}{k}$ und $f(t) = u_1(\frac{t}{k})$ ergibt sich aus der Differenzialgleichung für r die Bessel'sche Differenzialgleichung

$$t^2 f''(z) + t f'(z) + (t^2 - n^2) f(t) = 0, \quad t > 0\,.$$

Somit folgt, dass

$$u(\boldsymbol{x}) = f_n(kr)\,\mathrm{e}^{\mathrm{i}n\varphi}$$

mit einer Lösung f_n der Bessel'schen Differenzialgleichung eine Lösung der Helmholtz-Gleichung ist.

29.10 •• Das System der charakteristischen Differenzialgleichungen ist mit $w(s) := u(k_1(s), k_2(s))$:

$$\begin{aligned} k_1'(s) &= k_1(s), \\ k_2'(s) &= k_2(s), \\ w'(s) &= -(k_1(s)^2 + k_2(s)^2)\, w(s). \end{aligned}$$

Es folgt $k_1(s) = c_1\,\mathrm{e}^s$, $k_2(s) = c_2\,\mathrm{e}^s$ und somit

$$w'(s) = -(c_1^2 + c_2^2)\,\mathrm{e}^{2s}\, w(s).$$

Dies liefert die Lösung

$$w(s) = c_3 \exp\left(-\frac{1}{2}\,(k_1(s)^2 + k_2(s)^2)\right).$$

Als nächstes wird die Anfangskurve parametrisiert:

$$(x_0(t), y_0(t), u_0(t)) = \left(t, -t^2, \exp\left(-\frac{1}{2}t^2\right)\right).$$

Für $s = 0$ soll $(k(s), w(s))$ auf dieser Anfangskurve liegen. Damit folgt $c_1 = t$, $c_2 = -t^2$ und $c_3 = \exp(\frac{1}{2}\,t^4)$ und

$$x(s,t) = t\,\mathrm{e}^s, \quad y(s,t) = -t^2\,\mathrm{e}^s.$$

Dies liefert

$$t = -\frac{y}{x}.$$

Setzt man jetzt alles ein, erhält man

$$u(x,y) = \exp\left(\frac{1}{2}\frac{y^4}{x^4}\right)\exp\left(-\frac{1}{2}\,(x^2 + y^2)\right).$$

29.11 •• Das charakteristische Differenzialgleichungssystem zu dieser partiellen Differenzialgleichung lautet

$$\begin{aligned} k_1'(s) &= k_1(s) \\ k_2'(s) &= \frac{k_1(s)}{k_2(s)w(s)} \\ w'(s) &= -w(s). \end{aligned}$$

Damit folgt $k_1(s) = c_1\mathrm{e}^s$ und $w(s) = c_3\mathrm{e}^{-s}$. Die Differenzialgleichung für k_2 ist auch separabel und lautet

$$k_2(s)k_2'(s) = \frac{c_1}{c_3}\mathrm{e}^{2s}.$$

Integration liefert

$$\frac{1}{2}\big(k_2(s)\big)^2 = \frac{1}{2}\frac{c_1}{c_3}\mathrm{e}^{2s} + \frac{1}{2}c_2,$$

also (mit $y > 0$)

$$k_2(s) = \sqrt{\frac{c_1}{c_3}\,\mathrm{e}^{2s} + c_2}\,.$$

Die Anfangskurve ist durch $(t^2, t, 1)^\top$, $t > 0$ gegeben. Verknüpfung der Anfangskurve mit den Charakteristiken in $s = 0$ ergibt

$$\begin{aligned} t^2 &= k_1(0) = c_1 \\ 1 &= w(0) = c_3 \\ t &= k_2(0) = \sqrt{\frac{c_1}{c_3} + c_2} = \sqrt{t^2 + c_2}\,, \end{aligned}$$

also $c_2 = 0$. Somit haben wir die folgende Parametrisierung der Lösungsfläche gefunden:

$$\begin{aligned} x(s,t) &= t^2\mathrm{e}^s \\ y(s,t) &= t\mathrm{e}^s \\ u(s,t) &= \mathrm{e}^{-s}. \end{aligned}$$

Damit erhält man $\mathrm{e}^s = \frac{y^2}{x}$, also ist

$$u(x,y) = \frac{x}{y^2}\,.$$

Anwendungsprobleme

29.12 •• Nach der Formel von d'Alembert ist die Lösung u des Anfangswertproblems durch

$$u(x,t) = \frac{1}{2}\Big(g(x+t) + g(x-t)\Big) + \frac{1}{2}\int_{x-t}^{x+t} h(z)\,\mathrm{d}z$$

gegeben. Somit gilt für die ersten partiellen Ableitungen von u

$$\frac{\partial u(x,t)}{\partial x} = \frac{g'(x+t)+g'(x-t)}{2} + \frac{h(x+t)-h(x-t)}{2},$$
$$\frac{\partial u(x,t)}{\partial t} = \frac{g'(x+t)-g'(x-t)}{2} + \frac{h(x+t)+h(x-t)}{2}.$$

Somit sind die beiden Energieterme gegeben durch

$$\begin{aligned}E_p(t) &= \frac{1}{4}\int_{-\infty}^{\infty} \big[(g'(x+t)+g'(x-t)) \\ &\qquad + (h(x+t)-h(x-t))\big]^2 \mathrm{d}x \\ &= \frac{1}{2}\big[\|g'\|^2_{L^2(\mathbb{R})} + \|h\|^2_{L^2(\mathbb{R})}\big] \\ &\quad + \frac{1}{2}\int_{-\infty}^{\infty} g'(x+t)g'(x-t)\,\mathrm{d}x \\ &\quad + \frac{1}{2}\int_{-\infty}^{\infty} (g'(x+t)+g'(x-t))(h(x+t)-h(x-t))\mathrm{d}x \\ &\quad - \frac{1}{2}\int_{-\infty}^{\infty} h(x+t)h(x-t)\,\mathrm{d}x,\end{aligned}$$

bzw.

$$\begin{aligned}E_k(t) &= \frac{1}{4}\int_{-\infty}^{\infty} \big[(g'(x+t)-g'(x-t)) \\ &\qquad + (h(x+t)+h(x-t))\big]^2 \mathrm{d}x \\ &= \frac{1}{2}\big[\|g'\|^2_{L^2(\mathbb{R})} + \|h\|^2_{L^2(\mathbb{R})}\big] \\ &\quad - \frac{1}{2}\int_{-\infty}^{\infty} g'(x+t)g'(x-t)\,\mathrm{d}x \\ &\quad + \frac{1}{2}\int_{-\infty}^{\infty} (g'(x+t)-g'(x-t))(h(x+t)+h(x-t))\mathrm{d}x \\ &\quad + \frac{1}{2}\int_{-\infty}^{\infty} h(x+t)h(x-t)\,\mathrm{d}x\,.\end{aligned}$$

Somit ergibt sich

$$\begin{aligned}E_p(t)+E_k(t) &= \|g'\|^2_{L^2(\mathbb{R})} + \|h\|^2_{L^2(\mathbb{R})} \\ &\quad + \int_{-\infty}^{\infty} (g'(x+t)h(x+t) - g'(x-t)h(x-t))\mathrm{d}x \\ &= \|g'\|^2_{L^2(\mathbb{R})} + \|h\|^2_{L^2(\mathbb{R})} \\ &\quad + \int_{-\infty}^{\infty} (g'(z)h(z) - g'(z)h(z))\,\mathrm{d}z \\ &= \|g'\|^2_{L^2(\mathbb{R})} + \|h\|^2_{L^2(\mathbb{R})}.\end{aligned}$$

Dieser Ausdruck ist unabhängig von t und damit konstant.

Da die Funktionen g' und h außerhalb eines kompakten Intervalls verschwinden, ist für genügend großes t ein Produkt $g(x+t)g(x-t)$ bzw. $h(x+t)h(x-t)$ immer null. Damit verschwinden solche Ausdrücke für $t \to \infty$ aus den Formeln für E_p und E_k. Es gilt

$$\begin{aligned}\lim_{t\to\infty} E_p(t) &= \frac{1}{2}\big[\|g'\|^2_{L^2(\mathbb{R})} + \|h\|^2_{L^2(\mathbb{R})}\big] \\ &\quad + \lim_{t\to\infty} \frac{1}{2}\int_{-\infty}^{\infty} (g'(x+t)h(x+t) \\ &\qquad - g'(x-t)h(x-t))\,\mathrm{d}x \\ &= \frac{1}{2}\big[\|g'\|^2_{L^2(\mathbb{R})} + \|h\|^2_{L^2(\mathbb{R})}\big],\end{aligned}$$

und analog für $\lim_{t\to\infty} E_k(t)$.

29.13 ••• (a) Auf einem Intervall $[a,b]$ befinden sich zum Zeitpunkt t die Fahrzeuge

$$N(t) = \int_a^b \rho(x,t)\,\mathrm{d}x.$$

Die Ableitung von N ist

$$N'(t) = \frac{\mathrm{d}}{\mathrm{d}t}\int_a^b \rho(x,t)\,\mathrm{d}x = \int_a^b \frac{\partial \rho(x,t)}{\partial t}\,\mathrm{d}x.$$

Gleichzeitig entspricht die Änderungsrate der Fahrzeuge im Intervall $[a,b]$ der Differenz der Dichte der Fahrzeuge, die die Punkte a bzw. b passieren, d. h.

$$N'(t) = q(a,t) - q(b,t) = -\int_a^b \frac{\partial q(x,t)}{\partial x}\,\mathrm{d}x.$$

Somit gilt die Gleichung

$$\int_a^b \left(\frac{\partial \rho(x,t)}{\partial t} + \frac{\partial q(x,t)}{\partial x}\right)\mathrm{d}x = 0$$

für jedes Intervall $[a,b]$. Somit folgt

$$\frac{\partial \rho(x,t)}{\partial t} + \frac{\partial q(x,t)}{\partial x} = 0$$

für $x \in \mathbb{R}$ und $t > 0$.

(b) Mit der Geschwindigkeit v gilt der Zusammenhang

$$q(x,t) = v(x,t)\,\rho(x,t), \quad x \in \mathbb{R},\ t > 0.$$

Somit ist

$$\begin{aligned}\frac{\partial q(x,t)}{\partial x} &= \frac{\partial v(x,t)}{\partial x}\,\rho(x,t) + v(x,t)\,\frac{\partial \rho(x,t)}{\partial x}\\ &= -c\,\rho(x,t)\,\frac{\rho_x(x,t)}{\rho_0} + c\,\rho_x(x,t)\left(1-\frac{\rho(x,t)}{\rho_0}\right)\\ &= c,\rho_x(x,t)\left(1-\frac{2\rho(x,t)}{\rho_0}\right)\\ &= \frac{\partial \rho(x,t)}{\partial x}\,u(x,t).\end{aligned}$$

Ferner ist

$$\begin{aligned}\frac{\partial u(x,t)}{\partial x} &= -2c\,\frac{\rho_x(x,t)}{\rho_0},\\ \frac{\partial u(x,t)}{\partial t} &= -2c\,\frac{\rho_t(x,t)}{\rho_0}.\end{aligned}$$

Somit folgt

$$\begin{aligned}u_t(x,t) + u(x,t)u_x(x,t) &= -2c\frac{\rho_t(x,t)}{\rho_0} - 2cu(x,t)\frac{\rho_x(x,t)}{\rho_0}\\ &= -\frac{2c}{\rho_0}(\rho_t(x,t) + q_x(x,t))\\ &= 0\end{aligned}$$

nach Aufgabenteil (a).

(c) Das charakteristische Differenzialgleichungssystem ist

$$\begin{aligned}k_1'(\tau) &= 1,\\ k_2'(\tau) &= w(\tau),\\ w'(\tau) &= 0.\end{aligned}$$

Die Lösung ist durch

$$\begin{aligned}k_1(\tau) &= \tau + c_1,\\ k_2(\tau) &= c_2 + c_3\,\tau,\\ w(\tau) &= c_3\end{aligned}$$

für $\tau \in \mathbb{R}$ gegeben.

Je nach Startpunkt $x_0 \in \mathbb{R}$ für den Anfangszeitpunkt $t = 0$ erhalten wir Grundcharakteristiken mit unterschiedlichem Verhalten. Es ist

$$\begin{aligned}x - x_0 &= t, & x_0 &\le 0,\\ x - x_0 &= 0, & x_0 &\ge 1,\\ x - x_0 &= (1-x_0)\,t, & 0 < x_0 &< 1.\end{aligned}$$

Die Lösung ist für $0 \le t \le 1$ entsprechend gegeben durch

$$u(x,t) = \begin{cases} 1, & x \le t,\\ \frac{1-x}{1-t}, & t < x < 1,\\ 0, & x \ge 1.\end{cases}$$

Im Punkt $x = t = 1$ treffen alle Grundcharakteristiken für $0 < x_0 < 1$ aufeinander. Die Funktion u besitzt entlang der Geraden $t = 1$ einen Sprung.

Dementsprechend springt auch die Geschwindigkeit der Fahrzeuge im Verkehrsmodell. Durch das Auffahren schnellerer Fahrzeuge auf langsamere, zum Beispiel am Ende eines Staus, kommt es zu solchen Phänomenen. Es bildet sich ein sogenannter Schock. Die Fortbewegung dieses Schocks und damit die Gestalt der Lösung für $t > 1$ kann nur durch die Betrachtung von schwachen Lösungen der Burger-Gleichung ermittelt werden.

29.14 •• Die Punkte des Gitters lauten

$$\boldsymbol{x}_{jk} = \left(\frac{j}{N}, \frac{k}{N}\right)^\top, \quad j,k = 0,\ldots,N.$$

Da laut Voraussetzung Lösungs- und Testfunktion in den Gitterpunkten auf dem Rand von Q verschwinden, definieren wir nur Basisfunktionen, die mit den Knoten im Innern $\boldsymbol{x}_{jk}$, $j,k = 1,\ldots,N-1$, assoziiert sind. Die Dimension der Steifigkeitsmatrix ist demnach $(N-1)^2$.

Wir nummerieren alle Knoten kontinuierlich durch, $\boldsymbol{x}_m = \boldsymbol{x}_{jk}$ mit

$$m = (k-1)(N-1) + j, \quad j,k = 1,\ldots,N-1,$$

und definieren φ_m durch die Eigenschaften

- $\varphi_m(\boldsymbol{x}_{m'}) = \delta_{m\,m'}$,
- $\varphi_m(\boldsymbol{x}) = (a\,x_1+b)(c\,x_2+d)$ auf jedem Quadrat des Gitters.

Die Einträge der Steifigkeitsmatrix $\boldsymbol{A} = (a_{m\,m'})$ sind nun durch

$$a_{m\,m'} = \int_Q \nabla\varphi_m(\boldsymbol{x}) \cdot \nabla\varphi_{m'}\,\mathrm{d}\boldsymbol{x}, \quad m,m' = 1,\ldots,(N-1)^2,$$

gegeben. Da der Integrand hier nur von null verschieden ist, wenn $m' = m$ oder einer der 8 direkt zu m benachbarten Knoten ist, sind höchstens 9 Einträge in jeder Zeile der Matrix von null verschieden.

Als Referenzquadrat wählen wir $R = [0,1] \times [0,1]$. Die Formfunktionen müssen bezüglich beider Argumente linear und in einem Eckpunkt gleich 1 sein. In den anderen Eckpunkten verschwinden sie. Es sind dies die Funktionen

$$\begin{aligned}\psi_1(y_1,y_2) &= y_1\,y_2,\\ \psi_2(y_1,y_2) &= (1-y_1)\,y_2,\\ \psi_3(y_1,y_2) &= y_1\,(1-y_2),\\ \psi_4(y_1,y_2) &= (1-y_1)\,(1-y_2),\end{aligned}$$

jeweils für $\boldsymbol{y} = (y_1,y_2) \in R$.

Kapitel 30

Aufgaben

Verständnisfragen

30.1 • Gegeben ist die Funktion

$$f(x) = \begin{cases} x, & 0 < x \leq \frac{\pi}{2} \\ \frac{\pi}{2}, & \frac{\pi}{2} < x \leq \pi. \end{cases}$$

Setzen Sie die Funktion

(a) als gerade Funktion,
(b) als ungerade Funktion,
(c) als π-periodische Funktion

auf das Intervall $[-\pi, 0)$ fort. Skizzieren Sie jeweils den Funktionsverlauf in $(-\pi, \pi)$ und berechnen Sie die komplexen Fourierkoeffizienten c_0, c_1 und c_{-1} sowie die reellen Koeffizienten a_0, a_1 und b_1.

30.2 •• Leiten Sie aus der komplexen Darstellung der Parseval'schen Gleichung (siehe S. 1147) die folgende reelle Form her: Für eine reellwertige Funktion $f \in L^2(\pi, \pi)$ mit den Fourierkoeffizienten a_k, $k \in \mathbb{N}_0$ bzw. b_k, $k \in \mathbb{N}$ gilt

$$2\,a_0^2 + \sum_{k=1}^{\infty}(a_k^2 + b_k^2) = \frac{1}{\pi}\int_{-\pi}^{\pi} |f(x)|^2 \mathrm{d}x.$$

30.3 •• Die mit 2π-periodische Funktion $f : \mathbb{R} \to \mathbb{R}$ besitzt im Intervall $(-\pi, \pi)$ die Werte

$$f(x) = \cosh x, \quad x \in (-\pi, \pi).$$

Begründen Sie, dass f stückweise stetig differenzierbar ist. Ist f auch stetig differenzierbar?

Bestimmen Sie auch die Fourierreihe der Funktion in reeller Form. Ist diese punktweise konvergent? Tritt das Gibbs'sche Phänomen auf?

30.4 ••• Sind $f, g : \mathbb{R} \to \mathbb{C}$ 2π-periodische Funktionen mit $f, g \in L^2(-\pi, \pi)$, so ist auch h definiert durch

$$h(x) = \int_{-\pi}^{\pi} f(x-t)\,g(t)\,\mathrm{d}t, \quad x \in (-\pi, \pi),$$

eine Funktion aus $L^2(-\pi, \pi)$. Man nennt h die **Faltung** von f mit g.

Wir bezeichnen mit (f_k), (g_k) bzw. (h_k) die Fourierkoeffizienten der entsprechenden Funktion. Zeigen Sie den *Faltungssatz*

$$h_k = 2\pi\, f_k g_k, \quad k \in \mathbb{Z}.$$

30.5 •• Der Satz über die trigonometrische Interpolation von S. 1158 soll bewiesen werden. Dazu sind für $N \in \mathbb{N}$ die Interpolationspunkte durch

$$x_j = -\pi + j\,\frac{\pi}{N}, \quad j = 0, \ldots, 2N$$

gegeben. Zeigen Sie:

(a) Es gelten die Gleichungen

$$\sum_{j=0}^{2N-1} \mathrm{e}^{\mathrm{i}(l-k)x_j} = \begin{cases} 2N, & l = k, \\ 0, & \text{sonst}, \end{cases}$$

$$\sum_{k=-N+1}^{N} \mathrm{e}^{\mathrm{i}k(x_j - x_l)} = \begin{cases} 2N, & j = l, \\ 0, & \text{sonst}. \end{cases}$$

(b) Erfüllen die Zahlen $c_{-N+1}, \ldots, c_N \in \mathbb{C}$ das Gleichungssystem

$$\sum_{k=-N+1}^{N} c_k\,\mathrm{e}^{\mathrm{i}kx_j} = f(x_j), \quad j = 0, \ldots, 2N-1,$$

so gilt

$$c_k = \frac{1}{2N}\sum_{j=0}^{2N-1} f(x_j)\,\mathrm{e}^{-\mathrm{i}kx_j}, \quad k = -N+1, \ldots, N.$$

(c) Durch die c_k aus der letzten Formel in Aufgabenteil (b) ist eine Lösung des Gleichungssystems aus Teil (b) gegeben.

T. Arens et al., *Arbeitsbuch Mathematik*, https://doi.org/10.1007/978-3-662-64391-4_29

Rechenaufgaben

30.6 • Bestimmen Sie die komplexen Fourierkoeffizienten der Funktion f, die durch

$$f(x) = \begin{cases} 0, & -\pi < x \leq 0, \\ e^{ix}, & 0 < x \leq \pi, \end{cases}$$

gegeben ist.

30.7 •• Entwickeln Sie die Funktion

$$f(x) = x \cos x, \quad x \in (-\pi, \pi),$$

in eine Fourierreihe in reeller Form.

30.8 •• Die 2π-periodische Funktion f ist auf dem Intervall $(-\pi, \pi)$ durch

$$f(x) = |x| \, (\pi - |x|)$$

gegeben. Skizzieren Sie f und berechnen Sie die reellen Fourierkoeffizienten. Warum konvergiert die Fourierreihe für jedes $x \in \mathbb{R}$? Zeigen Sie außerdem

$$\sum_{n=1}^{\infty} \frac{1}{n^4} = \frac{\pi^4}{90}.$$

30.9 •• Berechnen Sie den Wert der Reihe

$$\sum_{n=1}^{\infty} (-1)^{n+1} \frac{1}{4n^2 - 1}$$

unter Verwendung der Fourierreihe der 2π-periodischen Funktion f mit

$$f(x) = \cos\left(\frac{x}{2}\right), \quad x \in (-\pi, \pi).$$

Zeigen Sie dazu

$$\int_{-\pi}^{\pi} \cos\frac{x}{2} \cos(nx) \, dx = (-1)^n \frac{4}{1 - 4n^2}$$

für $n = 1, 2, 3, \ldots$

30.10 ••• Die Funktion f ist auf $\mathbb{R}$ gegeben durch

$$f(x) = \begin{cases} x\,(\pi - x), & 0 \leq x \leq \pi, \\ 0, & \text{sonst.} \end{cases}$$

(a) Zeigen Sie, dass $g : \mathbb{R} \to \mathbb{R}$, definiert durch

$$g(x) = f\left(x + \frac{\pi}{2}\right), \quad x \in \mathbb{R},$$

eine gerade Funktion ist.

(b) Bestimmen Sie die reellen Fourierkoeffizienten von g.

(c) Zeigen Sie

$$\int_{-\pi}^{\pi} f(x) \, e^{-inx} \, dx = (-i)^n \int_{-\pi}^{\pi} g(x) \cos(nx) \, dx, \quad n \in \mathbb{Z},$$

und bestimmen Sie die komplexen Fourierkoeffizienten von f.

Anwendungsprobleme

30.11 •• Beim Anschlagen einer Saite werden Obertöne angeregt. Sie sind auch wichtig für die Klangfarbe. Nun ist es so, dass die zweite und vierte Oberschwingung genau ins Halbtonkonzept passen, in dem eine Oktave in 12 Halbtöne zerlegt wird, die dritte und sechste fast genau und die fünfte auch noch einigermaßen. Die siebente Oberschwingung aber liegt ziemlich genau zwischen zwei Halbtönen und sorgt entsprechend für Dissonanzen. Wo muss man eine Saite anschlagen, um die siebente Oberschwingung so weit wie möglich zu unterdrücken?

30.12 •• Ermitteln Sie mit einem Separationsansatz die Lösung $u : [0, \pi] \times \mathbb{R}_{>0} \to \mathbb{R}$ des Problems

$$u_{xx}(x,t) - 4u_t(x,t) - 3u(x,t) = 0$$

mit Anfangswert $u(x, 0) = x\,(x^2 - \pi^2)$ für $x \in [0, \pi]$ und Randwerten $u(0, t) = u(\pi, t) = 0$.

30.13 ••• Eine zirkulante $n \times n$-Matrix ist eine Matrix $\boldsymbol{C} = (c_{jk}) \in \mathbb{C}^{n \times n}$ mit

$$c_{jk} = \gamma_{j-k}, \quad j, k = 1, \ldots, n,$$

mit $\gamma_j \in \mathbb{C}$, $j = 1 - n, \ldots, n - 1$ und

$$\gamma_{j-n} = \gamma_j, \quad j = 1, \ldots, n - 1.$$

(a) Überlegen Sie sich ein Beispiel für eine zirkulante (4×4)-Matrix.

(b) Es ist $\boldsymbol{C}$ eine zirkulante $(2N \times 2N)$-Matrix, $\boldsymbol{a} = (a_0, \ldots, a_{2N-1})^T \in \mathbb{C}^{2N}$, $\boldsymbol{\gamma} = (\gamma_0, \ldots, \gamma_{2N-1})^T$ und $\boldsymbol{b} = \boldsymbol{C}\boldsymbol{a}$. Mit $\boldsymbol{F}$ bezeichnen wir die Matrix der diskreten Fouriertransformation. Zeigen Sie:

$$(\boldsymbol{F}\boldsymbol{b})_j = 2N \, (\boldsymbol{F}\boldsymbol{\gamma})_j (\boldsymbol{F}\boldsymbol{a})_j, \quad j = 0, \ldots, 2N - 1.$$

(c) Wieso kann die Multiplikation mit einer zirkulanten Matrix effizient implementiert werden?

Hinweise

Verständnisfragen

30.1 • Nutzen Sie die vereinfachten Formeln zur Berechnung der Fourierkoeffizienten für gerade bzw. ungerade Funktionen und den Zusammenhang zwischen reellen und komplexen Fourierkoeffizienten.

30.2 •• Berechnen Sie die reellen Fourierkoeffizienten und setzen Sie sie in die Parseval'sche Gleichung in der komplexen Form ein.

30.3 •• Wie sieht f an den Stellen $\pm\pi$ aus? Stellen Sie für die Bestimmung der Fourierreihe fest, ob die Funktion gerade oder ungerade ist und nutzen Sie die vereinfachten Formeln für die Fourierkoeffizienten.

30.4 ••• Schreiben Sie einen Ausdruck zur Berechnung von h_k hin und vertauschen Sie die Reihenfolge der Integrale. Nutzen Sie dann die Periodizität von f bzw. von g.

30.5 •• (a) Nutzen Sie die geometrische Summenformel. (b) und (c): Die Aussagen folgen durch einfaches Einsetzen aus Teil (a).

Rechenaufgaben

30.6 • Verwenden Sie die Formel für die Fourierkoeffizienten und berechnen Sie das Integral.

30.7 •• Ist die Funktion gerade oder ungerade, so dass die vereinfachten Formeln für die Fourierkoeffizienten verwendet werden können? Zur Berechnung der Integrale zeigen Sie zunächst $\cos(x)\,\sin(kx) = (1/2)\,(\sin((k+1)x) + \sin((k-1)x))$.

30.8 •• Verwenden Sie zur Berechnung der reellen Fourierkoeffizienten die Tatsache, dass f gerade ist. Man muss partiell integrieren. Den Reihenwert erhält man durch Anwendung der Parseval'schen Gleichung für die Funktion f.

30.9 •• Bei der zunächst zu zeigenden Formel führt man für die linke Seite zweimal eine partielle Integration durch. Man erhält wieder dasselbe Integral mit einem anderen Vorfaktor und kann auflösen. Die Fourierreihe müssen Sie an der Stelle 0 betrachten.

30.10 ••• (a) Berechnen Sie g explizit. (b) Nutzen Sie die vereinfachten Formeln für eine gerade Funktion. (c) Nutzen Sie, dass g außerhalb eines bestimmten Intervalls verschwindet, und verwenden Sie die Euler'sche Formel.

Anwendungsprobleme

30.11 •• Betrachten Sie eine Saite der Länge π. Die Anfangsauslenkung modelliert man als eine stückweise lineare Funktion. Aus ihren Fourierkoeffizienten erhält man die Lösung nach den Überlegungen vom Anfang des Kapitels.

30.12 •• Schreiben Sie $u(x,t) = v(t)w(x)$ und stellen Sie gewöhnliche Differenzialgleichungen für v und w auf. Die Gesamtlösung ist eine Reihe über alle so erhaltene Lösungen. Indem man die Fourierreihe der Anfangswerte aufstellt, erhält man die Koeffizienten durch Koeffizientenvergleich. Ausführlich sind Separationsansätze im Kap. 29 beschrieben.

30.13 ••• (a) In jeder Zeile müssen dieselben Einträge vorkommen, aber jeweils nach rechts verschoben. (b) Drücken Sie $(\boldsymbol{F}\boldsymbol{b})_j$ durch γ, $\boldsymbol{a}$ und ω_{jk} aus und nutzen Sie die Periodizität von γ. (c) FFT.

Lösungen

Verständnisfragen

30.1 • (a) $c_0 = a_0 = (3/8)\pi$, $a_1 = -2/\pi$, $b_1 = 0$, $c_1 = c_{-1} = -1/\pi$.

(b) $c_0 = a_0 = a_1 = 0$, $b_1 = 1 + 2/\pi$, $c_1 = -\mathrm{i}\,(1/2 + 1/\pi)$, $c_{-1} = \mathrm{i}\,(1/2 + 1/\pi)$.

(c) $c_0 = a_0 = (3/8)\,\pi$, $a_1 = b_1 = c_1 = c_{-1} = 0$.

30.2 •• Siehe ausführlichen Lösungsweg.

30.3 •• $a_0 = \sinh(\pi)/\pi$, $a_k = (2\,(-1)^k \sinh(\pi))/(\pi\,(1+k^2))$.

Das Gibbs'sche Phänomen tritt nicht auf.

30.4 ••• Siehe ausführlichen Lösungsweg.

30.5 •• Siehe ausführlichen Lösungsweg.

Rechenaufgaben

30.6 • $c_1 = 1/2$, $c_k = 0$ für k ungerade, $k \neq 1$ und $c_k = \mathrm{i}/(\pi\,(1-k))$, k gerade.

30.7 •• Die Fourierreihe lautet

$$\left(-\frac{1}{2}\,\sin(x) + \sum_{k=2}^{\infty} \frac{(-1)^k\,2k}{k^2-1}\,\sin(kx)\right).$$

Kapitel 30

30.8 •• $a_0 = \pi^2/6, a_{2k-1} = 0, a_{2k} = (-1)/(k^2), b_k = 0, k \in \mathbb{N}$.

30.9 •• Die Fourierreihe von f lautet

$$\left(\frac{2}{\pi} + \sum_{n=1}^{\infty} \frac{4}{\pi} \frac{(-1)^{n+1}}{4n^2 - 1} \cos(nx)\right).$$

30.10 ••• (b) Die Fourierkoeffizienten sind $a_n = -\frac{2(-1)^k}{(2k)^2}$ für $n = 2k$, $k = 1, 2, 3, \ldots$, bzw. $a_n = \frac{4(-1)^k}{\pi(2k+1)^3}$ für $n = 2k+1, k = 0, 1, 2, 3, \ldots$ sowie $b_n = 0, n = 1, 2, 3, \ldots$. (c) Die Fourierkoeffizienten sind $c_0 = \pi^2/12$ und $c_{\pm n} = -\frac{1}{(2k)^2}$ für $n = 2k, k = 1, 2, 3, \ldots$, bzw. $c_\pm = \mp\frac{2i}{\pi(2k+1)^2}$ für $n = 2k+1$, $k = 0, 1, 2, 3, \ldots$

Anwendungsprobleme

30.11 •• Für eine Saite der Länge π muss man an einer der Stellen $x_0 = n\pi/7, n = 1, \ldots, 6$, anschlagen.

30.12 •• Die Lösung lautet

$$u(x,t) = \sum_{n=1}^{\infty} \frac{12(-1)^n}{n^3} \mathrm{e}^{\frac{3+n^2}{4}t} \sin(nx).$$

30.13 ••• (a) Ein Beispiel ist

$$\boldsymbol{C} = \begin{pmatrix} 2 & -1 & 3 & 0 \\ 0 & 2 & -1 & 3 \\ 3 & 0 & 2 & -1 \\ -1 & 3 & 0 & 2 \end{pmatrix}$$

(b) Siehe ausführlichen Lösungsweg.

(c) Mithilfe der FFT ist der Aufwand $\mathrm{O}(N \ln N)$ Operationen.

Lösungswege

Verständnisfragen

30.1 • In der Abb. 30.17 sind die drei Fortsetzungen dargestellt. Für die Berechnung der Koeffizienten gilt:

(a) Es soll f gerade fortgesetzt werden, es gilt also

$$c_0 = a_0 = \frac{1}{\pi}\int_0^{\pi} f(x)\,\mathrm{d}x = \frac{1}{\pi}\int_0^{\pi/2} x\,\mathrm{d}x + \frac{\pi}{4} = \frac{3}{8}\pi$$

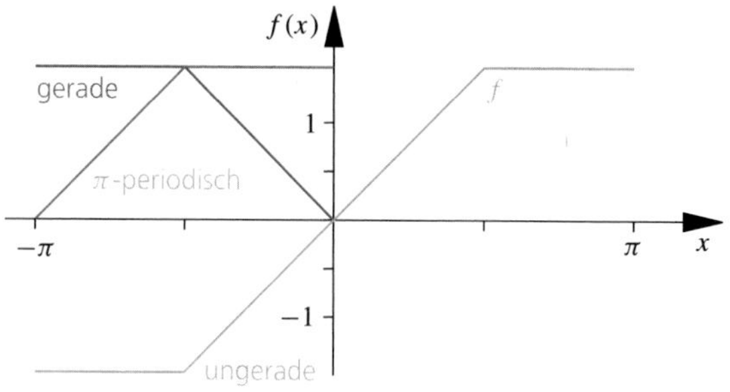

Abb. 30.17 Die Funktion f und ihre Fortsetzungen auf das Intervall $(-\pi, 0)$

und

$$\begin{aligned} a_1 &= \frac{2}{\pi}\int_0^{\pi} f(x)\cos x\,\mathrm{d}x \\ &= \frac{2}{\pi}\int_0^{\pi/2} x\cos x\,\mathrm{d}x + \frac{2}{\pi}\int_{\pi/2}^{\pi} \frac{\pi}{2}\cos x\,\mathrm{d}x \\ &= \frac{2}{\pi}[x\sin x + \cos x]_0^{\pi/2} + [\sin x]_{\pi/2}^{\pi} \\ &= 1 - \frac{2}{\pi} - 1 = -\frac{2}{\pi}. \end{aligned}$$

Da f_a reell und gerade sein soll, ist $b_1 = 0$ und

$$c_1 = c_{-1} = \frac{a_1}{2} = -\frac{1}{\pi}.$$

(b) Da f_b reell und ungerade ist, gilt $c_0 = a_0 = 0$ und $a_1 = 0$. Es bleibt

$$\begin{aligned} b_1 &= \frac{2}{\pi}\int_0^{\pi} f(x)\sin x\,\mathrm{d}x \\ &= \frac{2}{\pi}\int_0^{\pi} 2x\sin x\,\mathrm{d}x + \frac{2}{\pi}\int_{\pi/2}^{\pi} \frac{\pi}{2}\sin x\,\mathrm{d}x \\ &= \frac{2}{\pi}[\sin x - x\cos x]_0^{\pi/2} - [\cos x]_{\pi/2}^{\pi} \\ &= \frac{2}{\pi} - (-1) = \frac{2}{\pi} + 1. \end{aligned}$$

Daraus folgt

$$c_1 = -\frac{\mathrm{i}\,b_1}{2} = -\mathrm{i}\left(\frac{1}{\pi} + \frac{1}{2}\right)$$

und

$$c_{-1} = \frac{\mathrm{i}\,b_1}{2} = \mathrm{i}\left(\frac{1}{\pi} + \frac{1}{2}\right).$$

(c) Es gilt hier

$$c_0 = a_0 = \frac{1}{2\pi}\int_{-\pi}^{\pi} f(x)\,\mathrm{d}x = \frac{2}{2\pi}\int_0^{\pi} f(x)\,\mathrm{d}x = \frac{3}{8}\pi$$

wie in Teil (a). Ferner ist

$$a_1 = \frac{1}{\pi}\int_{-\pi}^{\pi} f(x)\,\cos x\,\mathrm{d}x = \frac{1}{\pi}\int_{-\pi}^{0} f(x+\pi)\,\cos x\,\mathrm{d}x + \frac{1}{\pi}\int_0^{\pi} f(x)\,\cos x\,\mathrm{d}x.$$

Mit der Substitution $t = x + \pi$ im ersten Integral folgt

$$a_1 = \frac{1}{\pi}\int_0^{\pi} f(t)\,\cos(t-\pi)\,\mathrm{d}t + \frac{1}{\pi}\int_0^{\pi} f(x)\,\cos x\,\mathrm{d}x = -\frac{1}{\pi}\int_0^{\pi} f(t)\,\cos(t)\,\mathrm{d}t + \frac{1}{\pi}\int_0^{\pi} f(x)\,\cos x\,\mathrm{d}x = 0.$$

und ganz analog folgt $b_1 = 0$. Damit ist auch $c_1 = c_{-1} = 0$.

30.2 •• Es ist nach der Parseval'schen Gleichung (auf beiden Seiten mit 2 multipliziert), gilt

$$\frac{1}{\pi}\int_{-\pi}^{\pi} |f(x)|^2\,\mathrm{d}x = 2\sum_{k=-\infty}^{\infty} |c_k|^2 = 2\,|c_0|^2 + 2\sum_{k=1}^{\infty}\left(|c_k|^2 + |c_{-k}|^2\right).$$

Da $c_0 = a_0$ ist, haben wir bereits den ersten Term gefunden.

Weil f reellwertig ist, sind die Koeffizienten a_k bzw. b_k ebenfalls reell. Damit ist

$$|c_k|^2 = \left|\frac{a_k - \mathrm{i}\,b_k}{2}\right|^2 = \frac{1}{4}(a_k - \mathrm{i}\,b_k)(a_k + \mathrm{i}\,b_k) = \frac{1}{4}\left(a_k^2 + \mathrm{i}\,a_k\,b_k - \mathrm{i}\,a_k\,b_k + b_k^2\right) = \frac{1}{4}\left(a_k^2 + b_k^2\right).$$

Ganz analog folgt

$$|c_{-k}|^2 = \frac{1}{4}\left(a_k^2 + b_k^2\right).$$

Somit erhalten wir

$$|c_k|^2 + |c_{-k}|^2 = \frac{1}{2}\left(a_k^2 + b_k^2\right).$$

Setzen wir dies in die Formel oben ein, so steht die Behauptung da.

30.3 •• Auf dem Intervall $(-\pi, \pi)$ ist f stetig differenzierbar mit der Ableitung

$$f'(x) = \sinh(x).$$

Diese lässt sich stetig fortsetzen in die Randpunkte $\pm\pi$. Dasselbe Argument gilt für jedes andere Intervall der Form $((2k-1)\pi, (2k+1)\pi)$, $k \in \mathbb{Z}$. Daher ist f stückweise stetig differenzierbar.

Die Funktion ist allerdings nicht stetig differenzierbar, denn es ist zum Beispiel

$$\sinh(\pi) = f'((-\pi)-) \neq f'((-\pi)+) = \sinh(-\pi).$$

Da f eine gerade Funktion ist, sind die Koeffizienten $b_k = 0$, $k \in \mathbb{N}$. Ferner ist

$$a_0 = \frac{1}{\pi}\int_0^{\pi} \cosh(x)\,\mathrm{d}x = \frac{1}{\pi}\,[\sinh(x)]_0^{\pi} = \frac{\sinh(\pi)}{\pi}$$

und

$$\begin{aligned} a_k &= \frac{2}{\pi}\int_0^{\pi} \cosh(x)\,\cos(kx)\,\mathrm{d}x \\ &= \frac{1}{2\pi}\int_0^{\pi} \left(\mathrm{e}^x + \mathrm{e}^{-x}\right)\left(\mathrm{e}^{\mathrm{i}kx} + \mathrm{e}^{-\mathrm{i}kx}\right)\mathrm{d}x \\ &= \frac{1}{2\pi}\int_0^{\pi} \left(\mathrm{e}^{(1+\mathrm{i}k)x} + \mathrm{e}^{(1-\mathrm{i}k)x} + \mathrm{e}^{-(1-\mathrm{i}k)x} + \mathrm{e}^{-(1+\mathrm{i}k)x}\right)\mathrm{d}x \\ &= \frac{1}{2\pi}\left[\frac{\mathrm{e}^{(1+\mathrm{i}k)x} - \mathrm{e}^{-(1+\mathrm{i}k)x}}{1+\mathrm{i}k} + \frac{\mathrm{e}^{(1-\mathrm{i}k)x} - \mathrm{e}^{-(1-\mathrm{i}k)x}}{1-\mathrm{i}k}\right]_0^{\pi} \\ &= \frac{1}{2\pi}\left(\frac{\mathrm{e}^{(1+\mathrm{i}k)\pi} - \mathrm{e}^{-(1+\mathrm{i}k)\pi}}{1+\mathrm{i}k} + \frac{\mathrm{e}^{(1-\mathrm{i}k)\pi} - \mathrm{e}^{-(1-\mathrm{i}k)\pi}}{1-\mathrm{i}k}\right). \end{aligned}$$

Da $\exp(\mathrm{i}k\pi) = \exp(-\mathrm{i}k\pi) = (-1)^k$, $k \in \mathbb{Z}$, folgt

$$\begin{aligned} a_k &= \frac{(-1)^k}{2\pi}\left(\frac{\mathrm{e}^{\pi} - \mathrm{e}^{-\pi}}{1+\mathrm{i}k} + \frac{\mathrm{e}^{\pi} - \mathrm{e}^{-\pi}}{1+\mathrm{i}k}\right) \\ &= \frac{2\,(-1)^k\,\sinh(\pi)}{\pi}\left(\frac{1}{1+\mathrm{i}k} + \frac{1}{1-\mathrm{i}k}\right) \\ &= \frac{2\,(-1)^k\,\sinh(\pi)}{\pi\,(1+k^2)}. \end{aligned}$$

Da f stetig und stückweise stetig differenzierbar ist, konvergiert die Fourierreihe an jeder Stelle $x \in \mathbb{R}$ gegen $f(x)$, es gilt also

$$f(x) = \frac{\sinh(\pi)}{\pi}\left(1 + 2\sum_{k=1}^{\infty}\frac{(-1)^k}{1+k^2}\cos(kx)\right).$$

Das Gibbs'sche Phänomen kann nicht auftreten, denn f ist stetig.

30.4 ••• Wir bestimmen die Fourierkoeffizienten (h_k) durch

$$\begin{aligned} h_k &= \frac{1}{2\pi}\int_{-\pi}^{\pi} h(x)\,\mathrm{e}^{-\mathrm{i}kx}\,\mathrm{d}x \\ &= \frac{1}{2\pi}\int_{-\pi}^{\pi}\int_{-\pi}^{\pi} f(x-t)\,g(t)\,\mathrm{d}t\,\mathrm{e}^{-\mathrm{i}kx}\,\mathrm{d}x. \end{aligned}$$

Da $f, g \in L^2(-\pi,\pi)$ und $\mathrm{e}^{-\mathrm{i}kx} \in C^\infty([-\pi,\pi])$, ist der gesamte Integrand auf dem Quadrat $(-\pi,\pi)\times(-\pi,\pi)$ integrierbar. Nach dem Satz von Fubini darf die Integrationsreihenfolge vertauscht werden. Es folgt

$$h_k = \frac{1}{2\pi}\int_{-\pi}^{\pi} g(t)\int_{-\pi}^{\pi} f(x-t)\,\mathrm{e}^{-\mathrm{i}kx}\,\mathrm{d}x\,\mathrm{d}t.$$

Nun Substituieren wir im inneren Integral $x = t+s$ und erhalten

$$\begin{aligned} h_k &= \frac{1}{2\pi}\int_{-\pi}^{\pi} g(t)\int_{-\pi-t}^{\pi-t} f(s)\mathrm{e}^{-\mathrm{i}k(t+s)}\,\mathrm{d}s\,\mathrm{d}t \\ &= \frac{1}{2\pi}\int_{-\pi}^{\pi} g(t)\,\mathrm{e}^{-\mathrm{i}kt}\int_{-\pi-t}^{\pi-t} f(s)\mathrm{e}^{-\mathrm{i}ks}\,\mathrm{d}s\,\mathrm{d}t. \end{aligned}$$

Jetzt nutzen wir, dass f 2π-periodisch ist und wir den Integrationsbereich des inneren Integrals wieder auf das Intervall $(-\pi,\pi)$ verschieben können. Dadurch separieren die Integrale, und wir folgern

$$\begin{aligned} h_k &= \frac{1}{2\pi}\int_{-\pi}^{\pi} g(t)\,\mathrm{e}^{-\mathrm{i}kt}\int_{-\pi}^{\pi} f(s)\mathrm{e}^{-\mathrm{i}ks}\,\mathrm{d}s\,\mathrm{d}t \\ &= \frac{1}{2\pi}\int_{-\pi}^{\pi} g(t)\,\mathrm{e}^{-\mathrm{i}kt}\,\mathrm{d}t\int_{-\pi}^{\pi} f(s)\mathrm{e}^{-\mathrm{i}ks}\,\mathrm{d}s \\ &= 2\pi\, g_k\, f_k. \end{aligned}$$

Damit ist der Faltungssatz bewiesen.

30.5 •• (a) Ist $l-k$ kein Vielfaches von $2N$, so gilt unter Verwendung der geometrischen Summenformel

$$\begin{aligned} \sum_{j=0}^{2N-1}\mathrm{e}^{\mathrm{i}(l-k)x_j} &= \mathrm{e}^{-\mathrm{i}(l-k)\pi}\sum_{j=0}^{2N-1}\mathrm{e}^{\mathrm{i}(l-k)j\pi/N} \\ &= \mathrm{e}^{-\mathrm{i}(l-k)\pi}\,\frac{1-\mathrm{e}^{\mathrm{i}2\pi(l-k)}}{1-\mathrm{e}^{\mathrm{i}(l-k)\pi/N}} = 0. \end{aligned}$$

Für $l-k = 2Nm$, $m \in \mathbb{Z}$, ist

$$\sum_{j=-0}^{2N-1}\mathrm{e}^{\mathrm{i}(l-k)x_j} = \sum_{j=0}^{2N-1}\mathrm{e}^{\mathrm{i}2\pi(-N+j)m} = 2N.$$

Für $l, k \in \{-N+1,\dots,N\}$ ist

$$l-k \in \{-2N+1,\dots,2N-1\}.$$

Damit können wir beide Fälle durch

$$\sum_{j=0}^{2N-1}\mathrm{e}^{\mathrm{i}(l-k)x_j} = 2N\,\delta_{lk}$$

zusammenfassen. Dabei ist δ_{lk} das Kronecker-Delta (siehe Kap. 22) mit $\delta_{lk} = 0$ für $k \neq l$ und $\delta_{ll} = 1$. Ganz analog erhalten wir auch die Formel

$$\sum_{k=-N+1}^{N}\mathrm{e}^{\mathrm{i}k(x_j-x_l)} = 2N\,\delta_{jl}.$$

(b) Wir nehmen an, dass eine Lösung des Gleichungssystems $c_{-N+1},\dots,c_N$ existiert. Dann gilt für $k = -N+1,\dots,N$,

$$\begin{aligned} \sum_{j=0}^{2N-1} f(x_j)\,\mathrm{e}^{-\mathrm{i}kx_j} &= \sum_{j=0}^{2N-1}\sum_{l=-N+1}^{N} c_l\,\mathrm{e}^{\mathrm{i}(l-k)x_j} \\ &= \sum_{l=-N+1}^{N} c_l\sum_{j=0}^{2N-1}\mathrm{e}^{\mathrm{i}(l-k)x_j} \\ &= \sum_{l=-N+1}^{N} c_l\,2N\,\delta_{lk} = 2N\,c_k. \end{aligned}$$

(c) Mit den c_k aus der Formel erhalten wir

$$\begin{aligned} \sum_{k=-N+1}^{N} c_k\,\mathrm{e}^{\mathrm{i}kx_j} &= \frac{1}{2N}\sum_{k=-N+1}^{N}\sum_{l=0}^{2N-1} f(x_l)\,\mathrm{e}^{\mathrm{i}k(x_j-x_l)} \\ &= \frac{1}{2N}\sum_{l=0}^{2N-1} f(x_l)\sum_{k=-N+1}^{N}\mathrm{e}^{\mathrm{i}k(x_j-x_l)} \\ &= \frac{1}{2N}\sum_{l=0}^{2N-1} f(x_l)\,2N\,\delta_{jl} = f(x_j) \end{aligned}$$

für $j = 0,\dots,2N-1$. Also ist durch diese c_k stets eine Lösung gegeben.

Rechenaufgaben

30.6 • Es ist

$$c_k = \frac{1}{2\pi}\int_{-\pi}^{\pi} f(x)\,\mathrm{e}^{-\mathrm{i}kx}\,\mathrm{d}x = \frac{1}{2\pi}\int_{0}^{\pi} \mathrm{e}^{\mathrm{i}(1-k)x}\,\mathrm{d}x.$$

Für $k = 1$ ist $c_1 = 1/2$. Für $k \neq 1$ erhalten wir

$$\begin{aligned} c_k &= \frac{1}{2\pi}\left[\frac{\mathrm{e}^{\mathrm{i}(1-k)x}}{\mathrm{i}(1-k)}\right]_0^{\pi} \\ &= \frac{1}{2\pi}\,\frac{\mathrm{e}^{\mathrm{i}(1-k)\pi}-1}{\mathrm{i}(1-k)} \\ &= -\frac{\mathrm{i}}{2\pi}\,\frac{(-1)^{k-1}-1}{1-k}. \end{aligned}$$

Damit ist $c_k = 0$ für k ungerade, $k \neq 1$ und

$$c_k = \frac{\mathrm{i}}{\pi\,(1-k)}, \qquad k \text{ gerade.}$$

Die Fourierreihe ist durch

$$\left(\frac{1}{2}\,\mathrm{e}^{\mathrm{i}x} + \sum_{k=-\infty}^{\infty} \frac{\mathrm{i}}{\pi\,(1-2k)}\mathrm{e}^{2\mathrm{i}kx}\right)$$

gegeben.

30.7 •• Die Funktion f ist ungerade, daher sind die Koeffizienten $a_k = 0, k = 0, 1, 2, \ldots$

Zur Bestimmung der Koeffizienten b_k berechnen wir zunächst

$$\begin{aligned} \cos(x)\sin(kx) &= \frac{1}{4\mathrm{i}}(\mathrm{e}^{\mathrm{i}x}+\mathrm{e}^{-\mathrm{i}x})(\mathrm{e}^{\mathrm{i}kx}-\mathrm{e}^{-\mathrm{i}kx}) \\ &= \frac{1}{4\mathrm{i}}(\mathrm{e}^{\mathrm{i}(k+1)x}-\mathrm{e}^{-\mathrm{i}(k-1)x}+\mathrm{e}^{\mathrm{i}(k-1)x}-\mathrm{e}^{-\mathrm{i}(k+1)x}) \\ &= \frac{1}{2}(\sin((k+1)x)+\sin((k-1)x)). \end{aligned}$$

Nun ergibt sich für $k \geq 2$ die Formel

$$\begin{aligned} b_k &= \frac{1}{\pi}\int_0^{\pi} x\,(\sin((k+1)x)+\sin((k-1)x))\,\mathrm{d}x \\ &= \frac{1}{\pi}\left[\frac{\sin((k+1)x)}{(k+1)^2}-\frac{x\cos((k+1)x)}{k+1} + \frac{\sin((k-1)x)}{(k-1)^2}-\frac{x\cos((k-1)x)}{k-1}\right]_0^{\pi} \\ &= -\frac{(-1)^{k+1}}{k+1}-\frac{(-1)^{k-1}}{k-1} \\ &= (-1)^k\,\frac{2k}{k^2-1}. \end{aligned}$$

Für $k = 1$ erhalten wir

$$\begin{aligned} b_1 &= \frac{2}{\pi}\int_0^{\pi} x\cos(x)\sin(x)\,\mathrm{d}x \\ &= \frac{1}{\pi}\int_0^{\pi} x\sin(2x)\,\mathrm{d}x \\ &= \frac{1}{\pi}\left[\frac{\sin(2x)}{4}-\frac{x\cos(2x)}{2}\right]_0^{\pi} \\ &= -\frac{1}{2}. \end{aligned}$$

Damit haben wir die Fourierreihe

$$\left(-\frac{1}{2}\,\sin(x) + \sum_{k=2}^{\infty}\frac{(-1)^k\,2k}{k^2-1}\,\sin(kx)\right)$$

gefunden.

30.8 •• Da f gerade ist, sind die Koeffizienten $b_k = 0$, $k \in \mathbb{N}$. Für die Koeffizienten a_k berechnen wir:

$$\begin{aligned} a_0 &= \frac{1}{\pi}\int_0^{\pi} |x|\,(\pi-|x|)\,\mathrm{d}x \\ &= \frac{1}{\pi}\int_0^{\pi} x\,(\pi-x)\,\mathrm{d}x \\ &= \frac{1}{\pi}\left[\frac{\pi x^2}{2}-\frac{x^3}{3}\right]_0^{\pi} \\ &= \frac{\pi^2}{6} \end{aligned}$$

$$\begin{aligned} a_k &= \frac{2}{\pi}\int_0^{\pi} x\,(\pi-x)\,\cos(kx)\,\mathrm{d}x \\ &= \frac{2}{\pi}\left[\frac{x\,(\pi-x)\,\sin(kx)}{k}\right]_0^{\pi} - \frac{2}{\pi\,k}\int_0^{\pi}(\pi-2x)\,\sin(kx)\,\mathrm{d}x \\ &= \frac{2}{\pi\,k}\left[\frac{(\pi-2x)\,\cos(kx)}{k}\right]_0^{\pi} - \frac{2}{\pi\,k^2}\int_0^{\pi} 2\,\cos(x)\,\mathrm{d}x \\ &= \frac{2}{\pi\,k^2}\,(-\pi(-1)^k-\pi) - \frac{4}{\pi k^2}\,[\sin(x)]_0^{\pi} \\ &= -\frac{2}{k^2}\,(1+(-1)^k), \quad k \in \mathbb{N} \end{aligned}$$

Somit ist $a_k = 0$ für ungerades k und

$$a_{2k} = -\frac{1}{k^2}, \quad k \in \mathbb{N}.$$

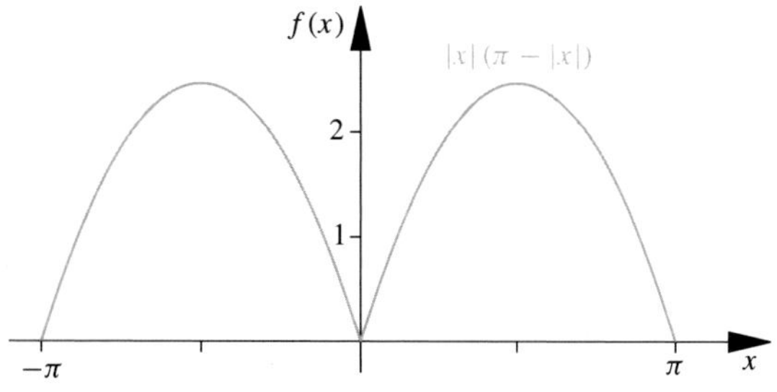

Abb. 30.18 Die Funktion $f(x) = |x|\,(\pi - |x|)$, $\in (-\pi, \pi)$

Nach der Parseval'schen Gleichung ist

$$\frac{1}{2\pi}\int_{-\pi}^{\pi} |f(x)|^2\,\mathrm{d}x = \sum_{k=-\infty}^{\infty} |c_k|^2 = a_0^2 + \sum_{k=1}^{\infty}\frac{a_{2k}^2}{2}$$
$$= \frac{\pi^4}{36} + \frac{1}{2}\sum_{k=1}^{\infty}\frac{1}{k^4}.$$

Das Integral errechnet sich als

$$\frac{1}{2\pi}\int_{-\pi}^{\pi} |f(x)|^2\,\mathrm{d}x = \frac{1}{\pi}\int_{0}^{\pi} x^2(\pi - x)^2\,\mathrm{d}x$$
$$= \frac{1}{\pi}\left[\frac{\pi^2 x^3}{3} - \frac{2\pi x^4}{4} + \frac{x^5}{5}\right]_0^{\pi}$$
$$= \pi^4\left(\frac{1}{3} - \frac{1}{2} + \frac{1}{5}\right) = \frac{\pi^4}{30}.$$

Somit folgt

$$\sum_{k=1}^{\infty}\frac{1}{k^4} = 2\left(\frac{\pi^4}{30} - \frac{\pi^4}{36}\right) = \frac{\pi^4}{90}.$$

30.9 •• Es ist

$$\int_{-\pi}^{\pi}\cos\left(\frac{x}{2}\right)\cos(nx)\,\mathrm{d}x$$
$$= \left[2\sin\left(\frac{x}{2}\right)\cos(nx)\right]_{-\pi}^{\pi} + 2n\int_{-\pi}^{\pi}\sin\left(\frac{x}{2}\right)\sin(nx)\,\mathrm{d}x$$
$$= 4\sin\left(\frac{\pi}{2}\right)\cos(n\pi)$$
$$+ 2n\Bigg(\left[-2\cos\left(\frac{x}{2}\right)\sin(nx)\right]_{-\pi}^{\pi}$$
$$+ 2n\int_{-\pi}^{\pi}\cos\left(\frac{x}{2}\right)\cos(nx)\,\mathrm{d}x\Bigg)$$
$$= 4\cos(n\pi) + 4n^2\int_{-\pi}^{\pi}\cos\left(\frac{x}{2}\right)\cos(nx)\,\mathrm{d}x.$$

Also ist

$$(1-4n^2)\int_{-\pi}^{\pi}\cos\left(\frac{x}{2}\right)\cos(nx)\,\mathrm{d}x = 4\cos(n\pi) = 4(-1)^n,$$

oder

$$\int_{-\pi}^{\pi}\cos\left(\frac{x}{2}\right)\cos(nx)\,\mathrm{d}x = \frac{4(-1)^n}{1-4n^2}.$$

Nun berechnen wir die Fourierreihe von f. Da f gerade ist, folgt $b_n = 0$ für $n = 1, 2, 3, \dots$ Für die Koeffizienten a_n gilt

$$a_n = \frac{1}{\pi}\int_{-\pi}^{\pi}\cos\left(\frac{x}{2}\right)\cos(nx)\,\mathrm{d}x$$
$$= \frac{1}{\pi}\frac{4(-1)^n}{1-4n^2} = \frac{4}{\pi}\frac{(-1)^{n+1}}{4n^2-1}, \quad n \ge 1,$$
$$a_0 = \frac{1}{2\pi}\int_{-\pi}^{\pi}\cos\left(\frac{x}{2}\right)\mathrm{d}x = \frac{2}{\pi}.$$

Also lautet die Fourierreihe von f

$$\left(\frac{2}{\pi} + \sum_{n=1}^{\infty}\frac{4}{\pi}\frac{(-1)^{n+1}}{4n^2-1}\cos(nx)\right).$$

Den gesuchten Reihenwert erhalten wir durch Auswertung der Fourierreihe in $x = 0$. Da f stetig differenzierbar ist, stimmt der Wert der Fourierreihe mit dem Wert von f an jedem $x \in (-\pi, \pi)$ überein. Damit gilt

$$1 = f(0) = \frac{2}{\pi} + \sum_{n=1}^{\infty}\frac{4}{\pi}\frac{(-1)^{n+1}}{4n^2-1},$$

und somit

$$\sum_{n=1}^{\infty}(-1)^{n+1}\frac{1}{4n^2-1} = \left(1 - \frac{2}{\pi}\right)\frac{\pi}{4} = \frac{\pi-2}{4}.$$

30.10 ••• (a) Wir berechnen g explizit:

$$g(x) = f\left(x + \frac{\pi}{2}\right) = \begin{cases}\left(x + \frac{\pi}{2}\right)\left(\frac{\pi}{2} - x\right), & 0 \le x + \frac{\pi}{2} \le \pi,\\ 0, & \text{sonst,}\end{cases}$$
$$= \begin{cases}\frac{\pi^2}{4} - x^2, & -\frac{\pi}{2} \le x \le \frac{\pi}{2},\\ 0, & \text{sonst.}\end{cases}$$

Offensichtlich ist somit g gerade.

(b) Wir bezeichnen die reellen Fourierkoeffizienten von g mit a_n, $n = 0, 1, 2, \dots$ bzw. mit b_n, $n = 1, 2, 3, \dots$. Dann gilt

$b_n = 0$ für alle n, da g eine gerade Funktion ist. Ferner ist

$$a_0 = \frac{1}{\pi}\int_0^{\pi} g(x)\,\mathrm{d}x = \frac{1}{\pi}\int_0^{\pi/2}\left(\frac{\pi^2}{4} - x^2\right)dx$$
$$= \frac{1}{\pi}\left[\frac{\pi^2 x}{4} - \frac{x^3}{3}\right]_0^{\pi/2} = \frac{\pi^2}{12},$$
$$a_n = \frac{2}{\pi}\int_0^{\pi} g(x)\,\cos(nx)\,\mathrm{d}x = \frac{2}{\pi}\int_0^{\pi/2}\left(\frac{\pi^2}{4} - x^2\right)\cos(nx)\,\mathrm{d}x$$
$$= \frac{2}{\pi}\left[\frac{\pi^2}{4n}\sin(nx) - \frac{x^2}{n}\sin(nx) - \frac{2x}{n^2}\cos(nx) + \frac{2}{n^3}\sin(nx)\right]_0^{\pi/2}$$
$$= \frac{4}{\pi\, n^3}\sin\left(\frac{n\pi}{2}\right) - \frac{2}{n^2}\cos\left(\frac{n\pi}{2}\right), \quad n = 1,2,3,\ldots$$

Somit folgt

$$a_n = \begin{cases} -\frac{2\,(-1)^k}{(2k)^2}, & n = 2k, k = 1,2,3,\ldots \\ \frac{4\,(-1)^k}{\pi\,(2k+1)^3}, & n = 2k+1, k = 0,1,2,3,\ldots \end{cases}$$

(c) Es ist

$$\int_{-\pi}^{\pi} f(x)\,\mathrm{e}^{-\mathrm{i}nx}\,\mathrm{d}x = \int_{-\pi}^{\pi} g\left(x - \frac{\pi}{2}\right)\mathrm{e}^{-\mathrm{i}nx}\,\mathrm{d}x$$
$$= \mathrm{e}^{-\mathrm{i}n\pi/2}\int_{-3\pi/2}^{\pi/2} g(x)\,\mathrm{e}^{-\mathrm{i}nx}\,\mathrm{d}x$$
$$= (-\mathrm{i})^n\int_{-\pi}^{\pi} g(x)\,\mathrm{e}^{-\mathrm{i}nx}\,\mathrm{d}x$$
$$= (-\mathrm{i})^n\int_{-\pi}^{\pi} g(x)\,\cos(nx)\,\mathrm{d}x\,.$$

Die vorletzte Umformung gilt, da g außerhalb des Intervalls $(-\pi/2, \pi/2)$ verschwindet.

Da g eine gerade Funktion ist, ist

$$\int_{-\pi}^{\pi} g(x)\,\sin(nx)\,\mathrm{d}x = 0\,.$$

Somit folgt die letzte Umformung mit der Euler'schen Formel.

Es bleibt die Fourierreihe von f in der komplexen Form zu bestimmen. Wir bezeichnen die Fourierkoeffizienten mit c_n, $n \in \mathbb{Z}$. Mit der eben gezeigten Formel folgt

$$c_0 = a_0, \quad c_n = \frac{(-i)^n\,a_n}{2}, \quad c_{-n} = \frac{i^n\,a_n}{2}, \quad n = 1,2,3,\ldots$$

Mit dem Ergebnis aus (b) folgt $c_0 = \pi^2/12$ und

$$c_{\pm n} = \begin{cases} -\frac{1}{(2k)^2}, & n = 2k,\ k = 1,2,3,\ldots \\ \mp\frac{2i}{\pi\,(2k+1)^2}, & n = 2k+1,\ k = 0,1,2,3,\ldots \end{cases}$$

Anwendungsprobleme

30.11 •• Wir geben uns eine Saite der Länge π vor, die Schwingung wird also durch die Fourierreihe

$$\left(\sum_{k=1}^{\infty} b_k\,\sin(kx)\right)$$

dargestellt. Das Anschlagen der Saite an der Stelle x_0 bringt diese in eine Ausgangslage der Form

$$u(x) = \begin{cases} A\,\frac{x}{x_0}, & 0 < x \le x_0 \\ A\,\frac{\pi - x}{\pi - x_0}, & x_0 < x < \pi. \end{cases}$$

Dabei ist $A > 0$ die Amplitude, die nur linear in das Ergebnis eingeht. Auf die relative Größe der Koeffizienten zueinander hat sie also keinen Einfluss, und wir setzen im folgenden $A = 1$.

Wir bestimmen die Koeffizienten b_k, indem wir u ungerade auf das Intervall $(-\pi, \pi)$ fortsetzen. Dann gilt

$$b_k = \frac{2}{\pi}\left[\int_0^{x_0}\frac{x}{x_0}\,\sin(kx)\,\mathrm{d}x + \int_{x_0}^{\pi}\frac{\pi - x}{\pi - x_0}\,\sin(kx)\,\mathrm{d}x\right]$$
$$= \frac{2}{\pi x_0}\left[\frac{sin(kx)}{k^2} - \frac{x\,\cos(kx)}{k}\right]_0^{x_0} - \frac{2}{\pi - x_0}\left[\frac{\cos(kx)}{k}\right]_{x_0}^{\pi}$$
$$+ \frac{2}{\pi\,(\pi - x_0)}\left[\frac{x\,\cos(kx)}{k} - \frac{\sin(kx)}{k^2}\right]_{x_0}^{\pi}$$
$$= \frac{2\sin(kx_0)}{\pi\,x_0\,k^2} - \frac{2\cos(kx_0)}{\pi\,k} - \frac{2\cos(k\pi)}{(\pi - x_0)\,k} + \frac{2\cos(kx_0)}{(\pi - x_0)\,k}$$
$$+ \frac{2\cos(k\pi)}{(\pi - x)\,k} - \frac{2x_0\,\cos(kx_0)}{\pi\,(\pi - x_0)\,k} + \frac{2\sin(kx_0)}{\pi\,(\pi - x_0)\,k^2}$$
$$= \frac{2\sin(kx_0)[(\pi - x_0) + x_0]}{\pi\,(\pi - x_0)\,x_0\,k^2}$$
$$+ \frac{2\cos(kx_0)[\pi - (\pi - x_0) - x_0]}{\pi\,(\pi - x_0)\,k}$$
$$= \frac{2\sin(kx_0)}{(\pi - x_0)\,x_0\,k^2}.$$

Die k-te Oberschwingung verschwindet also, falls kx_0 eine Nullstelle der Sinusfunktion ist. Damit die 7-te Oberschwingung zu null wird, ist also $x_0 = n\pi/7$, $n = 1,\ldots,6$, eine geeignete Wahl.

30.12 •• Mit dem Ansatz $u(x,t) = v(t)w(x)$ folgt

$$v(t)w''(x) + 4v'(t)w(x) - 3v(t)w(x) = 0$$

bzw.

$$\frac{w''(x)}{w(x)} = -4\frac{v'(t)}{v(t)} + 3 = k \in \mathbb{R}$$

für alle $x \in [0,\pi]$ und $t > 0$.

Setzen wir $w''(x) = kw(x)$, so erfüllt v die separable Differenzialgleichung

$$v'(t) = -\frac{(k-3)}{4}v(t)\,.$$

Wir erhalten eine Lösung

$$v(t) = \mathrm{e}^{\frac{3-k}{4}t}\,.$$

Weiter gilt für w die allgemeine Lösung

$$w(x) = c_1\mathrm{e}^{\sqrt{k}x} + c_2\mathrm{e}^{-\sqrt{k}x}\,.$$

Mit den Randbedingungen folgt $c_1 + c_2 = 0$, d. h. $c_1 = -c_2$, und weiter

$$c_1(\mathrm{e}^{\sqrt{k}\pi} - \mathrm{e}^{-\sqrt{k}\pi}) = 0\,.$$

Für nichttrivale Lösungen muss $c_1 \neq 0$ sein, und, da der sinh nur die Nullstelle $x = 0$ hat, muss $k = -n^2$ für ein $n \in \mathbb{N}$ gelten. Also ergeben sich die Möglichkeiten

$$w(x) = c_{1n}\sin(nx)$$

mit Konstanten $c_{1n} \in \mathbb{R}$.

Wir erhalten Lösungen in der Form

$$u(x,t) = \sum_{n=1}^{\infty} c_{1n}\mathrm{e}^{\frac{3+n^2}{4}t}\sin(nx)\,.$$

Somit ist

$$u(x,0) = \sum_{n=1}^{\infty} c_{1n}\sin(nx)\,.$$

Um die Anfangsbedingung einzusetzen, müssen wir den Ausdruck $x(x^2-\pi^2)$ in eine Fourierreihe entwickeln. Da es sich um eine ungerade Funktion handelt, sind die Koeffizienten $a_n = 0$, $n \in \mathbb{N}_0$. Für die b_n gilt

$$\begin{aligned}
b_n &= \frac{2}{\pi}\int_0^\pi x\,(x^2-\pi^2)\sin(nx)\,\mathrm{d}x \\
&= -\frac{2}{\pi}\left[\frac{x\,(x^2-\pi^2)\cos(nx)}{n}\right]_{x=0}^{\pi} \\
&\quad + \frac{2}{\pi\,n}\int_0^\pi (3x^2-\pi^2)\cos(nx)\,\mathrm{d}x \\
&= \frac{2}{\pi\,n}\left[\frac{(3x^2-\pi^2)\sin(nx)}{n}\right]_0^{\pi} - \frac{2}{\pi\,n^2}\int_0^\pi 6x\,\sin(nx)\,\mathrm{d}x \\
&= \frac{2}{\pi\,n^2}\left[\frac{6x\,\cos(nx)}{n} - \frac{6\,\sin(nx)}{n^2}\right]_0^{\pi} \\
&= \frac{12\,(-1)^n}{n^3}.
\end{aligned}$$

Aufgrund der Anfangsbedingung muss $b_n = c_{1n}$ sein. Wir erhalten die Lösung

$$u(x,t) = \sum_{n=1}^{\infty}\frac{12\,(-1)^n}{n^3}\,\mathrm{e}^{\frac{3+n^2}{4}t}\,\sin(nx)$$

des Anfangs-Randwert-Problems.

30.13 ••• (a) Die Matrix

$$\boldsymbol{C} = \begin{pmatrix} 2 & -1 & 3 & 0 \\ 0 & 2 & -1 & 3 \\ 3 & 0 & 2 & -1 \\ -1 & 3 & 0 & 2 \end{pmatrix}$$

ist zirkulant. Hier ist

$$\begin{aligned}
&\gamma_{-3} = 0, \quad \gamma_{-2} = 3, \quad \gamma_{-1} = -1, \quad \gamma_0 = 2,\\
&\gamma_1 = 0, \quad \gamma_2 = 3, \quad \gamma_3 = -1.
\end{aligned}$$

(b) Die Matrix der diskreten Fouriertransformation ist $\boldsymbol{F} = (\omega_{jk})$ mit

$$\omega_{jk} = \frac{1}{2N}\,\mathrm{e}^{-\mathrm{i}\pi jk/N}, \quad j,k = 0,\ldots,2N-1.$$

Daher gilt

$$\begin{aligned}
\omega_{j\,(k+l)} &= \frac{1}{2N}\,\mathrm{e}^{-\mathrm{i}\pi j(k+l)/N} \\
&= \frac{1}{2N}\,\mathrm{e}^{-\mathrm{i}\pi jk/N}\,\mathrm{e}^{-\mathrm{i}\pi jl/N} = 2N\,\omega_{jk}\,\omega_{jl}
\end{aligned}$$

und somit auch

$$\omega_{j(k-2N)} = 2N\,\omega_{jk}\,\frac{1}{2N}\,\mathrm{e}^{-I2\pi j} = \omega_{jk}\,.$$

Nun berechnen wir die linke Seite der zu beweisenden Gleichung:

$$
\begin{aligned}
(\boldsymbol{F}\boldsymbol{b})_j &= \sum_{k=0}^{2N-1} \omega_{jk}\, b_k \\
&= \sum_{k=0}^{2N-1} \sum_{l=0}^{2N-1} \omega_{jk}\, \gamma_{k-l}\, a_l \\
&= \sum_{l=0}^{2N-1} a_l \sum_{k=0}^{2N-1} \omega_{jk}\, \gamma_{k-l} \\
&= \sum_{l=0}^{2N-1} a_l \left(\sum_{k=0}^{2N-1-l} \omega_{j\,(k+l)}\, \gamma_k + \sum_{k=-l}^{-1} \omega_{j\,(k+l)}\, \gamma_k \right) \\
&= \sum_{l=0}^{2N-1} a_l \left(\sum_{k=0}^{2N-1-l} \omega_{j\,(k+l)}\, \gamma_k + \sum_{k=2N-l}^{2N-1} \omega_{j\,(k+l-2N)}\, \gamma_k \right).
\end{aligned}
$$

In der letzten Umformung haben wir die Formel $\gamma_{k-2N} = \gamma_k$ genutzt. Mit unseren Vorüberlegungen von oben ergibt sich nun

$$
\begin{aligned}
(\boldsymbol{F}\boldsymbol{b})_j &= \sum_{l=0}^{2N-1} a_l \sum_{k=0}^{2N-1} \omega_{j\,(k+l)}\, \gamma_k \\
&= 2N \sum_{l=0}^{2N-1} a_l\, \omega_{jl} \sum_{k=0}^{2N-1} \omega_{jk}\, \gamma_k = 2N\, (\boldsymbol{F}\boldsymbol{a})_j\, (\boldsymbol{F}\gamma)_j\,.
\end{aligned}
$$

(c) Nach der in (b) gezeigten Formel, sind zunächst 2 diskrete Fouriertransformationen mit einem Aufwand von $O(N \ln N)$ Operationen durchzuführen. Anschließend sind die transformierten Vektoren gliedweise zu multiplizieren, was $2N$ Multiplikationen entspricht. Am Ende steht eine inverse diskrete Fouriertransformation, die ebenfalls den Aufwand $O(N \ln N)$ besitzt.

Ein Aufwand von $O(N)$ ist gegenüber einem Aufwand von $O(N \ln N)$ zu vernachlässigen. Damit ist der Gesamtaufwand bei $O(N \ln N)$ im Gegensatz zu $O(N^2)$, falls man die gewöhnliche Matrizenmultiplikation verwendet.

Kapitel 31

Aufgaben

Verständnisfragen

31.1 •• Handelt es sich bei den folgenden Vektorräumen V über $\mathbb{C}$ mit den angegebenen Abbildungen $\|\cdot\| : V \to \mathbb{R}_{\geq 0}$ um normierte Räume?

(a) $V = \{f \in C(\mathbb{R}) \mid \lim_{x\to\pm\infty} f(x) = 0\}$
mit $\|f\| = \max_{x\in\mathbb{R}} |f(x)|$,

(b) $V = \{(a_n) \text{ aus } \mathbb{C} \mid (a_n) \text{ konvergiert}\}$
mit $\|(a_n)\| = |\lim_{n\to\infty} a_n|$,

(c) $V = \{(a_n) \text{ aus } \mathbb{C} \mid (a_n) \text{ ist Nullfolge}\}$
mit $\|(a_n)\| = \max_{n\in\mathbb{N}} |a_n|$.

31.2 ••• Weisen Sie nach, dass der Raum aus Aufgabe 31.1(a) ein Banachraum ist.

31.3 •• Wieso ist $C^1([a,b])$ mit der Norm

$$\|f\| = \max_{x\in[a,b]} |f(x)| + \max_{x\in[a,b]} |f'(x)|$$

ein Banachraum?

31.4 • Die Funktion $\psi : \mathbb{R} \to \mathbb{C}$ ist definiert durch

$$\psi(x) = \begin{cases} -1, & -1 < x \leq 0, \\ 1, & 0 < x < 1, \\ 0, & \text{sonst.} \end{cases}$$

Zeigen Sie, dass die Funktionen

$$\varphi_{jk} = 2^{(j-1)/2}\,\psi\left(2^j x + 2k - 1\right), \quad x \in (-1,1),$$

für $j \in \mathbb{N}_0$, $k = -j+1, \ldots, j$, in $L^2(-1,1)$ orthonormal sind. Man nennt diese Funktionen die Familie der *Haar-Wavelets*.

31.5 •• Gegeben ist ein Hilbertraum X und ein abgeschlossener Unterraum U. Zeigen Sie, dass die Orthogonalprojektion $\mathcal{P} : X \to U$ ein linearer beschränkter Operator mit Norm $\|\mathcal{P}\| = 1$ ist.

Rechenaufgaben

31.6 •• Handelt es sich bei den unten stehenden Folgen um Cauchy-Folgen?

(a) (a_n) aus $\mathbb{R}$ mit

$$a_0 = 1, \quad a_n = \sqrt{2\,a_{n-1}}, \quad n \in \mathbb{N},$$

(b) (f_k) mit

$$f_k(x) = \begin{cases} x - k + 1, & k-1 \leq x < k, \\ k + 1 - x, & k \leq x \leq k+1, \\ 0, & \text{sonst,} \end{cases}$$

für $x \in \mathbb{R}$, $k \in \mathbb{N}$, aus dem Raum der beschränkten stetigen Funktionen mit der Maximumsnorm,

(c) (x^k) aus $C([0,1])$ mit der Maximumsnorm,

(d) (x^k) aus $L^2(0,1)$ mit der L^2-Norm.

31.7 • In dieser Aufgabe betrachten wir einen Vektorraum X über $\mathbb{R}$. Die Rechnungen lassen sich aber ganz ähnlich in Räumen über $\mathbb{C}$ ausführen.

Rechnen Sie nach, dass in einem Innenproduktraum X die Parallelogrammgleichung

$$\|x+y\|^2 + \|x-y\|^2 = 2\,\|x\|^2 + 2\,\|y\|^2, \quad x, y \in X,$$

gilt und dass

$$\langle x, y\rangle = \frac{1}{4}\,\|x+y\|^2 - \frac{1}{4}\,\|x-y\|^2, \quad x, y, \in X,$$

ist.

Zeigen Sie auch, dass die Parallelogrammgleichung in $C([0,1])$ mit der Maximumsnorm nicht gilt.

T. Arens et al., *Arbeitsbuch Mathematik*, https://doi.org/10.1007/978-3-662-64391-4_30

31.8 • Eine Möglichkeit der Approximation einer stetigen Funktion f auf dem Intervall $[0, 1]$ durch Polynome ist die Berechnung der zugehörigen *Bernstein-Polynome* $\mathcal{B}_n f$,

$$\mathcal{B}_n f(x) = \sum_{k=0}^{n} f\left(\frac{k}{n}\right) \binom{n}{k} x^k (1-x)^{n-k}, \quad x \in [0, 1].$$

Bestimmen Sie die Norm der Operatoren $\mathcal{B}_n$, wenn $C([0, 1])$ mit der Maximumsnorm versehen ist.

31.9 •• Verwenden Sie die Neumann'sche Reihe, um die Lösung der Integralgleichung

$$u(x) - \int_0^x u(t)\,\mathrm{d}t = \mathrm{e}^x, \quad x \in [0, 1]$$

zu bestimmen.

31.10 •• Beweisen Sie die Produktregel für die Ableitung des Produkts aus einer Funktion $g \in C^\infty(\mathbb{R})$ und einer Distribution f.

Bestimmen Sie die Ableitung von $\sin(\cdot)\, H$.

Anwendungsprobleme

31.11 •• Gegeben sind n Datenpunkte $(x_j, y_j)^\top \in \mathbb{R}^2$, $j = 1, \ldots, n$. Es soll eine Ausgleichsgerade $g(x) = ax + b$ so gefunden werden, dass die Bedingung

$$\sum_{j=1}^{n} |g(x_j) - y_j|^2 \stackrel{!}{=} \min$$

erfüllt ist. Zeigen Sie, dass dieses Problem eine eindeutige Lösung besitzt und geben Sie ein lineares Gleichungssystem an, aus dem a und b bestimmt werden können.

31.12 •• Ein elektrischer Schwingkreis besteht aus einer Spannungsquelle, einem Kondensator der Kapazität $C = 1\,\mathrm{F}$ und einer Spule der Induktivität $L = 1\,\mathrm{H}$. Die Ladung $Q(t)$ des Kondensators zum Zeitpunkt t erfüllt die Differenzialgleichung

$$L\, Q''(t) + \frac{1}{C}\, Q(t) = V(t).$$

Die Spannungsquelle wird zum Zeitpunkt $t_0 = 0\,\mathrm{s}$ angeschaltet und erzeugt eine Spannung von $1\,\mathrm{V}$. Zum Zeitpunkt $t_1 = 2\,\mathrm{s}$ wechselt die Spannung schlagartig auf $-1\,\mathrm{V}$. Zum Zeitpunkt $t_2 = 3\,\mathrm{s}$ wird die Spannungsquelle wieder ausgeschaltet.

Bestimmen Sie die Ladung Q des Kondensators als Funktion der Zeit.

31.13 •• Das Kollokationsverfahren soll angewandt werden, um eine Näherungslösung der Integralgleichung

$$u(x) + \int_0^1 \frac{1-x}{2}\, \mathrm{e}^{-xy}\, u(y)\,\mathrm{d}y = f(x), \quad x \in [0, 1],$$

mit

$$f(x) = \mathrm{e}^x + \frac{\mathrm{e}^{1-x}}{2} - \frac{1}{2}, \quad x \in [0, 1],$$

zu bestimmen. Man gibt sich eine Schrittweite $h = 1/N$ vor und sucht eine stückweise konstante Nährungslösung

$$u_N(x) = \sum_{j=1}^{N} c_j\, v_j(x),$$

mit

$$v_j(x) = \begin{cases} 1, & (j-1)h \le x \le jh, \\ 0, & \text{sonst}, \end{cases} \qquad j = 1, \ldots, N.$$

Als Kollokationspunkte wird $x_j = (j - 1/2)\,h$, $j = 1, \ldots, N$, verwendet.

Berechnen Sie die Einträge der Matrix und der rechten Seite des resultierenden linearen Gleichungssystems. Wer Spaß am Programmieren hat, kann das Verfahren auch implementieren und die Lösung für verschiedene Werte von n untersuchen.

Hinweise

Verständnisfragen

31.1 •• Überprüfen Sie, ob die angegebenen Abbildungen alle Eigenschaften einer Norm erfüllen.

31.2 ••• Betrachten Sie endliche Teilintervalle von $\mathbb{R}$ und deren Komplemente. Zeigen Sie, dass bei einer Cauchy-Folge die Funktionswerte auf den unbeschränkten Teilintervallen unabhängig von n klein werden.

31.3 •• Bilden Sie die Stammfunktion der Grenzfunktion der Folge der Ableitungen, und zeigen Sie, dass diese mit der Grenzfunktion der Folge selbst übereinstimmt.

31.4 • Für den Nachweis der Orthogonalität muss man die Fälle unterscheiden, dass der j-Index der beiden Funktionen gleich oder verschieden ist. Im ersten Fall ist das Produkt der Funktionen null, im zweiten Fall ist die eine konstant, wenn die andere von null verschieden ist.

31.5 •• Für die Linearität nutzen Sie die Eigenschaften der Orthogonalprojektion und die Tatsache, dass in einem abgeschlossenen Unterraum nur der Nullvektor zu allen anderen Vektoren orthogonal ist. Für die Norm muss man nachweisen, dass 1 sowohl eine obere als auch eine untere Schranke für die Operatornorm ist.

Rechenaufgaben

31.6 •• Für (a) können Sie zeigen, dass es eine Konstante $q \in (0, 1)$ gibt mit $|a_{n+1} - a_n| \leq |a_n - a_{n-1}|$. Für jede Folge mit einer solchen Eigenschaft kann man mit der geometrischen Reihe allgemein nachweisen, dass es sich um eine Cauchy-Folge handelt.

Bei den anderen Teilaufgaben kann man die Eigenschaft direkt ausrechnen oder widerlegen.

31.7 • Ersetzen Sie Quadrate der Norm durch Skalarprodukte.

31.8 • Zeigen Sie eine obere Schranke A für die Norm und geben Sie dann eine Funktion f mit $\|\mathcal{B}_n f\| = A\,\|f\|$.

31.9 •• Dass die Neumann'sche Reihe hier angewandt werden kann, wurde schon im Kapitel gezeigt. Leiten Sie eine Formel für $\mathcal{A}^j \exp(\cdot)$ her.

31.10 •• Nutzen Sie die Definition der distributionellen Ableitung und die Produktregel für stetig differenzierbare Funktionen.

Anwendungsprobleme

31.11 •• Definieren Sie einen geeigneten Hilbertraum, so dass sich das Problem, eine Ausgleichsgerade zu finden, als das Problem der Bestapproximation entpuppt.

31.12 •• Verwenden Sie Variation der Konstanten.

31.13 •• Berücksichtigen Sie die besonderen Eigenschaften der v_j, wenn Sie das Gleichungssystem hinschreiben.

Lösungen

Verständnisfragen

31.1 •• (a) ja, (b) nein, (c) ja.

31.2 ••• Siehe ausführlicher Lösungsweg.

31.3 •• Siehe ausführlicher Lösungsweg.

31.4 • Siehe ausführlicher Lösungsweg.

31.5 •• Siehe ausführlicher Lösungsweg.

Rechenaufgaben

31.6 •• (a) ja, (b) nein, (c) nein, (d) ja.

31.7 • Die Funktionen $f(x) = x$, $g(x) = 1 - x$, $x \in [0, 1]$, sind ein Paar von Funktionen aus $C([0, 1])$, das die Parallelogrammgleichung nicht erfüllt.

31.8 • Es ist $\|\mathcal{B}_n\| = 1$.

31.9 •• $u(x) = (x + 1)\,\mathrm{e}^x$, $x \in [0, 1]$.

31.10 •• $(\sin(\cdot)\,H)' = \cos(\cdot)\,H$.

Anwendungsprobleme

31.11 •• Das Gleichungssystem lautet

$$\sum_{j=1}^{n} x_j\,(a\,x_j + b - y_j) = 0,$$

$$\sum_{j=1}^{n} a\,x_j + b - y_j = 0.$$

31.12 •• Die Lösung ist

$$\begin{aligned} Q(t) = {} & [1 - \cos(\omega t_0)\cos(\omega t) - \sin(\omega t_0)\sin(\omega t)]\,H(\omega(t - t_0)) \\ & - 2[1 - \cos(\omega t_1)\cos(\omega t) - \sin(\omega t_1)\sin(\omega t)]\,H(\omega(t - t_1)) \\ & + [1 - \cos(\omega t_2)\cos(\omega t) - \sin(\omega t_2)\sin(\omega t)]\,H(\omega(t - t_2)). \end{aligned}$$

31.13 •• Das Gleichungssystem für die Koeffizienten c_j lautet $\boldsymbol{A}\boldsymbol{c} = \boldsymbol{b}$ mit

$$a_{jk} = \delta_{jk} + \frac{1 - x_j}{2} \int\limits_{(k-1)h}^{kh} \mathrm{e}^{-x_j y}\,\mathrm{d}y,$$

$$b_j = f(x_j),$$

für $j, k = 1, \ldots, N$.

Lösungswege

Verständnisfragen

31.1 •• (a) Da die Funktionen aus V im Unendlichen gegen null gehen und stetig sind, existiert das Maximum. Die Abbildung ist wohldefiniert.

Für f, g aus V und $\lambda \in \mathbb{C}$ gilt

$$\begin{aligned}\|\lambda f\| &= \max_{x\in\mathbb{R}} |\lambda\, f(x)| = \max_{x\in\mathbb{R}} (|\lambda|\,|f(x)|)\\ &= |\lambda| \max_{x\in\mathbb{R}} |f(x)| = |\lambda|\,\|f\|_\infty\\ \|f+g\| &= \max_{x\in\mathbb{R}} |f(x)+g(x)| \le \max_{x\in\mathbb{R}} (|f(x)|+|g(x)|)\\ &\le \max_{x\in\mathbb{R}} |f(x)| + \max_{x\in\mathbb{R}} |g(x)| = \|f\| + \|g\|.\end{aligned}$$

Damit sind Homogenität und Dreiecksungleichung gezeigt. Die positive Definitheit ist trivial: Ist $\|f\| = 0$, so ist f die Nullfunktion und umgekehrt. Damit ist V mit dieser Abbildung ein normierter Raum.

(b) Es handelt sich nicht um einen normierten Raum, denn die Abbildung ist nicht positiv definit. Für jede Nullfolge (a_n) ist $\|(a_n)\| = 0$, obwohl es sich nicht um die konstante Nullfolge handelt.

(c) In diesem Fall liegt ein normierter Raum vor. Für (a_n), (b_n) aus V und $\lambda \in \mathbb{C}$ gilt

$$\begin{aligned}\|\lambda(a_n)\| &= \max_{n\in\mathbb{N}} |\lambda\, a_n| = \max_{n\in\mathbb{N}} (|\lambda|\,|a_n|)\\ &= |\lambda| \max_{n\in\mathbb{N}} |a_n| = |\lambda|\,\|(a_n)\|_\infty\\ \|(a_n)+(b_n)\| &= \max_{n\in\mathbb{N}} |(a_n)+(b_n)| \le \max_{n\in\mathbb{N}} (|a_n|+|b_n|)\\ &\le \max_{n\in\mathbb{N}} |a_n| + \max_{n\in\mathbb{N}} |b_n| = \|(a_n)\| + \|(b_n)\|.\end{aligned}$$

Die positive Definitheit ist wieder trivial: Ist $\|(a_n)\| = 0$, so ist (a_n) die konstante Nullfolge und umgekehrt. Damit ist V mit dieser Abbildung ein normierter Raum.

31.2 ••• Ist (f_n) eine Cauchy-Folge in V, so gibt es eine Funktion $f \in C(\mathbb{R})$, so dass (f_n) auf jedem endlichen Intervall $[-A, A]$ in der Maximumsnorm gegen f konvergiert. Zu zeigen ist noch, dass $\lim\limits_{x\to\pm\infty} f(x) = 0$ und dass (f_n) auch in V gegen f konvergiert.

Für jedes $A > 0$ gilt

$$\|f - f_n\| \le \max_{|x|\le A} |f(x) - f_n(x)| + \max_{|x|>A} |f(x) - f_n(x)|.$$

Den ersten Term haben wir im Griff. Daher wenden wir uns dem zweiten Term zu.

Zunächst überlegen wir uns: Ist $\varepsilon > 0$ vorgegeben, so gibt es ein $A > 0$ mit

$$|f_n(x)| \le \varepsilon \quad \text{für alle } n \in \mathbb{N}.$$

Dies sieht man folgendermaßen: Aufgrund der Cauchy-Folgen-Eigenschaft gibt es ein n_0 mit

$$\|f_n - f_k\| \le \frac{\varepsilon}{2}, \quad n, k \ge n_0.$$

Nun wählen wir A so groß, dass

$$|f_k(x)| \le \frac{\varepsilon}{2}, \quad |x| > A, \quad k = 1, \ldots, n_0.$$

Dann folgt für $n \ge n_0$ und $|x| > A$ die Abschätzung

$$\begin{aligned}|f_n(x)| &\le |f_{n_0}(x)| + |f_n(x) - f_{n_0}(x)|\\ &\le \frac{\varepsilon}{2} + \|f_n - f_{n_0}\|\\ &\le \frac{\varepsilon}{2} + \frac{\varepsilon}{2} = \varepsilon.\end{aligned}$$

Wir wählen nun A so groß, dass

$$|f_n(x)| \le \frac{\varepsilon}{4}, \quad |x| > A,$$

für alle $n \in \mathbb{N}$. Dann ist für $n, k \in \mathbb{N}$ und $|x| > A$ auch

$$|f_n(x) - f_k(x)| \le |f_n(x)| + |f_k(x)| \le \frac{\varepsilon}{2}.$$

Wir lassen k gegen unendlich gegen. Für jedes feste x konvergiert $f_k(x) \to f(x)$. Somit folgt auch

$$|f_n(x) - f(x)| \le \frac{\varepsilon}{2},$$

und zwar für jedes $n \in \mathbb{N}$ und $|x| > A$. Somit folgt nun

$$|f(x)| \le |f_n(x)| + |f(x) - f_n(x)| \le \frac{\varepsilon}{2} + \frac{\varepsilon}{2} = \varepsilon$$

für jedes $x \in \mathbb{R}$ mit $|x| > A$. Die Funktion f geht also gegen null für $|x| \to \pm\infty$ und ist damit ein Element von V.

Wir kehren nun zu der Abschätzung

$$\|f - f_n\| \le \max_{|x|\le A} |f(x) - f_n(x)| + \max_{|x|>A} |f(x) - f_n(x)|$$

zurück. Die Überlegung oben hat gezeigt: Indem wir A groß genug wählen, wird der zweite Term beliebig klein, und zwar unabhängig von n. Anschließend können wir n groß genug wählen, um den ersten Summanden beliebig klein zu machen. Insgesamt folgt $\|f - f_n\| \to 0$ für $n \to \infty$.

31.3 •• Ist (f_n) eine Cauchy-Folge in $C^1([a,b])$ mit dieser Norm, so sind sowohl (f_n) als auch (f_n') Cauchy-Folgen in $C([a,b])$ mit der Maximumsnorm. Daher konvergieren beide Folgen gegen Grenzwerte f bzw. $g \in C([a,b])$. Es bleibt zu zeigen, dass f differenzierbar ist und $f' = g$.

Dafür schreiben wir

$$\begin{aligned} f(x) &= f(x) - f_n(x) + f_n(a) \\ &\quad + \int_a^x (f_n'(t) - g(t))\,\mathrm{d}t + \int_a^x g(t)\,\mathrm{d}t. \end{aligned}$$

Jetzt lassen wir n gegen unendlich gehen. Da

$$\left| \int_a^x (f_n'(t) - g(t))\,\mathrm{d}t \right| \le (b-a)\,\|f_n' - g\|_\infty,$$

geht dieser Term gegen null. Insgesamt erhalten wir

$$f(x) = f(a) + \int_a^x g(t)\,\mathrm{d}t, \quad x \in [a,b].$$

Der Hauptsatz der Differenzial- und Integralrechnung (siehe Seite 386) besagt nun, dass f differenzierbar und $g = f'$ ist.

31.4 • Zunächst berechnen wir die L^2-Norm von φ_{jk}. Mit der Substitution $t = 2^j x + 2k - 1$ erhalten wir

$$\begin{aligned} \int_{-1}^{1} |\varphi_{jk}(x)|^2\,\mathrm{d}x &= 2^{j-1} \int_{-1}^{1} \left(\psi\left(2^j x + 2k - 1\right)\right)^2 \mathrm{d}x \\ &= \frac{1}{2} \int_{-2^j+2k-1}^{2^j+2k-1} (\psi(t))^2\,\mathrm{d}t \\ &= \frac{1}{2} \int_{-1}^{1} 1\,\mathrm{d}t = 1. \end{aligned}$$

Als nächstes betrachten wir zwei Paare von zulässigen Indizes (j_1, k_1) und (j_2, k_2). Als erstes untersuchen wir den Fall $j_1 = j_2 = j$, $k_1 \neq k_2$. Die Funktion φ_{jk_1} hat an denjenigen Stellen x einen von null verschiedenen Wert, an denen

$$-1 < 2^j x + 2k_1 - 1 < 1,$$

also

$$k_1 - 1 < -2^{j-1} x < k_1.$$

Eine analoge Ungleichungskette gilt für φ_{jk_2}. Für $k_1 \neq k_2$ haben die Intervalle, an denen die beiden Funktionen ungleich null sind, höchstens ihre Randpunkte gemeinsam. Damit gilt

$$\int_{-1}^{1} \varphi_{jk_1}(x)\,\overline{\varphi_{jk_2}(x)}\,\mathrm{d}x = 0,$$

denn der Integrand verschwindet außer möglicherweise auf einer Nullmenge.

Als letztes betrachten wir den Fall $j_1 < j_2$, machen aber keine Einschränkung an k_1 bzw. k_2. Wir betrachten die Intervalle der Form

$$(2^{-j_1}(l-1), 2^{-j_1} l), \quad l = -2^{j_1} + 1, \ldots, 2^{j_1}.$$

Auf jedem dieser Intervalle der Länge 2^{-j_1} ist $\varphi_{j_1k_1}$ entweder konstant gleich null, gleich 1 oder gleich -1.

Entsprechend den Überlegungen oben gilt

$$\varphi_{j_2k_2}(x) \neq 0 \quad \Longleftrightarrow \quad x \in (2^{1-j_2}(-k_2), 2^{1-j_2}(1-k_2)).$$

Dies ist ein Intervall der Länge 2^{-j_2+1}. Da wir $j_2 > j_1$ angenommen haben, ist dieses Intervall ganz in einem derjenigen Intervalle enthalten, auf denen $\varphi_{j_1k_1}$ konstant ist.

Somit ergibt sich mit $\xi \in (2^{1-j_2}(-k_2), 2^{1-j_2}(1-k_2))$

$$\begin{aligned} \int_{-1}^{1} \varphi_{j_1k_1}(x)\,\overline{\varphi_{j_2k_2}(x)}\,\mathrm{d}x &= \varphi_{j_1k_1}(\xi) \int_{-2^{1-j_2}k_2}^{-2^{1-j_2}(1-k_2)} \overline{\varphi_{j_2k_2}(x)}\,\mathrm{d}x \\ &= 2^{j_2-1}\,\varphi_{j_1k_1}(\xi) \int_{-1}^{1} \overline{\psi(t)}\,\mathrm{d}t = 0. \end{aligned}$$

Somit sind $\varphi_{j_1k_1}$ und $\varphi_{j_2k_2}$ orthogonal, die Haar-Wavelets sind orthonormal in $L^2(-1,1)$.

31.5 •• Wir wählen $x, y \in X$ und $\alpha \in \mathbb{C}$ beliebig. Für jedes $u \in U$ gilt

$$\begin{aligned} \langle \mathcal{P}(x+y), u \rangle &= \langle x+y, u \rangle = \langle x, u \rangle + \langle y, u \rangle \\ &= \langle \mathcal{P}x, u \rangle + \langle \mathcal{P}y, u \rangle = \langle \mathcal{P}x + \mathcal{P}y, u \rangle, \\ \langle \mathcal{P}(\alpha x), u \rangle &= \langle \alpha x, u \rangle = \alpha \langle x, u \rangle \\ &= \alpha \langle \mathcal{P}x, u \rangle = \langle \alpha \mathcal{P}x, u \rangle. \end{aligned}$$

Also ist

$$\langle \mathcal{P}(x+y) - (\mathcal{P}x + \mathcal{P}y), u \rangle = 0$$

und

$$\langle \mathcal{P}(\alpha x) - \alpha \mathcal{P}x, u \rangle = 0$$

für jedes $u \in U$. Da U ein abgeschlossener Unterraum ist, erhalten wir

$$\mathcal{P}(x+y) - (\mathcal{P}x + \mathcal{P}y) = 0 \quad \text{und} \quad \mathcal{P}(\alpha x) - \alpha \mathcal{P}x = 0.$$

Somit ist $\mathcal{P}$ linear.

Wegen $\langle x - \mathcal{P}x, \mathcal{P}x \rangle = 0$ erhalten wir mit dem Satz des Pythagoras

$$\|x\|^2 = \|x - \mathcal{P}x\|^2 + \|\mathcal{P}x\|^2 \ge \|\mathcal{P}x\|^2.$$

Daher ist $\mathcal{P}$ beschränkt und $\|\mathcal{P}\| \le 1$. Andererseits ist $\mathcal{P}u = u$ für jedes $u \in U$. Daher ist $\|\mathcal{P}\| \ge 1$. Insgesamt folgt $\|\mathcal{P}\| = 1$.

Rechenaufgaben

31.6 •• (a) Das einfachste Argument ist: In Kap. 6 hatten wir gezeigt, dass diese Folge konvergiert. Daher ist sie auch eine Cauchy-Folge.

Natürlich kann man die Cauchy-Folgen-Eigenschaft auch direkt zeigen. Dazu zeigen wir zunächst Schranken für die Folgenglieder. Ist $1 \leq a_n \leq 2$, so folgt

$$1 \leq \sqrt{2} \leq \sqrt{2a_n} = a_{n+1} \leq \sqrt{2 \cdot 2} = 2.$$

Da $a_0 = 1$ vorgegeben ist, erhalten wir mit vollständiger Induktion $1 \leq a_n \leq 2$ für alle $n \in \mathbb{N}_0$. Diese Schranken verwenden wir nun weiter.

Für jedes $n \in \mathbb{N}$ gilt

$$\begin{aligned} |a_{n+1} - a_n| &= |\sqrt{2a_n} - \sqrt{2a_{n-1}}| = \frac{|2a_n - 2a_{n-1}|}{\sqrt{2a_n} + \sqrt{2a_{n-1}}} \\ &\leq \sqrt{2}\,\frac{|a_n - a_{n-1}|}{a_n + a_{n-1}} \leq \frac{\sqrt{2}}{2}\,|a_n - a_{n-1}|. \end{aligned}$$

Damit schätzen wir weiter ab

$$\begin{aligned} |a_{n+1} - a_n| &\leq \frac{\sqrt{2}}{2}\,|a_n - a_{n-1}| \\ &\leq \left(\frac{\sqrt{2}}{2}\right)^2 |a_{n-1} - a_{n-2}| \\ &\leq \cdots \leq \left(\frac{\sqrt{2}}{2}\right)^n |a_1 - a_0|. \end{aligned}$$

Somit erhalten wir für $m > n$

$$\begin{aligned} |a_m - a_n| &\leq \sum_{k=n}^{m-1} |a_{k+1} - a_k| \\ &\leq \sum_{k=n}^{m-1} \left(\frac{\sqrt{2}}{2}\right)^k |a_1 - a_0| \\ &= \left(\frac{\sqrt{2}}{2}\right)^n |a_1 - a_0| \sum_{k=0}^{m-n-1} \left(\frac{\sqrt{2}}{2}\right)^k. \end{aligned}$$

Die Summe auf der rechten Seite ist eine Partialsumme der geometrischen Reihe und daher beschränkt. Gehen m, n gegen unendlich, so geht der erste Faktor gegen null. Daher handelt es sich bei (a_n) um eine Cauchy-Folge.

(b) Für $k, l \in \mathbb{N}$, mit $k \neq l$ gilt

$$f_k(k) = 1, \quad f_l(k) = 0.$$

Daher ist

$$\max_{x \in \mathbb{R}} |f_k(x) - f_l(x)| \geq |1 - 0| = 1.$$

Die Folge ist keine Cauchy-Folge.

(c) Wir betrachten $n \in \mathbb{N}$ und wählen $\hat{x} \in (0, 1)$ mit $\hat{x}^n > 1/2$. Ein solches $\hat{x}$ finden wir, da $x^n \to 1$ für $x \to 1$. Nun gilt aber, da $\hat{x} < 1$ ist,

$$\hat{x}^k \to 0 \quad (k \to \infty).$$

Somit können wir $m > n$ wählen mit $\hat{x}^m < 1/4$. Somit gilt

$$\|x^m - x^n\|_\infty \geq |\hat{x}^m - \hat{x}^n| > 1/4.$$

Zu jedem $n \in \mathbb{N}$ können wir ein $m \in \mathbb{N}$ finden, so dass diese Ungleichung gilt. Daher ist (x^k) keine Cauchy-Folge bezüglich der Maximumsnorm.

(d) Wir berechnen für $n, m \in \mathbb{N}$ mit $n, m > N$ das Integral

$$\begin{aligned} \int_0^1 |x^n - x^m|^2\,\mathrm{d}x &= \int_0^1 \left(2\,x^{2n} + 2\,x^{2m}\right) \mathrm{d}x \\ &= \left[\frac{2}{2n+1}\,x^{2n+1} + \frac{2}{2m+1}\,x^{2m+1}\right]_0^1 \\ &\leq \frac{1}{n} + \frac{1}{m} \leq \frac{2}{N}. \end{aligned}$$

Da die rechte Seite für $N \to \infty$ gegen null geht, folgt, dass (x^k) eine Cauchy-Folge in $L^2(-1, 1)$ ist.

31.7 • Ist X ein Innenproduktraum über $\mathbb{R}$, so gilt für x, $y \in X$

$$\begin{aligned} \|x + y\|^2 + \|x - y\|^2 &= \langle x + y, x + y\rangle + \langle x - y, x - y\rangle \\ &= \langle x, x\rangle + 2\,\langle x, y\rangle + \langle y, y\rangle + \langle x, x\rangle - 2\,\langle x, y\rangle + \langle y, y\rangle \\ &= 2\,\langle x, x\rangle + 2\,\langle y, y\rangle = 2\,\|x\|^2 + 2\,\|y\|^2. \end{aligned}$$

Für die zweite Gleichung drücken wir die rechte Seite durch das Skalarprodukt aus,

$$\begin{aligned} \|x + y\|^2 - \|x - y\|^2 &= \langle x + y, x + y\rangle - \langle x - y, x - y\rangle \\ &= \langle x, x\rangle + 2\,\langle x, y\rangle + \langle y, y\rangle - \langle x, x\rangle + 2\,\langle x, y\rangle - \langle y, y\rangle \\ &= 4\,\langle x, y\rangle. \end{aligned}$$

Indem wir durch 4 dividieren, erhalten wir die Behauptung.

Wir wählen die Funktionen $f, g \in C([0, 1])$ mit

$$f(x) = x, \quad g(x) = 1 - x, \quad x \in [0, 1].$$

Beide Funktionen haben den maximalen Wert 1, die rechte Seite der Parallelogrammgleichung hat demnach den Wert 4. Für die linke Seite bestimmen wir

$$f(x) + g(x) = 1, \quad f(x) - g(x) = -1 + 2x, \quad x \in [0, 1].$$

Auch diese beiden Funktionen haben den maximalen Betrag 1, so dass die linke Seite der Parallelogrammgleichung den Wert 2 hat. Somit gilt die Parallelogrammgleichung in $C([0, 1])$ mit der Maximumsnorm nicht.

Kommentar Man kann auch zeigen, dass in einem normierten Raum, in dem die Parallelogrammgleichung gilt, durch die zweite Formel aus der Aufgabe ein Innenprodukt definiert ist, dass die Norm des Raums erzeugt. Diese Rechnung erfordert jedoch trickreiche Umformungen, wer Spaß daran hat, mag dies versuchen. Das Ergebnis bedeutet jedoch, dass die Parallelogrammgleichung für diejenigen Normen *charakteristisch* ist, die durch ein Skalarprodukt erzeugt werden. ◄

31.8 • Für jedes $f \in C([0,1])$ und jedes $x \in [0,1]$ gilt

$$\begin{aligned}|\mathcal{B}_n f(x)| &\le \sum_{k=0}^{n} \left| f\left(\frac{k}{n}\right) \binom{n}{k} x^k (1-x)^{n-k} \right| \\ &= \sum_{k=0}^{n} \left| f\left(\frac{k}{n}\right)\right| \binom{n}{k} x^k (1-x)^{n-k} \\ &\le \max_{t\in[0,1]} |f(t)| \sum_{k=0}^{n} \binom{n}{k} x^k (1-x)^{n-k} \\ &= \|f\|_\infty (x+1-x)^n = \|f\|_\infty.\end{aligned}$$

Damit ist $\|\mathcal{B}_n\| \le 1$ gezeigt. Wählen wir konkret $f = 1$, so ergibt sich

$$|\mathcal{B}_n 1| = \left| \sum_{k=0}^{n} 1 \binom{n}{k} x^k (1-x)^{n-k} \right| = 1.$$

Damit haben wir eine Funktion f mit

$$\|\mathcal{B}_n f\|_\infty = \|f\|_\infty$$

gefunden. Dies bedeutet $\|\mathcal{B}_n\| \ge 1$. Zusammen folgt $\|\mathcal{B}_n\| = 1$.

31.9 •• Zur Abkürzung setzen wir

$$\mathcal{A}u(x) = \int_0^x u(t)\,dt, \quad x \in [0,1],$$

und $v_j = \mathcal{A}^j \exp(\cdot)$. Zunächst berechnen wir die ersten paar dieser Funktionen:

$$\begin{aligned} v_0(x) &= e^x, \\ v_1(x) &= \int_0^x e^t\,dt = e^x - 1, \\ v_2(x) &= \int_0^x \left(e^t - 1\right) dt = e^x - x - 1, \\ v_3(x) &= \int_0^x \left(e^t - t - 1\right) dt = e^x - \frac{x^2}{2} - x - 1. \end{aligned}$$

Aufgrund dieser Ergebnisse vermuten wir

$$v_j(x) = e^x - \sum_{k=0}^{j-1} \frac{x^k}{k!}, \quad x \in [0,1].$$

Diese Vermutung beweisen wir durch vollständige Induktion. Der Induktionsanfang ist schon erbracht. Gilt der Ausdruck für ein $j \in \mathbb{N}_0$, so folgt

$$\begin{aligned} v_{j+1}(x) &= \int_0^x \left(e^t - \sum_{k=0}^{j-1} \frac{t^k}{k!}\right) dt = \left[e^t - \sum_{k=0}^{j-1} \frac{t^{k+1}}{(k+1)!}\right]_0^1 \\ &= e^x - \sum_{k=0}^{j-1} \frac{x^{k+1}}{(k+1)!} - 1 = e^x - \sum_{k=1}^{j} \frac{x^k}{(k)!} - 1 \\ &= e^x - \sum_{k=0}^{j} \frac{x^k}{k!}. \end{aligned}$$

Damit ist der Induktionsschritt vollzogen, die Formel ist also für alle $j \in \mathbb{N}_0$ korrekt.

Nun bestimmen wir die Lösung u der Integralgleichung. Für den vorliegenden Integraloperator wurde im Kapitel gezeigt, dass die Voraussetzungen des Satzes über die Neumann'sche Reihe erfüllt sind. Wir betrachten eine Partialsumme,

$$\begin{aligned} u_N(x) &= \sum_{j=0}^{N} v_j(x) = \sum_{j=0}^{N} \left(e^x - \sum_{k=0}^{j-1} \frac{x^k}{k!}\right) \\ &= (N+1)\,e^x - \sum_{j=0}^{N}\sum_{k=0}^{j-1} \frac{x^k}{k!} \\ &= (N+1)\,e^x - \sum_{k=0}^{N-1}\sum_{j=k+1}^{N} \frac{x^k}{k!} \\ &= \sum_{k=0}^{\infty} \frac{(N+1)\,x^k}{k!} - \sum_{k=0}^{N-1} \frac{(N-k)\,x^k}{k!} \\ &= \sum_{k=0}^{\infty} \frac{x^k}{k!} + \sum_{k=0}^{N-1} \frac{k\,x^k}{k!} + N \sum_{k=N}^{\infty} \frac{x^k}{k!}. \end{aligned}$$

Wir betrachten zunächst den letzten Term. Es ist

$$\begin{aligned} \left| N \sum_{k=N}^{\infty} \frac{x^k}{k!} \right| &\le \sum_{k=N}^{\infty} \frac{N}{k} \frac{|x|^k}{(k-1)!} \le \sum_{k=N}^{\infty} \frac{|x|^k}{(k-1)!} \\ &= |x| \sum_{k=N}^{\infty} \frac{|x|^{k-1}}{(k-1)!} = |x| \sum_{k=N-1}^{\infty} \frac{|x|^k}{k!}. \end{aligned}$$

Die Reihe ist der Reihenrest der Exponentialreihe und verschwindet für $N \to \infty$. Damit erhalten wir

$$\begin{aligned} u(x) &= e^x + \sum_{k=0}^{\infty} \frac{k\,x^k}{k!} = e^x + \sum_{k=1}^{\infty} \frac{x^k}{(k-1)!} \\ &= e^x + x\,e^x = (x+1)\,e^x. \end{aligned}$$

31.10 •• Wir geben uns eine Distribution f, eine Funktion $g \in C^\infty(\mathbb{R})$ und eine Grundfunktion φ vor. Dann ist

$$\langle (gf)', \varphi \rangle = -\langle gf, \varphi' \rangle = -\langle f, g\varphi' \rangle.$$

Nach der normalen Produktregel für Funktionen ist

$$g\varphi' = (g\varphi)' - g'\varphi.$$

Damit erhalten wir

$$\begin{aligned} \langle (gf)', \varphi \rangle &= \langle f, g'\varphi \rangle - \langle f, (g\varphi)' \rangle \\ &= \langle g' f, \varphi \rangle + \langle f', g\varphi \rangle \\ &= \langle g' f, \varphi \rangle + \langle gf', \varphi \rangle \\ &= \langle g' f + gf', \varphi \rangle. \end{aligned}$$

Da diese Gleichheit für jede Grundfunktion φ gilt, folgt

$$(gf)' = g' f + gf'.$$

Im Fall von $\sin(\cdot)\, H$, können wir die Produktregel anwenden,

$$(\sin(\cdot)\, H)' = \cos(\cdot)\, H + \sin(\cdot)\, \delta.$$

Für jede Grundfunktion φ ist aber

$$\langle \sin(\cdot)\, \delta, \varphi \rangle = \langle \delta, \sin(\cdot)\, \varphi \rangle = \sin(0)\, \varphi(0) = 0.$$

Daher folgt

$$(\sin(\cdot)\, H)' = \cos(\cdot)\, H.$$

Anwendungsprobleme

31.11 •• Wir betrachten den Vektorraum V über $\mathbb{R}$ der stetigen, auf jedem der Intervalle $[x_j, x_{j+1}]$, $j = 1, \ldots, n-1$, linearen Funktionen. V ist ein endlichdimensionaler Vektorraum, auf dem wir durch

$$\langle f, g \rangle = \sum_{j=1}^{n} f(x_j) g(x_j)$$

ein Skalarprodukt definieren können.

Der Raum

$$U = \{f \mid f(x) = ax + b\, x \in [x_1, x_n]\}$$

ist ein abgeschlossener Unterraum. Daher hat nach der Aussage über die orthogonale Projektion jede Funktion aus V eine eindeutig bestimmte Bestapproximation aus $g \in U$. Dies ist genau die gesuchte Ausgleichsgerade.

Für die Ausgleichsgerade g gilt

$$\sum_{j=1}^{n} f(x_j)\, (g(x_j) - y_j) = 0$$

für jede Gerade $f \in U$. Indem wir speziell $f(x) = 1$ und $f(x) = x$ einsetzen, erhalten wir die linearen Gleichungen

$$\begin{aligned} \sum_{j=1}^{n} x_j\, (a\, x_j + b - y_j) &= 0, \\ \sum_{j=1}^{n} a\, x_j + b - y_j &= 0, \end{aligned}$$

aus denen a und b bestimmt werden kann.

Kommentar Will man Ausgleichsprobleme mit mehr als zwei gesuchten Parametern lösen, so ist das analog erhaltene lineare Gleichungssystem sehr schlecht konditioniert. Es gibt dann andere numerische Verfahren, ein Ausgleichsproblem zu lösen, die numerisch stabiler sind, zum Beispiel die *QR-Zerlegung*. ◀

31.12 •• Die allgemeine Lösung der homogenen Differenzialgleichung ist durch

$$Q_h(t) = A\, \cos(\omega t) + B\, \sin(\omega t), \quad t \in \mathbb{R},$$

gegeben, wobei $A, B \in \mathbb{C}$ zwei Integrationskonstanten und $\omega = 1/\mathrm{s}$ ist.

Laut Aufgabenstellung ist

$$V(t) = H(\omega(t - t_0)) - 2\, H(\omega(t - t_1)) + H(\omega((t - t_2)).$$

Wir bestimmen zunächst allgemein eine partikuläre Lösung der Differenzialgleichung

$$u''(t) + u(t) = H(t - a), \quad t \in \mathbb{R},$$

in Form einer Distribution u. Dazu machen wir den Ansatz der Variation der Konstanten,

$$u = A\, \cos(\cdot) + B\, \sin(\cdot)$$

mit Distributionen A bzw. B. Als erste Ableitung erhalten wir

$$u' = -A\, \sin(\cdot) + B\, \cos(\cdot) + A'\, \cos(\cdot) + B'\, \sin(\cdot).$$

Wir stellen die Forderung

$$A'\, \cos(\cdot) + B'\, \sin(\cdot) = 0$$

auf und bestimmen anschließend die zweite Ableitung von u,

$$u'' = -A\, \cos(\cdot) - B\, \sin(\cdot) - A'\, \sin(\cdot) + B'\, \cos(\cdot).$$

Einsetzen in die Differenzialgleichung ergibt

$$-A'\, \sin(\cdot) + B'\, \cos(\cdot) = H(\cdot - a).$$

Insgesamt haben wir ein lineares Gleichungssystem,

$$\begin{aligned} A' \cos(\cdot) + B' \sin(\cdot) &= 0, \\ -A' \sin(\cdot) + B' \cos(\cdot) &= H(\cdot - a). \end{aligned}$$

Indem wir die erste Zeile mit $\cos(\cdot)$, die zweite mit $-\sin(\cdot)$ multiplizieren und addieren, erhalten wir

$$A' = (\cos^2(\cdot) + \sin^2(\cdot))\, A' = -\sin(\cdot)\, H(\cdot - a).$$

Analog multiplizieren wir die erste Gleichung mit $\sin(\cdot)$, die zweite mit $\cos(\cdot)$ und addieren, um

$$B' = (\cos^2(\cdot) + \sin^2(\cdot))\, B' = \cos(\cdot)\, H(\cdot - a)$$

zu erhalten.

Sowohl A' als auch B' sind reguläre Distributionen. Die Stammfunktionen können wir also direkt durch Integration gewinnen,

$$\begin{aligned} A(x) &= \int_{-\infty}^{x} -\sin(t)\, H(t-a)\, \mathrm{d}t = \int_{a}^{x} -\sin(t)\, \mathrm{d}t\, H(x-a) \\ &= [\cos(t)]_a^x\, H(x-a) = (\cos(x) - \cos(a))\, H(x-a). \end{aligned}$$

Ganz analog folgt

$$B(x) = (\sin(x) - \sin(a))\, H(x-a).$$

Damit ergibt sich nun die partikuläre Lösung

$$\begin{aligned} u &= \big[(\cos(\cdot) - \cos(a))\cos(\cdot) \\ &\quad + (\sin(\cdot) - \sin(a))\sin(\cdot)\big] H(\cdot - a) \\ &= \big[1 - \cos(a)\cos(\cdot) - \sin(a)\sin(\cdot)\big] H(\cdot - a). \end{aligned}$$

Nun kann man für jeden der drei Summanden in der Formel für $V(t)$ die partikuläre Lösung hinschreiben und erhält in der Summe

$$\begin{aligned} Q_p(t) &= \big[1 - \cos(\omega t_0)\cos(\omega t) \\ &\quad - \sin(\omega t_0)\sin(\omega t)\big] H(\omega(t - t_0)) \\ &\quad - 2\big[1 - \cos(\omega t_1)\cos(\omega t) \\ &\quad - \sin(\omega t_1)\sin(\omega t)\big] H(\omega(t - t_1)) \\ &\quad + \big[1 - \cos(\omega t_2)\cos(\omega t) \\ &\quad - \sin(\omega t_2)\sin(\omega t)\big] H(\omega(t - t_2)). \end{aligned}$$

Sie erfüllt bereits alle Anfangsbedingungen, es muss also keine Lösung der homogenen Gleichung mehr dazuaddiert werden.

31.13 •• Beim Kollokationsverfahren ersetzt man die gesuchte Funktion in der Integralgleichung durch den Ansatz u_N und löst die erhaltene Gleichung in den Kollokationspunkten. Wir erhalten das Gleichungssystem

$$u_N(x_j) + \int_0^1 \frac{1 - x_j}{2}\, \mathrm{e}^{-x_j y}\, u_N(y)\, \mathrm{d}y = f(x_j)$$

für $j = 1, \ldots, N$. Aufgrund der Definition von u_N und der Funktionen v_j gilt

$$u_N(x_j) = \sum_{k=1}^{N} c_k\, v_k(x_j) = c_j,$$

sowie

$$\begin{aligned} \int_0^1 \mathrm{e}^{-x_j y}\, u_N(y)\, \mathrm{d}y &= \sum_{k=1}^{N} c_k \int_0^1 \mathrm{e}^{-x_j y}\, v_k(y)\, \mathrm{d}y \\ &= \sum_{k=1}^{N} c_k \int_{(k-1)h}^{kh} \mathrm{e}^{-x_j y}\, \mathrm{d}y. \end{aligned}$$

Somit haben wir das lineare Gleichungssystem

$$c_j + \sum_{k=1}^{N} c_k\, \frac{1 - x_j}{2} \int_{(k-1)h}^{kh} \mathrm{e}^{-x_j y}\, \mathrm{d}y = f(x_j),$$

$j = 1, \ldots, N$, für die Unbekannten c_j erhalten. Schreiben wir dieses System in Matrixform als

$$\boldsymbol{A}\, \boldsymbol{c} = \boldsymbol{b}$$

mit $\boldsymbol{A} = (a_{jk})$, $\boldsymbol{c} = (c_1, \ldots, c_N)^\top$, $\boldsymbol{b} = (b_1, \ldots, b_N)^\top$, so folgt

$$\begin{aligned} a_{jk} &= \delta_{jk} + \frac{1 - x_j}{2} \int_{(k-1)h}^{kh} \mathrm{e}^{-x_j y}\, \mathrm{d}y, \\ b_j &= f(x_j), \end{aligned}$$

für $j, k = 1, \ldots, N$.

Kapitel 32

Kapitel 32

Aufgaben

Verständnisfragen

32.1 •• Zeigen Sie, dass die Summe der n-ten Einheitswurzeln für $n \geq 2$ immer null ergibt und interpretieren Sie dieses Ergebnis für $n \geq 3$ geometrisch.

32.2 • Zeigen Sie die Identität

$$\cos(4\varphi) = 8\cos^4\varphi - 8\cos^2\varphi + 1$$

und leiten Sie eine analoge Identität für $\sin(4\varphi)$ her.

32.3 •• Geben Sie jeweils zwei Gebiete G_1 und G_2 an, sodass

1. Vereinigung und Durchschnitt wieder Gebiete sind,
2. die Vereinigung ein Gebiet ist, nicht aber der Durchschnitt,
3. weder Vereinigung noch Durchschnitt Gebiete sind.

32.4 • Man zeige, dass die „Häufungspunktbedingung" im Identitätssatz tatsächlich notwendig ist, dass also zwei holomorphe Funktionen, die auf einer unendlichen Menge M übereinstimmen, nicht gleich sein müssen, wenn M keinen Häufungspunkt hat.

32.5 •• Gibt es eine Funktion $f(z)$ mit der Eigenschaft

$$f\left(\frac{1}{n}\right) = \frac{1}{1-\frac{1}{n}} \quad \text{für } n = 2, 3, 4, \ldots,$$

die (a) auf $|z| < 1$, (b) auf ganz $\mathbb{C}$ holomorph ist?

32.6 •• Man ermittle ohne Rechnung den Konvergenzradius bei Entwicklung der jeweils angegebenen Funktion um den Punkt z_0 in eine Potenzreihe:

(a) $f(z) = \frac{z}{(z-\mathrm{i})(z+2)}$ um $z_0 = 0$
(b) $f(z) = \operatorname{Log}(z)$ um $z_0 = 2 + \mathrm{i}$
(c) $f(z) = 1/\sin(\frac{1}{z})$ um $z_0 = \frac{1}{\pi} + \mathrm{i}$

32.7 •• Wo haben die folgenden Funktionen f, $D(f) \to \mathbb{R}$ Singularitäten und um welche Art handelt es sich jeweils (soweit in unserem Schema klassifizierbar)?

(a) $f(z) = \frac{1}{z^8+z^2}$,
(b) $f(z) = \frac{1}{\cos\frac{1}{z}}$,
(c) $f(z) = \frac{\sin\frac{1}{z}}{z^2+1}$.

Rechenaufgaben

32.8 • Wir setzen im Folgenden stets $z = x + \mathrm{i}y$.

- Schreiben Sie den Ausdruck $x^3 + xy^2$ auf z und $\bar{z}$ sowie $z^2\bar{z}$ auf x und y um.
- Verifizieren Sie die Relation $\mathrm{e}^{\mathrm{i}z} = \cos z + \mathrm{i}\sin z$ für die komplexe Zahl $z = \pi + \mathrm{i}$.
- Berechnen Sie

$$\operatorname{Re}(\mathrm{e}^{(z^3)}) \quad \text{und} \quad \operatorname{Im}(\mathrm{e}^{(z^3)})$$

für $z = x + \mathrm{i}y$ und speziell für $z_1 = \sqrt[3]{\pi} + \mathrm{i}\sqrt[3]{\pi}$.
- Berechnen Sie $\operatorname{Log} z_k$ für die komplexen Zahlen $z_1 = \mathrm{i}$, $z_2 = \sqrt{2} + \sqrt{2}\,\mathrm{i}$ und $z_3 = z_1 \cdot z_2$.
- Überprüfen Sie, ob die beiden Grenzwerte

$$G_1 = \lim_{z\to 1} \frac{z^2-1}{z+2} \qquad G_2 = \lim_{z\to 0} \frac{\bar{z}}{z}$$

existieren und berechne Sie sie gegebenenfalls.

32.9 •• Man zeige, dass f, $\mathbb{C} \to \mathbb{C}$, $f(z) = \operatorname{Im} z$ für kein $z \in \mathbb{C}$ komplex differenzierbar ist, indem man (a) die entsprechenden Grenzwerte bilde, (b) die Cauchy-Riemann-Gleichungen überprüfe.

32.10 • Man zeige anhand der Cauchy-Riemann-Gleichungen, dass die Funktionen f, g und h, $\mathbb{C} \to \mathbb{C}$ mit

- $f(z) = \cos z$
- $g(z) = z^2 + (1 + \mathrm{i})z - 1$
- $h(z) = \mathrm{e}^{\sin z}$

auf ganz $\mathbb{C}$ holomorph sind.

T. Arens et al., *Arbeitsbuch Mathematik*, https://doi.org/10.1007/978-3-662-64391-4_31

32.11 ••• Sind für die Funktion $f, \mathbb{C} \to \mathbb{C}$ mit

$$f(z) = \begin{cases} \frac{z^5}{|z|^4} & \text{für } z \neq 0 \\ 0 & \text{für } z = 0 \end{cases}$$

im Punkt $z_0 = 0$ die Cauchy-Riemann-Gleichungen erfüllt? Ist f in $z_0 = 0$ komplex differenzierbar?

32.12 •• Man zeige, dass die Funktion u, $\mathbb{R}^2 \to \mathbb{R}^2$

$$u(x, y) = 2x\,(1 - y)$$

harmonisch ist und berechne die konjugiert harmonische Funktion v sowie $f = u + \mathrm{i}v$ als Funktion von $z = x + \mathrm{i}y$. (Die Integrationskonstante darf dabei null gesetzt werden.)

32.13 •• Man berechne die Integrale

- $I_1 = \int_0^{\pi} \frac{\mathrm{e}^{\mathrm{i}t}+1}{\mathrm{e}^{\mathrm{i}t}+\mathrm{e}^{-\mathrm{i}t}}\,\mathrm{d}t$
- $I_2 = \int_0^1 (t^3 + (\mathrm{i}+1)t^2 + (\mathrm{i}-1)t + 2\mathrm{i})\,\mathrm{d}t$
- $I_3 = \int_0^1 \frac{2t}{t^2+(1+\mathrm{i})t+\mathrm{i}}\,\mathrm{d}t$

32.14 • Man parametrisiere die in Abb. 32.31 dargestellten Kurven.

32.15 •• Man berechne die Integrale

$$I_{a,k} = \int_{C_k} \bar{z}\,\mathrm{d}z \qquad I_{b,k} = \int_{C_k} \operatorname{Re} z\,\mathrm{d}z$$

$$I_{c,k} = \int_{C_k} \mathrm{e}^{\pi z}\,\mathrm{d}z \qquad I_{d,k} = \int_{C_k} z^5\,\mathrm{d}z$$

für $k = 1, \dots, 5$ entlang der in Abb. 32.32 dargestellten Kurven.

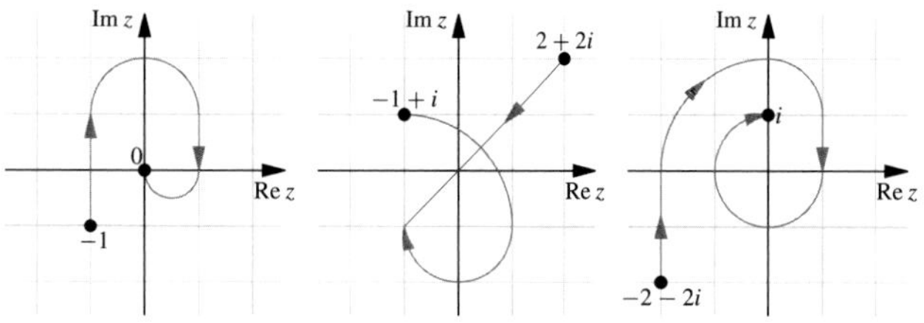

Abb. 32.31 Parametrisieren Sie diese Kurven

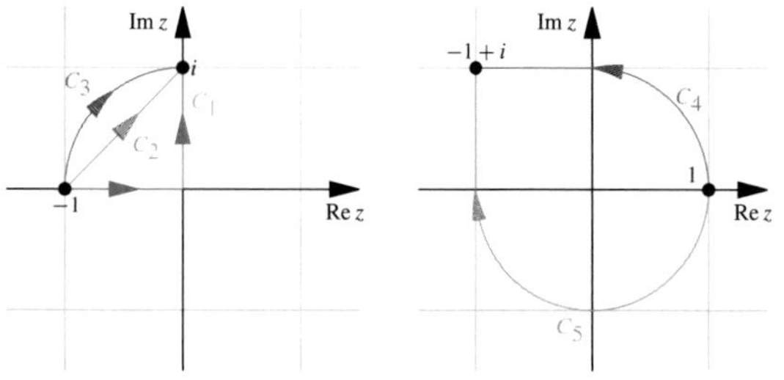

Abb. 32.32 Berechnen Sie die Integrale $\int_{C_k} f(z)\,\mathrm{d}z$ für $f(z) = \bar{z}$, $f(z) = \operatorname{Re} z$, $f(z) = \mathrm{e}^{\pi z}$ und $f(z) = z^5$ entlang dieser Kurven

32.16 • Man berechne die Integrale:

(a) $I_{1,k} = \oint_{C_k} \frac{\mathrm{e}^z}{z-2}\,\mathrm{d}z$
entlang der positiv orientierten Kreise
C_1: $|z| = 3$ und C_2: $|z| = 1$.

(b) $I_2 = \oint_C \frac{\sin 3z}{z+\frac{\pi}{2}}\,\mathrm{d}z$
entlang des positiv orientierten Kreises
C: $|z| = 5$.

(c) $I_3 = \oint_C \frac{\mathrm{e}^{3z}}{z-\pi\mathrm{i}}\,\mathrm{d}z$
entlang der positiv orientierten Kurve
C: $|z - 2| + |z + 2| = 6$.

32.17 ••• Man zeige

$$\int_{-\infty}^{+\infty} \mathrm{e}^{-ax^2-bx}\,\mathrm{d}x = \sqrt{\frac{\pi}{4\,|a|}}\,\mathrm{e}^{\frac{b^2}{4a}}\,\mathrm{e}^{-\frac{\mathrm{i}}{2}\operatorname{Arg} a}$$

für $a, b \in \mathbb{C}$ und $\operatorname{Re} a > 0$ durch Anwendung des Cauchy'schen Integralsatzes auf den in Abb. 32.29 gezeigten Integrationsweg.

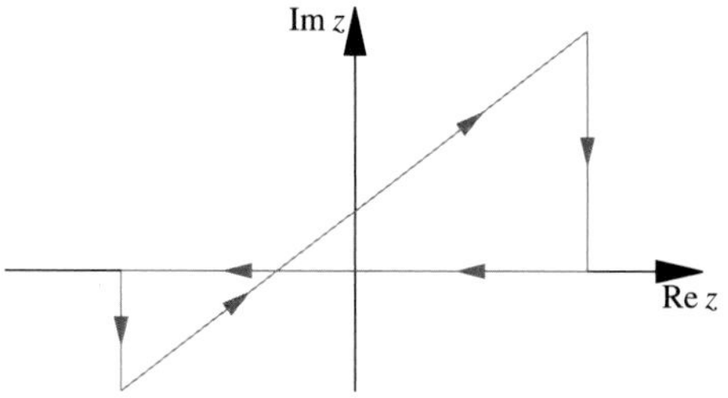

Abb. 32.33 Durch Anwendung des Cauchy'schen Integralsatzes auf den hier dargestellten Integrationsweg kann man Gauß-Integrale auf komplexe Argumente verallgemeinern

32.18 ••• Man berechne das reelle Integral

$$I = \int_0^{2\pi} (\cos x)^{2p}\,\mathrm{d}x \quad \text{mit } p \in \mathbb{N}\,.$$

für $p \in \mathbb{N}$.

32.19 •• Man ermittle die Laurent-Reihenentwicklung der Funktion $f, \dot{\mathbb{C}} \to \mathbb{C}$, $f(z) = \sin(\frac{1}{z^2})$ um $z = 0$.

32.20 •• Man entwickle die Funktion f, $f(z) = \frac{1}{z^2-2\mathrm{i}z}$ in Laurent-Reihen um die Punkte $z_1 = 0$ und $z_2 = 2\mathrm{i}$ (jeweils zwei Bereiche).

32.21 •• Man berechne die Laurent-Reihenentwicklung der Funktion

$$f(z) = \frac{1}{(z-1)(z-2)}$$

(a) für $|z| < 1$, (b) für $1 < |z| < 2$ und (c) für $|z| > 2$.

32.22 •• Man zerlege die Funktion f,

$$f(z) = \frac{4z^2 - 2z + 8}{z^3 - z^2 + 4z - 4}$$

in Partialbrüche und ermittle die Residuen an den Polstellen. (Hinweis: Eine Nullstelle des Nenners liegt bei $z = +1$).

32.23 • Man bestimme zu den folgenden Funktionen f, $D(f) \to \mathbb{C}$ jeweils die maximale Definitionsmenge und die Residuen der Funktionen an allen Singularitäten:

(a) $f(z) = \frac{e^{\pi z}}{z^2+1}$

(b) $f(z) = \frac{1}{z^4+2z^2-3}$

(c) $f(z) = \frac{4z^2-5z+3}{z^3-2z^2+z}$

32.24 •• Man berechne mittels Residuensatz die Integrale über die Funktionen f und g mit

$$f(z) = \frac{e^{\pi z}}{z^2 - (1+i)z + i}, \quad g(z) = \frac{z^2}{z^2 + (i-2)z - 2i}$$

entlang der in Abb. 32.34 dargestellten Kurven C_1 bis C_3.

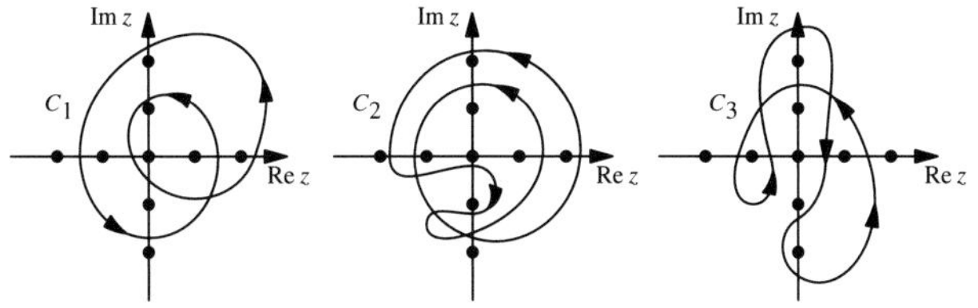

Abb. 32.34 Bestimmen Sie die Integrale der Funktionen f und g entlang der hier dargestellten Kurven C_1, C_2 und C_3. (Die Punkte markieren dabei komplexe Zahlen $z \in \mathbb{Z}$ bzw. $z \in i\mathbb{Z}$)

32.25 •• Mittels Residuensatz berechne man die reellen Integrale:

- $I_1 = \int_0^{\pi} \sin^2 t \, dt$
- $I_2 = \int_0^{2\pi} \frac{\cos t}{5-4\cos t} \, dt$
- $I_3 = \int_0^{\pi} \frac{\cos 3t}{5-4\cos t} \, dt$

32.26 •• Mittels Residuensatz berechne man die Integrale:

$$I_a = \int_{-\infty}^{+\infty} \frac{1}{t^4+1} \, dt, \quad I_b = \int_{-\infty}^{+\infty} \frac{t^2}{t^6+1} \, dt, \quad I_c = \int_{-\infty}^{\infty} \frac{t \sin t}{t^2+4} \, dt$$

32.27 •• Bestimmen Sie mittels Residuensatz das Integral

$$I = \int_0^{2\pi} \frac{dt}{a + b \cos t}$$

für $a > b$.

Anwendungsprobleme

32.28 ••• Zwei unendlich ausgedehnte geerdete Platten sind parallel im Abstand a angebracht, dazwischen ist Ladung q fixiert. Bestimmen Sie das Potenzial zwischen den Platten in Abhängigkeit vom Abstand b der Ladung zu einer der Platten.

(Hinweise: Die Abbildung $w = e^{\frac{\pi z}{a}}$ bildet den Streifen $0 < z < a$ in die obere Halbebene $\operatorname{Im} w > 0$ ab. Die Erdung einer Platte kann man durch Anbringen einer *Spiegelladung* $-q$ an einer geeigneten Stelle erreichen.)

Hinweise

Verständnisfragen

32.1 •• Benutzen Sie, dass sich alle n Wurzeln als Potenzen der ersten darstellen lassen. (Die Zählung beginnt bei der nullten.) Zeichnen Sie die Wurzeln als Vektoren in $\mathbb{C}$ und skizzieren Sie die Vektoraddition.

32.2 • Benutzen Sie die Formel von Moivre (32.1) für $n = 4$ und den trigonometrischen Satz von Pythagoras.

32.3 •• Wie auf S. 1216 dargestellt, ist es entscheidend, zu prüfen, ob Vereinigung bzw. Durchschnitt zusammenhängend sind.

32.4 • Suchen Sie ein (Gegen-)Beispiel.

32.5 •• Hier erlaubt der Identitätssatz für holomorphe Funktionen eine klare Aussage.

32.6 •• Bestimmen Sie den Abstand der Entwicklungsmitte zur nächsten Singularität.

32.7 •• Suchen Sie nach den Nullstellen der Nenner. Für einen Pol k-ter Ordnung ist die k-te Ableitung des Nenners an der entsprechenden Stelle ungleich null.

Rechenaufgaben

32.8 •

- Mit

$$z = x + iy, \quad \bar{z} = x - iy$$

und

$$x = \frac{z + \bar{z}}{2}, \quad x = \frac{z - \bar{z}}{2}$$

kann man derartige Ausdrücke immer umschreiben. Bestimmte Kombinationen von z und $\bar{z}$ ergeben allerdings besonders einfache Ausdrücke, etwa $z\bar{z} = x^2 + y^2$.

- Hier genügt simples Einsetzen.
- Benutzen Sie $z = x + \mathrm{i}y$ und multiplizieren Sie die dritte Potenz aus.
- Wir haben einen Weg kennengelernt, den komplexen Logarithmus durch den reellen ln und das Argument $\varphi = \operatorname{Arg} z$ auszudrücken.
- Drücken Sie im Limes $z \to z_0$ die Differenz $z - z_0$ in der Form $\Delta z = r\,\mathrm{e}^{\mathrm{i}\varphi}$ aus, und untersuchen Sie, ob der Ausdruck für $r \to 0$ von φ unabhängig ist.

32.9 •• In (a) genügt es, den Grenzwerte aus zwei unterschiedlichen Richtungen zu bilden, etwa entlang der x- und der y-Achse. Für (b) muss man $u = \operatorname{Re} f$ und $v = \operatorname{Im} f$ auf Gültigkeit der C-R-Gleichungen untersuchen.

32.10 • Spalten Sie die Funktionen in Real- und Imaginärteil auf, differenzieren Sie jeden nach $x = \operatorname{Re} z$ und $y = \operatorname{Im} z$. Mit diesen Ergebnissen sehen Sie sofort, ob die Bedingung der reellen Differenzierbarkeit sowie Gleichungen (32.3) erfüllt sind.

32.11 ••• Man ermittle zuerst $u(x, 0)$, $v(x, 0)$, $u(0, y)$ und $u(0, y)$ und berechne daraus die partiellen Ableitungen.

32.12 •• Multiplizieren Sie aus und integrieren Sie die Cauchy-Riemann-Gleichungen.

32.13 •• Benutzen Sie für I_1 die Euler'sche Formel, um ein Integral über trigonometrische Funktionen zu erhalten. I_2 ist als Polynom unmittelbar integrierbar, in I_3 ist eine Partialbruchzerlegung notwendig.

32.14 • Geradenstücke von z_A nach z_B lassen sich mittels $z(t) = z_A + t\,(z_E - z_A)$, $t \in [0, 1]$ parametrisieren, Teile von Kreisen mittels $z(t) = z_0 + r_0\,\mathrm{e}^{\pm\mathrm{i}\varphi}$, wobei z_0 der Mittelpunkt und $r_0 \in \mathbb{R}_{>0}$ der Radius ist. Es ist nicht notwendig, eine durchgehende Parametrisierung zu finden.

32.15 •• Für die Integrale über $\bar{z}$ und $\operatorname{Re} z$ müssen wir die Parametrisierung der Kurven verwenden, bei $\mathrm{e}^{\pi z}$ und z^5 genügt es wegen der Holomorphie des Integranden, eine Stammfunktion zu finden (oder das Integral entlang einer der Kurven zu berechnen).

32.16 • Bestimmen Sie die Lage der Pole der Integranden und skizzieren Sie die Kurven. (Welche geometrische Figur ist dadurch gegeben, dass die Summe der Abstände von zwei Punkten konstant ist?)

Benutzen Sie die Cauchy'sche Integralformel oder gegebenenfalls den Cauchy'schen Integralsatz. (Die Anwendung des Residuensatzes ist selbstverständlich ebenfalls möglich.)

32.17 ••• Quadratische Ergänzung: Sie können selbstverständlich das bekannte Resultat $\int_{-\infty}^{+\infty} \mathrm{e}^{-x^2}\,\mathrm{d}x = \sqrt{\pi}$ benutzen. Suchen Sie nach einer geeigneten Abschätzung für die Integrale entlang der Wege, die parallel zur imaginären Achse verlaufen.

32.18 ••• Den Kosinus mithilfe von komplexen Exponentialfunktionen aufschreiben, den binomischen Satz verwenden. In der Reihe liefert nur ein Integral einen Beitrag.

32.19 •• Benutzen Sie die Potenzreihenentwicklung des Sinus.

32.20 •• Benutzen Sie die Summenformel für geometrische Reihen wie in einem Beispiel auf S. 1236.

32.21 •• Beginnen Sie mit einer Partialbruchzerlegung. Auf jeden der beiden Terme können Sie die Summenformel für geometrische Reihen anwenden, in unterschiedlichen Bereichen allerdings auf unterschiedliche Weise.

32.22 •• Die Residuen sind die Koeffizienten der Partialbruchzerlegung.

32.23 • Suchen Sie nach Nullstellen des Nenners. An Polen erster Ordnung können Sie Formel 32.8 benutzen.

32.24 •• Mit Kenntnis über Lage und Art der Singularitäten der beiden Funktionen können Sie sofort die Residuen bestimmen. (Jede der beiden Funktionen hat zwei Pole erster Ordnung.) Die Windungszahlen lassen sich durch Abzählen herausfinden – Sie können die Kurven wie auf S. 1232 gezeigt in einfachere Teilkurven zerlegen.

32.25 •• Benutzen Sie die Methode, die auf S. 1242 vorgestellt wurde. Den Wert von I_1 haben wir in früheren Kapiteln schon auf mehrere andere Arten bestimmt – das erlaubt eine schnelle Kontrolle. Bei der Bestimmung von I_3 ist eine Identität von S. 1212 hilfreich.

32.26 •• I_a und I_b sind vom Typ, der auf S. 1242 besprochen wurde, I_c ergibt sich durch Betrachten des Imaginärteils von $\tilde{I}_c = \int_{\infty}^{\infty} \frac{t}{t^2+4}\,\mathrm{e}^{\mathrm{i}t}\,\mathrm{d}t$ – dieser Typ von Integralen wird direkt im Anschluss behandelt.

32.27 •• Für rationale Funktionen in Sinus und Kosinus haben wir auf S. 1242 eine Methode vorgestellt, Integrale mithilfe der Residuen im Inneren des Einheitskreises zu bestimmen.

Anwendungsprobleme

32.28 ••• Ist eine Ladung q an $w = w_0$ angebracht, so bewirkt das Anbringen einer Spielladung $-q$ an $w = \overline{w_0}$, dass das Potenzial der reellen w-Achse überall null ist.

Lösungen

Verständnisfragen

32.1 •• In Vektordarstellung bilden die Wurzeln ein regelmäßiges n-Eck mit Seitenlänge 1.

32.2 • $\sin(4\varphi) = 4\cos^3\varphi\,\sin\varphi - 4\,\cos\varphi\,\sin^3\varphi$.

32.3 •• Eine Möglichkeit wäre:

$G_1^{(1)} = D_{r_1}(0)$, $G_2^{(1)} = D_{r_2}(0)$;

$G_1^{(2)} = \{z \mid |\operatorname{Im} z| < 1\}$, $G_2^{(2)} = D_{2,3}(0)$;

$G_1^{(3)} = \{z \mid \operatorname{Re} z < -1\}$, $G_2^{(3)} = \{z \mid \operatorname{Re} z > 1\}$.

32.4 • –

32.5 •• (a) ja, (b) nein.

32.6 •• $R_a = 1$, $R_b = \sqrt{5}$, $R_c = 1$.

32.7 •• (a) Pol zweiter Ordnung an $z = 0$, Pole erster Ordnung an den sechsten Wurzeln von -1.

(b) Pole erster Ordnung an $z = \frac{2}{(2k+1)\pi}$, $k \in \mathbb{Z}$, eine in unserem Schema nicht klassifizierbare Singularität an $z = 0$.

(c) Pole erster Ordnung an $z = \pm\mathrm{i}$, wesentliche Singularität an $z = 0$.

Rechenaufgaben

32.8 •

- Wir erhalten $\frac{1}{2}\,(z^2\,\bar{z} + z\,\bar{z}^2)$ und $x^3 + xy^2 + \mathrm{i}(x^2y + y^3)$
- –
- $\mathrm{e}^{(z_1^3)} = \frac{1}{\mathrm{e}^{2\pi}}$
- $\operatorname{Log} z_1 = \mathrm{i}\frac{\pi}{2}$, $\operatorname{Log} z_2 = \ln 2 + \mathrm{i}\frac{\pi}{4}$, $\operatorname{Log} z_3 = \ln 2 + \mathrm{i}\frac{3\pi}{4}$
- $G_1 = 0$, G_2 existiert nicht.

32.9 •• –

32.10 • –

32.11 ••• Die C-R-Gleichungen sind erfüllt, die Funktion ist in $z = 0$ aber nicht komplex differenzierbar.

32.12 •• $v(x, y) = x^2 - y^2 + 2y + C$, $f(z) = \mathrm{i}z^2 + 2z$.

32.13 •• $I_1 = \frac{\pi}{2}$, $I_2 = \frac{1}{12} + \frac{17}{6}\,\mathrm{i}$, $I_3 = \frac{6\ln 2 - \pi}{4} + \frac{2\ln 2 - \pi}{4}\,\mathrm{i}$.

32.14 • –

32.15 •• $I_{a,1} = 0$, $I_{b,1} = -\frac{1}{2}$, $I_{c,1} = -\frac{1+\mathrm{e}^{-\pi}}{\pi}$, $I_{d,1} = -\frac{1}{3}$; vollständige Ergebnisse siehe Lösungsweg.

32.16 • $I_{1,1} = 2\pi\mathrm{i}\mathrm{e}^2$, $I_{1,2} = 0$, $I_2 = 2\pi\mathrm{i}$, $I_3 = 0$.

32.17 ••• –

32.18 ••• $I = \dfrac{2\pi}{4^p}\dbinom{2p}{p}$.

32.19 •• $\sin\dfrac{1}{z^2} = \displaystyle\sum_{n=0}^{\infty} \frac{(-1)^n}{(2n+1)!}\,\frac{1}{z^{2n+1}}$.

32.20 •• –

32.21 •• $f(z) = \sum_{n=0}^{\infty}\left(1 - \frac{1}{2^{n+1}}\right)z^n$ für $|z| < 1$,

$f(z) = -\sum_{k=-\infty}^{-1} z^k - \sum_{k=0}^{\infty} \frac{1}{2^{k+1}}\,z^k$ für $1 < |z| < 2$,

$f(z) = \sum_{k=-\infty}^{-1}\left(-1 + \frac{1}{2^{k+1}}\right)z^k$ für $|z| > 2$.

32.22 •• $\operatorname{Res}(f, 1) = 2$, $\operatorname{Res}(f, -2\mathrm{i}) = \operatorname{Res}(f, 2\mathrm{i}) = 1$.

32.23 • (a) $\operatorname{Res}(f, \mathrm{i}) = \frac{\mathrm{i}}{2}$, $\operatorname{Res}(f, -\mathrm{i}) = -\frac{\mathrm{i}}{2}$

(b) $\operatorname{Res}(f, 1) = \frac{1}{8}$, $\operatorname{Res}(f, -1) = -\frac{1}{8}$, $\operatorname{Res}(f, \sqrt{3}\,\mathrm{i}) = \frac{\mathrm{i}}{8\sqrt{3}}$, $\operatorname{Res}(f, -\sqrt{3}\,\mathrm{i}) = -\frac{\mathrm{i}}{8\sqrt{3}}$

(c) $\operatorname{Res}(f, 0) = 3$, $\operatorname{Res}(f, 1) = 1$.

32.24 •• $\int_{C_1} f(z)\,\mathrm{d}z = \int_{C_2} f(z)\,\mathrm{d}z = -2\pi(1 + \mathrm{e}^{\pi}) + 2\pi(1 + \mathrm{e}^{\pi})\,\mathrm{i}$, $\int_{C_3} f(z)\,\mathrm{d}z = -\pi\,\mathrm{e}^{\pi} + \pi\,\mathrm{e}^{\pi}\,\mathrm{i}$, $\int_{C_1} g(z)\,\mathrm{d}z = \int_{C_2} g(z)\,\mathrm{d}z = 2\pi + 4\pi\mathrm{i}$, $\int_{C_3} g(z)\,\mathrm{d}z = 0$.

32.25 •• $I_1 = \frac{\pi}{2}$, $I_2 = \frac{\pi}{3}$, $I_3 = \frac{\pi}{24}$.

32.26 •• $I_a = \frac{\pi}{\sqrt{2}}$, $I_b = \frac{\pi}{3}$, $I_c = \frac{\pi}{\mathrm{e}^2}$.

32.27 •• $I = \frac{2\pi}{\sqrt{a^2 - b^2}}$.

Anwendungsprobleme

32.28 ••• Sitzt die Ladung an $z = ib$ und beschreiben wir die beiden Platten durch $\operatorname{Im} z = 0$ und $\operatorname{Im} z = a$, so ist das Potenzial $\Phi = 2q \operatorname{Re} \frac{e^{\frac{\pi z}{a}} - e^{\frac{\pi b i}{a}}}{e^{\frac{\pi z}{a}} - e^{\frac{\overline{\pi b i}}{a}}}$.

Lösungswege

Verständnisfragen

32.1 •• Alle n Wurzeln haben die Form

$$w_k = e^{i\frac{2\pi k}{n}} = \left(e^{i\frac{2\pi}{n}}\right)^k \quad k = 0, 1, \ldots (k-1),$$

und wir erhalten für $n \geq 2$

$$\sum_{k=0}^{n-1} w_k = \sum_{k=0}^{n-1} \left(e^{i\frac{2\pi}{n}}\right)^k = \frac{1 - \left(e^{i\frac{2\pi}{n}}\right)^n}{1 - e^{i\frac{2\pi}{n}}} = \frac{1-1}{1 - e^{i\frac{2\pi}{n}}} = 0.$$

Setzt man in Vektordarstellung die Einheitswurzeln der Reihe nach aneinander, so erhält man ein Polygon, genauer ein regelmäßiges n-Eck mit Seitenlänge 1. Dass die Summe der Wurzeln null ergibt, entspricht dem Umstand, dass das Polygon geschlossen ist.

32.2 • Aus der Formel von Moivre erhalten wir

$$\cos(4\varphi) + i\sin(4\varphi) = \cos^4\varphi + 4i\cos^3\varphi\sin\varphi - 6\cos^2\varphi\sin^2\varphi - 4i\cos\varphi\sin^3\varphi + \sin^4\varphi.$$

Trennung von Real- und Imaginärteil ergibt

$$\cos(4\varphi) = \cos^4\varphi - 6\cos^2\varphi\sin^2\varphi + \sin^4\varphi,$$
$$\sin(4\varphi) = 4\cos^3\varphi\sin\varphi - 4\cos\varphi\sin^3\varphi.$$

Setzen wir nun in der ersten Gleichung

$$\sin^2\varphi = 1 - \cos^2\varphi,$$

so erhalten wir

$$\begin{aligned}\cos(4\varphi) &= \cos^4\varphi - 6\cos^2 + 6\cos^4\varphi \\ &\quad + \cos^4\varphi - 2\cos^2\varphi + 1 \\ &= 8\cos^4\varphi - 8\cos^2\varphi + 1.\end{aligned}$$

Die Identität für $\sin(4\varphi)$ lässt sich nicht mehr weiter vereinfachen, wenn wir Winkelfunktionen mit Argument φ verwenden wollen. (Ansonsten könnten wir mit den Identitäten

$$\cos(2\varphi) = \cos^2\varphi - \sin^2\varphi$$
$$\sin(2\varphi) = 2\cos\varphi\sin\varphi$$

noch die Form

$$\sin(4\varphi) = 2\cos(2\varphi)\sin(2\varphi)$$

erhalten. Diese folgt auch sofort aus

$$e^{4i\varphi} = \left(e^{2i\varphi}\right)^2$$

durch Auftrennen in Real- und Imaginärteil.)

32.3 •• Für alle drei Fälle kann man beliebig viele Möglichkeiten finden. Wir geben jeweils ein Beispiel an. Dabei benutzen wir die Bezeichnungen von S. 1216.

1. Die erste Bedingung ist leicht zu erfüllen, etwa mit zwei konzentrischen Kreisscheiben $D_{r_1}(0)$ und $D_{r_2}(0)$ mit $r_1 < r_2$. Die Vereinigung der beiden Mengen ist $D_{r_2}(0)$, der Durchschnitt ist $D_{r_1}(0)$, beides sind natürlich Gebiete.
2. Der Streifen $-1 < \operatorname{Im} z < 1$ und der Kreisring $D_{2,3}(0)$ sind beide Gebiete, auch ihre Vereinigung ist ein solches. Der Durchschnitt ist aber nicht zusammenhängend und damit kein Gebiet.
3. Die beiden Halbebenen $\operatorname{Re} z > 1$ und $\operatorname{Re} z < -1$ sind beide Gebiete, ihre Vereinigung ist jedoch nicht zusammenhängend und damit kein Gebiet, ihr Durchschnitt ist leer und damit ebenfalls kein Gebiet.

32.4 • Ein Beispiel sind die Nullfunktion f und der Sinus, $g(z) = \sin z$. Es gilt $f(z) = g(z)$ für $z = k\pi$, $k \in \mathbb{Z}$, der Sinus verschwindet trotzdem nicht identisch.

32.5 •• Die Funktion f aus der Angabe und die Funktion g mit

$$g(z) = \frac{1}{1-z}$$

stimmen auf der Menge

$$M = \left\{\frac{1}{2}, \frac{1}{3}, \frac{1}{4}, \frac{1}{5}, \ldots\right\}$$

überein. Diese hat den Häufungspunkt $z = 0$, nach dem Identitätssatz stimmen die beiden Funktionen im gemeinsamen Holomorphiegebiet überein. Die Funktion g ist auf jeden Fall in $|z| < 1$ holomorph, wenn auch f dort holomorph ist, muss $f = g$ sein.

Wäre f auf ganz $\mathbb{C}$ holomorph, so müsste sie in $\mathbb{C} \setminus \{1\}$ mit g übereinstimmen, im Punkt $z = 1$ aber ebenfalls definiert und holomorph sein. Das steht im Widerspruch zur Stetigkeit holomorpher Funktionen.

32.6 •• (a) Hier hat die Funktion f Singularitäten in den Punkten $z = +\mathrm{i}$ und $z = -2$. Die erste hat von der Entwicklungsmitte $z = 0$ den Abstand $R = 1$, und das ist gleichzeitig auch schon der Konvergenzradius der Potenzreihe.

(b) $f(z) = \operatorname{Log} z$ hat die einzige Singularität bei $z = 0$. Für die Entwicklung um $z_0 = 2 + \mathrm{i}$ erhält man den Konvergenzradius $R = |2 + \mathrm{i} - 0| = \sqrt{2^2 + 1^2} = \sqrt{5}$.

(c) $f(z) = 1/\sin\frac{1}{z}$ hat Singularitäten für $z = 0$ und für $\sin\frac{1}{z} = 0$, also $z = \frac{1}{k\pi}$. Jene Singularität, die $z_0 = \frac{1}{\pi} + \mathrm{i}$ am nächsten liegt, ist $z = \frac{1}{\pi}$, der Konvergenzradius ist $R = |\frac{1}{\pi} + \mathrm{i} - \frac{1}{\pi}| = |\mathrm{i}| = 1$.

32.7 •• (a) Mit der Faktorisierung

$$\frac{1}{z^8 + z^2} = \frac{1}{z^2\,(z^6 + 1)}$$

erkennt man sofort, dass an $z = 0$ ein Pol zweiter Ordnung liegt und dass sechs weitere Pole erster Ordnung an

$$z = \mathrm{e}^{\mathrm{i}\,\frac{1+2k}{6}\,\pi} \qquad k = 0, 1, \ldots, 5$$

liegen.

(b) Der Ausdruck

$$\frac{1}{\cos\frac{1}{z}}$$

hat sicher Singularitäten, wenn $\cos\frac{1}{z} = 0$ ist, d. h. für

$$\frac{1}{z} = \frac{2k+1}{2}\,\pi \iff z = \frac{2}{(2k+1)\,\pi}$$

mit $k \in \mathbb{Z}$. Diese Singularitäten sind Pole erster Ordnung, da

$$\left(\cos\frac{1}{z}\right)' = \frac{1}{z^2}\sin\frac{1}{z}$$

ist und die Nullstellen von Sinus und Kosinus nicht zusammenfallen. ($1/f$ hat eine Nullstelle erster Ordnung, demnach hat f einen Pol erster Ordnung.)

Diese Pole häufen sich um $z = 0$, das ebenfalls eine Singularität ist, allerdings keine isolierte, und daher in unserem Schema nicht klassifizierbar.

(c) Für

$$\frac{\sin\frac{1}{z}}{z^2 + 1}$$

liegen Pole erster Ordnung an $z = \pm\mathrm{i}$. Einsetzen von $u = \frac{1}{z}$ in die Potenzreihendarstellung von $\sin u$ zeigt sofort, dass an $z = 0$ eine wesentliche Singularität liegt.

Rechenaufgaben

32.8 •

- Wir erinnern wir uns an $|z|^2 = z\bar{z} = x^2 + y^2$ und erhalten:

$$\begin{aligned} f(x, y) &= x^3 + x\,y^2 = x\,(x^2 + y^2) = x\,z\,\bar{z} \\ &= \frac{z + \bar{z}}{2}\,z\,\bar{z} = \frac{1}{2}\,(z^2\,\bar{z} + z\,\bar{z}^2) =: \tilde{f}(z, \bar{z}). \end{aligned}$$

Auch in die andere Richtung funktioniert natürlich das Umschreiben: Für $f(z, \bar{z}) = z^2\bar{z}$ erhalten wir:

$$\begin{aligned} f(z, \bar{z}) &= z^2\,\bar{z} = z\,z\,\bar{z} = (x + \mathrm{i}y)\,(x^2 + y^2) \\ &= x^3 + xy^2 + \mathrm{i}(x^2y + y^3) =: \tilde{f}(x, y)\,. \end{aligned}$$

- Wir bestimmen

$$\begin{aligned} \mathrm{e}^{\mathrm{i}(\pi+\mathrm{i})} &= \mathrm{e}^{-1+\mathrm{i}\pi} = \mathrm{e}^{-1}\mathrm{e}^{\mathrm{i}\pi} = \tfrac{1}{e}(\cos\pi + \mathrm{i}\sin\pi) \\ &= -\frac{1}{\mathrm{e}} \\ \cos(\pi + \mathrm{i}) &= \cos\pi\,\cosh 1 - \mathrm{i}\sin\pi\,\sinh 1 \\ &= -\frac{\mathrm{e} + \mathrm{e}^{-1}}{2} \\ \sin(\pi + \mathrm{i}) &= \sin\pi\,\cosh 1 + i\cos\pi\,\sinh 1 \\ &= -\mathrm{i}\frac{\mathrm{e} - \mathrm{e}^{-1}}{2} \end{aligned}$$

Nun erhalten wir erwartungsgemäß

$$\begin{aligned} \cos z + \mathrm{i}\sin z &= -\frac{\mathrm{e}^1 + \mathrm{e}^{-1}}{2} + \frac{\mathrm{e}^1 - \mathrm{e}^{-1}}{2} \\ &= -\frac{1}{\mathrm{e}} = \mathrm{e}^{\mathrm{i}(\pi+\mathrm{i})} \end{aligned}$$

die Euler'sche Formel ist verifiziert. An diesem Beispiel sieht man wieder, dass diese Formel für allgemein komplexe z *keine* Zerlegung in Real- und Imaginärteil darstellt.

- Allgemein erhält man

$$\begin{aligned} z^3 &= (x + \mathrm{i}y)^3 = x^3 + 3\mathrm{i}x^2y - 3xy^2 - \mathrm{i}y^3 \\ &= x^3 + 3xy^2 + \mathrm{i}\,(3x^2y - y^3) \\ \mathrm{e}^{(z^3)} &= \mathrm{e}^{x^3-3xy^2}\mathrm{e}^{\mathrm{i}(3x^2y-y^3)} \\ &= \mathrm{e}^{x^3-3xy^2}\cos(3x^2y - y^3) \\ &\quad + \mathrm{i}\mathrm{e}^{x^3-3xy^2}\sin(3x^2y - y^3)) \\ \operatorname{Re}(\mathrm{e}^{(z^3)}) &= \mathrm{e}^{x^3-3xy^2}\cos(3x^2y - y^3) \\ \operatorname{Im}(\mathrm{e}^{(z^3)}) &= \mathrm{e}^{x^3-3xy^2}\sin(3x^2y - y^3) \end{aligned}$$

Speziell für $z_1 = \sqrt[3]{\pi} + \mathrm{i}\sqrt[3]{\pi}$ ergibt sich

$$\mathrm{e}^{(z_1^3)} = \mathrm{e}^{-2\pi}(\cos 2\pi + \mathrm{i}\sin 2\pi) = \frac{1}{\mathrm{e}^{2\pi}}\,.$$

Kapitel 32

- $|z_1| = 1$, $\operatorname{Arg} z_1 = \frac{\pi}{2}$ und $\operatorname{Log} z_1 = \ln 1 + \mathrm{i}\frac{\pi}{2} = \mathrm{i}\frac{\pi}{2}$
  $|z_2| = 2$, $\operatorname{Arg} z_2 = \frac{\pi}{4}$ und $\operatorname{Log} z_2 = \ln 2 + \mathrm{i}\frac{\pi}{4}$
  $|z_3| = |z_1| \cdot |z_2| = 2$,
  $\arg z_3 = \operatorname{Arg} z_1 + \operatorname{Arg} z_2 = \frac{3\pi}{4} = \operatorname{Arg} z_3$
  und $\operatorname{Log} z_3 = \ln 2 + \mathrm{i}\frac{3\pi}{4}$
- Der erste Fall ergibt:

$$\begin{aligned} G_1 &= \lim_{\Delta z \to 0} \frac{(1+\Delta z)^2 - 1}{1 + \Delta z + 2} \\ &= \lim_{\Delta z \to 0} \frac{1 + 2\Delta z + (\Delta z)^2 - 1}{3 + \Delta z} \\ &= \lim_{\Delta z \to 0} \Delta z \frac{2 + \Delta z}{3 + \Delta z} \\ &= \lim_{\Delta r \to 0} r\mathrm{e}^{\mathrm{i}\varphi} \frac{2 + r\mathrm{e}^{\mathrm{i}\varphi}}{3 + r\mathrm{e}^{\mathrm{i}\varphi}} = 0, \end{aligned}$$

unabhängig davon, auf welchem Weg Δz gegen null geht. Das sieht man besonders, wenn man $\Delta z = r\,\mathrm{e}^{\mathrm{i}\varphi}$ setzt. Im Limes $r \to 0$ kommt der Winkel φ nicht mehr vor.
Im zweiten Fall erhalten wir

$$G_2 = \lim_{\Delta z \to 0} \frac{\overline{\Delta z}}{\Delta z}.$$

Setzen wir nun $\Delta z = \Delta x \in \mathbb{R}$, so erhalten wir

$$\lim_{\Delta x \to 0} \frac{\overline{\Delta x}}{\Delta x} = \lim_{\Delta x \to 0} \frac{\Delta x}{\Delta x} = 1.$$

Setzen wir hingegen $\Delta z = \mathrm{i}\Delta y$ mit $\Delta y \in \mathbb{R}$, so erhalten wir

$$\lim_{\Delta y \to 0} \frac{\overline{\mathrm{i}\Delta y}}{\mathrm{i}\Delta x} = \lim_{\Delta x \to 0} \frac{-\mathrm{i}\Delta x}{\mathrm{i}\Delta x} = -1.$$

Die beiden Richtungsgrenzwerte sind nicht gleich, der Grenzwert existiert also nicht. Alternativ können wir auch hier $\Delta z = r\,\mathrm{e}^{\mathrm{i}\varphi}$ setzen und erhalten

$$G_2 = \lim_{r \to 0} \frac{r\,\mathrm{e}^{-\mathrm{i}\varphi}}{r\,\mathrm{e}^{\mathrm{i}\varphi}} = \mathrm{e}^{-2\mathrm{i}\varphi},$$

und dieser Ausdruck ist nicht von φ unabhängig.

32.9 •• (a) Wir untersuchen

$$\lim_{\Delta z \to 0} \frac{\operatorname{Im}(z + \Delta z) - \operatorname{Im} z}{\Delta z}$$

zunächst für $\Delta z = \Delta x$:

$$\begin{aligned} G_1 &= \lim_{\Delta x \to 0} \frac{\operatorname{Im}(x + \mathrm{i}y + \Delta x) - \operatorname{Im}(x + \mathrm{i}y)}{\Delta x} \\ &= \lim_{\Delta x \to 0} \frac{y - y}{\Delta x} = 0. \end{aligned}$$

Für $\Delta z = \mathrm{i}\Delta y$ hingegen erhält man

$$\begin{aligned} G_2 &= \lim_{\Delta y \to 0} \frac{\operatorname{Im}(x + \mathrm{i}y + \mathrm{i}\Delta y) - \operatorname{Im}(x + \mathrm{i}y)}{i\Delta y} \\ &= \lim_{\Delta y \to 0} \frac{y + \Delta y - y}{\mathrm{i}\Delta y} = -\mathrm{i}. \end{aligned}$$

Die beiden Grenzwerte stimmen nicht überein.

(b) Die beiden Funktionen $u = \operatorname{Re} f = y$ und $v = \operatorname{Im} f = 0$ sind zwar $C^1(\mathbb{R}^2)$, aber es ist

$$\frac{\partial u}{\partial y} = 1 \neq 0 = -\frac{\partial v}{\partial x},$$

also sind die Cauchy-Riemann-Gleichungen nicht erfüllt.

Auf beide Arten zeigt sich (mit unterschiedlichem Aufwand), dass $f(z) = \operatorname{Im} z$ nirgendwo komplex differenzierbar ist. Auch aus der Darstellung

$$f(z) = \operatorname{Im} z = \frac{z - \bar{z}}{2\mathrm{i}}$$

sieht man sofort an, dass f nicht komplex differenzierbar ist.

32.10 •

- Zuerst überprüfen wir, ob Real- und Imaginärteil reell total differenzierbar sind, das gilt sicher, wenn sie stetige erste partielle Ableitungen haben.

$$\begin{aligned} u(x, y) &= \operatorname{Re} f(z) = \cos x \cosh y \in C^1 \\ v(x, y) &= \operatorname{Im} f(z) = -\sin x \sinh y \in C^1 \end{aligned}$$

  Nun testen wir die Cauchy-Riemann-Gleichungen:

$$\begin{aligned} \frac{\partial u}{\partial x} &= -\sin x \cosh y = \frac{\partial v}{\partial y} \\ \frac{\partial u}{\partial y} &= \cos x \sinh y = -\frac{\partial v}{\partial x} \end{aligned}$$

  Es handelt sich also tatsächlich um eine ganze Funktion.
- Es ist

$$\begin{aligned} g(z) &= z^2 + (1 + \mathrm{i})z - 1 \\ &= (x + \mathrm{i}y)^2 + (1 + \mathrm{i})(x + \mathrm{i}y) - 1 \\ &= x^2 - y^2 + x - y - 1 + \mathrm{i}(2xy + x + y), \end{aligned}$$

  also ist weiter

$$\begin{aligned} u(x, y) &= x^2 - y^2 + x - y - 1 \\ v(x, y) &= 2xy + x + y, \end{aligned}$$

  Beide Funktionen sind $C^1(\mathbb{R}^2)$ und es gilt:

$$\begin{aligned} \frac{\partial u}{\partial x} &= 2x + 1 = \frac{\partial v}{\partial y} \\ \frac{\partial u}{\partial y} &= -2y - 1 = -\frac{\partial v}{\partial x} \end{aligned}$$

  Die Funktion ist also auf ganz $\mathbb{C}$ holomorph.

- Mit

$$\begin{aligned} h(z) &= \mathrm{e}^{\sin z} = \mathrm{e}^{\sin x \cosh y} \mathrm{e}^{\mathrm{i} \cos x \sinh y} \\ &= \mathrm{e}^{\sin x \cosh y} \cos(\cos x \sinh y) \\ &\quad + \mathrm{i} \mathrm{e}^{\sin x \cosh y} \sin(\cos x \sinh y) \end{aligned}$$

erhält man

$$\begin{aligned} u(x, y) &= \mathrm{e}^{\sin x \cosh y} \cos(\cos x \sinh y) \in C^1 \\ v(x, y) &= \mathrm{e}^{\sin x \cosh y} \sin(\cos x \sinh y) \in C^1 \end{aligned}$$

Mit intensivem Einsatz von Produkt- und Kettenregel erhält man

$$\begin{aligned} \frac{\partial u}{\partial x} &= \mathrm{e}^{\sin x \cosh y} \cos x \cosh y \cos(\cos x \sinh y) \\ &\quad + \mathrm{e}^{\sin x \cosh y} \sin(\cos x \sinh y) \sin x \sinh y = \frac{\partial v}{\partial y} \\ \frac{\partial u}{\partial y} &= \mathrm{e}^{\sin x \cosh y} \sin x \sinh y \cos(\cos x \sinh y) \\ &\quad - \mathrm{e}^{\sin x \cosh y} \sin(\cos x \sinh y) \cos x \cosh y = -\frac{\partial v}{\partial x}. \end{aligned}$$

Die Cauchy-Riemann-Gleichungen sind also erfüllt.

32.11 ••• Mit $f(z) = \frac{(x+\mathrm{i}y)^5}{(x^2+y^2)^2}$ für $z \neq 0$ ist $f(x,0) = x$ und $f(0,y) = \mathrm{i}y$, also erhält man $u(x,0) = x$, $v(x,0) = 0$, $u(0,y) = 0$ und $v(0,y) = y$. Für die partiellen Ableitungen ergibt das:

$$\begin{aligned} \left.\frac{\partial u}{\partial x}\right|_0 &= \lim_{x \to 0} \frac{x-0}{x} = 1, \\ \left.\frac{\partial u}{\partial y}\right|_0 &= \lim_{y \to 0} \frac{0-0}{y} = 0, \\ \left.\frac{\partial v}{\partial x}\right|_0 &= \lim_{x \to 0} \frac{0-0}{x} = 0, \\ \left.\frac{\partial v}{\partial y}\right|_0 &= \lim_{y \to 0} \frac{y-0}{y} = 1. \end{aligned}$$

Die Cauchy-Riemann-Gleichungen sind also in $z = 0$ erfüllt, aber für die Grenzwertdefinition der Ableitung erhält man

$$\lim_{z \to 0} \frac{f(z) - f(0)}{z} = \lim_{r \to 0} \frac{r^5 \mathrm{e}^{5\mathrm{i}\varphi}}{r^4 \mathrm{e}^{\mathrm{i}\varphi}} = \mathrm{e}^{4\mathrm{i}\varphi},$$

und dieser Ausdruck hängt offensichtlich vom Winkel φ ab. Das bedeutet, f ist in $z = 0$ *nicht* komplex differenzierbar. Die Bedingung der reellen Differenzierbarkeit muss demnach verletzt sein – was man durch Auftrennen der Funktion in Real- und Imaginärteil auch explizit nachprüfen kann.

32.12 •• Ausmultiplizieren liefert

$$u(x, y) = 2x - 2xy.$$

Damit erhalten wir

$$\frac{\partial u}{\partial x} = 2 - 2y, \quad \frac{\partial^2 u}{\partial x^2} = 0, \quad \frac{\partial u}{\partial y} = -2x, \quad \frac{\partial^2 u}{\partial y^2} = 0,$$

also ist $\Delta u = \frac{\partial^2 u}{\partial x^2} + \frac{\partial^2 u}{\partial y^2} = 0$.

Zur Bestimmung der konjugiert harmonischen Funktion integrieren wir die Cauchy-Riemann-Gleichungen:

$$\begin{aligned} v &= \int (2 - 2y)\, dy = 2y - y^2 + \phi(x) \\ v &= \int 2x\, dx = x^2 + \psi(y). \end{aligned}$$

Der Vergleich zeigt:

$$v(x, y) = x^2 - y^2 + 2y + C,$$

wobei wir hier $C = 0$ setzen. Für die holomorphe Funktion f erhalten wir

$$\begin{aligned} f(z) &= u(x, y) + \mathrm{i}v(x, y) = 2x - 2xy + \mathrm{i}x^2 - \mathrm{i}y^2 + 2\mathrm{i}y \\ &= \mathrm{i}(x^2 + 2\mathrm{i}xy - y^2) + 2(x + \mathrm{i}y) = \mathrm{i}z^2 + 2z. \end{aligned}$$

32.13 ••

- Man hüte sich vor der verlockenden Substitution $u = \mathrm{e}^{\mathrm{i}t}$, da man dabei die reelle Achse verlässt und entlang eines Halbkreises integrieren muss. Verlässlich ist dagegen die Aufspaltung:

$$\begin{aligned} I_1 &= \int_0^\pi \frac{\mathrm{e}^{\mathrm{i}t} + 1}{\mathrm{e}^{\mathrm{i}t} + \mathrm{e}^{-\mathrm{i}t}}\, \mathrm{d}t = \int_0^\pi \frac{\cos(t) + \mathrm{i}\sin(t) + 1}{2\cos(t)}\, \mathrm{d}t \\ &= \frac{1}{2} \int_0^\pi \mathrm{d}t + \frac{\mathrm{i}}{2} \underbrace{\int_0^\pi \tan t\, \mathrm{d}t}_{=0} + \frac{1}{2} \underbrace{\int_0^\pi \frac{\mathrm{d}t}{\cos t}}_{=0} = \frac{\pi}{2} \end{aligned}$$

- Wir erhalten

$$\begin{aligned} I_2 &= \int_0^1 (t^3 + (\mathrm{i}+1)t^2 + (\mathrm{i}-1)t + 2\mathrm{i})\, \mathrm{d}t \\ &= \left[\frac{t^4}{4} + (\mathrm{i}+1)\frac{t^3}{3} + (\mathrm{i}-1)\frac{t^2}{2} + 2\mathrm{i}t\right]_0^1 \\ &= \frac{1}{12} + \frac{17}{6}\mathrm{i} \end{aligned}$$

- Der Nenner des Integranden hat die Nullstellen $t = -\mathrm{i}$ und $t = -1$. Partialbruchzerlegung liefert

$$\frac{2t}{t^2 + (1+\mathrm{i})t + \mathrm{i}} = \frac{1-\mathrm{i}}{t+\mathrm{i}} + \frac{1+\mathrm{i}}{t+1}.$$

Damit erhält das Integral den Wert

$$\begin{aligned} I_3 &= (1-\mathrm{i}) \int_0^1 \frac{\mathrm{d}t}{t+\mathrm{i}} + (1+\mathrm{i}) \int_0^1 \frac{\mathrm{d}t}{t+1} \\ &= [(1-\mathrm{i})\log(t+\mathrm{i}) + (1-\mathrm{i})\log(t+1)]_0^1 \\ &= \frac{6\ln 2 - \pi}{4} + \frac{2\ln 2 - \pi}{4}\mathrm{i} \end{aligned}$$

32.14 • (a) Diese Kurve lässt sich beispielsweise auf die folgende Art darstellen:

$$\begin{aligned} C_1&: \quad z(t) = -1 - \mathrm{i} + 2\mathrm{i}t, && t \in [0,1] \\ C_2&: \quad z(t) = \mathrm{i} + \mathrm{e}^{\mathrm{i}t}, && t \in [\pi, 0] \\ C_3&: \quad z(t) = 1 + \mathrm{i} - \mathrm{i}t, && t \in [0,1] \\ C_4&: \quad z(t) = \frac{1}{2} + \frac{1}{2}\mathrm{e}^{-\mathrm{i}t}, && t \in [0,\pi] \end{aligned}$$

Daneben gibt es natürlich noch viele andere Möglichkeiten der Parametrisierung, die allesamt richtig sind.

(b) Eine mögliche Parametrisierung ist

$$\begin{aligned} C_1&: \quad z(t) = 2 + 2\mathrm{i} + (-3 - 3\mathrm{i})t, && t \in [0,1] \\ C_2&: \quad z(t) = -\mathrm{i} + \mathrm{e}^{\mathrm{i}t}, && t \in [-\pi, 0] \\ C_3&: \quad z(t) = -1 - \mathrm{i} + 2\mathrm{e}^{\mathrm{i}t}, && t \in [-\pi, 0] \end{aligned}$$

(c) Eine mögliche Parametrisierung ist

$$\begin{aligned} C_1&: \quad z(t) = -2 + \mathrm{i}t, && t \in [-2, 0] \\ C_2&: \quad z(t) = 2\mathrm{e}^{\mathrm{i}t}, && t \in \left[\pi, \frac{\pi}{2}\right] \\ C_3&: \quad z(t) = \mathrm{i} + \mathrm{e}^{\mathrm{i}t}, && t \in \left[\frac{\pi}{2}, 0\right] \\ C_4&: \quad z(t) = 1 + \mathrm{i}t, && t \in [1, 0] \\ C_5&: \quad z(t) = \mathrm{e}^{\mathrm{i}t}, && t \in \left[0, -\frac{3\pi}{2}\right] \end{aligned}$$

32.15 •• Für die Integrale über $\bar{z}$ und $\operatorname{Re} z$ müssen wir jeweils eine Parametrisierung der Kurven finden, für $\mathrm{e}^{\pi z}$ und z^5 können wir den Cauchy'schen Integralsatz verwenden – es genügt, eine Stammfunktion zu bestimmen.

(a) Parametrisierung der Kurven:

$$\begin{aligned} C_1&: \quad z(t) = t && t \in [-1, 0] && \mathrm{d}z = \mathrm{d}t \\ & \quad\; z(t) = \mathrm{i}t && t \in [0, 1] && \mathrm{d}z = \mathrm{i}\,\mathrm{d}t \\ C_2&: \quad z(t) = -1 + (1+\mathrm{i})t && t \in [0, 1] && \mathrm{d}z = (1+\mathrm{i})\mathrm{d}t \\ C_3&: \quad z(t) = \mathrm{e}^{\mathrm{i}(\pi - t)} && t \in \left[0, \frac{\pi}{2}\right] && \mathrm{d}z = \mathrm{i}\mathrm{e}^{\mathrm{i}t}\,\mathrm{d}t \\ C_4&: \quad z(t) = \mathrm{e}^{\mathrm{i}t} && t \in \left[0, \frac{\pi}{2}\right] && \mathrm{d}z = \mathrm{i}\mathrm{e}^{\mathrm{i}t}\,\mathrm{d}t \\ & \quad\; z(t) = \mathrm{i} - t && t \in [0, 1] && \mathrm{d}z = -\mathrm{d}t \\ C_5&: \quad z(t) = \mathrm{e}^{\mathrm{i}t} && t \in [0, -\pi] && \mathrm{d}z = \mathrm{i}\mathrm{e}^{\mathrm{i}t}\,\mathrm{d}t \\ & \quad\; z(t) = -1 + \mathrm{i}t && t \in [0, 1] && \mathrm{d}z = \mathrm{i}\,\mathrm{d}t \end{aligned}$$

$$\begin{aligned} I_{a,1} &= \int_{C_1} \bar{z}\,\mathrm{d}z = \int_{-1}^{0} \bar{t}\,\mathrm{d}t + \int_0^1 \overline{\mathrm{i}t}\,\mathrm{i}\,\mathrm{d}t \\ &= \int_{-1}^{0} t\,\mathrm{d}t + \int_0^1 t\,\mathrm{d}t = \frac{t^2}{2}\bigg|_{-1}^{0} + \frac{t^2}{2}\bigg|_0^1 \\ &= -\frac{1}{2} + \frac{1}{2} = 0 \end{aligned}$$

$$\begin{aligned} I_{a,2} &= \int_{C_2} \bar{z}\,\mathrm{d}z = \int_0^1 \overline{(-1 + (1+\mathrm{i})t)}\,(1+\mathrm{i})\,\mathrm{d}t \\ &= (1+\mathrm{i}) \int_0^1 (-1 + (1-\mathrm{i})t)\,\mathrm{d}t \\ &= (1+\mathrm{i})\left(-1 + (1-\mathrm{i})\frac{1}{2}\right) \\ &= -1 - \mathrm{i} + |1+\mathrm{i}|^2 \frac{1}{2} = -\mathrm{i} \end{aligned}$$

$$\begin{aligned} I_{a,3} &= \int_{C_3} \bar{z}\,\mathrm{d}z = \int_{\pi}^{\pi/2} \overline{\mathrm{e}^{\mathrm{i}t}}\,\mathrm{i}\,\mathrm{e}^{\mathrm{i}t}\,\mathrm{d}t \\ &= -\mathrm{i} \int_{\pi/2}^{\pi} \mathrm{e}^{-\mathrm{i}t}\mathrm{e}^{\mathrm{i}t}\,\mathrm{d}t = -\mathrm{i} \int_{\pi/2}^{\pi} \mathrm{d}t = -\mathrm{i}\frac{\pi}{2} \end{aligned}$$

$$\begin{aligned} I_{a,4} &= \int_{C_4} \bar{z}\,\mathrm{d}z = \int_0^{\pi/2} \mathrm{e}^{-\mathrm{i}t}\mathrm{i}\mathrm{e}^{\mathrm{i}t}\,\mathrm{d}t + \int_0^1 (-\mathrm{i} - t)(-\mathrm{d}t) \\ &= \mathrm{i}\int_0^{\pi/2} \mathrm{d}t + \mathrm{i}\int_0^1 \mathrm{d}t + \int_0^1 t\,\mathrm{d}t = \frac{1}{2} + \mathrm{i}\left(1 + \frac{\pi}{2}\right) \end{aligned}$$

$$\begin{aligned} I_{a,5} &= \int_{C_5} \bar{z}\,\mathrm{d}z = \int_0^{-\pi} \mathrm{e}^{-\mathrm{i}t}\mathrm{i}\mathrm{e}^{\mathrm{i}t}\,\mathrm{d}t + \int_0^1 (-1 - \mathrm{i}t)\mathrm{i}\,\mathrm{d}t \\ &= \mathrm{i}\int_0^{-\pi} \mathrm{d}t - \mathrm{i}\int_0^1 \mathrm{d}t + \int_0^1 t\,\mathrm{d}t = \frac{1}{2} - \mathrm{i}(1 + \pi) \end{aligned}$$

$$\begin{aligned} I_{b,1} &= \int_{C_1} \operatorname{Re} z\,\mathrm{d}z = \int_{-1}^{0} \operatorname{Re} t\,\mathrm{d}t + \int_0^1 \operatorname{Re}(\mathrm{i}t)\,\mathrm{i}\,\mathrm{d}t \\ &= \int_{-1}^{0} t\,\mathrm{d}t + \int_0^1 0\,\mathrm{d}t = \frac{t^2}{2}\bigg|_{-1}^{0} = -\frac{1}{2} \end{aligned}$$

$$\begin{aligned} I_{b,2} &= \int_{C_2} \operatorname{Re} z\,\mathrm{d}z = \int_0^1 \operatorname{Re}((-1 + (1+\mathrm{i})t))\,(1+\mathrm{i})\,\mathrm{d}t \\ &= (1+\mathrm{i})\int_0^1 (-1 + t)\,\mathrm{d}t = (1+\mathrm{i})\left(-1 + \frac{1}{2}\right) = -\frac{1+\mathrm{i}}{2} \end{aligned}$$

$$I_{b,3} = \int_{C_3} \operatorname{Re} z \, dz = \int_{\pi}^{\pi/2} \operatorname{Re}(e^{it}) \, i e^{it} \, dt = -i \int_{\pi/2}^{\pi} \cos t \, e^{it} \, dt$$

$$= -i \int_{\pi/2}^{\pi} \frac{e^{it} + e^{-it}}{2} e^{it} \, dt = -\frac{i}{2} \left\{ \int_{\pi/2}^{\pi} e^{2it} \, dt + \int_{\pi/2}^{\pi} dt \right\}$$

$$= -\frac{i}{2} \left\{ \frac{e^{2i\pi} - e^{i\pi}}{2i} + \frac{\pi}{2} \right\} = -\frac{1}{2} - \frac{\pi}{4}$$

$$I_{b,4} = \int_{C_4} \operatorname{Re} z \, dz = \int_{0}^{\pi/2} \frac{e^{it} + e^{-it}}{2} i e^{it} \, dt + \int_{0}^{1} (-t)(-dt)$$

$$= \frac{i}{2} \int_0^{\pi/2} e^{2it} \, dt + \frac{i}{2} \int_0^{\pi/2} dt + \int_0^1 t \, dt = i \frac{\pi}{4}$$

$$I_{b,5} = \int_{C_5} \operatorname{Re} z \, dz = \int_{0}^{-\pi} \frac{e^{it} + e^{-it}}{2} i e^{it} \, dt + \int_{0}^{1} (-1) i \, dt$$

$$= -\frac{i}{2} \int_{-\pi}^{0} e^{2it} \, dt - \frac{i}{2} \int_{-\pi}^{0} dt - i \int_0^1 t \, dt = -i \left(1 + \frac{\pi}{2}\right)$$

$$I_{c,1} = I_{c,2} = I_{c,3}$$

$$= \int_{C_k} e^{\pi z} \, dz = \left. \frac{e^{\pi z}}{\pi} \right|_{z=i} - \left. \frac{e^{\pi z}}{\pi} \right|_{z=-1}$$

$$= \frac{e^{i\pi} - e^{-\pi}}{\pi} = -\frac{1 + e^{-\pi}}{\pi}$$

$$I_{c,4} = I_{c,5} = \left. \frac{e^{\pi z}}{\pi} \right|_1^{-1+i} = -\frac{e^{\pi} + e^{-\pi}}{\pi}$$

$$I_{d,1} = I_{d,2} = I_{d,3}$$

$$= \int_{C_k} z^5 \, dz = \left. \frac{z^6}{6} \right|_{z=i} - \left. \frac{z^6}{6} \right|_{z=-1} = \frac{i^6 - (-1)^6}{6} = -\frac{1}{3}$$

$$I_{d,4} = I_{d,5} = \left. \frac{z^6}{6} \right|_1^{-1+i} = \frac{8i - 1}{6}$$

32.16 • (a) Der Zähler e^z des Integranden ist eine in ganz $\mathbb{C}$ holomorphe Funktion, wir können also die Cauchy'sche Integralformel anwenden und erhalten mit $\operatorname{Ind}_{|z|=3}(+2) = 1$:

$$I_{1,1} = \oint_{|z|=3} \frac{e^z}{z-2} \, dz = 2\pi i \cdot e^2 \cdot \operatorname{Ind}_{|z|=3}(+2) = 2\pi i e^2$$

Für $|z| \leq 1$ ist der Integrand holomorph, und der Cauchy'sche Integralsatz ergibt:

$$I_{1,2} = \oint_{|z|=1} \frac{e^z}{z-2} \, dz = 0.$$

Das gleiche Ergebnis liefert wegen $\operatorname{Ind}_{|z|=1}(+2) = 0$ natürlich auch die Cauchy'sche Integralformel.

(b) Der Pol des Integranden befindet sich bei $z = -\frac{\pi}{2}$, diese Stelle liegt innerhalb des Kreises. Die Cauchy'sche Integralformel ergibt nun

$$I_2 = 2\pi i \, \sin\left(-\frac{3\pi}{2}\right) \operatorname{Ind}_C \left(-\frac{\pi}{2}\right) = 2\pi i \cdot 1 \cdot 1 = 2\pi i$$

(c) Die Kurve C ist eine Ellipse mit den Brennpunkten in $z = -2$ und $z = 2$. Diese Ellipse schneidet die die imaginäre Achse in den Punkten $z = \pm\sqrt{5}\, i$, der Pol des Integranden liegt außerhalb dieser Kurve. Der Integrand ist in einem einfach zusammenhängenden Gebiet, das den Integrationsweg zur Gänze enthält, holomorph, damit ist $I_3 = 0$.

32.17 ••• Mittels quadratischer Ergänzung erhalten wir

$$I := \int_{-\infty}^{+\infty} e^{-a\left(x^2 + \frac{b}{a}x + \frac{b^2}{4a^2}\right) + \frac{b^2}{4a}} \, dx = e^{\frac{b^2}{4a}} \int_{-\infty}^{+\infty} e^{-a\left(x + \frac{b}{2a}\right)^2}$$

Wir führen nun die Abkürzung $\alpha := \operatorname{Arg} a$ ein und setzen

$$z = \sqrt{a}\left(x + \frac{b}{2a}\right) = \sqrt{|a|}\, e^{i\frac{\alpha}{2}}$$

$$dx = \frac{1}{\sqrt{|a|}} e^{-i\frac{\alpha}{2}} \, dz$$

Damit erhält das Integral die Gestalt

$$I = e^{\frac{b^2}{4a}} \frac{1}{\sqrt{|a|}} e^{-i\frac{\alpha}{2}} \int_C e^{-z^2} \, dz =: e^{\frac{b^2}{4a}} \frac{1}{\sqrt{|a|}} e^{-i\frac{\alpha}{2}} \tilde{I},$$

wobei die Kurve C die durch

$$z(t) = \sqrt{a}\left(t + \frac{b}{2a}\right), \quad t \in \mathbb{R}$$

parametrisierte Gerade ist. Diese Gerade schneidet die reelle Achse im Punkt $z = -\frac{b}{2a^2}$ und die imaginäre in $z = i\,\frac{b}{2a}$.

Nun betrachten wir einen Integrationsweg wie in Abb. 32.29 dargestellt, der aus einem Stück C_1 der Geraden C, einem negativ orientierten Teil C_3 der reellen Achse und aus Stücken der Geraden C_2, $\operatorname{Re} z = R$ und C_4, $\operatorname{Re} z = -R$ besteht. Der Integrand ist in ganz $\mathbb{C}$ holomorph, das Integral entlang des dargestellten Weges ist daher null.

Wenn $\int_{C_1} e^{-z^2} \, dz$ für $R \to \infty$ konvergiert, dann gegen das Integral $\tilde{I}$, zudem kennen wir den Wert von

$$\int_{C_3} e^{-z^2} \, dz = -\int_{-R}^{R} e^{-x^2} \, dx$$

für $R \to \infty$. Wenn die Integrale von e^{-z^2} über C_2 und C_4 verschwinden, erhalten wir

$$\tilde{I} = \int_C e^{-z^2} \, dz - \int_{-\infty}^{\infty} e^{-x^2} \, dx = 0$$

$$\tilde{I} = \int_C e^{-z^2} \, dz = \sqrt{\pi}\,.$$

und damit genau das gesuchte Ergebnis.

Wir müssen also nachweisen, dass die fraglichen Integrale in der Tat verschwinden. Wir können den Integrationsweg C_2 als $z(t) = R + \mathrm{i}\,t, t \in [0, y_{\max}]$ mit $y_{\max} = \frac{b}{2a} + R \tan\frac{\alpha}{2}$ parametrisieren, $\mathrm{d}z = \mathrm{i}\,\mathrm{d}t$. Für das Integral erhalten wir

$$\begin{aligned}
I_2 &:= \left|\int_{C_2} \mathrm{e}^{-z^2}\,\mathrm{d}z\right| = \left|\mathrm{i}\int_0^{y_{\max}} \mathrm{e}^{-(R+\mathrm{i}t)^2}\,\mathrm{d}t\right| \\
&= \left|\mathrm{i}\int_0^{y_{\max}} \mathrm{e}^{-2\mathrm{i}Rt}\mathrm{e}^{t^2-R^2}\,\mathrm{d}t\right| = \left|\int_0^{y_{\max}} \mathrm{e}^{t^2-R^2}\,\mathrm{d}t\right| \\
&\le \ell(C_2)\max_{C_2} \mathrm{e}^{t^2-R^2}\,\mathrm{d}t \\
&= \left(\frac{b}{2a} + R\tan\frac{\alpha}{2}\right)\mathrm{e}^{\left(\frac{b}{2a}+R\tan\frac{\alpha}{2}\right)^2-R^2} \\
&= \mathrm{e}^{-R^2\left(1-\tan^2\frac{\alpha}{2}\right)}\,\mathrm{e}^{\frac{b^2}{4a^2}+R\frac{b}{a}\tan\frac{\alpha}{2}}\cdot\left(\frac{b}{2a}+R\tan\frac{\alpha}{2}\right)
\end{aligned}$$

Für $\tan\frac{\alpha}{2} < 1$ fällt der erste Faktor für $R \to \infty$ schneller als die anderen anwachsen, und das Integral konvergiert gegen null. Die Bedingung ist für $\operatorname{Re} a > 0$ stets erfüllt. Analog kann auch das Integral über C_3 abgeschätzt werden, und unser Resultat ist gezeigt.

32.18 ••• Es gilt $\cos x = \frac{1}{2}\left(\mathrm{e}^{\mathrm{i}x} + \mathrm{e}^{-\mathrm{i}x}\right)$, und wenn wir $z = \mathrm{e}^{\mathrm{i}x}$ setzen, ergibt das $\cos x = \frac{1}{2}\left(z + \frac{1}{z}\right)$, $\mathrm{d}x = \frac{\mathrm{d}z}{\mathrm{i}z}$. Damit erhält das Integral die Gestalt

$$\begin{aligned}
I &= \oint_{|z|=1} \frac{1}{4^p}\left(z + \frac{1}{z}\right)^{2p}\frac{\mathrm{d}z}{\mathrm{i}z} \\
&= -\frac{\mathrm{i}}{4^p}\oint_{|z|=1} \frac{1}{z}\sum_{k=0}^{2p}\binom{2p}{k} z^k\left(\frac{1}{z}\right)^{2p-k}\,\mathrm{d}z \\
&= -\frac{\mathrm{i}}{4^p}\sum_{k=0}^{2p}\binom{2p}{k}\oint_{|z|=1} \frac{1}{z}z^k\left(\frac{1}{z}\right)^{2p-k}\,\mathrm{d}z \\
&= -\frac{\mathrm{i}}{4^p}\sum_{k=0}^{2p}\binom{2p}{k}\oint_{|z|=1} z^{2k-2p-1}\,\mathrm{d}z \\
&= -\frac{\mathrm{i}}{4^p}\sum_{k=0}^{2p}\binom{2p}{k}2\pi\mathrm{i}\,\delta_{(2k-2p-1),-1} \\
&= \frac{2\pi}{4^p}\sum_{k=0}^{2p}\binom{2p}{k}\delta_{k,p} = \frac{2\pi}{4^p}\binom{2p}{p}
\end{aligned}$$

32.19 •• Es ist

$$\sin u = \sum_{n=0}^{\infty}\frac{(-1)^n}{(2n+1)!}u^{2n+1} = u - \frac{u^3}{3!} + \frac{u^5}{5!} \mp \ldots$$

Setzen wir $u = \frac{1}{z^2}$, so erhalten wir

$$\sin\frac{1}{z^2} = \sum_{n=0}^{\infty}\frac{(-1)^n}{(2n+1)!}\frac{1}{z^{2n+1}} = \frac{1}{z^2} - \frac{1}{3!}\frac{1}{z^6} + \frac{1}{5!}\frac{1}{z^{10}} \mp \ldots$$

32.20 •• Es gilt

$$f(z) = \frac{1}{z^2 - 2\mathrm{i}z} = \frac{1}{z}\cdot\frac{1}{z-2\mathrm{i}}\,.$$

Nun erhalten wir für Entwicklung um $z = 0$:

$$\begin{aligned}
f(z) &= -\frac{1}{z}\frac{1}{2\mathrm{i}-z} = -\frac{1}{2\mathrm{i}z}\frac{1}{1-\frac{z}{2\mathrm{i}}} \\
&= -\frac{1}{2\mathrm{i}z}\sum_{n=0}^{\infty}\left(\frac{z}{2\mathrm{i}}\right)^n = -\sum_{n=0}^{\infty}\frac{z^{n-1}}{(2\mathrm{i})^{n+1}}
\end{aligned}$$

für $0 < |z| < 2$ und

$$f(z) = \frac{1}{z}\frac{1}{z}\frac{1}{1-\frac{2\mathrm{i}}{z}} = \frac{1}{z^2}\sum_{n=0}^{\infty}\left(\frac{2\mathrm{i}}{z}\right)^n = \sum_{n=0}^{\infty}\frac{(2\mathrm{i})^n}{z^{n+2}}$$

für $|z| > 2$. Entwicklung um $z = 2\mathrm{i}$ liefert:

$$\begin{aligned}
f(z) &= \frac{1}{z-2\mathrm{i}}\frac{1}{z} = \frac{1}{z-2\mathrm{i}}\frac{1}{z-2\mathrm{i}+2\mathrm{i}} \\
&= \frac{1}{z-2\mathrm{i}}\frac{1}{2\mathrm{i}}\frac{1}{1+\frac{z-2\mathrm{i}}{2\mathrm{i}}} \\
&= \frac{1}{z-2\mathrm{i}}\frac{1}{2\mathrm{i}}\sum_{n=0}^{\infty}\left(\frac{-1}{2\mathrm{i}}\right)^n(z-2\mathrm{i})^n \\
&= \frac{1}{2\mathrm{i}}\sum_{n=0}^{\infty}\left(\frac{-1}{2\mathrm{i}}\right)^n(z-2\mathrm{i})^{n-1} \\
&= \frac{1}{2\mathrm{i}}\sum_{k=-1}^{\infty}\left(\frac{-1}{2\mathrm{i}}\right)^{k+1}(z-2\mathrm{i})^k
\end{aligned}$$

für $0 < |z - 2\mathrm{i}| < 2$ und

$$\begin{aligned}
f(z) &= \frac{1}{z-2\mathrm{i}}\frac{1}{z} = \frac{1}{z-2\mathrm{i}}\frac{1}{z-2\mathrm{i}+2\mathrm{i}} \\
&= \frac{1}{(z-2\mathrm{i})^2}\frac{1}{1+\frac{2\mathrm{i}}{z-2\mathrm{i}}} \\
&= \frac{1}{(z-2\mathrm{i})^2}\sum_{n=0}^{\infty}\left(\frac{-2\mathrm{i}}{z-2\mathrm{i}}\right)^n \\
&= \sum_{n=0}^{\infty}(-2\mathrm{i})^n(z-2\mathrm{i})^{-n-2} \\
&= \sum_{k=-\infty}^{-2}\frac{1}{(2\mathrm{i})^{k+2}}(z-2\mathrm{i})^k
\end{aligned}$$

für $|z - 2\mathrm{i}| > 2$.

32.21 •• Wir setzen eine Partialbruchzerlegung

$$\frac{1}{(z-1)(z-2)} = \frac{A}{z-1} + \frac{B}{z-2}$$

an, Multiplikation mit dem gemeinsamen Nenner führt auf

$$1 = A\,(z-2) + B\,(z-1)\,.$$

Die Polstellenmethode liefert $z = 1$: $A = -1$ und $z = 2$: $B = 1$,

$$\frac{1}{(z-1)(z-2)} = -\frac{1}{z-1} + \frac{1}{z-2}\,.$$

Jeden der beiden Terme können wir auf zwei Arten in eine Laurentreihe um $z = 0$ entwickeln:

$$-\frac{1}{z-1} = \frac{1}{1-z} = \sum_{n=0}^{\infty} z^n$$

für $|z| < 1$ und

$$-\frac{1}{z-1} = -\frac{1}{z}\,\frac{1}{1-\frac{1}{z}} = -\frac{1}{z}\sum_{n=0}^{\infty}\left(\frac{1}{z}\right)^n = -\sum_{n=0}^{\infty} z^{-n-1} = -\sum_{k=-\infty}^{-1} z^k$$

für $|z| > 1$. Analog erhalten wir

$$\frac{1}{z-2} = -\frac{1}{2-z} = -\frac{1}{2}\,\frac{1}{1-\frac{z}{2}} = -\frac{1}{2}\sum_{n=0}^{\infty}\left(\frac{z}{2}\right)^n = -\sum_{n=0}^{\infty}\frac{1}{2^{n+1}}\,z^n$$

für $|z| < 2$ und

$$\frac{1}{z-2} = \frac{1}{z}\,\frac{1}{1-\frac{2}{z}} = \frac{1}{z}\sum_{n=0}^{\infty}\left(\frac{2}{z}\right)^n = \sum_{n=0}^{\infty} 2^n\,z^{-n-1} = \sum_{k=-\infty}^{-1} 2^{-k-1}\,z^k = \sum_{k=-\infty}^{-1}\frac{1}{2^{k+1}}\,z^k\,.$$

für $|z| > 2$.

Im Bereich $|z| < 1$ erhalten wir

$$f(z) = \sum_{n=0}^{\infty}\left(1 - \frac{1}{2^{n+1}}\right) z^n$$

in $1 < |z| < 2$

$$f(z) = -\sum_{k=-\infty}^{-1} z^k - \sum_{k=0}^{\infty}\frac{1}{2^{k+1}}\,z^k$$

und für $|z| > 2$

$$f(z) = \sum_{k=-\infty}^{-1}\left(-1 + \frac{1}{2^{k+1}}\right) z^k\,.$$

32.22 •• Polynomdivision liefert

$$z^3 - z^2 + 4z - 4 = (z-1)\,(z^2+4)\,.$$

Multiplizieren wir den Ansatz

$$\frac{4z^2 - 2z + 8}{z^3 - z^2 + 4z - 4} = \frac{A}{z-1} + \frac{B}{z+2\mathrm{i}} + \frac{C}{z-2\mathrm{i}}$$

mit dem gemeinsamen Nenner, so erhalten wir mittels Polstellenmethode:

$$\begin{aligned} z &= 1: & A &= 2\\ z &= -2\mathrm{i}: & B &= 1\\ z &= 2\mathrm{i}: & C &= 1\,. \end{aligned}$$

Der zweite und der dritte Term in

$$\frac{4z^2 - 2z + 8}{z^3 - z^2 + 4z - 4} = \frac{2}{z-1} + \frac{1}{z+2\mathrm{i}} + \frac{1}{z-2\mathrm{i}}$$

sind in einer Umgebung von $z = 1$ holomorph, damit wird kann nur der erste Teil zum Hauptteil der Laurentreihe beitragen, und wir lesen sofort $\operatorname{Res}(f, 1) = 2$ ab. Analog erhalten wir $\operatorname{Res}(f, -2\mathrm{i}) = \operatorname{Res}(f, 2\mathrm{i}) = 1$.

32.23 •

(a) Wir erhalten

$$\operatorname{Res}(f, \mathrm{i}) = \left.\frac{\mathrm{e}^{\pi z}}{2z}\right|_{z=\mathrm{i}} = \frac{\mathrm{e}^{\mathrm{i}\pi}}{2\mathrm{i}} = -\frac{1}{2\mathrm{i}} = \frac{\mathrm{i}}{2}$$

$$\operatorname{Res}(f, -\mathrm{i}) = \left.\frac{\mathrm{e}^{\pi z}}{2z}\right|_{z=-\mathrm{i}} = \frac{\mathrm{e}^{-\mathrm{i}\pi}}{-2\mathrm{i}} = \frac{1}{2\mathrm{i}} = -\frac{\mathrm{i}}{2}$$

(b) Quadratische Ergänzung ergibt

$$z^4 + 2z^2 - 3 = (z^2+1)^2 - 4\,,$$

die Nullstellen dieses Ausdrucks liegen bei

$$z = \pm\sqrt{-1 \pm 2}\,,$$

wobei alle Vorzeichenkombinationen zu nehmen sind.

$$\operatorname{Res}(f, 1) = \left.\frac{1}{4z^3 + 4z}\right|_{z=1} = \left.\frac{1}{4z}\,\frac{1}{z^2+1}\right|_{z=1} = \frac{1}{8}$$

$$\operatorname{Res}(f, -1) = \left.\frac{1}{4z}\,\frac{1}{z^2+1}\right|_{z=-1} = -\frac{1}{8}$$

$$\operatorname{Res}(f, \sqrt{3}\,\mathrm{i}) = \left.\frac{1}{4z}\,\frac{1}{z^2+1}\right|_{z=\sqrt{3}\,\mathrm{i}} = \frac{\mathrm{i}}{8\sqrt{3}}$$

$$\operatorname{Res}(f, -\sqrt{3}\,\mathrm{i}) = \left.\frac{1}{4z}\,\frac{1}{z^2+1}\right|_{z=-\sqrt{3}\,\mathrm{i}} = -\frac{\mathrm{i}}{8\sqrt{3}}$$

(c) Für den Nenner erhalten wir

$$z^3 - 2z^2 + z = z\,(z^2 - 2z + 1) = z\,(z-1)^2$$

und damit

$$\begin{aligned}\operatorname{Res}(f,0) &= \left.\frac{4z^2-5z+3}{3z^2-4z+1}\right|_{z=0} = 3\\ \operatorname{Res}(f,1) &= \lim_{z\to 1}\frac{\mathrm{d}}{\mathrm{d}z}(z-1)^2\,\frac{4z^2-5z+3}{z\,(z-1)^2}\\ &= \lim_{z\to 1}\frac{\mathrm{d}}{\mathrm{d}z}\frac{4z^2-5z+3}{z}\\ &= \lim_{z\to 1}\frac{8z^2-5z-(4z^2-5z+3)}{z^2}\\ &= \lim_{z\to 1}\frac{4z^2-3}{z^2} = 1\end{aligned}$$

32.24 •• Singularitäten von f liegen an Nullstellen des Nenners, also an den beiden Punkten $z = 1$ und $z = \mathrm{i}$. Es handelt sich jeweils um Pole erster Ordnung, wir erhalten also

$$\begin{aligned}\operatorname{Res}(f,1) &= \left.\frac{\mathrm{e}^{\pi z}}{2z-(1+\mathrm{i})}\right|_{z=1}\\ &= \frac{\mathrm{e}^{\pi}}{1-\mathrm{i}} = \frac{\mathrm{e}^{\pi}(1+\mathrm{i})}{(1-\mathrm{i})(1+\mathrm{i})}\\ &= \frac{\mathrm{e}^{\pi}}{2}\,(1+\mathrm{i})\end{aligned}$$

$$\begin{aligned}\operatorname{Res}(f,\mathrm{i}) &= \left.\frac{\mathrm{e}^{\pi z}}{2z-(1+\mathrm{i})}\right|_{z=\mathrm{i}}\\ &= \frac{\mathrm{e}^{\mathrm{i}\pi}}{\mathrm{i}-1} = \frac{-1}{\mathrm{i}-1} = \frac{1}{1-\mathrm{i}}\\ &= \frac{1+\mathrm{i}}{2}\end{aligned}$$

Die Windungszahlen ergeben sich durch Abzählen zu

$$\begin{aligned}&\operatorname{Ind}_{C_1}(1) = 2\,, \quad \operatorname{Ind}_{C_1}(\mathrm{i}) = 2\,,\\ &\operatorname{Ind}_{C_2}(1) = 2\,, \quad \operatorname{Ind}_{C_2}(\mathrm{i}) = 2\,,\\ &\operatorname{Ind}_{C_3}(1) = 1\,, \quad \operatorname{Ind}_{C_3}(\mathrm{i}) = 0\,,\end{aligned}$$

und wir erhalten mit dem Residuensatz

$$\begin{aligned}\int_{C_1} f(z)\,\mathrm{d}z &= 2\pi\mathrm{i}\,\{\operatorname{Ind}_{C_1}(1)\operatorname{Res}(f,1) + \operatorname{Ind}_{C_1}(\mathrm{i})\operatorname{Res}(f,\mathrm{i})\}\\ &= 2\pi\mathrm{i}\left\{2\,\frac{\mathrm{e}^{\pi}}{2}\,(1+\mathrm{i}) + 2\,\frac{1+\mathrm{i}}{2}\right\}\\ &= 2\pi\mathrm{i}\,\{\mathrm{e}^{\pi}\,(1+\mathrm{i}) + (1+\mathrm{i})\}\\ &= 2\pi\mathrm{i}\,\{1+\mathrm{e}^{\pi} + (1+\mathrm{e}^{\pi})\,\mathrm{i}\}\\ &= -2\pi(1+\mathrm{e}^{\pi}) + 2\pi(1+\mathrm{e}^{\pi})\,\mathrm{i}\end{aligned}$$

$$\begin{aligned}\int_{C_2} f(z)\,\mathrm{d}z &= 2\pi\mathrm{i}\,\{\operatorname{Ind}_{C_2}(1)\operatorname{Res}(f,1) + \operatorname{Ind}_{C_2}(\mathrm{i})\operatorname{Res}(f,\mathrm{i})\}\\ &= \int_{C_1} f(z)\,\mathrm{d}z = -2\pi(1+\mathrm{e}^{\pi}) + 2\pi(1+\mathrm{e}^{\pi})\,\mathrm{i}\end{aligned}$$

$$\begin{aligned}\int_{C_3} f(z)\,\mathrm{d}z &= 2\pi\mathrm{i}\,\{\operatorname{Ind}_{C_3}(1)\operatorname{Res}(f,1) + \operatorname{Ind}_{C_3}(\mathrm{i})\operatorname{Res}(f,\mathrm{i})\}\\ &= 2\pi\mathrm{i}\left\{1\,\frac{\mathrm{e}^{\pi}}{2}\,(1+\mathrm{i}) + 0\,\frac{1+\mathrm{i}}{2}\right\}\\ &= \pi\mathrm{i}\,\{\mathrm{e}^{\pi} + \mathrm{e}^{\pi}\,\mathrm{i}\} = 2\pi\mathrm{i}\,\{1+\mathrm{e}^{\pi} + (1+\mathrm{e}^{\pi})\,\mathrm{i}\}\\ &= -\pi\,\mathrm{e}^{\pi} + \pi\,\mathrm{e}^{\pi}\,\mathrm{i}\,.\end{aligned}$$

Entsprechend liegen für g zwei Pole erster Ordnung an $z = -\mathrm{i}$ und $z = 2$, und wir erhalten für die Residuen

$$\begin{aligned}\operatorname{Res}(g,-\mathrm{i}) &= \left.\frac{z^2}{2z+(\mathrm{i}-2)}\right|_{z=-\mathrm{i}} = \frac{-1}{-2\mathrm{i}+\mathrm{i}-2}\\ &= \frac{1}{2+\mathrm{i}} = \frac{2-\mathrm{i}}{5}\\ \operatorname{Res}(g,2) &= \left.\frac{z^2}{2z+(\mathrm{i}-2)}\right|_{z=2} = \frac{4}{4+\mathrm{i}-2}\\ &= \frac{4}{2+\mathrm{i}} = \frac{8-4\mathrm{i}}{5}\,.\end{aligned}$$

Die Windungszahlen sind

$$\begin{aligned}&\operatorname{Ind}_{C_1}(-\mathrm{i}) = 1\,, \quad \operatorname{Ind}_{C_1}(2) = 1\,,\\ &\operatorname{Ind}_{C_2}(-\mathrm{i}) = 1\,, \quad \operatorname{Ind}_{C_2}(2) = 1\,,\\ &\operatorname{Ind}_{C_3}(-\mathrm{i}) = 0\,, \quad \operatorname{Ind}_{C_3}(2) = 0\,,\end{aligned}$$

und der Residuensatz ergibt nun

$$\begin{aligned}\int_{C_1} g(z)\,\mathrm{d}z = \int_{C_2} g(z)\,\mathrm{d}z &= 2\pi\mathrm{i}\left(\frac{2-\mathrm{i}}{5} + \frac{8-4\mathrm{i}}{5}\right)\\ &= 2\pi\mathrm{i}\,(2-\mathrm{i}) = -2\pi + 4\pi\mathrm{i}\,.\\ \int_{C_3} g(z)\,\mathrm{d}z &= 0\,.\end{aligned}$$

32.25 ••

- Aus Symmetriegründen gilt

$$\int_0^{\pi} \sin^2 t\,\mathrm{d}t = \frac{1}{2}\int_0^{2\pi} \sin^2 t\,\mathrm{d}t\,.$$

  Nun definieren wir

$$\begin{aligned}f(z) &:= \frac{1}{\mathrm{i}z}\left(\frac{1}{2\mathrm{i}}\left(z-\frac{1}{z}\right)\right)^2 = -\frac{1}{4\mathrm{i}z}\left(z^2-2+\frac{1}{z^2}\right)\\ &= -\frac{1}{4\mathrm{i}}\left(z-\frac{2}{z}+\frac{1}{z^3}\right).\end{aligned}$$

Aus dieser Darstellung lässt sich unmittelbar

$$\mathrm{Res}(f, 0) = \left(-\frac{1}{4\mathrm{i}}\right) \cdot (-2) = \frac{1}{2\mathrm{i}}$$

ablesen, und wir erhalten

$$\int_0^\pi \sin^2 t \,\mathrm{d}t = \frac{1}{2}\left\{2\pi\mathrm{i} \cdot \frac{1}{2\mathrm{i}}\right\} = \frac{\pi}{2}.$$

- Wir definieren f mittels

$$f(z) = \frac{1}{\mathrm{i}z}\,\frac{\frac{1}{2}(z+\frac{1}{z})}{5-2(z+\frac{1}{z})} = \frac{\mathrm{i}(1+z^2)}{z\,(4-10z+4z^2)}.$$

Diese Funktion hat Pole erster Ordnung an $z = 0$, $z = \frac{1}{2}$ und $z = 2$. Keiner davon liegt am Einheitskreis, der Residuensatz ist also anwendbar. Die Stelle $z = 2$ liegt außerhalb des Einheitskreises und ist für uns nicht relevant. An den anderen Stellen erhalten wir die Residuen

$$\begin{aligned}
\mathrm{Res}(f, 0) &= \lim_{z\to 0} \frac{\mathrm{i}(1+z^2)}{4-10z+4z^2} = \frac{\mathrm{i}}{4},\\
\mathrm{Res}\left(f, \frac{1}{2}\right) &= \left.\frac{\mathrm{i}(1+z^2)}{4-10z+4z^2+z(-10+8z)}\right|_{z=\frac{1}{2}}\\
&= \left.\frac{\mathrm{i}(1+z^2)}{z(-10+8z)}\right|_{z=\frac{1}{2}} = \left.\frac{\mathrm{i}(1+\frac{1}{4})}{\frac{1}{2}(-10+4)}\right|_{z=\frac{1}{2}}\\
&= -\frac{5\mathrm{i}}{12}.
\end{aligned}$$

Damit ergibt der Residuensatz

$$I_2 = 2\pi\mathrm{i}\left(\frac{\mathrm{i}}{4} - \frac{5\mathrm{i}}{12}\right) = \frac{\pi}{3}.$$

- Wir benutzen

$$\cos(3\varphi) = 4\cos^3\varphi - 3\cos\varphi,$$

zudem ist das der Integrand h gerade und 2π-periodisch, damit gilt

$$\int_0^\pi h(t)\,\mathrm{d}t = \frac{1}{2}\int_{-\pi}^{\pi} h(t)\,\mathrm{d}t = \frac{1}{2}\int_0^{2\pi} h(t)\,\mathrm{d}t.$$

Insgesamt erhält das Integral die Form

$$I_3 = \frac{1}{2}\int_0^{2\pi} \frac{4\cos^3 t - 3\cos t}{5-4\cos t}\,\mathrm{d}t.$$

Bezeichnen wir den Integranden mit $g(\cos t)$, so erhalten wir für f mit $f(z) = \frac{1}{\mathrm{i}z}\, g(\frac{1}{2}(z+\frac{1}{z}))$ unmittelbar

$$f(z) = \frac{\mathrm{i}(1+z^6)}{2\,z^3\,(2-5z+2z^2)}.$$

Diese Funktion hat einen Pol dritter Ordnung an $z = 0$, einen Pol erster Ordnung an $z = \frac{1}{2}$ und einen (für uns irrelevanten) Pol erster Ordnung an $z = 2$. Die Residuen ergeben sich zu

$$\begin{aligned}
\mathrm{Res}(f, 0) &= \frac{1}{2!}\lim_{z\to 0}\frac{\mathrm{d}^2}{\mathrm{d}z^2}\frac{\mathrm{i}(1+z^6)}{2\,(2-5z+2z^2)} = \frac{21\mathrm{i}}{16},\\
\mathrm{Res}(f, \tfrac{1}{2}) &= \left.\frac{1}{2}\,\frac{\mathrm{i}(1+z^6)}{3\,z^2\,(2-5z+2z^2)+z^3\,(-5+4z)}\right|_{\frac{1}{2}}\\
&= -\frac{65\mathrm{i}}{48},
\end{aligned}$$

und wir erhalten

$$I_3 = 2\pi\mathrm{i}\left(\frac{21\mathrm{i}}{16} - \frac{65\mathrm{i}}{48}\right) = \frac{\pi}{12}$$

32.26 •• (a) Wir benutzen

$$I_a = 2\pi\mathrm{i}\sum_{\mathrm{Im}\,z_k>0}\mathrm{Res}\left(\frac{1}{z^4+1}, z_k\right).$$

Pole des Integranden liegen bei $z^4 = -1$, davon befinden sich $z_0 = \mathrm{e}^{\mathrm{i}\frac{\pi}{4}}$ und $z_1 = \mathrm{e}^{\mathrm{i}\frac{3\pi}{4}}$ in der oberen Halbebene. Die Residuen erhalten wir zu

$$\begin{aligned}
\mathrm{Res}\left(\frac{1}{z^4+1}, \mathrm{e}^{\mathrm{i}\frac{\pi}{4}}\right) &= \left.\frac{1}{4z^3}\right|_{z=\mathrm{e}^{\mathrm{i}\frac{\pi}{4}}} = \frac{1}{4}\,\frac{1}{\mathrm{e}^{\mathrm{i}\frac{3\pi}{4}}}\\
&= \frac{1}{4}\,\mathrm{e}^{-\mathrm{i}\frac{3\pi}{4}} = \frac{-1-\mathrm{i}}{4\sqrt{2}}\\
\mathrm{Res}\left(\frac{1}{z^4+1}, \mathrm{e}^{\mathrm{i}\frac{\pi}{4}}\right) &= \left.\frac{1}{4z^3}\right|_{z=\mathrm{e}^{\mathrm{i}\frac{3\pi}{4}}} = \frac{1}{4}\,\frac{1}{\mathrm{e}^{\mathrm{i}\frac{9\pi}{4}}} = \frac{1}{4}\,\frac{1}{\mathrm{e}^{\mathrm{i}\frac{\pi}{4}}}\\
&= \frac{1}{4}\,\mathrm{e}^{-\mathrm{i}\frac{\pi}{4}} = \frac{1-\mathrm{i}}{4\sqrt{2}},
\end{aligned}$$

und für das Integral ergibt sich

$$I_a = 2\pi\mathrm{i}\left(\frac{-1-\mathrm{i}}{4\sqrt{2}} + \frac{1-\mathrm{i}}{4\sqrt{2}}\right) = \frac{\pi}{\sqrt{2}}.$$

(b) Analog gilt hier

$$I_b = 2\pi\mathrm{i}\sum_{\mathrm{Im}\,z_k>0}\mathrm{Res}\left(\frac{z^2}{z^6+1}, z_k\right).$$

Pole des Integranden liegen bei $z^6 = -1$, davon befinden sich $z_0 = \mathrm{e}^{\mathrm{i}\frac{\pi}{6}}$, $z_1 = \mathrm{e}^{\mathrm{i}\frac{\pi}{2}}$ und $z_2 = \mathrm{e}^{\mathrm{i}\frac{5\pi}{6}}$ in der oberen Halbenebene.

$z_1 = \mathrm{e}^{\mathrm{i}\frac{3\pi}{4}}$ in der oberen Halbebene. Die Residuen erhalten wir zu

$$\begin{aligned}\operatorname{Res}\left(\frac{z^2}{z^6+1}, \mathrm{e}^{\mathrm{i}\frac{\pi}{6}}\right) &= \left.\frac{z^2}{6z^5}\right|_{z=\mathrm{e}^{\mathrm{i}\frac{\pi}{6}}} = \left.\frac{1}{6}\frac{1}{z^3}\right|_{z=\mathrm{e}^{\mathrm{i}\frac{\pi}{6}}} \\ &= \frac{1}{6}\frac{1}{\mathrm{e}^{\mathrm{i}\frac{\pi}{2}}} = \frac{1}{6}\mathrm{e}^{-\mathrm{i}\frac{\pi}{2}} = -\frac{\mathrm{i}}{6} \\ \operatorname{Res}\left(\frac{z^2}{z^6+1}, \mathrm{e}^{\mathrm{i}\frac{\pi}{2}}\right) &= \left.\frac{1}{6}\frac{1}{z^3}\right|_{z=\mathrm{e}^{\mathrm{i}\frac{\pi}{2}}} = \frac{\mathrm{i}}{6} \\ \operatorname{Res}\left(\frac{z^2}{z^6+1}, \mathrm{e}^{\mathrm{i}\frac{5\pi}{6}}\right) &= \left.\frac{1}{6}\frac{1}{z^3}\right|_{z=\mathrm{e}^{\mathrm{i}\frac{5\pi}{6}}} = -\frac{\mathrm{i}}{6}\end{aligned}$$

und für das Integral ergibt sich

$$I_b = 2\pi\mathrm{i}\left(-\frac{\mathrm{i}}{6}+\frac{\mathrm{i}}{6}-\frac{\mathrm{i}}{6}\right) = \frac{\pi}{3}.$$

(c) Wir betrachten das Integral

$$\tilde{I}_c := \int_{\infty}^{\infty} \frac{t}{t^2+4}\,\mathrm{e}^{\mathrm{i}t}\,\mathrm{d}t\,, \quad I_c = \operatorname{Im}\tilde{I}_c$$

Dieses Integral können wir sofort mittels Residuensatz bestimmen. Die einzige Singularität in der oberen Halbebene ist ein Pol erster Ordnung bei $z = 2\mathrm{i}$ mit Residuum

$$\operatorname{Res}\left(\frac{z}{z^2+4}\mathrm{e}^{\mathrm{i}z}, 2\mathrm{i}\right) = \left.\frac{z\,\mathrm{e}^{\mathrm{i}z}}{2z}\right|_{z=2\mathrm{i}} = \frac{\mathrm{e}^{-2}}{2}.$$

Der Residuensatz ergibt nun

$$\int_{\infty}^{\infty} \frac{t}{t^2+4}\,\mathrm{e}^{\mathrm{i}t}\,\mathrm{d}t = 2\pi\mathrm{i}\,\frac{\mathrm{e}^{-2}}{2} = \frac{\mathrm{i}\pi}{\mathrm{e}^2},$$

und wir erhalten sofort

$$I_c = \operatorname{Im}\frac{\mathrm{i}\pi}{\mathrm{e}^2} = \frac{\pi}{\mathrm{e}^2}.$$

(Zudem erhalten wir aus Betrachtung des Realteils

$$\int_{-\infty}^{\infty} \frac{t\cos t}{t^2+4}\,\mathrm{d}t = 0.$$

Das ist zwar aus Symmetriegründen ohnehin klar, gerade daher ist es aber eine gute Kontrolle für die Richtigkeit unserer Rechnung.)

32.27 •• Auch hier liegt eine rationale Funktion in Sinus, und Kosinus vor, unser Schema ist unmittelbar anwendbar. Wir erhalten die Funktion f,

$$f(z) = \frac{1}{\mathrm{i}z}\,\frac{1}{a+\frac{b}{2}\left(z+\frac{1}{z}\right)} = \frac{-\mathrm{i}}{\frac{b}{2}z^2+a\,z-\frac{b}{2}}$$

Die Nullstellen des Nenners liegen bei

$$z_{1,2} = -\frac{a}{b} \pm \sqrt{\frac{a^2}{b^2}-1}$$

Davon liegt nur $z_1 = -\frac{a}{b} + \sqrt{\frac{a^2}{b^2}-1}$ im Inneren des Einheitskreises. Für das Residuum von f an dieser Stelle erhalten wir mit Formel (32.8)

$$\operatorname{Res}(f, z_1) = \left.\frac{-\mathrm{i}}{b\,z+a}\right|_{z=-\frac{a}{b}+\sqrt{\frac{a^2}{b^2}-1}} = \frac{\mathrm{i}}{\sqrt{a^2-b^2}}$$

und für das Integral

$$I = 2\pi\mathrm{i}\cdot\frac{\mathrm{i}}{\sqrt{a^2-b^2}} = \frac{2\pi}{\sqrt{a^2-b^2}}.$$

Anwendungsprobleme

32.28 ••• Wir setzen die Ladung nach $z = b\mathrm{i}$ Die Transformation $w = \mathrm{e}^{\frac{\pi z}{a}}$ führt die beiden Geraden $\operatorname{Im} z = 0$ und $\operatorname{Im} z = a$ nach $\operatorname{Im} w = 0$ über, die Position der Ladung wird zu $w_0 = \mathrm{e}^{\frac{\pi b\mathrm{i}}{a}}$.

Nun erzwingen wir ein verschwindendes Potenzial an $\operatorname{Im} w = 0$ durch Anbringen einer Spiegelladung an $w = \overline{w_0}$ und erhalten für das komplexe Potenzial

$$\begin{aligned} g(w) &= -2q\,\log(w-w_0) + 2q\,\log(w-\overline{w_0}) \\ &= 2q\,\log\frac{w-w_0}{w-\overline{w_0}}.\end{aligned}$$

Nach dem Verpflanzungsprinzip ist das gesuchte Potenzial nun

$$\Phi = 2q\,\operatorname{Re}\frac{\mathrm{e}^{\frac{\pi z}{a}}-\mathrm{e}^{\frac{\pi b\mathrm{i}}{a}}}{\mathrm{e}^{\frac{\pi z}{a}}-\mathrm{e}^{\frac{\pi b\mathrm{i}}{a}}}.$$

Kapitel 33

Aufgaben

Verständnisfragen

33.1 •• Berechnen Sie das uneigentliche Integral

$$\int_0^\infty \operatorname{sinc}(t)\,\mathrm{d}t = \int_0^\infty \frac{\sin(t)}{t}\,\mathrm{d}t,$$

indem Sie die Laplacetransformierte $\mathcal{L}\mathrm{sinc}$ und den Grenzwert für $s \to 0$ bestimmen.

33.2 •• Zeigen Sie für die einseitige Faltung, dass die Funktionen f_n mit $f_n(t) = t^n/n!$ für $t \geq 0$ und $n \in \mathbb{N}_0$ die Identität

$$f_n * f_m = f_{n+m+1}, \quad n, m \in \mathbb{N}_0$$

erfüllen.

33.3 • Zeigen Sie für $x \in L(\mathbb{R})$ die folgenden Eigenschaften der Fouriertransformation

(a) $(\mathcal{F}x(t-t_0))(s) = \mathrm{e}^{-\mathrm{i}t_0 s}\,\mathcal{F}x(s)$, $t_0, s \in \mathbb{R}$,

(b) $(\mathcal{F}x(\alpha t))(s) = \frac{1}{|\alpha|}\,\mathcal{F}x\left(\frac{s}{\alpha}\right)$, $s \in \mathbb{R}, \alpha \neq 0$,

(c) $\mathcal{F}(\mathrm{e}^{\mathrm{i}s_0 t}x(t))(s) = \mathcal{F}x(s-s_0)$, $s, s_0 \in \mathbb{R}$,

(d) $(\mathcal{F}\overline{x(-t)})(s) = \overline{\mathcal{F}x(s)}$, $s \in \mathbb{R}$ (komplexe Konjugation).

Zeigen Sie ferner für $x \in S(\mathbb{R})$ die Identität

$$\mathcal{F}(\mathcal{F}x)(t) = x(-t), \quad t \in \mathbb{R}.$$

Rechenaufgaben

33.4 • Berechnen Sie jeweils die Laplacetransformierte der folgenden Funktionen

(a) $f(t) = 3\mathrm{e}^{4t} + 2$

(b) $h(t) = \mathrm{e}^{-t}\cos(2t)$

(c) $g(t) = \begin{cases} \sin(\omega t - \varphi), & \text{für } \omega t - \varphi \geq 0, \\ 0 & \text{sonst, mit } \omega, \varphi > 0, \end{cases}$

(d) $u(t) = \int_0^t y^3\,\mathrm{d}y$.

33.5 • Berechnen Sie mithilfe der Faltung die Funktionen f und g, die die folgende Beziehung erfüllen,

(a) $(\mathcal{L}f)(s) = \frac{1}{s^2(s^2+1)}$,

(b) $(\mathcal{L}g)(s) = \frac{1}{(s^2+1)^2}$.

33.6 • Bestimmen Sie die Fouriertransformierten der Funktionen

(a) $x(t) = \begin{cases} 1-|t|, & |t| \leq 1, \\ 0, & |t| > 1. \end{cases}$

(b) $x(t) = \frac{t}{1+t^2}$, $t \in \mathbb{R}$.

33.7 •• Die hermiteschen Funktionen sind definiert durch

$$\psi_n(t) = (-1)^n \mathrm{e}^{t^2/2}\,\frac{\mathrm{d}^n}{\mathrm{d}t^n}(\mathrm{e}^{-t^2}), \quad n \in \mathbb{N}_0.$$

(a) Zeigen Sie zunächst die Rekursionsformeln

$$\psi_n'(t) = t\psi_n(t) - \psi_{n+1}(t)$$

und

$$(\mathcal{F}\psi_n)'(s) = s\mathcal{F}\psi_n(s) - \mathrm{i}\mathcal{F}\psi_{n+1}(s).$$

(b) Zeigen Sie induktiv, dass ψ_n Eigenfunktionen zur Fouriertransformation sind, d. h. $\mathcal{F}\psi_n = \lambda_n\psi_n$, und bestimmen Sie die Eigenwerte $\lambda_n \in \mathbb{C}$.

Kapitel 33

T. Arens et al., *Arbeitsbuch Mathematik*, https://doi.org/10.1007/978-3-662-64391-4_32

33.8 •• Bestimmen Sie die Lösung der Anfangswertaufgabe

$$u'''(x) - 3u''(x) + 3u'(x) - u(x) = x^2 e^x$$

für $x \geq 0$ mit den Anfangswerten $u(0) = 1$, $u'(0) = 0$ und $u''(0) = -2$.

33.9 •• Lösen Sie das Anfangswertproblem

$$\begin{aligned} u'(t) &= u(t), & u(0) &= 0,\\ v'(t) &= 2u(t) + v(t) - 2w(t), & v(0) &= 0,\\ w'(t) &= 3u(t) + 2v(t) + w(t) + e^t \cos(2t), & w(0) &= 1. \end{aligned}$$

33.10 •• Lösen Sie die folgende Differenzialgleichung

$$u'(t) - \int_0^t (t-s)u(s)\,ds = 1.$$

mithilfe der Laplacetransformation. (Weil in dieser Differenzialgleichung auch ein Integral vorkommt, nennt man Gleichungen dieses Typs manchmal auch *Integrodifferenzialgleichung*.)

Anwendungsprobleme

33.11 • Als Modell für die Ausbreitung transversaler Wellen auf einer langen, an einem Ende eingespannten und angeregten Saite wählen wir die Wellengleichung

$$\frac{\partial^2 u}{\partial t^2} u(x,t) - c^2 \frac{\partial^2 u}{\partial x^2}(x,t) = 0, \quad x, t > 0.$$

Hierbei ist $u(x,t)$ die Amplitude der Wellen zum Zeitpunkt t am Ort x. Die Saite befindet sich zum Zeitpunkt $t = 0$ in Ruhe,

$$u(x,0) = \frac{\partial u}{\partial t}(x,0) = 0, \quad x > 0.$$

Sie wird an einem Ende angeregt durch die Vorgabe

$$u(0,t) = f(t), \quad t > 0.$$

Da die Saite nur an diesem Ende angeregt wird, gilt $u(x,t) \to 0$ für $x \to \infty$ und jedes $t > 0$. Bestimmen Sie die Amplitude der Saite mithilfe der Laplacetransformation bezüglich t.

33.12 •• Wir betrachten das Randwertproblem

$$\begin{aligned} \Delta u(\boldsymbol{x}) &= 0, & x_1 &\in \mathbb{R}, x_2 > 0,\\ u(x_1, 0) &= f(x_1), & x_1 &\in \mathbb{R}, \end{aligned}$$

mit einer Funktion $f \in L(\mathbb{R})$. Außerdem soll es eine Funktion $g \in L(\mathbb{R})$ geben mit

$$|u(\boldsymbol{x})| \leq g(x_1), \quad x_1 \in \mathbb{R}, x_2 > 0.$$

Bestimmen Sie durch eine Fouriertransformation in x_1-Richtung eine Integraldarstellung der Lösung u.

33.13 ••• Ein Signal $x \in L^2(\mathbb{R})$ soll so beschaffen sein, dass die gewichteten Mittelwerte

$$t_0 = \frac{1}{\|x\|_{L^2}^2} \int_{-\infty}^{\infty} t\, |x(t)|^2\, dt,$$

$$s_0 = \frac{1}{\|\mathcal{F}x\|_{L^2}^2} \int_{-\infty}^{\infty} s\, |\mathcal{F}(s)|^2\, ds,$$

sowie die *Dauer* T mit

$$T^2 = \frac{1}{\|x\|_{L^2}^2} \int_{-\infty}^{\infty} (t - t_0)^2\, |x(t)|^2\, dt$$

und die *Bandbreite* B mit

$$B^2 = \frac{1}{\|\mathcal{F}x\|_{L^2}^2} \int_{-\infty}^{\infty} (s - s_0)^2\, |\mathcal{F}x(s)|^2\, ds$$

existieren. Zeigen Sie das *Bandbreiten-Theorem*, dass

$$TB \geq \frac{1}{2}.$$

Dieses Theorem, dass in direktem Bezug zur Heisenberg'schen Unschärferelation steht, besagt, dass es nicht möglich ist, ein Signal gleichzeitig in der Zeit und in der Frequenz gut zu lokalisieren.

Hinweise

Verständnisfragen

33.1 •• Stellen Sie e^{-st}/t als Integral bezüglich s dar und vertauschen Sie die Integrationsreihenfolge.

33.2 •• Benutzen Sie eine vollständige Induktion bezüglich m.

33.3 • Setzen Sie direkt in die Definition der Fouriertransformation ein. Für die zusätzliche Aussage können Sie (d) benutzen.

Rechenaufgaben

33.4 • Verwenden Sie die Rechenregeln für die Laplacetransformation, insbesondere bei Teil (b) den Dämpfungssatz und bei (c) den Verschiebungssatz.

33.5 • Schreiben Sie die Laplacetransformierten jeweils als Produkt von zwei Funktionen, die selbst Laplacetransformierte bekannter Funktionen sind. Anschließend wenden Sie den Faltungssatz an.

33.6 • Bei (a) können Sie die Kosinus-Transformation verwenden und das Integral elementar berechnen. Versuchen Sie, bei (b) die Formel für die Ableitung im Bildbereich zu verwenden.

33.7 •• (a) Vertauschen der Integration und Differenziation.

33.8 •• Wenden Sie die Laplacetransformation auf die Differenzialgleichung an, und lösen die transformierte Gleichung. Eine Rücktransformation führt auf die gesuchte Lösung.

33.9 •• Wenden Sie auf jede Gleichung die Laplacetransformation an. Es entsteht ein LGS mit s als Parameter, das Sie lösen können. Anschließend müssen Sie noch eine Partialbruchzerlegung durchführen, um die Lösung zu bestimmen.

33.10 •• Nutzen Sie sowohl die Formel im Orginalbereich als auch den Faltungssatz. Anschließend müssen Sie noch eine Partialbruchzerlegung durchführen.

Anwendungsprobleme

33.11 • Führen Sie die Laplacetransformation bezüglich t durch und lösen Sie die resultierende gewöhnliche Differenzialgleichung in x. Aus den Anfangs- und Randbedingungen lassen sich die Koeffizienten bestimmen. Anschließend muss noch der Verschiebungssatz angewandt werden.

33.12 •• Führen Sie eine Fouriertransformation bezüglich x_1 durch und lösen Sie die resultierende gewöhnliche Differenzialgleichung in x_2. Aus der Beschränktheitsbedingung für u lassen sich die Koeffizienten bestimmen. Die Integraldarstellung ergibt sich dann aus dem Faltungssatz.

33.13 ••• Verwenden Sie die Formel von Plancherel für x und auch für x' sowie die Cauchy-Schwarz'sche Ungleichung im $L^2(\mathbb{R})$.

Lösungen

Verständnisfragen

33.1 •• $\int_0^\infty \operatorname{sinc}(t)\,\mathrm{d}t = \frac{\pi}{2}$.

33.2 •• –

33.3 • –

Rechenaufgaben

33.4 • (a) $\mathcal{L}f(s) = 3\frac{1}{s-4} + 2\frac{1}{s}$,

(b) $\mathcal{L}h(s) = \frac{s+1}{(s+1)^2+4}$,

(c) $\mathcal{L}g(s) = \frac{1}{\omega}\mathrm{e}^{-\varphi s/\omega}\,\frac{\omega^2}{s^2+\omega^2}$,

(d) $\mathcal{L}u(s) = \frac{1}{s}\frac{3!}{s^4}$.

33.5 • (a) $f(t) = t - \sin t$,

(b) $g(t) = \frac{1}{2}(\sin t - t\cos t)$.

33.6 • (a) $\mathcal{F}x(s) = 4\,\frac{\sin^2(s/2)}{s^2}$,

(b) $\mathcal{F}x(s) = -\mathrm{i}\pi\,\frac{s}{|s|}\,\mathrm{e}^{-|s|}$.

33.7 •• (b) Die Eigenwerte sind $\lambda_n = (-\mathrm{i})^n\sqrt{2\pi}, n \in \mathbb{N}_0$.

33.8 •• Es gilt

$$u(x) = \left(\frac{1}{60}t^5 - \frac{1}{2}t^2 - t + 1\right)\mathrm{e}^t\,.$$

33.9 •• $u(t) = 0, v(t) = -\mathrm{e}^t\left(\frac{1}{2}t\sin 2t + \sin 2t\right)$,

$w(t) = \mathrm{e}^t\left(\cos 2t + \frac{1}{2}t\cos 2t + \frac{1}{4}\sin 2t\right)$.

33.10 •• $u(t) = \frac{1}{3}\mathrm{e}^t - \frac{1}{3}\mathrm{e}^{-\frac{1}{2}t}\cos\frac{\sqrt{3}}{2}t + \frac{1}{\sqrt{3}}\mathrm{e}^{-\frac{1}{2}t}\sin\frac{\sqrt{3}}{2}t$.

Anwendungsprobleme

33.11 • Es ist

$$u(x,t) = \begin{cases} f(t - x/c), & t > x/c, \\ 0, & t \leq x/c. \end{cases}$$

33.12 •• Es ist

$$u(\boldsymbol{x}) = \frac{x_2}{\pi}\int_{-\infty}^{\infty}\frac{f(t)}{(x_1-t)^2 + x_2^2}\,\mathrm{d}t$$

für alle $x_1 \in \mathbb{R}, x_2 > 0$.

33.13 ••• –

Lösungswege

Verständnisfragen

33.1 •• Für die Laplacetransformierte der sinc-Funktion gilt

$$\mathcal{L}(\text{sinc})(s) = \int_0^\infty \frac{\sin(t)}{t} \mathrm{e}^{-st} \, \mathrm{d}t.$$

Es ist aber

$$\frac{\mathrm{d}}{\mathrm{d}s} \frac{\mathrm{e}^{-st}}{t} = -\mathrm{e}^{-st}.$$

Damit folgt

$$\begin{aligned}
\mathcal{L}(\text{sinc})(s) &= \int_0^\infty \sin(t) \int_s^\infty \mathrm{e}^{-\sigma t} \, \mathrm{d}\sigma \, \mathrm{d}t \\
&= \int_0^s \int_0^\infty \sin(t) \, \mathrm{e}^{-\sigma t} \, \mathrm{d}t \, \mathrm{d}\sigma \\
&= \int_s^\infty \left[-\frac{\mathrm{e}^{-\sigma t}}{1+\sigma^2} (\sigma \sin(t) + \cos(t)) \right]_{t=0}^\infty \mathrm{d}\sigma \\
&= \int_s^\infty \frac{1}{1+\sigma^2} \, \mathrm{d}\sigma \\
&= [\arctan(\sigma)]_s^\infty \\
&= \frac{\pi}{2} - \arctan(s).
\end{aligned}$$

Somit existiert der Grenzwert der Laplacetransformation für $s \to 0$, und es gilt

$$\int_0^\infty \frac{\sin(t)}{t} \, \mathrm{d}t = \lim_{s \to 0} \mathcal{L}(\text{sinc})(s) = \frac{\pi}{2}.$$

33.2 •• Wir zeigen induktiv, dass $f_n * f_m = f_{n+m+1}$ für alle $n, m \in \mathbb{N}_0$ gilt.

Induktionsanfang: Sei $m = 0$ und $n \in \mathbb{N}$ beliebig. Dann ist

$$(f_n * f_0)(t) = \int_0^t \frac{s^n}{n!} \, \mathrm{d}s = \frac{t^{n+1}}{(n+1)!} = f_{n+1}(t).$$

Induktionsvoraussetzung: Sei die Behauptung richtig für ein $m \in \mathbb{N}_0$ und alle $n \in \mathbb{N}_0$.

Induktionsschluss: Wir zeigen, dass die Behauptung dann auch für $m+1$ und alle $n \in \mathbb{N}_0$ gilt. Es ist nämlich

$$\begin{aligned}
(f_n * f_{m+1})(t) &= \int_0^t \underbrace{\frac{(t-\tau)^{m+1}}{(m+1)!}}_{u} \underbrace{\frac{\tau^n}{n!}}_{v'} \, \mathrm{d}\tau \\
&= \underbrace{\frac{(t-\tau)^{m+1}}{(m+1)!} \frac{\tau^{n+1}}{(n+1)!} \Bigg|_{\tau=0}^{\tau=t}}_{=0} \\
&\quad + \int_0^t \frac{(t-\tau)^m}{m!} \frac{\tau^{n+1}}{(n+1)!} \, \mathrm{d}\tau \\
&= (f_{n+1} * f_m)(t).
\end{aligned}$$

Da die Induktionsvoraussetzung für dieses m gilt, folgt $f_n * f_{m+1} = f_{n+1} * f_m = f_{n+2+m}$. Also gilt die Behauptung für alle $n, m \in \mathbb{N}_0$.

33.3 • (a) Es gilt mit der Substitution $z = t - t_0$

$$\begin{aligned}
(\mathcal{F}x(t-t_0))(s) &= \int_{-\infty}^\infty x(t-t_0) \, \mathrm{e}^{-\mathrm{i}st} \, \mathrm{d}t \\
&= \int_{-\infty}^\infty x(z) \, \mathrm{e}^{-\mathrm{i}s(z+t_0)} \, \mathrm{d}z \\
&= \mathrm{e}^{-\mathrm{i}st_0} \int_{-\infty}^\infty x(z) \, \mathrm{e}^{-\mathrm{i}sz} \, \mathrm{d}z \\
&= \mathrm{e}^{-\mathrm{i}st_0} \, \mathcal{F}x(s).
\end{aligned}$$

(b) Für $\alpha > 0$ erhalten wir mit der Substitution $z = \alpha t$

$$\begin{aligned}
(\mathcal{F}x(\alpha t))(s) &= \int_{-\infty}^\infty x(\alpha t) \, \mathrm{e}^{-\mathrm{i}st} \, \mathrm{d}t \\
&= \frac{1}{\alpha} \int_{-\infty}^\infty x(z) \, \mathrm{e}^{-\mathrm{i}sz/\alpha} \, \mathrm{d}z \\
&= \frac{1}{\alpha} \mathcal{F}x\left(\frac{s}{\alpha}\right).
\end{aligned}$$

Ist $\alpha < 0$, so ändern sich durch die Substitution auch die Grenzen, was durch ein zusätzliches Minus kompensiert wird,

$$\begin{aligned}
(\mathcal{F}x(\alpha t))(s) &= -\frac{1}{\alpha} \int_{-\infty}^\infty x(z) \, \mathrm{e}^{-\mathrm{i}sz/\alpha} \, \mathrm{d}z \\
&= -\frac{1}{\alpha} \mathcal{F}x\left(\frac{s}{\alpha}\right).
\end{aligned}$$

(c) Es ist

$$\mathcal{F}(\mathrm{e}^{\mathrm{i}s_0 t}x(t))(s) = \int_{-\infty}^{\infty} \mathrm{e}^{\mathrm{i}s_0 t}\, x(t)\, \mathrm{e}^{-\mathrm{i}st}\,\mathrm{d}t$$
$$= \int_{-\infty}^{\infty} x(t)\, \mathrm{e}^{-\mathrm{i}(s-s_0)t}\,\mathrm{d}t$$
$$= \mathcal{F}x(s-s_0).$$

(d) Es gilt mit der Substitution $z = -t$

$$(\mathcal{F}\overline{x(-t)})(s) = \int_{-\infty}^{\infty} \overline{x(-t)}\, \mathrm{e}^{-\mathrm{i}st}\,\mathrm{d}t$$
$$= \overline{\int_{-\infty}^{\infty} x(-t)\, \mathrm{e}^{\mathrm{i}st}\,\mathrm{d}t}$$
$$= \overline{\int_{-\infty}^{\infty} x(z)\, \mathrm{e}^{-\mathrm{i}sz}\,\mathrm{d}z}$$
$$= \overline{\mathcal{F}x(s)}.$$

Für die zusätzliche Aussage, stellen wir zunächst die Aussage

$$\mathcal{F}x(t) = \int_{-\infty}^{\infty} x(t)\, \mathrm{e}^{-\mathrm{i}st}\,\mathrm{d}t$$
$$= \overline{\int_{-\infty}^{\infty} \overline{x(t)}\, \mathrm{e}^{\mathrm{i}st}\,\mathrm{d}t}$$
$$= 2\pi\, \overline{\mathcal{F}^{-1}\overline{x}(s)}$$

fest. Damit folgt nun unter Ausnutzung der Aussage von (d) und der Umkehrformel für die Fouriertransformation für $x \in S(\mathbb{R})$

$$\mathcal{F}(\mathcal{F}x) = 2\pi\, \overline{\mathcal{F}^{-1}\overline{\mathcal{F}x}}$$
$$= 2\pi \overline{\mathcal{F}^{-1}\mathcal{F}\overline{x(-t)}} = \overline{\overline{x(-t)}} = x(-t).$$

Rechenaufgaben

33.4 • (a) Wegen der Linearität der Laplacetransformation ist

$$\mathcal{L}(3\mathrm{e}^{4t}+2)(s) = 3\mathcal{L}(\mathrm{e}^{4t})(s) + 2\mathcal{L}(1)(s)$$
$$= 3\frac{1}{s-4} + 2\frac{1}{s}.$$

(b) Wegen des Dämpfungssatzes gilt

$$\mathcal{L}(\mathrm{e}^{-t}\cos(2t))(s) = \mathcal{L}(\cos(2t))(s-(-1))$$
$$= \frac{s+1}{(s+1)^2+4},$$

weil die Laplacetransformierte des Kosinus gerade $s/s^2+\omega^2$ ist,

$$\mathcal{L}(\cos(\omega t))(s) = \frac{s}{s^2+\omega^2}.$$

(c) Die angegebene Funktion g ist eine Verschiebung um φ der Sinusfunktion mit anschließender Stauchung um ω („Ähnlichkeitstransformation"). Bekanntlich ist $\mathcal{L}(\sin(t))(s) = \frac{1}{s^2+1}$. Wir berechnen zunächst die Laplacetransformierte der Verschiebung des Sinus um φ: Sei

$$g_1(t) := \begin{cases} \sin(t-\varphi), & t \geq \varphi \\ 0, & \text{sonst}, \end{cases}$$

dann ist nach dem Verschiebungssatz

$$\mathcal{L}(g_1)(s) = \mathrm{e}^{-\varphi s}\frac{1}{s^2+1}.$$

Sei nun $g_2(t) = g_1(\omega t)$ die Stauchung von g_1 um ω. Wie man leicht nachrechnet, ist $g(t) = g_2(t)$. Deshalb folgt

$$\mathcal{L}(g)(s) = \mathcal{L}(g_2)(s)$$
$$= \frac{1}{\omega}\mathcal{L}(g_1)\left(\frac{s}{\omega}\right)$$
$$= \frac{1}{\omega}\mathrm{e}^{-\varphi s/\omega}\frac{\omega^2}{s^2+\omega^2}.$$

d) Wir integrieren im Originalraum und nutzen aus, dass $\mathcal{L}(y^3)(s) = \frac{3!}{s^4}$ gilt. Damit ergibt sich

$$\mathcal{L}(u)(s) = \frac{1}{s}\frac{3!}{s^4}.$$

33.5 • (a) Mit der Rechenregeln zur Laplacetransformation von Produkten,

$$\mathcal{L}(fg) = \mathcal{L}(f) * \mathcal{L}(g),$$

erhalten wir

$$\mathcal{L}^{-1}\left(\frac{1}{s^2}\frac{1}{s^2+1}\right) = \left(\mathcal{L}^{-1}\left(\frac{1}{s^2}\right)\right) * \left(\mathcal{L}^{-1}\left(\frac{1}{s^2+1}\right)\right)$$
$$= t * \sin t = \int_0^t (t-\tau)\sin\tau\,\mathrm{d}\tau$$
$$= [(\tau - t)\cos\tau - \sin\tau]_0^t = t - \sin t.$$

(b) Analog wie in (a) rechnen wir aus:

$$\begin{aligned}\mathcal{L}^{-1}\left(\frac{1}{(s^2+1)^2}\right) &= \mathcal{L}^{-1}\left(\frac{1}{s^2+1}\frac{1}{s^2+1}\right)\\ &= \left(\mathcal{L}^{-1}\left(\frac{1}{s^2+1}\right)\right) * \left(\mathcal{L}^{-1}\left(\frac{1}{s^2+1}\right)\right)\\ &= \sin t * \sin t = \int_0^t \sin(t-\tau)\cdot\sin\tau\,\mathrm{d}\tau\\ &= \int_0^t (\sin t\cos\tau - \cos t\sin\tau)\sin\tau\,\mathrm{d}\tau\\ &= \sin t\int_0^t \cos\tau\sin\tau\,\mathrm{d}\tau - \cos t\int_0^t \sin^2\tau\,\mathrm{d}\tau\\ &= \sin t\cdot\frac{1}{2}\sin^2 t - \cos t\left(\frac{1}{2}t - \frac{1}{4}\sin 2t\right)\\ &= \frac{1}{2}\sin^3 t - \frac{1}{2}t\cos t + \frac{1}{2}\sin t\cos^2 t\\ &= \frac{1}{2}(\sin t - t\cos t).\end{aligned}$$

33.6 • (a) Die Funktion ist gerade. Daher gilt

$$\begin{aligned}\mathcal{F}x(s) = 2\,\mathcal{F}_c x(s) &= 2\int_0^\infty x(t)\,\cos(st)\,\mathrm{d}t\\ &= 2\int_0^1 (1-t)\,\cos(st)\,\mathrm{d}t\\ &= 2\left[\frac{s\,(1-t)\,\sin(st) - \cos(st)}{s^2}\right]_{t=0}^1\\ &= 2\,\frac{1-\cos(s)}{s^2}\\ &= 2\,\frac{\cos^2(s/2)+\sin^2(s/2)-\cos^2(s/2)+\sin^2(s/2)}{s^2}\\ &= 4\,\frac{\sin^2(s/2)}{s^2}.\end{aligned}$$

(b) Mit der Formel für die Differenziation im Bildbereich erhalten wir

$$\mathcal{F}x(t) = \mathcal{F}\left(t\,\frac{1}{1+t^2}\right)(s) = \mathrm{i}\,\frac{\mathrm{d}}{\mathrm{d}s}\mathcal{F}\left(\frac{1}{1+t^2}\right)(s).$$

Nach dem Beispiel von S. 1274 ist

$$\mathcal{F}\left(\frac{1}{1+t^2}\right)(s) = \pi\,\mathrm{e}^{-|s|}.$$

Somit folgt

$$\mathcal{F}x(t) = -\mathrm{i}\pi\,\frac{s}{|s|}\,\mathrm{e}^{-|s|}.$$

33.7 •• (a) Aus der Definition der hermiteschen Funktionen erhalten wir sofort die Ableitung

$$\psi_n'(t) = t\,\psi_n(t) - \psi_{n+1}(t).$$

Damit folgt für die Fouriertransformierte durch vertauschen der Integration und Differentiation

$$\begin{aligned}(\mathcal{F}\psi_n)'(s) &= \left(\int_{-\infty}^{\infty} \psi_n(t)\mathrm{e}^{-\mathrm{i}st}\,\mathrm{d}t\right)'\\ &= -\mathrm{i}\int_{-\infty}^{\infty} t\psi_n(t)\mathrm{e}^{-\mathrm{i}st}\,\mathrm{d}t\\ &= -\mathrm{i}\int_{-\infty}^{\infty} (\psi_n'(t)+\psi_{n+1}(t))\mathrm{e}^{-\mathrm{i}st}\,\mathrm{d}t\\ &= -\mathrm{i}\,\mathcal{F}\psi_n'(s) - \mathrm{i}\,\mathcal{F}\psi_{n+1}(s)\end{aligned}$$

und mit der Differentiationsregel ergibt sich

$$(\mathcal{F}\psi_n)'(s) = s\,\mathcal{F}\psi_n(s) - \mathrm{i}\,\mathcal{F}\psi_{n+1}(s).$$

(b) Induktionsanfang: Für $n = 0$ gilt $\psi_0(t) = \mathrm{e}^{-t^2/2}$. Also $\mathcal{F}\psi_0(s) = \sqrt{2\pi}\psi_0(s)$, d. h., ψ_0 ist Eigenfunktion zu $\mathcal{F}$ zum Eigenwert $\lambda_0 = \sqrt{2\pi}$.

Induktionsschritt: Aus der Annahme $\mathcal{F}\psi_n = \lambda_n\psi_n$ für alle $0 \le n \le N$ folgt mit den Rekursionsformeln

$$\begin{aligned}\mathcal{F}\psi_{N+1}(s) &= \mathrm{i}\,(\mathcal{F}\psi_N)'(s) - s\,\mathcal{F}\psi_N(s))\\ &= \mathrm{i}\lambda_N\left(\psi_N'(s) - s\,\psi_N(s)\right)\\ &= -\mathrm{i}\lambda_N\,\psi_{N+1}(s)\end{aligned}$$

und aus $\lambda_0 = \sqrt{2\pi}$ folgt $\lambda_n = (-\mathrm{i})^n\sqrt{2\pi}$.

33.8 •• Mit der Differenziation im Originalbereich berechnen wir

$$\begin{aligned}\mathcal{L}u'''(s) &= s^3\,\mathcal{L}u(s) - s^2\,u(0) - s\,u'(0) - u''(0)\\ &= s^3\,\mathcal{L}u(s) - s^2 + 2\,,\\ \mathcal{L}u''(s) &= s^2\,\mathcal{L}u(s) - s\,u(0) - u'(0)\\ &= s^2\,\mathcal{L}u(s) - s,\\ \mathcal{L}u'(s) &= s\,\mathcal{L}u(s) - u(0)\\ &= s\,\mathcal{L}u(s) - 1.\end{aligned}$$

Die Transformation der inhomogenen rechten Seite der Differenzialgleichung lässt sich mit der Differenziation im Bildbereich durch

$$\begin{aligned}\mathcal{L}(x^2\mathrm{e}^x)(s) &= \frac{\mathrm{d}^2}{\mathrm{d}s^2}\mathcal{L}(\mathrm{e}^x)\\ &= \frac{\mathrm{d}^2}{\mathrm{d}s^2}\frac{1}{s-1} = \frac{2}{(s-1)^3}\end{aligned}$$

finden. Einsetzen aller Transformierter führt auf

$$(s^3\mathcal{L}u(s) - s^2 + 2) - 3(s^2\mathcal{L}u(s) - s) + 3\,(s\,\mathcal{L}u(s) - 1) - \mathcal{L}u(s) = \frac{2}{(s-1)^3},$$

d. h., es ist

$$\mathcal{L}u(s)\,\underbrace{[s^3 - 3s^2 + 3s - 1]}_{=(s-1)^3} = \frac{2}{(s-1)^3} + (s^2 - 3s + 1)$$

bzw.

$$\mathcal{L}u(s) = \frac{2}{(s-1)^6} + \frac{s^2 - 3s + 1}{(s-1)^3}.$$

Der erste Term auf der rechten Seite liegt schon in „Partialbruchform" vor. Für den zweiten machen wir den Ansatz

$$\frac{s^2 - 3s + 1}{(s-1)^3} = \frac{a}{s-1} + \frac{b}{(s-1)^2} + \frac{c}{(s-1)^3}.$$

Multiplikation mit $(s-1)^3$ und der Grenzwert für $s \to 1$ liefert $c = -1$. Multiplikation mit s und $s \to \infty$ liefert $a = 1$. Setzt man a und c ein, so ist

$$\frac{b}{(s-1)^2} - \frac{1}{(s-1)^3} = \frac{s^2 - 3s + 1}{(s-1)^3} - \frac{1}{s-1} = \frac{-s}{(s-1)^3}.$$

Multiplikation mit $(s-1)^2$ und $s \to \infty$ liefert schließlich $b = -1$. Daher ist

$$\frac{s^2 - 3s + 1}{(s-1)^3} = \frac{1}{s-1} - \frac{1}{(s-1)^2} - \frac{1}{(s-1)^3}.$$

Mit dem Dämpfungssatz ergibt sich $\mathcal{L}(t^{n-1}\mathrm{e}^t)(s) = \frac{(n-1)!}{(s-1)^n}$ und deshalb folgt mit

$$\begin{aligned}\mathcal{L}u(s) &= \frac{2}{(s-1)^6} + \frac{1}{s-1} - \frac{1}{(s-1)^2} - \frac{1}{(s-1)^3} \\ &= \frac{2}{5!}\mathcal{L}(t^5\mathrm{e}^t)(s) + \mathcal{L}(\mathrm{e}^t)(s) - \mathcal{L}(t\mathrm{e}^t)(s) - \frac{1}{2}\mathcal{L}(t^2\mathrm{e}^t)(s)\end{aligned}$$

die Lösung

$$\begin{aligned}u(t) &= \frac{2}{5!}t^5\,\mathrm{e}^t + \mathrm{e}^t - t\mathrm{e}^t - \frac{1}{2}t^2\,\mathrm{e}^t \\ &= \left(\frac{1}{60}t^5 - \frac{1}{2}t^2 - t + 1\right)\mathrm{e}^t.\end{aligned}$$

33.9 •• Wir setzen $U(s) := \mathcal{L}(u(t))(s)$ und $V(s) := \mathcal{L}(v(t))(s)$ sowie $W(s) = \mathcal{L}(w(t))(s)$. Dann gilt $\mathcal{L}(u'(t)) = sU(s)$, $\mathcal{L}(v'(t)) = sV(s)$ sowie $\mathcal{L}(w'(t)) = sW(s) - 1$. Außerdem ist

$$\begin{aligned}\mathcal{L}(\mathrm{e}^t\cos 2t)(s) &= \mathcal{L}(\cos 2t)(s-1) \\ &= \frac{1}{2}\mathcal{L}(\cos t)\left(\frac{s-1}{2}\right) = \frac{s-1}{(s-1)^2 + 4}.\end{aligned}$$

Jetzt transformieren wir das DGL-System:

$$\begin{aligned}sU &= U \\ sV &= 2U + V - 2W \\ sW - 1 &= 3U + 2V + W + \frac{s-1}{(s-1)^2 + 4}.\end{aligned}$$

Die erste Gleichung liefert sofort: $U(s) = 0$ für alle $t \geq 0$, also muss auch $u(t) = 0$ sein für alle $t > 0$. Deshalb können wir $U(s)$ komplett aus dem System rausschmeißen, wodurch sich das System um eine Dimension verkleinert:

$$\begin{pmatrix} s-1 & 2 \\ -2 & s-1 \end{pmatrix}\begin{pmatrix} V \\ W \end{pmatrix} = \begin{pmatrix} 0 \\ \frac{s-1}{(s-1)^2+4} + 1 \end{pmatrix}$$

Wenn wir die erste Gleichung mit $(1-s)/2$ multiplizieren und zur zweiten hinzuaddieren finden wir eine Gleichung für V,

$$-\frac{(s-1)^2}{2}V(s) - 2V(s) = \frac{s-1}{(s-1^2)+4} + 1\,.$$

Umformen liefert

$$\begin{aligned}V(s) &= \frac{-2(s-1)}{((s-1)^2+4)^2} + \frac{(-2)1}{(s-1)^2+4} \\ &= Z(s-1)\end{aligned}$$

mit $Z(s) := \frac{-2s}{(s^2+4)^2} + \frac{-2}{s^2+4}$. Wir ziehen es an dieser Stelle vor, zunächst $Z(s)$ zu behandeln, um den Faltungssatz ins Spiel zu bringen. Ein anderer Weg wäre, mit Partialbruchzerlegung weiterzumachen.

Die Rücktransformation $\mathcal{L}^{-1}(Z(s))(t)$ von $Z(s)$ kann mithilfe der Faltung berechnet werden,

$$\begin{aligned}\mathcal{L}^{-1}(Z(s))(t) &= -\mathcal{L}^{-1}\left(\frac{1}{2}\frac{\frac{s}{2}}{(\frac{s}{2})^2+1}\cdot\frac{1}{2}\frac{1}{(\frac{s}{2})^2+1}\right) \\ &\quad - \mathcal{L}^{-1}\left(\frac{1}{2}\frac{1}{(\frac{s}{2})^2+1}\right) \\ &= -\cos t * \sin 2t - \sin 2t.\end{aligned}$$

Wenn wir $z(t) = -\cos t * \sin 2t - \sin 2t$ definieren und die Faltung $\cos t * \sin 2t$ explizit hinschreiben, dann finden wir

$$\begin{aligned}z(t) &= -\int_0^t \cos(2(t-\tau))\sin(2\tau)\,\mathrm{d}\tau - \sin 2t \\ &= -\frac{1}{2}t\sin(2t) - \sin(2t),\end{aligned}$$

wobei man das Integral $\int_0^t \cos(2(t-\tau))\sin(2\tau)\,\mathrm{d}\tau$ zum Beispiel so berechnen kann:

$$\begin{aligned}
&\int_0^t \cos(2(t-\tau))\sin(2\tau)\,\mathrm{d}\tau \\
&= \int_0^t [\cos(2t)\cos(2\tau) + \sin(2t)\sin(2\tau)]\sin(2\tau)\,\mathrm{d}\tau \\
&= \int_0^t \cos(2t)\cos(2\tau)\sin(2\tau)\,\mathrm{d}\tau + \int_0^t \sin(2t)\sin(2\tau)\sin(2\tau)\,\mathrm{d}\tau \\
&= \cos(2t)\int_0^t \cos(2\tau)\sin(2\tau)\,\mathrm{d}\tau + \sin(2t)\int_0^t \sin^2(2\tau)\mathrm{d}\tau.
\end{aligned}$$

Die Stammfunktion von $\sin^2(2\tau)$ ist $(1/2)\tau - (1/8)\sin(4\tau)$, die Stammfunktion von $\cos(2\tau)\sin(2\tau)$ ist $(1/4)\sin^2(2\tau)$. Deshalb ist

$$\begin{aligned}
&\int_0^t \cos(2(t-\tau))\sin(2\tau)\,\mathrm{d}\tau \\
&= \frac{1}{4}\cos(2t)\sin^2(2t) + \sin(2t)\left(\frac{1}{2}t - \frac{1}{8}\sin(4t)\right) \\
&= \frac{1}{2}t\sin(2t) + \sin(2t)\left(\frac{1}{4}\sin(2t)\cos(2t) - \frac{1}{8}\sin(4t)\right) \\
&= \frac{1}{2}t\sin(2t) + \sin(2t)\left(\frac{1}{4}\cos(2t)\sin(2t) - \frac{1}{4}\sin(2t)\cos(2t)\right) \\
&= \frac{1}{2}t\sin(2t).
\end{aligned}$$

Wegen $V(s) = Z(s-1)$ gilt

$$v(t) = \mathrm{e}^t z(t) = -\mathrm{e}^t\left(\frac{1}{2}t\sin 2t + \sin 2t\right)$$

für $t \geq 0$. Aus der zweiten Gleichung des Originalsystems folgt

$$w(t) = \frac{1}{2}(v(t) - v'(t)) = \mathrm{e}^t\left(\cos 2t + \frac{1}{2}t\cos 2t + \frac{1}{4}\sin 2t\right),$$

ebenfalls für $t \geq 0$.

33.10 •• Wie schreiben zunächst die angegebene Gleichung mithilfe der Funktion $g(t) = t$ um,

$$u'(t) - (g * u)(t) = 1.$$

Jetzt wenden wir die Laplacetransformation auf diese Gleichung an und finden mit dem Faltungssatz

$$s\mathcal{L}u(s) - \mathcal{L}g(s)\,\mathcal{L}u(s) = (\mathcal{L}(1))(s).$$

Einfache Umformungen und die Tabelle der Laplacetransformationen zeigen, dass

$$\mathcal{L}(u)(s) = \frac{\mathcal{L}(1)(s)}{s - s\mathcal{L}g(s)\,\mathcal{L}u(s)} = \frac{s}{s^3-1}.$$

Jetzt führen wir eine Partialbruchzerlegung durch. Das Nennerpolynom $s^3 - 1$ hat nur die reelle Nullstelle $s = 1$ und es ist $s^3 - 1 = (s-1)(s^2+s+1)$. Mit dem Ansatz

$$\frac{s}{s^3-1} = \frac{A}{s-1} + \frac{B}{s^2+s+1} + \frac{Cs}{s^2+s+1}$$

erhält man $A = 1/3$, $B = 1/3$ und $C = -1/3$. Damit ergibt sich mit quadratischem Ergänzen im Nenner:

$$\begin{aligned}
\mathcal{L}(u)(s) &= \frac{s}{s^3-1} \\
&= \frac{1}{3}\frac{1}{s-1} + \frac{1}{3}\frac{1}{s^2+s+1} - \frac{1}{3}\frac{s}{s^2+s+1} \\
&= \frac{1}{3}\frac{1}{s-1} + \frac{1}{3}\frac{1}{(s+\frac{1}{2})^2+\frac{3}{4}} - \frac{1}{3}\frac{s}{(s+\frac{1}{2})^2+\frac{3}{4}} \\
&= \frac{1}{3}\frac{1}{s-1} - \frac{1}{3}\frac{s+\frac{1}{2}}{(s+\frac{1}{2})^2+\frac{3}{4}} + \frac{1}{2}\frac{1}{(s+\frac{1}{2})^2+\frac{3}{4}}.
\end{aligned}$$

Die Rücktransformation mithilfe der Tabelle der Laplacetransformationen sowie dem Dämpfungssatz liefert die gesuchte Lösung

$$u(t) = \frac{1}{3}\mathrm{e}^t - \frac{1}{3}\mathrm{e}^{-\frac{1}{2}t}\cos\frac{\sqrt{3}}{2}t + \frac{1}{\sqrt{3}}\mathrm{e}^{-\frac{1}{2}t}\sin\frac{\sqrt{3}}{2}t.$$

Anwendungsprobleme

33.11 • Wir setzen

$$U(x,s) = \int_0^\infty u(x,t)\,\mathrm{e}^{-st}\,\mathrm{d}t.$$

Dann erfüllt U die Differenzialgleichung

$$s^2 U(x,s) - c^2\frac{\partial^2 U}{\partial x^2}(x,s) = 0.$$

Die Lösung dieser Differenzialgleichung ist gegeben durch

$$U(x,s) = A(s)\,\mathrm{e}^{sx/c} + B(s)\,\mathrm{e}^{-sx/c}$$

mit Koeffizienten A, B, die noch von s abhängen.

Da $u(x,t) \to 0$ für $x \to \infty$ und jedes t muss auch

$$U(x,s) \to 0 \quad (x \to \infty)$$

für jedes s gelten. Daher ist $A(s) = 0$. Für $x \to 0$ ergibt sich

$$B(s) = U(0, s) = \mathcal{L}u(0, s) = \mathcal{L}f(s).$$

Also ist

$$U(x, s) = \mathcal{L}f(s)\, \mathrm{e}^{-sx/c}.$$

Mit dem Verschiebungssatz ergibt sich daraus

$$u(x, t) = \begin{cases} f(t - x/c), & t > x/c, \\ 0, & t \leq x/c. \end{cases}$$

33.12 •• Wir wenden auf u eine Fouriertransformation bezüglich x_1 an und setzen

$$U(s, x_2) = \int_{-\infty}^{\infty} u(x_1, x_2)\, \mathrm{e}^{-\mathrm{i}sx_1}\, \mathrm{d}x_1.$$

Als Transformation der Differenzialgleichung erhalten wir

$$\frac{\partial^2}{\partial x_2^2} U(s, x_2) - s^2\, U(s, x_2) = 0$$

für $s \in \mathbb{R}$ und $x_2 > 0$. Die Lösung dieser gewöhnlichen Differenzialgleichung ergibt sich als

$$U(s, x_2) = A(s)\, \mathrm{e}^{sx_2} + B(s)\, \mathrm{e}^{-sx_2}$$

mit Koeffizienten A, B, die von s abhängen können. Aus der Bedingung

$$|u(\boldsymbol{x})| \leq g(x_1), \quad x_1 \in \mathbb{R}, x_2 > 0,$$

folgt, dass U für $x \to \infty$ und jedes $s \in \mathbb{R}$ beschränkt bleibt. Daher ergibt sich

$$U(s, x_2) = C(s)\, \mathrm{e}^{-|s|\, x_2}, \quad s \in \mathbb{R}, x_2 > 0.$$

Die Randbedingung für $x_2 = 0$ impliziert die Identität

$$C(s) = \mathcal{F}f(s), \quad s \in \mathbb{R}.$$

Somit ist die Fouriertransformierte der Lösung durch

$$U(s, x_2) = \mathcal{F}f(s)\, \mathrm{e}^{-|s|\, x_2}, \quad s \in \mathbb{R}, x_2 > 0,$$

gegeben. Da

$$\mathrm{e}^{-|s|\, x_2} = \frac{x_2}{\pi}\, \mathcal{F}_{x_1}\left(\frac{1}{x_1^2 + x_2^2}\right)(s),$$

erhalten wir mit dem Faltungssatz die Integraldarstellung

$$u(\boldsymbol{x}) = \frac{x_2}{\pi} \int_{-\infty}^{\infty} \frac{f(t)}{(x_1 - t)^2 + x_2^2}\, \mathrm{d}t$$

für alle $x_1 \in \mathbb{R}$, $x_2 > 0$.

33.13 ••• Da der durch eine Verschiebung entstehende Faktor den Betrag 1 hat, reicht es aus, das Theorem für $t_0 = 0$ und $s_0 = 0$ zu zeigen. Nach der Formel von Plancherel ist

$$\|\mathcal{F}x\|_{L^2}^2 = 2\pi\, \|x\|_{L^2}^2.$$

Somit folgt

$$2\pi\, T^2 B^2\, \|x\|_{L^2}^4 = \int_{-\infty}^{\infty} |t\, x(t)|^2\, \mathrm{d}t \int_{-\infty}^{\infty} |s\, \mathcal{F}x(s)|^2\, \mathrm{d}s.$$

Ebenfalls mit der Formel von Plancherel folgt

$$2\pi\, \|x'\|_{L^2}^2 = \|s\, \mathcal{F}x(s)\|_{L^2}^2.$$

Wir erhalten damit und mit der Cauchy-Schwarz'schen Ungleichung für L^2-Funktionen die Abschätzung

$$\begin{aligned} 2\pi\, T^2 B^2\, \|x\|_{L^2}^4 &= 2\pi \int_{-\infty}^{\infty} |t\, x(t)|^2\, \mathrm{d}t \int_{-\infty}^{\infty} |x'(t)|^2\, \mathrm{d}t \\ &\geq 2\pi \left| \int_{-\infty}^{\infty} t\, x(t)\, \overline{x'(t)}\, \mathrm{d}t \right|^2. \end{aligned}$$

Wir schätzen weiter ab, indem wir den Imaginärteil vernachlässigen und erhalten

$$\begin{aligned} T^2 B^2\, \|x\|_{L^2}^4 &\geq \mathrm{Re}\left(\int_{-\infty}^{\infty} t\, x(t)\, \overline{x'(t)}\, \mathrm{d}t \right)^2 \\ &= \left(\int_{-\infty}^{\infty} \frac{t}{2} \left(x(t)\, \overline{x'(t)} + \overline{x(t)}\, x'(t)\right) \mathrm{d}t \right)^2 \\ &= \frac{1}{4} \left(\int_{-\infty}^{\infty} t \left(\frac{\mathrm{d}}{\mathrm{d}t} |x(t)|^2 \right) \mathrm{d}t \right)^2 \\ &= \frac{1}{4} \left(\left[t\, |x(t)|^2\right]_{-\infty}^{\infty} - \int_{-\infty}^{\infty} |x(t)|^2 \mathrm{d}t \right)^2 \\ &= \frac{1}{4}\, \|x\|_{L^2}^2. \end{aligned}$$

Somit ist

$$T^2 B^2 \geq \frac{1}{4}$$

gezeigt.

Kapitel 34

Aufgaben

Verständnisfragen

34.1 • Was ist der entscheidende Unterschied zwischen „elementaren" und „speziellen" Funktionen.

34.2 •• Begründen Sie ohne Rechnung, dass es Zahlen a_1 bis a_4 geben muss, sodass

$$P_3(x)\,P_4(x) = a_1\,P_1(x) + a_2\,P_3(x) + a_3\,P_5(x) + a_4\,P_7(x)$$

ist. Kann es Zahlen b_1 bis b_4 mit $b_4 \neq 0$ bzw. c_1 bis c_4 geben, sodass

$$P_3(x)\,P_4(x) = b_1\,P_3(x) + b_2\,P_5(x) + b_3\,P_7(x) + b_4\,P_9(x)$$
$$P_3(x)\,P_4(x) = c_1\,P_0(x) + c_2\,P_2(x) + c_3\,P_4(x) + c_4\,P_6(x)$$

ist?

34.3 • Welche der folgenden Aussagen sind richtig?

1. Zylinderfunktionen treten bei Separation als Funktionen des Abstands ρ von der x_3-Achse auf.
2. Zylinderfunktionen sind auf einem Zylinder $x_1^2 + x_2^2 = \rho_0^2$ definiert.
3. Kugelflächenfunktionen treten bei Separation als Funktionen des Abstands r vom Ursprung $\mathbf{0}$ auf.
4. Kugelflächenfunktionen sind auf einer Kugel $x_1^2+x_2^2+x_3^2 = r_0^2$ definiert.

34.4 •• Ein spezielles zylindersymmetrisches Problem, definiert für $\varrho \leq b$, mit einer Randbedingung für $\varrho = b$ führt auf eine Bessel'sche Differenzialgleichung mit ganzzahligem Parameter n. Benötigen Sie für die Lösung des Problems (a) die Besselfunktion J_n, (b) die Neumannfunktion N_n oder (c) beide? Was ändert sich, wenn Ihr Problem in $a \leq \varrho < b$ definiert ist und Sie Randbedingungen für $\varrho = a$ und $\varrho = b$ zu erfüllen haben?

Rechenaufgaben

34.5 • Bestimmen Sie $\Gamma(6)$, $\Gamma(13/2)$ und $\Gamma(-5/2)$.

34.6 •• Zeigen Sie für $\operatorname{Re} z \geq 0$, $z \neq 0$ die Beziehung $\Gamma(\bar{z}) = \overline{\Gamma(z)}$. (Diese Beziehung gilt tatsächlich sogar für alle $z \in D(\Gamma)$.) Beweisen Sie damit

$$|\Gamma(\mathrm{i}x)|^2 = \frac{\pi}{x\,\sinh(\pi x)}$$

für $x \in \mathbb{R}_{\neq 0}$.

34.7 •• Zeigen Sie die Beziehung

$$\frac{\Gamma'\left(\frac{1}{2}\right)}{\Gamma\left(\frac{1}{2}\right)} = \frac{\Gamma'(1)}{\Gamma(1)} - 2\,\ln 2\,.$$

34.8 •• Zeigen Sie die Beziehung

$$\Gamma\left(\frac{1}{6}\right) = \sqrt{\frac{3}{\pi}}\,2^{-1/3}\,\Gamma^2\left(\frac{1}{3}\right).$$

34.9 • Zeigen Sie, dass die Legendre'schen Differenzialgleichung

$$(1-x^2)u'' - 2xu' + \lambda\,u = 0$$

für den Potenzreihenansatzes $u(x) = \sum_{k=0}^{\infty} a_k\,x^k$ die Rekursionsformel

$$a_{k+2} = \frac{k\,(k+1) - \lambda}{(k+2)\,(k+1)}\,a_k\,.$$

liefert.

34.10 •• Zeigen Sie, dass die Koeffizienten von

$$\frac{\mathrm{d}^n}{\mathrm{d}x^n}(x^2-1)^n$$

die Rekursionsformel

$$a_{k+2} = \frac{k\,(k+1) - n\,(n+1)}{(k+2)\,(k+1)}\,a_k\,.$$

erfüllen.

T. Arens et al., *Arbeitsbuch Mathematik*, https://doi.org/10.1007/978-3-662-64391-4_33

34.11 • Zeigen Sie mittels Reihendarstellung der Besselfunktionen die Relation

$$J_{-n}(z) = (-1)^n J_n(z) .$$

34.12 •• Bestimmen Sie mit Hilfe der Rodriguez-Formel explizit P_5. Entwickeln Sie die Funktionen f und g, $[-1, 1] \to \mathbb{R}$ nach Legendre-Polynomen:

- $f(x) = \sin \frac{\pi x}{2}$ bis zur fünften Ordnung
- $g(x) = x^5 + x^2$

34.13 •• Zeigen Sie die Beziehungen

$$e^{\frac{z}{2}\left(t-\frac{1}{t}\right)} = \sum_{k=-\infty}^{\infty} J_k(z)\, t^k$$

$$z\,(J_{n-1} + J_{n+1}(z)) = 2n\, J_n(z)$$

durch Benutzung der Reihendarstellung der Besselfunktionen.

34.14 • Die Tschebyschev-Polynome können über die Beziehung

$$T_n(t) = \cos(n \arccos t) \quad \text{für } t \in [-1, 1]$$

definiert werden. Bestimmen Sie T_1 und T_2 und drücken Sie für $n \geq 1$ allgemein $T_{n+1}(t)$ durch $T_n(t)$ und $T_{n-1}(t)$ aus. (Hinweis: Benutzen Sie die trigonometrischen Identität $\cos((n+1)x) = 2\cos x \cos(nx) - \cos((n-1)x)$.)

Anwendungsprobleme

34.15 •• Zu höheren Dimensionen:

- Welcher Anteil des Volumens einer zehndimensionalen Orange nimmt in etwa die Schale ein, wenn die Dicke der Schale ein Zehntel des Radius ausmacht? Vergleichen Sie mit dem Wert für herkömmliche dreidimensionale Orangen. Wie ist das Verhältnis bei der 100-dimensionalen Variante?
- In einer hypothetischen (räumlich) 5-dimensionalen Welt sei das Gravitationspotenzial Φ einer Masse M weiterhin sphärisch symmetrisch. Die Gravitationskraft $\boldsymbol{F}_g$ auf eine kleine Probemasse m sei $\boldsymbol{F}_g = -m\, \mathbf{grad}\, \Phi$, und für beliebige Radien R gelte analog zum Dreidimensionalen

$$\int_{S_R^4} \boldsymbol{F}_g \cdot \mathbf{d}\sigma = \gamma\, M\, m$$

mit einer Konstanten γ. Welche Form hat das Gravitationspotenzial in dieser Welt?

34.16 •• Für die Legendre-Polynome gibt es eine Darstellung mittels ihrer *erzeugenden Funktion*

$$\frac{1}{\sqrt{1 - 2xt + t^2}} = \sum_{n=0}^{\infty} P_n(x)\, t^n . \qquad (34.5)$$

(Erzeugende Funktionen werden im Bonusmaterial genauer diskutiert.)

Wir betrachten zwei gleiche Punktladungen q, die mit Abstand d voneinander angebracht sind. Drücken Sie das Potenzial dieser Ladungskonfiguration in Kugelkoordinaten ohne Verwendung von Wurzeln aus. Welchen Näherungsausdruck erhalten Sie für das Potenzial in sehr großem Abstand von den beiden Ladungen? (Das Potenzial einer Punktladung q an der Stelle $\boldsymbol{p}$ ist $V(\boldsymbol{x}) = \frac{q}{4\pi\varepsilon_0}\frac{1}{\|\boldsymbol{x}-\boldsymbol{p}\|}$.)

Hinweise

Verständnisfragen

34.1 • Die Antwort findet sich ganz zu Beginn dieses Kapitels.

34.2 •• Von welchem Grad ist das Produkt von P_3 und P_4? Welche Symmetrieeigenschaften hat das Produkt der beiden Polynome?

34.3 • Vergleichen Sie den Ursprung der Zylinder- bzw. Kugelfunktionen, wie in Abschn. 34.2 behandelt.

34.4 •• Wie viele linear unabhängige Funktionen benötigen Sie, um eine bzw. zwei Randbedingungen zu erfüllen? Sind Bessel- bzw. Neumannfunktionen in $\varrho \leq b$ regulär?

Rechenaufgaben

34.5 • Benutzen Sie die Funktionalgleichung $\Gamma(n+1) = n\Gamma(n)$ für $n \in \mathbb{N}$, $\Gamma(x+1) = x\Gamma(x)$ und den Wert $\Gamma(1/2) = \sqrt{\pi}$.

34.6 •• Benutzen Sie im ersten Teil die Integraldarstellung der Gammafunktionen und ihre Stetigkeit. Die Beziehung $e^{\bar{z}} = \overline{e^z}$ lässt sich mithilfe der Euler'schen Formel leicht zeigen. Für den zweiten Teil benötigen Sie den Ergänzungssatz und den Zusammenhang zwischen Sinus mit imaginärem Argument und hyperbolischem Sinus.

34.7 •• Interpretieren Sie die linke Seite als logarithmische Ableitung. Nach Erweitern zu einem geeigneten Bruch können Sie die Verdopplungsformel einsetzen.

34.8 •• Verdopplungsformel für $z = \frac{1}{6}$ und nach geeignetem Erweitern der Gleichung Verwendung des Ergänzungssatzes an geeigneter Stelle.

34.9 • In einer Reihe ist eine Umnummerierung notwendig, dadurch erhält man den Koeffizienten a_{k+2}.

34.10 •• Der Nachweis für gerades n ist geringfügig übersichtlicher, beginnen Sie mit diesem Fall. Wenden Sie den binomischen Satz auf $(x^2 - 1)^n$ an, bestimmen Sie die allgemeine Form eines Koeffizienten a_k und drücken Sie a_{k+2} durch a_k aus.

34.11 • Die Relation ergibt sich unmittelbar durch Umnummerieren in der Reihendarstellung von $J_{-n}(z)$.

34.12 •• $P_5(x) = \frac{1}{2^5\,5!}\frac{\mathrm{d}^5}{\mathrm{d}x^5}(x^2-1)^5$. Für f müssen Sie die entsprechenden Integrale bestimmen. Dabei können Sie die Symmetrieeigenschaften von f ausnutzen. Die Entwicklung von g können Sie auch mit dieser Methode oder mittels Übereinstimmung der höchsten Potenzen ermitteln.

34.13 •• Verschieben Sie für die erste Beziehung einen der Reihenindizes so, dass Sie das Produkt der beiden Exponentialfunktionen $\mathrm{e}^{zt/2}$ und $\mathrm{e}^{-z/2t}$ erhalten. Auch in der zweiten Beziehung ist eine Umnummerierung notwendig. Sie können $\frac{1}{(-1)!} = 0$ setzen.

34.14 • Setzen Sie zur Vereinfachung $x = \arccos t$, benutzen Sie, dass arccos die Umkehrfunktion des Kosinus ist und verwenden Sie für T_2 die Identität $\cos(2x) = 2\cos^2 x - 1$.

Anwendungsprobleme

34.15 ••

- Nähern Sie die Orange als Kugel. Sie können die Formeln von S. 1295 benutzen, das richtige Ergebnis folgt allerdings bereits aus der simplen Abhängigkeit $V(B^n) \sim r^n$.
- Setzen Sie das Gravitationspotenzial in der Form $\Phi(r) = \frac{\alpha}{r^\beta}$ an. Da die resultierende Kraft radial gerichtet ist, kann das Flussintegral, auch wenn es in ungewohnten Dimensionen definiert ist, ohne Probleme ausgewertet werden.

34.16 •• Legen Sie das Koordinatensystem so, dass eine Ladung im Ursprung, die zweite auf der positiven x_3-Achse liegt. Das Potenzial beider Ladungen ist die Summe der Potenziale der Einzelladungen. Für eine Ladung erhalten Sie ein Potenzial proportional zu $\frac{1}{r}$, für die andere einen Wurzelausdruck, den Sie mithilfe der erzeugenden Funktion auf Legendre-Polynome umschreiben können.

Lösungen

Verständnisfragen

34.1 • Keiner.

34.2 •• Zahlen b_i bzw. c_j mit den geforderten Eigenschaften kann es nicht geben.

34.3 • Die erste und die letzte Aussage sind richtig.

34.4 •• Im ersten Fall benötigt man nur die Besselfunktion, im zweiten Fall beide.

Rechenaufgaben

34.5 • $\Gamma(6) = 120$, $\Gamma(13/2) = (10\,395/64)\sqrt{\pi}$, $\Gamma(-5/2) = -\frac{8}{15}\sqrt{\pi}$.

34.6 •• –

34.7 •• –

34.8 •• –

34.9 • –

34.10 •• –

34.11 • –

34.12 •• $P_5(x) = \frac{1}{2^5\,5!}\frac{\mathrm{d}^5}{\mathrm{d}x^5}(x^2-1)^5$,

$$\sin\frac{\pi x}{2} \approx \frac{12}{\pi^2}P_1(x) + \frac{168(\pi^2-10)}{\pi^4}P_3(x) + \frac{660(\pi^4-112\pi^2+1008)}{\pi^6}P_5(x),$$

$$x^5 + x^2 = \frac{8}{63}P_5(x) + \frac{4}{9}P_3(x) + \frac{2}{3}P_2(x) + \frac{3}{7}P_1(x) + \frac{1}{3}P_0(x).$$

34.13 •• –

34.14 • $T_1(t) = t$, $T_2(t) = 2t^2 - 1$, $T_{n+1}(t) = 2t\,T_n(t) - T_{n-1}(t)$

Anwendungsprobleme

34.15 •• Fast zwei Drittel, $\Phi(r) = \frac{\gamma M}{8\pi^2 r^3}$.

34.16 ••

$$U(\boldsymbol{x}) = \frac{q}{4\pi\,\varepsilon_0} \cdot \frac{1}{r}\left(2 + \sum_{n=1}^{\infty} P_n(\cos\vartheta)\left(\frac{d}{r}\right)^n\right) \underset{r \gg d}{\longrightarrow} \frac{2q}{4\pi\,\varepsilon_0} \cdot \frac{1}{r}.$$

Lösungswege

Verständnisfragen

34.1 • Elementare Funktionen treten bei mathematischen Problemen häufiger auf als spezielle, und entsprechend hat man im Zuge seiner Mathematikausbildung auch schon früher Kontakt mit ihnen. Vom rigorosen Standpunkt aus gibt es aber keinen wesentlichen Unterschied – auch elementare Funktionen sind letztlich über Potenzreihen definiert, besitzen Integraldarstellungen, erfüllen Differenzialgleichungen, und um sie wirklich auswerten zu können, braucht man meist einen Taschenrechner/Computer, Tabellen oder großen Rechenaufwand.

34.2 •• Das Produkt von P_3 mit P_4 ist ein Polynom siebenten Grades, dieses kann man in $[-1, 1]$ nach Legendre-Polynomen entwickeln. Als Produkt einer symmetrischen und einer antisymmetrischen Funktion ist es selbst antisymmetrisch, nur Polynome P_{2k+1} mit $k \in \mathbb{N}_0$ treten in der Entwicklung auf.

Die Entwicklung eines Polynoms n-ten Grades nach Legendre-Polynomen kann keine P_m mit $m > n$ beinhalten. Dies folgt unmittelbar aus der Orthogonalität jedes P_n zu allen Polynomen geringeren Grades.

Anschaulich argumentiert, ein solches Polynom enthält einen Term x^m, der im ursprünglichen Polynom nicht auftaucht, und den man nur durch Hinzunehmen eines Polynoms noch höheren Grades kompensieren könnte – das aber wiederum Terme noch höherer Ordnung beinhaltet.

Die Entwicklung beinhaltet demnach nur P_1, P_3, P_5 und P_7. Die Zerlegung in diese vier Polynome ist in $[-1, 1]$ exakt und gilt damit auf ganz $\mathbb{R}$. (Es kommen außerhalb des Intervalls keine Terme hinzu oder weg, die etwas an der Übereinstimmung ändern könnten. Formaler könnte man auch mit dem Identitätssatz für holomorphe Funktionen argumentieren.)

Aus dem oben gesagten ist klar, dass es keine Zahlen b_i (Zerlegung mit zu hoher Ordnung) oder c_j (Entwicklung einer symmetrischen Funktion in antisymmetrische Polynome) geben kann.

34.3 • Separation von bestimmten partiellen Differenzialgleichungen in Zylinderkoordinaten führt zur Bessel'schen Differenzialgleichung, deren Lösungen die Zylinderfunktionen sind. Das Argument dieser Funktionen ist dabei der Abstand ρ von der x_3-Achse.

Kugel(flächen)funktionen hingegen treten nach Separation vieler partieller Differenzialgleichungen in Kugelkoordinaten auf, sind von den Winkelvariablen ϑ und φ abhängig, nicht vom Polarabstand r. Damit sind sie tatsächlich auf der Kugel*oberfläche* definiert.

34.4 •• Die Neumannfunktion N_n hat eine logarithmische Singularität bei $\varrho = 0$, liefert im ersten Fall also keine für alle $\varrho \leq b$ definierte Lösung. Da man aber ohnehin nur eine Randbedingung zu erfüllen hat, reicht J_n zur Darstellung der Lösung aus.

Im zweiten Fall sind zwei Randbedingungen zu erfüllen, man benötigt J_n und N_n. Die Singularität von N_n ist hier kein Problem, da der Bereich $\varrho < a$ ohnehin ausgeschlossen ist.

Rechenaufgaben

34.5 •

$$\begin{aligned}
\Gamma(6) &= 5! = 120\\
\Gamma\left(\frac{13}{2}\right) &= \Gamma\left(\frac{11}{2}+1\right) = \frac{11}{2}\,\Gamma\left(\frac{11}{2}\right) = \frac{11}{2}\,\frac{9}{2}\,\Gamma\left(\frac{9}{2}\right)\\
&= \ldots = \frac{11}{2}\,\frac{9}{2}\,\frac{7}{2}\,\frac{5}{2}\,\frac{3}{2}\,\frac{1}{2}\,\Gamma\left(\frac{1}{2}\right)\\
&= \frac{10\,395}{64}\,\sqrt{\pi} \approx 287.885\,278\\
\Gamma\left(-\frac{5}{2}\right) &= -\frac{2}{5}\,\Gamma\left(-\frac{3}{2}\right) = \frac{2}{5}\,\frac{2}{3}\,\Gamma\left(-\frac{1}{2}\right)\\
&= -\frac{2}{5}\,\frac{2}{3}\,2\,\Gamma\left(\frac{1}{2}\right) = -\frac{8}{15}\,\sqrt{\pi} \approx -0.945\,308\,7
\end{aligned}$$

34.6 •• Wir zeigen zunächst

$$\mathrm{e}^{\bar{z}} = \mathrm{e}^{x-\mathrm{i}y} = \mathrm{e}^{x}(\cos y - \mathrm{i}\sin y) = \overline{\mathrm{e}^{x}}\;\overline{\cos y + \mathrm{i}\sin y} = \overline{\mathrm{e}^{z}}\,.$$

Damit erhalten wir aus der Integraldarstellung der Gammafunktion für $\operatorname{Re} z > 0$

$$\begin{aligned}
\Gamma(\bar{z}) &= \int_0^\infty \mathrm{e}^{-t}\,t^{\bar{z}-1}\,\mathrm{d}t = \int_0^\infty \mathrm{e}^{-t}\,\mathrm{e}^{\overline{z-1}\,\ln t}\,\mathrm{d}t\\
&= \int_0^\infty \overline{\mathrm{e}^{-t}}\;\overline{\mathrm{e}^{(z-1)\ln t}}\,\mathrm{d}t = \overline{\int_0^\infty \mathrm{e}^{-t}\,t^{z-1}\,\mathrm{d}t} = \overline{\Gamma(z)}\,.
\end{aligned}$$

Wegen der Stetigkeit der Gammafunktion muss diese Beziehung außer an der Polstelle $z = 0$ auch für $\operatorname{Re} z = 0$ gelten. (Tatsächlich gilt sie im gesamten Definitionsgebiet der Gammafunktion.)

Nun benutzen wir den Ergänzungssatz

$$\begin{aligned} |\Gamma(\mathrm{i}x)|^2 &= \Gamma(\mathrm{i}x)\,\overline{\Gamma(\mathrm{i}x)} = \Gamma(\mathrm{i}x)\,\Gamma(-\mathrm{i}x) \\ &= \Gamma(\mathrm{i}x)\,\frac{\Gamma(1-\mathrm{i}x)}{-\mathrm{i}x} = \frac{\pi}{\sin(\mathrm{i}\pi x)}\,\frac{1}{-\mathrm{i}x} \end{aligned}$$

Aus den Gleichungen

$$\sin x = \frac{\mathrm{e}^{\mathrm{i}x} - \mathrm{e}^{-\mathrm{i}x}}{2\mathrm{i}} \quad \text{und} \quad \sinh x = \frac{\mathrm{e}^{x} - \mathrm{e}^{x}}{2}$$

können wir sofort die Beziehung

$$\sin(\mathrm{i}\pi x) = \mathrm{i}\,\sinh(\pi x)$$

ablesen, und erhalten damit weiter

$$|\Gamma(\mathrm{i}x)|^2 = \frac{\pi}{x\,\sinh(\pi x)}\,.$$

34.7 ••

$$\begin{aligned} \frac{\Gamma'(\frac{1}{2})}{\Gamma(\frac{1}{2})} &= (\ln\Gamma(x))'\big|_{x=\frac{1}{2}} = \left(\ln\frac{\Gamma(x)\,\Gamma\big(x+\frac{1}{2}\big)}{\Gamma\big(x+\frac{1}{2}\big)}\right)'\Bigg|_{x=\frac{1}{2}} \\ &= \left(\ln\frac{\sqrt{\pi}\,2^{1-2x}\,\Gamma(2x)}{\Gamma\big(x+\frac{1}{2}\big)}\right)'\Bigg|_{x=\frac{1}{2}} \\ &= \left(\ln(2\sqrt{\pi}) - 2x\ln 2 + \ln\Gamma(2x) - \ln\Gamma\left(x+\frac{1}{2}\right)\right)'\Bigg|_{x=\frac{1}{2}} \\ &= \left(-2\,\ln 2 + 2\,\frac{\Gamma'(2x)}{\Gamma(2x)} - \frac{\Gamma'\big(x+\frac{1}{2}\big)}{\Gamma\big(x+\frac{1}{2}\big)}\right)\Bigg|_{x=\frac{1}{2}} \\ &= \frac{\Gamma'(1)}{\Gamma(1)} - 2\,\ln 2 \end{aligned}$$

34.8 •• Die Verdopplungsformel liefert für $z = \frac{1}{6}$

$$\Gamma\left(\frac{1}{3}\right) = \frac{1}{\sqrt{\pi}}\,2^{-2/3}\,\Gamma\left(\frac{1}{6}\right)\,\Gamma\left(\frac{2}{3}\right).$$

Nun multiplizieren wir beide Seiten mit $\Gamma(\frac{1}{3})$ und benutzen den Ergänzungssatz in der Form

$$\Gamma\left(\frac{1}{3}\right)\,\Gamma\left(\frac{2}{3}\right) = \frac{\pi}{\sin\frac{\pi}{3}} = \frac{2\pi}{\sqrt{3}}\,.$$

Damit erhalten wir

$$\Gamma^2\left(\frac{1}{3}\right) = \frac{1}{\sqrt{\pi}}\,2^{-2/3}\,\Gamma\left(\frac{1}{6}\right)\,\frac{2\pi}{\sqrt{3}}$$

und nach Umstellen der Terme

$$\Gamma\left(\frac{1}{6}\right) = \sqrt{\frac{3}{\pi}}\,2^{-1/3}\,\Gamma^2\left(\frac{1}{3}\right).$$

34.9 • Unser Ansatz ergibt

$$\begin{aligned} u(x) &= \sum_{k=0}^{\infty} a_k\,x^k \\ u'(x) &= \sum_{k=1}^{\infty} a_k\,k\,x^{k-1} \\ u''(x) &= \sum_{k=2}^{\infty} a_k\,k\,(k-1)\,x^{k-2} \end{aligned}$$

Einsetzen in die Differenzialgleichung ergibt

$$\begin{aligned} &\sum_{k=2}^{\infty} a_k\,k\,(k-1)\,x^{k-2} - \sum_{k=2}^{\infty} a_k\,k\,(k-1)\,x^k \\ &\qquad - 2\sum_{k=1}^{\infty} a_k\,k\,x^k + \lambda\sum_{k=0}^{\infty} a_k\,x^k = 0\,. \end{aligned}$$

Nun nummerieren wir im ersten Term um, $k \to k-2$,

$$\begin{aligned} &\sum_{k=0}^{\infty} a_{k+2}\,(k+2)\,(k+1)\,x^k - \sum_{k=2}^{\infty} a_k\,k\,(k-1)\,x^k \\ &- 2\sum_{k=1}^{\infty} a_k\,k\,x^k + \lambda\sum_{k=0}^{\infty} a_k\,x^k \\ &\quad = \sum_{k=2}^{\infty} (a_{k+2}\,(k+2)\,(k+1) - a_k\,k\,(k+1) + \lambda\,a_k)\;x^k \\ &\quad + (6\,a_3 - 2\,a_1 + \lambda\,a_1)\,x + \lambda\,a_0 + 2\,a_2 = 0 \end{aligned}$$

Die Koeffizienten müssen demnach (zumindest für $k \geq 2$) die Bedingung

$$a_{k+2}\,(k+2)\,(k+1) - a_k\,k\,(k+1) + \lambda\,a_k = 0$$

erfüllen, und Auflösen nach a_{k+2} liefert die Rekursionsformel

$$a_{k+2} = \frac{k\,(k+1) - \lambda}{(k+2)\,(k+1)}\,a_k\,.$$

Zudem erhalten wir die Bedingungen

$$\begin{aligned} \lambda\,a_0 + 2\,a_2 &= 0 \\ 6\,a_3 - 2\,a_1 + \lambda\,a_1 &= 0\,, \end{aligned}$$

die ebenfalls genau der gefundenen Rekursionsformel für $k = 0$ und $k = 1$ entsprechen.

34.10 •• Wir nehmen zunächst n als gerade an. Entwicklung nach dem binomischen Satz liefert

$$u(x) := \frac{\mathrm{d}^n}{\mathrm{d}x^n}(x^2-1)^n = \frac{\mathrm{d}^n}{\mathrm{d}x^n}\sum_{\nu=0}^{n}\binom{n}{\nu}(-1)^{n-\nu}\,x^{2\nu}\,.$$

Durch das n-fache Ableiten verschwinden alle Terme mit $\nu < n$, und wir verbleiben mit

$$u(x) = \sum_{\nu=\frac{n}{2}}^{n} \binom{n}{\nu} (-1)^{n-\nu} (2\nu)(2\nu-1)\cdots(2\nu-n+1)\, x^{2\nu-n}$$
$$= \sum_{\nu=\frac{n}{2}}^{n} \binom{n}{\nu} (-1)^{n-\nu} \frac{(2\nu)!}{(2\nu-n)!} x^{2\nu-n}$$

Zunächst setzen wir $\ell = \nu - \frac{n}{2}$ und erhalten

$$u(x) = \sum_{\ell=0}^{n/2} \binom{n}{\ell+n/2} (-1)^{n/2-\ell} \frac{(2\ell+n)!}{(2\ell)!} x^{2\ell}$$

Nun setzen wir $k = 2\ell$ und deuten durch einen Strich an der Summe an, dass nur über gerade k zu summieren ist,

$$u(x) = {\sum_{k=0}^{n}}' \binom{n}{k/2+n/2} (-1)^{n/2-k/2} \frac{(k+n)!}{k!} x^k$$

Ein allgemeiner Koeffizient hat die Gestalt

$$a_k = \binom{n}{(k+n)/2} (-1)^{(n-k)/2} \frac{(k+n)!}{k!},$$

und damit erhalten wir

$$\begin{aligned}
a_{k+2} &= \binom{n}{(k+n)/2+1} (-1)^{(n-k)/2-1} \frac{(k+2+n)!}{(k+2)!} \\
&= -\frac{n!}{(\frac{k+n}{2}+1)!\,(\frac{n-k}{2}-1)!} (-1)^{(n-k)/2} \ldots \\
&\quad \cdot \frac{(k+2+n)(k+n+1)(k+n)!}{(k+2)(k+1)k!} \\
&= -\frac{\frac{n-k}{2}\, n!}{(\frac{k+n}{2}+1)\,\frac{k+n}{2}!\,\frac{n-k}{2}!} (-1)^{n-k/2} \ldots \\
&\quad \cdot \frac{(k+n+2)(k+n+1)}{(k+2)(k+1)} \frac{(k+n)!}{k!} \\
&= -\frac{(n-k)}{(k+n+2)} \frac{(k+n+2)(k+n+1)}{(k+2)(k+1)} a_k \\
&= \frac{(k-n)(k+1+n)}{(k+2)(k+1)} a_k \\
&= \frac{k(k+1)-n-n^2}{(k+2)(k+1)} a_k \\
&= \frac{k(k+1)-n(n+1)}{(k+2)(k+1)} a_k
\end{aligned}$$

34.11 • Mit der Reihendarstellung erhalten wir

$$\begin{aligned}
J_{-n}(z) &= \left(\frac{z}{2}\right)^{-n} \sum_{k=0}^{\infty} \frac{(-1)^k}{k!\,\Gamma(1+k-n)} \left(\frac{z}{2}\right)^{2k} \\
&= \left(\frac{z}{2}\right)^{-n} \sum_{k=n}^{\infty} \frac{(-1)^k}{k!\,(k-n)!} \left(\frac{z}{2}\right)^{2k} \\
&= \left(\frac{z}{2}\right)^{n} \sum_{l=0}^{\infty} \frac{(-1)^{k+l}}{l!\,(n+l)!} \left(\frac{z}{2}\right)^{2l} \\
&= (-1)^n J_n(z)\,.
\end{aligned}$$

34.12 •• Die Polynome P_0 bis P_4 sind im Text angegeben, aus der Rodriguez-Formel erhalten wir sofort

$$\begin{aligned}
P_5(x) &= \frac{1}{2^5\,5!} \frac{\mathrm{d}^5}{\mathrm{d}x^5} (x^2-1)^5 \\
&= \frac{1}{2^5\,4!} \frac{\mathrm{d}^4}{\mathrm{d}x^4} \left\{2x\,(x^2-1)^4\right\} \\
&= \frac{1}{2^5\,4!} \frac{\mathrm{d}^3}{\mathrm{d}x^3} \left\{2\,(x^2-1)^4 + 8x^2\,(x^2-1)^3\right\} = \ldots \\
&= \frac{1}{32} \left\{252\,x^5 - 280\,x^3 + 60\,x\right\}.
\end{aligned}$$

Damit können wir nun die Entwicklungen bestimmen:

- Wiederholte partielle Integration liefert

$$\int_{-1}^{1} x \sin\frac{\pi x}{2}\,\mathrm{d}x = \frac{8}{\pi^2}$$
$$\int_{-1}^{1} x^3 \sin\frac{\pi x}{2}\,\mathrm{d}x = \frac{24(\pi^2-8)}{\pi^4}$$
$$\int_{-1}^{1} x^5 \sin\frac{\pi x}{2}\,\mathrm{d}x = \frac{40(\pi^4-48\pi^2+384)}{\pi^6}$$

Damit erhalten wir für die Entwicklungskoeffizienten

$$c_1 = \left(1+\frac{1}{2}\right) \int_{-1}^{1} P_1(x) \sin\frac{\pi x}{2}\,\mathrm{d}x = \frac{12}{\pi^2}$$
$$c_3 = \left(3+\frac{1}{2}\right) \int_{-1}^{1} P_3(x) \sin\frac{\pi x}{2}\,\mathrm{d}x = \frac{168(\pi^2-10)}{\pi^4}$$
$$c_5 = \left(5+\frac{1}{2}\right) \int_{-1}^{1} P_5(x) \sin\frac{\pi x}{2}\,\mathrm{d}x$$
$$= \frac{660(\pi^4-112\pi^2+1008)}{\pi^6}$$

und weiter

$$\sin\frac{\pi x}{2} \approx \frac{12}{\pi^2}P_1(x) + \frac{168(\pi^2-10)}{\pi^4}P_3(x) + \frac{660(\pi^4-112\pi^2+1008)}{\pi^6}P_5(x)$$

- Die Entwicklung von g nach Legendre-Polynomen muss nach der fünften Ordnung abbrechen. Wiederholter Koeffizientenvergleich liefert

$$\begin{aligned} x^5+x^2 &= \frac{32}{252}P_5(x) + \frac{280}{252}x^3 + x^2 - \frac{60}{252}x \\ &= \frac{8}{63}P_5(x) + \frac{10}{9}x^3 + x^2 - \frac{5}{21}x \\ &= \frac{8}{63}P_5(x) - \frac{4}{9}P_3(x) + x^2 + \frac{3}{7}x \\ &= \frac{8}{63}P_5(x) - \frac{4}{9}P_3(x) + \frac{2}{3}P_2(x) + \frac{3}{7}x + \frac{1}{3} \\ &= \frac{8}{63}P_5(x) + \frac{4}{9}P_3(x) + \frac{2}{3}P_2(x) \\ &\quad + \frac{3}{7}P_1(x) + \frac{1}{3}P_0(x) \end{aligned}$$

34.13 •• Einsetzen der Reihendarstellung liefert (mit $n = k - \nu$)

$$\begin{aligned} \sum_{n=-\infty}^{\infty} J_n(z)\,t^k &= \sum_{n=-\infty}^{\infty}\sum_{\nu=0}^{\infty}\frac{(-1)^\nu z^{2\nu+n}\,t^k}{2^{2\nu+n}\,\nu!\,(n+\nu)!} \\ &= \sum_{k=0}^{\infty}\sum_{\nu=0}^{\infty}\frac{(-1)^\nu}{\nu!\,k!}\left(\frac{z}{2t}\right)^\nu\left(\frac{zt}{2}\right)^k \\ &= \sum_{k=0}^{\infty}\frac{(-1)^\nu}{\nu!}\left(\frac{z}{2t}\right)^\nu\sum_{\nu=0}^{\infty}\frac{1}{k!}\left(\frac{zt}{2}\right)^k \\ &= \mathrm{e}^{zt/2}\,\mathrm{e}^{-z/2t} = \mathrm{e}^{\frac{z}{2}\left(t-\frac{1}{t}\right)}. \end{aligned}$$

Desweiteren erhalten wir

$$\begin{aligned} z\,J_{n-1}(z) &= z\left(\frac{z}{2}\right)^{n-1}\sum_{k=0}^{\infty}\frac{(-1)^k}{k!\,\Gamma(k+n)}\left(\frac{z}{2}\right)^{2k} \\ &= 2\left(\frac{z}{2}\right)^{n}\sum_{k=0}^{\infty}\frac{(-1)^k\,(k+n)}{k!\,\Gamma(k+1+n)}\left(\frac{z}{2}\right)^{2k} \\ z\,J_{n+1}(z) &= z\left(\frac{z}{2}\right)^{n+1}\sum_{k=0}^{\infty}\frac{(-1)^k}{k!\,\Gamma(k+2+n)}\left(\frac{z}{2}\right)^{2k} \\ &= 2\left(\frac{z}{2}\right)^{n}\sum_{k=0}^{\infty}\frac{(-1)^k}{k!\,\Gamma(k+2+n)}\left(\frac{z}{2}\right)^{2k+2} \end{aligned}$$

Hier setzen wir $\ell = k+1$ und erhalten

$$z\,J_{n+1}(z) = -2\left(\frac{z}{2}\right)^2\sum_{\ell=1}^{\infty}\frac{(-1)^\ell}{(\ell-1)!\,\Gamma(\ell+1+n)}\left(\frac{z}{2}\right)^{2\ell}.$$

Die Summation beginnt hier bei $\ell = 1$. Der Term mit $\ell = 0$ liefert aber ohnehin keinen Beitrag, da

$$\frac{1}{(-1)!} = \frac{1}{\Gamma(0)} = 0$$

gesetzt werden kann. Demnach können wir die Summation bei null beginnen lassen, zudem benennen wir ℓ wieder in k um,

$$z\,J_{n+1}(z) = -2\left(\frac{z}{2}\right)^n\sum_{k=0}^{\infty}\frac{(-1)^k\,k}{k!\,\Gamma(k+1+n)}\left(\frac{z}{2}\right)^{2k}.$$

Damit ergibt sich

$$\begin{aligned} &z(J_{n-1}(z) + J_{n+1}(z)) \\ &= 2n\left(\frac{z}{2}\right)^n\sum_{k=0}^{\infty}\frac{(-1)^k}{k!\,\Gamma(k+1+n)}\left(\frac{z}{2}\right)^{2k} \\ &= 2n\,J_n(z) \end{aligned}$$

34.14 • Wir erhalten mit $x = \arccos t$ und den angegebenen trigonometrischen Identitäten

$$\begin{aligned} T_1(t) &= \cos(\arccos t) = t \\ T_2(t) &= \cos(2x) = 2\cos^2 x - 1 = 2\cos^2(\arccos t) - 1 \\ &= t^2 - 1 \\ T_{n+1}(t) &= \cos((n+1)x) = 2\cos x\,\cos(nx) - \cos((n-1)x) \\ &= 2t\,T_n(t) - T_{n-1}(t) \end{aligned}$$

Anwendungsprobleme

34.15 ••

- Aus der Proportionalität zwischen Volumen und der zehnten Potenz des Radius folgt der Anteil

$$\frac{V_{\text{Schale}}}{V_{\text{Orange, 10}}} = \frac{r^{10} - \left(\frac{9}{10}r\right)^{10}}{r^{10}} = 1 - \left(\frac{9}{10}\right)^{10} \approx 0.651\,3.$$

In drei Dimensionen haben wir

$$\frac{V_{\text{Schale}}}{V_{\text{Orange, 3}}} = 1 - \left(\frac{9}{10}\right)^{3} = 0.217,$$

in 100

$$\frac{V_{\text{Schale}}}{V_{\text{Orange, 100}}} = 1 - \left(\frac{9}{10}\right)^{100} \approx 0.999\,973.$$

Das illustriert, dass in hohen Dimensionen fast das gesamte Volumen in einer dünnen Schicht konzentriert ist – ein Umstand von großer Bedeutung etwa in der statistischen Physik.

- Im sphärisch-symmetrischen Fall kann das Potenzial nur vom Radialabstand abhängen, $\Phi = \Phi(r)$. Die Kraft auf eine Masse m ist

$$\boldsymbol{F}(\boldsymbol{x}) = -m\,\mathbf{grad}\,\Phi(r) = -m\Phi'(r)\,\boldsymbol{e}_r$$

und für das Integral über die S^4_R erhalten wir mit $\mathbf{d}\sigma = R^4\,\boldsymbol{e}_r\,\mathrm{d}\Omega_5$

$$\int_{S^4_R} \boldsymbol{F}_g \cdot \mathbf{d}\sigma = -m \int_{S^4} R^4\,\Phi'(R)\,\mathrm{d}\Omega_5 = -m\,A_5\,R^4\,\Phi'(R)$$

Damit dieser Ausdruck gleich $\gamma\,m\,M$ ist, muss

$$\Phi'(R) = -\frac{\gamma\,M}{A_5\,R^4} \qquad \Phi(R) = \frac{\gamma\,M}{3\,A_5\,R^3} + C$$

(mit einer irrelevanten Konstanten C) sein. Das soll für alle R gelten, also ist unser gesuchtes Potenzial

$$\Phi(R) = \frac{\gamma\,M}{3\,A_5\,r^3} = \frac{\gamma\,M\,\Gamma(\frac{5}{2})}{3\cdot 2\,\pi^{5/2}\,r^3} = \frac{\gamma\,M\,\frac{3}{4}\,\sqrt{\pi}}{3\cdot 2\,\pi^2\,\sqrt{\pi}\,r^3} = \frac{\gamma\,M}{8\,\pi^2\,r^3}\,.$$

34.16 •• Wir legen das Koordinatensystem so, dass die erste Ladung im Ursprung, die andere an der Stelle $\boldsymbol{p} = (0, 0, d)$ sitzt. Das Potenzial der ersten Ladung können wir sofort zu

$$U_1(\boldsymbol{x}) = \frac{q}{4\pi\,\varepsilon_0}\cdot\frac{1}{r}$$

angeben. Den Abstand $\tilde{r}$ zwischen unserem Bezugspunkt $\boldsymbol{x}$ und der zweiten Ladung an der Stelle $\boldsymbol{p}$ ist hingegen nicht ganz so einfach auszudrücken. Wenden wir auf das Dreieck r, $\tilde{r}$, d den Kosinussatz an, so ergibt sich

$$\tilde{r}^2 = r^2 + d^2 - 2\,r\,d\,\cos\vartheta\,,$$

und wir erhalten

$$\begin{aligned}\frac{1}{\tilde{r}} &= \frac{1}{\sqrt{r^2 + d^2 - 2\,r\,d\,\cos\vartheta}}\\ &= \frac{1}{r}\cdot\frac{1}{\sqrt{1 - 2\,\frac{d}{r}\,\cos\vartheta + \left(\frac{d}{r}\right)^2}}\\ &= \frac{1}{r}\cdot\sum_{n=0}^{\infty} P_n(\cos\vartheta)\left(\frac{d}{r}\right)^n.\end{aligned}$$

Das Potenzial beider Ladungen ist mit $P_0(\cos\vartheta) \equiv 1$

$$U(\boldsymbol{x}) = \frac{q}{4\pi\,\varepsilon_0}\cdot\frac{1}{r}\left(2 + \sum_{n=1}^{\infty} P_n(\cos\vartheta)\left(\frac{d}{r}\right)^n\right).$$

Der so erhaltene Ausdruck mag zwar auf den ersten Blick kompliziert aussehen, ist aber für viele Zwecke deutlich bequemer als der Wurzelausdruck. Insbesondere genügt es oft, die Reihe nach wenigen Gliedern abzubrechen, um eine ausreichend gute Näherung zur Verfügung zu haben.

Für $r \gg d$ ist $\frac{d}{r}$ viel kleiner als 1, und wir erhalten als Näherung für das Potenzial

$$U(\boldsymbol{x}) \approx \frac{2q}{4\pi\,\varepsilon_0}\cdot\frac{1}{r}\,,$$

also das Coulomb-Potenzial der Gesamtladung. Die gesamte Winkelabhängigkeit steckt in den Legendre-Polynomen $P_n(\cos\vartheta)$ mit $n \geq 1$.

Kapitel 35

Aufgaben

Verständnisfragen

35.1 • Angenommen $(\hat{x}, \hat{y})^{\mathrm{T}} \in \mathbb{R}^2$ ist die Minimalstelle einer differenzierbaren Funktion $f : \mathbb{R}^2 \to \mathbb{R}$ unter der Nebenbedingung $g(x, y) = 0$ mit einer differenzierbaren Funktion $g : \mathbb{R}^2 \to \mathbb{R}$, und es gilt $\frac{\partial g}{\partial y}(\hat{x}, \hat{y}) \neq 0$. Leiten Sie für diese Stelle $(\hat{x}, \hat{y})$ die Lagrange'sche Multiplikatorenregel mittels implizitem Differenzieren her.

35.2 •• Die Funktion $f : Q \to \mathbb{R}$ mit $Q = \{\boldsymbol{x} \in \mathbb{R}^n : x_i > 0, i = 1, \dots, n\}$ ist definiert durch

$$f(\boldsymbol{x}) = \sqrt[n]{x_1 \cdot x_2 \cdot \ldots \cdot x_n}\,.$$

- Bestimmen Sie die Extremalstellen von f unter der Nebenbedingung

$$g(\boldsymbol{x}) = x_1 + x_2 + \ldots + x_n - 1 = 0\,.$$

- Folgern Sie aus dem ersten Teil für $y \in Q$ die Ungleichung zwischen dem arithmetischen und dem geometrischen Mittel

$$\sqrt[n]{y_1 \cdot y_2 \cdot \ldots \cdot y_n} \le \frac{1}{n}(y_1 + y_2 + \ldots + y_n).$$

35.3 • Gegeben ist das Variationsproblem, ein Funktional

$$J(y) = \int_a^b p\big(x, y(x)\big) + q\big(x, y(x)\big)y'(x)\,\mathrm{d}x$$

bei Randbedingungen $y(a) = y_a$ und $y(b) = y_b$ zu minimieren. Zeigen Sie, dass die zugehörige Euler-Gleichung die Bedingung $p_y(x, y) = q_x(x, y)$ impliziert und interpretieren Sie das Ergebnis, wenn das Vektorfeld $\boldsymbol{v} : \mathbb{R}^2 \to \mathbb{R}^2$ mit $\boldsymbol{v}(x, y) = (p(x, y), q(x, y))^{\mathrm{T}}$ konservativ ist.

35.4 ••• Zeigen Sie, dass das Fletcher-Reeves-Verfahren im Fall einer quadratischen Zielfunktion, d. h. $f : \mathbb{R}^n \to \mathbb{R}$ mit

$$f(\boldsymbol{x}) = \frac{1}{2}\boldsymbol{x}^{\mathrm{T}}\boldsymbol{A}\boldsymbol{x} - \boldsymbol{x}^{\mathrm{T}}\boldsymbol{b}\,,$$

$\boldsymbol{A} \in \mathbb{R}^{n\times n}$ symmetrische und positiv definit und $\boldsymbol{b} \in \mathbb{R}^n$, die im Abschn. 20.4 beschriebene Methode der konjugierten Gradienten ist.

Rechenaufgaben

35.5 •• Gesucht sind der maximale und der minimale Wert der Koordinate x_1 von Punkten $\boldsymbol{x} \in D = A \cup B$, wobei A die Ebene

$$A = \{\boldsymbol{x} \in \mathbb{R}^3 \,|\, x_1 + x_2 + x_3 = 1\}$$

und B den Ellipsoid

$$B = \left\{\boldsymbol{x} \in \mathbb{R}^3 \;\middle|\; \frac{1}{4}(x_1 - 1)^2 + x_2^2 + x_3^2 = 1\right\}$$

beschreiben.

35.6 •• Finden Sie die Seitenlängen des achsenparallelen Quaders Q mit maximalem Volumen unter der Bedingung, dass $Q \subseteq K$ in dem Kegel

$$K = \left\{\boldsymbol{x} \in \mathbb{R}^3 \;\middle|\; \frac{x_1^2}{a^2} + \frac{x_2^2}{b^2} \le (1 - x_3)^2, 0 \le x_3 \le 1\right\}$$

mit $a, b > 0$ liegt.

35.7 • Bestimmen Sie die stetig differenzierbare Funktion $u : [0, 1] \to \mathbb{R}$ mit $u(0) = 1$ und $u(1) = \mathrm{e}$, die die *Norm*

$$\|u\|_{H^1} = \int_0^1 \big(u(t)\big)^2 + \big(u'(t)\big)^2\,\mathrm{d}t$$

minimiert.

T. Arens et al., *Arbeitsbuch Mathematik*, https://doi.org/10.1007/978-3-662-64391-4_34

35.8 •• Berechnen Sie in der Menge D aller stetig differenzierbaren Funktionen $u : [0,1] \to \mathbb{R}$ mit $u(0) = 0$ und $u(1) = 1$ Extrema folgender Funktionale, wenn diese existieren:

(a) $J(u) = \int\limits_0^1 \frac{(u'(t))^2}{t^2}\,\mathrm{d}t$

(b) $J(u) = \int\limits_0^1 \frac{(u'(t))^2}{1+(u(t))^2}\,\mathrm{d}t$

(c) $J(u) = \int\limits_0^1 t(u(t))^2 - t^2u(t)\,\mathrm{d}t.$

35.9 • Gesucht ist ein Minimum der Funktion $f: \mathbb{R}^2 \to \mathbb{R}$ mit

$$f(\boldsymbol{x}) = \sin x_1 + \cos x_2 + 2(x_1^2 + x_2^2) + 2x_1x_2.$$

Gibt es ein lokales bzw. globales Minimum?

Approximieren Sie gegebenenfalls eine Extremalstelle durch zwei Schritte des Newton-Verfahrens mit dem Startwert $(0,0)^\top$.

35.10 ••• Implementieren Sie in MATLAB® das BFGS-Verfahren mit einer Armijo-Schrittweitensteuerung ($t = 1/2^j$) und der Startmatrix $B_0 = I$, d. h., der erste Schritt geht in negative Gradientenrichtung. Testen Sie Ihr Verfahren mit der Rosenbrock-Funktion aus dem Beispiel auf S. 1338 ausgehend vom Startpunkt $\boldsymbol{x} = (0.5, 0)^\top$.

Anwendungsprobleme

35.11 • Es soll eine Kiste ohne Deckel mit 1 l Inhalt konstruiert werden. Wie sind die Kantenlängen zu wählen, damit die geringste Menge an Holz verbraucht wird?

35.12 •• Eine Fabrik soll zum Zeitpunkt T die Menge G eines Produkts ausliefern. Der Produktionsprozess startet zum Zeitpunkt null und soll optimal gesteuert werden. Mit $u(t)$ wird die bis zum Zeitpunkt t hergestellte Menge des Produkts bezeichnet. Die anfallenden Kosten setzen sich aus zwei Anteilen zusammen, den Produktionskosten und den Lagerkosten. Die Lagerkosten sind konstant und betragen C_l Euro pro Produkt- und Zeiteinheit. Die Produktionskosten erhöhen sich linear mit der Produktionsrate. Über die gesamte Produktionsmenge lassen sich somit die Produktionskosten bilanzieren durch

$$K_p = \int\limits_0^G C_p u'\,\mathrm{d}u$$

mit einer Konstante $C_p > 0$. Geben Sie das Kostenfunktional über dem Zeitintervall $[0,T]$ an, und berechnen Sie den Produktionsplan $u : [0,T] \to \mathbb{R}$ mit den geringsten Kosten.

35.13 • Die Formänderungsarbeit $W(u)$ bei der Biegung eines Balkens ist durch

$$W(u) = \int\limits_0^1 \frac{a(x)}{2}(u''(x))^2 + p(x)u(x)\,\mathrm{d}x$$

beschrieben, wenn mit $u : [0,1] \to \mathbb{R}$ die Biegelinie des Balkens, $a : [0,1] \to \mathbb{R}$ die Biegesteifigkeit und $p : [0,1] \to \mathbb{R}$ die (spezifische) Last bezeichnet werden. Die Gleichgewichtslage ist durch ein Minimum dieses Funktionals gegeben, wobei bei starrer Befestigung die Randbedingungen $u(0) = u(1) = u'(0) = u'(1) = 0$ vorausgesetzt werden. Ermitteln Sie die Euler-Gleichung zu diesem Funktional unter der Annahme, dass u viermal stetig differenzierbar ist und das Funktional Gâteaux-differenzierbar ist.

Hinweise

Verständnisfragen

35.1 • Lösen Sie $g(x,y) = 0$ nach y auf (Satz über implizite Funktionen!) und betrachten Sie $h : D \subseteq \mathbb{R} \to \mathbb{R}$ mit $h(x) = f(x, y(x))$.

35.2 •• Mit der Lagrange'schen Multiplikatorenregel lässt sich die Extremalstelle bestimmen. Betrachten Sie im zweiten Teil $x_i = y_i / \sum_{j=1}^n y_j$.

35.3 • Aufstellen der Euler-Gleichung für diesen Spezialfall führt direkt auf die Bedingung. Ein konservatives Vektorfeld bedeutet, dass es eine Funktion $u : D \subseteq \mathbb{R}^2 \to \mathbb{R}^2$ mit $\nabla u = (p,q)^\top$ gibt, und es lässt sich das Integral $J(y)$ in Abhängigkeit von u angeben.

35.4 ••• Berechnen Sie zunächst die Iterierten des Fletcher-Reeves-Verfahrens für die Funktion f. Außerdem muss die angegebene Notation zum CG-Verfahren auf die des Modellalgorithmus übertragen werden. Induktiv lässt sich dann nachvollziehen, dass beide Beschreibungen in jedem Schritt denselben Vektor $\boldsymbol{x}^{(k+1)}$ bzw. $\boldsymbol{p}^{(k+1)}$ berechnen. Um dies zu belegen, muss gezeigt werden, dass die Abstiegsrichtungen zueinander *konjugiert* liegen, d. h. $(\boldsymbol{p}^{(k+1)})^\top \boldsymbol{A}\,\boldsymbol{p}^{(k)} = 0$.

Rechenaufgaben

35.5 •• Mit der Zielfunktion $f(\boldsymbol{x}) = x_1$ und den zwei Nebenbedingungen, die D beschreiben, lässt sich die Lagrange'sche Multiplikatorenregel anwenden.

35.6 •• Als Zielfunktion bietet sich das Volumen des Quaders mit Eckpunkt $\boldsymbol{x} \in \mathbb{R}^3$ im ersten Oktanden an. Diese Funktion ist unter der Nebenbedingung $\boldsymbol{x} \in K$ mit der Lagrange'schen Multiplikatorenregel zu maximieren.

35.7 • Aufstellen der Euler-Gleichung zu diesem Variationsproblem und lösen der resultierenden gewöhnlichen Differenzialgleichung führt auf die gesuchte Funktion.

35.8 •• Man untersuche jeweils die Euler-Gleichung zu diesen Funktionalen. In Teilaufgabe (b) hängt der Integrand nicht explizit von t ab, und es lässt sich, wie im Beispiel zur Katenoide auf S. 1332, eine Differenzialgleichung für u' finden.

35.9 • Bestimmen Sie aus $\nabla f(\boldsymbol{x}) = 0$ die stationären Punkte und zeigen Sie, dass die Hesse-Matrix postiv definit ist.

35.10 ••• Schreiben Sie sich zunächst wie beim CG-Verfahren im Text den Modellalgorithmus für das BFGS-Verfahren auf.

Anwendungsprobleme

35.11 • Formulieren Sie das Problem als Optimierungsproblem mit einer Nebenbedingung und wenden Sie die Lagrange'sche Multiplikatorenregel an.

35.12 •• Für das Zielfunktional integriere man die beiden Kostenarten über dem Intervall $[0, T]$. Mit Lösungen der Euler-Gleichung zu diesem Funktional und den Randbedingungen $u(0) = 0$ und $u(T) = G$ lässt sich eine stationäre Funktion finden, die einem Produktionsplan mit geringsten Kosten entspricht.

35.13 • Die Euler-Gleichung ergibt sich aus der Ableitung von $J(u + \varepsilon h)$ bezüglich einer Variablen ε an der Stelle $\varepsilon = 0$.

Lösungen

Verständnisfragen

35.1 • –

35.2 •• Das Extremum liegt in

$$\hat{\boldsymbol{x}} = \left(\frac{1}{n}, \frac{1}{n}, \ldots, \frac{1}{n}\right)^\top .$$

35.3 • Das Integral ist wegunabhängig, d. h., für jede Funktion y gilt $J(y) = u(y_b) - u(y_a)$. Damit ist jede differenzierbare Funktion, die die Punkte $(a, y_a)^\top$ und $(b, y_b)^\top$ verbindet, eine Lösung des Optimierungsproblems. Die Aufgabe hat unendlich viele Lösungen.

35.4 ••• –

Rechenaufgaben

35.5 •• Die Koordinate x_1 von Punkten in D hat maximal den Wert $x_{\max} = 1 + \frac{2}{\sqrt{3}}$. Der kleinste mögliche Wert ist $x_{\min} = 1 - \frac{2}{\sqrt{3}}$.

35.6 •• Das maximale Volumen wird erreicht, wenn eine Ecke des Quaders in den Punkt

$$\boldsymbol{x} = \left(\frac{\sqrt{2}}{3}a, \frac{\sqrt{2}}{3}b, \frac{1}{3}\right)^\top$$

gelegt wird.

35.7 • Die Exponentialfunktion, d. h. $u : [0, 1] \to \mathbb{R}$ mit

$$u(t) = \mathrm{e}^t ,$$

minimiert das Funktional.

35.8 •• (a) $u(t) = t^3$, (b) $u(t) = \tan\left(\frac{\pi}{4}t\right)$
In Teilaufgabe (c) gibt es kein Extremum.

35.9 • Es gibt ein globales Minimum mit den Koordinaten $\hat{\boldsymbol{x}} \approx (-0.351\,5, 0.233\,7)^\top$.

35.10 ••• –

Anwendungsprobleme

35.11 • Die optimale Kantenlängen sind $x = \sqrt[3]{2}\,\mathrm{dm}$, $y = x$ und $z = \frac{x}{2}$.

35.12 •• Minimale Kosten werden erreicht durch

$$u(t) = \frac{C_l}{C_p}t^2 + \frac{G - \frac{C_l}{C_p}T^2}{T}t .$$

35.13 • Die Differenzialgleichung der Balkenbiegung ist

$$(a(x)u''(x))'' + p(x) = 0 .$$

Lösungswege

Verständnisfragen

35.1 • Wegen der Bedingung $\frac{\partial g}{\partial y}(\hat{x}, \hat{y}) \neq 0$ gibt es nach dem Satz über implizite Funktionen in einer Umgebung $D \subseteq \mathbb{R}$ von $\hat{x}$ eine differenzierbare Funktion $y : D \to \mathbb{R}$ mit $y(\hat{x}) = \hat{y}$ und $g(x, y(x)) = 0$, d. h., wir können die Nebenbedingung lokal nach y auflösen.

Die Minimalstelle ist somit Extremum der Funktion $h : D \to \mathbb{R}$ mit $h(x) = f(x, y(x))$. Die notwendige Optimalitätsbedingung für h führt auf

$$0 = h'(\hat{x}) = \frac{\partial f}{\partial x}(\hat{x}, \hat{y}) + \frac{\partial f}{\partial y}(\hat{x}, \hat{y})\, y'(\hat{x})$$

Die Ableitung $y'(\hat{x})$ erhalten wir durch implizites Differenzieren aus

$$0 = \frac{\mathrm{d}}{\mathrm{d}x} g(x, y(x)) = \frac{\partial g}{\partial x}(x, y(x)) + \frac{\partial g}{\partial y}(x, y(x)) y'(x) .$$

Einsetzen in die Ableitung $h'(\hat{x})$ liefert

$$\frac{\partial f}{\partial x}(\hat{x}, \hat{y}) \frac{\partial g}{\partial y}(\hat{x}, \hat{y}) - \frac{\partial f}{\partial y}(\hat{x}, \hat{y}) \frac{\partial g}{\partial x}(\hat{x}, \hat{y}) = 0 .$$

Definieren wir nun $\lambda \in \mathbb{R}$ durch

$$\frac{\partial f}{\partial y}(\hat{x}, \hat{y}) + \lambda \frac{\partial g}{\partial y}(\hat{x}, \hat{y}) = 0 ,$$

so folgt aus der vorherigen Gleichung auch

$$\frac{\partial f}{\partial x}(\hat{x}, \hat{y}) + \lambda \frac{\partial g}{\partial x}(\hat{x}, \hat{y}) = 0 .$$

Wir haben gezeigt, dass es einen Multiplikator $\lambda \in \mathbb{R}$ gibt mit $\nabla f(\hat{x}, \hat{y}) + \lambda \nabla g(\hat{x}, \hat{y}) = 0$.

35.2 ••

- Die Zielfunktion ist $f(\boldsymbol{x}) = \sqrt[n]{x_1 \cdot \ldots \cdot x_n}$ mit der Restriktion $g(\boldsymbol{x}) = x_1 + \ldots + x_n - 1 = 0$. Betrachten wir die Lagrange-Funktion, $L = f + \lambda g$ mit $\lambda \in \mathbb{R}$, so folgt als notwendige Bedingung für Extremalstellen:

$$\begin{aligned} \nabla_{\boldsymbol{x}} L(\boldsymbol{x}, \lambda) = \nabla f(\boldsymbol{x}) + \lambda \nabla g(\boldsymbol{x}) = 0 \\ g(\boldsymbol{x}) = 0 \end{aligned}$$

bzw.

$$\begin{aligned} \frac{1}{n x_i}(x_1^{\frac{1}{n}} \cdot \ldots \cdot x_n^{\frac{1}{n}}) + \lambda = 0, \quad i = 1, \ldots, n \\ g(\boldsymbol{x}) = 0 . \end{aligned}$$

Es ergibt sich

$$x_i = -\frac{x_1^{\frac{1}{n}} \cdot \ldots \cdot x_n^{\frac{1}{n}}}{n\lambda}$$

und $\lambda \neq 0$. Somit erhalten wir für eine Extremalstelle $x_1 = x_2 = \ldots = x_n$ und $g(\boldsymbol{x}) = n x_i - 1 = 0$. Daraus folgt $x_i = \frac{1}{n}$, für $i = 1, \ldots, n$ und die Extremalstelle ist

$$\hat{\boldsymbol{x}} = \left(\frac{1}{n}, \ldots, \frac{1}{n}\right)^T .$$

- Wir gehen davon aus, dass $\boldsymbol{y} \in \mathbb{R}^n$ mit $y_i > 0$, $i = 1, \ldots, n$, ist. Setzen wir

$$x_i = \frac{y_i}{\sum\limits_{j=1}^{n} y_j} ,$$

so ist $g(\boldsymbol{x}) = \sum\limits_{i=1}^{n} x_i - 1 = 0$. Mit dem ersten Teil folgt

$$\sqrt[n]{x_1 \cdot \ldots \cdot x_n} \leq \sqrt[n]{\left(\frac{1}{n}\right)^n} = \frac{1}{n} .$$

Einsetzen von $\boldsymbol{x}$ ergibt die gesuchte Ungleichung

$$\sqrt[n]{y_1 \cdot \ldots \cdot y_n} \leq \frac{1}{n} \sum_{j=1}^{n} y_j .$$

35.3 • Mit dem Integranden g mit

$$g(y, y', x) = p(x, y) + q(x, y)\, y'$$

erhalten wir aus der Euler-Gleichung für eine stationäre Funktion die gesuchte Identität durch

$$\begin{aligned} 0 = \frac{\partial g}{\partial y} - \frac{\mathrm{d}}{\mathrm{d}x}\frac{\partial g}{\partial y'} &= \frac{\partial p}{\partial y} + \frac{\partial q}{\partial y} y' - \frac{\mathrm{d}}{\mathrm{d}x}(q) \\ &= \frac{\partial p}{\partial y} + \frac{\partial q}{\partial y} y' - \frac{\partial q}{\partial x} - \frac{\partial q}{\partial y} y' \\ &= \frac{\partial p}{\partial y} - \frac{\partial q}{\partial x} . \end{aligned}$$

Ist das Vektorfeld $\boldsymbol{v}$ konservativ, und bezeichnen wir das Potenzial mit u, d. h. $\boldsymbol{v} = \nabla u$, so folgt mit dem zweiten Hauptsatz der Differenzial und Integralrechnung

$$\begin{aligned} J(y) &= \int_a^b p\big(x, y(x)\big) + q\big(x, y(x)\big) y'(x)\, \mathrm{d}x \\ &= \int_a^b \frac{\mathrm{d}}{\mathrm{d}x}(u(y(x)))\, \mathrm{d}x = u(y(b)) - u(y(a)) . \end{aligned}$$

Somit hängt der Wert des Funktionals nicht vom Verlauf der Funktion y ab. Jede differenzierbare Funktion $y : [a, b] \to \mathbb{R}$ mit $y(a) = y_a$ und $y(b) = y_b$ ist Lösung des Variationsproblems. Es gibt unendlich viele Lösungen.

35.4 ••• Der Gradient der Funktion f mit

$$f(\boldsymbol{x}) = \frac{1}{2}\boldsymbol{x}^\top \boldsymbol{A}\boldsymbol{x} - \boldsymbol{x}^\top \boldsymbol{b},$$

berechnet sich zu

$$\nabla f(x) = \boldsymbol{A}\boldsymbol{x} - \boldsymbol{b}.$$

Somit setzen wir für einen Startwert $\boldsymbol{x}^{(0)} \in \mathbb{R}$

$$\boldsymbol{g}^{(0)} = \nabla f(\boldsymbol{x}^{(0)}) = \boldsymbol{A}\boldsymbol{x}^{(0)} - \boldsymbol{b}$$

und

$$\boldsymbol{p}^{(0)} = -\boldsymbol{g}^{(0)} = \boldsymbol{b} - \boldsymbol{A}\boldsymbol{x}^{(0)}.$$

Die Schrittweite im Fletcher-Reeves-Verfahren errechnet sich aus der Nullstelle der Richtungsableitung in Richtung $\boldsymbol{p}^{(k)}$. Wir erhalten

$$\begin{aligned}0 &= (\boldsymbol{p}^{(k)})^\top \nabla f(\boldsymbol{x}^{(k)} + t\,\boldsymbol{p}^{(k)})\\ &= (\boldsymbol{p}^{(k)})^\top (\boldsymbol{A}(\boldsymbol{x}^{(k)} + t\,\boldsymbol{p}^{(k)}) - \boldsymbol{b})\\ &= (\boldsymbol{p}^{(k)})^\top (\boldsymbol{A}\boldsymbol{x}^{(k)} - \boldsymbol{b}) + t(\boldsymbol{p}^{(k)})^\top \boldsymbol{A}\,\boldsymbol{p}^{(k)}.\end{aligned}$$

Also ist

$$t_k = -\frac{(\boldsymbol{p}^{(k)})^\top (\boldsymbol{A}\boldsymbol{x}^{(k)} - b)}{(\boldsymbol{p}^{(k)})^\top \boldsymbol{A}\,\boldsymbol{p}^{(k)}}.$$

Ein Iterationsschritt des Fletcher-Reeves-Verfahrens ist nun gegegben durch

$$\begin{aligned}\boldsymbol{x}^{(k+1)} &= \boldsymbol{x}^{(k)} + t_k\,\boldsymbol{p}^{(k)}\\ \boldsymbol{g}^{k+1} &= \nabla f(\boldsymbol{x}^{(k+1)}) = \boldsymbol{A}\boldsymbol{x}^{(k+1)} - \boldsymbol{b}\\ \beta_k &= \frac{\|\boldsymbol{g}^{(k+1)}\|^2}{\|\boldsymbol{g}^{(k)}\|^2} = \frac{\|\boldsymbol{A}\boldsymbol{x}^{k+1} - \boldsymbol{b}\|^2}{\|\boldsymbol{A}\boldsymbol{x}^{k} - \boldsymbol{b}\|^2}\\ \boldsymbol{p}^{(k+1)} &= -\boldsymbol{g}^{(k+1)} + \beta_k\,\boldsymbol{p}^{(k)}\\ &= \boldsymbol{b} - \boldsymbol{A}\boldsymbol{x}^{(k+1)} + \beta_k\,\boldsymbol{p}^{(k)}.\end{aligned}$$

Als nächsten Schritt übertragen wir das CG-Verfahren aus Abschn. 20.4. Da der Vektor $\boldsymbol{p}$ bei den beiden Beschreibungen im Index verschoben ist, nutzen wir für die Beschreibung aus Abschn. 20.4 die Notation $\tilde{\boldsymbol{p}}^{(k)}$ und $\tilde{\beta}_k$. Somit ist letztendlich zu zeigen, dass

$$\tilde{\boldsymbol{p}}^{(k+1)} = \boldsymbol{p}^{(k)}$$

ist, und für die Schrittweite $t_k = \alpha_{k+1}$ gilt, denn in beiden Notationen wird die nächste Iterierte berechnet aus

$$\boldsymbol{x}^{(k+1)} = \boldsymbol{x}^{(k)} + \alpha_{k+1}\,\tilde{\boldsymbol{p}}^{(k+1)} = \boldsymbol{x}^{(k)} + t_k\,\boldsymbol{p}^{(k)},$$

wenn die Verfahren nicht in einem stationären Punkt abbrechen.

Nun können wir induktiv vorgehen. Für den Induktionsanfang genügt es die Definitionen anzusehen. Es ist $\tilde{\boldsymbol{p}}^{(1)} = \boldsymbol{p}^{(0)} = -\nabla f(\boldsymbol{x}^{(0)})$ und somit auch $t_0 = \alpha_1$. Damit wird im ersten Schritt bei beiden Verfahren derselbe Vektor $\boldsymbol{x}^{(1)}$ bestimmt.

Wir nehmen nun an, dass $\tilde{\boldsymbol{p}}^{(k+1)} = \boldsymbol{p}^{(k)}$ ist und die ersten k Iterationsschritte auf dieselben Vektoren geführt haben. Es gilt

$$\begin{aligned}&(\boldsymbol{b} - \boldsymbol{A}\boldsymbol{x}^{(k)})^\top \boldsymbol{p}^{(k-1)}\\ &= (\boldsymbol{b} - \boldsymbol{A}(\boldsymbol{x}^{(k-1)} + t_{k-1}\boldsymbol{p}^{(k-1)}))^\top \boldsymbol{p}^{(k-1)}\\ &= (\boldsymbol{b} - \boldsymbol{A}\boldsymbol{x}^{(k-1)})^\top \boldsymbol{p}^{(k-1)}\\ &\quad + \frac{(\boldsymbol{p}^{(k-1)})^\top (\boldsymbol{A}\boldsymbol{x}^{(k-1)} - \boldsymbol{b})}{(\boldsymbol{p}^{(k-1)})^\top \boldsymbol{A}\,\boldsymbol{p}^{(k-1)}} (\boldsymbol{A}\,\boldsymbol{p}^{(k-1)})^\top \boldsymbol{p}^{(k-1)}\\ &= (\boldsymbol{b} - \boldsymbol{A}\boldsymbol{x}^{(k-1)})^\top \boldsymbol{p}^{(k-1)} + (\boldsymbol{p}^{(k-1)})^\top (\boldsymbol{A}\boldsymbol{x}^{(k-1)} - \boldsymbol{b})\\ &= 0\end{aligned}$$

mit der Symmetrie der Matrix $\boldsymbol{A}$. Aufgrund dieser Orthogonalität folgt

$$\begin{aligned}&-(\boldsymbol{p}^{(k)})^\top (\boldsymbol{A}\boldsymbol{x}^{(k)} - b)\\ &= (\boldsymbol{b} - \boldsymbol{A}\boldsymbol{x}^{(k)} + \beta_{k-1}\boldsymbol{p}^{(k-1)})^\top (\boldsymbol{b} - \boldsymbol{A}\boldsymbol{x}^{(k)})\\ &= (\boldsymbol{b} - \boldsymbol{A}\boldsymbol{x}^{(k)})^\top (\boldsymbol{b} - \boldsymbol{A}\boldsymbol{x}^{(k)}).\end{aligned}$$

Mit der Definition von t_k bzw. α_{k+1} folgt

$$\begin{aligned}t_k &= -\frac{(\boldsymbol{p}^{(k)})^\top (\boldsymbol{A}\boldsymbol{x}^{(k)} - b)}{(\boldsymbol{p}^{(k)})^\top \boldsymbol{A}\,\boldsymbol{p}^{(k)}}\\ &= \frac{(\boldsymbol{b} - \boldsymbol{A}\boldsymbol{x}^{(k)})^\top (\boldsymbol{b} - \boldsymbol{A}\boldsymbol{x}^{(k)})}{(\boldsymbol{p}^{(k)})^\top \boldsymbol{A}\,\boldsymbol{p}^{(k)}}\\ &= \frac{(\boldsymbol{r}^{(k)})^\top \boldsymbol{r}^{(k)}}{(\tilde{\boldsymbol{p}}^{(k+1)})^\top \boldsymbol{A}\,\tilde{\boldsymbol{p}}^{(k+1)}} = \alpha_{k+1}\end{aligned}$$

wegen $\boldsymbol{r}^{(k)} = -\boldsymbol{g}^{(k)} = -\nabla f(\boldsymbol{x}^{(k)}) = \boldsymbol{b} - \boldsymbol{A}\boldsymbol{x}^{(k)}$.

Für die Abstiegsrichtung $\tilde{\boldsymbol{p}}^{(k+2)}$ in Abschn. 20.4 ergibt sich mit der Notation des Fletcher-Reeves-Verfahrens

$$\begin{aligned}\tilde{\boldsymbol{p}}^{(k+2)} &= \boldsymbol{r}^{(k+1)} + \tilde{\beta}_{k+2}\tilde{\boldsymbol{p}}^{(k+1)}\\ &= \boldsymbol{b} - \boldsymbol{A}\boldsymbol{x}^{(k+1)} + \tilde{\beta}_{k+2}\boldsymbol{p}^{(k)}\end{aligned}$$

mit

$$\tilde{\beta}_{k+2} = \frac{(\boldsymbol{r}^{(k+1)})^\top \boldsymbol{A}\,\tilde{\boldsymbol{p}}^{(k+1)}}{(\tilde{\boldsymbol{p}}^{(k+1)})^\top \boldsymbol{A}\,\tilde{\boldsymbol{p}}^{(k+1)}} = \frac{(\boldsymbol{b} - \boldsymbol{A}\boldsymbol{x}^{(k+1)})^\top \boldsymbol{A}\,\boldsymbol{p}^{(k)}}{(\boldsymbol{p}^{(k)})^\top \boldsymbol{A}\,\boldsymbol{p}^{(k)}}.$$

Es bleibt zu beweisen, dass $\beta_k = \tilde{\beta}_{k+2}$ gilt.

Mit den Definitionen von t_k und von $\boldsymbol{x}^{(k+1)}$ erhalten wir die Identität

$$\begin{aligned}\tilde{\beta}_{k+2} &= \frac{(\boldsymbol{b} - \boldsymbol{A}\boldsymbol{x}^{(k+1)})^\top \boldsymbol{A}\,\boldsymbol{p}^{(k)}}{(\boldsymbol{p}^{(k)})^\top \boldsymbol{A}\,\boldsymbol{p}^{(k)}}\\ &= -\frac{(\boldsymbol{b} - \boldsymbol{A}\boldsymbol{x}^{(k+1)})^\top (t_k\boldsymbol{A}\,\boldsymbol{p}^{(k)})}{(\boldsymbol{b} - \boldsymbol{A}\boldsymbol{x}^{(k)})^2}\\ &= -\frac{(\boldsymbol{b} - \boldsymbol{A}\boldsymbol{x}^{(k+1)})^\top \boldsymbol{A}(\boldsymbol{x}^{(k+1)} - \boldsymbol{x}^{(k)})}{(\boldsymbol{b} - \boldsymbol{A}\boldsymbol{x}^{(k)})^2}.\end{aligned}$$

Es genügt, wenn wir

$$(\boldsymbol{b} - \boldsymbol{A}\boldsymbol{x}^{(k+1)})^\top \boldsymbol{A}\boldsymbol{x}^{(k)} = (\boldsymbol{b} - \boldsymbol{A}\boldsymbol{x}^{(k+1)})^\top \boldsymbol{b}$$

zeigen, denn dann ergibt sich auf der rechten Seite der Identität der oben berechnete Ausdruck für β_k des Fletcher-Reeves-Verfahrens.

Die gesuchte Orthogonalität

$$(\boldsymbol{b} - \boldsymbol{A}\boldsymbol{x}^{(k+1)})^\top(\boldsymbol{b} - \boldsymbol{A}\boldsymbol{x}^{(k)}) = 0$$

beinhaltet die Eigenschaft, dass die Abstiegsrichtungen $\boldsymbol{A}$-*konjugiert* sind, d. h., es ist $(\boldsymbol{p}^{(k+1)})^\top \boldsymbol{A}\,\boldsymbol{p}^{(k)} = 0$, denn es gilt mit den Definitionen von $\boldsymbol{x}^{(k+1)}$, $\boldsymbol{p}^{(k+1)}$, β_k und der oben (für $k-1$) gezeigten Gleichung $(\boldsymbol{b}-\boldsymbol{A}\boldsymbol{x}^{(k+1)})^\top \boldsymbol{p}^{(k)} = 0$ die Identität

$$\begin{aligned}
(\boldsymbol{p}^{(k+1)})^\top \boldsymbol{A}\,\boldsymbol{p}^{(k)} &= \frac{1}{t_k}(\boldsymbol{p}^{(k+1)})^\top \boldsymbol{A}(t_k \boldsymbol{p}^{(k)})\\
&= \frac{1}{t_k}(\boldsymbol{b} - \boldsymbol{A}\boldsymbol{x}^{(k+1)} + \beta_k \boldsymbol{p}^{(k)})^\top \boldsymbol{A}(\boldsymbol{x}^{(k+1)} - \boldsymbol{x}^{(k)})\\
&= \frac{1}{t_k}(\boldsymbol{b} - \boldsymbol{A}\boldsymbol{x}^{(k+1)} + \beta_k \boldsymbol{p}^{(k)})^\top (\boldsymbol{A}\boldsymbol{x}^{(k+1)} - \boldsymbol{b} + \boldsymbol{b} - \boldsymbol{x}^{(k)})\\
&= \frac{1}{t_k}(-(\boldsymbol{b} - \boldsymbol{A}\boldsymbol{x}^{(k+1)})^2 - (\boldsymbol{b} - \boldsymbol{A}\boldsymbol{x}^{(k+1)})^\top(\boldsymbol{b} - \boldsymbol{A}\boldsymbol{x}^{(k)}))\\
&\quad + \frac{1}{t_k}\beta_k \underbrace{(\boldsymbol{p}^{(k)})^\top(\boldsymbol{b} - \boldsymbol{A}\boldsymbol{x}^{(k)})}_{=\|\boldsymbol{b}-\boldsymbol{A}\boldsymbol{x}^{(k)}\|^2}\\
&= -\frac{1}{t_k}(\boldsymbol{b} - \boldsymbol{A}\boldsymbol{x}^{(k+1)})^\top(\boldsymbol{b} - \boldsymbol{A}\boldsymbol{x}^{(k)})\,.
\end{aligned}$$

Mit der letzten Gleichung ergänzen wir die Induktion und zeigen, dass die Abstiegsrichtungen zueinander $\boldsymbol{A}$-konjugiert sind, bzw. die Gradienten im euklidischen Sinne senkrecht stehen. Die Behauptung lautet, dass für $k \in \mathbb{N}$, solange das Verfahren nicht in einem stationären Punkt abbricht, gilt

$$(\boldsymbol{A}\boldsymbol{x}^{(k+1)} - \boldsymbol{b})^\top(\boldsymbol{A}\boldsymbol{x}^{(k)} - \boldsymbol{b}) = (\boldsymbol{p}^{(k+1)})^\top \boldsymbol{A}\,\boldsymbol{p}^{(k)} = 0\,.$$

Zunächst müssen wir den Induktionsanfang für $k = 0$ nachliefern. Es gilt mit der Definition von t_0:

$$\begin{aligned}
&(\boldsymbol{A}\boldsymbol{x}^{(1)} - \boldsymbol{b})^\top(\boldsymbol{A}\boldsymbol{x}^{(0)} - \boldsymbol{b})\\
&\quad= (\boldsymbol{A}(\boldsymbol{x}^{(0)} + t_0\boldsymbol{p}^{(0)}) - \boldsymbol{b})^\top(\boldsymbol{A}\boldsymbol{x}^{(0)} - \boldsymbol{b})\\
&\quad= \|\boldsymbol{A}\boldsymbol{x}^{(0)} - \boldsymbol{b}\|^2 + t_0(\boldsymbol{A}\,\boldsymbol{p}^{(0)})^\top \underbrace{(\boldsymbol{A}\boldsymbol{x}^{(0)} - \boldsymbol{b})}_{=-\boldsymbol{p}^{(0)}}\\
&\quad= \|\boldsymbol{A}\boldsymbol{x}^{(0)} - \boldsymbol{b}\|^2 + (\boldsymbol{p}^{(0)})^\top(\boldsymbol{A}\boldsymbol{x}^{(0)} - \boldsymbol{b})\\
&\quad= \|\boldsymbol{A}\boldsymbol{x}^{(0)} - \boldsymbol{b}\|^2 - (\boldsymbol{p}^{(0)})^\top \boldsymbol{p}^{(0)} = 0
\end{aligned}$$

Für den Induktionsschluss betrachten wir die Identität

$$\begin{aligned}
&(\boldsymbol{A}\boldsymbol{x}^{(k+1)} - \boldsymbol{b})^\top(\boldsymbol{A}\boldsymbol{x}^{(k)} - \boldsymbol{b})\\
&\quad= (\boldsymbol{A}(\boldsymbol{x}^{(k)} + t_k\boldsymbol{p}^{(k)}) - \boldsymbol{b})^\top(\boldsymbol{A}\boldsymbol{x}^{(k)} - \boldsymbol{b})\\
&\quad= \|\boldsymbol{A}(\boldsymbol{x}^{(k)} - \boldsymbol{b})\|^2 + t_k(\boldsymbol{A}\,\boldsymbol{p}^{(k)})^\top(\boldsymbol{A}\boldsymbol{x}^{(k)} - \boldsymbol{b})\\
&\quad= \|\boldsymbol{A}(\boldsymbol{x}^{(k)} - \boldsymbol{b})\|^2 + t_k(\boldsymbol{A}\,\boldsymbol{p}^{(k)})^\top(\boldsymbol{p}^{(k)} - \beta_{k-1}\boldsymbol{p}^{(k-1)})\\
&\quad= \|\boldsymbol{A}(\boldsymbol{x}^{(k)} - \boldsymbol{b})\|^2 - \frac{\|\boldsymbol{A}\boldsymbol{x}^{(k)} - \boldsymbol{b}\|^2}{(\boldsymbol{p}^{(k)})^\top \boldsymbol{A}\,\boldsymbol{p}^{(k)}}(\boldsymbol{p}^{(k)})^\top \boldsymbol{A}\,\boldsymbol{p}^{(k)}\\
&\qquad - t_k\beta_{k-1}(\boldsymbol{p}^{(k)})^\top \boldsymbol{A}\,\boldsymbol{p}^{(k-1)}\,.
\end{aligned}$$

Mit der Induktionsannahme $(\boldsymbol{p}^{(k)})^\top \boldsymbol{A}\,\boldsymbol{p}^{(k-1)} = 0$ folgt somit auch

$$(\boldsymbol{A}\boldsymbol{x}^{(k+1)} - \boldsymbol{b})^\top(\boldsymbol{A}\boldsymbol{x}^{(k)} - \boldsymbol{b}) = 0\,,$$

und die Induktion ist abgeschlossen.

Insgesamt ist nun gezeigt, dass beide Verfahren bei dieser Zielfunktion dieselben Iterationsschritte beschreiben.

Rechenaufgaben

35.5 •• Die Menge D ist kompakt und die Funktion f stetig. Sie nimmt somit auf D ihr Maximum und ihr Minimum an.

Die zugehörige Lagrange-Funktion lautet

$$\begin{aligned}
L(x, \lambda_1, \lambda_2) &= x_1 + \lambda_1(x_1 + x_2 + x_3 - 1)\\
&\quad + \lambda_2\left(\frac{1}{4}(x_1 - 1)^2 + x_2^2 + x_3^2 - 1\right).
\end{aligned}$$

Stationäre Punkte sind dadurch gekennzeichnet, dass alle partiellen Ableitungen von L verschwinden. Setzen wir diese null, so folgt das nichtlineare Gleichungssystem

$$\begin{aligned}
1 + \lambda_1 + \frac{1}{2}\lambda_2(x_1 - 1) &= 0\\
\lambda_1 + 2\lambda_2 x_2 &= 0\\
\lambda_1 + 2\lambda_2 x_3 &= 0\\
x_1 + x_2 + x_3 - 1 &= 0\\
\frac{1}{4}(x_1 - 1)^2 + x_2^2 + x_3^2 - 1 &= 0.
\end{aligned}$$

Die Differenz der zweiten und der dritten Gleichung liefert $\lambda_2(x_2 - x_3) = 0$. Die Annahme $\lambda_2 = 0$ ergibt aus der zweiten Gleichung $\lambda_1 = 0$, aber aus der ersten $\lambda_1 = -1$. Wegen dieses Widerspruchs folgt $x_2 = x_3$. Weiter gilt nun

$$x_2 = x_3 = \frac{1 - x_1}{2}.$$

Einsetzen dieser Identitäten in die letzte Gleichung liefert

$$\frac{3}{4}(x_1 - 1)^2 = 1 \quad \text{bzw.} \quad x_1 = 1 \pm \frac{2}{\sqrt{3}}.$$

Mit der vierten Gleichung bekommt man die anderen Koordinaten

$$x_2 = x_3 = \frac{1 - x_1}{2} = \mp\frac{1}{\sqrt{3}}.$$

Bei den einzigen beiden gefundenen Punkten

$$\boldsymbol{e}_1 = \left(1 + \frac{2}{\sqrt{3}}, -\frac{1}{\sqrt{3}}, -\frac{1}{\sqrt{3}}\right)^\top$$

und

$$\boldsymbol{e}_2 = \left(1 - \frac{2}{\sqrt{3}}, \frac{1}{\sqrt{3}}, \frac{1}{\sqrt{3}}\right)^\top$$

handelt es sich also um die Maximalstelle und die Minimalstelle von f.

35.6 •• Wir bezeichnen mit $\boldsymbol{x} \in \mathbb{R}^3$ die Koordinaten des Eckpunkts im positiven Oktanden. Aufgrund der Symmetrie ist somit die Funktion

$$f(\boldsymbol{x}) = \boldsymbol{x}_1\boldsymbol{x}_2\boldsymbol{x}_3$$

unter der Nebenbedingung

$$g(\boldsymbol{x}) = \frac{x_1^2}{a^2} + \frac{x_2^2}{b^2} - (1-x_3)^2 \le 0$$

und den Bedingungen $\boldsymbol{x}_j \ge 0$ zu maximieren.

Wir betrachten die Lagrange-Funktion

$$L(\boldsymbol{x},\lambda) = x_1x_2x_3 + \lambda\left(\frac{x_1^2}{a^2} + \frac{x_2^2}{b^2} - (1-x_3)^2\right)$$

mit einem Multiplikator $\lambda \ge 0$. Damit ergeben sich für eine Extremalstelle die notwendigen Bedingungen

$$0 = \nabla L(\boldsymbol{x},\lambda) = \begin{pmatrix} x_2x_3 + 2\frac{\lambda}{a^2}x_1 \\ x_1x_3 + 2\frac{\lambda}{b^2}x_2 \\ x_1x_2 + 2\lambda(1-x_3) \\ \frac{x_1^2}{a^2} + \frac{x_2^2}{b^2} - (1-x_3)^2 \end{pmatrix}.$$

Offensichtlich gilt $x_1, x_2, x_3 > 0$, denn wenn eine Koordinate verschwindet, ist das Volumen null. Wir erhalten also ein minimales Volumen, dass uns nicht weiter interessiert.

Um dieses nichtlineare Gleichungssystem zu lösen, betrachten wir zunächst die Differenz aus dem x_1-fachen der ersten Gleichung mit dem x_2-fachen der zweiten und erhalten wegen $x_1, x_2 \ge 0$

$$\frac{x_1}{a} = \frac{x_2}{b},$$

wenn $\lambda \neq 0$ ist.

Den Fall $\lambda = 0$ können wir für ein Maximum ausschließen, denn sonst folgt etwa aus der ersten Gleichung $x_2x_3 = 0$, was nur mit $x_2 = 0$ oder $x_3 = 0$ erfüllt werden kann.

Wir setzen die Relation zwischen x_2 und x_3 für eine kritische Stelle in die erste Gleichung ein und erhalten

$$x_3 + \frac{2\lambda}{ab} = 0.$$

Weiter liefert die Differenz aus dem $\frac{2}{ab}$-fachen der dritten Gleichung und der vierten Gleichung die Identität

$$\frac{4\lambda}{ab}(1-x_3) + (1-x_3)^2 = 0.$$

Setzen wir die zuvor berechnete Darstellung für x_3 ein, so ergibt sich

$$(1-3x_3)(1-x_3) = 0.$$

Da $x_3 = 1$ auf $x_1 = x_2 = 0$ führen würde, bleibt nur $x_3 = 1/3$ als mögliche Lösung dieser Gleichung für eine kritische Stelle.

Setzen wir $x_3 = 1/3$ ein, so folgen die weiteren Werte $x_1 = \frac{\sqrt{2}}{3}a$ und $x_2 = \frac{\sqrt{2}}{3}b$. Da das Volumen f auf der kompakten Menge K eine stetige Funktion ist, muss es ein Maximum geben. Die Multiplikatorenregel erlaubt aber nur diesen einen Kandidaten, sodass wir die Maximalstelle und das maximale Volumen

$$8 \cdot \max_{\boldsymbol{x}\in K} f(\boldsymbol{x}) = 8\frac{\sqrt{2}}{3}a \cdot \frac{\sqrt{2}}{3}b \cdot \frac{1}{3} = \frac{16}{27}ab$$

gefunden haben.

35.7 • Wir setzen $g(u,u',t) = u^2 + u'^2$. Die Euler-Differenzialgleichung zu diesem Variationsproblem lautet

$$2u - \frac{\mathrm{d}}{\mathrm{d}t}(2u') = 0,$$

d. h. $u - u'' = 0$. Die allgemeine Lösung dieser gewöhnlichen Differenzialgleichung zweiter Ordnung ist

$$u(t) = \alpha\mathrm{e}^t + \beta\mathrm{e}^{-t}.$$

Aus den Bedingungen $u(0) = \alpha + \beta = 1$ und $u(1) = \alpha\mathrm{e} + \frac{\beta}{\mathrm{e}} = \mathrm{e}$ folgt $\alpha = 1$ und $\beta = 0$. Damit ergibt sich die gesuchte Lösung des Variationsproblems zu $u : [0,1] \to \mathbb{R}$ mit

$$u(t) = \mathrm{e}^t.$$

35.8 •• (a) Setzen wir $g : \mathbb{R}\setminus 0 \times \mathbb{R} \times \mathbb{R} \to \mathbb{R}$ mit

$$g(x,u,u') = \frac{u'^2}{t^2},$$

so folgt aus der Euler-Gleichung

$$\begin{aligned} 0 = g_u - \frac{\mathrm{d}}{\mathrm{d}t}(g_{u'}) &= -\frac{\mathrm{d}}{\mathrm{d}t}\left(\frac{2u'(t)}{t^2}\right) \\ &= \frac{2u''(t)}{t^2} - 4\frac{u'(t)}{t^3}. \end{aligned}$$

Es folgt für $t > 0$ die separable Differenzialgleichung

$$u''(t) - \frac{2}{t}u'(t) = 0.$$

Wir bestimmen die allgemeine Lösung aus der Identität

$$\int \frac{u''}{u'}\,\mathrm{d}t = \int \frac{2}{t}\,\mathrm{d}t$$

und erhalten

$$u'(t) = c_1t^2.$$

Durch Integration ergibt sich

$$u(t) = \frac{c_1}{3}t^3 + c_2.$$

Aus den Bedingungen $u(0) = 0$ und $u(1) = 1$ folgen die Konstanten $c_1 = 3$ und $c_2 = 0$. Somit ist mit $u(t) = t^3$ ein Extremum des Funktionals gegeben.

Kapitel 35

(b) Mit

$$g(u, u') = \frac{u'^2}{1 + u^2}$$

sehen wir, dass der Integrand nicht explizit von t abhängt. Analog zum Beispiel auf S. 1332 ergibt sich mit der Euler-Gleichung, dass

$$\frac{\mathrm{d}}{\mathrm{d}t}\left(g(u, u') - u' g_{u'}(u, u')\right) = 0$$

gilt. Somit existiert zu einer Extremalfunktion eine Konstante $c_1 \in \mathbb{R}$ mit $g(u.u') - u' g_{u'}(u, u') = c_1$. Einsetzen der Funktion g führt auf

$$\frac{u'}{1 + u^2} - u' \frac{2u'}{1 + u^2} = -\frac{u'}{1 + u^2} = c_1 .$$

Integration liefert

$$\begin{aligned}\arctan u &= \int \frac{1}{1 + u^2}\,\mathrm{d}u \\ &= \int \frac{u'}{1 + u^2}\,\mathrm{d}t \\ &= -\int c_1\,\mathrm{d}t = -c_1 t + c_2 .\end{aligned}$$

Also erhalten wir für eine Extremalfunktion die Darstellung

$$u(t) = \tan(-c_1 t + c_2)$$

mit einer weiteren Konstanten $c_2 \in \mathbb{R}$. Die Bedingungen $u(0) = 0$ und $u(1) = 1$ führen auf $c_2 = 0$ und $c_1 = -\frac{\pi}{4}$. Somit ergibt sich die Lösung

$$u(t) = \tan \frac{\pi}{4} t .$$

(c) Mit der Funktion g mit $g(t, u, u') = tu^2 - t^2 u$ lautet die Euler-Gleichung

$$0 = g_u - \frac{\mathrm{d}}{\mathrm{d}t} g_{u'} = 2tu - t^2 .$$

Damit ergibt sich als ein Kandidat für ein Extremum die Funktion

$$u(t) = \frac{t}{2} .$$

Da diese Funktion aber die Randbedingungen nicht erfüllt wird offensichtlich, dass es in dem verlangten Unterraum von Funktionen kein Extremum gibt.

Dies sehen wir auch an einem einfachen Beispiel, etwa die Polynome $u : [0, 1] \to \mathbb{R}$ mit $u(t) = at(t - 1) + t$. Für jeden Wert $a \in \mathbb{R}$ erfüllen diese Funktionen die Randbedingungen und für das Funktional ergibt sich

$$J(u) = -\frac{1}{6} a + \frac{1}{2} .$$

Der Ausdruck ist unbeschränkt in $a \in \mathbb{R}$. Das Funktional besitzt also kein Extremum in der gewünschten Klasse von Funktionen.

35.9 • Mit der notwendigen Bedingung

$$\nabla f(x) = \begin{pmatrix} \cos x_1 + 4x_1 + 2x_2 \\ -\sin x_2 + 2x_1 + 4x_2 \end{pmatrix} = 0$$

für ein Extremum gilt für einen stationären Punkt

$$x_2 = -\frac{\cos x_1}{2} - 2x_1 .$$

Einsetzen dieser Identität in die zweite Gleichung liefert

$$h(x_1) = \sin\left(\frac{1}{2}\cos(x_1) + 2x_1\right) - 2\cos(x_1) - 6x_1 = 0.$$

Da h eine stetige Funktion definiert, folgt aus dem Zwischenwertsatz die Existenz einer Nullstelle, also einer Extremalstelle von f, denn $h(-\pi/2) > 0$ und $h(\pi/2) < 0$.

Die Hessematrix zu f,

$$H(x) = \begin{pmatrix} 4 - \sin x_1 & 2 \\ 2 & 4 - \cos x_2 \end{pmatrix}$$

ist positiv definit für alle $x \in \mathbb{R}^2$, da $4 - \cos x_1 > 0$ und

$$\det(H(x)) = 16 - 4\sin x_1 - 4\cos x_2 + \sin x_1 \cos x_2 - 4 > 0$$

gilt. Somit liegt an dieser Stelle ein globales Minimum vor.

Anwenden des Newton-Verfahrens,

$$x_{n+1} = x_n - (H(x_n))^{-1} \nabla f(x_n),$$

führt auf die Werte

n	x_1	x_2
0	0	0
1	−0.375 0	0.250 0
2	−0.351 6	0.233 7
3	−0.351 5	0.233 7

35.10 ••• Das BFGS-Verfahren zur Minimierung einer Funktion $f : \mathbb{R}^n \to \mathbb{R}$ ist gegeben durch

1. (Initialisierung) Zunächst wird ein Startwert $\boldsymbol{x}^{(0)} \in \mathbb{R}^n$ festgelegt, $\boldsymbol{g}^{(0)} = \nabla f(\boldsymbol{x}^{(0)})$ berechnet und $k = 0$ und $B_0 = I$ gesetzt.
2. Wenn $\boldsymbol{g}^{(k)} = 0$ ist, stoppt das Verfahren mit der stationären Stelle $\boldsymbol{x}^{(k)}$.
3. Ansonsten wird eine neue Abstiegsrichtung

$$p^{(k)} = -B_k^{-1} g^{(k)}$$

berechnet.

4. Die Armijo-Schrittweite $t_k > 0$ wird bestimmt, indem beginnend mit $j = 1$ getestet wird, ob

$$f\left(\boldsymbol{x}^{(k)} + \frac{1}{2^j}\boldsymbol{p}^{(k)}\right) < f(\boldsymbol{x}^{(k)})$$

gilt. Sobald dies zutrifft, wird $t_k = 1/2^j$ gesetzt.
5. Der eigentliche Iterationsschritt besteht in der Berechnung von:

$$\begin{aligned}
\boldsymbol{x}^{(k+1)} &= \boldsymbol{x}^{(k)} + t_k\,\boldsymbol{p}^{(k)}\\
\boldsymbol{g}^{(k+1)} &= \nabla f(\boldsymbol{x}^{(k+1)})\\
\boldsymbol{d} &= \boldsymbol{x}^{(k+1)} - \boldsymbol{x}^{(k)}\\
\boldsymbol{y} &= \boldsymbol{g}^{(k+1)} - \boldsymbol{g}^{(k)}\\
\boldsymbol{B}_{k+1} &= \boldsymbol{B}_k - \frac{(\boldsymbol{B}_k\boldsymbol{d}^{(k)})(\boldsymbol{B}_k\boldsymbol{d}^{(k)})^\top}{(\boldsymbol{d}^{(k)})^\top\boldsymbol{B}_k\boldsymbol{d}^{(k)}} + \frac{\boldsymbol{y}^{(k)}(\boldsymbol{y}^{(k)})^\top}{(\boldsymbol{y}^{(k)})^\top\boldsymbol{d}^{(k)}}
\end{aligned}$$

6. Mit Erhöhen von k um 1 wird die Iteration beim 2. Schritt fortgesetzt.

In MATLAB® kann ein entsprechendes Programm wie folgt aussehen:

```
function [lsg] = bfgsverfahren(x0,f,Jf)
%*******************************************
% BFGS-Verfahren
%
% Syntax: [lsg] = bfgsverfahren(x0,g,Jg)
%
% Eingabe:
%    x0  Startvektor
%    f   Fkt.-name Auswertung f(x)
%    Jf   Fkt.-name Auswertung grad(f)(x)
%
% Ausgabe:
%    lsg  Iterationen mit Funktionswerten
%*******************************************

% Parameter festlegen
neweps  = 1e-4;
maxiter = 100;

% Initialisierung der Iterationen
xn     = x0;
fn     = feval(f,xn);
gn     = feval(Jf,xn);
Bn     = eye(length(xn));
lsg    = [xn(1),xn(2),fn];
iter   = 0;

% Quasi-Newton Iterationen
while ((norm(gn) > neweps) & (iter < maxiter))
   % Abstiegsrichtung berechnen
   pn = - Bn \ gn;

   % Armijo-Schrittweite
   t     = 1.0;
   tmp   = xn + t*pn;
   ftmp  = feval(f,tmp);
   aiter = 1 ;

   while( (fn < ftmp) & (aiter <11) )
     t     = t / 2;
     tmp   = xn + t*pn;
     ftmp  = feval(f,tmp);
     aiter = aiter + 1;
   end

   if(aiter==11)
     fprintf(['keine Schrittweite in ' ...
            '%d -ter Iteration\n'],iter)
     break
   end

   % update
   gtmp = feval(Jf,tmp);

   d    = tmp  - xn;
   y    = gtmp - gn;

   Bn   = Bn - 1/(d'*Bn*d)*(Bn*d)*(Bn*d)' ...
          + 1/(y'*d) * y*y';
   xn   = tmp;
   fn   = ftmp;
   gn   = gtmp;
   lsg  = [lsg;[xn(1),xn(2),fn]];
   iter = iter + 1;
end
```

Wenn Sie die Rosenbrock Funktion und ihre Ableitungen, wie auf S. 1346 implementieren, liefert das Programm zum BFGS-Verfahren mit dem Aufruf

```
>> bfgsverfahren([0.5 ; 0.0],'rb','grad_rb')
```

die Werte:

k	$x_1^{(k)}$	$x_2^{(k)}$	$f(\boldsymbol{x}^{(k)})$
0	0.5000	0.0000	1.0000
1	0.2500	0.3125	0.7363
2	0.0860	0.0094	0.4907
3	0.3687	0.2097	0.3558
4	0.7141	0.4351	0.2043
5	0.6397	0.3908	0.1883
6	0.6712	0.4258	0.1698
7	0.9143	0.7337	0.1191
8	0.8362	0.6794	0.0546
9	0.8876	0.7847	0.0232
10	0.9879	0.9663	0.0013
11	0.9957	0.9907	0.0000
12	1.0005	1.0007	0.0000
13	1.0000	1.0000	0.0000
14	1.0000	1.0000	0.0000

Vergleichen Sie die Ergebnisse mit den anderen Verfahren, die im Text zu diesem Problem getestet wurden.

Anwendungsprobleme

35.11 • Wir bezeichnen mit x, y und z die gesuchten Kantenlängen der Kiste in Dezimeter. Berechnen wir die Oberfläche der Kiste, so lautet die Zielfunktion

$$f(x, y, z) = xy + 2xz + 2yz\,.$$

Als Restriktionen haben wir

$$h(x, y, z) = xyz - 1 = 0 \quad \text{und} \quad x,\ y,\ z > 0\,,$$

da die Kiste 1 l Inhalt haben soll. Mit der Lagrange-Funktion, $L = f + \lambda h$, folgt die notwendige Bedingung: $\nabla L = 0$. Dies impliziert folgendes Gleichungssystem:

$$\begin{aligned} y + 2z + \lambda yz &= 0 \quad (1)\\ x + 2z + \lambda xy &= 0 \quad (2)\\ 2x + 2y + \lambda xy &= 0 \quad (3)\\ xyz - 1 &= 0 \quad (4) \end{aligned}$$

Die Differenz (1) – (2) führt auf $(y-x)(1+\lambda z) = 0$. Da $\lambda z = -1$ in Gleichung (1) auf $z = 0$ führen würde, bleibt nur der Fall $y = x$. Aus der Gleichung (3), $x = y$ und $x > 0$ folgt $\lambda = -\frac{4}{x}$. Setzen wir diese Identität in (2) ein, so ergibt sich $x = 2z$. Mit Gleichung (4) erhalten wir die optimalen Kantenlängen

$$x = \sqrt[3]{2}\,\mathrm{dm}, \quad x = y, \quad \text{und} \quad z = \frac{x}{2}\,.$$

35.12 •• Die Lagerkosten über den gesamten Zeitraum ergeben sich durch das Integral

$$K_l = \int_0^T C_l u(t)\,\mathrm{d}t\,.$$

Mit einer Substitution im Integral für die Produktionskosten erhalten wir für die Gesamtkosten das Funktional

$$J(u) = K_p + K_l = \int_0^T \underbrace{\left(C_p(u'(t))^2 + C_l u(t)\right)}_{=g(t,u,u')}\,\mathrm{d}t$$

in Abhängigkeit der Produktionsstrategie u.

Die Euler-Gleichung zu diesem Funktional lautet

$$0 = \frac{\partial g}{\partial u} - \frac{\mathrm{d}}{\mathrm{d}t}\frac{\partial g}{\partial u'} = C_l - 2C_p u''$$

bzw.

$$u''(t) = \frac{C_l}{2C_p}\,.$$

Integration liefert

$$\begin{aligned} u'(t) &= \frac{C_l}{2C_p}t + k_1\\ u(t) &= \frac{C_l}{C_p}t^2 + k_1 t + k_2 \end{aligned}$$

mit Konstanten $k_1, k_2 \in \mathbb{R}$. Aus der Bedingung $u(0) = 0$ folgt $k_2 = 0$ und mit $u(T) = G$ erhalten wir

$$G = \frac{C_l}{C_p}T^2 + k_1 T$$

bzw.

$$k_1 = \frac{G - \frac{C_l}{C_p}T^2}{T}\,.$$

Die optimale Strategie zur Produktion ist durch

$$u(t) = \frac{C_l}{C_p}t^2 + \frac{G - \frac{C_l}{C_p}T^2}{T}t$$

gegeben.

Es handelt sich dabei mit Sicherheit um ein Minimum, da sich das Funktional aus einem quadratischen und einem linearen Term zusammensetzt und somit konvex ist.

35.13 • Da das Funktional auch von der zweiten Ableitung der gesuchten Funktion abhängt, müssen wir die im Text angegebenen Euler-Gleichungen modifizieren. Die Ableitung der Funktion

$$W(u + \varepsilon h) = \int_0^1 g(u + \varepsilon h, u' + \varepsilon h', u'' + \varepsilon h'', t)\,\mathrm{d}t$$

mit $g(u, u', u'', t) = \frac{a}{2}(u'')^2 + pu$ ist gegeben durch

$$\frac{\mathrm{d}}{\mathrm{d}\varepsilon}W(u + \varepsilon h)|_{\varepsilon=0} = \int_0^1 \frac{\partial g}{\partial u}h + \frac{\partial g}{\partial u'}h' + \frac{\partial g}{\partial u''}h''\,\mathrm{d}x\,,$$

wobei das Argument (u, u', u'', t) zu g weggelassen wurde. Mit partieller Integration (1× bzw. 2×) folgt die Identität

$$\frac{\mathrm{d}}{\mathrm{d}\varepsilon}W(u + \varepsilon h)|_{\varepsilon=0} = \int_0^1 \left(\frac{\partial g}{\partial u} - \frac{\mathrm{d}}{\mathrm{d}x}\left(\frac{\partial g'}{\partial u'}\right) + \frac{\mathrm{d}^2}{\mathrm{d}x^2}\left(\frac{\partial g''}{\partial u''}\right)\right)h\,\mathrm{d}x,$$

denn für die Testfunktionen h müssen die Randbedingungen $h(0) = h(1) = h'(0) = h'(1) = 0$ gelten, damit die Variationen von u in der Menge der zulässigen Funktionen bleiben.

Das Funktional wird stationär, wenn die Funktion u die Euler-Gleichung

$$\frac{\partial g}{\partial u} - \frac{\mathrm{d}}{\mathrm{d}x}\left(\frac{\partial g}{\partial u'}\right) + \frac{\mathrm{d}}{\mathrm{d}x}\left(\frac{\partial g}{\partial u''}\right) = p + \frac{\mathrm{d}}{\mathrm{d}x}(au'') = 0$$

erfüllt. Da $\frac{a}{2}(u'')^2 + pu$ konvex in u ist, ergibt sich dies auch für das Funktional. Somit ist durch die Differenzialgleichung ein Minimum, also die sich einstellende Biegelinie, beschrieben.

Kapitel 36

Aufgaben

Verständnisfragen

36.1 • Entscheiden Sie, ob die folgenden Behauptungen zutreffen oder nicht.

1) „Gesundheit" eines Patienten ist ein statistisches Merkmal.
2) Ordinale Merkmale besitzen keinen Mittelwert, wohl aber eine Mitte.
3) Um ein Histogramm zu zeichnen, müssen die Daten gruppiert sein.
4) Um eine Verteilungsfunktion zeichnen zu können, müssen die Daten gruppiert sein.

36.2 •• Für das Jahr 1997 wurden in den deutschen Bundesländern (außer Berlin) folgende Zahlen für den Anteil (in %) von Bäumen mit deutlichen Umweltschäden ausgewiesen:

BL	HE	NS	NRW	SH	BB	MV	S
Anteil	16	15	20	20	10	10	19

BL	SA	TH	BW	B	HH	RP	SL
Anteil	14	38	19	19	33	24	19

Erläutern Sie die Begriffe Grundgesamtheit, Untersuchungseinheit, Merkmal und Ausprägung anhand dieses Beispiels.

Zeichnen Sie für die obigen Angaben einen Boxplot. Vergleichen Sie arithmetisches Mittel und Median der Angaben.

36.3 • Von einer Fußballmannschaft (11 Mann) sind 4 Spieler jünger als 25 Jahre, 3 sind 25, der Rest (4 Spieler) ist älter. Das Durchschnittsalter liegt bei 28 Jahren. Wo liegt der Median? Wie ändern sich Median und Mittelwert, wenn für den 40-jährigen Torwart ein 18-jähriger eingewechselt wird?

36.4 • Der Ernteertrag Y hängt unter anderem vom Wassergehalt X des Bodens ab. Dabei ist Y minimal, wenn der Boden zu trocken oder zu feucht ist. Optimal ist er bei mittleren Werten $X \approx x_{\text{opt}}$. Dann ist die Korrelation $\rho(X, Y)$ abhängig vom Wertebereich, in dem X gemessen wird. Gilt nun (a):

$$\begin{aligned} \rho(X,Y) &> 0 \quad \text{falls } X \leq x_{\text{opt}} \\ \rho(X,Y) &< 0 \quad \text{falls } X \geq x_{\text{opt}} \end{aligned}$$

oder (b):

$$\begin{aligned} \rho(X,Y) &< 0 \quad \text{falls } X \leq x_{\text{opt}} \\ \rho(X,Y) &> 0 \quad \text{falls } X \geq x_{\text{opt}} \end{aligned}$$

oder weder (a) noch (b)?

36.5 • Bei einer Verpackungsmaschine seien das Nettogewicht N des Füllgutes und das Gewicht T der Verpackung voneinander unabhängig. Das Bruttogewicht B ist die Summe aus beiden

$$B = N + T .$$

Sind B und N unkorreliert oder positiv- oder negativ-korreliert?

36.6 • Bei einer Abfüllmaschine werden Ölsardinen in Öl in Dosen verpackt. Es sei S das Gewicht der Sardinen und O das Gewicht des Öls in einer Dose. Sind dann S und O unkorreliert oder positiv- oder negativ-korreliert? Wie groß ist die Korrelation zwischen S und O, wenn das Gesamtgewicht $S + O$ genau 100 Gramm beträgt?

36.7 • Sei E_S die von der Sonne eingestrahlte und E_P die von Pflanzen genutzte Energie. Hängt dann die Korrelation zwischen E_S und E_P davon ab, ob E_S durch die Wellenlänge λ oder die Frequenz $\frac{c}{\lambda}$ des Lichtes gemessen wird?

36.8 • Unterstellt man feste Umrechnungskurse zwischen den nationalen Währungen und dem Euro, sind dann die Korrelationen zwischen Einfuhr- und Ausfuhrpreisen abhängig davon, ob die Preise in DM oder in Euro gemessen werden?

36.9 • „Wenn zwei Merkmale X und Y stark miteinander korrelieren, dann muss eine kausale Beziehung zwischen X und Y herrschen." Ist diese Aussage richtig?

36.10 • In einem Betrieb arbeiteten im Jahr 1990 etwa gleich viele Frauen wie Männer im Alter zwischen 40 und 50

T. Arens et al., *Arbeitsbuch Mathematik*, https://doi.org/10.1007/978-3-662-64391-4_35

Jahren. Ist dann die Korrelation zwischen der Schuhgröße der Beschäftigten und ihrem Einkommen positiv?

36.11 • Kann die Varianz der Summe zweier Merkmale kleiner als die kleinste Einzelvarianz sein?

$$\operatorname{var}(X+Y) < \min(\operatorname{var} X; \operatorname{var} Y)?$$

36.12 • In der Abb. 36.44 sind sechs verschiedene Punktwolken $A, B, C \ldots$ symbolisch durch Ellipsen angezeigt. In welchen Punktwolken ist die Korrelation positiv oder negativ? Wo ist die Korrelation gleich null? Ordnen Sie die Punktwolken nach der Größe ihrer Korrelation von -1 bis $+1$.

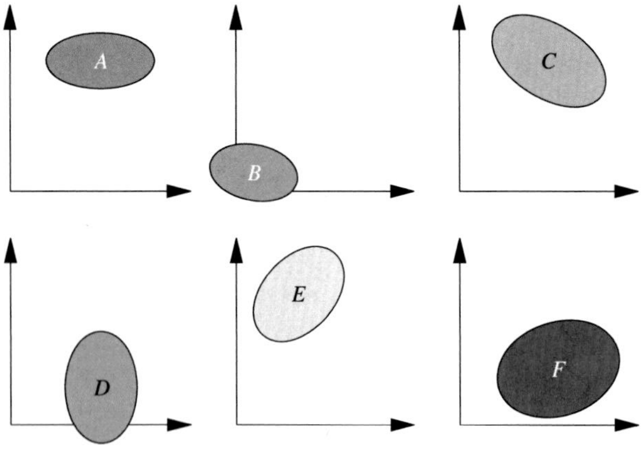

Abb. 36.44 Sechs verschiedene Punktwolken

Rechenaufgaben

36.13 •• Bei 20 Beobachtungen wurde ein Merkmal X erhoben. Die Verteilungsfunktion ist in der Abbildung dargestellt. Wie groß ist der Anteil der Beobachtungen zwischen 3 und 4? Wie viele Beobachtungen liegen bei $X = 7$? Wie viele Beobachtungen sind größer oder gleich 8?

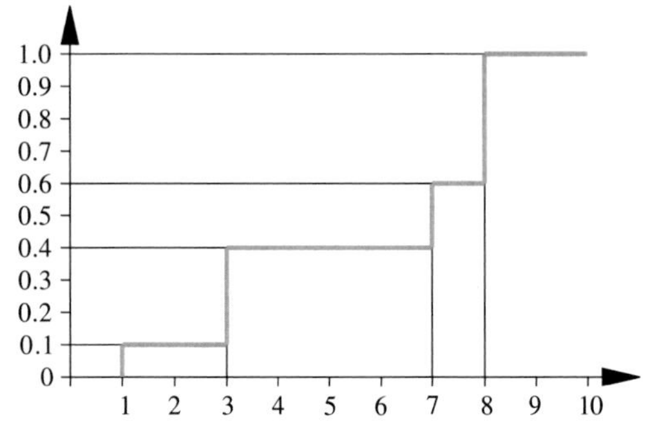

36.14 •• Sie erhalten die folgenden 8 Datenwerte: 34, 45, 11, 42, 49, 33, 27, 11.

1. Bestimmen Sie die empirische Verteilungsfunktion $\widehat{F}$.
2. Geben Sie arithmetisches Mittel, Median und Modus an.
3. Berechnen Sie die Varianz (a) aus den ungruppierten Originalwerten, (b) aus den geordneten Werten und (c) mit dem Verschiebungssatz.
4. Berechnen Sie die Standardabweichung, die mittlere absolute Abweichung vom Median und die Spannweite.

36.15 • Es seien die folgenden 6 Werte x_i gegeben:

$$-1.188,\ -1.354,\ -1.854,\ 0.146,\ -0.354,\ -0.521$$

Die zugehörigen y_i Werte sind definiert durch $y_i = x_i + 0.854\,33$. Wie groß ist die Korrelation $r(\boldsymbol{x}, \boldsymbol{y})$? Nun wird definiert: $u_i = \frac{1}{x_i}$ und $v_i = \frac{1}{y_i}$. Wie groß ist die Korrelation $r(\boldsymbol{u}, \boldsymbol{v})$?

Anwendungsprobleme

36.16 • In einer Studie wurden 478 amerikanische Schüler in der 4. bis 6. Klassenstufe befragt, durch welche Eigenschaften Jugendliche beliebt werden. Die Schüler stammten sowohl aus städtischen, vorstädischen und ländlichen Schulbezirken und wurden zusätzlich nach einigen demografischen Informationen gefragt. Die erhobenen Merkmale in der Studie waren u. a.

1. Geschlecht: Mädchen oder Junge
2. Klassenstufe: 4, 5 oder 6
3. Alter (in Jahren)
4. Hautfarbe: Weiß, Andere
5. Region: ländlich, vorstädtisch, städtisch
6. Schule: Brentwood Elementary, Brentwood Middle, usw.
7. Ziele: die Antwortalternativen waren 1 = gute Noten, 2 = beliebt sein, 3 = gut im Sport
8. Noten: Wie wichtig sind Noten für die Beliebtheit (1 = am wichtigsten bis 4 = am unwichtigsten)

Geben Sie für die acht Merkmale jeweils den Typ und die Skalierung sowie geeignete Parameter und grafische Darstellungen an.

36.17 •• Der Umweltbeauftragte der bayrischen Staatsregierung lässt eine Untersuchung zur Schädigung der heimischen Wälder erstellen. Es werden in 70 unterschiedlichen Waldgebieten jeweils 100 Bäume ausgewählt, die auf eine mögliche Schädigung durch Umweltschadstoffe hin untersucht werden. Die Ergebnisse sind in nachfolgender Tabelle dargestellt:

Anzahl der geschädigten Bäume im Waldgebiet von … bis unter	Anzahl der Waldgebiete
0–20	25
20–40	20
40–80	15
80–100	10

1. Stellen Sie die Verteilung der absoluten Häufigkeiten dieser gruppierten Daten in einem Histogramm dar. Was ändert sich, wenn Sie die relativen Häufigkeiten darstellen?
2. Zeichnen Sie die empirische Verteilungsfunktion.

3. Bestimmen Sie grafisch den Median und die Quantile $x_{0.25}$ und $x_{0.75}$ dieser Häufigkeitsverteilung.
4. Berechnen Sie diese Quantile aus den gruppierten Daten.
5. In welchem Intervall liegen die mittleren 50% der Werte?
6. Berechnen Sie den Quartilsabstand, das arithmetische Mittel und die Varianz aus den gruppierten Daten. Aus den Urdaten wurde $\overline{x} = 39$ und $s^2 = 720$ ermittelt. Begründen Sie die Unterschiede!

36.18 ••

(a) Bei einer Autofahrt lösen Sie sich mit Ihrem Beifahrer am Lenker ab. Bei jedem Wechsel notieren Sie die gefahrene Strecke s_i und die dabei erzielte Durchschnittsgeschwindigkeit v_i. Wie groß ist Ihre Durchschnittsgeschwindigkeit v auf der Gesamtstrecke?
(b) Bei einer Autofahrt lösen Sie sich mit Ihrem Beifahrer am Lenker ab. Bei jedem Wechsel notieren Sie die gefahrene Zeit t_i und die dabei erzielte Durchschnittsgeschwindigkeit v_i. Wie groß ist ihre Durchschnittsgeschwindigkeit v auf der Gesamtstrecke?
(c) Auf einer Autobahnbrücke hat die Polizei eine Radar-Messstation eingerichtet und notiert die Geschwindigkeiten v_i der vorbeifahrenden Autos. Wie groß ist die Durchschnittsgeschwindigkeit v auf der Autobahn?

36.19 •• Bei einer Versuchsserie muss ein zu reinigendes Medium eine Filterschicht aus kleinen porösen Tonkugeln mit dem Durchmesser D passieren. Die Filterwirkung wird durch die quantitative Variable Y gemessen. Bei 10 Versuchen seien die folgenden Wertepaare gemessen worden.

Y	2.07	2.73	2.52	2.68	2.65	2.30	2.52	1.78	2.37	3.68
D	1	2	3	4	5	6	7	8	9	10

Bestimmen Sie die Korrelation zwischen der Filterwirkung Y und der *Größe* der Kugeln. Definieren Sie dabei die *Größe* (a) über den Durchmesser D, (b) über die Oberfläche $O \simeq D^2$ und (c) über das Volumen $V \simeq D^3$ der Kugeln. Wieso erhalten Sie drei verschiedene Ergebnisse?

36.20 ••• Angenommen, wir haben die in der folgenden Tabelle dargestellten Daten aus 10 Ländern:

					Quoten mal 100		
Land	F_i	B_i	S_i	W_i	S_F	B_F	S_W
1	8624	370	213	157	2.47	4.3	135
2	9936	210	48	150	0.48	2.1	32
3	2093	323	100	190	4.78	15.4	53
4	3150	306	152	185	4.83	9.7	82
5	4584	373	146	177	3.18	8.1	82
6	4294	556	95	179	2.21	13.0	53
7	15 570	520	85	122	0.55	3.3	69
8	9260	300	149	154	1.61	3.2	97
9	2377	580	149	288	6.27	24.4	52
10	12 149	287	192	139	1.58	2.4	138

Dabei bedeuten F_i die Fläche des i-ten Landes in km^2, B_i die Anzahl (in Tausend) der im letzten Jahr dort geborenen Babys, S_i die Anzahl der Störche und W_i die Gesamtgröße der Wasserfläche in km^2 (die Zahlen sind fiktiv).

(a) Bestimmen Sie die Korrelationen $r(F, B)$, $r(F, S)$ und $r(B, S)$.
(b) Beziehen Sie dann die jeweilige Anzahl der Babys und der Störche auf die zur Verfügung stehende Fläche. Es sei $(S_F)_i = S_i/F_i$ und $(B_F)_i = B_i/F_i$ die Anzahl der Störche pro km^2 bzw. die Anzahl der Babys pro km^2. Bestimmen Sie die Korrelation $r(S_F, B_F)$.
(c) Nun beziehen Sie die Anzahl der Störche nicht auf die Größe des Landes, sondern auf die Größe der nahrungsspendenden Wasserfläche W. Jetzt ist $(S_W)_i = S_i/W_i$ die Anzahl der Störche pro km^2 Wasserfläche. Bestimmen Sie die Korrelation $r(S_W, B_F)$.

Was lässt sich aus diesen Korrelationen lernen?

Hinweise

Verständnisfragen

36.1 • –

36.2 •• –

36.3 • –

36.4 • –

36.5 • –

36.6 • –

36.7 • –

36.8 • –

36.9 • –

36.10 • –

36.11 • –

36.12 • –

Rechenaufgaben

36.13 •• –

36.14 •• –

36.15 • –

Anwendungsprobleme

36.16 • –

36.17 •• –

36.18 •• Geschwindigkeit ist Strecke pro Zeit. Für die i-te Teilstrecke gilt

$$v_j = \frac{s_j}{t_j}, \quad j = 1, \ldots, n.$$

36.19 •• Berechnen Sie $r(\boldsymbol{y}, \boldsymbol{d})$, $r(\boldsymbol{y}, \boldsymbol{d}^2)$ und $r(\boldsymbol{y}, \boldsymbol{d}^3)$. Überlegen Sie, ob Sie Faktoren wie 4π bzw. $\frac{4}{3}\pi$ berücksichtigen müssen?

36.20 ••• –

Lösungen

Verständnisfragen

36.1 • 1) Falsch, solange „Gesundheit" nicht durch eine Messvorschrift eindeutig definiert ist. 2) Richtig, den Median. 3) Richtig. 4) Falsch.

36.2 •• Grundgesamtheit: Bäume in den deutschen Bundesländern (außer Berlin) im Jahr 1997. Untersuchungseinheit: Baum. Untersuchungsmerkmal: Umweltschaden. Ausprägung: Umweltschaden Ja/Nein.

Die geordneten Daten sind

i	1	2	3	4	5	6	7	8	9	10	11	12	13	14
	10	10	14	15	16	19	19	19	19	20	20	24	33	38

Die für den Boxplot notwendigen Größen sind: Minimum $x_{(1)} = 10$, unteres Quartil $x_{0.25} = x_{(4)} = 15$, Median $x_{\text{Med}} = x_{(7)} = x_{(8)} = 19$, oberes Quartil $x_{0.75} = x_{(11)} = 20$, Maximum $x_{(14)} = 38$. Abbildung 36.45 zeigt den Boxplot.

Der Boxplot zeigt eine linkssteile Verteilung. Die wird durch die Relation: Modus = Median = $19 < \bar{x} = 19.71$ bekräftigt.

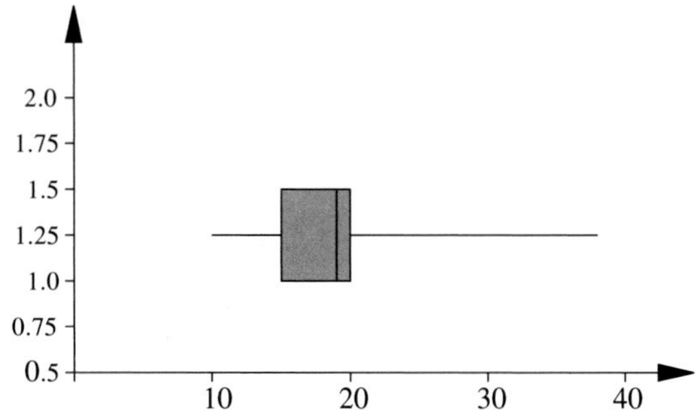

Abb. 36.45 Boxplot der Baumschäden

36.3 • Der Median ist und bleibt 25, der Mittelwert des Alters nimmt beim Torwarttausch um 2 Jahre ab.

36.4 • Die Aussage (a) gilt

36.5 • B und N sind positiv korreliert, denn $\text{cov}(B, N) = \text{cov}(N + T, N) = \text{var}(N) > 0$.

36.6 • S und O sind negativ-korreliert. Je mehr Sardinen in der Dose sind, umso weniger Öl passt rein. Ist $S + O = 100$, so ist die Korrelation gleich -1.

36.7 • Ja, denn die Beziehung zwischen Wellenlänge und Frequenz ist nicht linear.

36.8 • Nein, denn der Umrechnungskurs von Euro in DM ist linear.

36.9 • Nein, denn die Korrelation kann durch eine latente dritte Variable verursacht sein.

36.10 • Leider ja, denn Frauen haben in der Regel kleinere Füße und geringeres Gehalt.

36.11 • Ja. Ist zum Beispiel $Y = -X$, dann ist $\text{var}(X + Y) = 0$.

36.12 • Bezeichen wir mit r_A die Korrelation der Punktwolke A und entsprechend auch die der anderen Punktwolken, so gilt:

$$r_C < r_B < 0 \approx r_A \approx r_D < r_F < r_E$$

Rechenaufgaben

36.13 •• Im Intervall $(3, 4]$ liegen 0%, im Intervall $[3, 4]$ liegen 30%, bei $X = 7$ liegen 20% und größer oder gleich 8 sind 40.

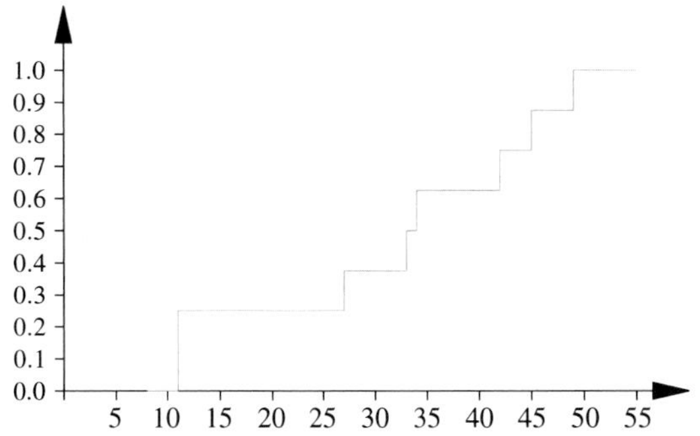

Abb. 36.46 Verteilungsfunktion aus acht Daten

36.14 •• Abbildung 36.46 zeigt $\widehat{F}$.

Weiter ist $\overline{x} = 31.5$, $x_{\text{med}} = 33.5$ und der Modus liegt bei 11. $\text{var}(\boldsymbol{x}) = 183.5$, $\sqrt{\text{var}(\boldsymbol{x})} = 13.546$. Die absolute Abweichung ist 11, die Spannweite ist 38.

36.15 • Bis auf Rundungsfehler ist $r(\boldsymbol{x}, \boldsymbol{y}) = 1$ und $\text{r}(\boldsymbol{u}, \boldsymbol{v}) = 0$

Anwendungsprobleme

36.16 •

Merkmal	Typ	Skalierung
Geschlecht	diskret	nominal
Stufe	diskret	kardinal/ordinal
Alter	diskret	kardinal
Rasse	diskret	nominal
Region	diskret	nominal
Schule	diskret	nominal/ordinal
Ziele	diskret	nominal
Noten	diskret	ordinal

Merkmal	Lageparameter	Streuung	graf. Darstellung
Geschlecht	Modus	–	Kreis
Stufe	Modus	–	Kreis, Balken
Alter	Mittelwert	Varianz	Histogramm, Box-Plot
Rasse	Modus	–	Kreis, Balken
Region	Modus	–	Kreis, Balken
Schule	Modus	–	Kreis, Balken
Ziele	Modus	–	Kreis, Balken
Noten	Modus	–	Kreis, Balken

36.17 •• 1. Das Histogramm der absoluten Häufigkeit ist in Abb. 36.47 zu sehen.

Bei der Darstellung der relativen Häufigkeit (Histogramm der Waldschäden) würde sich nur die Skala der Ordinatenachse ändern, alle Werte wären um den Faktor $n = 70$ kleiner.

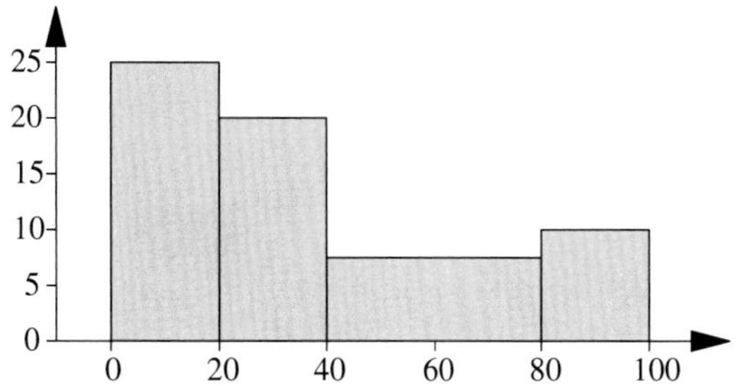

Abb. 36.47 Histogramm der Waldschäden

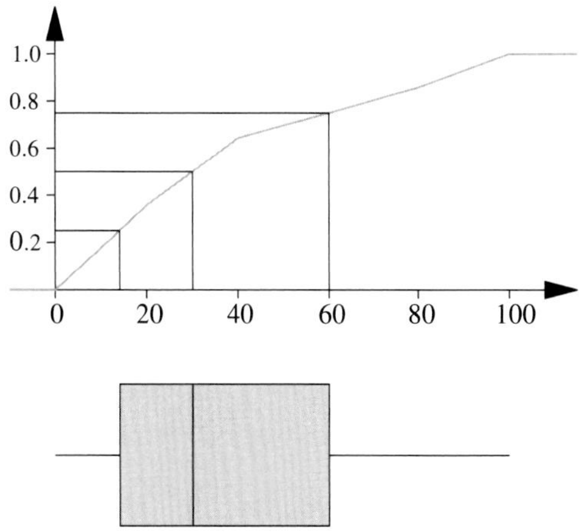

Abb. 36.48 Verteilungsfunktion der Waldschäden und Boxplot

2. Die empirische Verteilungsfunktion $\widetilde{F}$ aus den gruppierten Daten und den Boxplot zeigt Abb. 36.48.

Aus ihr liest man ab: $x_{0.25} \approx 14$, $x_{0.5} \approx 30$ und $x_{0.75} \approx 60$. Dies sind auch die berechneten Werte. Weiter ist 46 der Quartilsabstand, $\bar{x} = 37.857$ und $\text{var}(\boldsymbol{x}) = 788.265$. Durch die Gruppierung der Daten geht Information verloren. Entsprechend der Wahl der Gruppengrenzen verschiebt sich der arithmetische Mittelwert und die empirische Varianz.

36.18 •• (a) mit den Strecken gewichtetes harmonisches Mittel, (b) mit den Zeiten gewichtetes arithmetisches Mittel, (c) ungewichtetes arithmetisches Mittel.

36.19 ••
$$r(\boldsymbol{y}, \boldsymbol{d}) = 0.2681$$
$$r(\boldsymbol{y}, \boldsymbol{o}) = r(\boldsymbol{y}, \boldsymbol{d}^2) = 0.3263$$
$$r(\boldsymbol{y}, \boldsymbol{v}) = r(\boldsymbol{y}, \boldsymbol{d}^3) = 0.6744$$

36.20 ••• B, S und F sind praktisch unkorreliert: $r(F, B) = -0.15$, $r(F, S) = -0.05$ und $r(B, S) = -0.05$.

Trotzdem sind die Baby- und die Storchquoten hochgradig miteinander korreliert $r(B_F, S_F) = 0.87$! Ein arg naiver Betrachter könnte aus der erfreulichen Zunahme der Störche auch auf ein Ansteigen der Geburtenziffer hoffen. Berücksichtigt man dagegen die Wasserfläche, so sind auf einmal Baby- und Storchquoten negativ korreliert: $r(B_F, S_W) = -0.46$! Also je weniger Störche, umso mehr Kinder! Oder??

Was lässt sich aus diesem Beispiel lernen? Eine kausale Verknüpfung zwischen F, B und S ist nirgends ersichtlich. Berechnet man jedoch Quoten oder andere Gliederungszahlen, so können sich die Korrelationen unvorhersehbar ändern.

Lösungswege

Verständnisfragen

36.1 • –

36.2 •• –

36.3 • –

36.4 • –

36.5 • –

36.6 • –

36.7 • –

36.8 • –

36.9 • –

36.10 • –

36.11 • –

36.12 • –

Rechenaufgaben

36.13 •• –

36.14 •• Bestimmung des arithmetischen Mittels:

$$\overline{x} = \frac{1}{n}\sum_{i=1}^{n} x_i = \frac{1}{8}(34 + 45 + 11 + 42 + 49 + 33 + 27 + 11)$$
$$= 31.5$$

Bestimmung des Medians: Die geordneten Daten sind: $x_{(1)} = 11$, $x_{(2)} = 11$, $x_{(3)} = 27$, $x_{(4)} = 33$, $x_{(5)} = 34$, $x_{(6)} = 42$, $x_{(7)} = 45$, $x_{(8)} = 49$,

$$x_{\text{med}} = \frac{1}{2}(x_{(4)} + x_{(5)}) = \frac{1}{2}(33 + 34) = 33.5.$$

Bestimmung des Modus: Der Modus liegt bei 11, da dieser Wert zweimal auftritt und alle anderen nur einmal.

Bestimmung der Varianz aus der Urliste:

$$\begin{aligned}\operatorname{var}(x) &= \frac{1}{n}\sum_{i=1}^{n}(x_i - \overline{x})^2 \\ &= \frac{1}{8}\big((34 - 31.5)^2 + (45 - 31.5)^2 \\ &\quad + (11 - 31.5)^2 + (42 - 31.5)^2 \\ &\quad + (49 - 31.5)^2 + (33 - 31.5)^2 \\ &\quad + (27 - 31.5)^2 + (11 - 31.5)^2\big) \\ &= \frac{1}{8}\cdot 1468 = 183.5\end{aligned}$$

Bestimmung der Varianz aus geordneten Liste:

i	x_i	n_i	$x_i - \overline{x}$	$n_i(x_i - \overline{x})^2$	$n_i x_i^2$
	11	2	−20.5	840.5	242
	27	1	−4.5	20.25	729
	33	1	1.5	2.25	1089
	34	1	2.5	6.25	1156
	42	1	10.5	110.25	1764
	45	1	13.5	182.25	2025
	49	1	17.5	306.25	2401
$\sum$		8		1468	9406

Dann ist $\operatorname{var}(\boldsymbol{x}) = \frac{1}{8}\sum n_i\,(x_i - \overline{x})^2 = \frac{1468}{8} = 183.5$. Der Verschiebungssatz liefert

$$\operatorname{var}(\boldsymbol{x}) = \frac{1}{8}\sum n_i x_i^2 - \overline{x}^2 = \frac{9406}{8} - 31.5^2 = 183.5$$

Die Standardabweichung ist:

$$\sqrt{\operatorname{var}(x)} = \sqrt{183.5} = 13.546$$

Bestimmung der absoluten Abweichung:

$$\begin{aligned}\frac{1}{n}\sum_{i=1}^{n}|x_i - x_{\text{med}}| &= \frac{1}{8}\big(|34 - 33.5| + |45 - 33.5| \\ &\quad + |11 - 33.5| + |42 - 33.5| \\ &\quad + |49 - 33.5| + |33 - 33.5| \\ &\quad + |27 - 33.5| + |11 - 33.5|\big) \\ &= \frac{1}{8}\big(0.5 + 11.5 + 22.5 + 8.5 \\ &\quad + 15.5 + 0.5 + 6.5 + 22.5\big) \\ &= \frac{1}{8}\cdot 88 = 11\end{aligned}$$

Die Spannweite ist $x_{(n)} - x_{(1)} = 49 - 11 = 38$

36.15 • Da $y_i = x_i + 0,85433$ linear von x_i abhängt ist, ist $r(\boldsymbol{x}, \boldsymbol{y}) = 1$. Die Tabelle zeigt die x_i- und die y_i-Werte sowie deren Kehrwerte.

y_i	x_i	$v_i = 1/y_i$	$u_i = 1/x_i$	$u_i v_i = 1/(x_i y_i)$
−0.333	−1.188	−3	−0.842	2.526
−0.500	−1.354	−2	−0.738	1.477
−1.000	−1.854	−1	−0.539	0.539
1.000	0.146	1	6.862	6.862
0.500	−0.354	2	−2.823	−5.645
0.333	−0.521	3	−1.920	−5.759
0.000	−5.125	0	0.000	0.000

Aus der Tabelle folgt

$$\sum_{i=1}^{6} v_i = 0 \quad \text{und} \quad \sum_{i=1}^{6} u_i v_i = 0$$

Wegen $\overline{v} = 0$, ist $\operatorname{cov}(\boldsymbol{u}, \boldsymbol{v}) = \frac{1}{6}\sum_{i=1}^{6} u_i v_i - \overline{uv} = 0$ und folglich $r\left(\frac{1}{x}, \frac{1}{y}\right) = 0$.

Anwendungsprobleme

36.16 • –

36.17 •• Berechnung des Histogramms:

i	n_i	b_i	$h_i = n_i/b_i$
0–20	25	1	25
20–40	20	1	20
40–80	15	2	7.5
80–100	10	1	10

Berechnung der empirische Verteilungsfunktion:

i	n_i	$\sum n_i$	$\widetilde{F}(x)$
0–20	25	25	0.357
20–40	20	45	0.643
40–80	15	60	0.857
80–100	10	70	1.00

Berechnung der Quantile: Gesucht wird das Quantil x_α mit $\widetilde{F}(x_\alpha) = \alpha$. Dieses Quantil liegt in der i-ten Gruppe $(g_l, g_r]$ mit dem linken Gruppenende g_l und dem rechten Gruppenende g_r, falls

$$\widetilde{F}(g_l) < \alpha < \widetilde{F}(g_r).$$

Die Besetzungszahl der i-ten Gruppe ist n_i ,der Zuwachs der empirische Verteilungsfunktion $\widetilde{F}$ in der i-ten Grupppe ist $\frac{n_i}{n}$. Die Gruppenbreite ist b_i. Das Quantil x_α ist $g_l + \Delta x$. Siehe die Abb. 36.49.

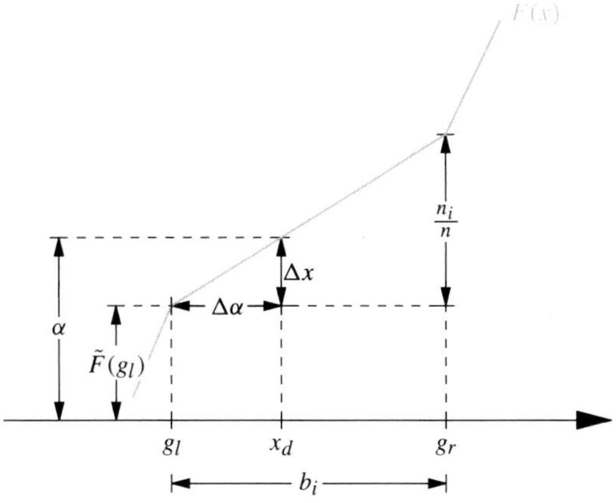

Abb. 36.49 Für das α-Quantil gilt: $x_\alpha = g_l + \Delta x$ mit $\frac{\Delta x}{\Delta\alpha} = \frac{b_i}{n_i/n}$

Der Graph der Verteilungsfunktion $\widetilde{F}$ wird in Höhe $\alpha = \widetilde{F}(g_l) + \Delta\alpha$ geschnitten. Nach dem Strahlensatz gilt Für das Quantil x_α gilt: $x_\alpha = g_l + \Delta x$ mit $\frac{\Delta x}{\Delta\alpha} = \frac{b_i}{n_i/n}$

$$\frac{\Delta x}{\Delta\alpha} = \frac{b_i}{n_i/n}$$

$$\Delta x = \Delta\alpha \cdot \frac{b_i}{n_i/n} = n\frac{b_i}{n_i}\left(\alpha - \widetilde{F}(g_l)\right)$$

$$\Delta x = \frac{b_i}{n_i}\left(n\alpha - \sum_{j<i} n_j\right)$$

Liegt also x_α in der i-ten Gruppe mit dem unteren Rand g_l, so ist

$$x_\alpha = g_l + \frac{b_i}{n_i}\left(n\alpha - \sum_{j<i} n_j\right).$$

$x_{0.25}$ liegt in der ersten Gruppe. Damit ist

$$x_{0.25} = \frac{20}{25}(70 \cdot 0.25 - 0) = 14$$

$x_{0.5}$ liegt in der zweiten Gruppe. Damit ist

$$x_{0.5} = 20 + \frac{20}{20}(70 \cdot 0.5 - 25) = 30.0$$

$x_{0.75}$ liegt in der dritten Gruppe. Damit ist

$$x_{0.75} = 40 + \frac{40}{15}(70 \cdot 0.75 - 45) = 60.0$$

Zwischen dem oberen Quartil $x_{0.75}$ und dem unteren Quartil $x_{0.25}$ liegen die mittleren 50%. Der Quartilsabstand ist $x_{0.75} - x_{0.25} = 60 - 14 = 46$.

Kapitel 36

Bestimmung des arithmetischen Mittels und der empirischen Varianz:

i	m_i	n_i	$m_i n_i$	$m_i^2 n_i$
0–20	10	25	250	2500
20–40	30	20	600	18 000
40–80	60	15	900	54 000
80–100	90	10	900	81 000
$\sum$			2650	155 500

$$\bar{x} = \frac{1}{70}\sum_{i=1}^{4} m_i n_i = \frac{2650}{70} = 37.857$$

$$\operatorname{var}(9) = \frac{1}{70}\sum_{i=1}^{4} m_i^2 n_i - \bar{x}^2 = \frac{155\,500}{70} - 37.857^2 = 788.265$$

36.18 •• (a) Aus $v_j = \frac{s_j}{t_j}$ folgt $t_j = \frac{s_j}{v_j}$. F ür die Gesamtstrecke gilt daher

$$v_{\text{mittel}} = \frac{\sum_{j=1}^{n} s_j}{\sum_{j=1}^{n} t_j} = \frac{\sum_{j=1}^{n} s_j}{\sum_{j=1}^{n} \frac{s_j}{v_j}} = \frac{1}{\sum_{j=1}^{n} \frac{1}{v_j} \frac{s_j}{\sum_{j=1}^{n} s_j}}$$

$$= \left(\sum_{j=1}^{n} \alpha_j v_j^{-1} \right)^{-1} = \overline{v}_{\text{harmonisch}}.$$

v_{mittel} ist das mit den Gewichten $\alpha_j = \frac{s_j}{\sum_{j=1}^{n} s_j}$ gewichtete harmonisches Mittel der Geschwindigkeiten.

(b)

$$v_{\text{mittel}} = \frac{\sum_{j=1}^{n} s_j}{\sum_{j=1}^{n} t_j} = \frac{\sum_{j=1}^{n} t_j \frac{s_j}{t_j}}{\sum_{j=1}^{n} t_j} = \frac{\sum_{j=1}^{n} t_j v_j}{\sum_{j=1}^{n} t_j}.$$

(c)

$$v_{\text{mittel}} = \frac{1}{n}\sum_{j=1}^{n} v_j = \overline{v}.$$

36.19 •• –

36.20 ••• Wir berechnen die Korrelation $r(F, B)$ zwischen den Merkmalen F und B. Die folgende Tabelle zeigt alle notwendigen Rechenschritte. Dabei sind alle Zahlen auf ganze Zahlen gerundet angegeben. Gerechnet wurde aber mit 4 Dezimalstellen nach dem Komma.

i	F_i	B_i	$(F_i - \overline{F})^2$	$(B_i - \overline{B})^2$	$(F_i - \overline{F})(B_i - \overline{B})$
1	8624	370	2 017 252	156	−17 754
2	9936	210	7 465 463	29 756	−471 322
3	2093	323	26 119 254	3540	304 087
4	3150	306	16 432 484	5852	310 108
5	4584	373	6 862 828	90	24 887
6	4294	556	8 466 354	30 102	−504 833
7	15 570	520	69 994 976	18 906	1 150 366
8	9260	300	4 228 370	6806	−169 645
9	2377	580	23 297 033	39 006	−953 273
10	12 149	287	24 455 992	9120	−472 276
$\sum$	72 037	3825	189 340 006	143 337	−799 655

Daraus folgt $\overline{F} = \frac{72\,037}{10} = 7203.7$, $\overline{B} = 382.5$, $\operatorname{var}(\boldsymbol{F}) = 18\,934\,000.6$, $\operatorname{var}(\boldsymbol{B}) = 14\,333.7$ und $\operatorname{cov}(\boldsymbol{F}, \boldsymbol{B}) = -79\,965.5$. Dann ist

$$r(F, B) = \frac{\operatorname{cov}(\boldsymbol{F}, \boldsymbol{B})}{\sqrt{\operatorname{var}(\boldsymbol{F}) \cdot \operatorname{var}(\boldsymbol{B})}} = \frac{-79\,965.5}{\sqrt{18\,934\,000.6 \cdot 14\,333.7}} = -0.154$$

Für die weiteren Schritte geben wir die Kovarianzmatrix an, wie oben ganzzahlig gerundet:

cov	F	B	S	S_F	B_F	S_W
F	18 934 001	−79 965	−10 461	−6849	−23 694	51 507
B	−79 965	14 334	−294	62	488	−964
S	−10 461	−294	2298	24	−11	1423
S_F	−6849	62	24	3	11	−10
B_F	−23 694	488	−11	11	47	−106
S_W	51 507	−964	1423	−10	−106	1135

Auf der Diagonale dieser Matrix stehen der Merkmale . Wie bei der Berechnung von $r(F, B)$ bestimmt man nun die paarweisen Korrelationen.

r	F	B	S	S_F	B_F	S_W
F	1	−0.15	−0.05	−0.85	−0.79	0.35
B	**−0.15**	1	−0.05	0.28	0.59	−0.24
S	**−0.05**	**−0.05**	1	0.28	−0.03	0.88
S_F	−0.85	0.28	0.28	1	0.87	−0.17
B_F	−0.79	0.59	−0.03	**0.87**	1	−0.46
S_W	0.35	−0.24	0.88	−0.17	**−0.46**	1

Kapitel 37

Aufgaben

Verständnisfragen

37.1 • Zeigen Sie:

$$\bigcup_{i=1}^{\infty} A_i = \{\text{alle } x, \text{ die in mindestens einem } A_i \text{ liegen}\}$$

$$\bigcap_{i=1}^{\infty} A_i = \{\text{alle } x, \text{ die in allen } A_i \text{ liegen}\}$$

$$\bigcap_{i=1}^{\infty} \bigcup_{k=i}^{\infty} A_i = \{\text{alle } x, \text{ die in unendlich vielen } A_i \text{ liegen}\}$$

$$\bigcup_{i=1}^{\infty} \bigcap_{k=i}^{\infty} A_i = \{\text{alle } x, \text{ die in fast allen } A_i \text{ liegen}\}$$

37.2 • Eine Münze wird zweimal hintereinander geworfen. Dabei kann jeweils Kopf oder Zahl geworfen werden.

(a) Aus wie viel Elementen besteht die von allen möglichen Elementarereignissen erzeugte σ-Ereignisalgebra S_0?
(b) Aus welchen Ereignissen besteht die von den Ereignissen $A =$ „Der erste Wurf ist Kopf" und $B =$ „Es wurde mindestens einmal Kopf geworfen" erzeugte σ-Ereignisalgebra S_1? Enthält S_1 auch: $C =$ „Der zweite Wurf ist Kopf"?

37.3 • Sind bei einem idealen Kartenspiel mit jeweils 8 Karten in den vier Farben: „Herz", „Karo", „Pik" und „Kreuz" (insgesamt 32 Karten) die Ereignisse: „Herz" und „10" voneinander stochastisch unabhängig?

37.4 •• Zeige: Sind A und B unabhängig, dann sind auch A und B^C unabhängig, ebenso B und A^C, A^C und B^C

37.5 ••• Scheich Abdul hat einen zauberhaften Ring, der die Gabe besitzt, in der Schlacht unverwundbar zu machen. Er hat aber auch drei Söhne, Mechmed, Hassan und Suleiman, die er alle drei gleich liebt. Da er nicht einen vor dem anderen vorziehen will, überlässt er Allah die Entscheidung, wer von den dreien den Schutzring erben soll. Er lässt vom besten Goldschmied des Landes zwei Kopien des Rings herstellen, sodass am Ende alle drei Ringe äußerlich nicht zu unterscheiden sind. Nun verlost er die drei Ringe an seine drei Söhne, die auch sofort die Ringe aufsetzen und nie wieder abnehmen.

Nach seinem Tod überfällt der böse Feind mit seinen Truppen das Land und alle Brüder wollen in den Krieg ziehen. Leider hat Hassan Schnupfen, liegt im Bett und kann nicht mitkommen. Die Schlacht wird auch ohne ihn gewonnen. Leider aber ist Suleiman in der Schlacht gefallen. Mechmed besucht Hassan im Krankenzimmer und erzählt. Da äußert Hassan eine Bitte: Er will seinen Ring mit dem von Mechmed tauschen. Nach langem Zögern und Verhandeln willigt Mechmed ein, aber nur unter einer Bedingung: Er möchte Hassans Lieblingssklavin Suleika dazu haben. Hassan willigt ein, die Ringe werden getauscht. Da fragt Hassan: Sag mal, warum wolltest Du ausgerechnet Suleika haben? Da gesteht Mechmed: Weißt Du, ich war gar nicht in der Schlacht, ich war die ganze Zeit bei Suleika.

Frage: Wie bewerten Sie den Tausch vor und nach dem Geständnis?

37.6 ••• Vater Martin, Mutter Silke, die Kinder Anja und Dirk sowie Opa Arnold gehen gemeinsam zum Picknick im Wald spazieren. Auf dem Nachhauseweg bemerken die Kinder plötzlich, dass der Opa nicht mehr da ist. Es gibt genau drei Möglichkeiten

(H): Opa ist schon zuhause und sitzt gemütlich in seinem Sessel.
(M): Opa ist noch auf dem Picknick-Platz und flirtet mit jungen Mädchen.
(W): Opa ist in den nahegelegenen Wald gegangen und sucht Pilze.

Aufgrund der Gewohnheiten des Opas kennt man die Wahrscheinlichkeiten für das Eintreten der Ereignisse H, M und W:

$$P(H) = 15\,\%; \quad P(M) = 80\,\%; \quad P(W) = 5\,\%$$

Anja wird zurück zum Picknick-Platz und Dirk zum Waldrand geschickt, um den Opa zu suchen. Wenn Opa auf dem Picknick-Platz ist, findet ihn Anja mit 90 %-iger Wahrscheinlichkeit, läuft er aber im Wald herum, wird ihn Dirk mit einer Wahrscheinlichkeit von nur 50 % finden.

T. Arens et al., *Arbeitsbuch Mathematik*, https://doi.org/10.1007/978-3-662-64391-4_36

1. Wie groß ist die Wahrscheinlichkeit, dass Anja den Opa findet?
2. Wie groß ist die Wahrscheinlichkeit, dass eines der Kinder den Opa finden wird?
3. Wie groß ist die Wahrscheinlichkeit dafür, den Opa bei Rückkehr zuhause in seinem Sessel sitzend anzutreffen, falls die Kinder ihn nicht finden sollten?

37.7 ••• Es seien α, β und γ drei Krankheitssymptome, die gemeinsam auftreten können. Dabei bedeute α^C, dass das Symptom α nicht aufgetreten ist; Analoges gilt für β^C und γ^C. Die Wahrscheinlichkeiten der einzelnen Kombinationen seien:

$$P(\alpha\beta\gamma) = \frac{1}{8} \qquad P(\alpha\beta\gamma^C) = 0$$
$$P(\alpha\beta^C\gamma) = \frac{1}{8} \qquad P(\alpha\beta^C\gamma^C) = \frac{1}{4}$$
$$P(\alpha^C\beta\gamma) = \frac{1}{8} \qquad P(\alpha^C\beta\gamma^C) = \frac{1}{4}$$
$$P(\alpha^C\beta^C\gamma) = \frac{1}{8} \qquad P(\alpha^C\beta^C\gamma^C) = 0$$

Dabei haben wir abkürzend $\alpha\beta\gamma$ für $\alpha \cap \beta \cap \gamma$ geschrieben. Analog in den übrigen Formeln.

Zeigen Sie:

(a) $P(\alpha\beta\gamma) = P(\alpha)P(\beta)P(\gamma)$.
(b) $P(\alpha\beta) \neq P(\alpha)P(\beta)$.

37.8 ••• Es seien die n Ereignisse A_i, $i = 1, \ldots, n$ disjunkt und $V = \bigcup_{i=1}^{n} A_i$. Weiter sei jedes A_i unabhängig vom Ereignis B.

(a) Zeigen Sie, dass dann auch V und B unabhängig sind.
(b) Zeigen Sie an einem Beispiel, dass dies nicht mehr gilt, wenn die A_i nicht disjunkt sind.

Rechenaufgaben

37.9 •

1. An der Frankfurter Börse wurde eine Gruppe von 70 Wertpapierbesitzern befragt. Es stellte sich heraus, dass 50 von ihnen Aktien und 40 Pfandbriefe besitzen. Wie viele der Befragten besitzen sowohl Aktien als auch Pfandbriefe?
2. Aus einer zweiten Umfrage unter allen Rechtsanwälten in Frankfurt wurde bekannt, dass 60 % der Anwälte ein Haus und 80 % ein Auto besitzen. 20 % der Anwälte sind Mitglied einer Partei.
   Von allen Befragten sind 40 % Auto- und Hausbesitzer, 10 % Autobesitzer und Mitglied einer Partei und 15 % Hausbesitzer und Mitglied einer Partei. Wie viel Prozent besitzen sowohl eine Auto als auch ein Haus und sind Mitglied einer Partei?

37.10 • Wie viele k-stellige Zahlen lassen sich aus den Ziffern von 1 bis 9 bilden?

37.11 •• Wie viele verschiedene Arbeitsgruppen mit jeweils 4 Personen kann man aus einer Belegschaft von 9 Personen bilden?

37.12 •• An einem Wettkampf beteiligen sich 8 Sportler. Sie wollen die drei Medaillengewinner voraussagen.

(a) Wie viele Tipps müssen Sie abgeben, damit Sie mit Sicherheit die drei Gewinner dabei haben?
(b) Wie viele Tipps brauchen Sie, wenn auch noch die Rangfolge – Golf, Silber, Bronze – stimmen soll?

37.13 • Wie viele verschiedene – nicht notwendig sinnvolle – Worte kann man aus allen Buchstaben der folgenden Worte bilden?

(a) dort,
(b) gelesen,
(c) Ruderregatta.

37.14 ••• Wie viele Arten gibt es, 8 Türme auf ein sonst leeres Schachbrett zu stellen, sodass sie sich nicht schlagen können?

37.15 • Ein Autokennzeichen bestehe aus ein bis drei Buchstaben gefolgt von 4 Ziffern. Wie viel verschiedene Kennzeichen können so erzeugt werden?

37.16 •• In einem Büro mit 3 Angestellten sind 4 Telefonate zu erledigen. Wie viele Möglichkeiten gibt es, diese 4 Aufgaben auf die drei Personen zu verteilen?

37.17 •• Zu einer Feier wollen Ihre Gäste Weißwein trinken. Sie haben von drei Sorten jeweils 12 Flaschen im Keller und wollen einige Flaschen im Kühlschrank kalt stellen. Der Kühlschrank fasst aber nur 6 Flaschen. Wie groß ist die Anzahl der Möglichkeiten 6 Flaschen auszuwählen und im Kühlschrank zu verstauen?

37.18 ••

(a) Auf wie viel verschiedene Arten lassen sich m verschiedene Kugeln auf n verschiedene Schubladen aufteilen?
(b) Auf wie viel verschiedene Arten lassen sich m gleiche Kugeln auf n verschiedene Schubladen aufteilen?

37.19 ••• Wir betrachten vier Spielkarten $B \mathrel{\hat{=}} \textit{Bube}$, $D \mathrel{\hat{=}} \textit{Dame}$, $K \mathrel{\hat{=}} \textit{König}$ und den *Joker* $\mathrel{\hat{=}} J$. Jede dieser vier Karten werde mit gleicher Wahrscheinlichkeit $\frac{1}{4}$ gezogen. Der Joker kann als *Bube*, *Dame* oder *König* gewertet werden. Wir ziehen eine Karte und definieren die drei Ereignisse:

$$b = \{B \cup J\} \quad \Rightarrow \quad P(b) = \frac{1}{2}$$

$$d = \{D \cup J\} \quad \Rightarrow \quad P(d) = \frac{1}{2}$$

$$k = \{K \cup J\} \quad \Rightarrow \quad P(k) = \frac{1}{2}$$

Zeigen Sie: Die Ereignisse b, d, k sind paarweise, aber nicht total unabhängig.

37.20 ••• Gegeben sei eine Münze, die mit Wahrscheinlichkeit α Kopf und mit Wahrscheinlichkeit $1 - \alpha$ Zahl wirft: $P(K) = \alpha$ und $P(Z) = 1 - \alpha$. Die Münze wird dreimal total unabhängig voneinander geworfen. Wir betrachten die beiden Ereignisse A = „Es fällt höchstens einmal Zahl" und B = „Es fällt jedesmal dasselbe Ereignis". Für welche Werte von α sind A und B unabhängig?

37.21 ••• Bei einem Münz-Wurf-Spiel wird eine Münze hintereinander mehrmals geworfen, die mit Wahrscheinlichkeit γ „Kopf" wirft. Dabei seien die Würfe total unabhängig voneinander. Wird „Kopf" geworfen, erhalten Sie einen Euro, wird „Zahl" geworfen, zahlen Sie einen Euro. Sie starten mit 0 €. Das Spiel bricht ab, wenn Ihr Spielkonto entweder ein Guthaben von 2 € oder Schulden von 2 € aufweist. Wie groß ist die Wahrscheinlichkeit α, dass Sie mit einem Guthaben von 2 € das Spiel beenden?

37.22 •• Bei einer Klausur sind bei jeder Frage m Antwortmöglichkeiten angegeben. Mit Wahrscheinlichkeit α weiß jeder Prüfling die richtige Antwort. Nehmen Sie an, dass ein Prüfling, der die korrekte Antwort nicht weiß, würfelt und eine der m Antworten mit gleicher Wahrscheinlichkeit ankreuzt. Weiß er dagegen die Antwort, so kreuzt er mit Sicherheit die richtige Antwort an. Angenommen, eine Frage sei richtig beantwortet. Wie groß ist die Wahrscheinlichkeit γ, dass der Prüfling die Antwort wusste?

37.23 ••• n Ehepaare feiern gemeinsam Silvester. Um 24:00 Uhr wird getanzt. Dazu werden alle Tanzpaare ausgelost.

(a) Wie groß ist die Wahrscheinlichkeit, dass niemand dabei mit seinem eigenen Ehepartner tanzt?
(b) Gegen welche Zahl konvergiert diese Wahrscheinlichkeit, falls $n \to \infty$ geht?

Anwendungsprobleme

37.24 •• Der zerstreute Professor verliert mitunter seine Schlüssel. Nun kommt er einmal abends nach Hause und sucht wieder einmal den Schlüssel. Er weiß, dass er mit gleicher Wahrscheinlichkeit in jeder seiner 10 Taschen stecken kann. Neun Taschen hat er bereits erfolglos durchsucht. Er fragt sich, wie groß die Wahrscheinlichkeit ist, dass der Schlüssel in der letzten Tasche steckt, wenn er weiß, dass er auf dem Heimweg mit 5 % Wahrscheinlichkeit seine Schlüssel verliert.

37.25 ••• Die Fußballmannschaften der Länder A, B, C, D stehen im Halbfinale. Hier wird A gegen B und C gegen D kämpfen. Die Sieger der Spiele (A gegen B) und (C gegen D) kämpfen im Finale um den Sieg. Nehmen wir weiter an, dass im Spiel der Sieg unabhängig davon ist, wie die Mannschaften früher gespielt haben und wie die anderen spielen. Aus langjähriger Erfahrung kennt man die Wahrscheinlichkeit, mit der eine Mannschaft gegen eine andere gewinnt. Diese Wahrscheinlichkeiten mit der Zeilenmannschaft gegen Spaltenmannschaft siegt, sind in der folgenden Tabelle wiedergegeben:

	A	B	C	D
A	–	0.7	0.2	0.4
B		–	0.8	0.6
C			–	0.1

Zum Beispiel gewinnt A gegen B, mit Wahrscheinlichkeit 0.7, im Symbol $P(A \succ B) = 0.7$

(a) Mit welcher Wahrscheinlichkeit siegt D im Finale?
(b) Mit welcher Wahrscheinlichkeit spielt D im Finale gegen A?

37.26 ••• Ein Labor hat einen Alkoholtest entworfen. Aus den bisherigen Erfahrungen weiß man, dass 60 % der von der Polizei kontrollierten Personen tatsächlich betrunken sind. Bezüglich der Funktionsweise des Tests wurde ermittelt, dass in 95 % der Fälle der Test positiv reagiert, wenn die Person tatsächlich betrunken ist, in 97 % der Fälle der Test negativ reagiert, wenn die Person nicht betrunken ist.

1. Wie wahrscheinlich ist es, dass eine Person ein negatives Testergebnis hat und trotzdem betrunken ist?
2. Wie wahrscheinlich ist es, dass ein Test positiv ausfällt?
3. Wie groß ist die Wahrscheinlichkeit, dass eine Person betrunken ist, wenn der Test positiv reagiert?

Verwenden Sie die Symbole A für „Person ist betrunken" und T für „der Test ist positiv".

37.27 ••• Im Nachlass des in der Forschung tätigen Arztes S. Impson wurde ein Karteikasten mit den Daten über den

Zusammenhang zwischen einem im Blut nachweisbaren Antikörper und dem Auftreten einer Krankheit gefunden. Auf den Karteikarten sind die folgenden Merkmale notiert:

Geschlecht: M = Mann F = Frau

Antikörper: A = vorhanden A^C = nicht vorhanden

Krankheit: K = krank G = gesund

Die Auswertung der Karten erbrachte die in der folgenden Tabelle notierte Häufigkeitsverteilung:

	Antikörper					
	Männer			Frauen		
	A	A^C	Summe	A	A^C	Summe
krank K	1	20	21	36	9	45
gesund G	4	20	24	9	1	10
Summe	5	40	45	45	10	55

1. Interpretieren Sie relative Häufigkeiten als *(bedingte)* Wahrscheinlichkeiten. Wie groß sind dann $P(G \mid AM)$; $P(G \mid A^C M)$; $P(G \mid AF)$; $P(G \mid A^C F)$? Spricht aufgrund dieser Tabelle das Vorliegen des Antikörpers eher für oder eher gegen die Krankheit.
2. Ignorieren Sie jeweils ein Merkmal und stellen Sie die zweidimensionale Häufigkeitstabelle für die beiden anderen Merkmale zusammen. Deuten Sie mithilfe der bedingten Wahrscheinlichkeiten deren Zusammenhang.
3. Die sichere Diagnose, ob die Krankheit wirklich bei einem Patienten vorliegt, sei sehr zeitaufwendig (14 Tage). Die Feststellung, ob der Antikörper im Blut vorhanden ist, gehe sehr schnell (10 Minuten). Sie sind Leiter einer Unfallklinik. Bei Unfallpatienten, die in die Erste-Hilfe-Station eingeliefert werden, hängt die richtige Behandlung davon ab, ob die Krankheit K. vorliegt oder nicht. (Es können sonst gefährliche Allergie-Reaktionen auftreten.) Wie würden Sie als behandelnder Arzt entscheiden, wenn die Antikörperwerte des Patienten vorliegen?
4. In Ihrer Klinik wird eine Person Toni P. eingeliefert, die zu den Patienten von Dr. S. Impson gehörte. Bei P. liegen Antikörper vor. Aus dem Krankenblatt geht nicht hervor, ob Toni P. männlich oder weiblich ist. Wie würden Sie entscheiden (Krankheit K ja oder nein)?
5. Sie erfahren, dass Toni P. ein Mann ist. Ändert dies Ihre Entscheidung?
6. Aus einer anderen Untersuchung weiß man, dass in der Gesamtbevölkerung 15 % der Männer und 70 % der Frauen den Antikörper in sich tragen. Weiter seien 52 % der Bevölkerung männlich. Wie groß schätzen Sie den Anteil der Kranken in der Bevölkerung?
7. Welche Daten können Sie dazu aus den Unterlagen von Dr. Impson verwenden, wenn Sie wissen, dass er seine Auswertung auf eine Zufallsstichprobe stützte, bei der 50 Personen mit und 50 Personen ohne Antikörper ausgewählt wurden.

Hinweise

Verständnisfragen

37.1 • –

37.2 • –

37.3 • –

37.4 •• –

37.5 ••• –

37.6 ••• –

37.7 ••• Zeichnen Sie ein Venn-Diagramm mit den drei Ereignissen und tragen Sie die jeweiligen Wahrscheinlichkeiten ein.

37.8 ••• Betrachten Sie vier disjunkte gleichwahrscheinliche Ereignisse a, b, c, g mit $P(a) = P(b) = P(c) = P(g) = \frac{1}{4}$ und bilden Sie daraus die Ereignisse $A = \{a, g\}$, $B = \{b, g\}$ und $C = \{c, g\}$. (g wie gemeinsam!) Was sind die Wahrscheinlichkeiten dieser Ereignisse? Sind sie oder Vereinigungen aus ihnen von einander unabhängig?

Rechenaufgaben

37.9 • Interpretieren Sie relative Häufigkeiten als Wahrscheinlichkeiten. Gehen Sie vereinfachend davon aus, dass es nur die zwei genannten Arten von Wertpapieren gibt und dass für alle Hochschullehrer mindestens eins der drei Merkmale zutrifft.

37.10 • –

37.11 •• –

37.12 •• –

37.13 • –

37.14 ••• –

37.15 • –

37.16 •• –

37.17 •• –

37.18 •• –

37.19 ••• –

37.20 ••• –

37.21 ••• –

37.22 •• –

37.23 ••• Setzen Sie A_i = „das Ehepaar i tanzt miteinander“ und bestimmen Sie $P\left(\bigcup_{i=1}^{n} A_i\right)$ mit der Siebformel.

Anwendungsprobleme

37.24 •• –

37.25 ••• Zeichnen Sie den Bayes-Graph mit den für D relevanten Ereignissen. Benutzen Sie die Symbole $A : B$ für das Spiel von A gegen B und $A \succ B$ für den Gewinn von A gegen B.

37.26 ••• –

37.27 ••• –

Lösungen

Verständnisfragen

37.1 • –

37.2 • –

37.3 • Ja

37.4 •• Aus $P(A \cap B) = P(A)P(B)$ folgt

$$\begin{aligned} P(A) &= P(A \cap B) + P(A \cap B^C) \\ &= P(A)P(B) + P(A \cap B^C) \\ P(A \cap B^C) &= P(A) - P(A)P(B) \\ &= P(A)(1 - P(B)) \\ &= P(A)P(B^C). \end{aligned}$$

Also sind A und B^C unabhängig. Vertauschen wir die Buchstaben A und B folgt die Unabhängigkeit von B und A^C. Wenden wir dieses Ergebnis erneut auf B und A^C an, erhalten wir die Unabhängigkeit von B^C und A^C.

37.5 ••• Vor dem Geständnis besaß Mechmed mit Wahrscheinlichkeit $2/3$ den wahren Ring und Hassan mit Wahrscheinlichkeit $1/3$. Nach dem Geständnis besitzen beide mit gleicher Wahrscheinlichkeit den wahren Ring.

37.6 ••• Mit dem Symbol G für das Ereignis Opa wird gefunden, gilt

$P(G \cap M) = 0.72$, $P(G) = 0.745$, $P(H \mid G^C) \approx 0.588$.

37.7 ••• (a) Es ist $P(\alpha) = P(\beta) = P(\gamma) = \frac{1}{2}$ und $P(\alpha\beta\gamma) = \frac{1}{8} = \left(\frac{1}{2}\right)^3 = P(\alpha)P(\beta)P(\gamma)$.

(b) $P(\alpha\beta) = \frac{1}{8} \neq \left(\frac{1}{2}\right)^2 = P(\alpha)P(\beta)$.

37.8 ••• (a) Sind die A_i disjunkt, so folgt $P(V \cap B) = P\left(\bigcup_{i=1}^{n}(A_i \cap B)\right) = \sum_{i=1}^{n} P(A_i \cap B) = \sum_{i=1}^{n} P(A_i)P(B) = P(B)\sum_{i=1}^{n} P(A_i) = P(B)P\left(\bigcup_{i=1}^{n} A_i\right) = P(B)P(V)$.

(b) Für die drei im Hinweis zu dieser Aufgabe genannten Ereignisse $A = \{a, g\}$, $B = \{b, g\}$ und $C = \{c, g\}$ gilt erstens $P(A) = P(B) = P(C) = \frac{1}{2}$, zweitens $P(A \cap B) = P(A \cap C) = P(B \cap C) = \frac{1}{4}$. Daher sind A, B und C unabhängig, denn z. B. $P(A \cap B) = P(g) = \frac{1}{4} = P(A)P(B) = \frac{1}{2} \cdot \frac{1}{2}$. Aber $P((A \cup B) \cap C) = P(g) = \frac{1}{4} \neq \frac{3}{4} \cdot \frac{1}{2} = P(A \cup B) \cdot P(C)$. Daher sind $A \cup B$ und C abhängig.

Rechenaufgaben

37.9 • 20 der Befragten besitzen beide Arten von Wertpapieren. Fünf Prozent der befragten Anwälte sind autofahrende, hausbesitzende Mitglieder einer Partei.

37.10 • 9^k.

37.11 •• $\binom{9}{4} = 126$.

37.12 •• (a) $\binom{8}{3} = 56$, (b) $\binom{8}{3}3! = 336$.

37.13 • (a) $4! = 24$, (b) $\frac{7!}{3!} = 840$; (c) $\frac{12!}{3!2!2!2!} = 9.979\,2 \cdot 10^6$.

37.14 ••• Es gibt $8! = 40\,320$ Positionen.

37.15 • $26^3 \cdot 10^4 + 26^2 \cdot 10^4 + 26 \cdot 10^4 = 1.827\,8 \cdot 10^8$

37.16 •• $\binom{3-1+4}{4} = \binom{6}{4} = 15$.

37.17 •• $\binom{3-1+6}{6} = 28$.

37.18 •• (a) n^m, (b) $\binom{m-1+n}{m}$

37.19 ●●● Es ist $P(b \cap d) = P(b \cap k) = P(d \cap k) = P(J) = \frac{1}{4} = \frac{1}{2} \cdot \frac{1}{2} = P(b)P(d)$ usw. Die Ereignisse b, d, k sind demnach paarweise unabhängig. Sie sind aber nicht total unabhängig, denn:

$$P(b \cap d \cap k) = P(J) = \frac{1}{4} \neq P(b)P(d)P(k) = \frac{1}{8}.$$

37.20 ●●● Nur für $\alpha = 0$, $\alpha = 1$ und $\alpha = \frac{1}{2}$ sind A und B unabhängig.

37.21 ●●● Die Wahrscheinlichkeit ist $\alpha = \left(\left(\frac{1-\gamma}{\gamma}\right)^2 + 1\right)^{-1}$.

37.22 ●● Sei W die Abkürzung für „Der Student weiß die Antwort" und R die Abkürzung für „Die Antwort war richtig". Dann gilt:

$$P(W|R) = \frac{P(R|W)\,P(W)}{P(R|W)\,P(W) + P(R|\overline{W})\,P(\overline{W})} = \frac{\alpha}{\alpha + \frac{1}{m}(1-\alpha)} = \frac{m\alpha}{\alpha(m-1)+1}.$$

37.23 ●●● (a) Die gesuchte Wahrscheinlichkeit ist
$1 - P\left(\bigcup_{i=1}^{n} A_i\right) = \sum_{i=0}^{n} \frac{(-1)^i}{i!}$.

(b) $\lim_{n\to\infty} 1 - P(\bigcup_{i=1}^{n} A_i) = \mathrm{e}^{-1}$.

Anwendungsprobleme

37.24 ●● Die Wahrscheinlichkeit, dass der Schlüssel in der letzten Tasche steckt, ist 0.655.

37.25 ●●● D gewinnt das Finale mit Wahrscheinlichkeit 0.486 und spielt im Finale mit der Wahrscheinlichkeit 0.63 gegen A.

37.26 ●●● 1. Die Wahrscheinlichkeit beträgt $P\left(A \cap \bar{T}\right) = 0.03$, $P(T) = 0.582$, $P(A \mid T) = 0.979$.

37.27 ●●● 1. Bei Frauen wie bei Männern gilt: Das Vorliegen der Antikörper ist eher ein Indikator für Gesundheit (G) als für Krankheit (K)

2. Die Wahrscheinlichkeit, dass eine Frau erkrankt ist, ist fast doppelt so groß wie bei einem Mann. Bei Frauen sind Antikörper mehr als 7-mal so häufig wie bei Männern. Die Wahrscheinlichkeit, dass Patienten mit Antikörpern erkrankt sind, ist fast anderthalb mal so groß wie bei den Patienten ohne Antikörpern. Das Vorliegen von Antikörpern ist ein Indikator für Krankheit!

3. Bei den Patienten aus der Kartei von Dr. I. sprechen Antikörper A für die Krankheit K, bei Männern dagegen. Bei unbekannten Patienten lässt sich nichts schließen. Die Wahrscheinlichkeiten sind nicht übertragbar

4. $P(K \mid A) = \frac{37}{50} = 0.74$ und $P(K \mid A^C) = \frac{29}{50} = 0.58$. Sie entscheiden auf das Vorliegen von K.

5. Wegen $P(K \mid AM) = 0.2 < P(G \mid A^C M) = 0.8$ entscheiden Sie auf das Vorliegen von G.

6. Die gesuchte Wahrscheinlichkeit beträgt 0.635.

7. Alle bedingten Wahrscheinlichkeiten unter den Bedingungen A oder A^C lassen sich übertragen.

Lösungswege

Verständnisfragen

37.1 ● Die ersten beiden Aussagen folgen unmitelbar aus der Definition von Vereinigung und Durchschnitt. $x \in \bigcap_{i=1}^{\infty} \bigcup_{k=i}^{\infty} A_i$ gilt genau dann, wenn für alle i gilt: $x \in \bigcup_{k=i}^{\infty} A_i$. Dies wäre ausgeschlossen, wenn x nur in endlichen vielen A_i liegen würde.

$x \in \bigcup_{i=1}^{\infty} \bigcap_{k=i}^{\infty} A_i$ gilt genau dann, wenn $x \in \bigcap_{k=i}^{\infty} A_i$ für mindestens ein k.Dann aber liegt x in allen A_i mit $i \geq k$.

37.2 ● (a) Es sind vier Elementarereignisse möglich: $(KK), (KZ), (ZK), (ZZ)$.Dabei bedeute z. B. (KZ) : der erste Wurf ist Kopf, der zweite Wurf ist Zahl. Die von diesen vier Elementarereignisse erzeugte σ-Ereignisalgebra S_0 ist die Potenzmenge mit 2^4 Elementen.

(b) S_1 wird von den Mengen $A = \{(KK), (KZ)\}$ und $B = \{(KK), (KZ), (ZK)\}$ erzeugt. Dann ist $B^C = (ZZ)$ und $B \setminus A = (ZK)$. Die drei Ereignisse $(ZK), (ZZ)$ und $\{(KK), (KZ)\}$ sind disjunkt, ihre Potenzmenge ist die von A und B erzeugte σ-Ereignisalgebra S_1. Diese enthält 2^3 Elemente. Die Menge $C = \{(KK), (ZK)\}$ ist nicht in S_1 enthalten.

37.3 ● Bei dem genannten idealen Kartenspiel ist $P\,(\text{Herz}) = \frac{8}{32}$, $P(10) = \frac{4}{32}$ und

$$P\,(\text{Herz} \cap 10) = \frac{1}{32} = \frac{8}{32} \cdot \frac{4}{32} = P\,(\text{Herz}) \cdot P(10)$$

37.4 ●● –

37.5 ●●● –

37.6 ●●●

Ereignis	Wahrscheinlichkeit	
Opa zu Hause	$P(H)$	0.15
Opa flirtet	$P(M)$	0.80
Opa sammelt Pilze	$P(W)$	0.05
Opa wird gefunden	$P(G)$	?
Anja findet Opa, falls er flirtet	$P(G \mid M)$	0.9
Dirk findet Opa, falls er Pilze sammelt	$P(G \mid W)$	0.5

Die Wahrscheinlichkeit, dass Anja den Opa findet, ist

$$\begin{aligned} P(G \cap M) &= P(G \mid M) \cdot P(M) \\ &= 0.9 \cdot 0.8 = 0.72 \end{aligned}$$

Die Wahrscheinlichkeit, dass Dirk findet den Opa findet ist

$$\begin{aligned} P(G \cap W) &= P(G \mid W) \cdot P(W) \\ &= 0.5 \cdot 0.05 = 0.025 \end{aligned}$$

Die Wahrscheinlichkeit, dass eines der Kinder den Opa finden wird, ist

$$\begin{aligned} P(G) &= P(G \cap M) + P(G \cap W) \\ &= 0.72 + 0.025 = 0.745. \end{aligned}$$

Die Wahrscheinlichkeit dafür, den Opa bei Rückkehr zuhause in seinem Sessel sitzend anzutreffen, ist

$$\begin{aligned} P\left(H \mid G^C\right) &= \frac{P\left(H \cap G^C\right)}{P\left(G^C\right)} = \frac{P\left(G^C \mid H\right) \cdot P(H)}{P\left(G^C\right)} \\ &= \frac{1 \cdot P(H)}{P\left(G^C\right)} = \frac{P(H)}{1 - P(G)} \\ &= \frac{0.15}{0.255} \approx 0.588\,235 \end{aligned}$$

37.7 ••• Wenn man nicht einfach die Wahrscheinlichkeiten der Ereignisse α, β, γ aus dem Venndiagramm ablesen will, kann man sie auch – etwas mühsamer – wie folgt berechnen:

Die Ereignisse $\alpha\beta\gamma$ und $\alpha\beta\gamma^C$ sind disjunkt. Außerdem ist $\alpha\beta\gamma \cup \alpha\beta\gamma^C = \alpha\beta$. Daher folgt nach dem dritten Axiom:

$$P(\alpha\beta) = P(\alpha\beta\gamma) + P\left(\alpha\beta\gamma^C\right) = \frac{1}{8} + 0 = \frac{1}{8}.$$

Analog erhalten wir:

$$\begin{aligned} P\left(\alpha\beta^C\right) &= P\left(\alpha\beta^C\gamma\right) + P\left(\alpha\beta^C\right) = \frac{1}{8} + \frac{1}{4} = \frac{3}{8} \\ P\left(\alpha^C\beta\right) &= P\left(\alpha^C\beta\gamma\right) + P\left(\alpha^C\beta\gamma^C\right) = \frac{1}{8} + \frac{1}{4} = \frac{3}{8} \\ P(\alpha\gamma) &= P(\alpha\beta\gamma) + P\left(\alpha\beta^C\gamma\right) = \frac{1}{8} + \frac{1}{8} = \frac{2}{8} \\ P\left(\alpha^C\gamma\right) &= P\left(\alpha^C\beta\gamma\right) + P\left(\alpha^C\gamma\right) = \frac{1}{8} + \frac{1}{8} = \frac{2}{8} \end{aligned}$$

Fassen wir in gleicher Weise weiter zusammen, erhalten wir

$$P(\alpha) = P(\beta) = P(\gamma) = \frac{1}{2}.$$

37.8 ••• –

Rechenaufgaben

37.9 • Teil 1. Folgende Bezeichnungen werden verwendet:

$$\begin{aligned} P(A) &= \text{Befragter besitzt Aktien.} \\ P(B) &= \text{Befragter besitzt Pfandbriefe.} \end{aligned}$$

Da nur diese beiden Arten von Wertpapieren betrachtet werden gilt:

$$P(A \cup B) = 1$$

Aus dem Additionssatz folgt dann:

$$\begin{aligned} P(A \cup B) &= P(A) + P(B) - P(A \cap B) \\ 1 &= \frac{50}{70} + \frac{40}{70} - P(A \cap B) \\ \frac{70}{70} - \frac{50}{70} - \frac{40}{70} &= -P(A \cap B) \\ P(A \cap B) &= \frac{20}{70}. \end{aligned}$$

Das heißt, 20 der Befragten besitzen beide Arten von Wertpapieren.

Teil 2: Es wurden folgende Wahrscheinlichkeiten angegeben:

Anwalt besitzt ein Haus	$= P(H)$	$= 0.6$
Anwalt besitzt ein Auto	$= P(A)$	$= 0.8$
Anwalt ist Mitglied einer Partei	$= P(M)$	$= 0.2$
	$P(A \cap H)$	$= 0.4$
	$P(A \cap M)$	$= 0.1$
	$P(H \cap M)$	$= 0.15$

Gefragt ist hierbei nach $P(A \cap H \cap M)$. Da für alle Elemente der Stichprobe mindestens ein Merkmal zutrifft, gilt: $P(A \cup H \cup M) = 1$. Für die Vereinigungsmenge gilt

$$\begin{aligned} P(A \cup H \cup M) = {} & P(A) + P(H) + P(M) \\ & - P(A \cap H) - P(H \cap M) - P(M \cap A) \\ & + P(A \cap H \cap M) \end{aligned}$$

Also:

$$1 = 0.8 + 0.6 + 0.2 - 0.4 - 0.15 - 0.1 + P(A \cap H \cap M)$$

daraus folgt:

$$\begin{aligned} P(A \cap H \cap M) &= 1 - 0.8 - 0.6 - 0.2 + 0.4 + 0.15 + 0.1 \\ &= 0.05 \end{aligned}$$

Fünf Prozent der befragten Hochschullehrer sind autofahrende, hausbesitzende Parteimitglieder.

37.10 • –

37.11 •• –

37.12 •• –

37.13 • –

37.14 ••• Jede solche Konstellation kann durch eine Permutation der Spalten auf eine Position zurückgeführt werden, bei der alle Türme auf der Diagonale von links unten (a1) nach rechts oben (h8) stehen. Umgekehrt können sich die Türme auf jeder Position, die durch Spaltenpermutation der Diagonalposition ergibt, nicht gegenseitig schlagen. Also gibt es $8! = 40\,320$ Positionen.

37.15 • –

37.16 •• –

37.17 •• –

37.18 •• –

37.19 ••• –

37.20 •••

$$\begin{aligned} P(A) &= \alpha^3 + 3\alpha^2(1-\alpha) \\ P(B) &= \alpha^3 + (1-\alpha)^3 \\ P(A \cap B) &= \alpha^3 \end{aligned}$$

A und B sind genau dann unabhängig, wenn $\alpha^3 = \left[\alpha^3 + 3\alpha^2(1-\alpha)\right]\left[\alpha^3 + (1-\alpha)^3\right]$ gilt. Diese Gleichung hat genau die drei **Resultate** $\alpha = 0, \alpha = 1$ und $\alpha = \frac{1}{2}$.

37.21 ••• Die erste Runde besteht aus zwei Würfen. Danach sind folgenden drei Kontostände möglich: +2; 0; −2. Dabei ist

$$P(+2) = \gamma^2, \quad P(0) = 2\gamma(1-\gamma) \triangleq \theta, \quad P(-2) = (1-\gamma)^2.$$

Im ersten und dritten Fall ist das Spiel beendet. Im zweiten Fall ist wieder die Ausgangssituation hergestellt. Dann geht das Spiel in die zweite Runde. In dieser ist die Wahrscheinlichkeit, dass das Spiel mit einem Guthaben von zwei Euro für Sie beendet wird, wiederum γ^2. Auch hier geht das Spiel mit Wahrscheinlichkeit θ in die nächst Runde. Und so weiter. Die totale Wahrscheinlichkeit für das Endergebnis „+2" ist damit

$$\begin{aligned} \alpha &= \gamma^2 + \theta\gamma^2 + \theta^2\gamma^2 + \theta^3\gamma^2 + \cdots \\ &= \gamma^2 \sum_{k=0}^{\infty} \theta^k = \frac{\gamma^2}{1-\theta} = \frac{\gamma^2}{1-2\gamma(1-\gamma)} \\ &= \left(\left(\frac{1-\gamma}{\gamma}\right)^2 + 1\right)^{-1}. \end{aligned}$$

37.22 •• –

37.23 ••• Sei A_i das Ereignis, dass beim Eröffnungstanz das i-te Ehepaar zusammen tanzt. Dann ist nach der Laplace-Regel für $i \neq j$ bzw. für $i_1 \neq i_2 \neq \cdots \neq i_k$

$$\begin{aligned} P(A_i) &= \frac{(n-1)!}{n!} = \frac{1}{n}, \\ P\left(A_i A_j\right) &= \frac{(n-2)!}{n!} = \frac{1}{n(n-1)}, \\ P\left(A_{i_1} A_{i_2} \cdots A_{i_k}\right) &= \frac{(n-k)!}{n!} = \frac{1}{n(n-1)\cdots(n-k+1)}. \end{aligned}$$

Nach der Siebformel ist dann

$$\begin{aligned} P\left(\bigcup_{i=1}^{n} A_i\right) &= \sum_i P(A_i) - \sum_{i<j} P\left(A_i \cap A_j\right) \\ &\quad + \sum_{i<j<k} P\left(A_i \cap A_j \cap A_k\right) + \cdots \\ &= n \cdot \frac{1}{n} - \binom{n}{2} \frac{1}{n(n-1)} + \binom{n}{3} \frac{1}{n(n-1)(n-2)} \\ &\quad + \cdots + (-1)^{n-1} \binom{n}{n} \frac{1}{n!} \\ &= 1 - \frac{1}{2!} + \frac{1}{3!} - \cdots + (-1)^{n-1} \frac{1}{n!} \\ 1 - P\left(\bigcup_{i=1}^{n} A_i\right) &= \sum_{i=0}^{n} \frac{(-1)^i}{i!}. \end{aligned}$$

Folglich ist

$$1 - \lim_{n\to\infty} P\left(\bigcup_{i=1}^{n} A_i\right) = \sum_{i=0}^{\infty} \frac{(-1)^i}{i!} = e^{-1}.$$

Anwendungsprobleme

37.24 •• Es seien S das Ereignis, dass er den Schlüssel dabei hat und T das Ereignis, dass die ersten t Taschen leer sind sowie $\gamma = P(S)$. Dann ist

$$\begin{aligned} P(S \mid T) &= \frac{P(T \mid S)P(S)}{P(T)} \\ &= \frac{P(T \mid S)P(S)}{P(T \mid S)P(S) + P(T \mid S^C)P(S^C)} \\ &= \frac{\frac{n-t}{n}\gamma}{\frac{n-t}{n}\gamma + 1 \cdot (1-\gamma)} = \frac{(n-t)\gamma}{n - t\gamma}. \end{aligned}$$

Im konkreten Fall also

$$P(S \mid T) = \frac{(10-9) \cdot 0.95}{10 - 9 \cdot 0.95} = 0.655\,172$$

37.25 ••• Die Abbildung zeigt den Bayesgraph:

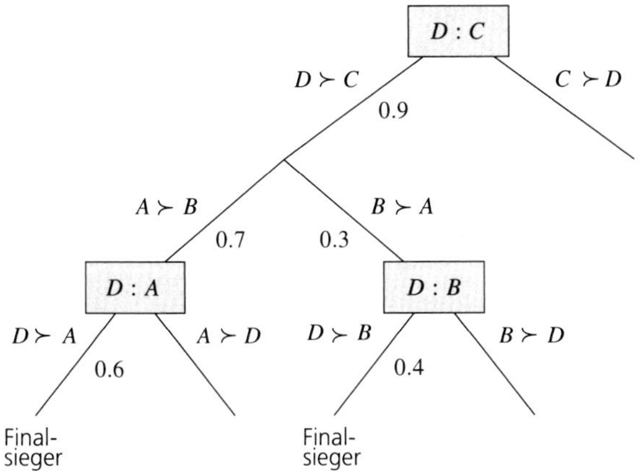

Daraus lässt sich ablesen:

$$\begin{aligned} P(D:A) &= P(D \succ C)P(A \succ B) \\ &= 0.9 \cdot 0.7 = 0.63 \\ P\text{ (D gewinnt))} &= P(D \succ C)P(A \succ B)P(D \succ A) \\ &\quad + P(D \succ C)P(B \succ A)P(D \succ B) \\ &= 0.9 \cdot 0.7 \cdot 0.6 + 0.9 \cdot 0.3 \cdot 0.4 = 0.486 \end{aligned}$$

37.26 ••• Folgende Werte sind gegeben:

$$\begin{aligned} P\text{(Person ist betrunken)} &= P(A) = 0.6 \\ P\text{(Test pos., wenn Person betrunken)} &= P(T \mid A) = 0.95 \\ P\text{(Test neg., wenn Person nicht betrunken)} &= P(T^C \mid \bar{A}) = 0.97 \end{aligned}$$

1. Gesucht wird $P(A \cap T^C)$

$$\begin{aligned} P\left(A \cap T^C\right) &= P\left(T^C \mid A\right) \cdot P(A) \\ &= (1 - P\,(T \mid A)) \cdot P(A) \\ &= (1 - 0.95) \cdot 0.6 \\ &= 0.03 \end{aligned}$$

2. Gesucht wird $P(T)$. Nach dem Satz über die Satz der totale Wahrscheinlichkeit gilt:

$$\begin{aligned} P(T) &= P(T \mid A) \cdot P(A) + P\left(T \mid A^C\right) \cdot P\left(A^C\right) \\ &= P(T \mid A) \cdot P(A) + \left(1 - P\left(T^C \mid A^C\right)\right) \cdot (1 - P\,(A)) \\ &= 0.95 \cdot 0.6 + (1 - 0.97) \cdot (1 - 0.6) \\ &= 0.582 \end{aligned}$$

3. Gesucht wird $P(A \mid T)$. Nach dem Satz von Bayes gilt $P(T) = 0.582$

$$P(A \mid T) = \frac{P(T \mid A) \cdot P(A)}{P(T)} = \frac{0.95 \cdot 0.6}{0.582} \approx 0.979$$

37.27 ••• 1. Bei den Männern (M) gilt

$$\begin{aligned} P(K \mid AM) &= \frac{1}{5} = 0.2 & P(G \mid AM) &= \frac{4}{5} = 0.8 \\ P(K \mid A^C M) &= \frac{20}{40} = 0.5 & P(G \mid A^C M) &= \frac{20}{40} = 0.5 \end{aligned}$$

Bei den Männern (M) gilt

$$0.8 = P(G \mid AM) > P(G \mid A^C M) = 0.5.$$

Unter den Patienten mit Antikörper (A) ist der Anteil der Gesunden (G) größer als unter den Patienten ohne Antikörper.

Bei den Frauen (F) gilt

$$\begin{aligned} P(K \mid AF) &= \frac{36}{45} = 0.8 & P(G \mid AF) &= \frac{9}{45} = 0.2 \\ P(K \mid A^C F) &= \frac{9}{10} = 0.9 & P(G \mid A^C F) &= \frac{1}{10} = 0.1 \end{aligned}$$

Bei den Frauen (F) gilt analog

$$0.2 = P(G \mid AF) > P(G \mid A^C F) = 0.1.$$

Unter den Patientinnen mit Antikörper (A) ist der Anteil der Gesunden (G) größer als unter den Patientinnen ohne Antikörper. Bei Frauen wie bei Männern gilt also: Das Vorliegen der Antikörper ist eher ein Indikator für Gesundheit (G) als für Krankheit (K).

2. a) Ignoriert man die Antikörper und gliedert nur nach Geschlecht und Krankheit, erhält man

	M	F	Summe
krank K	21	45	66
gesund G	24	10	34
Summe	45	55	100

$P(K \mid M) = \frac{21}{45} = 0.47$ und $P(K \mid F) = \frac{45}{55} = 0.82$. Die Wahrscheinlichkeit, dass eine Frau erkrankt ist, ist fast doppelt so groß wie bei einem Mann.

b) Ignoriert man die Krankheit und gliedert nur nach Geschlecht und Antikörper, erhält man

	A	A^C	Summe
Mann M	5	40	45
Frau F	45	10	55
Summe	50	50	100

$P(A \mid M) = \frac{5}{45} = 0.11$ und $P(A \mid F) = \frac{45}{55} = 0.82$.

c) Ignoriert man das Geschlecht und gliedert nur nach Krankheit und Antikörper, erhält man

	A	A^C	Summe
gesund G	13	21	34
krank K	37	29	66
Summe	50	50	100

3. Bei Patienten aus der Kartei ohne Angabe des Geschlechts spricht das Vorliegen von A für K. Außerdem lässt sich aus den Daten der Kartei die Wahrscheinlichkeit schätzen, ob der Patient weiblich oder männlich ist. Bei einem gänzlich unbekanntem Patienten geht dies nicht.

4. Für die Patienten von Dr. I. gilt $P(K \mid A) = \frac{37}{50} = 0.74$ und $P(K \mid A^C) = \frac{29}{50} = 0.58$. Für Toni P. ist also K wahrscheinlicher als G.

5. Ja, da Toni P. ein Mann ist und $P(K \mid AM) = 0.2$ sowie $P(G \mid AM) = 0.2$ ist A für ihn ein Indikator für G.

6. $P(K \mid A) = \frac{37}{50} = 0.74$ und $P(K \mid A^C) = \frac{29}{50} = 0.58$.

$$\begin{aligned}
P(K) &= P(KA) + P(KA^C) \\
&= P(KAM) + P(KAF) + P(KA^C M) + P(KA^C F) \\
P(KAM) &= \frac{P(KAM)}{P(AM)} \frac{P(AM)}{P(M)} P(M) \\
&= P(K \mid AM) P(A \mid M) P(M) \\
&= 0.2 \cdot 0.15 \cdot 0.52 = 0.0156 \\
P(KAF) &= P(K \mid AF) P(A \mid F) P(F) \\
&= P(K \mid AF) P(A \mid F) P(F) \\
&= 0.8 \cdot 0.7 \cdot 0.48 = 0.2688 \\
P(KA^C M) &= P(K \mid A^C M) P(A^C \mid M) P(M) \\
&= 0.5 \cdot 0.85 \cdot 0.52 = 0.2210 \\
P(KA^C F) &= P(K \mid A^C F) P(A^C \mid F) P(F) \\
&= 0.9 \cdot 0.3 \cdot 0.48 = 0.1296
\end{aligned}$$

Nun ist $0.0156 + 0.2688 + 0.2210 + 0.1296 = 0.635$.

7. Alle bedingten Wahrscheinlichkeiten unter den Bedingungen A oder A^C lassen sich übertragen.

Kapitel 38

Aufgaben

Verständnisfragen

38.1 • Welche der folgenden fünf Aussagen sind richtig:

1. Kennt man die Verteilung von X und die Verteilung von Y, dann kann man daraus die Verteilung von $X+Y$ berechnen.
2. Kennt man die gemeinsame Verteilung von (X, Y), kann man daraus die Verteilung von X berechnen.
3. Haben X und Y dieselbe Verteilung, dann ist $X+Y$ verteilt wie $2X$.
4. Haben zwei standardisierte Variable X und Y dieselbe Verteilung, dann ist $X = a + bY$.
5. Haben zwei standardisierte Variable X und Y dieselbe Verteilung, dann ist X verteilt wie $a + bY$.

38.2 • Welche der folgenden 8 Aussagen sind richtig:

1. Jede diskrete Variable, die nur endlich viele Realisationen besitzt, besitzt auch Erwartungswert und Varianz.
2. Eine diskrete zufällige Variable, die mit positiver Wahrscheinlichkeit beliebig groß werden kann, $P(X > n) > 0$ für alle $n \in \mathbb{N}$, besitzt keinen Erwartungswert.
3. X und $-X$ haben die gleichen Varianz.
4. Haben X und $-X$ den gleichen Erwartungswert, dann ist $E(X) = 0$.
5. Wenn X den Erwartungswert μ besitzt, dann kann man erwarten, dass die Realisationen von X meistens in der näheren Umgebung von μ liegen.
6. Bei jeder zufälligen Variablen sind stets 50% aller Realisationen größer als der Erwartungswert.
7. Sind X und Y zwei zufällige Variable, so ist $E(X+Y) = E(X) + E(Y)$.
8. Ist die zufällige Variable $Y = g(X)$ eine nichtlineare Funktion der zufälligen Variablen X, dann ist $E(Y) = g(E(X))$.

38.3 • Welche der folgenden Aussagen sind richtig?

1. Sind X und Y unabhängig, dann sind auch $1/X$ und $1/Y$ unabhängig.
2. Sind X und Y unkorreliert, dann sind auch $1/X$ und $1/Y$ unkorreliert.

38.4 • Zeigen Sie: Aus $E(X^2) = (E(X))^2$ folgt: X ist mit Wahrscheinlichkeit 1 konstant.

38.5 •• Zeigen Sie:

(a) Ist X eine positive Zufallsvariable, so ist $E(\frac{1}{X}) \geq \frac{1}{E(X)}$.
(b) Zeigen Sie an einem Beispiel, dass diese Aussage falsch ist, falls X positive und negative Werte annehmen kann.

38.6 •• Beweisen oder widerlegen Sie die Aussage: Ist $(X_n)_{n\in\mathbb{N}}$ eine Folge von zufälligen Variablen X_n mit $\lim\limits_{n\to\infty} P(X_n > 0) = 1$, dann gilt auch $\lim\limits_{n\to\infty} E(X_n) > 0$.

38.7 •• Beweisen Sie die Markov-Ungleichung aus der Übersicht auf S. 1446.

38.8 ••• Zeigen Sie:

(a) Aus $X \leq Y$ folgt $F_X(t) \geq F_Y(t)$, aber aus $F_X(t) \geq F_Y(t)$ folgt nicht $X \leq Y$.
(b) Aus $F_X(x) \geq F_Y(x)$ folgt $E(X) \leq E(Y)$, falls $E(X)$ und $E(Y)$ existieren.

38.9 ••• Im Beispiel auf S. 1453 sind R und B die Augenzahlen zweier unabhängig voneinander geworfener idealer Würfel und $X = \max(R, B)$ sowie $Y = \min(R, B)$. Weiter war $\text{Var}(X) = \text{Var}(Y) = 1.97$. Berechnen Sie $\text{Cov}(X, Y)$ aus diesen Angaben ohne die Verteilung von (X, Y) explizit zu benutzen.

38.10 • Welche der folgenden Aussagen sind wahr? Begründen Sie Ihre Antwort.

1. Um eine Prognose über die zukünftige Realisation einer zufälligen Variablen zu machen, genügt die Kenntnis des Erwartungswerts.
2. Um eine Prognose über die Abweichung der zukünftigen Realisation einer zufälligen Variablen von ihrem Erwartungswert zu machen, genügt die Kenntnis der Varianz.
3. Eine Prognose über die Summe zufälliger i.i.d.-Variablen ist in der Regel genauer als über jede einzelne.

T. Arens et al., *Arbeitsbuch Mathematik*, https://doi.org/10.1007/978-3-662-64391-4_37

4. Das Prognoseintervall über die Summe von 100 identisch verteilten zufälligen Variablen (mit Erwartungswert μ und Varianz σ^2) ist 10-mal so lang wie das Prognoseintervall für eine einzelne Variable bei gleichem Niveau.
5. Wenn man hinreichend viele Beobachtungen machen kann, dann ist $E(X)$ ein gute Prognose für die nächste Beobachtung.

Rechenaufgaben

38.11 • Bestimmen Sie die Verteilung der Augensumme $S = X_1 + X_2$ von zwei unabhängigen idealen Würfeln X_1 und X_2.

38.12 •• Beim Werfen von 3 Würfeln tritt die Augensumme 11 häufiger auf als 12, obwohl doch 11 durch die sechs Kombinationen $(6,4,1)$; $(6,3,2)$; $(5,5,1)$; $(5,4,2)$; $(5,3,3)$; $(4,4,3)$ und die Augensumme 12 ebenfalls durch sechs Kombinationen, nämlich $(6,5,1)$, $(6,5,2)$, $(6,3,3)$, $(5,5,2)$, $(5,4,3)$, $(4,4,4)$ erzeugt wird.

(a) Ist diese Beobachtung nur durch den Zufall zu erklären oder gibt es noch einen anderen Grund dafür?
(b) Bestimmen Sie die Wahrscheinlichkeitsverteilung der Augensumme von drei unabhängigen idealen Würfeln.

38.13 •• Ein fairer Würfel wird dreimal geworfen.

1. Berechnen Sie die Wahrscheinlichkeitsverteilung des Medians X_{med} der drei Augenzahlen.
2. Ermitteln Sie die Verteilungsfunktion von X_{med}.
3. Berechnen Sie Erwartungswert und Varianz des Medians.

38.14 •• Sei X die Augenzahl bei einem idealen n-seitigen Würfel: $P(X = i) = \frac{1}{n}$ für $i = 1, \dots, n$. Berechnen Sie $E(X)$ und $\operatorname{Var}(X)$.

38.15 ••• Für Indikatorfunktionen I_A gilt:

$$\begin{aligned} I_{A^C} &= 1 - I_A \\ I_{A\cap B} &= I_A\, I_B \\ I_{A\cup B} &= 1 - I_{A^C} I_{B^C} \end{aligned}$$

Ist A ein zufälliges Ereignis, so ist $E(I_A) = P(A)$. Beweisen Sie mit diesen Eigenschaften die Siebformel aus Abschn. 37.1:

$$P\left(\bigcup_{i=1}^{n} A_i\right) = \sum_{k=1}^{n} (-1)^{k+1} \sum_{1\le i_1 < i_2 \cdots < i_k \le n} P(A_{i_1} \cap A_{i_2} \cap \cdots \cap A_{i_k}).$$

38.16 ••• Beweisen Sie die folgende Ungleichung:

$$P(X \ge t) \le \inf_{s>0} (\mathrm{e}^{-st} E(\mathrm{e}^{sX})).$$

Dabei läuft das Infimum über alle $s > 0$, für die $E(\mathrm{e}^{sX})$ existiert.

38.17 ••• Zeigen Sie:

(a) Ist für eine diskrete Zufallsvariable X die Varianz identisch null, so ist X mit Wahrscheinlichkeit 1 konstant: $P(X = E(X)) = 1$.
(b) Zeigen Sie die gleiche Aussage für eine beliebige Zufallsvariable X.

38.18 ••• Verifizieren Sie die folgende Aussage:

$$E(\boldsymbol{X}^{\mathrm{T}} \boldsymbol{A} \boldsymbol{X}) = E(\boldsymbol{X}^{\mathrm{T}}) \boldsymbol{A}\, E(\boldsymbol{X}) + \operatorname{Spur}(\boldsymbol{A} \operatorname{Cov}(\boldsymbol{X}))$$

38.19 ••• Ein idealer n-seitiger Würfel wird geworfen. Fällt dabei die Zahl n, so wird der Wurf unabhängig vom ersten Wurf wiederholt. Das Ergebnis des zweiten Wurfs wird dann zum Ergebnis n des ersten Wurfs addiert. Fällt beim zweiten Wurf wiederum die Zahl n, wird wie beim ersten Wurf wiederholt und addiert, usw.

Sei X die bei diesem Spiel gezielte Endsumme. Bestimmen Sie die Wahrscheinlichkeitsverteilung von X und den Erwartungswert.

38.20 •• Es seien X_1 und X_2 die Augensummen von zwei idealen Würfeln, die unabhängig voneinander geworfen werden. Weiter sei $Y = X_1 - X_2$. Zeigen Sie, dass Y und Y^2 unkorreliert sind.

38.21 •• Das zweidimensionale Merkmal (X, Y) besitze die folgende Verteilung:

		Y		
		1	2	3
X	1	0.1	0.3	0.2
	2	0.1	0.1	0.2

1. Bestimmen Sie Erwartungswerte und Varianzen
   (a) von X und Y,
   (b) von $S = X + Y$ und
   (c) von $X \cdot Y$.
2. Wie hoch ist die Korrelation von X und Y?

Anwendungsprobleme

38.22 •• Sie schütten einen Sack mit n idealen Würfeln aus. Die Würfel rollen zufällig über den Tisch. Keiner liegt über dem anderen. Machen Sie eine verlässliche Prognose über die Augensumme aller Würfel.

38.23 • Es seien X und Y jeweils der Gewinn aus zwei risikobehafteten Investitionen. Abbildung 38.19 zeigt die Verteilungsfunktionen F_X (oben) und F_Y (unten).

(a) Welche der beiden Investitionen ist aussichtsreicher?
(b) Kann man aus der Abbildung schließen, dass $X \le Y$ oder $Y \le X$ ist?

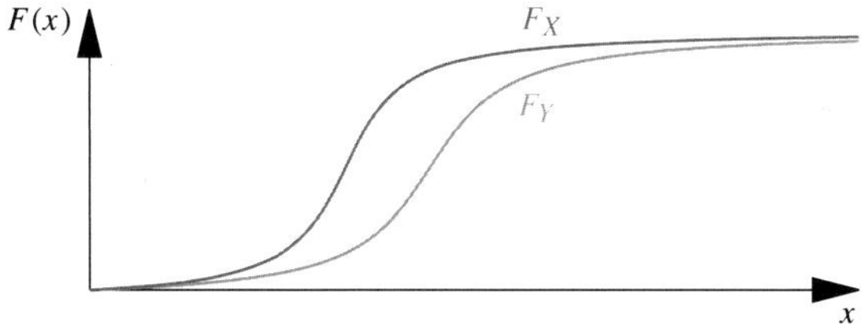

Abb. 38.19 Die Verteilungsfunktionen F_X (rot) und F_Y (blau) des Gewinns aus zwei Investitionen X und Y

38.24 • Die Weinmenge, die von einer automatischen Abfüllanlage in eine 0.75-l-Flasche abgefüllt wird, sei aus mancherlei Gründen als eine Zufallsvariable aufzufassen, deren Erwartungswert gleich 0.72 und deren Standardabweichung gleich 0.01 beträgt.

1. Wie groß ist die Wahrscheinlichkeit mindestens, dass in eine Flasche zwischen 0.7 l und 0.9 l abgefüllt werden?
2. Wie groß ist höchstens die Wahrscheinlichkeit, dass in eine Flasche weniger als 0.7 l abgefüllt werden, wenn die Verteilung der von der Abfüllanlage abgegebenen Menge symmetrisch ist?

Hinweise

Verständnisfragen

38.1 • –

38.2 • –

38.3 • –

38.4 • Arbeiten Sie mit der Varianz.

38.5 •• Verwenden Sie die Jensen-Ungleichung.

38.6 •• –

38.7 •• Betrachten Sie die Zufallsvariable $Y = 0$ falls $X < k$ und $Y = k$ falls $X \geq k$. Berechnen Sie $E(Y)$ und benutzen Sie die Montonie des Erwartungswertes.

38.8 ••• zu (a) Verwenden Sie: $X \leq Y$ genau dann, wenn $X(\omega) \leq Y(\omega)\ \forall \omega \in \Omega$. Ignorieren Sie die Ausnahmemenge vom Maß Null mit $X(\omega) > Y(\omega)$.

Hinweis zu (b): Verwenden Sie die Darstellung $E(X)$ aus der Vertiefung von S. 1442.

38.9 ••• Verwenden Sie $X + Y = R + B$.

38.10 • –

Rechenaufgaben

38.11 • –

38.12 •• –

38.13 •• –

38.14 •• Berechnen Sie $\operatorname{Var}(X) = E\left(X^2\right) - (E(X))^2$.

38.15 ••• Sei $B = \bigcup_i A_i$ dann ist $B^C = \bigcap_i A_i^C$ und $P(B) = 1 - E\left(I_{B^C}\right)$.

38.16 ••• Wenden Sie die Markovungleichung auf e^{sX} an.

38.17 ••• –

38.18 ••• Benutzen Sie, dass die Operationen Spur und Erwartungswert vertauschbar sind und $\operatorname{Sp}(\boldsymbol{X}^\top \boldsymbol{A}\boldsymbol{X}) = \operatorname{Sp}(\boldsymbol{A}\boldsymbol{X}\boldsymbol{X}^\top)$.

38.19 ••• –

38.20 •• Verwenden Sie die Symmetrie von Y.

38.21 •• –

Anwendungsprobleme

38.22 •• –

38.23 • –

38.24 • –

Lösungen

Verständnisfragen

38.1 • 2. und 5. sind richtig, 1., 3. und 4. sind falsch.

38.2 • Die Aussagen 1, 3, 4 und 7 sind richtig, 2, 5, 6 und 8 sind falsch.

38.3 • 1. ist richtig und 2. ist falsch. Unabhängigkeit überträgt sich, Unkorreliertheit nicht.

38.4 • Aus $E(X^2) = (E(X))^2$ folgt $\operatorname{Var}(X) = E(X^2) - E(X)^2 = 0$. Wie in Aufgabe 38.17 gezeigt wird, folgt daraus, dass X eine entartete Zufallsvariable ist.

38.5 •• $f(x) = x^{-1}$ ist für $x > 0$ konvex. Daher ist für eine Zufallsvariable, die nur positive Werte annimmt, $E(X^{-1}) > (E(X))^{-1}$.

Die Jensenungleichung braucht nicht zu gelten, falls X auch negative Werte annehmen kann. Als Gegenbeispiel nehme X die Werte 1 und -0.5 jeweils mit Wahrscheinlichkeit 0.5 an. Dann ist

$$E(X) = \frac{1}{2} \cdot 1 - \frac{1}{2} 0.5 = 0.25$$
$$E(X^{-1}) = \frac{1}{2} \cdot 1 - \frac{1}{2} 2 = -0.5 < (E(X))^{-1}.$$

38.6 •• Die Aussage ist falsch. Gegenbeispiel: Die Zufallsvariable X_n nehme den Wert 1 mit Wahrscheinlichkeit $1 - \frac{1}{n}$ und den Wert $-n^2$ mit Wahrscheinlichkeit $\frac{1}{n}$ an. Dann ist $\lim_{n\to\infty} P(X_n > 0) = 1$, aber $E(X_n) = 1 \cdot \left(1 - \frac{1}{n}\right) - n^2 \cdot \frac{1}{n} = -n + 1 - \frac{1}{n} < 0$.

38.7 •• Definiere

$$Y = \begin{cases} 0 & \text{für } X < k \\ k & \text{für } X \geq k. \end{cases}$$

Dann ist $E(Y) = 0 \cdot P(X < k) + kP(X \geq k) = kP(X \geq k)$. Nach Definition ist $Y \leq X$. Daher ist $E(Y) \leq E(X)$.

38.8 ••• (a) Aus $X \leq Y$ folgt $\{\omega \in \Omega \mid Y(\omega) \leq t\} \subseteq \{\omega \in \Omega \mid X(\omega) \leq t\}$. Daher ist

$$\begin{aligned} F_Y(t) &= P(Y \leq t) \\ &= P(\omega \in \Omega : Y(\omega) \leq t) \\ &\leq P(\omega \in \Omega : X(\omega) \leq t) \\ &= F_X(t). \end{aligned}$$

Wir zeigen mit einem Gegenbeispiel, dass aus $F_X(t) \geq F_Y(t)$ nicht $X \leq Y$ folgt. Dazu sei $\Omega = \{1, 2, 3\}$ mit $P(1) = P(2) = P(3) = 1/3$. Die Zufallsvariablen X und Y seien definiert durch

i	$X(i)$	$Y(i)$
1	0	0
2	2	1
3	0	2

Dann ist weder $X \leq Y$ noch $Y \leq X$. Die Verteilungen von X und Y sind:

X	$P(X = x)$	F_X
0	2/3	2/3
2	1/3	1

Y	$P(Y = y)$	F_Y
0	1/3	1/3
1	1/3	2/3
2	1/3	1

Also ist $F_X(t) \geq F_Y(t)$ $\forall t$. Aber $Y \geq X$ ist falsch.

(b) Aus $F_X(t) \geq F_Y(t)$ folgt mit der Darstellung von $E(X)$ aus der Vertiefung von S. 1442:

$$\begin{aligned} E(X) &= \int_0^\infty (1 - F_X(t))\,\mathrm{d}t - \int_{-\infty}^\infty F_X(t)\,\mathrm{d}t \\ &\leq \int_0^\infty (1 - F_Y(t))\,\mathrm{d}t - \int_{-\infty}^\infty F_Y(t)\,\mathrm{d}t \\ &= E(Y). \end{aligned}$$

38.9 ••• –

38.10 • Falsch sind 1. und 5. Richtig sind 2. und 4. Die Antwort zu 3. hängt ab, ob die absolute oder die relative Genauigkeit gemeint ist. Im ersten Fall ist die Aussage falsch, im zweiten Fall richtig.

Rechenaufgaben

38.11 •

s_1	$P(S = s_i)$
2	1/36
3	2/36
4	3/36
5	4/36
6	5/36
7	6/36

s_1	$P(S = s_i)$
8	5/36
9	4/36
10	3/36
11	2/36
12	1/36

38.12 •• (a) Die Angabe der möglichen Würfelereignisse ist unvollständig, da die Reihenfolge der Zahlen nicht beachtet wurde. Berücksicht man die Reihenfolge, dann gibt es $6 = 3!$ verschiedene Permutationen von $(6, 4, 1)$, die auf die gleiche Reihenfolge führen, aber nur drei verschiedene Permutationen von $(5, 5, 1)$. Beachtet man die Reihenfolge, so gibt es 27 verschiedene gleichwahrscheinliche Wurfsequenzen mit der Augensumme 11, aber 25 mit der Augensumme 12.

(b)

x_i	$P(X = x_i)$
3	1/216
4	3/216
5	6/216
6	10/216
7	15/216
8	21/216

x_i	$P(X = x_i)$
9	25/216
10	27/216
11	27/216
12	25/216
13	21/216
14	15/216

x_i	$P(X = x_i)$
15	10/216
16	6/216
17	3/216
18	1/216
$\sum$	1

38.13 •• 1. $P(X_{\text{med}} = 1) = P(X_{\text{med}} = 6) = 0.074$
$P(X_{\text{med}} = 2) = P(X_{\text{med}} = 5) = 0.185$
$P(X_{\text{med}} = 3) = P(X_{\text{med}} = 4) = 0.241$

2. Berechnung der Werte für die Verteilungsfunktion:

x	$P(X_{\text{med}} = x)$	$P(X_{\text{med}} \leq x)$
1	0.074	0.074
2	0.185	0.259
3	0.241	0.500
4	0.241	0.741
5	0.185	0.926
6	0.074	1.000

3. $E(X_{\text{med}}) = 3.5$; $\text{Var}(X_{\text{med}}) = 1.88$

38.14 •• $E(X) = \frac{(n+1)}{2}$; $\text{Var}(X) = \frac{(n^2-1)}{12}$.

38.15 ••• –

38.16 ••• –

38.17 ••• –

38.18 ••• –

38.19 ••• $P(X = n \cdot k + i) = \frac{1}{n^{k+1}}$ und $E(X) = \frac{n(n+1)}{2(n-1)}$.

38.20 •• –

38.21 •• $E(X) = 1.4$ und $\text{Var}(X) = 0.24$.
$E(Y) = 2.2$ und $\text{Var}(Y) = 0.56$.
$E(S) = 3.6$ und $\text{Var}(S) = 0.84$.
$E(XY) = 3.1$ und $\text{Var}(XY) = 2.69$.
$\text{Cov}(X;Y) = 0.02$ und $\rho(X;Y) = 0.0546$.

Anwendungsprobleme

38.22 •• –

38.23 • a) Y ist besser. b) nein.

38.24 • 1. $P(0.7 \leq X \leq 0.9) \geq \frac{3}{4}$. 2. $P(X < 0.7) \leq \frac{1}{8}$.

Lösungswege

Verständnisfragen

38.1 • –

38.2 • –

38.3 • –

38.4 • –

38.5 •• –

38.6 •• –

38.7 •• –

38.8 ••• –

38.9 ••• Stets gilt

$$\text{Var}(X+Y) = \text{Var}(X) + \text{Var}(Y) + 2\text{Cov}(X,Y).$$

Wegen $\text{Var}(X) = \text{Var}(Y)$ folgt

$$\text{Cov}(X,Y) = \frac{1}{2}\text{Var}(X+Y) - \text{Var}(X).$$

Andererseits ist $X + Y = R + B$ gerade die Augensumme der beiden Würfel. Nach Vorgabe sind R und B unabhängig und identisch verteilt. Also ist $\text{Var}(R) = \text{Var}(B)$ und

$$\text{Var}(X+Y) = \text{Var}(R+B) = \text{Var}(R) + \text{Var}(B) = 2\text{Var}(B).$$

Also

$$\text{Cov}(X,Y) = \text{Var}B - \text{Var}(X).$$

Erwartungswert und Varianz der Augenzahl bei idealen Würfeln wird in Aufgabe 38.14 bestimmt. Danach ist $\text{Var}B = \frac{35}{12}$. Dies liefert

$$\text{Cov}(X,Y) = \text{Var}B - \text{Var}(X) = \frac{35}{12} - 1.97 = 0.946$$

38.10 • Zu 1. und 2. Die Tschebycheff-Ungleichung sagt $P(|X - E(X)| \leq k\sigma) \geq 1 - \frac{1}{k^2}$. Daher ist die erste Aussage falsch, denn man braucht σ. Dagegen ist die zweite Aussage richtig, denn für die Abschätzung von $|X - E(X)|$ wird nur σ gebraucht.

3. Die Genauigkeit einer Prognose über $S = \sum X_i$ hängt ab von $\text{Var}(S) = n\text{Var}(X)$. Die Prognose von $\sum X_i$ wird also mit wachsendem n ungenauer. Ist $E(X_i) = \mu \neq 0$, so ist die relative Genauigkeit gegeben durch $\left|\frac{\sum X_i - n\mu}{n\mu}\right| = \left|\frac{\overline{X}-\mu}{\mu}\right|$. Die Varianz von $\overline{X}$ ist $\frac{\sigma^2}{n}$. Die relative Genauigkeit wächst also mit wachsendem n. 4. ist richtig, denn die Varianz der Summe wächst mit n, die Standardabweichung mit $\sqrt{n}$. Die Länge des Prognoseintervall wächst daher mit $\sqrt{n}$.

5. ist falsch. Wenn man hinreichend viele Beobachtungen machen kann, lässt sich EX sowie $\text{Var}(X)$ gut schätzen. Ein gute Prognose für die nächste Beobachtung wird dann mit der Ungleichung von Tschebyscheff arbeiten und mit EX und $\text{Var}(X)$ arbeiten.

Rechenaufgaben

38.11 • In der folgenden Tabelle sind in der Kopfzeile und der Kopfspalte die Realisationen von X_1 und X_2 und in den Innenzellen die jeweilige Augensumme aufgetragen.

	1	2	3	4	5	6
1	2	3	4	5	6	7
2	3	4	5	6	7	8
3	4	5	6	7	8	9
4	5	6	7	8	9	10
5	6	7	8	9	10	11
6	7	8	9	10	11	12

Wegen der Unabhängigkeit von X_1 und X_2 hat jede Zelle die Wahrscheinlichkeit $\left(\frac{1}{6}\right)^2$. Summiert man über die Diagonalen erhält man die angegebenen Werte.

38.12 •• In Aufgabe 38.11 wurde die Verteilung der Augensumme S_2 von zwei unabhängigen idealen Würfeln bestimmt. Wir benutzen diese Verteilung und berechnen analog S_3 als $S_2 + X$.

In der folgenden Tabelle sind in der ersten und zweiten Kopfzeile die Realisationen von X und deren Wahrscheinlichkeiten, in der ersten und zweiten Kopfspalte die Realisationen von S_2 und deren Wahrscheinlichkeiten und in den Innenzellen die jeweilige Augensumme $S_3 = S_2 + X$ aufgetragen.

	X	1	2	3	4	5	6
S_2		1/6	1/6	1/6	1/6	1/6	1/6
2	1/36	3	4	5	6	7	8
3	2/36	4	5	6	7	8	9
4	3/36	5	6	7	8	9	10
5	4/36	6	7	8	9	10	11
6	5/36	7	8	9	10	11	12
7	6/36	8	9	10	11	12	13
8	5/36	9	10	11	12	13	14
9	4/36	10	11	12	13	14	15
10	3/36	11	12	13	14	15	16
11	2/36	12	13	14	15	16	17
12	1/36	13	14	15	16	17	18

Multiplizieren wir die Randwahrscheinlichkeiten, erhalten wir die Wahrscheinlichkeiten der Zellen. Addieren die Zellenwahrscheinlichkeiten aller Zellen mit den gleiche Werten, erhalten wir die Wahrscheinlichkeit des jeweiligen Summenwertes. So ist z. B. $P(S_3 = 4) = \frac{1}{6}\frac{1}{36} + \frac{1}{6}\frac{2}{36} = \frac{3}{216}$. Auf diese Weise ist die obige Verteilung errechnet worden.

38.13 •• 1. mögliche Werte von $X_{\text{med}} \in \{1, 2, 3, 4, 5, 6\}$. Sei X_i :=Augenzahl des i-ten Würfels

$$\begin{aligned}
P\left(X_{\text{med}} = 1\right) &= P\left(X_1 = 1,\, X_2 = 1,\, X_3 = 1\right)\\
&\quad + P\left(X_1 = 1,\, X_2 = 1,\, X_3 > 1\right) \cdot 3\\
&= \frac{1}{6^3} + \frac{3 \cdot 5}{6^3} = \frac{16}{6^3}.\\
P\left(X_{\text{med}} = 2\right) &= P\left(X_1 = X_2 = X_3 = 2\right)\\
&\quad + P\left(X_1 = 1,\, X_2 = 2,\, X_3 = 2\right) \cdot 3\\
&\quad + P\left(X_1 = 1,\, X_2 = 2,\, X_3 > 2\right) \cdot 3!\\
&\quad + P\left(X_1 = 2,\, X_2 = 2,\, X_3 > 2\right) \cdot 3\\
&= \frac{1}{6^3}(1 + 1 \cdot 3 + 4 \cdot 6 + 4 \cdot 3) = \frac{40}{6^3}.\\
P\left(X_{\text{med}} = 3\right) &= P\left(X_1 = X_2 = X_3 = 3\right)\\
&\quad + P\left(X_1 = 1,\, X_2 = X_3 = 3\right) \cdot 3\\
&\quad + P\left(X_1 = 1,\, X_2 = 3,\, X_3 > 3\right) \cdot 6\\
&\quad + P\left(X_1 = 2,\, X_2 = 3,\, X_3 > 3\right) \cdot 6\\
&\quad + P\left(X_1 = 2,\, X_2 = X_3 = 3\right) \cdot 3\\
&\quad + P\left(X_1 = X_2 = 3,\, X_3 > 3\right) \cdot 3\\
&= \frac{1}{6^3}(1 + 3 + 3 \cdot 6 + 3 \cdot 6 + 3 + 3 \cdot 3) = \frac{52}{6^3}.
\end{aligned}$$

Aus Symmetriegründen ist

$$\begin{aligned}
P\left(X_{\text{med}} = 1\right) &= P\left(X_{\text{med}} = 6\right) = 0.074.\\
P\left(X_{\text{med}} = 2\right) &= P\left(X_{\text{med}} = 5\right) = 0.185.\\
P\left(X_{\text{med}} = 3\right) &= P\left(X_{\text{med}} = 4\right) = 0.241.
\end{aligned}$$

3. Berechnung des Erwartungswertes:

$$\begin{aligned}
E\left(X_{\text{med}}\right) &= \sum_{i=1}^{6} i \cdot P\left(X_{\text{med}} = i\right)\\
&= 1 \cdot 0.074 + 2 \cdot 0.185 + 3 \cdot 0.241\\
&\quad + 4 \cdot 0.241 + 5 \cdot 0.185 + 6 \cdot 0.074\\
&= 0.074 + 0.370 + 0.723 + 0.964 + 0.925 + 0.444\\
&= 3.5
\end{aligned}$$

Berechnung der Varianz:

$$\begin{aligned}
\operatorname{Var}\left(X_{\text{med}}\right) &= E((X_{\text{med}})^2) - E((X_{\text{med}}))^2\\
E((X_{\text{med}})^2) &= 1^2 \cdot 0.074 + 2^2 \cdot 0.185 + 3^2 \cdot 0.241\\
&\quad + 4^2 \cdot 0.241 + 5^2 \cdot 0.185 + 6^2 \cdot 0.074\\
&= 14.13\\
\operatorname{Var}\left(X_{\text{med}}\right) &= 14.13 - 3.5^2 = 1.88
\end{aligned}$$

38.14 ••

$$\begin{aligned}
E(X) &= \sum_{i=1}^{n} x_i P(X = x_i) = \frac{1}{n}\sum_{i=1}^{n} i \\
&= \frac{1}{n}\frac{n(n+1)}{2} = \frac{(n+1)}{2} \\
E(X^2) &= \sum_{i=1}^{n} x_i^2 P(X = x_i) = \frac{1}{n}\sum_{i=1}^{n} i^2 \\
&= \frac{1}{n}\frac{n(n+1)(2n+1)}{6} = \frac{(n+1)(2n+1)}{6} \\
\operatorname{Var}(X) &= E(X^2) - (E(X))^2 \\
&= \frac{(n+1)(2n+1)}{6} - \left(\frac{(n+1)}{2}\right)^2 \\
&= \frac{(n+1)(n-1)}{12}
\end{aligned}$$

38.15 ••• Sei $B = \bigcup_i A_i$ dann ist $B^C = \bigcap_i A_i^C$ und

$$\begin{aligned}
P(B) &= E(I_B) = E(1 - I_{B^C}) = 1 - E(I_{B^C}) \\
&= 1 - E(I_{\bigcap_i A_i^C}) = 1 - E\left(\prod_i I_{A_i^C}\right) \\
&= 1 - E\left(\prod_i (1 - I_{A_i})\right) \\
&= 1 - E\Bigg(1 - \sum_i I_{A_i} + \sum_{i<j} I_{A_i} I_{A_j} \\
&\qquad - \sum_{i<j<k} I_{A_i} I_{A_j} I_{A_k} + \cdots\Bigg) \\
&= 1 - \Bigg(1 - \sum_i P(A_i) + \sum_{i<j} P(A_i A_j) \\
&\qquad - \sum_{i<j<k} P(A_i A_j A_k) + \cdots\Bigg)
\end{aligned}$$

38.16 ••• Es ist $X \geq t$ genau dann, wenn $e^{sX} \geq e^{st}$. Daher ist

$$P(X \geq t) = P\left(e^{sX} \geq e^{st}\right)$$

Nach der Markov-Ungleichung folgt

$$P\left(e^{sX} \geq e^{st}\right) \leq \frac{E\left(e^{sX}\right)}{e^{st}}.$$

Da diese Ungleichung für jeden (zulässigen) Wert von s gilt, folgt $P(X \geq t) \leq \inf_s e^{-st} E\left(e^{sX}\right)$.

38.17 ••• (a) Nach Definition ist für eine diskrete Zufallsvariable:

$$\operatorname{Var}(X) = \sum_{i=1}^{\infty} (x_i - \mu)^2 P(X = x_i).$$

Daher ist $\operatorname{Var}(X) = 0$ genau dann, wenn für alle i gilt: $(x_i - \mu)^2 P(X = x_i) = 0$. Ist also $P(X = x_i) > 0$, so ist $x_i = \mu$.

(b) Für ein beliebige definieren wir die Zufallsvariable

$$Y = \begin{cases} 0 & \text{falls } (X-\mu)^2 < \varepsilon^2 \\ \varepsilon & \text{falls } (X-\mu)^2 \geq \varepsilon^2 \end{cases}$$

Dann ist $0 \leq Y \leq (X - \mu)^2$. Also ist

$$0 = \operatorname{Var}(X) = E(X-\mu)^2 \geq E(Y) = \varepsilon^2 P((X-\mu)^2 \geq \varepsilon^2)$$

Daher gilt $P(|X-\mu| \geq \varepsilon) = 0$ für alle $\varepsilon > 0$, also $P(|X-\mu| < \varepsilon) = 1$. Sei nun ε_n eine Nullfolge, dann sind die Ereignisse $(|X-\mu| < \varepsilon_n)$ monoton fallend. Wegen der Stetigkeit der Wahrscheinlichkeitsfunktion, siehe S. 1407 gilt $P(|X - \mu| = 0) = P(\bigcap_{n=1}^{\infty}\{|X-\mu| < \varepsilon_n\}) = \lim_{n\to\infty} P(|X-\mu| < \varepsilon_n) = 1$.

38.18 •••

$$\begin{aligned}
E(\mathbf{X}^\top \mathbf{A}\mathbf{X}) &= \operatorname{Spur}(E(\mathbf{X}^\top \mathbf{A}\mathbf{X})) \\
&= E(\operatorname{Spur}(\mathbf{A}\mathbf{X}\mathbf{X}^\top)) \\
&= \operatorname{Spur}(E(\mathbf{A}\mathbf{X}\mathbf{X}^\top)) \\
&= \operatorname{Spur}(\mathbf{A}E(\mathbf{X}\mathbf{X}^\top)) \\
&= \operatorname{Spur}(\mathbf{A}(\boldsymbol{\mu}\boldsymbol{\mu}^\top + \operatorname{Cov}(\mathbf{X}))) \\
&= \operatorname{Spur}(\boldsymbol{\mu}^\top \mathbf{A}\boldsymbol{\mu}) + \operatorname{Spur}(\mathbf{A}\operatorname{Cov}(\mathbf{X})) \\
&= \boldsymbol{\mu}^\top \mathbf{A}\boldsymbol{\mu} + \operatorname{Spur}(\mathbf{A}\operatorname{Cov}(\mathbf{X})).
\end{aligned}$$

38.19 ••• Sei X_k die beim k-ten Wurf geworfenen Augenzahl. Dann gilt wegen der Unabhängigkeit der X_k für $k = 0, 1, \ldots$ und $i = 1, \ldots, n-1$

$$\begin{aligned}
P(X = n \cdot k + i) &= P(X_1 = n; X_2 = n; \ldots; X_k = n; X_{k+1} = i) \\
&= P(X_1 = n) \cdot \ldots \cdot P(X_k = n) \cdot P(X_{k+1} = i) \\
&= \frac{1}{n} \cdot \ldots \cdot \frac{1}{n} \cdot \frac{1}{n} = \frac{1}{n^{k+1}}.
\end{aligned}$$

Für die Berechnung von $E(X)$ ziehen wir eine Nebenrechnung vor:

$$\begin{aligned}
\sum_{k=0}^{\infty} \frac{1}{n^k} &= \frac{1}{1-\frac{1}{n}} = 1 + \frac{1}{n-1} \\
\sum_{k=0}^{\infty} \frac{k}{n^k} &= n \sum_{k=0}^{\infty} k n^{-k-1} \\
&= -n \frac{\mathrm{d}}{\mathrm{d}n}\left(\sum_{k=0}^{\infty} n^{-k}\right) \\
&= -n \frac{\mathrm{d}}{\mathrm{d}n}\left(1 + \frac{1}{n-1}\right) = \frac{n}{(n-1)^2}
\end{aligned}$$

Der Erwartungswert von X ist:

$$\begin{aligned} E(X) &= \sum_{k=0}^{\infty}\sum_{i=1}^{n-1}(n\cdot k+i)P(X=n\cdot k+i) \\ &= \sum_{k=0}^{\infty}\sum_{i=1}^{n-1}\frac{n\cdot k+i}{n^{k+1}} = \sum_{k=0}^{\infty}\frac{(n-1)n\cdot k+\frac{n(n-1)}{2}}{n^{k+1}} \\ &= (n-1)\left[\sum_{k=0}^{\infty}\frac{k}{n^k}+\frac{1}{2}\sum_{k=0}^{\infty}\frac{1}{n^k}\right] \\ &= (n-1)\left[\frac{n}{(n-1)^2}+\frac{1}{2}\frac{n}{n-1}\right] \\ &= \frac{n}{n-1}+\frac{n}{2}=\frac{n(n+1)}{2(n-1)}. \end{aligned}$$

38.20 •• Y und Y^3 sind symmetrisch um den Nullpunkt verteilt, denn $P(Y=k)=P(Y=-k)$. Daher ist $E(Y)=E(Y^3)=0$. Dann ist

$$\operatorname{Cov}(Y,Y^2)=E(Y^3)-E(Y)\cdot E\left(Y^2\right)=0.$$

38.21 •• 1. (a) Erwartungswert und Varianz von X werden aus der Randverteilung von X berechnet:

x	$P(X=x)$	$x\,P(X=x)$	x^2	$x^2\,P(X=x)$
1	0.6	0.6	1	0.6
2	0.4	0.8	4	1.6
		1.4		2.2

Daher ist $E(X)=1.4$ und $\operatorname{Var}(X)=E(X^2)-(E(X))^2=2.2-1.4^2=0.24$. Analog werden $E(Y)$ und $\operatorname{Var}(Y)$ berechnet.

y	$P(X=y)$	$y\,P(X=y)$	y^2	$y^2\,P(X=y)$
1	0.2	0.2	1	0.2
2	0.4	0.8	4	1.6
3	0.4	1.2	9	3.6
$\sum$	1.0	2.2		5.4

$E(Y)=2.2$ und $\operatorname{Var}(Y)=E(Y^2)-(E(Y))^2=5.4-2.2^2=0.56$.

1. (b) $E(X+Y)=E(X)+E(Y)=1.4+2.2=3.6$. Die Varianz lässt sich so nicht bestimmen, da X und Y korreliert sind. Wir müssen daher die Verteilung von $S=X+Y$ explizit bestimmen: Die Wahrscheinlichkeiten der Summe $P(X+Y=s)=\sum_k P(X=k,Y=s-k)$ berechnen wir bildhaft als „Faltung" der beiden Verteilungen. Wir schreiben dazu die Verteilungen von X und Y auf zwei Papierstreifen in gegenläufiger Reihenfolge

X-Streifen				1	2
Y-Streifen	3	2	1		

und schieben die Streifen feldweise aneinandervorbei. Die Summen aus den besetzten Spalten sind jeweils konstant:

				1	2
		3	2	1	
$\sum$				2	
P				0.1	

			1	2	
		3	2	1	
$\sum$			3	3	
P			0.3	0.1	

		1	2		
		3	2	1	
$\sum$		4	4		
P		0.2	0.1		

	1	2			
		3	2	1	
$\sum$		5			
P		0.2			

Dann werden die Wahrscheinlichkeit der jeweiligen Zellen addiert. Damit erhalten wir

$S=s$	$P(S=s)$	$sP(S=s)$	$s^2P(S=s)$
2	0.1	0.2	0.4
3	0.4	1.2	3.6
4	0.3	1.2	4.8
5	0.2	1	5
$\sum$	1	3.6	13.8

Damit ist $E(S)=3.6$ und $E(S^2)=13.8$. Daraus folgt $\operatorname{Var}(S)=E(S^2)-(E(S))^2=13.8-(3.6)^2=0.84$.

1. (c) Die Verteilung des Produktes $X\cdot Y$ ergibt sich aus $P(XY=k)=\sum_j P(X=j,Y=\frac{k}{j})$. Für jeder Wert von k müssen die Zellenwahrscheinlichkeiten aller Kombinationen $(X=j,Y=\frac{k}{j})$ addiert werden. Dies liefert

$x\,y=k$	$P(XY=k)$	$k\,P(k)$	k^2	$k^2P(k)$
1	0.1	0.1	1	0.1
2	0.4	0.8	4	1.6
3	0.2	0.6	9	1.8
4	0.1	0.4	16	1.6
6	0.2	1.2	36	7.2
$\sum$		3.1		12.3

Aus dieser Verteilung lassen sich $E(XY)=3.1$ und $\operatorname{Var}(XY)=12.3-3.1^2=2.69$ wie gewohnt ausrechnen.

2. Aus $\operatorname{Cov}(X;Y)=E(X\,Y)-E(X)\cdot E(,Y)$ folgt

$$\operatorname{Cov}(X;Y)=3.1-1.4\cdot 2.2=0.02.$$

Eine Kontrollrechnung: Es ist $\operatorname{Var}(X+Y)=\operatorname{Var}(X)+\operatorname{Var}(Y)+2\operatorname{Cov}(X;Y)$. Mit den bereits berechneten Parametern muss also gelten

$$\begin{aligned} \operatorname{Cov}(X;Y) &= \frac{1}{2}(\operatorname{Var}(X+Y)-\operatorname{Var}(X)+\operatorname{Var}(Y)) \\ &= \frac{1}{2}(0.84-0.24-0.56)=0.02 \end{aligned}$$

Die Korrelation ist

$$\rho=\frac{\operatorname{Cov}(X;Y)}{\sqrt{\operatorname{Var}(X)\operatorname{Var}(Y)}}=\frac{0.02}{\sqrt{0.24}\cdot\sqrt{0.56}}=0.054\,6.$$

Es besteht eine minimale Korrelation.

Anwendungsprobleme

38.22 •• Es sei X_i die Augenzahl des i-ten Würfels. Die Summe der Augenzahlen ist $S = \sum_{i=1}^{n} X_i$, Nach Aufgabe 38.14 ist $E(X_i) = 3.5$; $\text{Var}(X_i) = \frac{35}{12}$. Da die X_i i.i.d. sind, ist $E(S) = n3.5$ und $\text{Var}(S) = n\frac{35}{12}$. Nach der Ungleichung von Tschebyscheff gilt dann mit der Wahrscheinlichkeit von mindestens 75%:

$$|S - 3.5n| \leq 2\sqrt{\frac{35}{12}n}.$$

38.23 • Aus der Abb. 38.19 folgt $F_X \geq F_Y$. Daher ist $P(X \leq t) \geq P(Y \leq t)$ oder gleichwertig $P(X > t) \leq P(Y > t)$. Für jeden Gewinn t gilt: Mit höherer Wahrscheinlichkeit überschreitet der Gewinn bei Y den Wert t als bei X.

Wie in Aufgabe 38.8 gezeigt, folgt aus $F_X(t) \geq F_Y(t)$ nicht $X \leq Y$ und erst recht nicht $Y \leq X$.

38.24 • 1. Sei X die fragliche Weinmenge $E(X) = 0.72$, $\sigma_X = 0.01$. Dann ist

$$P(0.7 \leq X \leq 0.9) \geq P(0.7 \leq X \leq 0.74) = P(|X - 0.72| \leq 0.02)$$

Nach der Tschebyscheffschen Ungleichung gilt $P(|X - E(X)| \leq k\,\sigma_X) \geq 1 - \frac{1}{k^2}$. Setzen wir $k\,\sigma_X = 0.02$, dann ist bei einem $\sigma_X = 0.01$ der Faktor $k = 2$. Also gilt

$$P(|X - 0.72| \leq 0.02) \geq 1 - \frac{1}{4} = \frac{3}{4}$$

2. Die Verteilung von X ist symmetrisch um $E(X) - 0.72$. Dann folgt:

$$\begin{aligned} P(X < 0.7) &= P(X - 0.72 < -0.2) \\ &= P(X - 0.72 > 0.2) = \frac{1}{2}P(|X - 0.72| > 0.2) \end{aligned}$$

Für $E(X) = 0.72$ und $\sigma_X = 0.01$ sagt dieUngleichung von Tschebyscheff $P(|X - 0.72| > 0.2) \leq \frac{1}{4}$. Daher ist $P(X < 0.7) \leq \frac{1}{8}$.

Kapitel 39

Aufgaben

Verständnisfragen

39.1 • Welche der folgenden Aussagen sind richtig?

(a) Das Prognoseintervall für die **Anzahl** der Erfolge bei n unabhängigen Wiederholungen eines Versuchs wird umso breiter, je größer n wird.
(b) Das Prognoseintervall für den **Anteil** der Erfolge bei n unabhängigen Wiederholungen eines Versuchs wird umso breiter, je größer n wird.
(c) Sind X und Y unabhängig voneinander binomialverteilt, dann ist auch $X + Y$ binomialverteilt.

39.2 •• In einer Stadt gibt es ein großes und ein kleines Krankenhaus. Im kleinen Krankenhaus K werden im Schnitt jeden Tag 15 Kinder geboren. Im großen Krankenhaus G sind es täglich 45 Kinder. Im Jahr 2006 wurden in beiden Krankenhäusern die Tage gezählt, an denen mindestens 60 % der Kinder männlich waren. Es stellte sich heraus, dass im kleinen Krankenhaus rund dreimal so häufig ein Jungenüberschuss festgestellt wurde wie am großen Krankenhaus. Ist dies Zufall? Berechnen Sie die relevanten Wahrscheinlichkeiten, wobei Sie $P\,(\text{Junge}\,) = P\,(\text{Mädchen}) = 0.5$ unterstellen sollen.

39.3 • Sie ziehen ohne Zurücklegen aus einer Urne mit roten und anders farbigen Kugeln. Es sei X_i die Indikatorvariable für Rot im i-ten Zug und $X = \sum X_i$ die Anzahl der gezogenen roten Kugeln. Welche der folgenden 4 Aussagen ist richtig? Die X_i sind

(a) unabhängig voneinander, identisch verteilt,
(b) unabhängig voneinander, nicht identisch verteilt,
(c) abhängig voneinander, identisch verteilt,
(d) abhängig voneinander, nicht identisch verteilt.

39.4 • In der Küche liegen 10 Eier, von denen 7 bereits gekocht sind. Die anderen drei Eier sind roh. Sie nehmen zufällig 5 Eier. Wie groß ist die Wahrscheinlichkeit, dass Sie genau 4 gekochte und ein rohes Ei erwischt haben?

39.5 ••• In einer Urne befinden sich 10 000 bunte Kugeln. Die Hälfte davon ist weiß, aber nur 5% sind rot. Sie ziehen mit einer Schöpfkelle auf einmal 100 Kugeln aus der Urne. Es sei X die Anzahl der weißen und Y die Anzahl der roten Kugeln bei dieser Ziehung.

(a) Wie sind X und Y einzeln und wie gemeinsam verteilt?
(b) Sind X und Y voneinander unabhängig, positiv oder negativ korreliert?
(c) Wenn Sie jeweils für X und Y eine Prognose zum gleichen Niveau $1 - \alpha$ erstellen, welches Prognoseintervall ist länger und warum?

39.6 • Die Dauer X eines Gesprächs sei exponentialverteilt. Die Wahrscheinlichkeit, dass ein gerade begonnenes Gespräch mindestens 10 Minuten andauert, sei 0.5. Ist dann die Wahrscheinlichkeit, dass ein bereits 30 Minuten andauerndes Gespräch mindestens noch weitere 10 Minuten andauert, kleiner als 0.5?

39.7 • Wegen eines Streikes fahren die Busse nicht mehr nach Fahrplan. Die Anzahl der Wartenden an einer Bushaltestelle ist ein Indikator für die seit Abfahrt des letzten Busses verstrichene Zeit. Sie wissen, je mehr Wartende an der Bushaltestelle stehen, um so wahrscheinlicher ist die Ankunft des nächsten Busses. Kann dann die Wartezeit exponential verteilt sein?

39.8 ••• Beantworten Sie die folgenden Fragen. Überlegen Sie sich eine kurze Begründung.

(a) Es sei X eine stetige zufällige Variable. $g(x)$ sei eine stetige Funktion. Ist dann auch $Y = g(X)$ eine stetige zufällige Variable?
(b) Darf die Dichte einer stetigen Zufallsvariablen größer als eins sein?
(c) Darf die Dichte einer Zufallsvariablen Sprünge aufweisen?
(d) Die Verteilungsfunktion einer Zufallsvariablen X sei bis auf endlich viele Sprünge differenzierbar. Ist X dann stetig?
(e) Die Verteilungsfunktion einer Zufallsvariablen X sei stetig. Ist X dann stetig?

T. Arens et al., *Arbeitsbuch Mathematik*, https://doi.org/10.1007/978-3-662-64391-4_38

(f) Die Durchmesser von gesiebten Sandkörnern seien innerhalb der Siebmaschenweite annähernd gleichverteilt. Ist dann auch das Gewicht der Körner gleichverteilt?

(g) Es seien X und Y unabhängig voneinander gemeinsam normalverteilt. Welche der folgenden Terme sind dann ebenfalls normalverteilt?

$$a + bX;\; X + Y;\; X - Y;\; X \cdot Y;\; \frac{X}{Y};\; X^2;\; X^2 + Y^2$$

39.9 •• Bei der Umstellung auf den Euro wurden in einer Bank Pfennige eingesammelt, die von Kunden abgegeben wurden. In einem Sack liegen 1000 Pfennige. Jeder Pfennig wiegt 2 g mit einer Standardabweichung von 0.1 g. Der leere Sack wiegt 500 g. Wie schwer ist der volle Sack?

Rechenaufgaben

39.10 • Die Wahrscheinlichkeit, bei einer U-Bahn-Fahrt kontrolliert zu werden, betrage $\theta = 0.1$. Wie groß ist die Wahrscheinlichkeit, innerhalb von 20 Fahrten

(a) höchstens 3-mal,
(b) mehr als 3-mal,
(c) weniger als 3-mal,
(d) mindestens 3-mal,
(e) genau 3-mal,
(f) mehr als einmal und weniger als 4-mal kontrolliert zu werden?

39.11 • 80% aller Verkehrsunfälle werden durch überhöhte Geschwindigkeit verursacht. Wie groß ist die Wahrscheinlichkeit, dass von 20 Verkehrsunfällen (a) mindestens 10, (b) weniger als 15, durch überhöhte Geschwindigkeit verursacht wurden?

39.12 • Sie machen im Schnitt auf 10 Seiten einen Tippfehler. Wie groß ist die Wahrscheinlichkeit, dass Sie auf 50 Seiten höchstens 5 Fehler gemacht haben?

39.13 •• Bestimmen Sie Erwartungswert und Varianz der geometrischen Verteilung.

39.14 •• Zeige:

(a) Sind X und Y unabhängig voneinander Poisson-verteilt. Dann ist $P(X = k \mid X + Y = n)$ binomial verteilt.

(b) Sind $X \sim \mathrm{B}_n(\theta)$ und $Y \sim \mathrm{B}_m(\theta)$ unabhängig voneinander binomialverteilt mit gleichem θ, dann ist $P(X = k \mid X + Y = z)$ hypergeometrisch verteilt.

39.15 •• Bei der Behandlung der Dichtetransformation stetiger Zufallsvariabler auf S. 1480 betrachteten wir die folgende Situation: Angenommen, es liegen 100 Realisationen einer in [0, 1] gleichverteilten Zufallsvariablen X vor, die wie folgt verteilt sind:

Von bis unter	0–0.2	0.2–0.4	0.4–0.6	0.6–0.8	0.8–1
Anzahl	20	20	20	20	20

Bestimmen Sie die Histogramme der Variablen $\sqrt{X}$ bzw. X^2, die sich aus den obigen Realisationen ergeben würden.

39.16 • Die Dicke eines Blattes Schreibmaschinenpapier sei 1/10 mm mit einer Standardabweichung von 1/50 mm. Wie hoch ist dann ein Stapel von 1000 Blatt, wenn Sie voraussetzen, dass die Papierdicken der einzelnen Blätter unabhängige zufällige Größen sind?

39.17 •• In einem Liter Industrieabwasser seien im Mittel $\lambda = 1000$ Kolibakterien. Der Werksdirektor möchte Journalisten „beweisen", dass sein Wasser frei von Bakterien ist. Er schöpft dazu ein Reagenzglas voll mit Wasser und lässt den Inhalt mikroskopisch nach Bakterien absuchen. Wie klein muss das Glas sein, damit gilt: $P(X = 0) \geq 0.90$?

39.18 ••• Es seien X_1 und X_2 unabhängige stetige Zufallsvariablen. Bestimmen Sie die Dichten von $X_1 X_2$ und X_1 / X_2.

39.19 •• Es seien $\boldsymbol{U}$ und $\boldsymbol{V}$ unkorrelierte normalverteilte Variable, die lineare Funktionen einer übergeordneten normalverteilte Variable $\boldsymbol{Y}$ sind:

$$\boldsymbol{Y} \sim \mathrm{N}_n(\boldsymbol{0}; \boldsymbol{C});\quad \boldsymbol{U} = \boldsymbol{A}\boldsymbol{Y};\quad \boldsymbol{V} = \boldsymbol{B}\boldsymbol{Y}$$
$$\text{sowie } \operatorname{Cov}(\boldsymbol{U}; \boldsymbol{V}) = \boldsymbol{0}.$$

Dann sind $\boldsymbol{U}$ und $\boldsymbol{V}$ stochastisch unabhängig.

Beweisen Sie diese Aussage für den Spezialfall, dass $\operatorname{Cov}(\boldsymbol{U})$ und $\operatorname{Cov}(\boldsymbol{V})$ invertierbar sind.

39.20 •• Die n-dimensionale zufällige Variable $\boldsymbol{X}$ heißt in einem Bereich $\boldsymbol{B}$ **stetig gleichverteilt**, falls die Dichte von $\boldsymbol{X}$ außerhalb von $\boldsymbol{B}$ identisch null und in $\boldsymbol{B}$ konstant gleich $(\text{Volumen}(\boldsymbol{B}))^{-1}$ ist.

In Aufgabe 39.21 wird gezeigt: Ist $\boldsymbol{X} = (X_1, X_2)^{\mathrm{T}} \in \mathbb{R}^2$ im Einheitskreis gleichverteilt ist, dann sind X_1 und X_2 unkorreliert.

Frage: Sind dann X_1 und X_2 auch unabhängig?

39.21 ••• Zeigen Sie: Ist $\boldsymbol{X}$ in der n-dimensionalen Kugel $\boldsymbol{K}_n(\boldsymbol{\mu}; r)$ mit dem Mittelpunkt $\boldsymbol{\mu} \in \mathbb{R}^n$ und dem Radius r gleichverteilt, so ist

$$E(\boldsymbol{X}) = \boldsymbol{\mu} \text{ und } \operatorname{Cov}(\boldsymbol{X}) = \frac{r^2}{n+2}\boldsymbol{I}.$$

Die Komponenten X_i von $\boldsymbol{X}$ sind demnach unkorreliert. Ist $Y = \|\boldsymbol{X} - \boldsymbol{\mu}\|^2$, so hat Y die Dichte $f_Y(y) = \frac{n}{2r^n} y^{\frac{n}{2}-1}$ und $E(Y) = \frac{n}{n+2} r^2$.

Anwendungsprobleme

39.22 • Fluggesellschaften haben festgestellt, dass Passagiere, die einen Flug reserviert haben – unabhängig von den anderen Passagieren – mit Wahrscheinlichkeit $1/10$ nicht am Check-in erscheinen. Deshalb verkauft Gesellschaft A zehn Tickets für ihr neunsitziges Charterflugzeug und Gesellschaft B verkauft 20 Tickets für ihre Flugzeuge mit 18 Sitzen. Die Fluggesellschaft C verkauft für ihren Jumbo mit 500 Plätzen 525 Tickets.

Welche Gesellschaft ist mit höherer Wahrscheinlichkeit überbucht?

39.23 •• Bei jeder Lottoziehung wird unabhängig von den sechs Glückszahlen noch eine weitere Zahl, die Superzahl, zufällig aus den Zahlen 0 bis 9 gezogen. Wie groß ist die Wahrscheinlichkeit, drei Richtige und die Superzahl zu tippen?

39.24 •• Die Halbwertszeit einer radioaktiven Substanz ist die Zeit, in der die Hälfte aller Atome zerfallen ist. Die Halbwertszeit von Caesium 137 ist rund 30 Jahre. Nach wie viel Jahren sind 90 % aller Caesiumatome zerfallen, die beim Reaktorunfall von Tschernobyl 1986 freigesetzt wurden?

39.25 •• Bei Weizen tritt eine begehrte Mutation mit der Wahrscheinlichkeit von 1/1000 auf. Auf einem Acker werden 10^5 Weizenkörner gesät, bei denen unabhängig voneinander die Mutationen auftreten können. Wie ist die Anzahl X der mutierten Weizenkörner verteilt? Durch welche diskrete Verteilung lässt sich die Verteilung von X approximieren? Durch welche stetige Verteilung lässt sich die Verteilung von X approximieren? Mit wie vielen Mutationen auf dem Acker können wir rechnen?

39.26 •• Der Schachspieler A ist etwas schwächer als der Spieler B: Mit Wahrscheinlichkeit $\theta = 0.49$ wird A in einer Schachpartie gegen B gewinnen. In einem Meisterschaftskampf zwischen A und B werden n Partien gespielt. Wir betrachten drei Varianten.

1. Derjenige ist Meister, der von 6 Partien mehr als 3 gewinnt.
2. Derjenige ist Meister, der von 12 Partien mehr als 6 gewinnt.
3. Derjenige ist Meister, der mehr als den Anteil $\beta > \theta$ der Partien gewinnt. Dabei sei n so groß, dass Sie die Normalapproximation nehmen können. Wählen Sie für einen numerischen Vergleich $\beta = 0.55$ und $n = 36$.

Mit welcher Variante hat A die größeren Siegchancen?

39.27 •• In Simulationsstudien werden häufig standardnormalverteilte Zufallszahlen benötigt. Primär stehen jedoch nur gleichverteilte Zufallszahlen, d. h. Realisationen unabhängiger, über dem Intervall $[0, 1]$ gleichverteilte Zufallsvariablen zur Verfügung. Aus je 12 dieser gleichverteilten Zufallsvariablen $X_1, X_2, \ldots X_{12}$, erzeugt man eine Zufallszahl Y folgendermaßen

$$Y = \sum_{i=1}^{12} X_i - 6.$$

Dann ist Y approximativ standardnormalverteilt. Warum?

39.28 •• In einem Schmelzofen sollen Gold und Kupfer getrennt werden. Dazu muss der Ofen auf jeden Fall eine Temperatur von weniger als 1083 °C haben, da dies der Schmelzpunkt von Kupfer ist. Der Schmelzpunkt von Gold liegt bei 1064 °C.

Um die Temperatur im Schmelzofen zu bestimmen, wird eine Messsonde benutzt. Ist μ die tatsächliche Temperatur im Schmelzofen, so sind die Messwerte X der Sonde normalverteilt mit Erwartungswert μ und Varianz $\sigma^2 = 25$.

Der Schmelzofen ist betriebsbereit, wenn die Temperatur μ über dem Schmelzpunkt von Gold aber noch unter den Schmelzpunkt des Kupfers liegt. Die Entscheidung, ob der Ofen betriebsbereit ist, wird mithilfe der Messsonde bestimmt. Dabei wird so vorgegangen, dass der Ofen als betriebsbereit erklärt und mit dem Einschmelzen begonnen wird, wenn die Messsonde einen Messwert zwischen 1064 und 1070 °C anzeigt.

(a) Wie groß ist die Wahrscheinlichkeit, dass bei diesem Vorgehen der Ofen irrtümlich für betriebsbereit erklärt wird, wenn die Temperatur mindestens 1083 °C beträgt?
(b) Wie groß ist die Wahrscheinlichkeit, dass die Temperatur im Ofen bei diesem Vorgehen den Schmelzpunkt des Goldes nicht überschreitet?
(c) Ist es möglich eine Wahrscheinlichkeit dafür anzugeben, dass die Temperatur im Hochofen zwischen 1064 und 1083 °C liegt?

39.29 ••• Ein Müllwagen mit dem Leergewicht von $L = 6000\,\text{kg}$ fährt auf seiner Route täglich 80 Haushalte ab. Je nach Größe der Mülltonne sind die Haushalte in drei Kategorien $j = 1, 2, 3$ geteilt. Für jeden Haushaltstyp j ist aus langjähriger Erfahrung für die Tonne das Durchschnittsgewicht μ_j und die Standardabweichung σ_j in kg bekannt. Diese Daten sind in der Tab. 39.3 zusammengestellt.

(a) Wie ist das Gewicht Y des beladen zur Deponie zurückkehrenden Müllwagens approximativ verteilt?
(b) Vor der Deponie wurde eine Behelfsbrücke mit einer maximalen Tragfähigkeit von 15 Tonnen errichtet. Wie groß ist die Wahrscheinlichkeit α, dass die Brücke durch den Müllwagen überlastet wird?

Tab. 39.3 Verteilungsparameter der Haushalte

Haushaltstyp j	Anzahl der Haushalte n_j	μ_j	σ_j
1	40	50	10
2	20	100	15
3	20	200	50
$\sum$	80		

(c) Der beladene Müllwagen passiert täglich einmal die Brücke. Wie groß ist die Wahrscheinlichkeit β, dass in den nächsten 5 Jahren die Brücke nie überlastet wird?

(d) Der Schaden, der durch Überlastung der Brücke entstehen würde, sei 10 Millionen €. Die Brücke kann aber auch sofort verstärkt werden. Die Kosten hierfür betragen 500 000 €. Da die Brücke aber in 5 Jahren auf jeden Fall abgerissen wird, überlegt der Landrat, ob eine Verstärkung nicht eine Geldverschwendung wäre. Wie sollte er entscheiden?

Hinweise

Verständnisfragen

39.1 • –

39.2 •• –

39.3 • Siehe dazu die Erläuterungen auf S. 1456.

39.4 • –

39.5 ••• –

39.6 • –

39.7 • –

39.8 ••• –

39.9 •• –

Rechenaufgaben

39.10 • –

39.11 • –

39.12 • –

39.13 •• Potenzreihen können im Konvergenzkreis gliedweise differenziert werden.

39.14 •• –

39.15 •• –

39.16 • –

39.17 •• –

39.18 ••• Gehen Sie vor wie im Beispiel auf S. 1484.

39.19 •• Fassen Sie $\boldsymbol{U}$ und $\boldsymbol{V}$ zu einer neuen Variable zusammen und bestimmen Sie deren Dichte.

39.20 •• –

39.21 ••• Beschränken Sie sich auf den Fall $\boldsymbol{\mu} = \mathbf{0}$. Berechnen Sie zuerst die Verteilungsfunktion von Y und daraus Dichte und Erwartungswert. Für die Bestimmung von $\text{Cov}(\boldsymbol{X})$ nutzen Sie die Invarianz von $\boldsymbol{X}$ bei orthogonalen Abildungen und die Regel $\text{Cov}(\boldsymbol{A}\boldsymbol{X}) = \boldsymbol{A}\,\text{Cov}(\boldsymbol{X})\boldsymbol{A}^\top$ aus.

Anwendungsprobleme

39.22 • –

39.23 •• –

39.24 •• Die Halbwertszeit ist der Median der exponentialverteilten Lebensdauer.

39.25 •• –

39.26 •• –

39.27 •• –

39.28 •• –

39.29 ••• –

Lösungen

Verständnisfragen

39.1 • (a) richtig, (b) falsch, (c) falsch.

39.2 •• Es ist kein Zufall.

39.3 • Antwort (c) ist richtig.

39.4 • Die Wahrscheinlichkeit ist 42%.

39.5 ••• (a) X und Y sind einzeln hypergeometrisch verteilt. Ihre gemeinsame Verteilung ist poly-hypergeometrisch.

(b) X und Y sind negativ korreliert.

(c) Das Prognoseintervall für X ist länger.

39.6 • Nein, die Exponentialverteilung hat kein Gedächtnis.

39.7 • Nein, Exponentialverteilung hat kein Gedächtnis.

39.8 ••• (a) Nein. (b) Ja. (c) Ja. (d) Ja. (e) Nein. (f) Nein. (g) $a + bX$; $X + Y$; $X - Y$ sind normalverteilt, der Rest nicht.

39.9 •• Das Gewicht des Sacks wird mit hoher Wahrscheinlichkeit zwischen 2494 g und 2506 g liegen.

Rechenaufgaben

39.10 • (a) 0.87. (b) 0.13. (c) 0.68. (d) 0.32. (e) 0.19. (f) = 0.48.

39.11 • (a) 0.999 4 und (b) 0.195 8.

39.12 • 0.616

39.13 •• $E(X) = \frac{1}{\theta}$ und $\text{Var}(X) = \frac{1-\theta}{\theta^2}$.

39.14 •• –

39.15 •• Die Histogramme sind in Abb. 39.16 dargestellt.

39.16 • Ist S die Dicke des Stapels, so ist $98.76 \leq S \leq 101.24$ eine verlässliche Prognose.

39.17 •• Der Tropfen umfasst 0.105 3 ccm.

39.18 ••• Die Dichte des Produktes ist

$$f_Y(y) = \int_{-\infty}^{\infty} f_{X_1}\left(\frac{y}{t}\right) f_{X_2}(t)|t|^{-1}\,\mathrm{d}t.$$

Die Dichte des Quotienten ist

$$f_Y(y) = \int_{-\infty}^{\infty} f_{X_1}(yt) f_{X_2}(t)|t|\,\mathrm{d}t.$$

39.19 •• –

39.20 •• Nein, denn wenn $X_1 = 0$ ist, kann X_2 Werte im Intervall $[-1, +1]$ annehmen. Ist $X_1 = 1$, so ist X_2 notwendig gleich null. Die Verteilung der einen Variable hängt ab von den Werten der anderen.

39.21 ••• –

Anwendungsprobleme

39.22 • Die Wahrscheinlichkeit einer Überbuchung ist bei A 35%, bei B 39% und bei C $3 \cdot 10^{-3}$%.

39.23 •• Die Wahrscheinlichkeit ist $1.765 \cdot 10^{-3}$.

39.24 •• Nach 99.66 Jahren.

39.25 •• X ist $B_{10^5}\left(10^{-3}\right)$ verteilt. Wir können X durch die Poisson-Verteilung $PV\left(10^2\right)$ und diese durch die Normalverteilung $\mathrm{N}\left(10^2; 10^2\right)$ approximieren. Eine Prognose zum Niveau 95% für X ist $80 \leq X \leq 120$.

39.26 •• Die Chancen von A sind bei der 1. Variante 0.33, bei der 2. Variante 0.36 und bei der dritten Variante 0.24.

39.27 •• –

39.28 •• (a) Die maximale Wahrscheinlichkeit, dass der Schmelzpunkt des Goldes überschritten wird, beträgt 4.6 Promille.

(b) Die maximale Wahrscheinlichkeit, dass der Schmelzpunkt des Goldes nicht überschritten wird, beträgt 38.5%.

(c) Nein.

39.29 ••• (a) $Y \underset{\text{approx}}{\sim} \mathrm{N}(14\,000; 58\,500)$. (b) $\alpha = 0.000\,018\,1$. (c) $\beta = 0.967$. (d) Die Brücke wird nicht verstärkt.

Lösungswege

Verständnisfragen

39.1 • Ist die Anzahl $X \sim B_n(\theta)$, so ist der Anteil $Y = \frac{X}{n}$. Daher ist $\text{Var}(X) = n\theta(1-\theta)$ und $\text{Var}(Y) = \frac{\theta(1-\theta)}{n}$. Die Aussage c) stimmt nur, wenn X und Y binomialverteilt sind mit gleichem θ.

39.2 •• Es seien X_G bzw. X_K die Anzahl der Jungengeburten pro Tag in den beiden Krankenhäusern. Nehmen wir an, die mittleren Anzahlen der Geburten in beiden Krankenhäusern seien konstant und zwar $n_G = 45$ und $n_K = 15$. Dann ist $X_G \sim B_{n_G}(0.5)$ und $X_K \sim B_{n_K}(0.5)$. Für die Anteile $Y = \frac{X}{n}$ gilt dann $E(X_G) = E(Y_G) = 0.5$. Aber $\text{Var}(Y_G) = \frac{1}{4n_G} = \frac{1}{180}$ und $\text{Var}(Y_K) = \frac{1}{4n_G} = \frac{1}{60}$. Es ist daher viel wahrscheinlicher, dass Y_K sich weiter vom Erwartungswert 0.5 entfernt als Y_G.

Im Einzelnen: 60% von 45 ist 27, 60% von 15 ist 9. Dann ist

$$P(X_G \geq 27) = 1 - P(X_G \leq 26) = 1 - 0.8837 = 0.1163,$$
$$P(X_K \geq 9) = 1 - P(X_K \leq 8) = 1 - 0.6964 = 0.3036.$$

Es ist fast dreimal so wahrscheinlich, dass am kleinen Krankenhaus die 60% Grenze überschritten wird, wie am großen.

39.3 • –

39.4 • Sei X die Anzahl der rohen Eier, dann ist X hypergeometrisch verteilt mit $N = 10,\ R = 3, n = 5$. Dann ist

$$P(X = 1) = \frac{\binom{7}{4}\binom{3}{1}}{\binom{10}{5}} = 0.4167$$

39.5 ••• (a) X und Y sind einzeln hypergeometrisch verteilt,

$$X \sim \mathrm{H}(N; W; n) \text{ und } Y \sim \mathrm{H}(N; R; n)$$

dabei ist $N = 10.000$, $W = 5000$, $R = 500$, $n = 100$. Die gemeinsame Verteilung ist die polyhypergeometrischen Verteilung:

$$P(X = x, Y = y) = \frac{\binom{W}{x}\binom{R}{y}\binom{N-W-R}{n-x-y}}{\binom{N}{n}}$$

(b) X und Y sind negativ korreliert: Je mehr Weiße gezogen werden, um so weniger Rote sind in der Stichprobe.

(c) Es ist $\mathrm{Var}(X) = n\theta_W (1 - \theta_W) \frac{N-n}{N-1}$ und $\mathrm{Var}(Y)$ analog. Daher ist

$$\frac{\mathrm{Var}(X)}{\mathrm{Var}(Y)} = \frac{\theta_W (1 - \theta_W)}{\theta_R (1 - \theta_R)} = \frac{W(N - W)}{R(N - R)}$$
$$= \frac{5000 \cdot 5000}{500 \cdot 9500}$$
$$\sqrt{5.263} = 2.29412$$

Also ist $\sigma_X = \sqrt{5.263}\sigma_Y = 2.3\sigma_Y$. Das Prognoseintervall für X ist 2.3 mal so lang wie das für Y.

39.6 • –

39.7 • –

39.8 ••• (a) Es sei zum Beispiel X normalverteilt und

$$Y = g(x) = \begin{cases} 0 & \text{falls } x \leq 0 \\ x & \text{falls } x \geq 0 \end{cases}$$

Dann ist $P(Y = 0) = 0.5$. Also kann Y nicht stetig sein.

(b) Betrachte die $\mathrm{ExpV}(\lambda)$ mit $\lambda > 1$.

(c) und (d) Ja, die Dichte muss nur integrierbar sein.

(e) Nein. Die Cantorfunktion (Teufelstreppe) aus Kap. 11 ist monoton wachsend, stetig und hat fast überall die Ableitung null. Die Cantorfunktion als Verteilungsfunktion ist stetig, hat aber keine Dichte.

(f) Nein, Das Gewicht wächst proportional mit der 3. Potenz des Radius R. Wenn R gleichverteilt ist, dann hat $Y = R^3$ die Dichte $f(y) = \frac{1}{3}y^{-\frac{2}{3}}$.

(g) Die Normalverteilungsfamilie ist nur abgeschlossen gegen lineare Transformationen.

39.9 •• Sei X_i das Gewicht eines Pfennigs. Da die Pfennige von einzelnen unabhängigen Kunden kommen und nicht etwa Lieferungen von Prägeanstalten, können wir die X_i als unabhängige Zufallsvariable ansehen. Daher ist das Gesamtgewicht des vollen Sacks

$$Y = 500 + \sum_{i=1}^{1000} X_i .$$

Dann ist $E(Y) = 500 + \sum_{i=1}^{1000} E(X_i) = 500 + 1000 \cdot 2 = 2500$ und $\mathrm{Var}(Y) = \sum_{i=1}^{1000} \mathrm{Var}(X_i) = 1000 \cdot 0.1^2 = 10$. Aufgrund des Zentralen Grenzwertsatzes ist

$$Y \underset{\text{approx}}{\sim} \mathrm{N}(2500; 10).$$

Daher ist

$$|Y - 2500| \leq 1.96 \cdot \sqrt{10} = 6.198$$

eine Prognose zum Niveau 95%.

Rechenaufgaben

39.10 • Wir modellieren die Anzahl X der Kontrollen als binomialverteilte Zufallsvariable $X \sim B_{20}(0.1)$. Dann ist

(a) $P(X \leq 3) = \sum_{i=0}^{3} \binom{20}{i}(0.1)^i(0.9)^{20-i} = 0.87$.

(b) $P(X > 3) = 1 - P(X \leq 3) = 0.13$.

(c) $P(X < 3) = P(X \leq 2) = 0.68$.

(d) $P(X \geq 3) = 1 - P(X \leq 2) = 0.32$.

(e) $P(X = 3) = 0.19$.

(f) $P(1 < X < 4) = P(X \leq 3) - P(X \leq 1) = 0.48$.

39.11 • Sei X die Anzahl der durch überhöhte Geschwindigkeit verursachten Unfälle und $Y = n - X$ die Anzahl der sonstigen Unfälle. X ist $B_{20}(0.8)$ und Y ist $B_{20}(0.2)$ verteilt. Dann ist (a) $P(X \geq 10) = P(Y \leq 10) = 0.9994$ und (b) $P(X < 15) = P(Y > 5) = 1 - P(Y \leq 5) = 0.1958$.

39.12 • Wir modellieren die Anzahl X der Tippfehler pro Seite mit der Poisson-Verteilung: $PV(\lambda)$. Dabei ist λ, die mittlere Anzahl der Tippfehler pro Seite, gleich 0.1. Dann ist die Anzahl X der Tippfehler auf 50 Seiten $PV(50\lambda) = PV(5)$ verteilt. Daher ist $P(X \leq 5) = \sum_{k=0}^{5} \frac{5^k}{k!}\mathrm{e}^{-5} = 0.6160$

39.13 •• Die geometrische Reihe $\sum_{k=0}^{\infty} x^k$ ist eine Potenzreihe, die innerhalb des Konvergenzradius $|x| < 1$ gliedweise differenziert werden kann. Dies wenden wir nun auf die geometrische Verteilung an.

$$\begin{aligned}E(X) &= \sum_{k=1}^{\infty} kP(X=k) = \sum_{k=1}^{\infty} k\theta(1-\theta)^{k-1} \\ &= \theta\sum_{k=1}^{\infty} k(1-\theta)^{k-1} = -\theta\frac{\mathrm{d}}{\mathrm{d}\theta}\sum_{k=0}^{\infty}(1-\theta)^k \\ &= -\theta\frac{\mathrm{d}}{\mathrm{d}\theta}\frac{1}{1-(1-\theta)} = -\theta\left(\frac{-1}{\theta^2}\right) = \frac{1}{\theta}.\end{aligned}$$

Analog berechnen wir $E\left(X^2\right)$:

$$\begin{aligned}E\left(X^2\right) &= \sum_{k=1}^{\infty} k^2 P(X=k) \\ &= \sum_{k=1}^{\infty} k(k-1)P(X=k) + \sum_{k=1}^{\infty} kP(X=k) \\ &= \theta\sum_{k=1}^{\infty} k(k-1)(1-\theta)^{k-1} + \frac{1}{\theta} \\ &= \theta(1-\theta)\sum_{k=2}^{\infty} k(k-1)(1-\theta)^{k-2} + \frac{1}{\theta} \\ &= \theta(1-\theta)\frac{\mathrm{d}^2}{\mathrm{d}\theta^2}\sum_{k=0}^{\infty}(1-\theta)^k + \frac{1}{\theta} \\ &= \theta(1-\theta)\frac{\mathrm{d}^2}{\mathrm{d}\theta^2}\frac{1}{\theta} + \frac{1}{\theta} = 2\theta(1-\theta)\frac{1}{\theta^3} + \frac{1}{\theta} \\ &= 2(1-\theta)\frac{1}{\theta^2} + \frac{1}{\theta} = \frac{2(1-\theta)+\theta}{\theta^2} = \frac{2-\theta}{\theta^2}\end{aligned}$$

Dann ist $\operatorname{Var}(X) = E\left(X^2\right) - (E(X))^2 = \frac{2-\theta}{\theta^2} - \frac{1}{\theta^2} = \frac{1-\theta}{\theta^2}$.

39.14 •• (a) Sind X und Y unabhängig voneinander nach $PV(\lambda_i)$ verteilt. Dann ist $X+Y \sim PV(\lambda_1+\lambda_2)$. Daraus und der Unabhängigkeit von X und Y folgt:

$$\begin{aligned}P(X=k \mid X+Y=n) &= \frac{P(X=k, X+Y=n)}{P(X+Y=n)} \\ &= \frac{P(X=k, Y=n-k)}{P(X+Y=n)} \\ &= \frac{P(X=k)P(Y=n-k)}{P(X+Y=n)} \\ &= \frac{\frac{\lambda_1^k}{k!}\mathrm{e}^{-\lambda_1}\frac{\lambda_2^{n-k}}{(n-k)!}\mathrm{e}^{-\lambda_2}}{\frac{(\lambda_1+\lambda_2)^n}{n!}\mathrm{e}^{-(\lambda_1+\lambda_2)}} \\ &= \frac{n!}{k!(n-k)!}\frac{\lambda_1^k}{(\lambda_1+\lambda_2)^k}\frac{\lambda_2^{n-k}}{(\lambda_1+\lambda_2)^{n-k}}\end{aligned}$$

Mit $\frac{\lambda_1}{\lambda_1+\lambda_2} = \theta$ folgt

$$P(X=k \mid X+Y=n) = \binom{k}{n}\theta^k(1-\theta)^{n-k}.$$

(b) Sind X und Y unabhängig voneinander nach $B_m(\theta)$ verteilt. Dann ist ist analog zu Fall (a)

$$\begin{aligned}P(X=k \mid X+Y=z) &= \frac{P(X=k)P(Y=z-k)}{P(X+Y=z)} \\ &= \frac{\binom{n}{k}\theta^k(1-\theta)^{n-k}\binom{m}{z-k}\theta^{z-k}(1-\theta)^{m-z+k}}{\binom{m+n}{z}\theta^z(1-\theta)^{m+n-z}} \\ &= \frac{\binom{n}{k}\binom{m}{z-k}}{\binom{m+n}{z}}\end{aligned}$$

39.15 •• Die Berechnung der Histogramme zeigt Tab. 39.4. Dabei ist u die oberere Gruppengrenze, b_u, $b_{\sqrt{u}}$ und b_{u^2} sind die jeweiligen Gruppenbreiten, r die rel. Häufigkeit in den einzelnen Gruppen und $h := \frac{r}{b}$ = Höhe des jeweiligen Histogrammbalkens.

Tab. 39.4 Berechnung der Histogramme

Gruppe	r	u	$\sqrt{u}$	u^2	b_u	$b_{\sqrt{u}}$	b_{u^2}	h_u	$h_{\sqrt{u}}$	h_{u^2}
[0; 0.2]	0.2	0.2	0.45	0.04	0.2	0.45	0.04	1	0.45	5.00
[0.2; 0.4]	0.2	0.4	0.63	0.16	0.2	0.19	0.12	1	1.08	1.67
[0.4; 0.6]	0.2	0.6	0.78	0.36	0.2	0.14	0.20	1	1.40	1.00
[0.6; 0.8]	0.2	0.8	0.89	0.64	0.2	0.12	0.28	1	1.68	0.714
[0.8; 1.0]	0.2	1.0	1.0	1.0	0.2	0.11	0.36	1	1.89	0.556

39.16 • Ist X_i die Dicke des i-ten Blattes in mm, dann ist $S = \sum_{i=1}^{1000} X_i$ die Dicke des Stapels mit $E(S) = \sum_{i=1}^{1000} E(X_i) = 1000 \cdot 0.1 = 100$. Sind die X_i unabhängig voneinander, so ist $\operatorname{Var}(X_i) = \sum_{i=1}^{1000} \operatorname{Var}(X_i) = 1000 \cdot 0.02^2 = 0.4$. Nach dem Zentralen Grenzwertsatz können wir S durch die N(100; 0.4)-Verteilung approximieren. Eine Prognose für S zum Niveau 0.95 ist:

$$\begin{aligned}|S-100| &\leq 1.96 \cdot \sqrt{0.4} = 1.239, \\ 98.76 &\leq S \leq 101.24.\end{aligned}$$

39.17 •• Die mittlere Anzahl von Bakterien pro Liter Wasser ist $\lambda = 1000$. Das Volumen in Litern einer Stichprobe sei t. Wir können die Anzahl X der Bakterien in t Litern durch eine Poisson-Verteilung $PV(\lambda t)$ beschreiben. Dann ist $P(X=0) = \mathrm{e}^{-\lambda t}$. Gefordert ist demnach $\mathrm{e}^{-\lambda t} = 0.9$. Durch Logarithmieren folgt $-\lambda t = \ln 0.9 = -0.1053$. Also $t = 0.1053 \cdot \lambda^{-1} = 0.1053 \cdot 10^{-3}$.

39.18 ••• Wie bei der Berechnung der Summendichte erweitern wir die Abbildungen $Y = X_1X_2$ und $Y = X_1/X_2$ zu umkehrbaren Abbildung und bestimmen dann die Randverteilungen. Um beide Fälle gemeinsam zu behandeln, betrachten wir $X_1^\alpha X_2^\beta$. Um eindeutig umkehrbare Abbildungen zu erhalten, beschränken wir uns auf die Fälle $\alpha, \beta \in \{-1, +1\}$. Es sei also

$$\boldsymbol{Y} = \begin{pmatrix} Y_1 \\ Y_2 \end{pmatrix} = \begin{pmatrix} X_1^\alpha X_2^\beta \\ X_2 \end{pmatrix}.$$

Die Abbildung ist umkehrbar:

$$X_1 = Y_1^{1/\alpha} Y_2^{-\beta/\alpha},$$
$$X_2 = Y_2.$$

Dann ist

$$\left(\frac{\partial \boldsymbol{X}}{\partial \boldsymbol{Y}}\right) = \begin{pmatrix} \frac{\partial x_1}{\partial y_1} = \frac{1}{\alpha} y_1^{1/\alpha - 1} y_2^{-\beta/\alpha} & \frac{\partial x_1}{\partial y_2} = \frac{-\beta}{\alpha} y_1^{1/\alpha} y_2^{-\beta/\alpha - 1} \\ \frac{\partial x_2}{\partial y_1} = 0 & \frac{\partial x_2}{\partial y_2} = 1 \end{pmatrix}.$$

Also

$$\left|\frac{\partial \boldsymbol{X}}{\partial \boldsymbol{Y}}\right| = \frac{1}{\alpha} y_1^{1/\alpha - 1} y_2^{-\beta/\alpha}.$$

Nach der Transformationsregel ist

$$\begin{aligned} f_Y(y_1, y_2) &= f_X(x_1, x_2) \left|\frac{\partial \boldsymbol{X}}{\partial \boldsymbol{Y}}\right| \\ &= f_X\left((y_1/y_2^\beta)^{1/\alpha}, y_2\right) \left|\frac{1}{\alpha} y_1^{1/\alpha - 1} y_2^{-\beta/\alpha}\right|. \end{aligned}$$

Die Randverteilung von $\boldsymbol{Y}_1$ ist:

$$\begin{aligned} f_{Y_1}(y) &= \int_{-\infty}^{\infty} f_Y(y, y_2) dy_2 \\ &= \frac{1}{|\alpha|} \int_{-\infty}^{\infty} f_X\left((y/y_2^\beta)^{1/\alpha}, y_2\right) |y^{1/\alpha - 1} y_2^{-\beta/\alpha}| dy_2. \end{aligned}$$

Für das Produkt ist $\alpha = \beta = 1$. Bei Unabhängigkeit faktorisiert die Dichte und ergibt mit $y_2 = t$:

$$f_Y(y) = \int_{-\infty}^{\infty} f_{X_1}\left(\frac{y}{t}\right) f_{X_2}(t) |t|^{-1} \mathrm{d}t\,.$$

Für den Quotienten ist $\alpha = 1,\ \beta = -1$. Bei Unabhängigkeit faktorisiert die Dichte und ergibt

$$f_Y(y) = \int_{-\infty}^{\infty} f_{X_1}(yt)\, f_{X_2}(t) |t| \mathrm{d}t\,.$$

39.19 •• Wir fassen $\boldsymbol{U}$ und $\boldsymbol{V}$ zu einer Variablen $\boldsymbol{Z}$ zusammen:

$$\boldsymbol{Z} = \begin{pmatrix} \boldsymbol{U} \\ \boldsymbol{V} \end{pmatrix} = \begin{pmatrix} \boldsymbol{AY} \\ \boldsymbol{BY} \end{pmatrix} = \begin{pmatrix} \boldsymbol{A} \\ \boldsymbol{B} \end{pmatrix} \boldsymbol{Y}$$

Daher ist $\boldsymbol{Z}$ normalverteilt mit $E(\boldsymbol{Z}) = \boldsymbol{0}$ und

$$\begin{aligned} \operatorname{Cov}(\boldsymbol{Z}) &= \begin{pmatrix} \operatorname{Cov}(\boldsymbol{U}) & \operatorname{Cov}(\boldsymbol{U}; \boldsymbol{V}) \\ \operatorname{Cov}(\boldsymbol{V}; \boldsymbol{U}) & \operatorname{Cov}(\boldsymbol{V}) \end{pmatrix} \\ &= \begin{pmatrix} \operatorname{Cov}(\boldsymbol{U}) & \boldsymbol{0} \\ \boldsymbol{0} & \operatorname{Cov}(\boldsymbol{V}) \end{pmatrix} \end{aligned}$$

Da $\operatorname{Cov}(\boldsymbol{U})$ und $\operatorname{Cov}(\boldsymbol{V})$ invertierbar sind, ist auch $\operatorname{Cov}(\boldsymbol{Z})$ invertierbar und $\boldsymbol{Z}$ besitzt die Dichte:

$$\begin{aligned} f_Z(\boldsymbol{z}) &= c \exp(-\boldsymbol{z}^\top (\operatorname{Cov}\boldsymbol{Z})^{-1} \boldsymbol{z}) \\ &= c \exp(-\boldsymbol{u}^\top (\operatorname{Cov}\boldsymbol{U})^{-1} \boldsymbol{u}) \exp(-\boldsymbol{v}^\top (\operatorname{Cov}\boldsymbol{V})^{-1} \boldsymbol{v}) \\ &= f_U(\boldsymbol{u}) f_V(\boldsymbol{v}). \end{aligned}$$

Daher sind $\boldsymbol{U}$ und $\boldsymbol{V}$ unabhängig.

39.20 •• –

39.21 ••• Es ist $E(\boldsymbol{X}) = \boldsymbol{\mu}$, denn $\boldsymbol{\mu}$ ist der Schwerpunkt der Kugel. Im Weiteren setzen wir $\boldsymbol{\mu} = \boldsymbol{0}$. Dann ist

$$F_Y(y) = P(Y \leq y) = \frac{\text{Volumen der } \boldsymbol{K}_n(\boldsymbol{0}; \sqrt{y})}{\text{Volumen der } \boldsymbol{K}_n(\boldsymbol{0}; r)} = \frac{\sqrt{y}^n}{r^n}.$$

Durch Ableiten von $F_Y(y)$ erhalten wir die Dichte $f_Y(y) = \frac{n}{2r^n} y^{\frac{n}{2}-1}$ und

$$\begin{aligned} E(Y) &= \int_0^{r^2} y f_Y(y) \mathrm{d}y = \frac{n}{2r^n} \int_0^{r^2} y^{\frac{n}{2}} \mathrm{d}y \\ &= \frac{n}{2r^n} \frac{1}{\frac{n}{2}+1} r^{2(\frac{n}{2}+1)} = n \frac{r^2}{n+2}. \end{aligned}$$

Sei $\boldsymbol{C} = \operatorname{Cov}(\boldsymbol{X})$, die Kovarianzmatrix von $\boldsymbol{X}$. Für jede orthogonale Matrix $\boldsymbol{A}$ ist nach dem Transformationssatz für Dichten $\boldsymbol{Z} = \boldsymbol{AX}$ wieder in der Kugel gleichverteilt. Oder anschaulich: $\boldsymbol{A}$ dreht die homogene Kugel in sich. Also ist für alle $\boldsymbol{A}$:

$$\boldsymbol{C} = \operatorname{Cov}(\boldsymbol{X}) = \operatorname{Cov}(\boldsymbol{Z}) = \boldsymbol{ACA}^\top$$

Wählen wir für $\boldsymbol{A}^\top$ eine Matrix, die aus den orthonormalen Eigenvektoren von $\boldsymbol{C}$ gebildet wird, so ist $\boldsymbol{C} = \boldsymbol{ACA}^\top$ die Diagonalmatrix der Eigenwerte von $\boldsymbol{A}$. Da die Reihenfolge der Eigenwerte beliebig sein kann, müssen sie alle übereinstimmen. Also ist $\boldsymbol{C} = \sigma^2 \boldsymbol{I}$. Die Größe von σ^2 erhalten wir aus:

$$n\sigma^2 = \sum_{i=1}^n E(X_i^2) = E(Y) = \frac{nr^2}{n+2}.$$

Also $\sigma^2 = \frac{r^2}{n+2}$.

Anwendungsprobleme

39.22 • Die Anzahl Y der Passagiere, die rechtzeitig beim Check-In erscheinen, sei $Y = \sum_{i=1}^{n} X_i$. Dabei ist n die Anzahl der verkauften Tickets und X_i ist die Indikatorvariable für das Erscheinen des i-ten Passagiers. $P(X_i = 1) = \theta = 0.9$. Daher ist Y binomialverteilt. Ist p die Anzahl der Plätze im Flugzeug, so ist das Flugzeug überbucht, falls $Y > p$. Die Wahrscheinlichkeit einer Überbuchung ist $P(Y > p)$.

Gesellschaft	n	p	$Y \sim$	$P(Y > p)$
A	10	9	$B_{10}(0.9)$	0.348 7
B	20	18	$B_{20}(0.9)$	0.391 8
C	525	500	$B_{525}(0.9)$	$3.154 \cdot 10^{-5}$

Bei der Gesellschaft A ist

$$P(Y_A > 9) = P(Y_A = 10) = 0.9^{10} = 0.348\,7.$$

Bei der Gesellschaft B ist

$$\begin{aligned} P(Y_B > 18) &= \binom{20}{19} \cdot 0.9^{19} \cdot 0.1^1 + \binom{20}{20} \cdot 0.9^{20} \cdot 0.1 \\ &= 0.270\,2 + 0.121\,6 = 0.391\,8. \end{aligned}$$

Bei der Gesellschaft C verwenden wir die Normalapproximation:

$$\begin{aligned} Y_C \sim B_{525}(\theta) &\approx \mathrm{N}(525 \cdot \theta; 525 \cdot \theta\,(1-\theta)) \\ &= \mathrm{N}(472.5; 47.25). \end{aligned}$$

Dann ist

$$\begin{aligned} P(Y_C > p) &\approx P\left(Y_C^* > p^*\right) \\ &= P\left(Y_C^* > \frac{500 - 472.5}{\sqrt{47.25}}\right) \\ &= P\left(Y_C^* > 4.001\right) \\ &= 3.154 \cdot 10^{-5} \end{aligned}$$

39.23 •• Stellen Sie sich vor, es wären die R richtigen bereits aus den N Zahlen gezogen, Ihnen aber nicht bekannt. Nun betrachten Sie den Tippzettel als Urne mit R richtigen und S sonstigen Zahlen und interpretieren das Ausfüllen des Tippzettels als Zufallsziehung. Es sei r die Anzahl der von Ihnen richtig und s die Anzahl der von Ihnen falsch getippten Zahlen. Dann ist

$$\begin{aligned} P(r,s) &= \frac{\binom{R}{r}\binom{S}{s}}{\binom{R+S}{r+s}} \\ &= \frac{\binom{6}{3}\binom{43}{3}}{\binom{49}{6}} \\ &= 1.765 \cdot 10^{-2} \end{aligned}$$

Die Superzahl wird unabhängig davon aus den Zahlen 1 bis 10 gezogen. Die Wahrscheinlichkeit, die richtige Superzahl zu treffen, ist also $\frac{1}{10}$. Die Wahrscheinlichkeit drei richtige Zahlen und die Superzahl zu ziehen, ist folglich $1.765 \cdot 10^{-3}$.

39.24 •• Die Lebensdauer X eines Caesiumatoms ist exponentialverteilt $\mathrm{ExpV}(\lambda)$. Die Halbwertszeit ist der Median von X:

$$\mathrm{Med}(X) = \frac{\ln 2}{\lambda}$$

Also $\lambda = \frac{\ln 2}{30}$. Gesucht wird das Quantil $x_{0.9}$ mit $F_X(x_{0.9}) = P(X \leq x_{0.9}) = 0.9$. Für die Exponentialverteilung gilt $F_X(x) = 1 - \mathrm{e}^{-\lambda x}$. Also

$$\begin{aligned} 0.9 &= 1 - \mathrm{e}^{-\lambda x_{0.9}} \\ \lambda x_{0.9} &= -\ln 0.1 = \ln 10 \\ x_{0.9} &= \frac{30}{\ln 2} \cdot \ln 10 = 99.66. \end{aligned}$$

39.25 •• –

39.26 •• Sei X die Anzahl der von A gewonnenen Partien. Dann ist $X \sim B_n(\theta)$. Die Gewinnwahrscheinlichkeit von A ist:

1. $X \sim B_6(0.49)$ Dann ist:

$P(X > 3) = 1 - P(X \leq 3) = 1 - F_{B_6(0.49)}(3) = 1 - 0.674\,8 = 0.325\,2$

2. $X \sim B_{12}(0.49)$. Dann ist:

$P(X > 7) = 1 - F_{B_{12}(0.49)}(6) = 1 - 0.639\,6 = 0.360\,4$

3. Wir approximieren die $B_n(\theta)$ durch die $\mathrm{N}(n\theta; n\theta\,(1-\theta))$. Dann ist

$$\begin{aligned} P(X \geq n\beta) &= P\left(X^* \geq \frac{n\beta - n\theta}{\sqrt{n\theta(1-\theta)}}\right) \\ &= 1 - \Phi\left(\sqrt{n}\frac{(\beta-\theta)}{\sqrt{\theta(1-\theta)}}\right). \end{aligned}$$

Die Gewinnwahrscheinlichkeit von A nimmt monoton mit n ab. Im Fall $\theta = 0.49$, $\beta = 0.55$ und $n = 36$ ist

$$\begin{aligned} P(X \geq n\beta) &= 1 - \Phi\left(\sqrt{36}\frac{(0.55 - 0.49)}{\sqrt{0.49(1-0.49)}}\right) \\ &= 1 - \Phi(0.720\,1) = 0.235\,7. \end{aligned}$$

39.27 •• Nach dem Zentralen Grenzwertsatz ist die Summe Y von 12 unabhängigen, über dem Intervall [0;1] gleichverteilten Zufallsvariablen approximativ normalverteilt. Wegen $E(X_i) = 0.5$ und $\mathrm{Var}(X_i) = \frac{1}{12}$ ist

$$E\left(\sum_{i=1}^{12} X_i\right) = \sum_{i=1}^{12} E(X_i) = 12 \cdot \frac{1}{2} = 6$$

und

$$\mathrm{Var}\left(\sum_{i=1}^{12} X_i\right) = \sum_{i=1}^{12} \mathrm{Var}(X_i) = 12 \cdot \frac{1}{12} = 1.$$

Kapitel 39

39.28 •• (a) Der Ofen ist unerkannt überhitzt, wenn einerseits die wahre Temperatur $\mu \geq 1083$ und andererseits die Sonde $1064 \leq X \leq 1070$ anzeigt. Hier ist darauf zu achten, dass hier kein konkretes μ vorgegeben ist, sondern nur ein Bereich $\mu \geq 1083$. Damit ist die maximale Wahrscheinlichkeit zu berechnen als

$$\begin{aligned}
&P(1064 \leq X \leq 1070 \,\|\, \mu \geq 1083) \\
&\quad \leq P(1064 \leq X \leq 1070 \,\|\, \mu = 1083) \\
&\quad = P\left(\frac{1064 - 1\,083}{5} \leq X \leq \frac{1070 - 1\,083}{5}\right) \\
&\quad = \Phi\left(-\frac{13}{5}\right) - \Phi\left(-\frac{19}{5}\right) \\
&\quad = \Phi(3.8) - \Phi(2.6) \\
&\quad = 0.999\,9 - 0.995\,3 \\
&\quad = 0.004\,6.
\end{aligned}$$

Die maximale Wahrscheinlichkeit, dass der Schmelzpunkt des Goldes überschritten ist beträgt 4.6 Promille.

(b) Hier ist wiederum kein konkretes μ vorgegeben, sondern $\mu \leq 1064$ und somit

$$\begin{aligned}
&P(1064 \leq X \leq 1070 \,\|\, \mu \leq 1064) \\
&\quad \leq P(1064 \leq X \leq 1070 \,\|\, \mu = 1064) \\
&\quad = P\left(\frac{1064 - 1\,064}{5} \leq X \leq \frac{1070 - 1\,064}{5}\right) \\
&\quad = \Phi(1.2) - \Phi(0) \\
&\quad = 0.884\,9 - 0.5 \\
&\quad = 0.384\,9
\end{aligned}$$

(c) Die wahre Temperatur im Hochofen ist eine unbekannte Größe, über die wir keine Wahrscheinlichkeitsaussagen machen können. Aufgrund der Temperaturangabe der Messsonde können wir aber ein Konfidenzintervall für μ angeben. Wie dies geschieht, lernen wir im nächsten Kapitel.

39.29 ••• (a) Es ist $Y = L + \sum_{i=1}^{80} X_i$. Dabei sind die X_i die Einzelgewichte der Mülltonnen. Alle Tonnen, die zu einer Haushaltskategorie gehören haben die gleichen Erwartungswerte und Varianzen. Daher gilt

$$\begin{aligned}
E(Y) &= L + \sum_{i=1}^{80} E(X_i) = L + \sum_{j=1}^{3} n_j \mu_j \\
&= 6000 + 40 \cdot 50 + 20 \cdot 100 + 20 \cdot 800 \\
&= 14\,000
\end{aligned}$$

Wir gehen davon aus, dass die Gewichte der Mülltonnen unabhängig voneinander sind. Dann ist

$$\begin{aligned}
\operatorname{Var}(Y) &= \sum_{i=1}^{80} \operatorname{Var}(X_i) = \sum_{j=1}^{3} n_j \sigma_j^2 \\
&= 40 \cdot 10^2 + 20 \cdot 15^2 + 20 \cdot 50^2 \\
&= \sqrt{58\,500} \\
\sigma_Y &= 241.87
\end{aligned}$$

Aufgrund des Zentralen Grenzwertsatzes ist

$$Y \underset{\text{approx}}{\sim} \mathrm{N}(14\,000; 58\,500).$$

(b) Die Brücke wird überlastet, falls $Y > 15\,000$. Dann gilt approximativ

$$\begin{aligned}
\alpha &= P(X > 15\,000) = P\left(X^* > \frac{15\,000 - 14\,000}{\sqrt{58\,500}}\right). \\
&= P\left(X^* > 4.13\right) = 0.000\,018\,1.
\end{aligned}$$

(c) Die Wahrscheinlichkeit β, dass die Brücke bei $n = 365 \cdot 5 = 1825$ unabhängigen Fahrten nie überlastet wird, ist dann

$$\beta = (1 - \alpha)^n = (1 - 0.000\,018\,14)^{1825} = 0.967.$$

(d) Der Erwartungswert des Schadens in Euro ist $10^7 \cdot (1 - \beta) = 10^7 \cdot 0.033 = 330\,000$. Dieser ist geringer als die sicheren Kosten des Brückenausbaus. Während der Fahrer des Müllautos sicher nach seinem individuellen Risiko fragt, ist der Landrat bei der Planung einer großen Zahl unabhängiger Investitionen sicher eher an den Erwartungswerten der Kosten interessiert. Er wird daher das finanzielle Risiko des Einsturzes der Brücke leichter tragen können.

Kapitel 40

Aufgaben

Verständnisfragen

40.1 • Es seien $X_1, \dots, X_n$ i.i.d.-gleichverteilt im Intervall $[a, b]$. Wie sieht die Likelihood-Funktion $L(a, b)$ aus?

40.2 • Sie kaufen n Lose. Sie gewinnen mit dem ersten Los. Die restlichen $n - 1$ Lose sind Nieten. Wie groß ist die Likelihood von θ der Wahrscheinlichkeit, mit einem Los zu gewinnen?

40.3 • Sie kaufen n Lose. Das erste Los ist eine Niete. Bei den restlichen Losen ist aber mindestens ein Gewinn dabei. Wie groß ist die Likelihood von θ der Wahrscheinlichkeit, mit einem Los zu gewinnen?

40.4 • Bei einem Experiment zur Schätzung des Parameters θ gehen Daten verloren. Sie können nicht mehr feststellen, ob $X = x_1$ oder $X = x_2$ beobachtet wurden. Wie groß ist $L(\theta \mid x_1 \text{ oder } x_2)$?

40.5 • Welche der folgenden Aussagen sind richtig?

(a) Die Likelihood-Funktion hat stets genau ein Maximum.
(b) Für die Likelihood-Funktion $L(\theta \mid x)$ gilt stets $0 \leq L(\theta \mid x) \leq 1$.
(c) Die Likelihood-Funktion $L(\theta \mid x)$ kann erst nach Vorlage der Stichprobe berechnet werden.

40.6 • Der Ausschussanteil in einer laufenden Produktion sei θ. Es werden unabhängig voneinander zwei einfache Stichproben vom Umfang n_1 bzw. n_2 gezogen. Dabei seien x_1 bzw. x_2 schlechte Stücke getroffen worden. θ wird jeweils geschätzt durch $\widehat{\theta}_{(i)} = \frac{x_i}{n_i}$. Wie lassen sich beide Schätzer kombinieren?

40.7 •• Welche der folgenden Aussagen (a) bis (c) sind richtig:

(a) Der Anteil θ wird bei einer einfachen Stichprobe durch die relative Häufigkeit $\widehat{\theta}$ in der Stichprobe geschätzt. Bei dieser Schätzung ist der MSE umso größer, je näher θ an 0.5 liegt.
(b) $\overline{X}$ ist stets ein effizienter Schätzer für $E(X)$.
(c) Eine nichtideale Münze zeigt „Kopf" mit Wahrscheinlichkeit θ. Sie werfen die Münze ein einziges Mal und schätzen

$$\widehat{\theta} = \begin{cases} 1, & \text{falls die Münze „Kopf" zeigt.} \\ 0, & \text{falls die Münze „Zahl" zeigt.} \end{cases}$$

Dann ist diese Schätzung erwartungstreu.

40.8 •• Das Gewicht μ eines Briefes liegt zwischen 10 und 20 Gramm. Um μ zu schätzen, haben Sie zwei Alternativen:

(a) Sie schätzen μ durch $\widehat{\mu}_1 = 15$.
(b) Sie lesen das Gewicht X auf einer ungenauen Waage ab und schätzen $\widehat{\mu}_2 = X$. Dabei ist $E(X) = \mu$ und $\operatorname{Var}(X) = 36$.

Welche Schätzung hat den kleineren MSE?

Nun müssen Sie das Gesamtgewicht von 100 derartigen Briefen mit von einander unabhängigen Gewichten abschätzen. Wieder haben Sie die Alternative: $\widehat{\mu}_1 = 15 \cdot 100$ oder $\widehat{\mu}_2 = \sum X_i$. Welche Schätzung hat den kleineren MSE?

40.9 •• Es sei X binomialverteilt: $X \sim B_n(\theta)$. Was sind die ML-Schätzer von $E(X)$ und $\operatorname{Var}(X)$ und wie groß ist der Bias von $\widehat{\mu}$ und von $\widehat{\sigma^2}$. Warum geht der Bias von $\widehat{\sigma^2}$ nicht mit wachsendem n gegen 0?

40.10 • Bei einer einfachen Stichprobe vom Umfang n wird σ^2 erwartungstreu durch die Stichprobenvarianz $\widehat{\sigma^2_{\text{UB}}}$ geschätzt. Wird dann auch σ erwartungstreu durch $\widehat{\sigma}$ geschätzt?

T. Arens et al., *Arbeitsbuch Mathematik*, https://doi.org/10.1007/978-3-662-64391-4_39

40.11 •• Welche der folgenden Aussagen von (a) bis (d) sind richtig:

(a) Erwartungstreue Schätzer haben stets einen kleineren MSE als nicht erwartungstreue Schätzer.
(b) Effiziente Schätzer haben stets einen kleineren MSE als nichteffiziente Schätzer.
(c) Mit wachsendem Stichprobenumfang konvergiert jede Schätzfunktion nach Wahrscheinlichkeit gegen den wahren Parameter.
(d) Ist X in $[a, b]$ gleichverteilt, dann sind $\min X_i$ und $\max X_i$ suffiziente Statistiken.

40.12 • Sie schätzen aus einer einfachen Stichprobe $\widehat{\mu} = \overline{Y}$. Wie schätzen Sie μ^2 und wie groß ist der Bias der Schätzung?

40.13 •• Welche der folgenden Aussagen von (a) bis (c) ist richtig:

(a) Es sei $10 \leq \mu \leq 20$ ein Konfidenzintervall für μ zum Niveau $1 - \alpha = 0.95$. Dann liegt μ mit hoher Wahrscheinlichkeit zwischen 10 und 20.
(b) Für den Parameter μ liegen zwei Konfidenzintervalle vor, die jeweils zum Niveau $1 - \alpha = 0.90$ aus unabhängigen Stichproben gewonnen wurden und zwar $10 \leq \mu \leq 20$ und $15 \leq \mu \leq 25$. Dann ist $15 \leq \mu \leq 20$ ein Konfidenzintervall zum Niveau 0.9^2.
(c) Wird bei gleichem Testniveau α der Stichprobenumfang vervierfacht, so halbiert sich die Wahrscheinlichkeit für den Fehler 2. Art.

40.14 ••• Ein nichtidealer Würfel werfe mit Wahrscheinlichkeit θ eine Sechs. Sie werfen mit dem Würfel unabhängig voneinander solange, bis zum ersten Mal Sechs erscheint. Nun wiederholen Sie das Experiment k-mal. Dabei sei X_i die Anzahl der Würfe in der i-ten Wiederholung. Insgesamt haben Sie $n = \sum_{i=1}^{k} X_i$ Würfe getan.

In einem zweiten Experiment werfen Sie von vornherein den Würfel n-mal und beobachten $X = k$ mal die Sechs. Vergleichen Sie die Likelihoods in beiden Fällen. Welche Schlussfolgerungen ziehen daraus? Ziehen wir aus der gleichen Information gleiche Schlüsse?

Rechenaufgaben

40.15 ••• Beweisen Sie mithilfe der Markov-Ungleichung die Aussage: Ein $\widehat{\theta}^{(n)}$, dessen Mean Square Error MSE gegen null konvergiert, ist konsistent.

40.16 ••• Es sei X exponentialverteilt. $X \sim \text{ExpV}(\lambda)$. Zeigen Sie: Ein erwartungstreuer Schätzer $\widehat{\lambda} > 0$ für λ existiert nicht. $\frac{1}{X}$ ist asymptotisch erwartungstreu, dabei ist $E\left(\frac{1}{X}\right) \geq \lambda$.

40.17 • Die Zufallsvariablen $Y_1, Y_2, \ldots, Y_n$ seien i.i.d.-$\text{N}(\mu; \sigma^2)$-verteilt. Weiter sei Q eine Abkürzung für

$$Q = \sum_{i=1}^{n} (Y_i - \overline{Y})^2.$$

Zeigen Sie: $\widehat{\sigma}^2_{\text{UB}} = \frac{Q}{n-1}$, $\widehat{\sigma}^2_{\text{ML}} = \frac{Q}{n}$ und $\widehat{\sigma}^2_{\text{MSE}} = \frac{Q}{n+1}$ sind konsistente Schätzer für σ^2. Dabei ist allein $\widehat{\sigma}^2_{\text{UB}}$ erwartungstreu. Weiter gilt

$$\text{MSE}(\widehat{\sigma}^2_{\text{UB}}) > \text{MSE}(\widehat{\sigma}^2_{\text{ML}}) > \text{MSE}(\widehat{\sigma}^2_{\text{MSE}}).$$

40.18 ••• Die Dichte der Zufallsvariable Z sei eine Mischung von zwei Normalverteilungen:

$$f(z \parallel \mu; \sigma) = \frac{1}{2\sqrt{2\pi}\sigma} \exp\left(-\frac{(z-\mu)^2}{2\sigma^2}\right) + \frac{1}{2\sqrt{2\pi}} \exp\left(-\frac{z^2}{2}\right).$$

Dabei sind μ und $\sigma > 0$ unbekannt. Zeigen Sie: Sind $Z_1, \ldots, Z_n$ i.i.d.-verteilt wie Z, und werden ihre Realisationen $z_1, \ldots, z_n$ beobachtet, dann lässt sich aus ihnen kein ML-Schätzer für μ und σ konstruieren.

40.19 ••• Bei einer Messung positiver Werte seien die Messungen normalverteilt mit konstantem bekannten Variationskoeffizient γ, also mit bekannter relativer Genauigkeit. Bei einer einfachen Stichprobe liegen die Messwerte $x_1, \ldots, x_n$ vor. Nehmen Sie an, dass die X_i i.i.d.-$\text{N}(\mu; \sigma^2)$-verteilt sind mit $\mu > 0$. Wie groß sind die ML-Schätzer $\widehat{\mu}$ und $\widehat{\sigma}$?

40.20 •• Ein nichtidealer Würfel werfe mit Wahrscheinlichkeit θ eine Sechs. Sie werfen mit dem Würfel unabhängig voneinander solange, bis zum ersten Mal Sechs erscheint. Bestimmen Sie daraus ein Konfidenzintervall für θ. Wie sieht das Intervall für ein $\alpha = 5\,\%$ aus, wenn dies nach dem sechsten Wurf zuerst geschieht.

40.21 ••• Der ML-Schätzer für θ bei der geometrischen Verteilung ist $\widehat{\theta}_{\text{ML}} = \frac{1}{k}$. Bestimmen Sie $E(\widehat{\theta}_{\text{ML}})$. Bestimmen Sie den einzigen erwartungtreuen Schätzer. Ist dieser Schätzer sinnvoll?

40.22 ••• Es seien $X_1, \ldots, X_n$ im Intervall $[0, \theta]$ i.i.d.-gleichverteilt.

(a) Bestimmen Sie den ML-Schätzer für θ und daraus einen erwartungstreuen Schätzer für θ.
(b) Hat der ML-Schätzer oder der erwartungstreue Schätzer den kleineren MSE?
(c) Bestimmen Sie ein Konfidenzintervall für θ zum Niveau $1 - \alpha$.

Anwendungsprobleme

40.23 • Biologen stehen oft vor der Aufgabe, die Anzahl von freilebenden Tieren in einer festgelegten Umgebung abzuschätzen. Bei **Capture-Recapture-Schätzungen** wird ein Teil der Tiere gefangen, markiert und wieder ausgesetzt. Nach einer Weile, wenn sich die Tiere wieder mit den anderen vermischt haben und ihr gewohntes Leben wieder aufgenommen haben, werden erneut einige Tiere gefangen. Es seien N Fische im Teich und m Fische markiert worden. Es sei Y die Anzahl der markierten Fische, die bei einer zweiten Stichprobe von insgesamt n gefangenen Fischen gefunden wurden. Was ist der ML-Schätzer von N?

40.24 ••• Bei der Suche nach medizinisch wirksamen Substanzen werden 1000 von Wissenschaftlern gesammelte Pflanzen auf ihre Wirksamkeit getestet. Dabei bedeute $\mu = 0$ Wirkungslosigkeit und $\mu \neq 0$ potenzielle Wirksamkeit. Das Testniveau sei $\alpha = 10\,\%$. Falls alle Pflanzen in Wirklichkeit wirkungslos sind, wie groß ist mit hoher Wahrscheinlichkeit der Anteil der Pflanzen, denen fälschlicherweise Wirksamkeit unterstellt wird:

(a) unbekannt.
(b) genau 10 %
(c) zwischen 8 und 12 %.

Der größte Schaden für das Unternehmen besteht darin, wenn wirksame Pflanzen übersehen werden. Wie können Sie diese Problem durch geeignete Wahl der Hypothesen, des Niveaus und des Stichprobenumfangs lösen?

40.25 ••• Betrachten wir eine Produktion, bei der ein Zuschlagsstoff ein Sollgewicht von $\mu_0 = 5\,\text{kg}$ nicht überschreiten darf. Durch eine Kontrollstichprobe $Y_1, \ldots, Y_n$ soll der Sollwert geprüft werden. Welche Hypothese ist zu testen. Wie groß muss n sein, wenn der Fehler 1. Art höchsten 5 % und der Fehler 2. Art höchstens 10 % sein darf falls μ 4,17 ist? Nehmen Sie dabei an, die Y_i seien i.i.d. $\text{N}(\mu; 4)$. Zeichnen Sie die Gütefunktion des Tests.

40.26 ••• 30 % der Patienten, die an einer speziellen Krankheit erkrankt sind, reagieren positiv auf ein von der Krankenschwester verabreichtes Placebo. Bei einem Experiment mit 20 Patienten soll überprüft werden, ob sich die Wirkung des Placebos ändert, wenn es vom Oberarzt überreicht wird. Welche Hypothesen testen Sie? Wie sieht bei einem $\alpha = 5\,\%$ der Annahmebereich aus? Mit welchem α arbeiten Sie wirklich?

40.27 ••• Ein Hausmeister kontrolliert in einem großen Gebäude wöchentlich die Glühbirnen und wechselt die ausgebrannten Birnen aus. In der k-ten Woche von insgesamt m Wochen hat er n_k Birnen ausgetauscht. Schätzen Sie die mittlere Brenndauer der Glühbirnen, wenn sich im Gebäude insgesamt N Birnen befinden, die alle vom gleichen Typ sind und deren Brenndauer i.i.d.-$\text{ExpV}(\lambda)$-exponentialverteilt sind.

Hinweise

Verständnisfragen

40.1 • Was ist die Dichte von X_i?

40.2 • Gehen Sie davon aus, dass die Lose unabhängig voneinander gezogen werden.

40.3 • Gehen Sie davon aus, dass die Lose unabhängig voneinander gezogen werden.

40.4 • Wie groß ist die Wahrscheinlichkeit, x_1 oder x_2 zu beobachten?

40.5 • –

40.6 • Wie groß ist die Wahrscheinlichkeit des beobachteten Ereignisses?

40.7 •• –

40.8 •• Was ist der MSE einer Konstanten?

40.9 •• –

40.10 • –

40.11 •• –

40.12 • –

40.13 •• –

40.14 ••• –

Rechenaufgaben

40.15 ••• –

40.16 ••• Sei $\widehat{\lambda}(X) \geq 0$ ein erwartungstreuer Schätzer. Setzen Sie voraus, dass $\frac{\mathrm{d}E(\widehat{\lambda}(X))}{\mathrm{d}\lambda} = E\left(\frac{\mathrm{d}(\widehat{\lambda}(X))}{\mathrm{d}\lambda}\right)$ ist.

40.17 • Benutzen Sie die im Bonusmaterial zu Kap. 39 bewiesene Tatsache, dass unter den genannten Voraussetzungen $Q \sim \sigma^2\chi^2(n-1)$ verteilt ist und daher $E(Q) = \sigma^2(n-1)$ und $\text{Var}(Q) = \sigma^4 \cdot 2(n-1)$ ist.

40.18 ••• Zeigen Sie, dass die Likelihood für festes $\widehat{\mu} = z_i$ und $\widehat{\sigma} \to 0$ gegen Unendlich divergiert.

40.19 ••• –

40.20 •• –

40.21 ••• Benutze $\frac{1}{k}u^k = \int_0^u t^{k-1}\,\mathrm{d}t$ und vertausche in geeigneter Weise Summation und Integration.

40.22 ••• Bestimmen Sie zuerst die Verteilungsfunktion von $X_{(n)}$ (wann ist $X_{(n)} \leq x$?), daraus die Dichte und dann ein Prognoseintervall für $X_{(n)}$.

Anwendungsprobleme

40.23 • Y ist hypergeometrisch verteilt. Betrachten Sie den Likelihood-Quotienten $\frac{L(N-1\,|\,m;n;y)}{L(N\,|\,m;n;y)}$.

40.24 ••• Wie ist die Anzahl der falsch angenommenen Nullhypothesen verteilt?

40.25 ••• –

40.26 ••• –

40.27 ••• Da die Exponentialverteilung kein Gedächtnis hat, tun Sie so, als ob am Ende jeder Woche alle Birnen neu eingesetzt werden.

Lösungen

Verständnisfragen

40.1 •

$$L(a; b\,|\,x_1, \ldots, x_n) = \frac{1}{(b-a)^n} I_{(-\infty, x_{(1)}]}(a) I_{[x_{(n)}, \infty)}(b)$$

Dabei ist $I_{[a,b]}$ die Indikatorfunktion von $[a, b]$ und $x_{(1)} = \min\{x_i\}$ sowie $x_{(n)} = \max\{x_i\}$.

40.2 • $L(\theta) = \theta(1-\theta)^{n-1}$; $\hat{\theta} = \frac{1}{n}$.

40.3 • $L(\theta) = \theta(1-\theta)^{n-1}$; $\widehat{\theta} = 1 - \frac{1}{\sqrt[n-1]{n}}$.

40.4 • $L(\theta\,|\,x_1 \text{ oder } x_2) = L(\theta\,|\,x_1) + L(\theta\,|\,x_2)$

40.5 • (a) und (b) sind falsch, (c) ist richtig.

40.6 • $\widehat{\theta} = \frac{x_1+x_2}{n_1+n_2} = \frac{n_1\widehat{\theta}_{(1)}+n_2\widehat{\theta}_{(2)}}{n_1+n_2}$

40.7 •• (a) und (c) sind richtig, (b) ist falsch.

40.8 •• Handelt es sich nur um einen Brief, dann ist $\text{MSE}(\widehat{\mu}_1) < \text{MSE}(\widehat{\mu}_2)$. Bei der Schätzung des Gesamtgewichtes von 100 Briefen hat $\widehat{\mu}_1 = 15 \cdot 100$ nur dann einen kleineren MSE, falls $\mu \in [14.4, 15.6]$.

40.9 •• Es ist $\widehat{\theta} = \frac{X}{n}$, $\widehat{\mu} = n\widehat{\theta}$ und $\widehat{\sigma^2} = n\widehat{\theta}(1-\widehat{\theta})$. $\text{Bias}(\widehat{\mu}) = 0$ und $\text{Bias}(\widehat{\sigma^2}) = -\theta(1-\theta)$.

40.10 • Nein, denn $\sqrt{\widehat{\sigma^2_{\text{UB}}}}$ ist keine lineare Funktion von $\widehat{\sigma^2_{\text{UB}}}$.

40.11 •• (a), (b) und (c) sind falsch, (d) ist richtig.

40.12 • Es ist $\widehat{\mu^2} = \overline{Y}^2$. Dabei ist $\text{Bias}(\widehat{\mu^2}) = \frac{\sigma^2}{n}$.

40.13 •• (a) und (c) sind falsch, (b) ist richtig.

40.14 ••• Die Likelihoods sind identisch, aber die Konfidenzintervalle verschieden.

Rechenaufgaben

40.15 ••• –

40.16 ••• –

40.17 • –

40.18 ••• –

40.19 •••

$$\widehat{\mu} = \frac{\overline{x}}{2\gamma^2}\left(\sqrt{1 + 4\gamma^2(1 + \widehat{\gamma}^2)} - 1\right) \quad \text{und}$$

$$\widehat{\sigma} = \frac{\overline{x}}{2\gamma}\left(\sqrt{1 + 4\gamma^2(1 + \widehat{\gamma}^2)} - 1\right).$$

Dabei ist $\widehat{\gamma} = \frac{\mathrm{var}(x)}{\overline{x}^2}$ der empirische Variationskoeffizient.

40.20 •• Das Konfidenzintervall ist $0 \leq \theta \leq 1 - \exp\left(\frac{\ln \alpha}{X}\right)$. Im konkreten Fall ist $0 \leq \theta \leq 0.45$.

40.21 ••• $E(\widehat{\theta}_{\mathrm{ML}}) = -\frac{\theta}{1-\theta} \ln \theta$. Der einzige erwartungtreue Schätzer ist der praktisch unsinnige Schätzer $\widehat{\theta}_{\mathrm{UB}} = 1$ für $k = 1$ und $\widehat{\theta}_{\mathrm{UB}} = 0$ für alle $k > 1$.

40.22 ••• (a) Der ML-Schätzer für θ ist $\widehat{\theta}_{\mathrm{ML}}^{(n)} = \max\{X_1, \ldots, X_n\} = X_{(n)}$. Der erwartungstreue Schätzer ist $\widehat{\theta}_{\mathrm{UB}}^{(n)} = \frac{n+1}{n} X_{(n)}$. (b) Der MSE von $\widehat{\theta}_{\mathrm{ML}}^{(n)}$ ist größer als der von $\widehat{\theta}_{\mathrm{UB}}^{(n)}$. (c) Das Konfidenzintervall ist $X_{(n)} \leq \theta \leq \alpha^{-1/n} X_{(n)}$.

Anwendungsprobleme

40.23 • Es ist $\left\lfloor \frac{mn}{y} \right\rfloor \leq \widehat{N} \leq \left\lceil \frac{mn}{y} \right\rceil$.

40.24 ••• c) ist richtig. Da nur die Nullhypothese $H_0 : \mu = 0$ gegen die Alternative $H_1 : \mu \neq 0$ getestet werden kann, sollte α sehr groß gewählt werden, z. B. $\alpha = 20\%$ oder gar 40%. Außerdem sollte n sehr hoch sein, um die Wahrscheinlichkeit des Fehlers 2. Art zu minimieren.

40.25 ••• Es ist H_0: „$\mu \geq \mu_0$". Der notwendige Stichprobenumfang ist $n = 50$.

40.26 ••• Getestet wird $H_0 : \theta = 0.3$. Der Annahmenbereich ist AB $= [2, 10]$. Das realisierte α ist 2.47%.

40.27 ••• Ist $\gamma = \frac{n}{mN} = \frac{1}{N}\frac{1}{m}\sum_{k=1}^{m} n_k$ der durchschnittliche Anteil der pro Woche ausgefallenen Birnen, dann ist $\widehat{\lambda} = \ln\left(\frac{1}{1-\gamma}\right)$. Der Schätzwert der mittleren Brenndauer ist dann $\frac{1}{\widehat{\lambda}}$ Wochen.

Lösungswege

Verständnisfragen

40.1 • Die Dichte der Gleichverteilung im Intervall $[a, b]$ ist $f(x) = \frac{1}{b-a} I_{[a,b]}(x)$, dabei ist $I_{[a,b]}$ die Indikatorfunktion von $[a, b]$. Mit $x_{(1)} = \min\{x_i\}$ und $x_{(n)} = \max\{x_i\}$ folgt:

$$\begin{aligned} L(a; b | x_1, \ldots, x_n) &= \frac{1}{(b-a)^n} \prod_{i=1}^{n} I_{[a,b]}(x_i) \\ &= \frac{1}{(b-a)^n} \quad \text{falls } a \leq x_{(1)} \text{ und } b \geq x_{(n)} \\ &= \frac{1}{(b-a)^n} I_{(-\infty, x_{(1)}]}(a) I_{[x_{(n)}, \infty)}(b). \end{aligned}$$

40.2 • Die Wahrscheinlichkeit für Gewinn ist θ, die Wahrscheinlichkeit einer Niete ist $1 - \theta$. Daher ist $L(\theta \mid \text{Gewinn}) = \theta$ und $L(\theta \mid \text{Niete}) = 1 - \theta$. Gehen wir davon aus, dass die Lose unabhängig voneinander gezogen werden, so ist $L(\theta \mid 1 \text{ Gewinn und } n-1 \text{ Nieten}) = \theta(1-\theta)^{n-1}$.

40.3 • Die Wahrscheinlichkeit für Gewinn ist θ, die Wahrscheinlichkeit einer Niete ist $1 - \theta$. Gehen wir davon aus, dass die Lose unabhängig voneinander gezogen werden, so ist die Wahrscheinlichkeit, dass bei den restlichen $n-1$ Losen mindestens ein Gewinn dabei ist, $1 - (1-\theta)^{n-1}$. Daher ist die Likelihood $L(\theta) = (1-\theta)(1 - (1-\theta)^{n-1})$. Wüsste man nur, dass bei den n Losen mindestens ein Gewinn dabei ist, wäre die Likelihood $L(\theta) = 1 - (1-\theta)^n$.

40.4 • Da sich x_1 und x_2 ausschließen, ist $P(x_1 \text{ oder } x_2) = P(x_1) + P(x_2)$. Also ist $L(\theta \mid x_1 \text{ oder } x_2) = L(\theta \mid x_1) + L(\theta \mid x_2)$.

40.5 • (a) ist falsch, denken Sie nur an die Cauchy-Verteilung bei mehreren Beobachtungen.

(b) stimmt nur für normierte Likelihoods.

(c) ist richtig, denn die Likelihood hängt von der Beobachtung ab.

40.6 • X_1 und X_2 sind unabhängig voneinander binomialverteilt, $X_i \sim B_{n_i}(\theta)$. Dann ist:

$$\begin{aligned} L\left(\theta \;\middle|\; \frac{x_1}{n_1} \text{ und } \frac{x_2}{n_2}\right) &= L\left(\theta \;\middle|\; \frac{x_1}{n_1}\right) L\left(\theta \;\middle|\; \frac{x_1}{n_1}\right) \\ &= \theta^{x_1}(1-\theta)^{n_1 - x_1} \theta^{x_2}(1-\theta)^{n_2 - x_2} \\ &= \theta^{x_1 + x_2}(1-\theta)^{n_1 + n_2 - (x_1 + x_2)} \end{aligned}$$

Dies ist die Likelihood eines Versuchs mit $x_1 + x_2$ schlechten Stücken aus einer Stichprobe vom Umfang $n_1 + n_2$. Der ML-Schätzer ist daher $\widehat{\theta} = \frac{x_1 + x_2}{n_1 + n_2} = \frac{n_1 \widehat{\theta}_{(1)} + n_2 \widehat{\theta}_{(2)}}{n_1 + n_2}$.

40.7 •• (a) Es ist $\widehat{\theta} = \frac{Y}{n}$. Dabei ist $Y \sim B_n(\theta)$. Da $\widehat{\theta}$ erwartungstreu ist, ist der MSE $= \text{Var}(\widehat{\theta}) = \frac{\theta(1-\theta)}{n}$. Die Varianz ist umso größer, je näher θ bei 0.5 liegt. (b) Zum Beispiel bei einer Gleichverteilung in $[0, \theta]$ ist der Mittelwert im Vergleich zum erwartungstreuen Schätzer $\frac{n+1}{n}\max\{x_i\}$ ein denkbar schlechter Schätzer. c) Es ist $E(\widehat{\theta}) = 1 \cdot P(\text{„Kopf“}) + 0 \cdot P(\text{„Zahl“}) = P(\text{„Kopf“})$.

40.8 •• Beim konstanten Schätzer $\widehat{\mu}_1$ ist der Erwartungswert 15 und die Varianz ist null. Beim Schätzer $\widehat{\mu}_2$ ist der Erwartungswert μ und die Varianz ist 36. Daher gilt:

$$\text{MSE}(\widehat{\mu}_1) = \text{Var}(\widehat{\mu}_1) + (E(\widehat{\mu}_1) - \mu)^2 = (15 - \mu)^2$$
$$\text{MSE}(\widehat{\mu}_2) = \text{Var}(\widehat{\mu}_2) + (E(\widehat{\mu}_2) - \mu)^2 = 36$$

Im Intervall $\mu \in [10, 20]$ ist daher $\text{MSE}(\widehat{\mu}_1) < \text{MSE}(\widehat{\mu}_2)$.

Bei der Schätzung des Gesamtgewichtes von 100 Briefen gilt analog

$$\text{MSE}(100\widehat{\mu}_1) = (E(100\widehat{\mu}_1) - 100\mu)^2 = 100^2(15 - \mu)^2.$$
$$\text{MSE}\left(\sum_{i=1}^{100} X_i\right) = 100\text{Var}(\widehat{\mu}_2) = 100 \cdot 36$$

Nur für $\mu \in [14.4, 15.6]$ ist $\text{MSE}(\widehat{\mu}_1) < \text{MSE}(\widehat{\mu}_2)$.

40.9 •• Ist $X \sim B_n(\theta)$, dann ist $E(X) = \mu = n\theta$ und $\text{Var}(X) = \sigma^2 = n\theta(1-\theta)$. Der erwartungstreue ML-Schätzer für θ ist $\widehat{\theta} = \frac{X}{n}$ mit $E(\widehat{\theta}) = \theta$ und $\text{Var}(\widehat{\theta}) = \frac{\theta(1-\theta)}{n}$. Weiter sind

$$\widehat{\mu} = n\widehat{\theta} \quad \text{und} \quad \widehat{\sigma^2} = n\widehat{\theta}(1-\widehat{\theta}) = n\widehat{\theta} - n\widehat{\theta}^2$$

$\widehat{\mu}$ ist erwartungstreu: $E(\widehat{\mu}) = nE(\widehat{\theta}) = n\theta = \mu$. Daher ist $\text{MSE}(\widehat{\mu}) = \text{Var}(\widehat{\mu}) = n\theta(1-\theta)$. Dagegen ist

$$\begin{aligned} E(\widehat{\sigma^2}) &= n(E(\widehat{\theta}) - E(\widehat{\theta}^2)) \\ &= n(\theta - (\text{Var}(\widehat{\theta}) + \theta^2)) \\ &= n(\theta - \theta^2) - n\text{Var}(\widehat{\theta}) \\ &= \sigma^2 - \theta(1-\theta) \end{aligned}$$

Sie schätzen σ aus einer einzigen Beobachtung einer $B_n(\theta)$. Dagegen schätzen Sie θ aus n Beobachtungen einer $B_1(\theta)$. Im ersten Fall ist der Bias von $\widehat{\sigma^2}$ konstant und gleich $\theta(1-\theta)$. Nur im zweiten Fall ist der Bias um den Faktor n kleiner.

40.10 • –

40.11 •• (a) falsch, wie zum Beispiel Aufgabe 40.17 zeigt. (b) falsch: Effiziente Schätzer haben zwar die kleinste Varianz unter den erwartungstreuen Schätzern, aber es kann wesentlich bessere nichterwartungstreue Schätzer geben. In Aufgabe 40.21 ist der einzige erwartungstreue Schätzer trivialerweise effizient, leider aber völlig sinnlos. Er ist dem ML-Schätzer unterlegen. (c) Falsch, nur konsistente Schätzer konvergieren. Ein Gegenbeispiel eines nichtkonsistenten Schätzers liefert die Cauchy-Verteilung: Hat X die Dichte $\frac{1}{\pi(\mu - x^2)}$, dann ist μ der Median der Verteilung und könnte z. B. durch $\widehat{\mu} = \overline{X}^{(n)}$ geschätzt werden. $\overline{X}^{(n)}$ hat aber genau wieder die gleiche Dichte wie jedes einzelne X_i nämlich $\frac{1}{\pi(\mu - x^2)}$ und konvergiert daher nicht. (d) ist richtig, wie Aufgabe 40.1 zeigt.

40.12 • Es ist $\widehat{\mu^2} = \overline{Y}^2$. Nach dem Verschiebungssatz der Varianz gilt

$$\text{Var}(Y) = E(Y^2) - (E(Y))^2.$$

Auf die Variable $\overline{Y}$ angewandt, folgt

$$E(\widehat{\mu^2}) = E(\overline{Y}^2) = (E(\overline{Y}))^2 + \text{Var}(\overline{Y}) = \mu^2 + \frac{\sigma^2}{n}.$$

Der Bias ist $\frac{\sigma^2}{n}$. Er geht mit wachsendem n gegen null. Daher ist $\widehat{\mu^2}$ asymptotisch erwartungstreu.

40.13 •• (a) ist falsch. Die Strategie liefert mit Wahrscheinlichkeit von 95% richtige Aussagen. Ob aber das konkrete Intervall $10 \leq \mu \leq 20$ dazu gehört, ist unbekannt. Darüber lässt sich keine Wahrscheinlichkeitsaussage machen.

(b) ist richtig: Die Wahrscheinlichkeit, dass beide Konfidenz-Strategien unabhängig voneinander richtige Aussagen liefern, ist $(1-\alpha)^2$.

(c) ist falsch. Es sei $g_n(\mu)$ die Gütefunktion bei einem Stichprobenumfang von n. Die Wahrscheinlichkeit des Fehlers zweiter Art ist $1 - g_n(\mu)$. Sollte sich dieser Fehler 2. Art bei Vervierfachung von n halbieren, müsste gelten

$$\begin{aligned} 1 - g_{4n}(\mu) &= \frac{1 - g_n(\mu)}{2} \\ 1 &= 2g_{4n}(\mu) - g_n(\mu). \end{aligned}$$

Diese Gleichung kann nicht für alle n und μ gelten. Zum Beispiel gilt beim Test von $H_0 : \mu = \mu_0$ stets $g_n(\mu_0) = g_{4n}(\mu_0) = \alpha$. Daher wäre die rechte Seite der Gleichung in der Ungebung von μ_0 annähernd gleich α, wärend die linke Seite konstant 1 bliebe.

40.14 ••• Beim ersten Experiment ist X_i geometrisch verteilt. Daher ist

$$\begin{aligned} L(\theta \mid x_1, \ldots, x_n) &= \prod_{i=1}^{k} \theta(1-\theta)^{x_i - 1} \\ &= \theta^k (1-\theta)^{\Sigma(x_i - 1)} \\ &= \theta^k (1-\theta)^{n-k}. \end{aligned}$$

Beim zweiten Experiment ist X binomialverteilt:

$$L(\theta \mid k) = \theta^k (1-\theta)^{n-k}.$$

Beide Likelihoods stimmen überein. Die Informationen über θ sind in beiden Fällen dieselbe. Dennoch ziehen wir aus der gleichen Information unterschiedliche Schlüsse, denn das Konfidenzintervall für θ bei der Binomialverteilung ist verschieden von dem bei der geometrischen Verteilung. Siehe auch Aufgabe 40.20.

Rechenaufgaben

40.15 ••• Die Markov-Ungleichung sagt für alle $k > 0$ und positive Zufallsvariablen: $P(X > k) \leq \frac{E(X)}{k}$. Für die positive Zufallsvariable $(\widehat{\theta}^{(n)} - \theta)^2$ folgt damit

$$P((\widehat{\theta}^{(n)} - \theta)^2 > k) \leq \frac{E(\widehat{\theta}^{(n)} - \theta)^2}{k} = \frac{\operatorname{MSE}(\widehat{\theta}^{(n)})}{k}.$$

Daher folgt für $\varepsilon = \sqrt{k}$:

$$0 \leq \lim_{n\to\infty} P(|\widehat{\theta}^{(n)} - \theta| > \varepsilon) \leq \frac{1}{\varepsilon^2} \lim_{n\to\infty} \operatorname{MSE}(\widehat{\theta}^{(n)}) = 0.$$

Daher ist $\widehat{\theta}^{(n)}$ konsistent.

40.16 ••• Angenommen, es existierte ein erwartungstreuer Schätzer $\widehat{\lambda}(X) \geq 0$, dann wäre $E(\widehat{\lambda}) = \lambda$. Also müsste für alle $\lambda > 0$ gelten:

$$E(\widehat{\lambda}) = \int_0^\infty \widehat{\lambda}(x)\lambda \mathrm{e}^{-\lambda x}\,\mathrm{d}x = \lambda.$$

Division durch λ liefert

$$\int_0^\infty \widehat{\lambda}(x)\mathrm{e}^{-\lambda x}\,\mathrm{d}x = 1.$$

Die Ableitung nach λ liefert

$$\int_0^\infty \widehat{\lambda}(x)x\mathrm{e}^{-\lambda x}\,\mathrm{d}x = 0.$$

Für alle $x > 0$ ist $x\mathrm{e}^{-\lambda x} > 0$. Da $\widehat{\lambda}(x) > 0$ sein soll, kann das Integral nicht null sein.

$\widehat{\lambda} = \frac{1}{\overline{X}}$ ist der ML-Schätzer für λ. Daher ist $\widehat{\lambda}$ asymptotisch erwartungstreu. Nach der Jensen Ungleichung gilt $E(k(X)) \geq k(E(X))$ für jede konvexe Funktion. Da $k(x) = 1/x$ für $x > 0$ eine konvexe Funktion ist, folgt $E(\frac{1}{\overline{X}}) \geq \frac{1}{E(\overline{X})} = \lambda$.

40.17 • Es sei $S^2 = \frac{Q}{m}$. Dabei ist m eine von n abhängende positive Zahl. Dann ist $E(S^2) = \sigma^2\frac{n-1}{m}$ und $\operatorname{Var}(S^2) = \sigma^4\frac{2(n-1)}{m^2}$. Für alle $m = n + c$ mit $c = \text{const}$ folgt $\lim_{n\to\infty} E(S^2) = \sigma^2$ und $\lim_{n\to\infty} \operatorname{Var}(S^2) = 0$. Also ist S^2 asymptotisch erwartungstreu und , da der MSE gegen null geht, auch konsistent. Der Bias der Schätzung ist

$$\operatorname{Bias}(S^2) = \sigma^2 - E(S^2) = \sigma^2\left(1 - \frac{n-1}{m}\right).$$

Daher ist

$$\operatorname{MSE}(S^2) = \sigma^4\frac{2(n-1)}{m^2} + \sigma^4\left(1 - \frac{n-1}{m}\right)^2.$$

Fasst man MSE als Funktion von m auf, dann ist die Ableitung

$$\frac{\mathrm{d(MSE)}}{\mathrm{d}m} = 2\frac{\sigma^4(n-1)(m-n-1)}{m^3}.$$

MSE fällt anfangs streng monoton, erreicht sein Minimum bei $m = n + 1$ und wächst dann wieder monoton an. Also gilt $\operatorname{MSE}(S_1^2) > \operatorname{MSE}(S_2^2) > \operatorname{MSE}(S_3^2)$.

40.18 ••• Die Likelihood ist

$$\begin{aligned} L(\mu, \sigma) = L(\mu, \sigma \mid z_1, \cdots, z_n) &= \prod_{i=1}^n f(z_i \parallel \mu; \sigma) \\ &= \prod_{i=1}^n \left[\frac{1}{\sigma}\exp\left(-\frac{(z_i - \mu)^2}{2\sigma^2}\right) + \exp\left(-\frac{z_i^2}{2}\right)\right]. \end{aligned}$$

Wird z. B. μ durch $\widehat{\mu} = z_1$ geschätzt, so ist:

$$\begin{aligned} L(z_1; \sigma) = &\left[\frac{1}{\sigma} + \exp\left(-\frac{z_1^2}{2}\right)\right] \\ &\cdot \underbrace{\prod_{i=2}^n \left[\frac{1}{\sigma}\exp\left(-\frac{(z_i - z_1)^2}{2\sigma^2}\right) + \exp\left(-\frac{z_i^2}{2}\right)\right]}_{A} \end{aligned}$$

Für $\sigma \to 0$ geht A gegen die endliche Zahl $\prod_{i=2}^n \exp(-\frac{z_i^2}{2}) > 0$. Der erste Faktor $\frac{1}{\sigma} + \exp(-\frac{z_1^2}{2})$ divergiert gegen unendlich. Für jede Schätzung $\widehat{\mu} = z_i$ divergiert die Likelihood für $\sigma \to 0$. Die Likelihood bietet also als plausibelste Lösung n verschiedene Schätzer an ($\sigma = 0$ und $\mu = z_i$, $i = 1, \ldots, n$), hält also – als Schätzwert für das unbekannte μ – jeden der n Beobachtungswerte unendlich viel plausibler als alle anderen Werte, vor allem auch den wahren Wert von μ. Der Fall $\sigma = 0$ wurde aber in der Aufgabenstellung ausgeschlossen: Ein ML-Schätzer existiert nicht.

40.19 ••• Nach Voraussetzung ist $\gamma = \frac{\sigma}{\mu}$ oder $\sigma = \gamma\mu$. Im Normalverteilungsmodell haben wir die Loglikelihood von μ bereits auf S. 1515 ausgerechnet. Es war:

$$\begin{aligned} l(\mu \mid x_1, \ldots, x_n) &= -n \ln \sigma - \frac{n}{2\sigma^2}(\mathrm{var}(x) + (\overline{x} - \mu)^2) \\ &= -n \ln \gamma - n \ln \mu - \frac{n(\mathrm{var}(x) + (\overline{x} - \mu)^2)}{2\gamma^2\mu^2} \end{aligned}$$

Aus $\frac{\mathrm{d}l}{\mathrm{d}\mu} = 0$ folgt

$$\begin{aligned} 0 &= -\frac{n}{\widehat{\mu}} + \frac{n}{\gamma^2}\left(\frac{(\overline{x} - \widehat{\mu})}{\widehat{\mu}^2} + \frac{(\mathrm{var}(x) + (\overline{x} - \widehat{\mu})^2)}{\widehat{\mu}^3}\right) \\ \gamma^2\widehat{\mu}^2 &= \widehat{\mu}(\overline{x} - \widehat{\mu}) + \mathrm{var}(x) + (\overline{x} - \widehat{\mu})^2 \\ \left(\widehat{\mu} + \frac{\overline{x}}{2\gamma^2}\right)^2 &= \frac{\overline{x}^2}{4\gamma^4}(4\gamma^2(1 + \widehat{\gamma}^2) + 1) \\ \widehat{\mu} &= \frac{\overline{x}}{2\gamma^2}(\pm\sqrt{1 + 4\gamma^2(1 + \widehat{\gamma}^2)} - 1) \end{aligned}$$

Das Minusvorzeichen scheidet aus, da $\widehat{\mu}$ nicht negativ sein darf.

40.20 •• Sei X die Anzahl der Würfe bis zur ersten Sechs. Dann ist X geometrisch verteilt. $P(X = k) = \theta(1-\theta)^{k-1}$. Die Wahrscheinlichkeiten nehmen monoton mit k ab. Ein Prognosebereich $A(\theta)$ für X besteht daher aus den kleinen Werten von X,

$$A(\theta) = \{X \leq k_0\} .$$

Dabei ist k_0 so zu wählen, dass $P(X \leq k_0) = 1 - \alpha$ ist. Nun ist

$$\begin{aligned} P(X \leq k_0) &= \sum_{k=1}^{k_0} \theta(1-\theta)^{k-1} \\ &= \theta \sum_{k=0}^{k_0-1} (1-\theta)^k \\ &= \theta \frac{1 - (1-\theta)^{k_0}}{1 - (1-\theta)} \\ &= 1 - (1-\theta)^{k_0}. \end{aligned}$$

Also ist $\alpha = (1-\theta)^{k_0}$ und $k_0 = \frac{\ln \alpha}{\ln(1-\theta)}$. Damit lautet die Prognose zum Niveau α :

$$X \leq \frac{\ln \alpha}{\ln(1-\theta)}.$$

Das Konfidenzintervall erhalten wir aus der Auflösung der Prognose nach θ:

$$\theta \leq 1 - \alpha^{1/X}.$$

Zum Beispiel sei $\alpha = 0.05$ und $X = 6$, d. h. beim 6-ten Wurf erschien zum ersten Mal die Sechs: Dann ist das Konfidenzintervall

$$0 \leq \theta \leq 1 - \alpha^{1/X} = 1 - 0.05^{1/5} = 0.450\,72.$$

40.21 ••• Bei der geometrischen Verteilung ist

$$E(\widehat{\theta}) = \sum_{k=1}^{\infty} \frac{1}{k}\theta(1-\theta)^{k-1}.$$

Als Nebenrechnung bestimmen wir für $|u| < 1$

$$\begin{aligned} \sum_{k=1}^{\infty} \frac{1}{k}u^k &= \sum_{k=1}^{\infty} \int_0^u t^{k-1}\mathrm{d}t \\ &= \int_0^u \left(\sum_{k=0}^{\infty} t^k\right) \mathrm{d}t \\ &= \int_0^u \frac{1}{1-t}\mathrm{d}t \\ &= -\ln(1-u). \end{aligned}$$

Also ist

$$\begin{aligned} E(\widehat{\theta}) &= \frac{\theta}{1-\theta} \sum_{k=1}^{\infty} \frac{1}{k}(1-\theta)^k \\ &= -\frac{\theta}{1-\theta} \ln \theta. \end{aligned}$$

Sei $\widehat{\theta}_{\mathrm{UB}}$ ein erwartungstreuer Schätzer von θ, mit $\widehat{\theta}(k) = t_k \leq 1$. Dann gilt

$$E(\widehat{\theta}_{\mathrm{UB}}) = \theta = \sum_{k=1}^{\infty} t_k\theta(1-\theta)^{k-1}.$$

Nach Division durch θ folgt

$$1 = \sum_{k=1}^{\infty} t_k(1-\theta)^{k-1}.$$

Dies ist eine Potenzreihe in $(1-\theta)$. Diese soll identisch mit der Konstanten Eins sein. Daher ist $t_1 = 1$ und $t_k = 0$ für alle $k > 1$.

40.22 ••• (a) Wie im Beispiel auf S. 1516 gezeigt, ist $\widehat{\theta}_{\mathrm{ML}}^{(n)} = X_{(n)}$. Nun ist $X_{(n)} \leq x$ genau dann, wenn alle X_i kleiner gleich x sind. Also

$$\begin{aligned} P\left(X_{(n)} \leq x\right) &= P(X_1 \leq x; X_2 \leq x; \ldots; X_2 \leq x) \\ &= \prod_{i=1}^{n} P(X_i \leq x) \quad \text{Unabhängigkeit der } X_i \\ &= \prod_{i=1}^{n} \frac{x}{\theta} \quad \text{Gleichverteilung in } [0, \theta]. \end{aligned}$$

Daher ist $F_{X_{(n)}}(x) = \left(\frac{x}{\theta}\right)^n$ und $f_{X_{(n)}}(x) = \frac{n}{\theta^n}x^{n-1}$. Mit $E = \int xf(x)\mathrm{d}x$ folgt

$$E\left(X_{(n)}\right) = \int_0^\theta x\frac{n}{\theta^n}x^{n-1}\mathrm{d}x = \frac{n}{n+1}\theta.$$

Der Bias von $\widehat{\theta}^{(n)}_{\mathrm{ML}} = X_{(n)}$ ist $\frac{-\theta}{n+1}$. Ein erwartungstreuer Schätzer ist $\widehat{\theta}^{(n)}_{\mathrm{UB}} = \frac{n+1}{n}X_{(n)}$.

(b) Zur Bestimmung des MSE berechnen wir zuerst $E(X^2_{(n)})$ und daraus die Varianz von $\widehat{\theta}^{(n)}_{\mathrm{ML}} = X_{(n)}$:

$$E\left(X^2_{(n)}\right) = \int_0^\theta x^2\frac{n}{\theta^n}x^{n-1}\,\mathrm{d}x = \frac{n}{n+2}\theta^2.$$

$$\begin{aligned}\mathrm{Var}\left(X_{(n)}\right) &= E\left(X^2_{(n)}\right) - \left(E\left(X_{(n)}\right)\right)^2 \\ &= \frac{n}{n+2}\theta^2 - \left(\frac{n}{n+1}\theta\right)^2 \\ &= \frac{n}{(n+2)(n+1)^2}\theta^2. \\ \mathrm{MSE}\left(X_{(n)}\right) &= \mathrm{Var}\left(X_{(n)}\right) + \mathrm{Bias}^2\left(X_{(n)}\right) \\ &= \frac{n}{(n+2)(n+1)^2}\theta^2 + \left(\frac{1}{n+1}\theta\right)^2 \\ &= \frac{2}{(n+1)(n+2)}\theta^2\end{aligned}$$

Der MSE des erwartungstreuen Schätzer $\widehat{\theta}^{(n)}_{\mathrm{UB}} = \frac{n+1}{n}X_{(n)}$ ist

$$\begin{aligned}\mathrm{MSE}(\widehat{\theta}^{(n)}_{\mathrm{UB}}) &= \mathrm{Var}(\widehat{\theta}^{(n)}_{\mathrm{UB}}) \\ &= \left(\frac{n+1}{n}\right)^2\mathrm{Var}\left(X_{(n)}\right) \\ &= \left(\frac{n+1}{n}\right)^2\frac{n}{(n+2)(n+1)^2}\theta^2 \\ &= \frac{1}{n(n+2)}\theta^2 \\ &< \frac{2}{(n+1)(n+2)}\theta^2 = \mathrm{MSE}(\widehat{\theta}^{(n)}_{\mathrm{ML}})\end{aligned}$$

(c) Die Dichte von $X_{(n)}$ steigt monoton in $[0, \theta]$. Ein möglichst schmaler Prognosebereich für $X_{(n)}$ zum Niveau α wird daher aus den großen Werten von x gebildet: $X_{(n)} \geq \gamma$. Dabei ist

$$P\left(X_{(n)} \geq \gamma\right) = 1 - \alpha$$

oder $\alpha = P\left(X_{(n)} \leq \gamma\right) = F_{X_{(n)}}(\gamma)$. Wir haben vorher bereits $F_{X_{(n)}}(\gamma) = \left(\frac{\gamma}{\theta}\right)^n$ berechnet. Also ist $\alpha = \left(\frac{\gamma}{\theta}\right)^n$ oder $\gamma = \theta\alpha^{1/n}$. Das Konfidenzintervall für θ folgt aus

$$X_{(n)} \geq \gamma = \theta\alpha^{1/n} \iff \theta \leq X_{(n)}\alpha^{-1/n}.$$

Andererseits wissen wir, dass $X_{(n)} \leq \theta$ gilt. Das Konfidenzintervall ist daher $X_{(n)} \leq \theta \leq X_{(n)}\alpha^{-1/n}$.

Anwendungsprobleme

40.23 • Y ist hypergeometrisch verteilt:

$$L(N) = L(N \mid m; n; y) = \frac{\binom{m}{y}\binom{N-m}{n-y}}{\binom{N}{n}} \cong \frac{\binom{N-m}{n-y}}{\binom{N}{n}}.$$

Der unbekannte Parameter θ ist N. Der Parameterraum Θ ist $\mathbb{N}$, die Menge der natürlichen Zahlen. Zur Maximierung der Likelihood berechnet man den Quotienten

$$\begin{aligned}\frac{L(N-1)}{L(N)} &= \frac{\binom{N-m-1}{n-y}\binom{N}{n}}{\binom{N-1}{n}\binom{N-m}{n-y}} \\ &= \frac{N}{(N-n)}\frac{(N-m-(n-y))}{(N-m)}.\end{aligned}$$

Dann folgt

$$L(N-1) < L(N) \quad \text{genau dann, wenn} \quad N < \frac{mn}{y}.$$

Solange $N < \frac{mn}{y}$ ist, wächst die Likelihood beim Wechsel von $N-1$ zu N. Falls $N > \frac{mn}{y}$ ist, fällt sie. Wegen der Ganzzahligkeit von N wählen wir als $\widehat{N}$ diejenige natürliche Zahl, die am nächsten an $\frac{m}{y}n$ liegt:

$$\widehat{N} = \left\lfloor\frac{mn}{y}\right\rfloor \quad \text{oder} \quad \widehat{N} = \left\lceil\frac{mn}{y}\right\rceil.$$

Das Ergebnis ist anschaulich: $\widehat{N}$ wird gerade so groß geschätzt, dass der Anteile der markierten Fische in der Grundgesamtheit und in der Stichprobe übereinstimmen

$$\frac{m}{\widehat{N}} = \frac{y}{n}.$$

40.24 ••• Die Wissenschaftler testen die Nullhypothese $H_0 : \mu = 0$ gegen die Alternative $H_1 : \mu \neq 0$. Sind alle Pflanzen wirkungslos, ist stets die Nullhypothese richtig. Mit Wahrscheinlichkeit $\alpha = 0.1$ wird die richtige Nullhypothese abgelehnt. Ist Y die Anzahl der falsch abgelehnten Nullhypothesen, so ist $Y \sim B_n(\alpha)$. Eine Prognose für die Anzahl Y bzw. den Anteil $\frac{Y}{n}$ ist dann

$$|Y - n\alpha| \leq \tau_{1-\alpha/2}\sqrt{n\alpha(1-\alpha)}$$

$$\left|\frac{Y}{n} - \alpha\right| \leq \tau_{1-\alpha/2}\sqrt{\frac{\alpha(1-\alpha)}{n}}$$

Für $n = 1000$, $\tau_{1-\alpha/2} = 1.96$ und $\alpha = 0.1$ ist $\tau_{1-\alpha/2}\sqrt{\frac{\alpha(1-\alpha)}{n}} = 1.9\%$.

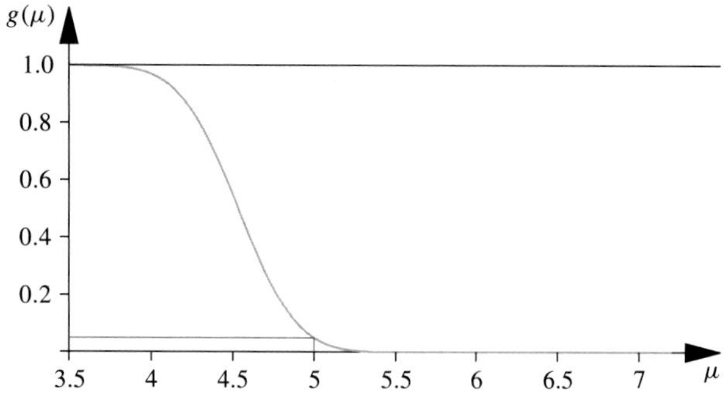

Abb. 40.20 Gütefunktion des Tests der Hypothese $\mu \geq \mu_0$

40.25 ••• Um auf Nummer sicher zu gehen, wird die Nullhypothese H_0: „$\mu \geq \mu_0$" geprüft. Ist $(Y_1, \ldots Y_n)$ eine einfache Stichprobe, so ist $PG = \overline{Y} \sim N\left(\mu; \frac{\sigma^2}{n}\right)$. Der Annahmebereich besteht aus den großen Werten,

$$\overline{Y} \geq \mu_0 - \tau^*_{1-\alpha}\frac{\sigma}{\sqrt{n}}.$$

Die Gütefunktion, die Wahrscheinlichkeit, dass $\overline{Y}$ in der kritischen Region liegt, ist nun:

$$\begin{aligned} g(\mu) &= P(\overline{Y} \in KR \,\|\, \mu) \\ &= P\left(\overline{Y} < \mu_0 - \tau^*_{1-\alpha}\frac{\sigma}{\sqrt{n}} \,\Big\|\, \mu\right) \end{aligned}$$

Nach Standardisierung folgt:

$$\begin{aligned} g(\mu) &= P\left(\overline{Y}^* < \frac{\mu_0 - \tau^*_{1-\alpha}\frac{\sigma}{\sqrt{n}} - \mu}{\frac{\sigma}{\sqrt{n}}}\right) \\ &= \Phi\left(\frac{\mu_0 - \mu}{\sigma}\sqrt{n} - \tau^*_{1-\alpha}\right) \end{aligned}$$

Soll die Gütefunktion an der Stelle μ den Wert $1 - \beta$ haben, muss gelten:

$$\begin{aligned} \Phi\left(\frac{\mu_0 - \mu}{\sigma}\sqrt{n} - \tau^*_{1-\alpha}\right) &= 1 - \beta \\ \frac{\mu_0 - \mu}{\sigma}\sqrt{n} - \tau^*_{1-\alpha} &= \tau^*_{1-\beta} \\ \sqrt{n} &= \sigma\frac{\tau^*_{1-\beta} + \tau^*_{1-\alpha}}{\mu_0 - \mu} \\ n &= \sigma^2\left(\frac{\tau^*_{1-\beta} + \tau^*_{1-\alpha}}{\mu_0 - \mu}\right)^2 \end{aligned}$$

In unserem konkreten Beispiel ist $\mu_0 = 5$, $\mu = 4.17$, $\sigma = 2$ und $\alpha = 5\%$ sowie $\beta = 10\%$. Dann sind $\tau^*_{1-\alpha} = 1.65$ und $\tau^*_{1-\beta} = 1.28$. Daraus folgt

$$n = 4\left(\frac{1.28 + 1.65}{0.83}\right)^2 = 49.847.$$

Der notwendige Stichprobenumfang ist $n = 50$. Abbildung 40.20 zeigt die dazugehörige Gütefunktion.

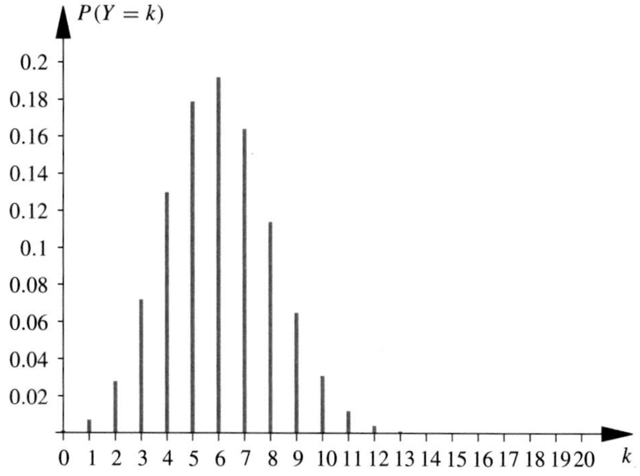

Abb. 40.21 Die Verteilung der $B_{20}(0.3)$

40.26 ••• Ist X die Anzahl der Patienten, die auf das Placebo positiv ansprechen, dann ist $X \sim B_{20}(\theta)$ verteilt. Getestet wird $H_0 : \theta = 0.3$. Wie bei der Normalverteilung sollten an beiden Rändern der Verteilung der $B_{20}(\theta)$ jeweils Bereiche der Wahrscheinlichkeit α_1 und α_2 mit $\alpha_1 + \alpha_2 = \alpha$ zur kritischen Region definiert werden. Dies ist jedoch in der Regel unmöglich, da es nur 21 Realisationen mit festen Wahrscheinlichkeitswerten gibt. Man kann daher nur versuchen, rechts und links an den Rändern annähernd die Wahrscheinlichkeit α_1 und α_2 zu erreichen und dabei die Summe α nicht zu überschreiten.

Abbildung 40.21 zeigt die Verteilung der $B_{20}(0.3)$ als Strichdiagramm. Zur kritische Region wählen wir die extremen Werte am linken und rechten Rand.

$$\mathrm{KR} = [0, k] \cup [l, n]$$

Dabei ist k die größte Zahl mit $\mathrm{P}(X \leq k) \leq \frac{\alpha}{2} = 0.025$ und l die kleinste Zahl mit $\mathrm{P}(X \geq l) \leq \frac{\alpha}{2} = 0.025$ bzw. $\mathrm{P}(X \leq l - 1) \geq 0.975$. Nun ist:

$$\begin{aligned} P(X \leq 1) &= 7.6373 \cdot 10^{-3} & P(X \leq 2) &= 3.5483 \cdot 10^{-2} \\ P(X \leq 9) &= 0.95204 & P(X \leq 10) &= 0.98286 \end{aligned}$$

Daher ist $k = 1$ und $l = 11$. Der Annahmenbereich ist $\mathrm{AB} = [2, 10]$. Das realisierte Niveau der Testes ist

$$7.6373 \cdot 10^{-3} + 1 - 0.98286 = 2.4777 \cdot 10^{-2}.$$

Bei diesem Test wird nur die Hälfte der zugestandenen Fehlerwahrscheinlichkeit von $\alpha = 5\%$ ausgeschöpft.

40.27 ••• Das Ergebis der k-ten Woche ist: n_k Birnen brannten weniger als eine Woche und $N - n_k$ brennen mindestens eine Woche. Sei T die Brenndauer einer Glühbirne in Wochen. Da die Brenndauern unabhängig von einander sind, ist die Likelihood von λ:

$$\begin{aligned} L(\lambda) &= (P(T \leq 1))^{n_k}(P(T \geq 1))^{N-n_k} \\ &= (1 - \mathrm{e}^{-\lambda})^{n_k}\mathrm{e}^{-\lambda(N-n_k)}. \end{aligned}$$

Über alle Wochen hinweg gilt dann

$$\begin{aligned} L(\lambda) &= (P(T \leq 1))^{n_k} (P(T \geq 1))^{N-n_k} \\ &= \prod_{k=1}^{m} (1 - \mathrm{e}^{-\lambda})^{n_k} \mathrm{e}^{-\lambda(N-n_k)} \\ &= (1 - \mathrm{e}^{-\lambda})^{\sum n_k} \mathrm{e}^{-\lambda(mN-n)} \end{aligned}$$

Es sei $\sum_{k=1}^{m} n_k = n$ die mittlere Anzahl von ausgebrannten Birnen pro Woche, dann ist $\sum_{k=1}^{m}(N - n_k) = mN - n$. Also gilt:

$$\begin{aligned} L(\lambda) &= (1 - \mathrm{e}^{-\lambda})^n \mathrm{e}^{-\lambda(mN-n)} \\ \ln L(\lambda) &= n \ln(1 - \mathrm{e}^{-\lambda}) - \lambda(mN - n) \\ l(\lambda)' &= \frac{n\mathrm{e}^{-\lambda}}{1 - \mathrm{e}^{-\lambda}} - (mN - n) \stackrel{!}{=} 0 \\ n\mathrm{e}^{-\widehat{\lambda}} &= (mN - n)(1 - \mathrm{e}^{-\widehat{\lambda}}) \\ \mathrm{e}^{\widehat{\lambda}} &= \frac{mN}{mN - n} \\ \widehat{\lambda} &= \ln\left(\frac{mN}{mN - n}\right) = \ln\left(\frac{1}{1 - \gamma}\right) \end{aligned}$$

Dabei ist $\gamma = \frac{n}{mN} = \frac{1}{N}\frac{1}{m}\sum_{k=1}^{m} n_k$ der durchschnittliche Anteil der pro Woche ausgefallenen Birnen. Der Schätzwert der mittleren Brenndauer ist dann $\frac{1}{\widehat{\lambda}}$.

Kapitel 41

Aufgaben

Verständnisfragen

41.1 •• Zeigen Sie, dass die Normalgleichungen stets lösbar sind und bestimmen Sie die allgemeine Lösung.

41.2 • Wieso gilt in einem Modell mit Eins $\sum_{i=1}^{n} \widehat{\varepsilon}_i = 0$ sowie $\sum_{i=1}^{n} \widehat{\mu}_i = \sum_{i=1}^{n} y_i$? Warum gilt dies in einem Modell ohne Eins nicht?

41.3 • Was ist der KQ-Schätzer für β bei der linearen Einfachregression $y_i = \beta x_i + \varepsilon_i$ ohne Absolutglied?

41.4 • Im Ansatz $y = \beta_0 + \beta_1 x + \beta_2 x^2 + \beta_3 x^3 + \beta_4 x^4 + \beta_5 x^5 + \varepsilon$ wird die Abhängigkeit einer Variablen Y von x modelliert. Dabei sind die ε_i voneinander unabhängige, $N(0; \sigma^2)$-verteilte Störterme.

(a) Wann handelt es sich um ein lineares Regressionsmodell?
(b) Was ist oder sind die Einflussvariable(n)?
(c) Wie groß ist die Anzahl der Regressoren?
(d) Wie groß ist die Anzahl der unbekannten Parameter?
(e) Wie groß ist die Dimension des Modellraums?
(f) Aufgrund einer Stichprobe von $n = 37$ Wertepaaren (x_i, y_i) wurden die Parameter wie folgt geschätzt:

Regressor	1	x	x^2	x^3	x^4	x^5
$\widehat{\beta}$	3	20	0.5	10	5	7
$\widehat{\sigma}_{\widehat{\beta}}$	0.2	1	1.5	25	4	6

Welche Parameter sind „*bei jedem vernünftigen* α" signifikant von null verschieden?
(g) Wie lautet die geschätzte systematische Komponente $\widehat{\mu}(\xi)$, wenn alle nicht signifikanten Regressoren im Modell gestrichen werden?
(h) Wie schätzen Sie $\widehat{\mu}$ an der Stelle $\xi = 2$?

41.5 • Zeigen Sie: Bei der linearen Einfachregression gilt für das Bestimmtheitsmaß R^2 die Darstellung:

$$R^2 = \widehat{\beta}_1^2 \frac{\operatorname{var}(\boldsymbol{x})}{\operatorname{var}(\boldsymbol{y})} = r^2(\boldsymbol{x}, \boldsymbol{y}).$$

Das heißt, R^2 ist gerade das Quadrat des gewöhnlichen Korrelationskoeffizienten $r(\boldsymbol{x}, \boldsymbol{y})$.

41.6 ••• Beobachtet werden die folgenden 4 Punktepaare $(x_i; y_i)$, nämlich $(-z, -z^3)$, $(-1, 0)$, $(1, 0)$ und (z, z^3). Dabei ist z noch eine feste, aber frei wählbare Zahl. Suchen Sie den KQ-Schätzer $\widehat{\beta}$, der

$$\sum (y_i - x_i^{\beta})^2 = \|\boldsymbol{y} - \boldsymbol{x}^{\beta}\|^2$$

minimiert. Sei $\widehat{\mu} = x^{\widehat{\beta}}$ der geglättete y-Wert. Zeigen Sie, dass die empirische Varianz $\operatorname{var}(\boldsymbol{y})$ der Ausgangswerte kleiner ist als $\operatorname{var}(\widehat{\boldsymbol{\mu}})$, die Varianz der geglätteten Werte. Zeigen Sie, dass das Bestimmtheitsmaß $R^2 = \frac{\operatorname{var}(\widehat{\boldsymbol{\mu}})}{\operatorname{var}(\boldsymbol{y})} > 1$ ist. Interpretieren Sie das Ergebnis.

41.7 ••• Im folgenden Beispiel sind die Regressoren und der Regressand wie folgt konstruiert: Die Regressoren sind orthogonal: $\boldsymbol{x}_1 \perp \mathbf{1}$ und $\boldsymbol{x}_2 \perp \mathbf{1}$, außerdem wurde $\boldsymbol{y} = \boldsymbol{x}_1 + \boldsymbol{x}_2 + 6 \cdot \mathbf{1}$ gesetzt.

y	8	8	2	4	8
x_1	2	−1	−3	0	2
x_2	0	3	−1	−2	0

Nun wird an diese Werte ein lineares Modell ohne Absolutglied angepasst: $\widehat{\mu} = \widehat{\beta}_1 x_1 + \widehat{\beta}_2 x_2$. Bestimmen Sie $\widehat{\beta}_1$ und $\widehat{\beta}_2$. Zeigen Sie: $\overline{y} \neq \overline{\widehat{\mu}}$. Berechnen Sie das Bestimmtheitsmaß einmal als $R^2 = \frac{\operatorname{var}(\widehat{\boldsymbol{\mu}})}{\operatorname{var}(\boldsymbol{y})}$ und zum anderen $R^2 = \frac{\sum(\widehat{\mu}_i - \overline{y})^2}{\sum(y_i - \overline{y})^2}$. Interpretieren Sie das Ergebnis.

T. Arens et al., *Arbeitsbuch Mathematik*, https://doi.org/10.1007/978-3-662-64391-4_40

41.8 •• In der Abb. 41.11 ist eine (x, y)-Punktwolke durch diejenige Ellipse angedeutet, die am besten Lage und Gestalt der Punktwolke wiedergibt. Zeichnen Sie in diese Ellipse die nach der Methode der kleinsten Quadrate bestimmte Ausgleichsgerade von y nach x ein.

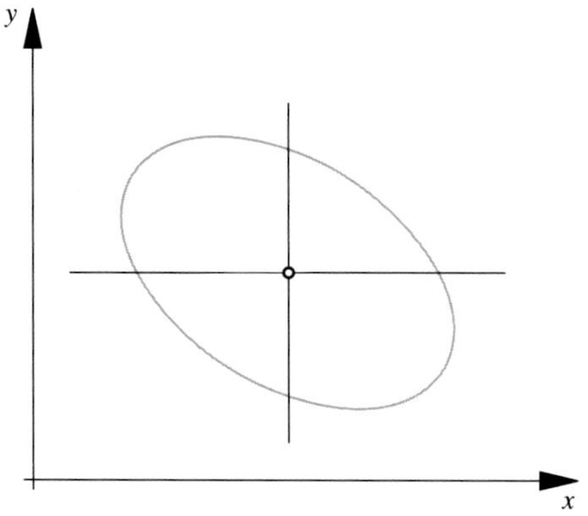

Abb. 41.11 Die Ellipse deutet die Punktwolke an

Rechenaufgaben

41.9 •• Berechnen Sie die Hauptachse einer Punktwolke und bestätigen Sie die Formeln (41.1) und (41.2) von S. 1547.

41.10 •• Zeigen Sie: Ist $\widehat{\mu} = \mathbf{P_M} \boldsymbol{y}$ der KQ-Schätzer von $\boldsymbol{\mu}$ und $\operatorname{Cov}(\boldsymbol{y}) = \sigma^2 \mathbf{I}$, dann ist $\operatorname{Cov}(\widehat{\boldsymbol{\mu}}) = \sigma^2 \mathbf{P_M}$, $\operatorname{Cov}(\widehat{\boldsymbol{\varepsilon}}) = \sigma^2 (\mathbf{I} - \mathbf{P_M})$, $\operatorname{Cov}(\widehat{\boldsymbol{\mu}}; \widehat{\boldsymbol{\varepsilon}}) = 0$. Hat die Matrix $\mathbf{X}$ den vollen Spaltenrang, dann ist weiter $\operatorname{Cov}(\widehat{\boldsymbol{\beta}}) = \sigma^2 (\mathbf{X}^T \mathbf{X})^{-1}$.

41.11 •• Bestimmen Sie den ML-Schätzer für x bei der inversen Regression im Modell der linearen Einfachregression.

Anwendungsprobleme

41.12 •• Ein wichtiges Flugzeugteil scheint sich mit den Jahren, die ein Flugzeug im Einsatz ist, stärker abzunutzen, als man ursprünglich annahm. Eine Kenngröße Y beschreibt den Schaden an dem Gerät. Man geht davon aus, dass Y linear von der Zeit X abhängt. Wegen des großen Aufwands der Kenngrößenberechnung können nicht mehr als 10 Maschinen in die Untersuchung einbezogen werden. Sie wollen den Anstieg β_1 und β_0 möglichst genau schätzen und planen dazu eine Versuchsreihe aus 10 Messungen. Bei der Auswahl der 10 Maschinen können Sie unter den Möglichkeiten a, b, c, d und e wählen:

	Alter der Maschinen in Jahren X									
	x_1	x_2	x_3	x_4	x_5	x_6	x_7	x_8	x_9	x_{10}
a	1	1	1	1	1	1	1	1	1	10
b	1	1	1	1	1	10	10	10	10	10
c	1	2	3	4	5	6	7	8	9	10
d	1	10	10	10	10	10	10	10	10	10
e	1	5	5	5	5	5	5	5	5	10

1. Inwiefern hat der Versuchsplan Einfluss auf die Genauigkeit des Schätzers? An welchem Parameter kann man dies ablesen?
2. Welche dieser 5 Versuchsreihen führen Sie durch und warum?
3. Welchen Versuch würden Sie wählen, wenn es nicht so sicher wäre, ob der Zusammenhang zwischen X und Y linear ist?

41.13 •• Bei einem Befragungsinstitut legen 14 Interviewer die Aufwandsabrechnung über die geleisteten Interviews vor. Dabei sei y der Zeitaufwand in Stunden, x_1 die Anzahl der jeweils durchgeführten Interviews, x_2 die Anzahl der zurückgelegten Kilometer.

Durch eine Regressionsrechnung soll die Abhängigkeit der aufgewendeten Zeit von den erledigten Interviews und der gefahrenen Strecke bestimmt werden. Die Daten:

i	1	2	3	4	5	6	7	8	9	10	11	12	13	14
y	52	25	49	30	82	42	56	21	28	36	69	39	23	35
x_1	17	6	13	11	23	16	15	5	10	12	20	12	8	8
x_2	36	11	29	26	51	27	31	10	19	25	40	33	24	29

1. Wählen Sie zuerst ein lineares Modell mit beiden Regressoren $y = \beta_0 + \beta_1 x_1 + \beta_2 x_2 + \varepsilon$.
2. Wählen Sie nun ein lineares Modell mit nur einem der beiden Regressoren, z. B. $y = \beta_0 + \beta_1 x_1 + \varepsilon$. Wie groß sind in beiden Modellen die Koeffizienten? Sind sie signifikant von null verschieden? Wie groß ist R^2? Interpretieren Sie das Ergebnis.

41.14 •• Stellen wir uns vor, ein Neurologe misst an einem zentralen Nervenknoten die Reaktion y auf die Reize x an vier paarig gelegenen Rezeptoren:

y	x_1	x_2	x_3	x_4
7.331 4	0.009 77	−0.039 38	0.458 40	0.562 91
3.966 4	−0.554 47	−0.601 13	−0.219 01	−0.284 51
3.144 2	−0.336 33	−0.317 52	−0.280 20	−0.294 25
7.993 3	0.352 60	0.307 14	0.203 06	0.105 71
1.678 7	−0.174 42	−0.066 24	−0.168 00	−0.043 02
−0.075 8	0.163 56	0.356 31	0.271 28	0.207 12
2.949 7	0.502 65	0.617 95	−0.223 25	−0.230 55
8.703 2	−0.154 34	−0.284 02	0.040 19	0.024 56
7.493 1	0.333 32	0.234 49	−0.543 96	−0.479 37
7.482 7	−0.142 34	−0.207 60	0.461 48	0.431 38

(a) Schätzen Sie die Koeffizienten im vollen Modell $\mathbf{M}_{1234} = \langle \mathbf{1}, \boldsymbol{x}_1, \boldsymbol{x}_2, \boldsymbol{x}_3, \boldsymbol{x}_4 \rangle$.
(b) Verzichten Sie nun auf den Regressor $\boldsymbol{x}_4$ und schätzen Sie die Koeffizienten im Modell $\mathbf{M}_{123} = \langle \mathbf{1}, \boldsymbol{x}_1, \boldsymbol{x}_2, \boldsymbol{x}_3 \rangle$.
(c) Verzichten Sie nun auf den Regressor $\boldsymbol{x}_2$ und schätzen Sie die Koeffizienten im Modell $\mathbf{M}_{134} = \langle \mathbf{1}, \boldsymbol{x}_1, \boldsymbol{x}_3, \boldsymbol{x}_4 \rangle$.

Interpretieren Sie die Ergebnisse.

41.15 •• Ein Immobilien-Auktionator fragt sich, ob der im Auktionskatalog genannte Wert x eines Hauses überhaupt eine Prognose über den in der Auktion realisierten Erlös y zulässt. (Alle Angaben in Tausend €.) Er beauftragt Sie mit einer entsprechenden Analyse und überlässt Ihnen dazu die in der folgenden Tabelle enthaltenen Unterlagen von zehn zufällig ausgewählten und bereits versteigerten Häusern. Unterstellen Sie einen durch Zufallsschwankungen gestörten linearen Zusammenhang zwischen Katalogpreis x und Auktionserlös y.

x_i	132	337	241	187	292	159	208	98	284	52
y_i	145	296	207	165	319	124	154	117	256	34

1. Thema Schätzung:
   (a) Modellieren Sie diesen Zusammenhang als lineare Gleichung. Wie hängt demnach – in Ihrem Modell – der i-te Auktionserlös vom i-ten Katalogpreis ab.
   (b) Wie groß sind die empirischen Verteilungsparameter der x- bzw y-Werte? Dabei können Sie auf folgende Zahlen zurückgreifen:

	x_i	y_i	$x_i y_i$	x_i^2	y_i^2
$\sum_{i=1}^{n}$	1990	1817	430 468	470 816	399 949

   (c) Schätzen Sie $\widehat{\beta}_0$ und $\widehat{\beta}_1$ mit der Methode der kleinsten Quadrate.
   (d) Wie lautet nun Ihre Schätzgleichung für $\widehat{\mu}$?
   (e) Zu welchem Preis werden Häuser mit einem Katalogwert von 190 Tausend € im Mittel verkauft?
   (f) Zu welchem Preis werden Häuser mit einem Katalogwert von 0 € im Mittel verkauft? Was können Sie dem Auktionator sagen, der daraufhin Ihre Rechnungen in den Papierkorb werfen will?
2. Thema Wie aussagekräftig sind Ihre Schätzungen?:
   (a) Welche Annahmen machen Sie über die Verteilung der Störkomponenten, ehe Sie überhaupt Aussagen über Güte und Genauigkeit der Schätzungen machen können?
   (b) Schätzen Sie die σ^2, wenn sich aus der Rechnung $\sum_{i=1}^{n} \widehat{\varepsilon}_i^2 = 6367$ ergibt.
   (c) Schätzen Sie die Standardabweichung von $\widehat{\beta}_0$.
   (d) Der Auktionator war überzeugt, dass im Mittel der erzielte Preis proportional zum Katalogpreis ist. Also $E(Y) = \beta x$. Sprechen die Daten gegen die Vermutung?
   (e) Schätzen Sie die Standardabweichung von $\widehat{\beta}_1$. Innerhalb welcher Grenzen liegt β_1? Geben Sie ein Konfidenzintervall zum Niveau $1 - \alpha = 0.99$ an.
3. Thema Preisprognosen: In der aktuellen Auktion werden im Katalog zwei Häuser mit 190 Tausend € bzw. 300 Tausend € angeboten.
   (a) Machen Sie eine Prognose zum Niveau $1 - \alpha = 0.99$, zu welchen Preis das billigere der beiden Häuser verkauft werden wird.
   (b) Wie wird im Vergleich dazu die Prognose über das teurere der beiden Häuser sein? Wird das Prognoseintervall schmaler, gleich breit, breiter oder nicht vergleichbar sein. Begründen Sie Ihre Antwort ohne Rechnung.

41.16 ••• Die Wassertemperatur $y(x)$ Ihres Durchlauferhitzer schwankt sehr stark, wenn sich die Wassermenge x ändert. Zur Kontrolle haben Sie die Wassertemperatur $y(x)$ in Grad Celsius bei variierender Wassermenge x Liter pro 10 s gemessen. Die notierten $n = 17$ Werte sind:

x	1.5	2.1	2.3	0.8	0.2	1	1	1.9
y	24.5	40	42.5	33	22	26	29	44.5

x	1.6	1.8	1.8	2.1	1.5	1.3	0.9	0.7	0.6
y	53	51	49.5	46	26.5	27	31	18.5	15

1. Unterstellen Sie einen linearen Zusammenhang der Merkmale Temperatur und Wassermenge und führen Sie eine lineare Einfachregression durch. Betrachten Sie die (x, y)-Punktwolke mit der geschätzten Regressionsgerade. Ist die Anpassung befriedigend?
2. Sie erfahren aus der Betriebsanleitung, dass das Gerät zwei Erhitzungsstufen hat. Bei einer Durchflussmenge von 1.5 l/10 s springt das Gerät in eine andere Schaltstufe. Versuchen Sie, das Modell dem Sachverhalt durch abschnittsweise Modellierung noch besser anzupassen. Gehen Sie davon aus, dass die Messfehler ε_i unabhängig von der Schaltstufe sind. Wie lauten jetzt die Geradengleichungen?
   Wie sieht ihre Designmatrix aus? Wie groß ist die Anzahl der linear unabhängigen Regressoren? Enthält Ihr Modell die Eins? Schätzen Sie nun die Parameter des Modells.
3. Mit welcher mittleren Temperatur können Sie rechnen, falls Sie den Wasserhahn durch einen größeren ersetzen, der 6 l/10 s Wasser durchfließen lässt? Ist das Ergebnis sinnvoll?

41.17 ••• Alternative Energieversorgungsanlagen, wie Wind- und Sonnenkraftwerke, werden in Zukunft immer mehr an Bedeutung gewinnen. Eine solche Anlage befindet sich auf der Nordseeinsel Pellworm und soll den Energiebedarf des dortigen Kurzentrums decken. Gegenstand der Betrachtung sollen nur die Windenergiekonverter des Typs AEROMAN 11/20 der Firma M.A.N. sein. Die Rotoren sind jeweils in einer Höhe von 15 m installiert und zeigten bei einer Untersuchung folgendes Leistungsverhalten:

x	3	4	5	6	7	8	9	10	11	12	13	14	15
y	10	35	41	45	51	61	55	64	65	52	42	34	31

Dabei ist x die Windgeschwindigkeit in m/s und y die elektrische Leistung in kW. Es soll der tendenzielle Verlauf dieses Leistungsverhaltens untersucht werden: 1. Berechnen Sie die Parameter der geschätzten Regressionsgeraden. Wie lautet die Geradengleichung? 2. Überprüfen Sie das gewählte Modell anhand eines Residuenplots. 3. Untersuchen Sie, ob sich Ihre Anpassung durch die Verwendung von x^2 als zusätzlichen Regressor verbessern lässt.

Hinweise

Verständnisfragen

41.1 •• Suchen Sie eine spezielle Lösung und dann die Lösung der homogenen Gleichung. Benutzen Sie $(\mathbf{X}^\top)^+ = (\mathbf{X}^+)^\top$ und die Vertauschbarkeit $(\mathbf{X}^\top\mathbf{X})^+ = \mathbf{X}^+\mathbf{X}^{\top+}$ sowie $(\mathbf{X}^{+\top}\mathbf{X}^\top) = \mathbf{X}\mathbf{X}^+$.

41.2 • –

41.3 • –

41.4 • –

41.5 • –

41.6 ••• Zeichnen Sie die Punktwolke und die optimale Funktion $\widehat{\mu} = x^{\widehat{\beta}}$ und markieren Sie die beobachteten und die geschätzten Wertepaare.

41.7 ••• –

41.8 •• –

Rechenaufgaben

41.9 •• –

41.10 •• Beachten Sie $\operatorname{Cov}(\mathbf{A}\boldsymbol{y}) = \mathbf{A}\operatorname{Cov}(\boldsymbol{y})\mathbf{A}^\top$ sowie $\operatorname{Cov}(\mathbf{A}\boldsymbol{y}, \mathbf{B}\boldsymbol{y}) = \mathbf{A}\operatorname{Cov}(\boldsymbol{y})\mathbf{B}^\top$ und benutzen Sie die auf S. 1554 aufgeführten Eigenschaften der Projektion.

41.11 •• –

Anwendungsprobleme

41.12 •• –

41.13 •• –

41.14 •• Bestimmen Sie die Korrelationen aller Variablen.

41.15 •• –

41.16 ••• Spalten Sie jeden Regressor in zwei neue auf, die jeweils ein Teilmodell beschreiben.

41.17 ••• –

Lösungen

Verständnisfragen

41.1 •• $\widehat{\boldsymbol{\beta}} = \mathbf{X}^+\boldsymbol{y} + (\mathbf{I} - \mathbf{X}^+\mathbf{X})\boldsymbol{h}$ mit beliebigem $\boldsymbol{h}$.

41.2 • Es ist $\widehat{\boldsymbol{\varepsilon}} \perp \mathbf{M}$. Ist $\mathbf{1} \in \mathbf{M}$, so ist $\widehat{\boldsymbol{\varepsilon}} \perp \mathbf{1}$, also $0 = \widehat{\boldsymbol{\varepsilon}}^\top\mathbf{1} = \sum_{i=1}^n \widehat{\varepsilon}_i$. Aus $y_i = \widehat{\mu}_i + \widehat{\varepsilon}_i$ und $\sum_{i=1}^n \widehat{\varepsilon}_i = 0$, folgt $\sum_{i=1}^n y_i = \sum_{i=1}^n \widehat{\mu}_i$. Ist $\mathbf{1} \notin \mathbf{M}$, so kann $\widehat{\boldsymbol{\varepsilon}}^\top\mathbf{1} \neq \mathbf{0}$ sein.

41.13 • Es ist $\widehat{\beta} = \frac{\boldsymbol{x}^\top\boldsymbol{y}}{\boldsymbol{x}^\top\boldsymbol{x}} = \frac{\sum_{i=1}^n y_i x_i}{\sum_{i=1}^n x_i^2}$.

41.4 • (a) Es handelt sich um ein lineares Regressionsmodell, wenn die Koeffizienten β_i und die Einflussvariable x nicht stochastische Größen sind. (b) Die einzige Einflussvariable ist x. (c) Die Anzahl der Regressoren ist 5, bzw. 6, wenn man die Konstante $\mathbf{1}$ als Regressor mitzählt. (d) Die Anzahl der unbekannten Parameter ist 6. (e) Die Dimension des Modellraums ist maximal 6. Sie ist genau dann 6, wenn die Beobachtungsstellen x_i so gewählt sind, dass die 6 Vektoren $\mathbf{1}, (x_1, \ldots, x_n)^\top, \ldots, (x_1^5, \ldots, x_n^5)^\top$ linear unabhängig sind. (f) Allein β_0 und β_1 sind signifikant von null verschieden. (g) $\widehat{\mu}(x) = 3 + 20x$. (h) $\widehat{\mu}(2) = 43$.

41.5 • –

41.6 ••• $\widehat{\beta} = 3$ sowie $R^2 = 1 + z^{-6}$. Durch die Glättung hat sich die Varianz der Daten vergrößert: R^2 kann – je nach Größe von z – jeden Wert zwischen 1 und Unendlich annehmen. Eine Redeweise wie „R^2 misst den Anteil der erklärten Varianz“ wird unsinnig. Das Bestimmtheitsmaß ist bei der nichtlinearen Regression nicht anwendbar.

Kapitel 41

41.7 ••• Es ist $\widehat{\beta}_1 = \widehat{\beta}_2 = 1$. Im ersten Rall ist $R^2 = 1$, im zweiten Fall ist $R^2 = 6.63$. In Modellen ohne Eins ist das Bestimmtheitsmaß sinnlos, es muss modifiziert werden, z. B. als $R^2_{\text{mod}} = \frac{\|\widehat{\mu}\|^2}{\|y\|^2}$.

41.8 ••

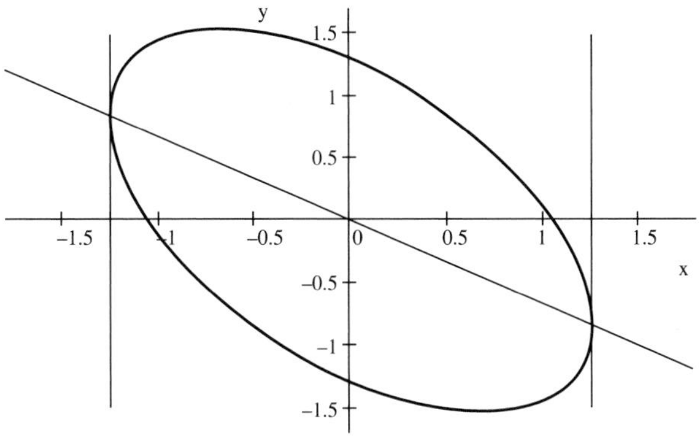

Rechenaufgaben

41.9 •• –

41.10 •• –

41.11 •• $\widehat{\beta}_0$ und $\widehat{\beta}_1$ sind die KQ-Schätzer der Kalibrierungsphase und $\widehat{\xi} = \frac{\overline{y}_\xi - \widehat{\beta}_0}{\widehat{\beta}_1}$.

Anwendungsprobleme

41.12 •• 1. Vom Versuchsplan hängen $\overline{x}$ und $\text{var}(\boldsymbol{x})$ ab. Diese bestimmen aber $\text{Var}(\widehat{\beta}_0)$ und $\text{Var}(\widehat{\beta}_1)$.

2. Es ist $\widehat{\text{Var}}(\widehat{\beta}_1) = \frac{\widehat{\sigma^2}}{n}\left(\frac{1}{\text{var}(x)}\right)$. Daher wird $\widehat{\beta}_1$ am genauesten geschätzt, wenn $\text{var}(\boldsymbol{x})$ maximal ist. Dies ist beim Versuchsplan (b) der Fall. In den Plänen (a) und (d) ist $\text{var}(\boldsymbol{x})$ gleich. In (a) würde aber β_0 genauer geschätzt werden. Versuchsplan (e) ist am ungünstigsten, da er fast alle Beobachtungen in die Mitte der Punktwolke gelegt hat.

3. Wenn nicht klar ist, ob ein linearer Zusammenhang vorliegt, ist auf jeden Fall der Versuchplan (c) vorzuziehen.

41.13 •• –

41.14 •• Die Parameterschätzwerte im Modell $\mathbf{M}_{1234}$ bzw. $\mathbf{M}_{123}$ sind:

	Modell $\mathbf{M}_{1234}$		Modell $\mathbf{M}_{123}$	
Parameter	$\widehat{\beta}$	$\sigma_{\widehat{\beta}}$	$\widehat{\beta}$	$\sigma_{\widehat{\beta}}$
$\widehat{\beta}_0$	5.07	0.13	5.07	0.13
$\widehat{\beta}_1$	31.94	1.60	31.94	1.60
$\widehat{\beta}_2$	−29.03	1.44	−29.03	1.44
$\widehat{\beta}_3$	0.40	1.99	1.92	0.42
$\widehat{\beta}_4$	1.59	2.02		

In $\mathbf{M}_{1234}$ sind die Regressoren x_3 und x_4 nicht signifikant. Das Bestimmtheitsmaß ist $R^2 = 0.99$. Im Modell $\mathbf{M}_{123}$ ist $\widehat{\beta}_3$ signifikant. Im Modell $\mathbf{M}_{124}$ ist kein Parameter mehr signifikant. Es ist $R^2 = 0.06$. Das Modell ist zusammengebrochen. Dasselbe Bild bietet sich, falls $\boldsymbol{x}_1$ statt $\boldsymbol{x}_2$ gestrichen wird. Offensichtlich sind $\boldsymbol{x}_1$ und $\boldsymbol{x}_2$ nur zusammen informativ, einzeln dagegen wertlos.

41.15 •• 1. Thema Schätzung: (a) Die Modellbeziehung ist $y_i = \beta_0 + \beta_1 x_i + \varepsilon_i$. (b) Die empirischen Parameter sind $\overline{x} = 199$; $\overline{y} = 181.7$; $\text{var}(\boldsymbol{x}) = 7480.6$; $\text{var}(\boldsymbol{y}) = 6980$; $\text{cov}(x, y) = 6888.5$; $r(\boldsymbol{x}, \boldsymbol{y}) = 0.95$. (c) $\widehat{\beta}_1 = 0.920\,85$; $\widehat{\beta}_0 = -1.549\,2$; $\widehat{\mu} = -1.55 + 0.92 \cdot x$. (d) $\widehat{\mu}(190) = 173.4$ Tausend Euro. (e) $\widehat{\mu}(0) = \widehat{\beta}_0 = -1.55$. Inhaltlich keine sinnvolle Aussage: $x = 0$ ist sicher außerhalb des Gültigkeitsbereichs des Modells.

2. Thema: Wie aussagekräftig sind Ihre Schätzungen? (a) Die ε_i sind i.i.d. $N(0; \sigma^2)$ verteilt. (b) $\widehat{\sigma}^2 = 795.88$. (c) $\widehat{\text{Var}}(\widehat{\beta}_0) = 22.38$. (d) Die Hypothese H_0: „$\beta_0 = 0$" wird angenommen. (e) $\widehat{\sigma}_{\widehat{\beta}_1} = 0.1$. Das Konfidenzintervall für β_1 ist $0.59 \leq \beta_1 \leq 1.25$.

3. Thema Preisprognosen: $74.0 \leq y \leq 272.8$. Die Prognose für das teuere Haus wird ein breiteres Prognoseintervall haben, da $\xi = 300$ weiter vom Mittelwert $\overline{x} = 199$ entfernt liegt als $\xi = 190$.

41.16 ••• 1. Es ist $\mu(x) = 13.52 + 15.10x$ mit einem Bestimmtheitsmaß $R^2 = 0.59$. Die Anpassung ist schlecht. 2. Das bessere Modell ist

$$\widehat{\mu}(x) = \begin{cases} 20.59 + 4.9x & \text{falls } x \leq 1.5 \\ 79.74 - 17.03x & \text{falls } x > 1.5. \end{cases}$$

Das Bestimmtheitsmaß ist nun $R^2 = 0.88$. 3. Im ersten Modell wäre $\mu(6) = 13.52 + 15.10 \cdot 6 = 104.12$ Im zweiten Modell wäre $\mu(6) = 79.74 - 17.03 \cdot 6 = -22.44$. Beide Werte sind unsinnig. Der Wert $\xi = 6$ liegt weit außerhalb des Beobachtungsbereichs. Dort sind die ursprünglich gewählten Modelle nicht mehr gültig.

41.17 ••• Das Modell $\widehat{\mu} = 38.321 + 0.738\,x$ ist ungeeignet. Das Modell mit dem quadratischen Term

$$\widehat{\mu} = -29.09 + 18.09x - 0.91x^2.$$

ist erheblich besser.

Lösungswege

Verständnisfragen

41.1 •• Die Normalgleichungen sind $\mathbf{X}^\top \boldsymbol{y} = \mathbf{X}^\top \mathbf{X}\widehat{\boldsymbol{\beta}}$. Diese Gleichung sind einerseits lösbar, da $\mathbf{X}^\top \boldsymbol{y} \in \langle \mathbf{X}^\top \rangle = \langle \mathbf{X}^\top \mathbf{X} \rangle$ ist. Andererseits ist $\mathbf{X}^+ \boldsymbol{y}$ bereits eine spezielle Lösung, denn

$$(\mathbf{X}^\top\mathbf{X})\mathbf{X}^+\boldsymbol{y} = \mathbf{X}^\top(\mathbf{X}\mathbf{X}^+)^\top\boldsymbol{y} = \mathbf{X}^\top\mathbf{X}^{\top+}\mathbf{X}^\top\boldsymbol{y} = \mathbf{X}^\top\boldsymbol{y}.$$

Die Lösungen der homogenen Gleichung $\mathbf{0} = \mathbf{X}^\top\mathbf{X}\widehat{\boldsymbol{\beta}}$ sind $\widehat{\boldsymbol{\beta}} = (\mathbf{I} - (\mathbf{X}^\top\mathbf{X})^+(\mathbf{X}^\top\mathbf{X}))\boldsymbol{h}$ mit beliebigen $\boldsymbol{h}$. Dabei lässt sich $(\mathbf{X}^\top\mathbf{X})^+(\mathbf{X}^\top\mathbf{X})$ vereinfachen zu:

$$\begin{aligned}(\mathbf{X}^\top\mathbf{X})^+(\mathbf{X}^\top\mathbf{X}) &= \mathbf{X}^+\mathbf{X}^{+\top}\mathbf{X}^\top\mathbf{X} = \mathbf{X}^+(\mathbf{X}^{+\top}\mathbf{X}^\top)\mathbf{X}\\ &= \mathbf{X}^+(\mathbf{X}\mathbf{X}^+)^\top\mathbf{X} = \mathbf{X}^+\mathbf{X}\mathbf{X}^+\mathbf{X} = \mathbf{X}^+\mathbf{X}.\end{aligned}$$

41.2 • Es ist $\widehat{\boldsymbol{\varepsilon}} \perp \mathbf{M}$. Ist $\mathbf{1} \in \mathbf{M}$, so ist $\widehat{\boldsymbol{\varepsilon}} \perp \mathbf{1}$, also $0 = \widehat{\boldsymbol{\varepsilon}}^\top\mathbf{1} = \sum_{i=1}^n \widehat{\varepsilon}_i$. Aus $y_i = \widehat{\mu}_i + \widehat{\varepsilon}_i$ und $\sum_{i=1}^n \widehat{\varepsilon}_i = 0$, folgt $\sum_{i=1}^n y_i = \sum_{i=1}^n \widehat{\mu}_i$. Ist $\mathbf{1} \notin \mathbf{M}$, so kann $\widehat{\boldsymbol{\varepsilon}}^\top\mathbf{1} \neq \mathbf{0}$ sein.

41.3 • Der Modellraum ist $\mathbf{M} = \langle \boldsymbol{x} \rangle$. Es ist $\boldsymbol{y} = \widehat{\boldsymbol{\mu}} + \widehat{\boldsymbol{\varepsilon}} = \widehat{\beta}\boldsymbol{x} + \widehat{\boldsymbol{\varepsilon}}$. Dabei ist $\widehat{\boldsymbol{\varepsilon}} \perp \boldsymbol{x}$. Also ist $\boldsymbol{x}^\top\boldsymbol{y} = \widehat{\beta}\boldsymbol{x}^\top\boldsymbol{x} + \boldsymbol{x}^\top\widehat{\boldsymbol{\varepsilon}} = \widehat{\beta}\boldsymbol{x}^\top\boldsymbol{x}$.

41.4 • –

41.5 • Es ist $R^2 = \frac{\operatorname{var}(\widehat{\boldsymbol{\mu}})}{\operatorname{var}(\boldsymbol{y})}$. Dabei ist einerseits $y_i = \widehat{\mu}_i + \widehat{\varepsilon}_i$ mit $\widehat{\mu}_i = \widehat{\beta}_0 + \widehat{\beta}_1 x_i$. Für die empirische Varianz der $\widehat{\mu}_i$-Werte gilt: $\operatorname{var}(\widehat{\boldsymbol{\mu}}) = \widehat{\beta}_1^2 \operatorname{var}(\boldsymbol{x})$, denn für die $\widehat{\mu}_i$-Werte ist $\widehat{\beta}_0$ eine additive und $\widehat{\beta}_1$ eine multiplikative Konstante. Also ist $R^2 = \widehat{\beta}_1^2 \frac{\operatorname{var}(\boldsymbol{x})}{\operatorname{var}(\boldsymbol{y})}$. Nun ist $\widehat{\beta}_1 = \frac{\operatorname{cov}(\boldsymbol{x},\boldsymbol{y})}{\operatorname{var}(\boldsymbol{x})}$. Also ist $R^2 = \widehat{\beta}_1^2 \frac{\operatorname{var}(\boldsymbol{x})}{\operatorname{var}(\boldsymbol{y})} = \frac{\operatorname{cov}^2(\boldsymbol{x},\boldsymbol{y})}{\operatorname{var}(\boldsymbol{x})\operatorname{var}(\boldsymbol{y})} = (\frac{\operatorname{cov}(\boldsymbol{x},\boldsymbol{y})}{\sqrt{\operatorname{var}(\boldsymbol{x})\operatorname{var}(\boldsymbol{y})}})^2 = r^2(\boldsymbol{x},\boldsymbol{y})$.

41.6 ••• Aus den Daten folgt $\left\|\boldsymbol{y} - \boldsymbol{x}^\beta\right\|^2 = 2(1 + (z^3 - z^\beta)^2)$. Die Zielfunktion wird genau für $\widehat{\beta} = 3$ minimal. Für diesen Wert $\widehat{\beta} = 3$ ist $\overline{y} = \overline{\widehat{\mu}} = 0$ und $\operatorname{var}(\widehat{\boldsymbol{\mu}}) = \sum(\widehat{\mu}_i)^2 = 2z^6 + 2$, sowie $\operatorname{var}(\boldsymbol{y}) = \sum(y_i)^2 = 2z^6$. Also ist

$$r^2 = \frac{\operatorname{var}(\widehat{\boldsymbol{\mu}})}{\operatorname{var}(\boldsymbol{y})} = 1 + z^{-6}.$$

41.7 ••• Der Modellraum ist $\mathbf{M} = \langle \boldsymbol{x}_1; \boldsymbol{x}_2 \rangle$, er enthält nicht die $\mathbf{1}$. Wegen $\boldsymbol{x}_1 + \boldsymbol{x}_2 \in \mathbf{M}$ und $\mathbf{1} \perp \mathbf{M}$ ist $\widehat{\boldsymbol{\mu}} = \mathbf{P_M}\boldsymbol{y} = \boldsymbol{P}_\mathbf{M}(\boldsymbol{x}_1 + \boldsymbol{x}_2 + 6\cdot\mathbf{1}) = \boldsymbol{x}_1 + \boldsymbol{x}_2$. Nach Konstruktion der Daten ist $\mathbf{1} \perp \langle \boldsymbol{x}_1, \boldsymbol{x}_2 \rangle$. Also ist

$$\sum_{i=1}^n \widehat{\mu}_i = \widehat{\boldsymbol{\mu}}^\top\mathbf{1} = (\boldsymbol{x}_1 + \boldsymbol{x}_2)^\top\mathbf{1} = 0$$

$$\sum_{i=1}^n y_i = \boldsymbol{y}^\top\mathbf{1} = (\boldsymbol{x}_1 + \boldsymbol{x}_2 + 6\cdot\mathbf{1})^\top\mathbf{1} = 6\cdot\mathbf{1}^\top\mathbf{1} = 30.$$

Weiter ist

$$\|\boldsymbol{y}-\overline{\boldsymbol{y}}\|^2 = \|\boldsymbol{x}_1 + \boldsymbol{x}_2 + 6\cdot\mathbf{1} - 6\cdot\mathbf{1}\|^2 = \|\boldsymbol{x}_1 + \boldsymbol{x}_2\|^2 = \|\widehat{\boldsymbol{\mu}}\|^2$$

Daher ist

$$\frac{\operatorname{var}(\widehat{\boldsymbol{\mu}})}{\operatorname{var}(\boldsymbol{y})} = \frac{\|\widehat{\boldsymbol{\mu}}\|^2}{\|\boldsymbol{y}-\overline{\boldsymbol{y}}\|^2} = 1, \text{ aber } \frac{\sum(\widehat{\mu}_i - \overline{y})^2}{\sum(y_i - \overline{y})^2} = \frac{212}{32} = 6.63.$$

41.8 •• –

Rechenaufgaben

41.9 •• Bei einer zentrierten Punktwolke hat die Konzentrationsellipse die Gestalt

$$(x, y)^\top\mathbf{A}^{-1}\begin{pmatrix}x\\y\end{pmatrix} = k. \quad \text{Dabei ist } \mathbf{A} = \begin{pmatrix}a & b\\ b & c\end{pmatrix}$$

die empirische Kovarianzmatrix mit $a = \operatorname{var}(\boldsymbol{x})$, $b = \operatorname{cov}(x, y)$ und $c = \operatorname{var}(\boldsymbol{y})$. Liegt die Punktwolke nicht auf einer Geraden, so ist der Korrelationskoeffizient $r^2 = \frac{b^2}{ac} < 1$. Also ist $ac - b^2 \neq 0$. In diesem Fall ist

$$\mathbf{A}^{-1} = \frac{1}{ac - b^2}\begin{pmatrix}c & -b\\ -b & a\end{pmatrix}.$$

Die Eigenwerte λ_1 und λ_2 von $\mathbf{A}$ sind die Lösungen der charakteristischen Gleichung

$$(c - \lambda)(a - \lambda) - b^2 = 0.$$

Der Größe nach geordnet sind die Eigenwerte:

$$\begin{aligned}\lambda_1 &= \frac{1}{2}(a + c + \sqrt{(a - c)^2 + 4b^2}),\\ \lambda_2 &= \frac{1}{2}(a + c - \sqrt{(a - c)^2 + 4b^2}).\end{aligned}$$

Die nicht normierten Eigenvektoren von $\mathbf{A}$ sind

$$\boldsymbol{u}_1 = \begin{pmatrix}b\\ \lambda_1 - a\end{pmatrix} \quad \text{und} \quad \boldsymbol{u}_2 = \begin{pmatrix}b\\ \lambda_2 - a\end{pmatrix}.$$

Der erste Eigenvektor liegt auf der Hauptachse, der zweite Eigenvektor auf der Nebenachse der Ellipse. Der Anstieg $\widehat{\alpha}_1$ der großen Hauptachse ist:

$$\widehat{\alpha}_1 = \frac{\lambda_1 - a}{b} = \frac{c - a + \sqrt{(a-c)^2 + 4b^2}}{2b} = \frac{\sqrt{4r^2 + \Delta^2} - \Delta}{2r}.$$

Dabei ist

$$r = \frac{b}{\sqrt{ac}} = r(\boldsymbol{x}, \boldsymbol{y}) \quad \Delta = \frac{a-c}{\sqrt{ac}} = \frac{\operatorname{var}(\boldsymbol{x}) - \operatorname{var}(\boldsymbol{y})}{\sqrt{\operatorname{var}(\boldsymbol{x})\operatorname{var}(\boldsymbol{y})}}.$$

Da die Hauptachse $g_0(x) = \widehat{\alpha}_0 + \widehat{\alpha}_1 x$ der Punktwolke durch den Schwerpunkt der Konzentratinsellipse geht, ist $\widehat{\alpha}_0$ Lösung der Gleichung $\overline{y} = \widehat{\alpha}_0 + \widehat{\alpha}_1 \overline{x}$.

41.10 •• Aus $\widehat{\boldsymbol{\mu}} = \mathbf{P}\boldsymbol{y}$ folgt $\operatorname{Cov}(\widehat{\boldsymbol{\mu}}) = \mathbf{P}\operatorname{Cov}(\boldsymbol{y})\mathbf{P}^\top$. Aus $\operatorname{Cov}(\boldsymbol{y}) = \sigma^2\mathbf{I}$, der Symmetrie und Idempotenz von $\mathbf{P}$ folgt weiter $\operatorname{Cov}(\widehat{\boldsymbol{\mu}}) = \sigma^2\mathbf{P}\mathbf{I}\mathbf{P}^\top = \sigma^2\mathbf{P}\mathbf{P} = \sigma^2\mathbf{P}$. Weiter ist $\widehat{\boldsymbol{\varepsilon}} = \boldsymbol{y} - \widehat{\boldsymbol{\mu}} = (\mathbf{I} - \mathbf{P})\boldsymbol{y}$. Da auch $(\mathbf{I} - \mathbf{P})$ Projektionsmatrix ist, folgt aus dem eben gezeigten $\operatorname{Cov}(\widehat{\boldsymbol{\varepsilon}}) = \sigma^2(\mathbf{I} - \mathbf{P})$. Schließlich ist $\operatorname{Cov}(\widehat{\boldsymbol{\mu}}; \widehat{\boldsymbol{\varepsilon}}) = \operatorname{Cov}(\mathbf{P}\boldsymbol{y}; (\mathbf{I} - \mathbf{P})\boldsymbol{y}) = \mathbf{P}\operatorname{Cov}(\boldsymbol{y})(\mathbf{I} - \mathbf{P})^\top = \sigma^2\mathbf{P}(\mathbf{I} - \mathbf{P})^\top = \sigma^2\mathbf{P}(\mathbf{I} - \mathbf{P}) = \mathbf{0}$.

Sind die Spalten von $\mathbf{X}$ linear unabhängig, so ist $\widehat{\boldsymbol{\beta}} = \mathbf{X}^+\boldsymbol{y}$ eindeutig bestimmt. Damit ist $\operatorname{Cov}(\widehat{\boldsymbol{\beta}}) = \operatorname{Cov}(\mathbf{X}^+\boldsymbol{y}) = \mathbf{X}^+\operatorname{Cov}(\boldsymbol{y})(\mathbf{X}^+)^\top = \sigma^2\mathbf{X}^+(\mathbf{X}^+)^\top = \sigma^2(\mathbf{X}^\top\mathbf{X})^+ = \sigma^2(\mathbf{X}^\top\mathbf{X})^{-1}$. Die letzte Gleichung gilt, denn ist $\mathbf{X}$ eine $d \times n$-Matrix vom Rang d, so ist $\mathbf{X}^\top\mathbf{X}$ eine $d \times d$-Matrix vom Rang d, also invertierbar. Dann ist aber die Moore-Penrose-Inverse identisch mit der gewöhnlichen Inversen.

41.11 •• Die Beobachtungsdaten sind die n Paare (x_i, y_i), $i = 1, \ldots, n$, die zur Bestimmung der Regressionsgerade führten und die r Paare (ξ, y_i), $i = n+1, \ldots, n+r$, aus ξ zu schätzen ist. Mit $\mu_i = \beta_0 + \beta_1 x_i$ und $\mu(\xi) = \beta_0 + \beta_1\xi$ ist die Log-Likelihood von β_0, β_1 und ξ bis auf eine additive Konstante:

$$l(\beta_0, \beta_1, \xi \mid \boldsymbol{y}) = -\frac{1}{2\sigma^2}\left(\sum_{i=1}^{n}(y_i - \mu_i)^2 + \sum_{i=n+1}^{n+r}(y_i - \mu_\xi)^2\right)$$
$$= -\frac{1}{2\sigma^2}\left(\sum_{i=1}^{n}(y_i - \mu_i)^2 + \sum_{i=n+1}^{n+r}(y_i - \overline{y}_\xi)^2 + r(\overline{y}_\xi - \mu_\xi)^2\right)$$

Dabei ist $\overline{y}_\xi = \frac{1}{r}\sum_{i=n+1}^{n+r} y_i$. Alle drei Terme lassen sich einzeln minimieren: Zuerst wird $\sum_{i=1}^{n}(y_i - \mu_i)^2$ bezüglich β_0 und β_1 minimiert wird. Die zweite Summe ist bezüglich der Minimierung eine Konstante und der dritte Term wird null, wenn $\widehat{\mu}(\xi) = \overline{y}_\xi$ gesetzt wird. Daher sind $\widehat{\beta}_0$ und $\widehat{\beta}_1$ die KQ-Schätzer der Kalibrierungsphase und $\widehat{\xi} = \frac{\overline{y}_\xi - \widehat{\beta}_0}{\widehat{\beta}_1}$.

Anwendungsprobleme

41.12 •• –

41.13 •• –

41.14 •• Wie die Korrelationsmatrix

	$\boldsymbol{y}$	$\boldsymbol{x}_1$	$\boldsymbol{x}_2$	$\boldsymbol{x}_3$	$\boldsymbol{x}_4$
$\boldsymbol{y}$	1	0.10	−0.17	0.21	0.21
$\boldsymbol{x}_1$	0.10	1	0.96	0.00	0.00
$\boldsymbol{x}_2$	−0.17	0.96	1	0.00	0.00
$\boldsymbol{x}_3$	0.21	0.00	0.00	1	0.98
$\boldsymbol{x}_4$	0.21	0.00	0.00	0.98	1

zeigt, sind alle vier Regressoren nur schwach mit $\boldsymbol{y}$ korreliert. Andrerseits bilden $\boldsymbol{x}_1$ und $\boldsymbol{x}_2$ sowie $\boldsymbol{x}_3$ und $\boldsymbol{x}_4$ zwei Paare hochkorrelierter Regressoren, bei denen aber die Paare wechselseitig unkorreliert sind. $\widehat{\beta}_3$ und $\widehat{\beta}_4$ haben dasselbe Vorzeichen, beide sind nicht signifikant von null verschieden. $\boldsymbol{x}_3$ und $\boldsymbol{x}_4$ tragen dieselbe Information, die erst dann deutlich erkennbar wird, wenn nur eine der beiden Variablen im Modell enthalten ist. Im Modell $\mathbf{M}_{123}$ ist $\widehat{\beta}_3$ ist signifikant und entspricht etwa der Summe von $\widehat{\beta}_3$ und $\widehat{\beta}_4$ im vollen Modell. Dasselbe Bild bietet sich, falls $\boldsymbol{x}_3$ statt $\boldsymbol{x}_4$ gestrichen wird.

Im Modell $\mathbf{M}_{12}$ mit dem Paar $(\boldsymbol{x}_1, \boldsymbol{x}_2)$ sind die Regressionskoeffizienten $\widehat{\beta}_1$ und $\widehat{\beta}_2$ nahezu von gleichem Betrag, aber von entgegengesetztem Vorzeichen. Beide sind hoch signifikant. Jedoch sind $\boldsymbol{x}_1$ und $\boldsymbol{x}_2$ nur zusammen informativ, einzeln dagegen wertlos.

41.15 •• 1. Thema Schätzung

(a) Die Modellbeziehung ist $y_i = \beta_0 + \beta_1 x_i + \varepsilon_i$.

(b) $\operatorname{var}(\boldsymbol{x}) = \frac{1}{n}\sum_{i=1}^{n} x_i^2 - \overline{x}^2 = \frac{470\,816}{10} - 199^2 = 7480.6$

$\operatorname{var}(\boldsymbol{y}) = \frac{1}{n}\sum_{i=1}^{n} y_i^2 - \overline{y}^2 = 39\,994.9 - 181.7^2 = 6980.01$

$\operatorname{cov}(\boldsymbol{x}, \boldsymbol{y}) = \frac{1}{n}\sum_{i=1}^{n} x_i y_i - \overline{x}\overline{y} = 43\,046.8 - 199 \cdot 181.7 = 6888.5$

$r(\boldsymbol{x}, \boldsymbol{y}) = \frac{\operatorname{cov}(\boldsymbol{x}, \boldsymbol{y})}{\sqrt{\operatorname{var}(\boldsymbol{x}) \cdot \operatorname{var}(\boldsymbol{y})}} = \frac{6888.5}{\sqrt{7480.6 \cdot 6980.01}} = 0.953$

(c) $\widehat{\beta}_1 = \frac{\operatorname{cov}(\boldsymbol{x}, \boldsymbol{y})}{\operatorname{var}(\boldsymbol{x})} = \frac{6888.5}{7480.6} = 0.920\,85$; $\widehat{\beta}_0 = \overline{y} - \widehat{\beta}_1 \cdot \overline{x} = 181.7 - 0.920\,85 \cdot 199 = -1.549\,2$; $\widehat{\mu} = \widehat{\beta}_0 + \widehat{\beta}_1 \cdot x = -1.55 + 0.92 \cdot x$.

(d) $\widehat{\mu}(190) = \widehat{\beta}_0 + \widehat{\beta}_1 \cdot 190 = -1.55 + 0.92 \cdot 190 = 173.4$ Tausend Euro.

2. Thema: Wie aussagekräftig sind Ihre Schätzungen?

(a) Die ε_i sind i.i.d. $N(0; \sigma^2)$ verteilt.

(b) $\widehat{\sigma}^2 = \frac{SSE}{n-2} = \frac{6367}{8} = 795.93$.

Kapitel 41

(c) $\widehat{\text{Var}}(\widehat{\beta}_0) = \frac{\widehat{\sigma^2}}{n}(1 + \frac{\bar{x}^2}{\text{var}(x)}) = \frac{795.88}{10}(1 + \frac{199^2}{7480.6}) = 500.91$; $\widehat{\sigma}_{\widehat{\beta}_0} = \sqrt{500.91} = 22.38$.

(d) Die Prüfgröße der Hypothese H_0: „$\beta_0 = 0$" ist $|\frac{\widehat{\beta}_0}{\widehat{\sigma}_{\widehat{\beta}_0}}| = \frac{1.55}{22.38} \ll 1$. Die Hypothese H_0: „$\beta_0 = 0$" wird in jedem Fall angenommen.

(e) $\widehat{\text{Var}}(\widehat{\beta}_1) = \frac{\widehat{\sigma^2}}{n}(\frac{1}{\text{var}(x)}) = \frac{795.88}{10}\frac{1}{7480.6} = 1.0639 \cdot 10^{-2}$ und $\widehat{\sigma}_{\widehat{\beta}_1} = 0.1$. Das Konfidenzintervall für β_1 ist:

$$|\widehat{\beta}_1 - \beta_1| \leq t(8)_{1-\alpha/2}\widehat{\sigma}_{\widehat{\beta}_1} = 3.36\frac{1}{10} = 0.33$$
$$0.59 \leq \beta_1 \leq 1.25$$

3. Thema Preisprognosen:

$$\begin{aligned}
y - \widehat{\mu}(190) &\sim N(0;\sigma^2 k^2) \\
&\Rightarrow \frac{y - \widehat{\mu}(190)}{k\widehat{\sigma}} \sim t(n-2) \\
k^2 &= 1 + \frac{1}{n}\left(1 + \frac{(190 - \bar{x})^2}{\text{var}(x)}\right) \\
&= 1 + \frac{1}{10}\left(1 + \frac{(190 - 199)^2}{3836.6}\right) = 1.1021 \\
t(8)_{0.995} &= 3.36 \\
k \cdot \widehat{\sigma} \cdot t(8)_{0.995} &= \sqrt{1.10 \cdot 795.8} \cdot 3.36 = 99.4 \\
74.0 &= 173.4 - 99.4 \leq y \\
&\leq 173.4 + 99.4 = 272.8
\end{aligned}$$

41.16 ••• 1. Sie unterstellen das Modell $y_i = \beta_0 + \beta_1 x_i + \varepsilon_i$. Dabei ist die Temperatur die abhängige und die Wassermenge die unabhängige Größe. Aus den angegebenen Daten werden die folgenden Zwischensummen errechnet:

$\sum_{i=1}^n x_i = 23.1$; $\sum_{i=1}^n y_i = 579.0$; $\sum_{i=1}^n (x_i - \bar{x})^2 = 5.90$; $\sum_{i=1}^n (y_i - \bar{y})^2 = 2292.44$; $\sum_{i=1}^n (x_i - \bar{x})(y_i - \bar{y}) = 89.09$. Daraus ergeben sich die folgenden empirischen Parameter:

$$\begin{aligned}
\bar{x} &= \frac{1}{n}\sum_{i=1}^n x_i = \frac{1}{17} \cdot 23.1 = 1.36 \\
\bar{y} &= \frac{1}{n}\sum_{i=1}^n y_i = \frac{1}{17} \cdot 579.0 = 34.06 \\
\text{var}(\boldsymbol{x}) &= \frac{1}{17} \cdot 5.90 = 0.347 \\
\text{var}(\boldsymbol{y}) &= \frac{1}{17} \cdot 2292.4412 = 134.85 \\
\text{cov}(\boldsymbol{x};\boldsymbol{y}) &= \frac{1}{17} \cdot 89.09 = 5.24 \\
r(\boldsymbol{x};\boldsymbol{y}) &= \frac{\text{cov}(x;y)}{\sqrt{\text{var}(\boldsymbol{x})}\sqrt{\text{var}(\boldsymbol{y})}} = \frac{5.24}{\sqrt{0.347 \cdot 134.85}} \\
&= 0.766
\end{aligned}$$

Der Korrelationkeffizient beträgt 0.77, das Bestimmtheitsmaß ist $R^2 = 0.766^2 = 0.587$. Es existiert ein deutlicher linearer Zusammenhang. Die Regressionskoeffizienten sind

$$\begin{aligned}
\widehat{\beta}_1 &= \frac{\text{cov}(x;y)}{\text{var}(\boldsymbol{x})} = \frac{5.24}{0.347} = 15.10 \\
\widehat{\beta}_0 &= \bar{y} - \widehat{\beta}_1\bar{x} = 34.06 - 15.10 \cdot 1.36 = 13.52
\end{aligned}$$

Die Varianzen ergeben sich aus

$$\begin{aligned}
\text{SSE} &= \text{SST}(1 - R^2) = 2292.44(1 - 0.5867) \\
&= 947.465 \\
\widehat{\sigma}^2 &= \frac{\text{SSE}}{n-2} = \frac{947.465}{15} = 63.1643 \\
\text{var}(\widehat{\beta}_1) &= \frac{\widehat{\sigma}^2}{n}\frac{1}{\text{var}(x)} = \frac{63.1643}{17}\frac{1}{0.347} : 10.7076 \\
\widehat{\sigma}_{\widehat{\beta}_1} &= \sqrt{10.7076} = 3.27225 \\
\text{var}(\widehat{\beta}_0) &= \frac{\widehat{\sigma}^2}{n}\left(1 + \frac{\bar{x}^2}{\text{var}(x)}\right) \\
&= \frac{63.1643}{17}\left(1 + \frac{1.36^2}{0.347}\right) = 23.5204 \\
\widehat{\sigma}_{\widehat{\beta}_0} &= \sqrt{23.5204} = 4.84978
\end{aligned}$$

Beide Koeffizienten sind signifikant von null verschieden. Der Schwellenwert der t-Verteilung mit $17 - 2$ Freiheitsgraden ist $t(15)_{0.975} = 2.13$. Die relevanten Quotienten sind

$$\begin{aligned}
\frac{\widehat{\beta}_1}{\widehat{\sigma}_{\widehat{\beta}_1}} &= \frac{15.10}{3.27} = 4.62 > t(15)_{0.975}, \\
\frac{\widehat{\beta}_0}{\widehat{\sigma}_{\widehat{\beta}_0}} &= \frac{13.52}{4.85} = 2.79 > t(15)_{0.975}.
\end{aligned}$$

Die Residuen scheinen gleichmäßig um den Wert null zu streuen. Trotzdem ist das Bild der Punktwolke mit der Regressiongerade unbefriedigend. Die Punktwolke scheint in zwei Hälften zu zerfallen.

2. Sie spalten Ihr Modell in zwei Teilmodelle auf

Fall A: $y_i = \delta_0 + \delta_1 x_i + \varepsilon_i$ falls $x_i \leq 1.5$
Fall B: $y_i = \gamma_0 + \gamma_1 x_i + \varepsilon_i$ falls $x_i > 1.5$.

Dabei nehmen Sie an, dass in beiden Fällen die ε_i i.i.d. nach $N(0;\sigma^2)$ verteilt sind. Um diese Gleichungen als Matrizengleichung zu schreiben, definieren wir die Vektoren $\mathbf{1}^A$, $\mathbf{1}^B$, $\boldsymbol{x}^A$ und $\boldsymbol{x}^B$ durch

$$\mathbf{1}_i^A = \begin{cases} 1 & \text{falls } x_i \leq 1.5 \\ 0 & \text{falls } x_i > 1.5. \end{cases}$$

$$\boldsymbol{x}_i^A = \begin{cases} x_i & \text{falls } x_i \leq 1.5 \\ 0 & \text{falls } x_i > 1.5. \end{cases}$$

Weiter ist $\mathbf{1}^B = \mathbf{1} - \mathbf{1}^A$ und $\boldsymbol{x}^B = \boldsymbol{x} - \boldsymbol{x}^A$. Die neue Designmatrix ist $\mathbf{X} = (\mathbf{1}^A, \mathbf{1}^B, \boldsymbol{x}^A, \boldsymbol{x}^B)$. Mit $\boldsymbol{\beta} = (\delta_0, \gamma_0, \delta_1, \gamma_1)^\top$ lauten die Beobachtungsgleichungen in Matrizenform $\boldsymbol{y} = \mathbf{X}\boldsymbol{\beta} + \boldsymbol{\varepsilon}$. Der Modellraum ist $\mathbf{M} = \langle \mathbf{1}^A, \mathbf{1}^B, \boldsymbol{x}^A, \boldsymbol{x}^B \rangle$. Wegen $\mathbf{1}^A + \mathbf{1}^B = \mathbf{1}$ ist die Eins im Modell enthalten, auch wenn die Eins nicht explizit als Regressor auftritt. Dann ist

$$\mathbf{X}^\top\mathbf{X} = \begin{pmatrix} 10.0 & 0.0 & 9.5 & 0.0 \\ 0.0 & 7.0 & 0.0 & 13.6 \\ 9.5 & 0.0 & 10.53 & 0.0 \\ 0.0 & 13.6 & 0.0 & 26.76 \end{pmatrix}$$

$$(\mathbf{X}^\top\mathbf{X})^{-1}\mathbf{X}^\top \boldsymbol{y} = \begin{pmatrix} 20.5947 \\ 79.7373 \\ 4.90033 \\ -17.0339 \end{pmatrix}$$

Dies liefert die beiden Schätzgleichungen

$$\widehat{\mu}(x) = \begin{cases} 20.59 + 4.9x & \text{falls } x \le 1.5 \\ 79.74 - 17.03x & \text{falls } x > 1.5. \end{cases}$$

In diesem Modell ist SSE $= 274.019$ und damit $\widehat{\sigma}^2 = \frac{274.019}{17-4} = 21.08$. Das Bestimmtheitsmaß $R^2 = 1 - \frac{274.02}{2292.44} = 0.880468$ hat sich deutlich erhöht. Die Anpassung der beiden Geraden an die beiden Teilwolken ist deutlich besser geworden.

41.17 ••• Aus den Daten werden folgende Zwischensummen errechnet.

	x_i	y_i	$(x_i - \bar{x})(y_i - \bar{y})$	$(x_i - \bar{x})^2$
$\sum_{i=1}^n$	117	586	177	182

Daraus folgt $\widehat{\beta}_1 = \frac{\sum_{i=1}^n (x_i-\bar{x})(y_i-\bar{y})}{\sum_{i=1}^n (x_i-\bar{x})^2} = \frac{177}{182} = 0.973$ mit einer Standardabweichung von $\widehat{\sigma}_{\widehat{\beta}_1} = 1.16$. und $\widehat{\beta}_0 = \bar{y} - \widehat{\beta}_1\bar{x} = 45.077 - 0.973 \cdot 9 = 36.32$ mit einer Standardabweichung von $\widehat{\sigma}_{\widehat{\beta}_0} = 11.31$. Die Geradengleichnung lautet nun:

$$\widehat{\mu} = 36.32 + 0.973\,x$$

Der Residuenplot weist eine deutlich parabolische Struktur auf. Außerdem ist das Bestimmtheitsmaß sehr klein: $R^2 = 0.06$. Das gewählte Modell ist fraglich. Wie man anhand des (x, y)-Plots sieht, fällt ab einer Windgeschwindigkeit von 12 m/s die produzierte Leistung des Rotors ab. Der Wind drückt dann so stark auf die Rotorblätter, dass sie in ihrer Laufleistung eher gebremst als beschleunigt werden. Bei Verwendung von x^2 als zusätzlichen Regressor ist das Modell $\mu = \beta_0 + \beta_1 x + \beta_2 x^2$. Aus diesen Daten ergibt sich eine 3×13-Designmatrix $\mathbf{X}$ mit

$$(\mathbf{X}^T\mathbf{X}) = \begin{pmatrix} 13 & 117 & 1235 \\ 117 & 1235 & 14\,391 \\ 1235 & 14\,391 & 178\,295 \end{pmatrix}$$

und

$$(\mathbf{X}^T\mathbf{X})^{-1}\mathbf{X}^T \boldsymbol{y} = \begin{pmatrix} -37.74 \\ 20.87 \\ -1.11 \end{pmatrix}.$$

Das geschätzte Modell ist $\widehat{\mu} = -37.74 + 20.87x - 1.1x^2$. Die Varianzen der Schätzer sind $\widehat{\sigma}_{\widehat{\beta}_0} = 8.32$, $\widehat{\sigma}_{\widehat{\beta}_1} = 2.05$ und $\widehat{\sigma}_{\widehat{\beta}_2} = 0.11$. Alle Parameter sind signifikant von null verschieden. Das Bestimmtheitsmaß ist $R^2 = 0.91$. Die Residuen haben keine auffällige Struktur. Das Modell ist erheblich besser geeignet als das erste Modell.

Printed in the United States
by Baker & Taylor Publisher Services